AF671303

Wasserkraftprojekte Band II

Stephan Heimerl
Herausgeber

Wasserkraftprojekte Band II

Ausgewählte Beiträge aus der Fachzeitschrift WasserWirtschaft

Herausgeber

Stephan Heimerl
Leinfelden-Echterdingen, Deutschland

ISBN 978-3-658-07728-0 ISBN 978-3-658-07729-7 (eBook)
DOI 10.1007/978-3-658-07729-7

Die Deutsche Nationalbibliothek verzeichnet diese Publikation in der Deutschen Nationalbibliografie; detaillierte bibliografische Daten sind im Internet über http://dnb.d-nb.de abrufbar.

Springer Vieweg

Lektorat: Dr. Daniel Fröhlich, Pamela Frank

Gedruckt auf säurefreiem und chlorfrei gebleichtem Papier.

Springer Fachmedien Wiesbaden GmbH ist Teil der Fachverlagsgruppe Springer Science+Business Media (www.springer.com)

Dr.-Ing. Stephan Heimerl
Chefredakteur der Fachzeitschrift WasserWirtschaft, Stuttgart

Wasserkraft – noch immer eine innovationsfähige Technologie!

In zahlreichen aktuellen Studien zur künftigen Entwicklung in der Energieversorgung ergibt sich für die Wasserkraft vielfach folgendes Bild: Bei der Wasserkraft handelt es sich zum einen um eine ausgereifte Technologie, mit der seit langem wirtschaftlich Strom erzeugt wird. Gleichzeitig ist aber zum anderen das Potenzial dieses Energieträgers in den deutschsprachigen Ländern bereits weitestgehend ausgeschöpft. Zur Zukunft der Wasserkraft werden dabei in der Regel die derzeit genutzten Potenziale und die unter gewissen Randbedingungen noch weiter nutzbaren Wasserkräfte unter Bezugnahme auf die wesentlichen bekannten Ausarbeitungen aufgeführt.

Die Realität bei der Nutzung der Wasserkraft zur Stromerzeugung ist jedoch weitaus differenzierter, so dass ihr eine derartig vereinfachte Darstellung sicherlich nicht gerecht werden kann. Diese Anlagen haben bemerkenswerte und wichtige Vorzüge, die innerhalb des Verbundnetzes von großer Bedeutung sind. Somit ist notwendig, die derzeitige Nutzung ohne wesentliche Einschränkungen zu erhalten und die durchaus noch vorhandenen Potenziale und Entwicklungsmöglichkeiten der Wasserkraft in Deutschland, Österreich und der Schweiz sowie darüber hinaus optimal zu erschließen.

Dabei gibt es sowohl beim Bau als auch dem Betrieb von Wasserkraftanlagen eine Reihe von Hemmnissen nicht zuletzt auch infolge des komplexen Rechtsrahmens: Neben den üblichen Festlegungen und wasserrechtlichen Auflagen haben Wasserkraftanlagenbetreiber vielfach noch weitere öffentlich-rechtliche Aufgaben zu erfüllen, die häufig einen spürbaren Wettbewerbsnachteil gegenüber anderen Energieträgern bedeuten und der die Wirtschaftlichkeit der Standorte belastet. Hinzu kommen zahlreiche Restriktionen aus der in nationalstaatliches Recht umgesetzten Europäischen Wasserrahmenrichtlinie (WRRL) und der daraus abgeleiteten Maßnahmenprogramme, dem Erneuerbare-Energien-Gesetz in Deutschland und den parallelen Einspeisegesetzen in anderen Staaten sowie mannigfaltigen anderen Regularien.

Doch ist die Wasserkraft tatschlich schon „am Ende des Machbaren" angelangt? - Die Antwort ist eigentlich eindeutig: Sicherlich nicht!

Wenngleich die Wasserkraft eine der ältesten Techniken zur Gewinnung von mechanischer und auch elektrischer Energie in größerem Stil darstellt, so waren immer wieder findige Geister zur Stelle, um diese Energieerzeugungsform mit neuen Ideen voranzubringen.

Ein Beispiel, von dem in diesem vorliegenden Buch ausgiebig mit mehreren Beiträgen berichtet wird, ist Viktor Kaplan, der 1913 sein wichtiges Patent für die nach ihm benannte Kaplan-Turbine eingereicht hat, um die Nutzung der Wasserkräfte voranzutreiben. Über sein Schaffen und Wirken auf dem Weg zur Umsetzung seiner ersten Ideen bis hin zu deren Nutzung in der Gegenwart berichten einige Beiträge in einem separaten Kapitel. Hierbei wird deutlich, welch innovativer Geist diesem Ingenieur inne wohnte, der heute mit seiner Beharrlichkeit und Standfestigkeit doch dahingehend als Vorbild dienen kann, dass man eine gute Idee trotz mancher Rückschläge weiter verfolgen sollte. Als Ansporn kann dabei auch dienen, dass man kritischen Anregungen offen bleibt und mit Gesprächspartnern das Erreichte diskutiert, um zu weiteren Entwicklungsstufen zu gelangen.

In ähnlicher Weise ist die Wasserkraft-Branche heute mit anderen Themen konfrontiert, bei denen sie Lösungen suchen muss und sicherlich auch noch weiter finden wird. Hierfür können unter anderem exemplarisch die Themenkomplexe des Fischaufstiegs, des Fischschutzes und Fischabstieges sowie der Nutzung der Wasserkraft ohne durchgehende Querverbauungen genannt werden. Zu manchen Themen existieren bereits etliche Lösungen, zu anderen sind diese erst in Ansätzen vorhanden, da auch nicht immer das komplette Systemverständnis vorhanden ist und manches erst noch erforscht werden muss. Hiervon zeugen die zahlreichen Beiträge der jüngsten Vergangenheit in diesem Buch.

Um diese und andere Fragestellungen sowie Entwicklungen voranzutreiben, waren und sind bis heute unabhängige Informations- und Wissensplattformen notwendig, über die neue Erkenntnisse an die Fachkreise in Wissenschaft und Praxis dauerhaft weitergegeben und vom Jungingenieur bis hin zum erfahrenen Senioringenieur reflektiert und aufgenommen werden.

Seit über 100 Jahren leistet dabei die Fachzeitschrift WasserWirtschaft einen wichtigen Beitrag zum fachlichen Austausch und Diskurs, indem seit jeher in dieser unabhängigen Fachzeitschrift innovative, zukunftsorientierte sowie qualitativ hochwertige Beiträge wiedergegeben werden, die die Fachkreise zu Diskussionen anregen sollen, mit dem Ziel, heute und morgen die jeweils beste Lösung finden zu können.

Nachdem der erste Band mit verschiedenartigen Beiträgen zum Themenkomplex der Wasserkraft aus der Fachzeitschrift WasserWirtschaft auf großes Interesse gestoßen ist, soll mit diesem Band II erneut ein Einblick in die Themenvielfalt in diesem Bereich gegeben werden, die in den letzten Jahren durch Veröffentlichungen angesprochen wurde. Abermals soll diese Zusammenstellung sowohl der Information dienen als auch den fachlichen Diskurs über die Wasserkraft und des zugehörenden Umfeldes anregen.

Dipl.-Ing. Peter Molinari
Vorstandsvorsitzender der Arbeitsgemeinschaft
Alpine Wasserkraft (AGAW), Zernez, Schweiz

Arbeitsgemeinschaft Alpine Wasserkraft - AGAW

Faszination Wasserkraft

Die Strommarktpreise tendieren seit geraumer Zeit nur noch nach unten. An einem durchschnittlichen Tag wird an der Strombörse in Leipzig eine Kilowattstunde noch für vier Euro-Cents oder weniger gehandelt und in Extremfällen geht der Preis in den Minusbereich. Das liegt deutlich unter den Gestehungskosten von so manchem bewährtem Wasserkraftwerk nicht nur in den Alpen. Kein Wunder, werden bereits begonnene Großprojekte, wie z. B. Lindt-Limmern oder Nant de Drance in der Schweiz, ohne viel Begeisterung und unter drastischen Sparmaßnahmen fertig gebaut und neue, baureife Projekte auf Eis gelegt. Für die Wasserkraft stehen karge Jahre bevor und die bei Wasserkraft-Sympathisanten für Besuche beliebten Großbaustellen dürften in Zukunft spärlich gestreut sein.

Dass der Marktwert und die soziale Akzeptanz der Wasserkraft sich in den vergangenen Jahrzehnten jedoch nicht linear auf dieses aktuelle Tief hin zu bewegt haben, sondern dass deren Entwicklung einer Berg- und Talfahrt gleicht, zeigt folgende Betrachtung:

Bis zur Mitte des letzten Jahrhunderts herrschte der große Wasserkraft-Boom. In dieser Periode wurden die meisten der großen Speicherkraftwerke in den Alpen gebaut. Mit dem Aufkommen der Nuklearenergie geriet die Wasserkraft aus dem Fokus des Interesses, ja es wurde sogar prophezeit, dass mit der Kernenergie keine weiteren Flüsse für die Wasserkraft mehr verbaut werden müssten und viele sagten das Ende dieser Technologie voraus. Mit den ersten Reaktorunfällen kamen die Atomkraftwerke vermehrt in die Kritik und die Wasserkraft erlebte eine erneute Blütezeit. In den Neunzigerjahren des letzten Jahrhunderts ging die Angst um, dass die auf lange Sicht getätigten Investitionen in Wasserkraft wegen der bevorstehenden Strommarktöffnung nicht mehr abgeschrieben werden könnten – man sprach von „nicht abschreibbaren Investitionen“ oder NAI und kaum jemand war bereit, weiterhin in die Wasserkraft zu investieren. Mit dem Vollzug der ersten Marktöffnungen in Europa verflog die Angst vor deren Auswirkungen und die rekordhohen Preise an den europäischen Strombörsen im ersten Jahrzehnt des laufenden Jahrhunderts verursachten einen neuen Höhepunkt für die Wasserkraft. In diese Periode fielen die Bauentscheide und z. T. Realisierungen großer Pumpspeicherwerke in den Alpen, so wie z. B. Kopswerk 2, Lindt-Limmern und Nant de Drance. Es können mithin seit dem Bau des ersten Wasserkraftwerks vor ca. 130 Jahren bis heute mindestens je drei *Wasserkraft-Hochs und -Tiefs* gezählt werden.

Diese zyklische Entwicklung gibt Anlass zu Hoffnung: nach dem aktuellen Tief wird mit Bestimmtheit wieder einmal ein Hoch folgen.

Neben dem Feuer gehört die Wasserkraft zur ältesten vom Menschen zur Energieumwandlung angewendeten Technologie. Trotzdem wage ich die Behauptung, dass die zur Stromgewinnung aus Wasserkraft notwendigen Technologien zu jenen gehören, über welche bereits am meisten Literatur existiert und weiterhin produziert wird.

Unabhängig von wirtschaftlichen Überlegungen stimmt aber die Tatsache, dass die Wasserkraft trotz ihrer Jahrhunderte alten Tradition nach wie vor so viel ungetrübte sowohl technische als auch emotionale Faszination auszuüben vermag, weitaus zuversichtlicher als das passive Warten auf ein nächstes Hoch.

Der vorliegende Band ist lebendiger Zeuge für diese Faszination, die auch in der AGAW besteht und gefördert wird. Es ist mir deshalb ein Anliegen, den Initianten dieses zweiten Bandes „Wasserkraftprojekte" sowie den Autoren dafür zu danken, dass sie sich für den Erhalt und das Schüren dieser Faszination engagieren und dazu beitragen, dass das Know-how über die Wasserkraft erhalten und weiter entwickelt wird. Mit solchen Verbündeten hat die Wasserkraft noch lange nicht ihr letztes Wort gesprochen!

Inhaltsverzeichnis

Wasserkraftwerke und Architektur

Max Rieder

Wasserkraftwerke und Architektur

Wasser als Lebenselixier prägt in den unterschiedlichen Klimazonen unterschiedliche Architekturen und bauliche Strukturen aus. Unsere Zivilisationsgeschichte ist untrennbar mit Wasser verknüpft. Wasser ist die formoffenste Gestaltungskraft. Die unendliche Vielfalt durch Randbedingungen und Aggregatzuständen wird im herkömmlichen Anlagenbau trivialisiert. Alle Wassertechnologien sollten sichtbar, bewusst und im höchsten Maße Kunst und Kultur darstellen. Die im Wasser liegenden, einbetteten Energien verlangen nach architektonischem Ausdruck. Die Architektur ist letztendlich eine soziale Kunst, so wie Wasser ein das Soziale begründende Element darstellt. Die Maßstäbe der Wasserkraftanlagen können durch ihre Verortung (urban, rural) verzerrt und unterschiedlich sein, jedoch kann jedes Wasserkraftwerk Ortsidentitäten begründen oder eben zerstören. Der Maßstab, die Dramaturgie der Anlagenelemente und ihre Oberflächentexturen erfordert hohe Sensibilität zum Stand-Ort. Jedes der sechs vorgestellten Beispiele stellt ein singuläres Phänomen dar.

1 Wasser und Architektur – eine mehrfache Wechselbezüglichkeit

Wasser als Lebenselixier in den unterschiedlichen Klimazonen prägt unterschiedliche Bebauungsstrukturen und Architekturen aus. Die Nutzungsmöglichkeiten und Nutzungserfordernisse von Wasser sind breitgefächert. Ala alltäglicher Überlebensstoff, zur Hygiene, Erholung und technischen Nutzung wird Wasser mehr als nur überlebensnotwendige Infrastruktur, sondern auch zum Fokus philosophischer und künstlerischer Überlegungen und Manifeste.

Wasserabweisung, Wasserherleitung und die darin liegenden Energien sind verknüpft mit Sesshaftigkeit und der Herausbildung von Einzelgehöften, Siedlungen und Städten. Einerlei, ob im großen Maßstab der Stadtgründung (Furt und Wassergraben) oder im kleinen Maßstab der Hofgründung (Zisterne oder Brunnen), Wasser ist konstituierendes Element. Dies zeigt sich in Kultur-, Sozial- und Arbeitsgeschichte wie bei entsprechenden Infrastrukturen durch, über, mit, ins und unters Wasser (Brücken, Rückhaltesysteme, Aquädukte, Mühlen).

2 Wasser – formoffen und Gestaltvielfalt

Wasser ist die formoffenste und formfreieste Gestaltungskraft.

Die Aggregatzustände des Wassers generieren die vielfältigsten Formerscheinungen und Gestaltmöglichkeiten. Man könnte sagen: Alles ist Wasserform, alles ist Energie.

Die Architektur der Welt hat sich also zwangsläufig mit den Möglichkeiten der Wassergestalten und Wasserformen auseinanderzusetzen.

Es ist eine formal-konzeptuelle, konstruktivtechnische und wirtschaftliche Frage und Haltung, welcher Gestaltausdruck zur Ausarbeitung kommt. Die letztendlich wirtschaftliche Frage kann aber nur über ein gesamtkulturelles Anspruchsdenken (Philosophie und Wertvorstellung) entschieden werden. Wenn man wie so oft erfreut ist, dass ein Wasserkraftwerk oder eine sonstige technische Anlage unsichtbar, unterirdisch, getarnt oder als Schuppen bzw. im Schrebergartenimage mit Gründach errichtet wird – dem Bewußtseinspotenzial der Menschheit und Natur wird es nicht gerecht. Erscheinung, Wahrnehmung – also Evidenzen des Wassers – erklären uns mehr über unser Dasein und Ressourcenbewußtsein als ihre

Bild 1: Türkei, 2007

Intransparenz und Camouflage. Mit Wasser zu arbeiten ist ein der wohl ehrwürdigsten Gestaltungsaufgaben.

Die simpelst-komplexe Form der Erscheinung des Wassers ist die Horizontale, der sich einstellende Potentialausgleich eines waagrechten Ruhezustandes (vergleiche dazu Wasserwaage und Quasi-Staubereich). Die komplex-simpelste Form der Erscheinung des Wassers ist die Vertikale, das sich einstellende fallend-bewegte Kinetische einer Dynamik (vergleiche dazu Wasserfall und Quasi-Überfall). (**Bild 1**)

Aber die wahrlich komplexen Formerscheinungen entstehen im latenten Übergang von Ruhen und Bewegen, dem sogenannten (laminaren) Fließen und (turbulenten) Schießen. Die Mannigfaltigkeit und das übergangslose hin und her der Zustände – immer ein bisserl so, ein bisserl so –, erfreuen unser Gemüt und Erkenntnis. Diese erzeugen unterschiedlichste Landschaftsformationen und Kraftspuren einer selbstorganisierenden Gestaltung.

Diese Formevidenzen werden (meist) unbewusst Teil unser Kultur-, Kunst- und Gestaltungsgeschichte der Weltdinge, der Weltgestelle und Weltmoden. Auch alle Erscheinungsformen der sichtlichen oder vermeintlichen Absenz von Wasser, wie Wüsten- oder Dünenlandschaften, erzeugen einen stillen, unsichtbaren Wassergestaltungscode.

Kurzum die Unendlichkeit der Wasserformen äußert sich als formgebende oder formannehmende abstrakte oder reale Kraft, welche die Stoffe der Welt von Wolkendampf bis Eisvolumen formt. Diese Immanenz des Wassers ist somit allen Formen und Gestalten dieser Welt eingeschrieben (vergleiche dazu Turgorkräfte in Pflanzen, Tier und Mensch).

Das heißt – in postmodernem Sinn – jede Form und Gestaltung wäre zulässig und denkbar, wenn nicht kontextbedingte Rahmenbedingungen (Klima, Kultur und Örtlichkeit) Spezifikationen erfordern würden. Das Talschlusskraftwerk und das Gezeitenkraftwerk unterliegen anderen Wahrnehmungs- und Sensibilisierungshorizonten und unterscheiden sich deshalb (hoffentlich). Anderseits fordert die Ökonomisierung das Standardisierende. Das in ruralem Gebiet gelegene Kleinkraftwerk könnte doch im besten Sinne einer fortschrittlichen, transnationalen Moderne sich immer gleich wiederholend reproduziert werden?

Bild 2: Kraftwerksanlage Steyrdurchbruch 1904 (Quellen: wikipedia & M. Rieder)

Bild 3: Staustufe Heidelberg/Neckar (Quelle: Ernst Wassmuth Verlag)

Dies ist die Maxime der Anlagenbau- und Energieindustrie, aber diese steht diametral zu den Maximen der Anrainer, Passanten und Allgemeinheit. Dieser Widerspruch, das allgemeine Technisch-Erwartete soll sich im urban öffentlichen Raum oder im ruralen Umfeld als das außergewöhnliche Spezifisch-Anregende äußern bzw. erscheinen, um eine Legitimation zu erfahren.

Die Transformation der Kontexte zu einem sinnstiftenden Ganzen (Ökonomie und Phänomen) fordert Wasser und seine technologischen Anwendung ein. Die im Wasser liegenden, einbetteten Energien verlangen nach Ausdruck, quasi als Pate der conditio humana und civitas universalis.

Die Logik der sinnstiftenden Gestaltung äußert sich nicht im Entscheid für rational-orthogonales oder alternativ organisch-freiformen geprägtes Design, sondern beherbergt beide Gestaltungsmöglichkeiten.

Wenn die Architektur ein Beziehungsgeflecht zum Menschen herstellt, so stellt die Wasserkraft eine Beziehung zu Naturelementen her, welche durch Maschinen, Geräten und Technologien manifest werden. Diese Anlagenelemente benötigen wiederum eine architektonische Organisation (Zuordnung und Gestalt), damit die Beziehungslücke zum Menschen geschlossen wird. Ansonsten werden diese Anlagenteile wahrnehmungspsychologisch als Naturverbetonierer apostrophiert.

Zwar ist die Domäne der Architektur der Raum, der gemeinsame und private Raum für Menschen, die Raumorganisation, die Kreation von Raumphänomenen und Raummilieus, also inne liegender sozialer Impetus.

Architektur ist nicht – wie viele meinen – Ästhetisierung von Strukturen, Konstruktionen, Nutzungen und Funktionen – im engeren Sinn von Bauwerken. Dieser Zugang mag für manche gelten, daraus entstehen dann decorated boxes, also zeitgeistige Verschönerung. Die inhaltliche Komponente der Architektur ist systemisch, dies bedeutet „Durchwirkung von Form-Gestalt-Funktion-Kontext und Gesellschaftswerten", letztendlich eine soziale Kunst.

Gestaltung lässt sich nicht vermeiden, selbst die bloße rationale Konstruktion wird immer als Gestaltung wahrgenommen und besitzt bewusst oder unbewusst Gestalt. Dies dürfte vielen Ingenieuren und Architekten erkenntnistheoretisch entgangen sein: man kann nicht nichtgestalten.

Was sind aber die Ausschließungsgründe für bewusste oder gewünschte Gestaltung?

Es zeigt sich, dass der verspätete Einsatz der Gestalter, nachdem fast alles hydraulisch, verkehrlich, technisch, konstruktiv usw. festgelegt wurde (Trassenführung, Lageverortung etc.), dass Gestaltung sich als ein nachträgliches, kostspieliges Pimpen budgetär niederschlägt. Jede Maßnahme, selbst Begrünung und Anstrich erfordern ausweisbare Zusatzbudgets. Wäre dies vielleicht bei

Bild 4: Wasserkraftanlage Hangenden Stein/Königsseeache (Quelle: M. Rieder)

früher interdisziplinärer Entwicklung und Involvierung des Gestalters vermeidbar gewesen oder hätte gar zu einer kongenialeren, günstigeren Lösung geführt?

Faktum ist, dass Gestaltung von Infrastrukturen, wie Stromleitungen, Straßenbau, Brücken, Skipisten, Haltestellen, Kraftwerken aller Art, bis zum medialen Auftritt von Bürgerprotesten bisher für entbehrlich gehalten wurde und erst als Mittel zum Zweck, quasi als Beruhigungs- und Integrationstherapie nachträglich zugezogen wird. Deshalb kann man im doppelten Sinn von oberflächlicher, entlarvender Gestaltung sprechen. Damit entstehen tatsächliche Zusatzkosten, die bei der Wahl eines kooperativen, interdisziplinären Lösungsansatzes von Beginn an entfallen würden. Begrünung oder Farbbeschichten sind heute keine adäquaten Gestaltungskonzepte – selbst der Naturschutz hat die ästhetische Komponente (z. B. bei Windkraftanlagen, Biogasanlagen) heute erkannt.

Die Scheuklappen der jeweiligen Disziplin (Technik, Verkehr, Architektur usw.) vor anderen Einzeldisziplinen sind übergroß. Die eindimensionalen Sichtweisen führen radial auseinander oder bestenfalls zu Parallelsträngen, also ohne Konvergenz und Gemeinsames. Wir sollten so bald wie möglich die Disziplinen für Projekte zusammenbringen und originäre, dem Standort entsprechende Lösungen finden.

3 Kontextbeispiele

Die nachfolgenden Beispiele stellen unterschiedliche Größenordnungen, Typologien und Kontexte dar.

Das Wasserkraftwerk Steyrdurchbruch an der Steyr, Österreich, als avantgardistische Industrieanlage aus 1904 (Jugendtstil) wird heute als Industriedenkmal und Naturschutz verstanden (**Bild 2**). Das Laufkraftwerk von Mauriz Balzarek dokumentiert die Verschmelzung von Natur und Technik zu einer aufregenden Szenerie. Vor über hundert Jahren wurde ein Gesamtkunstwerk durch unterschiedlichste Anlagenelemente choreographiert, welches die Energien der natürlichen und technischen Elemente erfahrbar machen.

Die Neckarstaustufen nahe Heidelberg, Deutschland, von Paul Bonatz wurden als Ingenieurbauten in ihrer guten Gestaltung um 1920 in die Leere der damaligen Kulturflusslandschaft realisiert (**Bild 3**). Die Heranziehung von Architekten für Flusskraftwerke erwies sich als glückliche Fügung und stellt sich heute als integrales Landschaftselement im milden Talraum dar. In die Sichtweise zur Heidelberger Altstadt gelegene Staustufe sollte, so der Architekt, „das Einwachsen des Bildes“ ermöglichen. Die Farb- und Oberflächenwahl der Wehrpfeiler bezog sich explizit auf den örtlichen, rötlichen Sandstein.

Ein systemischer Ansatz konnte vom Autor an der österreichisch-deutschen Staatsgrenze zwischen Salzburg und Berchtesgaden bei Hangenden Stein an der Königsseeache 1990 realisiert werden (**Bild 4**). In Österreich, einem reichen

Bild 5: Dammkörper Banja/Devoll (Quelle: M. Rieder & E. Wagner)

Bild 6: Kraftwerk Kokel/Devoll (Quelle: M. Rieder & E. Wagner)

Wasserkraft-Land, erhielt – trotz den außergewöhnlichen Anfängen des Kraftwerksbaus, wie Nussdorfer Wehr, Donaukanal (Otto Wagner) oder des geschilderten Steyrdurchbruchs und Ypps-Persenbeug an der Donau (Clemens Holzmeister), die Gestaltungsdimension von technischen Anlagen lange Zeit keine Bedeutung mehr. Dies in einem Land, dessen größter Rohstoff die landschaftlichen Reize für den Tourismus sind. Sehr spät in den 1980-Jahren der Postmoderne begannen verantwortungsvolle kleine Auftraggeber ihre Kleinkraftwerke unter Hinzuziehung der Architekten wieder bewusst zu gestalten. An der Königsseeache nächst der Staatsgrenze konnte ein neuer Weg beschritten werden: Wasserkraftanlage und Landschaftsformation verschmelzen zu einem skulpturalen Artefakt. Die Gemenge- bzw. Funktionslage von Rampe, Geschiebe, Einlaufrechen, Einlauf Almkanal, Ruhebecken, Streichwehr, Leerschuss, Turbinensätze, Fischtreppe, Unterwassereinfahrt und Einbindung ermöglichte eine Energieskulptur in den Fluss zu positionieren, quasi eine Wallfahrtskirche des Wassers und seiner Energien. Heute, patiniert, stellt es eine visuell-organische Bereicherung längs der Flusswanderwege dar.

Ruraler, naturräumlich geprägte Standorte in den Devoll-Flusstälern bei Banjy, Gramsh und

Bild 7: Kraftwerk Kempten/Iller (Quelle: Becker Architekten)

Kokel, Albanien. Unsere östlichen europäischen Nachbarn weisen großes Potential für Wasserkraftanlagen auf. Wir wissen: Je schöner ein Landschaftsensemble und das (unberührte) Flussmilieu sind, umso ärmer ist die Region oder die Nation. Eine fatale Erkenntnis, die so weit fruchtet, dass man sich als Architekt und Planer die Ethikfrage der Zulässigkeit einer gestalterischen Intervention stellen muss, darf an jedem energetischen Standort die Nutzung möglich werden oder anders gesagt darf jeder Standort energetisch genutzt werden. Im Fall der albanischen Bergausläufer muss man die Beziehung von Artefakten und Natur neuformulieren. Landschaftskunst, neue Topographien kreieren, so sind die Gestaltungshaltungen des Projektes von Erich Wagner und dem Autor der beiden folgenden Beispiele zu verstehen.

Einmal das breite Flusstrogtal bei Banja mit extensiver Tierhaltung und kargem Bewuchs. Ein talbreiter Damm soll entstehen (**Bild 5**). Oberwasserseits entsteht durch die Stauwasserlandschaft eine neues Mikroklima und unterwasserseits ein Dammkörper, der integraler Teil der bestehenden Geländeformationen wird. Kein technischer luftseitiger Trapezquerschnitt mit Alibi-Pflanzungen, sondern als eine neu modellierte Topographie wurde vorgeschlagen. Kunstbauten, wie Drosseln oder Einlauf- bzw. Auslaufschlösser, d. h. Puffervolumen werden als Kunstskulpturen überhöht.

Das zweite Beispiel stellt ein V-Tal bei Kokel dar, welches mittels Staumauer eine Fusion von terrassierter Unterwassertopographie, Krafthaus, Leerschuss und Überfallwehr mit dynamischen Wasser-Gischten strukturiert ist (**Bild 6**). Damit wird der absperrende Stauwandcharakter genommen.

Ein klassischer Konversionsstandort einer Kernstadtperipherie bei Kempten im Allgäu, Deutschland, stellt ein bemerkenswertes Beispiel von Überformung eines Altstandortes dar (**Bild 7**). Becker Architekten haben hier 2009 eine Neudisposition in der Iller vorgenommen und übliche Bauwerkskörper und Anlagenteile zu einer baulichen Topographie geformt, welche eine Art Anlandungs- und Verkolkungscharakteristik ausformulieren.

Inmitten der Weltkulturerbe-Stadt Salzburg, Österreich befindet sich eine weitestgehend fertiggestellte 19-MW-Kraftwerksanklage an der etwa 100 m breiten Salzach. Die Anlage stellt im urbanen Bereich seine besondere Herausforderung dar (**Bild 8**).

Die zukünftig frequente Verbindung von Stadtteilen und Wanderwegen entlang des Flusses erhebt die Anlage über bloße zurückhaltende, sensible Gestaltung als öffentliche Aufgabe hinaus. Ein Ort soll entstehen, eine Platzquerung am Wasser, und Aufenthalts- sowie Treffpunktqualitäten sind latente Ansprüche der Öffentlichkeit zur zukünftigen Akzeptanz. Neben herkömmlichen Standards, wie Fischaufstieg, Dotierung und Renaturierung einer abgeschnittenen Altau für Freizeitmöglichkeiten, wird eine Signature-Infrastruktur von Erich Wagner und dem Autor geschaffen.

Die Wehranlage soll die Energiezustände „Potential und Kinetik“ – also der hydraulischen Linie der Energieumsetzung – versinnbildlichen. Der Wucht und Trivialität von Wehrbrücke, Rechenreinigungsmaschine und Wehrpfeilern wurde eine pulsierende Dynamik durch modulierte Shilouettenbildung der Wehrpfeiler, Uferpfeiler und des Krafthauses eingehaucht. Die Assoziationen reichen von aufwärtsspringenden Fischzügen über Wasserwalzen und Kavitationszuständen bis hin zu Wasserüberfällen. Die komplexe Wellenform lässt einerseits durch serielle Wiederholung und Variabilität die tosenden Kräfte des Salzachflusses erahnen und löst andererseits so eine wasserwirtschaftliche Flussbarriere in Eleganz auf. Scheinbar fließt der Fluss seinen gewohnten Lauf.

4 Zusammenfassung

Diese fünf Beispiele sollen aufzeigen, wie sehr sich Einfühlsamkeit und Wirtschaftlichkeit zu einer örtlichen Signifikanz entwickeln können. Weder das Eine noch das Andere und auch selbst dies nicht kann schematisiert oder generalisiert werden, jedenfalls das Originäre ist aufzuspüren und umzusetzen, dann entstehen Identitäten und Orte, die mehr sind als technoide Konstruktionen.

Dies gilt im Kleinen wie im Großen, im urbanen wie im ruralen Umfeld die Umsetzung des Lebendigen (Wassers) ist unserer Arbeit eingeschrieben.

Autor

Dipl.-Ing. Mag.-arch. M. Max. Rieder
ArchitekturWasserStadtlandschaft&
Gestaltungsprozesse
Lindengasse 56/2/20
1070 Wien, Österreich
rieder@maxrieder.at

Bild 8: Kraftwerk Sohlstufe Lehen/Salzach (Quelle: M. Rieder & E. Wagner)

Max Rieder

Hydropower Plants and Architecture

Water, as elixir of life, forms diverse architecture and structures in varying climatic zones. Our history of civilization is inextricably tied to water. Water is the most flexible formal power. The infinite plurality through boundary conditions and states of aggregation is trivialized by conventional plant-construction. All possibilities of hydropower technologies should be visible, conscious and demonstrate art and culture of highest extent. The immanent energies embedded in water demand architectonical expression. Architecture is eventually social art, just as water represents an originary element of socialising. Scales of water-power plants can be distorted or differing by their spatial context, though each plant may also establish or even destroy local identities. The scale, the dramaturgy of construction elements and their surface texture require the highest sensitivity towards the site-conditions. Any of the six examples poses a singular phenomenon.

Макс Ридер

Гидроэлектростанции и архитектура

Вода является эликсиром жизни и в различных климатологических зонах оказывает воздействие на архитектурные формы и конструкции. История нашей цивилизации неотъемлемо связана с водой. Вода – это самая открытая по своей форме изобразительная сила. Безграничное разнообразие предельных условий и агрегатных состояний упрощается при обычном строительстве сооружений. Все водно-технические технологии должны четко и осознанно представлять собой искусство и культуру в наивысшей степени. Имеющаяся в воде энергия требует архитектурного выражения. В конце концов, архитектура – это социальное искусство, и точно также вода представляет собой социальный элемент. Масштабы гидроэнергетических сооружений меняться вследствие их расположения (городские сооружения, сооружения в сельской местности) и быть разными, однако, каждая гидроэлектростанция может подчеркнуть или разрушить индивидуальность населенного пункта. Масштаб, драматургия элементов сооружения и текстура его поверхностей требует особой тщательности в определении места размещения . Каждый из 6 представленных примеров представляет отдельный феномен.

Kaplan-Turbine

Helmut Jaberg

Viktor Kaplan und seine bahnbrechenden Erfindungen – Zum Andenken an das 100-jährige Jubiläum der Patenteinreichung

Anlässlich des 100-jährigen Jubiläums der Kaplan-Turbine wird ein kurzer Abriss des Werdegangs von Viktor Kaplan gegeben, und auf die Bedeutung dieser Turbinenbauart, der Entdeckung der Kavitation in Wasserturbinen sowie des Kaplan'schen Konstruktionsverfahrens für alle Strömungsmaschinen wird eingegangen. Moderne Berechnungsverfahren für Kavitation werden angerissen.

1 Einleitung

Am 7. August 1913 hat Viktor Kaplan sein Patent für die „Schaufelregelung für schnelllaufende Kreiselmaschinen mit Leitvorrichtung" als Patentschrift Nummer 74 244 (**Bild 1a**) eingereicht. Nota bene hat er als vielseitig interessierter Ingenieur dieses Patent nicht nur auf die später nach ihm benannte Wasserturbine gemünzt, sondern naheliegender weise auf alle Strömungsmaschinen, also auch Dampf- und Gasturbinen sowie Kreiselpumpen und Gebläse. Zum Zeitpunkt der Patenteinreichung (Bild 1) war Viktor Kaplan bereits 10 Jahre als Assistent an der Deutschen Technischen Hochschule in Brünn unter der Leitung von Prof. Alfred Musil tätig, dem Vater des Dichters Robert Musil, der übrigens auch zunächst Maschinenbauingenieur wurde, in Stuttgart an der TH arbeitete und sich erst danach der Schriftstellerei widmete. Zuvor war Viktor Kaplan, der 1876 als drittes Kind eines Bahnbeamten in Mürzzuschlag in der Obersteiermark geboren wurde, für zwei Jahre (ab 1901) als Turbinenkonstrukteur bei der Leobersdorfer Maschinenfabrik tätig und fiel bereits dort als innovativer Querdenker auf. Schon als Kind war Viktor Kaplan nach Wien gekommen, wo er nach der Matura auf der Wiener Realschule von 1895 bis 1900 Maschinenbau studierte und anschließend seinen einjährigen Militärdienst bei der Kriegsmarine versah. Ab 1903 verbrachte Kaplan (**Bild 1b**) fast drei Jahrzehnte an der Hochschule in Brünn und machte dort auf Basis wissenschaftlicher Forschung seine berühmten Erfindungen. Manche seiner Erkenntnisse, wie z. B. das Kaplan'sche Konstruktionsverfahren für räumlich gekrümmte Schaufeln oder die Entdeckung der Kavitation, haben wohl sogar noch weiterreichende Bedeutung als die berühmte und nach ihm benannte Kaplan-Turbine. 1912, also neun Jahre nach seinem Dienstantritt in Brünn, wurde Viktor Kaplan a. o. Professor für Wasserkraftmaschinen, und ab 1918 war er ordentlicher Professor, ein Zeitraum wie er auch heute bei wissenschaftlichen Hochschulkarrieren üblich ist.

Aufgrund schwerer Erkrankungen ab den 20er Jahren, die wohl nicht zuletzt mit den physischen und psychischen Belastungen seines jahrelangen schlussendlich erfolgreichen Patentstreites mit praktisch der gesamten damaligen Turbinenindustrie verknüpft waren, ließ sich Viktor Kaplan 1931 pensionieren. Er zog sich auf seinen zehn Jahre vorher erworbenen Landsitz Rochuspoint (mit angeschlossener Werkstatt und Gießerei!) am Attersee zurück, wo er bereits 1934 im 58. Lebensjahr verstarb.

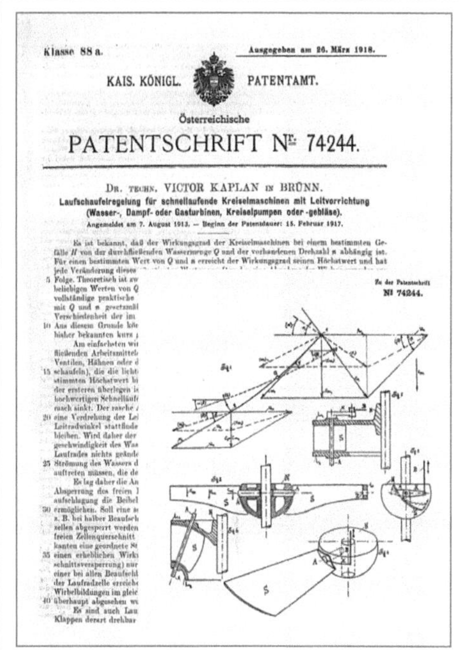

Klasse 88 a. Ausgegeben am 26. März 1918.

KAIS. KÖNIGL. PATENTAMT.

Österreichische

PATENTSCHRIFT Nr. 74244.

DR. TECHN. VICTOR KAPLAN IN BRÜNN.

Laufschaufelregelung für schnellaufende Kreiselmaschinen mit Leitvorrichtung (Wasser-, Dampf- oder Gasturbinen, Kreiselpumpen oder -gebläse).

Angemeldet am 7. August 1913. — Beginn der Patentdauer: 15. Februar 1917.

Es ist bekannt, daß der Wirkungsgrad der Kreiselmaschinen bei einem bestimmten Gefälle H von der durchfließenden Wassermenge Q und der vorhandenen Drehzahl n abhängig ist. Für einen bestimmten Wert von Q und n erreicht der Wirkungsgrad seinen Höchstwert und hat

Zu der Patentschrift Nr. 74244.

Bild 1: a) Patentschrift Viktor Kaplans von 1913; b) Viktor Kaplan

2 Die Bedeutung der Kaplan-Turbine

Die Kaplan-Turbine stellt eine der drei Hauptbauarten der Turbinenbranche dar neben der Pelton- und der Francis-Turbine. Etwa ein Drittel aller gebauten Turbinen weltweit sind Kaplan-Turbinen, sie erzeugen ca. 10 % der weltweiten Wasserkraft. Die hohe, auch wirtschaftliche Bedeutung Viktor Kaplans und seiner Erfindung wurde vielfach gewürdigt, nicht zuletzt zierte sein Konterfei in den 1970er und 1980er Jahren den damaligen Tausend-Schilling-Schein in Österreich.

Mehr noch als „nur“ für große Durchflüsse mit niedrigen Fallhöhen ist die Kaplan-Turbine für stark veränderliche Fallhöhen und Durchflüsse geeignet, also für Charakteristika, wie sie gerade bei Laufkraftwerken an Flüssen mit ihren typischen Abflusskurven auftreten. Ohne Viktor Kaplans Turbine könnten Flusskraftwerke nicht vernünftig ausgerüstet und betrieben werden, andere ältere Versuche, z. B. die doppelflutige Francis-Turbine, blieben im Vergleich nur Stückwerk. Die spezifische Schnellläufigkeit der Kaplan-Maschine beginnt bei ca. $n_q = 100\ min^{-1}$, bei Fallhöhen unter ca. 80 m (mit Spiralbeaufschlagung) und setzt sich fort bis hinunter zu Fallhöhen von ca. 20 m und niedriger, dann mit der Rohrturbine als typischer Vertreterin. Aufgrund der Doppelregelung gemäß seinem 1913er Patent mit verstellbaren Leitschaufeln (letztere wurden schon sehr viel früher von James B. Francis erfunden und in dem Kaplan-Patent auch explizit angesprochen) und den verstellbaren Laufschaufeln als seiner eigentlichen großartigen Erfindung kann die Kaplan-Turbine einen außerordentlich großen Fahrbereich von dem maximalen Durchfluss (bei ca. 125 % des Optimaldurchflusses) bis herunter zu ca. 25 % des optimalen mit nur ganz geringen Wirkungsgradeinbußen bei gleichzeitig weitgehender Kavitationssicherheit bearbeiten. Ein ähnlich weites Arbeitsgebiet kann nur die Pelton-Turbine abdecken, die aber bekanntlich als Freistrahlturbine auf einem vollkommen anderen Prinzip basiert.

Oft wird angenommen, Viktor Kaplan habe die Axialturbine erfunden, was jedoch nicht stimmt und von Viktor Kaplan auch nie behauptet wurde. Bereits 1837 ist die Henschel-Jonval-Turbine belegt (**Bild 2a**), die mit rein axialer, jedoch nicht

Bild 2a: Henschel-Jonval-Turbine, 1837, nicht regelbar

verstellbarer Beschaufelung als direkter Vorläufer der Kaplan-Turbine mit praktisch der gleichen spezifischen Schnellläufigkeit anzusehen ist und als eine frühe Form der Schachtturbine eingesetzt wurde. Die Francis-Turbine wurde 1849 von dem bereits genannten James B. Francis erfunden, interessanterweise betrifft auch diese Erfindung die verstellbaren Leiträder, die radialen Laufräder waren schon damals bereits vorbekannt.

Somit ist der Verdienst Viktor Kaplans die Verstellbarkeit der Laufschaufel und damit die Regelbarkeit von Axialturbinen (**Bilder 2b und 2c**). Bis zum Durchbruch der Turbine war es jedoch noch ein langer Weg, der zunächst von anfänglicher Ablehnung durch die damalige Fachwelt begleitet war und später in den bereits angesprochenen langjährigen Patentstreit mündete, bei dem Viktor Kaplan als Einzelkämpfer nur seinen Assistenten und unermüdlichen Mitkämpfer Jaroslav Slávik und wenige weitere Freunde zur Unterstützung hatte, aber praktisch alle Turbinenunternehmen der Welt mit ihrer geballten Kraft gegen sich. Es ist aber auch erwähnenswert, dass sich in seinen späteren Jahren Viktor Kaplan namentlich mit der Firma Voith arrangierte, nachdem der Patentstreit gerichtlich zu seinen Gunsten ausgegangen war, und sich eng mit dem damaligen Mitinhaber Walther Voith befreundete.

Bild 2: b) Kaplan-Versuchslaufrad (1912/13); c) Kaplan-Laufrad Lilla Edet (1925)

Die erste industrielle Anwendung einer Kaplan-Turbine kam durch Unterstützung von Ignaz Storek (**Bild 3**), den Inhaber einer Eisengießerei in Brünn, zustande und wurde 1919 in Velm, Niederösterreich, in einer Textilfabrik installiert (**Bild 4a**). Sie war bis 1955 in Betrieb (überlebte also ihren Erfinder) und ist heute im Technischen Museum Wien ausgestellt. Auch in der Zusammenarbeit mit der Eisengießerei Storek erwies sich Viktor Kaplan als nicht immer bequemer Querdenker, ganz wie es genialen Köpfen oft nachgesagt wird.

Somit dauerte es nicht weniger als sechs Jahre bis von der Patentanmeldung und einer Laborausführung eine praktische Anwendung mit einem Laufraddurchmesser von gerade einmal 60 cm realisiert werden konnte. Die erste, auch im heutigen Maßstab große Ausführung wurde 1925 im schwedischen Edet unweit einer der auch heute noch größten Papierfabriken Europas von dem Unternehmen Verkstaden Kristinehamn realisiert und wies bei einem Laufraddurchmesser von 5,8 m eine Engpassleistung von immerhin 8,1 MW auf (**Bilder 4b und 4c**).

Bild 3: Eisengießer Ignaz Storek, Förderer Kaplans in Brünn

3 Die Entdeckung und Erforschung der Kavitation

Zwar ist bis heute die Konzeption der Kaplan-Turbine praktisch unverändert geblieben (Bild 4), jedoch hat sich die Weiterentwicklung in einer drastischen Zunahme der Leistungsdichte geäußert und einer deutlichen Verbesserung von Wirkungsgrad (**Bild 5**) und Kavitationsverhalten, das – man muss fast sagen naturgemäß – in Folge der praktischen Einsätze der Kaplan-Turbine ebenfalls von Viktor Kaplan unter kräftiger Hilfe seines Mitarbeiters Slávik im Jahre 1921 entdeckt wurde. Frühere Beobachtungen von Kavitation (z. B. Thoma, TU München) hielt man zunächst fälschlicherweise für ungelöste Luft. Allerdings waren (und sind) die Kavitationsauswirkungen in Francis-Turbinen, in denen Thoma seine Beobachtungen machte, deutlich weniger krass ausgeprägt als bei den Niederdruck-Kaplan-Turbinen.

Bei Schiffsschrauben war zu diesem Zeitpunkt die Kavitation schon bestens bekannt, weil mit der Einführung der Dampfturbinen ab ca. 1890 die Drehzahlen deutlich anstiegen und höhere Schaufelbelastungen mit dem dann fast unvermeidlichen Kavitationsphänomen hervorbrachten. Um dem Phänomen Herr zu werden, nahm Viktor Kaplan Änderungen an der Beschaufelungsgeometrie vor, was auch heute noch fast als Patentrezept für die Verbesserung des Kavitationsverhaltens und des Wirkungsgrads gelten kann, obwohl heute natürlich erheblich feinere Werkzeuge namentlich der numerischen Strömungsmechanik zu Verfügung stehen. Wie schon angesprochen liegt somit das Optimierungspotenzial seit der Patenteinreichung der Jahre 1913 in der Verbesserung dieser beiden Charakteristika Wirkungsgrad und Kavitation. Zum Vergleich sei auf die Wirkungsgradverläufe des Kraftwerkes Lilla Edet (1925; Bild 5), dem einer modernen Kaplan-Spiralturbine (ca. 1960) und dem einer Kaplan-Spiralturbine aus jüngster Zeit (ca. 2005) verwiesen, wo bei vergleichbaren Ausführungen deutlich die drastische Steigerung des Wirkungsgradniveaus als auch die deutliche Verbesserung des Fahrbereiches erkennbar werden. Damit geht auch die aus Bild 5 nicht direkt erkennbare Steigerung des Schluckvermögens um über 20 % Hand in Hand.

4 Numerische Simulation der Kavitation in Kaplan-Turbinen

U. a. beim Kavitationsverhalten hilft die numerische Strömungsmechanik deutlich weiter. So gelingt es heute mit der numerischen Simulation zweiphasiger Strömungen, also der gleichzeitigen Betrachtung der flüssigen und der gasförmigen Phase sowie mit Berücksichtigung des Phasenübergangs die Blasenschleppen der ausgeprägten Kavitation mit erstaunlicher Genauigkeit und Zuverlässigkeit zu erfassen, wie es noch vor Kurzem nicht denkbar war – und auch heute nur von wenigen Bearbeitern genau genug erfasst wird.

Es ist aber auch ohne Betrachtung der Zweiphasigkeit, d. h. nur mit einphasiger Berechnung möglich, den Fahrbereich zuverlässig zu erfassen. Hierzu bietet das Histogrammverfahren [1], [2] ein ausgezeichnetes Werkzeug. Bei diesem Verfahren berechnet man denjenigen Grenzdruck, bei dem ein bestimmter Prozentsatz der Schaufelfläche einen niedrigeren Druck als diesen Grenzdruck aufweist. Dieses Verfahren ist auf alle hydraulischen Strömungsmaschinen anwendbar, jedoch muss man den betreffenden Flächenprozentsatz kennen, um den korrekten Grenzdruck zu treffen, mit dem dann seinerseits die charakteristischen NPSH-Werte bzw. die Thoma-Zahl Sigma erfasst werden. Der betreffende Flächenanteil, für den der Grenzdruck ermittelt werden muss, liegt je nach spezifischer Schnellläufigkeit des Laufrades zwischen einem und fünf Prozent der gesamten Schaufelfläche. Die Herausforderung – und der Know-how-Vorsprung – besteht dann darin, den korrekten Flächenanteil für jede spezifische Schnellläufigkeit

Bild 4: a) Die erste industrielle Kaplan-Turbine aus Velm, Niederösterreich, 1919; Die erste Kaplan-Großturbine und der Vergleich zu heute: b) Laufrad Lilla Edet (1925), P = 8,1 MW, D = 5,8 m; c) Oberaudorf-Ebbs (1992), P = 34,5 MW, D = 6,1 m

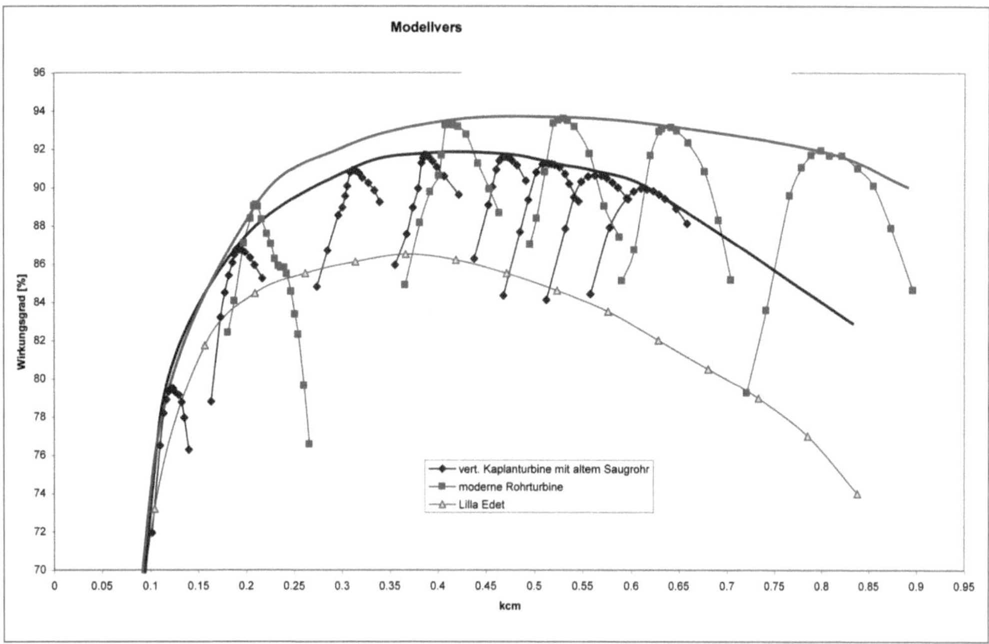

Bild 5: Wirkungsgrad und Fahrbereich, damals und heute

und jeden Maschinentyp, also die verschiedenen Pumpen oder Turbinen, zu kennen, ein Wissen, das ausschließlich durch den Vergleich der numerischen Simulation mit der experimentellen Beobachtung des Kavitationsverhaltens gefunden werden kann (**Bild 6a**, [3]). Die berechneten Blasenschleppen stimmen mit erstaunlicher Genauigkeit mit den Versuchsbeobachtungen überein.

Ebenso stellt **Bild 6b** das gemessene Kennfeld einer Kaplan-Rohrturbine dar, wobei die geraden Linien die Leit- bzw. Laufschaufelstellungen angeben und die Muschelkurven wie üblich den Wirkungsgrad (hier ohne Angabe seiner Größe). Die gestrichelten Linien bezeichnen die gemessenen Sigma-Werte und die mit CFD markierten Punkte die durch numerische Simulation mit dem Histogrammverfahren gewonnenen Sigma-Zahlen, die auch hier mit bemerkenswerter Genauigkeit diejenigen wirklichen Werte treffen, bei denen Blasengebiete sichtbar werden, die Kavitation also bereits leicht, aber in akzeptablem, noch nicht schädlichem Maße ausgeprägt ist.

In **Bild 7** ist eine Anwendung für eine Francis-Turbine dargestellt [5]. Steigen die berechneten Sigma-Werte der Turbine (die nach rechts ansteigenden Linien) mit dem Durchfluss über den Sigma-Wert der Anlage (horizontale Linie, weil sich das Anlagen-Sigma nicht mit dem Durchfluss verändert im Unterschied zur Turbine), dann tritt Kavitation ein. Voraussetzung ist die korrekte Annahme des Flächenanteils und damit des Grenzdrucks. In Bild 7 sind die Sigma-Werte für verschiedene Leitschaufelstellungen (und somit Fallhöhen) in Abhängigkeit vom Durchfluss eingetragen, der zulässige Fahrbereich kann sofort entnommen werden. Dieses Bild wurde übrigens zur Problemlösung in einem Kraftwerk eingesetzt, und ein Umbau der Turbine beseitigte die zuvor beobachteten Kavitationsprobleme.

5 Grenzen der numerischen Berechnung

Es ist ziemlich leicht, den Kavitationsbeginn zu berechnen – natürlich mit dem Ziel, diesen zu vermeiden. Denn dann darf der statische Druck an keiner Stelle der Hydraulik bis auf den Dampfdruck absinken. Die Strömung bleibt also stets einphasig. Es ist im Übrigen nicht nur die Genauigkeit des Simulationscodes und die richtige Darstellung des Rechengitters, die eine zuverlässige

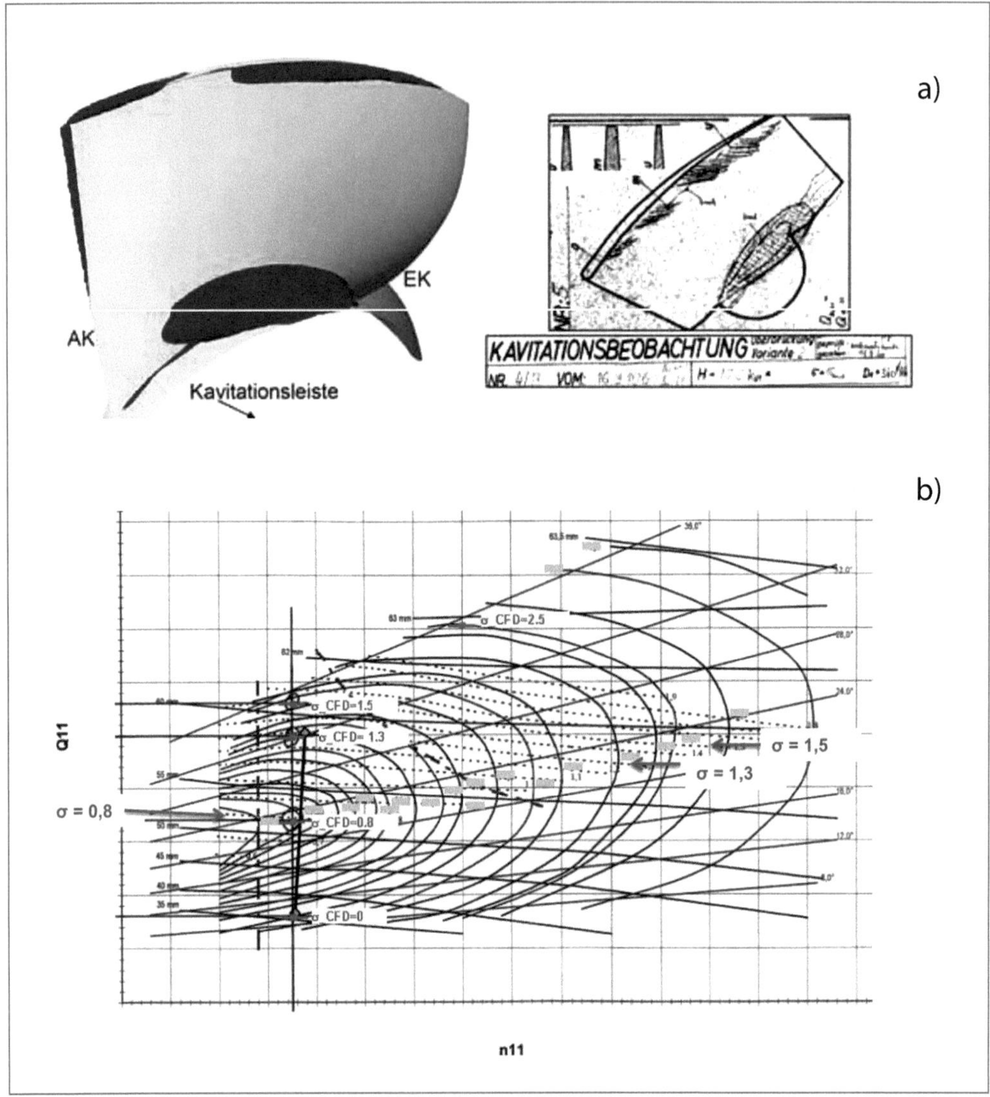

Bild 6: a) Vergleich gerechneter und gemessener Kavitationszonen [3]; b) Vergleich des gemessenen Kavitationskennfeldes einer Kaplan-Rohrturbine mit berechneten Sigma-Werten bei verschiedenen Schaufelstellungen

Aussage über den Kavitationsbeginn ermöglichen – vielmehr hängt es entscheidend vom Geschick des Bearbeiters ab, ob gute oder schlechte Berechnungsergebnisse gefunden werden. Alle Simulationscodes sind heutzutage so stabil, dass eigentlich immer ein konvergiertes Ergebnis gefunden wird. Es ist aber nicht a priori klar, dass dieses „Ergebnis" die Wirklichkeit korrekt wiedergibt, so dass es auf die Sachkenntnis der Fachleute ankommt, die Ergebnisse richtig zu interpretieren und Maßnahmen zu treffen, die die Zuverlässigkeit der numerischen „Vorausberechnung" – denn im Allgemeinen dreht es sich ja um die Neuauslegung von Maschinen – garantieren. Die Darstellung der ausgeprägten Kavitation ist im Vergleich zum Kavitationsbeginn viel schwieriger, weil streng genommen immer der Phasenübergang und die Kinetik der Flüssigkeit-Blasen-

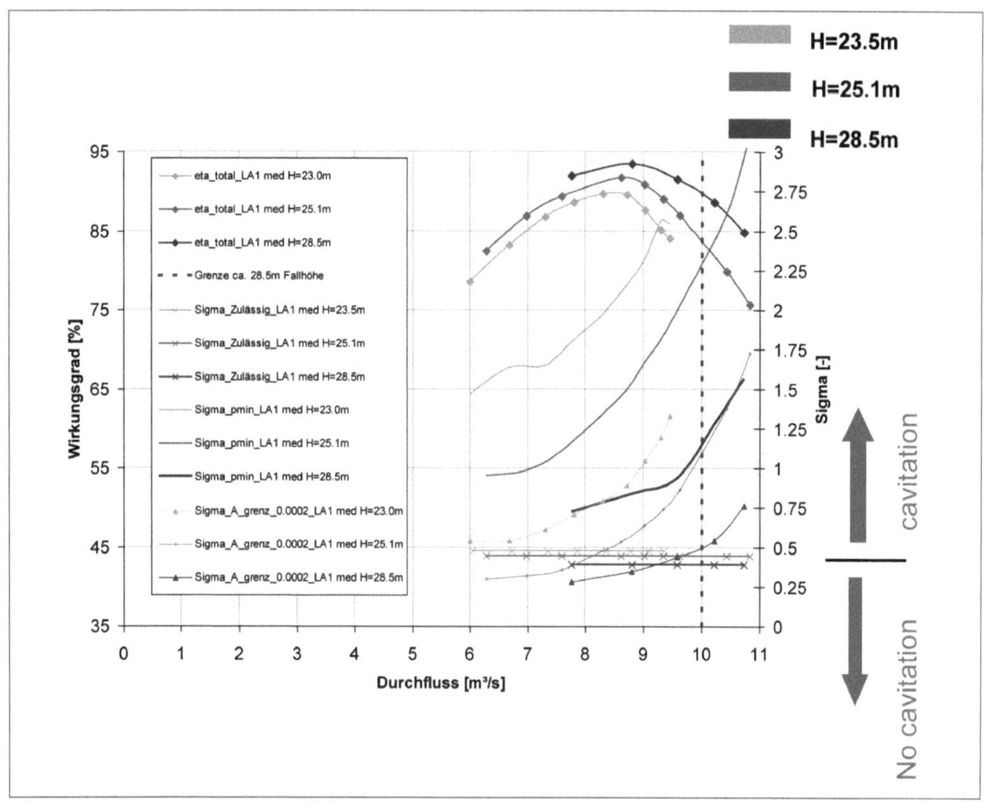

Bild 7: Verlauf der Thoma-Zahl einer Francis-Turbine und Vergleich mit den Anlagewerten für verschiedenen Leitradpositionen und Fallhöhen

Mischströmung mit all ihren Einflüssen beschrieben werden muss. Das Histogrammverfahren bietet hier die oben skizzierte ebenso überraschende wie zuverlässige Darstellungsmethode, hängt aber wie schon ausgeführt ebenfalls von der Sachkenntnis der bearbeitenden Person ab.

6 Das Kaplan'sche Konstruktionsverfahren

Die konstruktiven Verbesserungsmaßnahmen zur Optimierung des Kavitationsverhaltens der Kaplan-Turbinen waren Viktor Kaplan zugänglich, weil ihm einerseits die schon genannte Eisengießerei Storek den Aufbau eines hydraulischen Labors und die Durchführung einschlägiger Versuche ermöglichte, und weil andererseits bereits 1908 Viktor Kaplan sein berühmtes Konstruktionsverfahren für räumlich gekrümmte Schaufeln entwickelt und im R. Oldenburg Verlag als Lehrbuch [6] publizierte. Ein Exemplar der Erstauflage widmete Kaplan seinem an der ETH Zürich wirkenden Kollegen Franz Prasil (**Bild 8a**), ebenfalls einem gebürtigen Steirer (Bad Radkersburg, 1857). Mit diesem (nota bene nicht patentfähigen) Verfahren war es Konstrukteuren von Strömungsmaschinen aller Art von Wasserturbinen über Gas- und Dampfturbinen bis hin zu Kreiselpumpen, Lüftern und Gebläsen radialer und axialer Bauart möglich, bis ins Detail die räumliche Erstreckung und Geometrie der Laufschaufeln darzustellen. Diese Darstellung hat auch heute noch in Zeiten der numerischen Strömungssimulation höchste Wichtigkeit bei allen (!) Strömungsmaschinen für die ebenso anschauliche wie korrekte Darstellung ihrer Schaufelgeometrie. Es ist unschwer zu erkennen, dass genau diese Methode Kaplan die nötigen Schaufelmodifikationen erlaubte, um die Verbesserung des Kavitationsver-

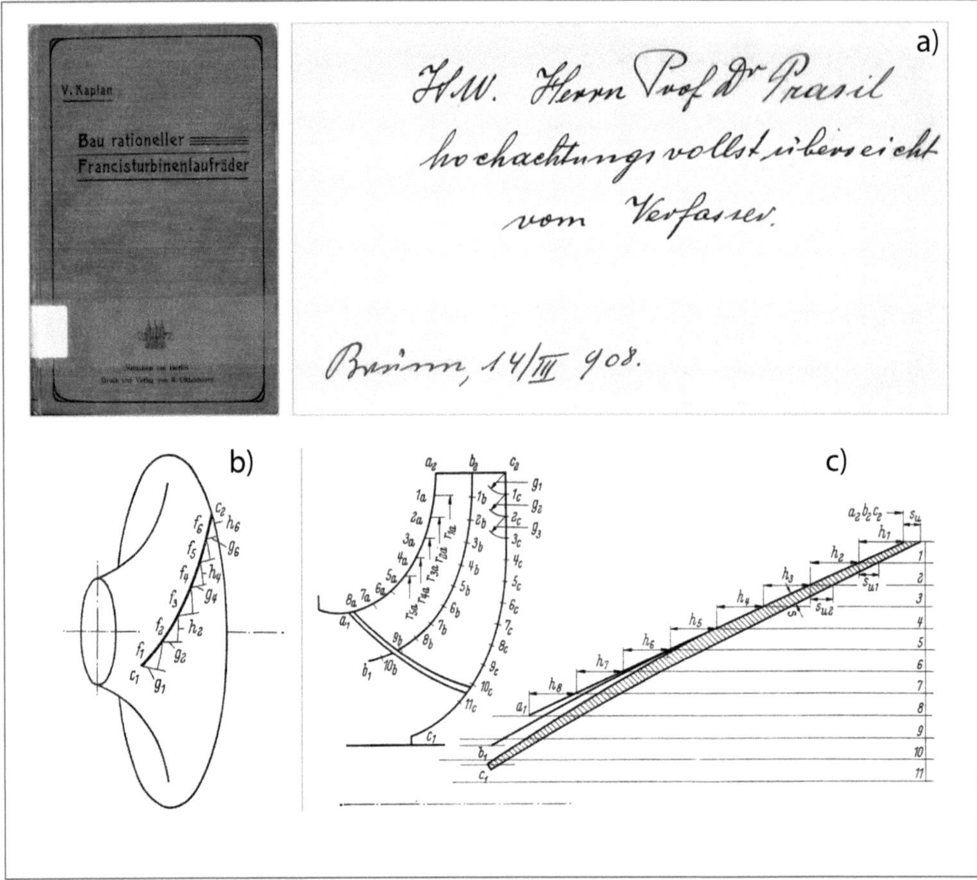

Bild 8: a) Veröffentlichung des Kaplan'schen Konstruktionsverfahrens mit Widmung; b) Dreidimensionale Stromlinie; c) Meridianschnitt und das konforme Abbild, die ebene Abbildung einer Schaufel mit korrekter Winkel- und Längendarstellung [7]

haltens zu erzielen. Man kann ohne Einschränkung festhalten, dass dieses Kaplan'sche Konstruktionsverfahren eigentlich eine noch viel größere und umfassendere Bedeutung hat als die Kaplan-Turbine selbst und somit sicherlich der größte Verdienst von Viktor Kaplan und seinem wissenschaftlichen Schaffen darstellt.

Im Wesentlichen ist es Viktor Kaplan gelungen, aus dem Meridianschnitt und dem Grundriss der Schaufel das sogenannte konforme Abbild herzuleiten (**Bilder 8b und 8c**), das eine winkel- und streckengetreue Abwicklung der räumlichen Stromlinie entlang der Schaufel in die Ebene erlaubt – eine wahrhaft geniale Idee. Und an der Form des konformen Abbildes kann der Hydrauliker sehr zuverlässig beurteilen, ob die Schaufel ein günstiges Strömungsverhalten aufweist und somit einen günstigen Wirkungsgrad und ein günstiges Kavitationsverhalten – oder nicht. Und umgekehrt ist es möglich, aus Meridianschnitt und konformem Abbild einen exakten Schaufelplan zu erzeugen, der die strömungstechnischen Erkenntnisse zuverlässig in eine ausgeführte Prototypschaufel überträgt. Es ist nicht untertrieben zu behaupten, dass dieses Kaplan'sche Konstruktionsverfahren die Ableitung von konstruktiven Verbesserungen zu Optimierung des Kavitationsverhaltens zumindest drastisch erleichterte, vielleicht sogar erst die Möglichkeit zur Verbesserung des Kavitationsverhaltens geschaffen hat.

Seine eigene geniale Entdeckung der korrekten zweidimensionalen, ebenen Darstellung einer dreidimensionalen Kontur – rund 100 Jahre vor den heute verfügbaren 3-D-Methoden (!) – hat es also Viktor Kaplan erlaubt, seine andere große Erfindung – die Kaplan-Turbine – gegen seine dritte große Entdeckung – die Kavitation in Wasserturbinen in technischem Maße resistent zu machen.

Autor

O. Univ.-Prof. Dr.-Ing. Helmut Jaberg
Institut für Hydraulische Strömungsmaschinen
Kopernikusgasse 24/IV
8010 Graz, Österreich
helmut.jaberg@tugraz.at

Literatur

[1] Gehrer, A.; Egger, A.; Riener, J.: Numerical and Experimental Investigation of the draft tube flow downstream of a bulb turbine. In: Proceedings of the 21st IAHR Symposium on Hydraulic Machines and Systems, Lausanne, 2002.

[2] Gehrer, A.; Benigni, H.; Köstenberger, M.: Unsteady Simulation of the Flow Through a Horizontal-Shaft Bulb Turbine. In: 22nd IAHR Symposium on Hydraulic Machinery and Systems, Stockholm, 2004.

[3] Gehrer, A.: KW Aschach – Berechnung und Optimierung des Laufrades mit numerischer Strömungsberechnung und evolutionsstrategischen Algorithmen. In: 32. Forschungsforum, Verbund, Wien, 2007.

[4] Benigni, H.; Jaberg, H.: Bulb turbine simulation. Interner Bericht, HFM Institut für Hydraulische Strömungsmaschinen, Technische Universität Graz, 2006.

[5] Benigni, H.; Meusburger, P.: Francis Turbine. Interner Bericht, HFM Institut für Hydraulische Strömungsmaschinen, Technische Universität Graz, 2007.

[6] Kaplan, V.: Bau rationeller Francisturbinenlaufräder. München, Berlin: R. Oldenbourg, 1908.

[7] Stepanoff, A. J.: Radial- und Axialpumpen. 2. A. Berlin: Springer-Verlag, 1959.

Helmut Jaberg

Viktor Kaplan and his Ground-breaking Inventions – In Memory of the 100-year Jubilee of the Patent Submission

On the occasion of 100 year jubilee of the Kaplan turbine a short overview of Viktor Kaplan's history is given and the significance of this turbine type, of the discovery of the cavitation in water turbines as well as the Kaplan design method for all kinds of fluid machinery is incurred. Modern simulation methods for cavitation are touched.

Хельмут Яберг

Виктор Каплан и его новаторские изобретения – в ознаменование 100-летия подачи патентной заявки

В ознаменование 100-летнего юбилея создания турбины Каплана кратко описывается путь становления Виктора Каплана. Отмечается значение турбин этого конструктивного типа, важность открытия явления кавитации в гидротурбинах и конструкционного метода Каплана для всех лопастных гидравлических машин. Затрагиваются аспекты современных методов расчета кавитации.

Gerlind Weber und Gunter Weber

Viktor Kaplan – Höhen und Tiefen eines Erfinderlebens

„Die Natur enthüllt den Schleier ihrer Geheimnisse nur widerwillig und der Weg zum ersehnten Ziele ist mit Entbehrungen und zerstörten Hoffnungen hinreichend gekennzeichnet." Mit diesen Worten quittierte der österreichische Erfinder Viktor Kaplan rückschauend 1925 die Entwicklung der nach ihm benannten Turbine. Zwei seiner Enkel nehmen das Jubiläum „100 Jahre Kaplan-Turbine" zum Anlass, die Höhen und Tiefen im Leben dieser großen Erfinderpersönlichkeit nachzuzeichnen.

1 Persönliches

„Liebe Oma, bitte schick' mir einen Opa" – dieser Satz fand sich in so manchem Schriftstück, das in den sechziger und frühen siebziger Jahren in Wien oder Graz aufgegeben wurde und an Frau Professor Margarethe Kaplan in Unterach am Attersee adressiert war. Mit einem Stoßseufzer wurde sodann von der betagten Empfängerin eine Tausendschillingnote in ein Kuvert gesteckt, ein liebevoll-ermahnendes Begleitschreiben beigefügt und beides umgehend einem offensichtlich wieder in finanziellen Nöten steckenden Enkelkind an seinen Studienort zugesandt.

Der eingangs zitierte Satz hatte bei uns dreizehn, in dieser Zeit noch in Ausbildung befindlichen Kindeskindern Professor Viktor Kaplans und seiner Frau Margarethe den Status eines geflügelten Wortes. Er war die Anspielung auf die Tatsache, dass die Republik Österreich in den Jahren 1962 bis 1972 einem der bislang wohl letzten großen Einzelerfinder symbolisch höchste Anerkennung zollte, indem sie das Portrait des Schöpfers der nach ihm benannten Turbine auf die eintausend Schillingnote setzte – und so wurde von uns Enkelkindern diese Banknote kurzerhand „Opa" genannt (**Bild 1**).

Natürlich war unser berühmter Großvater in unseren Jugendjahren nicht nur als Symbol für ein begehrtes Zahlungsmittel präsent, sondern seine starke Persönlichkeit, seine Vorlieben und sein Wirken prägten auch noch Jahrzehnte nach seinem frühen Tod unser Heranwachsen. Dies wurde uns vor allem durch zwei Menschen vermittelt: Zunächst durch unsere Großmutter, Frau Margarethe Kaplan, der Gattin des Erfinders, und schließlich gleichermaßen durch unsere Mutter, Frau Dr. Gertraud Kaplan-Weber.

Margarethe Kaplan war eine Dame, die zeitlebens durch ihre außergewöhnliche Persönlichkeit

Bild 1: Österreichische 1 000-Schilling-Note (1962 bis 1972)

bestochen hatte. Es war ihr in den 25 Jahren an der Seite eines großen Mannes der schwierige Trapezakt gelungen, einerseits ihren Gatten aufopferungsvoll zu unterstützen, andererseits aber auch ihre eigenen Talente und Interessen zu pflegen und sich zu einer äußerst interessanten Frau zu entwickeln. Nicht zuletzt war sie es, die nach dem Ableben ihres Mannes umsichtig die Vermögensangelegenheiten ordnete und das Gedenken an ihn wachhielt. So hatte sie etwa die Idee, den Vorzugsschülern der Viktor-Kaplan-Schule in Neuberg an der Mürz jährlich zum Schulschluss eine goldene Kaplan-Nadel in einem kleinen Festakt vor Ort zu überreichen, und im hochschulischen Bereich regte sie die Einrichtung eines Viktor-Kaplan-Stipendiums an, das jährlich an einige erfolgreiche Studierende der Technischen Universitäten von Wien und Graz verliehen wurde. Sie hielt bei diversen Kraftwerkseröffnungen launige Reden und zog noch im hohen Alter mit ihrem Geist und Charme ihre Umgebung voll in ihren Bann. Im Alltag war die „Frau Professor“, wie sie allgemein respektvoll genannt wurde, dagegen eine äußerst engagierte Großmutter, die tatkräftig ihre beiden Töchter bei der Erziehung ihrer jeweils großen Kinderschar unterstützte.

Unsere Mutter, die sehr empfindsam den Lebensweg ihres Vaters schriftlich nachzeichnete, schien Kaplan in vielen Eigenschaften sehr ähnlich zu sein, war sie doch wie er äußerst fleißig, bescheiden, naturverbunden, humorvoll und zäh. Ihrem persönlichen Arbeitseinsatz ist es weitgehend zu verdanken, dass der Landsitz Rochuspoint, den Kaplan 1920 in Unterach am Attersee erworben hatte, auch nach dem Krieg unter völlig geänderten Rahmenbedingungen uns ein wundervolles Zuhause bot. Hier wuchsen wir heran und stolperten dabei buchstäblich auf Schritt und Tritt – äußerst unbefangen – über Spuren, die vom Wirken unseres Großvaters Zeugnis gaben und heute noch geben.

Das unveröffentlicht gebliebene Manuskript, das wegen des frühen Todes von Frau Dr. Gertraud Kaplan-Weber unvollendet geblieben ist, ist neben den vielen bewährten Quellen (s. u. a. [1] bis [13]) nun eine wertvolle Hilfe bei dem Versuch, ein plastisches, der Wirklichkeit möglichst nahe kommendes Lebensbild über eine große österreichische Erfinderpersönlichkeit zu zeichnen [14].

Bild 2a: Wickerl in der Volksschule Neuberg

2 Familiäre Wurzeln und Heranwachsen

Wie so oft in der Donau-Monarchie hatten auch im Fall der Eltern Viktor Kaplans entsprechende Dienstzuteilungen überhaupt erst die Voraussetzungen geschaffen, dass sie einander begegnen konnten. So lebte Jenny Wust, die nachmalige Mutter Kaplans, im Haushalt ihres Schwagers, einem Verkehrsassistenten der Südbahngesellschaft im Mürztal, wo zur gleichen Zeit der aus der Wiener Neustadt stammende Carl Kaplan im Grade eines „Aushilfsbeamten“ seinen Dienst versah. Es war zunächst die Liebe zur Musik, die die beiden jungen Leute verband – sie spielten oft vierhändig Klavier miteinander. Nach zwei Jahren beschlossen sie zu heiraten. Dieser ausnehmend glücklichen Verbindung entsprangen drei Kinder. Viktor war das jüngste von ihnen.

Viktor Gustav Franz Kaplan erblickte am 27. November 1876 in der ziemlich bescheidenen Dienstwohnung seiner Eltern im Bahnhofsgebäude zu Mürzzuschlag am Semmering in der Obersteiermark das Licht der Welt. Als Kleinkind war er sehr empfindsam und soll viel geweint haben, so dass ihn die Mutter öfters mit den Worten in Schutz nahm: „Lasst mir meinen Wickerl in Ruh‘, aus dem wird noch was!“

Die Volksschule, deren Neubau aus den 1960er Jahren heute seinen Namen trägt, besuchte „Wickerl“ in Neuberg an der Mürz (**Bild 2a**). In dieser kleinen obersteirischen Gemeinde besaß das Kaiserhaus ein Jagdgut, das Franz Joseph I. gerne auf-

Bild 2b: Kaplans Tarockrunde zum Fetten Schwein

suchte. In der Nähe der Majestät waren gute Umgangsformen gefragt, und über solche verfügend, wurde Carl Kaplan bald zum Neuberger Bahnhofsvorstand befördert.

Die alpine Landschaft prägte wohl die Vorlieben des heranwachsenden Buben, die er zeitlebens beibehielt: die Liebe zu den Bergen und zu den Wasserläufen. Kaplan wanderte gerne und bastelte schon als Knabe mit seinen Freunden unzählige Wasserräder. Doch schon nach fünf Jahren hieß es Abschied nehmen von dieser ländlichen Idylle. Vater Carl Kaplan wurde zum Vorstand des Matzleinsdorfer Frachtenbahnhofes in Wien bestellt. Dieses berufliche Avancement trug sich vortrefflich mit der Absicht, Viktor zum Besuch einer Mittelschule einschreiben zu lassen.

Als Schüler der Walter-Realschule im 4. Wiener Gemeindebezirk zeigte sich bereits deutlich Kaplans hohe Begabung in den naturwissenschaftlichen Fächern, wie Mathematik, Physik und Geometrisch Zeichnen, während Deutsch, Englisch oder Geschichte nicht gerade seine Sache waren. Seine aus dieser Zeit stammenden geschickten Basteleien sind mittlerweile geradezu schon Legende. Das berühmteste Beispiel ist wohl ein aus wenigen Alltagsgegenständen zusammengebauter Fotoapparat: „Der Balg war ein alter Gummiregenmantel, das Objektiv war eine Linse um 60 Kreuzer, zwei Wochen zusammengespart! Die Linse wurde in eine Schuhschachtel gegeben, der Deckel dieser Schachtel war gleichzeitig der Objektivdeckel. Die Schraube, welche die Distanz einstellt, war ein alter Drillbohrer. Die Aufnahmen konnten immerhin als brauchbar bezeichnet werden". (Kaplan, zitiert bei [9]).

Dennoch war Viktor kein grübelnder Stubenhocker, sondern ein zu vielen Streichen aufgelegter sportiver Jüngling mit keinem allzu großen Interesse an schulischen Belangen. Doch schließlich war auch die Matura geschafft. Diese Prüfung war zu Kaplans Zeiten äußerst schwierig, und so soll der Erfinder auch noch in fortgeschrittenerem Alter von seiner Reifeprüfung geträumt und gesprochen haben. Er beherrschte auch als reifer Mann noch die Namen seiner Mitschüler in alphabetischer Reihenfolge und fühlte sich seinen Freunden aus der Volks- und Mittelschulzeit zeitlebens verbunden, indem er brieflich die Kontakte pflegte und sie immer wieder zu sich einlud.

3 Studien und Militärzeit

Nach Abschluss des Gymnasiums war es naheliegend, dass sich Kaplan für das Ergreifen einer technischen Studienrichtung entschied. Er entschloss sich für das Fach Maschinenbau an der Technischen Hochschule in Wien. Da dieses Studium ganz seinen Begabungen entsprach, konnte er ohne Schwierigkeiten den gestellten Anforderungen gerecht werden und fand zudem genug Zeit, sich ausgiebig Freizeitbeschäftigungen zu widmen. So gründete er eine Tarockrunde (**Bild 2b**) und war mittlerweile ein guter Tennisspieler und ein ausgezeichneter Schlittschuhläufer. Während der Sommerferien fuhr er viel Rad und machte ausgedehnte Bergtouren. Als Hochalpinist zog es ihn hier besonders nach Südtirol, wo sein Cousin auf der Seiseralm das noch heute existierende Frommerhaus als Hotel führte. Die landschaftliche Schönheit Südtirols quittierte er stets mit der Bemerkung, dass „dort erst die Natur anfange".

Nach fünfjähriger Studienzeit schloss Kaplan im Jahr 1900 sein Studium als Diplomingenieur für Maschinenbau ab. Anschließend wartete das Militär auf ihn, und er ging ein Jahr zur Marine nach Pola. Als ein Mensch, der wie immer geartete gesellschaftliche Zwänge ablehnte, ging ihm der militärische Drill begreiflicherweise ziemlich gegen den Strich. Er belustigte sich später darüber, indem er gelegentlich einen Merksatz zum Besten gab, den angeblich einer der Vorgesetzten den Ingenieureleven eingetrichtert haben soll: „Und wenn ihr gefragt werdet, wer ist größer Napoleon oder Bonaparte?, so hat die Antwort zu lauten: Jawoll!"

Schicksalhafte Hindernisse

Im Winter 1901 trat Kaplan als Ingenieur in die Maschinenfabrik Ganz & Co in Leobersdorf ein, eine Firma, die sich zu dieser Zeit auf den Bau von Dieselmotoren spezialisiert hatte. Den regen Geist des jungen Mannes beschäftigte alsbald die Tatsache, dass ein hoher Anteil der Leistungen dieser Motoren als Abwärme verlorengeht. Er machte sich daran, diesem Umstand beizukommen, und konstruierte einen grundlegend neuen Motor, bei dem kurz nach der Zündung komprimiertes Gas in den Zylinder eingespritzt wird. Dieses neue Verfahren meldete er auch gleich zum Patent an. Völlig arglos gegenüber den wirtschaftlichen Interessen seines Arbeitgebers ging Kaplan mit seinen Ideen mehrmals an die Öffentlichkeit, und so kam, was kommen musste: Nach einem Vortrag über seinen Einspritz-Explosionsmotor im Österreichischen Ingenieur- und Architektenverein im März 1903 erreichte ihn auf einem Kurzurlaub die Kündigung. Es kam zwar in der Folge zu einer Aussprache zwischen dem darüber tief bestürzten Kaplan und der Firmenleitung, worauf die Kündigung zurückgenommen wurde. Kaplan blieb aber über den ihm von der Arbeitgeberseite verhängten „Maulkorb" unglücklich und suchte von sich aus den Absprung. Doch ein Unglück kommt selten allein: Kaplans theoretisch gehaltene Überlegungen zum Einspritz-Explosionsmotor, die er als Dissertation an der Technischen Hochschule in Wien eingereicht hatte, wurden zum Zweck der experimentellen Untermauerung mit Bescheid zurückgestellt.

Verständlicherweise war der junge engagierte Ingenieur aufgrund dieser Ereignisse niedergeschlagen. Da Viktor Kaplan während seiner Studienzeit seine Mutter verlor – sie starb 1898 mit nur 55 Jahren – lag es am Vater seinem Sohn Mut zuzusprechen. Dieser versuchte ihn mit tröstenden und sehr weisen Worten wieder aufzurichten, wenn er etwa in einem Brief schrieb: „Überall wird man von Dir eine längere Praxis, eine erfolgreiche berufliche Tätigkeit verlangen, mit dem Doktortitel allein wirst Du nicht weit kommen. Ich rate Dir daher, zuerst eine intensive Berufstätigkeit zu entwickeln, zu trachten, dass Du eventuell im Auslande Deine Kenntnisse erweiterst, ein junger Mann, der nichts in der Welt mitgemacht, nichts gesehen hat, kann anderen kein Professor sein, denn nur aus dem Keim der Praxis können die technischen Wissenschaften sich weiterentwickeln." [9]. Kaplan ließ sich von diesem Ratschlag tatsächlich leiten und baute in Zukunft seine Arbeiten konsequent auf der Synthese zwischen Theorie und Experiment auf. „Grau, teurer Freund, ist alle Theorie" – dieses faustische Wort wurde einer seiner oft gebrauchten Stehsätze (**Bild 2c**).

Neue Perspektiven

Der Zufall wollte es, dass Professor Donath von der Deutschen Technischen Hochschule in Brünn in Leobersdorf weilte und der dortige Stationsvorstand diesem von einem jungen Ingenieur erzählte, der gerade eine Stelle suche. Donath gab den Hinweis, dass einer seiner Kollegen, Professor Alfred Musil – der Vater des Dichters Robert Musil – eine Konstrukteursstelle zu besetzen hätte. Viktor Kaplan bewarb sich darum und konnte tatsächlich Ende Oktober 1903 seine Arbeit an der

Bild 2c: Viktor Kaplan als junger Ingenieur

Bild 2d: Margarethe Kaplan, geborene Strasser, seine Frau

Lehrkanzel für Maschinenlehre, Kinematik und Maschinenkunde an der Deutschen Technischen Hochschule in Brünn (DTH Brünn) aufnehmen.

Musil wurde der richtige Vorgesetzte für Kaplan. Er unterstützte die Ambitionen seines rührigen Mitarbeiters wo er konnte und betraute seinen Konstrukteur alsbald auch mit der Abhaltung der Vorlesung aus Maschinenkunde. In Forschungsbelangen wandte sich Kaplan einem zu jener Zeit brennenden Problem zu: der effizienteren Nutzung der Wasserkraft. Damit stürzte er sich in eine Sache, die viele der großen Maschinenhersteller und Fachleute der damaligen Zeit stark beschäftigte.

Durch die Einführung des Mehrphasenstroms war es damals erst seit wenigen Jahren möglich, elektrischen Strom über größere Entfernungen zu transportieren. Diese technische Errungenschaft hob den Zwang auf, Produktionsstätten nur an für die Energiegewinnung geeigneten Wasserläufen anzusiedeln, wo die im Einsatz befindlichen relativ leistungsschwachen Turbinen über Transmissionen die jeweiligen Arbeitsmaschinen direkt antrieben. Mit der Leitbarkeit elektrischer Energie über weite Distanzen wurde nun verständlicherweise der Wunsch geweckt, die in Strömen und

Bild 2e: Heinrich Storek, der Förderer

Flüssen gebundenen Kräfte im großen Umfang zur Elektrizitätsgewinnung zu nützen und die Energie auch an entfernte Arbeitsstätten und Haushalte zu verschicken. Dafür standen damals zwei Wasserturbinentypen im Einsatz: Zum einen das 1880 durch L. A. Pelton, einen Amerikaner, erfundene „Peltonrad". Es handelt sich dabei um eine tangential angeströmte Freistrahlturbine, bei der das Wasser aus einer oder mehreren Düsen unter hohem Druck auf die Halbschalen des Laufrades trifft. Sie kam und kommt bis heute bei Wasserläufen mit hohem Gefälle und geringen Wassermengen zum Einsatz. Für Wasserkraftwerke an Fließgewässern mit geringem Gefälle und großen Wassermengen setzte man zum anderen auf die 1868 vom Amerikaner J. B. Francis erfundene „Francis-Turbine". Bei diesem Turbinentyp kontrolliert ein Leitrad die Wasserzufuhr und lenkt den Wasserstrom auf ein zellenförmiges Laufrad. Das Problem war, dass die Drehzahl der Francis-Turbinen bei geringen Wassergefällen oft zu niedrig war, um die elektrischen Drehstromgeneratoren anzutreiben. Häufig waren große Übersetzungsgetriebe zur Erhöhung der Turbinendrehzahl notwendig, die sich als störanfällig erwiesen und die Kosten erhöhten. Eine weitere Unzulänglichkeit war zudem, dass der Wirkungsgrad von Francis-Turbinen bei Verringerung der Wassermenge schnell abnahm. Um auch bei Niedrigwasser entsprechende Leistungen zu erzielen, mussten daher häufig mehrere kleine Turbinensätze gebaut werden, von denen bei wenig anfallender Wassermenge einige einfach abgeschaltet wurden. Es waren somit vor allem wirtschaftliche Überlegungen, die dazu führten, dass seit der Jahrhundertwende weltweit mit viel Einsatz nach neuen schnelllaufenden Turbinentypen geforscht wurde.

In diesen Wettlauf um die Verbesserung der Wasserkraftmaschinen klinkte sich auch Viktor Kaplan ein, war er doch schon während seiner ersten Anstellung bei Ganz & Co. in Leobersdorf auch mit der Konstruktion von Francis-Turbinen-Schaufeln befasst gewesen. Aus heutiger Sicht war dies ein Schritt ins höchst Ungewisse, da es an Kaplans neuer Arbeitsstätte keine materiellen Voraussetzungen gab, die diese Ambition nahelegten oder unterstützten – ganz im Gegensatz zu den großen Maschinenfabriken, die aufwendige Versuchslaboratorien unterhielten und im Kampf um die ökonomischere Ausbeutung des „weißen Goldes" den Ton angaben. In Ermangelung eines Versuchsstandes an der DTH Brünn war Kaplan fürs Erste gezwungen, seine Experimente zur Verbesserung der Leistung von Turbinenschnellläufern nicht mit Wasser, sondern mit Luft durchzuführen. Er beschrieb diese bescheidenen Anfänge wie folgt: „... da wir leider keine eigene Versuchsanstalt besaßen, so mussten häusliche Gebrauchsgegenstände für die Versuche herhalten. Ein geheizter eiserner Ofen ergab den erforderlichen Luftzug nach oben und ein Rädchen mit papierenen Schaufeln bildete die Grundlage zu den Forschungen über die Schnellläufigkeit." [5].

Trotz dieser widrigen Voraussetzungen unterrichtete Kaplan seit 1905 die Öffentlichkeit laufend in Fachpublikationen und Vorträgen von seinen Überlegungen zur Verbesserung der Francis-Turbine. Mit fortschreitender Vertiefung in dieses Thema wurde das Fehlen eines Turbinenlaboratoriums zum Zwecke der experimentellen Untermauerung seiner theoretischen Ausführungen jedoch immer unhaltbarer. Kaplan trat daher an seinen Chef, Professor Musil, mit dem Vorschlag heran, in den Kellerräumlichkeiten des Instituts eine kleine Versuchsanstalt einrichten zu dürfen. Musil zeigte Verständnis für den Wunsch seines Mitarbeiters, und so begann ein mühsamer, zeitaufwendiger Kampf beider Herren, bei dem einerseits das Professorenkollegium von der Sinnhaftigkeit dieser Einrichtung für die Hochschule überzeugt werden musste und andererseits die Industrie zur freiwilligen Beistellung der erforderlichen Sachleistungen und Ausführungsarbeiten zu bewegen war.

4 Beruflicher Erfolg und privates Glück

Im Jahr 1908 erschien das erste Buch Kaplans unter dem Titel „Bau rationeller Francisturbinenlaufräder". Aufgrund dieser Veröffentlichung hörte erstmals eine hübsche junge Wienerin namens Margarethe Strasser von der Existenz Viktor Kaplans. Dies freilich ohne zu ahnen, dass der strebsame Forscher binnen Jahresfrist ihr Ehemann sein würde. Ihr jüngerer Bruder, Anton Strasser, ein Maschinenbaustudent an der Technischen Hochschule Wien, erzählte nämlich zu Hause, dass der angesehene Professor Budau

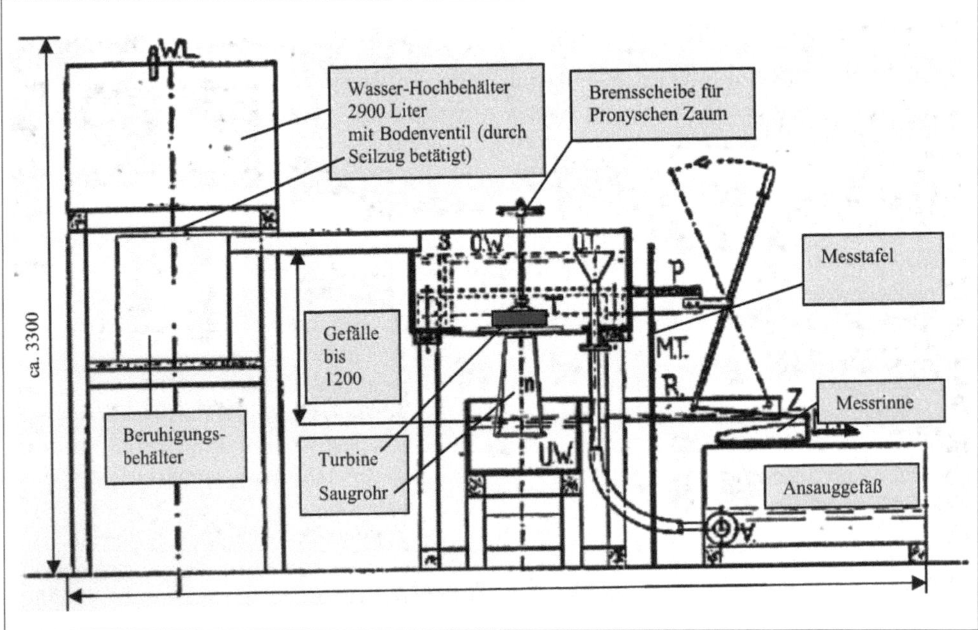

Bild 3a: Kaplan-Versuchsturbine an der DTH Brünn

Kaplans Buch in der Vorlesung vorgestellt und zum Studium empfohlen hatte. Den Autor dieses Werkes hatte er mit der Bemerkung gelobt: „Aus dem wird noch was!“ Die damals fünfundzwanzigjährige Margarethe dachte sich: „Warum kann ich nicht solche Menschen kennenlernen?!“

Doch das Schicksal sollte die beiden bald zueinander führen. Es fügte sich, dass Grete Strasser und Viktor Kaplan zur selben Zeit auf dem Schiff „Thalia“ eine Nordlandreise unternahmen, und es blieb nicht aus, dass die zwei jungen Leute sich kennenlernten und offensichtlich aneinander Gefallen fanden. Auf den ersten Blick waren sie sich in vielem ähnlich: sie sprühten vor Geist und Charme und fühlten sich als Mittelpunkt einer Runde sehr wohl, zudem waren beide sehr attraktive Erscheinungen. Nach Hause zurückgekehrt widmete Kaplan der verehrten Dame zum Abschied sein Buch mit dem wohl einzigen Vers, der jemals seiner Feder entsprang:

Sinnend oft saß ich an Baches Rand
Und horchte der murmelnden Laute.
Und als ich die Sprache des Bächleins
verstand –
die Weisheit der Schöpfung mit Ehrfurcht
empfand –

Bild 3b: Versuchsserie von Laufrädern

Da ging ich – und schrieb, was ich schaute.

Vielleicht war es das private Glück, die Energie, die man aus der Verliebtheit zieht, dass Kaplan alles gelang, was er in dieser Zeit anpackte. So wurde ihm von der Hochschulleitung im Frühjahr 1909 die Erlaubnis erteilt, das ersehnte Turbinenlaboratorium einzurichten, sein Werk „Bau rationeller Francisturbinenlaufräder“, als Doktorarbeit an der Technischen Hochschule Wien eingereicht, wurde klaglos approbiert, und Kaplan erlangte im Frühjahr 1909 als Dreiunddreißigjähriger den Grad eines Doktors der Technischen Wissenschaften. Dem nicht genug: Noch im selben Jahr erfolgte seine Habilitation für Wasserkraftmaschinen an der DTH Brünn. Er wurde zum Adjunkten bestellt, was heute dem Dienstgrad eines Universitätsdozenten entspricht.

1909 war aber auch das Jahr, in dem sich Kaplan mit Grete Strasser, die die Tochter eines wohlhabenden Wiener Tuchhändlers war, vermählte (**Bild 2d**). Damit wurde eine Verbindung zweier starker Persönlichkeiten besiegelt, die ihre Qualität wohl auch aus der Spannung der Gegensätzlichkeit beider Charaktere bezog. Margarethe Kaplan war stets den schönen Künsten zugetan und legte großen Wert auf gute Umgangsformen sowie ein gediegenes Ambiente. Zudem gehörte sie zu jenen Frauen, die immer adrett, verbunden mit einem Hauch von Extravaganz gekleidet waren. Ihr „Wickerl" hingegen hatte keinerlei Interesse an der Kunst und strafte die Ausübenden mit seiner unverhohlenen Geringschätzung. Die Bestrebungen seiner Frau, ein Heim mit ansprechender Atmosphäre zu schaffen, waren ihm immer wieder Anlass für Neckereien, und gelegentlich durchkreuzte er mit Schalk ihre einschlägigen Bemühungen. Über gesellschaftliche Etikette setzte er sich gerne hinweg. Beispielsweise legte er keinerlei Wert auf sein Äußeres, und so musste ihm seine Frau zeitlebens heimlich in der Nacht die Kleidungsstücke auswechseln. Im Kern war jedoch die Beziehung von gegenseitiger Liebe sowie tiefer Wertschätzung geprägt und ließ beiden Ehepartnern genügend Spielraum, die jeweils eigenen Vorlieben zu leben. Schon 1910 wurde ihr erstes Glück durch die Geburt ihrer Tochter Grete gekrönt.

Eigener Weg

Es war vor allem der Firmenchef der Stahlhütte Storek in Brünn, Dipl.-Ing. Heinrich Storek (**Bild 2e**), der Kaplan aus der Sicht der Industrie unterstützte, wo er konnte. So war es neben anderen Unternehmen in erster Linie der Firma Storek zu verdanken, dass Kaplan 1910 auch das Turbinenlaboratorium in Betrieb nehmen konnte. Zeuge dieses Ereignisses wurde zufällig Edwin Storek, der Sohn des Genannten und zum damaligen Zeitpunkt Maschinenbaustudent an der DTH Brünn: „Kaplan stand am Hebel, um den Kegel des Ablasses zu heben, es ging nicht, wie er auch zog und drückte. Als ich zur Hilfe gerufen wurde, ging es zu viel, bald schwamm der ganze Keller, ich stand bis zu den Knöcheln im Wasser, während er unbekümmert auf das Oberwasserreservoir geklettert war und gebannt das Drehen der Turbine und das Strömen des zu- und ablaufenden Wassers verfolgte ..." [9].

Das kleine, bescheiden ausgestattete Laboratorium war nach eigenen Überlegungen und Berechnungen Kaplans gestaltet. Es bestand aus Holz und bot den darin Arbeitenden wenig Bequemlichkeit. Von einem Hochbehälter strömte das Wasser in einen Oberwasserkasten, von dort durch das Leit- und Schaufelrad der Turbine über das Saugrohr in den Unterwasserkasten, von wo es durch eine Kreiselpumpe in den Hochbehälter zurückbefördert wurde. Das Saugrohr war aus Glas, sodass die Wasserströmung, durch Hanffäden sichtbar gemacht, beobachtet werden konnte (**Bild 3a**).

Aufgrund äußerst beschränkter finanzieller Möglichkeiten war alles sehr klein gehalten. Kaplan experimentierte zunächst mit Laufrädern von nur 100 mm Durchmesser, später wählte er 184 mm. Rückblickend war die Kleinheit der Versuchseinrichtung aber offenbar entscheidend für den Vorsprung gewesen, den Kaplan im extrem kompetitiv geführten Rennen um die Verbesserung der Schnellläufigkeit von Turbinen gegenüber den großen Versuchsanstalten erzielte. Er selbst rechnete rückblickend vor: „Eine rohe Überschlagsrechnung hat gezeigt, dass zur Herstellung eines großen Rades genau so viele Monate vergehen, als ich Tage benötigte. Die Montage des kleinen Rades erfordert zehn Minuten, die des großen etwa fünf Stunden, also in beiden Fällen dreißigmal solange." [5].

Kaplan untersuchte vorerst Francis-Versuchsturbinen, deren Teile er bei der Firma Storek fertigen ließ. In hunderten Experimenten erkannte er, dass es wegen der Reibungsverluste nicht möglich war, die Turbinendrehzahl ohne eine drastische Verringerung des Wirkungsgrades zu erhöhen. In Kenntnis dieses Zusammenhanges ging Kaplan daran, die äußere Laufradbegrenzung der Francis-Turbine wegzulassen. In einem nächsten Schritt verringerte er die Anzahl der Schaufeln des Laufrades. Eine Unzahl von Untersuchungsreihen war schließlich der optimalen Anzahl der Schaufeln und dem besten Verhältnis zwischen ihrer Länge und Breite gewidmet. So kristallisierte sich nach und nach ein Flügelrad heraus, das mit dem Francis-Laufrad keinerlei Ähnlichkeit mehr hatte.

Doch es genügte nicht, sich nur mit der Frage des Laufrades zu beschäftigen, es musste auch ein neues Saugrohr entwickelt werden, und zudem war es notwendig, die optimale Abstimmung zwischen den Komponenten Leitschaufeln, Laufrad und Saugrohr zu finden. Insgesamt führte Kaplan schätzungsweise 2 500 bis 3 000 Versuchsanordnungen durch. Natürlich galt es auch, die auf experimentellem Wege gefundenen Einsichten mit theoretischen Überlegungen abzusichern, denn Ziel war es ja, allgemeingültige Gesetzmäßigkeiten für den Kraftwerksbau anbieten zu können. Nachdem Kaplan seit 1909 mit seinen durch zeitraubende Versuchsreihen gewonnenen Erkenntnissen nicht mehr an die Öffentlichkeit gegangen war, überraschte er schließlich die Fachwelt damit, dass er im Dezember 1912 einen völlig neuen Wasserkraftmaschinentyp zur Patentierung anmeldete (**Bild 3b**).

Bild 4a: Kaplan zur Zeit seiner Erfindung

5 Entscheidende Entwicklungen

Die von Kaplan zum Patent angemeldete Turbine hatte noch feste Laufradschaufeln und wies damit den erheblichen Nachteil auf, dass bei Verringerung des optimalen Wasserzuflusses ihr Wirkungsgrad rasch absank. Ein Umstand, der ihre Bewährung in der Praxis stark einschränken würde. Kaplan musste dieses Problem lösen (**Bild 4a**). Im April 1913 war es soweit: Er trat an das Wochenbett seiner Frau, die ihm wenige Tage zuvor Tochter Gertraud geboren hatte, mit den erlösenden Worten: „Greterl, ich hab's!" Freudig erzählte er seiner Frau von der Idee, die Laufradschaufeln drehbar um Naben am Laufradkörper anordnen zu wollen. – Damit war Kaplan gedanklich der Durchbruch geglückt. Durch die Veränderung der Schaufelstellung, die, und das ist entscheidend, auch während des Betriebes durchgeführt werden kann, ist es möglich, die Laufradform der jeweiligen Wassermenge anzupassen. Damit arbeitet die Turbine auch bei einer Verringerung des Wasserdurchsatzes konstant mit hohem Wirkungsgrad. Die eigentliche „Kaplan-Turbine" war erfunden!

Bild 4b: Jaroslav Slavik, Kaplans Assistent

Schon wenige Wochen später leitete Kaplan die kommerzielle Verwertung seiner Turbine ein. Damit entschied er sich für eine Gratwanderung zwischen Offenlegung und Geheimhaltung seiner Er-

Bild 5: Erste Kaplan-Turbine der Welt

findung, wünschte er doch einerseits die rasche Bewährung seiner Wasserkraftmaschine in der Praxis, andererseits wollte er aber keineswegs sein noch nicht patentrechtlich geschütztes geistiges Eigentum vorschnell preisgeben. Mitte Mai 1913 unterrichtete Kaplan alle bedeutenden Maschinenhersteller schriftlich von der neuen Turbine, teilte seine Versuchsergebnisse mit und lud deren Vertreter zu einer Vorführung, einer sogenannten Bremsprobe, in sein kleines Laboratorium nach Brünn ein, wo er sie zum Erwerb von Lizenzrechten an seiner Erfindung aufforderte.

Viele der Firmen zögerten, die Einladung des Hochschullehrers überhaupt anzunehmen, da sie seinen Ergebnissen keinen Glauben schenken wollten. Schließlich kamen aber doch Techniker aus Frankreich, Schweden, Norwegen, Deutschland, der Schweiz, den Vereinigten Staaten von Amerika, Japan und Russland angereist, um Zeugen der ersten anberaumten Bremsprobe einer Kaplan-Turbine für Außenstehende zu werden. Kaplan beschrieb dieses wichtige Ereignis wie folgt: „Jeder der Versuchsingenieure kam mit einer gewissen Dosis an Misstrauen an, das sich noch steigerte, als ich die Besichtigung des Rades ablehnte. Recht heiter stimmten mich dann die Bremsproben. Jeder Bremshebel wurde mathematisch genau gemessen und das Tachometer, die Stoppuhr, die Gefällsmessung bis auf die Nieren hinein geprüft und schließlich die erste Bremsung vorgenommen. … Je mehr sich diese Vertreter von der Stichhaltigkeit der Kaplantheorie überzeugen ließen, um so größeren Widerständen begegnete der Vertragsabschluss, denn dem berechtigten Wunsch das Laufrad bzw. die Patentanmeldung zu sehen, begegnete ich mit dem nicht minder gerechtfertigten Einwande, dass ich nicht gewillt sei, die technische Neugier irgendeiner auf dem Gebiet des Schnellläuferbaus führenden Firma zu befriedigen und so ihre Bestrebungen in dem Baue schnelllaufender Turbinen kostenlos zu fördern." [5].

Was Kaplan zu diesem Zeitpunkt noch nicht wissen konnte, war, dass dieser Tag der symbolische Auftakt zu einem beinharten Kampf werden sollte, zwischen einem Einzelerfinder, der von der Tauglichkeit seiner Schöpfung felsenfest überzeugt war, auf der einen Seite und mächtigen Industriekonzernen, die nicht die „Katze im Sack" kaufen wollten, auf der anderen. Doch noch herrschte Ruhe vor dem Sturm: Kaplan meldete Anfang August 1913 seine „Kreiselmaschine mit

Bild 6a: Landgut Rochuspoint

drehbaren Laufradschaufeln" zum Patent an. Auch auf der Hochschule gelang ihm noch im selben Jahr ein bemerkenswerter Karriereschritt: Kaplan wurde zum „außerordentlich öffentlichen Professor für Maschinenbau mit besonderem Bezug zu Wasserturbinen" ernannt und Vorstand einer eigenen Lehrkanzel. Damit eröffnete sich für ihn die Möglichkeit, selbst wissenschaftliche Mitarbeiter heranzubilden.

Auffallend exakte technische Zeichnungen, die in einem Schaukasten im Gang der DTH Brünn ausgestellt waren, machten Kaplan auf den Studenten Jaroslav Slavik (**Bild 4b**) aufmerksam, aus dessen Feder diese Darstellungen stammten. Mit der Anstellung dieses jungen Mannes hatte der Professor einen überaus guten Griff bewiesen, wurde doch Slavik im Weiteren ein durch und durch loyaler Helfer, dessen Stunden der äußersten Bewährung noch kommen sollten. Zuerst aber wartete auf den ambitiösen Mitarbeiter die Aufgabe, den Erfinder bei der Ausfertigung der Patentzeichnungen behilflich zu sein, eine ausgesprochen zeitraubende Angelegenheit, da die Pläne genau nach den jeweiligen nationalen Vorschriften in den Einreichstaaten abgefasst werden mussten.

6 Schwere Zeiten und der Erfolg

Mit fünf Firmen konnte Kaplan noch vor Ausbruch des Ersten Weltkriegs Lizenzverträge abschließen. Die großen deutschen und Schweizer Turbinenhersteller formierten sich jedoch zu einem „Anti-Kaplan-Syndikat", indem sie vereinbarten, zunächst gemeinsam gegen die angemeldeten Patente Kaplans vorzugehen. Auf diese Weise wollten sie eine genaue Prüfung der Erfindung erzwingen. Mit diesem Beschluss wurde ein jahrelanger zermürbender Kampf zwischen David und Goliath vom Zaun gebrochen, deren „Spielregeln" der Erfinder rückblickend wie folgt beschrieb: „Fast jede Woche brachte mir irgend einen neuen Einspruch, sei es in Österreich, sei es in Deutschland, wobei sich selbstverständlich die entsprechenden Firmen eine entsprechende Arbeitsteilung zurechtlegten, so dass die eine sich hauptsächlich mit theoretischen Fragen, die andere mit angeblich neuheitsschädlichen amerikanischen Bauweisen, die dritte wieder mit angeblichen Vorbenutzungsrechten usw. beschäftigte. In allen Eingaben war das sonst getrennt marschierende Syndikat darin einig, dass sich der von mir angegebene Fortschritt nicht erzielen ließe

Bild 6b: Viktor Kaplan mit Vater, Stiefmutter und beiden Töchtern

und schon aus diesem Grund das Patent versagt werden müsse." [2].

Kaplan musste seine Zeit, sein Geld und seine Nervenkraft an – wie er selbst meinte – „nicht ernstzunehmende Schriftstücke vergeuden" und sich entschlossen gegen unqualifizierte, auch von Einzelpersonen laufend öffentlich vorgebrachte Einwände wehren. Dass er dabei durchaus auch die spitze Feder einzusetzen wusste, zeigt etwa folgendes Zitat: „Als Antwort auf derartige unwissenschaftliche Angriffe, kann ich dem Herrn Einsender nur dringend raten, die neuere Turbinenliteratur, die sich sicherlich auch in der Bibliothek seiner Gewerbeschule vorfinden dürfte, einem eingehenderem Studium zu unterziehen, da ich es im Hinblick auf den mitgeteilten Brief ablehnen muss, mich mit dem Herrn Einsender in eine ernste wissenschaftliche Diskussion einzulassen." [2].

Von der gegnerischen Seite wurde der um die Früchte seines Lebenswerkes Kämpfende etwa so gesehen: „Ihn [gemeint ist Kaplan] beherrscht eben der unglückliche, alles Maß überschreitende Optimismus, den man so häufig bei Erfindern antrifft, die kein Hindernis sehen, keine nüchterne Erwägung gelten lassen und alle Einwendungen, ja sogar das nicht bedingungslose Mitgehen als Einfluss feindlicher Gesinnung betrachten." [12].

Kaplan wusste, dass seine Kritiker letztlich nur die praktische Bewährung seiner Turbine von ihrer revolutionären Leistungsfähigkeit würde überzeugen können. Deshalb machte er sich auf die Suche nach einem Unternehmen, das sich bereit fand, das Wagnis, das mit dem Einsatz einer neuen Technologie stets verbunden ist, auf sich zu nehmen. Wie in seinen Patentstreitigkeiten kam auch hier Beistand aus der Familie seiner Frau: Sein Schwager Dipl.- Ing. Anton Strasser konnte Verwandte, Eigentümer einer Strickgarnfabrik im niederösterreichischen Velm überreden, das ausgediente Wasserrad am „Kalten Gang" durch eine Kaplan-Turbine zu ersetzen. Tatsächlich fanden die einschlägigen Kontaktaufnahmen und Vertragsverhandlungen noch knapp vor dem Ersten Weltkrieg statt.

Unbeirrt von den Kriegseinflüssen machte sich Kaplan eifrig an Studien und Versuche, um letztlich die ganze Anlage zu entwerfen. Mit der Ausführung der Maschinenteile wurde die stets loyal gewesene Stahlhütte Ignaz Storek betraut. Die Kriegswirren vereitelten aber die fristgerechte Lieferung, so dass die Auftraggeberseite schon die Stornierung ihrer Bestellung ins Auge fasste. Wieder schien die mühevolle Entwicklungsarbeit gefährdet. Schließlich kam die Turbine nach Kriegsende im Januar 1919 aber doch noch an ihrem Bestimmungsort an und konnte in den folgenden Monaten eingebaut werden. Mitte Juni wurde die Wasserkraftanlage durch Fachleute auf ihre Tauglichkeit überprüft. Die Messergebnisse lagen über den garantierten Werten. Hier erzeugte eine Turbine, deren Laufraddurchmesser 600 mm betrug, bei der hohen spezifischen Drehzahl von $n_s = 800$ Umdrehungen pro Minute eine Leistung, die von der Fachwelt bis dahin als unmöglich erschien: 84 % Wirkungsgrad, der noch dazu auch bei halber Beaufschlagung nahezu konstant blieb – das war sensationell! Wenige Tage später sollte dieses Ergebnis vor den Augen des angesehenen Turbinenfachmannes Budau von der Technischen Hochschule in Wien nochmals bestätigt werden. Erst als Budau diese Leistungen ungläubig als Bluff abtun wollte, weihte Kaplan, seit 1918 selbst ordentlicher Professor, seinen Kollegen in sein Geheimnis ein: Diese Turbine arbeite eben mit verstellbaren Laufradschaufeln. Budau sprang daraufhin auf und rief: „Wahrlich der Mann hat Courage!"

Die erste Kaplan-Turbine der Welt hatte also ihre Bewährungsprobe bestanden – und was man damals noch nicht wissen konnte: sie würde weitere vierzig Jahre klaglos ihren Dienst versehen. Zu Recht landete sie schließlich als Renommierstück vor dem Technischen Museum in Wien (**Bild 5**).

Bild 7a: Kaplan 1925/1926

Bild 7b: Kaplan (mit Schirmmütze) am Teich

7 Viel in Bewegung

Die Veröffentlichung der Bremsergebnisse der Turbine von Velm erregte große Aufmerksamkeit in der in- und ausländischen Fachwelt. Der Einführung von Kaplans Erfindung in die Praxis schien nun nichts mehr im Wege zu stehen, zumal es Kaplan fürs Erste auch gelungen war, seine Patente durchzusetzen. Das „Anti-Kaplan-Syndikat" lenkte ein – man wollte sich das große Geschäft nicht entgehen lassen und die Energien der Flüsse und Ströme nunmehr einer wirtschaftlichen Verwertung zuführen. Zu Beginn der Vertragsverhandlungen mit dem „Kaplan-Konzern", wie sich die Geläuterten nun selbst nannten, konnte es sich aber der Erfinder nicht versagen, die Firmenvertreter anzuklagen, dass ihre ständigen Angriffe ihn bis zur völligen physischen und finanziellen Erschöpfung getrieben hätten. Tatsächlich war der Preis für Kaplans Sieg, wie sich bald zeigen sollte, ein sehr hoher: der Verlust der Gesundheit.

Als nach dem Krieg die ersten namhafteren Beträge aus Lizenzverträgen an Kaplan ausbezahlt wurden, wollte er sich einen langgehegten Wunsch erfüllen: ein Haus im Grünen. Ihn, der bisher mit seiner Familie in verschiedenen Mietwohnungen im Stadtgebiet von Brünn gewohnt hatte, zog es magisch aufs Land. So bat er seinen mittlerweile pensionierten Vater, etwas Geeignetes zu suchen. Dabei hatte er auch in diesem Zusammenhang recht klare Vorstellungen von dem, was er wollte:

ein Anwesen mit einer Landwirtschaft, einem Wasserlauf, der sich zur Stromgewinnung anbot, und einer Glasveranda. Tatsächlich wurde der alte Herr bald fündig: Ein großzügiger Landsitz in der Salzkammergutgemeinde Unterach, hoch über dem Tal zwischen Attersee und Mondsee gelegen, stand zum Verkauf. Obwohl sich das Anwesen damals in einem ziemlich erbärmlichen Zustand befand, verfiel die Familie Kaplan sofort dem ihm innewohnenden Zauber des Außergewöhnlichen (**Bild 6a**).

1920 wurde das idyllische Gut Rochuspoint gekauft. Es war geplant, dass Kaplans Vater und dessen zweite Frau Rosina ständig dort wohnen und die ins Auge gefassten Umbauten beaufsichtigen sollten, während der stolze neue Eigentümer mit seiner Familie nur in den Ferien das neue Heim nutzen wollte. Es kam jedoch anders ... (**Bild 6b**).

8 Schwere Schicksalsschläge

Im Frühjahr 1921 starb Carl Kaplan völlig unerwartet. Der Verlust seines Vaters traf den Erfinder sehr, war er doch ein ausgesprochener Familienmensch, der sich besonders seinen Eltern verbunden gefühlt hatte. Noch im Alter schossen ihm Tränen in die Augen, wenn von ihnen die Rede war. Doch das Leben hatte kein Nachsehen mit dem erschöpften und trauernden Wissenschaftler. Unbarmherzig drang eine Katastrophenmeldung nach der anderen an sein Ohr. Bei den von der Stahlhütte Storek gebauten Turbinenanlagen mit mehr als 6 m Nutzfallhöhe traten explosionsartige Geräusche und Erschütterungen auf, die in schweren Fällen sogar den Betrieb unmöglich machten. Die Leistung der Turbinen verschlechterte sich drastisch und die stählernen Laufradschaufeln zeigten an der Unterseite starke Anfressungen.

Niemand wusste Rat. Die Firma Storek musste einen erheblichen Teil ihres Vermögens opfern, um die den Kunden gegenüber eingegangenen Garantien einzulösen. Kaplan war über diesen Rückschlag verzweifelt und konnte sich diese Störungen vorerst nicht erklären. In Kenntnis um seinen angegriffenen Gesundheitszustand ließ sich der Erfinder ein halbes Jahr von seinen Hochschulverpflichtungen in Brünn entbinden, um sich auf Rochuspoint in dieser kritischen Phase einerseits auf die Probleme rund um seine Erfindung konzentrieren zu können und um andererseits bei diesem Aufenthalt in der Natur wieder zu Kräften zu kommen.

Anfang Februar 1922 erkrankte Kaplan jedoch schwer. Die Anstrengungen und Aufregungen der letzten Jahre hatten laufend an seinem Gesundheitszustand genagt und führten nun zum völligen Zusammenbruch. Er fiel in tiefe Bewusstlosigkeit und war bewegungsunfähig. Die beigezogenen Ärzte trafen voneinander abweichende Diagnosen. Es war die Rede von einer Kopfgrippe, einem Nervenzusammenbruch oder einem Schlaganfall. Jedenfalls rang der erst Sechsundvierzigjährige mit dem Tod. Seine Frau wich buchstäblich für Wochen nicht vom Krankenlager ihres Mannes und pflegte ihn fürsorglich. Doch wer nahm sich der ausnehmend brisanten Angelegenheiten rund um seine Erfindung an? Das Lebenswerk trieb bedrohlich auf einen Abgrund zu.

In dieser schwierigen Situation lagen die Hoffnungen nun bei Kaplans Hochschulassistenten Dipl.-Ing. Jaroslav Slavik. Dieser erinnerte sich: „Als ich die Akten auf dem Schreibtisch Professor Kaplans zu sichten begann, wurde mir enge ums Herz. Es wimmelte dort von Bescheiden der Patentämter, von Einsprüchen, Fälligkeitserinnerungen und sonstigen Schriften, zu deren Erledigung teils verlängerbare, teils nicht verlängerbare Fristen gestellt waren ... Ich stürzte mich in die Arbeit, um zu retten, was noch zu retten war.“ [13].

Doch die größte Hiobsbotschaft sollte erst eintreffen: Am letzten Tag der fünfjährigen Präklusivfrist – nach Ablauf einer solchen, kann gegen ein Patent kein Einspruch mehr geltend gemacht werden – wurden in Deutschland zwei Nichtigkeitsklagen gegen einen entscheidenden Teil der Erfindung eingebracht. Die Zeichen standen auf Sturm. An ein persönliches Erscheinen Kaplans bei der in Berlin stattfindenden gerichtlichen Auseinandersetzung war aufgrund seines angegriffenen Gesundheitszustands nicht zu denken. So musste Jaroslav Slavik die aufwendigen Vorbereitungen für diese schwierige Verhandlung treffen und schließlich an der Seite eines Berliner Patentanwalts die Position Kaplans vor Gericht vertreten. Beide Klagen wurden vom Gericht abgewiesen und so konnte Kaplans tüchtiger Mitarbeiter glückstrahlend „Gewonnen!“ nach Unterach telegrafieren.

Auch andere Patentstreitigkeiten wurden zu Gunsten des auch noch Monate nach seinem Zusammenbruch an sein Bett gefesselten Erfinders entschieden. Zudem schien es, dass man im Turbinenversuchslaboratorium bei Storek in Brünn der Ursache des Versagens mancher Turbinenanlagen einen Schritt näher kam. Diese guten Nachrichten beförderten sichtlich Kaplans Genesung, so dass allmählich sogar daran zu denken war, ärztlich empfohlene Kuraufenthalte zu absolvieren. Endlich, nach längerer Abwesenheit von seiner Lehrkanzel, konnte Kaplan im Herbst 1922 seine Arbeit an der DTH in Brünn wieder aufnehmen. Doch er war ein Anderer geworden: das Feuer in seinen dunklen Augen schien erloschen. Kaplan musste hinkünftig mit seinen Kräften haushalten.

9 Ende des Kampfes

In Brünn ging Kaplan, unterstützt von seinen Assistenten, gemeinsam mit der Firma Storek in zahlreichen Versuchsreihen dem unerklärlichen Versagen mancher Turbinenanlagen nach. Nach langem, fieberhaftem Experimentieren erkannte der Erfinder, dass die Verschlechterung der Leistung mancher der Wasserkraftwerke mit Kaplan-Turbinen auf Hohlraumbildungen, auch Kavitation genannt, zurückzuführen war. Wird der Wasserdruck an der Saugseite des Laufrades sehr klein, so wird die im Wasser gelöste Luft ausgeschieden und das Wasser in Schaufelnähe verdampft. Bei auch nur geringem Ansteigen des Drucks, stürzen die Dampfblasen infolge Kondensation schlagartig zusammen. Waren diese Kavitationserscheinungen bei Kaplans kleinen Versuchsturbinen in Form von scheinbar unbedeutenden Bläschen schwer sichtbar, so stellten sie sich bei großen Betriebsturbinen als Ursache für schwere Schäden an Turbine und Fundament heraus. In mehrmonatiger Arbeit konnten die Gesetzmäßigkeiten der Hohlraumbildung erforscht und von Kaplan Laufräder konstruiert werden, die kavitationsfrei arbeiten, wenn sie richtig eingebaut waren, das heißt näher zum Unterwasser gesetzt wurden, um so den Unterdruck auf der Saugseite der Turbine zu verringern. Aufgrund dieser für den Turbinenbau neuen Erkenntnisse konnte die Stahlhütte Storek einen Großteil der schlecht arbeitenden Anlagen umbauen und schon bald eine Kaplan-Turbine mit 17 m Fallhöhe in Betrieb nehmen, die hydraulisch einwandfrei arbeitete.

Rückschauend kommentierte Kaplan die schwierige Zeit der „Kinderkrankheiten" – so seine eigene Wortwahl – seiner Erfindung wie folgt: „Die Natur enthüllt den Schleier ihrer Geheimnisse nur widerwillig und der Weg zum ersehnten Ziele ist mit Entbehrungen und zerstörten Hoffnungen hinreichend gekennzeichnet. Von diesen Schwierigkeiten weiß der „glückliche" Nacherfinder nichts, da ihm der Weg zum Ziele vorbereitet wurde. Heute, wo ich den Werdegang meiner Turbinen überblicke, wundere ich mich, dass mir so spät der rettende Gedanke der Hohlraumbildung einfiel." [5].

In der Genesis der Kaplan-Turbine war das Beherrschen des Kavitationsphänomens leider wieder nur ein wichtiger Etappensieg, denn noch gab es keinen erlösenden Schlussstrich unter die langwierigen Auseinandersetzungen um die Patente. Haupthindernis auf dem Weg zu einer Streitbeilegung war der Umstand, dass die Parteien, deren Nichtigkeitsbeschwerde 1922 in Berlin abgewiesen worden war, Berufung gegen das Urteil einlegten und damit die Patentangelegenheit bis zum Reichsgericht in Leipzig als letzter Instanz trieben. Vom Ausgang dieses Prozesses hing also viel ab. In Kenntnis der Bedeutung der Sache schloss sich der „Kaplankonzern" als Nebenintervenient an der Seite des Erfinders an.

Verständlicherweise brach man 1925 mit gemischten Gefühlen zur Verhandlung nach Leipzig auf, wenngleich in der Gewissheit, sich sorgfältig auf die Entkräftung der gegnerischen Einwände vorbereitet zu haben. Obwohl damit zu rechnen war, dass diese gerichtliche Auseinandersetzung eine Strapaze sein würde, die die noch immer labile gesundheitliche Verfassung des Erfinders bis aufs Äußerste belasten würde, ließ es sich Kaplan nicht nehmen, neben seiner Frau, Slavik und diversen Firmenvertretern und Patentanwälten persönlich an der Verhandlung teilzunehmen.

Durch die jahrelang empfangenen Kränkungen und Demütigungen war Kaplan stark emotionalisiert, und so kam es, wie es kommen musste. Slavik berichtete: „In der Hitze des Gefechtes beachtete der Herr Professor meine warnenden Einflüsterungen überhaupt nicht mehr und ich sah unabwendbar den Augenblick herannahen, wo er sich in Widersprüche verwickeln würde, die den Geg-

Bild 7c: Viktor Kaplan im Kreise der Familie und Freunden

nern nur willkommen gewesen wären. In meiner Not zog ich kräftig an seinem Rockschoß. Indigniert über diese Störung wandte sich mir der Herr Professor zu und frug mich, was ich denn eigentlich wolle. Ehe ich ihm dies erklären konnte, hatte jedoch der Vorsitzende des Senats bereits einem anderen Redner das Wort erteilt. Der Herr Professor sah mich mit einem erbosten Blick an, dass ich seine Verteidigungsrede unterbrochen hatte ... Der gleiche Fall wiederholte sich noch einmal und da war der Herr Professor auf mich schon ernstlich böse." [13].

Der Ärger war aber bald wieder verraucht, als sich im Laufe der Verhandlung das Blatt immer mehr zu Gunsten des Angeklagten wandte. Der Prozess endete schließlich mit einem Sieg Kaplans. Rückschauend kommentierte der Erfinder dieses wichtige Urteil: „Trotz des amtlichen Charakters des Deutschen Reichspatentamtes hatte dasselbe doch ein menschliches Einsehen. Es ließ einen Erfinder, der sich wie ein Löwe um sein geistiges Eigentum wehrte, nicht im Stich. Die Einsprüche wurden im Beschwerdeverfahren kostenpflichtig abgewiesen und mir das Patent in vollem Umfange erteilt." [5] (**Bild 7a**).

Kaplan war Slavik zeitlebens dafür dankbar, dass er ihm in Zeiten größter Bedrängnis umsichtig und sachlich versiert zur Seite gestanden hatte. Ideell entlohnte er seinen treuen Mitarbeiter mit dem Gold aufrichtiger Freundschaft, materiell mit der Überlassung eines Anteils an dem Ertrag seiner Patente.

Durch das Urteil des Reichsgerichtes in Leipzig blieben die Patente Kaplans in allen wichtigen Punkten aufrecht. Insgesamt wurden Kaplan 280 Patente in weltweit 27 Staaten erteilt. Mit dem Gerichtsentscheid endete ein zwölf Jahre dauernder Rechtsstreit, dessen destruktive Kraft sich erahnen lässt, wenn man weiß, dass allein die amtlichen Unterlagen dazu 14 500 Seiten umfassen. Endlich war die Erfindung der Kaplan-Turbine auch rechtlich abgesichert, deren Vorteile ihr Schöpfer selbst wie folgt zusammenfasste [5]:

„1. Hohe spezifische Drehzahl bis über $n_s = 800$.
2. Guter Wirkungsgrad.
3. Große Unempfindlichkeit gegen Drehzahl- bzw. Gefällsschwankungen. Dieser Umstand ist bei Hochwassergefahr wertvoll.
4. Große Unempfindlichkeit gegen Verunreinigungen des Wassers durch Sand, Schlamm, Laub, Äste usw.
5. Leichte Herstellbarkeit, gute Transportmöglichkeit."

10 Die Zeit der Anerkennung

1926 feierte Kaplan seinen 50. Geburtstag und man zollte dem Jubilar in zahlreichen Zeitschriften fachliche Anerkennung. Neben anderen Auszeichnungen konnte er sich über die Verleihung seines ersten Ehrendoktorats freuen, das er von der DTH in Prag erhielt. Acht Jahre später wurde Kaplan zum „Doktor h. c." der DTH Brünn ernannt. Größte Genugtuung war dem Erfinder aber sicher, als 1926 die erste Großturbine klaglos ihren Betrieb aufnahm. Die in Lilla Edet in Schweden installierte Kaplan-Turbine mit einem Laufraddurchmesser von 5,8 m erbrachte eine Leistung von 11 200 PS bei einem Schluckvermögen von 160 m^3/s, bei einem Gefälle von 6,5 m.

Aus heutiger Sicht ist die Bestückung der Kraftwerksanlage Lilla Edet mit einer Kaplan-Turbine der Beginn einer ausgesprochenen Erfolgsstory gewesen, hat sich doch in der Folge dieser Wasserkraftmaschinentyp bei niedrigen bis mittleren Gefällen zwischen 2 m und 60 m weltweit durchgesetzt. Alle großen Laufkraftwerke an Flüssen und Strömen rund um den Erdball, aber auch Gezeitenkraftwerke arbeiten heute mit Kaplan-Turbinen. Die größten davon erreichen Leistungen von 170 000 PS oder 125 MW bei einem Wirkungsgrad von maximal 95 %, der sich auch bei Teillast nur wenig verringert. Noch war es jedoch nicht soweit ...

Mitte der 1920er Jahre begann Kaplan gemeinsam mit seinem Freund Alfred Lechner, Professor für Mechanik an der Technischen Hochschule Wien, mit der Überarbeitung seines Buches „Bau rationeller Francisturbinenlaufräder", das er seinerzeit als Doktorarbeit eingereicht hatte. Es sollte 1931 als letzte Veröffentlichung Kaplans unter der Ko-Autorenschaft Lechners mit dem Titel „Theorie und Bau von Turbinenschnelläufern" erscheinen.

Sonst wandte sich der Erfinder in seinen Schriften immer mehr von den fachlichen Problemen im engeren Sinne ab und wurde zum Mahner gegenüber jenen, in deren Händen sich die technische Macht konzentriert. So schrieb er etwa: „[Der Erfindungsgeist] schuf uns die Werkzeuge und jene Mittel, die uns das Leben angenehmer gestalten sollen. Aber – und dies darf nicht verschwiegen werden – auch Kummer und Leid kann dieser Fortschritt verursachen, wenn wir die technischen Errungenschaften in machtgierige Hände legen. Vor der Entwicklung einer solchen Kultur sei dringend gewarnt. So haben unseren Weltkrieg nur Werkzeuge einer skrupellosen Macht trotz aller Begeisterung und Vaterlandsliebe entschieden. Von dieser Seite aus gesehen erscheint uns die technische Macht als Beherrscherin des Menschengeschlechts, welche schließlich zur Vernichtung desselben führen kann." [8].

Bild 7d: Viktor Kaplan (links) mit Freund Alfred Lechner

1930 empfing Kaplan neben anderen Auszeichnungen auch die Ehrenbürgerschaft seiner Wahlheimat Unterach. Dies freute den Wissenschaftler umso mehr, als er sich im Kreise dieser meist einfachen Leute immer zu Hause gefühlt hatte. Später sollten ihn die Unteracher auch noch mit der Bitte überraschen, doch ihr Bürgermeister zu werden – einem Anliegen, dem der verdutzte, weil unpolitische „Herr Professor" trotz aller Verbundenheit jedoch nicht entsprechen wollte.

11 Leben auf Rochuspoint

Kaplan hatte in den Jahren nach seiner schweren Erkrankung nie wieder seine ursprünglich vitale und starke Konstitution zurückgewonnen. Durch die Erlöse aus den Lizenzverträgen zu beachtlichem materiellen Wohlstand gelangt, wollte er sich nach den vielen Anstrengungen und zermürbenden Kämpfen ins Privatleben zurückziehen – Privatleben konnte bei ihm aber nur heißen, sich endgültig seinem geliebten Landgut Rochuspoint, hoch über dem Attersee gelegen, zu widmen und sich dort im Kreise seiner Familie aufzuhalten. Der Zeitpunkt schien günstig, nachdem nun auch seine jüngere Tochter Gertraud ihre Schule in Brünn mit Matura abgeschlossen hatte. Kaplan entschloss sich deshalb 1931, um seine Frühpensionierung anzusuchen, worauf die Familie den Haushalt in Brünn auflöste und endgültig ins Salzkammergut zog (**Bild 7b**).

Ein hervorstechender Charakterzug Kaplans war sein Streben nach Unabhängigkeit. Diese Eigenschaft diktierte auch die Entwicklung, die sein weitläufiges Landgut unter seiner Führung nehmen sollte. Kaplan betrieb nun Viehwirtschaft, legte ausgedehnte Gemüse- sowie Obstbaumkulturen an und unterhielt eine Imkerei. Dem nicht genug, er ließ auch ein großes Glashaus, eine Schlosserei und eine Tischlerei bauen und hatte eigene Schmelzöfen in Betrieb. Selbstverständlich sorgte der Herr des Besitzes auch für eine hauseigene Stromerzeugung aus einer Wasserkraftanlage, die mit einem Peltonrad bestückt wurde. Der für die rege Bautätigkeit erforderliche Sand wurde mittels Schotterbrechern dem vorbeifließenden Bach abgerungen. Doch im Mikrokosmos Rochuspoint durfte auch eine entsprechende Infrastruktur für Freizeitvergnügungen nicht fehlen, wie ein Tennisplatz, ein Badeteich und – für damalige Verhältnisse eine Sensation – ein eigener Kinosaal. Aufgrund der zahlreichen Holzbaracken sprachen Freunde spöttelnd von „Hütteldorf".

Das größte Glück des „Herrn Professors" schien, wenn rund um ihn fleißig gearbeitet wurde. Bald waren über zehn Leute beruflich ständig auf Rochuspoint beschäftigt und es gab viel Besuch, der teilweise auch tatkräftig zupacken musste, um die oft spontan geborenen Ideen des Hausherren sofort zu verwirklichen. Mit einem Wort, auf Rochuspoint herrschte immer große Betriebsamkeit – aber es gab trotz der vielen Arbeit auch immer eine Gaudi (**Bild 7c**).

Es lag förmlich auf der Hand, dass dieses rege Treiben in entspannter Atmosphäre die Menschen einander näherbrachte, und so wurde Rochuspoint auch der ideale Nährboden für diverse „Heiratssachen". Hier fanden etwa die Köchin und der Chauffeur zusammen, der Assistent und die Lehrerin der Töchter, aber auch Kaplans ältere Tochter Grete traf hier erstmals ihren späteren Mann, den Doktor der Technik Edwin Kramberger. Er war Hochschulassistent bei Lechner (**Bild 7d**) und als Maschinenbauingenieur der ideale Schwiegersohn für Kaplan. Mit ihm konnte er Fachsimpeln und Experimentieren. 1931 wurde geheiratet.

In seinen persönlichen Bedürfnissen blieb Kaplan immer ausnehmend bescheiden. Er leistete sich nur eine teure Extravaganz, nämlich eine Luxuslimousine, deren Kühlerhaube eine kleine Turbine zierte. Mit ihr wurden gelegentlich Ausflugsfahrten und Reisen unternommen, wobei sich Kaplan immer chauffieren lassen musste, da er sich nie dazu durchringen konnte, den Führerschein zu machen.

War Kaplan selbst in allen seinen Überlegungen, seinen Landsitz betreffend, von Zweckmäßigkeit geleitet, lagen ergänzend und manchmal auch dazu kontrastierend seiner Frau die ästhetischen Reize von Rochuspoint am Herzen. Sie richtete die Villa geschmackvoll ein, ließ rund ums Haus ein raffiniertes Netz von Sitzplätzen und Kieswegen anlegen und sorgte für den entsprechenden Blumenschmuck in ausgedehnten Beetanlagen. Zudem führte sie mit Geschick und Umsicht die Hausangestellten und war eine großzügige sowie perfekte Gastgeberin. Der Hang seiner Frau zur inszenierten Ästhetik war dem Erfinder allerdings immer wieder Anlass für Spötteleien und manchmal auch für ziemlich derbe Scherze. So wurde beispielsweise Franzl Mittermaier, der Chauffeur, von Frau Kaplan bei größeren Einladungen, mit schwarzem Anzug und weißen Handschuhen angetan, als Butler eingesetzt – was Kaplan bloß den Kommentar abrang: „Na Franzl, machen's wieder einen Kasperl aus Ihnen?!" Oder einmal, als es wieder besonders gediegen zugehen sollte, begann der Hausherr dem Dienstmädchen das teure Geschirr zuzuwerfen. Seine Gäste zwang er, das Gleiche zu tun. Damit war natürlich zum Leidwesen seiner Frau die Eleganz des Abends vernichtet. Für Besucher, die ihm gegen den Strich gingen, weil sie besonders „vornehm" taten, hatte Kaplan einen speziellen Streich auf Lager: Er legte dem „Opfer", vom Tischtuch verdeckt, einen Balg unter den Teller, den er, nachdem die Suppe aufgetragen war, heimlich aufpumpte, so dass der Inhalt unweigerlich über den Tellerrand auf das Tischtuch schwappte. Dazu wiederholte er stereotyp: „Ich kann keine Menschen leiden, die beim Essen patzen!" Es ist verständlich, dass sich in solchen Fällen seine Frau stets schützend vor den verspotteten Gast stellte und ihren Mann in die Schranken wies.

Natürlich waren auch die engsten Freunde willkommene Zielscheiben für Kaplans skurrilen Humor. Als sein engster Freund und nachmaliger Biograph Alfred Lechner zum Ordinarius für Mechanik an der Technischen Hochschule Wien ernannt wurde und sich kurz darauf zu einem Besuch auf Rochuspoint angesagt hatte, dachte sich Kaplan etwas Besonderes aus: Er organisierte die Unteracher Musikkapelle sowie die Goldhaubenfrauen, die Böllerschützen und den Bürgermeister – alles unter dem Vorwand, dass er einen Regenten erwarte, den er nach Rochuspoint eingeladen habe. Der prominente Besucher reise inkognito und käme per Schiff. Dieses Gerücht verbreitete sich wie ein Lauffeuer und bald war der ganze Ort auf den Beinen, um Zeuge des Empfanges für den hohen Gast zu werden. Wo doch die Vorbereitungen schon unübersehbar auf Hochtouren liefen! Endlich war es soweit: Der Dampfer legte am Landungssteg an, es wurden Böllerschüsse gefeuert, die Musikkapelle spielte mit einem Marsch auf und der Bürgermeister, von Ehrenjungfrauen umringt, eilte auf einen äußerst bescheiden gekleideten Herrn mit einem abgegriffenen Köfferchen in der einen und einen Regenschirm in der anderen Hand zu, der verlegen über so viel Aufhebens an Land ging. Erst als ihn der Bürgermeister mit „Majestät" anredete und umständlich freundliche Worte der Begrüßung fand, dämmerte Lechner, dass hier ein Streich inszeniert worden war. Und tatsächlich, schon nahm er Kaplan mitten in der wartenden Menge wahr, der ihm vergnügt zuzwinkerte. – Die Unteracher wurden mit Würstel und Kracherl dafür entschädigt, dass sie ihren Ehrenbürger auf den Leim gegangen waren, und die Ortschronik der Salzkammergutgemeinde ist seitdem um eine Anekdote reicher.

Entspannung fand Kaplan auf ausgedehnten Spaziergängen, beim Schachspiel, bei Fachsimpeleien und beim Experimentieren. Im Alter wandte er sich etwa noch dem Problem der Verbesserung von Schiffsschrauben zu. Außerdem beschäftigte er sich mit der Entwicklung von Lötkolben, die im Unternehmen seines Schwiegersohns noch Jahrzehnte später produziert werden sollten. Viel Zeit widmete der Professor seinen Tieren: Er zähmte beispielsweise ein Reh und eine Krähe und von einer Reise brachte er zwei Kapuzineräffchen mit, die tagsüber sogar ins Freie durften und abends mit Bananen in ihren Käfig zurückgelockt wurden.

Alles in allem verfügte Kaplan im Alter über ein mildes, abgeklärtes Naturell. Er bezog seine Zufriedenheit aus der Gewissheit, mit seiner Erfindung etwas geleistet zu haben, das mittlerweile Weltgeltung erlangt hatte und auch in reichem Maße materielle Früchte abwarf.

12 Abschied von dieser Welt

Im Sommer 1934 machten Kaplan und seine Frau einen ihrer vielen Abendspaziergänge. Der Weg führte sie – wie so oft – auf ein Plateau einer steil nach Süden abfallenden Wiese ihres Landsitzes.

Bild 8: Ruhestätte Kaplans

Kaplan blieb stehen und sagte: „Siehst, Greterl, hier möchte ich einmal begraben werden." Beide ahnten wohl nicht, dass der Tod schon wartete ...

Im Juli feierte der Hochschulprofessor mit seiner Frau und seiner Familie Silberne Hochzeit. Margarethe war damals 50, seine Töchter waren 24 Jahre und 21 Jahre alt. Kaplan konnte auf sein „Drei-Mäderl-Haus" sehr stolz sein, waren doch alle drei Damen lebenstüchtige und attraktive Erscheinungen. Während die ältere Tochter Grete zu dieser Zeit schon in Mondsee verheiratet war und zwei ihrer insgesamt sieben Kinder hatte, studierte die jüngere Gertraud an der Universität Wien Germanistik und Romanistik. Sie sollte erst nach ihrer Promotion vier Jahre später heiraten und insgesamt sechs Kinder auf Rochuspoint großziehen.

Letztlich kam das Ableben des weltberühmten Professors wie der sprichwörtliche Blitz aus heiterem Himmel. Kaplan verschied in der Nacht des 23. August 1934 im 58. Lebensjahr in den Armen seiner Frau an einem Gehirnschlag. Der Todeskampf dauerte nur wenige Stunden. Unter größter Anteilnahme der Öffentlichkeit wurde er am Ortsfriedhof in Unterach beigesetzt. An der von ihm gewünschten Stelle ließ seine Frau ein Mausoleum bauen, in das die sterblichen Überreste ein Jahr später umgebettet wurden (**Bild 8**). So fand eine der größten österreichischen Erfinderpersönlichkeiten seine letzte Ruhe inmitten der freien Natur auf seinem geliebten Landsitz. Die dort herrschende Stille wird auch heute nur durch das Rauschen eines nahen Baches und gelegentliches Kinderlachen, das von Rochuspoint herüberdringt, unterbrochen. PANTA RHEI – Alles fließt ...

Autoren

o. Univ.-Prof. Dipl.-Ing. Dr. Gerlind Weber
Müllnergasse 13/17
1090 Wien
Österreich
profgerlindweber@gmail.com

Dipl.-Ing. Dr. Gunter Weber
Prof.-Angermair-Ring 14
85748 Garching
gunter.weber@gmx.de

Literatur

[1] Gschwandtner, M.: Aurum ex aquis. Viktor Kaplan und die Entwicklung zur schnellen Wasserturbine. Dissertation im Fachbereich Geschichts- und Politikwissenschaft der Universität Salzburg. Bände I und II, Salzburg, 2006.

[2] Kaplan, V.: Eine neue Wasserturbine. In: Zeitschrift für die gesamte Wasserwirtschaft (1917), Heft 22, S. 169 ff.

[3] Kaplan, V.: Über schwarze und weiße Kohle. In: Zeitschrift für das gesamte Turbinenwesen (1918), Heft 32, S. 271 ff.

[4] Kaplan, V.: Kaplanturbine oder Francisturbine? In: Zeitschrift für das gesamte Turbinenwesen (1919), Heft 32, S. 345 ff.

[5] Kaplan, V.: Wie die Kaplanturbine entstand. In: Wasserkraft-Jahrbuch 1925/26. S. 296 ff.

[6] Kaplan, V.: Die Entwicklung des Kaplanlaufrades. In: Wasserkraft-Jahrbuch 1927/28, S. 414 ff.

[7] Kaplan, V.: Kavitationserscheinungen bei Turbinen mit großer Umlaufgeschwindigkeit. In: Wasserkraft-Jahrbuch 1927/28, S. 414 ff.

[8] Kaplan, V.: Die technische Macht. In: Technik für Alle (1929), S. 2 ff.

[9] Lechner, A.: Viktor Kaplan. Sonderausgabe aus Blätter für Geschichte der Technik, Julius Springer, Wien 1936.

[10] Marek, G.: Viktor Kaplan 1876-1934. Wien: Eigenverlag des Technischen Museums Wien, 1976.

[11] Oberösterreichische Kraftwerke AG (Hrsg.): Viktor Kaplan – Energie aus Wasser, Linz: o. J.

[12] Schulz, F.: Viktor Kaplan als Forscher. In: Blätter für Technikgeschichte (1974/75), Heft 36/37, S. 105 ff.

[13] Slavik, J.: An der Wiege der Kaplanturbine. In: Blätter für Technikgeschichte (1968), Nr. 29.

[14] Weber-Kaplan, G.: Biographie meines Vaters. Unveröffentlichtes Manuskript, 1981.

Gerlind Weber and Gunter Weber

Viktor Kaplan – Ups and Downs of an Inventor's Life
„Nature refuses to reveal easily the curtain of its secrets and the way to the targets of an inventor is paved with privations and destroyed hopes." With these words Viktor Kaplan summed up in 1925 the development of the turbine invented by him. Two of his grandchildren took the opportunity of the jubilee „Hundred Years Kaplan Turbine" to illustrate the ups and downs of this great Austrian inventor's life.

Герлинд Вебер и Гунтер Вебер

Виктор Каплан – взлеты и падения в жизни изобретателя
«Природа приоткрывает завесу своих тайн очень неохотно, путь к достижению желаемой цели отмечен множеством лишений и разрушенных надежд». Этими словами австрийский изобретатель Виктор Каплан в 1925 году ретроспективно отметил сложность работы над созданием турбины, названной его именем. Двое его внуков используют юбилей «100 лет турбины Каплана» для того, чтобы рассказать о взлетах и падениях в жизни великого изобретателя и его личности.

Christian Bauer und Stefan Gössinger

Die Entwicklung der Kaplan-Turbine

Die Kaplan-Turbine wurde zu Beginn des 20. Jahrhunderts entwickelt und stellt neben Pelton- und Francis-Turbinen die dritte der heutzutage genutzten Hauptturbinenbauarten dar. Die damalige Fachwelt war besonders stark von dem Ziel getrieben, bestehende Wasserturbinen hinsichtlich ihrer Schnellläufigkeit zu verbessern. Die unternommenen Forschungsanstrengungen an Francis-Laufrädern konnten diesem Ziel jedoch nicht gerecht werden. Dies erkannte auch Viktor Kaplan und entwickelte aus seinen Erkenntnissen schlussendlich die nach ihm benannte Kaplan-Turbine.

1 Der Erfinder Viktor Kaplan

„Es war gerade wieder eine strenge Untersuchung an meiner Wasserturbine und in meine Arbeit ganz vertieft, vergaß ich, dass heute Vorlesung sei." Viktor Kaplan in einer von ihm gehaltenen Vorlesung, zu der er zu spät gekommen war [2].

Viktor Kaplan, ein herausragender Erfinder seiner Zeit, entwickelte in verhältnismäßig kurzer Dauer die heute weltweit verbreitete Kaplan-Turbine. Mit seiner Erfindung konnte die Wasserkraftnutzung von Flüssen bei geringem Gefälle und großem Durchfluss wirtschaftlich rentabel gemacht werden. Bevor jedoch im Detail auf diese Entwicklung und ihre technischen Entstehungsschritte eingegangen wird, sollen private sowie berufliche Ereignisse im Leben Viktor Kaplans aufgezeigt werden, die den Grundstein für seine Erfindung legten. Die Meilensteine sowie seine persönlichen Schicksalsschläge sind mittels Zeitstrahl in **Bild 1** übersichtlich dargestellt.

Viktor Kaplan wurde 1876 in Mürzzuschlag, Steiermark, geboren. Bereits in seiner Schulzeit zeigte sich sein überaus hohes praktisches Potenzial sowie sein Erfindergeist. Beispielsweise ist der Bau einer Elektrisiermaschine, Dampfmaschine oder eines selbstgebauten fotografischen Apparates überliefert [2]. Diese praktischen Fähigkeiten sollten später bei der Entwicklung der Kaplan-Turbine eine wichtige Rolle spielen.

Nach der erfolgreich abgeschlossenen Schulzeit absolvierte Viktor Kaplan sein Maschinenbaustudium an der Technischen Hochschule (TH) Wien, welches er im Jahre 1900 beendete. Nach einem freiwilligen Jahr bei der k. u. k. Kriegsmarine trat er im Oktober 1901 bei der Leobersdorfer Maschinenfabrik als Ingenieur ein. Zu Beginn seiner Tätigkeiten befasste er sich mit Themen im Bereich der Verbrennungskraftmotoren. Eine rein theoretisch verfasste Arbeit wurde von ihm an der TH Wien zur Dissertation eingereicht, jedoch mit dem Vermerk zur Ergänzung von praktischen Versuchen zurückgestellt. Ihm wurde dadurch schließlich klar, dass theoretische Untersuchungen alleine nicht ausreichen würden, um in der Technik bahnbrechende Entwicklungen umsetzen zu können. Bei der Entstehung der Kaplan-Turbine sollte er den experimentellen Weg später nie verlassen [2].

Unzufrieden mit seiner Situation in Leobersdorf versuchte Viktor Kaplan eine neue Anstellung zu finden und konnte diese 1903 als Konstrukteur an der TH Brünn finden. Diese Zeit bezeichnet die Anfänge Viktor Kaplans intensiver Forschungstätigkeiten auf dem Gebiet der Wasserkraftmaschinen. Vor allem Arbeiten über Konstruktionen von Francis-Turbinenschaufeln seien hierbei als Beispiel herausgegriffen [3], [4]. Ein gesammeltes Werk über seine Forschungstätigkeiten auf dem Gebiet der Francis-Laufräder reichte Kaplan an der TH Wien als Dissertation ein [9] und konnte im Frühjahr 1909 seine Promotion erfolgreich ablegen. Noch im gleichen Jahr erfolgte seine Habilitation an der TH Brünn.

Von da an trat ein Stillstand der bisher zahlreichen Publikationstätigkeiten ein. Der Grund dafür war die Errichtung eines Labors für Wasserkraftturbinen an der TH Brünn, die Viktor Kaplans volle Aufmerksamkeit benötigte [2]. Er war maßgeblich an der Errichtung sowie Auslegung dieses Labors beteiligt, welches 1910 fertiggestellt wurde. Später gibt Kaplan an, dass dieses von ihm konzipierte Labor wesentlich zur Erfolgsgeschichte der Kaplan-Turbine beitragen konnte [5].

Abgesichert durch seine Anstellung als Professor in Brünn konnte er sich fortan vollends seinen Forschungen widmen. Der Grundstein in seinem Leben sowie die Voraussetzungen zur Entwicklung der Kaplan-Turbine waren somit gelegt. Der Antrieb seiner Forschungstätigkeiten resultierte unter anderem aus der Notwendigkeit einer erhöhten Schnellläufigkeit von Wasserkraftturbinen. Dies war in der damaligen Zeit, Anfang des 20. Jahrhunderts, von erhöhtem Forschungsinteresse.

2 Die Erhöhung der spezifischen Drehzahl

„Vor ungefähr 25 Jahren … kam man mit der spezifischen Drehzahl (n_s) nicht viel über 200 hinaus. Es waren daher kostspielige und teure Übersetzungsgetriebe vorgesehen, die den Nachteil hatten, störende Geräusche und Erschütterungen zu verursachen." (Viktor Kaplan [5]).

Um die Jahrhundertwende waren auf dem Gebiet der Wasserkraft zahlreiche Bestrebungen und Forschungsanstrengungen im Gange, die Drehzahl von Turbinen zu erhöhen. Durch die aufstrebende Elektrizitätswirtschaft wurden ständig neue Ansprüche hinsichtlich Wirkungsgrad und Schnellläufigkeit gesetzt. Einen wesentlichen Beitrag dazu leistete 1891 die elektrotechnische Ausstellung in Frankfurt am Main. Es gelang Oskar von Miller den in Lauffen am Neckar erzeugten Drehstrom mit einer Spannung von 15 000 Volt durch eine 175 km lange Freileitung nach Frankfurt am Main zu übertragen. Somit war gezeigt, dass der Ort des Energieeinsatzes unabhängig von der Lage des Wasserkraftwerkes geworden war. Da Drehstromgeneratoren nach Gl. (2) bestimmte Drehzahlen benötigen, mussten zu deren Erreichung Übersetzungsgetriebe verwendet werden. Diese waren teuer, wartungsintensiv und setzten aufgrund ihrer Verluste den Gesamtwirkungsgrad der Anlage herab [1], [2].

Um die Notwendigkeit einer erhöhten Drehzahl der Turbinen deutlich zu machen, sollen folgende Formeln zur Illustration dienen. Aus Gl. (1) ist erkennbar, dass eine bestimmte Leistung entweder durch ein großes Moment M oder eine hohe Winkelgeschwindigkeit ω erreicht werden kann:

$$P = M \cdot \omega \qquad (1)$$

Wird eine bestimmte Leistung durch eine erhöhte Winkelgeschwindigkeit erreicht, sinkt das Drehmoment und somit auch die Abmessungen des

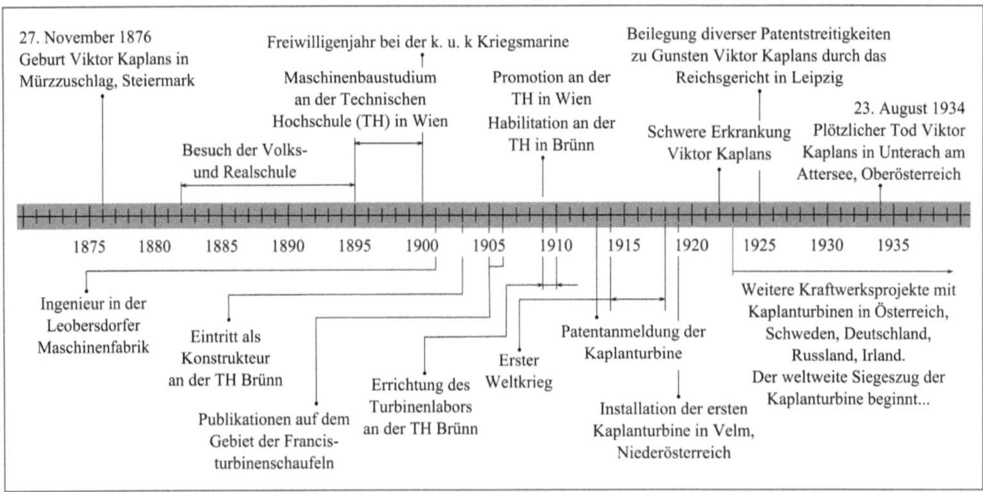

Bild 1: Auszüge wichtiger privater sowie beruflicher Ereignisse im Leben Viktor Kaplans [1], [2]

Generators, womit durch schnelllaufende Generatoren die Kosten der Wasserkraftanlage gesenkt werden können [2].

Synchrondrehzahlen von Drehstromgeneratoren werden nach Gl. (2) berechnet. Diese sind von Frequenz f und Polpaarzahl p abhängig. Somit ergibt sich beispielsweise bei einer Frequenz von 50 Hz für zweipolige Maschinen eine synchrone Drehzahl von 3 000 U/min bzw. bei vierpoligen Maschinen 1 500 U/min:

$$n = \frac{f \cdot 60}{p} \qquad (2)$$

Im Weiteren kann aus Gl. (3) ohne Berücksichtigung von Verlusten abgeleitet werden, dass bei der Wasserkraftnutzung bei niedrigen Fallhöhen H die Strömungsgeschwindigkeit c des Wassers und somit auch die Umfangsgeschwindigkeit des Laufrades klein ist:

$$c = \sqrt{2 \cdot g \cdot H} \qquad (3)$$

Bei gleichzeitig hohem Durchfluss Q muss aufgrund der großen zu schluckenden Wassermengen das Laufrad einen großen Durchmesser aufweisen, woraus sich wiederum geringe Drehzahlen ergeben.

Um verschiedene Turbinen hinsichtlich ihrer Schnellläufigkeit vergleichen zu können, wird die spezifische Drehzahl herangezogen. In der Zeit von Viktor Kaplan kam mit n_s nach Gl. (4) eine etwas unterschiedliche Definition zu der heute gebräuchlichen Form n_q laut Gl. (5) zur Anwendung:

$$n_s = n \cdot \frac{\sqrt{P}}{H \cdot \sqrt[4]{H}} \qquad (4)$$

In der älteren Form bezieht sich die spezifische Drehzahl auf ein Laufrad, welches bei einem Gefälle von 1 m eine Leistung von 1 PS bzw. 0,736 kW erbringt. Betrachtet man die Definition nach Gl. (4), so ist ersichtlich, dass durch die Leistung $P = P(\eta)$ die spezifische Drehzahl vom jeweiligen Turbinenwirkungsgrad η abhängig ist. Folglich weisen durch diese Definition Turbinen mit einem höheren Wirkungsgrad eine höhere spezifische Drehzahl auf.

Um dem entgegenzuwirken wird heutzutage für die spezifische Drehzahl die Kennzahl n_q nach Gl. (5) verwendet. Diese ist nicht auf die Leistung von 1 PS bezogen, sondern auf einen Durchfluss von 1 m³/s. Dadurch entfällt beim Vergleich unterschiedlicher Turbinen der Einfluss unterschiedlicher Wirkungsgrade:

$$n_q = n \cdot \frac{\sqrt{Q}}{\sqrt[4]{H^3}} \qquad (5)$$

Aus Gl. (5) ist im Weiteren ersichtlich, dass sich n_q umso mehr erhöht, je größer Q und je kleiner H wird. Dies kommt besonders bei der Wasserkraftnutzung von Flüssen, welche einen großen Durchfluss bei kleiner Fallhöhe liefern, zum Tragen.

Um die historischen Daten gegebenenfalls mit heutigen Bereichen vergleichen zu können, kann eine Umrechnung durch Gl. (6) erfolgen [1]:

$$n_s \sim 3{,}34 \cdot n_q \qquad (6)$$

Werden nun die drei heutigen Hauptturbinenarten hinsichtlich ihrer spezifischen Drehzahl charakterisiert, so ergibt sich eine Steigerung, ausgehend von der kleinsten bis hin zur größten spezifischen Drehzahl, d. h. von Pelton- über Francis- hin zu Kaplan-Turbinen.

Erste Versuche von Viktor Kaplan zur Steigerung der spezifischen Drehzahl mit der von ihm entwickelten Kaplan-Turbine sind in **Bild 2** ersichtlich. Darin wird durch die Linien a und b der damalige Stand der Technik bezüglich Schnellläufigkeit von Francis-Turbinen dargelegt. Die Linien bilden somit den Ausgangspunkt seiner Forschungstätigkeiten zur Steigerung der Schnellläufigkeit.

Die Linien c bis f kennzeichnen Ergebnisse von ersten Kaplanlaufrädern. Linie f stellt ein Laufrad dar, welches während dem Ersten Weltkrieg in Brünn entstand und zeigt, dass selbst bei spezifischen Drehzahlen n_s von 900 noch Wirkungsgrade von 80 % möglich waren. Somit konnte die spezifische Drehzahl von den zu dieser Zeit schnellsten Francis-Turbinen bei ähnlich hohem Wirkungsgrad um rund das Dreifache übertroffen werden. Im Mai 1913 verständigte Viktor Kaplan verschiedene Turbinenbaufirmen, dass es ihm gelungen sei, mit neuen Laufrädern spezifische Drehzahlen und Wirkungsgrade zu erreichen, welche die bisher bestehenden Laufräder um ein vielfaches übertrafen [2]. Um die spezifische Drehzahl derart steigern zu können, musste Viktor Kaplan vorhandene Wege verlassen und gänzlich neue Richtungen einschlagen.

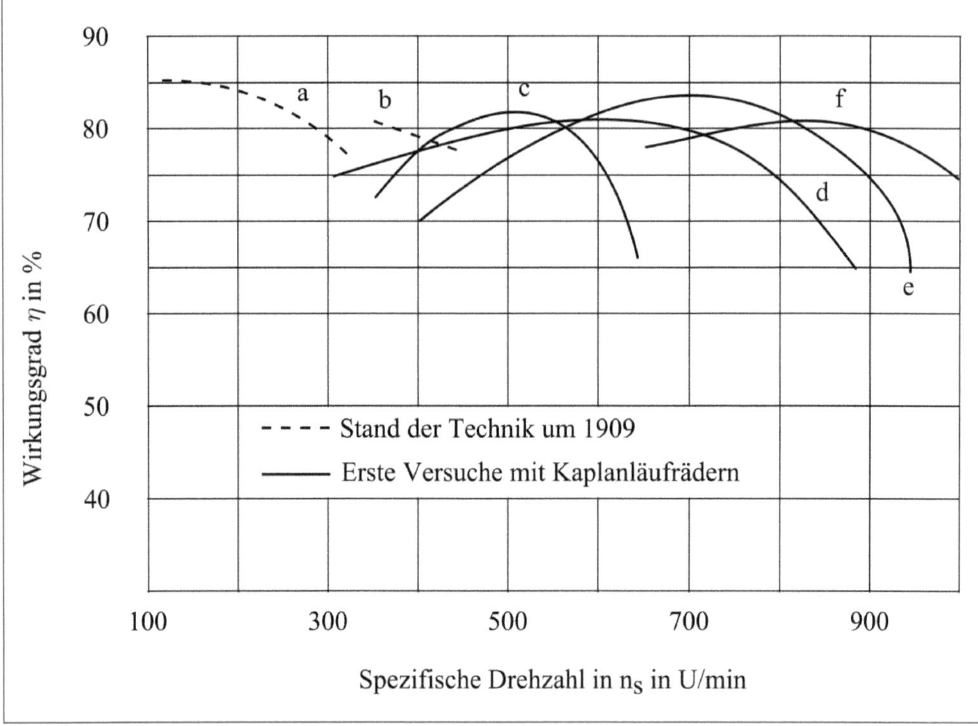

Bild 2: Übersicht über Wirkungsgrade und spezifische Drehzahlen von Francis-Schnellläufern und Kaplan-Turbinen aus der Zeit Viktor Kaplans [6]

3 Die Entwicklungsschritte von der Francis- zur Kaplan-Turbine

„Langsam tastend schritt ich vorwärts, jedesmal die Natur durch den Versuch befragend, bis ich von den zellenförmigen Laufradschaufeln zu den Laufrädern mit flügelartigen Schaufeln kam." (Viktor Kaplan [5]).

Viktor Kaplan beschäftigte sich ca. ab 1903 mit der Erhöhung der Schnellläufigkeit und der Wirkungsgrade von Francis-Turbinen. Sein besonderes Augenmerk lag dabei auf der Verbesserung der Laufradschaufeln. Bald wurde ihm jedoch klar, dass durch die Anzahl und Form der Schaufeln eine Steigerung der Schnellläufigkeit nicht möglich war, ohne den Wirkungsgrad massiv zu verschlechtern.

Seine Entwicklungsschritte sind schematisch in **Bild 3** dargestellt. Dabei ging Viktor Kaplan bei seinen praktischen sowie theoretischen Versuchen von Francis-Laufrädern (A) aus, bei denen er versuchte, die spezifische Drehzahl durch immer neuere Schaufelformen zu verbessern. Beispielsweise versuchte er, durch die eingezogene Eintrittskante, einen erweiterten Schaufelkranz und eine Reduzierung der Schaufelanzahl die Schluckfähigkeit sowie durch die reduzierten Schaufeln auch die Reibung zu verringern (B). Doch durch diese Maßnahmen konnte die spezifische Drehzahl nicht gesteigert werden, es zeigten sich Ablösungen im Saugrohr sowie einer starken Verwirbelung der Strömung unter dem Laufradkranz.

Nach zahlreichen Versuchen baute Viktor Kaplan ein Laufrad, welches als Zwischenstufe zwischen Francis- und Kaplan-Turbine gewertet werden kann (C). Einerseits ist der Außenkranz nicht mehr erweitert und andererseits wird der obere Teil der Laufradschaufeln vom Wasser radial und durch den unteren Teil vorwiegend axial durchflossen. Zwischen dem Leitradaustritt und dem Laufradeintritt, befindet sich ein großer Ringraum, der sogenannte „schaufellose Raum". In diesem kann sich die

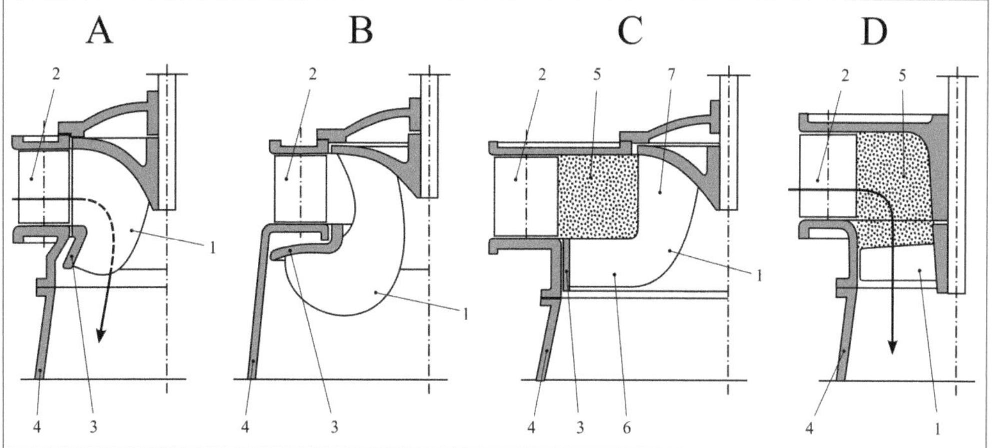

Bild 3: Schematische Darstellung der Entwicklungsschritte von der Francis- zur Kaplan-Turbine: 1) Laufradschaufel, 2) Leitradschaufel, 3) äußerer Laufradkranz, 4) Saugrohr, 5) schaufelloser Raum, 6) axialer Schaufelraum, 7) radialer Schaufelraum [1]

Strömung frei ausbilden. Versuche an diesem Laufrad wiesen schon bessere Werte im Hinblick auf die spezifische Drehzahl auf. Zudem konnten die Wirbel am Laufradaustritt verbessert und die Schluckfähigkeit erhöht werden. Schlussendlich entschied sich Kaplan dazu, die radialen Zonen im Laufrad zu entfernen, um zu einer kranzlosen, axial durchflossenen Laufradform zu kommen (D). Es zeigte sich daraufhin eine starke Erhöhung der spezifischen Drehzahl sowie des Wirkungsgrades. Die Kaplan-Turbine war geboren.

Jedoch stellten Viktor Kaplan die Ergebnisse seiner neuen Laufradform noch nicht ganz zufrieden. Der maximale Wirkungsgrad seines entwickelten Laufrades stellte sich offensichtlich nur bei einer bestimmten Durchfluss- und Drehzahlkombination ein. Der Durchfluss wurde dabei durch eine bestimmte Stellung der Leitschaufeln bei konstant gehaltener Fallhöhe erreicht. Wurde diese Einstellung geändert, so sank der Wirkungsgrad rapide ab [2].

4 Erweiterung des Betriebsbereiches durch im Betrieb verstellbare Laufradschaufeln

„Als die Wirkungsweise der bei ... Betriebsstillstand von Hand durchgeführten ... Laufschaufelregelung überraschend gute Ergebnisse zeigte, machte ich den Versuch, die Schaufeln während des Versuches zu verstellen." (Viktor Kaplan [10]).

Heutzutage können Kaplan-Turbinen durch drei unterschiedliche Arten geregelt werden. Die Regelung kann dabei einfach durch den Leitapparat, doppelt durch Leitapparat sowie Laufrad oder dreifach durch Leitapparat, Laufrad und Drehzahl erfolgen.

Viktor Kaplan konnte schon in einem frühen Entwicklungsstadium diverse Gesetzmäßigkeiten im Betrieb seiner neu erfundenen Turbine erkennen. Um das bereits aufgegriffene Problem des starken Wirkungsgradabfalls abseits eines bestimmten Betriebspunktes beschreiben zu können, soll im Folgenden die Regelung eines axialen Schnellläufers beschrieben werden. Dieser wird bei geringer Fallhöhe sowie großem Durchfluss betrieben. Anhand eines schematischen Kennfeldes lassen sich die verschiedenen, im Betrieb auftretenden Betriebspunkte thematisieren. Im Wesentlichen gelten die folgenden Aussagen auch für das von Viktor Kaplan entworfene Laufrad mit feststehenden Laufradschaufeln.

Die Einsatzgrenzen eines axialen Schnellläufers lassen sich einerseits durch die minimale H_{min} bzw. maximale Fallhöhe H_{max} sowie durch die entsprechende Leitradöffnung nach **Bild 4** festhalten. Im Weiteren wird in der Regel die obere Grenze des Betriebsbereichs durch die maximale Leistungskurve des Generators festgelegt. Ausgehend vom Durchfluss im Bestpunkt kann der Betriebsbereich in Teillast und Überlast unterteilt werden.

Im schematischen Kennfeld nach Bild 4 ist der Bestpunkt, d. h. der Betriebspunkt der Turbine bei dem der maximale Wirkungsgrad auftritt, dargestellt. Dieser ist bei einem bestimmten Durchfluss sowie Fallhöhe gegeben. Ausgehend davon kann ein Bereich für die drallfreie Abströmung definiert werden, bei dem kein Wirbelzopf im Saugrohr und somit keine damit verbundenen, erhöhten Verluste auftreten.

Wird die Turbine im Bestpunkt betrieben, so ist die An- und Abströmung des Laufrades schaufelkongruent. Somit ergibt sich eine drallfreie Abströmung nach dem Laufrad, ausgedrückt durch $c_2 = c_{m2}$.

Bei Teillastbetrieb der einfach geregelten Turbine ist der aktuelle Durchfluss Q, welcher proportional zur Meridiangeschwindigkeit c_{m1} ist, kleiner als der Nenndurchfluss Q_N. An der Eintrittskante der Schaufel erfolgt die Anströmung saugseitig, wodurch es, aufgrund der lokalen Unterschreitung des Dampfdruckes, zu druckseitigen Kavitationserscheinungen kommen kann. Am Austritt aus dem Laufrad ergibt sich durch $c_{u2} > 0$ der Drall in Laufraddrehrichtung.

Analog kann der Betrieb im Überlastbereich betrachtet werden. Dabei ist der aktuelle Durchfluss Q größer Q_N, ausgedrückt durch eine erhöhte Meridiangeschwindigkeit c_{m1}. Die Anströmung erfolgt auf der Druckseite der Schaufel und kann somit zu saugseitigen Kavitationserscheinungen führen. Der Drall bildet sich aufgrund von $c_{u2} < 0$ entgegen der Laufraddrehrichtung aus.

Die Ausbildung eines Wirbelzopfes im Saugrohr resultiert in einer Wirkungsgradabnahme der Turbine. Auch Viktor Kaplan erkannte durch in die Strömung gehaltene Hanffäden bereits, dass sich im Saugrohr ein Wirbelzopf entweder in oder gegen die Laufraddrehrichtung ausbilden konnte [10]. Er kam dadurch zu dem Entschluss, dass das Laufrad den veränderlichen Anströmverhältnissen angepasst werden müsste. Er erkannte, dass für die veränderlichen Bedingungen streng genommen jedes Mal ein neues Laufrad benötigt werden würde. Aus dieser Idee heraus entwarf er schlussendlich die verstellbaren Laufradschaufeln. Dadurch war es möglich, in einem sehr weiten Betriebsbereich einen hohen Wirkungsgrad bei gleichzeitig hohen spezifischen Drehzahlen zu erreichen [2].

Diese Möglichkeit soll anhand einer doppelt geregelten Turbine in **Bild 5** dargestellt werden, wobei die Kurvenverläufe in einem Diagramm mit η und a_0 über Q_{11} dargestellt sind und der Einheitsdurchfluss Q_{11} wie folgt definiert ist:

$$Q_{11} = \frac{Q}{D^2 \cdot \sqrt{H}} \left[\frac{m^3}{s}\right] \qquad (6)$$

Dabei bezeichnet φ den Laufradwinkel und a_0 die Leitradöffnung. Die einzelnen Propellerkurven entstehen durch feste Laufradwinkel und veränderliche Leitradöffnungen, wie dies bei einfach geregelten Turbinen der Fall ist. Ein Betrieb abseits des Optimums, in Teillast- bzw. Überlastbetrieb, bewirkt einen raschen Wirkungsgradabfall. Durch einen optimalen Zusammenhang von Leitradöffnung und Laufradwinkel kann eine die Propellerkurven einhüllende Wirkungsgradkurve erreicht werden. Dies resultiert in einem hohen Wirkungsgradniveau über einen weiten Betriebsbereich [7].

Viktor Kaplan entwickelte also erfolgreich die Möglichkeit der Doppelregelung. Eine dreifache Regelung der Kaplan-Turbine wurde erst Jahrzehnte später durch die Variation der Drehzahl mittels Frequenzumrichter realisiert. Diese war zu Zeiten Viktor Kaplans technisch gesehen jedoch noch in weiter Ferne.

5 Die Bedeutung des Saugrohres für die Kaplan-Turbine

„Den geeigneten Krümmer zu finden war das Ziel meiner langjährigen und mühevollen Arbeit." (Viktor Kaplan [10]).

Viktor Kaplan erkannte, dass für eine schnelllaufende Turbine der gesamte Strömungsvorgang nicht nur in der Turbine selbst, sondern auch im Saugrohr in Betracht gezogen werden musste. Aufgrund der hohen Austrittsenergie des Wassers aus dem Laufrad muss auf die Rückgewinnung der Geschwindigkeitsenergie besonders Augen-

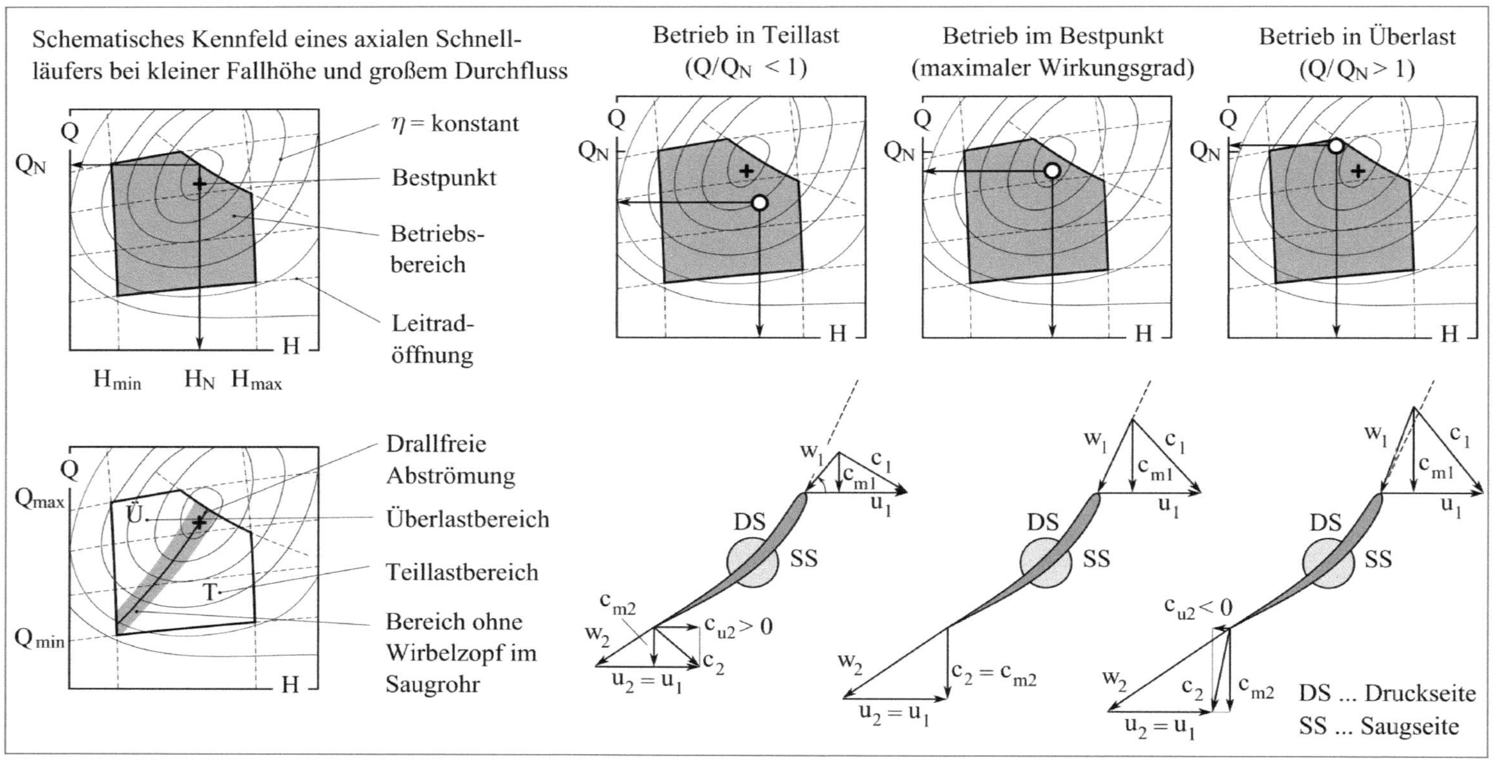

Bild 4: Einfache Regelung von Turbinen am Beispiel eines axialen Schnellläufers [7]

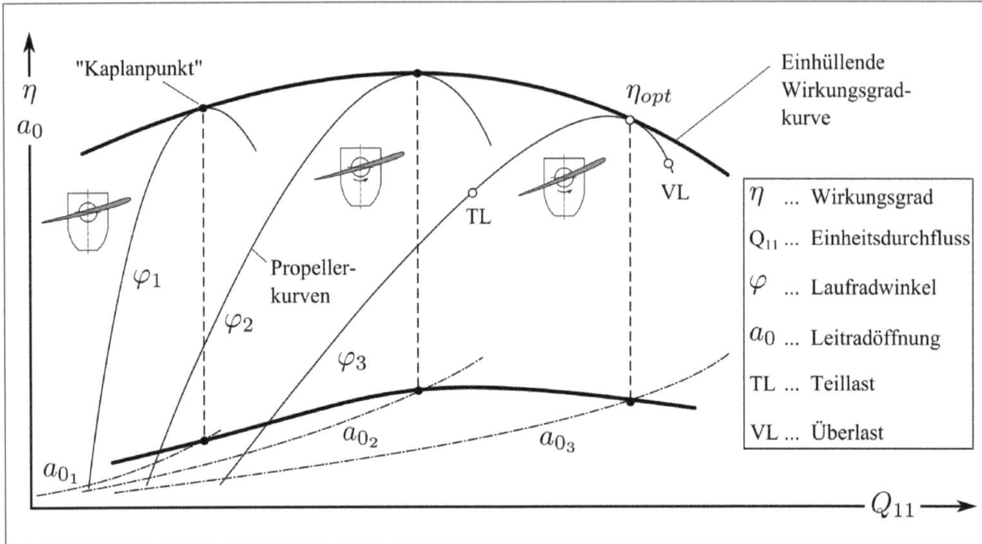

Bild 5: Schematische Darstellung einer zweifach geregelten Turbine [7]

merk gelegt werden [2]. Um trotz der hohen kinetischen Energien am Austritt der Turbine einen entsprechenden Wirkungsgrad erreichen zu können, muss der größte Teil der Austrittsenergie durch das Saugrohr zurückgewonnen werden.

Besonders bei Kaplan-Turbinen spielt die Energierückgewinnung eine sehr große Rolle. Die Austrittsverluste können im optimalen Betriebspunkt bis zu 50 % der zur Verfügung stehenden Totalenergie betragen [8]. Dies ist schematisch und verlustfrei betrachtet in **Bild 6** dargestellt. Nach dem Laufrad erreicht die Geschwindigkeitsenergie in etwa die gleiche Größenordnung wie die Nettofallhöhe. Die mögliche Druckrückgewinnung ist mittels Drucklinie grafisch veranschaulicht.

Wie bereits beschrieben erkannte Kaplan, dass der Saugrohrkrümmer jeweils an das entsprechende Laufrad angepasst werden musste. Dazu führte er Versuche an Krümmermodellen durch, welche er aus Weißblech zusammenlötete. Viktor Kaplan selbst fühlte beim Austrittsquerschnitt mit der Hand die Stärke der Strömung und konnte so nach ca. 100 Modellen die richtige Saugrohrform aus diesen Versuchen ableiten [5]. Einmal mehr zeigten sich bei diesen Versuchen seine praktischen Begabungen und Fähigkeiten.

Zur Zeit der ersten Versuche mit Kaplan-Turbinen war über das Phänomen der Kavitation in der damaligen Fachwelt noch recht wenig bekannt. Dies hatte zur Folge, dass sich Viktor Kaplan erste kavitationsähnliche Erscheinungen an seiner neu entwickelten Turbine nicht erklären konnte. Viel Zeit und Rückschläge musste er investieren und hinnehmen, um dieses Problem lösen zu können. Schlussendlich hatte Kaplan auch hier eine passende, technische Lösung entwickelt und erkannte, dass durch die richtige Einbautiefe der Turbine sowie einer entsprechenden Ausbildung der Laufradschaufeln und des Saugrohres Kavitationserscheinungen entgegengewirkt werden können [11].

6 Die Kaplan-Turbine, eine herausragende Erfindung ihrer Zeit

„Zunächst ist der Strömungsvorgang versuchsmäßig zu erforschen und zwar so gewissenhaft als möglich. Dann ist die Naturströmung mathematisch so abzubilden, dass wir diese formelmäßig beherrschen. Bei sorgfältiger Behandlung dieser Aufgaben wird sich ein Weg finden lassen, der uns aus den Irrwegen heraus zum Ziele führt. Nach diesen Leitsätzen ist schließlich die Kaplan-Turbine entstanden." (Viktor Kaplan [10]).

Die Erfolgsfaktoren für die bahnbrechende Entwicklung der Kaplan-Turbine mögen vielfältig

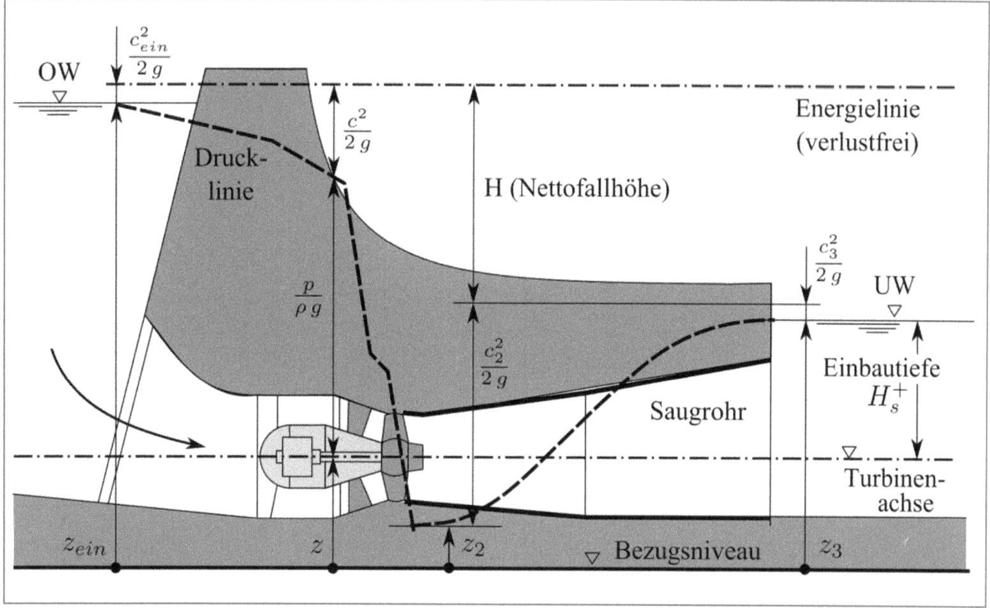

Bild 6: Schematische Darstellung von Energie- und Drucklinie an einer Rohrturbine [8]

sein. Hauptsächlich sind sie auf den unbändigen Erfindergeist und die praktische sowie gleichzeitig theoretische Begabung Viktor Kaplans zurückzuführen, der sich auch durch Rückschläge und Patentstreitigkeiten nie entmutigen lies. Bei der Entwicklung standen praktische Versuche stets an erster Stelle. Sein unbändiger Wille und sein Durchhaltevermögen halfen ihm, die von der Natur gezeigten Gesetzmäßigkeiten bei der Entwicklung der Kaplan-Turbine zu verstehen und stets in mathematische Modelle überzuführen.

Als einen wesentlichen Erfolgsfaktor gibt Viktor Kaplan das Turbinenlabor an der Technischen Hochschule Brünn an [10]. Es ermöglichte ihm in einer verhältnismäßig kurzen Zeit von 10 Jahren, eine Vielzahl von Versuchen durchzuführen, die schlussendlich zur Entstehung und Serienreife der Kaplan-Turbine führten. Hauptsächlich lagen die Vorteile gegenüber großen Turbinenversuchsanstalten in der unkomplizierten sowie schnellen Herstellung aller Versuchsgegenstände. Umso bemerkenswerter ist es, dass Viktor Kaplan mit den verhältnismäßig einfachen Mitteln diese bahnbrechende Entwicklung realisieren konnte.

Viktor Kaplan behauptete sich auch bei der Verwertung seiner Erfindung. Gegen viele Konkurrenten und Neider setzte er sich mit großer Beharrlichkeit durch. Beispielsweise wurden die von ihm gewonnen Ergebnisse nicht sofort publiziert, sondern er suchte den Kontakt zu der Industrie und wollte seine Turbine auf diesem Weg verwerten [2]. Auch wurden Patentanträge von ihm übersetzt und mit viel Eigenleistung die patentrechtliche Absicherung seiner Erfindung sichergestellt.

Somit gilt Viktor Kaplan heute als ein genialer Erfinder seiner Zeit, der stets auf die Antworten der Natur in praktischen Versuchen hörte und mittels persönlichen Willen sowie Durchsetzungskraft die Geschichte der Wasserkraft maßgeblich prägte.

Autoren

Univ.-Prof. Dipl.-Ing. Dr.-Ing. Christian Bauer

Dipl.-Ing. Stefan Gössinger

Technische Universität Wien
Getreidemarkt 9/E302
1060 Wien, Österreich
cbauer@mail.tuwien.ac.at
stefan.goessinger@tuwien.ac.at

Literatur

[1] Gschwandtner, M.: Gold aus den Gewässern, Viktor Kaplans Weg zur schnellsten Wasserturbine. 2. Auflage. Norderstedt: GRIN Verlag, 2011.

[2] Lechner, A.: Viktor Kaplan. In: Blätter für Geschichte der Technik, 1936.

[3] Kaplan, V.: Ein neues Verfahren zur Berechnung und Konstruktion der Francis-Tubinen-Schaufel. In: Zeitschrift für das gesamte Turbinenwesen, 1905.

[4] Kaplan, V.: Theoretische Untersuchungen und deren praktische Verwertung zur Bestimmung rationeller Schaufelformen für Schnellläufer. In: Zeitschrift für das gesamte Turbinenwesen, 1906.

[5] Kaplan, V.: Wie die Kaplanturbine entstand. In: Wasserkraftjahrbuch 1925/1926.

[6] Kaplan, V.: Die neue Wasserturbine und ihre Beziehungen zur Wasserwirtschaft. In: Die Wasserwirtschaft, 1917.

[7] Brost, V.; Reinhardt, H.: Leistungsausbeute bei einfach, doppelt und dreifach regulierten Turbinen. 6. Seminar Kleinwasserkraft, 2007.

[8] Deniz, S; Bosshard, M; Speerli, J; Volkart, P.: Saugrohre bei Flusskraftwerken. In: Mitteilungen der Versuchsanstalt für Wasserbau, Hydrologie und Glaziologie der Eidgenössischen Technischen Hochschule Zürich (1990), Nr. 106.

[9] Kaplan, V.: Bau rationeller Francisturbinen – Laufräder und deren Schaufelformen für Schnell-, Normal- und Langsam-Läufer. München, Berlin: R. Oldenburg Verlag, 1908.

[10] Kaplan, V.: Die Entwicklung des Kaplanlaufrades. In: Wasserkraftjahrbuch 1927/1928.

[11] Kaplan, V.: Kavitationserscheinungen bei Turbinen mit großer Umlaufgeschwindigkeit. In: Wasserkraftjahrbuch 1924.

Christian Bauer and Stefan Gössinger

The Development of the Kaplan Turbine

The Kaplan turbine, developed at the beginning of the 20th century, represents one of the three main turbine types used nowadays. At the beginning of the last century, experts were particularly driven by the aim to extend the application range of existing water turbines regarding to their specific speed. This fact became necessary by new needs in the electrical industry sector. However, research at Francis runners couldn't realize these requirements. This was also recognized from Viktor Kaplan, who was able to invent the Kaplan turbine out of these findings.

Кристиан Бауер и Штефан Гёссингер

Создание турбины Каплана

Турбина Каплана разрабатывалась в начале 20-го столетия и представляет собой, наряду с турбинами Пелтона и Френсиса, один из основных видов турбин, используемых в настоящее время. В то время особой целью широкого круга специалистов было усовершенствование существующих гидротурбин с точки зрения их быстроходности. Тем не менее, исследовательская деятельность по изучению рабочих колес турбины Френсиса не привела к достижению этой цели. Виктор Каплан понял проблему и на основе накопленного опыта разработал турбину, названную его именем.

Leopold Heninger und Hermann Schweickert

Viktor Kaplan und seine Turbine bei Voith

1913 meldete Viktor Kaplan sein Kaplan-Turbinen-Patent an, und es dauerte bis 1922, dass Voith seine erste Kaplan-Turbine baute. Der Beitrag erzählt die wechselvolle Beziehung zwischen Viktor Kaplan und Voith bei der Einführung der Kaplan-Turbine in den Wasserkraftmarkt und schließt mit einem Überblick auf einige gegenwärtige Kaplan-Projekte bei Voith.

1 Der Wasserturbinenbau bei Voith in der Ära Friedrich Voith 1867 bis 1913

1825 übernahm Johann Matthäus Voith von seinem Vater eine kleine Schlosserei in Heidenheim an der Brenz, Deutschland, um diese, mittlerweile auf 30 Mitarbeiter angewachsen, 1867 an seinen Sohn Friedrich Voith zu übergeben – jenes Jahr, das als offizielles Gründungsdatum des heutigen Voith-Konzerns gilt. Friedrich Voith, ein tatkräftiger, entschlossener Mann, baute das Unternehmen zügig aus und kam als Hersteller von Holzschleifern für die Papierindustrie auf die Idee, Wasserturbinen als Antrieb einzusetzen. 1870 baute Voith die erste Turbine – eine Jonval-Turbine mit 100 PS, 1873 die erste Francis-Turbine mit einer Neuerung, dem regulierbaren Leitapparat (Fink'sches Leitrad). 1879 führte Voith den Turbinenregler am Markt ein (Pfarr'scher Turbinenregler), 1886 fertigte Voith die erste Francis-Spiralturbine. Müller [1] beschreibt rund vierzig, zum Teil einander ähnliche Turbinenarten, die am Wasserkraftmarkt bis 1900 gebaut wurden, und erläutert die Verdienste Voiths um die Etablierung der Francis-Turbine. 1904 lieferte Voith die damals weltweit leistungsstärksten Francis-Turbinen (11 500 PS) für die Niagara-Fälle in Kanada. Nach anfänglichem Zögern stellte Voith 1903 seine erste Pelton-Turbine mit 12 PS her. Bereits 1913 folgten Pelton-Turbinen mit 16 500 PS für Rjukan in Norwegen. Damit hatten diese beiden Bauweisen mehr oder weniger alle anderen Turbinentypen vom Markt verdrängt.

Um 1900 drohten erhöhte Einfuhrzölle das Exportgeschäft von Voith Heidenheim nach Österreich-Ungarn lahmzulegen, weshalb Friedrich Voith den Entschluss fasste, ein Werk in der Donaumonarchie zu gründen. Es wurde St. Pölten in Niederösterreich als Standort ausgewählt. Walther Voith, vor Hermann und Hanns der älteste Sohn Friedrich Voiths, der damals gerade in den USA war, wurde vom Vater nach Europa zurückbeordert und 1903 mit dem Aufbau des Werkes in St. Pölten betraut. Nach nur neun Monaten war das Werk operativ, noch im selben Jahr wurde die erste Turbine ausgeliefert, und ab 1904 war Walther Voith gemeinsam mit seinem Vater Gesellschafter in St. Pölten.

2 Das Jahr 1913

Nach dem Tod Friedrich Voiths am 17. Mai 1913 waren im Werk Heidenheim alle drei Söhne Gesellschafter, in St. Pölten Walther Voith allein. Als ältestem Sohn, aber auch als Gesellschafter in beiden Werken fiel ihm 39-jährig die Rolle des Seniorchefs zu, wie er sich in seinem „Rückblick" bezeichnete, eine Aufgabe, die er von St. Pölten aus erfüllte. In Heidenheim arbeiteten 2 280 Beschäftigte, in St. Pölten 700. Rund 6 500 Turbinen waren bereits ausgeliefert, davon 50 % im Export. Damit nahm Voith im weltweiten Wasserturbinenbau eine führende Rolle ein.

Die Francis-Turbinen waren mittlerweile an einer wirtschaftlich gesehen unteren Grenze für den Ausbau großer Flüsse mit geringen Fallhöhen gestoßen. Die großen Volumenströme wurden deshalb bereits durch Francis-Zwillingsturbinen in doppelter oder gar dreifacher Anordnung abgear-

Bild 1: a) Dreifach-Zwillingsturbinen Warkaus, Finnland; b) Viktor Kaplan

beitet (**Bild 1a**). Der Markt verlangte dringend nach einem Turbinentypen großer Schnellläufigkeit.

Am 28.12.1912 meldete Viktor Kaplan (**Bild 1b**) sein erstes Patent zur Kaplan-Turbine an (OP 734388, Eine Kreiselmaschine mit radialem Leitrad und vorwiegend axial durchflossenem Laufrad) und am 7. August 1913 sein zweites, das eigentliche „Kaplan-Patent" (ÖP 74244, Verstellbare Laufschaufeln). Er reagierte damit auf den Bedarf nach Turbinen mit größerer Schluckfähigkeit, größeren Drehzahlen, aber in kleinerer Bauweise als Francis-Turbinen.

Auf einen früheren Besuch bei Voith bezugnehmend schrieb Viktor Kaplan aber bereits Anfang 1913 an Voith in Heidenheim: „... Bei dieser Gelegenheit will ich Ihnen schon heute eine Sie vielleicht interessierende Mitteilung machen, deren Bedeutung Ihnen wohl ohne weiteres klar sein wird. Durch langwierige mühevolle Versuche ist es mir in meinem Laboratorium gelungen, eine Versuchsturbine auszubilden, welche bei einer spezifischen Drehzahl n_s von 450 noch rund 75 % Wirkungsgrad aufweist. Dabei ist jedoch der Laufraddurchmesser nur 90 mm. Derzeit bin ich daran, auf diesem Weg fort zu schreiten und erwarte bei den neuen Konstruktionen selbst bei einem n_s von 600 noch einen brauchbaren Wirkungsgrad. Bis dahin möchte ich allerdings mit der Vorführung der Versuche warten, möchte Sie jedoch schon heute fragen, ob Sie sich für die Übernahme dieser zum Patente angemeldeten Laufradkonstruktion interessieren würden."

Erhard Closs, damals Leiter des Turbinenbaus bei Voith, war natürlich daran interessiert und vermerkte am Schluss seines positiven Antwortschreibens, dass Voith das Laufrad gerne in seiner eigenen Versuchsanstalt „bremsen möchte".

Nach dem ersten Briefwechsel dauert es drei Monate, bis Kaplan antwortete. Er habe ein neues Laufrad mit höherer Schnellläufigkeit und besseren Wirkungsgraden entwickelt. Dazu gäbe es auch eine dreidimensionale Turbinentheorie. Zeichnungen lagen bei, zeigten jedoch unverständlicherweise nur ein Laufrad mit festen statt verstellbaren Schaufeln. Kaplan schlug vor, dass ein Voith-Mitarbeiter umgehend in seinem Laboratorium die neue Turbine abnehmen und auch für einen Lizenz-Vertragsabschluss bevollmächtigt sein solle. Das, notierte Erhard Closs am Briefrand, könne nur nach Messungen in Heidenheim zustande kommen. Dennoch versuchte Viktor Kaplan weiterhin, vorrangig mit Voith zu einer Einigung zu kommen. In einem Brief erwähnte er, „... dass nur eine Weltfirma eine derart weitgreifende Aktion auf dem Turbinenbau zu befriedigendem Erfolg führen kann."

Entgegen seinen Beteuerungen hatte Viktor Kaplan jedoch auch mit anderen Turbinenbaufirmen mit identischem Wortlaut Kontakt aufgenommen. Diese entsandten Vertreter nach Brünn, wo Kaplan an der Technischen Universität seinen Turbinenprüfstand betrieb, erachteten die Versuche aber als zu ungenau. Kaplan war nicht bereit mehr zu zeigen, auch nannte er seinen Patentanspruch nicht. Kaplans Unterfangen, mit verschiedenen Firmen einen Vertrag abzuschließen, führten dazu, dass sich diese unter der Führung von Voith Heidenheim zur Kaplan-Vereinigung - bestehend aus J. M. Voith (Heidenheim), Escher, Wyss & Cie (Zürich), Briegleb, Hansen & Co. (Gotha), Amme, Giesecke & Konegen AG (Braunschweig) - zusammenschlossen, um nun gemeinsam mit Kaplan zu verhandeln. Weitere Verhandlungen ergaben nichts, erst nachdem die deutsche Patentschrift am 30. November 1913 ausgelegt wurde, führte die Kaplan-Vereinigung konkrete Gespräche mit Viktor Kaplan. Es waren insbesondere die Brüder Hanns und Herrmann Voith, die sich für eine Verständigung einsetzten. Doch erst am 23. Februar 1915 kam es zu einem Vertragsabschluss, der die Herstellung von je einer stehenden und einer liegenden Modellturbine nach Zeichnungen von Kaplan ermöglichte. Die Messungen sollten in der Versuchsanstalt Voiths in Hermaringen bei Heidenheim stattfinden.

3 Die erste Modellmessung 1916 bei Voith in Hermaringen

Bei Voith wurde der 24-jährige Hans Faic Canaan, seit 1913 im Unternehmen, beauftragt, die von Kaplan übergebenen Zeichnungen werkstattgerecht zu machen und die Modellversuche durchzuführen. Die Schaufeln, besonders in der Nähe der Nabe, sahen ziemlich bizarr aus - die damaligen Hydrauliker bezweifelten, dass das Ganze überhaupt funktionieren würde. Tatsächlich bedurfte es fünf Laufräder, bis ein stabiler Messbetrieb erreicht werden konnte. Zudem kam es zu kriegsbedingten Verzögerungen, so dass die ersten Versuche erst von Januar bis April 1916 durchgeführt werden konnten. Begleitet wurden sie zum Teil von Viktor Kaplan und seiner Frau Margarethe. „Frau Kaplan", schrieb Hans Faic Canaan über diese Zeit, „stieg trotz der grimmigen Kälte jedes Mal vor und nach dem Versuch mit ihrem Mann und mir in den Turbinenschacht hinunter. Sie war sicherlich die erste Frau, die im Turbinenschacht in Hermaringen war. Es war für mich kein leichtes Arbeiten."

Margarethe Kaplan blieb Hans Faic Canaan freundschaftlich verbunden. 1953 schrieb sie in einem Rückblick auf die anstrengende Zeit der

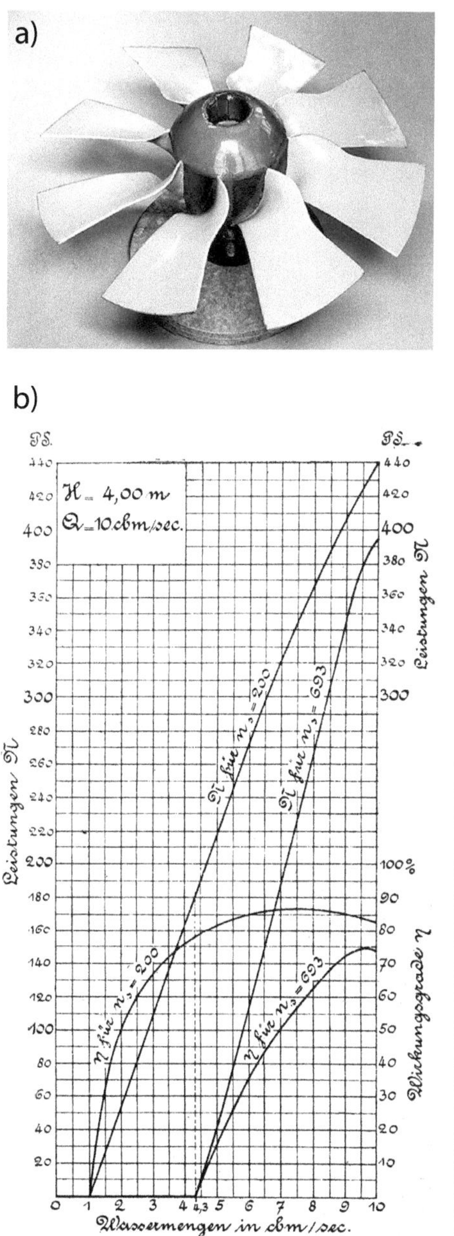

Bild 2: a) Kaplan-Propellerlaufrad 1916; b) Messung 1916

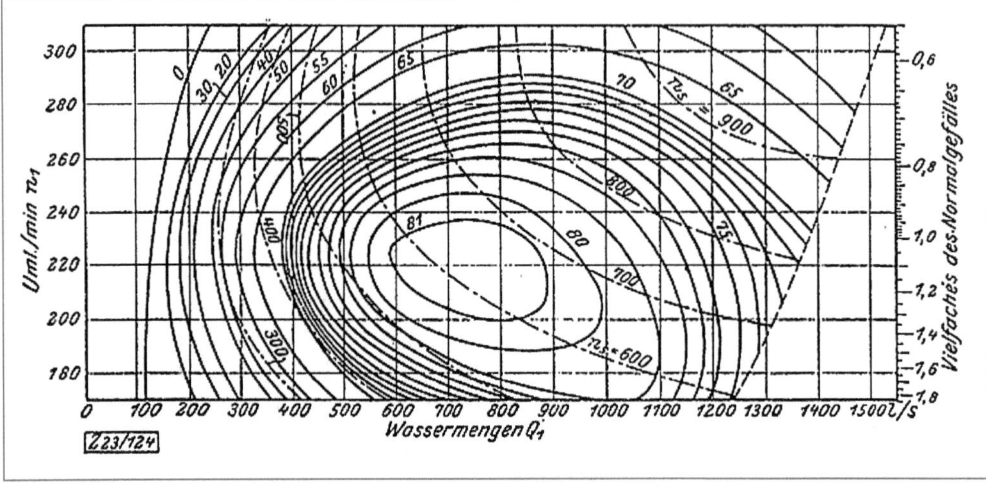

Bild 3: Ergebnis der Messungen 1921

Messungen 1916 (in deren Verlauf Viktor Kaplan zu ihr gesagt hatte: „Wenn du nicht da wärst, würde ich mich jetzt erschießen, Gretl!"): „... aber dann ist doch alles wieder aufwärts gegangen und der junge Versuchsingenieur ließ nicht locker, eine Idee nahm Gestalt an und machte sich nutzbar der ganzen Welt – wie herrlich."

Die Messergebnisse von Hermaringen waren jedoch derart unbefriedigend, dass die Messungen nicht weiter fortgeführt wurden. Der Wirkungsgrad war 75 %, fiel jedoch bei Teillast sehr stark ab, nicht einmal mit einer herkömmlichen Francis-Turbine konnte das Kaplan-Rad mithalten. (**Bilder 2a und 2b**)

Es ist bis heute nicht nachvollziehbar, warum Kaplan ein Propellerrad anstatt eines Laufrades mit verstellbaren Schaufeln untersuchen ließ. Hans Faic Canaan berichtete in einem Vortrag 1950: „Leider hatte Professor Kaplan ein Laufrad mit festen Schaufeln, also ein Propellerrad gewählt ... Es ist außerordentlich zu bedauern, dass nicht seinerzeit eine doppeltregulierte Kaplanturbine gebaut und untersucht wurde. Die Ergebnisse hätten unangenehme Missverständnisse zwischen Erfinder und Unternehmer erspart und die Entwicklung stark beschleunigt."

Die Kaplan-Vereinigung sah sich 1916 veranlasst, die Messungen folgendermaßen zu beurteilen: „Die Kaplanturbine ist für heute und für absehbare Zukunft ein Embryo mit einer durchaus unsicheren Zukunft."

4 Stillstand, Unfrieden, Neuanfang und die erste Voith-Kaplan-Turbine

1917 und 1918 vergingen ohne erkennbare Aktivitäten. Im Gegenteil, zwischen der Vereinigung und Kaplan scheint Unfrieden geherrscht zu haben. Kaplan griff die Vereinigung mit dem Hinweis an, dass in Schweden bessere Ergebnisse erzielt wurden. Die Vereinigung vermutete verstellbare Laufschaufeln.

Nach dem Ende des Ersten Weltkriegs 1918 entwickelte sich die elektrische Versorgung rasant, und es entstand eine starke Nachfrage nach Wasserkraftwerken. Besonders an Flüssen wie Neckar, Main oder Weser in Deutschland wurden Staustufen zur Schiffbarkeit errichtet und Turbinen großer Schluckfähigkeit benötigt. Trotz jahrelanger Vorarbeit war bei Voith noch keine Kaplan-Turbine gebaut worden. Die Firma Storek aus Brünn dagegen bot gemeinsam mit Viktor Kaplan bereits Kaplan-Turbinen an, und Voith drohte den Anschluss zu verlieren.

Hier kam Walther Voith, selbst ausgebildeter Ingenieur, ins Bild. Von St. Pölten aus die Diskussionen beobachtend, schrieb er in ärgerlichem Ton nach Heidenheim, „... dass wir wohl keine Stunde länger mit verschränkten Armen dem Fortgang dieser Konstruktion gegenüber stehen dürfen". Er erkannte die Vorteile der Kaplan-Turbine, argumentierte mit der Versuchsabteilung, die Schaufelzahl zu verringern, damit der Verstellmechanismus Platz hatte. Und er hatte die Absicht, die Lizenz für Deutschösterreich und auch für noch lizenzfreie Staaten, insbesondere für die USA und Kanada, zu erwerben. Intern drängte er auf Beschlüsse sowie Aktivitäten und wies seine Akquisiteure und Verkäufer an, Gespräche mit Viktor Kaplan aufzunehmen und für einen Gesprächstermin zwischen ihm und Viktor Kaplan zu sorgen. Seine Reise zu Viktor Kaplan nach Brünn fiel Walther Voith so schwer, dass er in seinem „Rückblick" sogar von einem „Canossagang" sprach. Das Gespräch, es dürfte im Januar oder Februar 1920 stattgefunden haben, fand wider Erwarten in harmonischer Atmosphäre statt, denn auch Kaplan hatte gute Gründe, neuerlich mit Voith zu verhandeln: Einerseits waren in der Kaplan-Vereinigung alle namhaften deutschen Turbinenbauer vertreten, andererseits hatte Kaplan in Österreich noch keinen Lizenznehmer. Das erste Resultat war ein Lizenzvertrag für Österreich mit Voith St. Pölten. Für Deutschland war dies zum Missfallen Walther Voiths nicht möglich, da Voiths Rechte von der Kaplan-Vereinigung wahrgenommen wurden. Es folgten schwierige Verhandlungen zwischen der Vereinigung – jetzt erweitert um Piccard-Pictet & Cie (Genf), Escher, Wyss & Cie (Ravensburg), J. M. Voith St. Pölten – und Kaplan, bevor der Lizenzvertrag mit der Kaplan-Vereinigung im März 1920 in Kraft trat. Dass der Vertrag zustande kam, ist Walther Voith anzurechnen, pochten doch die anderen Mitglieder der Vereinigung darauf, dass Kaplan seine Verpflichtungen aus dem bereits bestehenden Optionsvertrag nicht eingehalten hatte: Über Weiterentwicklungen hatte er trotz Verpflichtung aus dem Vertrag die Vereinigung nicht informiert, wohl aber öffentliche Vorträge darüber gehalten. Gleichzeitig mit dem Lizenzvertrag wurde auch der Vertrag des Kaplan-Turbinen-Konzerns zwischen den Firmen der Kaplan-Vereinigung (mit Sitz in Berlin) abgeschlossen.

Für Österreich und angrenzende Länder wurde der Lizenzvertrag mit Voith St. Pölten am 12. März bzw. 14. April 1920 abgeschlossen. Voith St. Pölten vereinbarte mit einem Kooperationsvertrag am 10. Mai 1920 zudem eine vertiefende Zusammenarbeit für die Tschechoslowakei mit der Maschinenfabrik Storek.

Die Vertragserfüllung Viktor Kaplans war allerdings schleppend – die von ihm versprochene

Bild 4: Erste Voith-Kaplan-Turbine Siebenbrunn 1922

dreidimensionale Turbinentheorie lieferte er nur in Ausschnitten. Erst 1921 erhielt Voith St. Pölten als Lizenznehmer Zeichnungen und Schaufelpläne eines Laufrades mit vier Schaufeln, die nun im Gegensatz zum Rad von 1916 verstellbar waren. Die Versuche wurden wiederum in Hermaringen durch Hans Faic Canaan gefahren und als Erfolg gewertet (**Bild 3**). Die von Kaplan in Brünn durchgeführten Versuche für den Kaplan-Konzern wiesen die versprochenen technischen Garantien nach, jedoch wurde die Versuchsdurchführung und Versuchsgenauigkeit vom Kaplan-Konzern angezweifelt. Man kam zu dem Schluss, Kaplan sei nicht imstande, bindende Garantien abzugeben und das erforderliche Konstruktionsmaterial rechtzeitig zu liefern. Escher-Wyss schlug schließlich ein Schiedsgericht vor, an dem sich Storek beteiligen wollte, da Storek nach sechs Jahren Vertragslaufzeit noch keine zuverlässigen Grundlagen von Kaplan hatte, dafür jedoch ein Verlust von 2 bis 3 Mio. Kronen entstanden war. Am 21. Oktober 1921 tagte das Schiedsgericht, zu dem Storek jedoch nicht erschien. Die Verhandlung endete mit einem Kompromiss: Kaplan musste seine dreidimensionale Turbinentheorie endgültig liefern, die Lizenzzahlungen jedoch wurden bis dahin ausgesetzt.

Walther Voith hingegen war nach den Versuchen in Hermaringen zur Auffassung gelangt, es sei höchste Zeit, die Kaplan-Turbine auf den Markt zu bringen, und zwar im Alleingang. Gleichzeitig wollte er sich von der Abhängigkeit

Kaplans lösen. Für das Projekt Siebenbrunn in Österreich ließ er daher ein eigenes Laufrad entwickeln, das das nunmehr bekannte Phänomen der Kavitation bereits berücksichtigte. Die theoretische Grundlage für die Auslegung lieferte eine bereits 1920 in der VDI-Zeitschrift veröffentlichte Methode zur Berechnung von Kaplan-Turbinen von Prof. Bauersfeld. Obwohl Walther Voith die Kaplan-Turbine unbedingt realisiert haben wollte, zögerte er als Erstprojekt eine so große Maschine wie die 1 100-PS-Turbine für das Kraftwerk Siebenbrunn zu bauen. Es ist dem Werksdirektor von St. Pölten, Hans Wiedmann, zuzuschreiben, dass er Walther Voith dennoch überzeugen konnte. 1922 wurden die ersten beiden Kaplan-Turbinen von Voith (Turbinennummer 7 721 und 7 722) in der Papierfabrik Steyrermühl in Siebenbrunn in Österreich in Betrieb gesetzt. (**Bild 4**) Die technischen Daten lauten: Laufraddurchmesser 1,9 m, Auslegungsdurchfluss 16,4 m^3/s, max. Leistung 1 100 PS, max. Wirkungsgrad 87,5 %, bei 1/3 Teillast 80 %. Die Verstellung der Schaufeln erfolgt mechanisch über eine Muffe; hydraulischer Entwurf und Konstruktion erfolgten in Heidenheim, die Fertigung in St. Pölten. Laufende Überprüfungen zeigten die Zuverlässigkeit der Konstruktion – damit war bei Voith der Weg frei für die Kaplan-Turbine.

Aufgrund der historischen Bedeutung dieses ersten Auftrages sollen die für die Entwicklung der Kaplan-Turbine wichtigsten Personen bei

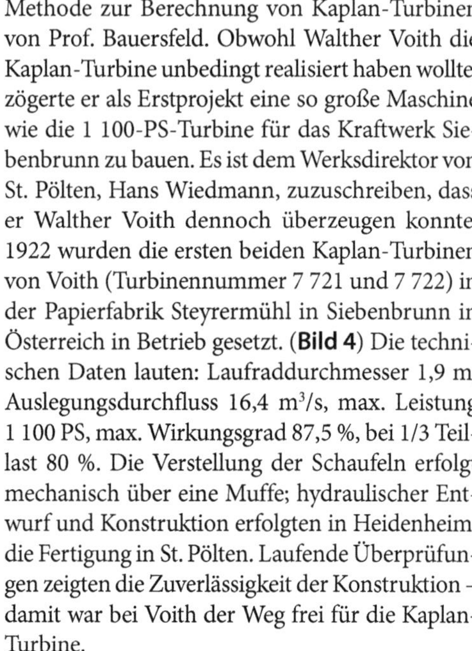

Bild 5: a) Walther Voith; b) Hans Wiedmann; c) Hans Faic Canaan

Voith genannt werden:
In St. Pölten:
- Walther Voith (**Bild 5a**) als Motor und Antrieb;
- Hans Wiedmann (**Bild 5b**), Technischer Direktor des Werkes St. Pölten und Befürworter des Auftrags Siebenbrunn.

In Heidenheim:
- Hans Faic Canaan (**Bild 5c**), der Versuchsingenieur und Hydrauliker;
- Carlos Schmitthenner (**Bild 5d**), Leiter der Turbinenkonstruktion, Konstrukteur des Laufrades mit Schaufelverstellmechanismus, Festlegung des noch heute gültigen Prinzips Hebel – Lenker – Regelkreuz;
- Rudolf Kiderlen (**Bild 5e**), Gesamtkonstruktion der Turbine,
- Max Rudert (**Bild 5f**), Bürovorstand Niederdruckturbinen.

Lechner [3] schrieb in seiner Kaplan-Biographie über die Kaplan-Turbine Siebenbrunn: „Damit hatte auch die Konzernfirma Voith den Bau von Kaplanturbinen aufgenommen. Jetzt sollte der Siegeszug der Kaplanturbine bald einsetzen."

Für Viktor Kaplan waren die schwierigen Jahre jedoch noch nicht zu Ende. Kurz vor Ende der Einspruchsfrist des deutschen Patentes reichten die Firma Schichau aus Westpreußen und Prof. Dr. Franz Lawaczeck aus Bayern Nichtigkeitsklagen gegen das Kaplan-Patent ein. Erst 1925, in einem Schlussprozess am Reichsgericht in Leipzig, wurde Kaplan das Patent vollkommen zugesprochen. Da die Firmen des Kaplan-Konzernes seit 1920 Lizenznehmer waren, unterstützten sie Kaplan bei diesen Patentstreitigkeiten und waren bei der „Siegesfeier" am Tag nach der Gerichtsverhandlung auch anwesend [4].

5 Das Verhältnis Viktor Kaplan zur Kaplan-Vereinigung

Das Verhältnis zwischen Viktor Kaplan und den Firmen der Kaplan-Vereinigung wird als äußerst schwierig beschrieben, und das war es wohl auch. Sehr deutlich beschrieb Lechner [3] die Kluft zwischen Viktor Kaplan und den Firmen der Kaplan-Vereinigung – auf der einen Seite der vorwärtsdrängende, von seiner Erfindung überzeugte Techniker, auf der anderen eine nüchtern kalkulierende Großindustrie, die ihren Kunden funktionierende Gewerke und Garantien abliefern wollte und musste. Das Schicksal anderer Erfinder vor Augen misstraute Kaplan den Firmen von Anfang an, enthüllte Details seiner Erfindung erst sehr spät und lieferte Entwürfe und theoretische Berechnungssätze nur spärlich und in kleinen Schritten. In seinem Brief vom 14.07.1913 (einen Monat bevor er das Patent für die verstellbare Laufschaufel anmeldete) schreibt Kaplan selbst an Voith in Heidenheim: „Sie kennen meinen berechtigten Standpunkt, der darin besteht, dass ich alles verhindern muss, was ein selbstständiges Arbeiten an der Kaplanturbine, ohne mein Zutun, ermöglichen könnte." Anfänglich beeinspruchten die Firmen der Kaplan-Vereinigung das Patent Kaplans zum Teil vehement, selbst nach der Einigung mit Kaplan 1915 agierte die Kaplan-Vereinigung weiterhin zurückhaltend: Aufgrund der unzureichenden Messergebnisse mit dem von Kaplan konstruierten Propellerrad von 1916 (anstelle verstellbarer Laufschaufeln, wie er es bereits in Brünn getestet hatte) und den spärlich vorliegenden Unterlagen zögerte man, die Kaplan-Turbine in Lizenz in das Fertigungsprogramm aufzunehmen. Die Industrie forderte Details und Verbindlichkeit, die Kaplan nur langsam und unvollständig lieferte. Auch waren die Interessen der Firmen in der Kaplan-Vereinigung durchaus verschieden. Trotzdem anerkannte die Vereinigung das Kaplan-Patent, schloss 1920 ein Lizenzabkommen ab und wollte die Kaplan-Turbine rasch in das Produktionsprogramm aufnehmen. Stattdessen kam es 1921 sogar zum erwähnten Schiedsgerichtsverfahren.

In Schwung kam die Kaplan-Turbine erst, als sich die Firmen selbst anschickten, sie zu einem industriellen Produkt weiterzuentwickeln. Lechner [3] erwähnte in diesem Zusammenhang drei Namen: Storek in Brünn, wo man den Mut hatte, die erste Kaplan-Turbine zu bauen (1918 für die Börtel- und Strickgarnfabrik M. Hofbauers Witwe, Verwandte von Kaplans Frau Margarethe); Dr. Walther Voith in St. Pölten sowie die Herrn Molinder und Elov Englesson von Verkstaden Kristineham in Schweden, die in der schwierigen Zeit der Rückschläge 1921 alle ihre „schützende Hand über Kaplan" gehalten hatten: „Dass man sich bemühte, die sogenannten Kinderkrankheiten der Kaplanturbine zu beheben, ist ein unvergänglicher Verdienst der genannten Persönlichkeiten,

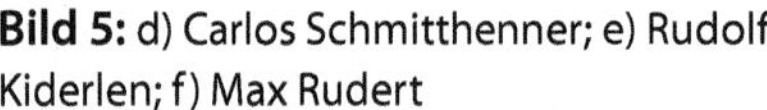
Bild 5: d) Carlos Schmitthenner; e) Rudolf Kiderlen; f) Max Rudert

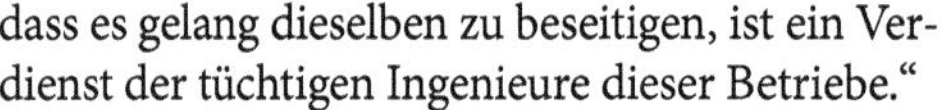
dass es gelang dieselben zu beseitigen, ist ein Verdienst der tüchtigen Ingenieure dieser Betriebe."

Letzten Endes waren es einzelne Persönlichkeiten, die der Kaplan-Turbine den Weg in die Welt öffneten. Für Voith war es Walther Voith, der große Erfolg der Kaplan-Turbine vertiefte die persönliche Freundschaft zwischen Viktor Kaplan und Walther Voith. Dies hielt nicht nur Walther Voith in seinem „Rückblick" fest, bezeugt wird es auch durch die Eintragungen Walther und Hermann Voiths in Viktor Kaplans Gästebuch am Landsitz Rochuspoint am Attersee. Viktor Kaplan überreichte Walther Voith darüber hinaus einmal ein Exemplar einer technischen Veröffentlichung mit der schönen Widmung „Dem Finder meiner Erfindung".

6 Die weitere Entwicklung bei Voith

Bereits 1925 waren 21 Kaplan-Turbinen von Voith ausgeliefert. Der Durchmesser wuchs auf 2,7 m, die Leistung auf 3 500 PS. Anlagenmessungen zeigten bereits einen Wirkungsgrad von 92,29 %. 1925 wurde auch für geringe Fallhöhen ein Dreiflügler entwickelt (KW Liebenstein, H = 2,35 m, 187 U/min), 1926 wurde erstmals ein hydraulischer Servomotor am Ende der hohlgebohrten Welle eingesetzt. Im selben Jahr folgte das Donaukraftwerk Kachlet (Durchmesser der Propellerlaufräder 4,6 m, Maximalleistung 9 320 PS). 1928 entstand das Rheinkraftwerk Ryburg-Schwörstadt mit den damals größten Kaplan-Turbinen der Welt (vier Turbinen mit einer Maximalleistung von je 40 000 PS, einem Laufraddurchmesser von 7 m und einem Gewicht des Laufrades von 112 t; **Bild 6**). Gewonnen hatten diesen Auftrag eine Arbeitsgemeinschaft zwischen Voith, Escher Wyss und Charmilles aus der Schweiz. Voith lieferte die Hydraulik, die Konstruktion erfolgte gemeinsam. Die Lieferaufteilung war horizontal, wobei Voith die Laufräder beistellte, die im Werk in Heidenheim bearbeitet werden konnten. Die größeren Teile mussten bei Krupp zugekauft werden.

Innerhalb von nur sechs Jahren hatte sich die Kaplan-Turbine spätestens mit Ryburg-Schwörstadt für den Ausbau größter Flüsse weltweit durchgesetzt. Das führte bei Voith Heidenheim unter anderem zum Bau der Großturbinenhalle und der Bestellung der „Hercules" genannten, mit einem Drehdurchmesser von 18 m damals größten Drehmaschine der Welt, um große Kaplan-Turbinen selbst fertigen zu können.

Zudem einigten sich Walther Voith und Viktor Kaplan auf eine Zusammenarbeit zur Auswertung der amerikanischen Patente Kaplans, mit denen dieser immer noch nicht weitergekommen war. Mehrere US-Firmen hatten Propeller-Turbinen ohne Lizenz gebaut. Walther Voith und Viktor Kaplan einigten sich auf eine Teilung der Lizenzeinnahmen aus den USA und Kaplan übertrug die Rechte für die USA auf die Firma Voith, die 1927 einen Lizenzvertrag für Nordamerika mit Morgan Smith vereinbarte. Damit war die Basis für den Erfolg der Kaplan-Turbine auch für Nordamerika gelegt: Zwischen 1928 und 1939 verkaufte Morgan Smith mehr als 130 Kaplan-Turbinen aller Größen.

Bild 6: Laufrad Ryburg-Schwörstadt

7 Die Kaplan-Turbine bei Voith heute

Vertikale riesengroße Kaplan-Turbinen mit Durchmessern um 10 m, horizontale Kaplan-Turbinen wie direktgetriebene Rohrturbinen, Getrieberohrturbinen, Kaplan-Pumpturbinen, 3- bis 8-Laufschaufel-Bauweisen etc. – die Kaplan-Turbine hat sich in zahlreichen Varianten beim Ausbau geringerer Fallhöhen und großer Durchflüsse durchgesetzt. Zahlreiche Modernisierungsprojekte von Francis-Anlagen aus den 1920er-Jahren zeugen von der Überlegenheit der Kaplan-Turbine. So baut Voith derzeit die im norwegischen Ranaasfoss 1922 installierte doppelflutige Francis-

Bild 7: Laufrad Saratov, Russland

Bild 8: a) Laufrad Ligga, Schweden; b) StreamDiver™

Maschinen auf Kaplan-Maschinen um, in Eglisau, Schweiz, wurden die 1921 am Rhein gebauten Francis-Turbinen kürzlich durch Kaplan-Turbinen ersetzt, und auch im Kraftwerk Pernegg, Österreich, wurden 2013 die 1927 errichteten Francis-Maschinen durch neue Kaplan-Turbinen ersetzt.

Nicht nur die erste Voith-Kaplan-Turbine wurde bei Voith in St. Pölten gebaut: passend zum 100-Jahr-Jubiläum des Kaplan-Patentes wird die größte je von Voith gefertigte Kaplan-Turbine zurzeit in St. Pölten hergestellt. Mit ihren 10,3 m Laufraddurchmesser wird sie der Modernisierung des Wolgakraftwerks Saratov in Russland (**Bild 7**) mit 21 Einheiten dienen. Neue Technologien erlauben wassergefüllte Naben, wie für das Laufrad im Kraftwerk Ligga, Schweden (7,5 m Durchmesser, 185 MW; **Bild 8a**), und eine patentierte, besondere Bauweise, wie jene für Bonneville, USA, reduziert die Mortalität der Fische beim Durchgang durch die Turbine. In Kostheim am Main wurden drehzahlvariable Kaplan-Turbinen mit einem speziellen drehzahlvariablen Voith-Getriebe eingebaut. Mit dem StreamDiver™ (**Bild 8b**) wurde außerdem eine vollökologische Kleinturbinen-Generatoreinheit in fett- und ölfreier Technologie realisiert.

Aus der Wasserkraft und dem Voith-Produktionsprogramm ist die Kaplan-Turbine heute nicht mehr wegzudenken. Viktor Kaplan hat mit seiner Turbine der Welt eine bahnbrechende Erfindung zur umweltfreundlichen, regenerativen Energieerzeugung geschenkt.

Autoren

Dr. techn. Leopold Heninger
Voith Hydro GmbH & Co KG
Linzerstrasse 55
3100 St. Pölten, Österreich
leopold.heninger@voith.com

Dr.-Ing. Dr. phil. Hermann Schweickert
Steinstraße 5
89522 Heidenheim
hermann.schweickert@t-online.de

Literatur

[1] Müller, W.: Die Francis-Turbinen und die Entwicklung des modernen Turbinenbaues. Hannover: Verlag von Gebrüder Jänecke, 1901.
[2] Schweickert, H.: Der Wasserturbinenbau bei Voith zwischen 1913 und 1939 und die Geschichte der Eingliederung neuer Strömungsmaschinen. Heidenheim: Verlag Uwe Siedentop. 2002.
[3] Lechner, A.: Viktor Kaplan. Wien: Verlag von Julius Springer, 1936.
[4] Gschwandtner, M.: Aurum ex Aquis. Dissertation Universität Salzburg. 2006.

Leopold Heninger and Hermann Schweickert

Viktor Kaplan and his Turbine at Voith
1913 Viktor Kaplan filed his patent but it needed till 1922 that Voith built its first Kaplan turbine. This paper reports about the relation between Viktor Kaplan and Voith introducing the Kaplan turbine to the hydro market and closes with an overview on some current Kaplan projects at Voith.

Леопольд Хенингер и Херманн Швайкерт

Виктор Каплан и разработанная им турбина в истории компании «Фойт»
В 1913 году Виктор Каплан подал заявку на получение патента на изобретение поворотнолопастной турбины. Спустя некотрое время, а именно в 1922 году, первая турбина Каплана была изготовлена на фирме «Фойт». В статье рассказывается об истории переменчивых отношений между Виктором Капланом и компанией «Фойт» в период внедрения поворотнолопастной турбины в сфере гидроэнергетики. В завершение представлен обзор реализуемых в настоящее время проектов компании «Фойт» с применением турбин Каплана.

Markus Schneeberger

Gegenwart und Zukunft der Kaplan-Turbine bei Andritz Hydro

Andritz Hydro und die Kaplan-Turbine blicken auf eine fast hundertjährige gemeinsame Erfolgsgeschichte zurück. Noch heute basiert rund ein Viertel des Turbinengeschäfts auf Kaplan-Turbinen und jüngste Großprojekte sowie Modernisierungsaufträge für bestehende Anlagen zeugen von der ungebrochenen Attraktivität dieses Turbinentyps. Dank ihrer herausragenden Eigenschaften steht die Kaplan-Turbine aber auch stets für Innovation, sei es in der Entwicklung umweltfreundlicher Technologien („Green Kaplan") oder im zukunftsträchtigen Bereich der Gezeitenenergie.

1 Die Anfänge

Die Kaplan-Turbine hat seit knapp hundert Jahren eine enorme Bedeutung für den Turbinenbau in unserem Unternehmen. Die heute unter dem einheitlichen Namen Andritz Hydro auftretende Gruppe blickt auf zahlreiche Vorgängergesellschaften zurück, zwei davon sind besonders stark mit den Anfängen dieser für die Wasser- und Energiewirtschaft so bedeutungsvollen Erfindung verbunden. Während auf der einen Seite Escher Wyss als Teil des „Kaplan-Syndikats" mit Viktor Kaplan in langwierigen Patentstreitigkeiten lag, ermöglichte ihm ein anderer Teil der heutigen Firmengruppe – KMW (Karlstads Mekaniska Werkstad) – den industriellen Durchbruch: die Anlage Lilla Edet in Schweden, erbaut im Jahr 1926, war die erste leistungsstarke Kaplan-Turbine der Welt. Mit einem Durchmesser von 5,8 m, einer Fallhöhe von 6,5 m und 11 200 PS Leistung und einem überlegenen Wirkungsgradverlauf zählt sie zu den historisch wichtigsten Referenzen von Andritz Hydro.

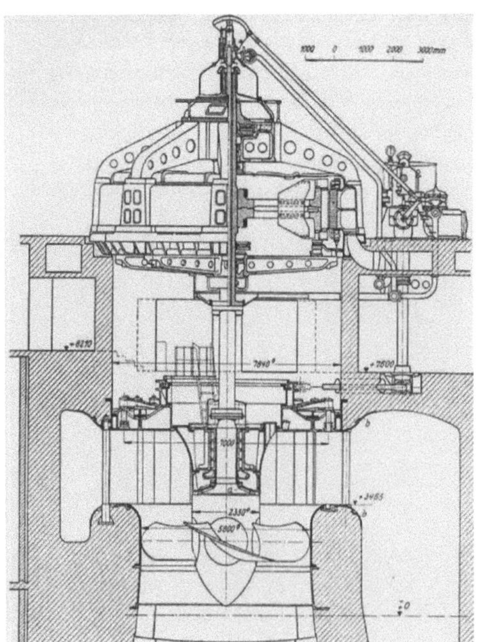

Bild 1: Krafthausschnitt Lilla Edet 1926, Schweden

In späterer Folge gelang es an der Genialität der Erfindung voll mit zu partizipieren. Ein Blick in die Turbinenreferenzliste zeigt, dass mit über 4 400 installierten Einheiten etwa ein Viertel der von Andritz Hydro ausgelieferten Maschinen auf Kaplan-Turbinen basiert. Die in dieser Sicht wesentlichsten Anlagen stammen von Schweizer Standorten (der ehemaligen Gesellschaften Escher Wyss, Sulzer, Vevey oder Charmilles), aus Schweden (KMW, Nohab, Waplan), dem GE Hydro Bereich (General Electric, Boving, Tampella) und Österreich (Andritz, Voest-Alpine, MCE, VA TECH).

2 Die Gegenwart

Wie wesentlich dieser Maschinentyp auch heute noch für die Wasserkraft ist, sieht man an einem Blick in die aktuelle Auftragseingangsliste: Von Januar bis September 2013 gelangten bei Andritz Hydro Bestellungen von 30 Kaplan-Turbinen ein – von kleinen Maschinen mit einer Leistung von weniger als 1 MW bis hin zu Großanlagen mit knapp 200 MW pro Turbine.

Am bemerkenswertesten ist, dass sich Kaplan-Turbinen in ihren Grundzügen in den vergangenen hundert Jahren nicht wesentlich verändert haben. Die Gestaltung des Einlaufs und der Spirale, des Stütz- und Leitapparats, des Laufrads und des Saugrohres ist auf den ersten Blick nahezu unverändert zu den Anfangsjahren. Natürlich finden sich in modernen Kaplan-Turbinen jede Menge Optimierungen aller möglichen technischen Details, aber ein Vergleich des Maschinenschnitts von Lilla Edet (**Bild 1**) und einer ähnlich großen Anlage von heute würde zeigen, dass Viktor Kaplan selbst schon sehr früh die optimale Anordnung und die entsprechende funktionelle Gestaltung gefunden hat. Wenn man bedenkt, wie sehr sich etwa Telefone oder Flugzeuge in den letzten hundert Jahren verändert haben, ist Viktor Kaplan alleine aus diesem Umstand heraus größter Respekt für seine Erfindungen zu zollen.

Die drei interessantesten Kaplan-Turbinen-Projekte von Andritz Hydro sind derzeit Anlagen in Kanada, Laos und Österreich, auf die im Folgenden kurz eingegangen wird.

In Neufundland wird zurzeit ein großer Laufkraftwerkskomplex mit mehreren Anlagen errichtet. Die zwischen 2012 und 2017 zu errichtende Stufe Muskrat Falls wird aus vier großen Kaplan-Turbinen bestehen. Die Laufraddurchmesser betragen 8,8 m und die Nennfallhöhe 35 m. Die Nennleistung von 209 MW pro Turbine wird dazu führen, dass die Muskrat-Falls-Turbinen eine der leistungsstärksten Kaplan-Turbinen sein werden, die bisher gebaut wurden. Neben den Turbinen werden von Andritz Hydro auch alle vier Generatoren und umfangreiche Stahlwasserbauausrüstung mitgeliefert. Die Energie wird mit Hochspannungs-Gleichstromübertragung in die über 2 000 km weit entfernten Verbraucherzentren im südlichen Teil Kanadas geliefert.

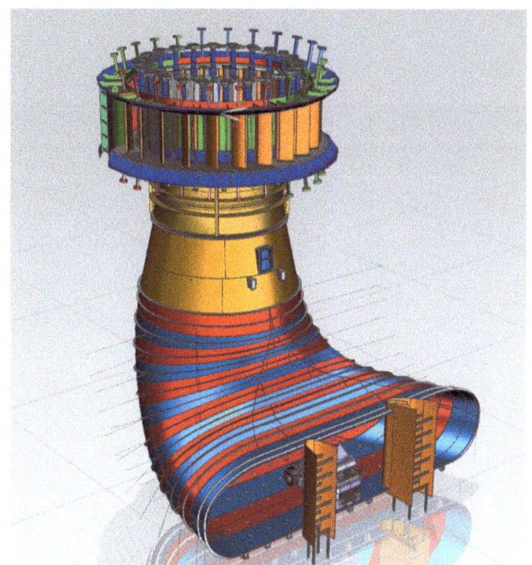

Bild 2: CAD-Modell-Saugrohr und Stützschaufelring Xayaburi, Laos

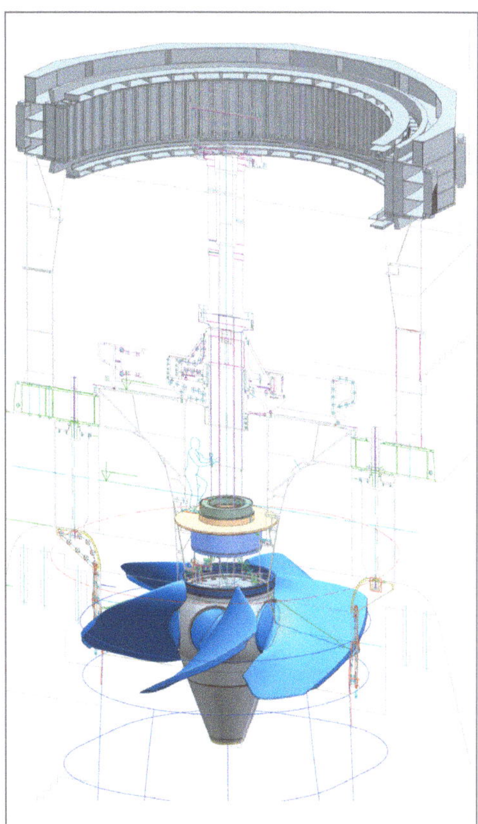

Bild 3: Revitalisierung Ybbs, Österreich

Bild 4: Hydromatrix-Anlage Ashta, Albanien

2013 erfolgte der Auftragseingang für das Projekt Xayaburi in Laos. Der Lieferumfang umfasst hier 7 + 1 Maschinensätze sowie die komplette elektrische und mechanische Kraftwerksausrüstung, die gesamte Projektabwicklung dafür kommt aus Österreich. Die sieben großen Kaplan-Turbinen für das am Mekong gelegene Kraftwerk werden einen Laufraddurchmesser von 8,6 m aufweisen, für eine Nennfallhöhe von 28,5 m ausgelegt sein und über eine Nennleistung von je 175 MW verfügen. Zusätzlich wird noch eine weitere Maschine mit 6 m Laufraddurchmesser installiert. Die Fertigstellung des Projekts ist für 2017 geplant. Um sich einen Eindruck von der Größe der Bauteile einer solchen Maschine zu verschaffen, ist in **Bild 2** ein LKW in das 3-D-CAD-Modell des Saugrohres von Xayaburi eingebettet.

Bei den beiden zuvor genannten Projekten handelt es sich um Neuanlagen, aber auch der Umfang an Modernisierungen und Rehabilitierungen von Wasserkraftwerken mit Kaplan-Turbinen darf nicht unerwähnt bleiben. Als Beispiele hierfür seien die großen Revitalisierungsaufträge an der österreichischen Donau in Ybbs (2012, **Bild 3**) sowie Aschach (2005) genannt.

Solche Projekte beginnen zunächst mit Strömungssimulationen und Modellversuchen im hydraulischen Labor, um durch den Umbau die Energieerzeugung der bestehenden Anlage zu optimieren. Je nach Ausgangslage sind hier beachtliche Leistungssteigerungen durch Erhöhung des Wirkungsgrades, des Durchflusses und der Kavitationsbeständigkeit möglich. Damit lassen sich Umbaukosten und Erzeugungsausfall währen der De- und Wiedermontagephase als attraktive Investition für den Betreiber darstellen. Der typische Projektumfang beinhaltet neben den hydraulischen Untersuchungen dann Konstruktion, Fertigung, Montage und Inbetriebnahme der neuen Komponenten.

Besonders beeindruckend ist die Tatsache, dass diese Maschinen meist vierzig oder fünfzig Jahre und nur mit geringen Unterbrechungen erfolgreich in Betrieb waren. Die aufgelaufenen Betriebsstunden solcher Kaplan-Turbinen sind enorm und werden wohl von kaum einer anderen Branche im Maschinenbau übertroffen. Nicht zu vergessen sind die dabei erzeugte Elektrizität und die Erlöse, die diese Anlagen für ihre Betreiber erwirtschaftet haben.

Die gegenwärtigen technischen Herausforderungen bei Kaplan-Turbinen betreffen zunächst zwei Bereiche. Einerseits gilt es den wirtschaftlich sinnvollen Anwendungsbereich zu erweitern, was bei Andritz Hydro etwa mit dem Hydromatrix-Konzept gelungen ist. Die Grundidee hierbei ist,

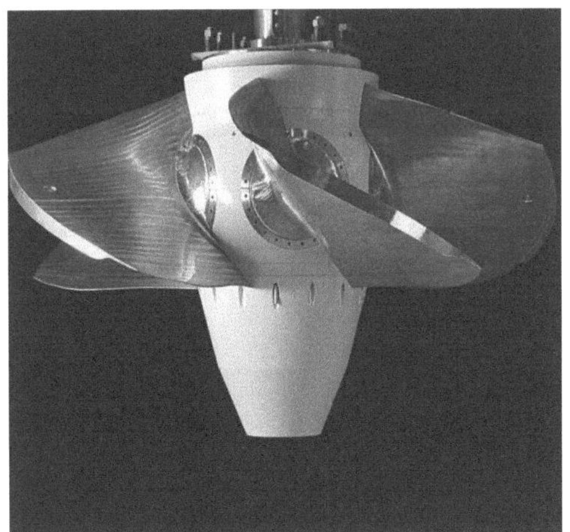

Bild 5: Ölfreie Kaplan-Turbine

Bild 6: Laufrad des Gezeitenkraftwerks Sihwa, Südkorea

statt nur wenigen großen Einheiten eine Vielzahl kleiner kompakter Turbinen zu liefern. Dadurch lassen sich die Gesamtkosten eines Wasserkraftwerks - vor allem bauseits - reduzieren. Zusätzlich werden heute verfügbare Technologien, wie etwa permanent-erregte Synchrongeneratoren eingesetzt, um robuste und kompakte Lösungen anbieten zu können. Aktuellstes Beispiel sind die zwischen 2009 und 2012 errichteten Anlagen Ashta 1 und 2 in Albanien mit 2 x 45 Turbinen und einem Laufraddurchmesser von 1,32 m (**Bild 4**).

Andererseits sind Innovationskraft und modernste Designmethoden auch aufgrund der Tatsache erforderlich, dass Kaplan-Turbinen heute nicht nur zur reinen Grundlast-Stromerzeugung eingesetzt werden, sondern auch zur verlustfreien Ausregelung der volatilen Netzeinspeisung anderer erneuerbarer Energieträger, wie Photovoltaik und Wind. Diese Netzstabilisierungsmaßnahme führt zu einer gänzlich anderen Betriebsart mit bis zu 50-fach häufigeren Stellvorgängen in der Turbine, was unweigerlich zu einer beachtlichen Ermüdungsbeanspruchung der Bauteile und zu vermehrtem Verschleiß an Lager- und Dichtungsstellen führt. Aber auch zu dieser Art der Netzdienstleistung ist die Kaplan-Turbine imstande. Um wieder ähnlich hohe Lebensdauern wie bisher zu erreichen, sind innovative Änderungen im Design und in den Berechnungsmethoden erforderlich. Den Betreibern ermöglicht diese Betriebsart außerdem zusätzliche Erlöse.

oder mangelnde Wartung jenes Nabenöl ins Flusswasser austreten könnte, führte zur Entwicklung sogenannter ölfreier Naben oder der „Green Kaplan Technology". In diesem Fall werden die Laufradnaben statt mit Öl mit Wasser gefüllt, somit ist auch bei etwaigen Leckagen eine Gefährdung des Flusswassers ausgeschlossen. Die Lagerschmierung muss nun durch sogenannte selbstschmierende wartungsfreie Lagerbüchsen erfolgen und Korrosion im Laufradinneren durch andere Maßnahmen - wie etwa die Verwendung von rostfreien Stählen und Korrosionsinhibitoren - vermieden werden (**Bild 5**).

Mittlerweile hat Andritz Hydro über 100 größere ölfreie Kaplanmaschinen mit einer Leistung von mehr als 5 MW geliefert. Es liegen verlässliche Betriebserfahrungen von Maschinen bis zu 7,5 m Laufraddurchmesser und einer Leistung von 85 MW vor. Auch die Xayaburi-Laufräder werden in ölfreier Ausführung geliefert werden und einen neuen Meilenstein bei den Referenzen für „Green Kaplan Technology" setzen. Ansonsten erfolgt die Anwendung dieser Technologie in Märkten, wo dies vom Gesetz her vorgeschrieben ist (Skandinavien, Schottland, Australien) oder wo Kunden aus umwelttechnischen Gründen diese Lösung bevorzugen (Osteuropa).

Der zweite neue Anwendungsbereich von Kaplan-Turbinen ist der Einsatz in Gezeitenkraftwerken. Hier bietet sich zunächst die klassische Bauform an, wo an einem Damm die durch Gezeiten zustande gekommene Fallhöhe zwischen einem

Bild 7: Gezeitenströmungsturbine HS 1 000, Orkney (oben und links)

viele Quadratkilometer großen Reservoir und dem Meer genutzt werden. Die stolzeste Referenz von Andritz Hydro ist Sihwa in Südkorea, das nunmehr größte Gezeitenkraftwerk der Welt. Sihwa wurde 2011 in Betrieb genommen und mit 10 Kaplan-Rohrturbinen mit einem Laufraddurchmesser von 7,5 m und einer Nennleistung von 26 MW je Maschine ausgestattet (**Bild 6**). Zusätzlich zu den Anforderungen wie in einem Flusskraftwerk sind bei einem Gezeitenkraftwerk noch weitere technische Herausforderungen zu beachten, wie etwa ein Rückwärtsbetrieb und die erforderliche Seewasserbeständigkeit.

Die zweite Möglichkeit, die unerschöpfliche Kraft der Gezeitenenergie zu nutzen, liegt in der Nutzung der Gezeitenströmung. An manchen Stellen des Meeres kann die Fließgeschwindigkeit dieser Strömungen weit über der von Flüssen liegen. Hierzu werden Maschinen eingesetzt die einer Unterwasserwindturbine durchaus ähnlich sind (**Bild 7**).

Auch auf diesem Gebiet hat Andritz Hydro seit Dezember 2011 eine Prototypmaschine auf den Orkney Inseln erfolgreich in Betrieb. Die 1-MW-Turbine mit einem Laufraddurchmesser von 21 m verfügt ähnlich wie Windanlagen über ein dreiflügeliges Laufrad, dessen drehbare Flügel je nach den Strömungsbedingungen optimal angestellt werden – exakt wie in der 1913 festgehaltenen Patentschrift von Viktor Kaplan.

Wenn man die Zeichnungen in Kaplans Patentschrift genau ansieht, erkennt man, dass die von ihm skizzierte Flügel- und Nabenform (**Bild 8**) eine nahezu erstaunliche Ähnlichkeit mit der Technologie der modernsten Gezeitenströmungsturbinen hat – und das 100 Jahre später! Dies zeigt, wie exakt Viktor Kaplan seine Erfindung bereits berechnen und wie genau er auch die möglichen Bauformen der Zukunft voraussehen konnte.

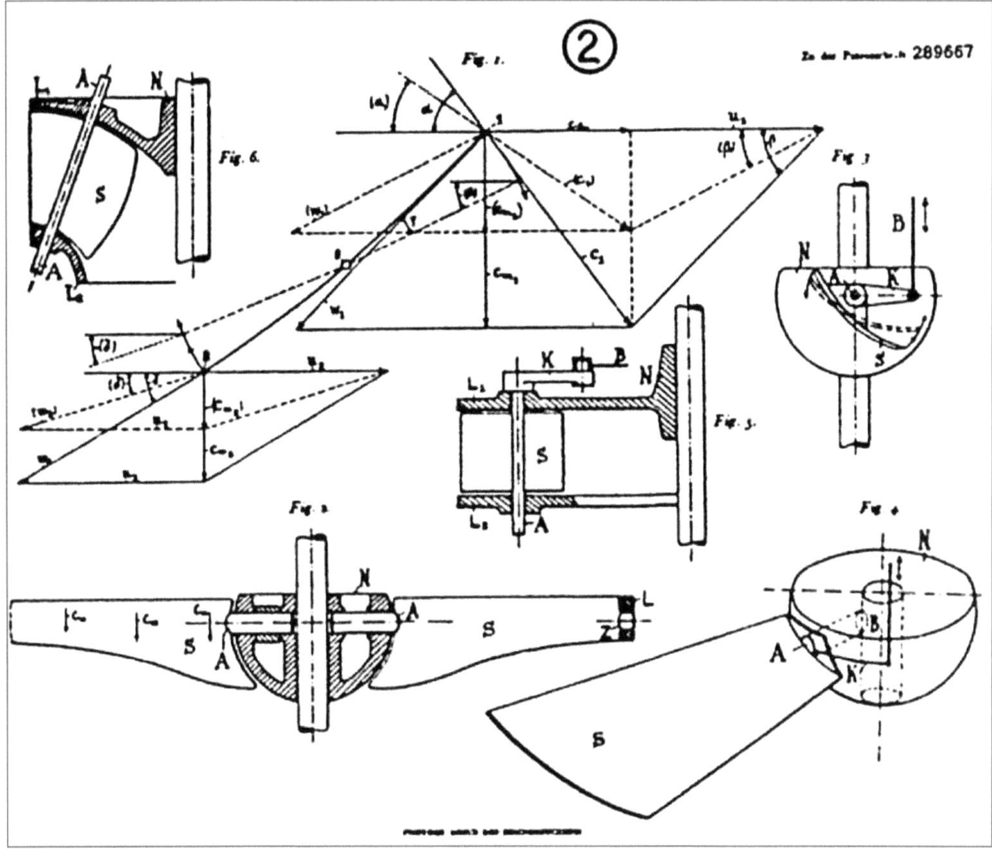

Bild 8: Zeichnung der Laufschaufelverstellung, Patentschrift Viktor Kaplan

Nur bei ganz wenigen Erfindern kann man sagen, dass ihre Ideen trotz allem technischen Fortschritt auch hundert Jahre später noch in so ähnlicher Weise verwendet werden. Dieser Umstand beweist den enormen Weitblick und die Genialität Viktor Kaplans, der nicht nur den Geistesblitz einer großartigen Erfindung hatte, sondern auch über eine präzise Methodik verfügte, die ihm sehr früh ermöglichte, voll und ganz zu verstehen, wie diese schnellläufigen Turbinen mit den drehbaren Schaufeln auszusehen hatten um ihre optimale Wirkung zu entfalten.

Autor

Dipl.-Ing. Markus Schneeberger
Andritz Hydro GmbH
Lunzerstrasse 78
4031 Linz, Österreich
markus.schneeberger@andritz.com

Markus Schneeberger

Present and Future of Kaplan Turbines at Andritz Hydro

The successful story of Kaplan turbines started almost hundred years ago and their significance for hydroelectric power plants cannot be denied. At Andritz Hydro, about 25 % of the supplied references are Kaplan turbines. The constant demand for this turbine type for recent large projects as well as for maintenance and rehabilitation projects shows that Kaplan turbines are still the perfect solution. Thanks to their outstanding characteristics Kaplan turbines have always been the key for innovative ideas. Clean technologies ("Green Kaplan") have been developed and Kaplan-type turbines will be the key for future technologies to generate electricity from tidal energy.

Маркус Шнеебергер

Современность и будущее турбины Каплана в компании «Andritz Hydro»

Компания «Andritz Hydro» и турбина Каплана – оглядываясь на прошлое, можно говорить о почти столетней истории успешного сотрудничества. Сегодня примерно четверть продукции в турбостроительной отрасли составляют турбины Каплана. Самые последние крупные проекты и заказы на модернизацию уже существующих установок свидетельствуют о неослабевающей привлекательности турбин этого типа. Благодаря своим уникальным качествам турбина Каплана всегда означает инновационность, будь то развитие экологически чистых технологий («Green Kaplan/Зеленый Каплан») или перспективная область приливной энергии.

Michal Kotoul

Viktor Kaplan und sein in Brünn geschaffenes Werk

Der Aufsatz erinnert den wichtigsten Teil des beruflichen Lebens von Viktor Kaplan, das er vom Jahr 1901 bis 1931 in Brünn verbrachte – die Periode ist charakterisiert von einer stürmischen Entwicklung der wissenschaftlichen Kenntnisse zum Strömungsverhalten von Flüssigkeiten, der Entwicklung der angewandten Hydromechanik und des Baus von hydraulischen Strömungsmaschinen. Zwei Persönlichkeiten, die in Brünn arbeiteten und stark Viktor Kaplan unterstützten, sind gleichfalls dargestellt – Prof. Ing. Leopold Grimm, Professor an der Tschechischen Technischen Hochschule in Brünn, und Ing. Jaroslav Slavík, der Schüler und später der Assistent von Prof. Kaplan.

1 Einleitung

Die Jahre von 1901 bis 1934 standen im Zeichen einer stürmischen Entwicklung der wissenschaftlichen Kenntnisse zum Strömungsverhalten von Flüssigkeiten, der Entwicklung der angewandten Hydromechanik und des Baus von hydraulischen Strömungsmaschinen wie Pumpen und Turbinen. Die Vielzahl der gewonnen Erkenntnisse auf der einen Seite und die Bedürfnisse der Praxis durch den Aufschwung der industriellen Produktion auf der anderen Seite beeinflussten auch die Struktur der Lehre an den Hochschulen. Es wurden neue Lehrstühle eingerichtet, die auf Hydromechanik und Wasserkraftanlagen spezialisiert waren.

Und so entstand bereits im Jahr 1901, ganze zwei Jahre nach Gründung der Tschechischen Technischen Hochschule Brünn (1899), der Lehrstuhl für Maschinenbau I, und zum ordentlichen Professor wurde Ing. Leopold Grimm vorgeschlagen, der das Institut bis 1932 leitete.

Die Forschung war nicht nur auf die Tschechische Technische Hochschule konzentriert. Zum Zeitpunkt ihrer Gründung bestand bereits seit 50 Jahren die Deutsche Technische Hochschule in Brünn, zu deren ordentlichem Assistent im Jahr 1903 Ing. Viktor Kaplan wird. Professor Grimm, der sich gleichfalls mit der Erforschung von Wasserturbinen befasste und unabhängig in Brünn wirkte, förderte die Arbeit von Professor Kaplan in außerordentlicher Weise. In Anbetracht seiner wichtigen Rolle, die er bei der Verteidigung der Gedanken Kaplans spielte, erscheint es angebracht, auch Professor Grimm kurz vorzustellen.

2 Prof. Ing. Leopold Grimm (1862 bis 1939)

Nach seinem Studium und einer Assistentenstelle am Züricher Technikum erwarb Leopold Grimm

Bild 1: Prof. Ing. Leopold Grimm [1]

sich ausgezeichnete Fachkenntnisse bei den Maschinenfabriken Escher, Wyss und Cie. in Zürich, Franco Tossi in Legnano sowie J. M. Voith in Heidenheim, wo er leitende Positionen innehatte (**Bild 1**). An die Tschechische Technische Hochschule wurde er 1901 als ordentlicher Professor berufen. Im Studienjahr 1907 bis 1908 war er Rektor dieser Schule. Dreimal war er Dekan des Fachbereichs Maschinenbau und Elektrotechnik. Er war ein herausragender Experte im Bereich Wasserturbinen und Pumpen sowie in der Wasserwirtschaft.

Professor Grimm propagierte eine moderne Nutzung der Wasserkraft sowohl in Mühlen als auch in großen Kraftwerken und trieb sie aktiv voran. Dabei arbeitete er mit dem Werk in Blansko (heute ČKD) zusammen, für das er Turbinenlaufräder konstruierte, wodurch er damals einen entscheidenden Einfluss auf die Errichtung von Wasserbauwerken in Böhmen und Mähren gewann. Auch die Kraftwerke Střekov und Ladce stammen noch aus seiner Feder.

Professor Grimm setzte sich für die Umsetzung von Kaplans Gedanken ein und empfahl 1917 in einem Gutachten die Erprobung einer Kaplan-Turbine: „... die Kaplan'sche Sache hat zweifellos auch nach Abzug der Extremwerte der spezifischen Drehzahl und des Wirkungsgrads einen großen Wert und eine große Bedeutung, wovon am besten die unparteiisch ermittelten Ergebnisse von Bremsversuchen an einer genau nach den Angaben des Autors ausgeführten Kaplan-Turbine mit einem größeren Durchmesser, z. B. 700 bis 1 000 mm, zeugen würden."

Professor Grimm richtete für Unterrichts- und Forschungszwecke ein vorbildliches Labor für Wasserkraftmaschinen ein, das damals als bestes Labor seiner Art in der Tschechoslowakei galt.

Bild 2: Prof. Dr.-Ing. Viktor Kaplan [2]

3 Prof. Dr.-Ing. Viktor Kaplan (1876 bis 1934)

Viktor Kaplan (**Bild 2**) studierte Maschinenbau an der Technischen Hochschule Wien, wo er 1900 den Titel des Maschineningenieurs erlangte.

Im Jahr 1901 arbeitete er bei der Firma Ganz in Leobersdorf, die auf den Bau von Dieselmotoren spezialisiert war. Hier stellte er erstmals seine Kreativität und seinen technischen Weitblick unter Beweis, als er einen neuen Motor konstruierte. Seine Ideen fanden jedoch keinen Anklang, so dass er die Firma enttäuscht verließ.

Seine Genugtuung suchte er in der Einreichung seiner Dissertationsschrift bei der Hochschule in Wien über einen Verbrennungsmotor mit Einspritzung. Die Arbeit wurde jedoch nicht angenommen, und Kaplan begriff, dass er seine weitere Tätigkeit auf eine konsequente Synthese von Theorie und Praxis gründen muss.

Die Kreativität des jungen Ingenieurs entdeckte jedoch bald Professor Alfred Musil von der Deutschen Technischen Hochschule in Brünn, der Kaplan die Stelle eines Konstrukteurs am Lehrstuhl für Maschinenbau und Kinematik anbot. Hier nahm Kaplan seine Arbeit auf, unter anderem an seiner Erfindung einer Wasserturbine mit verstellbaren Schaufeln an Leit- und Laufrad. Er war sehr aktiv und fand die Unterstützung seiner Kollegen. Er publizierte eine Vielzahl theoretischer Abhandlungen und meldete die ersten Patente an, wovon das wichtigste aus dem Jahr 1913 eine Wasserturbine mit verstellbaren Schaufeln für relativ geringe Fallhöhen und große Durchflüsse betrifft.

Die Freude über den Erfolg währte jedoch nur kurz, denn umgehend rüsteten sich die großen Turbinenbauer vor allem aus Deutschland, der Schweiz und Schweden zum Angriff, die ihr Geld in die Entwicklung und Produktion der Francis-Turbine investiert hatten. In den zermürbenden

Patentstreitigkeiten um die Anerkennung des Vorrangs der Erfindungen fand Professor Kaplan eine große Stütze in seinem Schüler und späteren ersten Assistenten Ing. Jaroslav Slavík.

Durch den Ersten Weltkrieg und die Patentstreitigkeiten verzögerte sich die erste praktische Umsetzung von Kaplans Erfindung bis ins Jahr 1918, als die Brünner Maschinenfabrik und Eisengießerei Ignác Storek die erste Kaplan-Turbine für eine Spinnerei im niederösterreichischen Velm produzierte (**Bild 3**). Den Versuchsbetrieb dieser Turbine eröffnete Professor Arthur Budau vom Wiener Technikum. Eine weitere Versuchsturbine nach System Kaplan, von Storek gemeinsam mit der Ersten Böhmisch-Mährischen Maschinenfabrik in Prag hergestellt, wurde 1921 im Kraftwerk Poděbrady installiert. Kurz darauf wurden Lizenzverträge über den Bau von Kaplan-Turbinen mit den im internationalen Kaplan-Turbinenkonzern vereinigten Firmen geschlossen.

Die hohe Arbeitsbelastung und der lang anhaltende Kampf um die Anerkennung seiner Erfindungen führten bei Professor Kaplan Anfang 1922 zum Ausbruch einer langjährigen Nervenerkrankung. Um alle Patentstreitigkeiten musste sich fortan Ing. Jaroslav Slavík kümmern, Kaplans selbstloser Mitarbeiter und späterer Freund, dem der Erfinder uneingeschränkt vertraute. Welchen Anteil Slavík an der Schaffung der Kaplan-Turbine hatte, wird wohl kaum mehr zu klären sein. Sicher ist jedoch, dass er bei ihrer Entwicklung und praktischen Erprobung stets dabei war. Jaroslav Slavík hat es sich ganz sicher verdient, in diesem Text nicht übergangen zu werden.

Er wurde am 28. November 1895 in Wien als Sohn tschechischer Eltern geboren. Nachdem er 1913 die Realschule abgeschlossen hatte, zog die ganze Familie nach Brünn, wo Jaroslav Slavík am Deutschen Technikum ein Maschinenbaustudium aufnahm. Dort begegnete er Professor Kaplan, der ihn Anfang 1914 als Helfer für die Erstellung der Zeichnungen zu den Patentanträgen anstellte, später auch zur Zusammenarbeit bei den Modellen. Sowohl das Hochschulstudium Slavíks als auch seine Tätigkeit für Professor Kaplan wurde durch den Ersten Weltkrieg unterbrochen. Die Jahre 1916 bis 1918 verbrachte er an der italienischen Front. Nach dem Krieg bot ihm Professor Kaplan die Stelle einer wissenschaftlichen Hilfskraft am Lehrstuhl für Wasserturbinen an, nach

PATENTOVÁ LISTINA

ČÍSLO 17516

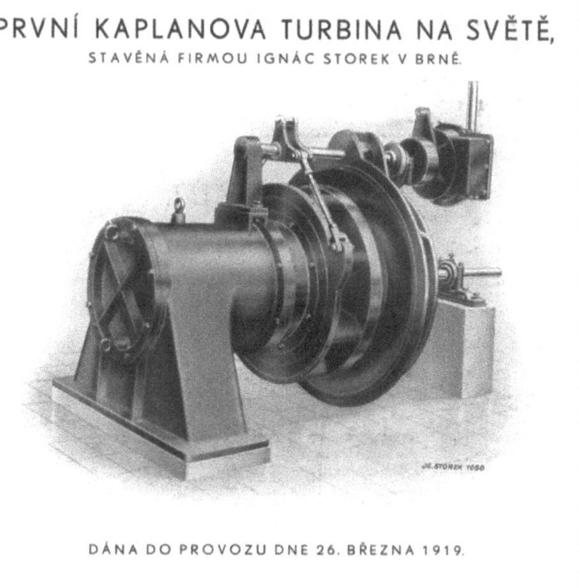

Bild 3: Patenturkunde und Abbildung der weltweit ersten Kaplan-Turbine, die am 24. März 1919 dem Betrieb übergeben wurde [1]

Ablegung der zweiten Staatsprüfung wurde er zum ordentlichen Assistenten. Ing. Jaroslav Slavík war nicht nur Mitarbeiter Professor Kaplans, sondern später, bis zu dessen Tod im Jahr 1934, auch Kaplans Patentverwalter. Entsprechend dem in Kaplans Testament ausgedrückten Wunsch leitete Slavík auch nach seinem Tod die schwierigen fachlichen Angelegenheiten im Zusammenhang mit dem Patentschutz der Kaplan-Turbine.

Um 1922 trat bei den von Storek gelieferten Turbinen ein Kavitationsproblem auf. Turbinen mit großer Ansaughöhe und hoher spezifischer Drehzahl erreichten nicht die vorgesehenen Parameter, sie fielen durch hohe Lärmentwicklung auf, und die Arbeitsflächen nutzten sich schnell ab. In Zusammenarbeit mit einem Team aus Mitarbeitern der Lizenznehmer, insbesondere der Mekaniska Verkstad aus dem schwedischen Kristinehamn, bekam Svavík schließlich jedoch auch diese kritische Situation in den Griff. Insgesamt reichte Professor Kaplan für seine Erfindungen mehr als 280 Patentanmeldungen in 27 Ländern ein.

Mit den neuen Kaplan-Turbinen wurden in der Folge zahlreiche Wasserkraftwerke ausgerüstet, so etwa in Loučná, Rapotín, Kroměříž, im italienischen Gorizia oder im schwedischen Lilla Edet.

Im Jahr 1926 verlieh die Technische Hochschule Prag Professor Kaplan in Anerkennung seines Werks die Ehrendoktorwürde der technischen Wissenschaften. Kaplans Erfindungen führten nicht allein zur Konstruktion eines neuen Turbinentyps, sondern auch zu Verbesserungen bei den Testmethoden unter Verwendung von Modellturbinen, zu neuen Entwicklungen in der Metallurgie, bei der Kavitäts- und Strömungsforschung oder bei der Festigkeitsberechnung.

Im Jahr 1931 bat Professor Kaplan um Entbindung von seinen Tätigkeiten an der Hochschule und zog sich auf seinen Landsitz Rochuspoint im oberösterreichischen Salzkammergut zurück, wo er sich eine eigene Werkstatt und ein kleines Kraftwerk einrichtete. Hier verstarb er auch am 23. August 1934, kurz nachdem ihn das Brünner Technikum zum Ehrendoktor der technischen Wissenschaften ernannt hatte.

Bild 4: Die ausländischen Gäste in Begleitung des Dekans der Maschinenbaufakultät, Prof. Jan Vrbka [1]

4 Abteilung für Fluid-Engineering Viktor Kaplan an der Technischen Universität Brünn

Anlässlich des 120. Geburtstags Viktor Kaplans fand am 23. November 1996 an der Maschinenbaufakultät der Technischen Universität Brünn ein Festakt statt, in dessen Rahmen die Abteilung für hydraulische Maschinen in die Abteilung für Fluid-Engineering Viktor Kaplan umbenannt wurde. An der Feier nahmen auch einige Nachfahren und Verwandte Professor Kaplans teil, die aus Österreich und Deutschland angereist waren. Seine Ansprache hielt der damalige Dekan der Maschinenbaufakultät, Prof. Jan Vrbka, mit Rücksicht auf die Gäste auf Deutsch. Professor Vrbka beantwortete die Fragen der ausländischen Gäste, von denen die Enkelin Viktor Kaplans, Prof. Dr. Gerlind Weber von der Universität für Bodenkultur Wien, eine Dankesrede hielt. Anschließend warfen die Teilnehmer der Feier vom Dach der Maschinenbaufakultät aus einen Blick über die Stadt (**Bild 4**) und bekamen einen vom österreichischen Fernsehen gedrehten Film über das Wirken Professor Kaplans in Brünn gezeigt.

Danksagung

Dieser Artikel entstand in enger Zusammenarbeit mit Prof. František Pochylý, dem gegenwärtigen Leiter der Abteilung für Fluid-Engineering Viktor Kaplan.

Autor

Prof. RNDr. Michal Kotoul, Dr. Sc.
Technische Universität Brünn
Antonínská 1
601 90 Brno, Tschechien
Kotoul@fme.vutbr.cz

Literatur

[1] Archiv der Technischen Universität Brünn.
[2] NN: Viktor Kaplan (http://commons.wikimedia.org/wiki/File:Viktor_Kaplan01.jpg; Aufruf: 16.02.2014).

Michal Kotoul

Viktor Kaplan and his Great Work in Brno
The paper reminds the most important part of Viktor Kaplan's professional life, which he spent in the city of Brno, dating from 1901 to 1931 – the period characterized by an unprecedented development of applied hydromechanics and construction of hydro machinery. Also two personalities who worked in Brno and strongly supported Viktor Kaplan are brought to attention – Prof. Ing. Leopold Grimm, professor of Czech Technical University in Brno, and Kaplan's student and first assistant Ing. Jaroslav Slavík.

Михал Котоулб

Виктор Каплан и турбина, созданная им в Брно
Авторы статьи напоминают о самом важном периоде профессиональной жизни Виктора Каплана (с 1901 по 1931 год), проведенном им в городе Брно. То время было отмечено бурным развитием научных знаний в такой области как гидравлические характеристики течения; появилось много новых разработок в сфере прикладной гидромеханики и конструирования гидравлических установок. В статье также рассказывается о двух работавших в Брно и оказывавших Виктору Каплану большую поддержку людях. Это инженер Леопольд Гримм, профессор Чешского Технического института в Брно и инженер Ярослав Славик, ученик и позднее ассистент профессора Каплана.

Potenziale

Albert Ruprecht

Wasserkraft in Baden-Württemberg – Stand und technische Entwicklungen

Wasserkraft stellt in Baden-Württemberg die wichtigste erneuerbare Energiequelle zur Stromerzeugung dar. Sie lieferte 2012 6 % des Stromverbrauchs. Obwohl Wasserkraft seit weit über 100 Jahren im Einsatz ist und damit einen sehr hohen Reifegrad aufweist, gibt es dennoch zahlreiche Neuentwicklungen. Vor allem bezüglich Fischfreundlichkeit, Durchgängigkeit für Geschiebe und Nutzung geringer Fallhöhen gibt es technische Innovationen. Eine Auswahl aus diesen neuen Entwicklungen wird im Folgenden dargestellt.

1 Stand und Ausbaupotenzial der Wasserkraft in Baden-Württemberg

Die Wasserkraft stellt für Baden-Württemberg eine wichtige erneuerbare Energiequelle dar. Nach Bayern hat Baden-Württemberg die höchste Energieausbeute aus Wasserkraft in Deutschland. Vom Bruttostromverbrauch in Baden-Württemberg von 79,1 TWh/a wurden 2012 16,8 % aus Erneuerbaren Energien gedeckt, davon liefert die Wasserkraft mit 36 % den größten Anteil (**Bild 1**) und macht damit ca. 6 % am baden-württembergischen Stromverbrauch aus.

In unterschiedlichen Studien, z. B. [1], [2], [3], zeigt sich, dass die Wasserkraft in Baden-Württemberg noch Ausbaupotenzial besitzt. Dieses Potenzial besteht zum großen Teil an bestehenden Kraftwerken. Allein durch Betriebsoptimierung und Revision der Anlagen kann die Stromproduktion um ca. 10 % gesteigert werden. Eine konsequente Modernisierung mit entsprechender Anpassung der Ausbauwassermenge führt zu einer Produktionssteigerung von ca. 25 %. Dabei ist bereits berücksichtigt, dass bei einer Modernisierung meist höhere ökologische Wasserabgaben (Fischaufstieg, Restwassermenge etc.) notwendig werden.

Zusätzlich zu den existierenden Kraftwerken gibt es noch zahlreiche Querbauwerke, die bisher keine Wasserkraftnutzung aufweisen. Baut man diese Querbauwerke mit Wasserkraftanlagen aus, so könnte die Stromproduktion noch einmal um ca. 10 bis 15 % gesteigert werden. Allerdings muss man hier feststellen, dass die meisten dieser existierenden Querbauwerke nur eine geringe Fallhöhe aufweisen. Um diese wirtschaftlich nutzen zu können, müssen kostengünstige, technische Lösungen zur Verfügung stehen.

Durch den Bau neuer Querbauwerke wäre ein ganz erheblicher Zubau machbar. Als Beispiel sei der Bau weiterer Staustufen am Rhein genannt (z. B. das Kraftwerk Neuburgweier unterhalb der Staustufe Iffezheim mit einer Leistung von ca. 120 MW). Der Bau von neuen Querbauwerken wird aber sehr kontrovers gesehen und ist so sehr umstritten, dass eine Realisierung zurzeit gesellschaftspolitisch kaum möglich scheint.

Generell muss man feststellen, dass bei der Wasserkraft Nutzungskonflikte bestehen. Zum einen ist es ein politisches Ziel, den Ausbau der erneuerbaren Energien – auch aus Wasserkraft – zu stärken. Zum anderen ist es politisches Ziel, eine ökologische Verbesserung der Gewässer zu erreichen (WRRL, FFH-Richtlinien, Aal-Verordnung usw.). Um eine für alle Parteien akzeptable und volkswirtschaftlich sinnvolle Lösung zu erreichen, ist es zum einen notwendig, die starke Emotionalisierung des Themas aufzubrechen, um sinnvolle und tragbare Kompromisse zu erreichen. Zum anderen muss die Entwicklung gestärkt werden, um technische Lösungen für den Ausbau der Wasserkraft zu haben, die ökonomisch machbar und ökologisch akzeptabel sind.

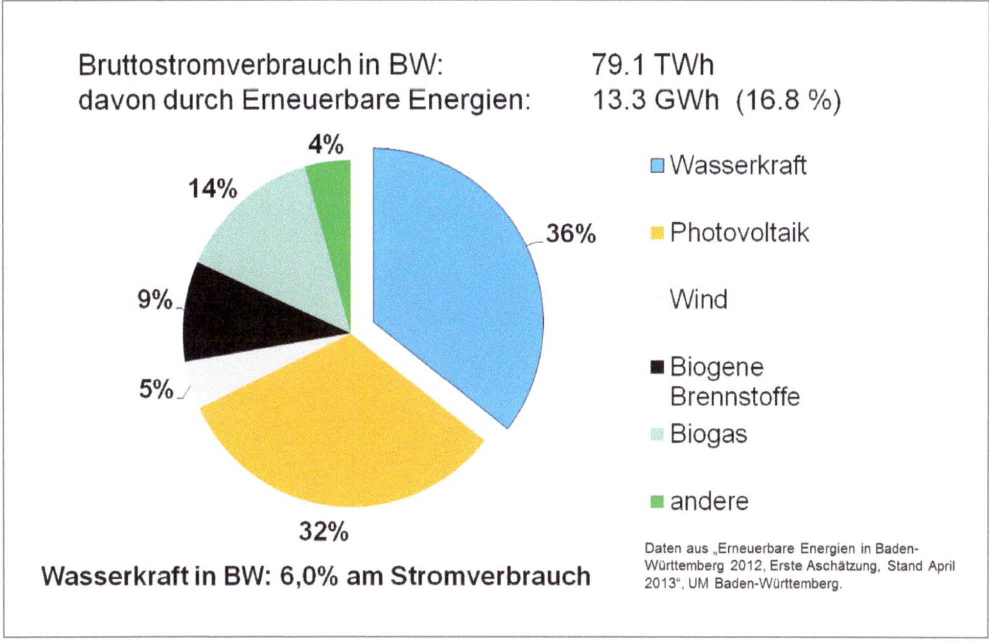

Bild 1: Anteil der Erneuerbaren Energien am Stromverbrauch in Baden-Württemberg in 2012

2 Technische Entwicklungen

In den letzten Jahre liegt der Fokus bei der Entwicklung in der Kleinwasserkraft neben der Verbesserung von Einzelkomponenten – als Beispiel sei hier die Entwicklung von Permanentmagnet-erregten Generatoren mit einer deutlichen Wirkungsgradsteigerung vor allem im Teillastbetrieb genannt – auf folgenden Punkten:

- Entwicklung fischfreundlicher Turbinen,
- Entwicklung von Anlagen und Komponenten zur Verbesserung der Durchgängigkeit von Geschiebe und Fischen,
- Entwicklung neuer Konzepte zur Nutzung geringer Fallhöhen,
- Entwicklung von kostengünstigen standardisierten Turbinen und
- Entwicklung von Turbinen ohne Aufstau.

Im Folgenden sollen hier einige Beispiele gezeigt werden.

2.1 Fischfreundliche Turbinen

Schwimmt ein Fisch durch eine Turbine, so kann dies zu Schädigungen führen. Mögliche Schädigungsursachen ergeben sich durch Spalte, wie sie bei konventionellen Kaplanturbinen vor allem im Voll- und Überlastbetrieb auftreten. Dies kann bei Fischen zu mechanischen Schäden führen. Eine weitere Gefahrenzone liegt in den Rotor-Stator-Wechselwirkungen, hier können ebenfalls mechanische Schäden auftreten, dies gilt vor allem bei Turbinen mit hohen Drehzahlen. Ein weiteres Verletzungsrisiko für die Fische liegt dann vor, wenn große Druckgradienten entlang der Strömung vorliegen und wenn große Scherkräfte wirken. Dazu kommt noch die Schädigung durch Druckpulsationen in Folge von Kavitation.

Bei der Entwicklung einer fischfreundlichen Turbine muss deshalb darauf geachtet werden, dass die o. g. Ursachen möglichst vermieden werden. Das führt u. a. dazu, dass eine fischfreundliche Turbine nahezu spaltfrei ist. Sie weist einen großen Abstand zwischen Leit- und Laufrad mit wenigen Laufradschaufeln auf, damit sinkt die Wahrscheinlichkeit einer Kollision. Darüber hinaus ist sie für eine relativ niedrige Drehzahl ausgelegt. Um den Druckgradienten möglichst zu verkleinern, ergeben sich relativ lange Laufradschaufeln. Durch die langsame Drehzahl und die deutlich langsamere Strömungsgeschwindigkeit als bei konventionellen Turbinen ist auch die Kavitationsgefahr minimiert. In **Bild 2** sind zwei

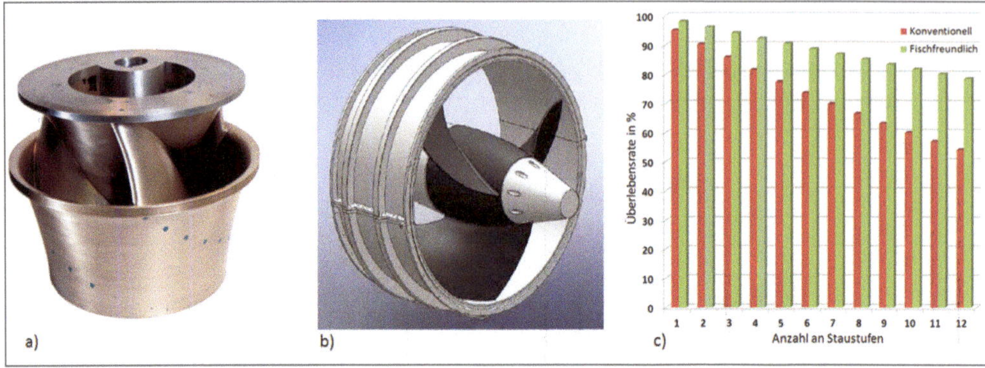

Bild 2: Fischfreundliche Turbinen: a) Alden Turbine [8], b) Pentair-Turbine [3], c) Vergleich der Überlebensrate von konventionellen und fischfreundlichen Turbinen bei einer Staustufenkette

fischfreundliche Laufräder dargestellt. Deutlich sieht man die wenigen und langen Laufschaufeln.

Durch das fischfreundliche Design kann die Mortalitätsrate deutlich gesenkt werden. Eine Schädigungsrate im Bereich von 4 bis 8 % bei konventionellen Turbinen kann durch ein fischfreundliches Design auf 1 bis 3 % reduziert werden [4]. Das klingt zwar nicht sonderlich viel, betrachtet man aber eine Staustufenkette, so sieht man in Bild 2c, dass z. B. die Überlebensrate nach 12 Staustufen bei einer konventionellen Turbine mit einer Mortalitätsrate von 5 % bei ca. 53 % liegt, während sie bei einer fischfreundlichen Turbine (Mortalitätsrate 2 %) ca. 78 % beträgt.

2.2 Anlagen zur Verbesserung der Durchgängigkeit

Neben der Durchgängigkeit für Fische und andere Lebewesen ist natürlich auch die Durchgängigkeit für Geschiebe wünschenswert. Demzufolge wird versucht, Anlagen zu entwickeln, die dieses Kriterium erfüllen. In **Bild 3** sind einige Beispiele gezeigt. Es handelt sich dabei um einen Coanda-Rechen (Bild 3a), ein Schachtkraftwerk mit überströmtem Rechen (Bild 3b) sowie ein unter- und überströmtes Kraftwerk (Bild 3c), das angehoben bzw. abgesenkt werden kann, um im Bedarfsfall das Geschiebe unter dem Kraftwerk durchzulassen.

2.3 Nutzung geringer Fallhöhen

Der größte Anteil von neuen Kraftwerken an bestehenden Querbauwerken weist nur eine relativ geringe Fallhöhe auf. Um diese Anlagen ausbauen zu können, ist es deshalb notwendig, entsprechende Turbinen zur Verfügung zu haben. Darüber hinaus dürfen die Baukosten auch nicht das ganze Projekt unwirtschaftlich machen. In **Bild 4** sind exemplarisch drei Entwicklungen gezeigt. Es sind dies die VLH-Turbine [4], eine Wasserkraftschnecke [5] sowie die Entwicklung eines speziellen Wasserrades im HYLOW-Projekt [6]. Alle diese Entwicklungen zeigen zwar etwas niedrigere Wirkungsgrade als konventionelle Turbinen, dafür ist aber der Bauaufwand deutlich geringer als bei konventionellen Anlagen.

2.4 Standardisierte Turbinen

Um vergleichsweise kostengünstige Turbinen für Kleinwasserkraftanlagen bereitstellen zu können, versuchen die meisten Hersteller eine Satz von standarisierten, einfachen Turbinen (z. B. ohne Leitrad- und Laufradverstellung) bereit zu stellen. Hier sei exemplarisch die Matrixturbine der Fa. Andritz oder der StreamDiver der Fa. Voith genannt. Dadurch können wirtschaftliche Rahmenbedingungen erreicht werden, die einen ökonomischen Ausbau eines Standorts erst möglich machen.

2.5 Turbinen ohne Aufstau

Da die Durchgängigkeit bei Wasserkraftanlagen das größte Problem darstellt, werden zunehmend Entwicklungen von hydrokinetischen Turbinen gemacht, die nur die kinetische Energie der Strömung ohne ein Querbauwerk und damit auch ohne Aufstau ausnutzen. In **Bild 5** sind einige Konzepte dargestellt. Bild 5a zeigt die Turbine der Fa.

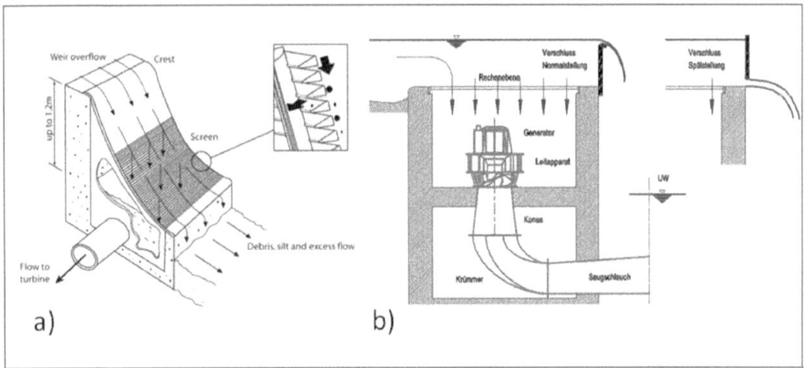

Doppelt geregelte Kaplanturbine
Überströmtes Saugrohr
Drehachse
Durchfluss max. 25 m³/s
Rundbogenrechen mit 15mm Stababstand
Konisches Saugrohr
Synchrongenerator mit Permanentmagnet
c)

Bild 3: Kraftwerkskonzepte für Geschiebedurchlässigkeit und Fischabstieg:
a) Coanda-Rechen aus [6],
b) Schachtkraftwerk [8],
c) unter- und überströmte Turbine [10]

KSB, die bei St. Goar im Rhein getestet wurde. In Bild 5b ist die Anlage der Fa. AquaLibre gezeigt, die in der Wachau in der Donau installiert ist. Eine kleine Turbine der Fa. SmartHydro ist in Bild 5c dargestellt. Bild 5d zeigt die Turbinen der Firma RER, die im St. Lorenz in Montreal installiert ist.

Bei hydrokinetischen Turbinen muss festgehalten werden, dass sie zwar nur einen sehr geringen Einfluss auf die Ökologie haben und damit sehr umweltfreundlich sind, die Energieausbeute ist aber um ein vielfaches geringer als bei konventionelle Anlagen mit Aufstau. Eine grobe Abschätzung zeigt, dass man höchstens 2 bis 4 % der Energie einer konventionellen Anlage mit Aufstau durch kinetische Turbinen erreicht.

Bild 4: Anlagen zu Nutzung kleiner Fallhöhen: a) VLH-Turbine [5], b) Wasserkraftschnecke [6], c) Wasserdruckmaschine [7]

Bild 5: Hydrokinetische Turbinen: a) Turbine der Fa. KSB [11], b) Turbine de Fa. AquaLibre [12], c) Turbine der Fa. Smart-Hydro [13], d) Turbine der Fa. RER [14]

3 Zusammenfassung und Ausblick

Die Wasserkraft stellt in Baden-Württemberg die wichtigste Erneuerbare Energiequelle zur Stromversorgung dar. 2012 liefert sie 6 % des Stromverbrauchs. Sie hat gegenüber den meisten anderen erneuerbaren Energien den großen Vorteil, dass sie deutlich kontinuierlicher anfällt und damit zur Stabilität des elektrischen Netzes beiträgt. Wasserkraft besitzt in Baden-Württemberg noch ein Ausbaupotenzial von ca. 25 % an existierenden Anlagen und 10 bis 15 % Neubaupotenzial an existierenden Querbauwerken. Wasserkraft zur elektrischen Stromerzeugung ist seit mehr als 100 Jahren im Einsatz und die Technologie hat einen hohen Reife- und Zuverlässigkeitsgrad erreicht. Dennoch gibt es in den letzten Jahren zahlreiche Neuentwicklungen. Dabei ist das Ziel vor allem, die ökologische Verträglichkeit der Anlagen zu erhöhen. Dazu werden z. B. fischfreundliche Turbinen entwickelt, die die Mortalitätsrate deutlich senken können, sowie Kraftwerkskonzepte, die den Fischabstieg und den Geschiebetransport verbessern.

Gelingt es, durch neue technologische Entwicklungen zum einen die negativen ökologischen Eingriffe in ein Gewässer zu minimieren und zum andern kostengünstige Technologien zur Verfügung zu stellen, die vor allem beim Ausbau von Standorten mit kleiner Fallhöhe notwendig sind, so sollte ein Ausbau der noch zur Verfügung stehenden Potenziale möglich sein. Einem Ausbau, der sowohl ökologisch als auch ökonomisch vertretbar ist, sollte dann nichts mehr im Wege stehen.

Autor

Dr.-Ing. Albert Ruprecht
Institut für Strömungsmechanik und Hydraulische Strömungsmaschinen (IHS)
Universität Stuttgart
Pfaffenwaldring 10
70550 Stuttgart
albert.ruprecht@ihs.uni-stuttgart.de

Literatur

[1] Bundesministerium für Umwelt, Naturschutz und Reaktorsicherheit (Hrsg.): Potenzialermittlung für den Ausbau der Wasserkraftnutzung in Deutschland. Berlin, 2011.

[2] Anderer, P.; Dumont, U.; Heimerl, S.; Ruprecht, A.; Wolf-Schumann, U.: Das Wasserkraftpotenzial in Deutschland. In: WasserWirtschaft 100 (2010), Heft 9, S. 12-16.

[3] EnBW (Hrsg.): Potenziale der großen Wasserkraft in den Nebengewässern des Oberrheins, 2012.

[4] Grünig, T.: Die fischfreundliche Niederdruckturbine. In: WasserWirtschaft 103 (2013), Heft 10, S. 54-57.

[5] Juhrig, L.: Die Very-Low-Head-Turbine – Technik und Anwendung. In: WasserWirtschaft 101 (2011), Heft 10, S. 25-29.

[6] Pelikan,. B., Tradition und Innovation in der Wasserkraft, Kulturtechnik und Wasserwirtschaft heute. BOKU Wien, 2012.
[7] www.hylow.eu, Aufruf 30.06.2013.
[8] www.aldenlab.com, Aufruf 30.06.2013.
[9] www.br.de/themen/wissen/alternative-energie-wasserkraft-schachtkraftwerk100.html, Aufruf 30.06.2013.
[10] www.das-bewegliche-kraftwerk.de, Aufruf 30.06.2013.
[11] www.ksb.com, Aufruf 30.06.2013.
[12] www.aqualibre.at, Aufruf 30.06.2013.
[13] www.smart-hydro.de, Aufruf 30.06.2013.
[14] www.rerhydro.com, Aufruf 30.06.2013.

Albert Ruprecht

Hydropower in Baden-Württemberg – State of the Art and Technological Developments

Hydropower is the most important renewable energy source for electricity production in Baden-Württemberg. It delivers 6 % of the electricity consumption. Although hydropower is in operation for more than a century and it reaches a high degree of maturity there are still many new developments. Especially for fish friendliness, pervasiveness of debris and the exploitation of very low head sites there are numerous technical innovations. A sample of these new developments is presented.

Альберт Рупрехт

Гидроэнергия в земле Баден-Вюртемберг – состояние и техническое развитие

В земле Баден-Вюртемберг гидроэнергия представляет собой важнейший возобновляемый источник энергии в общем объеме производства электроэнергии. В 2012 году потребление электроэнергии из гидроэнергетических источников составило 6% от потребления электроэнергии в целом. Гидроэнергия используется в течение уже более чем 100 лет и обладает очень высокой степенью «зрелости»; тем не менее, имеются многочисленные новые технические разработки. Технические инновации касаются, прежде всего, проблем «благоприятности» гидроэнергетических сооружений для рыб, прохождения донных наносов и использования малых высот напора. Некоторые из этих разработок представлены в данной статье.

Andreas Ruopp und Philipp Daus

Simulation von Gezeitenströmungen zur Standortanalyse und Bestimmung vorhandener Potenziale

Die Berechnung von Strömungsrichtungen und deren Geschwindigkeitsverteilungen stellen die Hauptgrößen für Wirtschaftlichkeitsberechnungen und Auslegung von Gezeitenströmungsturbinen dar. Zudem hilft die numerische Strömungssimulation bei der Identifikation von Wirbelgebieten und bei der Vorauswahl von Messpunkten vor Ort. Hierfür wird ein interner Gezeitenströmungslöser verwendet. Die Simulation eines Projektgebietes ist Gegenstand vorliegender Untersuchung.

1 Einleitung

Der steigende Energieverbrauch weltweit, die Erwärmung der Erdatmosphäre und die Endlichkeit fossiler Brennstoffe sind drei gegenwärtige Problemstellungen, die es in naher Zukunft zu lösen gilt. Hierbei stellen regenerative Energiequellen die einzige Möglichkeit dar, dauerhaft und CO_2-neutral Volkswirtschaften mit Energie zu versorgen. Bekannte Quellen stellen die Wind-, Sonnen- und Wasserkraft dar, die bereits erfolgreich im großen Maßstab genutzt werden. Die Gewinnung von Energie aus dem Meer bietet ein weiteres, erhebliches Potenzial, welches derzeit erforscht und noch nicht oder nur im kleinen Maßstab umgesetzt wird.

Das theoretische Potenzial der Meeresenergie unter Berücksichtigung der Wellen-, Strömungs- und osmotischen Energien liegt bei etwa 1,8 TW [1], der Anteil an der weltweiten Stromgewinnung könnte für Gezeitenströmungskraftwerke bei etwa 4 % liegen (ca. 3 800 TWh/a) [2].

Viele Regierungen legen verbindliche Ziele zur Reduktion des Treibhausgases CO_2 vor, wie z. B. Großbritannien [3], das dabei auch auf die Gezeitenströmungen als zusätzliche Ressource zählt [4].

Vorteile der Gezeitenströmungen sind eine relativ hohe Kontinuität und deren Planbarkeit, welche auch die Stromnetze stabilisieren können.

Die Erschließung dieser neuen Energien stellt große Herausforderungen an die Planung, die Entwicklung und die Technik. Für die Gewinnung von Elektrizität aus der kinetischen Energie der Strömungen nutzt Voith eine frei umströmte horizontal-achsige Turbine. Als Gründungsstruktur der Anlage wird gegenwärtig ein Mono-Pfahl eingesetzt, der in den Untergrund eingebohrt und einbetoniert wird. Die Turbine ist mit einem dreiblättrigen Rotor ausgestattet, dessen Blätter bidirektional ausgeführt sind und dadurch von beiden Seiten angeströmt werden können. Eine periodische Nachführung für Ebbe- und Flutströmung entfällt folglich.

Potenzialstudien können im Vorfeld im großflächigen Maßstab Regionen identifizieren, welche zur Nutzung von Gezeitenströmungen aus wirtschaftlicher und technischer Sicht infrage kommen. Diese Potenzialstudien nutzen globale Tidenmodelle, welche die harmonischen Gezeitenströmungen vorhersagen. Für die genaue Berechnung von Strömungsgrößen in Seegebieten sind jedoch numerische Strömungssimulationen notwendig, die Aufschluss über Strömungsgeschwindigkeiten und deren Hauptrichtungen geben. Einfluss auf diese Kenngrößen nehmen Küstenlinien, Inseln und die Bodenkontur sowie das lokale Gezeitenpotenzial. Im Rahmen der Entwicklung einer Gezeitenströmungsturbine wird am Institut für Strömungsmechanik und Hydraulische Strömungsmaschinen der Universität Stuttgart (IHS) zusammen mit Voith Hydro Ocean Current Technologies an der Entwicklung von

Gezeitenströmungslösern und der Modellierung von Seegebieten gearbeitet, um die Projektierung und Planung von Gezeitenturbinen zu unterstützen, passende Standorte zu identifizieren sowie mögliche Rückkopplungen auf die technische Weiterentwicklung der Turbine feststellen zu können.

2 Die Simulation

Die Simulation von Projektgebieten erfordert mehrere Schritte der Datenaufbereitung und Konvertierung, bevor der Simulationsprozess beginnen kann. In **Bild 1** sind die einzelnen Schritte und Ziele dargestellt.

2.1 Die Datenaufbereitung

Die Geometriedaten eines Projektgebietes beinhalten die Küstenlinien und Inseln, welche in ein entsprechendes CAD-Format aufbereitet werden müssen. Hierbei muss das Gebiet ausreichend groß gewählt werden, damit Randeinflüsse vermieden werden. Im zweiten Schritt werden die Bathymetriedaten, d. h. die Bodenhöheninformationen, gesammelt und in ein einheitliches Format konvertiert. Hierbei werden Seekarteninformationen mit Rasterweiten von 3 000 bis 4 000 m in tiefen Seegebieten verwendet, genaue Messungen sollten idealerweise im Projektgebiet mit Rasterweiten von 10 bis 50 m vorliegen. Diese Daten werden auf ein einheitliches Referenzniveau, meist Mean Sea Level (MSL), justiert.

Die Vernetzung des Gebietes erfolgt mit einem unstrukturierten Netzansatz, in dem sowohl Inseln und Küstenlinien als auch flache Gebiete und die zu untersuchende Region fein, d. h. mit Kantenlängen von 10 bis 40 m, aufgelöst werden. Die groben Netzstrukturen in tiefen Seeregionen und in der Nähe der Ränder können Kantenlängen von mehreren 100 m aufweisen.

Das hier vorgestellte Rechengebiet im Norden Schottlands beinhaltet das EMEC-Testgebiet (European Marine Energy Centre) [5] im Fall of Warness, in dem Prototypenanlagen verschiedener Turbinenentwickler aufgestellt und unter Realbedingungen getestet werden können. Anschließend werden die Bathymetriedaten auf die Zellen

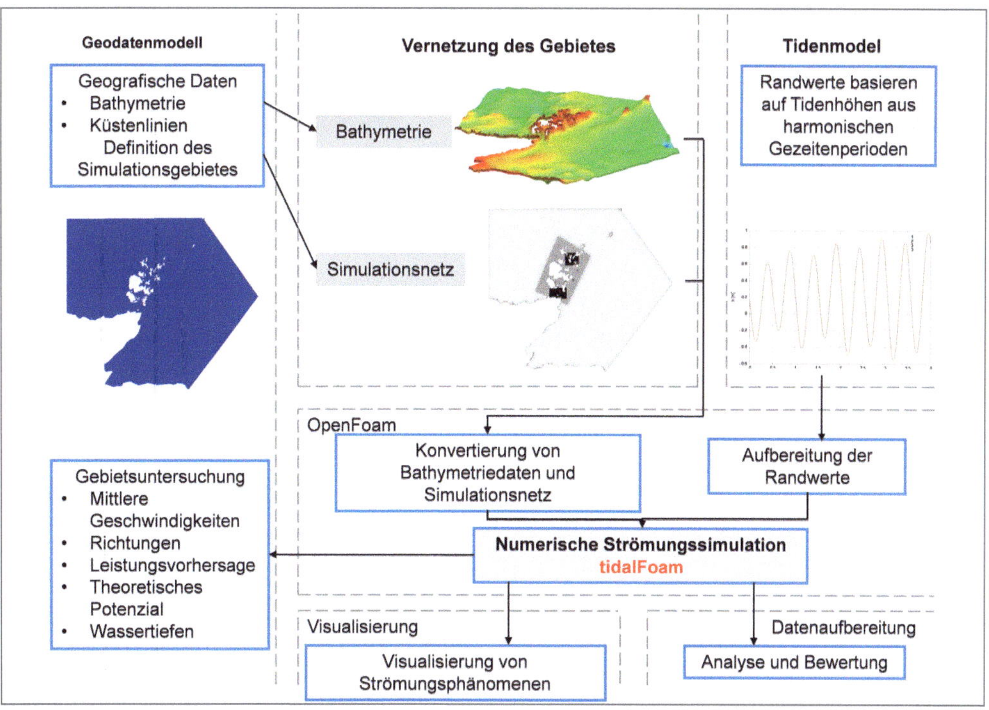

Bild 1: Ablauf einer Gezeitenströmungssimulation mit Datenaufbereitung und Auswertung

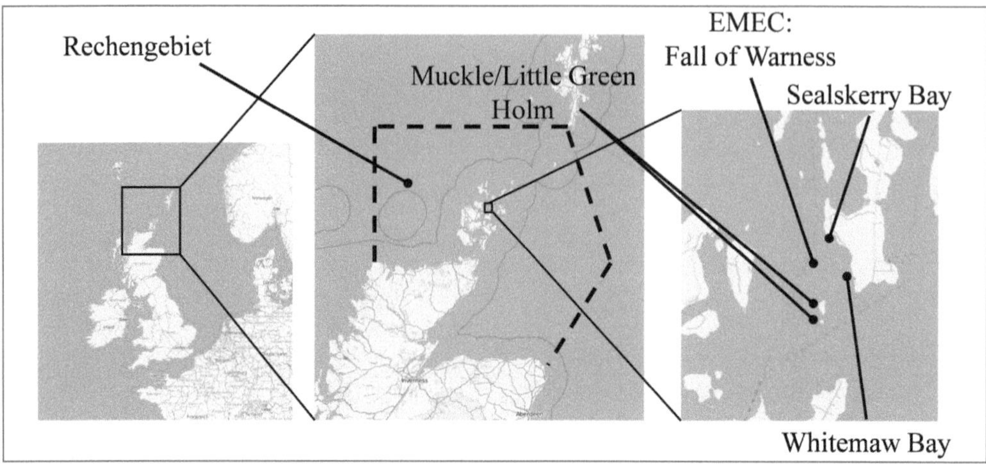

Bild 2: Großbritannien (links), mit angedeutetem Rechengebiet (mitte) und dem EMEC-Testgebiet Fall of Warness (rechts; Bildquelle: www.openstreetmap.de/karte.html)

des Rechennetzes interpoliert.

An den Rändern müssen geeignete Randbedingungen vorliegen, welche in Form von Schwankungen der Wasserhöhe über der Zeit aus harmonischen Gezeitenperioden generiert und aufgebracht werden. In **Bild 2** sind das Rechengebiet und das EMEC-Gebiet Fall of Warness nördlich von Schottland dargestellt. Das Rechengebiet hat Kantenlängen von ca. 150 bis 250 km.

In diesem Fall werden für jeden Rand sechs Zeitserien generiert und später in der Simulation zeitlich sowie örtlich auf die Randknoten als Dirichlet-Randbedingungen interpoliert aufgebracht.

2.2 Die Gezeitensimulation

Der hauseigene Löser tidalFoam ist in den Open Source Code OpenFOAM® integriert und löst die 2-D-Flachwassergleichungen [6]. Für eine kurze Simulationszeit sind die integrierten Modelle parallelisiert. Zusätzlich arbeitet tidalFoam mit einem variablen, globalen Zeitschrittverfahren, um die maximal zulässige Courant-Bedingung optimal auszunutzen. Insgesamt werden in dieser Untersuchung Netzgrößen von ca. 350 000 Zellen verwendet.

Während der Simulationsläufe werden sogenannte Spotpoints (Messpunkte) definiert, die die Geschwindigkeitskomponenten und deren Wasserhöhe mitprotokollieren.

Zur Kalibrierung werden Daten aus Seekarten mit denen aus der Simulation verglichen und gegebenenfalls die Boden- und Randwerte angepasst.

Die Validierung der Simulation erfolgt mit einem Messpunkt aus dem Gebiet Fall of Warness (Bild 2). Hierbei liegen die tiefengemittelten Geschwindigkeiten und Richtungen über einen Zeitraum von 28 Tagen vor, welche mittels Acoustic Doppler Current Profiler (ADCP) im 10-Minuten-Mittel aufgezeichnet wurden.

2.3 Die Datenauswertung

Die Ergebnisse aus der Simulation zeigen eine gute Übereinstimmung mit den Messdaten und bestätigen die Validierung. Die Geschwindigkeitsverläufe für einen Wochenzeitraum sind in **Bild 3** dargestellt.

Zur Validierung der auftretenden Hauptströmungsrichtungen werden Wasserrosendiagramme, ähnlich den Windrosen, aufgetragen. In **Bild 4** links sind die gemittelten Zehnminutenwerte für den Messpunkt im Vergleich zur Simulation dargestellt.

Die Hauptrichtungen werden mit der Simulation ausreichend genau erfasst. Zudem zeigen die Daten mit Nord-West-Strömung (Ebbeströmung) eine höhere Richtungsvariation als diejenigen bei Flutströmung. Grund hierfür sind Wirbel, die noch einen signifikanten Einfluss auf den Messpunkt haben und Fluktuationen in der Hauptströmungsrichtung verursachen. Diese Wirbel sind in **Bild 5** für zwei Zeitpunkte dargestellt, die einmal die Eb-

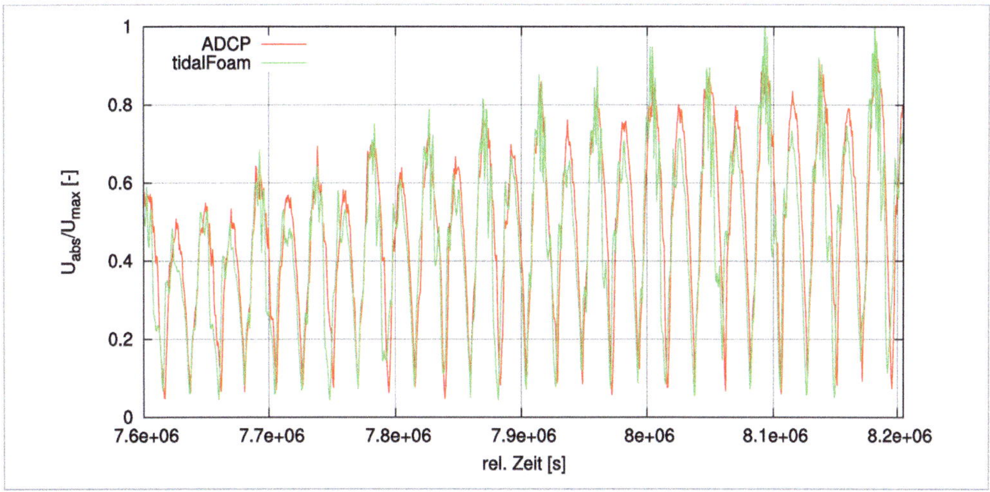

Bild 3: Geschwindigkeitswerte aus Messung und Simulation für einen Auswertepunkt über einen Zeitraum von einer Woche

be- und einmal die Flutströmung am Fall of Warness kennzeichnen.

Die Wirbelbildung im Bereich Sealskerry Bay (Bild 5 rechts) erzeugt im Projektgebiet Geschwindigkeits- und Richtungsschwankungen, die im Messpunkt noch zu erkennen sind. Zudem werden die räumlichen Ausdehnungen der Wirbel hinter Muckle und Little Green Holm ersichtlich.

Zur Bestimmung der Hauptströmungsrichtungen werden die Daten über einen Zeitraum von 28 Tagen mit dem Betrag der dritten Potenz der Geschwindigkeit gemittelt (energiegewichtet). Die Daten aus Simulation und Messung weisen hierbei eine gute Übereinstimmung auf (**Tabelle 1**).

Die erfolgreiche Validierung erlaubt die zuverlässige Auswertung von weiteren Punkten im Projektgebiet. Somit lassen sich Karten erstellen, welche eine erste Standortanalyse erlauben. Hierbei

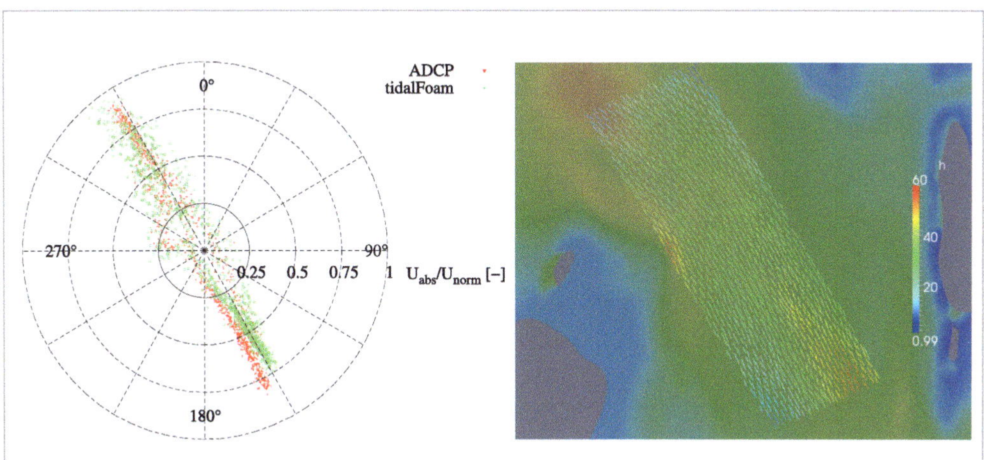

Bild 4: Wasserrose für Messung und Simulation (links): ein Punkt kennzeichnet ein zehn Minutenmittel, Null Grad entspricht Strömung in nördlicher Richtung; gemittelte Hauptströmungsrichtung dargestellt als Vektoren über der Wassertiefe (rechts): eine blaue Einfärbung der Vektoren weist auf ein geringes Leistungspotenzial hin, rote Einfärbung auf ein hohes Leistungspotenzial

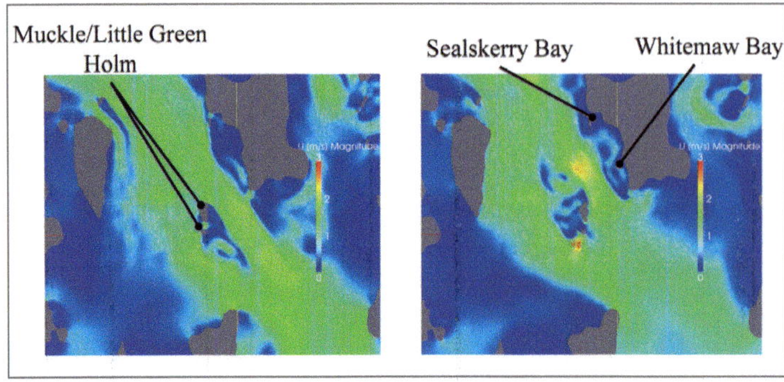

Bild 5: Flutströmung (links) und Ebbeströmung (rechts) mit charakteristischer Ausbildung von Wirbeln im Testgebiet Fall of Warness

Tab. 1: Hauptströmungsrichtung für einen Messpunkt mit Simulation im Vergleich

	$\bar{\gamma}_{Flut}$	$\bar{\gamma}_{Ebbe}$	$\bar{\gamma}_{Hauptrichtung}$
ADCP [Grad]	154	327	150
tidalFoam [Grad]	149	325	147

stellen die Vektoren in Bild 4 rechts die Hauptströmungsrichtungen dar, die Einfärbung der Vektoren repräsentiert das Leistungsvermögen des Standortes. Der linke obere Bereich der Vektorschar (blaue Vektoren) weist auf ein schwaches Leistungsvermögen hin, da größere Wassertiefen eine Reduktion der Geschwindigkeit zur Folge haben. Hingegen ist der rechte untere Bereich deutlich leistungsfähiger (rote Einfärbung).

Die Analysen ermöglichen die Erfassung kompletter Gebiete hinsichtlich Ihres energetischen Potentials sowie weiterer relevanter Strömungscharakteristika, wie beispielsweise der gemittelten, lokalen Strömungsrichtungen.

3 Zusammenfassung

Die Simulation von Gezeitenströmungen in potenziellen Projektgebieten zeigt in der Validierung eine gute Übereinstimmung zur Messung. Aussagen über die Qualität des Standortes können somit getroffen und kritische Wasserstände identifiziert werden. Inseln und Küstenlinien können signifikante Wirbel induzieren, die bei der Standortsuche mithilfe der Simulation frühzeitig erfasst werden. Die Ergebnisse von großflächigen Simulationen dienen als Datenbasis bei der Umsetzung von zukünftigen Projekten zur Gewinnung von Elektrizität durch Gezeitenströmungsturbinen.

Autoren

Dipl.-Ing. Andreas Ruopp
Institut für Strömungsmechanik und Hydraulische Strömungsmaschinen (IHS)
Universität Stuttgart
Pfaffenwaldring 10, 70550 Stuttgart
ruopp@ihs.uni-stuttgart.de

Dipl.-Ing. Philipp Daus
Voith Hydro Ocean Current Technologies
GmbH & Co. KG
Alexanderstrasse 11, 89522 Heidenheim
philipp.daus@voith.com

Literatur

[1] Voith Hydro (Hrsg.): Berechnungen für ein Vortrag bei der 15. Internationalen Wasserkrafttagung, Wien.
[2] Noelle; Eckley; Selin (Hrsg.): EncyclopÆdia Britannica: Tidal Power (www.britannica.com/EBchecked/topic/595132/tidal-power, Abruf 10.06.2013).
[3] HM Government (Hrsg.): The UK Renewable Energy Strategy. Surrey, 2009.
[4] Black & Veatch (Hrsg.): Phase II. UK Tidal Stream Energy Resource Assessment. Issue 3. The Carbon Trust, London, 2005.
[5] The European Marine Energy Centre (EMEC) Ltd, Orkney (www.emec.org.uk, Abruf: 10.06.2013).
[6] Kowalik, Z.; Murty, T. S.: Numerical Modeling of Ocean Dynamics. In: Advanced Series on Ocean Engineering (1993), Nr. 5.

Andreas Ruopp and Philipp Daus

Simulation of Tidal Currents for Site Assessment and Determining of Potentials for Electricity Production

Main directions and velocity distributions over time are essential for evaluation of economic efficiency of tidal current turbines. In addition, numerical analyses help finding suitable spots and can identify and locate eddies or unfavorable flow patterns. This can support the preselection of measurement campaigns. For this, an in-house code is utilized. A description about the preprocessing methods, the simulation and the data assessment of a high resolution ocean modeling case is given.

Андреас Руопп и Филипп Даус

Моделирование течений приливов и отливов для выполнения анализа локализации и определения имеющихся потенциалов

Расчеты направлений течения и распределения скорости являются основополагающими при определении рентабельности и планировании турбин течения приливов и отливов. Кроме того, численное моделирование течения помогает в определении зон вихря и преселекции измерительных точек на месте локализации. Для этого используется внутреннее решающее устройство для приливно-отливных течений. Моделирование проектной зоны является предметом данного исследования.

Thomas Weiss, Stephan Mattner, Florian Grumm und Detlef Schulz

Die Bundeswasserstraßen als Energiespeicher – Potenzial und Herausforderungen

Für die Speicherung von Überschüssen aus fluktuierenden erneuerbaren Energien ist das Pumpspeicherwerk (PSW) momentan die einzige großtechnisch realisierbare Speichertechnologie. PSW sind technisch ausgereift und sind bei passenden Randbedingungen wirtschaftlich zu betreiben. Konventionelle PSW benötigen geeignete, in Deutschland aber begrenzt vorhandene geologische Rahmenbedingungen. Durch die Nutzung schon bestehender künstlicher Strukturen können neue Speicherkapazitäten erschlossen werden, wie hier am Beispiel der Bundeswasserstraßen gezeigt wird.

1 Notwendigkeit von Energiespeichern

Durch den verstärkten Ausbau der erneuerbaren Energien wird das deutsche Energieversorgungssystem vor neue Herausforderungen gestellt. Der hohe Anteil an fluktuierenden, nicht regelbaren Erzeugern, wie Windenergie und Photovoltaik, erschwert die Anpassung der erzeugten Energie an den Verbrauch. Die Ausbauziele für die erneuerbaren Erzeuger im Strombereich in Verbindung mit dem bis 2022 geplanten Atomausstieg werden diese Problematik weiter verschärfen.

Energiespeicher werden in einem Energieversorgungssystem auf Basis fluktuierender, nicht kontrollierbarer Erzeuger, wie Windenergie und Photovoltaik, für den zeitlichen Ausgleich zwischen Erzeugung und Verbrauch benötigt. Die großtechnische Energiespeicherung wird hier eine Schlüsselrolle spielen. Dass Energiespeicher in Zukunft benötigt werden, wurde schon in vielen Studien untersucht und bestätigt [1], [2]. Die VDE-Studie „Energiespeicher für die Energiewende“ [1] geht z. B. von einem deutlichen Anstieg des Energiespeicherbedarfs sowohl im Bereich Kurzzeit- als auch im Bereich Langzeitspeicher ab dem Jahr 2020 aus. Als Kurzzeitspeicher werden hier Speicher mit Zyklenzeiten bis zu 24 Stunden bezeichnet. Langzeitspeicher sind alle Speichervarianten mit Speicherzyklen von mehr als 24 Stunden.

2 Die Bundeswasserstraßen und ihr Potenzial als Energiespeicher

Das **Bild 1** zeigt einen Ausschnitt der Bundeswasserstraßen zwischen Rhein und Oder. Dieser Bereich wird in der späteren Betrachtung noch von Bedeutung sein, da hier im Bereich des Mittellandkanals die höchsten Potenziale für die Installation von Pumpspeicherwerken liegen. Die Bundeswasserstraßen im Norden Deutschlands haben eine Gesamtlänge von 1 300 km. Innerhalb des Wasserstraßennetzes existieren 45 Schleusen und 3 Schiffshebewerke. Jedes dieser Bauwerke ist mit Pumpen ausgestattet, um dem Schiffsverkehr sowohl die Berg- als auch die Talfahrt zu ermöglichen. Für Talschleusungen wird das Wasser einfach in den tiefer gelegenen Teil des Kanals abgelassen. Überschüssiges Wasser durch Regenfall oder natürliche Zuflüsse wird ebenfalls ungenutzt über Entlastungsleitungen abgeführt. Dieses überschüssige Wasser kann durch die Installation von Turbinen oder die Modifikation der schon bestehenden Pumpen zur Stromerzeugung genutzt werden [3].

Bei vorangegangenen Untersuchungen wurde festgestellt, dass die Wasserstraßen sich als Energiespeicher grundsätzlich eignen. Um das technische Prinzip eines PSW zu realisieren, muss ein potenziell nutzbares Gewässer von anderen Fluss- und Kanalsystemen isoliert und über Pumpwerke mit Wasser gespeist werden können. Das bedeutet, Uferumrandungen müssen befestigt werden und am Übergang zu einem Fluss oder Kanal muss eine Staustufe vorhanden sein. Weiter muss ein Speicherbecken von außen mit Wasser versorgt werden können, ohne dass der versorgende Fluss bzw. Kanal Einschränkungen unterliegt. Selbiges gilt auch für die Abgabe des gespeicherten Wassers. Ebenso muss das zu nutzende Speicherbecken einen Potenzialunterschied zu seinem versorgenden System aufweisen, um potentielle Energie aufbauen zu können. Das versorgende System selbst muss kein räumlich isoliertes Speicherbecken sein. Grundsätzlich bieten die meisten Kanalabschnitte diese Voraussetzungen.

Um das Potenzial des jeweiligen Kanalabschnitts berechnen zu können, muss neben den geografischen Abmessungen auch die Lamelle bekannt sein, innerhalb derer das Wasser schwanken darf. Als Lamelle wird das Toleranzband bezeichnet, in dem der Wasserstand innerhalb des Kanalabschnitts schwanken darf und das somit für die Nutzung in einem PSW zur Verfügung stehen könnte. Dieses Toleranzband liegt meist im Bereich von 10 cm bis maximal 40 cm. Die gesamten untersuchten Stauwerke bieten, bei voller Ausnutzung der erlaubten Lamellen, eine potentielle Energie von 1 GWh. Da die tatsächliche Energiemenge und die zu erwartende Leistung eines einzelnen Speicherbeckens sehr gering ausfallen (**Tabellen 1 und 2**), wird empfohlen, mehrere Speicherbecken als Virtuelles Kraftwerk (VK) zu verschalten.

Im Rahmen dieser Überlegungen müssen noch weitere einschränkende Faktoren berücksichtigt werden. Die Kanäle bilden ein weit verzweigtes System. Es bedarf daher eines erheblichen Regelungsaufwands, die einzelnen Staustufen nutzenoptimal zu betreiben. Ein zweiter entscheidender Faktor ist die Lade- bzw. Entladezeit. Die Bundeswasserstraßen können als Energiespeicher ein beachtliches Volumen aufweisen. Jedoch muss dieses Volumen an den engsten Schnittstellen – den Staustufen – auf das höhere bzw. niedere Potenzial überführt werden. Beschränkend wirken hierbei die bereits zur Wasserhaltung installierten Pumpensysteme der Wasserstraßen. Um zusätzliche Investitionen zu vermeiden, soll vorrangig auf die Pumpen der Staustufen zurückgegriffen werden. Bei der Errichtung dieser Anlagen leiten sich deren Leistungsdaten von dem zur Wasserhaltung benötigten Umwälzvolumen ab. Es können auch nicht alle an einer Staustufe verfügbaren Pumpen zur Energiespeicherung genutzt werden, da eine Redundanz für die Schiffbarkeit notwendig ist. Unter Berücksichtigung dieser Faktoren und des Durchflusses der installierten Pumpen ergibt sich eine mögliche elektrische Leistung von rund 50 MW. Die Tabellen 1 und 2 fassen die Potenzialanalyse für die Bauwerke mit dem höchsten Potenzial im Bereich des Mittellandkanals zusammen. Gemeinsam bilden sie das Speicherpotenzial eines mittleren Pumpspeicherkraftwerks.

3 Vorteile und Herausforderungen

Die Errichtung eines Pumpspeicherkraftwerks in den Bundeswasserstraßen birgt einige Herausforderungen. Als wichtigster Punkt muss erwähnt werden, dass im Falle einer Umsetzung des Projekts die Energiespeicherung im Aufgabenspektrum der Wasserstraßen nur an zweiter oder dritter Stelle steht. Die Kernkompetenz der Bundeswasserstraßen besteht in der Infrastrukturbereitstellung und Versorgung technischer, gewerblicher, landwirtschaftlicher oder hauswirtschaftlicher Anwender mit Betriebswasser. Die

a) Gewährleistung von Sicherheit und Leichtigkeit der Schifffahrt, sowie
b) die nachhaltige und energetisch optimierte Bewirtschaftung der Wasserressourcen

haben für die zuständigen Behörden höchste Priorität. Dadurch ergeben sich weitaus restriktivere Rahmenbedingungen im Vergleich zu herkömmlichen PSW. Zum Beispiel darf die Wasserstandslamelle während der Bewirtschaftung unter keinen Umständen überschritten werden. Eine Abweichung ist u. U. nachts, in der Betriebspause der Bundeswasserstraßen, denkbar, bedarf aber noch rechtlicher Klärung. Weitere Faktoren, die die Nutzung der Bundeswasserstraßen als Energiespeicher beeinträchtigen könnten, sind

- mögliche extreme Volumenverschiebung innerhalb eines Speicherbeckens durch starken Wind, aufgrund der Trägheit des Wassers,
- mögliche Partikelablagerungen bzw. Versandungen vor oder hinter einer Staustufe aufgrund der vermehrten Volumenumwälzvorgänge, mit der Folge von eventuell veränderten hydromecha-

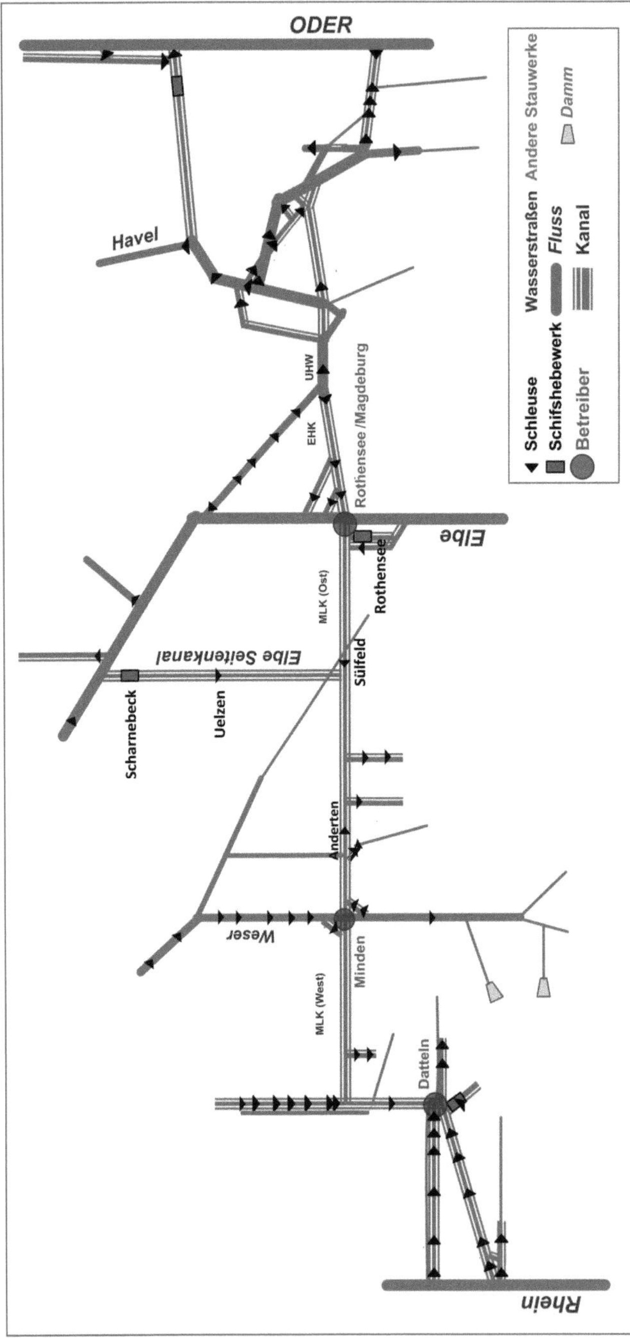

Bild 1: Übersicht der Bundeswasserstraßen mit Stauwerken zwischen Rhein und Oder

nischen bzw. hydrodynamischen Bedingungen bzw. einer Veränderung der momentanen Fallhöhe,

- eine überdimensionale Abnutzung der verbauten Pumpen und Turbinen infolge der aufgewirbelten Kleinstteile,
- eine Durchmischung gewässerfremder, biologischer Faktoren, wie z. B. verschiedener pH-Werte der einzelnen Gewässer, sowie
- Gefahren durch großflächige zeitweilige Vereisungen der Speicherbecken im Winter, in deren Folge Volumenänderungen evtl. untersagt werden müssen.

Bei den bisherigen Überlegungen blieben die im Weiteren als „unvorhersehbare Parameter" deklarierten Faktoren unberücksichtigt. Bei dieser Gruppe handelt es sich im Wesentlichen um Wetterereignisse, welche aufgrund der territorialen Weitläufigkeit der Wasserstraßen extreme Einflüsse haben. So wirken u. a. gewaltige Niederschlagsereignisse und extreme Hitze auf die z. T. viele Kilometer langen Speicherbecken der Bundeswasserstraßen. Auch diese Einflüsse müssen als äußere Rahmenbedingungen bewältigt werden. Sie können unter gewissen Umständen zu einem zeitlich begrenzten Nutzungsverbot der Wasserstraßen zur Energiespeicherung durch die zuständigen Behörden führen. Aus Mangel an Erfahrung mit derartigen Projekten kann dazu zum momentanen Zeitpunkt keine Einschätzung gegeben werden.

Trotz dieser Herausforderungen überwiegen die zu erwartenden Vorteile einer Umsetzung des Projekts im Vergleich zum Neubau eines konventionellen

Tab. 1: Übersicht Potenzialabschätzung I

Schleuse bzw., Schiffshebewerk	Mittlere Fallhöhe in m	Nutzbare Lamelle in cm	Nutzbares Volumen in m^3
Scharnebeck	38	20	479 833
Uelzen	23	20	
Anderten	14,7	20	1 240 000
Sülfeld	9	20	
Rothensee	16	40	1 724 000

Tabelle 2: Übersicht Potenzialabschätzung II

Schleuse bzw. Schiffshebewerk	Speicherbare Energie in kW	Installierte Pumpen in m^3/s	Turbinenleistung bei $\eta = 60\,\%$ in kW
Scharnebeck	50 097	9,00	4 800
Uelzen	54 401	28,00	8 500
Anderten	34 769	9,0	830
Sülfeld	21 287	24,00	1 271
Rothensee	63 771	17,50	1 644

PSW. Ober- sowie Unterbecken sind schon vorhanden und müssen nicht neu gebaut werden. Tosbecken sind aufgrund des Pumpenbetriebs und des Entlastungssystems in beiden Beckenbereichen vorhanden und müssen je nach Umfang der Umbauarbeiten auch nicht erweitert werden. Pumpen mit ausreichender Leistung stehen bei den meisten Stauwerken schon zur Verfügung. Durch diese Pumpen ist auch für einen adäquaten Netzanschluss auf Mittel- oder sogar Hochspannungsebene gesorgt. Die installierten Rohrleitungen müssen im Idealfall ebenfalls nicht durch Umbauarbeiten erweitert werden.

Bei den Bundeswasserstraßen handelt es sich um Bundeseigentum, was einfachere Genehmigungsverfahren zur Folge haben kann. Vor allem wegen der schon vorhandenen Bauwerke kann auf ein Raumordnungsverfahren verzichtet werden. Aufgrund der geringen Umbaumaßnahmen ist auch die Notwendigkeit eines Planfeststellungsverfahrens fraglich. Dies kann eine schnelle Umsetzung der Projekte garantieren.

Gerade langwierige und kostspielige Genehmigungsverfahren stellen erhebliche Probleme bei Neubauten in der derzeitigen Markt- und Rechtslage. Der große Widerstand aus der Bevölkerung und seitens der Umweltverbände stellt Großprojekte wie Pumpspeicherkraftwerke immer wieder vor große Herausforderungen. Gerade hier kann bei der Umsetzung eines PSW in den Bundeswasserstraßen mit erheblichen Vorteilen gerechnet werden. Durch den schon laufenden Betrieb ist eine zusätzliche Belastung der Anwohner nicht zu erwarten. Mit dem neu geschaffenen Geschäftsfaktor PSW können sogar neue Arbeitsplätze in der Region entstehen. Zusätzliche ökologische Folgeschäden sind in Anbetracht der momentanen Nutzung der Bundeswasserstraßen ebenfalls nicht zu erwarten.

4 Anwendungsbeispiel

Die Bundeswasserstraßen bieten im nördlichen Bereich Deutschlands eine erzeugungsnahe Speicherung der Windenergie. In diesem Abschnitt wird das Potenzial der Bundeswasserstraßen als Energiespeicher im Norden von Deutschland untersucht. Es wird die direkte Umsetzung in einem virtuellen Kraftwerk in der Region Lüneburg betrachtet, einerseits als simulatorischer Ansatz und anderseits als direkter Realisierungsplan. In beiden Fällen geht es um das Schiffshebewerk Scharnebeck und die Schleuse in Uelzen.

Beide Stauwerke zusammen bieten ein Energiespeicherpotenzial von 105 MWh pro Lastzyklus bei einer maximalen Leistung von 2,8 MW in Ülzen und 2,9 MW in Scharnebeck. Für die Berechnungen wurde die Neuinstallation von Turbinen mit einem Wirkungsgrad von rund 80 % angenommen. Die Simulationen wurden mit dem Program EnergyPRO der Firma EMD International durchgeführt, um eine wirtschaftliche Betrachtung des Einflusses des PSW zu gewährleisten. Die installierte Leistung von Windturbinen und Photovoltaikanlagen wurde über das Anlagenstammdatenverzeichnis erfasst. Für Windkraftanlagen kamen diese Daten von der Firma TenneT, für PV-Anlagen von der Bundesnetzagentur. So ergibt sich für die Region um die beiden Stauwerke eine gesamte installierte Leistung von 150 MW Wind und 15 MW Photovoltaik. Wetterdaten, wie Windgeschwindigkeit, Globalstrahlung und Außentemperatur, werden vom Deutschen Wetterdienst bereitgestellt. Die Spotmarktdaten sind reale Daten der EEX. Als Betrachtungsjahr ist das Jahr 2012 gewählt, um die seit dem 1. Januar 2012 geltende Marktprämie mit in die Betrachtungen einfließen zu lassen. Als Betriebskosten wurden 15 €/MWh für Wind und 130 €/MWh für Photovoltaik angesetzt.

In der ersten Betrachtung soll der grundsätzliche Mehrwert des PSW für das virtuelle Kraftwerk untersucht werden. Ohne das PSW, bei ausschließlicher Direktvermarktung der Wind- und Solarenergie, kommt man auf ein Jahresplus von ca. 7 Mio. €. Durch die Hinzunahme des Pumpspeicherwerks werden ca. 70 000 € pro Jahr mehr erwirtschaftet. Bei einer geschätzten Investitionssumme von 1 Mio. € pro Staustufe wären mit Amortisationszeiten von ca. 30 Jahren zu rechnen, was den Kenndaten konventioneller PSW entspricht. Zur fallbezogenen wirtschaftlichen Abschätzung der Investitionsentscheidung müssen jedoch noch genauere Untersuchungen stattfinden, unter anderem auch zur Klärung der rechtlichen Rahmenbedingungen.

Eine praktische Realisierung eines virtuellen Kraftwerks in der Region Lüneburg ist innerhalb des Projekts EnERgionN („Erneuerbare Energien in der Region Nord") geplant. Das Kompetenztandem EnERgioN untersucht aus wirtschaftlicher, rechtlicher und technischer Sicht die Möglichkeiten zur Entwicklung eines virtuellen Kraftwerks in der Konvergenzregion Lüneburg unter Beteiligung der regionalen Stadtwerke. Die Forschungsgruppe setzt sich aus Rechts- und Wirtschaftswissenschaftlern der Leuphana Universität Lüneburg und aus Ingenieuren des Fachgebiets für Elektrische Energiesysteme der Helmut-Schmidt-Universität/Universität der Bundeswehr Hamburg zusammen. Auf der praktischen Seite wird das Kompetenztandem von der EVU-Assist GmbH und einigen Stadtwerken aus der Region sowie einigen Ingenieurgesellschaften unterstützt. Ziel des Projektes ist es, mit dem Aufbau eines virtuellen Kraftwerks nachhaltige Arbeitsplätze in der Region zu schaffen.

Autoren

Dipl.-Ing. Thomas Weiß

Dipl.-Ing. Florian Grumm

Prof. Dr.-Ing. habil. Detlef Schulz

Helmut-Schmidt-Universität
Fachgebiet Elektrische Energiesysteme
Hostenhofeweg 85
22043 Hamburg
thomas.weiss@hsu-hh.de
florian.grumm@hsu-hh.de
detlef.schulz@hsu-hh.de

Stephan Mattner, M. Sc.

Scharnhorststraße 1
21335 Lüneburg
stephan.mattner@leuphana.de

Literatur

[1] Kleinmaier et al.: Energiespeicher für die Energiewende. VDE-Studie der ETG Task Force Energiespeicherung, 2012.

[2] Finke, W.; Krause, S.; Haunschild, A.: Istzustandsanalyse der wasserwirtschaftlichen Verhältnisse des Kanalsystems zwischen Rhein und Oder. Koblenz: Bundesanstalt für Gewässerkunde, Studie 1427, 2004.

[3] Degenhard, H.; Schomerus, T.: Energiespeicherung in Bundeswasserstraßen. In: Solarzeitalter (2011), Heft 4, S. 34-38.

[4] Weiss, T.; Schulz, D.: Innovative Approaches to Energy Storage and Peak Load Shaving. In: 6th International Ege Energy Symposium and Exhibition, Izmir/Türkei, 28.-30. Juni 2012.

[5] Stenzel, P.: Pumped hydro storage in federal waterways – an evaluation of potentials for Germany. In: International Renewable Energy Storage Conference, Berlin, 2012.

[6] Weiss, T.; Schulz, D.: Using Already Existing Artificial Structures for Energy Storage in Areas with High Shares of Renewable Energies. In: 3rd IEEE PES Innovative Smart Grid Technologies Europe (ISGT Europe), Berlin, 14.-16. Oktober 2012.

Thomas Weiss, Stephan Mattner, Florian Grumm and Detlef Schulz

The Federal Waterways as Energy Storage System – Potential and Challenges

To store surpluses from fluctuating non-controllable renewable energies, pumped-storage hydropower plant (PSHP) is at the moment the only available bulk energy storage technology. PSHP is a mature technology that can be operated economically with the right framework conditions. But PSHP systems need an adequate geological surrounding. These natural sites are limited in Germany, thus it is important to take artificial structures into consideration as well. The use of the canal system of the federal waterways as a PSHP system is one of these approaches with a high potential of realization.

Томас Вайс, Штефан Маттнер, Флориан Грумм и Детлеф Шульц

Водные пути федерального значения как накопители энергии – потенциал и проблемы

Для аккумулирования избыточной энергии, получаемой от флуктуирующих возобновляемых источников энергии, насосно-аккумулирующая электростанция (ГАЭС) представляет собой в настоящее время единственную реализуемую в промышленных масштабах технологию аккумуляции энергии. ГАЭС являются технически зрелыми и при соответствующих предельных условиях могут быть рационально использованы. Для обычных ГАЭС необходимы имеющиеся в Германии, однако лишь ограниченно, общие геологические условия. В данной статье на примере водных путей федерального значения показывается, как посредством использования уже существующих искусственных сооружений могут быть освоены новые аккумуляторные мощности.

Christoph Schöpfer und Jens Peters

Umnutzung von Talsperren für die Energiewende

Mit dem weiteren Ausbau erneuerbarer Energien aus Wind und Sonne besteht eine Herausforderung der Energiewende darin, Stromerzeugung und Strombedarf ständig ausbalancieren zu müssen. Zur Bereitstellung der dazu erforderlichen Regelenergie werden weitere Pumpspeicherwerke benötigt. Bestehende Talsperren können sich dafür als Unterbecken eignen, wenn es ihre Nutzung und Bauweise erlaubt. Für Talsperren, die wegen drastischer Wasserbedarfsrückgänge ihre Funktion verloren haben, tun sich dadurch wirtschaftliche Vermarktungschancen auf.

1 Vorbemerkungen

Gemäß dem Energiekonzept der Bundesregierung vom September 2010 soll bis zum Jahr 2050 der Anteil der Stromerzeugung aus erneuerbaren Energien 80 % am Bruttostromverbrauch in Deutschland betragen. Die wesentlichen erneuerbaren Energien Wind und Sonne haben den Vorteil, dass sie ohne Risiko zur Verfügung stehen. Die Stromerzeugung kann jedoch wegen der Abhängigkeit von der Witterung nicht gesteuert werden. Um den schwankenden elektrischen Energiebedarf und die zunehmend fluktuierende, dargebotsabhängige Stromerzeugung auszubalancieren, ist daher der Ausbau von flexiblen Regelkraftwerken und Speicherkapazitäten dringend erforderlich. Von den derzeit verfügbaren Technologien stellen Pumpspeicherwerke die einzige erprobte Technologie zur großtechnischen Reglung mit hoher Effizienz dar. Derzeit sind in Deutschland ca. 7 000 MW an Pumpspeicherwerksleistung installiert. Mit dem verstärkten Ausbau der regenerativen Energien wird umfangreiche Regel- bzw. Speicherleistung benötigt. Pumpspeicherwerke werden verstärkt einen nicht unerheblichen Beitrag im Bereich der Tageslastverschiebung sowie im Segment Regelenergie im Zuge der Energiewende leisten und sollten deshalb weiter ausgebaut werden [5]. Neben der Kapazitätserweiterung vorhandener Pumpspeicherwerke sind dafür auch Erschließungen bisher noch nicht genutzter Potenziale erforderlich. Dabei kann die Einbeziehung vorhandener Talsperren als Unterbecken ein großer Vorteil sein, da hier ein deutlich geringerer Eingriff in die Natur erforderlich ist.

2 Rahmenbedingungen für den Betrieb von Talsperren

Die Effizienz von Stauanlagen zur Bevorratung von Wasser für verschiedene Zwecke und zum Schutz vor extremen Abflüssen ist seit Jahrtausenden bekannt. Ab dem 20. Jahrhundert erlangte der moderne Talsperrenbau für die Energie- und Wasserversorgung sowie für den Hochwasserschutz immer größere Bedeutung. Es entstanden Talsperren, deren Bauweisen und Sicherheitsstandards für sehr lange Nutzungszeiträumen ausgelegt sind. Als Nutzungsdauer von Absperrbauwerken werden bei Staumauern 80 bis 100 Jahre und bei Staudämmen 100 bis 150 Jahre zu Grunde gelegt. Darüber hinaus soll sich die Standzeit von Absperrbauwerken mit angemessenen Maßnahmen verlängern lassen [3].

Neben diesen technischen Vorgaben muss die Bewirtschaftung von Talsperren ökologische, soziale und ökonomische Belange gleichrangig berücksichtigen und das auch bei sich ändernden Rahmenbedingungen, wie zum Beispiel nach Nutzungsänderungen oder der Einführung neuer Umwelt- und Sicherheitsstandards.

Zu beachten ist dabei, dass unabhängig von der Nutzung die Fixkosten einer Talsperre, hervorgerufen durch die hohen Sicherheitsanforderungen und bei neueren Talsperren zusätzlich durch Kapitalaufwendungen und Abschreibungen, bei etwa 90 % liegen [2], [4]. Da Talsperren im öffentlichen Raum zu einem Gewässersystem gehören, kann man deren Nutzung, zum Beispiel die Wasserentnahme, zwar einstellen, aber die Talsperre nicht gänzlich außer Betrieb nehmen. Bei Wegfall eines derartigen Nutzungszweckes und den damit verbundenen Einnahmeverlusten erhöhen sich zwangsläufig die finanziellen Belastungen auf Seiten des Talsperrenbetreibers. Ein Talsperrenrückbau ist in den seltensten Fällen eine Alternative. Wegen der langen Nutzungszeiträume, der Irreversibilität der getätigten Investitionen und der vom Nutzen unabhängigen Fixkosten ist der wirtschaftliche Betrieb von Talsperren sowohl im volkswirtschaftlichen als auch im unternehmerischen Sinne eine besondere Herausforderung. Der seit Jahren rückläufige Wasserbedarf aber auch die geringer gewordenen Möglichkeiten der öffentlichen Hand zur Subventionierung von Infrastrukturprojekten zur Daseins- und Zukunftsvorsorge haben dazu geführt, dass auch die Wirtschaftlichkeit von Talsperren heute mehr denn je im Fokus der öffentlichen Diskussion steht. Dieses führt dazu, dass den aktuellen Bedingungen angepasste Nutzungs- und Finanzierungskonzepte entwickelt werden müssen, um der generationsübergreifenden Bedeutung besonders der großen Talsperren gerecht zu werden. Die Energiewende bietet dazu eine Vielzahl von Ansatzpunkten. Die Umnutzung von Talsperren als Unterbecken für neue Pumpspeicherwerke ist ein solcher Ansatzpunkt.

3 Einbeziehung vorhandener Talsperren als Unterbecken

3.1 Veranlassung

Die Trianel GmbH, Europas führendes Stadtwerkenetzwerk, treibt die Energiewende verstärkt voran. Ein Baustein bildet dabei die Entwicklung eigener Standorte für Pumpspeicherwerke. Aus einem deutschlandweiten Standort-Screening wurden zwei Standorte identifiziert, an denen bestehende Talsperren als Unterbecken für Pumpspeicherwerke – bei Trianel Wasserspeicherkraftwerke genannt – genutzt werden könnten. Aus

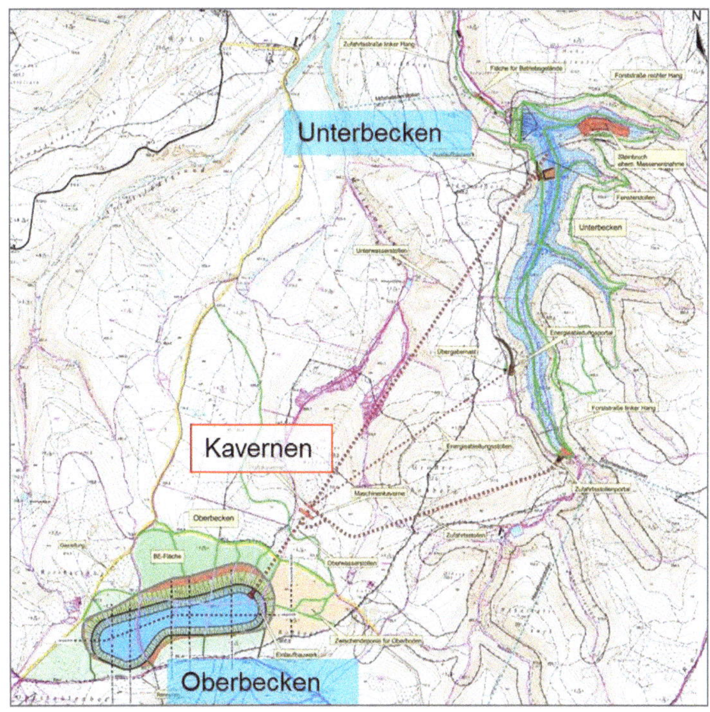

Bild 1: Technisches Grobkonzept für das Wasserspeicherkraftwerk Schmalwasser

Sicht der Trianel GmbH und der Betreiber dieser Talsperren bietet die Umnutzung einer bestehenden Talsperre den Vorteil, dass der Eingriff in Natur- und Landschaft um 50 % reduziert werden kann, da oberirdisch nur ein Becken neu gebaut werden muss. Darüber hinaus können die Betreiber durch die zusätzliche Nutzung der Talsperren Einnahmen erzielen.

Bei dem ersten Standort handelt es sich um die Rurtalsperre in Nordrhein-Westfalen, die dem Wasserverband Eifel-Rur gehört. Der zweite Standort, die Talsperre Schmalwasser, liegt in Thüringen und ist im Besitz der Thüringer Fernwasserversorgung. Die Rurtalsperre dient der Niedrigwasseraufhöhung der Rur, dem Hochwasserschutz und der Wasserkraftnutzung. Darüber hinaus hat sich an ihr eine intensive Freizeitnutzung etabliert, zu der u. a. Segeln, Tauchen, Angeln gehören. Die Talsperre Schmalwasser hat ihre Aufgabe als Trinkwassertalsperre verloren und dient aktuell noch dem Hochwasserschutz und in geringem Maße der Wasserkraftnutzung.

3.2 Technische, rechtliche und wirtschaftliche Fragestellungen

Mit dem Projektstart im Jahr 2011 hat sich gezeigt, dass die Einbeziehung und Umnutzung bestehender Talsperren in Wasserspeicherkraftwerkskonzepte mit vielfältigen technischen, rechtlichen und wirtschaftlichen Fragestellungen verbunden ist. Diese sind unter anderem:

- Sind das Absperrbauwerk, die Stauraumhänge und die Nebenbauwerke in der Talsperre aus geotechnischer Sicht auf die veränderte Nutzung ausgelegt?
- Welche Pendelwassermenge ist für die Talsperre aus quantitativen und qualitativen Gründen verträglich?
- Wie wirkt sich die vorgesehene neue Nutzung auf die Limnologie und die Gewässergüte aus?
- Welche Fragestellungen ergeben sich aus der Umnutzung für bestehende Freizeitnutzungen und wie können diese gelöst werden?
- Wie können die erforderlichen Entnahme- und Einleitbauwerke in der Talsperre baulich realisiert werden?
- Wie wirkt sich der Betrieb des Pumpspeicherwerks auf die Unterlieger aus?
- Welche Mehrkosten entstehen aus der Anpassung bestehender Nutzungen und der Bauwerke?
- Wie ändert sich das wasserwirtschaftliche Betriebsregime (Hoch-, Niedrigwassersteuerung) am Standort?
- Wie kann der Besitzer der Talsperre kommerziell in das Projekt eingebunden werden?

Die baulichen Aspekte lassen sich dabei weitestgehend unproblematisch identifizieren und auch quantifizieren. Bezogen auf die Auswirkungen des Betriebes der Talsperre und deren verbleibenden Nutzungen ist dieses hingegen nicht so einfach. Insgesamt zeigen jedoch die bisherigen Erfahrungen, dass es möglich ist, bestehende Talsperren als Unterbecken für Pumpspeicherwerke zu nutzen. Es ist allerdings im Einzelfall auch ein nicht unerheblicher finanzieller und technischer Aufwand erforderlich, um eine derartige Nutzung in das bestehende System zu integrieren. Unabhängig davon steht dem vollständigen Neubau eine deutliche Flächeneinsparung gegenüber und der Eingriff ins Fließgewässer bedarf wegen des bereits vorhandenen Unterbeckens keiner grundsätzlichen Neubewertung.

Die Einbeziehung einer vorhandenen Talsperre in das Konzept eines Wasserspeicherkraftwerkes setzt voraus, dass im Umkreis von etwa 5 km ein Oberbeckenstandort in entsprechender Höhenlage gefunden wird und auf dem ein Pumpspeicherbecken als Stauanlage gemäß DIN 19 700 Teil 14 errichtet werden kann. Ober- und Unterbecken müssen sich außerdem mittels untertägiger Bauten – Stollen, Tunnel und Kavernen – möglichst optimal verbinden lassen, was geeignete geologische Verhältnisse voraussetzt. Weiterhin muss die Anbindung an das überregionale Stromnetz für den Bezug und die Einspeisung von Strom möglich sein.

Das Konzept des Wasserspeicherkraftwerks Schmalwasser erfüllt eine Vielzahl dieser Voraussetzungen, was nachfolgend kurz dargestellt wird.

4 Wasserspeicherkraftwerk Schmalwasser

4.1 Unterbecken – Talsperre Schmalwasser

Die Talsperre Schmalwasser, die 1995 als 5. und letzte Ausbaustufe der Fernwasserversorgung für Nord- und Mittelthüringen in Betrieb genommen wurde [1], wird seit 2005 nicht mehr für die Bereitstellung von Rohwasser für die Trinkwasserversorgung benötigt. Der Grund ist der in den letzten 20 Jahren in Ostdeutschland drastisch zurückgegangene Trinkwasserbedarf. Dieses hat dazu geführt, dass die Ausbaustufen 1 bis 4 mit der Talsperre Ohra und den 3 Beileitungen aus den Nachbartälern langfristig ausreichend Rohwasser zur Trinkwasseraufbereitung für die angeschlossenen Versorgungsräume bereitstellen können.

Die Talsperre Schmalwasser eignet sich mit ihrem Absperrbauwerk, einem 80 m hohen Steinschüttdamm mit Asphaltbetonkerndichtung, ihren steilen sowie stabilen Stauraumhängen im Quarzporphyr, ihrer Stauraumgröße, aus der anteilig 10 Mio. m^3 Pendelwasser zur Verfügung gestellt werden können, sowie mit ihren Stau- und Absenkzielen im besonderen Maße als Unterbecken.

Zur Stabilisierung der wasserseitigen Böschung des Steinschüttdammes wird nach überschläglichen Berechnungen zum gegenwärtigen Zeitpunkt einer flacher geneigten Vorschüttung aus abgestuftem Material der Vorzug gegenüber einer Asphaltbetonaußendichtung gegeben.

4.2 Oberbecken

Der vorgesehene Standort des Oberbeckens liegt 5 km südlich und rund 300 m höher als die Talsperre Schmalwasser (**Bild 1**). Mit einer effektiven Fallhöhe von ca. 280 m ist eine Ausbauleistung des Kraftwerkes von etwa 1 000 MW möglich. Das Oberbecken soll als Hufeisendamm unterhalb des Kammes des Rennsteigs im Massenausgleich hergestellt werden. Die Morphologie des Standortes ermöglicht eine wesentlich bessere Integration in die Landschaft als das bei einem Gipfelbecken der Fall wäre (**Bild 2**). Der Standort ist nach jetzigem Kenntnistand naturschutzfachlich nicht so hochwertig, dass eine Genehmigung dadurch in Frage gestellt werden könnte. Geologisch stehen am Oberbeckenstandort analog wie an der Talsperre Schmalwasser die Gesteinsfolgen der Oberhofer Schichten – Quarzporphyre, Tonsteine und Tuffe – an.

Der Standort des Oberbeckens befindet sich nicht im Einzugsgebiet der Talsperre Schmalwasser, sondern in dem der Talsperre Tambach-Dietharz. Deswegen kann das Wasser aus dem Einzugsgebiet der Talsperre Schmalwasser ebenso

Bild 2: Luftbild mit Visualisierung des Oberbeckens des Wasserspeicherkraftwerks Schmalwasser

wie das aus dem Haselstollen in das Einzugsgebiet der Trinkwassertalsperre Ohra übergeleitet werden und steht somit für die Wasserversorgung auch weiterhin uneingeschränkt zur Verfügung. Die Talsperre Tambach-Dietharz wird für die Trinkwasserversorgung ebenfalls seit 2005 nicht mehr genutzt. Unabhängig davon befinden sich Quellen im Mittelwassergrund unterhalb des Oberbeckens sowie südlich davon, die für die lokale Wasserversorgung noch von Bedeutung sind. Diesen Quellen muss bei der weiteren Vorbereitung des Gesamtprojektes (ingenieurgeologische Erkundung, Beweissicherung) größte Beachtung geschenkt werden, um deren Erhalt zu sichern.

4.3 Gesamtprojekt und Ausblick

Für das Wasserspeicherkraftwerk Schmalwasser gibt es noch keine Planungen, sondern lediglich ein technisches Grobkonzept sowie geologische und geotechnische Expertisen.

Danach ist vorgesehen, dass die unterirdischen Anlagen, der Trieb- und Ableitungsstollen, die Kavernen für das Kraftwerk und die Transformatoren sowie der Zufahrtstunnel aus dem Stauraum der Talsperre Schmalwasser aufgefahren werden. Dafür wäre eine Entleerung der Talsperre etwa für vier Jahre erforderlich. Die Ausbruchmassen, knapp eine Millionen m^3, sollen im Stauraum verbleiben, was einen großen Vorteil für die Bauabwicklung darstellt.

Man geht derzeit von einer Bauzeit von ca. 5 Jahren aus.

Die Länge der Netzanbindung des Wasserspeicherkraftwerkes Schmalwasser an eine 380-kV-Leitungen westlich von Gotha beträgt etwa 35 km, wovon die ersten 13 km im Wald erdverkabelt werden sollen.

Derzeit befinden sich die Antragsunterlagen für das Gesamtprojekt, bestehend aus Kraftwerk mit Ober- und Unterbecken einschließlich Netzanbindung, im Raumordnungsverfahren.

Autoren

Dr.-Ing. Christoph Schöpfer
Trianel GmbH
Lombardenstraße 28, 52070 Aachen
c.schoepfer@trianel.com

Dipl.-Ing. Jens Peters
Riesaer Weg 23, 99085 Erfurt
jp.talsperren@kabelmail.de

Literatur

[1] Roscher, H.: Talsperren und Fernwasserversorgungssysteme in Thüringen. Thüringer Fernwasserversorgung, 2006.

[2] Peters, J.; Hövel K.: Wirtschaftlichkeit und Bewirtschaftung von Talsperren. In: Bauhaus-Universität Weimar (Hrsg.): Betrieb und Sanierung von Talsperren, Verlag der Bauhaus-Universität Weimar, 2009.

[3] Norm DIN 19 700 Stauanlagen, Teil 11 Talsperren. Berlin: Beuth Verlag, 2004.

[4] Danz, B.; Peters, J.: Sind Talsperren wirtschaftlich? In: DWA (Hrsg.): 2. Internationales DWA-Symposium zur Wasserwirtschaft anlässlich Wasser Berlin 2009. Hennef, 2009.

[5] Vattenfall Europe Generation AG (Hrsg.): Einblicke in die Energiewirtschaft – Pumpspeicherwerke – Baustein der Energiewende. In: Wissen, Daten, Fakten (2012), Nr. 05.

Christoph Schöpfer and Jens Peters

The Energy Turnaround – Conversion of Water Reservoirs

With the change to renewable energies one of the main challenges of the energy turnaround is the balancing of energy production and consumption. Due to the volatile energy production a strong demand for reserve energy exists. This reserve energy is most economically produced by pumped hydro. Existing water reservoirs can be used as a lower (or upper) storage basin, if the construction of the site meets certain conditions. Times of declining drinking water lead to economic opportunities for some of the former drinking water reservoirs.

Кристоф Шёпфер и Йенс Петерс

Новое использование приплотинных водохранилищ в условиях поворота в энергетической политике

В условиях поворота в энергетической политике и при дальнейшем расширении использования таких возобновляемых видов энергии как ветровая и солнечная основным требованием является постоянное «приведение к равновесию» соотношения между производством электроэнергии и потребностью в ней. Для предоставления необходимой для этого «регулируемой» энергии необходимы дополнительные насосно-аккумулирующие электростанции. Существующие приплотинные водохранилища могут оказаться подходящими для этого в качестве так называемых «нижних резервуаров» в том случае, если их конструкция и использование позволяют это. Благодаря этому открываются новые шансы сбыта для водохранилищ, которые вследствие возврата необходимой воды утратили свою функцию.

Udo Leier

Ausnutzung des Wasserkraftpotenzials des Talsperrenbetriebes Sachsen-Anhalt unter Beachtung der hoheitlichen „Tätigkeit als Anstalt des öffentlichen Rechts"

Ziel war es, das vorhandene Energiepotenzial an den Talsperren als Talsperrenbetrieb selber wirtschaftlich zu nutzen und damit dem allgemeinen Glauben zu widersprechen, dass nur die „Privatwirtschaft" dazu in der Lage ist, Gewinn für die öffentliche Hand zu generieren. Dabei sollten durch die örtliche Wertschöpfung Handwerk und Kommunen mit gestärkt werden.

1 Geschichtlicher Rückblick bis 1990

Das heutige Bundesland Sachsen-Anhalt ist kein Land von vielen Tälern und somit auch nicht von Talsperren. Gleichwohl bewirtschaftet der Talsperrenbetrieb Sachsen-Anhalt, eine heutige juristisch selbständige Anstalt des öffentlichen Rechts, 32 als Talsperren klassifizierte Anlagen. Eine davon, die Rappbodetalsperre, ist mit 106 m sogar die höchste Talsperre Deutschlands [1] (**Bild 1**) Die Rappbodetalsperre ist das Kernstück des Bodewerkes im östlichen Harz. 15 Talsperren von Sachsen-Anhalt erfüllen die Kriterien der International Commission On Large Dams (ICOLD).

Nach der Industrialisierung Deutschlands zum Ende des 19. Jahrhunderts gab es erste Überlegungen, Talsperren im Einzugsgebiet der Bode zu bauen. Zu damaliger Zeit spielte der Hochwasserschutz bzw. die Speicherung von Wasser für die Trinkwasserversorgung noch keine Rolle. Es gab vielmehr den Gedanken, Wasser für die Energiegewinnung zu speichern. Des Weiteren gab es Überlegungen, Speicherkapazitäten für die Stabilisierung der Schifffahrt in den Sommermonaten auf der Elbe zu schaffen. Diese Pläne wurden in der Form nicht umgesetzt. Erst nach einem verheerenden Bodehochwasser um Silvester 1925 änderte sich etwas an dieser Situation.

In der Folge kam es zur Gründung eines Talsperrenneubauamtes in Quedlinburg. Mit der Einrichtung der Baustelle für die Rappbodetalsperre wurde im Jahr 1936 begonnen. Überliefert ist aus jener Zeit, dass mit Beendigung des Baus der Saalekaskaden Teile der Baustelleneinrichtung zur Rappbode umgesetzt wurden. So unter anderem der Kabelkran und die Betonieranlage. Der Bau der Rappbodetalsperre wurde Anfang der 40er Jahre des letzten Jahrhunderts infolge des 2. Weltkrieges eingestellt. Am 1. September 1952 begann dann offiziell mit der Grundsteinlegung der Bau der Rappbodetalsperre in der damaligen DDR. Nach siebenjähriger Bauzeit wurde diese Talsperre am 3. Oktober 1959 feierlich eingeweiht (**Bild 2**). Parallel entstanden in dieser Zeit, das Hochwasserschutzbecken Kalte Bode, die Überleitungssperre Königshütte, die beiden Vorsperren Hassel und Rappbode sowie im Nachgang die Talsperre Wendefurth. Dieses Talsperrensystem sollte den Hochwasserschutz umfassend für die Bode absichern und die Trinkwasserversorgung im Ballungsgebiet der Chemieindustrie um Halle, Leuna sowie Bitterfeld bis nach Leipzig gewährleisten. Hierzu wurde ein Wasserwerk bei Wienrode mit einer Kapazität von über 200 000 m^3/d errichtet. Gleichzeitig wurde begonnen, das Wasserkraftpotenzial auszubauen und zu nutzen.

Da zu dieser Zeit in der DDR für fast jeden Indus-

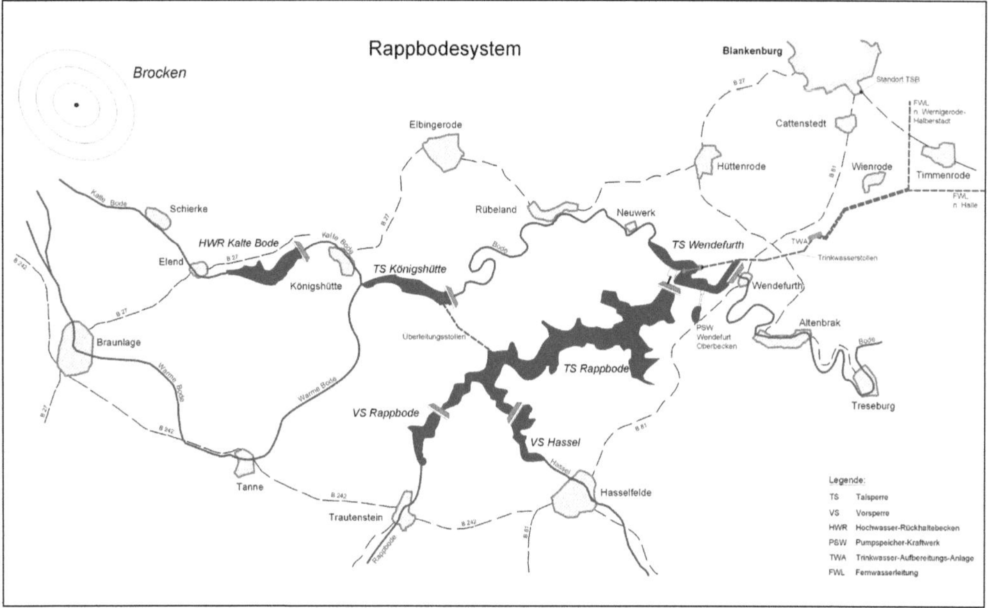

Bild 1: Rappbodesystem

triezweig ein Ministerium existierte, bauten diese Vorhabenträger entsprechend auch die Wasserkraftanlagen (WKA). So entstand an der Rappbodetalsperre das Trinkwasserkraftwerk (heute ca. 0,9 MW) sowie das Umlaufstollenkraftwerk (heute ca. 4,5 MW). Im Zuge der Fertigstellung der Talsperre Wendefurth wurde dann ein Pumpspeicherwerk (2 x 40 MW) mit errichtet und 1967 in Betrieb genommen. Bis zur politischen Wende wurden diese 3 Kraftwerke durch Volkseigene Betriebe (VEB) geführt. Das Talsperrensystem bewirtschaftete die Wasserwirtschaftsdirektion (WWD) Elbe, Sude, Elde. Ab 1975 übernahm dann die neu gegründete WWD Untere Elbe, in Form der Talsperrenmeisterei (TSM) Bode, den Betrieb. In die Überleitungssperre (jetzt Talsperre Königshütte) wurde ebenfalls eine WKA (225 kW) eingebaut. Diese wurde nach kurzer Betriebszeit durch die Energiewirtschaft der TSM übergeben. Die erzeugte Energie konnte aber nicht in das öffentliche Netz eingespeist werden, sondern diente ausschließlich der Eigenversorgung.

2 Geschichtlicher Rückblick ab 1990

Nach der politischen Wende, galt es vorerst den Betrieb der Talsperren, die in den Besitz des neu gegründeten Landes Sachsen-Anhalt übergingen, abzusichern und dabei den Versorgungsauftrag der Rohwasserbereitstellung gegenüber vier Trinkwasserversorgern aufrechtzuhalten. Dies war schwierig genug, da die Versorger die Marktwirtschaft nur für sich entdeckt hatten, der Talsperrenbetreiber sollte weitestgehend zu Null-Tarif liefern. Um das Anlagevermögen an Talsperren neu und effektiv zu ordnen, beschloss das Land die Errichtung der TSM des Landes Sachsen-Anhalt als rechtlich unselbständiger Landesbetrieb zum 01.10.1991 [2]. Die TSM sollte zwar „nach kaufmännischen Gesichtspunkten geleitet" werden. Es wurde aber auch in diesem Beschluss unter 2. festgelegt: „Damit sind grundsätzlich hoheitliche Aufgaben zu erfüllen". Mit aus diesem Grund wurde vorerst auf die weitere Entwicklung der Wasserkrafterzeugung in der TSM verzichtet. Des Weiteren entschied man sich 1994, die aus den 50er Jahren stammende WKA der Überleitungssperre außer Betrieb zu nehmen, da die Reparaturkosten in keinem Verhältnis zum Ertrag standen.

Bild 2: Luftbild Rappbodetalsperre

Bild 3: Schiffsmühle am Auslauf der Talsperre Wendefurth

Eine Einspeisung in das öffentliche Netz war wirtschaftlich nicht möglich und der Eigenbedarf zu gering.

Im März 1998 wurde dann das Gesetz zur Errichtung der Anstalt des öffentlichen Rechts „Talsperrenbetrieb des Landes Sachsen-Anhalt" (Talsperrenbetriebsgesetz, TSB-G) [3] verabschiedet. Das Gesetz regelte, dass die Anstalt berechtigt ist, die Geschäfts- und Betriebsprüfung von Stauanlagen im Namen und für Rechnung Dritter zu übernehmen und dass durch den Bau solcher Stauanlagen entstehende Wasserkraftpotenzial auszunutzen. Da das damalige Erneuerbare-Energien-Gesetz (EEG) 2000 im § 2 Absatz 2 festlegt: „Nicht erfasst wird Strom aus Anlagen, die zu über 25 % der Bundesrepublik Deutschland oder einem Land gehören", war es damals noch nicht möglich, hier tätig zu werden. Innerhalb des Talsperrenbetriebes des Landes Sachsen-Anhalt (TSB) ging dies nach Aussagen unserer Berater nicht, da der

Tab. 1: Untersuchte Wasserkraftstandorte

Standort	Turbinen-typ	elektr. Leitung	Jahresar-beit	Investition gesamt (netto)	Jahresertrag (netto)	Gewinn nach 10 Jahren	Refinanzie-rung
		[kW]	[kWh]	[€]	[€]	[€]	[Jahre]
Wendefurth	Kaplan-spiraltur-bine	733	3 377 581	1 018 100	326 612	2 498 232	4
HWR Kalte Bode	Kaplan-spiraltur-bine	193	583 683	386 960	56 442	148 344	9
Überleitungs-sperre Königshütte	Kaplan-spiraltur-bine	192	670 716	380 480	64 858	239 810	7 bis 8
Muldestausee mit FAA min.	Kaplan-rohrturbi-ne	2 120	10 714 831	5 410 060	833 336	4 128 230	9
Muldestausee mit FAA max.	Kaplan-rohrtur-bine	2 120	10 714 831	6 110 060	833 336	3 489 822	10

gesamte hoheitliche Betrieb als gewerblich eingestuft werden könnte. Eine Minderheitsbeteiligung an einem Wasserkraftbetreiber ließ das TSB-G nicht zu.

Im Dezember 2003 verabschiedete dann der Landtag von Sachsen-Anhalt das Gesetz zur Neuordnung der wasserwirtschaftlichen Aktivitäten und zur Umwandlung des TSB [4].

Zusammengefasst wurde in diesem Artikelgesetz der bestehende Talsperrenbetrieb zur Fernwasser Sachsen-Anhalt GmbH umgewandelt und als Talsperrenbetrieb Sachsen-Anhalt (jetzt ohne Namenszusatz „des Landes") neu gegründet. Der Absatz zur möglichen Ausnutzung des Wasserkraftpotenzials an Stauanlagen Dritter blieb bestehen. In einem weiteren Absatz des § 3 – Aufgabenübertragung und Befugnisse – hielt der Gesetzgeber fest, dass die Anstalt Tochtergesellschaften gründen darf, sofern damit keine neuen, über dieses Gesetz hinausgehende Aufgaben begründet werden. Somit waren, verbunden mit der Änderung des EEG 2004 und hier speziell der § 2 Anwendungsbereich, die Grundlagen gegeben, sich mit der Ausnutzung des Wasserkraftpotenzials im TSB intensiver zu beschäftigen.

3 Aufbau und Umsetzung

Nach dem Abklingen der Folgen der Um- und Neugründung begann der Aufbau einer Struktur zur Ausnutzung der Wasserkraft in mehreren Schritten. Vorerst sollte eine Studie zu möglichen Standorten der Energieagentur Sachsen-Anhalt aus dem Jahr 2001 überprüft werden. Den Auftrag erhielt die Hydroprojekt Ingenieurgesellschaft mbH (HPI), Weimar, unter der Mitarbeit der Ingenieurgesellschaft für Wasserkraftanlagen Richter mbH, Wohlsborn. Im Dezember 2005 lag diese Studie vor. Die Gutachter kamen dabei zusammengefasst zu folgendem Ergebnis: „Die untersuchten Wasserkraftstandorte TS Wendefurth, HWR Kalte Bode, Überleitungssperre Königshütte und Muldestausee lassen bei den angesetzten Rahmenbedingungen einen wirtschaftlichen Betrieb zu und sind in überschaubarer Zeit refinanzierbar." (**Tabelle 1**).

Parallel wurde ein Gutachten zu steuerlichen Fragen bei der WIBERA in Auftrag gegeben. Dieses Gutachten lag ebenfalls im Dezember 2005 mit dem Titel: „Steuerliche Auswirkungen der Errichtung einer Stromerzeugungsgesellschaft mbH des Talsperrenbetriebes Sachsen-Anhalt" vor. Im Ergebnis stellte der Gutachter unter anderem fest: „Die Gründung der Stromerzeugungs-GmbH ist nicht mit Steuern – mangels Übertragung von Grundstücken oder ähnlichen Rechten insbesondere nicht Grunderwerb-

Tab. 2: Erzeugung der WKA in kWh/a von 2007 bis 2012

	2007	2008	2009	2010	2011	2012 (*)	Gesamt
WKA Wendefurth	0	0	1 311 515	3 346 659	2 529 111	1 838 000	9 025 285
WKA Königshütte	0	0	486 313	507 542	377 330	308 000	1 679 185
WKA Kalte Bode	0	0	0	145 076	356 470	396 300	897 846
WKA Wippra	4 520	87 950	86 858	93 210	54 688	88 000	415 226
Solaranlage	0	0	0	0	537	2 000	2 537
Schiffmühle	0	0	0	0	9 949	20 000	29 949
Summe	4 520	87 950	1 884 686	4 092 487	3 328 085	2 652 300	12 050 028

(*) möglich

steuer – belastet. Die GmbH unterliegt mit ihren laufenden Einkünften der Körperschaft-, Gewerbe- und Kapitalertragssteuer. … Die Verpachtung von Räumlichkeiten zur Unterbringung der Maschinensätze von TSB an die Stromerzeugungs-GmbH begründet auf Ebene des TSB einen sog. „Betriebsaufspaltungs-BgA", dessen sämtliche Einkünfte (aus Verpachtung, aus der Beteiligung an der Stromerzeugungs-GmbH und ggf. aus der Gewährung von Gesellschafterdarlehen) in Einkünfte aus Gewerbebetrieb umqualifiziert werden. Mit diesen Einkünften unterliegt der BgA der Körperschaft- und Gewerbesteuer."

Im Frühjahr 2006 lag dann ein über die PricewaterhouseCoopers Legal (PWC) ausgearbeitete Gesellschaftsvertrag vor. Nach Auswertung und Zusammenstellung aller Unterlagen befasste sich der Verwaltungsrat (VwR) des TSB auf seiner Sitzung im April damit. Im Rahmen einer Sondersitzung (18.07.2006) beschloss der VwR, dass der TSB die Talsperren-Wasserkraft Sachsen-Anhalt GmbH (TSW) als 100 %ige Tochtergesellschaft gründet. Die 1. TSW-Gesellschafterversammlung fand am 06.10. 2006 vor dem Notar Knies zu Wernigerode statt. Somit war die Gründung bei gleichzeitiger Bestellung eines Geschäftsführers vollzogen. Die Gesellschaft konnte ihre Tätigkeit aufnehmen. Auf Seiten des TSB wurden zwei Betriebe gewerblicher Art (BgA) gegründet und gegenüber dem zuständigen Finanzamt angemeldet. In diesen BgA des TSB werden die Betriebsführung der TSW, die Vermietung sowie die Verzinsung von Gesellschaftsdarlehen dargestellt. Die TSW selbst war insbesondere zu Beginn des Jahres 2007 mit der Ausarbeitung eines Betriebsführungsvertrages sowie von Miet- und Bereitstellungsverträgen beschäftigt. Gleichzeitig wurde der erste Auftrag zur Planung der WKA an der Talsperre Königshütte (Überleitungssperre) in Auftrag gegeben. Danach gab es folgende Aktivitäten im operativen Geschäft der Gesellschaft:

- Dezember 2007: Übernahme der WKA (20 kW) an der Talsperre Wippra;
- Februar 2009: Inbetriebnahme der WKA (250 kW) an der Talsperre Königshütte;
- April 2009: Inbetriebnahme der WKA (800 kW) an der Talsperre Wendefurth;
- November 2010: Inbetriebnahme der WKA (200 kW) am Hochwasserrückhaltebecken Kalte Bode;
- März 2011: Inbetriebnahme einer Schiffmühle (1 kW) jeweils im Auslauf der Talsperre Wendefurth;
- Juni 2011: Inbetriebnahme einer Solaranlage auf dem Dach der Zentrale des TSB (17 kWp);
- Oktober 2011: Wiederinbetriebnahme der WKA (30 kW) an der Talsperre Wippra nach Optimierung.

4 Ausblicke

In der Studie von 2005 wurden vier Standorte im TSB-Tätigkeitsbereich genannt, die genutzt werden könnten. Drei dieser Orte wurden bereits entwickelt. Es verbleibt nur noch der Muldestausee bei Bitterfeld. Die Genehmigungsplanung ist fertig gestellt und seit Anfang 2013 beim Landesverwaltungsamt zur Genehmigung eingereicht. Diese

WKA soll mit 2 Kaplanrohrturbinen von je 1,38 MW ausgerüstet werden (**Bild 4**). Aus heutiger Sicht, könnte die Genehmigung Ende 2013 vorliegen. Nach Ausschreibung und Findung des Turbinenbauers wird mit der Fertigstellung der Ausführungsunterlagen bis Mitte des Jahres 2014 gerechnet. Die Bauphase könnte 2015 beginnen. Bis zu diesem Zeitpunkt ist eine Finanzierungssumme von ca. 12 Mio. € zu organisieren. Des Weiteren wird die TSW gemeinsam mit dem Landesbetrieb für Hochwasserschutz und Wasserwirtschaft Sachsen-Anhalt (LHW) eine WKA am Bodewehr Oschersleben errichten, da diese Wehranlage wegen des Denkmalschutzstatus nicht so ohne weiteres rückgebaut werden kann bzw. als Rückstau zur Hochwasserentlastung benötigt wird. Aus diesem Grund wird in Anlehnung des § 35 WHG der Standort ausgebaut.

5 Fazit

In den sieben Jahren der TSW-Geschäftstätigkeit wurde eine Altanlage übernommen und modernisiert. Drei WKA entstanden neu, dazu eine Solaranlage. Des Weiteren hat die TSW eine Schiffmühle finanziert, um die Forschung auf diesem Gebiet mit zu fördern. Die Investitionen lagen dabei bei insgesamt 3,2 Mio. €. 500 T€ wurden davon für die Auszahlung von zwei weiteren Projekten verwendet. Die TSW erzeugte in diesem Zeitraum ca. 12 MWh umweltfreundliche Energie (**Tabelle 2**).

Die Erträge lagen in der Summe bei 1,89 Mio. €. Nach Abzug der Aufwendungen von 1.530,7 T€ und der Steuern von 126,9 T€ verbleibt ein Überschuss von 232,2 T€.

In den 90er Jahren wurde besonders bei Führungen an der Talsperre Wendefurth gefragt, warum der TSB das vorhandene Wasserkraftpotenzial nicht ausnutzt. Dieser Vortrag gibt zum Teil eine Antwort. Zu DDR-Zeiten legte man keinen Wert auf die Erzeugung solcher Energien. Nach der Wende stimmten vorerst die Rahmenbedin-

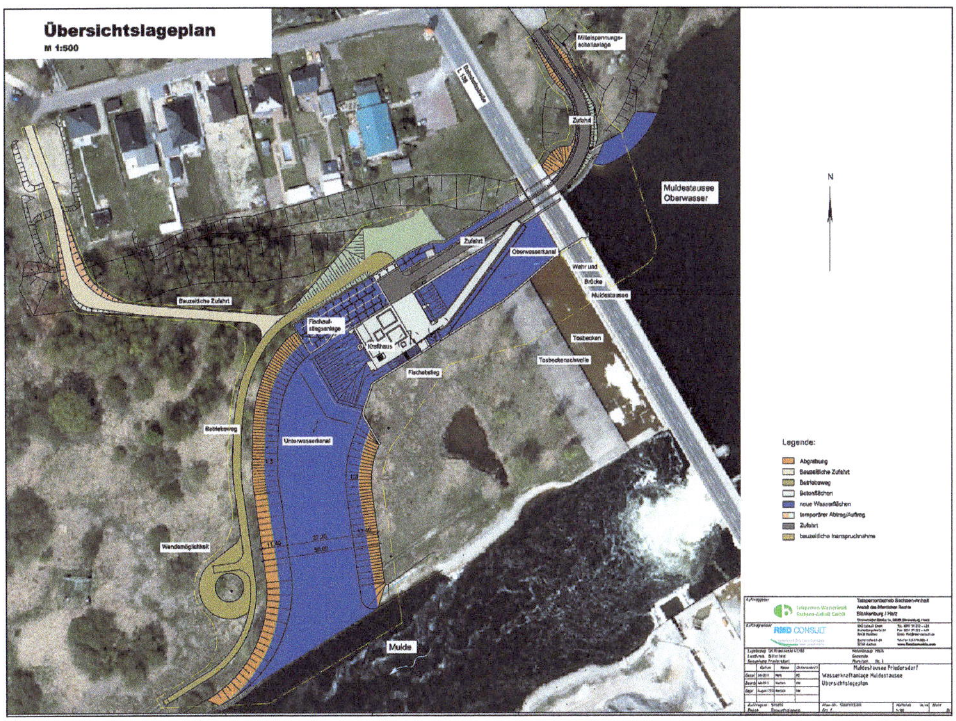

Bild 4: Muldestausee

gungen nicht. Erst nach der Novellierung des EEG im Jahr 2004 waren die wirtschaftlichen und mit der Verabschiedung des TSB-G die rechtlichen Voraussetzungen gegeben. Jetzt konnte der TSB Tochtergesellschaften gründen. Um die hoheitliche Ausrichtung des TSB insgesamt nicht zu gefährden, war es notwendig, eine Betriebsaufspaltung vorzunehmen und zwei Betriebe gewerblicher Art innerhalb des TSB zu gründen.

Abschließend ist festzuhalten, dass sich die Arbeit gelohnt hat und dass der TSB über seine Tochtergesellschaft einen Beitrag zur Energiewende leistete und weiter leisten wird. Das eingesetzte TSB-Stammkapital hat schon lange die berühmten „25 %" erwirtschaftet.

Autor

Dipl.-Ing. (FH) Udo Leier
Talsperrenbetrieb Sachsen-Anhalt, AöR
Timmenröder Straße 1 a, 38889 Blankenburg

Literatur

[1] Talsperren in Sachsen-Anhalt, 1. Auflage
[2] MBL. LSA Nr. 22/1991
[3] GVBL. LSA Nr. 10/1998
[4] GVBL. LSA Nr. 46/2003
[5] Hydroprojekt Ingenieurgesellschaft mbH; Ingenieurgesellschaft für Wasserkraftanlagen Richter mbH (Hrsg.): Wasserkraftnutzung im Talsperrenbetrieb Sachsen-Anhalt. Weimar, Wohlsborn, 2005.

Udo Leier

Usage of the Hydropower Potential of Saxony-Anhalt's Dam Operator while taking into Account its Sovereign Activity as a Public-law Institution

As a dam operator, it was the goal to profitably use the existing energy potential of the operated reservoirs. Additionally it was the target to contradict the general belief that only „private business" is able to generate profit for the public sector. Also the creation of value of the local business and communities should be strengthened.

Удо Лейер

Использование гидроэнергетического потенциала электростанции предприятием-эксплуатационником водохранилищной плотины в Саксонии-Анхальт с учетом государственной деятельности в качестве учреждения общественного права

Цель проекта заключалась в самостоятельном и рентабельном использовании имеющегося энергетического потенциала водохранилищной плотины в качестве эксплуатирующего предприятия, и таким образом, противостоянии общепринятому мнению, что только «частный сектор» может быть доходным для государства. Проект должен был также способствовать укреплению значения местной промышленности и общин.

Claudia Berger, Nikolaus Sauer und Robert Achatz

Potenzialstudie für Pumpspeicherkraftwerke in Baden-Württemberg

Damit Strom aus erneuerbaren Energien und dabei zunehmend aus fluktuierenden Erzeugungsarten, wie Wind oder Sonne, den bislang zumeist in Kern- oder Kohlekraftwerken erzeugten Strom zu einem Großteil ablösen kann, muss dieser in Zeiten geringer Nachfrage gespeichert werden. In Zeiten hoher Nachfrage kann der gespeicherte Strom wieder zielgerichtet abgegeben werden. Dies kann weltweit bislang nur eine Technik wirtschaftlich und großtechnisch meistern: Pumpspeicherkraftwerke. Sie wirken im Stromnetz wie große Batterien und können zur Sicherung der Netzstabilität eingesetzt werden.

1 Einleitung und Zielstellung der Studie für Baden-Württemberg

Weltweit ist erkannt worden, dass die Erderwärmung mit Klimaschutzzielen verlangsamt oder gestoppt werden kann. Um die nationalen und internationalen Ziele zu erreichen, müssen die erneuerbaren Energien massiv ausgebaut werden, nach Vorgaben der Energiepolitik vor allem die volatilen Energieträger, wie Wind und Solar.

Doch damit die Stromerzeugung aus den volatilen erneuerbaren Energien einen Großteil der Energieversorgung übernehmen kann, sind erhebliche Herausforderungen zu erfüllen. Die Anforderung, Strom zu speichern und in Zeiten hoher Nachfrage zielgerichtet abzugeben, kann bislang nur eine Technologie wirtschaftlich und großtechnisch meistern: Pumpspeicherkraftwerke.

Vor diesem Hintergrund stellt die Kenntnis des noch verfügbaren Potenzials im Land Baden-Württemberg den zentralen Ausgangspunkt für eine Diskussion über Speichermöglichkeiten dar. Dies beweisen zahlreiche Anfragen von Kommunen und Regionalverbänden an die EnBW Energie Baden-Württemberg AG (EnBW) zu möglichen Speicherstandorten. Um an der Energiewende aktiv mitzuwirken, ist auch die Kenntnis der Potenziale und Möglichkeiten eine wichtige Grundvoraussetzung. Insbesondere für die Pumpspeicherpotenziale gab es für Baden-Württemberg bislang keine umfassende Untersuchung. Das Bundesland Baden-Württemberg (35 794 km²) ist mit dem Schwarzwald, der Schwäbischen Alb sowie dem Odenwald durch eine bergige Landschaft geprägt. Für den Industriestandort Baden-Württemberg stellt die räumliche Nähe der Speicher zu den Verbrauchszentren energiepolitisch wie auch von Seiten des Netzmanagements einen Vorteil dar.

Vorrangiges Ziel der Potenzialstudie war die Ausweisung der potenziell geeigneten Flächen in Baden-Württemberg für die Realisierung von Pumpspeicherkraftwerken und daraus abgeleitet die Ermittlung des technisch sinnvollen und umweltschutzrelevanten Potenzials an Pumpspeicherleistung [GW] anhand einer konkreten Standortdetektierung. Bevor auf dieser Basis konkrete Projekte angegangen werden, sind vorab eine Reihe von Restriktionen und wirtschaftlichen Rahmenbedingungen zu klären.

2 Systematik der Potenzialstudie

Zur allgemeinen Nachvollziehbarkeit und zur Erreichung der gesteckten Ziele erfolgt die Potenzialermittlung in vier Schritten.

2.1 Flächenanalyse

Das Untersuchungsgebiet Baden-Württemberg wurde durch festgelegte Mindestanforderungen

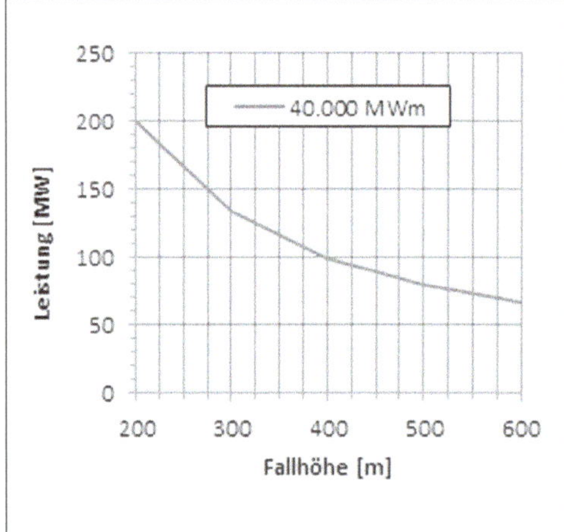

Bild 1: 40 000 Megawattmeter aufgetragen über Leistung und Fallhöhe

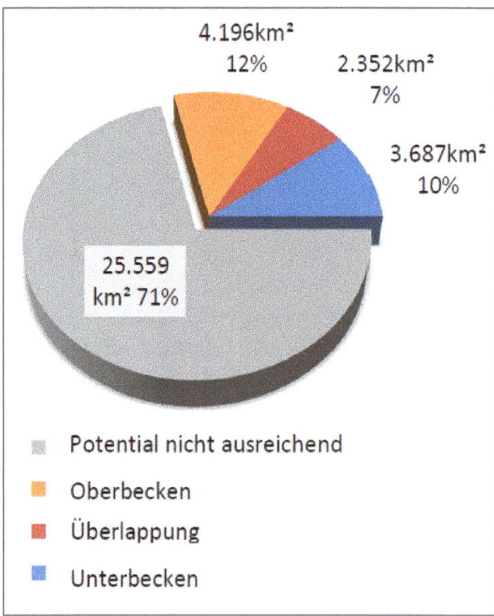

Bild 2: Gesamtanteil der Potenzialflächen an der Landesfläche 2006 [2]

räumlich eingegrenzt und durch ArcGIS wurden diejenigen Flächen ermittelt, welche diese Kriterien erfüllen.

Als Mindestkriterien wurden festgelegt: Fallhöhe min. 200 m, Horizontalentfernung zwischen den Ober- und Unterbecken 5 km, Arbeitsvermögen 8 Pumpstunden pro Lastzyklus, Pumpleistungsvermögen (Produkt aus Fallhöhe und Leistung) min. 40 000 MWm (**Bild 1**).

Es kann im Regelfall davon ausgegangen werden, dass Pumpspeicherkraftwerke mit einer Fallhöhe von weniger als 200 m sowie einer Entfernung von mehr als 5 km nur sehr schwer wirtschaftlich darstellbar sind. Derart vereinfachende Annahmen sind für eine Studie, welche die Potenziale von ganz Baden-Württemberg abdecken soll, erforderlich, um eine Ausgrenzung von im Regelfall nicht wirtschaftlichen Standorten zu erreichen. Durch die Vorgabe eines fallhöhenabhängigen Leistungswertes von 40 000 MWm werden auch Standorte erfasst, die eine kleine Leistung aber sonst attraktive Randbedingungen haben.

Ergebnis der Flächenanalyse ist eine Fläche von 10.235 km² (rund 29 %) der Gesamtfläche von Baden-Württemberg, die sich für Ober- und bzw. oder Unterbecken eignen. 71 % der baden-württembergischen Fläche eignen sich nicht für ein Pumspeicherkraftwerk (**Bild 2**). Etwa 12 % eignen sich als Oberbecken, 10 % als Unterbecken und weitere 7 % als Ober- und bzw. oder Unterbecken. Der überwiegende Teil liegt im Schwarzwald und am nördlichen Albtrauf, kleinere Flächen sind jedoch auf das gesamte Bundesland verteilt.

2.2 Standortanalyse

Im zweiten Schritt wurden durch verschiedene Arbeitsschritte konkrete Beckenstandorte identifiziert und zu möglichen Standorten für ein Pumpspeicherkraftwerk kombiniert. Bei mehreren Kombinationsmöglichkeiten wurde der Standort mit dem größten Potenzial gewählt (Potenzialmaximierung). Es wurden 845 mögliche Pumpspeicherstandorte gefunden, die die technisch-wirtschaftlichen Mindestanforderungen erfüllen (**Bild 3**). Die Summe der Speicherkapazitäten aller Standorte ergab das technisch sinnvolle Potenzial für Baden-Württemberg und liegt bei 573 GW, das Pumpspeicherarbeitsvermögen bei 4 584 GWh bei der vorgegebenen Lastzyklusgröße. Dies entspricht ungefähr dem 80-fachen der derzeit in Deutschland installierten Pumpspeicherleistung von ca. 7 GW.

Der größte Standort verfügt über ein Potenzial von 15 234 MW, der kleinste 71 MW. Der Mittelwert der Potenziale liegt bei 678 MW.

Mithilfe ökonomischer Standortfaktoren konnte ein Ranking erstellt und eine Einschätzung der

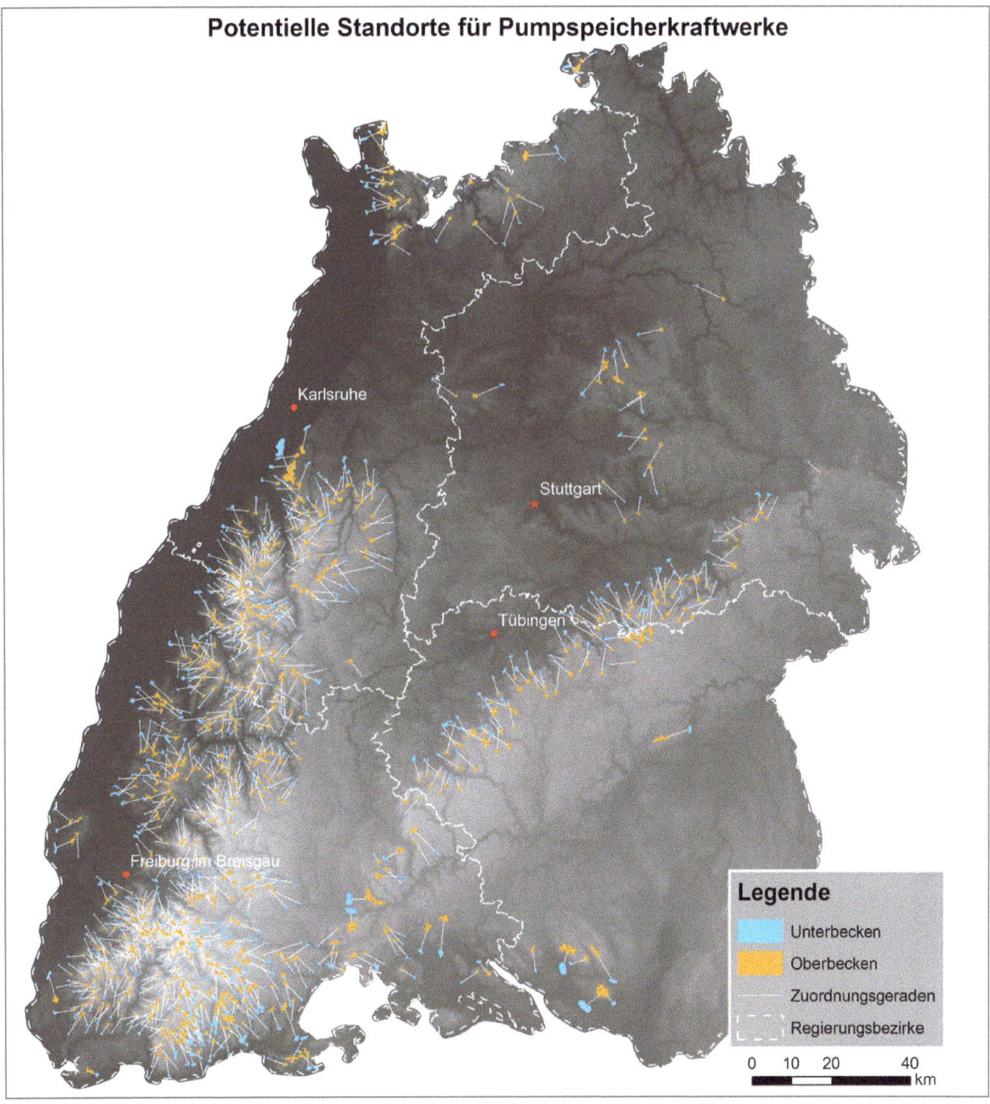

Bild 3: Zuordnungspaare der 845 Standorte

technisch-wirtschaftlichen Qualität vorgenommen werden. Basis bildete ein einheitliches Kraftwerkslayout mit vertikalem oberwasserseitigem Druckschacht, Kavernenkraftwerk und Niederdruckunterwasserstollen. Hierzu wurden spezifische Leistungskosten ermittelt und die Standorte aufsteigend gereiht. Inbegriffen in den ökonomischen Standortfaktoren sind die Baugewerke, elektromechanische Ausrüstung, Netzanbindung und Nebenkosten, die auch die Genehmigung beinhalten.

Alle Standorte wurden in drei Kategorien eingeteilt: Kategorie A mit Standorten bis <1 200 €/kW, Kategorie B mit Standorten zwischen 1 200 €/kW und 1 600 €/kW, sowie Kategorie C mit Standorten >1 600 €/kW. 84 Standorte mit einem Potenzial von 112 GW lassen sich der Kategorie A zuordnen, der Rest verteilt sich fast gleich auf die Kategorie B und C (**Bild 4**).

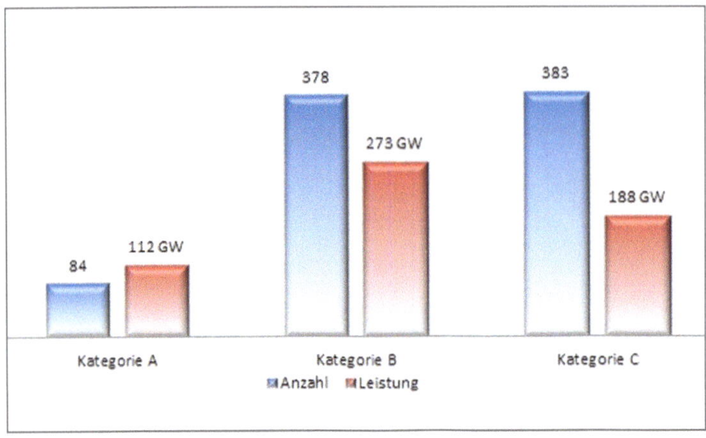

Bild 4: Qualitative Einstufung aller 845 Standorte

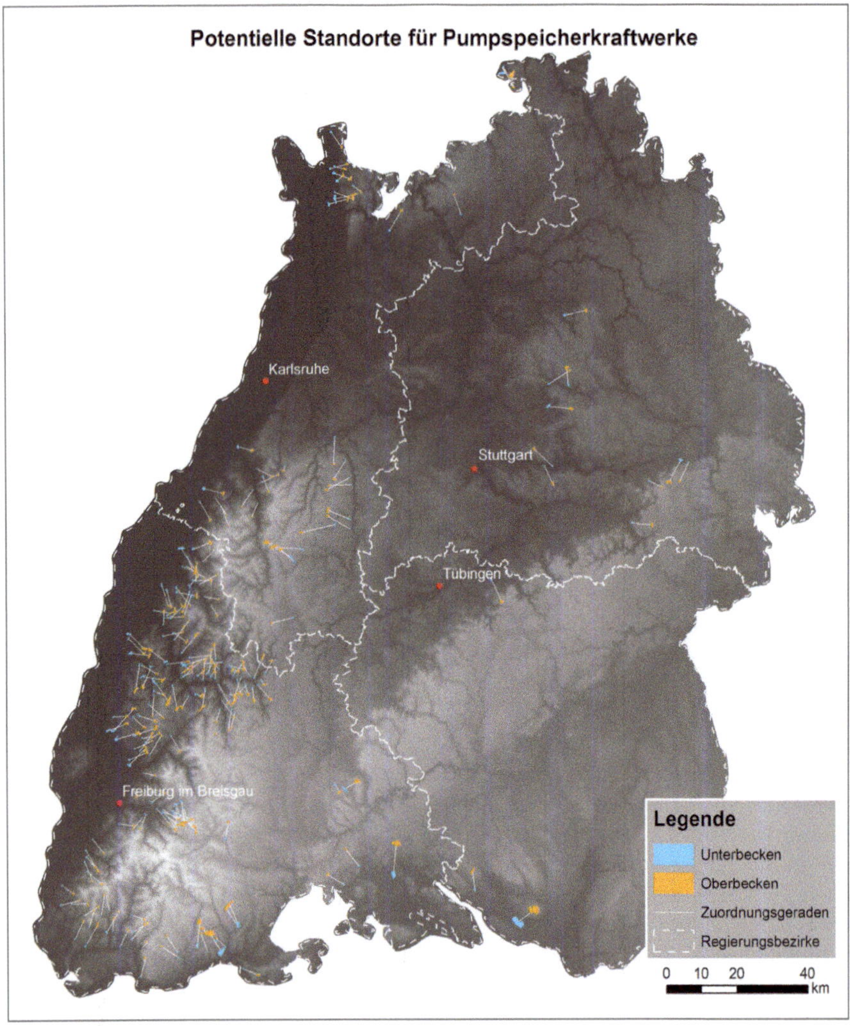

Bild 5: Zuordnungspaare der 201 konfliktarmen Standorte

2.3 Konfliktanalyse

In der Konfliktanalyse wurden die 845 Standorte aus der Standortanalyse auf mögliche umweltrelevante Konflikte hin analysiert, nachdem bisher nur topographische und leistungsspezifische Gesichtspunkte angewandt worden sind. Zu den relevanten Schutzgebieten zählen Wasserschutzgebiete der Zone 2, Naturschutzgebiete, sowie Natura-2000-Schutzgebiete (FFH-Flächen und Vogelschutzgebiete). Weiterhin wurden Infrastrukturflächen kleiner als 1 ha berücksichtigt.

Die Geologie wurde in einer ersten Einschätzung ebenfalls dargestellt, in dem die Standorte GIS-basiert mit den geologischen Bereichen in Baden-Württemberg überlagert wurden. So entstand für jeden Standort eine flächige Betrachtung von kartenmäßig ausgewiesenen oberflächennahen Einheiten. Eine Berücksichtigung der geologischen Baugrundverhältnisse im Profil bzw. im weiteren Untergrund erfolgte nicht.

Der Flächenverbrauch eines Standorts hängt direkt mit dem Potenzial bzw. mit seinem Arbeitsvermögen zusammen, da die Fläche mit dem speicherbaren Volumen verknüpft ist. Standorte mit großer Fallhöhe und gleicher Leistung haben hingegen einen geringeren Flächenverbrauch. Der spezifische Flächenbedarf liegt zwischen 514 m²/MW und 6 689 m²/MW aller 845 Standorte.

Standorte ohne signifikante Überlagerung (<5 % der Fläche) mit als kritisch einzustufenden Schutzgebieten wurden gefiltert. Es verblieben von den 845 Standorten noch 201 ohne gravierende Konflikte mit relevanten Schutzgebieten (**Bild 5**). Das Gesamtpotenzial summiert sich für die 201 Standorte auf 116 GW, das Arbeitsvermögen auf 928 GWh bei der vorgegebenen Lastzyklusgröße. Davon fallen 13 Standorte in die Kategorie A, 85 in die Kategorie B und 103 in Kategorie C. Die Kategorie A reduziert sich dabei überproportional von 84 auf 13 (**Bild 6**). Dies hängt mit den topographisch günstigen Mittelgebirgsregionen zusammen, die jedoch mit überdurchschnittlich vielen Schutzgebieten belegt sind. Der größte Standort weist eine Leistung von 10 828 MW auf, der kleinste 84 MW, der Mittelwert liegt bei 580 MW.

Da derzeit und vor allem zukünftig ökologische Belange beim Bau von Pumpspeicherkraftwerken eine zentrale Rolle spielen, ermöglicht der durchgeführte Abgleich mit ausgewiesenen Schutzgebieten eine erste Aussage zur Genehmigungsfähigkeit des Standorts.

2.4 Qualitätsanalyse

In der Qualitätsanalyse wurden drei Standorte von den 201 Standorten ausgewählt und näher untersucht. Dabei wurden der beste Standorte aus Kategorie A, der mittlere aus Kategorie B und der letzte aus der Kategorie C ausgewählt. Zu jedem der drei Standorte wird eine konzeptionelle Planung einschließlich einer Kostenschätzung erstellt.

Ziel war es, die technische Machbarkeit der GIS-basierten und weitgehend automatisiert gefundenen Standorte der vergangenen Analyseschritten anhand dreier Standorte zu verifizieren und die Genauigkeit des ökonomischen Ranking zu überprüfen (**Bild 7**). Unabhängig von den vor-

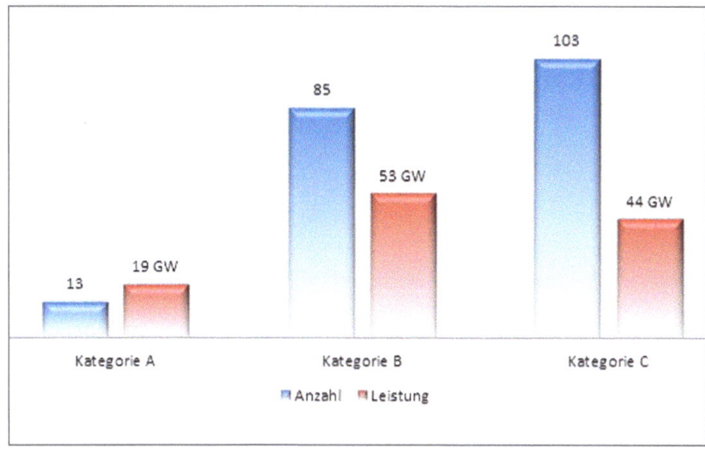

Bild 6: Qualitative Einstufung der 201 Standorte

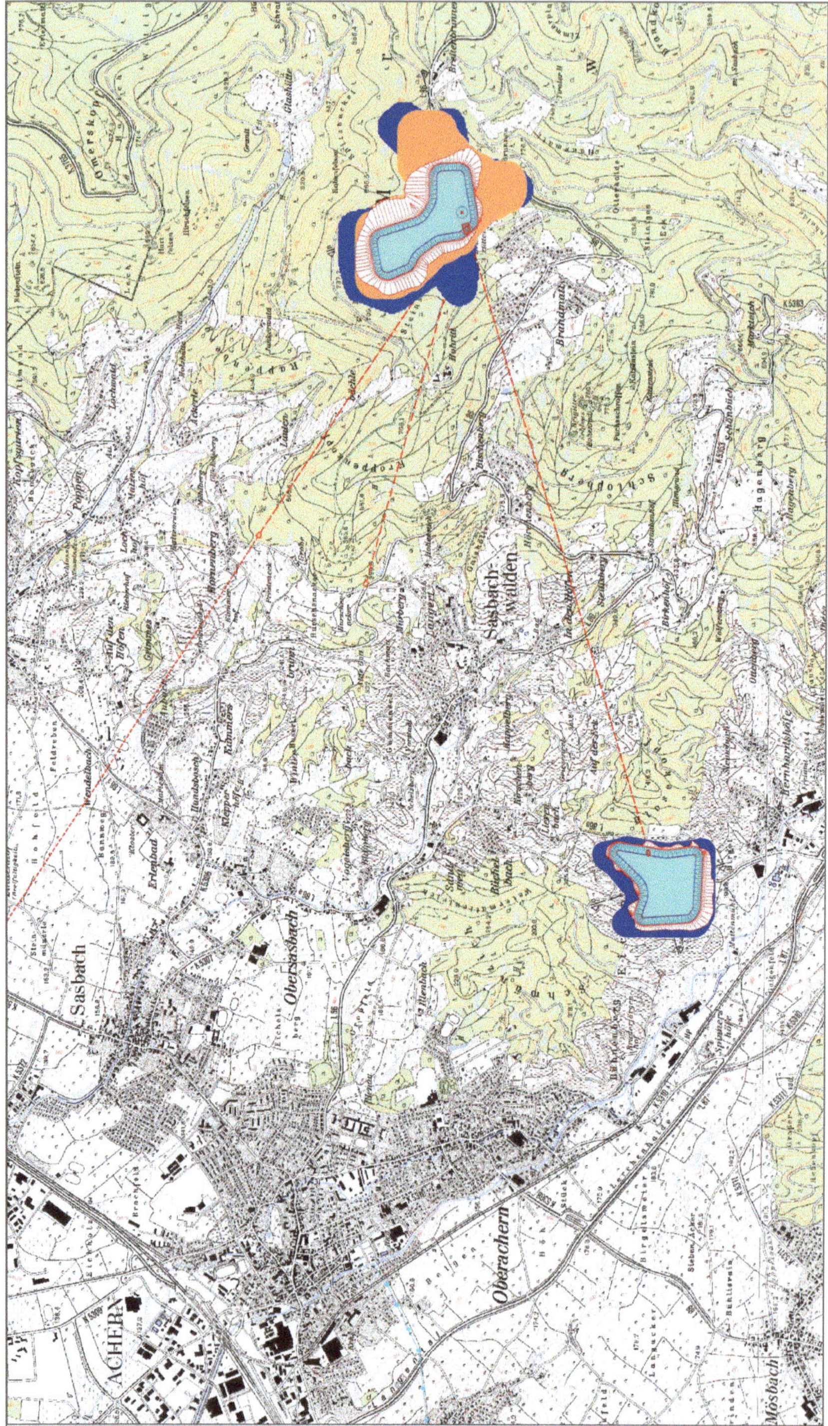

Bild 7: Überlagerung der verschiedenen Schritte an einem exemplarischen Standort

ab ermittelten Parametern werden die drei Standorte in der Konzeptplanung bestmöglich an ihre lokalen Begebenheiten angepasst.

Die Differenz der spezifischen Kosten von GIS-basierter Ermittlung und ingenieurmäßiger Konzeption beträgt beim besten Standort 13 %, beim mittleren Standort 7 % und beim ungünstigsten Standort 10 %. Auch bei den identifizierten Flächen für Ober- und Unterbecken decken sich die Flächen sehr stark bzw. weisen teilweise keine Unterschiede zwischen GIS-basierter Auswertung und Konzeptplanung auf. Die GIS-basierte Ermittlung der Flächen liefert also sehr belastbare Ergebnisse, die einer Konzeptplanung in weiten Teilen gleichen.

Diese Ergebnisse der Qualitätsanalyse bestätigen die technische Machbarkeit aller drei Probestandorte und liefern Abweichungen zur GIS-basierten Auswertung in einer sehr geringen und akzeptablen Bandbreite.

3 Fazit

Ziel dieser Studie war es, das technisch sinnvolle Pumpspeicherpotenzial in Baden-Württemberg zu ermitteln. Mögliche Projektstandorte wurden detektiert und auf Konflikte mit Siedlungsflächen und Schutzgebieten sowie auf Wirtschaftlichkeitsparameter hin untersucht. Dieses realistische und technisch machbare Potenzial umfasst 201 Standorte mit einer Gesamtleistung von 116 GW. 13 der konfliktarmen Standorte mit einer Gesamtleitung von 19 GW fallen in die Kategorie A mit einem spezifischen Invest von <1 200 €/kW.

Die Qualität der automatisierten Analyse wurde durch die Qualitätsanalyse anhand dreier ausgewählter Standorte überprüft. Die geringe Abweichung deutet auf eine hohe Genauigkeit und Plausibilität der computergestützten Analyse hin.

Zusammenfassend ist festzustellen, dass Baden-Württemberg über ein Pumpspeicherpotenzial verfügt, dass die aktuelle, in Deutschland installierte Leistung um ein Vielfaches übertrifft. Hierbei handelt es sich nicht um ein theoretisches Potenzial, sondern um Standorte, die bereits unter Berücksichtigung technischer, wirtschaftlicher und umweltrelevanter Mindestkriterien ermittelt wurden.

Die Studie stellt den ersten Schritt einer Standortoptimierung dar. Es erfolgte noch keine vertiefte Planung jedes einzelnen Standorts. Deshalb wäre für etwaige, konkrete Planungen als nächster Schritt eine Einzelfallüberprüfung und Optimierung der detektierten Standorte unabdingbar.

Diese Studie soll realistisches Potenzial aufzeigen und Handlungsspielräume, vor allem für die Politik, darstellen. Sie ist kein Ausbauprogramm der EnBW für neue Pumpspeicherkraftwerke. Mit dem aktuellen Pumpspeicherkraftwerks-Ausbauprojekt am Pumpspeicherstandort Forbach und der Beteiligung über die Schluchseewerk AG am Pumpspeicherkraftwerks-Neubau Atdorf, sowie mit Obervermuntwerk II mit der Vorarlberger Illwerke AG in Österreich arbeitet die EnBW gerade intensiv an neuen Pumpspeicherprojekten.

Autoren

Dipl.-Ing. Claudia Berger
EnBW Kraftwerke AG
Schelmenwasenstr. 15
70567 Stuttgart
claudia.berger@enbw.com

Nikolaus Sauer
EnBW Holding AG
Durlacher Allee 93
76131 Karlsruhe
n.sauer@enbw.com

Dipl.-Ing. Robert Achatz
HPI Hydroprojekt Ingenieurgesellschaft mbH
Elsenheimerstr. 11
80687 München
ra@hydroprojekt.de

Claudia Berger, Nikolaus Sauer and Robert Achatz

Potential Study for Pump Storage Plants in Baden-Württemberg

Power of renewable energies is increasingly produced by fluctuated energy sources like wind or solar. To replace the current electricity of mostly nuclear power and coal fired plants, there is a need of storage possibilities in times of low demand. In times of high demand the electricity could be delivered directly by turbines. Today only one technology cope with this economically and commercially: pump storage plants. They operate like big batteries in the grid and can protect grid stability.

Клаудия Бергер, Николаус Зауер и Роберт Ахатц

Исследование потенциала насосно-аккумулирующая электростанций в земле Баден-Вюртемберг

Для того, чтобы ток из возобновляемых источников энергии и при этом все в большей степени флюктуирующих видов, таких как ветер или солнце, мог бы заменить ток, ранее производимый преимущественно на атомных электростанциях или работающих на угле теплоэлектростанций, он должен быть аккумулирован в период пониженного спроса. В период повышенного спроса аккумулированный ток можно было бы поставлять целенаправленно. Во всем мире справиться с этой задачей на высоком экономическом и техническом уровне пока могут только гидроаккумулирующие (насосно-аккумулирующие) электростанции. В электросети они действуют как большие батареи и могут применяться для обеспечения стабильности в сети.

Torsten Pöhler und Patrick Schäfer

GIS-basierte Standortsuche für Pumpspeicherwerke in Norwegen

Im Rahmen einer Studie wurde ein weitestgehend automatisiertes Verfahren zur Standortidentifizierung von Pumpspeicherwerken (PSW) mit gleichzeitiger Bewertung der Standorte und Investitionsabschätzung entwickelt. Dieses Verfahren ermöglicht auf der Basis von Analysen in einem Geografischen Informationssystem (GIS) eine effiziente Identifizierung und einen effizienten Vergleich von Standorten in einem großen Suchraum. In der Studie wurde dieses weiterentwickelte System für Norwegen angewendet.

1 Einleitung

Die vermehrte Einbindung erneuerbarer Energien, allen voran der Windkraft, in die Stromversorgung Deutschlands und Europas, bedingen eine steigende Nachfrage an Regelenergie. Die Volatilität regenerativer Energien, insbesondere von Wind- und Solarenergie sowie ihr massiver Ausbau haben zur Folge, dass zukünftig nicht nur der Stromverbrauch, sondern auch seine Produktion zunehmend großen Schwankungen unterliegt.

Zwar gibt es rein technisch eine Vielzahl von mechanischen, hydraulischen und chemischen Energiespeichern. Doch Pumpspeicherwerke (PSW) sind bisher die einzig bewährte großtechnische Lösung und bieten zugleich ein zeitlich breites Einsatzspektrum. Darüber hinaus sind sie die bislang wirtschaftlichste Methode zur Speicherung großer Energiemengen mit einem Zykluswirkungsgrad von 75 bis 85 % [1].

Allerdings stellen PSW in ihrer Standortwahl vielfältige Anforderungen, nicht nur an den Naturraum sondern auch an Infrastruktur und Politik. Rein topologisch betrachtet muss ein PSW-Standort vor allem geeignete Höhendifferenzen für die Speicherbecken bereithalten. Eine möglichst effiziente Funktionsweise eines PSW wird maßgeblich durch den Höhenunterschied der Speicherbecken, dem Verhältnis zwischen dieser Höhendifferenz sowie der Entfernung zwischen Ober- und Unterbecken sowie der Beckengrößen bestimmt [2]. Dadurch beschränken sich die für die Errichtung von PSW günstigen Standorte auf entsprechend geeignete Naturräume (Gebirgsregionen).

2 Zielsetzung

Mithilfe eines bereits entwickelten Verfahrens werden potenzielle Standorte für PSW identifiziert und bewertet. Durch die Kategorisierung der Standorte anhand physischer und ökonomischer Kenngrößen wird eine weltweite Vergleichbarkeit angestrebt. Die Identifizierung der Standorte berücksichtigt auch limitierende Faktoren, wie Naturschutzgebiete und Siedlungsräume, und bezieht beeinflussende Parameter in die Bewertung mit ein, wie Geomorphologie, Netzanbindung und infrastrukturelle Aspekte. Im Ergebnis soll das Verfahren eine Rangliste der attraktivsten Standorte hervorbringen.

Ziel der Studie ist es, die bis dato für Deutschland entwickelte GIS-basierte Methode zu verbessern und so zu gestalten, dass eine weltweite Anwendung ermöglicht wird.

3 Methodik

Zur Identifizierung von geeigneten Standorten in einer großen Fläche kommt grundsätzlich eine Methode im Top-Down-Verfahren infrage. Unter der bestmöglichen Ausnutzung von automatisierten Verfahren wurden folgende Arbeitsschritte entwickelt:

1. Automatisierte Selektion von Standorten aufgrund geeigneten Topographien (GIS-Screening).
2. Automatisierte Bewertung der gefundenen Standorte anhand des Speicherpotenzials und weiterer Kriterien (GIS-Ranking).
3. Manuelle Gegenkontrolle auf Eignung.
4. Manuelle Bewertung der verbliebenen Standorte.

3.1 Datengrundlage

Grundlage für das GIS-Verfahren zur PSW-Standortsuche in Norwegen sind folgende Daten:

- Digitales Geländemodell (DGM) (SRTM und ASTER),
- Nationalparks,
- Siedlungsräume,
- Binnengewässer,
- Fließgewässer (eigene GIS-Modellierung),
- Kraftwerke,
- Straßen (Mapcruzin),
- Übertragungsnetztrassen,
- HGÜ-Umrichterstation (Digitalisierung im GIS),
- Jahresdurchschnittstemperatur (MET, 2011).

Dabei wurden die verschiedenen Datensätze für die Analyse mit vorhandenen GIS-Werkzeugen aufbereitet. Siedlungsstrukturen sowie Nationalparks wurden als Ausschlusskriterien behandelt. Weitere Faktoren, wie die Geomorphologie, Netzanbindung und infrastrukturelle Aspekte, wirkten sich begünstigend oder limitierend auf das Ranking aus und wurden zu Sekundärkriterien deklariert.

3.2 GIS-Screening

Für eine weltweit anwendbare Bewertung von PSW-Standorten wurden, gestützt auf Erfahrungswerte, die topologischen Hauptkriterien (Verhältnis zwischen Höhendifferenz und Entfernung von Ober- und Unterbecken = $\Delta h/L$-Verhältnis) in Kategorien von 1 bis 10 unterteilt. In Kategorie 1 liegt beispielsweise ein attraktiver Standort mit einer Fallhöhe von 1 200 m und einem Höhen- zu Längenverhältnis von 1:2, in der schwächsten Kategorie 10 ein Standort mit lediglich 150 m Fallhöhe und einem Höhen- zu Längenverhältnis von 1:8.

Aus dieser Einteilung wurden dann Suchradien für einen eigens programmierten Suchalgorithmus abgeleitet, welcher die Rasterdaten eines DGM hinsichtlich der topologischen Kriterien untersucht (**Bild 1**).

Dieser Algorithmus markiert dabei jene Zellen des DGM, welche die Bedingungen der Höhendifferenz und des Höhen-zu-Längen-Verhältnisses erfüllen. Mit Hilfe eines GIS werden diese Zellen anschließend als potenziell geeignete Flächen für die Anlage von Ober- und Unterbecken eines PSW mit einer Unterscheidung der Kategorien 1 bis 10 dargestellt.

Im nächsten Schritt des GIS-basierten Screenings werden die markierten Flächen hinsichtlich ihrer Geomorphologie und der realisierbaren Beckengrößen untersucht. Durch geeignete GIS-Re-

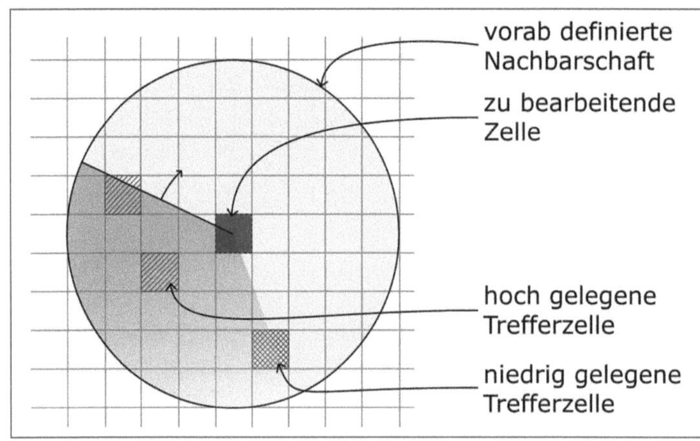

Bild 1: Funktionsweise des Suchalgorithmus PSPsearch

Tab. 1: Ausschluss- und Sekundärkriterien der Analyse

Parameter	Erläuterung	Art des Kriteriums
Siedlungsgebiet	Eine Umsetzung des Projektes ist auf Grund der Siedlungsbebauung unmöglich.	Ausschlusskriterium
Schutzgebiet (Nationalpark, etc.)	Die Genehmigung eines Projektes gilt als äußerst unwahrscheinlich bzw. unmöglich.	Ausschlusskriterium
Entfernung zu HGÜ-Umrichterstation	Hinsichtlich der Sicherung von EE aus Mitteleuropa hängen die Übertragungsverluste, beim Stromtransport über das norwegische Verbundsystem, maßgeblich von der Entfernung eines Standortes von der Umrichterstation ab.	Sekundärkriterium
Klimatische Grenzen	Die klimatischen Bedingungen (Permafrost, Durchschnittstemperaturen) können sich ungünstig auf den Betrieb, sowie die Betriebskosten auswirken.	Sekundärkriterium
Nähe zu Infrastruktur (Netz & Straßen)	Kurze Distanzen verringern die Investitionskosten und vereinfachen den Genehmigungsprozess	Sekundärkriterium
Nähe zu Seen	Die Nähe zu einem ausreichend großem Binnengewässer (A(min) = 3 600 000 m^2), welches als Unterbecken bzw. Oberbecken nutzbar ist, kann den Genehmigungsprozess erleichtern und die Investitionskosten senken.	Sekundärkriterium
Nähe zu Talsperre	Eine bestehende Kraftwerksinfrastruktur bzw. ein bestehendes Unterbecken verringert die Investitionskosten und vereinfacht den Genehmigungsprozess.	Sekundärkriterium
Nähe zu Wasser	Ein minimaler Abfluss von 0,5 m^3/s wird als notwendig für die Erstbefüllung angenommen.	Sekundärkriterium

chenoperationen werden die Ergebnisse des Suchalgorithmus auf jene Flächen beschränkt, welche als potenzielle Ober- bzw. Unterbecken in Frage kommen. Diejenigen Bereiche, welche sich aufgrund der oben genannten Kriterien zum Bau eines PSW eignen werden als „Area of Interest" (AOI) bezeichnet.

3.3 GIS-Ranking

Durch das GIS-basierte Ranking wird die ermittelte PSW-Standortvorauswahl (AOI) hinsichtlich vorab definierter Ausschluss- und Sekundärkriterien bewertet.

Ausschlaggebend für die Bewertung ist die räumliche Lage eines AOI in Bezug auf folgende Kriterien: Die in **Tabelle 1** aufgelisteten Parameter werden zunächst nach ihrer Relevanz gewichtet. Anschließend wird jedes AOI einer quantitativen Bewertung zu unterzogen. Hierbei wird die räumliche Beziehung eines jeden einzelnen AOI hinsichtlich der Ausschluss- und Sekundärkriterien überprüft und mit der vorangegangenen Kategorisierung (vgl. Abschnitt 3.2) verrechnet.

In die Bewertung eines AOI fließen somit nicht nur rein ökonomische Standortfaktoren mit ein. Die untersuchten Gebiete werden auch unter sozioökonomischen und umweltfachlichen Kriterien geprüft.

Das Resultat des GIS-Rankings ist eine Rangliste von AOI, welche von 1 an aufsteigend bewertet sind. Aus dieser Liste kann nun eine Auswahl der besten Standorte für eine weitere, manuelle Untersuchung getroffen werden.

3.4 Manuelle Gegenkontrolle auf Eignung

In diesem manuellen Screening wird eine Auswahl der durch die GIS-Analyse ermittelten Standorte in Google Earth Professional visualisiert und auf ihre grundsätzliche Eignung hin untersucht. Die möglichen Becken werden dargestellt, was den Zeitaufwand für die manuelle Arbeit minimiert (**Bild 2**). In diesem Schritt werden nun die technischen Hauptkenndaten der jeweiligen AOI abgeschätzt.

Das manuelle Screening mit Google Earth Professional ist vor allem eine Gegenkontrolle der Ergebnisse der GIS-basierten Arbeitsschritte. So kann auf mögliche Fehler in mangelhaften Datensätzen (z. B. bei Bebauungs- und Besiedelungsstrukturen) reagiert werden.

Bild 2: Ansicht der Ergebnisse des GIS-Rankings in Google Earth Professional

Darüber hinaus erlaubt Google Earth Professional eine einfache perspektivische Darstellung der Projekte.

3.5 Manuelle Bewertung der verbleibenden Standorte

Die AOI, welche im zweiten Screening untersucht wurden, werden nun einem manuellem Ranking unterzogen. Anhand der ermittelten Hauptkenndaten wird eine grobe Kostenschätzung durchgeführt. Diese lässt basierend auf standardisierten Entwurfsparametern auf das ungefähre Investitionsvolumen und auf die ungefähren spezifischen Investitionen pro Kilowatt schließen.

Das verwendete Verfahren stellt somit eine grobe Schätzung für Projekte im Identifikationsstadium dar. Für die Berechnungen wurden Bezugspreise sowohl für Ober- und Unterbecken sowie die Wasserwege als auch für die elektromechanische Ausrüstung festgesetzt. In Abhängigkeit der theoretisch zur Verfügung stehenden Pendelwassermenge, des Bemessungsdurchflusses und der Kraftwerksleistung wird aus den Bezugspreisen die Investitionssumme abgeleitet. Die ermittelten Preise selbst basieren auf Einheitspreisen und Massenschätzungen von Projekten, die bereist umgesetzt wurden. Aufgrund der Informationslage in dieser frühen Planungsphase weisen die Kostenschätzungen eine Schwankung von etwa -10 % bis +30 % auf.

Darüber hinaus werden die Kosten für die Unterbecken im Hinblick auf die jeweilige Art des Beckens angepasst. Je nachdem, ob es sich um ein komplett neu zu errichtendes, künstliches Unterbecken, ein natürliches Gewässer oder um bereits vorhandene Kraftwerksinfrastruktur handelt, werden die Kosten für die entsprechenden Standorte in Relation zur erwarteten Kraftwerksleistung berechnet.

Nach Abschluss der Kostenschätzung erhält man eine neue Rangliste in welcher die AOI schließlich in Bezug auf ihre spezifischen Kosten bewertet sind.

4 Pumpspeicherpotenzial in Norwegen

Mit der Studie ist es gelungen das bisher verwendete Screening-Verfahren zur Identifikation von Standorten für Pumpspeicherkraftwerke wesentlich zu verbessern. Das neu entwickelte Verfahren

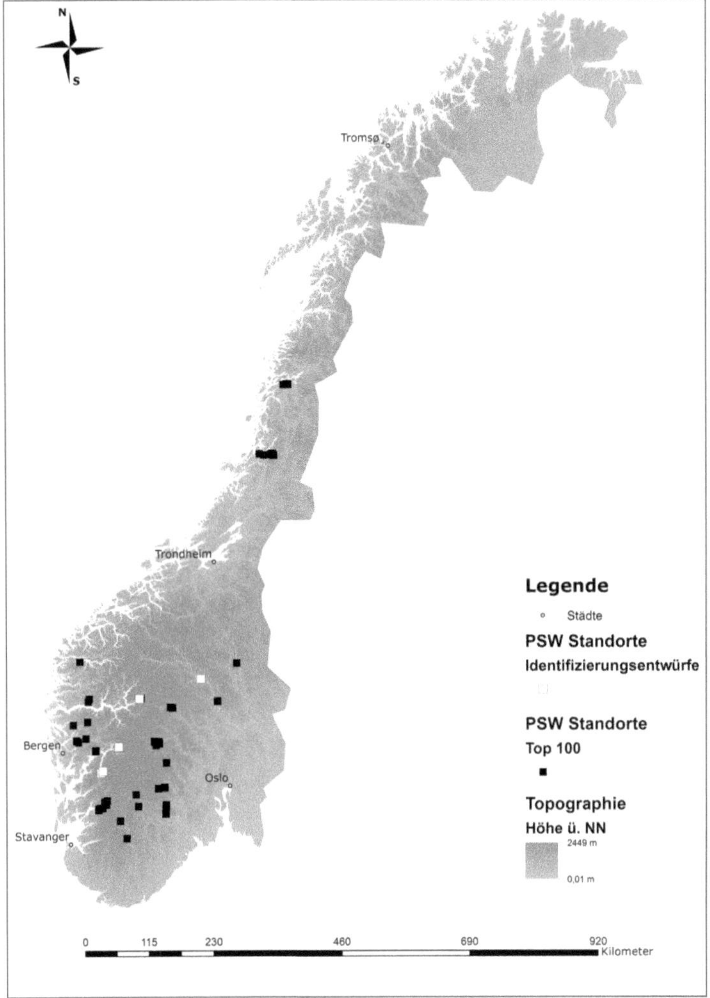

Bild 3: Die 100 durch das GIS-Ranking am besten bewerteten AOI in Norwegen

konnte erfolgreich für die Suche nach Pumpspeicherstandorten in Norwegen angewendet werden (**Bild 3**).

Dabei wurden mit Hilfe der GIS-basierten Sreening- und Rankingmethode auf dem norwegischen Festland über 11 000 potenzielle PSW-Standorte identifiziert. Für die 157 besten identifizierten Standorte wurden die Investitionen für die Errichtung neuer PSW abgeschätzt.

Es zeigte sich, dass die norwegischen PSW-Standorte gegenüber Standorten in Deutschland als sehr kostengünstig zu bewerten sind: für die besten PSW-Neubauprojekte wurden spezifische Investitionen von unter 500 €/kW ermittelt.

Von den 157 untersuchten AOI wurden 59 Projekte mit spezifischen Kosten von unter 600 €/kW als „sehr attraktiv" und weitere 89 AOI als „attraktives Projekt" mit spezifischen Kosten von 600 bis 800 €/kW bewertet.

Derart geringe spezifische Kosten sind in Mitteleuropa selbst bei Erweiterungen von bestehenden Anlagen und unter besten Standortverhältnissen kaum erreichbar. Bei der Neuerrichtung von PSW sind in der Regel noch höhere Kosten zu erwarten: Diese liegen nach Untersuchungen des Kraftwerkbetreibers EnBW bei einem Neubau von PSW zwischen 900 und 1 200 € pro kW installierter Leistung [3].

Der Hauptgrund für diese geringen spezifischen Kosten liegt in den topographischen Verhältnissen Norwegens: PSW-Standorte lassen sich hier mit großen Fallhöhen und geringen Beckenabständen realisieren.

Im Hinblick auf die Diskussion über Norwegen als „grüne Batterie" Europas wurde in der Studie auch die Speicherung erneuerbarer Energien aus Deutschland mittels norwegischer PSW-Anlagen einer ökonomischen Bewertung unterzogen: Nach Abschätzung der Kosten und der Erlöse neu zu bauender PSW-Anlagen ergab die Untersuchung, dass unter Einbeziehung der Übertragungskosten (insbesondere HGÜ-Seekabel) diese Projekte nur dann als wirtschaftlich sinnvoll angesehen werden können, wenn sie nicht nur zur alleinigen Speicherung deutscher Energie errichtet werden.

Ob es zu einer gemeinsamen europäischen Nutzung norwegischer Speicherkapazitäten kommen kann, hängt vor allem von den künftigen energiepolitischen Entscheidungen in Norwegen, Deutschland und Europa ab.

Autoren

Dipl.-Geograph Torsten Pöhler
Malchingerstrasse 7
82256 Fürstenfeldbruck
poehler.torsten@me.com

Dr.-Ing. Patrick Schäfer
Fichtner GmbH & Co. KG
Sarweystr. 3
70131 Stuttgart
patrick.schaefer@fichtner.de

Literatur

[1] Deutsche Physikalische Gesellschaft(Hrsg.): Elektrizität: Schlüssel zu einem nachhaltigen und klimaverträglichen Energiesystem. Bad Honnef, 2010.

[2] Deutsche Energie Agentur (Hrsg.): Analyse der Notwendigkeit des Ausbaus von Pumpspeicherwerken und anderen Stromspeichern zur Integration der Erneuerbaren Energien (Kurz: PSW – Integration EE). Abschlussbericht. Berlin, 2010.

[3] Franke, J.; Schreib, G.: Impulsreferat zu Pumpspeicherkraftwerken. In: SyposiumEnergieCampus am KIT der Stiftung Energie & Klimaschutz. Karlsruhe, 2011.

Torsten Pöhler and Patrick Schäfer

GIS-supported Screening of Sites for Pumped Storage Powerplants in Norway

An extensively automated method was developed to identify locations for pumped storage power plants and evaluate their technical features and investment costs. Based on the analyses in a Geographical Information System (GIS) the procedure allows efficiently identifying and comparing projects in a large area. Within the study the method was successfully applied on Norway.

Торстен Пёлер и Патрик Шефер

Базирующийся на геоинформационных системах поиск мест для сооружения гидроаккумулирующих электростанций в Норвегии

В рамках проводимого исследования был разработан в максимально возможной степени автоматизированный метод для определения мест строительства гидроаккумулирующих электростанций (ГАЭС) с одновременным анализом этих мест и оценкой инвестиций. На основе анализа в Географической информационной системе (геоинформационные системы) этот метод позволяет осуществлять эффективную идентификацию и эффективное сравнение мест в большом регионе поиска. В исследовании представлено применение данной модернизированной системы в Норвегии.

Entwicklungen

Clemens Dorfmann und Gerald Zenz

Numerische Untersuchungen mit Telemac bei Wasserkraftanlagen – zwei Fallstudien

In diesem Beitrag werden zwei Anwendungen der Open-Source-Telemac-Suite aus dem Bereich der Wasserkraft präsentiert. Die erste Fallstudie behandelt ein Projekt, welches das Strömungsverhalten und die Optimierung der Sedimentdrift in einem Stauraumabschnitt des Wasserkraftwerks Edling an der Drau thematisiert. In der zweiten Studie werden numerische Berechnungen des oszillierenden Strömungsverhaltens in einem Entsander und darauf aufbauend untersuchte Gegenmaßnahmen präsentiert.

1 Fallstudie 1: Strömungssimulationen in einem Stauraum

1.1 Einleitung

Die erste Fallstudie behandelt die 2-D-und 3-D-numerische hydrodynamische Untersuchung des Strömungsverhaltens und die Optimierung der Sedimentdrift in einem Stauraumabschnitt des Wasserkraftwerks Edling an der Drau. Das Kraftwerk Edling im Eigentum der Verbund Hydro Power AG ist Teil der Kraftwerkskette Drau, wurde 1962 in Betrieb genommen und weist eine Engpassleistung von 87 MW auf. Für den Betrieb als Lauf-Schwellkraftwerk bzw. für die Bereitstellung von Schwellvolumen wurden beim Aufstau ausgedehnte Flächen des ursprünglichen Vorlands eingestaut. Der Stauraum mit einem ursprünglichen Stauinhalt von 90 Mio. m³ hat eine Länge von 24 km und ist durch einige Flachwasserbiotope charakterisiert. Beim Bau des Kraftwerks wurden Längsleitwerksysteme errichtet, um die Hauptströmung zu konzentrieren und damit der unkontrollierten Verlandung in den breiten Bereichen des Stauraums entgegenzuwirken und die Sedimentdrift durch den Stauraum zu verbessern.

Der in diesem Projekt untersuchte Stauraumabschnitt des Kraftwerks Edling hat eine Länge von ca. 7 km und ist bis zu 1 200 m breit (**Bild 1**). Der Projektabschnitt ist gekennzeichnet durch eine Aufweitung und ein 4,5 km langes überströmbares Leitwerk mit einer Kronenhöhe von durchschnittlich 389,50 m ü. A. und einer Wasserüberdeckung von 1,3 m bei einem Stauziel von 390,80 m ü. A. Der Bereich der Aufweitung und flussab davon weist trotz des bestehenden Leitwerks starke Verlandungstendenzen auf, denen bisher mit Baggerungsmaßnahmen entgegengewirkt wurde und wird.

In der numerischen Untersuchung mit der Telemac-Suite werden die Wirkungsweise des bestehenden Leitwerks für verschiedene Abflusszustände analysiert und darauf aufbauend Maßnahmen ausgearbeitet, um das Strömungsverhalten für Normalbetrieb (Turbinenbetrieb) und für Hochwasserlastfälle hinsichtlich einer verbesserten Sedimentdrift zu optimieren.

1.2 ADCP-Geschwindigkeitsmessungen

Aufweitungsströmungen, wie sie oft in Stauräumen vorkommen, weisen ein zumeist kompliziertes Strömungsverhalten auf. Numerische Modelle müssen für diese Fälle kalibriert und eingehend untersucht werden.

Im Projektgebiet wurden räumlich hochauflösende Geschwindigkeitsmessungen mit einem ADCP (Acoustic Doppler Current Profiler) RDI RioGrande 1 200 kHz durchgeführt, indem entlang von Querprofilen mittels der sogenannten Moving-vessel-Methode die Fließgeschwindigkeiten gemessen wurden. Für die Messkampagne während des Normalbetriebs wurden vom Kraftwerksbetreiber hydraulisch stationäre Randbedingungen mit einem Durchfluss von annähernd 420 m³/s und einer Wasserspiegelhöhe von

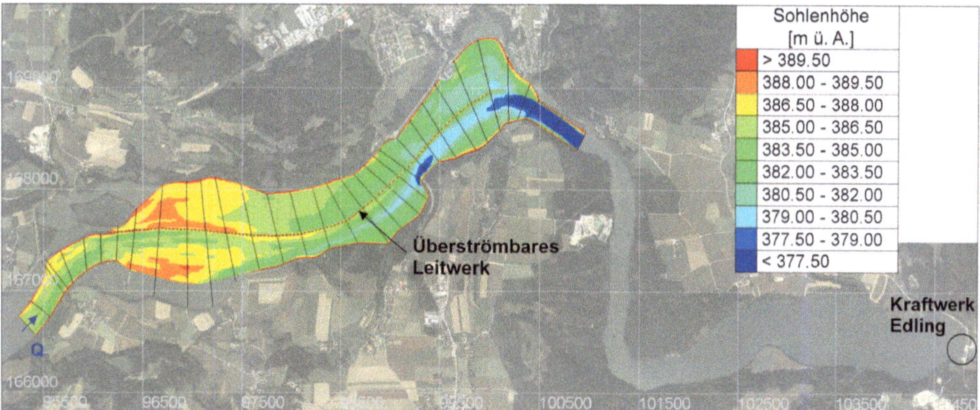

Bild 1: Unterer Bereich des Stauraums KW Edling mit Projektgebiet, Lageplan

390,30 m ü. A. gewährleistet.

Die Auswertung der ADCP-Messdaten wurde mit der Open-Source-Postprocessing-Software ADCPtool durchgeführt, die am Institut für Wasserbau und Wasserwirtschaft der TU Graz entwickelt wurde [1]. Die Software, geschrieben in der plattformunabhängigen Programmiersprache Python, besteht aus einer Anzahl von flexiblen Modulen, unter anderem für die Berechnung von tiefengemittelten Fließgeschwindigkeiten, die Erkennung von einzelnen Fehlmessungen und Datenglättung, die Berechnung von Sohlenschubspannungen, die Georeferenzierung, die Applikation unterschiedlicher Projektionsmethoden und die Visualisierung der Ergebnisse.

1.3 Numerische Simulationen für den Normalbetrieb

Das digitale Geländemodell für das numerische Modell wurde aus Querprofilecholotaufnahmen erstellt. Das Berechnungsnetz, bestehend aus 100 000 Dreieckselementen, wurde mit der frei verfügbaren Pre- und Postprocessing-Software BlueKenue erstellt [2], wobei grundsätzlich eine Maschenweite von 12 m gewählt und der Bereich des Leitwerks mit einer Maschenweite von 2 bis 5 m diskretisiert wurde.

In den Telemac-2D und Telemac-3D Simulationen wurden die standardmäßigen numerischen Parameter verwendet, wobei für die numerischen 3-D-Berechnungen die Wassertiefe mit acht Ebenen diskretisiert wurde. Details der verschiedenen, in der Telemac-Suite implementierten Methoden sind in [3] beschrieben. Die hydraulischen Verluste aufgrund der Sohlenreibung wurden mit dem Strickler-Ansatz parametrisiert, wobei für die Sohle ein Strickler-Wert von 45 $m^{1/3}/s$ und für den Bereich des Leitwerks ein Wert von 15 $m^{1/3}/s$ angesetzt wurden. Im 2-D-Modell wurde für die Turbulenzschließung der konstante Wirbelviskositätsansatz bzw. das tiefengemittelte k-ε-Turbulenzmodell und im 3-D-Modell das k-ε-Turbulenzmodell gewählt. Für die Einlassrandbedingung wurde ein konstanter Ausbaudurchfluss von 415 m^3/s und für die Auslassrandbedingung ein konstanter Wasserspiegel von 390,30 m ü. A. angesetzt. Die Simulationen wurden jeweils bis zu einem stationären Strömungszustand durchgeführt.

1.4 Ergebnisse

Die Auswertung der Simulationsergebnisse für den Normalbetrieb weist ein sehr interessantes Strömungsverhalten auf. **Bild 2** zeigt für den Aufweitungsbereich den Vergleich zwischen den berechneten Fließgeschwindigkeiten aus dem Telemac-2D-Modell und den tiefengemittelten Fließgeschwindigkeiten aus den ADCP-Messungen. Numerik und ADCP-Messung stimmen sehr gut überein und der Einfluss des Leitwerks auf das Strömungsverhalten ist deutlich erkennbar. Die Hauptströmung konzentriert sich auf den Bereich orographisch rechts des bestehenden Leitwerks, wobei auch der Bereich links des Leitwerks mit einem bedeutsamen Abfluss beaufschlagt wird. Der quantitative Vergleich der gemessenen und

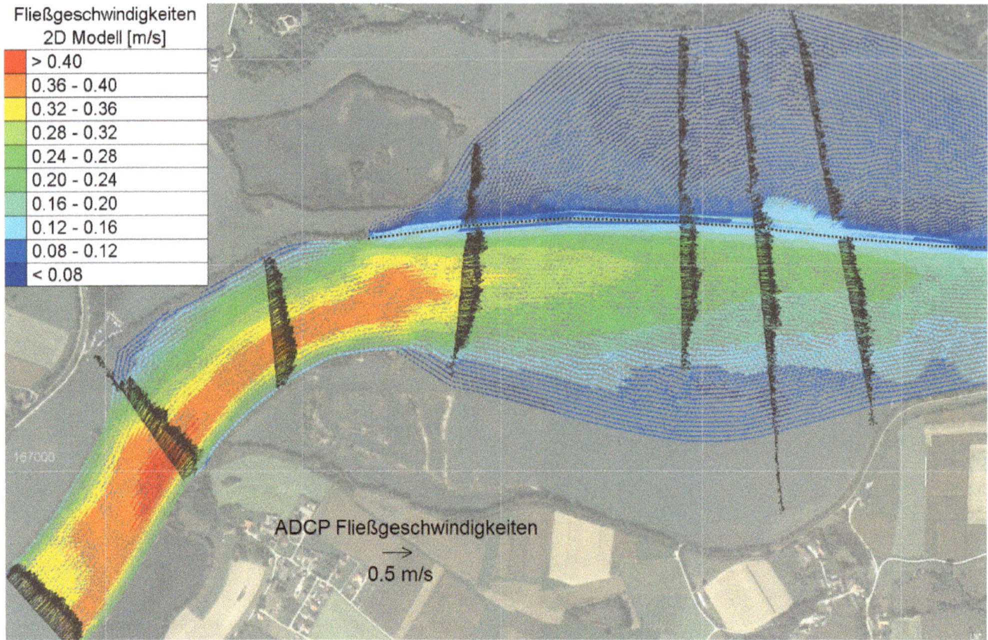

Bild 2: Vergleich zwischen ADCP-Messungen und Telemac-2D-Ergebnissen: tiefengemittelte Fließgeschwindigkeiten, Aufweitungsbereich, Lageplan

berechneten Fließgeschwindigkeiten wäre für diesen Fall mühsam und würde auch keine wesentlich neuen sowie projektförderlichen Erkenntnisse liefern. Eine zielführende Idee ist vielmehr, die gemessenen und berechneten Durchflussaufteilungen zwischen dem Bereich Leitwerk links und dem Bereich Leitwerk rechts zu analysieren und zu vergleichen.

Die Auswertung der Durchflussaufteilung, dargestellt in **Bild 3**, ergibt bemerkenswerte Erkenntnisse: bei der Stationierung 97,0 km konzentrieren sich noch 70 bis 80 % des Gesamtdurchflusses im Bereich orographisch rechts des Leitwerks, flussab driftet die Strömung sukzessive über das Leitwerk, bis mehr als die Hälfte des Abflusses im Bereich links des Leitwerks stattfindet. Ab Stationierung 98,5 km, flussab zur Einschnürung hin, kehrt sich dieses Verhalten wieder um. Der Vergleich der berechneten Durchflüsse mit den ADCP-Durchflüssen zeigt die grundsätzlich sehr gute Übereinstimmung, insbesondere bei der Verwendung eines Strickler-Werts von 15 $m^{1/3}/s$ (rot) für den Bereich des Leitwerks (LW). Bei einem Strickler-Wert von 45 $m^{1/3}/s$ für den Bereich des Leitwerks (LW) werden zu große Strömungsumlagerungen in den linken Bereich berechnet (blau). Zu erwähnen ist in diesem Zusammenhang, dass im Strickler-Wert für das Leitwerk z. B. auch die Ungenauigkeiten der digitalen Geländemodellierung enthalten sind. Der Vergleich zwischen dem konstantem Wirbelviskositätsansatz, $c_v = 0{,}5\ m^2/s$, (rot) und dem k-ε-Modell (magenta) ergibt keine großen Unterschiede bis auf den Bereich bei der Stationierung 99,0 km, wo der erste Ansatz die ADCP-Messergebnisse besser reproduziert. Das numerische 3-D-Simulationsergebnis (grün) zeigt, dass die im Bereich des Leitwerks auftretenden intensiveren 3-D-Sekundärströmungen keinen Einfluss auf die allgemeine Strömungsverteilung im Projektgebiet haben und der Flachwasseransatz somit gerechtfertigt ist.

Die Ergebnisse legen das allgemeine Strömungsverhalten im Projektgebiet bei Normalbetrieb dar und weisen auf Optimierungsansätze hin, das Strömungsverhalten durch Umbau sowie Einbau von Leitwerken zu beeinflussen und damit der Stauraumverlandung entgegenzuwirken.

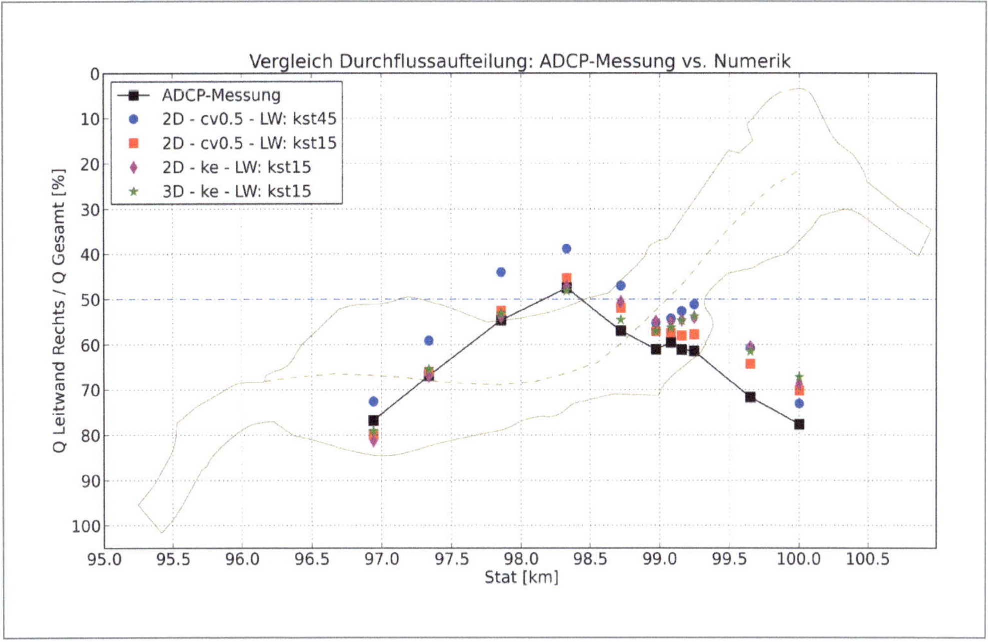

Bild 3: Vergleich der gemessenen und berechneten Durchflüsse links und rechts des Leitwerks

1.5 Zusammenfassung und Ausblick

In der Fallstudie wurden messtechnische und numerische Ergebnisse gezeigt, um das Strömungsverhalten in komplizierten Stauraumgeometrien zu erfassen. Am Beispiel des untersuchten Stauraumabschnitts des Kraftwerks Edling an der Drau wurde das Strömungsverhalten mit der Open Source Telemac-Suite untersucht. Ergänzend dazu wurden räumlich hochauflösende ADCP-Geschwindigkeitsmessungen durchgeführt. Der Vergleich zwischen Numerik und Naturmessung verdeutlicht einerseits die wichtige Kalibrierung des numerischen Modells für derartige Anwendungsgebiete und enthüllt andererseits das Strömungsverhalten bzw. die Wirkungsweise des untersuchten Leitwerks. Zusammenfassend zeigen die Ergebnisse in dieser Studie das Potenzial, wie mit State-of-the-Art-Methoden Stauraumbewirtschaftungskonzepte analysiert und optimiert werden können.

2 Fallstudie 2: Strömungssimulationen in einem Entsander

2.1 Einleitung

In dieser Fallstudie werden hydrodynamische Simulationen in einem Entsander, die mit Telemac-2D durchgeführt wurden, vorgestellt. Der Entsander ist Teil einer Wasserkraft-Hochdruckanlage und besteht aus zwölf Entsanderkammern. Die jahrelange Betriebserfahrung zeigte, dass aufgrund des geringen Sedimenteintrags der Entsander nicht benötigt wird. Der Entsander wurde durch Entfernen der Endschwellen an den Auslässen außer Betrieb gesetzt. In **Bild 4** ist das Modell des Entsanders nach dem Umbau dargestellt. Nach den Umbauarbeiten wurde im Entsander bei konstanten hydraulischen Randbedingungen ein oszillierendes Verhalten des Durchflusses und des Wasserspiegels festgestellt. Wasserspiegelmessungen in den Entsanderkammern (Pegel 1 und Pegel 2) ergaben das Auf- und Abschwingen des Wasserspiegels mit Schwingungsamplituden von bis zu 35 cm (**Bild 5**).

Ziel der mit Telemac-2D durchgeführten Untersuchungen war das Reproduzieren des instationären Strömungsverhaltens und darauf aufbau-

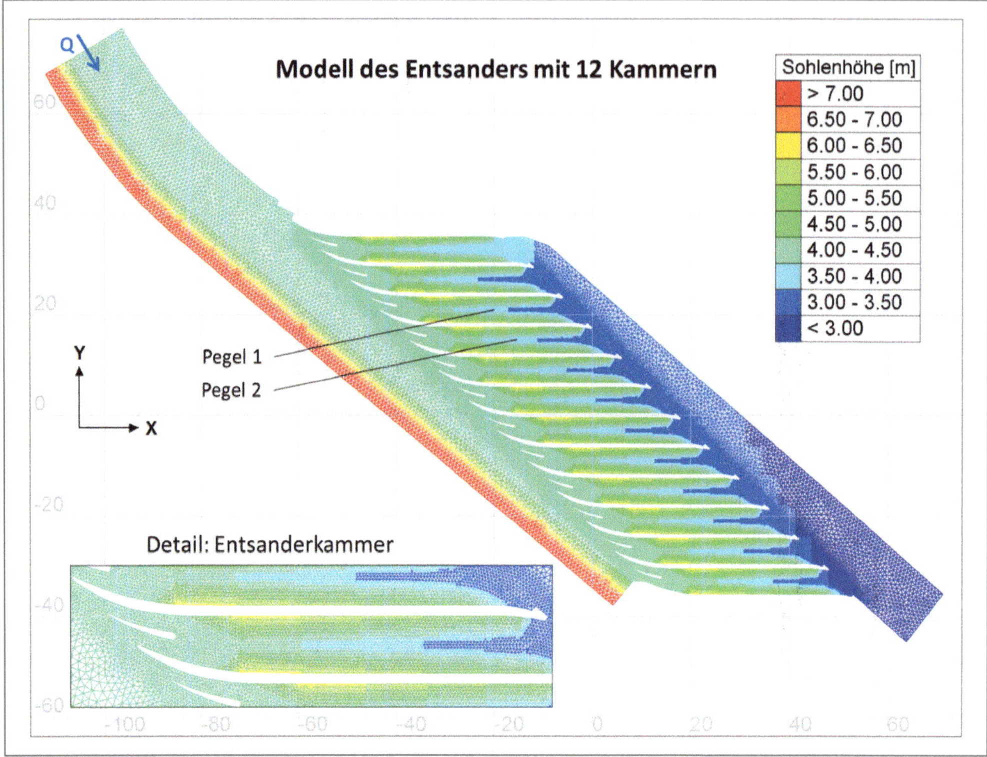

Bild 4: Modell des Entsanders, Lageplan

end die Ausarbeitung von Maßnahmen, um die Durchfluss- und Wasserspiegelschwankungen zu verhindern.

2.2 Geometrie des Entsanders

Der Entsander besteht aus zwölf jeweils ca. 30 m langen Kammern. Die Entsanderkammern haben einen trapezförmigen Querschnitt mit einer Sohlenbreite von 0,5 m und einer Kronenbreite von 5,0 m. Der trapezförmige Zuströmkanal hat eine Breite von 17 m, der rechteckige Ausströmkanal hat eine Breite von 12 m. Der mittlere gesamte Fließweg im modellierten Entsander beträgt 230 m. Das Berechnungsnetz, bestehend aus Dreieckszellen, wurde mit der frei verfügbaren Pre- und Postprocessing Software BlueKenue erstellt [1]. Für die Bereiche der Entsanderkammern wurden Zelllängen von 25 cm, für die Zufluss- und Ausflussbereiche Zelllängen von 80 cm angesetzt. Die Berechnungsränder und die Leitwände wurden als vertikale, nicht durchströmbare Wände modelliert. Das Berechnungsnetz besteht aus ca. 75 000 Elementen.

2.3 Numerische Simulationen

In den Telemac-2D-Simulationen wurden hauptsächlich die standardmäßigen numerischen Parameter verwendet. Für die Advektion der Fließgeschwindigkeiten wurde generell die Methode der Charakteristiken (MOC) angewandt, wobei zusätzlich der sogenannte Wave-Ansatz ausgewählt wurde, um die Berechnungszeiten zu reduzieren. Für die Advektion der Wassertiefe wurde das konservative distributive PSI-Schema (Positive Streamwise Invariant) benutzt. Die hydraulischen Verluste aus Sohlen- und Wandreibung wurden mit dem Strickler-Ansatz parametrisiert, wobei ein Wert von $k_{St} = 100\ m^{1/3}/s$ angesetzt wurde. Für die Turbulenzschließung wurde das tiefengemittelte k-ε-Turbulenzmodell gewählt. Mit einem Zeitschritt von 0,05 Sekunden wurden die Simulationen bis zu einem hypothetisch stationären Zustand durchgeführt. Entsprechend den hydraulischen Verhältnissen im Prototyp wurde für die Einlassrandbedingung ein konstanter Zufluss von 80 m3/s und für die Auslassrandbedingung eine konstante Wassertiefe von 4,7 m angesetzt.

Das Simulationsergebnis ist in **Bild 6** mittels der Fließgeschwindigkeitskomponenten in x-Richtung und des zeitlichen Verlaufs der Wasserspiegelhöhen in Pegel 1 und 2 dargestellt. In den Entsanderkammern stellt sich ein oszillierendes Strömungsverhalten mit Wasserspiegelamplituden von ca. 7 cm ein. Vier bis fünf Kammern werden sequentiell mit flussabwärts gerichteter Strömung beaufschlagt, während sich synchron in den drei nachfolgend gelegenen Kammern die Strömung in die entgegengesetzte Richtung einstellt. Dieser Prozess wiederholt sich ständig ohne Dämpfung der Oszillationen. Die numerischen Ergebnisse stimmen qualitativ mit den Beobachtungen in der Natur gut überein, allerdings können die im Prototyp gemessenen Amplituden der Wasserspiegelschwankungen in ihrer Größe nicht erreicht werden.

Parametervariation

Die Sensitivitätsanalyse diente einerseits zur Verifizierung des vorangehenden Ergebnisses, andererseits wurde für eine bessere Übereinstimmung mit den Messungen im Prototyp versucht, höhere Wasserspiegelamplituden zu berechnen. Der Vollständigkeit halber sei erwähnt, dass der Ansatz der primitiven Gleichung versus des Wave-Ansatzes, die Variation des Zeitschritts oder die Verwendung eines dichteren Berechnungsnetzes keine signifikanten Unterschiede in den berechneten Wasserspiegelamplituden ergibt. Die hier diskutierte Sensitivitätsanalyse beinhaltet die Variation folgender Parameter:

- Rauheit
- Konstante Wirbelviskosität (Variation von 1 x 10^{-6} bis 0,5 m^2/s),
- Advektionsschema und Finite-Volumen-Verfahren.

Die Berechnungen mit einer Variation der Rauigkeit im Bereich zwischen 60 und 120 $m^{1/3}/s$ ergeben nahezu gleich große Wasserspiegelamplituden. Die Ergebnisse aus der Variation der konstanten Wirbelviskosität zeigen hingegen signifikante Unterschiede in den berechneten Strömungsverhalten und legen damit dar, dass der berechnete horizontale turbulente Impulsaustausch der dominierende Einfluss ist. Die Erhöhung der Wirbelviskosität auf Werte zwischen 0,1 m^2/s und 0,5 m^2/s erzeugt eine erhebliche Dämpfung der Oszillationen, wobei sich mit letzterem Wert ein stationärer Strömungszustand einstellt. Zu erwähnen ist, dass die letztgenannten Wirbelviskositätswerte in Kombination mit den gewählten Zellgrößen und den auftretenden Fließgeschwindigkeiten im Entsander jegliche potenziell auftretende turbulente Wirbel dissipieren und damit physikalisch nicht korrekt sind. Bei einer Verringerung der Wirbelviskosität auf einen Wert von 1 x 10^{-6} m^2/s (kinematische Viskosität des Wassers) werden im Vergleich zum k-ε-Modell um fast 50 % größere Wasserspiegelamplituden erhalten. Dazu muss angemerkt werden, dass dieser Wert für die Wirbelviskosität unphysikalisch ist und damit neben der Rauigkeit nur mehr die numerische Diffusion eine dämpfende Wirkung hat. In **Bild 7** sind einige Ergebnisse der Parametervariation in Form des zeitlichen Verlaufs der berechneten Wasserspiegelhöhen in Pegel 2 dargestellt. Das konservative distributive N-Schema für die Advektion der Fließgeschwindigkeiten (N-TF-Schema) [4] berechnet im Vergleich zur Methode der Charakteristiken um 70 % höhere Wasserspiegelschwankungen mit Amplituden von bis zu 12 cm. Trotz der geringeren numerischen Diffusion des Schemas können die im Prototyp gemessenen Wasserspiegelamplituden von 35 cm nicht erreicht werden. Bei den Berechnungen mit den exzellent shock-capturing-fähigen Finiten-Volumen-Methoden HLLC (Harten-Lax-van Leer-Contact) 1. Ordnung und WAF (Weighted Average Flux) 2. Ordnung [5] stellt sich jeweils ein stationärer Strömungszustand mit vollständiger Dämpfung der Oszillationen ein.

Bild 5: Prototyp des Entsanders mit Wasserspiegelschwankungen

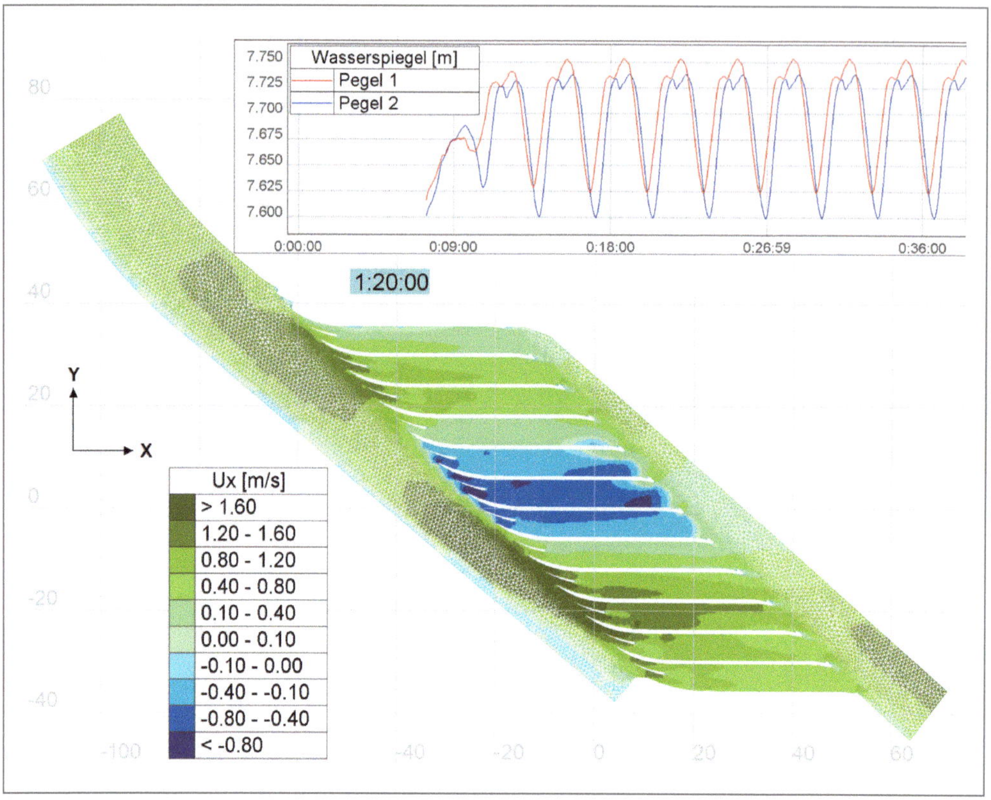

Bild 6: Fließgeschwindigkeitskomponenten in x-Richtung, Lageplan

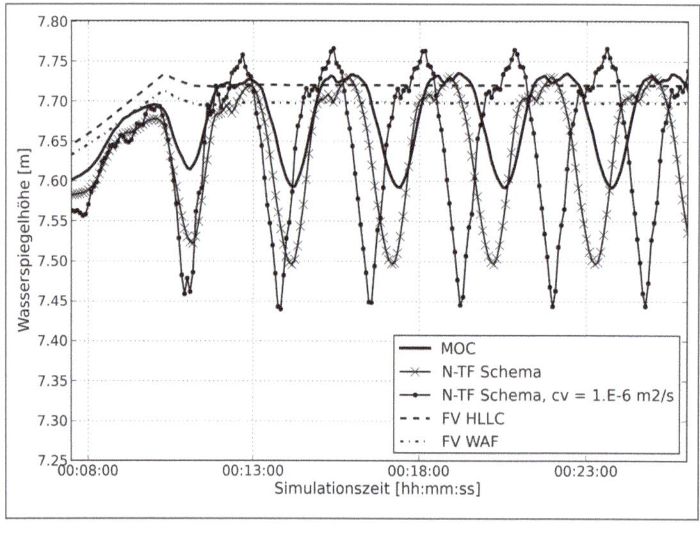

Bild 7: Parametervariation: berechnete Wasserspiegelhöhen in Pegel 2

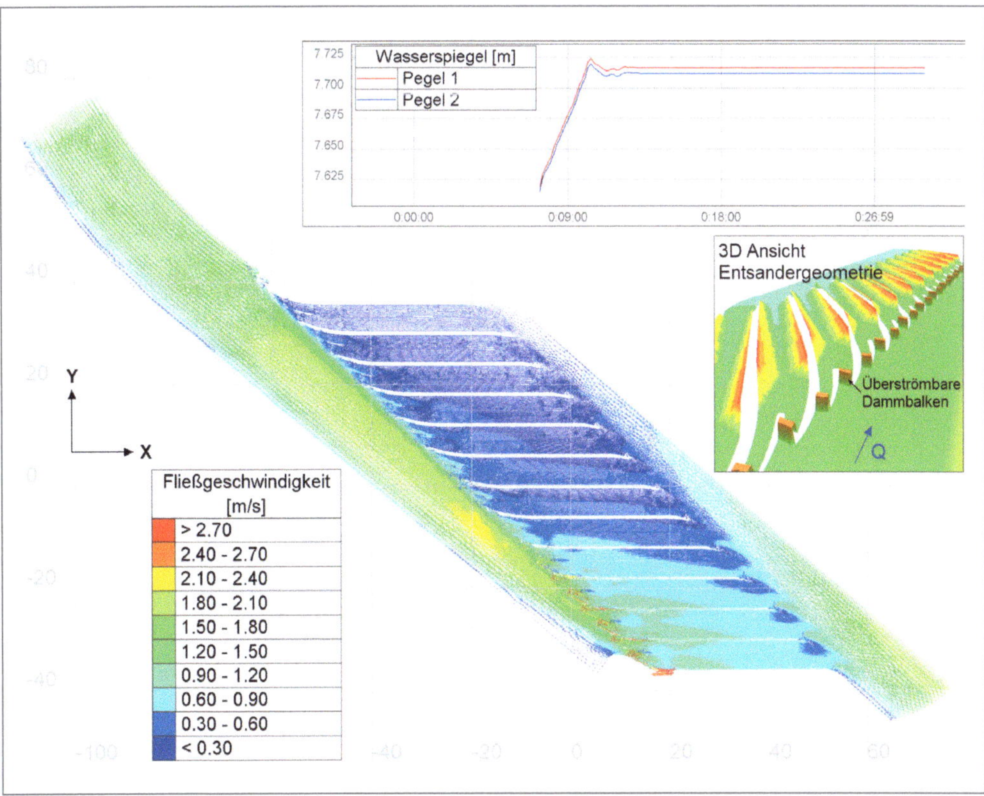

Bild 8: Variante mit Dammtafeln: Fließgeschwindigkeiten, Lageplan

2.4 Variantenuntersuchung

Primäres Ziel der Variantenuntersuchung war die Beseitigung der Oszillationen durch Implementierung von verschiedenen Baumaßnahmen in das Entsandermodell. Simulierte Maßnahmen beinhalteten die Öffnung von einigen Kammern durch Entfernung der Leitwände, das Schließen von Kammern oder der Einbau von überströmbaren Dammtafeln in bereits bestehende Dammtafelschlitze an den Kammereinlässen. **Bild 8** zeigt das Simulationsergebnis mit stationärem Strömungsverhalten bei einem Einbau der überströmbaren Dammtafeln. Die ausgeprägten 3-D-Strömungsphänomene rund um die Dammtafeln können mit einem tiefengemitteltem 2-D-Modell nicht abgebildet werden, dennoch stellen die Dammtafeln im Modell eine Störung dar und bewirken eine Vergleichmäßigung der Strömungsbeaufschlagung der Kammern. Durch die Umsetzung dieser kosteneffizienten Lösung konnten im Prototyp die Durchfluss- und Wasserspiegelschwankungen verhindert werden.

2.5 Zusammenfassung

In diesem Beitrag wurden tiefengemittelte numerische 2-D-Simulationen des Strömungsverhaltens in einem Entsander vorgestellt. Mit dem numerischen Modell Telemac-2D konnten die im Prototyp auftretenden Durchfluss- und Wasserspiegelschwankungen reproduziert werden, wobei die gemessenen Wasserspiegelamplituden im Prototyp in den Simulationen nicht erreicht werden konnten. Gründe dafür können nicht-hydrostatische Strömungsphänomene im Entsander, aber auch die numerische Diffusion der verwendeten Advektionsschemas sein. Ergänzend dazu werden im numerischen Modell strikt konstante hydraulische Randbedingungen gesetzt, die auf das zu berechnende Strömungsverhalten eine dämpfende Wirkung haben können. Für den praktischen Nutzen konnten im Prototyp die Oszillationen durch die Umsetzung der aus dem numerischem 2-D-Variantenstudium vorgeschlagenen Maßnahme verhindert werden.

Die Simulationen zeigen die sehr gute Eignung von Telemac-2D für die Berechnung von komplexen instationären Strömungsvorgängen, wobei die Parameterstudie einige in Telemac-2D implementierte Verfahren vorstellt und dabei die Zuverlässigkeit des 2-D-Modells unterstreicht.

3 Resümee

Am Institut für Wasserbau und Wasserwirtschaft der TU Graz wird die Open Source Telemac-Suite seit über drei Jahren für die numerische Modellierung von Freispiegelströmungen, wie z. B. Hochwasseruntersuchungen, Dammbruchwellen und Kraftwerksanströmungen bzw. Sedimenttransport in Flüssen und Stauräumen, eingesetzt. Die zahlreichen in Telemac implementierten Methoden ermöglichen die Auswahl eines auf eine Problemstellung zugeschnittenen Lösungsansatzes. Durch die freie Verfügbarkeit kann der Quellcode modifiziert und für eine bestimmte Aufgabenstellung individuell angepasst werden. An unserem Institut wird die Telemac-Suite in der Lehre eingesetzt, um den Studierenden numerische Grundlagen zu vermitteln und sie auf die Praxis vorzubereiten. Der ideelle Charakter des länderübergreifenden Open-Source-Projekts Telemac kann aus der Sicht der Universität im europäischen Kontext nur begrüßt werden.

Danksagung

Die Autoren bedanken sich bei der Verbund Hydro Power AG für die finanzielle Unterstützung bei der Entwicklung des Open-Source-Projekts ADCPtool.

Autoren

Dipl.- Ing. Clemens Dorfmann

Univ.-Prof. Dipl.-Ing. Dr. Gerald Zenz

Technische Universität Graz,
Institut für Wasserbau und Wasserwirtschaft
Stremayrgasse 10/II
8010 Graz, Österreich
clemens.dorfmann@tugraz.at
gerald.zenz@tugraz.at

Literatur

[1] Dorfmann, C; Steidl, J.; Zenz, G.: ADCPtool: an open source ADCP postprocessing framework. In: IAHR 35th Congress, Chengdu, China, 2013.

[2] Canadian Hydraulics Centre – National Research Council (Hrsg.): Blue Kenue, Reference Manual. 2011.

[3] Hervouet, J.-M.: Hydrodynamics of free surface flows: Modelling with the finite element method. Hoboken: John Wiley & Sons, 2007

[4] Hervouet, J.-M.: Telemac version 6.0, release notes. Telemac-2D and Telemac-3D, 2010. (www.open-telemac.org).

[5] Ata, R.; Hervouet, J.-M.: Telemac version 6.2, release notes. Telemac-2D and Telemac-3D, 2012 (www.open-telemac.org).

Clemens Dorfmann and Gerald Zenz

Numerical Investigations with Telemac at Hydropower Plants – two Case Studies

In this article two hydropower related applications with the open source Telemac-Suite are presented. The first case study deals with the analysis of the flow behaviour and the optimisation of the sediment drift in the reservoir of the run-of-river hydropower plant Edling at the river Drau. The second study highlights the oscillating flow behaviour in a sand trap. Numerical investigations of the oscillations and elaborated measures how to prevent those are presented.

Клеменс Дорфманн и Геральд Ценц

Цифровые исследования с использованием программного обеспечения Telemac на гидроэлектростанциях: 2 примера

В данной статье представлены 2 примера применения открытого программного обеспечения Open Source Telemac-Suite в области гидроэнергетики. В первом примере представлен проект, тематикой которого является характеристики течения и оптимизация осадочного дрейфа на отдельном участке подпертого бьефа водохранилища на гидроэлектростанции Эдлинг (Edling) на реке Драу (Drau). Во втором примере представлены числовые расчеты колебательной характеристики течения в пескоотделителе и исследование мер противодействия, разработанных на данной основе.

Jörg Lochschmidt und Bernd Junginger

Wasserkraftpotential einfach und effizient nutzen: StreamDiver®-Technologie von Voith

Der StreamDiver ist eine neu entwickelte Kleinwasserkraftturbine. Die Turbine zeichnet sich durch eine kompakte Bauweise und modularen Aufbau aus. Voith bietet mit dem StreamDiver nun eine komplett öl- und fettfreie Turbine an. Die hydraulische Entwicklung und die Modellversuche werden am Institut für Strömungsmechanik und Hydraulische Strömungsmaschinen (IHS) der Universität Stuttgart in Zusammenarbeit mit Voith durchgeführt.

1 Motivation

Das Unternehmen Voith Hydro strebt mit der innovativen Kleinwasserkraftturbine StreamDiver eine kosteneffiziente und ökologische Nutzung von brachliegendem Wasserkraftpotential an [1], [2], [3]. Die Technologie soll und kann dazu beitragen, den von der Bundesregierung angestrebten Anteil der erneuerbaren Energien für die Primärbedarfsdeckung zu erhöhen und die CO_2-Emission zu reduzieren. Der Fokus liegt dabei auf der umwelt- und naturverträglichen Gestaltung. Der StreamDiver ermöglicht neue Wasserkraftwerkskonfigurationen und eignet sich besonders, bereits existierende Querbauwerke an Flüssen mit Gefällen ab ca. 2 m (Hochwasserwehre, raue Rampen, Sohlenstabilisierungsbauwerke, Dämme etc.) durch einen minimalen Eingriff in die Natur energetisch zu nutzen (**Bild 1**). Die europäische Wasserrahmenrichtlinie (WRRL) schreibt für alle Mitgliedstaaten vor, dass in den nächsten Jahren ein „guter ökologischer Zustand" aller Fließgewässer in der Gemeinschaft erreicht werden muss. Der Begriff „guter ökologischer Zustand" orientiert sich hierbei am „natürlichen ökologischen Zustand" und bedeutet, dass davon nur geringfügige Abweichungen zulässig sind. Nur einige Prozent der Fließgewässer in Europa werden diesen Kriterien heute gerecht. Wichtige Themen sind hierbei die ökologische Durchgängigkeit sowie das Geschiebemanagement. Der StreamDiver kann hierbei einen wichtigen Beitrag leisten, Maßnahmen zur Flussrenaturierung mit einer energetischen Nutzung zu vereinen. Durch die Vergütung des erzeugten regenerativen Stroms lassen sich die baulichen Maßnahmen refinanzieren und es wird gleichzeitig ein Beitrag zur Grundlastversorgung geleistet. Wenn beispielsweise an einem Querbauwerk mit 3 m Gefälle (zwischen Ober- und Unterwasser) 30 m^3/s Wasser durch den Einsatz von StreamDiver-Turbinen genutzt wird, ließen sich ca. 900 Vier-Personen-Haushalte mit regenerativen Strom versorgen. Die StreamDiver-Technologie unterstützt somit zwei Ziele: Sie leistet einen Beitrag zum Ausbau der regenerativen Energieversorgung und sie trägt zur Refinanzierung von Flussrenaturierungen bei minimalem Eingriff in die Umwelt bei.

2 Technischer Aufbau und Pilotanlage

Gegenüber konventionellen Überdruckturbinen (Kaplanturbinen, Rohrturbinen etc.) verzichtet der unregulierte StreamDiver auf jegliche technische Komplexität. Neu dabei ist, dass das Gehäuse, in dem sich der Generator und die Lagerung befinden, nicht abgedichtet werden muss. Flusswasser wird sowohl zur Kühlung als auch zur Schmierung der Lager verwendet. Somit kann im StreamDiver auf öl- oder fettbasierte Stoffe verzichtet werden. Auch wartungsintensive Wellendichtungen entfallen. Vergleichbare auf dem Markt verfügbare Aggregate arbeiten immer mit einer Wellendichtung, welche die Lager und die elektrische Maschine vom

Umgebungswasser isolieren. Bei einer Leckage kann der Innenraum mit Flusswasser kontaminiert und damit die elektrische Maschine beschädigt werden. Gleichzeitig können die verwendeten fett- oder ölbasierten Schmierstoffe in das Umgebungswasser gelangen. Ferner müssen konventionelle Turbinen entweder mit einer Drainagekammer oder einem Drainagesystem ausgerüstet werden. Der StreamDiver verzichtet dagegen auf jegliche Peripheriesysteme (wie Kühlung, Schmierölversorgung oder Drainage), die in einem Gebäude platziert werden müssen. Der StreamDiver benötigt kein Krafthaus oder ständige Zugänglichkeit und kann dadurch flexibel in Querbauwerke, Wehre oder auch stillgelegte Anlagen integriert werden.

Seit Sommer 2012 ist ein erster StreamDiver-Prototyp im Einsatz. Der Prototyp verfügt über eine maximale Leistung von 450 kW mit einem Laufraddurchmesser von 1,3 m. Neben dem Test des neuen Antriebsstrangs mit rein flusswassergeschmierten Lagern werden auch für zwei Netzanbindungsvarianten Betriebserfahrungen gesammelt. In den ersten sechs Monaten des Betriebs wurde der Generator direkt mit dem Netz gekoppelt. Ebenfalls wurde eine Netzanbindung via Frequenzumrichter getestet. Die zweite Netzanbindungsvariante eignet sich besonders für den Einsatz bei stark schwankenden Fallhöhen oder für die Regelung der Blindleistung. Die Realisierung des Prototyps wurde in Kooperation mit der VERBUND Hydro Power AG durchgeführt. Die Installation des Prototyps ist in **Bild 2** dargestellt. Der Einsatz des Prototyps in eine existierende Kraft-

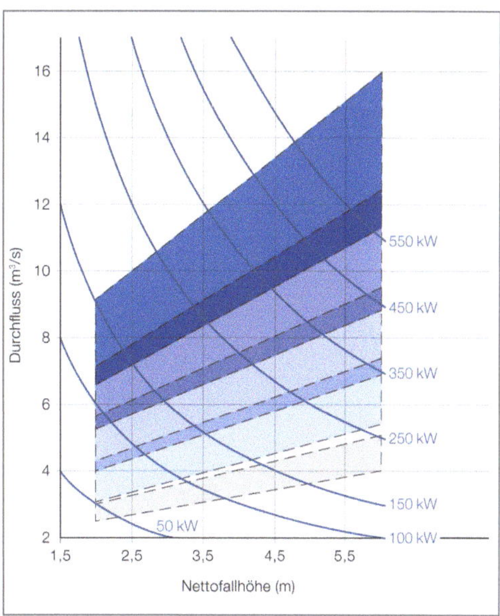

Bild 1: StreamDiver-Einsatzdiagramm

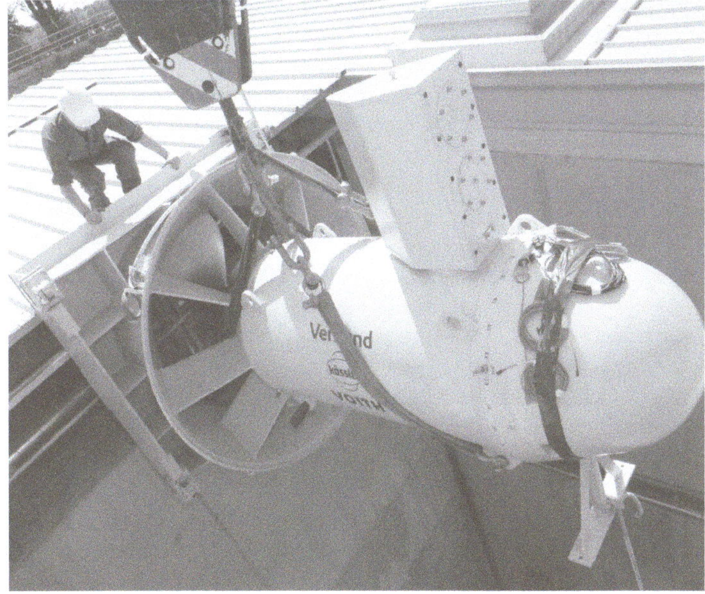

Bild 2: StreamDiver-Prototyp

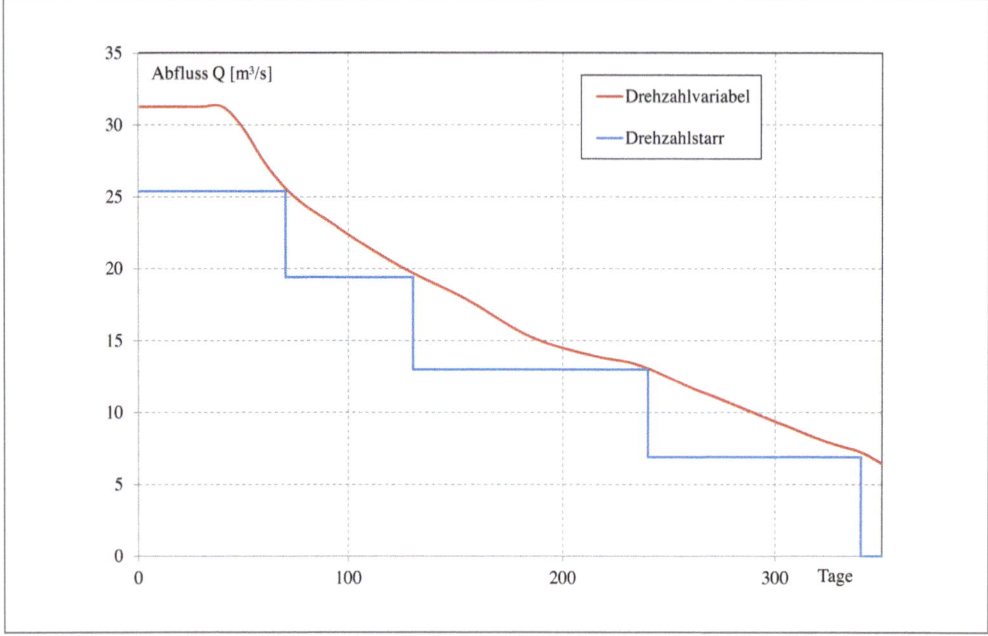

Bild 3: Dauerlinie für einen Standort mit 4 baugleichen Maschienen

werksanlage wurde durch die Kraftwerk Nußdorf Errichtungs- und Betriebs GmbH & Co KG ermöglicht. Zu den Eigentümern der Betreibergesellschaft zählen die Firmen VERBUND Hydro Power AG, WIENSTROM GmbH und EVN Naturkraft Erzeugungs- und Verteilungs GmbH & CO KG. Die bisherigen Betriebserfahrungen erfüllen alle Erwartungen und bestätigen die technische Funktion. Mit Ausnahme des Zeitraumes für den Prototypentest waren keine längeren Betriebsstilllegungen nötig.

3 Hydraulische Entwicklung

Die Entwicklung fand sowohl bei Voith in Heidenheim als auch am Institut für Strömungsmechanik und Hydraulische Strömungsmaschinen (IHS) der Universität Stuttgart statt. Neben der Optimierung der hydraulischen Kontur mittels Computational Fluid Dynamics (CFD) wurde am IHS außerdem ein neuer Axialmaschinenprüfstand konzipiert, konstruiert und installiert. Die Vorgehensweise der hydraulischen Entwicklung wird im Folgenden beschrieben.

3.1 Standortstudie

Axialturbinen wie der StreamDiver werden in erster Linie in Laufwasserkraftwerken installiert. Geeignete Standorte für Axialturbinen zeichnen sich durch niedrige Fallhöhen und hohe Durchflüsse aus. Um vor der hydraulischen Entwicklung den gewünschten Zielbereich zu definieren wurde eine Standortstudie durchgeführt.

Hierfür wurde ein Optimierungstool am IHS entwickelt, um unterschiedliche Standorte zu analysieren. Ausgehend von Gang- und Dauerlinien werden Kurz- und Langzeitbetrachtungen durchgeführt. Bei den Langzeitbetrachtungen wird ein Quotient aus Investition zu maximaler Jahresarbeit für den jeweiligen Standort optimiert. Bei der Kurzzeitbetrachtung wird lediglich auf die maximal zu erreichende Jahresarbeit pro Standort optimiert. Die Optimierungsgrößen sind hierbei unter anderem die Turbinendrehzahl, der Durchmesser und die Anzahl der Turbinen.

Auf Grund des über das Jahr veränderlichen Abflusses Q variiert die Anzahl der sinnvoll nutzbaren Turbinen. Eine Dauerlinie für einen Standort, an dem 4 baugleiche Maschinen installiert sind, ist in **Bild 3** exemplarisch dargestellt. Neben

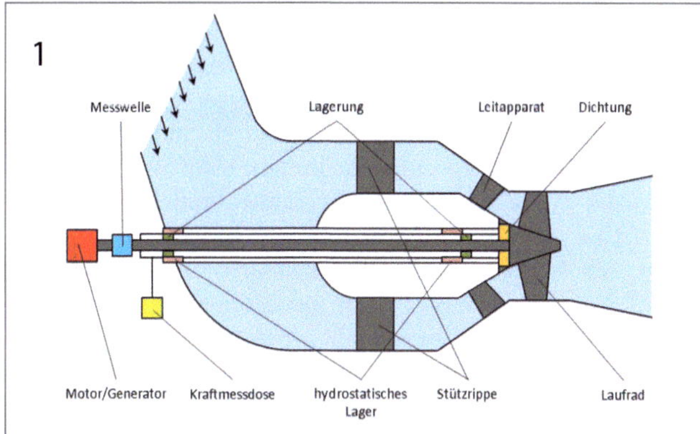

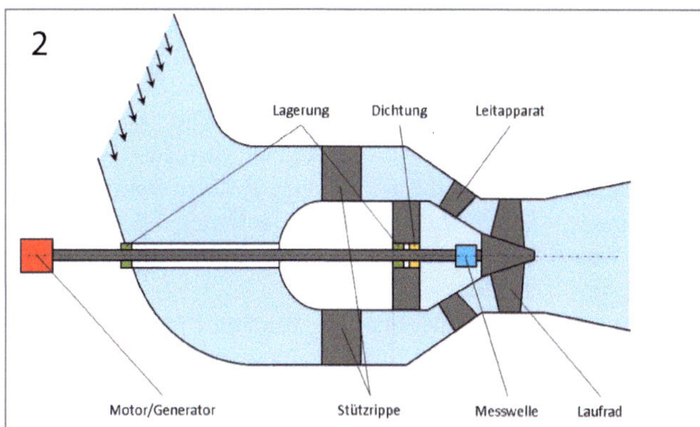

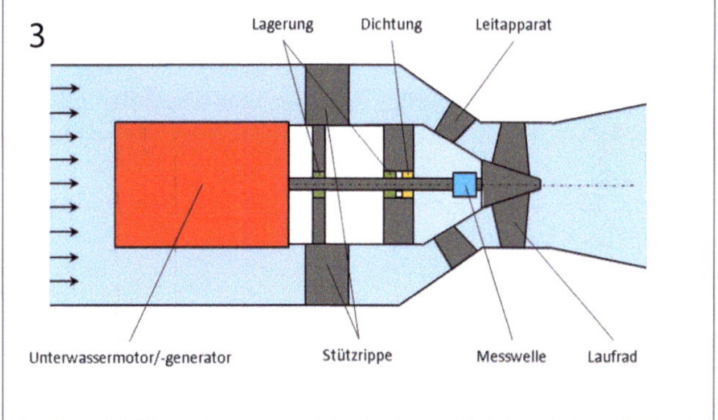

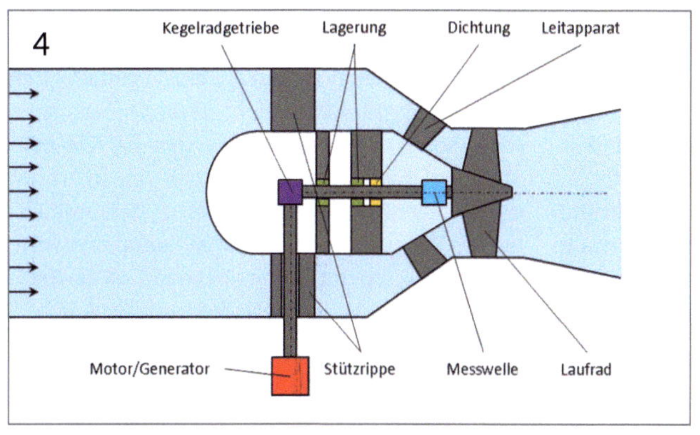

Bild 4: Skizzen der unterschiedlichen Konzepte:

1 Variante 1
2 Variante 2
3 Variante 3
4 Variante 4

dem Abfluss Q tritt bei typischen Dauerlinien außerdem eine zeitliche Änderung der Fallhöhe H auf.

Die Ergebnisse der Kurz- und Langzeitbetrachtung liegen in unterschiedlichen Bereichen des zugrunde gelegten Kennfeldes. Für die Kurzzeitbetrachtung liegt der Zielbereich im Kennfeld bei niedrigeren n_1'- und Q_1'-Kennwerten im Vergleich zur Langzeitbetrachtung.

Für die hydraulische Entwicklung wird ausgehend von der Standortstudie der Designpunkt festgelegt. Der Designpunkt für den StreamDiver wurde so gewählt, dass sich dieser zwischen der Lang- und Kurzzeitbetrachtung befindet.

3.2 Modellversuche

Der Modellversuch dient zur Validierung der Ergebnisse aus dem numerischen Design. Es können die Verluste der hydraulischen Kontur, bestehend aus Meridiankontur, Leitrad, Laufrad und Saugrohr ermittelt werden. Des Weiteren wird der Wirkungsgrad der Turbine bestimmt. Bei der Konzeption des Modellversuches ist es wichtig, bestehende Normen für hydraulische Maschinen zu berücksichtigen, wie z. B. die IEC-Norm 60 193 [4]. Da insbesondere die Drehmomentmessung nicht trivial ist, wird eine Konzeptstudie durchgeführt. Nachfolgend werden einige näher betrachtete Konzepte vorgestellt.

3.2.1 Konzeptstudie

Laut IEC-Norm gibt es bei der Drehmomentmessung mehrere Möglichkeiten. Es werden vier unterschiedliche Konzepte näher betrachtet, die in **Bild 4** dargestellt sind.

In Variante 1 ist eine pendelnde Lagerung der Welle angedacht. Die rotierende Welle befindet sich in einer hydrostatisch gelagerten Hohlwelle. Die Wellen werden stromauf verlängert und an einem Krümmer aus dem Versuchskreislauf geleitet und abgedichtet. Eine Drehmomentmesswelle ist zwischen Motor/Generator und dem Krümmer montiert. Die Reibung der Lager und der Dichtungen der rotierenden Welle wird über die Hohlwelle auf eine Kraftmessdose geleitet. Mit Hilfe der aufgezeichneten Reibungskräfte der rotierenden Welle kann bei der Auswertung das exakte Drehmoment bestimmt werden, welches wiederum für die Bestimmung des Turbinenwirkungsgrades notwendig ist.

In Variante 2 wird eine Drehmomentmesswelle eingesetzt, die auch unter Wasser betrieben werden kann und fliegend gelagert ist. Somit ist es möglich, entsprechend der Norm zu messen, da sich Lager und Dichtungen nicht zwischen Messwelle und Laufrad befinden. Außerdem wird die rotierende Welle nicht wie in Variante 1 ins Trockene geleitet, sondern ist an einem Unterwassermotor/-generator angeschlossen. Der Unterwassermotor/-generator wird wie im Prototyp als Teil des birnenförmigen Gehäuses (Bulb) verwendet. Aus diesem Grund sind vor allem die äußeren Abmessungen des Unterwassermotors bzw. -generators entscheidend.

Wie in Variante 2 wird auch in Variante 3 eine Drehmomentmesswelle montiert, die unter Wasser betrieben werden kann. Die Drehmomentmesswelle wird so verbaut, dass zwischen Messstelle und Laufrad keine Reibungsverluste durch Lager, Dichtungen usw. auftreten. Die rotierende Welle wird über einen Krümmer aus dem Versuchskreislauf geleitet.

Variante 4 hat wie Variante 2 und 3 eine abgedichtete Drehmomentmesswelle. Zwischen Turbinenlaufrad und Messwelle treten keine Reibungsverluste auf. Die rotierende Welle wird über ein Kegelradgetriebe zum Motor/Generator außerhalb des Versuchskreislaufes geleitet. Die Welle wird nach der Messwelle abgedichtet und gelagert. Die Antriebswelle, die über eine Passfeder mit der Hohlwelle des Getriebes formschlüssig verbunden ist, wird durch eine Bohrung in einer Stützrippe zum Motor/Generator geleitet. Die Stützrippe ist dicht mit dem Gehäuse verschweißt.

3.2.2 Realisiertes Konzept

Aus den vorgestellten Konzepten eignet sich Konzept 4 am besten für die Umsetzung. Konzept 1 und 2 haben eine sehr lange rotierende Welle, da diese stromauf durch den Krümmer geleitet werden muss. Durch die lange Welle sind hohe Fertigungstoleranzen notwendig. Ebenso gestaltet sich die Montage mit Bauteilen in diesen Dimensionen schwerer als mit kleineren Bauteilen. Bei Konzeptvariante 1 wird des Weiteren noch eine hydrostatische Lagerung benötigt, wodurch dass Abdichten des Versuchstandes nochmals komplexer wird. Variante 3 erscheint vielversprechend, da die rotierenden Teile sehr kurz gehalten werden können. Jedoch gestaltet sich die Suche nach einem geeigneten Unterwassermotor/-generator mit den richtigen Dimensionen als äußerst schwierig. Aus den genannten Gründen wird das Konzept 4 weiter verfolgt.

3.2.3 Anordnung der Turbine in der Messstrecke

Der Axialmaschinenprüfstand wird in den geschlossenen Kreislauf im Labor des IHS eingebaut. Mit dem aufgebauten Prüfstand können Messungen nach IEC 60 193 [4] durchgeführt werden. Das Drehmoment wird direkt hinter dem Laufrad ermittelt. Hinter der Messwelle sind Dichtungen und Lager montiert. Im vorderen Teil des Gehäuses befindet sich ein Kegelradgetriebe.

Bei den Modellmessungen ist es möglich sowohl einen festen als auch einen verstellbaren Leitappart zu montieren sowie weitere Einbausituationen nachzubilden. Außer der in der Norm vorgeschriebenen optimalen Anströmung der Turbine kann durch Modifikation des Prüfstandes die Einbausituation des Prototyps dargestellt werden. Außerdem können sowohl optische Kavitationsuntersuchungen am Turbinenlaufrad als auch Messungen des Geschwindigkeitsprofils mittels Laser-Doppler-Anemometrie (LDA) sowie statische und dynamische Druckmessungen an ausgewählten Querschnitten vorgenommen werden.

3.3 Serienhydraulik

Mit Hilfe der Strömungssimulationen und der Modellversuche soll eine Serienhydraulik entwickelt werden. Für den Einsatzbereich des StreamDivers kann auf validierte Daten zurückgegriffen werden. Eine standort- und projektspezifische hydraulische Entwicklung, welche normalerweise bei Wasserturbinen betrieben wird, entfällt somit. Es ist somit möglich ohne aufwendige Neuentwicklungen eine kostengünstige und effiziente Lösung im Kleinwasserkraftsektor anzubieten.

4 Zusammenfassung

Der StreamDiver ist eine kosteneffiziente, innovative Kleinwasserkraftturbine, die sich besonders für die Installation in bestehenden Querbauwerken eignet. Da der StreamDiver ausschließlich mit Flusswasser geschmiert und gekühlt wird, entfallen wartungsintensive Dichtungen, die bei konventionellen Überdruckmaschinen notwendig sind. Ein Prototyp des StreamDivers ist seit Sommer 2012 in Betrieb und erfüllt alle Erwartungen, wie z. B. den problemlosen Betrieb der Lager im Flusswasser. Die am IHS entwickelte hydraulische Kontur wird auf dem neu konzipierten Axialmaschinenprüfstandes des IHS validiert.

Autoren

Dipl.-Wirtsch.-Ing. (FH)
Jörg Lochschmidt
Voith Hydro Holding GmbH & Co. KG
Alexanderstraße 11
89522 Heidenheim
joerg.lochschmidt@voith.com

Dipl.-Ing. Bernd Junginger
Institut für Strömungsmechanik und Hydraulische Strömungsmaschinen (IHS)
Universität Stuttgart
Pfaffenwaldring 10
70569 Stuttgart
bernd.junginger@ihs.uni-stuttgart.de

Literatur

[1] Kössler GmbH & Co. KG (Hrsg.): StreamDiver – a new turbine technology. In: Kössler Report (2012), Nr. 12; S. 4.
[2] Kössler GmbH & Co. KG (Hrsg.): StreamDiver (http://koessler.com/de/streamdiver%E2%84%A2; Abruf: 06.07.2013).
[3] Voith GmbH (Hrsg.): Unsichtbare Kraft. In: Voith Report (2012), Nr. 2, S.16-17.
[4] International Electrical Commission (Hrsg.): International Standard IEC 60 193: Hydraulic turbines, storage pumps and pump-turbines – Model acceptance tests. Genf, 1999.

Jörg Lochschmidt and Bernd Junginger

StreamDiver® – New Small Hydro Technology from Voith

Voith is developing a new small hydro turbine called StreamDiver. The StreamDiver is a turbine that operates completely without lubricants and/or oil. In addition, it stands out by its modular and compact design. The hydraulic development and the model tests are carried out at the Institute for Fluid Mechanics and Hydraulic Machinery (IHS) at Stuttgart University. The European Water Framework Directive advises all member states of the European Union that all flowing waters have to achieve good ecological status. The StreamDiver can therefore be used as an environmentally sustainable method to revitalize unused hydro power potential in rivers or out-of-service power plants in an eco-friendly and efficient way.

Йорг Лохшмидт и Бернд Юнгингер

Простое и эффективное использование гидроэнергетического потенциала: технология StreamDiver® фирмы Voith

StreamDiver – это новая, разработанная специально для малых вод энергетическая турбина. Турбина имеет модульную конструкцию и отличается компактностью. Турбина StreamDiver, предложенная фирмой Voith, работает полностью без применения масляной и жировой смазки. Разработка гидравлической установки и испытания модели проводятся в Институте механики течения и гидравлических турбомашин (IHS) Штутгартского университета в сотрудничестве с фирмой Voith.

Matthias von Harten, Shakun Paudel und Nicole Saenger

Nutzung kleiner Fallhöhen – ein Beitrag aus Forschung und Entwicklung

Die Energiewende und der steigende Energiebedarf führen auch zur Modernisierung und zum Neubau von Wasserkraftanlagen mit kleinen Fallhöhen. Die Nutzung dieser Fallhöhen wird durch die Forschungsarbeit an Wasserrädern an der Hochschule Darmstadt unterstützt. Dieser Beitrag beschreibt die Untersuchungen an einem Wasserrad nach Zuppinger und einem Dethridge Wheel hinsichtlich der ökologischen (Durchgängigkeit) und energetischen (Leistung) Optimierung.

1 Motivation

Die Nutzung kleiner Wasserkräfte wird seit der deutschen Energiewende in 2012 wieder in einem anderen Licht betrachtet. Die Steigerung der Energiewandlung in Deutschland durch die Nutzung von Standorten an kleinen und mittelgroßen Fließgewässern wird von Anderer et al. [1] bei nur knapp 20 % gesehen. Diese Erhöhung wird insbesondere durch die Steigerung des Wirkungsgrades durch Modernisierung bzw. die optimierte Steuerung der Anlagen möglich. Der Neubau von Wasserkraftanlagen und den damit verbundenen Querbauwerken muss konform mit dem Wasserhaushaltsgesetz des Bundes und der Wassergesetze der Länder bzw. der europäischen Wasserrahmenrichtlinie geschehen und wird daher von Anderer et al. [1] als eher nachrangig eingeschätzt. Wenn es um die Modernisierung von Anlagen geht, muss deren Optimierung im Hinblick auf ökologische Parameter und Prozesse berücksichtigt werden. Sediment- und Fischdurchgängigkeit der Anlagen sind ein wichtiges Thema, und können nicht allein durch den Bau von funktionstüchtigen Fischwegen (Auf- bzw. Abstieg) erfolgen.

An der Hochschule Darmstadt werden derzeit hydraulische Versuche und numerische Simulationen zur ökologischen Optimierung von Wasserrädern durchgeführt. Die Untersuchungen werden an dem maßstäblichen Modell des Rades nach Zuppinger der Firma Walter Schuhmann, Bad Kissingen, durchgeführt. Wasserräder können mit einem weiten Abflussspektrum arbeiten und gelten nach Gerhardt [2] als fischdurchgängig. Die Aussage von Gerhardt wird jedoch nicht näher belegt. Auswertungen von Versuchen aus dieser Zeit liegen nicht vor. Erst in den letzten Jahren wurden einige wenige Untersuchungen des Fischdurchgangs durchgeführt. Diese Untersuchungen bestätigen die Aussage von Gerhardt nicht; auch beim Durchgang durch Wasserräder werden Fische verletzt oder getötet, jedoch in einem geringeren Maße als bei Turbinen (z. B. Tombek & Holzner [3]). Jedoch sind die wenigen bekannten Untersuchungen nach Ansicht der Verfasser Einzelbeispiele und belegen nicht ausreichend die Mortalität von Fischen beim Durchgang durch Wasserräder. Zudem fehlt diesen Untersuchungen die Analyse der hydraulischen Verhältnisse, die die Schwimmwege der Fische prägen. In den Modellversuchen der Hochschule Darmstadt wird untersucht, wie sich beispielsweise variierende Durchflüsse, Spaltweiten zwischen Schaufeln und Bodensegment, Schaufelanzahl, Drehzahl und Schaufelform auf den Wirkungsgrad bzw. die Leistung des Wasserrades auswirken und wie sie die ökologische Durchgängigkeit beeinflussen.

Die neuen Erkenntnisse aus den Untersuchungen an einem Zuppinger-Wasserrad werden auch auf andere Wasserradarten übertragen. Denn Wasserräder werden nicht allein zur Wandlung von Wasserkräften in mechanische bzw. elektrische Energie verwendet. Das australische Dethridge Wheel misst in Bewässerungskanälen den durchgeleiteten (bzw. entnommenen) Abfluss.

Bild 1: Das Modellwasserrad in der Zuppinger-Bauweise

Erste Untersuchungen [4] zeigen, dass eine Wandlung der Wasserkräfte in mechanische oder elektrische Energie mit dieser simplen Wasserradkonstruktion möglich ist. Da Entwicklungspotenzial in der Leistungsausbeute dieser sehr einfachen Maschine gesehen wird, wird nun an deren Wirkungsgradoptimierung gearbeitet. Ziel ist es, bei optimierter Zu- und Ableitung sowie Schaufelform und -anzahl einen einfach zu bauenden Wandler zu entwickeln, der insbesondere in Entwicklungsländern vor Ort aus ortsüblichen Materialien gebaut werden kann.

2 Ansätze zur ökologischen Optimierung des Wasserrades nach Zuppinger

Aufgebaut wurde ein Wasserrad der Firma Mühlenbau Schumann, Bad Kissingen, nach Zuppinger-Bauart im Maßstab 1:5 (**Bild 1**). Das Modell hat einen Durchmesser von 1,80 m und eine Breite von 0,90 m. Die 50 Schaufeln besitzen eine Holzbeplankung mit einer Stärke von 8 mm; das Rad besteht aus drei Segmentkränzen. Das Spaltmaß zwischen Schaufeln und Bodensegment sowie zu den Seiten beträgt 0,005 m. Es werden Wasserstände über Drucktransmitter (Keller: PR-41X), Radumdrehungen pro Minute über Drehgeber (ifm electronic: RB1015), Durchfluss über ein MID (Krohne: AQUAFLUX F/6) und Drehmoment über Drehmomentaufnehmer (ETH-Messtechnik: DRFL-VI-1000-A) gemessen. Die Fallhöhe wird aus der Differenz des Oberwasserstandes und des Wasserstandes im Unterwasser direkt dort bestimmt, wo das Wasser aus der Schaufel „fällt“. Unterstrom dieser Stelle hat die Kraft des Wassers keinen Einfluss mehr auf die Leistung des Rades.

Erste Ergebnisse (**Bild 2**) zeigen, dass das Modellrad seinen optimalen Maschinen-Wirkungsgrad von über 80 % bei der vorgesehenen Drehzahl von 7,6 U/min hat. Wirkungsgradverluste durch Getriebe und Generator treten im Versuchsaufbau nicht auf. Der Verlauf des maximalen Wirkungsgrades ist hoch und flach. Üblicherweise haben Wasserräder der Zuppinger-Bauart Gesamtwirkungsgrade von etwa 70 bis 76 % [5], [6]. Gründe für die höheren Wirkungsgrade des Wasserrades der Firma Mühlenbau Schuhmann sind

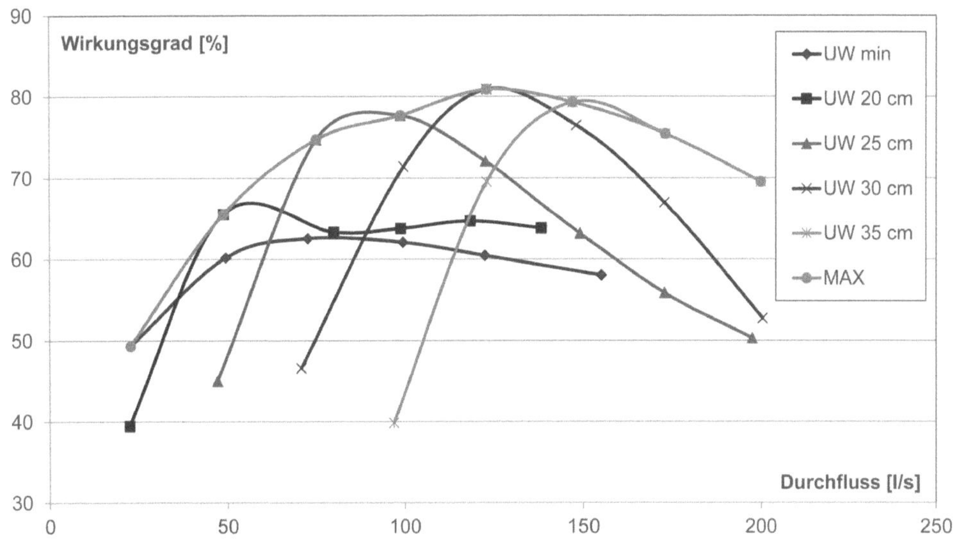

Bild 2: Wirkungsgradverlauf am Zuppinger-Wasserrad bei 7,6 U/min (UW: Unterwasserstände).

neben den zu berücksichtigenden Laborbedingungen die optimale Einströmung des Wassers in das Wasserrad, der gewählte Schaufelstellungswinkel und die Eintauchtiefe der Schaufeln im Unterwasser.

Zur ökologischen Optimierung werden die Spaltmaße variiert, um die gängige Meinung zu validieren, dass die Spaltweite, die ausschlaggebend für die Durchgängigkeit von Sedimenten und Fischen ist, maßgeblich den Wirkungsgrad steuert. Ziel des Forschungsvorhabens ist es, die Durchgängigkeit von Wasserrädern für Fische und Sedimente zu steigern, ohne den Wirkungsgrad erheblich zu reduzieren. Erste Versuchsergebnisse lassen bereits Rückschlüsse auf den Einfluss des Spaltmaßes auf den Wirkungsgrad zu: bei einer Verdopplung des Spaltmaßes behält das Wasserrad seinen hohen Wirkungsgrad; bei einer Verdreifachung nimmt er ab.

Weiterhin werden unterschiedliche Drehzahlen untersucht. Niedrigere Umfangsgeschwindigkeiten reduzieren vermutlich das Verletzungsrisiko von Fischen bei der stromabwärts gerichteten Durchwanderung des Wasserrades. Eine Variation der Umdrehungszahlen führt zu einer Verschiebung der Wirkungsgradkurven. Die Wirkungsgrade der niedrigen Drehzahlen liegen im Durchflussbereich unterhalb des Ausbaudurchflusses (125 l/s) oberhalb der hohen Drehzahlen. Etwa im Ausbaudurchfluss tauschen diese ihre Reihenfolge, was dazu führt, dass die Wirkungsgrade der hohen Drehzahlen deutlich über denen der niedrigen Drehzahlen liegen.

Eine weitere Versuchsreihe besteht aus der Erhöhung des Schaufelabstandes durch eine reduzierte Schaufelanzahl. Das Rad besitzt mit den vorgesehenen 50 Schaufeln einen Wirkungsgrad, der selbst unter Berücksichtigung der Laborbedingungen außerordentlich hoch ausfällt. Durch eine reduzierte Schaufelanzahl würde für Fische, Sedimente und Störkörper die Wahrscheinlichkeit erhöht, das Rad unbeschadet zu passieren. In Zusammenarbeit mit der Firma Schuhmann wurde diese Variation vorgesehen, um deren Auswirkung auf die Leistungsausbeute zu untersuchen.

Mit der CFD-Software FLOW-3D wird die Durchströmung des sich drehenden Rades simuliert. Das numerische Modell wird derzeit anhand der Ergebnisse des hydraulischen Modells kalibriert. Weitere Optimierungspotenziale werden anhand der Software untersucht und am physikalischen Modell überprüft (hybride Modellierung).

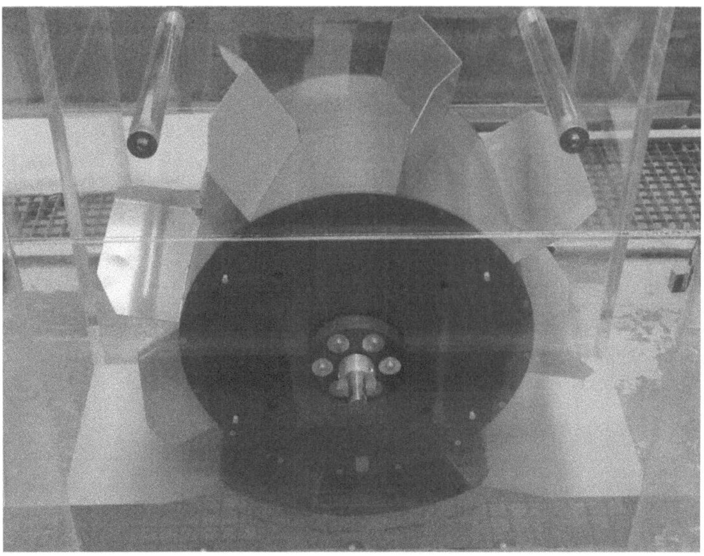

Bild 3: Dethridge Wheel im Einsatz als Durchflussmesser [7]

Es soll gezeigt werden, dass Optimierungen von vorhandenen Wasserradanlagen mit numerischen Modellen kostengünstiger und schneller durchgeführt werden können, als dies mit Versuchsständen zu erreichen ist.

3 Nutzung des Dethridge Wheels in Bewässerungskanälen

Das Dethridge Wheel ist ein Wasserrad mit 8 Schaufeln, das insbesondere in Australien und Afrika zur Durchflussmessung in Bewässerungskanälen eingesetzt wird (**Bild 3**). Es wird meist aus Metall gebaut und dreht sich in einem standardisierten, betonierten Kanalsegment. Erste Untersuchungen zur Nutzung des sehr einfach gebauten und hydraulisch nicht optimierten Rades zur Wandlung der Wasserkraft in mechanische bzw. elektrische Energie wurden an der TU Darmstadt durchgeführt [4]. Diese zeigten, dass sich das Dethridge Wheel durch hydraulische Veränderungen zu einem Energiewandler mit einem Wirkungsgrad von bis zu 65 % optimieren lässt. Mit Dethridge Wheels in Schwellenländern und Entwicklungsgebieten, wie Indien, Afrika und auch Australien, befinden sich tausende potentielle Energiewandler im Einsatz. Diese werden zurzeit allerdings nur zur Durchflussmessung eingesetzt. Ein Wasserrad in dieser Größe eignet sich besonders für die dezentrale Energieversorgung ländlicher und schwer zugänglicher Gebiete, wie beispielsweise Nepal. Umfangreiche Investitionen in die Erweiterung der Infrastruktur elektrischer Netze lassen sich dadurch vermeiden.

Eine Fortführung der Untersuchungen an der Hochschule Darmstadt beinhaltet insbesondere die Optimierung des Dethridge Wheels, der An- und Abströmbedingungen sowie des Kropfgerinnes. Zu deren Untersuchung wurde ein Modell eines Dethridge Wheels im Maßstab 1:2 aufgebaut (**Bild 4**). Das Modell besitzt einen Durchmesser von 0,60 m, wobei die Nabe einen Durchmesser von 0,40 m hat, und einer Breite von 0,25 m. Das Funktionsprinzip entspricht dem einer Wasserdruckmaschine: Nabe und Schaufeln bilden einen geschlossenen Verbund, wodurch der Anteil an potentieller Energie erhöht wird. Die Untersuchungen werden neben der hydraulischen Modellierung auch am numerischen Modell durchgeführt.

4 Zusammenfassung und Ausblick

Wasserräder stellen sehr alte Wandler von kleinen Wasserkräften zu mechanischer bzw. elektrischer Energie dar, die bis vor ca. 100 Jahren noch eine weite Verbreitung an kleinen und mittleren Fließgewässern hatten. Sie wurden von der großen

Bild 4: Das Modellwasserrad eines Dethridge Wheels

Wasserkraft und anderen Energieträgern verdrängt, erlangen jedoch aufgrund der Energiewende 2012 wieder eine Bedeutung.

Die systematischen hydraulischen Versuche zeigen, dass das Potenzial eines konventionellen Wasserrades nach Zuppinger weiter verbessert werden kann, obwohl dieses Rad bereits als wirkungsgradoptimiert angesehen wird. Die Konstellation von Umdrehungen, Fallhöhen und Spaltmaßen spielt hierbei eine wichtige Rolle. Zudem kann die ökologische Durchgängigkeit durch bestimmte Maßnahmen (Optimierung von Drehzahlen, Spaltmaßen und Schaufelabständen) verbessert werden, ohne wesentliche Einbußen im Wirkungsgrad hinnehmen zu müssen. In Naturversuchen gilt es dies zu bestätigen und insbesondere die Fischdurchgängigkeit zu analysieren.

Am Beispiel des Dethridge Wheels wird deutlich, dass unkonventionelle Wasserräder, die eigentlich zur Durchflussmessung entwickelt wurden, durchaus zur Energiegewinnung genutzt werden können. Die Optimierung der Zuleitungs- und Ableitungskanäle werden weitere Verbesserungen bringen, so dass der Einsatz in Kanälen durchaus vielversprechend ist. Auch hier gilt es die Erkenntnisse im Naturmaßstab zu verifizieren.

Autoren

Dipl.-Ing. Matthias von Harten

Shakun Paudel, M. Sc.

Prof. Dr.-Ing. Nicole Saenger

Hochschule Darmstadt
Fachgebiet Wasserbau
Haardtring 100
64295 Darmstadt
nicole.saenger@h-da.de

Literatur

[1] Anderer P.; Dumont, U.; Heimerl, S.; Ruprecht, A.; Wolf-Schumann, U.: Das Wasserkraftpotenzial in Deutschland. In: WasserWirtschaft 100 (2010), Heft 9, S. 12-16.

[2] Gerhardt, P.: Fischwege und Fischteiche. Die Arbeiten eines Ingenieurs zum Nutzen der Fischerei. Leipzig: Verlag Wilhelm Engelmann, 1904.

[3] Tombek, B.; Holzner, M.: Untersuchungen zur Effektivität alternativer Triebwerkstechniken und Schutzkonzepte für abwandernde Fische beim Betrieb von Wasserkraftanlagen. Studie im Auftrag des Landesfischereiverbands Bayern, (ohne Datum).

[4] Von Harten, M.: Untersuchung und Optimierung eines Wasserrades zur simultanen Energiegewinnung und Durchflussmessung. Diplomarbeit an der TU Darmstadt, 2010.

[5] Müller, W.: Die Wasserräder. Detmold: Verlag Moritz Schäfer, 1939.

[6] Nuernbergk, D. M.: Wasserräder mit Kropfgerinne. Detmold Verlag Moritz Schäfer, 2005.

[7] N. N.: Dethridge water meter wheel (www.nma.gov.au; Aufruf: 19.07.13).

Matthias von Harten, Shakun Paudel and Nicole Saenger

Investigation of Very Low Head Differences in Research and Development of Hydropower Converters

Due to the switch to sustainable energies and the increasing energy demand, construction and updating of hydro power plants with low heads received a new understanding. The utilization of these low heads is supported by the research on water wheels at the Darmstadt University of Applied Sciences. This paper describes studies conducted at a Zuppinger waterwheel and a Dethridge Wheel in order to examine and optimize ecological consistency and energetic performance.

Маттиас фон Хартен, Шакун Паудель и Николь Заенгер

Использование малых высот напора – научно-исследовательские и опытно-конструкторские разработки

Перелом в энергетической политике и растущая потребность в энергии требуют модернизации и строительства новых гидроэнергетических установок, использующих малую высоту напора. В Высшей школе города Дармштадт проводятся научные исследования, касающиеся использования таких высот напора и применения водяных колес. Данная статья описывает исследования водяных колес Зуппингера (Zuppinger) и Детриджа (Dethridge Wheel) в отношении проблем экологической (проходимость) и энергетической (работоспособность) оптимизации.

Oliver Kirschner, Konstantinos Ioakimidis und Albert Ruprecht

Strömungsverhalten in wassergeschmierten Axial- und Radialgleitlagern

In Wasserkraftwerken werden aufgrund der räumlichen Dimensionen und auftretenden Kräfte vornehmlich Gleitlager für die Lagerung der Rotoren eingesetzt. Aus Umweltschutzgründen ist es von Vorteil als Schmiermittel Wasser zu verwenden. Die Verwendung von Wasser führt jedoch zu veränderten Strömungsbedingungen im Lager. Im Rahmen dieses Beitrags werden verschiedene Aspekte der Strömung in wassergeschmierten Gleitlager aufgeführt und Ergebnisse von Untersuchungen dargestellt.

1 Motivation

In Wasserkraftwerken werden seit Jahrzehnten Gleitlager zur Lagerung der rotierenden Bauteile eingesetzt. Hierbei werden sowohl Radiallager als auch Axiallager verwendet. Um das Risiko für die Umwelt durch austretendes Öl zu vermeiden, können wassergeschmierte Gleitlager eingesetzt werden [1]. Die Verwendung von Wasser als Schmiermittel führt durch die niedrigere Viskosität des Wassers im Vergleich zu Öl zu kleineren Spaltweiten [2]. Bei den kleinen Spaltweiten und der in den Gleitlagern auftretenden elastischen Verformung der Lagerschalen bzw. Bewegung der Lagersegmente ergibt sich besonders bei dynamischer Belastung eine sehr komplexe Strömung, die eine Wechselwirkung mit der Struktur des Lagers aufweist.

Für die Auslegung der Gleitlager sind die Kenntnis der Strömungsstruktur und das Verständnis der Wechselwirkung zwischen der Lagerstruktur und der Strömung notwendig. Zur Untersuchung der komplexen Strömung und der detaillierten Betrachtung einzelner Phänomene eignet sich die numerische Strömungssimulation besonders. Während der Entwicklung geeigneter Modelle für die numerische Strömungssimulation müssen diese zur Überprüfung mit Versuchsdaten verglichen werden. Dieser Beitrag soll sowohl einen Einblick in numerische Strömungssimulation als auch die experimentelle Untersuchungen zur Überprüfung der Berechnungsverfahren geben. Es werden sowohl numerische Strömungssimulationen an einem hydrodynamischen Radiallager als auch experimentelle und numerische Untersuchungen an dem Modell eines wassergeschmierten hydrostatischen Axialgleitlagers vorgestellt. In der vorliegenden Untersuchung soll zunächst nur das einphasige Strömungsverhalten analysiert werden, Zwei-Phasen-Strömungsanalysen und Untersuchungen der Fluid-Struktur-Interaktion werden folgen.

2 Einführung

Bei dem Gleitlager in einem Wasserkraftwerk bewegt sich die Welle bzw. der Läufer des Lagers auf den Gleitflächen der Lagerschalen bzw. der Lagersegmente. Die Aufgabe der Lager ist dabei, die Übertragung der Kräfte von den rotierenden Bauteilen auf die feststehenden Komponenten. Da der Verschleiß und die Reibung gering gehalten werden sollen, werden geschmierte Lager verwendet. Bei geschmierten Lagern befindet sich zwischen den rotierenden und den stehenden Bauteilen eine tragende Schmiermittelschicht. Je nach Entstehung dieser Schmiermittelschicht muss in hydrostatische und hydrodynamische Gleitlager unterschieden werden. Bei hydrostatischen Gleitlagern wird das Schmiermittel mit Druck in den Spalt zwischen die Gleitflächen gepumpt. Hydro-

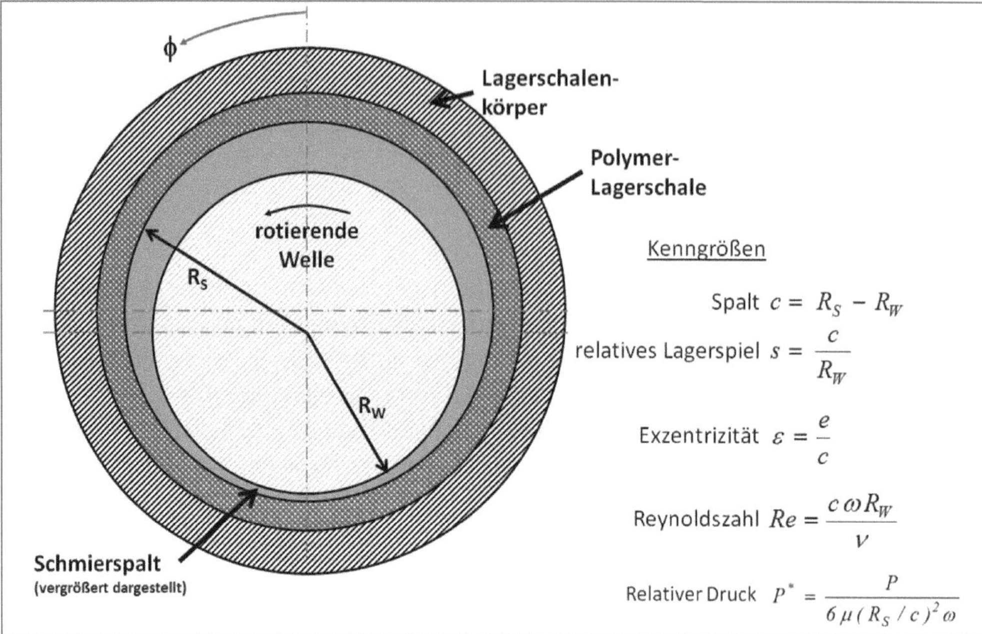

Bild 1: Schematischer Aufbau eines radialen, wassergeschmierten Gleitlagers

dynamische Gleitlager erzeugen aufgrund eines konischen Spaltes den Tragdruck selbst. Wegen der Haftbedingung am rotierenden Teil des Gleitlagers wird das Schmiermittel durch die Drehung in den Bereich des engsten Spaltes gefördert. Durch die Änderung der Geschwindigkeitsprofile über der Spalthöhe mit der Spaltweite baut sich der hydrodynamische Druck auf. Bei hydrodynamischen Radiallagern entsteht die konische Ausbildung des Spaltes durch die Exzentrizität der Welle. Je nach Last, die auf das Lager wirkt, bildet sich die dafür erforderliche Exzentrizität der Welle aus. Bei hydrodynamischen Axiallagern werden kippbewegliche Segmente eingesetzt, die entsprechend der jeweiligen Last durch das Kippen einen optimalen Schmierspalt erzeugen.

3 Numerische Strömungsanalyse von radialen Gleitlagern

In **Bild 1** ist der schematische Aufbau eines hydrodynamischen, wassergeschmierten Radiallagers gezeigt. Es besteht aus einem Lagerschalenkörper (üblicherweise aus Stahl), der die eigentliche Lagerschale aufnimmt. Da, wie schon erwähnt, bei wassergeschmierten Lagern der Schmierspalt deutlich kleiner ist als bei ölgeschmierten Lagern und da man versucht, das Betriebswasser als Schmiermittel zu verwenden, kann nicht ausgeschlossen werden, dass Schmutzpartikel in den Lagerspalt gelangen. Um eine Beschädigung der Welle und der Lagerschale zu vermeiden, werden deshalb oft Polymer-Lagerschalen oder Teflon-Lagerschalen eingesetzt. Diese besitzen einen niedrigeren Elastizitätskoeffizient, was zu einer deutlichen Verformung (im Bereich der Spalthöhe) führt und somit die Strömung und die Tragfähigkeit des Lagers wiederum beeinflusst. In der Lagerschale läuft die Welle um, diese ist exzentrisch versetzt, was zu einer konischen Schmierspaltbildung führt.

Die charakteristischen Kennwerte eines hydrodynamischen Lagers sind Spaltweite c, relatives Lagerspiel s, Exzentrizität ε und die Reynolds-Zahl. Diese Größen sind in Bild 1 spezifiziert.

Bei wassergeschmierten Lagern ist die Reynolds-Zahl deutlich höher als bei ölgeschmierten Lagern, da die Viskosität ν des Fluids um mehr als eine Größenordnung kleiner ist. Dies hat zur Folge, dass weniger Fluid in den konischen Schmierspalt eingezogen wird und sich somit ein

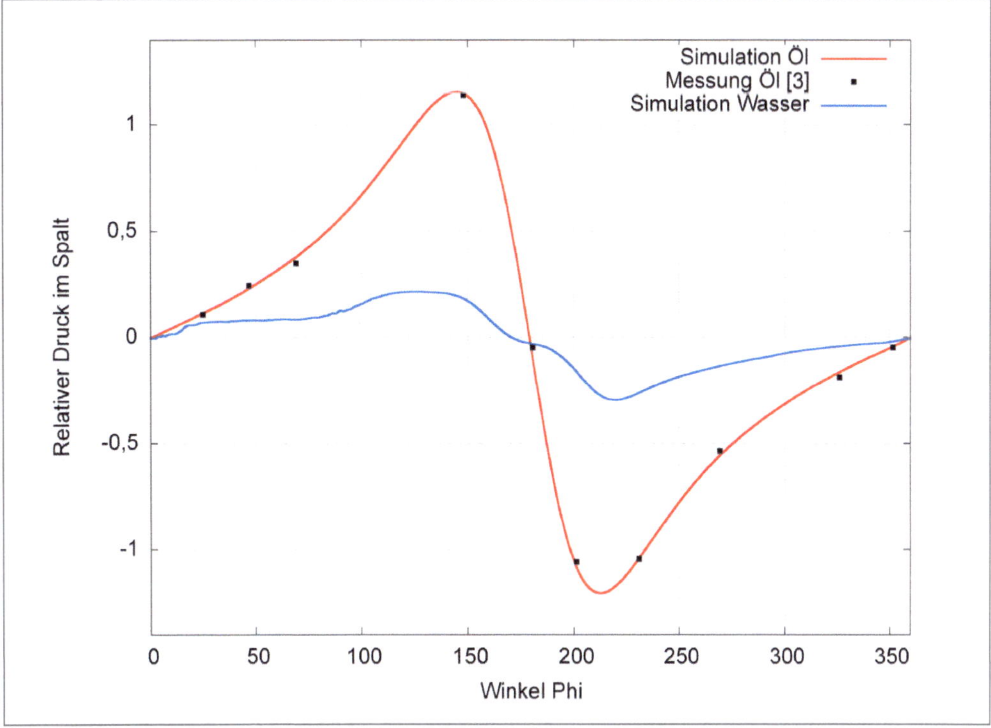

Bild 2: Druckverlauf über den Umfang eines hydrodynamischen Radiallagers mit Öl- und Wasserschmierung

kleinerer Druckaufbau (und damit eine kleinere Tragfähigkeit) ergibt.

In **Bild 2** ist der Druckverlauf im Spalt über dem Umfang dargestellt. Der Druckverlauf ist dabei normiert als relativer Druck entsprechend der Definitionen in Bild 1 dargestellt. Die Simulation wird zunächst für Öl (Viskosität 12,5 cSt) durchgeführt und mit Messwerten aus [3] verglichen. Die Ölströmung besitzt ein relatives Lagerspiel von 0,01, eine Exzentrizität von 0,68 und eine Reynolds-Zahl von 134. Man sieht eine gute Übereinstimmung zwischen Berechnung und Messung.

Aus dem Druckverlauf ist zu erkennen, dass sich zunächst im konischen Spalt ein Druckberg ausbildet, der zur Tragfähigkeit des Lagers führt. Im Diffusorteil des Spaltes, wo eine Verzögerung der Strömung eintritt, bildet sich dagegen eine starke Druckabsenkung aus. Ist der Druck im Lager nicht groß genug, tritt dort Ausgasung und Kavitation auf [4]. Dies kann dadurch vermieden werden, dass man entsprechende Entlastungsnuten an dieser Stelle vorsieht. Wassergeschmierte Lager werden oft mit diesen Nuten ausgeführt.

Führt man die Simulation mit Wasser durch, erhält man eine Reynolds-Zahl von 1 675 und man sieht, dass der Druckberg (und damit die Tragfähigkeit des Lagers) deutlich abnimmt (Bild 2). Will man die gleiche Lagerlast erreichen, wie bei ölgeschmierten Lagern, muss der minimale Schmierspalt deutlich abnehmen.

4 Numerische Strömungsanalyse und experimentelle Untersuchung eines vereinfachten hydrostatischen Axiallagers

Zur Überprüfung der numerischen Strömungssimulation werden Versuche an dem Modell eines vereinfachten Segmentgleitlagers durchgeführt. Der Versuchsaufbau ist in der Fotografie in **Bild 3 links** abgebildet. Um eine genügende räumliche

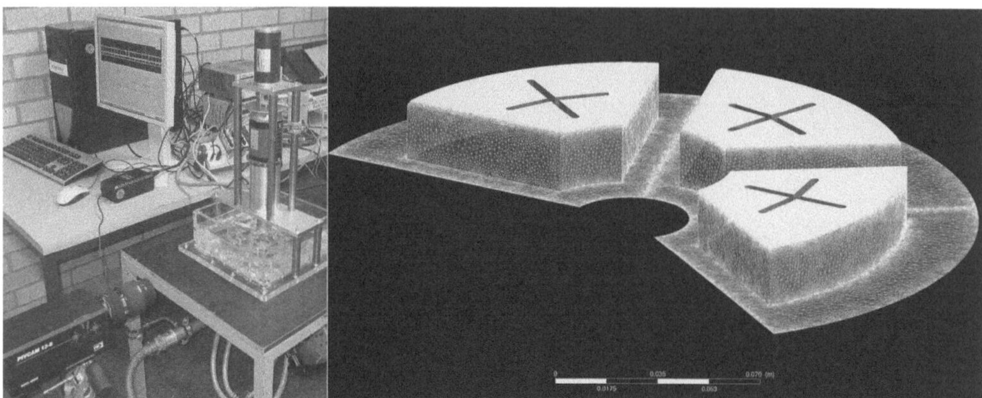

Bild 3: Hydrostatisches Axiallager: Versuchsaufbau (links) und Berechnungsgebiet der Strömungssimulation (rechts)

Auflösung der Strömung zu gewährleisten, ist die Spalthöhe entsprechend größer ausgeführt. Um eine der bei Prototypen entsprechende Reynolds-Zahl für den Spalt von ca. 500 zu erhalten, wird die Drehzahl entsprechend angepasst. Das Segmentgleitlager besteht aus fünf feststehenden unelastischen Segmenten mit einem Außendurchmesser von 190 mm und einem Innendurchmesser von 70 mm. Zwischen den Segmenten besteht ein Zwischenraum mit einer Breite von 20 mm und einer Tiefe von 19 mm. Der Aufbau mit den Segmenten und den Zwischenräum wird in **Bild 3 rechts** im dargestellten Berechnungsgebiet deutlich. Jedes Segment besitzt eine Schmiermittelzuführungsbohrung mit 3 mm Durchmesser in der Segmentmitte und kreuzförmige Nuten zur Verteilung des Schmiermittels. Im Modell ist über einem Schmierspalt mit der Spalthöhe von 1 mm ein rotierender Läufer mit integrierten Druckaufnehmern angebracht. Für die Gewährleistung einer konstanten Spalthöhe während der Versuche ist das Gleitlager an eine Welle mit einer angestellten Lagerung mit Vorspannung montiert, die von einem Gleichstrommotor angetrieben wird. Das Gehäuse dieser Lagerung und der Motor sind in der Fotografie in Bild 3 am Aufbau auf dem Acrylglasgehäuse zu sehen.

In den Versuchen wird neben der Erfassung der Druckmesswerte am Läufer, die Läuferdrehzahl und der Durchfluss der zugeführten Schmiermittelmenge aufgezeichnet, um den eingestellten Betriebspunkt zu dokumentieren. Die Geschwindigkeit im Bereich des Zwischenraums zwischen den Segmenten wird mit Particle Image Velocimetry (PIV) gemessen. Damit lässt sich eine Aussage über die Strömungsstruktur im Segmentzwischenraum des Modells treffen und für den Vergleich mit der numerischen Strömungssimulation nutzen.

Für die numerische Strömungssimulation wurde für ein Gleitlagersegment ein unstrukturiertes Gitter vom Typ Tetra mit lokaler Verfeinerung im Schmierspalt von mindestens 10 Ebenen verwendet. Die Flächen und Kanten des Modells wurden entsprechend parametrisiert und das Berechnungsgebiet wurde mit der Octree-Methode berechnet. Das Gitter besitzt 1,6 Mio. Knoten und 8,9 Mio. Elemente mit einem Mindestwinkel von 44,1° und einem maximalen Kantenverhältnis von vier, was eine gute Gitterqualität bedeutet. Das Berechnungsgebiet ist in Bild 3 rechts dargestellt. Zur besseren Darstellung der Zwischenräume zwischen den Segmenten ist an das Berechnungsgebiet jeweils rechts und links eine Kopie des Berechnungsgebietes angehängt. Die Wände des Lagersegments und der Läufer sind als hydraulisch glatte Wand mit Haftbedingung ausgebildet. Der Läufer dreht sich mit der im Versuch eingestellten Drehzahl von 50 U/min. Am Eintritt der Schmiermittelbohrung ist entsprechend der Messung für eine Bohrung ein Massenfluss von 0,042 kg/s eingestellt, dies entspricht des im Versuch eingestellten Durchflusses von 750 l/h für alle fünf Segmente. An den Seiten des Modells im Zwischenraum zwischen den Segmenten besteht eine periodische Randbedingung, deren Kopplung mit dem „General Grid Interface“ (GGI) durchgeführt wird. Am Austritt wird eine Druckrandbedingung von 1 bar als Umgebungsdruck angesetzt. Als Turbulenzmodel wurde das SST-Modell für Low-Reynolds-Strömungen eingesetzt, welches für hohe Auflösung im Grenzschichtbereich empfohlen wird.

In **Bild 4** sind die Ergebnisse der numerischen Strömungssimulation den Messwerten gegenübergestellt. Im Diagramm links sind die Druckwerte in drei Radien an der Läuferwand über ein Segment und einen Zwischenraum dargestellt. Die Segmentmitte befindet sich dabei bei dem Winkel von 36°. Es ist der Druckanstieg bei den Werten in der Segmentmitte durch den Staupunkt der Schmiermittelzuführung zu erkennen. Um den Staupunkt entsteht eine Druckabsenkung, die auch in den Druckwerten der anderen Radien zu erkennen ist. Die Ergebnisse der numerischen Strömungssimulation bilden die Druckerhöhung im Staupunkt gut ab. Bei der Druckabsenkung wird jedoch ein vom Betrag zu niedriger Wert bestimmt, der eine größere räumliche Ausdehnung aufweist.

In den Vektorfeldern (Bild 4, Mitte und rechts) sind die Geschwindigkeiten im Zwischenraum zwischen zwei Segmenten radial in der Segmentmitte dargestellt. Bei der Messung wurde aus messtechnischen Gründen eine tangentiale Ebene erfasst, da eine radiale Messebene nicht erzeugt werden kann. Mit der gewählten Drehzahl und dem gewählten Radius bewegt sich der Läufer in dieser Darstellung mit einer Geschwindigkeit von ca. 0,34 m/s von rechts nach links. Bei der Betrachtung der Strömung im Zwischenraum ist zu erkennen, dass die erwartete Hohlraumströmung mit einem zentralen Wirbel, der den gesamten Zwischenraum ausfüllt, entsteht. Es ist zu erkennen, dass im Bereich der linken Wand höhere Geschwindigkeiten als im Bereich der rechten Wand auftreten. Es zeigt sich, dass die numerische Strömungssimulation die Strömungsstruktur mit den Geschwindigkeitsbeträgen der Messung gut wiedergibt. In der Messung sind in den unteren Ecken der Segmente Sekundärwirbel zu erkennen, diese werden in der Strömungssimulation nicht abgebildet. Im Versuch kann aufgrund der Reflexionen an den Plexiglasflächen die Messung nicht bis an den Läufer durchgeführt werden. Es ist dennoch rechts am Spalt zu erkennen, dass Wasser auf-

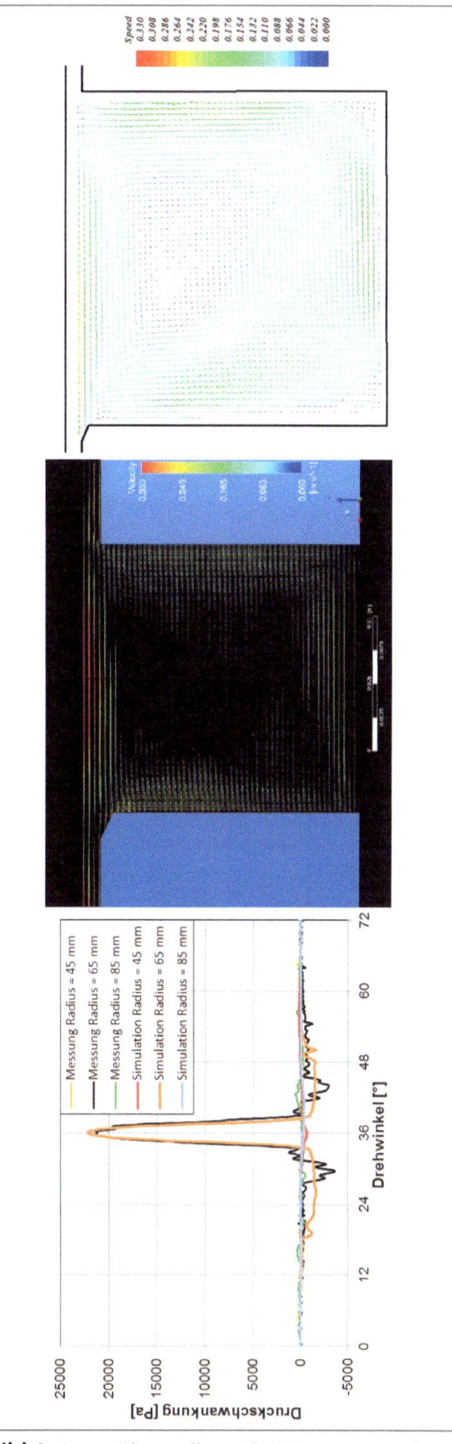

Bild 4: Gegenüberstellung der Messwerte und Simulationsergebnisse: Druck (links) Geschwindigkeit (Messung in der Mitte, Simulation rechts)

grund der Druckabsenkung am Segment in den Spalt einströmt. Diese Strömung wird in der numerischen Strömungssimulation korrekt abgebildet.

4 Zusammenfassung und Ausblick

Mit Hilfe numerischer Strömungssimulation lassen sich die Strömungsstrukturen sowohl in hydrodynamischen Radiallagern als auch in hydrostatischen Axialgleitlagern in vielen Bereichen realitätsnah abbilden. In den bisherigen Untersuchungen konnten gute Übereinstimmungen der Ergebnisse der numerischen Strömungssimulationen mit den Messergebnissen festgestellt werden. Bei realen Bedingungen der Strömung in Lagern treten jedoch auch Kavitation und die Wechselwirkung der Strömung mit der Struktur auf, die in den bisherigen Untersuchungen noch nicht berücksichtigt sind.

In den folgenden messtechnischen Untersuchungen werden die im Modell bestehenden ebenen Segmente durch Segmente ersetzt, die einen konischen Spaltverlauf besitzen. Damit können dann Messungen an einem hydrodynamischen axialen Gleitlagermodell durchgeführt werden. In weiteren Untersuchungen soll dann die Strömung in Gleitlagern bei dynamischen Lasten untersucht werden. Bei den folgenden numerischen Simulationen werden die Berechnungen mit dem höherwertigeren Omega-Reynolds-Stress-Modell durchgeführt. In weiteren Untersuchungen soll die Kavitation des Wassers im Lager und die Wechselwirkung der Strömung mit der Struktur mit berücksichtigt werden.

Autoren

Dr.-Ing. Oliver Kirschner

Dipl.-Ing. Konstantinos Ioakimidis

Dr.-Ing. Albert Ruprecht

Institut für Strömungsmechanik und
Hydraulische Strömungsmaschinen (IHS)
Universität Stuttgart
Pfaffenwaldring 10
70550 Stuttgart
oliver.kirschner@ihs.uni-stuttgart.de
konstantinos.ioakimidis@ihs.uni-stuttgart.de
albert.ruprecht@ihs.uni-stuttgart.de

Literatur

[1] McCarthy, D. M. C.: Sliding Bearings for Hydropower Applications – Novel Materials, Surface Texture and EALs. Doctoral Thesis, Luleå University of Technology, Department of Applied Physics and Mechanical Engineering, 2008.

[2] Kächele, T.: Ein Beitrag zur Berechnung wassergeschmierter hydrodynamischer Radialgleitlager. Dissertation, Institut für Hydraulische Strömungsmaschinen, Universität Stuttgart, 1985.

[3] Sheikh Nejad, Y.; Gandjalikhan Nassab, S. A.: Three-dimensional numerical analysis of hydrodynamic characteristics of axial groove journal bearings running with ferrofluids under magnetic field. In: Proc. IMechE (2010), Vol. 224 Part J: J. Engineering Tribology.

[4] Wissussek, D.: Der Einfluß reversible und irreversibler Viskositätsänderungen auf das Verhalten hydrodynamischer stationär belasteter Gleitlager. In: VDI-Fortschrittsberichte (1975).

Oliver Kirschner, Konstantinos Ioakimidis and Albert Ruprecht

The Behavior of the Flow in Water Lubricated Bearings

The implementation of sliding bearings, such as journal and thrust bearings, into hydropower plants goes back several decades. The risk of contamination through oil leakage in the environment must be eliminated; therefore water lubricated bearings are far preferable. Water lubrication is characterized by smaller film thickness, as water's viscosity is lower than oil's. The smaller film thickness, the elastic deformation of the cylindrical bush and the movement of the tilting-pads are responsible for the complex flow induced, which the main topic of the current analysis. It will be given an overview of the issues involved by the flow in water lubricated bearings and how these can be resolved by Computational Fluid Dynamics (CFD) and experimental investigation.

Оливер Киршнер, Константинос Иоакимидис и Альберт Рупрехт

Характеристика потока в упорных и радиальных подшипниках скольжения с водяной смазкой

На гидроэлектростанциях в связи с пространственными размерами и проявляющимися силами для установки роторов применяются в основном подшипники скольжения. С целью охраны окружающей среды предпочтительно использовать в качестве смазки воду. Тем не менее, применение воды ведет к изменению характеристик потока в подшипнике. В рамках данной статьи представлены различные аспекты характеристик потока в подшипниках скольжения с водной смазкой и результаты исследований в данной области.

Alois Lashofer, Werner Hawle und Bernhard Pelikan

Betriebsbereiche und Wirkungsgrade der Wasserkraftschnecke

Wasserkraftschnecken werden seit 2001 kommerziell zur Stromerzeugung verwendet. Durch die vergleichsweise geringe Verbreitung gilt diese neue Niederdrucktechnologie noch als Nischenprodukt. Die vorliegende Arbeit bestätigt die Qualität der Technologie und zeigt weitere Verbesserungspotentiale auf. In umfangreichen Labormessungen wurden Wirkungsgrade für sieben Schneckentypen bei unterschiedlichsten Drehzahl-Durchfluss-Kombinationen und Achsneigungen gemessen und verglichen. Dabei zeigen sich sowohl ausgezeichnete Wirkungsgrade als auch die unterschiedlichen Auswirkungen von veränderten Gestaltparametern. Die Ergebnisse bieten eine zusätzliche Entscheidungsgrundlage für die Wahl der Wasserkraftmaschine und ihre Dimensionierung bei neuen Kraftwerksstandorten.

1 Hintergrund und Konzept

Die Schneckenpumpe ist eine seit der Antike bekannte Technologie die in den letzten Jahrhunderten eine Renaissance erfahren hat [1]. Die Wasserkraftschnecke (WKS), als energietechnische Umkehr des Pumpenprinzips, ist dagegen erst seit dem Patent von Karl-August Radlik [2] bekannt und wird seit der Jahrtausendwende kommerziell genutzt. Im Jahr 2001 sind die ersten beiden kommerziellen Anlagen in Betrieb gegangen. Eine Anlage mit 18,5 kW an der Nethe in Höxter-Godelheim (D) und die Rödermühle mit 7,5 kW an der Fränkischen Saale in Diebach bei Hammelburg (D). Mittlerweile sind den Autoren sieben Hersteller bekannt und so kann die Zahl der Anlagen nur geschätzt werden. Im zweiten Halbjahr 2013 kann von rund 250 Anlagen in Betrieb ausgegangen werden. Nahezu dieselbe Anzahl soll in Vorbereitung stehen. Durch diese vergleichsweise geringe Anzahl gilt die boomende Niederdrucktechnologie noch als Nischenprodukt.

Um die Wirkungsgradangaben aus veränderlichen Prospektangaben herauszuheben und auf wissenschaftliche Basis zu stellen sowie Verbesserungspotentiale aufzuzeigen, wurde im März 2010 das Projekt „WKS-opt" (Verbesserung der Strömungseigenschaften sowie Planungs- und Betriebsoptimierung von Wasserkraftschnecken) begonnen. Bis Oktober 2012 wurden am Institut für Wasserwirtschaft, Hydrologie und konstruktiven Wasserbau der Universität für Bodenkultur in Wien (BOKU) drei aufeinander aufbauende Arbeitspakete durchgeführt:

a) Wirkungsgradmessungen an bestehenden Anlagen und eine Betreiberbefragung;
b) Vergleichsmessungen zum neuen Konzept der Drehrohrschnecke (geschlossener, mitdrehender Trog);
c) Auswirkungen von variierten Gestaltparametern (**Bild 1**): Neigungswinkel, Steigung, Innendurchmesser und Gangzahl.

Die Ergebnisse des ersten Arbeitspaketes wurden bereits nach dessen Fertigstellung in der Fachzeitschrift WasserWirtschaft veröffentlicht [3].

Die Labormessungen zum experimentellen Design der Drehrohrschnecke haben leider keine zufriedenstellenden Ergebnisse gezeigt. Bei sehr geringen Durchflüssen wurden gute Werte gemessen, aber nur in einem einzigen Vergleichspunkt zeigte sie geringe Vorteile gegenüber dem konventionellen Design. Damit wurde die weitere Forschung an der Drehrohrschnecke eingestellt. Die Messungen an sieben unterschiedlichen Schneckengeometrien der konventionellen Bauart (Trogschnecke) zeigten hingegen erstaunlich hohe Wirkungsgrade und auch Verbesserungspotentiale des gegenwärtigen Stands der Technik auf.

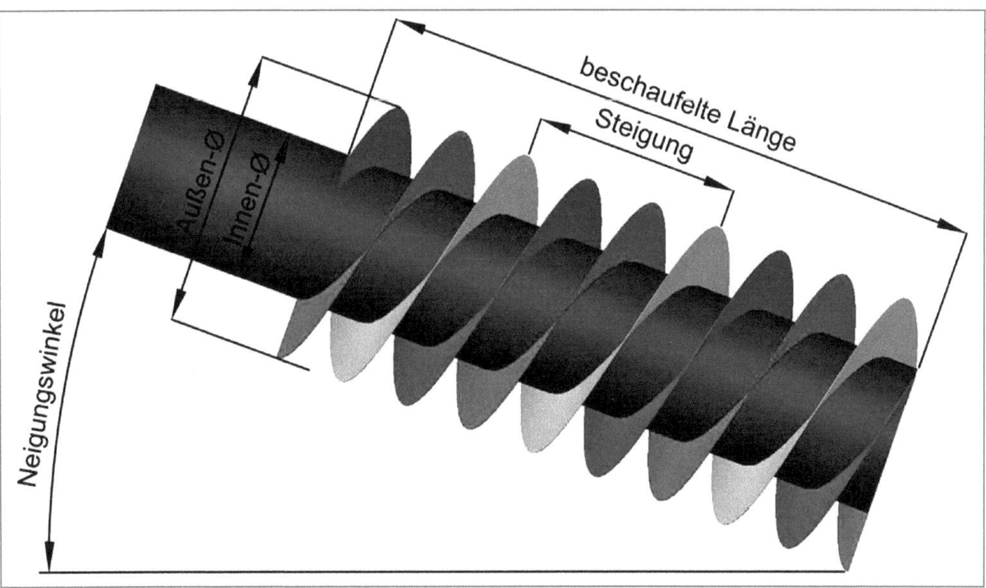

Bild 1: Geometrische Gestaltparameter der Wasserkraftschnecke (am Beispiel einer 3-gängigen Schnecke)

Diese Ergebnisse werden im Folgenden dargestellt und interpretiert.

2 Methodik

Die umfangreichen Messungen wurden im Wasserbaulabor der BOKU durchgeführt. Die Versuchsanlage ist über drei Speiseleitungen (**Bild 2** Punkt A) an den Laborwasserkreislauf angebunden. Die Leitungen werden je nach gefordertem Durchfluss kombiniert.

Nach Passage der induktiven Durchflussmessgeräte (IDM) gelangt das Wasser über Rohrleitungen in das Einlaufbecken (OW-Becken, Bild 2 Punkt B). Dort werden Turbulenzen und Wirbel mittels eines Gitters beruhigt. Im Oberwasser stellt sich abhängig von eingestelltem Zufluss und gewählter Drehzahl der Wasserspiegel selbständig ein. Die Wasserspiegellage wird vor dem Eintritt in die Schnecke kontinuierlich über einen Ultraschallsensor erfasst. Im Unterwasser (UW, Bild 2 Punkt C) lässt sich über eine Wehrklappe der Wasserstand einstellen. Für die Vergleichsmessungen hat sich ein Wasserstand von 55 % des Schneckenaußendurchmessers als über verschiedene Arbeitsbereiche optimiertes Mittel herausgestellt. Im UW-Becken wird der Wasserspiegel ebenfalls aufgezeichnet (Bild 2 Punkt E). Um die Neigung variieren zu können, ist das Einlaufbecken höhenverstellbar ausgeführt.

Aufgrund des Durchflusses dreht sich die Schnecke und treibt damit über einen kombinierten Drehmoment-Drehzahl-Sensor (Bild 2 Punkt F) und ein Getriebe (Bild 2 Punkt G) die regelbare Wirbelstrombremse (Bild 2 Punkt H) an. Anhand von Drehmoment M und Drehzahl n an der Schneckenwelle kann die mechanische Leistung Pab ermittelt werden. Die potentielle Leistung Pzu ergibt sich aus dem gemessenen Durchfluss Q und der Fallhöhe H. Der Quotient der beiden ergibt den Wirkungsgrad:

$$\eta = \frac{P_{ab}}{P_{zu}} = \frac{2 \cdot \pi \cdot M \cdot n}{\rho \cdot g \cdot H \cdot Q} \; [-] \qquad (1)$$

Durch den maximalen Durchfluss von 220 l/s am Versuchsstand und die gewünschte Mehrbeaufschlagung von 30 % wurde der Schneckenaußendurchmesser mit 806 mm festgelegt. Mit einer Länge von 3 000 mm ergibt sich ein leicht reduziertes Verhältnis von Durchmesser zu Länge. Dieses wurde gewählt, um in den Messungen den Fokus auf den Wirkungsgrad in der Schnecke zu legen. Damit werden die Ein- und Austrittsver-

Bild 2: Versuchsanlage: Überblick (links), Mess- und Regelaufbau (rechts oben), Versuchsschnecken (links unten)

luste im Vergleich zu den Verlusten in der Schnecke etwas geringer gehalten.

Im Zuge der Hauptversuche wurden Schneckentyp (Gangzahl, Durchmesserverhältnis, Steigung), Neigung, Durchfluss und Drehzahl variiert. Als zentrales „Standard-Design" für die Versuchsreihen wurde eine 4-gängige Schnecke mit einer Steigung gleich ihrem Außendurchmesser und einem Radienverhältnis von 0,5 gewählt. Um ein vollständiges Bild des Wirkungsgradverhaltens zu bekommen, wurden für jeden Schneckentyp (**Bild 3**) und jede Neigung (20° bis 32° in 2°-Schritten) eine Vielzahl an Durchfluss-Drehzahl-Kombinationen (Q/n) eingestellt. Die Durchflüsse wurden dabei mit einer Schrittweite von 20 l/s bis 220 l/s variiert. Die Drehzahl wurde über eine Wirbelstrombremse geregelt. Zu jedem Durchflusswert wurde sie in Schritten von 5 1/min in einem Bereich von 20 bis 80 1/min eingeregelt.

Die Messdaten der 56 Kennfelder (7 Schnecken in 8 Neigungen) wurden über einen Messverstärker auf den Messcomputer übertragen. Die Datenauswertung erfolgte großteils automatisiert mit R project, einer freien Programmiersprache für Statistikanwendungen. Im ersten Schritt wurden die gesammelten Messdaten von Ausreißern bereinigt. Alle Werte außerhalb der 1,5-fachen Interquartilsabstände wurden entfernt und mit Hilfe von Box-Whisker-Plots auf Plausibilität geprüft. Danach wurden auf Grundlage der bereinigten Mittelwerte (Moment, Wasserstand OW und UW, Drehzahl, Zufluss) alle benötigten Parameter berechnet. Aus den Einzelwerten wurden Wirkungsgraddiagramme je Messdurchgang und Vergleichsdiagramme zwischen den Messungen erstellt.

Während der einzelnen Messungen wurde auf stationäre Verhältnisse geachtet (keine Durchflussänderungen etc.). Die Datenaufzeichnung erfolgte bei jeder Einstellung 100 Sekunden mit einer Abtastfrequenz von 10 Hz. Für den Wirkungsgrad ergab die Fehlerrechnung je nach Q/n-Kombination Absolutfehler zwischen 0,8 und 3,7 Prozentpunkten. Der durchschnittliche Absolutfehler über alle Messbereiche betrug

±1,45 %. Über den Messzeitraum von insgesamt 6 Monaten zeigte sich in mehreren Versuchen eine mittlere Wiederholgenauigkeit von weniger als 0,4 %.

3 Ergebnisse

3.1 Parameterstudie

Die in Bild 3 dargestellten Parametervariationen wurden vor dem Versuch analysiert, um ihre Eignung zu bestätigen und Hypothesen aufzustellen. Ein interessanter Parameter war die Querschnittsauslastung. Diese ergibt sich aus dem Wasserschub V_S nach Nagel und Radlik [1] multipliziert mit der Gangzahl N, im Verhältnis zum umhüllenden Zylindervolumen ($R_a^2 \cdot \pi \cdot S$) der Schnecke. Der Wasserschub V_S ist der volumetrische Inhalt einer bordvollen Kammer zwischen zwei Schneckenblättern. Bordvoll bedeutet, dass der Wasserspiegel der betreffenden Kammer am Scheitelpunkt des Zentralrohres anliegt und damit das Wasser gerade nicht in die nächste, darunter liegende Kammer überfließt:

$$\text{Querschnittsauslastung} = \frac{V_s \cdot N}{Ra^2 \cdot \pi \cdot S}\,[-] \qquad (2)$$

Die Querschnittsauslastung zeigt, wie effizient der Querschnitt verwendet wird, d. h. welcher Anteil des Gesamtquerschnitts mit Wasser gefüllt ist. **Bild 4** zeigt die Ergebnisse der Berechnungen für alle getesteten Neigungen der Schneckenachse.

Die Querschnittsauslastung sinkt deutlich mit der Steigerung des Neigungswinkels. Die höchsten Werte zeigt durchwegs die Variante mit geringer Steigung (0,8 · D). Sie kann damit bei gegebenem Querschnitt und Drehzahl den größten Durchfluss abarbeiten. Die Veränderung des Zentralrohrdurchmessers zeigt für große Neigungen konvergierende Querschnittauslastungen. Für üblicherweise verwendete Neigungen zeigt ein dünneres Zentralrohr die besseren Querschnittsauslastungen. Die Auslastungswerte steigen mit der Gangzahl was sich auf die erhöhte Kammerzahl (wie bei geringerer Steigung) zurückführen lässt.

3.2 Wirkungsgradmessungen

Alle getesteten Schneckentypen zeigten in allen Neigungen einen eindeutigen, geometrisch ähnlichen Wirkungsgradverlauf. **Bild 5** zeigt beispielhaft eines der 56 entstandenen Kennfelder. Die

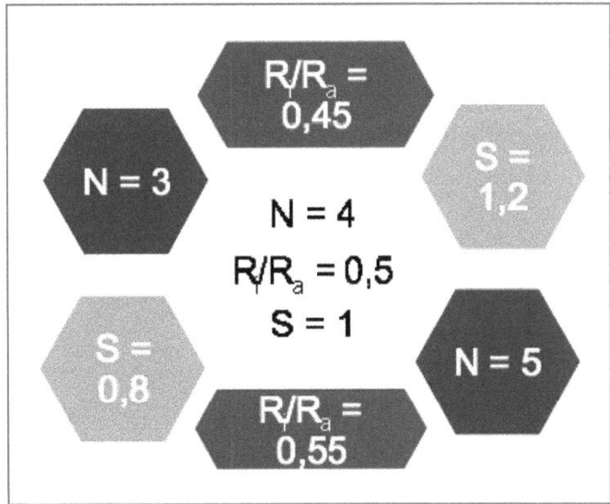

Bild 3: Variierte Gestaltparameter für die sieben Versuchsschnecken (N Gangzahl, R_i Zentralrohrradius, R_a Schneckenradius, R_i/R_a Radienverhältnis, S Steigung)

Wirkungsgrade sind als schwarze Isolinien dargestellt, während die Isolinien der Zulaufhöhe (in % vom Durchmesser) in Rot eingezeichnet sind. Das Maximum liegt bei 60 l/s und 30 1/min, mit einer Zulaufhöhe von 34 % von D. Nach gängiger Auslegung wäre hingegen ein 2,75-fach höherer Ausbaudurchfluss von 165 l/s und eine Drehzahl von 62 1/min vorgesehen.

Alle Kennfelder zeigten einen „Grat" (grüne Linie) hohen Wirkungsgrades im Bereich der Vollfüllung (dicke blaue Gerade). Der Wirkungsgrad fällt nach allen Seiten mit unterschiedlichen Gradienten. Die Unterschiede zwischen den Schneckentypen und den unterschiedlichen Neigungen liegen in der Höhe des Maximums (Spitzenwirkungsgrad), dem Verlauf des Grates (Wirkungsgrad-Bestpunkte) und dessen Ausrichtung (hohe Q oder n vorteilhafter). Für ungeregelte Anlagen ist die Breite des Grates (Wirkungsgrade bei unterschiedlichen Durchflüssen und konstanter Drehzahl) besonders wichtig, um über einen großen Durchflussbereich gute Wirkungsgrade zu erzielen. Interessant ist auch der Zusammenhang von Wirkungsgrad und bordvoller Kammerfüllung. Die mittlere der drei blauen Geraden stellt die Vollfüllung (bordvolle Kammer) dar, die Geraden links und rechts davon ±20 % der Vollfüllung. Die Linie maximalen Wirkungsgrades (grün) schneidet die Füllgerade etwas unterhalb des konventionellen Ausbaudurchflusses [3]. Daraus ergibt sich bei Überwasser ein Überschreiten des

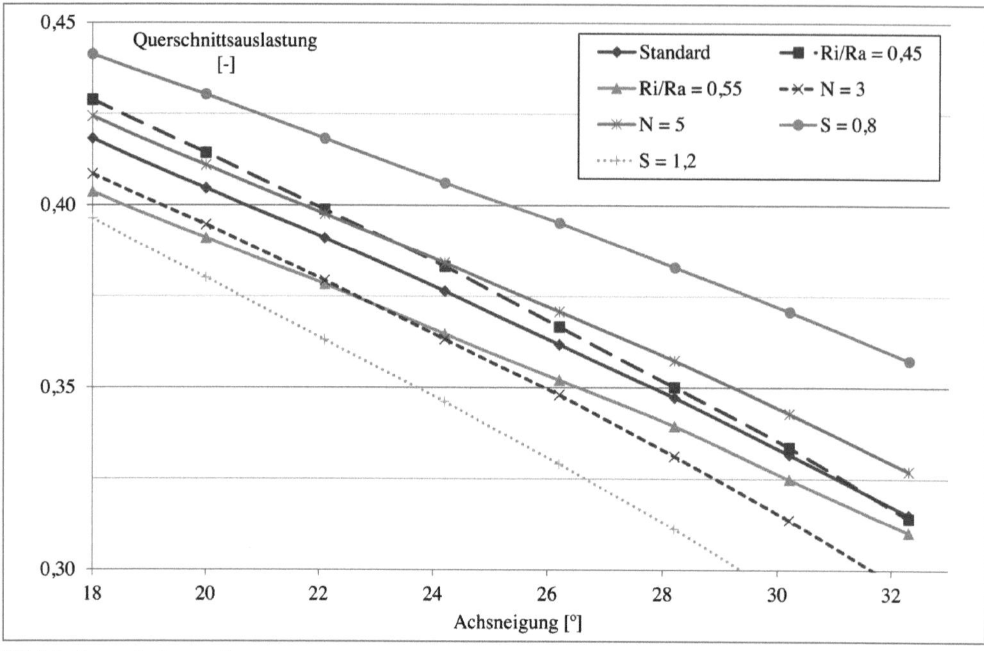

Bild 4: Querschnittsauslastung

Füllpunkts - und bei Teilbeaufschlagung eine Unterfüllung der Kammer - als wirkungsgradoptimal.

Die Wirkungsgradmessung im Labor bestätigen die aus den Feldmessungen vermuteten Zusammenhänge [3]. In den Auswertungen wurde angenommen, dass bei Teillast der Wirkungsgrad steigt, wenn die Anlage drehzahlgeregelt wird - also die Drehzahl kleiner wird und damit der Schneckendurchmesser vergleichsweise „überdimensioniert" ist.

Die Werte für die Zulaufhöhe steigen von 35 % von D bei optimalem Wirkungsgrad mit zunehmendem Durchfluss bis 57 % von D beim Ausbaudurchfluss nach gängiger Auslegung.

3.3 Wirkungsgradvergleich

Die gemessenen Spitzenwirkungsgrade liegen für geringe Achsneigungen generell über 90 %. Sie sinken mit steigendem Neigungswinkel, was auf das schlechtere Verhältnis von benetzter Fläche (Reibung) zu abgearbeitetem Volumen zurückzuführen ist (**Bild 6**).

Die besten Werte zeigte das gewählte Standarddesign. Wichtig ist hier zu verstehen, dass es sich um Spitzenwirkungsgrade handelt, die im Teillast-Bereich (meist ca. 40 % Beaufschlagung) nach konventioneller Auslegung gemessen wurden. Alle gemessenen Punkte repräsentieren unterschiedliche Q/n-Kombinationen. Die unter Punkt 3.2 beschriebenen 56 Wirkungsgradkennfelder geben Aufschluss über das Verhalten der Schnecken für unterschiedliche Beaufschlagungen. So kann eine Typ-Neigungs-Kombination mit schlechterem Spitzenwirkungsgrad bessere Jahreserträge erzielen, weil z. B. der Wirkungsgradverlauf in Gratrichtung flacher ist, oder auch der Grat breiter ausgeformt ist.

3.4 Spezifische Drehzahl – Auslegung

Um den Arbeitsbereich der Wasserkraftschnecke in Bezug auf die gebräuchliche, aber dimensionsbehaftete, spezifische Drehzahl zu bestimmen, wurden diese vereinfacht nach Bohl [4] berechnet:

$$n_q = n \frac{\sqrt{\dot{V}}}{H^{3/4}} \; [1/\text{min}] \qquad (3)$$

Dazu wurden 5 312 Werte aus den Labormessungen und 36 Werte aus den vorangegangenen Feldmessungen ermittelt [3]. Die verstreuten Werte in **Bild 7** stammen aus den Feldmessungen und durch den eingeschränkten Fallhöhenbereich im

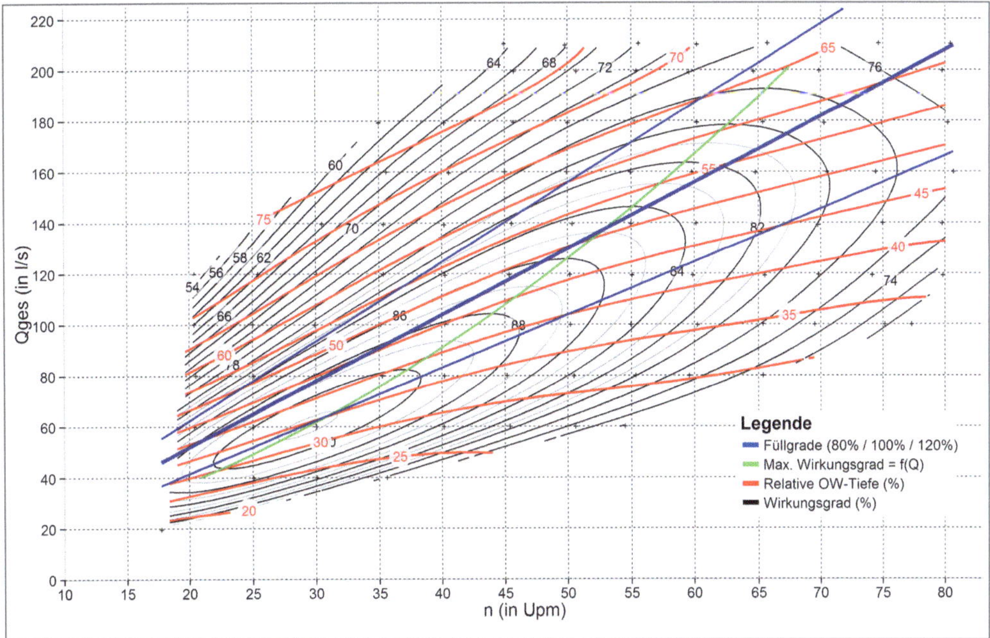

Bild 5: Isolinien des Wirkungsgrades (in %) und der Zulaufhöhe (in % von D)

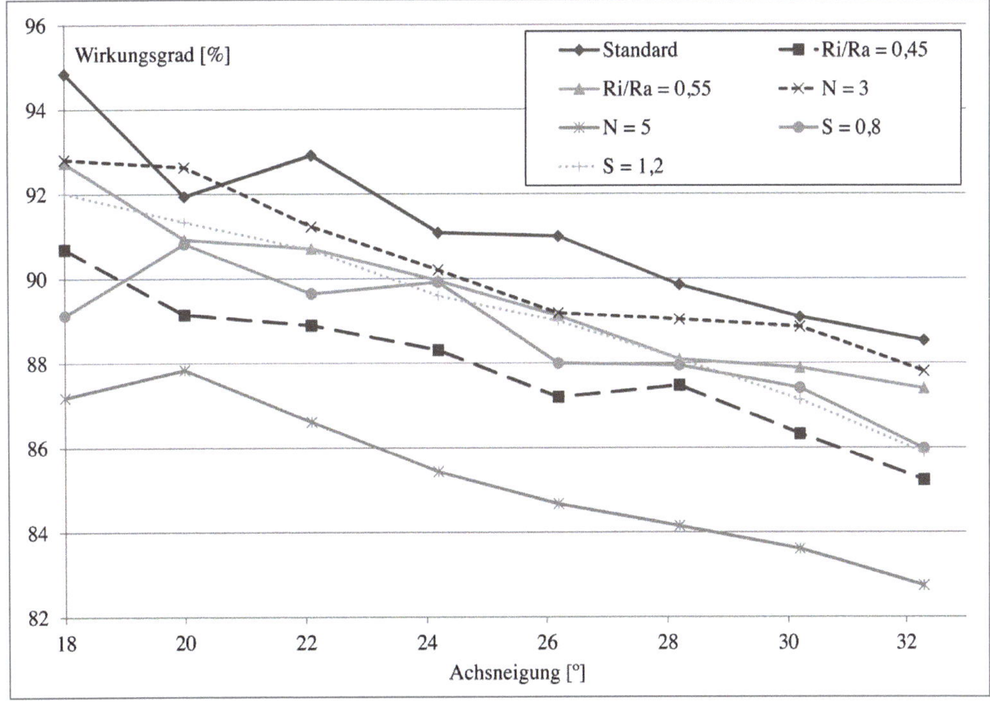

Bild 6: Spitzenwirkungsgrade der unterschiedlichen Schneckentypen in Abhängigkeit von der Neigung

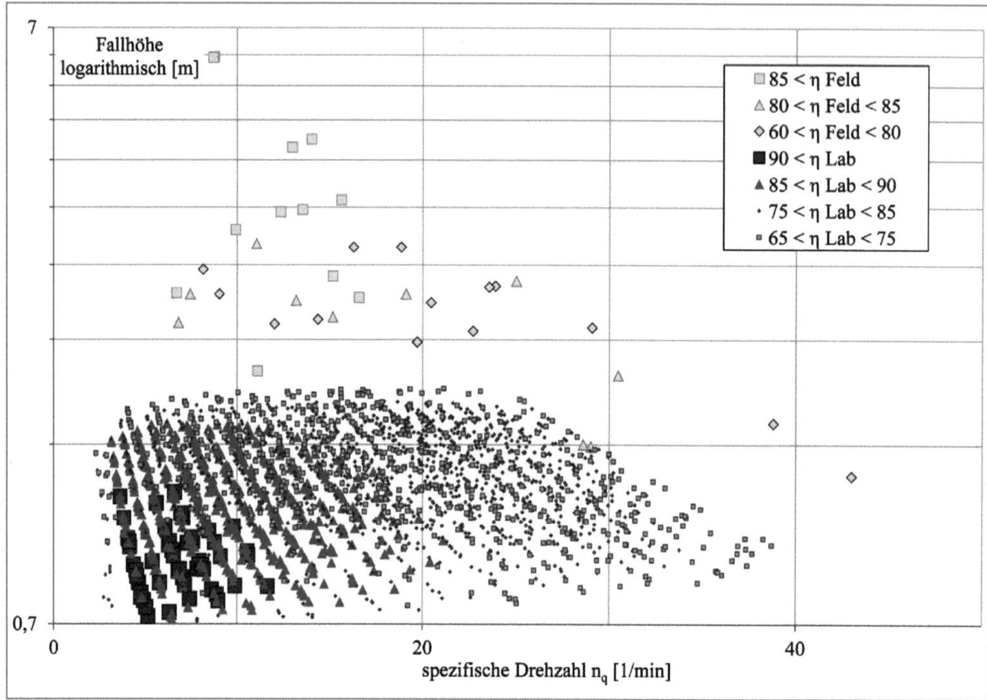

Bild 7: Spezifische Drehzahlen von Wasserkraftschnecken nach Wirkungsgrad gruppiert

Labor ergibt sich der abgegrenzte Bereich unten links. Die spezifischen Drehzahlen liegen zwischen 2 und 45 1/min.

Die höchsten Werte des Wirkungsgrades stellten sich bei sehr geringen spezifischen Drehzahlen ein. Gute Wirkungsgrade werden zwischen Werten von 3 bis 15 1/min, unter Einhaltung der optimalen Kammerfüllung, erreicht. Wird beispielsweise durch eine fehlende Drehzahlregelung die optimale Kammerfüllung nicht eingehalten, können auch im Bereich unter 15 1/min sehr schlechte Wirkungsgrade auftreten. Darüber wurden weder im Labor noch im Feld gute Wirkungsgrade beobachtet.

Durch die Ermittlung des Kennwertbereiches ist es auch möglich die Wasserkraftschnecke im Verhältnis zu anderen Wasserkraftmaschinen einzuordnen (**Bild 8**).

Die Wasserkraftschnecke arbeitet im gleichen Fallhöhenbereich, aber in einem niedrigeren Drehzahlbereich als die Kaplan-Rohrturbinen (250 1/min bis 500 1/min). Beim Wasserrad und bei der Durchströmturbine überschneiden sich sowohl Fallhöhen- als auch Drehzahlbereich teilweise.

4 Zusammenfassung und Interpretation

Die Messungen zeigen Wirkungsgrade bis 95 % im Bereich von 40 % des konventionellen Auslegungsdurchflusses. Für Restwasseranlagen ist damit die gängige Auslegungspraxis grundlegend zu hinterfragen, da sie konstant auf „Überlast" (in Bezug auf den besten Wirkungsgrad) gefahren werden. Durch energieoptimale Auslegung könnte hier ein Mehrertrag von 8 bis 15 % erreicht werden.

Die Ergebnisse der Parameterstudie und des Wirkungsgradvergleichs zeigen gegenläufige Ergebnisse. Kompakte Bauformen, die zu kostengünstigen Anlagen führen, zeigen deutlich schlechtere Wirkungsgrade. Dieses Ergebnis deckt sich mit den Erkenntnissen von Nuernbergk [5] und unterstreicht die bei den Wirkungsgradmessungen individuell beobachteten Vorteile einer völlig neuen Auslegungspraxis. Die Auslegung muss ganz klar weg von einer reinen Investitionsminimierung hin zu einer Optimierung zwischen Kosten und energietechnischem bzw. finanziellem Erfolg. Dies führt, je nach vorhandener Hyd-

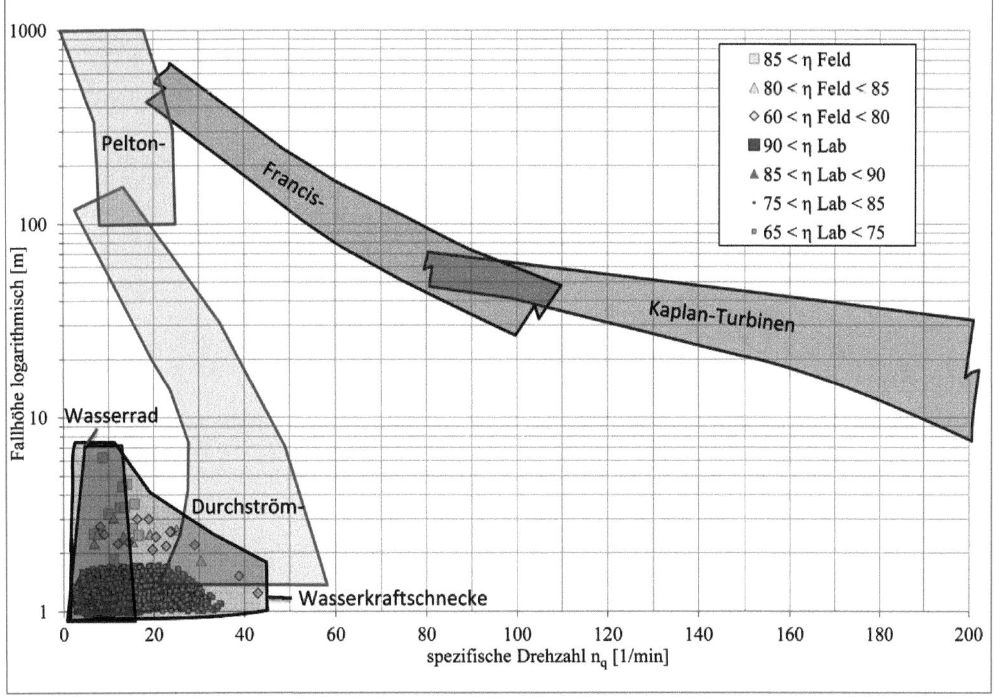

Bild 8: Einsatzbereiche unterschiedlicher Turbinen bezogen auf ihre spezifische Drehzahl

rologie, meist zu größeren Schneckendurchmessern und geringeren Drehzahlen bei gleichen Durchflüssen. Wird die Wasserkraftschnecke als „Hauptmaschine" eingesetzt, kann von Energie-Mehrerträgen bis 10 % ausgegangen werden (aus gleicher Jahresfracht!). Gleichzeitig erhöht sich die Fischverträglichkeit.

In Bezug auf die spezifische Drehzahl zeigen Werte unter 15 1/min maximale Wirkungsgrade, wenn optimale Kammerfüllungen eingehalten werden. Damit entspricht der angestrebte Bereich der spezifischen Drehzahl der Wasserkraftschnecke in etwa dem der Wasserräder.

Durch die Ergebnisse der Studie – insbesondere durch die detaillierten Wirkungsgradmessungen – ist erstmals eine analytische Optimierung der Anlagen möglich. Diese bezieht sich sowohl auf die Auslegung der Wasserkraftschnecke als auch auf ihren optimalen Betrieb (Drehzahl).

Künftige Anlagenbetreiber bekommen damit zusätzliche Entscheidungsgrundlagen, um die für ihre Randbedingungen passendste Technologie auswählen zu können. Die Wasserkraftschnecke ist eine hocheffiziente, adaptive, ökologisch interessante und günstige Niederdrucktechnologie.

5 Ausblick

Das Forschungsprojekt WKS-opt wurde im Oktober 2012 offiziell abgeschlossen. Die Interpretation der Daten wurde jedoch fortgeführt und eine weitere Publikation zur wissenschaftlichen Einordnung der Wasserkraftschnecke in Bezug zu anderen Strömungsmaschinen ist in Bearbeitung. Da sich bereits die Einordnung der spezifischen Drehzahl als hilfreich herausstellte, wird derzeit an der Einordnung ins Cordier-Diagramm gearbeitet um die Auslegung weiter zu verbessern.

Weitere Versuche in Kooperation mit Herstellern sind bereits geplant, um das gewonnene Fachwissen und den einzigartigen Versuchsstand weiter sinnvoll zu nutzen.

Durch die Vorschreibung von Restwasserabgaben im Zuge der Umsetzung der Wasserrahmenrichtlinie stieg die Nachfrage nach Wasserkraftschnecken enorm an. In der Projektlaufzeit hat sich die Anzahl der Kraftwerke verdreifacht und die der Anbieter mehr als verdoppelt. Auch die universitäre Forschung ist mittlerweile europaweit mit unterschiedlichen Projekten zur Wasserkraftschnecken involviert.

Danksagung

Die Autoren bedanken sich für die engagierte Mitarbeit der Studentinnen und Studenten, welche die umfangreichen Messungen überhaupt erst ermöglicht haben. Es war eine Freude, ihnen die Schnecke näher zu bringen und sie bei ihren Abschlussarbeiten zu begleiten. Ein herzliches Dankeschön geht auch an Florian Kaltenberger, Dirk Nuernbergk und Georg Zeiler, die in vielen angeregten Gesprächen und E-Mails die Forschungsarbeit unterstützt haben.

Dieses Projekt wurde aus Mitteln des Klima- und Energiefonds gefördert und im Rahmen des Programms „NEUE ENERGIEN 2020" durchgeführt.

Literatur

[1] Nagel, G; Radlik, K.-A.: Wasserförderschnecken – Planung, Bau und Betrieb von Wasserhebeanlagen. Wiesbaden und Berlin: Udo Pfriemer Buchverlag in der Bauverlag GmbH, 1988.
[2] Radlik, K.-A.: Wasserkraftschnecke zur Energieumwandlung. Patentschrift DE 4139134A1, 11.06.1992.
[3] Lashofer, A; Kaltenberger, F; Pelikan, B.: Wie gut bewährt sich die Wasserkraftschnecke in der Praxis? In: WasserWirtschaft 101 (2011), Heft 7-8, S. 76-81.
[4] Bohl, W.: Strömungsmaschinen. 10. Auflage. Würzburg: Vogel, 2008.
[5] Nuernbergk, D. M.: Wasserkraftschnecken: Berechnung und optimaler Entwurf von archimedischen Schnecken als Wasserkraftmaschine. Detmold: Schäfer, 2012.
[6] Nuernbergk, D. M.; Lashofer, A.; Hawle, W.; Pelikan, B.: Betriebsarten von Wasserkraftschnecken. In: WasserWirtschaft 103 (2013), Heft 7-8, S. 29-34

Autoren

Dipl.-Ing. Alois Lashofer

Dipl.-Ing. Werner Hawle

ao. Univ. Prof. Dipl.-Ing. Dr. nat. techn. Bernhard Pelikan

Universität für Bodenkultur
Institut für Wasserwirtschaft, Hydrologie und Konstruktiven Wasserbau
Muthgasse 18
1190 Wien, Österreich
lashofer.alois@boku.ac.at
werner.hawle@boku.ac.at
bernhard.pelikan@boku.ac.at

Alois Lashofer, Werner Hawle and Bernhard Pelikan

Efficiency Improvements of the Archimedean Screw Turbine

Since 2001 Archimedean screws are being used for power generation. This comparatively new, ultra-lowhead technology is still a niche product. The presented work approves the quality of the technology and reveals further improvement potentials. In extensive laboratory tests efficiencies were measured and compared for seven screw designs. Therefore, numerous combinations of rotation speed and flow were performed at different inclinations. Thus, both the excellent efficiencies as well as the distinct impact of changed shape parameters were ascertained. The results provide an additional decision basis for hydropower developers and for subsequent dimensioning of new small hydropower plants.

Алоис Ласхофер, Вернер Хавле и Бернхард Пеликан

Рабочие диапазоны и коэффициент полезного действия гидродинамического шнека

С 2001 гидродинамические шнеки используются для производства электроэнергии в промышленном масштабе. В связи со сравнительно незначительным распространением эта новая технология пониженного давления пока еще считается продуктом узкой сферы потребления. Данная статья подтверждает качество технологии и указывает на наличие потенциала дальнейшего усовершенствования. В многочисленных лабораторных исследованиях были проведены измерения коэффициента полезного действия шнеков 7-ми различных типов в самых различных комбинациях частоты вращения, скорости потока и наклона оси; результаты сравнивались. Таким образом, были зафиксированы отличные коэффициенты полезного действия, а также различные проявления изменения параметров конструкции. Результаты обеспечивают дополнительную основу для принятия решений по выбору гидравлических турбин и их параметров в местах расположения новых малых гидросиловых установок.

Dirk Michael Nuernbergk, Alois Lashofer, Werner Hawle und Bernhard Pelikan

Betriebsarten von Wasserkraftschnecken

Wasserkraftschnecken werden durch die Vorgaben der europäischen Wasserrahmenrichtlinie häufig als Restwasserkraftmaschinen eingesetzt. Dabei werden Anlagen mit drehzahlstarrem und drehzahlvariablem Betriebsmodus realisiert. Für den Betreiber einer Anlage besteht häufig die Frage, welches Konzept für einen bestimmten Standort wirtschaftlicher ist. In diesem Artikel werden die grundsätzlichen Unterschiede und Anwendungsmöglichkeiten betrachtet. Eine Anpassung an die exakte Einbausituation ist jedoch jeweils erforderlich.

1 Einführung

Wasserförderschnecken sind seit mehr als zwei Jahrtausenden als Pumpen in Bergwerken (z. B. römisches Bergwerk in Spanien), zur Be- und Entwässerung (z. B. Polder in Holland) im Gebrauch. Die Idee, dass die archimedische Schnecke auch als Wasserkraftschnecke zur Wandlung von hydraulischer in elektrische Energie geeignet ist, wurde erst in den 90iger Jahren des letzten Jahrhunderts geäußert (Patent von Radlik [1]).

Durch die neuen Bedingungen der europäischen Wasserrahmenrichtlinie werden erhöhte Restwasserdurchflüsse in den Flussgewässern gefordert. Dies bedeutet eine Einbuße an verfügbarem hydraulischem Arbeitsvermögen für die Kraftwerksbesitzer an den entsprechenden Ausleitungskraftwerken. Um diese Verluste auszugleichen, wurde in der letzten Zeit viel über Wasserkraftanlagen und -maschinen, die das Restwasser ausnutzen, nachgedacht. Hierbei ist zu beachten, dass an solchen Standorten gewöhnlich nur geringe Fallhöhen vorliegen und dies zu relativ teuren Maschinensätzen führt.

Nach Meißl [2] kann die Restwassermenge 10 % bis 30 % der Ausbauwassermenge eines Standortes betragen. An den Wehren stehen typischerweise 30 % bis 70 % der Fallhöhe des Kraftwerkes zur Verfügung. Zudem kann man mit einer Restwasserkraftmaschine den überschüssigen Abfluss bei mittleren Hochwasserbedingungen nutzen. Insofern ist eine Erhöhung der Gesamtkraftwerksleistung und der Jahresenergie durch den Einsatz einer Restwasserkraftmaschine möglich. Dabei sind auch die Maßgaben für den Fischaufstieg zu berücksichtigen.

Da die Archimedische Schnecke ein sehr robustes Design hat, unempfindlich gegen Verschmutzungen ist, den Sedimenttransport nicht behindert, eine vergleichsweise hohe Drehzahl besitzt (im Vergleich zu Wasserrädern, s. Nuernbergk [3], [4]) und vor allem fischfreundlich ist, wird diese heutzutage häufig an Wehren als Restwasserturbine eingesetzt. Besonders wichtig ist, dass eine Wasserkraftschnecke den Fischabstieg durch die Anlage nicht behindert. Dies ist in herkömmlichen Anlagen mit Turbinen bisher nicht möglich. Die Parameter der Schnecke sind in **Bild 1** definiert.

Die Größen der Schnecke sind wie folgt definiert:

- β Anstellungswinkel der Schnecke in Grad,
- R_a Schneckenaußenradius in Meter,
- R_i Radius in Meter,
- L_{ZR} die Länge des Zentralrohres in Meter,
- N einheitenlose Anzahl der Gänge,
- S Gangsteigung in Meter,
- L_B Länge der beschaufelten Schnecke in Meter und
- n_{WKS} Drehzahl der Schnecke.

Weiterhin muss man noch den optimalen Füllpunkt F beschreiben (Definition s. Bild 1). In diesem Arbeitspunkt fließt gerade noch kein Wasser von einer Zelle in die nächste Zelle über das Zentralrohr ab. Wird der optimale Füllpunkt unterschritten, so ist die Schnecke teilgefüllt und man erreicht nicht den vollen Nenndurchfluss Q_N. Ebenso kann der Wasserspiegel höher als F sein. Dann ergibt sich eine Überströmung über das Zentralrohr.

Für Wasserkraftschnecken wird im Allgemeinen angenommen, dass der Nenndurchfluss Q_N um 20 % ohne signifikanten Abfall des Wirkungsgrades überschritten werden darf.

2 Zusammenhang zwischen Durchfluss und Drehzahl

Die maximale Drehzahl n_{WKS} einer Wasserkraftschnecke ist durch folgende Gleichung gegeben:

$$n_{WKS} = \frac{50}{(2 \cdot R_a)^{2/3}} \tag{1}$$

Der Durchfluss durch die Schnecke ist durch die Formel:

$$Q = V_u \cdot n_{WKS} \tag{2}$$

bestimmt, wobei das Volumen pro Volldrehung der Schnecke nach Rorres [5] wie folgt definiert ist:

$$V_u = \frac{2 \cdot \pi^2 \cdot R_a^3}{\tan \beta} \cdot (\lambda \cdot \nu) \tag{3}$$

Der Wert $(\lambda \cdot \nu)$ ist das normierte Volumen pro Volldrehung. Werte für bestimmte Verhältnisse der Radien und unterschiedliche Gangsteigungen findet man bei Nuernbergk [6]. Mit den beiden Gleichungen oben kann man den für einen gegebenen Radius R_a den Nenndurchfluss Q_N bestimmen.

Die oben dargestellten Gleichungen legen einen drehzahlvariablen Betrieb einer Wasserkraftschnecke nahe, da hierdurch einerseits die Schnecke immer gleichmäßig bis zum optimalen Füllpunkt F gefüllt ist und andererseits der Oberwasserspiegel konstant gehalten werden kann. Weiterhin vermeidet man durch einen konstanten Oberwasserspiegel einen Verlust an verfügbarem Gefälle H.

Es haben sich drei Betriebsarten von Wasserkraftschnecken durchgesetzt:

1. Betrieb mit einer starren Drehzahl nach Gl. (1). Die Schnecke ist über ein Getriebe mit einem Generator direkt gekoppelt. Die Netzfrequenz f = 50 Hz gibt dabei die Drehzahl des Generators und damit der Wasserkraftschnecke vor. Üblicherweise werden Drehstromasynchrongeneratoren verwendet, die typische Nenndrehzahlen von 750, 1 000 oder 1 500 1/min besitzen. Die Drehzahl des Generators

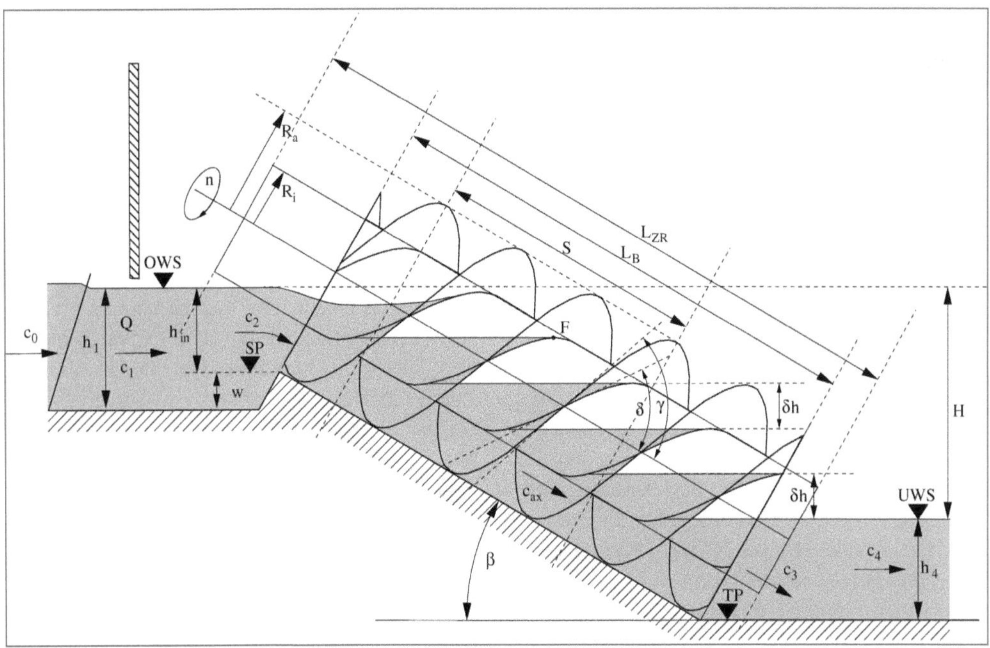

Bild 1: Schematische Darstellung einer Wasserkraftschnecke

wird durch die Polpaarzahl p bestimmt. Über das Getriebe wird dann die entsprechende Drehzahl der Schnecke realisiert.

2. Betrieb mit einem polumschaltbaren Asynchrongenerator. Unter Verwendung einer Dahlander-Schaltung kann die Polpaarzahl des Generators und damit die Drehzahl des Generators umgeschaltet werden. Typischerweise halbiert sich die Nenndrehzahl durch die Umschaltung auf die doppelte Polpaarzahl.
3. Betrieb mit variabler Drehzahl. Die Abtriebseinheit wird um einen Frequenzumrichter ergänzt. Der Drehzahl des Asynchrongenerators kann frei vom Stillstand bis über die Nenndrehzahl hinaus über eine Steuereinheit eingestellt werden. Eine weitere Variante stellt der drehzahlvariable Betrieb mit einem permanenterregten Synchrongenerator dar.

Welche Betriebsart nun aber besonders vorteilhaft ist, kann nicht durch einfache Überlegungen festgestellt werden. Hierzu muss man den Wirkungsgrad in Abhängigkeit vom Durchfluss und von der Drehzahl kennen (auch als Muschelkurven bezeichnet). Dazu wurden umfangreiche Messungen an der Universität für Bodenkultur, Wien, durchgeführt. Diese Kurven werden im nächsten Abschnitt näher erläutert.

3 Wirkungsgradmessungen

In **Tabelle 1** sind die Parameter der viergängigen Wasserkraftschnecke, die im hydraulischen Labor der Universität für Bodenkultur untersucht wurde, dargestellt. Bei den gewählten Parametern der Schnecke handelt es sich um ein Standarddesign einer Schnecke, die von den Herstellern häufig eingesetzt wird ($2 \cdot R_a = S$). Die Schneckenparameter sind in Tabelle 1 zusammengefasst.

In **Bild 2** ist das Muscheldiagramm der Wasserkraftschnecke für eine ausgewählte Anstellung von ß = 22° dargestellt. Es handelt sich dabei um die Höhenlinien des Wirkungsgrades. An der Universität für Bodenkultur wurden noch weitere Muschelkurven dieser Schnecke für andere Anstellungen von ß = 18° bis 34° vermessen, die hier aber nicht gezeigt werden können. Einige Ergebnisse wurden zum Beispiel durch Lashofer et al. [7], [9] dargestellt.

Der Wirkungsgrad in Bild 2 hat ein ausgeprägtes Maximum, welches sich für kleinere Drehzahlen und Durchflüsse ergibt. Der normale Betriebsbereich der Wasserkraftschnecke ist grau gekennzeichnet. Für die Nenndrehzahl nach Gl. (1) ist der Wirkungsgrad im Vergleich zum Maximum um ca. 10 % schlechter. Bei einer Überschreitung des Nenndurchflusses im optimalen Füllpunkt fällt der Wirkungsgrad relativ wenig ab (siehe 120-%-Grenze). Im optimalen Füllpunkt F bei Nenndrehzahl hat die Schnecke einen Nenndurchfluss von Q_N = 167 l/s.

Der Verlauf des Wirkungsgrades zeigt, dass eine Überschreitung des Nennwasserstrom Q_N über das Zentralrohr zulässig ist (Überschreitung des Wasserspiegels über den optimalen Füllpunkt F hinaus) und dieser Bereich der Kennlinie im Hochwasserfall ausgenutzt werden kann.

Als Nenndrehzahl wurde n_{WKS} = 60 1/min angenommen, da für diese Drehzahl auch Messwerte vorliegen. Nach der Gl. (1) hätte die Schnecke eine mittlere Nenndrehzahl von n_{WKS} = 61,1 1/min und liegt damit sehr nahe am voreingestellten Messwert. Die beiden durchgezogenen senkrechten schwarzen Linien kennzeichnen den drehzahlstarren Betrieb bei Nenndrehzahl und den drehzahlstarren Betrieb bei halber Nenndrehzahl $n_{WKS}/2$. Der drehzahlvariable Betrieb bei optimaler Füllung der Schnecke ist durch eine gestrichelte Linie gekennzeichnet.

Es wird deutlich, dass der Wirkungsgrad bei drehzahlvariablem Betrieb für unterschiedliche Durchflüsse durch die Schnecke gleichmäßig hoch bleibt, während er bei konstanter Drehzahl mit veränderlichem Durchfluss Q stark variiert.

Um höchste Wirkungsgrade im drehzahlvariablen Betrieb zu erreichen, muss man die Wasserkraftschnecke etwas unterhalb des optimalen Füllpunktes F bei einem Beaufschlagungsverhältnis bei Nenndrehzahl von ca. Q/Q_N = 0,84 betreiben. Dies kann man erreichen, indem man die Zuströmhöhe entsprechend einstellt. Ein allgemeines Modell für die Zuströmhöhe findet man bei Nuernbergk [6] oder [7]. Der Arbeitspunkt der Schnecke bewegt sich dann auf dem Grat der Muschelkurve.

Wird die Nenndrehzahl deutlich überschritten, so wird Wasser von der Schnecke weg geschleudert. Dieser Betriebszustand ist unerwünscht, obwohl der Wirkungsgrad im Vergleich z. B. zu einem Zuppinger Wasserrad (η = 70 % bis 80 %) noch relativ hoch ist.

Tab. 1: Parameter der im hydraulischen Testlabor der Universität für Bodenkultur untersuchten, viergängigen Wasserkraftschnecke für eine Anstellung von ß = 22°

Beschreibung	Parameter	Wert	Einheit
Schneckenaußenradius	R_a	0,403	m
Schneckeninnenradius	R_i	0,203	m
Gangsteigung	S	0,806	m
Gangzahl	N	4	1
Verhältnis der Radien	R_i/R_a	0,5037	1
Anstellung der Schnecke	ß	22	°
Normierte Gangsteigung	λ	0,1286	1

Eine Wasserkraftschnecke mit konstanter Drehzahl hat bei einem Beaufschlagungsverhältnis unter $Q/Q_N = 0{,}5$ einen schlechten Wirkungsgrad. Ist der Wasserstrom an einem Standort sehr variabel, so ist also eine Drehzahlregelung oder -stellung vorzusehen. Durch Verwendung eines polumschaltbaren Generators mit Dahlander-Schaltung kann man die Drehzahl der Schnecke einfach halbieren und erzielt somit auch für kleine Durchflüsse einen hohen Wirkungsgrad.

In **Bild 3** sind für einen besseren Vergleich die Wirkungsgradverläufe bei konstanter und variabler Drehzahl zu erhalten wurden in Bild 3 die Schnittlinien aus Bild 2 über dem Durchfluss aufgetragen. Weiterhin sind Berechnungen mit dem theoretischen Modell aus Nuernbergk [6] gezeigt. Man erkennt deutlich, dass ein drehzahlvariabler Betrieb hinsichtlich Durchflussregelung und Wirkungsgrad der Schnecke vorteilhaft ist.

Nur bei sehr konstanten Wasserströmen wird man eine Schnecke verwenden, die mit konstanter Drehzahl betrieben wird. Dies ist eine typische Situation für eine Schnecke, welche an einem Wehr als Restwasserkraftmaschine eingesetzt wird.

Der Vergleich zwischen dem theoretischen Modell und den Messungen war an dieser Stelle besonders wichtig, da mit dem theoretischen Modell in [6] Optimierungsrechnungen durchgeführt wurden. Die Übereinstimmung zwischen dem Modell bei drehzahlvariablem Betrieb und den

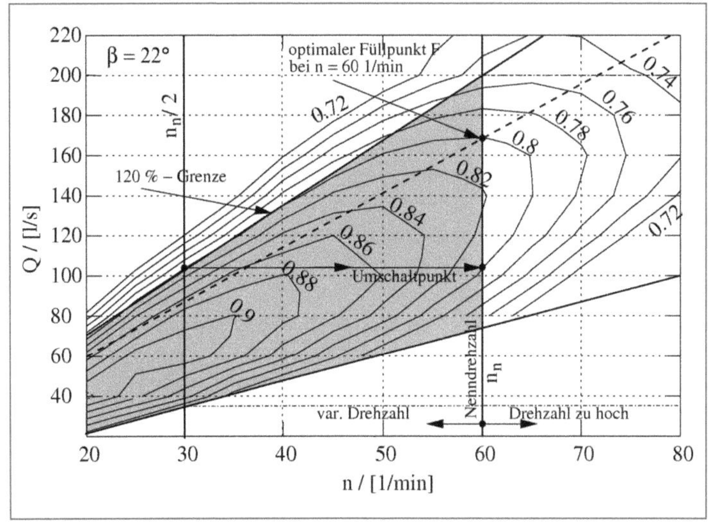

Bild 2: Muschelkurve einer Wasserkraftschnecke mit einer Anstellung von ß = 22°

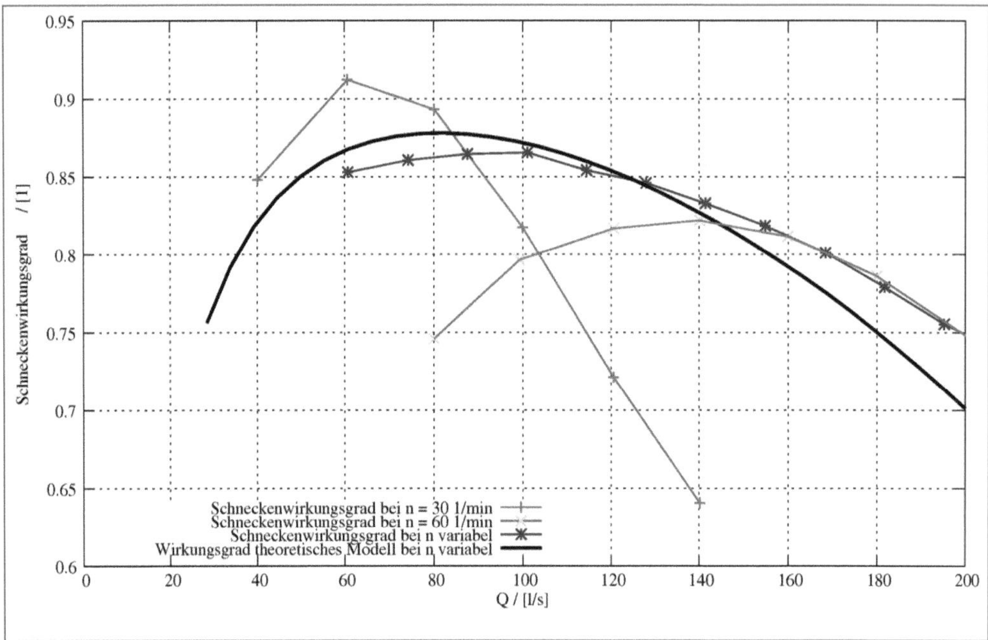

Bild 3: Wirkungsgradverläufe für die drei Betriebsarten über dem Durchfluss aufgetragen (Bild 2)

Messergebnissen ist sehr gut, wenn man bedenkt, dass die gleichen Modellparameter (Spaltbreite s_{sp} und der dimensionslose Reibungskoeffizient λ_R) unverändert wie in der Veröffentlichung [6] verwendet wurden. Die Optimierungsergebnisse in [6] können somit als zuverlässig bewertet werden.

Um einen drehzahlvariablen Betrieb mit einer Drehstromasynchronmaschine realisieren zu können, ist ein Frequenzumrichter erforderlich. Hierdurch entsteht ein zusätzlicher Leistungsverlust im Umrichter selber. Typische Umrichter, die auf dem Markt verfügbar sind, haben einen Wirkungsgrad von ca. 96 %. In **Bild 4** sind die Wirkungsgradverläufe des Anlagenwirkungsgrades dargestellt. Es wurden dabei folgende konstante Wirkungsgrade angesetzt:

- Kupplungswirkungsgrad: $\eta_{Kupp} = 0{,}998$;
- Getriebewirkungsgrad für ein zweistufiges Stirnradgetriebe: $\eta_{Getr} = 0{,}98^2 = 0{,}96$;
- Wirkungsgrad des Frequenzumrichters: $\eta_{FU} = 0{,}96$;
- Wirkungsgrad eines Drehstromasynchrongenerators: $\eta_{Gen} = 0{,}90$.

Die Vorgehensweise, konstante Wirkungsgrade für die Einzelkomponenten des Antriebes anzunehmen, stellt eine Vereinfachung dar, da im Allgemeinen der elektrische oder mechanische Wirkungsgrad lastabhängig ist. Dies ist aber an dieser Stelle zulässig, da sich die Lastabhängigkeit erst bei kleinen Leistungen besonders auswirkt.

Man erkennt in Bild 4, dass der Anlagenwirkungsgrad bei drehzahlvariablem Betrieb geringer ist als z. B. bei dem Betrieb mit einem polumschaltbaren Generator, da die Umrichterverluste bei einer einfachen Polumschaltung wegfallen. Der Umschaltpunkt liegt bei der Anstellung β = 22° bei 0,62 · Q_N. Für andere Anstellungen verschiebt sich dieser Punkt leicht. Insofern hat eine Drehzahlstellung mit polumschaltbarem Generator seine Daseinsberechtigung, da die Anlagenkosten niedriger sind. Nachteilig ist, dass die Polumschaltung nur im Stillstand erfolgen kann, da sonst der Antrieb einem extremen Ruck ausgesetzt wäre. Vorteilhaft an diesem Antriebskonzept sind aber die geringeren Kosten und die höhere Zuverlässigkeit eines solchen Systems.

Es ist deshalb nicht einfach möglich, eines der drei Antriebskonzepte generell zu favorisieren. Ein drehzahlvariabler Betrieb ist bei einer vollautomatisierten autarken Anlage notwendig. Ein Betrieb mit polumschaltbarem Generator ist für ei-

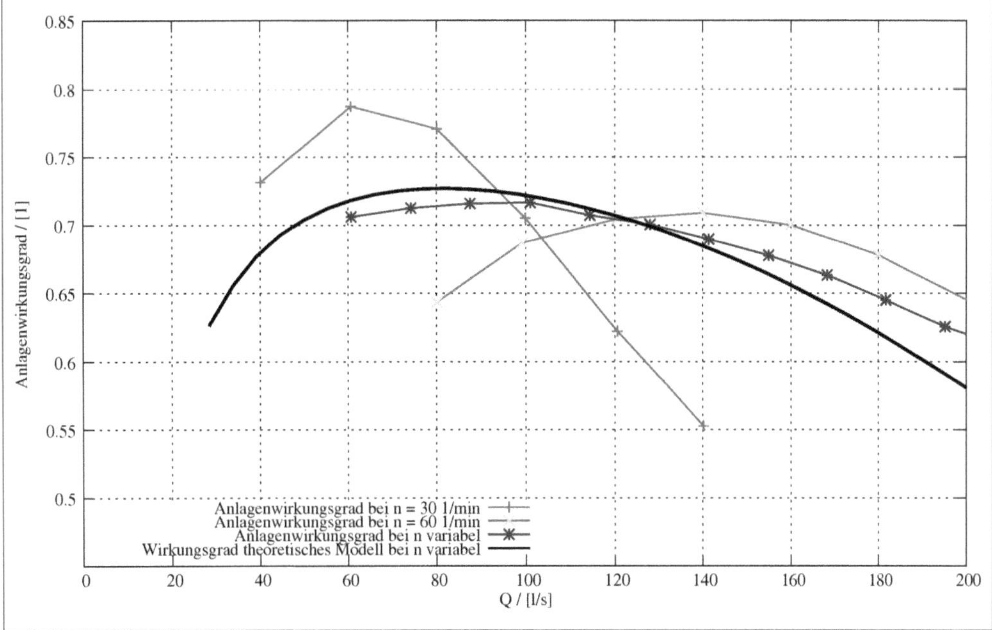

Bild 4: Verläufe des Anlagenwirkungsgrades für die drei Betriebsarten über dem Durchfluss aufgetragen

nen besonders hohen Jahresenergieertrag günstig, wenn der Entwurfsdurchfluss von 0,62 · Q_N abweicht. Ein Generator mit einer festen Drehzahl ist dann einzusetzen, wenn der Durchfluss durch die Schnecke besonders konstant ist. Eine weitere Möglichkeit stellt der Betrieb mit permanenterregten Generatoren (hoher Generatorwirkungsgrad) dar, welche eine lastabhängige Drehzahl aufweisen. Hierbei sind aber wiederum besondere Maßnahmen erforderlich, auf die nicht weiter eingegangen werden soll.

Es sei hier noch auf den Zusammenhang zwischen dieser Veröffentlichung und der Arbeit von Lashofer [8] hingewiesen. In [8] wurden die Anlagenwirkungsgrade von 32 verschiedenen Anlagen vorgestellt, wobei die in Bild 4 gezeigten Anlagenwirkungsgrade sehr gut mit den Ergebnissen aus [8] übereinstimmen (Kurvenverläufe der Trendkurven).

4 Verluste

Mit dem einfachen theoretischen Modell aus [6] kann man auch die unterschiedlichen hydraulischen Verluste, welche zu den Wirkungsgradverläufen in Bild 3 führen, veranschaulichen.

In **Bild 5** sind die unterschiedlichen Verluste bezogen auf die theoretisch verfügbare Leistung der Schnecke dargestellt.

Man unterscheidet folgende Verluste [6]:

1. Verluste am Rechen,
2. Verluste im Zulaufbereich nach dem Rechen durch Stauwände oder Schützen, die der Wasserstandsregelung dienen,
3. Verluste beim Eintritt in die Schnecke, Leckstromverluste durch den Spalt zwischen Schnecke und Trog,
4. Leckstromverluste durch den Übertritt des Wassers über das Zentralrohr,
5. Verluste durch Reibung des Wassers am Trog,
6. Verluste durch Reibung des Wassers an den Schaufelblättern,
7. Verluste durch Reibung des Wassers am Zentralrohr,
8. Verluste durch die kinetische Austrittsenergie des Wassers aus der Schnecke,

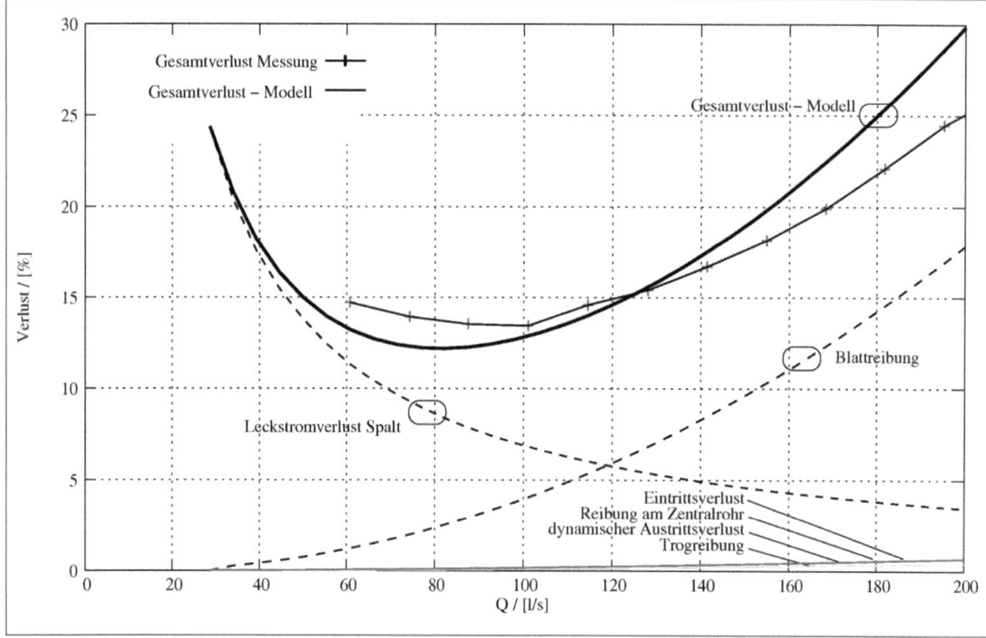

Bild 5: Verschiedene Verluste bei drehzahlvariablem Betrieb über dem Durchfluss aufgetragen

9. Verluste durch zu hohen oder niedrigen Unterwasserstand.

Besonders dominant ist der Leckstromverlust, welcher bei kleinen Durchflüssen bzw. kleinen mechanischen Leistungen an der Schneckenwelle besonders wirksam ist. Bei hohen Drehzahlen sind die Reibungsverluste des Wassers besonders groß. Unter den Reibungsverlusten ist die Blattreibung bei hohen Drehzahlen (Drehzahl n proportional dem Durchfluss Q) sehr hoch. Besonders an den schnell umlaufenden Blattenden ergeben sich dann hohe Reibungsverluste. In Bild 5 wird deutlich, dass das theoretische Verständnis der Einzelverluste zu einer systematischen Optimierung von Wasserkraftschnecken genutzt werden kann. Verbesserungen des Wirkungsgrades von Wasserkraftschnecken sind deshalb durch folgende Maßnahmen möglich:

- Verringerung der Spalte zwischen Trog und Schnecke, wobei der Durchhang der Schnecke durch das Eigengewicht zu beachten ist.
- Reduktion der Reibungsverluste durch entsprechende Beschichtung der Wasserkraftschnecke, was schon von einigen Herstellern angeboten wird.
- Erhöhung des Durchflusses durch eine veränderte Schneckengeometrie. Diese Maßnahme wird bisher noch nicht bei kommerziell verwendeten Schnecken eingesetzt.

Entsprechend dieser Maßnahmen kann man noch mit weiteren Verbesserungen beim Wirkungsgrad von Wasserkraftschnecken gegenüber den in Bild 2 gezeigten Muschelkurven der Universität für Bodenkultur rechnen.

5 Zusammenfassung

Wasserkraftschnecken besitzen im Teillastbereich einen ausgezeichneten Wirkungsgrad. Besonders vorteilhaft ist der drehzahlvariable Betrieb der Schnecke. Leider sind für diese Betriebsart Anlagenkomponenten notwendig, die durch ihre Eigenverluste diesen Vorteil wieder zunichtemachen. Somit haben alle drei Betriebsarten von Wasserkraftschnecken ihre Berechtigung und es kann nur anhand der jeweiligen Verhältnisse an einen Standort ermittelt werden, welches Anlagenkonzept günstig ist. Dabei sollte möglichst eine Bewertung der Jahresenergie über die Dauerlinien (Gefälle und Durchfluss) erfolgen.

Danksagung

Dieser Beitrag wurde von der Deutschen Forschungsgemeinschaft unter dem Förderkennzeichnen NU-294/1-1 sowie aus Mitteln des Klima- und Energiefonds gefördert und im Rahmen des Programms „NEUE ENERGIEN 2020“ durchgeführt.

Autoren

Dr.-Ing. Dirk M. Nuernbergk
Dalbergsweg 40, 99084 Erfurt
dnuernbergk@coe.drexel.edu

Dipl.-Ing. Alois Lashofer

Dipl.-Ing. Werner Hawle

ao. Univ. Prof. Dipl.-Ing. Dr. nat. techn. Bernhard Pelikan
Universität für Bodenkultur
Institut für Wasserwirtschaft, Hydrologie und Konstruktiven Wasserbau
Muthgasse 18
1190 Wien, Österreich
lashofer.alois@boku.ac.at
werner.hawle@boku.ac.at
bernhard.pelikan@boku.ac.at

Literatur

[1] Radlik, K.-A.: Wasserkraftschnecke zur Energieumwandlung. Patent DE 4 139 134 C2, 1992.

[2] Meißl, G.: Die Wasserkraftschnecke als Restwassermaschine – ein Lösungsmodell, Kleinwasserkraftwerke. In: OTTI-Kolleg, 2005, S.160-168.

[3] Nuernbergk, D.M.: Wasserräder mit Kropfgerinne – Berechnungsgrundlagen und neue Erkenntnisse, Moritz Schäfer Verlag, Detmold, 2007

[4] Nuernbergk, D. M.: Wasserräder mit Freihang – Entwurfs- und Berechnungsgrundlagen. Detmold: Moritz Schäfer Verlag, 2007.

[5] Rorres, Ch.: The turn of the screw – optimal design of an archimedes screw. In: Journal of Hydraulic Engineering 126 (2000), Nr. 1, S. 72-80.

[6] Nuernbergk, D. M.: Wasserkraftschnecken –Berechnung und optimaler Entwurf von archimedischen Schnecken als Wasserkraftmaschine. Detmold: Moritz Schäfer Verlag, 2007.

[7] Nuernbergk, D. M.; Rorres, Ch.: An Analytical Model for the Water Inflow of an Archimedes Screw Used in Hydropower Generation. In: Journal of Hydraulic Engineering 139 (2013), Nr. 2, S. 213-220.

[8] Lashofer, A.; Kaltenberger, F.; Pelikan, B.: Wie gut bewährt sich die Wasserkraftschnecke in der Praxis. In: WasserWirtschaft 101 (2011), Nr. 7-8, S. 76-82.

[9] Lashofer, A.; Hawle, W.; Pelikan, B.: Betriebsbereiche und Wirkungsgrade der Wasserkraftschnecke. In: WasserWirtschaft 103 (2013), Nr. 7-8, S. 29-34.

Dirk Michael Nuernbergk, Alois Lashofer, Werner Hawle and Bernhard Pelikan

Concepts of Operation for Hydropower Screws

Water power screws are often applied to supply the residual flow to rivers. There are two different concepts to operate a screw; constant rotational speed and variable speed operation. The open question for an owner of a hydropower site is which concept is best suited for a particular situation. This question will be answered in this article.

Дирк Михаэль Нуернбергк, Алоис Ласхофер, Вернер Хавле и Бернхард Пеликан

Режимы работы гидродинамических шнеков

В соответствии с требованиями европейской Рамочной Директивы по воде гидродинамические шнеки часто используются как остаточные гидросиловые установки. При этом установки работают в режимах постоянного и переменного числа оборотов. Для эксплуатирующего установку предприятия часто возникает вопрос, какой из режимов является наиболее рациональным для определенного месторасположения. В данной статье рассматриваются принципиальные различия и возможности применения различных типов. Тем не менее, всякий раз необходима подгонка в соответствии с монтажной ситуацией.

Franz Mühle, Christoph Rapp und Oliver Mayer

Experimentelle Untersuchungen an einem Wasserwirbel-Kraftwerk

Da in der Literatur keine Anhaltswerte verfügbar sind, wurde im Rahmen dieser Arbeit ein mögliches Design für die Drallkammer eines Wasserwirbelkraftwerks entwickelt und in einem Modell im Maßstab 1:9 getestet. Unterschiedliche Größen wurden variiert, um die bestimmenden Parameter zu erfassen. Dabei wurden Geschwindigkeiten und Leistungen an der Turbine gemessen. Der Durchmesser der Auslassöffnung hat den größten Einfluss auf die Geschwindigkeiten und den Turbinenwirkungsgrad, der bei ca. 50 % liegt. Die Wirkungsgradverläufe zeigen eine große Abhängigkeit von der Fließtiefe im Oberwasser. Das Kraftwerk mit einem Anlagenwirkungsgrad von ca. 31 % ist demnach für kleine Fallhöhen geeignet.

1 Einleitung

Erneuerbare Energien gewinnen aufgrund des gesteigerten Umweltbewusstseins an Bedeutung. In Deutschland sind die großen Potenziale weitgehend ausgeschöpft, so dass der Fokus in Zukunft u. a. auf der dezentralen Kleinwasserkraft liegt. Mehrere Konzepte werden hierbei verfolgt, wobei die Archimedische Schnecke aufgrund ihrer Robustheit und Fischfreundlichkeit vielfach zum Einsatz kommt. Laut Lashofer et al. [1] waren 2006 in Europa insgesamt 40 Schnecken als Wasserkraftanlagen installiert; 2012 waren es bereits 400 Stück.

Aber auch völlig neuartige Typen, wie die VLH-Turbine (Very Low Head) oder das sogenannte Bewegliche Kraftwerk, wurden zur Nutzung geringer Fallhöhen und Durchflüsse entwickelt, um kleine Potenziale wirtschaftlich erschließen zu können. Ein weiteres Kraftwerkskonzept ist das Wasserwirbelkraftwerk über das lediglich eine wissenschaftliche Veröffentlichung [2] gefunden werden konnte. Diese Bachelor-Arbeit konzentriert sich jedoch hauptsächlich auf die Anlagen- und Elektrotechnik, wodurch sie eine wertvolle Ergänzung zu dieser Publikation darstellt.

Bei einem Wirbelkraftwerk wird Wasser in einer Drallkammer, ähnlich dem Wirbelfallschacht, in Rotation versetzt und strömt durch eine Bodenöffnung vertikal ins Unterwasser. Im Wirbelkern befindet sich die Achse einer Turbine, die durch die Strömung angetrieben wird. Die Funktionsweise ist in **Bild 1** dargestellt und kann unter youtube [3] näher betrachtet werden.

Mit der vorliegenden Arbeit, die die wesentlichen Erkenntnisse der Master-Arbeit [4] zusammenfasst, sollen durch ein entwickeltes physikalisches Modell Einblicke in die Technik gewährt und Konstruktionshinweise zu einer möglichen Form der Drallkammer vorgestellt werden. Zudem geben Geschwindigkeits- und Drehmomentmessungen Aufschluss über die Strömungssituation und die Leistungsausbeute des Kraftwerks.

2 Modell (Konstruktion)

2.1 Beckenform

Für die Form und Dimensionen der Drallkammer wurden Methoden entwickelt, um sie zu beschreiben. Bei einer Literaturrecherche wurde festgestellt, dass der Wirbelfallschacht aus der Abwassertechnik eine ähnliche Funktionsweise wie das Wasserwirbelkraftwerk aufweist und dafür bereits Konstruktionsregeln vorhanden sind. In Kleinschroth's „Fließvorgänge im Wirbelfallschacht“ [5] werden diese für verschiedene Beckenformen aufgezeigt. Bei der Wahl der Drallkammerform fiel die Entscheidung auf ein Becken nach dem Konstruktionsprinzip von Drioli, da hier eine gleichmäßige Geschwindigkeitsverteilung um die Turbine erwartet wurde. Bei dem Konstruktionsprinzip von Drioli handelt es sich um eine Korbbogenkonstruktion, die aus vier verschiedenen, fließend miteinander verbundenen Kreissegmenten besteht (**Bild 2**). Bei der Planung des Kraftwerks wurde jedoch im Vergleich zum Wirbelfallschacht der Abstand der Ausflussöffnung zum Einlaufkanal (c) wesentlich größer gewählt, um insgesamt einen größeren Durchmesser zu erreichen.

Die Mittelpunkte der Kreissegmentradien sind um einen Exzentrizitätsfaktor e vom Mittelpunkt der Ausflussöffnung M verschoben. Die Beckenwand wird durch das beständige Verringern der Radien spiralförmig.

Über die Gl. (1) bis (6) sind e, a und die Radien r_1 bis r_4 gegeben [5]:

$$e = \frac{1}{7}(b + s) \tag{1}$$

$$r_1 = \frac{1}{2} d_o + 6e + \Delta r + c \tag{2}$$

$$r_2 = r_1 - 2e \tag{3}$$

$$r_3 = r_1 - 4e \tag{4}$$

$$r_4 = r_1 - 5e \tag{5}$$

$$a = r_1 + e - \frac{b_i}{2} \tag{6}$$

Für die Berechnung der Kammerform sind des Weiteren noch die Abmessungen für die Breite des Zulaufkanals b_i, der Durchmesser der Ausflussöffnung d_o, der Ausrundungsradius der Ausflussöffnung Δr, die Stärke der Verbindung zwischen Einlaufkanal und Drallkammer s sowie der Abstand der Ausflussöffung zu der Verbindung zum Einlaufkanal c notwendig. Beim Ausrundungsradius der Ausflussöffnung Δr gilt, je größer er ist, desto besser ist der Abfluss über die Auslaufkante; der Maximalwert entspricht dabei der Dicke der Bodenplatte.

Dabei gilt in der Abwasserhydraulik, dass die Breite des Einlaufkanals b_i und der Durchmesser der Auslassöffnung d_o gleich groß sein sollen. Die Werte dafür können über den maximalen Durchfluss Q_{max} mit folgender Gleichung berechnet werden (bei Drioli $\eta = 1{,}0$);

$$d_o = \eta \times \sqrt[5]{\frac{Q^2_{max}}{g}} \tag{7}$$

Diese Gl. (7) wurde für den Wirbelfallschacht hergeleitet und eignet sich deshalb nur für eine erste Abschätzung der Dimensionen bei der Planung eines Kraftwerks. Um die Werte anzupassen, wird im Folgenden eine Durchfluss-Fließtiefen-Beziehung abgeleitet, mit der die Auswirkung verschiedener Parameter auf die Fließtiefe in der Drallkammer bestimmt werden kann.

2.2 Beziehung zwischen Fließtiefe und Durchfluss

Für die Auslegung dieser Kraftwerke ist das Verhältnis zwischen Durchfluss und Fließtiefe von Bedeutung. In Anlehnung an den Wirbelfallschacht wurde an dieser Stelle die Methode nach Kleinschroth [6] verwendet. Dieser zieht zur Beurteilung der Strömungssituation das Verhältnis der Fläche am unteren Ende des Luftkegels im Wirbelkern und der Fläche der Auslassöffnung heran:

$$\theta = \frac{d_a^2}{d_o^2} \tag{8}$$

Bei einem Wert von $\theta = 1$ ist der Durchfluss gleich null, bei $\theta = 0$ schließt sich der Luftkegel. Bei freiem Ausfluss kann der Wasserspiegel im äußeren Bereich der Drallkammer mit Gl. (9) abgeschätzt werden:

$$h_0 = \frac{\frac{\pi \times d_o}{2 \times \theta} \times \sqrt{2 \times (1-\theta)^3} \times \left[2 \times (1+\theta) \times r_m^2 - \theta^2 \times d_o^2\right]}{\frac{2 \times b_i}{r_m} \times \left[2 \times (1+\theta) \times r_m^2 - \theta^2 \times d_o^2\right] + \frac{2 \times \theta^2 \times d_0^2 \times b_i}{r_m} - \theta^2 \times d_o^2 \times r_m^2 \times \left[\frac{1}{\left(a - \frac{b_i}{2}\right)^2} - \frac{1}{\left(a + \frac{b_i}{2}\right)^2}\right]} \tag{9}$$

Da die Größe des Luftkerns a priori unbekannt ist, sollte die Fließtiefe im Einlauf für eine Reihe von θ berechnet werden.

Bei einem Einstau von Unterwasser ergibt sich als Erweiterung Gl. (10) mit der Einstauhöhe h_i und der Verlusthöhe h_v; der Einfluss des Einstaus wird im Folgenden jedoch nicht weiter betrachtet:

$$h_{0,i} = \sqrt{h_0^2 + h_i^2 + h_v^2} \tag{10}$$

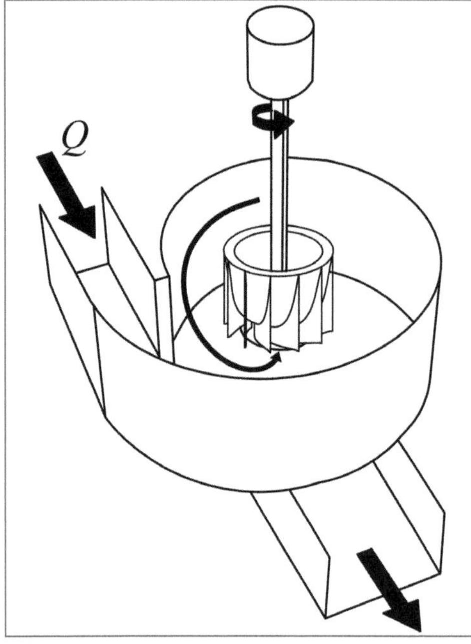

Bild 1: Wasserwirbelkraftwerk: Funktionsskizze

Für die Bestimmung von h_0, $h_{0,i}$ und Q benötigt man den maßgebenden Radius r_m, der für eine Drallkammer nach Drioli über Gl. (11) berechnet werden kann:

$$r_m = \frac{b_i}{\ln \frac{a+b_i/2}{a-b_i/2}} \tag{11}$$

Der mit der berechneten Fließtiefe h0 und dem Flächenverhältnis des Luftkegels θ zusammenhängende Durchfluss kann mit der folgenden Gleichung berechnet werden:

$$Q = \sqrt{\frac{2 \times \theta^2 \times g \times b^2 \times d_0^2 \times h_0^3}{2 \times r_m^2 \times (1+\theta) - d_0^2 \times \theta^2}} \tag{12}$$

Mit der Kleinschroth'schen Methode können über o. a. empirische Zusammenhänge die Konstruktionsparameter einer Drallkammer bezüglich des Durchflusses sowie der Fließtiefe bewertet und dadurch festgelegt werden. Jedoch stellte schon Kleinschroth [6] fest, dass die Fließtiefen in der Realität graduell niedriger sind als in der Theorie, worauf daher bei der Planung geachtet werden sollte.

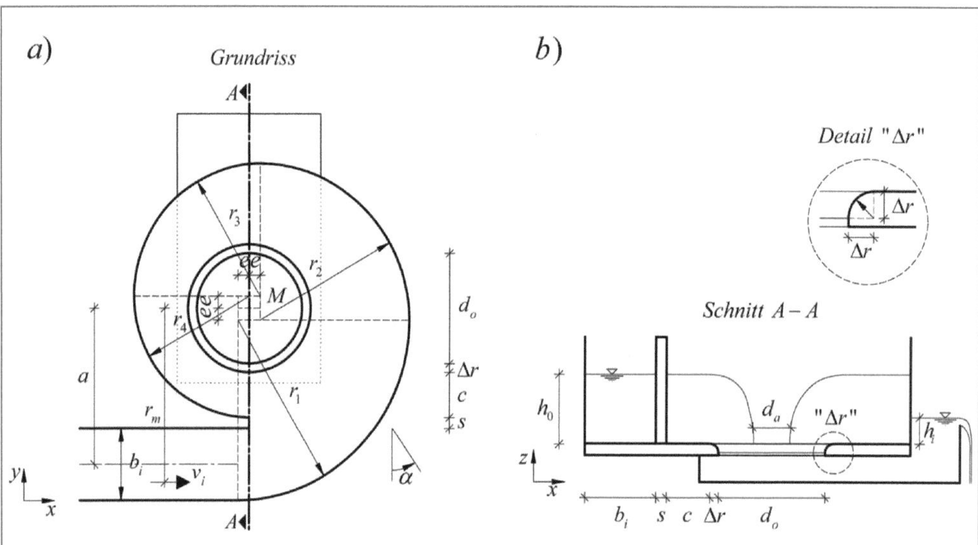

Bild 2: Wasserwirbelkraftwerk: Konstruktionsprinzip für Beckenform nach Drioli, a) Grundriss; b) Schnitt

Tab. 1: Designwerte und Maßstabsfaktoren der Modellanlage

	λ (Länge)	τ (Zeit)	μ (Masse)	b_i [m]	d_o [m]	d_B [m]	Δr [m]	c [m]	s [m]	r_1 [m]	r_2 [m]	r_3 [m]	r_4 [m]	e [m]	Q [l/s]	h_0 [m]
1:	1	1	1	1,25	1,00	5,01	0,00	1,40	0,15	3,10	2,70	2,30	2,10	0,20	1 500,0	2,00
1:	9	3	729	0,14	0,11	0,56	0,00	0,16	0,02	0,34	0,30	0,26	0,23	0,02	6,17	0,22

3 Physikalisches Modell

3.1 Maßstabsgesetze

Um die realen Abmessungen des Kraftwerks in das Modell zu übertragen, wurde eine Dimensionsanalyse nach dem Froude'schen Ähnlichkeitsgesetz durchgeführt. Als Längenmaßstab wurde ein Verhältnis von 1:9 gewählt, da hierbei unter wirtschaftlichem Aufwand genaue Ergebnisse erzielt werden können. Die Designwerte und die Maßstabsfaktoren sind in **Tabelle 1** dargestellt; im Folgenden werden Modellwerte angegeben sowie in die Realität skalierte Werte in Klammern.

3.2 Versuchsaufbau

Nach den o. a. Konstruktionshinweisen wurde ein physikalisches Experiment im Hydromechanik-Labor der TU München aufgebaut. Der Versuchsaufbau ist in **Bild 3** dargestellt. Das Wasser wird mit der Pumpe P aus dem Rücklaufgerinne B durch das Ventil V in den Einlaufkanal IC gefördert. In der Drallkammer VC sind die Turbine T und das Prandtl-Rohr PT zur Messung der Strömungsgeschwindigkeiten schematisch dargestellt. Mit dem Fahrradcomputer TM wird die Umdrehungszahl bei gemessenem Drehmoment TT angezeigt. Das Wasser fließt durch den Auslasskanal OC über das scharfkantige Wehr zurück in das Reservoir B. Die Prandtl-Sonde ist mit hoch auflösenden Drucksonden PTM (Keller SX-41, 10 mbar Messbereich, typischer Messfehler <1 ‰) verbunden, die mit 400 Hz die Drücke, verstärkt durch das Netzteil PS, über einen Analog-Digitalwandler DAQ an einen PC weitergeben. Die beiden Sonden für statischen und dynamischen Druck wurden über das Gefäß CV gegeneinander kalibriert.

Die Messwerte wurden mit einer LabVIEW-Routine aufgenommen und gespeichert; jeder Messwert wurde als konvergent eingestuft, wenn die Änderung der Varianz σ^2 kleiner als $1 \cdot 10^{-4}$ mmWS^2 war. Bei den Druckmessungen musste mit hoher Präzision vorgegangen werden, denn über die Prandtl-Sonden werden totale Drücke p_{total} (Staudruck inklusive statischer Druck) und statische Drücke $p_{statisch}$ gemessen, um aus der Differenz die Geschwindigkeitshöhe $v^2/2\,g = (p_{total} - p_{statisch})/\rho g$ zu bestimmen. Um Geschwindigkeiten mit einer Genauigkeit von einem Zentimeter pro Sekunde angeben zu können, ist demnach die

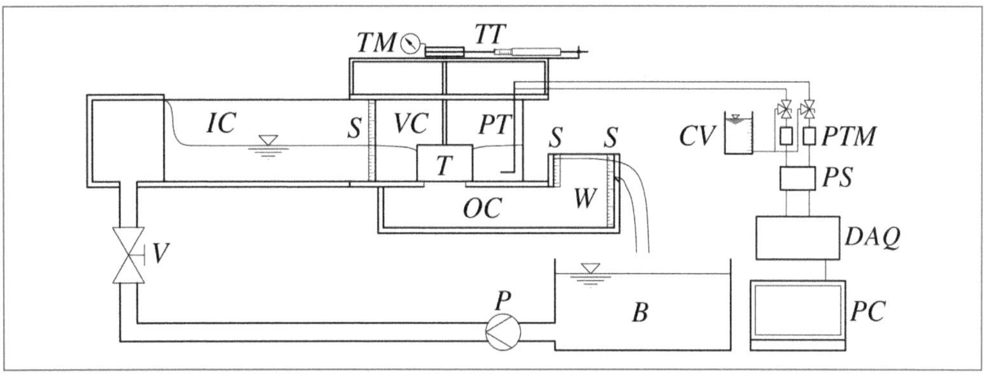

Bild 3: Wasserwirbelkraftwerk: Versuchsaufbau

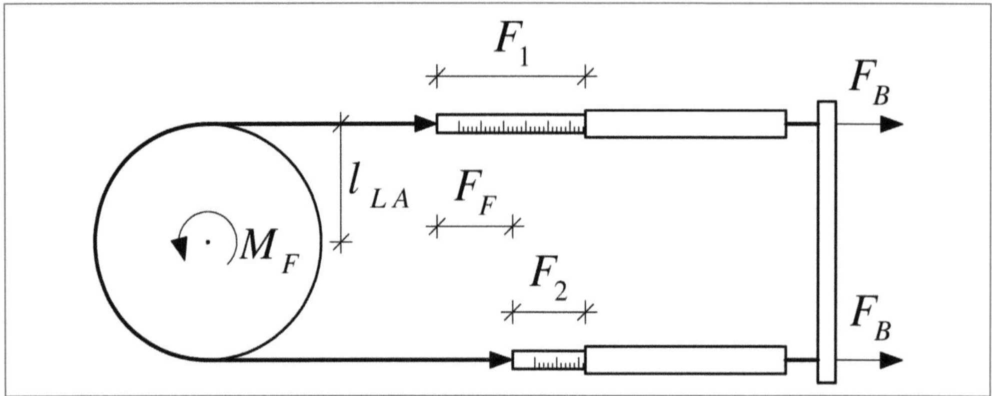

Bild 4: Funktionsskizze Drehmomentaufnehmer

Druckhöhe auf 5 µm genau zu bestimmen. Für die Drehmomentenmessung wurde eine Standard-Federwaage mit Drehscheibe nach bekanntem Prinzip (**Bild 4**) eingesetzt:

$$M_F = F_F \times l_{LA} \tag{13}$$

3.3 Turbine

Die Turbinenform, die im Experiment zur Verwendung kam, wurde von den Firmen ecoligent und Vorteco entwickelt. Sie hat eine Höhe von 14,5 cm (1,30 m) bei einem Durchmesser von 19,4 cm (1,75 m) und besteht aus einem hohlen, trichteratigen Zylinder mit zwölf Schaufeln an der Außenseite. An der Unterseite dieses Trichters befindet sich zentral eine Öffnung mit d = 8,4 cm (0,75 m), damit über die Oberkante der Turbine abfließendes Wasser ins Unterwasser abgegeben werden kann.

Die Turbine wurde für die Verwendung in einem „Fischfreundlichen Wehr" entworfen; dieses Wehr ist eine Weiterentwicklung des Wasserwirbelkraftwerks, das besonders auf die Durchgängigkeit für Fische und andere aquatische Lebewesen ausgelegt ist. Die Turbine dreht sehr langsam und die Schaufeln haben einen großen Abstand, damit laut Hersteller die Anforderungen aus dem Merkblatt DWA-M 509 „Fischaufstiegsanlagen und fischpassierbare Bauwerke – Gestaltung, Bemessung, Qualitätssicherung" eingehalten werden können.

4 Ergebnisse

4.1 Geschwindigkeitsverteilung

Bei einer Parameterstudie wurden der Durchfluss, die Einstauhöhe des Unterwassers und die Größe

Tab. 2: Variation der Parameter (Modellwert und in Klammern Naturwert)

	Q	h_I	d_o
Experiment 1	6,2 l/s (1,5 m³/s)	0,0 cm (0,0 m)	11,1 cm (1,0 m)
Experiment 2	4,1 l/s (1,0 m³/s)	0,0 cm (0,0 m)	11,1 cm (1,0 m)
Experiment 3	8,2 l/s (2,0 m³/s)	0,0 cm (0,0 m)	11,1 cm (1,0 m)
Experiment 4	6,2 l/s (1,5 m³/s)	-8,3 cm (-0,75 m)	11,1 cm (1,0 m)
Experiment 5	6,2 l/s (1,5 m³/s)	+8,3 cm (+0,75 m)	11,1 cm (1,0 m)
Experiment 6	6,2 l/s (1,5 m³/s)	0,0 cm (0,0 m)	8,3 cm (0,75 m)
Experiment 7	6,2 l/s (1,5 m³/s)	0,0 cm (0,0 m)	13,9 cm (1,5 m)

der Auslassöffnung gegenüber dem Bemessungswert (Experiment 1) variiert (**Tabelle 2**). Diese Experimente wurden ohne und mit eingebauter Turbine durchgeführt. Im Fall der Strömung ohne Turbine wurde die Wirbelform durch Fotos aus zwei verschiedenen Richtungen dokumentiert (**Bild 5**).

Einfluss des Durchflusses auf die Geschwindigkeitsverteilung

Je niedriger der Durchfluss Q ist, umso geringer ist die Fließtiefe und umso breiter ist der Luftkern, der im Zentrum der Auslassöffnung liegt. Mit wachsendem Durchfluss steigt die Fließtiefe an und der Luftkern des Wirbels wird kleiner. Der Wirbelkern liegt exzentrisch im Bereich der Radien r_1 und r_2. Die Geschwindigkeiten steigen generell mit dem Durchfluss an und liegen beim hohen Durchfluss um ca. 15 cm/s (45 cm/s) über jenen vom kleinen. Die Turbine hat keinen wesentlichen Einfluss auf das azimutale Geschwindigkeitsfeld.

Einfluss des Unterwasserstandes auf die Geschwindigkeitsverteilung

Der Unterwasserstand h_i hat nur einen untergeordneten Einfluss auf die Geschwindigkeitsverteilung in der Drallkammer. Bei einem Unterwasserstand von 8,3 cm (0,75 m) unterhalb des Drallkammerbodens ergeben sich keinerlei Änderungen bei Wirbelform und Fließtiefe. Allein die Geschwindigkeiten im äußeren Bereich sind beim niedrigen Unterwasserstand ein wenig höher. Auch der Einbau der Turbine wirkt sich für

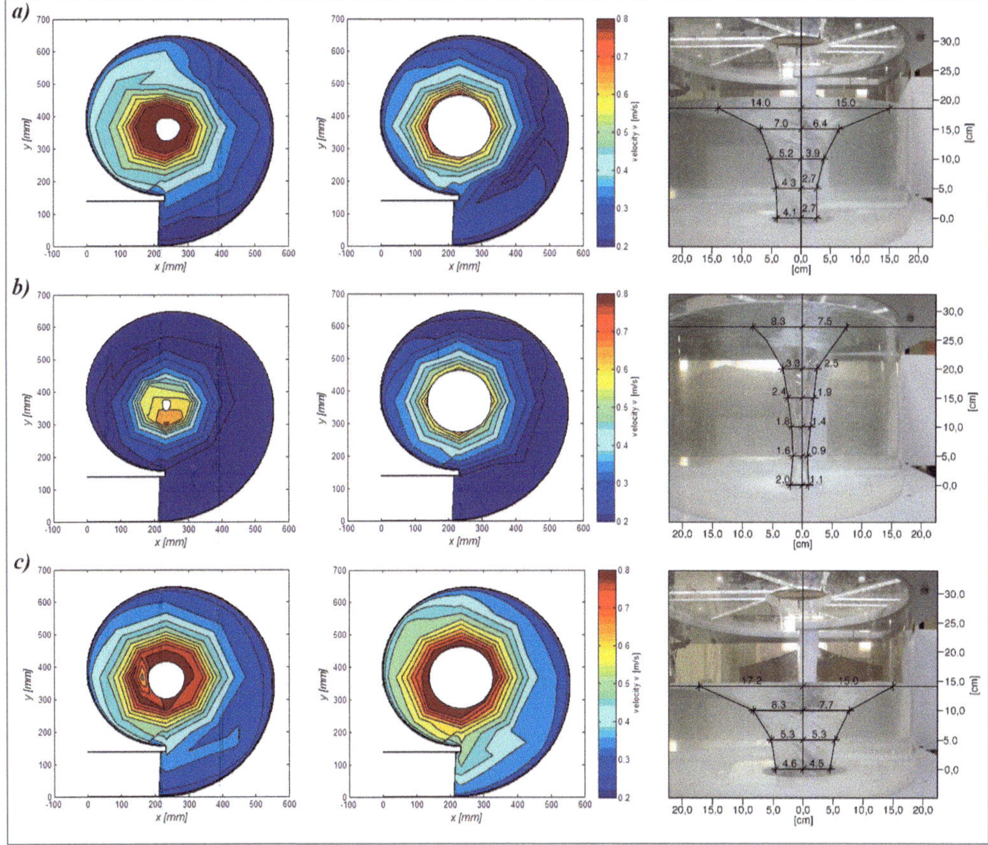

Bild 5: Wasserwirbelkraftwerk: Geschwindigkeitsfelder ohne (links) und mit Turbine (Mitte), Wirbelform ohne Turbine (rechts); a) Entwurfs-Strömungssituation (Experiment 1); b) kleine Ausflussöffnung (Experiment 6); c) große Ausflussöffnung (Experiment 7)

diese Fälle nicht aus. Wenn allerdings der Unterwasserstand über den Boden der Drallkammer ansteigt, dann verändern sich Form und Position des Wirbels, wobei der Einfluss für den Fall mit Turbine größer ist. Hier liegen die Turbinen-nahen Geschwindigkeiten ca. 5 cm/s (15 cm/s) niedriger, wenn der Abfluss von Unterstrom eingestaut ist.

Einfluss der Ausflussöffnung auf die Geschwindigkeitsverteilung

Der Durchmesser der Ausflussöffnung d_0 hat den größten Einfluss auf die Strömungssituation im Becken. Nachvollziehbarerweise ist die Fließtiefe h_0 bei kleiner Auslassöffnung größer und der Luftkern, der stark vom Zentrum versetzt ist, kleiner. Konsequenterweise sind die azimutalen Geschwindigkeiten aufgrund der größeren Fließtiefe kleiner, was sich im Fall mit Turbine besonders bemerkbar macht.

Bei dem größten Auslassdurchmesser sind niedrigere Fließtiefen und ein größerer, zentral gelegener Wirbelkern vorzufinden. Im Fall ohne Turbine ergeben sich kaum Veränderungen der Geschwindigkeiten; lediglich die hohen Geschwindigkeiten im Zentrum erstrecken sich über einen größeren Bereich. Bei eingebauter Turbine sind die Geschwindigkeiten gegenüber der Bemessungsöffnung größer und nehmen dort Werte an, die im Bereich der Umdrehungsgeschwindigkeit der Turbine liegen. Der maßgebliche Vorteil der großen Öffnung liegt jedoch in der fast gleichmäßigen Geschwindigkeitsverteilung um die Turbine, was ein wichtiges Ziel im Design-Prozess war. Mit der großen Bodenöffnung konnte später auch der größte Wirkungsgrad erzielt werden (s. Kap. 4.2).

Folgende Aussagen können aus den Geschwindigkeits- und Wirbelformmessungen abgeleitet werden:

- Bei höherem Durchfluss treten auch höhere Geschwindigkeiten auf.
- Wird die Drallkammer vom Unterwasser eingestaut, sinken die Geschwindigkeiten leicht. Bei einem Absinken des Unterwasserstandes unterhalb des Drallkammerbodens sind keine weiteren Änderungen zu verzeichnen.
- Die Ausflussöffnung hat von den untersuchten Parametern den größten Einfluss auf das Geschwindigkeitsfeld. Eine größere Ausflussöffnung hat eine gleichmäßigere Geschwindigkeitsverteilung um die Turbine zur Folge.
- Generell resultiert aus einer geringeren Fließtie-

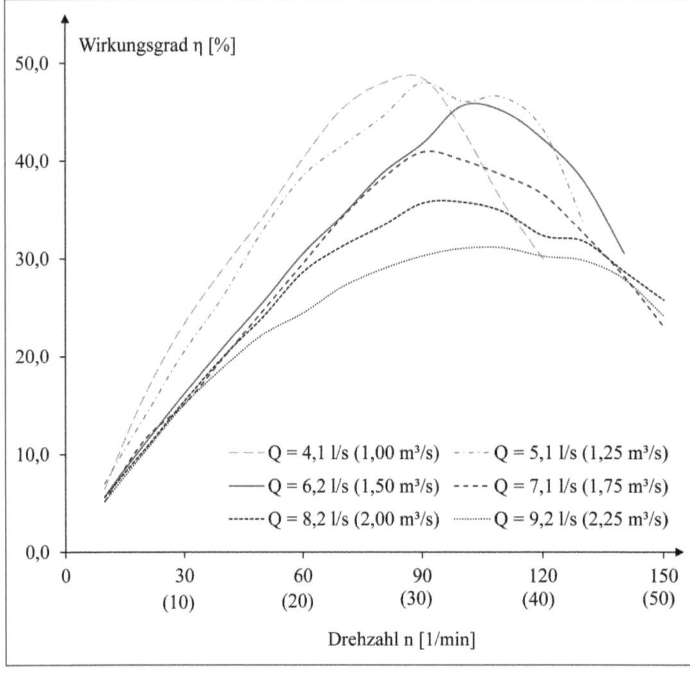

Bild 6: Wasserwirbelkraftwerk: Wirkungsgradverlauf der Turbine für verschiedene Durchflüsse und variable Drehzahlen

fe ein breiterer und nicht so stark verschobener Wirbel.

- Bei eingestautem Unterwasser wird die Fließtiefe größer und damit der Wirbel höher und schmäler.
- Eine kleinere Ausflussöffnung hat einen langen und schmalen Wirbel mit hohem Wasserstand zur Folge. Eine große Ausflussöffnung induziert einen sehr breiten, kaum verschobenen Wirbel mit sehr geringem Wasserstand.

Zusammenfassend kann festgehalten werden, dass eine kleinere Fließtiefe einhergeht mit einem größeren, zentrierten Wirbelkern, einer homogeneren Geschwindigkeitsverteilung um die Turbine und damit einem höheren Wirkungsgrad (s. u.).

4.2 Wirkungsgrad

Der Wirkungsgrad wurde für unterschiedliche Umdrehungsgeschwindigkeiten und verschiedene Durchflüsse bei variierenden Einstaugraden bestimmt. Hierbei wurde im Experiment ausschließlich die Effizienz der Turbine untersucht, worauf sich, falls nicht anders gekennzeichnet, alle in der vorliegenden Arbeit angegebenen Wirkungsgrade beziehen. Aufgrund der Gesetze weichen der Modellwirkungsgrad und jener in der Realität voneinander ab, da die Reibung in der Froude'schen Ähnlichkeit nicht skaliert wird. Um Kohärenz herzustellen, müsste entweder ein direkter Vergleich zwischen tatsächlicher und Maßstabs-Turbine gezogen oder zumindest halbempirische Ansätze verwendet werden [7].

In **Bild 6** ist der Wirkungsgrad für verschiedene Durchflüsse, Einstaugrade und Umdrehungsgeschwindigkeiten dargestellt. Dabei wird deutlich, dass der höchste Wirkungsgrad von 48,5 % beim niedrigsten Durchfluss 4,1 l/s (1,0 m^3/s) gemessen wurde; bei 9,2 l/s (2,25 m^3/s) liegt er bei lediglich 31 %. Der maßgebliche Grund hierfür ist, dass ab einem Durchfluss von 7,2 l/s (1,75 m^3/s) ein Teil des Wassers über das Laufrad geflossen ist und seinen Impuls nicht mehr auf die Schaufeln übertragen konnte.

Die größte Effizienz entwickelt die Turbine bei verschiedenen Durchflüssen bei einer Umdrehungszahl von 90 1/min (30 1/min). Dies stimmt mit den Messungen am 1:1-Modell von [2] überein, wo das Wirkungsgradmaximum ebenfalls stark von der Rotationsgeschwindigkeit (Maximum bei (17 1/min)) und nur geringfügig vom Durchfluss abhängt. Aus dieser Erkenntnis lässt sich schließen, dass die Turbine mit einer konstanten Umdrehungszahl betrieben werden kann und so anders als bei anderen Kleinstwasserkraftkonzepten kein Frequenzumrichter notwendig ist, sondern ein Sanftanlass für den Anschluss ans Netz genügt. Dadurch werden Kosten gespart und die Anlageneffizienz deutlich erhöht [2]. Der Einfluss des Einstaus auf den Wirkungsgrad wurde mit der Bemessungsöffnung d_0 = 11,1 cm (1,0 m) mit vier unterstromigen Wasserständen (+7,5 cm (0,68 m), +5,0 cm (0,45 m), +2,5 cm (0,23 m), 0,0 cm (0,0 m)) bei drei verschiedenen Durchflüssen (4,1 l/s (1,0 m^3/s), 6,2 l/s (1,5 m^3/s), 8,2 l/s (2,0 m^3/s)) untersucht. Beim niedrigsten Durchfluss (und damit beim höchsten Wirkungsgrad) hat der Einstau sogar einen positiven Effekt auf die Effizienz der Anlage; das hydraulische Potenzial nimmt stärker ab als die Leistung. Bei den anderen Durchflüssen stört der Rückstau die Strömung in dem Maße, dass der Wirkungsgrad abnimmt. Mit steigendem Einstau verlagert sich das Wirkungsgradoptimum hin zu niedrigeren Umdrehungsgeschwindigkeiten.

Während der Geschwindigkeitsmessungen wurde außerdem mit einer Einzelmessung der Wirkungsgrad für den Betrieb mit der größeren Ausflussöffnung d_0 = 13,9 cm (1,5 m) gemessen. Dabei wurde festgestellt, dass der größere Durchmesser einen sehr positiven Einfluss auf das Leistungsverhalten hat. Der gemessene Wirkungsgrad von 59 % (Q = 6,2 l/s, h_i = 0,0 cm, n = 90 1/min) liegt deutlich über den Werten, die bei den untersuchten Randbedingungen ermittelt wurden.

Um den Gesamtwirkungsgrad der hier untersuchten Anlage abschätzen zu können, werden die Ergebnisse von [2] herangezogen. Im 1:1-Modell wurden Wirkungsgrade für den Asynchrongenerator (η = 71 %) und das Getriebe (η = 90 %) gemessen und so ein Anlagenwirkungsgrad von 23,5 % erreicht. Für den vorliegenden Typ mit einem Turbinenwirkungsgrad von η = 48,5 % lässt sich mit den vorgenannten Wirkungsgradwerten ein Anlagenwirkungsgrad von rund 31 % erwarten.

5 Zusammenfassung und Ausblick

In diesem Aufsatz werden Ergebnisse und Konstruktionshinweise für ein Wasserwirbelkraftwerk dargestellt. Die Drallkammer wurde nach einer Korbbogenkonstruktion nach Drioli neu geformt, während auf eine kommerziell entwickelte Turbine zurückgegriffen wurde. In einem Messprogramm wurden unterschiedliche Parameter variiert und Drehmoment, Umdrehungszahl und Fließgeschwindigkeiten gemessen.

Es kam heraus, dass die Turbine am besten für niedrige Durchflüsse und kleine Fließtiefen geeignet ist. Größere Ausflussöffnungen wirken sich ebenso positiv auf den Wirkungsgrad aus. Dabei ist der Wirbelkern größer und sein Zentrum liegt mittig in der Auslassöffnung. Diese Beobachtungen führen zu der Folgerung, dass das Wasserwirbelkraftwerk mit einem Anlagenwirkungsgrad von ca. 31 % vor allem für kleine Fließtiefen und niedrige Fallhöhen geeignet ist.

Autoren

Franz Mühle
Hydromechanik-Labor
Technische Universität München
Arcisstraße 21
80333 München
muehle.franz@googlemail.com

Christoph Rapp
Stadtwerke München Services GmbH
Emmy-Noether-Str. 2
80287 München
Rapp.Christoph@swm.de

Oliver Mayer
General Electric Global Research
Freisinger Landstraße 50
85748 Garching b. München
oliver.mayer@ge.com

Literatur

[1] Lashofer, A., Kaltenberger, F., Pelikan, B.: Wie gut bewährt sich die Wasserkraftschnecke in der Praxis. In: Heimerl, S. (Hrsg.): Wasserkraftprojekte. Wiesbaden: Springer Vieweg, 2013, S. 310-318.

[2] Cerri, C., Gafner, S.: Wasserwirbelkraftwerk. Fachbericht zur Bachelor Thesis, Fachhochschule Nordschweiz, 2010.

[3] Mühle, F.: Experimental model water vortex power plant (Wasserwirbelkraftwerk) (www.youtube.com/watch?v=DK3RaaZNmiE&feature=youtu.be; Aufruf 20.05.2013).

[4] Mühle, F.: Experimental Investigations On A Water Vortex Power Plant., Master's Thesis, Technische Universität München, München, 2012.

[5] Kleinschroth, A.: Strömungsvorgänge im Wirbelfallschacht. In: Mitteilungen des Instituts für Hydraulik und Gewässerkunde der TU München (1972), Nr. 8.

[6] Kleinschroth, A.; Wirth, H.: Dimensionierung von Wirbelfallschächten unter Berücksichtigung verschiedener Zuflussbedingungen. In: Mitteilungen des Instituts für Hydraulik und Gewässerkunde der TU München (1981), Nr. 36.

[7] Giesecke, J.; Mosonyi, E.; Heimerl, S.: Wasserkraftanlagen – Planung, Bau und Betrieb. 5. A. Berlin, Heidelberg: Springer Verlag, 2009.

Franz Mühle, Christoph Rapp and Oliver Mayer

Experimental Investigations on a Water Vortex Power Plant

As great hydro power potentials are already exploited in Germany the main focus is on local small scale hydro power. Various concepts for such plants exist; among these is the water vortex power plant which is subject to this work. Designs for the vortex chamber, the turbine or the inlet and outlet configuration are barely available. A design model was developed and according to this a physical model has been set up at scale 1:9. Different quantities were varied to identify determining parameters. Velocities were measured in the vortex chamber and the performance of the power plant was evaluated. The outlet opening has the greatest influence on the velocity distribution in the vortex chamber and on the turbine efficiency coefficient (greatest = best) which was approx. 0.5. The efficiency is strongly depending on the flow depth in the inlet channel. The power plant with an overall efficiency of approx. 31 % is suited for small potential energy heads.

Франц Мюле, Кристоф Рапп и Оливер Майер

Экспериментальные исследования на гидровихревой электростанции

Так как в литературе отсутствуют какие-либо исходные данные, в рамках этой работы была разработана потенциальная конструкция вихревой камеры для электростанции с гидровихревой установкой; испытания проводились на модели в масштабе 1:9. Для определения установочных параметров варьировались различные значения. При этом на турбине производились замеры скорости и мощности. Диаметр выпускного отверстия оказывает наибольшее воздействие на скорость и коэффициент полезного действия турбины, который составляет примерно 50 %. Диаграмма коэффициента полезного действия показывают высокую зависимость от глубины потока в верхнем бьефе. Следовательно, электростанция с коэффициентом полезного действия примерно 31 % подходит для малой высоты напора.

Philipp Unterberger, Eduard Doujak und Christian Bauer

Entwicklung kleiner Pumpturbinen – Vorteile eines modularen Ansatzes

In der vorliegenden Arbeit soll der an der TU Wien entwickelte modulare Ansatz für Pumpturbinen kleiner Leistung dargestellt werden. Hierfür werden zunächst die Funktionsweise und die Notwendigkeit der Pumpspeicherung dargelegt. Schließlich wird anhand von Statistiken der aktuelle Stand beleuchtet und auf die Abwesenheit der kleinen Pumpturbinen hingewiesen. Abschließend folgen die Beschreibung des modularen Konzepts, dessen Einsatz- und Anwendungsgebiet sowie die Analyse der Kostenstruktur für ein Anwendungsbeispiel.

1 Einleitung

In einem klassischen Verbrauchsnetz müssen Erzeugung und Verbrauch im Einklang sein. Da dies meist nicht der Fall ist, muss regulierend eingegriffen werden. Die Balance zwischen Einspeisung und Konsum wird kontinuierlich geregelt, um die Netzfrequenz in einem schmalen Band um den Sollwert zu halten. Ist dabei überschüssige Energie im Netz vorhanden, muss diese gespeichert werden und im umgekehrten Fall schnell wieder zur Verfügung stehen. Hierfür ist heutzutage die Pumpspeicherung am besten geeignet. Sie ist die einzige Speichertechnologie, die geringe spezifische Kosten mit hohem Wirkungsgrad kombiniert und dabei auch im großen Maßstab umgesetzt werden kann.

Wenn die Stromproduktion die Nachfrage übersteigt, wird dabei der überschüssige Strom in Form von potentieller Energie gespeichert. Hierfür treibt ein Motor die Pumpe an und Wasser wird vom unteren Speicher in den oberen

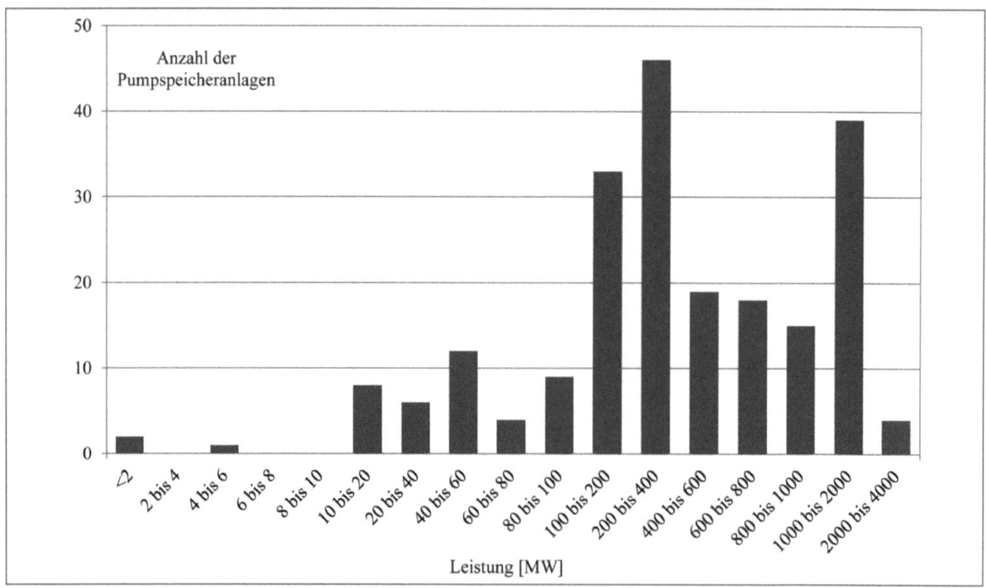

Bild 1: Anzahl der Installationen in Abhängigkeit der Kapazitätsklassen [14]

Speicher gepumpt. Besteht schließlich wieder Bedarf im Netz, wird das Wasser über eine Turbine abgearbeitet, diese treibt den Generator an und Strom wird eingespeist.

2 Die 20-20-20-Ziele der EU und die Rolle der Pumpspeicherung

Im Dezember 2007 hat die Europäische Union (EU) ein Abkommen beschlossen, das ein Richtlinienpaket für Klimaschutz und Energie enthält, welches bis zum Jahr 2020 umgesetzt werden soll [1]. Aufgrund des Inhalts werden diese Vorgaben häufig als „20-20-20-Ziele" bezeichnet: 20 % weniger Treibhausgasemissionen als 2005, 20 % Anteil an erneuerbaren Energien und 20 % mehr Energieeffizienz. Dabei haben die Forderung nach einem höheren Anteil an erneuerbaren Energien und darüber hinausgehende Ziele für 2050 entscheidende Auswirkungen auf den Ausbau der Pumpspeicherung.

Durch die Integration großer Anteile von Solar- und Windenergie entstehen Probleme aufgrund ihrer volatilen Natur. Da ihre Einspeisung vom Wetter abhängt, ist diese nicht an den Strombedarf gekoppelt und folgt keiner typischen Lastkurve. Dabei zeigt die prognostizierte Produktion periodische Abweichungen, die etliche tausend Megawatt ausmachen können und dabei teilweise über Stunden andauern [2]. Hinzu kommt, dass beide Technologien mit unterschiedlichen Aspekten hinsichtlich ihrer Kompensation sowie der zugrundeliegenden Übertragungs- bzw. Verteilernetze konfrontiert sind. Windparks entstehen meist Küstennah im Onoder Offshore-Bereich. Photovoltaik (PV) wird hingegen meist auf Dächern und entsprechend dezentral installiert.

Im Sinne der Versorgungssicherheit ist die Integration von Speichersystemen in den unterschiedlichen Netzspannungsebenen notwendig. Hier müssen zentrale, aber auch dezentrale Versorgungssysteme betrachtet werden, wobei kleine Pumpspeicherkraftwerke (PSKW) in dezentralen Netzen durchaus einen sinnvollen Beitrag leisten können. So kann zum Beispiel das Abschalten von PV-Anlagen durch Speicherung der überschüssigen Energie verhindert werden, wenn Übertragungsnetze an die Belastungsgrenze stoßen. Darüber hinaus sind kleine PSKW in der Lage, durch Reservekapazität, Regelenergie, Schwarzstartfähigkeit sowie Entkopplung von Bedarf und Einspeisung eine ungestörte Versorgung zu gewährleisten [3].

Die Ausgangslage zur Realisierung der 20-20-20-Ziele der EU ist in den Ländern sehr unterschiedlich. Österreich startet von einem hohen Anteil an erneuerbaren Energien von 60 %, mit dem Ziel von 71 %, wobei hauptsächlich Wasserkraft eingesetzt wird, welche sich durch eine relativ konstante Stromproduktion ohne kurzfristige Fluktuationen auszeichnet. In Deutschland sieht es anders aus, hier ist das Ziel 40 % Erneuerbare bis 2020 und 80 % bis 2050 bei einem heutigen Anteil von 10 % [4]. Dabei wird es im Jahr 2020 bereits Perioden geben, in denen 90 % der Stromproduktion von Wind und PV kommen, die beide eine Tendenz zur fluktuierenden Einspeisung haben. Dabei bringt speziell die PV einen Speicherbedarf mit sich, um die Mittagsproduktion speichern und in den Abendstunden, in denen der Bedarf am höchsten ist, wieder abgeben zu können [5].

In den letzten Jahren ist eine Vielzahl von Studien erschienen, die sich mit dem Ausbau der Pumpspeicherung beschäftigen. Für Österreich wird von

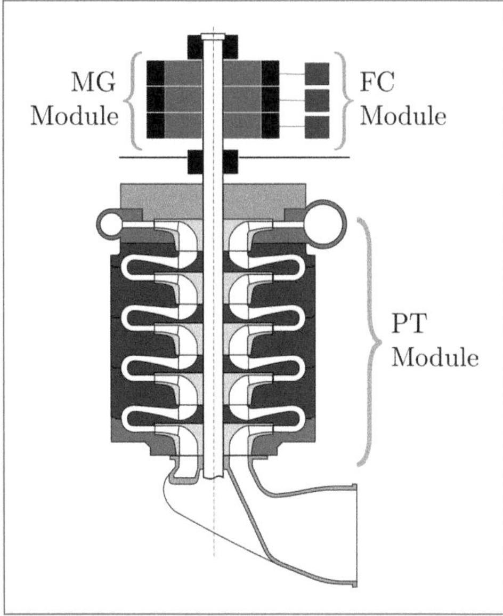

Bild 2: Grundkomponenten des modularen Konzepts

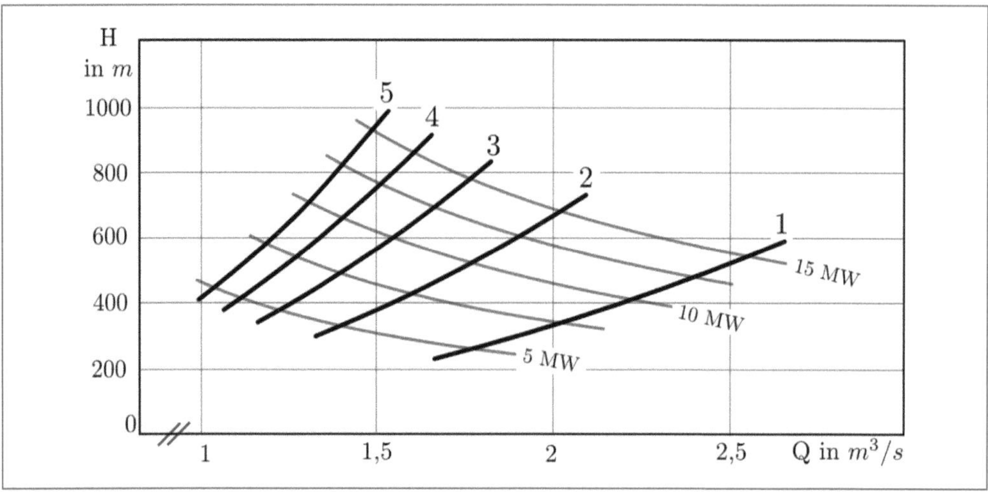

Bild 3: Berechnete Kennlinien im Pumpbetrieb bei Variation der Drehzahl, in Abhängigkeit von der Anzahl der PT-Stufen (1 bis 5 Stufen) [17]

Streicher et al. [6] ein Speicherbedarf von bis zu 9 000 MW für 2050 prognostiziert. In Deutschland rechnet die Deutsche Energie Agentur (DENA) [7] mit einem Überschuss von 14 000 MW bis 2020 und der Sachverständigenrat für Umweltfragen (SRU) [8] geht von einem Energieüberschuss von bis zu 50 000 MW im Jahr 2050 aus. Für die Kompensation von fluktuierenden Wind- und PV-Versorgungssystemen in Europa gibt die Boston Consulting Group (BCG) einem Bedarf von 100 000 MW an [9]. Weltweit wird der Bedarf an Speicherkapazitäten bis 2050 laut Daten der International Energy Agency (IEA) [14] zwischen 189 000 MW und 305 000 MW liegen, um ein aus-

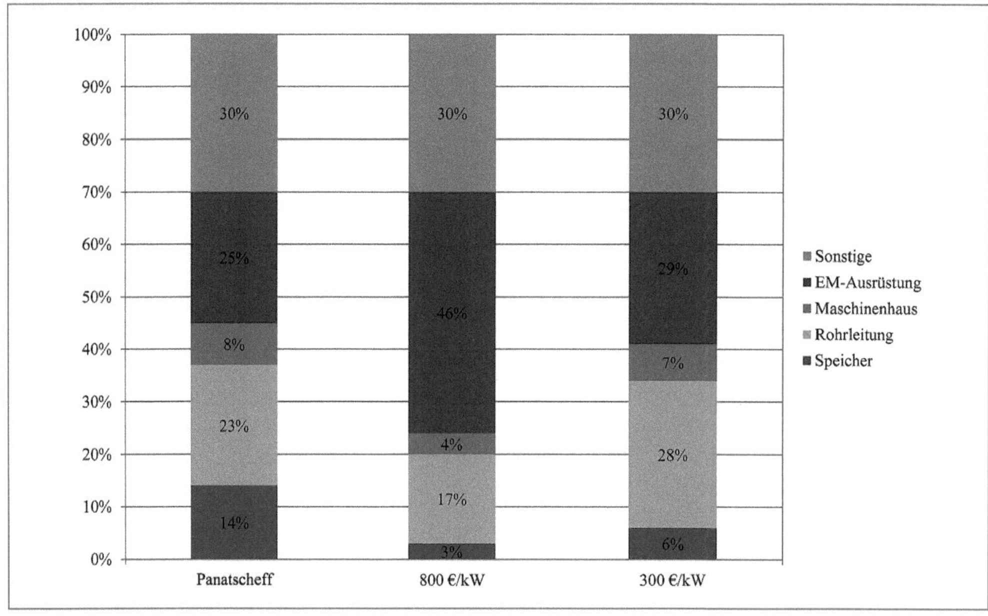

Bild 4: Kostenverteilung einer konventionellen PSA laut Panatscheff [24] im Vergleich zu jenen kleiner Pumpturbinen laut Unterberger et al. [25] für verschiedene Kosten der Elektromaschinellen Ausrüstung (EM)

geglichenes Energiesystem mit großem Anteil an erneuerbarer Energie realisieren zu können.

Nach den Untersuchungen des Verbands der Elektrotechnik (VDE) [11] wächst der Anteil an erneuerbaren Energien viel schneller als der Ausbau an Speichermöglichkeiten folgen kann. Laut der Prognose der Mitgliedsstaaten im National Renewable Energy Action Plan (NREAP) [12] wird sich die Kapazität der Pumpspeicheranlagen der EU-27-Staaten von 18,7 GW im Jahr 2005 auf 34,8 GW im Jahr 2020 annähernd verdoppeln. In Relation zum Ausbau der erneuerbaren Energien wird ihr Anteil jedoch von 10,7 % auf 7,3 % sinken. Dadurch wird auch die Fähigkeit zur Regelung im Netz und Speicherung von elektrischer Energie reduziert.

3 Pumpspeicheranlagen mit kleinen Leistungen in den internationalen Statistiken

Laut den Statistiken der National Hydropower Association (NHA) [13] gibt es weltweit etwa 270 Pumpspeicherkraftwerke mit einer Gesamtleistung von rund 127 000 MW, die bereits existieren oder gerade gebaut werden. Hierbei liegen die größten Kapazitäten mit insgesamt rund 90 % in Europa, Asien und Nordamerika.

Die Aufteilung der Anzahl an Installationen über den verschiedenen Leistungsklassen ist in **Bild 1** dargestellt. Wie zu sehen ist, stellen die Bereiche von 100 MW bis 400 MW und 1 GW bis 2 GW die Haupteinsatzgebiete für PSKW dar. Bei genauerer Betrachtung wird klar, dass ca. 15 % der Installationen in den Leistungsbereich unter 80 MW fallen und diese nur ca. 1 % der weltweit installierten Leistung darstellen. Der Bereich der Kleinwasserkraft (KWK) mit einer installierten Leistung unter 20 MW ist sowohl hinsichtlich der Anzahl der Anlagen (11) als auch bzgl. des Anteils der installierten Leistung (ca. 125 MW) verschwindend klein.

4 Pumpturbinenkonzept für kleine bis mittlere Leistungen

Eine mögliche Ursache für die Abwesenheit der Pumpturbinen im kleinen Leistungsbereich ist auf der ökonomischen Seite zu finden. Ein PSKW, welches im kleinen MW-Bereich arbeitet, kann mit einem Kraftwerk der höheren Kapazitätsklassen nicht konkurrieren, wenn die Wirtschaftlichkeit mit einem Preis pro eingespeister kWh bewertet wird. Um dem entgegenwirken zu können, müssen Lösungen gefunden werden, die durch Standardisierung der Komponenten und Verwendung vorhandener Speicher die Kosten senken [15].

In diesem Zusammenhang wird an der TU Wien im Zuge einer interfakultären Kooperation des Instituts für Energietechnik und Thermodynamik mit dem Institut für Energiesysteme und Elektrische Antriebe die Einsatzmöglichkeit eines modularen Konzepts für Pumpturbinen erforscht. Die Idee dahinter ist, standardisierte Komponenten auf hydraulischer und elektrischer Seite zu entwickeln, die in der Lage sind, die Kosten der elektromechanischen Ausrüstung zu senken, um den Einsatz kleiner Pumpturbinen wirtschaftlich zu machen.

4.1 Modulares Baukastensystem

Ganz allgemein ist ein modulares Design ein Ansatz, welcher eine Baugruppe oder ein System in Untergruppen, sogenannte Module, unterteilt. Dabei wird das Gesamtsystem in Funktionsgruppen aufgespalten und die jeweiligen Modulgrenzen mit den entsprechenden Randbedingungen definiert [16]. Die Hauptvorteile eines solchen Ansatzes sind einerseits die Kostenreduktion durch Standardisierung der Module und entsprechende Fertigung in einer Kleinserie und andererseits eine zusätzliche Kostenreduktion durch schnellere Planungsprozesse bei der Umsetzung.

Wie in **Bild 2** dargestellt ist, wird das modulare Konzept für kleine Pumpturbinen auf drei Maschinengruppen umgesetzt:

- Pump-Turbinen-Module (PT-Module): Die Anpassung an anlagenseitige Randbedingungen, wie Förderhöhe, Durchfluss und Leistung, erfolgt durch die Wahl der Anzahl von Stufen der reversiblen Pumpturbine. Dabei sind die Grundmodule Saugrohr und Spirale immer vorzusehen und entsprechend die Laufräder mit den benötigten Umlenkern zu wählen.

- Motor-Generator-Module (MG-Module): Die Leistungsanpassung entsprechend der benötigten Leistung im Pumpmodus geschieht durch die Wahl der Stator- und Rotorscheiben einer Axialflussmaschine.
- Elektrische Versorgungsmodule: Die elektrischen Module, im Speziellen der Frequenzumrichter (FU), sind dem Motor bzw. Generator entsprechend zu wählen.

Die detaillierte Struktur und der Aufbau der Maschine soll hier nicht weiter diskutiert werden. Generelle Informationen darüber können den Veröffentlichungen [3] und [15] entnommen werden. Detaillierte Anmerkungen zur elektrischen Seite sind in [17] zu finden und Details zu den hydraulischen Pump-Turbinen-Komponenten wurden in [18] veröffentlicht.

4.2 Anwendungsbereiche

Das Einsatzgebiet von Pumpturbinen kleiner Leistungen ist sehr vielfältig. Das modulare Konzept ist speziell für kleine Durchflüsse bei relativ großen Fallhöhen ausgelegt, wodurch sich eine praktische Anwendung in Verbindung mit bereits existierenden, künstlichen Speicherbecken ergibt. Diese sind im alpinen Bereich für die Beschneiung von Skipisten und die Beregnung von Obstwiesen vorhanden. Hier ist das modulare Konzept klar im Vorteil im Vergleich zu konventionellen Pumpspeicheranlagen, die einen sehr großen Flächenbedarf haben und deshalb oft nicht realisiert werden können. Ein zusätzlicher Vorteil einer solchen Anwendung liegt in der Kostenreduktion, da keine Errichtungskosten für den Oberwasserspeicher berücksichtigt werden müssen.

Studien für das Land Salzburg, Österreich, [19] und [20], schließen auf ein erhebliches Potenzial für die Anwendung von Beschneiungsspeichern für Energiespeicherzwecke. 47 von den 102 untersuchten Becken wären für eine Gesamtleistung von ca. 1 000 MW geeignet. Eine interne Studie schätzt das Potential für diesen Typ von Speichern auf einige Hundert Anwendungsmöglichkeiten für den alpinen Raum [21]. Ähnliche Studien für die Schweiz, in der zusätzlich die Bewässerungsspeicher in Betracht gezogen werden, sind in [22] zu finden.

Der Grundgedanke, bereits vorhandene Speicher für PSKW zu benutzen, kann auch abseits der Berge, umgesetzt werden. An der Universität Duisburg-Essen und der Ruhr-Universität Bochum wird die Anwendungsmöglichkeit von sogenannten „Unterflur-Pumpspeicherwerken" erforscht. Hier sollen Schachtanlagen ehemaliger Steinkohlebergwerke zum Einsatz kommen, in denen Höhenunterschiede von bis zu 1 000 m genutzt werden können [23].

Der analytisch berechnete Einsatzbereich des modularen Konzepts für bis zu fünf Stufen mit einer Pumpleistung von 5 MW bis 15 MW ist in **Bild 3** dargestellt. Die Berechnungen zeigen die Einsatzmöglichkeit für Förderhöhen im Pumpbetrieb von ca. 200 m bis fast 1 000 m bei möglichen Durchflüssen von etwa 1 m^3/s bis 2,5 m^3/s. In Abhängigkeit von der gewünschten Pumpdauer ergeben sich dabei notwendige Speichergrößen von 10 000 m^3 bis 100 000 m^3 für die Benutzung als Tagesspeicher und größere Becken für Wochen- oder Monatsspeicher.

4.3 Mögliche Kostenverteilung

Eine ökonomische Anwendung von Pumpturbinen im kleinen Leistungsbereich ist heutzutage noch nicht möglich. Speziell die spezifischen Kosten für die elektromechanische Ausrüstung sind bei den Gesamtanlagenkosten im Vergleich zu Anlagen der großen Leistungsklassen deutlich höher. Eine mögliche Investitionsverteilung wird in der Arbeit von Panatscheff [24] für Pumpspeicheranlagen der Leistungsklassen im Bereich von 300 MW bis 1 200 MW dargestellt. In **Bild 4** sind diesen Daten die Kostenverteilung einer Beispielanlage mit 15 MW aus [25] gegenübergestellt. Hierbei erfolgt der Vergleich für zwei Kostenkategorien der elektromaschinellen Ausrüstung. Einmal sind diese Kosten mit 800 €/kW und schließlich noch mit 300 €/kW gegenübergestellt.

Bei genauerer Betrachtung wird deutlich, wie wichtig es ist, durch ein modulares Konzept und Verwendung von standardisierten Bauteilen die Maschinenkosten zu senken. Während für das 800-€/kW-Beispiel die Maschinenkosten fast die Hälfte der Gesamtinvestitionen ausmachen, erreicht das 300-€/kW-Beispiel eine ähnliche Kostenverteilung wie jene konventioneller Anlagen großer Leistung. Hierbei schlagen die Maschinenkosten schließlich mit rund einem Drittel der Kosten zu Buche.

5 Zusammenfassung

Pumpturbinenprojekte im kleinen Leistungsbereich können heute aus ökonomischer Sicht nicht umgesetzt werden. Die spezifischen Investitionen für die Maschinen sind noch zu hoch. Hier ist die TU Wien mit der Entwicklung einer modularen Pumpturbine auf dem besten Weg, die Lücke im Leistungsbereich unter 80 MW zu schließen. Speziell im Bereich zwischen 5 MW und 15 MW gibt es konkrete Anwendungsgebiete für die Verwendung vorhandener Strukturen als Oberwasserbecken. Darin liegen auch die klaren Vorteile gegenüber Großprojekten: Der Platzbedarf sowie der Eingriff in die Natur sind gering und deshalb ist mit höherer Akzeptanz sowie schnelleren Bewilligungsverfahren zu rechnen.

In diesem Beitrag wurde die Funktionsweise eines Pumpspeicherkraftwerks dargestellt und die Herausforderungen für die Pumpspeicherung durch die 20-20-20-Ziele der EU eingehend erörtert. Weiters wurden internationale Statistiken präsentiert und auf die Abwesenheit der kleinen Leistungsklassen hingewiesen. Schließlich wurde das modulare Pumpturbinenkonzept beschrieben, und in einer Kostenverteilung dargestellt, wie wichtig es ist die Maschinenkosten durch Standardisierung zu senken, um auf ähnliche Kostenverteilungen zu kommen, wie diese bei Großprojekten anzutreffen sind.

Danksagung

Dieses Projekt wird aus Mitteln des Klima- und Energiefonds gefördert und im Rahmen des Programms „NEUE ENERGIEN 2020“ durchgeführt.

Autoren

Dipl.-Ing. Philipp Unterberger

Dipl.-Ing. Dr. techn. Eduard Doujak

Univ. Prof. Dipl.-Ing. Dr.-Ing. Christian Bauer

Technische Universität Wien
Getreidemarkt 9/E302
1060 Wien, Österreich
philipp.unterberger@tuwien.ac.at
eduard.doujak@tuwien.ac.at
cbauer@mail.tuwien.ac.at

Literatur

[1] Kautto, N.; Jäger-Waldu A.: Renewable Energy Snapshots 2007, JRC Technical Notes, European Commission, 2007.

[2] Vennemann, P.; Thiel L. und Funke, H.-C.: Pumped Storage Plants in the Future Power Supply System. In VGB PowerTech, 43 (2010), Nr. 1/2, S. 44-48.

[3] Doujak E.; Unterberger P.; Bauer C.: Modulare Pumpturbine als Unterstützung bei der Einbindung alternativer Energien ins dezentrale Stromnetz. In VGB PowerTech, (2012), Nr. 9, S. 68-77.

[4] Commission of the European Communities: Package of Implementation measures for the EU´s objectives on climate change and renewable energy for 2020. Commission staff working document SEC (2008) 85/3.

[5] Brauner, G.: Wege zur nachhaltigen Energieversorgung – Herausforderungen an Speicher und thermische Kraftwerke. In Beiträge zum 12. Symposium Energy Innovations, 15.-17. Februar 2012, Graz.

[6] Streicher, W.; Schnitzer, H.; et al.: Energieautarkie für Österreich 2050, Feasibility Study – Endbericht, Dezember 2010.

[7] DENA: Netzstudie I – Energiewirtschaftliche Planung für die Netzintegration von Windenergie in Deutschland an Land und Offshore bis zum Jahr 2020, 02/2005.

[8] SRU: Wege zu 100 % erneuerbarer Stromversorgung – Sondergutachten. Berlin: Erich Schmidt Verlag, 2011.

[9] BCG: Electricity Storage – Making Large Scale Adoption of Wind and Solar Energy a Reality, 03/2010.

[10] Inage, S.I.: Prospects for Large-Scale Energy Storage in Decarbonised Power Grids, OECD/IEA, 2009.

[11] VDE: Erneuerbare Energie braucht flexible Kraftwerke - Szenarien. 04/2012.

[12] Beurskens, L.M.W.; Hekkenberg M.; Vethman P.: Renewable Energy Projections as Published in the National Renewable Energy Action Plans of the European Member States, ECN-E-10-069, 11/2011.

[13] NHA: Challenges and Opportunities for New Pumped Storage Development, 2012 (http://hydro.org/wp-content/uploads/2012/07/NHA_PumpedStorage_071212b1.pdf, Abruf 12.12.2012).

[14] Inage, S.I.: Prospects for Large-Scale Energy Storage in Decarbonised Power Grids, OECD/IEA, 2009.

[15] Unterberger P.; Doujak E.; Bauer C.: Modulares Pumpturbinenkonzept für Kleinwasserkraftanlagen. In 15. Internationals Anwenderforum Kleinwasserkraftwerke, Regensburg: OTTI, 2012.

[16] Gupta M.; Spiridon, M.; Melet, L. Schubert, A.: Bearing standardization – a modular design approach in hydro products. In Proceedings of the Hydro 2012, Wellington: Aqua~Media International, 2012.

[17] Doujak, E.; Unterberger, P.; Bauer, C.; Samonig, M.A.: Development of a modular pumped turbine concept for decentralized power production. In: Proceedings of the hidroenergia 2012.

[18] Doujak, E.; Unterberger, P.; Bauer, C.; Weltzl, M.M.: Numerical investigations of the Refeeding Channel of a Multistage High-Head Pump Turbine. In: Proceedings of the CMFF'12, 2012.
[19] Kraml, J.: Energetisches Potential durch die Sekundärnutzung von Schneespeicherteichen als Pumpspeicher im Land Salzburg, Diplomarbeit, Universität für Bodenkultur, Wien, 2010.
[20] Mader, H.: Wasserkraftpotentialstudie Land Salzburg (http://www.salzburg.gv.at/10_19_mader_potentialstudie_kurzfassung.pdf , Abruf Oktober 2010)
[21] Gadermaier G.: Potentialstudie über die Verwendung von Beschneiungsspeicherseen als Oberwasser für Pumpspeicheranlagen, Bachelor Thesis, TU Wien, 2012
[22] Crettenand, J.: Small hydropower – the potential of storage and pump storage schemes in Switzerland. In: Proceedings of the Hydro 2011, Prag. 2011.
[23] Niemann, A.; Perau, E.; Schreiber, U.; Koch, M.: Pumpspeicherkraftwerke in den heute noch aktiven Steinkohlebergwerken – Herausforderung für die Wasserwirtschaft im Ruhrgebiet? In: 45. Essener Tagung für Wasser- und Abfallwirtschaft „Wasserwirtschaft und Energiewende", 14.-16. März 2012 in Essen, in Gewässerschutz – Wasser – Abwasser, GWA 230, Hrsg. J. Pinnekamp, Aachen, 2012
[24] Panatscheff, C.; An Empirical Formula fort he Probable Specific Cost of Pumped-Storage Power Stations, Wasserwirtschaft 79 (1989) S. 74-79
[25] Unterberger, P.; Doujak, E.; Bauer, C.: Small Hydro Approach for Pump-Turbines. In: Proceedings of the 17th International Seminar on Hydropower Plants, 2012.

Philipp Unterberger, Eduard Doujak und Christian Bauer

Development of Small Pump-Turbines – Benefits from a Modular Structure

The aim of this paper is to present the modular concept for small pump-turbines, developed at the Vienna University of Technology. First the functionality and the future need of pumped-storage schemes is highlighted, followed by the discussion of the absence of small capacities in international pumped-storage statistics. Finally the modular concept is described, some application possibilities are presented and the possible investment distribution is discussed using an example.

Филипп Унтербергер, Эдуард Доуяк и Кристиан Бауер

Развитие малых помповых турбин – преимущества модульного подхода

В данной статье представлен разработанный в Техническом Университете Вены модульный подход к использованию помповых турбин малой мощности. Вначале описывается принцип работы и разъясняется необходимость насосного аккумулирования. Затем с помощью статистических данных освещается актуальное состояние и указывается на отсутствие малых помповых турбин. В заключение следуют описание модульной программы, область ее применения и использования, а также анализ структуры затрат на примере использования.

Angela Bauer und Paul Uwe Thamsen

Ride the Tide – Tidenturbinenforschung an der TU Berlin

Neben den bekannten Technologien zur Energiegewinnung mittels der Wasser-, Solar- oder Windkraft, besteht auch die Möglichkeit zur Nutzung von Gezeitenströmungen durch sogenannte Tidenturbinen. An diese Anlagen werden besondere Anforderungen gestellt, insbesondere im Hinblick auf ihre Strömungsmechanik und Strukturdynamik. Daher werden an Technischen Universität (TU) Berlin unterschiedliche, interdisziplinäre Auslegungs- und Theorieansätze im Rahmen eines Forschungsvorhabens diskutiert und hinsichtlich ihrer Übertragbarkeit auf Tidenturbinen untersucht.

1 Einleitung

Der weltweit steigende Energiebedarf und die gleichzeitige Erschöpfung natürlicher Ressourcen führen verstärkt zur Entwicklung und zum Ausbau neuer Technologien zur Energiegewinnung. Dabei kommt insbesondere dem Bereich der regenerativen Energien eine erhöhte Aufmerksamkeit zu, da dieser eine nachhaltige und generationenverträgliche Lösung des Energiedilemmas verspricht. Im Jahr 2012, welches die UNO nicht zuletzt zum „Internationalen Jahr der nachhaltigen Energien für alle" deklariert hat, rückte auch die Energiegewinnung aus den Ozeanen und den Meeren in den Fokus der Aufmerksamkeit.

Bereits Lord Kelvin beschäftigte sich zum Ende des 19. Jahrhunderts mit der Vorausberechnung von Gezeitenströmungen, dem größten Vorteil dieser Technologie: Sie sind auf längere Zeiträume voraussagbar, wodurch der zu erwartende Energieertrag kalkulierbar wird. Momentan finden daher weltweit Entwicklungen und Tests mit sogenannten Tidenturbinen statt, um die Energie der Gezeitenströmungen zu nutzen.

2 Stand der Technik

Tidenturbinen können vereinfachend in zwei Arten unterteilt werden, je nachdem, ob einerseits der aus den Gezeiten resultierende Tidenhub oder andererseits die Strömungen infolge von Ebbe und Flut oder infolge von großräumigen Massenströmungen geerntet werden soll.

Tidenturbinen, die den Tidenhub nutzen, arbeiten nach dem Staudammprinzip: Ein Teil der Meeresbucht wird durch einen Staudamm abgetrennt, in dem sich konventionelle Wasserturbinen und Tore befinden. Bei einsetzender Flut kann der abgetrennte Teil der Bucht geflutet werden. Setzt wiederum Ebbe ein, werden die Tore geschlossen bis der minimale Ebbspiegel erreicht ist. Das Öffnen der Tore zu diesem Zeitpunkt ermöglicht das Ausnutzen der maximal auftretenden Fallhöhe, die mittels der Turbinen in Energie umgesetzt wird. Demzufolge sind als Standort eines solchen Kraftwerkes nur Buchten mit einem sehr hohen Tidenhub geeignet.

Aufgrund des starken Landschaftseingriffes durch das Stauwerk, aber auch wegen der nur schätzungsweise geringen Anzahl geeigneter Standorte weltweit, hat sich der Trend zu sogenannten frei durchströmten Tidenturbinen verschoben [1]. Diese nutzen die entstehenden Strömungen infolge Ebbe und Flut oder anderweitig ausgelöste Meeresströmungen ohne dabei einen Teil der Bucht abspalten zu müssen. Obwohl die ersten Prototypen erst seit Anfang der 2000er Jahre in der Demonstrationsphase getestet wurden und der Bereich der frei durchströmten Tidenturbinen vergleichsweise jung ist, wurde das Konzept bereits in verschiedenen Ausführungen angefertigt [2]. Diese schätzungsweise 90 Anlagenmodelle befinden sich in unterschiedlichsten Entwicklungsstadien, vorwiegend jedoch noch in der Entwicklungsphase. Grundsätzlich lassen sich vier

Bild 1: Schematische Darstellung der Typen von Tidenturbinenanlagen (v. l. n. r.): Horizontalachser, Vertikalachser, ummanteltes Flügelrad und oszillierender Flügel

Bauarten innerhalb der frei durchströmten Tidenturbinen unterscheiden (**Bild 1**):

- Horizontalachser;
- Vertikalachser;
- das ummantelte Flügelrad sowie
- der oszillierende Flügel.

Zusätzlich existieren weitere Baukonzepte, die sich nicht eindeutig zuordnen lassen.

Die Horizontal- und Vertikalachser erinnern auf den ersten Blick an die heutigen Ausführungen von Windkraftanlagen. Das ummantelte Flügelrad grenzt sich von den andern Bauweisen durch eine Ummantelung ab, welche einen Venturi-Effekt am Flügelrad bewirkt, um so die aus der Strömung entnommene Leistung zu steigern. Der oszillierende Flügel ist durch die schlagende Bewegung einer Walflosse inspiriert, wobei durch die Umströmung eines Tragflügels eine Hubbewegung erzeugt wird. Der momentane Stand der Technik zeigt, dass die deutliche Mehrheit der Tidenturbinenanlagen dem Typ des Horizontalachsers angehört. Darüber hinaus wird deutlich, dass sich die übrigen Anlagentypen überwiegend noch in der Konstruktionsphase bzw. gar im Modelltest befinden. Dies gibt bereits einen Hinweis darauf, dass mit erheblichen Herausforderungen bei einem noch so jungen Technikstand zu rechnen ist.

3 Forschung an Tidenturbinen

Neben den bereits benannten Herausforderungen mangelt es bislang vollkommen an wissenschaftlichen Untersuchungen hinsichtlich des Auslegungsverfahrens und dem Einfluss der Skalierungseffekte zwischen Modellmaßstab und Großausführung von Tidenturbinen. Im Hinblick auf eine optimale Auslegungsstrategie und auch mit Fokus auf Kleinausführungen finden daher momentan Untersuchungen der TU Berlin statt. Zielstellung ist eine Auslegungsstrategie für frei durchströmte Tidenturbinen zu entwickeln. Für die Untersuchungen von Tidenturbinenmodellen bzw. kleinen Tidenturbinen steht der große Umlauf- und Kavitationstank UT2 der TU Berlin zur Verfügung (**Bild 2**). Dieser verfügt über eine Messstrecke von 3 x 4 m^2 und bietet mit Strömungsgeschwindigkeiten von bis zu 10 m/s beste Möglichkeiten, um Auslegungsverfahren und Skalierungseffekte von Tidenturbinen sowohl in der Modellausführung als auch an Kleinturbinen zu untersuchen.

Insbesondere im Bereich der Kleinturbinen ist zukünftig ein Forschungsschwerpunkt zu legen, da dieser Ansatz voraussichtlich zu einer wirtschaftlichen Umsetzung führen wird. Als Argument für Großausführungen werden oft die geringeren Leistungsverluste gegenüber kleineren Anlagen genannt. Eine Analyse zeigt jedoch, dass vie-

Bild 2: Der große Umlauf- und Kavitationstank UT2 der TU Berlin

le Anlagen nicht über den Stand der Planungsphase hinaus kommen. Die Gründe hierfür sind oftmals die mit Großanlagen verbundenen höheren Investitionen und die notwendige Tiefenaufstellung, welche die Zugänglichkeit der Anlage erschwert. Darüber hinaus kann bereits ein kleiner Schaden an der Anlage zu einer gravierenden Einschränkung der Wirtschaftlichkeit führen.

Um den Anforderungen nachzukommen, die an Kleinanlagen gestellt werden, wurde ein Modell einer Tidenturbine konstruiert, welches verschiedene Rotorgeometrien und Skalierungseffekte ermöglicht und daher die Untersuchung der Wirtschaftlichkeit von Kleinanlagen erlaubt (**Bild 3**). Diese Tidenturbine ist als frei durchströmter Horizontalachser ausgeführt und kann einen maximalen Rotordurchmesser von 1,5 m tragen. Kleinere Rotordurchmesser sind ebenfalls möglich. Die Nenndrehzahl bei einem Rotordurchmesser von 1,5 m liegt bei 200 min^{-1}. Eine Besonderheit der Konstruktion ist die Erfassung von Schub und Moment direkt im Antriebsstrang. Dies ist auf die intensive Sichtung der Literatur zurückzuführen, welche zeigt, dass diese an Tidenturbinen nur in seltensten Fällen gemessen werden, wobei sie zur gesamtheitlichen Bewertung der Anlage und auch der verwendeten Flügel jedoch ausschlaggebend sind. Die Ausführung der Anlage sollte solchen auf der Hochsee möglichst ähneln, was sich vor allem darin äußert, dass der Motor unter Wasser mit in den Antriebsstrang eingebaut ist und daher eine Abstützung des Modells nach unten in der Messstrecke erfolgt. Vielfach wird an Tidenturbinenmodellen die Antriebseinheit über Umlenkgetriebe trocken aufgestellt und die Anlagen nach oben an der Messstrecke aufgehängt. Für das Realmodell einer Tidenturbine wäre dies jedoch nicht praktikabel: Zum einen würden durch die Trockenaufstellung des Generators die Anzahl der Teile und die Antriebsverluste steigen. Zum anderen besteht bei jedem Sturm die Gefahr einer Generatorflutung [3]. Das beschriebene Tidenturbinenmodell zeichnet sich somit durch realistische Randbedingungen aus, was die Möglichkeit der Untersuchung der eigentlichen Kernthematik erlaubt, nämlich die Analyse und den Vergleich von Auslegungsvarianten und Skalierungseffekten von Tidenturbinen.

4 Auslegungsverfahren von Tidenturbinen

Die Standortwahl beeinflusst maßgeblich die Anlagenauslegung, da von ihr die zu erwartende Strömungsgeschwindigkeit, die mögliche Tiefenaufstellung der Anlage und der zu erwartende Energieertrag abhängen. Darüber hinaus muss entschieden werden, welcher Auslegungsansatz für die Flügel der Turbine verwendet werden soll. Dies zeigt einen weiteren, im Wesentlichen bis heute ungeklärten Punkt der Tidenturbinenforschung. Eine genauere Betrachtung geplanter und bereits ausgeführter Anlagen zeigt, dass vor allem Auslegungsansätze aus dem Bereich der Windkraftanlagentheorie Verwendung finden. Jedoch lassen sich daneben auch Anlagen ausmachen, die nach Ansätzen der Schiffspropellertheorie oder der konventionellen Wasserturbine (primär der Kaplan-Turbine) ausgelegt sind.

Auf diesem Kenntnisstand basierend wurden drei Anlagen des Typs Horizontalachser mit gleichen Randbedingungen aber nach unterschiedlichen Ansätzen ausgelegt (**Bild 4**). Zu den Randbedingungen zählten ein Rotordurchmesser von 1,5 m, eine gewünschte Drehzahl von 200 min^{-1} bei drei Flügeln, eine sogenannte Stallregelung sowie die Vermeidung von auftretender Kavitation.

Unter Stallregelung versteht sich hierbei, dass bei hohen und für die Anlage unzulässigen Tidengeschwindigkeiten die Strömung an den Flügeln kontrolliert abreißt. Dadurch mindert sich die Auftriebskraft bei gleichzeitigem Anstieg der Widerstandskraft. Dies führt dazu, dass die Umfangskraft trotz hoher Tidengeschwindigkeiten immer im zulässigen Betriebsbereich der Anlage bleibt und ein Überdrehen der Anlage verhindert wird.

Bereits frühzeitig zeigten sich die Herausforderungen des Übertrags der unterschiedlichen Ansätze auf die Auslegung einer Tidenturbine. Der Bereich der Windkraftanlagen kennt die Beeinflussungen durch Kavitationserscheinungen nicht. Deshalb kann auch nur schwerlich die gewünschte Stallregelung in Einklang mit der Vermeidung von Kavitation gebracht werden. Zusätzlich treten unter Wasser deutlich höhere Schubbelastungen auf als sie je an einer Windkraftanlagen zu erwarten wären. Um diesem entgegenzuwirken, sind manuelle Anpassungen der Flügel notwendig, welche wiederum das Betriebsverhalten der Anlage beeinflussen. Diesem kann momentan nur durch aufwendige, zeitintensive Computersimulationen begegnet werden, wobei in iterativen Schritten die Flügel, das Betriebsverhalten und die zu erwartenden Lasten berechnet werden.

Auch die Auslegung nach Schiffspropellertheorie zeigt sich nicht direkt übertragbar. Der Gedanke einer Umkehr des Wirkmechanismus scheint im ersten Schritt umsetzbar, stellt jedoch ebenfalls den Bedarf nach manuellen Anpassungen, denen nur mit Erfahrung, jedoch bisher nicht mit ein-

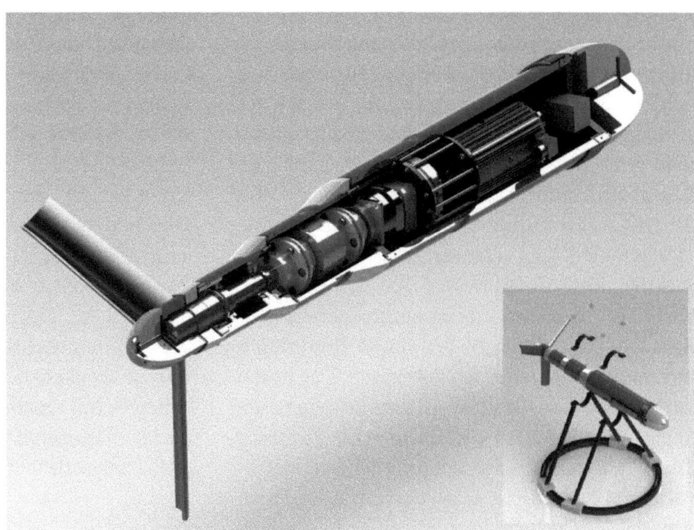

Bild 3: Schnittdarstellungen des Tidenturbinenmodels

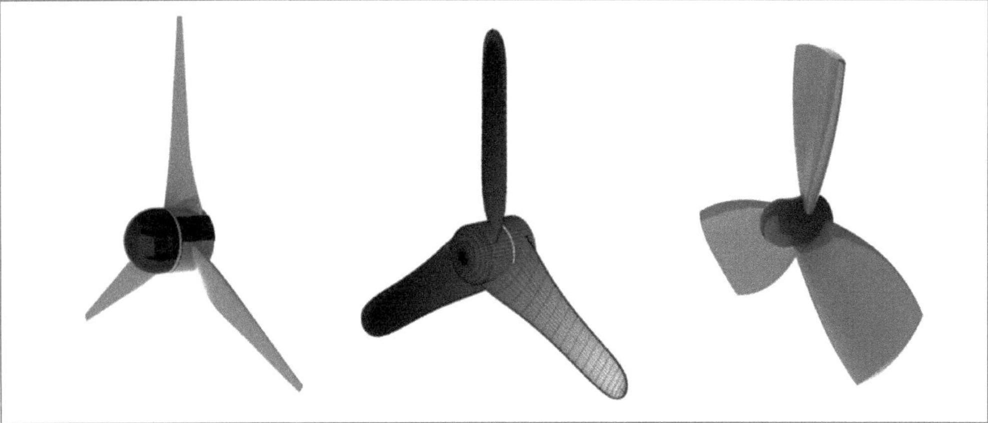

Bild 4: Die basierend auf unterschiedlichen Theorien konzipierten Flügel (v. l. n. r.): Windkraftanlagentheorie, Propellertheorie und Wasserturbinentheorie

deutigen Berechnungsansätzen zu begegnen ist.

Insbesondere die Auslegung nach Ansätzen der konventionellen Wasserturbinen (d. h. insbesondere der Kaplan-Turbinen) stellt eine besondere Herausforderung beim Übertrag auf die Auslegung einer frei durchströmten Tidenturbine dar. Grundbausteine einer Kaplan-Turbine, wie die Leitvorrichtung und das Gehäuse entfallen bei frei durchströmten Tidenturbinen. Der normalerweise vorhandene Vordrall am Eintritt der Flügel und weitere Annahmen zur Berechnung der Geschwindigkeiten können an einer Tidenturbine daher nicht angenommen werden. Dies ist für den Auslegungsprozess der Tidenturbine nur dadurch zu begegnen, indem stark vereinfachende Annahmen getroffen werden, die auch einschließen, dass theoretische Annahmen aus dem Windkraftbereich übernommen werden müssen.

5 Tidenturbinen im Labor gegenüber der Hochseeaufstellung

Unberücksichtigt bleiben bisher die Betrachtung der Einflüsse der aufgestellten Anlage auf die Umwelt und umgekehrt, die Einflüsse der Umwelt auf die Anlage. Grundsätzlich gilt es auch bei Tidenturbinen die Frage zu klären, ob und inwieweit diese zu einem Habitatsverlust dort vorkommender Lebewesen führen. Eine eindeutige Antwort lässt sich momentan aus Mangel an Erfahrungen noch nicht geben. Um möglichen Einwirkungen bereits vorab entgegenzuwirken, sind Konzeptionen zu bedenken, wie beispielsweise eine möglichst geringe Drehzahl der Anlage oder weit auseinander stehende Flügel. Auch die Übernahme des Erfahrungsschatzes aus dem Bereich der Hochsee-Technik, insbesondere hinsichtlich der Baustoff- und Fundamentierungsmöglichkeiten, sollten herangezogen werden. Zu möglichen Auswirkungen lassen sich im Labor jedoch keine Studien durchführen.

Autoren

Angela Bauer, M. Sc.

Prof. Dr.-Ing. Paul Uwe Thamsen

Fachgebiet Fluidsystemdynamik
Technische Universität Berlin
Strasse des 17 Juni 135
10623 Berlin
angela.bauer@tu-berlin.de
paul-uwe.thamsen@tu-berlin.de

Literatur

[1] Ben Elghali, S. E.; Benbouzid, M. E. H.; Charpentier, J. F.: Marine Tidal Current Electric Power GenerationTechnology: State of the Art and Current Status. In: Electric Machines & Drives Conference – IEMDC,07. 2007.

[2] Hardisty, J.: The Analysis of Tidal Stream Power. New York: John Wiley & Sons, 2009.

[3] Orme, J. A. C.; Masters, I.: Analysis and comparison of support structure concepts for tidal stream turbines (www.swanturbines.co.uk/images/supportstructures.pdf, Abruf: 23.12.2012).

Angela Bauer and Paul Uwe Thamsen

Ride the Tide – Research on tidal current turbines at the TU Berlin

Besides the better-known technologies for energy generation e.g. hydro power, solar power and wind power, also tidal power can be transformed into electricity via tidal turbines. However, the requirements for tidal turbines are challenging, especially in terms of their underlying fluid flow dynamics and structural dynamics. To meet these demands, a research project at the Technical University (TU) of Berlin discusses and analyses different design philosophies and approaches.

Ангела Бауер и Пауль Уве Тамзен

На волнах прилива – исследование турбин, работающих за счет течений морских приливов и отливов, в Техническом Университете Берлина

Наряду с известными технологиями получения энергии посредством использования энергии воды, солнца или ветра, существует также возможность использования течений приливов и отливов посредством использования так называемых приливно-отливных турбин. К установкам такого типа предъявляются особые требования, в частности, в вопросах, касающихся механики течения и структурной динамики. В связи с этим в Техническом университете (TU) Берлина на междисциплинарном уровне обсуждаются различные конструктивные и теоретические разработки, осуществляемые в рамках научно-исследовательского проекта, кроме того, исследуется возможность их применения в приливно-отливных турбинах.

Projekte

Dieter Wirth

Die Wasserkraftanlage Leerstetten am Main-Donau-Kanal

Der Main-Donau-Kanal ist der großen Öffentlichkeit nur als künstliche Schifffahrtsstraße bekannt, die das Schwarze Meer über Donau, Main und Rhein mit der Nordsee verbindet.
Als weitere Aufgabenstellung erfüllt der Kanal noch die Niedrigwassererhöhung des Nordens von Bayern durch Wasserüberleitung aus dem Donauraum und zusammen mit dem Altmühl- und Brombachsee die Verbesserung des Hochwasserschutzes im Altmühltal. Die Energiebilanz des kompletten Systems ist positiv, da die Pumphöhe auf der südlichen Rampe geringer ist als das Gefälle auf der Nordrampe, das durch mehrere Wasserkraftwerke genutzt wird. Das neueste dieser Kraftwerke ist das Wasserkraftwerk Leerstetten an der gleichnamigen Schleuse. Der Maschinensatz mit einer Durchströmturbine der Fa. Ossberger ist für eine Schluckmenge von 6,0 m³/s bei einem Nettogefälle von 24 m ausgelegt.

1 Zwei Systeme – drei Aufgaben

Das Wasserdargebot in Bayern ist regional sehr unterschiedlich. Im Gebiet südlich der Donau gibt es hohe Niederschläge und ein gutes Speichervermögen der Böden sorgt für vergleichmäßigte Abflüsse in den Gewässern. Demgegenüber hat der Norden Bayerns wenig Niederschläge und von der Bodenbeschaffenheit ein begrenztes Speichervermögen, wodurch sommerliche Hochwässer üblich waren. Um hier einen Ausgleich zu schaffen, wird der Main-Donau-Kanal, der die Donau bei Kelheim mit dem Main bei Bamberg verbindet und ursprünglich als reine Wasserstraße geplant war, auch als Transportweg für das Überleitungswasser aus der Donau in den Main genutzt. Jährlich werden über diese Strecke im Mittel 125 Mio. m³ übergeleitet. Um die sommerlichen Hochwässer des mittleren Altmühltales einzudämmen, wurde ein weiteres System geschaffen. Überschusswasser der Altmühl wird über den Altmühlsee sowie den Überleiter in den Brombachsee mit seinen Vorsperren Kleiner Brombachsee und Igelsbachsee übergeleitet und von dort in die Schwäbische Rezat sowie das fränkische Flusssystem abgegeben. Mit dem Überleiter wird die europäische Talwasserscheide überwunden und es werden ca. 25 Mio. m³ im Jahr nach Franken geleitet (**Bild 1**).

In diesen beiden Systemen gibt es natürlich auch die Möglichkeit der Energierückgewinnung und der große Stellenwert der Wasserkraft hat den Freistaat Bayern veranlasst, Wasserkraftwerke an den hierfür möglichen Stellen einzubauen. Das übergeleitete Wasser wird auch von den bestehenden Kraftwerken im Norden Bayerns genutzt. Stellt man diese Energiemehrung den Verlusten an der Donau gegenüber, so errechnet sich ein Netto-Energiegewinn.

Der Main-Donau-Kanal überwindet auf der Südrampe von Kelheim bis zur Scheitelhaltung einen Höhenunterschied im Aufstieg von 68 m mittels fünf Schleusen mit Pumpwerken in Kelheim, Riedenburg, Dietfurt, Berching und Bachhausen. An den Standorten Kelheim und Riedenburg, die unterhalb der Einmündung der Altmühl liegen, sind die Maschinen als Pumpturbinen ausgeführt. Zu Zeiten ohne Überleitung kann hier das Überschusswasser der Altmühl energetisch genutzt werden.

Von der Scheitelhaltung bis Kriegenbrunn auf der Nordrampe sind es 103 m Höhenunterschied im Abstieg, der für die Schifffahrt mit sechs Schleusen überwunden wird. An fünf Stellen des

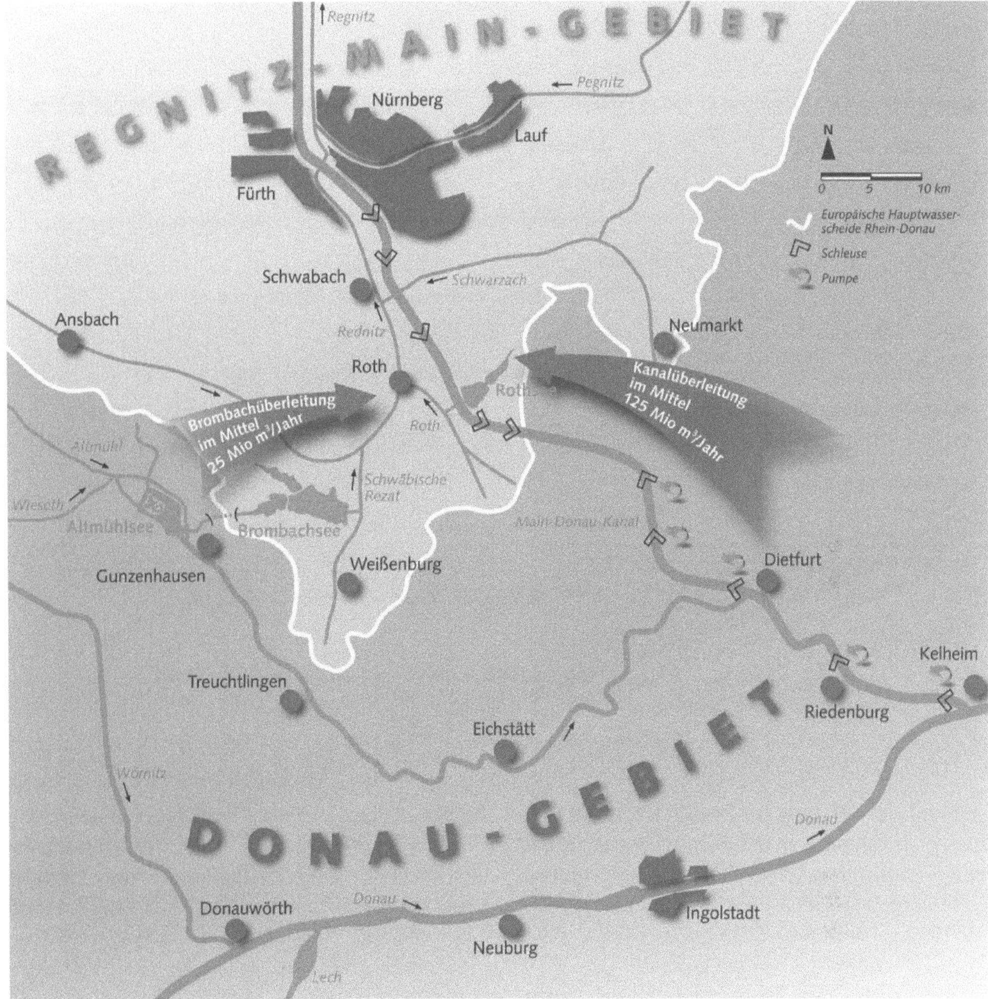

Bild 1: Das Überleitungssystem des Main-Donau-Kanals [1]

Main-Donau-Kanals wurden Wasserkraftwerke eingeplant und sind mittlerweile auch realisiert (**Tabelle 1**). Dazu kommt noch das Sperrenkraftwerk am Brombachsee-Hauptdamm.

So erfüllen die beiden Systeme Main-Donau-Kanal und Altmühl-Überleitung die Aufgaben Schifffahrtsstraße, Wasserüberleitung und Energiegewinnung. Dass als Nebeneffekt durch die künstlich angelegten Seen ein Naherholungsgebiet „Fränkisches Seenland" für den Fremdenverkehr geschaffen wurde, ist gerade für das strukturarme Altmühlfranken von großer Bedeutung. Mit den zahlreichen Biotopen als ungestörter Lebensraum für die Tier- und Pflanzenwelt ist auch ein friedliches Nebeneinander von Naherholung und Naturschutz gelungen.

2 Die Wasserkraftanlage Leerstetten

2.1 Planung

Die Schleuse Leerstetten liegt an der Nordrampe des Main-Donau-Kanals und die Schiffe haben hier einen Höhenunterschied von ca. 25 m zu überwinden. Seit Inbetriebnahme des Kanals wird über diese Schleuse das Überleitungswasser abgegeben. Bisher ungenutzt, soll das neue Kraftwerk nun regenerativen Strom aus Wasserkraft erzeu-

Tab. 1: Ausbaudaten der Wasserkraftwerke am Main-Donau-Kanal

Standort	Fallhöhe	Ausbaudurchfluss	inst. Leistung
Kelheim	8,4 m	5 x 7 m³/s	2 600 kW
	Schleusenkraftwerk mit Altmühlwasser bei Nichtüberleitung		
Riedenburg	8,4 m	5 x 7 m³/s	2 600 kW
	Schleusenkraftwerk mit Altmühlwasser bei Nichtüberleitung		
Hilpoltstein	23,5 m	17 m³/s	3 000 kW
	Schleusenkraftwerk mit Überleitungswasser		
Rothsee-Einleitung	8 m	14 m³/s	950 kW
	Überleitungswasser aus dem Kanal in den Rothsee (in Bau)		
Rothsee-Ausleitung	15,4 m	1 + 5,2 m³/s	790 kW
	Ausleitung in die Kleine Roth bzw. Rückleitung in den Kanal		
Schwarzach-Ausleitung	17,5 m	4 m³/s	580 kW
	Ausleitung in die Scharzach, ein 2. Kraftwerk mit 2,5 m³/s ist noch geplant		
Leerstetten	24 m	6 m³/s	1 100 kW
	Schleusenkraftwerk mit Überleitungswasser		
Brombachsee	32 m	2 x 1,2 m³/s	630 kW
	Sperrenkraftwerk mit Überleitungswasser aus der Altmühl		

gen und einen Beitrag zur Energiewende im Freistaat Bayern leisten. In der Planung des Main-Donau-Kanals war an dieser Stelle damals schon ein Kraftwerk vorgesehen, aber seit der Inbetriebnahme 1992 hat es nun bis 2013 gedauert, dass dieses Vorhaben umgesetzt werden konnte.

Im Jahr 1998 kam das damalige Talsperrenneubauamt, die für den Bau des Fränkischen Seenlandes zuständige bayerische Staatsbehörde, auf die Fa. Ossberger zu, um die Möglichkeit des Einbaus einer Durchströmturbine an der vorhandenen Gefällestufe zu prüfen. Das Kraftwerk sollte an dem vorhandenen Betondruckkanal angeschlossen werden, der im Bypass zum Schleusenbauwerk errichtet worden war und das Überleitungswasser weiterleitete. Bei der Anordnung des Turbinenhauses waren die Belange des Hausherrn, dem Wasser- und Schifffahrtsamt, zu berücksichtigen, der als Betreiber des Kanals ungehinderten Zugang zu seinen Einrichtungen benötigt. Die Ausbaudurchfluss war mit 6 000 l/s durch das Überleitungsregime vorgegeben und wurde bisher durch einen Kegelstrahlschieber abgebaut. Das statische Gefälle von 24,67 m resultiert aus dem Höhenunterschied des Kanals an der Schleuse Leerstetten. Neben der Durchströmturbine wurden auch die Varianten mit einer Kaplanturbine sowie ein oder zwei Francis-Turbinen untersucht, wobei das stark schwankende Wasserdargebot mit langen Niedrigwasserzeiten für die 2-zellige Durchströmturbine sprach.

Alle bisherigen Bauentwürfe scheiterten an der Wirtschaftlichkeit, da das Krafthaus in einen Hang integriert werden musste um die vorhandene freie Fläche für Notfälle im Betrieb des Kanals für das Wasser- und Schifffahrtsamt (WSA) freizuhalten. Dadurch wäre die Bauausführung sehr aufwändig und zu teuer geworden. Da die Betreiber des Kanals im weiteren Projektverlauf nun auch andere Standorte für das Turbinenhaus stromabwärts zuließen, ergaben sich wesentlich günstigere Baukosten und damit wurde das Projekt wirtschaftlich.

2006 erging der Planungsauftrag im Namen des Bauherrn, der Bayerischen Landeskraftwerke GmbH, an das Ingenieurbüro RMD-Consult GmbH, München, und gleichzeitig wurde das behördliche Rechtsverfahren zum Einbau der Turbi-

Bild 2: Turbinenhaus Leerstetten mit Triebwasserleitung [2]

nenanlage eingeleitet. Mit Erteilung der Genehmigung in 2010 konnten die endgültigen Planungsunterlagen von RMD-Consult erstellt werden, die neben der Durchströmturbine auch den Einbau einer Francis-Turbine ermöglichten. Mitte 2011 erfolgte der Versand der Ausschreibungsunterlagen Los 1 für Lieferung, Montage und Inbetriebnahme der maschinen- und elektrotechnischen Kraftwerksausrüstung. Es war ausdrücklich eine 1-Maschinenlösung gefordert, wobei alternativ eine Durchströmturbine oder eine Francis-Turbine angeboten werden konnte. Die weiteren Lose des Gesamtprojektes waren Los 2 Elektro- und Leittechnik, Los 3 Stahlwasserbau und Los 4 Bau.

Nach der unwirtschaftlichen Version mit dem Turbinenhaus im Hang integriert, war als 2. Lösung der Standort des Turbinenhauses über dem Unterwasser der ehemaligen Pumpenauslässe vorgesehen. Dadurch wäre nur eine kurze Zuleitung vom Überleitungskanal nötig gewesen und die Pumpenauslässe hätten als Saugkolk genutzt werden können. Dieser Anordnung stimmte jedoch das WSA nicht zu, da der beanspruchte Platz als Stellfläche für den Mobilkran zum Setzen der Notdammtafeln des Kanals freizuhalten ist. Aus diesem Grund musste das Turbinenhaus nochmals versetzt und die Triebwasserleitung verlängert werden (**Bild 2**).

Nach der Auswertung der eingegangenen Angebote und den Bietergesprächen zur Abklärung der noch offenen Einzelheiten wurde im Januar 2012 durch den Bauherrn der Auftrag für Los 1 (Lieferung, Montage und Inbetriebnahme der maschinen- und elektrotechnischen Kraftwerksausrüstung) an die Ossberger GmbH + Co, Weißenburg/Bayern, erteilt. Die Entscheidung für eine Durchströmturbine war anhand einer wirtschaftlichen Bewertung der abgegebenen Angebote gefallen. Dabei wurden die erzielbaren Erträge den Investitionen für die Gesamtanlage gegenübergestellt. Bei der Ermittlung der Erträge musste das breite Abflussspektrum am Standort Leerstetten berücksichtigt werden. Mit einem Anteil am Gesamtabfluss von knapp 50 % der Durchflüsse kleiner als 2,0 m^2/s und 25 % kleiner 1,0 m^3/s zeigte sich die Überlegenheit der 2-zelligen Durchströmturbine als Kombination von Jahresertrag, Maschinen- und Bauwerkskosten gegenüber der Francis-Turbine.

2.2 Ausführung

Die Auslegungsdaten des Maschinensatzes (**Bild 3**) waren vorgegeben mit der statischen Fallhöhe von 24,67 m und Nennfallhöhe von 24,0 m bei einem Nenndurchfluss von 6,0 m^3/s. Die auf diese Verhältnisse ausgelegte Ossberger-Durchströmturbine in Saugbauweise hat eine max. Wellenleistung von 1 186 kW. Der Edelstahlläufer mit Durchmesser 1 000 mm ist aus hydraulischen Gründen „wellenlos“ gebaut und das Turbinengehäuse aus Kohlenstoffstahl ist 2-zellig im Verhältnis 1:2 ausgeführt. Die beiden Leitschaufeln können getrennt beaufschlagt und in der Öffnung stu-

Bild 3: Ossberger-Turbine mit Getriebe und Synchrongenerator [2]

fenlos verstellt werden, wodurch sich ein sehr flacher Wirkungsgradverlauf ergibt. Die Leistungswerte werden von 100 % Beaufschlagung bis 17 % Teillast garantiert. Die Turbine kann ohne technische Einschränkungen soweit gedrosselt werden, bis die Rückleistungsüberwachung die Anlage vom Netz nimmt. Die beiden fettgeschmierten Pendelrollenlager sind in separaten, abgedichteten Lagergehäusen untergebracht und somit gelangt kein Schmierfett ins Triebwasser. Die Leitschaufeln sind in wartungsfreien Gleitlagern mit auswechselbaren Wellenschonhülsen gelagert. Die Abdichtung der Wellendurchführungen erfolgt über einfache, nachstellbare Stopfbüchsenpackungen. Der abnehmbare Eckkasten, auf dem auch die automatischen Belüftungsventile angebracht sind, ermöglicht eine sehr gute Zugänglichkeit des Laufrades zu Wartungszwecken auch im eingebauten Zustand. Die Verstellung der beiden Leitschaufeln erfolgt über doppeltwirkende Hydraulikzylinder, die mit den auf den Leitschaufelzapfen verdrehsicher angebrachten Hebelarmen verbunden sind. Die Anordnung der Zylinder wird im Werk genau an die Öffnung der Durchströmturbine angepasst. Dadurch wird nicht gegen Anschläge an der Turbine gefahren, sondern die Endlagen der Zylinder begrenzen definiert die Öffnung. Berührungslose und damit verschleißfreie Drehwinkelgeber erfassen diese Öffnung für die übergeordnete Regeleinrichtung. Ein energiesparendes Hydraulikaggregat mit Speicherladeschaltung und Proportionalventiltechnik von Bosch-Rexroth versorgt die Verstellzylinder. Bei einer Notabschaltung wird die Turbine ohne Fremdenergie durch die Schließgewichte auf den Hebelarmen sicher geschlossen.

Die Turbinendrehzahl von 180 U/min wird über ein einstufiges Stirnradgetriebe von Siemens-Flender mit geschlossenem Kühlkreislauf auf den 6-poligen Synchrongenerator (Fabrikat AEM) übertragen. Beide Aggregate sind auf einer gemeinsamen Grundplatte montiert, welche über Schwingungsdämpfer-Elemente auf dem Turbinenhausboden gelagert ist. Diese Konstruktion minimiert die Übertragung von mechanischen Schwingungen und Vibrationen auf die Fundamente und das Turbinenhaus. Die elektrotechnische Kraftwerksausrüstung von der Fa. Cegelec übernimmt die Regelung und Überwachung des Maschinensatzes sowie die Netzeinspeisung. Eine Visualisierung erlaubt das Beobachten und Steuern sowohl vor Ort als auch von der übergeordneten Zentrale.

Die neue Triebwasserleitung schließt rechtwinklig an den ca. 300 m langen betonierten Überleitungskanal an und leitet das Wasser über einen ebenen 90°-Krümmer und einen S-Bogen zur 6 m höher aufgestellten Turbine. Die direkt am Abzweig eingebaute VAG-O-Ringklappe DN 1 600 ist mit Fallgewichtsantrieb als Notschlussorgan ausgelegt. Zusammen mit den notschlussfähigen Leitschaufeln der Turbine hat die Anlage eine redundante Sicherheit bei einer Betriebsstörung. Das an Laufwasserkraftwerken übliche Treibgut ist hier zwar nicht zu erwarten, aber ein Feinrechen zum Schutz der Turbine ist dennoch notwendig. Mangels verfügbaren Platzes hat man sich zum Einbau eines Rohrrechens entschieden, welcher durch eine Niveaudifferenzsteuerung bezüglich Verschmutzung überwacht wird und über ein Mannloch zum Reinigen zugänglich ist. Am Hochpunkt ist ein automatisches Be- und Entlüftungsventil angebracht.

Der Betrieb der Anlage Leerstetten erfolgt an Hand des Überleitungsregimes zur Erfüllung der Bewirtschaftungsziele von einer zentralen Leitstelle. Diese gibt den Überleitungsabfluss und damit die Öffnung der Turbine vor. Ein besonderes Augenmerk musste noch auf das Verhalten der Anlage im Notschlussfall gerichtet werden.

Die dabei erlaubte Druckerhöhung war seitens des WSA zum Schutz des vorhandenen Betondruckkanals mit max. 20 % des statischen Gefälles vorgegeben. Um bei der Vorgabe der Schließzeiten von Absperrklappe und Turbine auf der sicheren Seite zu liegen, wurde das Institut für Strömungsmechanik und Hydraulische Strömungsmaschinen der Universität Stuttgart mit der Druckstoßberechnung beauftragt. Unter Berücksichtigung der Einlauf-, Rohrleitungs- und Auslaufgeometrien sowie des Verhaltens der Durchströmturbine mit Getriebe und Generator bei einer Notabschaltung wurden die optimalen Schließzeiten zur Einhaltung der Druckstoßkriterien errechnet. Dabei wurden mehrere Lastfälle simuliert und auch ein Blockieren der Leitschaufeln untersucht. Die Druckstoßberechnung zeigte, dass die für die Auslegung des Maschinensatzes angesetzte Schließzeit großzügig bemessen war und die zulässigen Laufzeiten in Durchgangsdrehzahl nicht erreicht werden.

Mit dem Kraftwerk Leerstetten am Main-Donau-Kanal ist ein weiterer wirtschaftlicher Ausbau der Wasserkraft ohne zusätzliche Umwelteinflüsse gelungen. Probleme, wie Restwassermenge, Durchgängigkeit, Ausleitungsstrecke und Beeinträchtigung der Anlieger, sind hier nicht relevant.

Autor

Dipl.-Ing. (TU) Dieter Wirth
Ossberger GmbH + Co.
Otto-Rieder-Straße 7
91781 Weißenburg/Bayern
wirth@ossberger.de

Literatur

[1] Bayerisches Staatsministerium für Landesentwicklung und Umweltfragen (Hrsg.): Wasser für Franken – Die Überleitung. München: Bartels & Wernitz Druckerei + Verlag, 2000.

[2] Bayerische Landeskraftwerke GmbH (Hrsg.): Flyer Kraftwerk Leerstetten. München, 2012.

[3] Ossberger GmbH + Co. (Hrsg.): Die Original Ossberger-Turbine. Weißenburg, 1999.

Dieter Wirth

The Hydropower Plant Leerstetten at the Main Donau Canal

The Main Danube Canal is known in public only as an artificial waterway that connects the Black Sea via the Danube, Main and Rhine with the North Sea. As a further task the channel satisfies the low-water increase of Northern Bavaria by water transfer from the Danube region and together with the lakes Altmühlsee and Brombachsee the improvement of flood protection of the valley of the river Altmühl. The energy balance of the entire is positive, since the pumping height on the southern ramp is less than the fall on the northern ramp. This fall is used with several hydroelectric plants. The latest of these power plants is the Leerstetten Hydropowerplant at the lock of the same name. The hydroelectric generating set with a crossflow from the manufacturer Ossberger is designed for an flow of 6.0 m^3/s with a net head of 24 m.

Дитер Вирт

Гидроэлектростанция Леерштеттен (Leerstetten) на канале Дунай-Майн

Канал Дунай-Майн известен большой общественности только как искусственный судоходный путь, соединяющий Черное море через Дунай, Майн и Рейн с Северным морем. Однако, здесь выполняются и другие задачи – канал повышает низкий меженный уровень на севере Баварии посредством переброски воды из Дунайского региона и одновременно вместе с озерами Альтмюльзее (Altmühlsee) и Бромбахзее (Brombachsee) улучшает противопаводковую защиты в долине Альтмюльталь (Altmühltal). Энергобаланс комплектной системы является положительным, так как помповая высота на южном склоне меньше чем перепад на северном склоне, используемый несколькими гидроэлектростанциями. Самой новой из них является гидроэлектростанция Леерштеттен (Leerstetten) на одноименном шлюзе. Машинный агрегат с двукратной турбиной фирмы Оссбергер (Ossberger) рассчитан на рабочий объем 6,0 м ^{3}/сек при чистой высоте напора 24 м.

Armin Fust und Helmut Reif

Ausgangslage am neuen Wasserkraftwerk Rheinfelden

1989 erhielt die Energiedienst AG neue Konzessionen für weitere 80 Jahre Kraftwerksbetrieb in Rheinfelden. Damit verbunden war die Auflage, ein neues Wasserkraftwerk mit höherer Stromproduktion zu errichten. Entstanden ist ein 100-MW-Laufwasserkraftwerk mit vier Rohrturbinen und einem Wehr mit sieben Öffnungen für 380 Mio. Euro. Besonderes Augenmerk galt dem Erhalt der natürlichen Flusslandschaft. Im April 2003 wurde mit dem Bau begonnen, im Dezember 2010 produzierten erstmals alle Maschinengruppen Strom.

1 Das alte Kraftwerk

Schon früh erkannten Industrielle und Techniker die Möglichkeit, die Kräfte des Rheins zwischen Bodensee und Basel für die Energiegewinnung zu nutzen. Der Standort Rheinfelden bot sich vor allem wegen des großen Gefälles auf kurzer Strecke an. Das alte Kraftwerk Rheinfelden wurde von 1895 bis 1898 als erstes von elf Hochrheinkraftwerken gebaut. Als es in Betrieb ging, war es eines der größten seiner Art in Europa und wurde nur vom Wasserkraftwerk der Niagarafälle übertroffen. Mit ihm begann eine bedeutende Epoche der Wasserkraftnutzung in der Region. Es war die erste große Wasserkraftanlage in der Geschichte der europäischen Elektrizitätsgewinnung.

Zu Beginn des 19. Jahrhunderts wurde der Rhein zur Grenze zwischen dem Land Baden und der Schweiz. Bereits 1871 hatte Georg von Struve die Idee zu einem Kanalwerk am Schweizer Ufer. Die Energie sollte mechanisch über Drahtseile transportiert werden, ähnlich einer Seiltransmission in Schaffhausen. Struves Pläne scheiterten jedoch an der Finanzierung. 1889 reichte das Schweizer Firmenkonsortium Oerlikon/Escher Wyss/Zschokke ein neues Konzessionsgesuch ein. Erstmals wollte man Strom erzeugen, der in großem Umfang an die Industrie geliefert werden sollte. 1891 beteiligte sich Emil Rathenau, der Gründer der Deutschen Edison-Gesellschaft und späteren AEG, an dem Pro-

Bild 1: Baustelle altes Kraftwerk 1895

jekt. Stromlieferverträge mit der Aluminium-Industrie AG Neuhausen sowie mit den Elektro-Chemischen Werken Bitterfeld brachten die Wende: Die Verträge sicherten den Absatz von 50 % der Stromproduktion – die Finanzierung war gesichert. 1894 wurden die Kraftübertragungswerke Rheinfelden gegründet.

Schon 1895 wurde mit den Bauarbeiten auf einer Fläche von 20 000 m^2 begonnen. Zeitweise waren mehr als 1 000 Bauarbeiter im Einsatz, Baumaschinen gab es nur wenige. Das Kraftwerk wurde am deutschen Ufer parallel zum Rhein errichtet, ein Bauwerk quer zum Fluss war zu dieser Zeit technisch noch zu riskant. Die Baustelle in Rheinfelden zählte zu den größten in Europa (**Bild 1**).

Im Oktober 1897 wurden die ersten Generatoren montiert. In der zweiten Jahreshälfte 1898 waren alle 20 Francisturbinen montiert und betriebsbereit. Die Turbinen bestanden aus zwei übereinander angeordneten Francislaufrädern und arbeiteten mit 68 Umdrehungen pro Minute. Zwölf Maschinen produzierten Gleichstrom für den Industriestandort Rheinfelden, acht Maschinen erzeugten Drehstrom, der hochtransformiert in das Umland transportiert wurde.

Auch nach über hundert Jahren Dauerbetrieb arbeiteten noch immer zwei der ursprünglichen Turbinen von Escher Wyss sowie die zugehörigen Drehstromgeneratoren von AEG. Kaplan-, Propeller- und Francisturbinen sowie Generatoren unterschiedlicher Generationen verrichteten zuverlässig Seite an Seite ihren Dienst in Rheinfelden.

2 Neue Konzessionen und Baugenehmigung

Nach einer Laufzeit von 90 Jahren liefen 1988 die alten Konzessionen aus. Am 20. Dezember 1989 erteilten der schweizerische Bundesrat und das Regierungspräsidium Freiburg neue Konzessionen für weitere 80 Jahre Kraftwerksbetrieb. Diese gestatteten es der Energiedienst AG (ED), das vorhandene Kraftwerk zunächst bis 2004 weiter zu betreiben. Bis dann sollte ein neues Kraftwerk mit rund dreifacher Produktion in Betrieb genommen werden. Die Energiedienst AG begann daraufhin mit der Planung eines neuen und größeren Wasserkraftwerks (**Bild 2**) [1], [2], [3], [4].

Es sollte das zweitgrößte Laufwasserkraftwerk Deutschlands werden. Die Projektdokumentation der siebenjährigen Bauzeit umfasst rund 2 500 Aktenordner. Unzählige Herausforderungen mussten gemeistert werden, so zeigte sich etwa der Rhein allzu oft von seiner unberechenbaren Seite.

Das Projekt war getragen vom politischen Willen auf beiden Seiten des Rheins, die Wasserkraft des Hochrheins zur regenerativen Stromerzeugung optimal zu nutzen. Der Kanton Aargau hatte sich zudem vertraglich den Bezug von 50 % des erzeugten Stroms gegen Erstattung der Gestehungskosten gesichert.

Die neuen Konzessionen schreiben eine Vergrößerung der turbinierten Wassermenge von ehemals 600 m^3/s auf bis zu 1 500 m^3/s vor und gestatten die Erhöhung des nutzbaren Gefälles durch einen Höherstau von 1,4 m im Oberwasser sowie eine Sohleneintiefung im Unterwasser (**Tabelle 1**).

Um die unvermeidlichen Veränderungen in der Natur und Landschaft möglichst gering zu halten, enthalten die Konzessionen zahlreiche ökologische Auflagen. Die wichtigsten sind der Erhalt der natürlichen Flusslandschaft mit ihren felsigen Stromschnellen unterhalb des alten Wehrs – Gwild genannt – zu mindestens 50 % und der Bau eines naturnahen Umgehungsgewässers auf der rechten Flussseite.

Bei der Ökologie setzt der Bau des Wasserkraftwerks neue Maßstäbe: Insgesamt geben 65 ökologische Aufwertungsmaßnahmen der Natur zurück, was sie an anderer Stelle verloren hat.

Das neue Rheinkraftwerk besteht aus einem quer zum Fluss errichteten Wehr mit sieben Wehrfeldern und einem auf der gleichen Achse angeordneten Maschinenhaus am Schweizer Ufer. Die Anlage zählt vier große Rohrturbinen mit einer Leistung von zusammen 100 MW und liegt etwa 130 m stromabwärts des alten Wehrs (**Bild 3**).

Direkt unterhalb des Maschinenhauses beginnt die Rheineintiefung, eine abgetiefte Abflussrinne von 1,8 km Länge und 100 m Breite, in der das turbinierte Wasser abgeführt wird. Durch diese Eintiefung wird der mittlere Wasserspiegel unterhalb des Kraftwerks, im Bereich des Gwild, um etwa 50 cm abgesenkt. Dadurch werden Teile des heutigen Flussgrunds im Bereich der flachen Stellen sichtbar.

Um die ständige Bewässerung der Gwild-Fläche zu gewährleisten, wurde zusätzlich zu den vier

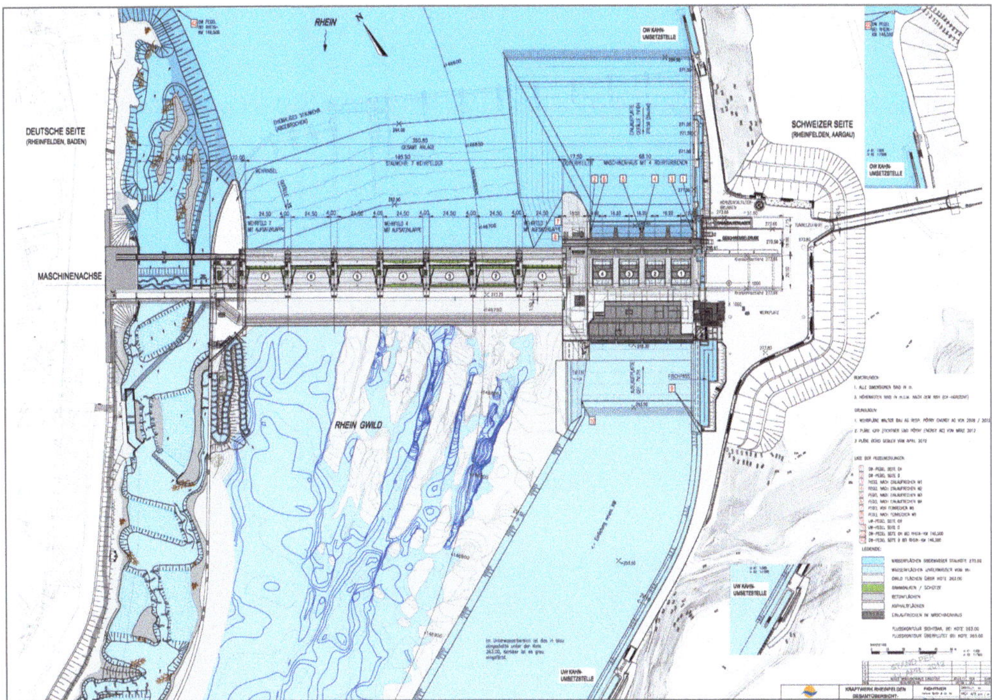

Bild 2: Kraftwerk Rheinfelden, Gesamtübersicht-Lageplan

Rohrturbinen im Maschinenhaus eine fünfte, kleine Turbine mit 2 MW Leistung und 30 m³/s Durchfluss in den Trennpfeiler zwischen Maschinenhaus und Wehr integriert.

Die Bauantragsunterlagen wurden am 30. September 1994 bei den deutschen und Schweizer Genehmigungsbehörden eingereicht. Nach vier Jahren erteilten diese am 28. September 1998 die Baugenehmigung für den Neubau. Ursprünglich waren nur zwei Jahre veranschlagt. Das Verfahren dauerte vor allem deshalb so lang, weil nach Schweizer Gesetzgebung erstmalig eine zweistufige Umweltverträglichkeitsprüfung (UVP) durchzuführen war, wofür bis dahin allseits die Erfahrung fehlte. Unter diesen Voraussetzungen konnten die Fristen für die Umsetzung der Maßnahmen nicht eingehalten werden. Deshalb gewährten die Behörden eine Fristverlängerung für den

Tab. 1: Kenndaten der Altanlage und des Neubaus Rheinfelden

	Altanlage	Neubau
Gefälle	4,2 – 6,0 m	6,0 – 9,1 m
Jahresarbeit	185 GWh	600 GWh
Leistung	25.7 MW	100 MW
Turbinen	20 Maschinen	4 Rohrturbinen 1 Dotierturbine
Ausbaudurchfluss	600 m³/s	1 500 m³/s
Wehranlage	12 Wehröffnungen	7 Wehröffnungen
Ökologie	–	naturnahes Fischaufstiegs- und Laichgewässer (900 m Länge); 2 lachsgängige Fischpässe; Dotierpumpe für Gwild-Fläche; div. Maßnahmen im Stauraum

Bild 3: Neues Wasserkraftwerk (Fertigstellung 2012)

Bild 4: Hydraulische Modell der Gesamtanlage Rheinfelden (rechts deutsches Ufer, links Schweizer Ufer)

Baubeginn bis Juni 2003. Rheinfelden ist damit das erste Wasserkraftwerk in Deutschland, das auf seine Umweltverträglichkeit geprüft wurde. Die Umweltverträglichkeitsprüfung war eine große Herausforderung. Die Auswirkungen auf die Ökologie wurden von einer Ökologischen Begleitkommission untersucht, die auch die Ausgleichsmaßnahmen erarbeitete. Die Kommission bestand aus Vertretern der deutschen und Schweizer Genehmigungsbehörden, Umweltverbänden und der Energiedienst AG.

3 Hydraulische Modellversuche Gesamtanlage

Schon zu Beginn der Planung des neuen Wasserkraftwerks war klar, dass es Modellversuche braucht, um die Anlage optimal zu gestalten. Von Januar 1992 bis Juli 1994 führte daher das Institut für Wasserbau und Kulturtechnik der Universität Karlsruhe hydraulische Modellversuche durch, um die Planung der Kraftwerksanlage zu prüfen und zu optimieren. Dabei ging es vor allem um die bestmögliche Anströmung der Turbinen, aber auch um die Unterwassereintiefung.

Das Gesamtmodell des Kraftwerks Rheinfelden im Maßstab 1:50 umfasste eine Flussstrecke von rund drei Kilometern. Das Modell war 60 m lang und 8 m breit. Professor Dr. Peter Larsen und Professor Dr. Hans Helmut Bernhart leiteten das sechsköpfige Projektteam (**Bild 4**).

In einem ersten Schritt wurde der bestehende Kraftwerkszustand in das Modell übernommen, um es mit den vor Ort gemessenen Wasserspiegellagen zu kalibrieren. Anschließend untersuchte das Projektteam verschiedene Varianten zu den Baugruben bezüglich Größe, Geometrie und Anzahl, wobei immer die Abflusskapazität eines Hochwassers von 4 000 m³/s nachgewiesen werden musste. Als beste Lösung kristallisierte sich ein Konzept mit drei Baugruben heraus (**Bild 5**):

1. Baugrube: Wehrzentrale und Wehrfelder 7, 6, 5
2. Baugrube: Wehrfelder 4, 3, 2
3. Baugrube: Wehrfeld 1, Maschinenhaus und Unterwassereintiefung

Der Nachweis der Wehrkapazität bei einem 10 000-jährlichen Hochwasser mit der (n-1)-Regelung war zentraler Bestandteil der Modellversuche. Laut dieser Regelung muss das Hochwasser auch bei einer geschlossenen Wehrschütze abgeführt werden können. Ergebnis: Ein Wehr mit sieben Wehrfeldern und einer Breite von 200 m erfüllt diese Bedingungen.

Parallel dazu wurden die Tosbeckenschwellen optimiert, um möglichst viel kinetische Energie des strömenden Wassers in Wärme- und Schallenergie umzuwandeln. Das Tosbecken ist ein bremsendes Auffangbecken unterhalb des Wehrs, das die Strömung des abfließenden Wassers mechanisch verzögert, um Auskolkungen im unterwasserseitigen Flussbett zu vermeiden.

Für die Anströmung des Maschinenhauses, die Strömungsverhältnisse in den Turbinenkammern und deren Geometrie analysierten die Experten der Universität Karlsruhe viele Optimierungsmöglichkeiten. Für die Unterwassereintiefung wurden ebenfalls zahlreiche Varianten untersucht, um eine optimale Abströmung und zusätzlich eine maximale Absenkung des Wasserspiegels im Unterwasser zu erreichen.

Schwall- und Sunk-Simulationen zeigten das Verhalten des Wassers bei einer plötzlichen Erhöhung oder Verminderung des Abflusses. Eine wichtige Bedingung war, dass das bestehende Kraftwerk so lange in Betrieb bleiben musste oder nur kurzzeitig abgestellt werden durfte, bis die neue Kraftwerksanlage den Betrieb aufnehmen konnte.

Alle Ergebnisse der Modellversuche wurden in der Bauplanung berücksichtigt und sind Bestandteil der Bauantragsunterlagen von 1994 sowie der Baugenehmigung von 1998.

4 Strommarktliberalisierung bedingt Projektänderungen

Der Kostenvoranschlag des 1994 eingereichten Bauprojekts wies Gesamtkosten von 430 Mio. Euro auf. Daraus resultierten Stromgestehungskosten von rund 9 ct/kWh. Gleichzeitig führte die im April 1997 in Deutschland verfügte Strommarktliberalisierung zu rasch sinkenden Strommarktpreisen und entzog dem Projekt damit die wirtschaftliche Basis. Die Beschaffungsmöglichkeiten am Markt sanken auf 3 ct/kWh.

Trotz der geänderten Marktsituation wollte die Energiedienst AG an der Wasserkraft und am Neubauprojekt festhalten. Alternative Projektvarianten wurden erarbeitet: Als beste Lösung empfahl sich eine Umsetzung des Projekts in Etappen:

- In einer ersten Bauetappe sollte vom deutschen Ufer ausgehend das neue Wehr sowie – anstelle des Maschinenhauses – ein Abschlussdamm gebaut und das alte Wehr rückgebaut werden (s. u. a. [5]).

Bild 5: Hydraulische Modell der Baugruben

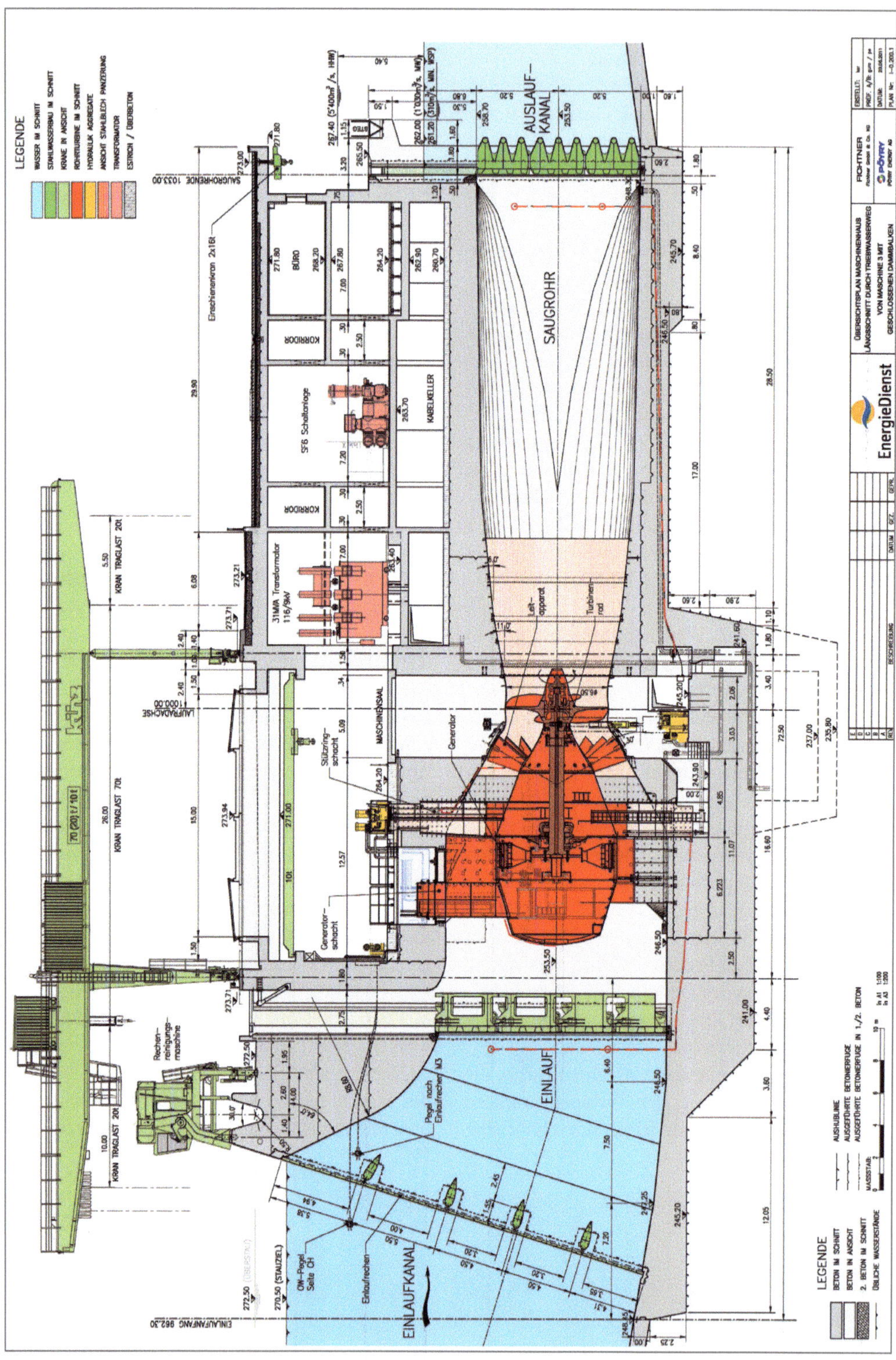

Bild 6: Längsschnitt durch Triebwasserweg von Maschine 3 mit geschlossenen Dammbalken

- Während einer Übergangszeit sollte das bestehende Kraftwerk mit der neuen Stauanlage, aber unverändertem Stauziel weiter betrieben werden.
- In einer zweiten Bauetappe sollten dann die restlichen Anlagen mit dem Maschinenhaus am Schweizer Ufer, der Rheineintiefung und dem naturnahen Fließgewässer im Zulaufkanal gebaut werden (s. [6] bis [15]).

Auf dieser Basis hat die Energiedienst AG am 15. Mai 2000 einen Änderungsantrag zum genehmigten Bauprojekt vom 28. September 1998 eingereicht. Die deutschen und Schweizer Genehmigungsbehörden haben dieser Variante im Mai 2002 zugestimmt. Spätestens bis 2019 sollte das neue Kraftwerk den Betrieb aufnehmen.

Um den geforderten Baubeginn im Juni 2003 einzuhalten, beschloss die Energiedienst AG, mit dem Wehrbau vom deutschen Ufer aus im Frühjahr 2003 zu beginnen. Offen blieb die Frage, wie es nach dem Abschluss des Wehrbaus weitergehen sollte. Ein neues Wehr ohne Kraftwerk schien wenig sinnvoll. Deshalb beschlossen die Verantwortlichen im Jahr 2004, das Projekt Maschinenhaus nochmals zu überarbeiten mit dem Ziel, alle Einsparpotenziale auszuschöpfen und so eine neue Kostenschätzung zu erhalten.

Zu diesem Zweck wurde von drei renommierten Ingenieurkonsortien je ein Kostenvoranschlag (Stand März 2004) erarbeitet. Diese stützten sich auf den aktuellen Bauablauf sowie auf die Erkenntnisse und Preise des bereits begonnenen Wehrbaus. Durch die konsequente Überarbeitung der Maschinenauslegung, des Anlagestandards und des Raumbedarfs wurden die Kosten um 20 % gesenkt.

So wurde etwa der Laufraddurchmesser von 6,8 m auf 6,5 m reduziert. Mit diesen Einsparungen und einer verfeinerten Wirtschaftlichkeitsrechnung, die auf deutscher Seite auch die Vergütungssätze des Erneuerbare-Energien-Gesetzes (EEG) 2004 einbezog, erwies sich der direkte Weiterbau des Maschinenhauses im Anschluss an den Wehrbau als knapp wirtschaftlich.

Nach der Abstimmung mit den Konzerngremien des Hauptaktionärs EnBW Energie Baden-Württemberg AG fasste die Energiedienst AG im Juni 2005 den Beschluss zum Bau des Maschinenhauses im direkten Anschluss an die Fertigstellung des Wehrs. Zum Zeitpunkt des Baubeschlusses war eine Fertigstellung des Maschinenhauses mit Inbetriebsetzung der Turbinen in 2011 vorgesehen. Das Wehr wurde fünf Monate früher als geplant fertig, also bereits im April 2007. Durch eine Optimierung der Bauabläufe beim Bau des Maschinenhauses (**Bild 6**) wurde dessen geplante Fertigstellung auf 2010 vorgezogen.

Autoren

Dr. sc. techn. Dipl.-Ing. ETH Armin Fust
Projektverantwortlicher

Dipl.-Ing. Helmut Reif
Projektleiter
Energiedienst Holding AG
Basler Straße 44
5080 Laufenburg
Schweiz
nicole.haller@energiedienst.de

Literatur

[1] Energiedienst (Hrsg.): Neubau Wasserkraftwerk Rheinfelden. Projektbericht. Laufenburg, 2012.

[2] Energiedienst (Hrsg.): Das neue Wasserkraftwerk Rheinfelden – Energie für die Zukunft. Laufenburg, 2011.

[3] Fust, A.; Reif, H.: Neubau Wasserkraftwerk Rheinfelden. Halbzeitbericht Baustelle 2002 bis 2008 und Vorgeschichte. In: Wasser Energie Luft 100 (2008), Heft 3.

[4] Reif, H.; Fust, A.: Neubau des Stauwehres und Kraftwerks Rheinfelden. WasserWirtschaft 98 (2008), Heft 12, S. 10-17.

[5] Reif, H.: Neubau des Stauwehrs in Rheinfelden. In: WasserWirtschaft 103 (2013) Heft 6, S. 15-18.

[6] Schwyzer, A.: Rohbau des Maschinenhauses Rheinfelden. In: WasserWirtschaft 103 (2013) Heft 6, S. 19-23.

[7] Karrer, B.: Turbinen, Generatoren und Stahlwasserbau des neuen Wasserkraftwerks Rheinfelden. In: WasserWirtschaft 103 (2013) Heft 6, S. 24-28.

[8] Ficht, S.: Elektro- und Leittechnik des neuen Wasserkraftwerks Rheinfelden. In: WasserWirtschaft 103 (2013) Heft 6, S. 29-32.

[9] Karrer, B.: Nebenanlagen des neuen Wasserkraftwerks Rheinfelden. In: WasserWirtschaft 103 (2013) Heft 6, S. 33-34.

[10] Ficht, S.: Inbetriebsetzung und Betrieb des neuen Wasserkraftwerks Rheinfelden. In: WasserWirtschaft 103 (2013) Heft 6, S. 35-37.

[11] Blessing, G.: Rückbau der Altanlagen des Kraftwerks Rheinfelden. In: WasserWirtschaft 103 (2013) Heft 6, S. 38-42.

[12] Ulrich, J.: Ökologische Maßnahmen im Umfeld des neuen Wasserkraftwerks Rheinfelden. In: WasserWirtschaft 103 (2013) Heft 6, S. 43-47.

[13] Gebler, R.-J.; Lehmann, P.: Naturnahes Fließgewässer am neuen Kraftwerk Rheinfelden. In: WasserWirtschaft 103 (2013) Heft 6, S. 48-53.

[14] Ulrich, J.: Zwischenergebnis der Fischzählung am neuen Wasserkraftwerk Rheinfelden. In: WasserWirtschaft 103 (2013) Heft 6, S. 54-57.
[15] Pelzer, F.: Bauperipherie des neuen Wasserkraftwerks Rheinfelden. In: WasserWirtschaft 103 (2013) Heft 6, S. 58-62.

Armin Fust und Helmut Reif

Initial Situation at the Hydropower Plant Rheinfelden

In 1989, Energiedienst AG received new concessions to operate the power station in Rheinfelden for a further 80 years. This was granted on condition that a new hydroelectric power plant with a higher level of electricity production would be built. A 100-megawatt run-of-river power plant with four bulb turbines and a dam with seven openings was constructed at a cost of EUR 380 million. Particular attention was paid to the preservation of the natural river landscape. The construction of the new floodgate began in April 2003. In December 2010, all machine assemblies were producing electricity for the first time. Electricity production increased threefold over the old plant, rising from 185 to 600 million kWh per year. A wide range of compensation measures upgrade the area in ecological terms. The centrepiece is a 900 meter long stretch of near-natural flowing water.

Армин Фуст и Хельмут Райф

Исходная ситуация на новой гидроэлектростанции Рейнфельден (Rheinfelden)

В 1989 году акционерное общество Energiedienst AG получило новые лицензии на эксплуатацию электростанции Рейнфельден (Rheinfelden) в течении последующих 80 лет. Это было связано с необходимостью строительства новой гидроэлектростанции более высокой мощности. Была построена гидроэлектростанция на незарегулированном стоке, с 4-мя прямоточными гидравлическими турбинами и плотиной с 7-ю отверстиями для пропуска воды, мощностью 100 МВт. Стоимость строительства электростанции составила 380 млн. евро. Особое внимание уделялось сохранению естественного речного ландшафта. Строительство началось в апреле 2003, в декабре 201 года все машинные блоки смогли впервые произвести электроэнергию.

Helmut Reif

Neubau des Stauwehrs in Rheinfelden

2003 begannen die Bauarbeiten in Rheinfelden; die erste von zwei Baugruben wurde mit einer Spundwand umschlossen. 2004 wurde mit dem Felsaushub begonnen. Es folgten die Rohbauarbeiten für drei Wehrfelder sowie für die Wehrinsel, in welcher die elektrische und leichttechnische Steuerung untergebracht ist. Die Wehrschützen wurden mit einem 65-t-Portalkran montiert. Die erste Baugrubenumschließung wurde im Anschluss rückgebaut und die zweite Baugrube erhielt eine Spundwand. Nach dem Rohbau für drei weitere Wehrfelder sowie der Montage der entsprechenden Wehrsegmente wurde der Stau 2007 auf das neue Wehr verlagert.

1 Planungsauftrag und vorbereitende Maßnahmen

Nach einer längeren Planungs- und Genehmigungsphase ([1], [2], [3], [4]) wurde im Mai 2002 die Änderungsgenehmigung erteilt. Mit der Änderungsgenehmigung wurde die Energiedienst AG verpflichtet, spätestens im Juni 2003 mit dem Bau des neuen Stauwehrs zu beginnen. Nur durch eine vorzeitige Auftragsvergabe war es möglich, den Baubeginn im März 2003 zu gewährleisten. Deshalb wurde bereits im Mai 2001 der Ingenieurauftrag für die Ausführungs- und Ausschreibungsplanung des Stauwehrs vergeben.

Für einen pünktlichen Baubeginn waren zunächst einige vorbereitende Maßnahmen, wie Bau neue Grobrechenanlage, Abbruch alter Grobrechen, Sicherung Kanalmauer und Verlegung der 110/20-kV-Leitung, notwendig.

2 Neue Grobrechenanlage

Die Verlegung des Grobrechens vom Kanaleinlauf in die Nähe des heutigen Krafthauses war zur Gewährleistung des Hochwasserabflusses bzw. zur Vermeidung eines Geschwemmselstaus vor dem Feinrechen zwingend notwendig. Eine ersatzlose Entfernung des bestehenden Grobrechens war nicht möglich, da durch die sonst anfallende Geschwemmselmenge vor dem bestehenden Krafthaus die Anlage gefährdet gewesen wäre. Der neue Grobrechen direkt oberhalb des bestehenden Krafthauses im Oberwasserkanal besteht im Wesentlichen aus einer Rechenbrücke und Rechen mit einem landseitigen Widerlager sowie einem rheinseitigen Widerlager mit Spülschütz. Eine Rechenreinigungsmaschine befreit den Rechen vollautomatisch von Geschwemmsel.

Die Aufträge zur Erstellung der neuen Grobrechenanlage wurden im März 2002 erteilt, mit den Bauarbeiten wurde im Mai 2002 begonnen. Da die Rechenbrücke ein Gewicht von 60 t und eine Gesamtlänge von über 60 m hatte, wurde diese in drei Teilen geliefert und vor Ort zusammengefügt. Trotz größerer Rheinhochwässer (die rheinseitige Baugrube musste viermal kontrolliert geflutet werden) wurden die Arbeiten termingerecht im Sommer 2003 abgeschlossen. Die Kosten für die neue Grobrechenanlage betrugen rund 3 Mio. Euro.

Die Grobrechenanlage war nur für eine vorübergehende Nutzung vorgesehen und wurde nach Inbetriebnahme des neuen Maschinenhauses im November 2010, im Rahmen der Rückbauarbeiten des alten Kraftwerks, wieder abgebrochen.

3 Abbruch alter Grobrechen am Kanaleinlauf

Nach Fertigstellung des neuen Grobrechens wurde der alte Grobrechen am Einlauf des Kraftwerkskanals abgebrochen. Hierzu trennten Taucher die Verankerungen unter Wasser ab, dazu musste die alte Kraftwerksanlage abgeschaltet werden.

Bild 1: Überfall Kanalmauer nach Sicherungsmaßnahmen

Bild 2: Verlegung der 110-kV-Leitung

4 Sicherung Kanalmauer

Obwohl die drei Baugruben für die neue Kraftwerksanlage so ausgelegt wurden, dass auch bei Hochwasser kein unzulässiger Höherstau im Oberwasser stattfindet, wurde aus Sicherheitsgründen zusätzlich die bestehende Kanalmauer vom Oberwasserkanal abgetragen, um ein Streichwehr von rund 550 m Länge zu erhalten. Die hydraulischen Modellversuche an der Universität Karlsruhe haben ermittelt, dass dadurch zusätzlich etwa 1 000 m^3 Wasser pro Sekunde über die Kanalmauer abgeführt werden können, was eine erhöhte Sicherheit darstellt. Durch diesen Abtrag, die Kanalmauer ist als Schwergewichtsmauer ausgelegt, war es erforderlich, die Kanalmauer von der Rheinseite her mit gut 8 000 m^3 groben Steinen zu sichern, um somit ein Gleiten der Kanalmauer zu verhindern (**Bild 1**).

5 Verlegung 20/110-kV-Leitungen

Damit die Baustelle auch für Großgeräte zugänglich wurde, musste im zweiten Halbjahr 2002 eine parallel zum Kanal stehende 110-kV-Leitung abgebaut und in die Erde verlegt werden (**Bild 2**). Des Weiteren wurden für den künftigen Betrieb des Stauwehrs 20/6,8-kV-Leitungen vom alten Kraftwerk bis zur Baustelle des neuen Kraftwerks erdverlegt. Die Kosten hierfür betrugen rund 1,9 Mio. Euro.

6 Erste Baugrube

Die Ausführung des Wehrs wurde in fünf Losen vergeben: Rohbau, Portalkran, Stahlwasserbau, Elektrotechnik und Leittechnik.

Die Arbeiten auf der Baustelle wurden am 31. März 2003 aufgenommen. Zunächst erstellte man eine Schwerlastbrücke über den Oberwasserkanal. Im August 2003 begannen die Arbeiter, die erste Baugrube im Rheinbett zu umschließen. Dies war notwendig, um die Wehranlage im Trockenen bauen zu können. Die Energiedienst AG hat sich für eine modifizierte Spundwandlösung entschieden (**Bild 3**).

In einem ersten Schritt wurde eine Dammschüttung in Form der neuen Baugrubenumschließung erstellt. Anschließend errichteten die Bauarbeiter mit großen Bohrmaschinen das Fundament im Fels. Eine überschnittene Bohrpfahlwand mit einem Pfahldurchmesser von 900 mm und mit einer maximalen Tiefe von 10 m in der Felssohle bildete das Fundament. Insgesamt waren dazu 380 Bohrungen notwendig. Auf diesem Fundament wurden die Stahlwände der Spundwand aufgestellt und verankert.

Diese erste Baugrubenumschließung hatte einen Umfang von 320 m. Zusätzlich musste rund um die Baugrube ein Dichtungsschleier bis 18 m tief unter das Rheinbett hergestellt werden. Dazu wurden die Klüfte im Fels mittels Zementinjektionen verpresst, so dass möglichst wenig Wasser in die Baugrube eindringen konnte.

Bild 3: Fertiggestellte Umschließung der ersten Baugrube vor der Entleerung

Bild 4: Betonierarbeiten am Wehrfeld 7

Der regenarme Sommer 2003 und die damit verbundenen niedrigen Rheinpegelstände ermöglichten ein zügiges Arbeiten. Ein leichtes Hochwasser im Oktober verzögerte die Arbeiten nur kurz. Durch den außergewöhnlichen Einsatz der Baufirma, verbunden mit Nacht- und Sonntagsarbeit, war die Baugrubenumschließung termingerecht im Dezember 2003 fertiggestellt.

Die erste Belastungsprobe erfuhr die Spundwand am 14. Januar 2004, als der Rheinabfluss kurzfristig auf gut 3 000 m^3/s anstieg. Die Spundwand hielt der Belastung unbeschadet stand. Die Höhe der Baugrubenumschließung war für ein 50-jährliches Hochwasser mit 4 000 m^3/s ausgelegt. Bei einem höheren Abfluss hätte die Grube geflutet werden müssen.

Im Januar 2004 wurde die Zufahrtstraße in der Baugrube erstellt und mit dem Felsaushub begonnen. Der Aushub erfolgte mit großen Schaufelbaggern und durch gezielte Lockerungssprengungen. Durchschnittlich wurden pro Tag zwischen 1 200 und 1 400 m^3 Felsaushub abtransportiert.

Bild 5: Montage einer Segmentschütze mit dem neuen Portalkran

Bild 6: Sicherung mit einer armierten Bohrpfahlwand

Bild 7: Überflutung beim Hochwasser im August 2005

Es folgten die Rohbauarbeiten für die Wehrinsel und für die Wehrfelder 7, 6 und 5 (**Bild 4**). In der Wehrinsel ist die elektrische und leittechnische Steuerung der Wehranlage untergebracht. Ende November 2004 wurde der 65-t-Portalkran angeliefert und aufgebaut, der auch für den späteren Kraftwerksbetrieb benötigt wird. Der Kran war bereits ab Mitte Januar 2005 für die Montage der großen Wehrschützen im Einsatz (**Bild 5**).

Nach dem Einbau der drei Drucksegmentschützen sowie aller dafür notwendigen elektrischen und steuerungstechnischen Einrichtungen wurden im April 2005 die trockenen Funktionsprüfungen erfolgreich durchgeführt. Elektrisch angesteuert wurde die Anlage über drei Redundanzen, 20 kV aus dem ED-Netz, 6,8 kV vom bestehenden Kraftwerk und über ein Notstromdieselaggregat mit 435 kW elektrischer Leistung.

Nach Inbetriebnahme im April 2005 wurde bis Juni 2005 die Baugrubenumschließung entfernt.

7 Zweite Baugrube

Auch für die zweite Baugrube wurde zunächst ein Schüttdamm benötigt. Dafür waren rund 25 000 m^3 Schüttmaterial erforderlich. Gleich wie bei der ersten Baugrube wurden die überschnittenen Bohrpfahlwände hergestellt und darauf aufbauend die Spundbohlen gestellt (**Bild 6**).

Als im August 2005 die Baugrubenumschließung zur Hälfte fertiggestellt war, ereignete sich ein Hochwasser mit 3 500 m^3/s. Die Baugrube wurde komplett überflutet (**Bild 7**). Dank der genauen Abflussvorhersagen für Rheinfelden vom Schweizer Bundesamt für Hydrologie gelang es, die Baustelle rechtzeitig zu räumen. In der Folge wurden die Bauarbeiten für einige Tage unterbrochen. An der Baugrubenumschließung entstand ein Schaden von rund 50 000 Euro. Bereits im September 2005 war die Baugrube komplett geschlossen und eine Hochwassersicherheit für 4 000 m^3/s Wasserführung gewährleistet.

Die geologischen Gegebenheiten in der Baugrube erforderten zusätzliche Sicherungsmaßnahmen. Trotz umfangreicher Untersuchungen des Untergrunds 1991 und 1993 mit bis zu 100 m tiefen Bohrungen stießen die Arbeiter in der Nähe der Baugrubenumschließung auf einen Hohlraum von bis zu 23 m Tiefe. Der Untergrund am

Bild 8: Luftbild des Baus der Wehrfelder 4, 3 und 2

Standort des neuen Kraftwerks besteht aus einer 45 m dicken Schicht aus Muschelkalk, an die sich eine 10 m mächtige Dolomitfelsschicht mit darunterliegendem Anhydrit anschließt. Aus Sicherheitsgründen wurde der Hohlraum mit einer armierten überschnittenen Bohrpfahlwand gesichert und so der Gefahr eines Grundbruchs vorgebeugt.

Nach dieser Sicherungsmaßnahme folgten der Aushub, die Rohbauarbeiten der Wehrfelder 4, 3 und 2 sowie die Montage der entsprechenden Wehrsegmente (**Bild 8**). Im Dezember 2006 waren die Installationsarbeiten abgeschlossen. Nach erfolgreichen trockenen Funktionsprüfungen wurde fünf Monate früher als geplant mit dem Rückbau der zweiten Baugrubenumschließung begonnen. Die Kosten für das Wehr verringerten sich entsprechend der eingesparten Zeit.

Am 5. April 2007 wurde der Stau langsam vom alten Wehr auf das neue Wehr verlagert. Für das neue Wehr war es die erste Bewährungsprobe unter voller Belastung. Bis zum 9. April 2007 wurden

Bild 9: Ponton mit Abbruchbagger bei Hochwasser

alle Prüfungen erfolgreich abgeschlossen. Der Betrieb des alten Kraftwerkes erfolgte nun mit dem neuen Wehr.

Die Arbeiten zum Bau des Wehrfeldes 1 fanden innerhalb der 3. Baugrubenumschließung und somit im Rahmen der Maschinenhausbauarbeiten statt.

8 Rückbau des alten Stauwehrs

Unmittelbar nach der Stauverlagerung wurde mit dem Rückbau des alten Wehrs begonnen. Die erforderliche Abflusskapazität des neuen Wehrs machte dies notwendig, denn die erhöhte oberwasserseitige Sohle staute das Wasser immer noch stark zurück.

Von einem geschütteten Damm aus wurden Stahlteile wie Brücken und Schützen der Wehrfelder sowie Grundablässe rückgebaut. Bereits Ende April 2007 konnte mit dem Betonabbruch des ersten Grundablasspfeilers begonnen werden. Dies erfolgte mit einem Bagger von einem Ponton aus (**Bild 9**). Auch unter Wasser konnten mit GPS ausgestattete Bagger zentimetergenau arbeiten. Dies war jedoch nur bis zu einer Wasserführung von 1 000 m^3/s möglich. Dies galt vor allem auch für den Transport des Abbruchmaterials mit Schuten und Pontons an Land.

Von Ende Mai bis Anfang September 2007 ruhten die Abbrucharbeiten wegen zu hoher Wasserführung. Besonders kritisch war das Hochwasser am 9. August 2007 mit 4 150 m^3/s. Um das Abdriften des Pontons zu verhindern, wurden Stahlträger zur Abstützung an den alten Pfeilern angeschweißt.

Der Rückbau war am 11. Dezember 2007 beendet.

Autor

Dipl.-Ing. Helmut Reif
Projektleiter
Energiedienst Holding AG
Basler Straße 44
5080 Laufenburg, Schweiz
nicole.haller@energiedienst.de

Literatur

[1] Fust, A.; Reif, H.: Ausgangslage am neuen Wasserkraftwerk Rheinfelden. In: WasserWirtschaft 103 (2013) Heft 6, S. 10-14.

[2] Energiedienst (Hrsg.): Neubau Wasserkraftwerk Rheinfelden. Projektbericht. Laufenburg, 2012.

[3] Fust, A.; Reif, H.: Neubau Wasserkraftwerk Rheinfelden. Halbzeitbericht Baustelle 2002 bis 2008 und Vorgeschichte. In: Wasser Energie Luft 100 (2008), Heft 3.

[4] Reif, H.; Fust, A.: Neubau des Stauwehres und Kraftwerks Rheinfelden. WasserWirtschaft 98 (2008), Heft 12, S. 10-17.

Helmut Reif

Construction of the new Floodgate Rheinfelden

Construction work began in the spring of 2003 in Rheinfelden. By the end of the year, the first of two excavation pits had been enclosed with a piling wall. The rock excavation began in 2004. Work on the shell construction for three weir fields followed, as well as for the weir island, which houses the electrical control system and communication technology. A 65-tonne gantry crane was erected, and was used to mount the weir sluice gates. After the dismantling of the first excavation pit enclosure, a piling wall was built for the second excavation pit. In the summer of 2005, the excavation pit was flooded. Even so, the shell for the three other weir fields was completed faster than planned, as was the mounting of the associated weir segments. In 2007, the banked up water was relocated to the new weir, and the old weir could be demolished.

Хельмут Райф

Строительство новой плотины в Рейнфельден (Rheinfelden)

В 2003 году в Рейнфельден (Rheinfelden) начались строительные работы: первый от 2-х котлованов был окружен подпорной стеной из шпунтовых свай. В 2004 году были начаты работы по выемке скалы. Затем последовало строительство трех пролетов плотины и сооружений островного типа, в которых были размещены электрическая и информационно-управляющая системы. Плоские затворы монтировались с помощью 65-тонного портального крана. После этого первая подпорная стена была разобрана, а второй котлован был окружен шпунтовыми сваями. После проведения основных строительных работ для трех последующих пролетов плотины, а также монтажа соответствующих сегментов плотины в 2007 году подпор был переведен на новую плотину.

Alick Schwyzer

Rohbau des Maschinenhauses Rheinfelden

In einer dritten Baugrube wurde das Maschinenhaus mit vier doppelt regulierten Kaplanmaschinen errichtet. Ein Trennpfeiler zwischen Wehr und Maschinenhaus beherbergt zusätzlich eine Dotiermaschine, die die Stromschnellen unterhalb des Kraftwerks mit Wasser versorgt. Für die Baugruben und die Rheineintiefung musste eine gewaltige Menge Gestein ausgebaggert werden. Das Aushubmaterial wurde nicht zuletzt aus ökologischen Gründen in direkter Nähe zur Baustelle deponiert, ein Teil davon wurde vor Ort verarbeitet.

1 Deponierung des Aushubmaterials

Neben den Baugruben für das Stauwehr und das Maschinenhaus (s. [1], [2], [3]) gab es eine weitere Großbaustelle: die Rheineintiefung. Sie war eine besonders anspruchsvolle Aufgabe, da große Mengen an Fels und Schotter den Baggern weichen mussten.

Die Deponierung des Aushubmaterials der Baugruben und der Rheineintiefung war eine der größten Herausforderungen. 1,4 Mio. m^3 Fels mussten ausgebaggert werden, ein kleiner Teil davon als Schotter. Das war aufgrund von Profilaufnahmen des Flussgrunds bekannt. Insgesamt mussten rund 1,6 Mio. m^3 Gestein abtransportiert und deponiert werden. Ein Transport des Aushubs an Deponiestandorte in größerer Entfernung war ökologisch nicht vertretbar, dies zeigten die Umweltverträglichkeitsuntersuchungen.

Ein Teil des Aushubmaterials, insbesondere vom Wehrbau, wurde auf deutscher Seite in einem nahe liegenden Steinbruch deponiert. Mit der Stadt Rheinfelden/Schweiz wurde vereinbart, dass 600 000 m^3 Gestein in der Kiesgrube „Chleigrüt“ untergebracht werden konnten. Diese liegt direkt neben der Baustelle und wird derzeit von der Stadt ausgebeutet. Geeignetes Felsmaterial wurde zudem direkt auf der Baustelle aufbereitet und im Straßenbau verwendet. Schließlich wurden rund 200 000 m^3 für die Gestaltung des Umgehungsgewässers im alten Kraftwerkskanal verwendet.

2 Dritte Baugrube

Bereits im September 2006 wurde mit den vorbereitenden Arbeiten für das Maschinenhaus begonnen. Als Erstes wurde die Zufahrt von der Schweizer Seite her erstellt (**Bild 1**). Dafür musste eine vorhandene Böschung geöffnet werden. Anschließend wurde der Werkplatz ausgehoben, der später für den Betrieb des Kraftwerks erforderlich sein würde. Dabei fielen 170 000 m^3 Kies an, der östlich der Baustelle gelagert wurde. Ein Teil wurde später für die Herstellung von 120 000 m^3 Beton für das Maschinenhaus verwendet. Durch das Mischen des Betons in der Nähe der Baustelle entfielen Betontransporte über öffentliche Straßen zur Baustelle.

Im Anschluss daran wurde die unterwasserseitige Baugrubenumschließung erstellt, um für die Stauverlegung einen landseitigen Abschluss zu erhalten. Parallel dazu wurde der Damm für die Rheineintiefung aufgeschüttet. Der Aushub erfolgte wie beim Wehr mittels Lockerungssprengungen. Nur durch eine Abbauleistung von 4 000 m^3/Tag konnten die vorgegebenen Termine eingehalten werden.

Am 14. Juli 2007 war die Baugrubenumschließung termingerecht fertig, die Baugrube konnte entleert und mit dem Aushub begonnen werden. Aus den geologischen Untersuchungen waren Verwerfungen und Hohlräume im Untergrund des Maschinenhauses bekannt. Das ließ eine hohe Durchlässigkeit im Fels erwarten.

Bild 1: Herstellung der Zufahrt zur Baustelle von der Schweizer Seite

Damit möglichst wenig Rhein- oder Grundwasser in die Baugrube eindringen konnte, wurde ein Dichtungsschleier bis in den Dolomitfels abgeteuft. Die Herstellung des Dichtungsschleiers wurde mit Primärinjektionen im Abstand von sechs Metern begonnen, danach gab es Sekundärinjektionen dazwischen im Abstand von drei Metern. Wo die Dichtigkeit nicht ausreichte, wurde mit Tertiärinjektionen im Abstand von 1,5 m bzw. Quartärinjektionen dazwischen fortgefahren. Es zeigte sich bereits zu Beginn, dass der Untergrund so durchlässig war, dass die Injektionen nur mit hydrostatischer Verfüllung möglich waren. Vier größere Kiesräume in verschiedenen Tiefen wurden mit überschnittenen Bohrpfahlwänden oder mit Hochdruckinjektionen gesichert. Insgesamt waren für die Sicherung der 820 m langen Baugrubenumschließung 1 000 Injektionsbohrungen nötig. Dabei verpresste man rund 12 000 t Injektionsmaterial im Untergrund. Mit Erfolg: Für die Baugrubenentwässerung mussten statt der erwarteten Pumpmenge von 1 500 l/s nur 300 l/s gepumpt werden.

Bis Mitte Januar 2008 wurden 310 000 m^3 Felsmaterial ausgehoben. Am tiefsten Punkt liegen 35 m unter dem gestauten Oberwasserspiegel die Pumpensümpfe. Anschließend wurde mit den Betonarbeiten begonnen.

2.1 Rheineintiefung

In der Rheinsohle wurde auf einer Länge von 1,8 km ein Kanal bis zur Altstadt von Rheinfelden/Schweiz ausgebaggert, um dem turbinierten Wasser nach dem Maschinenhaus einen möglichst freien Abfluss zu ermöglichen. Der Kanal ist 100 m breit und 12 m bis 4 m tief.

Von der Maschinenhaus-Baugrube bis zur alten Fußgängerbrücke wurde am rechten Rand des auszuhebenden Kanals ein befestigter Damm geschüttet. Dafür wurde Aushubmaterial von der Baustelle verwendet. Der Damm diente als Fahrbahn und Standfläche für die großen Aushub- und Transportgeräte (**Bild 2**). Eine 50 m lange Baubrücke verband den ufernahen Damm mit demjenigen, der in der Kanalachse flussabwärts weitergeschüttet wurde. Dies gewährleistete den Rheinabfluss rechts und links des Damms.

Ausgehend vom Hauptdamm in der Kanalachse wurden rheinabwärts jeweils Querdämme auf die Schweizer Seite geschüttet und von diesen aus

Bild 2: Vorgehen bei der Rheineintiefung mittels eines Schüttdamms

die eine Kanalhälfte ausgebaggert. Das gewonnene Material wurde für den folgenden Querdamm wie auch für die Verlängerung des Hauptdamms verwendet. Am Ende des Kanals, bei der Altstadt, wurde auf eine Breite von 100 m ausgebaggert. Ab dem Ende der Eintiefung arbeiteten sich die Aushubgeräte wieder rheinaufwärts und baggerten den Hauptdamm sowie den darunterliegenden Fels bis an die rechte Kanalseite aus.

Der geschüttete Damm im Rhein wurde in dieser Zeit mehrmals durch Hochwässer überflutet und beschädigt und musste deshalb wiederhergestellt werden. Für den Aushub von 1 Mio. m^3 Material, davon 90 % Fels und der Rest Kies, wurden große Geräte eingesetzt. In Spitzenzeiten baggerten gleichzeitig drei jeweils 130 t schwere Raupenbagger mit speziell langem Monoblock (**Bild 3**). Mit einem Reißzahn oder einem Meißel bestückt, konnten sie den Fels bis in acht Meter Tiefe lösen. Ein in den Baggern integriertes GPS-System half den Maschinenführern bei der Orientierung bei Arbeiten unter Wasser. Sensoren am Hydraulikarm übertrugen den Fortschritt der Arbeit auf das Display in der Führerkanzel. Mit vier Kubikmeter fassenden Löffeln beluden die Bagger sieben Dumper, die einen Teil des Materials in die Kiesgrube „Chleigrüt“ einbrachten. Der Rest wurde in der vor Ort aufgestellten Brecheranlage zu drei Gesteinsfraktionen zerkleinert.

Für den Aushub zwischen Maschinenhaus und Fußgängerbrücke mussten bis in Tiefen von 12 bis 8 m 420 000 m^3 Fels durch Sprengungen gelockert werden. In einem ersten Schritt mussten auf der Rheinsohle mit gebrochenem Felsmaterial Arbeitsplattformen geschüttet werden, entsprechend dem Arbeitsfortschritt und abhängig vom Rheinabfluss. Von diesen aus trieben Bohrgeräte Löcher in den Fels bis etwa einen Meter unter die Sollkote des auszubaggernden Kanals. Die Lockerungssprengungen mussten jeweils die gesamte Aushubtiefe erfassen.

Die aus den Sprengungen resultierenden Erschütterungseinwirkungen wurden permanent überwacht durch die Materialprüfungs- und Forschungsanstalt der Universität Karlsruhe. Je nach Lage des Sprengfeldes wurden drei bis acht Messanlagen eingesetzt.

Im Abschnitt Fußgängerbrücke bis Altstadt Rheinfelden/Schweiz waren 500 000 m^3 Fels und 100 000 m^3 Kies auszubaggern. Der anstehende Fels war sehr kompakt und musste zunächst mit Meißeln gelockert werden. Die Eintiefungsarbeiten dauerten von Mitte Dezember 2006 bis Mitte April 2011.

2.2 Rohbau des Maschinenhauses

Baugrubengründung und Wasserhaltung

Pumpensümpfe sicherten die Wasserhaltung der Baugrube. Die abgepumpten Wassermengen wurden zur Kontrolle registriert. Zur Beobachtung der Dichtheit und Standsicherheit der Baugrubenwände wurden Piezometer zur Prüfung der Sickerlinie und Inklinometer zur Prüfung der

Bild 3: Baggerarbeiten zur Unterwassereintiefung

Bild 4: Oberwassereinlauf, Pfeiler mit Saugrohrpanzerung

Verformung eingerichtet. Außerdem wurden geologische und felsmechanische Kartierungen vorgenommen und geodätische Messpunkte zur Kontrolle eventuell auftretender Verschiebungen installiert.

Nachdem im November 2007 die Baugrube des Maschinenhauses einschließlich des Wehrfelds 1 ausgehoben und schließlich Anfang Februar 2008 die tiefsten Stellen der Baugrube auf Kote 237,00 m NSH ausgebaggert waren, wurde mit den vorbereitenden Betonarbeiten und der Einrichtung der Wasserhaltung begonnen. Die tiefsten Punkte der Baugrube waren der Entleerungssumpf und der Drainagesumpf des Maschinenhauses. Diese Sümpfe dienen der gesamten Turbinen- und Drainagenentwässerung. In dieser Aushubtiefe waren die geologischen Übergänge vom Trochitenkalk zum darunterliegenden Dolomit an den Felswänden gut erkennbar.

Parallel wurden im Wehrfeld 1 Untergrundverbesserungen mit Beton im Bereich der Felsoberflächen ausgeführt. Anschließend begannen auch hier die Schal-, Bewehrungs- und Betonarbeiten zur Erstellung der Fundamente für das Maschinenhaus.

Bild 5: Unterwasserauslauf Saugrohrstrukturen Maschinengruppe 1 bis 4

Bauwerkseinteilung und Bauzeitenplan

Der Bau des Maschinenhauses erfolgte in drei Bauabschnitten:

1. Einlaufplatte;
2. Kernbereich Turbinentrakt mit dem Turbinenhaus einschließlich des Kernbereichs mit der Saugrohrpanzerung;
3. Saugrohrtrakt mit dem darüberliegenden Anlagengebäude.

Der an das Maschinenhaus angrenzende Wehrpfeiler Ost wurde in drei analoge Abschnitte unterteilt. Der Bau des Maschinenhauses wurde in Abhängigkeit von den terminlichen und ablaufbedingten Notwendigkeiten und von den zeitlichen Vorgaben der Vormontagen der Lose Maschinengruppen sowie Stahlwasserbau vorangetrieben. Im Anlagengebäude war der Baufortschritt hauptsächlich von den Angaben und Lieferungen des Loses Elektrotechnik geprägt.

Aufgrund der Komplexität der Bauarbeiten wurden die großen Bauabschnitte in einzelne Bauunterabschnitte unterteilt. Diese Unterabschnitte, die sogenannten „Blocketappen", ergaben sich aus den jeweiligen Betonierabschnitten. Die Erstellung der Betonierabschnitte setzt sich unter Berücksichtigung mehrerer Abhängigkeiten zusammen. Diese waren etwa der wirtschaftliche Schalungseinsatz und die Betoniergeschwindigkeit in Verbindung mit den Betonierhöhen. Die Flechtarbeiten für die Bewehrung mit den erforderlichen Stoß- und Übergreifungslängen des Baustahls waren ebenfalls maßgeblich. Die Blocketappen wurden zur detaillierten Übersicht der einzelnen Abschnitte als zusammengefasste Blockfugenpläne gezeichnet.

Der Plan gab die wichtigsten Betonier- und Montageabläufe vor, die zwingend im Bauablauf, dem sogenannten kritischen Weg, eingehalten werden mussten. In den aus den Blockfugenplänen hervorgehenden Schalplänen waren auch das Abdichtungskonzept, die verschiedenen Einlegeteile und die zu verlegenden Leitungen eingezeichnet.

Eine Besonderheit war die Unterteilung in eine Konstruktions- und Ausführungsplanung. Die Ausführungspläne der Schalung und Bewehrung wurden vor der Freigabe von einem unabhängigen Statiker geprüft.

Ein weiterer Vorteil der Blockfugeneinteilung war die Möglichkeit, die Ausführungsdauer der einzelnen Blockfugenetappen in den Bauzeitenplan zu übertragen. So konnten die Bauabläufe und der Baufortschritt auf Grundlage der ermittelten Zeitwerte aus der Kalkulation übersichtlich verfolgt und gesteuert werden.

Bauablauf und Baufortschritt

Im Kernbereich des Maschinenhauses wurden zuerst die Fundamente der Maschinengruppen 1 bis 4 einschließlich der Fundamente der Saugrohrpanzerungen gegossen (**Bild 4**). Anschließend wurden die Erstbetonstrukturen der oberwasserseitigen Pfeiler und die Einlaufkonturen der einzelnen Maschinengruppen des Kerntrakts erstellt.

Bild 6: Trennpfeiler mit Dotierzulaufkanal

Bild 7: Baugrube Maschinenhaus

Gleichzeitig wurden die unterwasserseitigen Erstbetonstrukturen der Pfeiler in den Bereichen der Saugrohrpanzerungen betoniert, so dass die Saugrohrpanzerungen montiert werden konnten (**Bild 5**).

Der zwischen dem Maschinenhaus und der Wehranlage stehende Trennpfeiler (Dotierpfeiler) wurde in den tieferen Gründungsbereichen gegen den Fels der deutschen Uferseite betoniert (**Bild 6**). Die in der Baugrube höher liegenden Betonstrukturen des Wehrfelds 1, die Oberwassereinlaufplatte und die auf Bohrpfählen gegründete Uferwand der Schweizer Seite wurden zunächst unabhängig vom Maschinenhaus erstellt. Später mussten die Bauarbeiten in diesen Abschnitten jedoch so weit fortgeschritten sein, dass die Rohbaustrukturen des Maschinenhauses im weiteren Baufortschritt gemeinsam mit diesen Bauteilen hochgezogen werden konnten, weil diese Bauteile dann baulich ineinandergriffen (**Bild 7**).

Parallel mit dem Zweitbeton bzw. Einbetonieren der Saugrohrpanzerungen wurden die unterwasserseitigen Fundamente und Erstbetonwände der Saugrohre betoniert. Jedes Saugrohr wurde zweiteilig ausgeführt. Als Erstes wurde die untere Schalung der Saugrohre eingebaut und betoniert. Für die zweite Hälfte der Saugrohre wurde eine obere Schalung eingesetzt. Ursprünglich war ge-

Bild 8: Vertical-Slot-Fischpass im Unterwasser

Bild 9: Empfangsgebäude (im Vordergrund)

plant, mit jeweils einer unteren und oberen Schalung die Arbeiten für alle vier Maschinen auszuführen. Aus Zeitgründen entschied man sich für eine zweite obere Schalung, weil aufgrund der Ausschalfristen ein zu großer Zeitverlust entstanden wäre. Dieser hätte die weiteren Arbeiten am Anlagengebäude, das über den Saugrohren gebaut wurde, verzögert. Durch diese Maßnahme konnte der enge Terminplan eingehalten werden.

Gleichzeitig arbeitete man im Einlaufbereich mit Hochdruck an den Einlaufpfeilern.

Im weiteren Bauablauf und unter Einhaltung des kritischen Wegs wurden schließlich die ober- und unterwasserseitigen Wände des Maschinensaals gebaut. Auf den Wänden verlaufen die Kranbahnschienen der beiden Portalkrane, die für die Maschinenbaumontagen erforderlich waren. Die ober- und unterwasserseitigen Wände des Maschinensaals sind über quer aussteifende Dachträger verbunden, die über die jeweiligen Pfeiler der Maschinengruppen 1 bis 4 verlaufen.

Nachdem auf dem Werk- und Montageplatz am Schweizer Ufer die Fundamentwände der Kranbahnträger gebaut und die Baugruben verfüllt waren, konnte der zweite Portalkran montiert werden. Die Fertigstellung der Kranbahnträger vom Werkplatz bis zur Maschinengruppe 1 ermöglichte die weitere Montage der Maschinenbauteile in diesem Abschnitt. So konnte der Stützringschacht Maschinengruppe 1 und der Mauerring Maschinengruppe 1 eingehoben und mit dem Betonieren der Zweitbetonetappen begonnen werden. Nach dem Verguss des Mauerrings wurde die obere Deckenschalung der Einlaufkonturen im Oberwasser mit dem Stahlrahmen des Generatordeckels eingebaut, bewehrt und betoniert. Diese Taktfolge wurde in den Maschinengruppen 2 bis 4 mit den gleichen Abläufen wiederholt.

Für die späteren Montagen der noch schwereren Maschinenbauteile wurden die Portalkrane gekoppelt. Dazu mussten zuvor die Kranbahnwände und der Überbau des Wehrfelds 1 fertiggestellt werden. Um Zeit zu sparen, wurde im Einlaufbereich wie im Saugrohrabschnitt eine zweite obere Kalottenschalung eingesetzt.

Das Anlagengebäude musste möglichst schnell erstellt werden, um mit den elektrotechnischen Ausrüstungen beginnen zu können. Es befindet sich über den Betonstrukturen der Saugrohre der Maschinengruppen 1 bis 4 und besteht aus drei Geschossen. Im oberen Geschoss sind Büros untergebracht. In der mittleren Ebene befinden sich Schaltanlagen und die Transformatoren. In der Kabelkellerebene verlaufen die Kabeleinspeisung sowie die Be- und Entlüftung für die Räume der darüber liegenden Geschosse.

Im Dotierpfeiler sitzt die Dotiermaschine. Der Zulaufkanal verläuft durch den oberwasserseitigen Dotierpfeiler. Er führt bis zu der in Ortbeton ausgeführten Einlaufspirale der Dotierturbine. Diese kann eine maximale Schluckwassermenge von 30 m^3/s verarbeiten. Das turbinierte Wasser wird in das unterwasserseitige Tosbecken der Wehranlagen abgegeben und bewässert von dort aus das Gwild. Aufgrund der unterschiedlichen Gründungslagen und des dadurch bedingten Setzungsverhaltens der Betonbauwerke verläuft im Berührungsbereich des Dotierpfeilers und des Maschinenhauses eine Dehn- und Arbeitsfuge. Im Bereich der Nutzräume im Maschinensaal und im Anlagengebäude wurde horizontal zur Dehn- und Arbeitsfuge ein doppelt verlegtes, wasserdichtes Dehnfugenband eingebaut, um die Räume vor dem anstehenden, drückenden Wasser zu schützen.

Am Schweizer Ufer wurde der Vertical-Slot-Fischpass als ein vom Maschinenhaus entkoppeltes Stahlbetonbauwerk im Fels verankert und betoniert (**Bild 8**). Die einzelnen Schlitzpasselemente wurden als Fertigteile ausgebildet und vor Ort mittels Winkeln und Ankerhülsen mit den Wänden sowie dem Boden verschraubt. Das Substrat für die Sohle des Fischpasses wurde aus dem vorhandenen Felsaushub gewonnen und in den einzelnen Fischpassbecken verlegt. Die Niveaudifferenz zwischen den Becken beträgt 15 cm, und die Schlitzbreite für den Durchgang der Fische misst 30 cm.

Empfangsgebäude

Das zweistöckige Empfangsgebäude des Kraftwerks dient als Informationscenter für das neue Wasserkraftwerk und für die Wasserkraft allgemein (**Bild 9**). Es ist ein zweistöckiges Gebäude, wobei das Erdgeschoss eine Ausstellung beherbergt und das Obergeschoss bis zu 80 Personen Platz bietet. Die Fundamente des Gebäudes sind aufwendig über dem Fischpass gegründet und bis zu fünf Meter tief sowie erdbebensicher ausgelegt. Die Gebäudehülle ist mit einem Vollwärmeschutz gedämmt. Auf dem Wärmeschutz wurde eine Konstruktion aus Fassadentafeln befestigt. Die zum Unterwasser und in Südwest-Ausrichtung angelegte Terrasse ist vom Obergeschoss aus begehbar und durch Pfeiler auf den Fischpasswänden gegründet.

Baulogistik und Beton-Herstellung

Beim Erstbeton des Maschinenhauses handelt es sich im Wesentlichen um Massenbeton, einen speziellen Beton, der vor allem für massige Bauteile verwendet wird. Er muss hier vor allem den wasserbauspezifischen Eigenschaften genügen. So muss er sulfatbeständig sein, da er mit kalkhaltigem Fels in Berührung kommt. Zusätzlich muss er wasserbeständig gegen Karbonatisierung sein. Für Fischpass, Tunnel und Wehrschwelle wurde Beton mit höheren Druckfestigkeiten und Bewehrungsgraden verwendet, da die schlankeren Bauweisen höhere Anforderungen an das Material stellen. Zur Verringerung der Hydratationswärme beim Abbinden und Erhärten des Betons wurde CEM I (Portlandzement) mit Zugabe von Flugasche unter Einhaltung eines Wasser-/Bindemittelgehaltes (Bindemittel = Zement + Flugasche) von im Mittel 0,48 bis 0,50 verwendet.

Insgesamt wurden für die Bauarbeiten am Maschinenhaus, den Wehrpfeilern und den die Baumaßnahme tangierenden Gewerken einschließlich Tunnel, Fischpass auf Schweizer Seite und Empfangsgebäude rund 176 000 m³ Beton und etwa 16 000 t Betonstahl verbaut (Maschinenhaus 100 000 m³ Beton, Dotierpfeiler 26 000 m³ und Tunnel 11 000 t Stahl, Stauwehr und Wehrinsel 50 000 m³ Beton, 4 500 t Stahl).

Autor

Dipl.-Ing. HTL Alick Schwyzer
Bauleiter und stv. Projektleiter
Energiedienst Holding AG
Basler Straße 44
5080 Laufenburg
Schweiz
nicole.haller@energiedienst.de

Literatur

[1] Energiedienst (Hrsg.): Neubau Wasserkraftwerk Rheinfelden. Projektbericht. Laufenburg, 2012.
[2] Energiedienst (Hrsg.): Das neue Wasserkraftwerk Rheinfelden – Energie für die Zukunft. Laufenburg, 2011.
[3] Fust, A.; Reif, H.: Ausgangslage am neuen Wasserkraftwerk Rheinfelden. In: WasserWirtschaft 103 (2013) Heft 6, S. 10-14.

Alick Schwyzer

Construction of the Machine House Shell Rheinfelden
The machine house was erected in the third excavation pit with four double regulations Kaplan machines. They are particularly suitable for run-of-river power plants with slight inclines and large water runoffs. In Kaplan machines, the generator and turbine form a single unit which is surrounded by the water flow. A separating pillar between the weir and the machine house also contains a doping machine which supplies the rapids below the power plant with water. For the total of three excavation pits and the 1.8 km long recess in the Rhine, it was necessary to dig out a vast quantity of stone. The excavated material was not least for ecological reasons deposited in the immediate proximity of the construction area, while in part, it was processed directly on site. The energy generated in the power plant is fed to the German and Swiss grids in equal measure.

Алик Швайцер

Основные строительные работы по возведению машинного корпуса на электростанции Рейнфельден (Rheinfelden)
В третьем котловане осуществлялось строительство машинного корпуса для 4-х турбин Каплана с двойным регулированием. Разделительная часть между плотиной и машинным корпусом дополнительно послужила для размещения распределяющей установки, которая снабжает водой речные перекаты, расположенные ниже электростанции. Для котлованов и углубления дна Рейна было необходимо произвести выемку огромных масс горной породы. По экологическим причинам карьерный материал депонировался в непосредственной близости к стройплощадке, часть его перерабатывалась на месте.

Beat Karrer

Turbinen, Generatoren und Stahlwasserbau des neuen Wasserkraftwerks Rheinfelden

Nur zwei Meter ragt das Maschinenhaus über den Wasserspiegel im Oberwasser, doch hier schlägt das Herz des neuen Kraftwerks. Seit Dezember 2010 produzieren alle vier Maschinengruppen rund 600 Mio. kWh Strom im Jahr. Damit versorgen sie etwa 170 000 Haushalte mit erneuerbarer Energie aus Wasserkraft. Das Einheben der Maschinenteile war Präzisionsarbeit. Die Teile wiesen teils beachtliche Abmessungen und bis zu 130 t Gewicht auf. Zwei Portalkräne sorgten für die notwendige Flexibilität im Bauablauf.

1 Turbinen und Generatoren

1.1 Maschinengruppen

Im Kraftwerk Rheinfelden arbeiten horizontale, doppelt regulierte Kaplanmaschinen, sogenannte Rohrturbinen (s. a. [1], [2], [3]). Dieser Maschinentyp eignet sich speziell für Laufwasserkraftwerke mit eher kleinem Gefälle und großen Wasserabflüssen. Leitschaufeln und Laufradschaufeln lassen sich gleichzeitig verstellen, weshalb die Maschine über einen sehr großen Abflussbereich mit einem optimalen Wirkungsgrad betrieben werden kann. Bei der Rohrturbine bilden der Generator und die Turbine eine Einheit, die vom Wasser umströmt wird. Alle Medien, wie Regelöl, Druckluft, Kühlwasser und Strom, werden über einen Einstiegsschacht in den Generatorbereich geführt. Auch die Messsignal- und die Energieableitungskabel werden durch diesen Verbindungsschacht zur Warte und zur Schaltanlage geführt. Durch den Einbau der Maschine in der Strömungslinie muss das Wasser im Gegensatz zu einer vertikal eingebauten Kaplanmaschine nur unwesentlich umgelenkt werden. Dadurch benötigt das Maschinenhaus ein weniger tiefes Fundament, der Aufbau der Maschine entfällt und ermöglicht somit ein flaches Bauwerk (**Bild 1**).

1.2 Hauptkomponenten der Turbine

Stützringschacht (auch Rohrgehäuse) mit Mauerring

Der Stützringschacht ist die Haupttragekonstruktion und wurde an beiden Enden starr mit dem Beton verbunden. In Richtung Oberwasser wurde der Generator angeflanscht und auf der Abflussseite die Turbine befestigt. Wegen der Größe der Bauteile wurde jedes in vier Teilen gefertigt und zur Baustelle transportiert. Das Verschweißen erfolgte in der Baugrube. Der Mauerring ist die vorderste Stahlummantelung im Triebwasserweg und musste wegen der großen Abmessungen ebenfalls auf der Baustelle zusammengefügt werden (**Bild 2**). Die in diesem Bereich vorhandenen Wasserdrücke ließen eine Ausführung in Beton nicht zu.

Leitapparat

Der Leitapparat wurde direkt an den Mauerring angeflanscht, er reguliert den Wasserzufluss zum Laufrad. Über einen gemeinsamen Regelring werden 16 Leitschaufeln vom geschlossenen Zustand bis auf 82° geöffnet. Ein Hydraulikzylinder wiederum dreht den Regelring, wobei ein 20-t-Betongewicht ein automatisches Schließen des Leitapparats bei einem Ausfall des Hydrauliksystems sicherstellt. Die Verbindung der Leitschaufeln mit dem Regelring erfolgt über Federlenker. Sollte sich beim Schließen des Leitapparates Holz o. ä. zwischen zwei Schaufeln einklemmen, schließen alle ande-

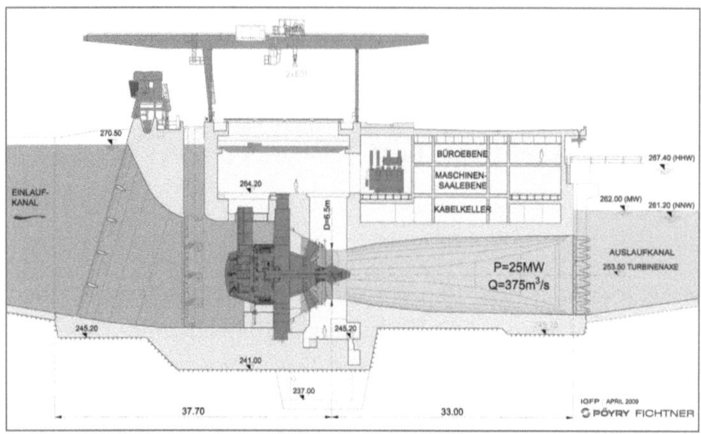

Bild 1: Querschnitt Maschinenhaus mit Zulauf, Turbine, Saugrohr und Unterwasser

Bild 2: Einbau Mauerring und Stützringschacht

ren Schaufeln wie gewünscht, und nur die betroffene Schaufel bleibt offen. Dabei werden die Lenker nicht mechanisch beschädigt (**Bild 3**).

Laufrad und Laufradmantel

In Rheinfelden wird ein vierflügliges Laufrad verwendet. Die Flügel lassen sich durch einen in der Nabe des Laufrades eingebauten Servomotor gleichmäßig von 0 bis 38 Grad verstellen. Dadurch kann der zur Verfügung stehende Abfluss optimal genutzt werden (**Bild 4**). Der Laufradmantel schließt sich an den Leitapparat an und hat einen kugeligen Bereich, in dem sich das Laufrad dreht. Der Spalt zwischen Laufrad und Laufradmantel ist nur rund 3 mm schmal, dadurch kann der ungenutzt durchströmende Abfluss gering gehalten und der Wirkungsgrad der Maschine optimiert werden.

Saugrohr

Das Saugrohr sorgt für einen optimalen Abfluss des Wassers von der Turbine bis ins Unterwasser. Dabei wurde der Querschnitt wieder von rund auf rechteckig auf einer Länge von etwa 30 m verändert. Da der Druck nach dem Laufrad für den Beton ebenfalls noch zu groß ist, wurden die ersten 8,5 m des Saugrohrs mit 2 cm dickem Stahlblech ausgekleidet (**Bild 5**).

Bild 3: Blick auf den Leitapparat

Bild 4: Einheben des ersten Laufrads

Welle und Lagerung:

Die Welle verbindet das Laufrad mit dem rotierenden Teil des Generators. Die Lagerung erfolgt über ein kombiniertes Druck- und Führungslager möglichst nahe beim Generator und einem Führungslager nahe beim Laufrad. Die Schmierung der Lager erfolgt über einen gezwungenen Ölumlauf, wobei das Öl über einen Öl-Wasser-Wärmetauscher gekühlt wird. Bei Ausfall der redundanten Ölpumpen erfolgt die Schmierung über einen Hochtank, bis die Maschine sicher in den Stillstand gefahren ist. Das Lagerölvolumen pro Maschine beträgt 2 800 l.

Turbinenregler

Das Verstellen der Leit- und Laufschaufeln erfolgt mittels Servomotoren, die mit einem Öldruck von 120 bar bewegt werden. Das Regelölsystem besteht im Wesentlichen aus einem Öltank mit 5 700 l Inhalt, den redundanten Pumpen, einem Ventilblock und einer Druckspeicheranlage. Die für das Öffnen und Schließen benötigte Ölmenge wird über den Druckspeicher ausgeglichen. Diese Speicher werden auf der einen Seite mit Öl und auf der anderen Seite mit Stickstoff beaufschlagt, die Trennung der beiden Medien erfolgt über einen Dichtkolben. Bei Ausfall der Versorgungsenergie reicht

Bild 5: Blick in das Saugrohr

Bild 6: Stator und Wicklung

die Stickstoffmenge zudem aus, um den Leitapparat zu schließen und so die Maschine in den Stillstand zu versetzen. Das Ölsystem ist so aufgebaut, dass im Falle einer Störung oder Havarie nichts in das Rheinwasser gelangen kann.

1.3 Hauptkomponenten des Generators

Stator

Der Stator ist der stehende Teil des Generators und wurde an den Stützringschacht angeflanscht. Die Außenhülle des geschweißten Gehäuses wird direkt vom Wasser umflossen. Der Stator besteht im Wesentlichen aus diesem Gehäuse, einem Blechpaket und den Statorspulen. Das Blechpaket ist aus 0,5 mm dicken, lackierten Blechen aufgeschichtet und mit Bolzen zusammengepresst. Die Statorspulen sind Kupferleiter, umwickelt mit imprägnierten Isolierbändern. Wegen der mechanischen Belastung wurden die Spulen aus einzelnen starren Kupferschienen hergestellt und nach dem Einbau mit den entsprechenden Verbindungsstücken verbunden und verlötet (**Bild 6**).

Bild 7: Einheben des Spaltkühlers mit montiertem Kühlsystem

Bild 8: Einlaufring der Dotiermaschine vor dem Einbau

Rotor

Der Rotor besteht aus einer geschweißten Nabenkonstruktion und am massiven Außenring angeschraubten Magnetpolen. Die 40 Polschuhpaare sind ebenfalls aus Einzelblechen und einer Wicklung aus Flachkupfer gefertigt. Das notwendige rotierende Magnetfeld entsteht durch Anlegen von Gleichstrom, wozu eine statische Erregereinrichtung eingesetzt wird.

Spaltkühler, Gehäusenase (Bulb) und Einstiegsschacht

Damit das Wasser den Generator optimal umströmen kann, wird der vordere Teil des Generators möglichst rund ausgeführt. Der größte Bereich dieses Bauteils wird gleichzeitig als Wärmetauscher verwendet. Dazu wird dieser Teil doppelwandig ausgeführt und das Kühlwasser in einem geschlossenen Kreislauf durch diesen Zwischenraum und über Luft-Wasser-Wärmetauscher wieder zurückgepumpt (**Bild 7**). Die erneute Abkühlung des Wassers erfolgt durch das Rheinwasser über die Außenwand, die Luft-Wasser-Wärmetau-

Bild 9: Gekoppelte Portalkräne beim Einheben einer Leitapparathälfte

scher kühlen die Generatorluft ab. Der Einstiegsschacht verbindet den Maschinensaal mit dem Generator und dient als Zugang bei Inspektionen und Wartungen, die auch während des Betriebs erfolgen können. Die Energieableitung erfolgt ebenfalls über diesen Schacht.

1.4 Hilfseinrichtungen für den Betrieb der Maschinen

Kühlsystem

Die Kühlung des Generators, der Lager, des Turbinenreglers sowie des Blocktrafos erfolgt über einen gemeinsamen geschlossenen Kühlkreislauf. Dabei wird der Rücklauf über den Spaltkühler geführt und von redundanten Pumpen, die sich ebenfalls in der Generatornase befinden, wieder durch das Netz von Kühlrohrleitungen an die Komponenten geführt. Je nach Rheinwassertemperatur und Belastung der Maschine wird mehr oder weniger Kaltwasser benötigt, dazu wird über ein Regulierventil die Kühlwassermenge definiert.

Druckluft- und Bremsanlage

Um die Auslaufzeit der Maschine zu beschränken, wird eine mechanische Bremse betätigt, sobald die Drehzahl 20 % der Nenndrehzahl unterschreitet. Die Bremsscheibe ist am Generatorrotor montiert, und vier pneumatische Membran-Bremszangen reduzieren die Drehzahl sanft bis zum Stillstand. Die für die Bremsung notwendige Druckluft wird von einer zentralen Druckluftanlage erzeugt. Neben den Maschinenbremsen wird auch eine Sperrdichtung zwischen dem Lager und dem Generator sowie im Revisionsfall eine Stillstanddichtung von dieser Anlage versorgt. Durch den Einbau von kleineren Druckspeichern bei jeder Maschine ist auch bei Stromausfall oder Leckage in der Druckleitung ein sicheres Bremsen der Maschine garantiert.

1.5 Fertigung, Lieferung und Montage

Die einzelnen Komponenten wurden in verschiedenen Firmen rund um die Welt, etwa in Brasilien, den USA, China, Spanien, Italien, Deutschland und der Schweiz hergestellt. Da die einzelnen Maschinen in einem Zweimonatsrhythmus montiert werden sollten, waren Vormontagen in den Lieferwerken zwingend erforderlich. Dies hatte auch den Vorteil, dass auf der Baustelle nur noch wenige Anpassungen durchgeführt werden mussten. Wegen ihrer Größe wurden einige Teile für den Transport wieder auseinandergenommen, so zum Beispiel der Stützringschacht, das Saugrohr oder die Leitapparate. Andere Komponenten hingegen konnten mit Spezialtransporten als ganze Einheit angeliefert werden, etwa die Welle mit montierten Lagern und einem Gewicht von über 60 t oder das Laufrad mit allen vier Laufschaufeln.

Eine Herausforderung war die Anlieferung der

Bild 10: Gesetzte Unterwasserdammbalken

ersten Teile des Stützringschachts. Aufgrund weniger Millimeter war eine Fahrt durch den Gotthard-Tunnel nicht möglich. Bei den folgenden Teilen wurde dies entsprechend angepasst. Auch die Anlieferung des Generator-Stators musste wegen der geringen Abstände zu den Straßensignalisationen teilweise im Schritttempo erfolgen. Mit einem Außendurchmesser von 7,7 m und einem Gewicht von 110 t war er zugleich das größte angelieferte Teil. Der Rotor war mit einem Gesamtgewicht von 120 t nicht mehr als ganze Komponente zu transportieren. Daher wurde die geschweißte Nabe aus Spanien direkt auf die Baustelle geliefert und in einem speziellen Montagezelt mit den Polschuhen und den Kupferleitungen ergänzt. Da der Bereich unter dem Portalkran für die anderen Materialbewegungen benötigt wurde, musste der Zusammenbau in einem Zelt nebenan erfolgen. Der für den Einbau fertig montierte Rotor wurde anschließend auf temporären Schienen unter die Portalkräne geschoben und dort von diesen übernommen. Auch der Spaltkühler wurde mit allen Pumpen, Rohren und Instrumenten in einer externen Halle vormontiert.

Der Ablauf der Hauptmontage musste zwischen dem Turbinen- und Generatorlieferant sehr genau abgestimmt werden. Einerseits mussten alle Teile mit Kränen eingehoben werden und andererseits waren Stillstandszeiten der Montagecrews möglichst zu verhindern. Der Einbau der großen Teile war oft Millimeterarbeit. So musste die Welle im Gebäude gedreht und umgehängt werden. Auch die Vormontage der Kupplungsbolzen beim Laufrad musste rückgängig gemacht werden, da der Platz zwischen der Welle und der Betonwand für das mit Kupplungsbolzen versehene Laufrad nicht ausreichte. Beim Generator musste zuerst die Nase mit den Spaltkühlern auf Hilfsschienen gestellt und so weit als möglich in Richtung Oberwasser verschoben werden, mit dem Stator wurde gleich verfahren. Zuletzt wurde der Rotor direkt an die Welle angeflanscht und der Stator über den Rotor gescho-

Bild 11: Rechenreinigungsmaschine

ben. Nachdem der Spaltkühler zum Stator geschoben und angeflanscht war, mussten die Hilfsgerüste aus dem Einlaufbereich entfernt werden.

1.6 Dotiermaschine

Das Gwild unterhalb des Stauwehrs muss permanent mit mindestens 30 m^3/s Wasser bewässert werden. Damit dieses Wasser nicht ungenutzt über ein offenes Wehrfeld fließt, wurde eine Dotiermaschine im Trennpfeiler zwischen Wehr und Maschinenhaus eingebaut (**Bild 8**). Das Wasser wird direkt vor dem Wehrsegment entnommen und nach dem Segment in das Stauwehrtosbecken abgegeben. Um die Sicherheit der Kraftwerksanlage weiter zu erhöhen, wurde diese Maschine für einen Schwarzstart sowie einen Inselbetrieb ausgelegt. Das heißt, sie kann ohne Fremdenergie gestartet und die erzeugte Energie nur innerhalb der Anlage verwendet werden. Aus diesen Gründen wurde auch hier eine doppelt regulierte, aber vertikale Kaplanmaschine eingebaut.

2 Stahlwasserbau

2.1 Portalkräne

Um die notwendige Flexibilität für den Bauablauf und die Montage zu erhalten, wurden zwei Portalkräne mit einer maximalen Belastung von 65 und 70 t beschafft. Da die schwersten Teile bis zu 130 t aufweisen, mussten die Kräne für das Einheben dieser Bauteile gekoppelt werden (**Bild 9**).

Für kleinere Arbeiten sind beide Kräne zusätzlich mit einem 10-t-Hilfshubwerk ausgerüstet. Die Schienen für die Kräne verlaufen auf einer Länge von 420 m vom Werkplatz auf der Schweizer Seite über das Maschinenhaus, das Stauwehr und die Brücke über das naturnahe Fischaufstiegs- und Laichgewässer bis auf den Vorplatz auf der deutschen Seite. Sie ermöglichen den An- und Abtransport auf beiden Seiten des Rheins.

2.2 Ober- und Unterwasserdammbalken sowie Rechenanlage

Damit bei Revisionen die Maschinen trockengelegt werden können, sind sowohl im Einlauf als auch im Auslauf Dammbalkenverschlüsse vorhanden (**Bild 10**). Die Oberwasserdammbalken sind als Rolldammbalken ausgeführt, damit diese bei einem Störfall auch bei vollem Wasserdurchfluss noch gesetzt werden können, etwa wenn der Leitapparat nicht schließt. Dazu werden die vier Dammbalken gekoppelt und mithilfe der beiden Portalkräne gesetzt. Beim normalen Setzen werden die Elemente mit einem Zangenbalken angehoben und einzeln eingesetzt. Der Zangenbalken klinkt sich automatisch aus, wenn das Bauteil auf dem Grund oder auf einem anderen Dammbalken aufsitzt. Aus Sicherheitsgründen wird mit zwei Dammbalkensätzen gearbeitet. Die Dammbalken werden direkt in den Nischen gelagert und stehen so jederzeit zur Verfügung. Im Unterwasser sind ebenfalls zwei Sätze Gleitdammbalken vorhanden.

Da die Flutung der Baugrube sowohl im Ober- als auch Unterwasser schon vor der Hauptmontage der Maschinen erfolgte, mussten für die Bauphase nochmals je zwei provisorische Dammbalken-Sätze bestellt werden. Bei diesen Bauteilen konnte allerdings auf einen Korrosionsschutz verzichtet werden.

Das Setzen der Dammbalken unter Strömung wurde an der Technischen Universität Graz an einem Modell getestet. Bei dieser Gelegenheit wurde auch der Bereich der Dammbalken-Nischen genauer untersucht. Es zeigte sich, dass der Übergang von den Nischen in den Triebwasserweg mit zwei unterschiedlichen Radien hergestellt werden muss, damit die Verwirbelung möglichst klein gehalten werden kann.

Gleichzeitig wurde der Einbauwinkel des obersten Rechenquerträgers überprüft. Aufgrund der Einlaufgeometrie musste dieser um 15° geneigt werden. In der Grundplanung wurde davon ausgegangen, dass in der Mitte jedes Turbineneinlaufs ein Längsträger für die Abstützung der Rechenfelder benötigt wird. Die Detailplanung zeigte allerdings, dass trotz einer Stützweite von 15,4 m auf diese Zwischensäule verzichtet werden kann. Als Resultat wurden die Querträger größer dimensioniert und in Fischbauchform ausgeführt, um die Strömung möglichst wenig zu stören.

Der Stababstand beim Einlaufrechen wurde schon in der Genehmigung mit 150 mm vorgegeben. Jeweils zwölf Stäbe sind untereinander mit diagonalen Streben verbunden und bilden so ein Rechenfeld. Die Diagonalversteifung hat sich bereits bei anderen Kraftwerken bewährt, da sich die Schwingungen aufgrund der unterschiedlichen Stablängen aufheben. Schwingungsmessungen haben dies bestätigt.

Für die Reinigung des 24 m hohen Einlaufrechens steht eine Seilrechenreinigungsmaschine mit einer Harkenbreite von mehr als drei Metern zur Verfügung (**Bild 11**). Im Normalbetrieb reinigt die Maschine in einem Zeitzyklus, der vorgegeben werden kann, automatisch den gesamten Einlaufbereich. Um den Rechen vor einer zu großen Geschwemmselbelastung zu schützen, wird zusätzlich jeder Einlauf überwacht und bei Bedarf der betroffene Teil häufiger gereinigt. Weitere Betriebsarten, wie das „Abschöpfen" der obersten vier Meter, erlauben einen optimierten Einsatz der Maschine. Für das Entfernen von größeren Baumstämmen oder auch als zusätzliche Hilfe beim Freimachen des Bereichs vor dem Rechen ist auf der Rechenreinigungsmaschine ein Hilfskran mit Greifer vorhanden. Zusätzlich ist es möglich, am Portalkran einen noch größeren Greifer zu montieren und so noch mehr Material zu entfernen; immer mit dem Ziel, das Kraftwerk auch bei Hochwasser so lange wie möglich in Betrieb zu halten.

Das Geschwemmsel wird von der Harke in die Geschwemmselrinne geschüttet. Um das Geschwemmsel zum Container zu befördern, wird Wasser hineingepumpt, welches das Material leicht aufschwimmen lässt. Wenn zu viel Material die Rinne blockiert, kann über einen Abschiebedorn an der Unterseite der Rechenreinigungsmaschine das Geschwemmsel mechanisch abgeschoben werden. Damit die Geschwemmselcontainer gleichmäßig befüllt werden können, wurde eine ausfahrbare Rinne angebaut. Durch einen verschiebbaren Teil lässt sich die Einwurfstelle über die ganze Containerlänge verschieben.

Autor

Dipl.-Ing. HTL/STV Beat Karrer
Fachprojektleiter Turbinen,
Stahlwasserbau und HKL
Energiedienst Holding AG
Basler Straße 44
5080 Laufenburg, Schweiz
beat.karrer@energiedienst.ch

Literatur

[1] Energiedienst (Hrsg.): Neubau Wasserkraftwerk Rheinfelden. Projektbericht. Laufenburg, 2012.

[2] Energiedienst (Hrsg.): Das neue Wasserkraftwerk Rheinfelden – Energie für die Zukunft. Laufenburg, 2011.

[3] Fust, A.; Reif, H.: Ausgangslage am neuen Wasserkraftwerk Rheinfelden. In: WasserWirtschaft 103 (2013) Heft 6, S. 10-14.

Beat Karrer

Turbines, Generators and Steel Hydraulics Construction of Rheinfelden
The machine house stands only two meters above the water level in the headwater, but it is here that the core of the new power plant is housed. Since December 2010, all four machine assemblies have been producing around 600 million kWh/a. This is more than triple the amount produced by the old power plant. The machines now supply renewable energy from hydroelectric power to around 170 000 households. Each machine can be connected either to the German or the Swiss 110 kV grid. The minimum flow machine is connected to the German 20 kV grid. It required great precision to levy the machine parts. Some of the parts are enormous, and weigh up to 130 t. Two gantry cranes provided the flexibility needed during the construction process.

Беат Каррер

Турбины, генераторы и металлоконструкции на новой гидроэлектростанции Рейнфельден (Rheinfelden)
Машинный корпус возвышается всего на 2 метра над уровнем воды в верхнем бьефе, однако здесь находится «сердце» новой электростанции. С декабря 2010 года все 4 машинных блока производят примерно 600 млн. кВтч/год. Таким образом, они обеспечивают около 170 000 хозяйств гидроэнергией, относящейся к возобновляемым видам энергии. Подъем деталей машин был особо точной операцией. Некоторые части имели значительные габаритные размеры и весили до 130 тонн. 2 портальных крана обеспечивали необходимую оперативность и гибкость в ходе строительства.

Stefan Ficht

Elektro- und Leittechnik des neuen Wasserkraftwerks Rheinfelden

In den Konzessionen für die neue Kraftwerksanlage ist vorgegeben, dass die erzeugte Energie je zur Hälfte in das deutsche und Schweizer Netz abgegeben werden muss. Deshalb wurden Energieableitungen sowohl in die Schweiz als auch nach Deutschland erstellt. Die beiden Netze dürfen allerdings nicht miteinander verbunden werden. Da alle Prozesse mit Steuerungen und Regelungen ausgerüstet sind, kann das Kraftwerk vollautomatisch betrieben werden.

1 Elektrotechnik

110-kV-Schaltanlage

Das zentrale Element der Energieableitung des neuen Kraftwerks Rhenfelden (s. a. [1], [2], [3]) ist die 110-kV-Schaltanlage mit einer Doppelsammelschiene, zwei Längskupplungen und einer Querkupplung. Aus Platzgründen hat man sich für eine gasisolierte SF6-Anlage entschieden. Die kompakte Bauweise erlaubte es, die Anlage in das Gebäude zu integrieren.

Die Konzeption der Schaltanlage ermöglicht es, jede Maschine entweder mit dem Schweizer oder mit dem deutschen 110-kV-Netz zu verbinden. Aufgrund der unterschiedlichen Netzformen (unterschiedliche Kurzschlussstrombegrenzungen) ist es aber nicht möglich, die beiden 110-kV-Netze Deutschlands und der Schweiz miteinander zu verbinden.

Die 110-kV-Schaltanlage ist für einen Nennstrom von 1 250 A ausgelegt und hält bei einem Fehler auch einen Kurzschlussstrom (peak) von 100 kA aus (**Bild 1**).

Maschinentransformator

Jede Maschine ist mit einem eigenen 31-MVA-Blocktrafo (Maschinentrafo) ausgerüstet. Die Generatorspannung von 9 kV wird über den Blocktrafo auf 110 kV hochtransformiert. Diese Blocktrafos sind, wie die 110-kV-Schaltanlage, in separaten Räumen in das Maschinenhaus integriert. Das Öl in den Trafos wird über das gleiche Kühlwassersystem wie das des Generators gekühlt. Jede Trafokammer ist abgeschottet. Bei einem Brand würde der Trafo mit einer Stickstofflöscheinrichtung automatisch gelöscht. Zusätzlich verfügt jede Trafokammer über eine Ölauffangwanne, die bei einer Havarie die gesamte Ölmenge von 15 t aufnehmen kann (**Bild 2**).

9-kV-Schaltanlagen

Die Verbindung zwischen Generator und Maschinentrafo wird für jede Maschinengruppe über eine eigene 9-kV-Schaltanlage mit dem Generatorleistungsschalter hergestellt.

Für den Netzparallelbetrieb wird der Leistungsschalter über eine automatische Synchronisiereinrichtung geschaltet. Andererseits trennt dieser Schalter im Falle eines Fehlers (beispielsweise Auslösung durch elektronischen Schutz oder Netzfehler) den Generator, auch unter Last, wieder vom Netz, um Folgeschäden zu vermeiden.

Über die 9-kV-Schaltanlagen wird auch die statische Erregung des Generators mit Energie versorgt.

Die Versorgung der Eigenbedarfsanlagen über die Eigenbedarfstransformatoren wurde bei den Maschinengruppen 1 und 4 realisiert.

Auch die 9-kV-Schaltanlagen sind in das Anlagengebäude integriert und wurde für einen Strom von 2 000 A und einen Kurzschlussstrom (peak) von 100 kA ausgelegt (**Bild 3**).

20-kV-Schaltanlagen

Das Kraftwerk verfügt über zwei gasisolierte 20-kV-Schaltanlagen (**Bild 4**).

Eine Schaltanlage befindet sich in der Wehrzentrale und versorgt den Eigenbedarf des Stauwehrs, die andere befindet sich im Dotierpfeiler und ver-

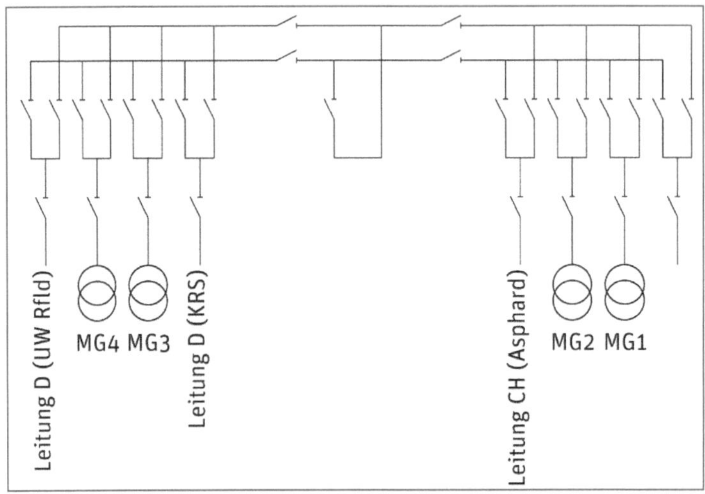

Bild 1: Schematische Darstellung der 110-kV-Schaltanlage

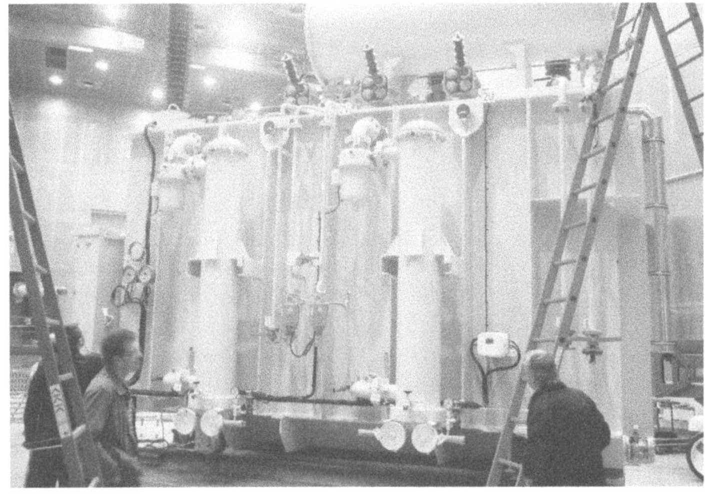

Bild 2: Maschinentransformator bei den Abnahmetests im Werk

bindet die Dotiermaschine mit dem deutschen 20-kV-Netz. Die Schaltanlage im Dotierpfeiler versorgt im Normalfall auch einen Teil des Eigenbedarfs für das Maschinenhaus (**Bild 5**).

Diese beiden Schaltanlagen sind über zwei Leitungen mit dem deutschen Netz verbunden, um auch bei einem Ausfall einer der beiden Leitungen noch den Eigenbedarf für das Stauwehr und das Maschinenhaus liefern zu können.

Eigenbedarfsanlagen

Alle Motoren, Ventile und andere elektrische Verbraucher werden von den Eigenbedarfsanlagen versorgt.

Damit die Versorgung des Eigenbedarfs für das Stauwehr und das Maschinenhaus bei Störungen jederzeit gewährleistet ist, wurde diese mehrfach redundant ausgeführt:

1. Zwei Verbindungen an das 110-kV-Netz in Deutschland.
2. Eine Verbindung an das 110-kV-Netz in der Schweiz (eine zweite wird zu einem späteren Zeitpunkt ausgeführt).
3. Zwei Verbindungen an das 20-kV-Netz in Deutschland.
4. Eine Einspeisemöglichkeit der inselfähigen Dotiermaschine.
5. Eine Einspeisemöglichkeit des Notstromdiesels.

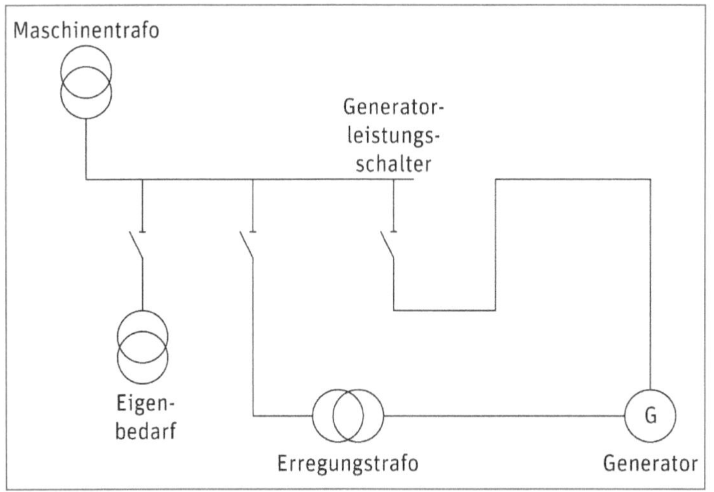

Bild 3: Schematische Darstellung der 9-kV-Schaltanlage

Bild 4: 20-kV-Schaltanlage bei der Werksabnahme

Beide Eigenbedarfstrafos der Wehrzentrale und die drei Eigenbedarfstrafos im Maschinenhaus können jeweils den gesamten Eigenbedarf des Stauwehrs beziehungsweise des Maschinenhauses versorgen (**Bild 6**).

Die Eigenbedarfsanlagen verfügen über eine automatische Umschalteinrichtung, die im Falle eines Ausfalls einer Einspeisung automatisch auf eine andere umschaltet.

Sichere Stromversorgung

Die unterbrechungsfreie Stromversorgung (USV) dient zur Überbrückung von Stromunterbrüchen, vor allem für das Leitsystem mit allen Steuerungen, Reglern und Bedienstationen. Die USV-Anlagen für das Stauwehr und das Maschinenhaus sind unabhängig voneinander ausgeführt.

Große Batterieanlagen werden über Gleichrichter geladen. Die Batteriespannungen von 220-V-Gleichspannung werden auf 24-V-Gleichspannung gewandelt, um damit die Leittechniksysteme zu versorgen.

Über Wechselrichter wird die 220-V-Gleichspannung wieder zu 230/400-V-Wechselspannung gewandelt, um vor allem die EDV und die Bedienstationen zu versorgen.

Auch diese Systeme sind jeweils redundant (zweifach) vorhanden, um bei einem Störfall nicht das gesamte Kraftwerk bzw. Stauwehr stillzulegen.

Im Maschinenhaus stehen für diese Systeme zwei getrennte Räume für die Gleich- und Wechselrichter sowie zwei getrennte Räume für die beiden Batterienanlagen mit je 1 000 Ah (108 Batterieelemente) zur Verfügung.

Die Stauwehranlage ist mit zwei Batterieanlagen mit je 420 Ah (108 Batterieelemente) ausgerüstet.

2 Leittechnik

Systemübersicht

Um ein Kraftwerk vollautomatisch zu betreiben, müssen alle Prozesse mit Steuerungen bzw. Regelungen ausgerüstet werden. Dazu gehören zum Beispiel die Ansteuerung der Sumpf- und Entleerungssysteme, Klimaanlagen, Fischpasssteuerungen, Stauwehrregelung und natürlich auch die voll automatisierten Steuerungen und Regelungen für die Maschinengruppen sowie deren Hilfssysteme wie Lager- und Regelöl, Kühlung, Sperrluft, Bremsen und Erregung. Diese Komponenten sind alle miteinander verbunden. Der übergeordnete Kraftwerksregler koordiniert und steuert die Funktion der verschiedenen Einzelelemente. Bei Störungen oder außerordentlichen Ereignissen wird das Kraftwerkspersonal informiert (**Bild 7**).

Stationsleittechnik

Über die Stationsleittechnik werden die Hoch- und Mittelspannungs-Schaltanlagen für die Energieableitung gesteuert. Um den Netzbetreibern jederzeit einen Überblick über den Zustand der Kraftwerksanlage, beispielsweise über die Leistung der einzel-

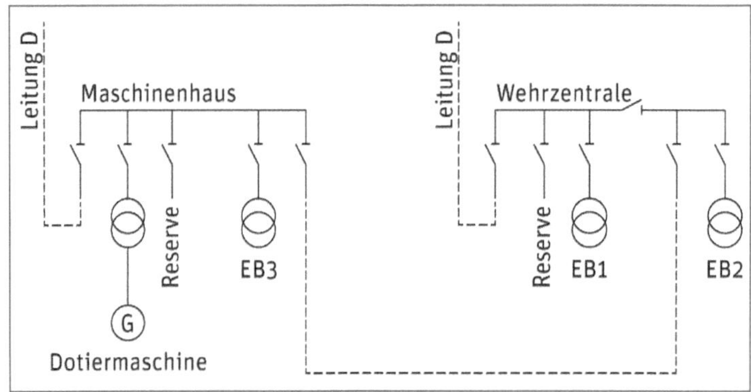

Bild 5: Schematische Darstellung der beiden 20-kV-Schaltanlagen

Bild 6: Eigenbedarfsanlagen im Werk

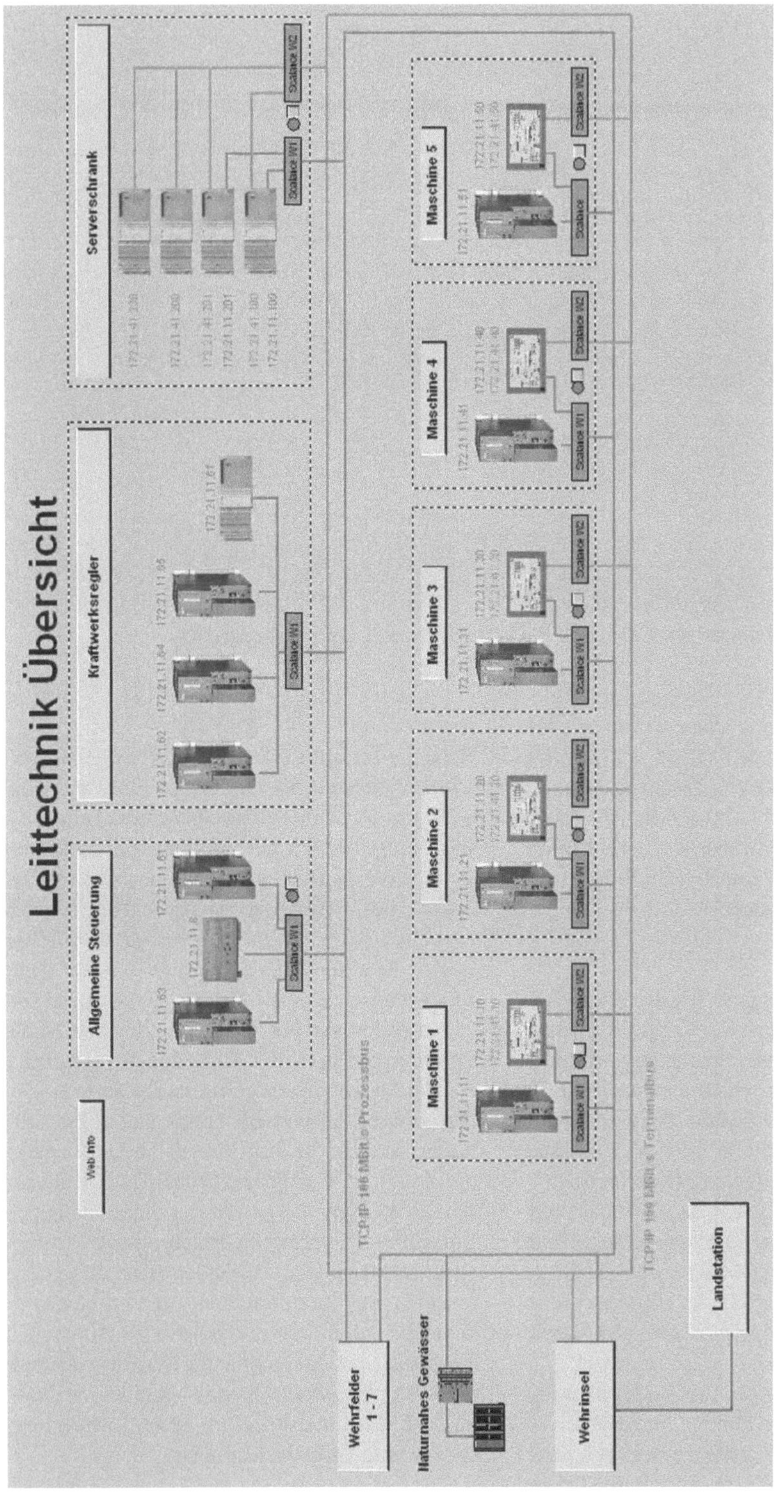

Bild 7: Übersichtsbild der Kraftwerksleittechnik im Maschinenhaus mit Bussystemen

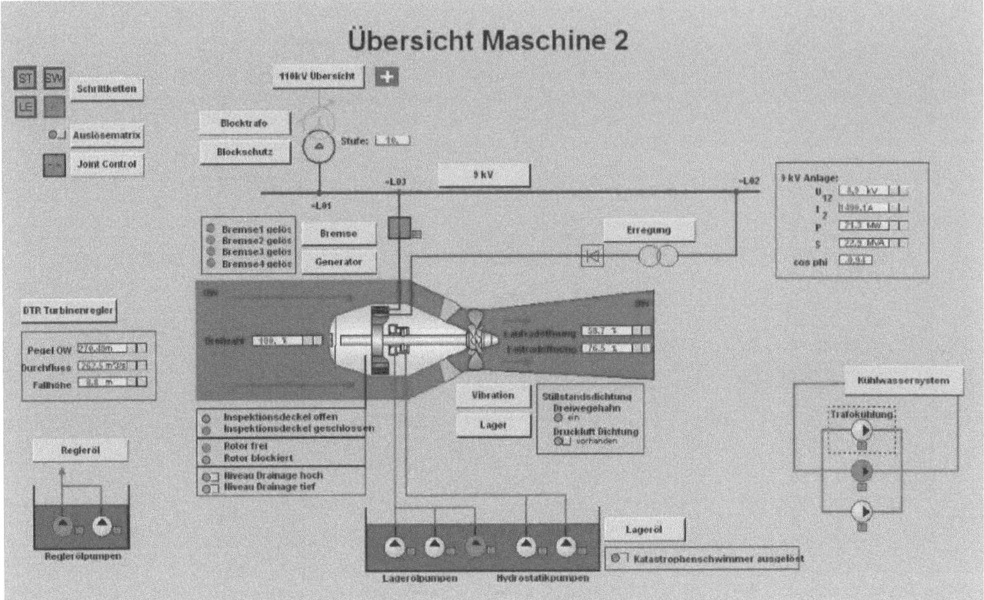

Bild 8: Übersichtsbild der Maschinengruppe 2 mit Verknüpfungen zu Teilsystemen

nen Maschinen, zu ermöglichen, wurde eine Verbindung zu den Netzleitstellen der Energiedienst AG in Rheinfelden (Deutschland) und der Axpo AG in Baden (Schweiz) erstellt. Alle Signale werden auch an die Schnittstelle zur Kraftwerksleittechnik übertragen, um dieselbe Information dort ebenfalls anzuzeigen.

Maschinensteuerung

Die Maschinensteuerung ist Teil der Kraftwerksleittechnik. Alle Stationen der Kraftwerksleittechnik sind über Bussysteme miteinander verbunden.

An diesen Bussystemen hängen auch die Bedienstationen in der Leitwarte, das Telealarmierungssystem für die DECT- oder SMS-Alarmierung und der übergeordnete Kraftwerksregler.

Vor Start einer Maschine muss zuerst das Lager- und Regelöl- sowie das Kühlsystem angefahren werden. In der Maschinensteuerung ist die gesamte Programmierung für die Hilfssysteme sowie die Start- und Stoppsequenz für die Maschinengruppen enthalten.

Obwohl alle Steuerungen und Regler über Bussysteme miteinander verbunden sind, werden alle sicherheitsrelevanten Signale immer auch direkt verdrahtet, damit bei einem Ausfall der Busverbindung die Anlage in einen sicheren Zustand gefahren wird (**Bild 8**).

Turbinenregler

Nach der Freigabe und dem Startbefehl der Maschinensteuerung verstellt der Turbinenregler die Sollwerte der Laufradstellung sowie der Leitschaufelöffnung. Bei Öffnungsstellung des Laufrades werden die Leitschaufeln geöffnet; so wird das Laufrad mit Wasser beaufschlagt und beginnt sich zu drehen. Beim Anfahren der Maschine misst der Regler die aktuelle Drehzahl und verstellt dann entsprechend die Sollwerte, um die Drehzahl von 75 Umdrehungen pro Minute zu erreichen. Ist die Synchronisation erfolgt, erhält der Turbinenregler von der Maschinensteuerung die Sollwerte für den Durchfluss und verstellt entsprechend die Öffnungssollwerte für den Leitapparat. Das Verhältnis zwischen Leitapparatöffnung und Laufradschaufelstellung ist in einer gefällsabhängigen Kurve hinterlegt. Eine Optimierungssoftware versucht in stationären Zuständen stets, diesen Zusammenhang zu optimieren, um den bestmöglichen Wirkungsgrad zu erzielen. Damit man auch bei Ausfall der Bussysteme die Maschinen autark steuern kann, gibt es für jede Maschine eine unabhängige Maschinensteuerung, einen Turbinenregler und eine Vorortbedienung.

Erregungsregler

Um den Generator mit dem Netz synchronisieren zu können, muss neben der korrekten Drehzahl der Maschine auch die Spannung des Generators mit der Netzspannung übereinstimmen. Diese Spannung wird vom Erregungsregler über den Feldstrom vorgegeben. Das Synchronisiergerät gibt dem Regler Impulse, damit der Sollwert der Spannung der Netzspannung angeglichen wird.

Kraftwerksregler

Konzessionsbedingt gibt es für das Kraftwerk Rheinfelden keine Stauraumbewirtschaftung, sondern einen fixen Pegel des Oberwassers, der zentimetergenau gehalten werden muss.

Der Kraftwerksregler als übergeordneter Regler kontrolliert und überwacht die Pegelstände im Oberwasser, die Verfügbarkeit der Maschinen und viele andere Umgebungsbedingungen, um dann das Wasser auf die verfügbaren Maschinen oder Wehrfelder zu verteilen. Er ist so programmiert, dass für eine vorliegende Wasserführung die bestmögliche Kraftwerksleistung erzielt wird. Verändert sich die Wasserführung, kann der Kraftwerksregler auch Maschinen starten oder stoppen. Bei Maschinenstörfällen wird die entsprechende Wassermenge auf andere Turbinen oder Stauwehrfelder umgelagert.

Notregler

Vollkommen unabhängig von dem übergeordneten Kraftwerksregler und den Bussystemen steht am deutschen Ufer der Notregler. Der Notregler arbeitet nur mit direkt verdrahteten Signalen und Messungen. Er überprüft ständig den Oberwasserpegel. Weicht der Wasserstand im Stauraum während einer vorgegebenen Zeitspanne zu stark ab, deaktiviert er den Kraftwerksregler und aktiviert sich selbst. Dann regelt er selbstständig den Wasserstandspegel über die direkt verdrahteten Leitungen zu den Maschinen und Wehrfeldern auf den vorgegebenen Sollwert.

Notbedienung

Sollte der Notregler ausfallen oder durch unvorhersehbare ungünstige Bedingungen nicht ordnungsgemäß regeln, übernimmt das Kraftwerkspersonal den Betrieb über die Notbedienung. In diesem Fall werden ebenfalls alle anderen Regler deaktiviert, und der Bediener kann direkt die Sollwerte für die Turbinen und Wehrfelder vorgeben.

Fischpasssteuerungen

Bei den Fischpässen ist eine Regelung der Lockwasserströmung nötig, die vom Unterwasserpegel abhängt; beim naturnahen Fischaufstiegs- und Laichgewässer wird der Zufluss abhängig von den Jahreszeiten geregelt.

Autor

Dipl. el. Ing. HTL Stefan Ficht
Fachprojektleiter E- und Leittechnik und Inbetriebsetzungsleiter
Energiedienst Holding AG
Basler Straße 44
5080 Laufenburg, Schweiz
stefan.ficht@energiedienst.ch

Literatur

[1] Energiedienst (Hrsg.): Neubau Wasserkraftwerk Rheinfelden. Projektbericht. Laufenburg, 2012.

[2] Energiedienst (Hrsg.): Das neue Wasserkraftwerk Rheinfelden – Energie für die Zukunft. Laufenburg, 2011.

[3] Fust, A.; Reif, H.: Ausgangslage am neuen Wasserkraftwerk Rheinfelden. In: WasserWirtschaft 103 (2013) Heft 6, S. 10-14.

Stefan Ficht

Electrical and Control Technology of the Hydropower Plant Rheinfelden

In the concessions for the new power plant, one specification is that the energy generated must be fed in equal measure to the German and Swiss grids. For this reason, energy transmission was provided into Switzerland and Germany. The two grids may not be connected to each other, however. Since all processes are equipped with control and regulation systems, the power plant can be operated fully automatically.

Штефан Фихт

Электрическая и информационно-управляющая система новой гидроэлектростанции Рейнфельден (Rheinfelden)

В лицензиях на новую гидроэлектростанцию указывается, что произведенная энергия должна поставляться поровну в немецкую и швейцарскую сеть энергоснабжения. Поэтому энергетические отводы производились как в Швейцарию, так и в Германию. Однако, обе сети не могут быть связаны друг с другом. Так как все процессы обеспечены системами управлениями и автоматического регулирования, то эксплуатация электростанции может осуществляться полностью автоматизировано.

Beat Karrer

Nebenanlagen des neuen Wasserkraftwerks Rheinfelden

Die Anlagen für Heizung, Klima und Lüftung müssen vielfältige Einflüsse verarbeiten können, um für die E-Technik und Mitarbeiter geeignete Umgebungsbedingungen zu schaffen. Die Grenzlage des Kraftwerks erforderte auch beim Brandschutz besondere Maßnahmen, da die Gesetze beider Länder beachtet werden mussten. Für die Umsetzung von Kleinbooten wurde eine spezielle Umsetzstelle errichtet.

1 Heizung/Klima/Lüftung (HKL)

Um in den verschiedenen Räumen im Maschinenhaus des Neubaus Rheinfelden (s. a. [1], [2], [3]) geeignete Umgebungsbedingungen für Mitarbeiter und Anlagen zu gewährleisten, haben die Anlagen für Heizung/Klima/Lüftung (HKL) vielfältige Einflüsse zu verarbeiten. Einerseits liegt das Gebäude mehrheitlich unter Wasser und andererseits ist die Abwärme, die für die Auslegung bestimmend ist, in den einzelnen Räumen sehr unterschiedlich und stark wechselnd. Je nach Betriebszustand des Kraftwerks kann die Wärmelast in einem Raum komplett wegfallen, sobald zum Beispiel eine Maschinengruppe aufgrund mangelnder Wasserführung des Rheins nicht in Betrieb ist.

Die meisten Räume werden über eine zentrale Zu- und Abluftanlage mit Frischluft versorgt, wobei die Zuluft über einen Schacht angesaugt wird und die Abluft durch den Kabelkeller und den Abluftschacht wieder ins Freie strömt. Die Anlage ist so ausgelegt, dass die zulässigen Temperaturen in den Betriebsräumen nur durch die Luftzirkulation geregelt und auch im Sommer möglichst nicht überschritten werden. Einzig die wichtigsten Bereiche, wie der Leitstand oder der Raum für die Elektronikschränke, aber auch die Batterieräume, wurden zusätzlich mit einer Kälteanlage ausgestattet. Im Winter wird über einen Bypass möglichst viel warme Abluft der Frischluft zugeführt, damit die Luft nicht mehr als nötig durch Heizregister auf die Mindesttemperatur aufgeheizt werden muss. Für die Sanitärräume wurde eine separate, kleinere Anlage installiert, da hier die Mindesttemperatur deutlich höher liegt und die Abluft eine höhere Feuchtigkeit aufweist.

2 Brandschutz

Für den Brandschutz waren aufgrund der Grenzlage des Kraftwerks sowohl die deutschen als auch die schweizerischen Gesetze zu berücksichtigen,

Bild 1: Stickstoff-Löschanlage

Bild 2: Bootsübersetzfahrzeug

wobei jeweils die strengere Auslegung für alle Anlagen einheitlich umgesetzt wurde. Dieser Grundsatz galt nicht nur für den Brandschutz, sondern für die Gesamtanlage.

Als Konsequenz wurde jeder Raum an die automatische Entrauchungsanlage angeschlossen. Um einem Unterdruck vorzubeugen, wurde ein komplettes Netz von Ersatzluftleitungen verlegt. Dies war notwendig, da bei Unterdruck die Türen nicht mehr geöffnet werden könnten. Damit sich ein Brand nicht über diese Kanäle ausbreiten kann, ist jeder Bereich durch Brandschutzklappen abgesichert. Zusätzlich wurden die Treppenhäuser mit einer Überdruckbelüftung ausgerüstet. Weiter wird das gesamte Kraftwerk mit einer Brandmeldeanlage überwacht, und die Transformatorenräume sind mit einer automatischen Stickstofflöschanlage ausgerüstet (**Bild 1**). Für die Löschwasserversorgung der Feuerwehren wurde eine Löschwasserpumpe im Oberwasser installiert. Von dort führt eine im Beton verlegte Verteilleitung zu den Entnahmestellen bei den Eingängen. Um bei einem Brand den betroffenen Bereich schnell mit Löschwasser zu versorgen, ist im Gebäude zusätzlich eine „trockene" Löschleitung verlegt.

3 Kleinbootsübersetzeinrichtung

Für die Umsetzung von Kleinbooten wurde sowohl im Ober- als auch Unterwasser eine Bootsumsetzstelle erstellt. In diese U-förmig geschlossenen Nischen können die Boote einfahren und werden anschließend mit einem Umsetzfahrzeug aus dem Wasser gehoben, über das Kraftwerksareal transportiert und an der gegenüberliegenden Umsetzstelle wieder zu Wasser gelassen. Dieses Fahrzeug kann Boote bis zu einer Länge von 20 m und einem Gewicht von 5 t umsetzen (**Bild 2**). Für kleine Boote (Schlauchboote, Ruderboote) sind Aus- und Einstiegsmöglichkeiten sowie ein Handwagen vorhanden, die ein Umsetzen der Boote ohne Hilfe des Kraftwerkspersonals ermöglichen.

4 Sicherheits- und Gesundheitsschutz

Beim Bau des Stauwehrs und des Maschinenhauses wurde die in Deutschland gesetzlich vorgeschriebene Baustellenverordnung mit der Maßgabe, eine Arbeits- und Gesundheitsschutzkoordination durchzuführen, beachtet und umgesetzt. Durch die Einbindung entsprechend qualifizierter Sicherheits- und Gesundheitsschutzkoordinatoren wurde den geforderten gesetzlichen Vorgaben nachgekommen. Durch die Aufstellung und Fortschreibung von Sicherheits- und Gesundheitsschutzplänen, die Übermittlung der vorgeschriebenen Vorankündigungen an die zuständigen Behörden und die in hoher Frequenz durchgeführten umfassenden Arbeits- und Sicherheitsschutzbegehungen auf der Baustelle wurde auch in Bezug auf die Sicherheits- und Gesundheitsschutzthematik ein hoher Standard erreicht. Zusätzlich wurden durch die gewissenhafte Vorbereitung von besonders gefährlichen Arbeiten, oft in Zusammenarbeit mit dem Betriebspersonal des alten Wasserkraftwerks, entsprechende Baustellenanweisungen in separaten Sicherheitsanweisungen zusammengefasst, die von allen Beteiligten zu beachten waren und deren Einhaltung besonders überwacht wurde. Die Zusammenarbeit auch mit den Behörden auf der deutschen und der Schweizer Seite war immer vorbildlich, die Behördenvertreter konnten sich anlässlich regelmäßiger gemeinsamer Termine vor Ort vom Standard bei dem Arbeits- und Gesundheitsschutz überzeugen.

Die Energiedienst AG hat darüber hinaus die Arbeitssicherheit auf der Kraftwerksbaustelle regelmäßig im Rahmen der wiederholenden Zertifizierungen für das im Unternehmen eingeführte Arbeitssicherheitsmanagementsystem OHSAS 18 001 überprüfen lassen. Diese Überprüfungen wurden immer ohne festgestellte Mängel abgeschlossen.

Das Gesamtprojekt konnte ohne schwere Arbeitsunfälle abgeschlossen werden.

Autor

Dipl.-Ing. HTL/STV Beat Karrer
Fachprojektleiter Turbinen,
Stahlwasserbau und HKL
Energiedienst Holding AG
Basler Straße 44
5080 Laufenburg, Schweiz
beat.karrer@energiedienst.ch

Literatur

[1] Energiedienst (Hrsg.): Neubau Wasserkraftwerk Rheinfelden. Projektbericht. Laufenburg, 2012.

[2] Energiedienst (Hrsg.): Das neue Wasserkraftwerk Rheinfelden – Energie für die Zukunft. Laufenburg, 2011.

[3] Fust, A.; Reif, H.: Ausgangslage am neuen Wasserkraftwerk Rheinfelden. In: WasserWirtschaft 103 (2013) Heft 6, S. 10-14.

Beat Karrer

The new Auxiliary Systems of the Hydropower Plant Rheinfelden
The systems for heating, air conditioning and ventilation must be able to process a wide range of influences in order to create suitable ambient conditions for the electrical technology and for staff. The border location of the power plant also demanded particular fire prevention measures, since the laws of both countries had to be taken into account. A special transfer point was built in order to transfer small boats.

Беат Каррер

Вспомогательные сооружения новой гидроэлектростанции Рейнфельден (Rheinfelden)
Установки отопления, вентиляции и кондиционирования воздуха должны помочь преодолеть различные воздействия для того, чтобы создать соответствующие условия окружающей среды как для электротехники, так и для сотрудников. Расположение электростанции практически на границе потребовало осуществления особых мероприятий также по вопросам пожарной охраны, так как следовало обращать внимание на законодательство обеих стран. Для перемещения небольших лодок в пограничной зоне водохранилища был создан особый пограничный контрольный пункт.

Stefan Ficht

Inbetriebsetzung und Betrieb des neuen Wasserkraftwerks Rheinfelden

Die Maschinen laufen, das alte Kraftwerk ist abgestellt. Bereits die ersten Tests im Trockenen belegten, dass die Montage der neuen Maschinen einwandfrei erfolgt war. Der Höherstau im Oberwasser führte zu einer Anhebung des Unterwassers beim Kraftwerk Ryburg-Schwörstadt und damit dort zu einem Erzeugungsverlust, der durch die Energiedienst AG entschädigt wird. Die 16-köpfige Betriebsmannschaft des Kraftwerks wurde zur Vorbereitung auf die neuen Aufgaben bereits bei der Herstellung und Montage der neuen Komponenten eingesetzt.

1 Inbetriebsetzung

Die Montage der neuen Maschinen des Kraftwerks Rheinfelden (s. a. [1], [2], [3]) wurde mit der Inbetriebsetzung der Rohrturbinen-Maschinengruppen abgeschlossen. Zuvor wurden alle Komponenten einzeln und anschließend die Systeme auf ihre Funktionen geprüft. Vor der Inbetriebnahme der ersten Maschine mussten alle elektrotechnischen Anlagen fertiggestellt sein. Dazu zählen: Gleich-, Nieder- und Hochspannungsanlagen sowie Drainage- und Entleerungssysteme und Brandmeldeanlage (**Bild 1**).

Wie bereits die Montage, so erfolgte auch die Inbetriebsetzung in einem Zweimonatsrhythmus, jeweils nach derselben Vorgehensweise: Als erster Test wurde die Turbine im trockenen Zustand gedreht, um nochmals zu prüfen, ob sie einwandfrei montiert war. Funktionierten alle Teilsysteme und Sicherheitsüberwachungen, wurde der Triebwasserweg überprüft, und dann wurden sämtliche Entleerungsschieber und das Mannloch geschlossen. Es wurde langsam geflutet und dabei die Dichtigkeit des Generatorgehäuses und -deckels, des Laufradmantels und des Leitapparats geprüft. Nach der Flutung der Turbinenkammer konnten die Nassprüfungen beginnen.

Bild 1: Letzte Handgriffe vor der Inbetriebnahme

Bild 2: Im Juni 2010 produzierte die Maschine 1 erstmals Strom

1.1 Das erste Anstoßen der Turbine

Zum ersten Mal wurde die Welle mit Turbinenlaufrad und Polrad des Generators hydrostatisch um etwa 0,15 mm in den Radiallagerschalen angehoben, der Arretierungsbolzen entfernt, die Bremsen gelöst, die Laufschaufeln in Öffnungsposition gebracht und der Leitapparat leicht geöffnet. Sobald die Masse von über 200 t zu drehen begann, wurde der Leitapparat wieder geschlossen und das Auslaufen beobachtet. Dieses Auslaufverhalten mit den verschiedenen Temperaturmessungen an den Lagern gab einen ersten Eindruck der hydrodynamischen Laufeigenschaften der Lager.

Dann wurde die Drehzahl stufenweise erhöht. Der Leitapparat wurde dabei mehr und mehr geöffnet und bei verschiedenen Umdrehungsgeschwindigkeiten der Verlauf sämtlicher Lagertemperaturen überwacht. Durch die Prüfung von Notabschaltungen (Not- oder Schnellschlüsse) wurde auch das Verhalten bei Umkehrschub getestet, wenn das axiale Gegenspurlager zum Einsatz kommt. Bei der Größe der rotierenden Masse ist die vorhandene Unwucht sehr wichtig. Diese wird über Vibrationsmessungen kontinuierlich beobachtet. Die Messungen geben Aufschluss darüber, ob nachgewuchtet werden muss. In Rheinfelden war dies bei keiner der neuen Maschinen notwendig. Auch der digitale Turbinenregler wurde in dieser Phase in Betrieb genommen und der Drehzahlregler geprüft und optimiert.

Nach der Überprüfung der Vibrationswerte, der Lagertemperaturen, des Auslaufverhaltens und der Sicherheitssignale mit den Schließzeiten wurde der Überdrehzahltest durchgeführt. Zur Abschaltung bei Überdrehzahl gibt es verschiedene elektronische und eine mechanische Auslösung. Die letztere, die mechanische Auslösung, erfolgt bei 135 Umdrehungen pro Minute, was gegenüber der Normaldrehzahl von 75 Umdrehungen pro Minute einer Überdrehzahl von 180 % entspricht. Die Kräfte, die bei einem solchen Vorgang von der Maschinenstruktur auf das Gebäude übertragen werden, sind im ganzen Gebäude wahrnehmbar. Dies ist einer der Gründe, weshalb die Stahlbewehrung der Maschinenabstützungen derart massiv ausgeführt wurde.

Jetzt wurde die Maschine synchronisiert, also mit dem Netz verbunden. Dazu mussten die Drehzahl der Turbine, die Spannung am Generator und auch die Phasenlage der Spannung genau mit dem Netz übereinstimmen. Vor der ersten Synchronisierung mussten die Erregung mit der Spannungsregelung, der elektrische Schutz, die Synchronisiereinrichtung und viele Schnittstellen in Betrieb genommen werden. Der Generator hatte dazu sogenannte Spannungs- sowie Kurzschlussläufe zu bestehen, wobei unter anderem die Wandler mit den Polaritäten geprüft wurden. Vor der ersten Synchronisation fand als abschließender Test eine Dummy-Synchronisation statt, bei der zwar der Schließbefehl erzeugt, aber nicht an den Generatorschalter abgegeben wurde. Die Ma-

Bild 3: Inspektionsarbeiten

schine drehte, die Erregungseinrichtung regelte die Spannung, und die Synchronisiereinrichtung gab bei Abweichungen zum Netz die verschiedenen Befehle an die entsprechenden Stellorgane ab, bis bei Erreichen des Synchronzustandes der Schließbefehl an den Generatorschalter erfolgte. Die Maschine war am Netz, und der Turbinenregler öffnete nun den Leitapparat bis auf Minimallast (**Bild 2**).

Es folgten weitere Inbetriebnahmeschritte und Tests. Der Generator musste seine Leistungsfähigkeit bis zur Volllast beweisen, die Kühlung musste zeigen, dass sie die Abwärme der Ölsysteme, des Generators und des Maschinentransformators abführen kann. Begrenzer (Limiter) mussten eingestellt werden, und letzte Schutzsignale wurden getestet. Ein weiterer Test war der Schnellschluss bei Volllast. Bei Volllast fließen 375 m^3/s Wasser in den Einlauf, durch die Turbine und dann durch das Saugrohr ins Unterwasser. Dieser Durchfluss muss bei einem Schnellschluss innerhalb von neun Sekunden abgebremst werden.

Jede der vier großen Maschinengruppen, aber auch die kleine Dotiermaschine durchlief alle Tests vollständig, um einen sicheren Betrieb zu gewährleisten.

Übergeordnet gibt es den Kraftwerksregler, der je nach Wasserführung die einzelnen Turbinen startet oder stoppt und diesen die Öffnung vorgibt. Dieser Regler gibt bei einem Ausfall einer Turbine durch eine Störung auch die Aufteilung des Abflusses auf die anderen Turbinen oder das Stauwehr vor. Bei einer großen Abweichung des gefahrenen Durchflusses vom notwendigen Abfluss geht der Regler des Stauwehrs auf „Grobregelung" und fährt dann mit bis zu fünf Wehrfeldern gleichzeitig. Dieser übergeordnete Regler ist so wichtig, dass es einen redundanten Notregler gibt, der sich an einem anderen Standort befindet und mit einer anderen Spannungsversorgung und mit unabhängigen Befehlswegen ausgerüstet ist.

Diese übergeordneten Funktionen mussten bei unterschiedlichen Wasserführungen durchgeführt werden.

2 Betrieb

2.1 Höherstau

Nachdem zwei der neuen Maschinen in Betrieb genommen waren, wurde das alte Kraftwerk abgestellt. Bis zu diesem Zeitpunkt wurde es mit der bisherigen Stauhöhe von 269,10 m NSH im Oberwasser parallel betrieben. Unmittelbar im Anschluss wurde mit dem Bau des Fangedamms zu Abdichtung des Zulaufkanals zum alten Kraftwerk begonnen. Erst als dieser fertiggestellt war, konnte der Höherstau angegangen werden. Am 18. Oktober 2010 begann die Stauerhöhung im Oberwasser. Um die 1,4 m Höherstau zu erreichen, mussten rund 1 Mio. m^3 Wasser zurückgehalten werden. Dies geschah durch Reduktion des Abflusses um 10 m^3/s. Am 20. Oktober 2010 war die neue Staukote von 270,50 m NSH erreicht. Es gab keine unvorhergesehenen Auswirkungen der Stauerhöhung.

2.2 Einstau des Oberliegerkraftwerks Ryburg-Schwörstadt

Durch den Höherstau beim neuen Kraftwerk Rheinfelden wird das Unterwasser beim 3,5 km oberhalb liegenden Kraftwerk Ryburg-Schwörstadt bei mittlerer Wasserführung um rund einen Meter angehoben. Mit ausführlichen numerischen Simulationsrechnungen konnte ermittelt

Bild 4: Rechenreinigungsmaschine im Einsatz

werden, dass die Erzeugungsverluste im Kraftwerk Ryburg-Schwörstadt durchschnittlich 63 GWh/a betragen. Die Konzessionen der beiden Kraftwerke legen fest, dass dieser Erzeugungsverlust zu entschädigen ist. Das Kraftwerk Rheinfelden vergütet der Kraftwerk Ryburg-Schwörstadt AG ein Jahresband von 60 GWh/a. Die Energie muss nicht physisch übertragen, sondern kann durch einen einfachen Energieabtausch beglichen werden, da die Energiedienst AG und die Axpo AG bei beiden Kraftwerken Energiebezugsrechte besitzen.

2.3 Einbezug der Betriebsmannschaft

Um die Aspekte des Betriebs bei der Projektierung angemessen einfließen zu lassen, wurden die verantwortlichen Personen des neuen Kraftwerks in die Projektorganisation einbezogen. So waren der Leiter Kraftwerke im Lenkungsausschuss und die Leiter E- und Leittechnik sowie Stahlwasserbau und Maschinentechnik in den entsprechenden Fachprojektleitungen eingebunden. Dadurch wurden die betrieblichen Belange von der Ausschreibung über die Vergabe bis zur Montage berücksichtigt. Das neue Kraftwerk soll von einer Betriebsmannschaft von 16 Mitarbeitern betrieben werden. Diese Mitarbeiter waren bis zur Außerbetriebnahme für den Betrieb des alten Kraftwerks zuständig. Das neue Kraftwerk bedeutete also in Sachen Technik einen enormen Schritt vorwärts. Um diesen Schritt nachhaltig zu vollziehen, konnten die Mitarbeiter die Herstellung und Montage der neuen Komponenten hautnah miterleben. So waren sie jeweils fachgebietsentsprechend bei der Herstellung in den Werken der Lieferanten, bei der Montage und der Inbetriebsetzung eingesetzt. Während der Montage bekamen sie Einblicke, die man nicht bekommt, wenn fertig montierte Komponenten geliefert werden. Sie erhielten Schulungen an allen Komponenten. Da das neue Kraftwerk auf der Schweizer Rheinseite steht, musste die Ausbildung der Mitarbeiter an die dort geltenden Bestimmungen angepasst werden, etwa im Bereich Arbeitssicherheit.

2.4 Erste Betriebserfahrungen

2.4.1 Zuströmung und Abströmung Maschinenhaus

Die ausgedehnten Modellversuche, insbesondere im Bereich des Trennpfeilers, bestätigen sich vom oberflächlich betrachteten Strömungsbild vollumfänglich. Die Anströmung aller vier Maschinen verläuft gleichmäßig, und es zeigen sich keine lokalen Stauspiegelabsenkungen.

2.4.2 Leistung der Maschinen

Nach mehr als zwei Jahren Betrieb steht fest, dass alle Maschinen die garantierten Leistungen liefern. Die Gesamtanlage und die zugehörige Leittechnik wurden ausgiebig getestet und optimiert. Der Betrieb läuft reibungslos, es gab keine nennenswerten technischen Störungen. Nahezu sämtliche Abnahmen sind inzwischen erfolgt und derzeit laufen Prüfungen zum Abschluss der Gewährleistung Ende 2013 (**Bild 3**).

Nach der Rheineintiefung zeigt es sich, dass gewisse Einschränkungen beim errechneten Gefällezuwachs zu machen sind. Durch die Ausführung der Eintiefung mit Sprengungen weist die Sohlenoberfläche im Bereich direkt unterhalb des Kraftwerks eine größere Rauheit auf als theoretisch abgeschätzt und mit Meißeln erreichbar gewesen wäre. Die zeitlichen und kostenmäßigen

Vorteile des Verfahrens wiegen jedoch diese Nachteile auf.

2.4.3 Geschwemmselbeseitigung

Die Erfahrungen mit Geschwemmselanfall sind sehr gut. Sowohl die Wirkung der Rechenreinigungsmaschine als auch der Geschwemmselabtransport sind ausgezeichnet konzipiert und haben sich im Betrieb bewährt. Hier haben sich die Vereinfachungen und Einsparungen gegenüber der ursprünglichen Planung als sehr vorteilhaft erwiesen. Die Erfahrungen sind sehr positiv und führen bei allen Beteiligten zu einer grundsätzlich guten Beurteilung der Anlage (**Bild 4**).

Autor

Dipl. el. Ing. HTL Stefan Ficht
Fachprojektleiter E- und Leittechnik,
Inbetriebsetzungsleiter
Energiedienst Holding AG
Basler Straße 44
5080 Laufenburg, Schweiz
stefan.ficht@energiedienst.ch

Literatur

[1] Energiedienst (Hrsg.): Neubau Wasserkraftwerk Rheinfelden. Projektbericht. Laufenburg, 2012.

[2] Energiedienst (Hrsg.): Das neue Wasserkraftwerk Rheinfelden – Energie für die Zukunft. Laufenburg, 2011.

[3] Fust, A.; Reif, H.: Ausgangslage am neuen Wasserkraftwerk Rheinfelden. In: WasserWirtschaft 103 (2013) Heft 6, S. 10-14.

Stefan Ficht

Commissioning and Operation of the Hydropower Plant Rheinfelden

The machines are running and the old power station has been decommissioned. The first dry run tests already proved that mounting had been completed faultlessly. The upstream banked up water in the headwater led to a rise in the level of the downstream water, and thus to a loss in power generation at the Ryburg-Schwörstadt plant, for which Energiedienst AG will provide compensation. The 16 head operating team at the power plant was already prepared for the new tasks as they had been working in production and mounting of the new components. The inflow and outflow at the machine house is achieved in accordance with model tests. The machines supply the guaranteed outputs, and the bulb turbines and generators run quietly and evenly. Operations have been running smoothly for over two years, without any significant technical faults.

Штефан Фихт

Введение в эксплуатацию и эксплуатация новой гидроэлектростанции Рейнфельден (Rheinfelden)

Агрегаты работают, старая электростанция выведена из эксплуатации. Уже первые тесты в «сухом режиме» показали, что монтаж новых установок произведен безупречно. Более высокий подпор в верхнем бьефе привел к повышению нижнего бьефа на электростанции Рибург-Швёрштадт (Ryburg-Schwörstadt) и, таким образом, к производственным потерям, которые были возмещены акционерным обществом Energiedienst AG. Обслуживающий персонал электростанции, состоящий из 16 человек, был задействован в реализации новых задач уже на стадиях подготовки, строительства и монтажа новых компонентов.

Gerhard Blessing

Rückbau der Altanlage Kraftwerk Rheinfelden

Beim Rückbau des alten Kraftwerks wurde eine Maschine erhalten und aufbereitet. Sie ist inzwischen das Herzstück eines Ausstellungspavillons. Für den Rückbau der Altanlage mussten der Kanal und die Turbinenkammern abgefischt und entleert werden. Ein provisorischer Damm ermöglichte den Rückbau des alten Kraftwerks im Trockenen. Sämtliche Gebäude wurden entkernt und der Grobrechen entfernt. Das Portierhaus sowie eine Energieableitungsbrücke wurden abgerissen, die Fußgängerbrücke über den Rhein und schließlich das Maschinenhaus rückgebaut.

1 Genehmigungsrechtliche Voraussetzungen

Der Rückbau der alten Kraftwerksanlage war Teil des Planfeststellungsverfahrens für den Neubau des Kraftwerks Rheinfelden (s. a. [1], [2], [3]). Er wurde im Verlauf der Bewilligungserteilung verfügt. Der Planfeststellungsbeschluss definierte die Auflagen für den Rückbau.

Die wichtigsten Auflagen aus dem Planfeststellungsbeschluss vom 29. September 1998:

- Vorgängig ist ein detailliertes Rückbau- und Entsorgungskonzept auszuarbeiten und den Behörden zur Genehmigung vorzulegen.
- Beim Abbruch der bestehenden Anlagen ist auf eine Trennung der verschiedenen Baumaterialien zu achten, um einen möglichst großen Teil wiederverwerten zu können und nur einen möglichst geringen Rest deponieren zu müssen.
- Die Auflagen des Immissionsschutzes müssen beim Rückbau der Altanlagen beachtet werden.
- Auf der deutschen Seite der Kraftwerksanlagen ist ein Pavillon zu errichten, in dem die Geschichte des alten Kraftwerks dargestellt wird. In dem Pavillon wird auch eine der alten Turbinen, das heißt wesentliche Bestandteile, ausgestellt.
- Hinsichtlich des Abbruchs der alten Kraftwerksanlagen ist eine Dokumentation zu erstellen.

2 Anforderungen an den Rückbau

Bereits im Mai 1994 wurde eine Umweltservicefirma mit der Erstellung eines Projekthandbuchs für den Rückbau der alten Kraftwerksanlagen beauftragt. Diese Untersuchungen dienten als Basis für das Rückbau- und Entsorgungskonzept. Diverse Änderungen in der Gesetzgebung (Kreislaufwirtschaft- und Abfallgesetz, KrW-/AbfG) vom 15. Juli 2006 (BGBl. I S. 1619) machten jedoch zusätzliche Voruntersuchungen notwendig. Noch während des Betriebs der alten Kraftwerksanlage entnahm eine Fachfirma für Altlasten im März 2009 Proben und analysierte die Bausubstanz der rückzubauenden Anlagenteile.

Insgesamt waren dies:

- 48 Materialproben von Anstrichen, Dachbalken, Dachbelägen, Bodenbelägen, Verputz und Mauerwerk.
- 8 Kernbohrungen im Maschinensaal, auf der Kanalbrücke und in den Turbinenkammern.
- 39 Ölproben von Transformatoren sowie von Schmier- und Regelölen der Maschinengruppen.

Die Ergebnisse der Analysen wurden in das Rückbau- und Entsorgungskonzept aufgenommen.

Im Juli 2009 wurden den Behörden die Unterlagen eingereicht und nach geringfügigen Ergänzungen genehmigt.

Im Juni 2010 wurde der Rückbau nach der Ausschreibung und der Vergabeevaluation an ein Konsortium aus einer Fachfirma und einer beim Neubau tätigen Bauunternehmung vergeben. Das Landratsamt Lörrach war die zuständige Behörde

Bild 1: Maschine 10 der Altanlage

Bild 2: Standort der Maschine 10 im Ausstellungspavillon

für den Rückbau. Der Rückbau von gesondert zu entsorgenden Materialien wurde von einem externen Fachgutachter begleitet.

Nach über 110 Jahren ging die alte Kraftwerkanlage am 27. Juli 2010 endgültig außer Betrieb. Der Kanal wurde zwei Tage später geleert. 25 000 l Regler- und Schmieröle wurden von einer Fachfirma entsorgt.

Ausstellungspavillon „Kraftwerk 1898"

Wichtiger zusätzlicher Bestandteil in der Baugenehmigung für das neue Kraftwerk war der Erhalt und die Ausstellung einer alten Maschine. Im Juli 2010 wurde daher mit dem Ausbau der Maschinengruppe 10 begonnen, bestehend aus Generator, Turbine und Regler (**Bild 1**). Die Demontagearbeiten konnten im August 2010 mit dem Abtransport des Generatorläufers erfolgreich been-

Bild 3: „Ausstellungspavillon Kraftwerk 1898"

Bild 4: Abfischaktion

det werden. Spezialisten konservierten und präparierten in aufwendigen Verfahren sämtliche Maschinenteile.

Die Westseite im Bereich zweier Trafoboxen des alten Kraftwerksgebäudes wurde als Standort für die alte Maschinengruppe gewählt (**Bild 2**). Nach dem Umbau der Boxen und der Fertigstellung des naturnahen Fischaufstiegs- und Laichgewässers entstand in diesem Bereich der Ausstellungspavillon (**Bild 3**). Im Juli 2012 wurde der Ausstellungspavillon „Kraftwerk 1898" eröffnet. Neben technischen Erläuterungen zur ausgestellten Maschine wird auch die Geschichte des alten Kraftwerks illustriert.

Die Maschine 10 erstreckt sich über zwei Ebenen. Besucher können im Erdgeschoss das Turbinenlaufrad mit dem Leitapparat und im Obergeschoss den Generator mit dem Turbinenregler betrachten. Die frühere Funktion der Maschine 10 ist gut erkennbar.

Über einen Großbildschirm können die Gäste Wissenswertes und Kurioses aus der Zeit des ausgehenden 19. Jahrhunderts erfahren. Abrufbar sind Informationen und Bilder zu den Themen Bau des alten Wasserkraftwerks Rheinfelden, Technik der Elektrizität, Bedeutung für Rheinfelden (Baden) und Bedeutung des Kraftwerks für die Schweiz. Ein Reliefmodell im Maßstab 1:40 des alten Kraftwerks rundet das Informationsangebot ab.

Täglich informieren sich rund 100 Besucher im Ausstellungspavillon über die Geschichte des alten Kraftwerks. Samstags und sonntags sind es meist mehr als 300 Besucher, die den Weg zur Maschine 10 finden. Der Rekord liegt bislang bei 700 Besuchern an einem Tag.

Fische und Munition

Der Kanal und die Turbinenkammern auf der Unterwasserseite des Maschinenhauses wurden mehrfach abgefischt. Diese Aufgabe übernahmen Mitglieder eines ortsansässigen Fischervereins unter Aufsicht der Fischereibehörde (**Bild 4**).

Wurden die Fischer mit ihren Keschern und Netzen anfangs hin und wieder noch von den Bauarbeitern belächelt, so wurde der Sinn des Abfischens bald deutlich. Mehrere 10 000 Fische wurden vom Kraftwerkskanal in den Rhein umgesetzt. Darunter zahlreiche Vertreter gefährdeter Fischarten, wie Neunauge, Schneider, Bitterling und Nase.

Bei der Trockenlegung des Kraftwerkkanals wurden auch Waffen und Munition aus dem 2. Weltkrieg entdeckt (**Bild 5**). Der Kampfmittelräumdienst suchte deshalb den Kanal vor dem Feinrechen gründlich ab und gewährleistete eine fachgerechte Entsorgung der Fundstücke.

Zur Auflösung von Schnittstellen zwischen dem Kraftwerk und dem Netzbereich der Energiedienst AG mussten Steuer-, Telefon- und Signalka-

Bild 5: Funde von Waffen und Munition

bel sowie Energieableitungskabel um- oder stillgelegt werden. Anschließend wurde eine Baustellentrafostation für den Rückbau aufgestellt. Am 9. September 2010 wurde die gesamte Eigenbedarfsversorgung für die alte Kraftwerksanlage stillgelegt.

3 Übersicht der rückzubauenden Anlagenteile

Der Rückbau des alten Kraftwerks schloss folgende Anlagen ein:

- Maschinenhaus mit Generatorenhalle und Mittelbau, einschließlich Transformatoren im Außenbereich;
- Energieableitungsbrücke Aluminium Rheinfelden (ohne landseitige Fundamente);
- Kanalbrücke;
- Fußgängerbrücke über den Rhein;
- Grobrechen oberhalb der Kanalbrücke;
- Feinrechen vor dem Einlauf in das Maschinenhaus;
- Portierhaus;
- Bootskran und Dammbalkenlager westlich des Maschinenhause;
- Lagerhalle 70 m südwestlich des Maschinenhauses.

4 Vorbereitungsphase Rückbau

Als Sicherung für das Baufeld wurde auf der Unterwasserseite des Maschinenhauses ein Fangedamm von rund 300 m Länge errichtet, damit die Rückbauarbeiten im Trockenen ausgeführt wer-

Bild 6: Gesamte Rückbau-Baustelle mit Fangedamm Maschinenhaus unterwasserseitig

Bild 7: Demontage Grobrechen

den konnten (**Bild 6**). Das provisorische Dammbauwerk wurde für ein Bemessungshochwasser von 4 000 m^3/s Rheinabfluss ausgelegt.

Eine weitere vorbereitende Maßnahme war die Entkernung aller Gebäude. Sämtliche Einbauten, wie Verkleidungen, Bodenbeläge, Isolationsmaterialien, Möbel, Beleuchtungskörper, Schränke und Türen, wurden entfernt, direkt in Container verladen und entsprechend der Deklarationsanalyse entsorgt oder verwertet.

Zwischenzeitlich war die Baustelleneinrichtungsfläche im Kanal fertiggestellt, und sämtliche Anlagen, wie Wasseraufbereitung, Waage, Materialbereitstellungsboxen und Reifenwaschanlage, konnten installiert werden.

Ende Oktober 2010 erteilte das Landratsamt Lörrach die wasserrechtliche Erlaubnis für den Betrieb der Wasseraufbereitungsanlage.

Bild 8: Rückbau Portierhaus

Bild 9: Demontage Brückenteil (deutsche Seite)

5 Start des Rückbaus, Vorgehensweise

Am 3. November 2010 wurde der Fußgängersteg über das alte Kraftwerk für die Öffentlichkeit gesperrt und für den Rückbau vorbereitet. Anschließend begann der Rückbau des Grobrechens vor dem Maschinenhaus (**Bild 7**). Dadurch war die Zufahrt für Baustellenfahrzeuge über den Kanal zum Maschinenhaus erst möglich. Es folgten der Rückbau des Portierhauses und der ehemaligen Energieableitungsbrücke der Aluminium Rheinfelden (**Bild 8**).

Besonders anspruchsvoll gestaltete sich der Rückbau des Fußgängerstegs über den Rhein. Die Brücke bestand aus drei Brückenteilen von je 67 m Länge, wobei zwei Teile mit dem Abbruchbagger von einer Schüttung im Rhein abgerissen werden konnten (**Bild 9**). Der dritte Teil, auf Schweizer Seite gelegen, musste wegen seines hohen Gewichts in zwei Teile getrennt werden. Mit einem großen Raupengittermastkran wurden sie abgehoben und auf die Schüttung auf der deutschen Seite geschwenkt. Die Rückbauarbeiten dauerten vom 9. bis 25. November 2010.

Wie geplant begann am 1. Dezember 2010 der Rückbau des Maschinenhauses (**Bild 10**). Mit einem Abbruchbagger wurde vom Kanal auf der Oberwasserseite aus zunächst das Dach und dann segmentweise das Mauerwerk einschließlich Fenster zwischen den Pfeilern bis auf die Maschinensaalebene heruntergebrochen. Das Abbruchmaterial (Holz, Dachpappe und Mauerwerk) wurde im Oberwasserkanal getrennt und zum Teil direkt in Container verladen.

Der zweite Schritt war die Demontage der Generatoren, der Getriebe und der Regler, die verwertet wurden.

Es folgte der Abbruch der Betondecke über den Turbinenkammern, so dass die restlichen Stahleinbauten innerhalb der Turbinenkammern entfernt werden konnten. Die aufgehenden Wände der Turbinenkammern wurden bis auf die Sohlenplatte des Einlaufbereichs entfernt. Der Auslaufbereich war schadstofffrei. Die Betonwände der Turbinenkammern blieben zur Stabilisierung des Untergrundes stehen, wurden verfüllt und verdichtet. Das naturnahe Fischaufstiegs- und Laichgewässer wurde darüber modelliert.

Zuletzt erfolgten die Rückbauarbeiten der Kranfundamente und der Lagerhalle sowie der Baustelleneinrichtungsfläche im Kanal mit sämtlichen Einrichtungen.

Die Rückbauarbeiten wurden termingerecht am 29. Juni 2011 abgeschlossen.

Bild 10: Rückbau Maschinenhaus

6 Massen und Mengen

Sämtliche Massen der Anlagen wurden aus Planunterlagen und Bauaufnahmen vor Ort ermittelt. Alle beim Rückbau angefallenen Materialien wurden vor Verlassen der Baustellenfläche gewogen. Insgesamt wurde 78 000 m^3 bebauter Raum rückgebaut. Es handelte sich um rund 50 000 t Beton, 4 000 t Stahl, 700 t Holz und Dacheindeckungen sowie Öle.

Entsprechend der Auflage aus dem Planfeststellungsbeschluss wurde die Altanlage vor und während des Rückbaus in Abstimmung mit dem Landesdenkmalamt dokumentiert. Ebenfalls wurden Gebäudepläne, Schnitte und Lagepläne digitalisiert und dem Landesdenkmalamt zur Archivierung übergeben.

Autor

Gerhard Blessing
Fachprojektleiter Rückbau Altanlagen
Energiedienst Holding AG
Basler Straße 44, 5080 Laufenburg, Schweiz
nicole.haller@energiedienst.de

Literatur

[1] Energiedienst (Hrsg.): Neubau Wasserkraftwerk Rheinfelden. Projektbericht. Laufenburg, 2012.
[2] Energiedienst (Hrsg.): Das neue Wasserkraftwerk Rheinfelden – Energie für die Zukunft. Laufenburg, 2011.
[3] Fust, A.; Reif, H.: Ausgangslage am neuen Wasserkraftwerk Rheinfelden. In: WasserWirtschaft 103 (2013) Heft 6, S. 10-14.

Gerhard Blessing

Dismantling of old the Systems at the Rheinfelden Hydropower Plant

One machine was retained and reconditioned when the old power plant was dismantled. It is now the centrepiece of an exhibition pavilion which explains the history of the old power plant. In order to dismantle the old plant, the canal and turbine chambers had to be fished out and emptied. Here, weapons and munitions from the Second World War were also found, and were removed by the weapons disposal service. A temporary dam made it possible to dismantle the old power plant on dry land. All buildings were gutted and the coarse rack was removed. The porterhouse and an energy dissipation bridge were demolished, and the footbridge over the Rhine and finally the machine house were dismantled. Generators and gear mechanisms were dismantled and the turbine chambers broken up.

Герхард Блессинг

Демонтаж старых сооружений на электростанции Рейнфельден (Rheinfelden)

При демонтаже старой электростанции одна установка была сохранена и использована. В настоящее время она является главным экспонатом выставочного павильона. Для демонтажа старой установки необходимо было выловить рыбу из канала и турбинных камер и спустить воду из этих сооружений. Временная дамба позволила осуществить «безводный» демонтаж старой электростанции. Во всех зданиях были убраны все установки, крупная решетка была снята. Были снесены здание управления шлюзами и энергоотводящий «мост» (ступенчатое сооружение для преобразования энергии потока), пешеходный мост через Рейн и машинный корпус были построены заново.

Frank Pelzer

Bauperipherie beim neuen Wasserkraftwerk Rheinfelden

Der Höherstau im Oberwasser des neuen Kraftwerks führte zu einem Anstieg des Grundwasserspiegels. Im historischen Schloss Beuggen sowie in den Unternehmen Evonik Rheinfelden und Aluminium Rheinfelden mussten daher Kellerräume gesichert werden. In der Schlossanlage wurden die gefährdeten Keller mit einem Horizontalabdichtungsschleier im Mauerwerk sowie einer äußeren und inneren Abdichtung mit einer teilweisen Auffüllung geschützt. Bei den Industriegebäuden kamen verschiedene Maßnahmen zum Einsatz.

1 Einleitung

Zur Steigerung der Stromproduktion fordert die 1989 erteilte Konzession des neuen Kraftwerks Rheinfelden einen Höherstau von 1,4 m im Oberwasser (s. a. [1], [2], [3]). Mit der Wasserspiegelabsenkung im Unterwasser erhöht sich das nutzbare Gefälle damit auf maximal neun Meter. Mit dem Rhein-Wasserspiegel zwischen den Kraftwerken Ryburg-Schwörstadt und Rheinfelden stieg auch der Grundwasserspiegel. Aufgrund des vorherrschenden Muschelkalkfels kommuniziert das Grundwasser nämlich direkt mit dem Rhein-Wasserspiegel. Das bestätigten auch die dreidimensionalen Grundwassermodelle. Die veränderte Grundwassersituation hat Auswirkungen auf das denkmalgeschützte Schloss Beuggen, das Werk Nord der Firma Evonik Rheinfelden, den Werksteil III der Firma Aluminium Rheinfelden und kleinere Anlagen am Ufer (Fischerhütten, Bootsliegeplätze, Angelsporteinrichtungen).

2 Sicherung Schloss Beuggen

Zur Sicherung der betroffenen Gebäude wurden bereits im Rahmen des Konzessionsverfahrens zwei Varianten untersucht:

- Variante 1: Einfassung sämtlicher Gebäude durch eine dichte Spundwand und dauerhafte Grundwasserhaltung.
- Variante 2: Sicherung der einzelnen betroffenen Gebäudekeller durch Horizontalinjektionen und Verzicht einer weiteren Nutzung der Kellerräume.

In Zusammenarbeit mit der Eigentümerin, der Evangelischen Landeskirche Baden, dem Landesdenkmalamt und den Genehmigungsbehörden zeigte sich, dass eine direkte Gebäudesicherung die denkmalschonendste Maßnahme ist. Dazu wurden die betroffenen Keller mit einem Horizontaldichtungsschleier im Mauerwerk und einer äußeren und inneren Abdichtung in Verbindung mit einer Teilauffüllung der Keller gesichert. Rheinuferseitig erfolgte die Sicherung über eine Anschüttung.

Die Uferbepflanzung wurde in Abstimmung mit den Vertretern der ökologischen Begleitkommission so weit wie möglich erhalten oder neu gestaltet.

Die bauliche Sicherung erfolgte von 2007 bis 2009 und war rechtzeitig vor dem Höherstau im Oktober 2010 abgeschlossen (**Bild 1**).

Die Sicherungsmaßnahmen begannen mit einer bautechnischen Beweissicherungsaufnahme. Zusätzlich wurden die zur Sicherung vorgesehenen Gebäude vermessungstechnisch aufgenommen. Zur Vervollständigung der vorliegenden Bestandsdokumentation wurde eine ergänzende bautechnische Bestandsaufnahme vorgenommen. Gleichzeitig wurde in Zusammenarbeit mit dem Landesdenkmalamt Baden-Württemberg und dem Regierungspräsidium Freiburg eine Holzkonstruktion im Bereich des Rheinufers untersucht und aufgenommen. Die Konstruktion befand sich unter Wasser vor den zu sichernden Gebäuden und ist seit Abschluss der Ufersicherungs-

Bild 1: Schloss Beuggen

maßnahmen nicht mehr zugänglich. Die gesamte Sicherungsmaßnahme bestand aus der Ufersicherung und der eigentlichen Gebäudesicherung. Das Ufer wurde vor und alle betroffenen Gebäude wurden bis zu einem Rhein-Wasserspiegel von 271,25 m NSH gesichert, das entspricht dem höchsten Hochwasser (HHW) bei einem Abfluss von 5 400 m^3/s. An dieser Stelle im Oberwasser beträgt der Mittelwasserspiegel des Rheins 270,55 m NSH (Neuer Schweizer Horizont), was einem Abfluss von 1 030 m^3/s entspricht.

Zur Bestimmung eines geeigneten Verfahrens für die Horizontalabdichtung der betroffenen Gebäude wurden Versuchsflächen definiert und mögliche Produkte auch zur besseren Abschätzung der Materialverbräuche sowie der Arbeitsleistung getestet. Auf der Grundlage dieser Erkenntnisse wurden die Gebäudesicherungsmaßnahmen geplant und in mehreren Gewerken (Erdarbeiten, Gebäudesicherungsarbeiten) vergeben. Die Planung sah eine untere Verfüllebene (Bohrlochabstand 40 cm) und eine 40 cm darüber liegende Abdichtungsebene mit einem Bohrlochraster von 20 cm vor, wobei die Abdichtung in Abhängigkeit der Mauerwerksdicke von innen und von außen vorgenommen wurde. Da alle zu sichernden Gebäude für unterschiedliche Zwecke

Bild 2: Schloss Beuggen: Herstellung Baugrubensicherung

Bild 3: Schloss Beuggen: Bohrlochraster außen (grün = Abdichtungsebene, gelb = Mauerwerksvorverfestigung)

Bild 4: Schloss Beuggen: Einbau Abdichtungsfolie

Bild 5: Schloss Beuggen: Kellerverfüllung

genutzt wurden, musste mit den betroffenen Nutzern der Bauablauf detailliert geplant werden, um die Belästigungen durch den Baubetrieb auf ein Minimum zu reduzieren. Arbeiten in der „Mühle" waren nur in den Schulferien möglich, da sie von der benachbarten Schule genutzt wurde. Das Dachgeschoss war zu Wohnzwecken vermietet. Das eigentliche Schloss, das als Begegnungs- und Tagungsstätte mit Hotelbetrieb genutzt wird, wurde in Absprache mit der Eigentümerin von Anfang November 2008 bis Ende Februar 2009 geschlossen. Der Nutzungsausfall wurde entschädigt. Lediglich die Küche im Schloss musste die ganze Zeit über in Betrieb bleiben, da von dort aus auch Dritte beliefert werden.

Die Sicherungsmaßnahmen für die „Mühle" begannen im Frühjahr 2008, weitere Arbeiten wurden in den Pfingst- und Sommerferien 2008 durchgeführt.

Für die Sicherung des alten und des neuen Schlosses sowie des Pfarrhauses (Hofplatzseite) mussten die Kelleraußenmauern freigelegt werden (**Bild 2**). Hierzu wurde nach dem Rückbau der Oberflächenbefestigung sowie der Sicherung und Verlegung von Ver- und Entsorgungsleitungen damit begonnen, zur Sicherung der späteren Baugrube einen Berliner Verbau herzustellen (Austauschbohrungen mittels Großbohrpfahlbohrgerät). Der Aushub erfolgte in Abstimmung mit dem Denkmalschutz abschnittsweise. Dabei wurden jeweils einzelne Abschnitte für die begleitenden denkmalpflegerischen Untersuchungen für die Mitarbeiter der Denkmalpflege freigegeben, um die vorgefundenen Boden- und Baudenkmäler aufzunehmen und zu dokumentieren. Durch eine gut abgestimmte Zusammenarbeit aller Beteiligten konnten die Aushubarbeiten in dem vorgesehenen, knappen Zeitrahmen ausgeführt werden.

Die auf diese Weise hergestellten Baugruben wurden winterfest ausgerüstet, sie erhielten eine Überdachung und konnten beheizt werden. Damit war ein witterungsunabhängiges und zügiges Arbeiten in der kalten Jahreszeit möglich.

In den einzelnen Gebäuden mussten verschiedene haustechnische Anlagen umgebaut oder entfernt werden, wie etwa Elektro- und Heizungsanlagen sowie nicht mehr benötigte Öltanks.

Die Kellerwände wurden gründlich gesäubert, vorhandene Fehlstellen ausgebessert und mit einem zum Abdichtungssystem passenden Zementputz versehen. Dann erfolgte zunächst eine Mauerwerksvorverfestigung. Dazu wurden Hohlräume über Bohrungen im Achsabstand von etwa 40 cm aufgefüllt. Die eigentliche Abdichtungsebene befand sich 40 cm oberhalb der Mauerwerksvorverfestigung auf Kote 271,25 m NSH (**Bild 3**). Für die einzelnen abzudichtenden Abschnitte waren für die vorhandenen Mauerwerkskörper vielfältige Detaillösungen notwendig, bestimmt durch unterschiedliche Wandmaterialien und unterschiedliche Wandstärken. Die Außenwandflächen wurden vor der Wiederverfüllung mit einem Abdichtungsanstrich versehen.

Nach Fertigstellung der horizontalen Abdichtung in den Wänden wurde in den Kellerinnenräumen eine PE-Folie auf einem Sandbett eingebaut (**Bild 4**), die an den Innenwänden bis auf das Sicherungsniveau hochgezogen und mit einer passenden Abschlussschiene gesichert wurde. Die Kellerräume wurden mit nicht bindigem Schüttmaterial als Auftriebssicherung für die Folie bis auf die Höhe des Abdichtungsniveaus verfüllt (**Bild 5**). Zur Dichtigkeitskontrolle der Folie wurden Kontrollschächte in der Schüttung angeordnet, die auf der Abdichtungsfolie eingebaut wurden.

Nach dem Rückbau der Baugrubensicherung und Herstellung der ursprünglichen Leitungstrassen wurde der Schlosshof mit geringfügigen Änderungen wieder in den ursprünglichen Zustand zurückversetzt.

Abschließend wurde das für Wohnzwecke genutzte Gebäude „Schütte“ geschützt. Es hat nur eine Teilunterkellerung und wurde durch eine horizontale Abdichtung in zwei Ebenen gesichert, wobei die zusätzliche Abdichtungsebene direkt unterhalb der Kellergeschoss-Decke verläuft. In der „Schütte“ musste ein Holzpelletlagerbehälter für die Sicherungsarbeiten ausgebaut werden, die Warmwasserversorgung der Bewohner wurde für den Zeitraum der Baumaßnahme mit einer Notversorgung gewährleistet. Zusammen mit der „Schütte“ wurde das „Teehaus“ direkt am Rhein gesichert.

Die so vor dem Grundwasser gesicherten Gebäude werden im Rahmen eines Monitorings überwacht, um die Wirksamkeit der Horizontalabdichtungen nach dem Höherstau überprüfen zu können. Dazu wird die Feuchtigkeit in den Kellerwänden gemessen. Dieses Monitoring wurde in einer mit der Eigentümerin getroffenen vertraglichen Vereinbarung festgelegt. Bereits vor Beginn der Arbeiten wurden über einen längeren Zeitraum Nullmessungen durchgeführt und der Ausgangszustand dokumentiert. Die aktuellen Werte werden durch die laufende messtechnische Überwachung ermittelt und ebenfalls festgehalten. Anhand der gemessenen Werte nach dem Höherstau zeigte sich, dass die Sicherungsmaßnahmen erfolgreich sind.

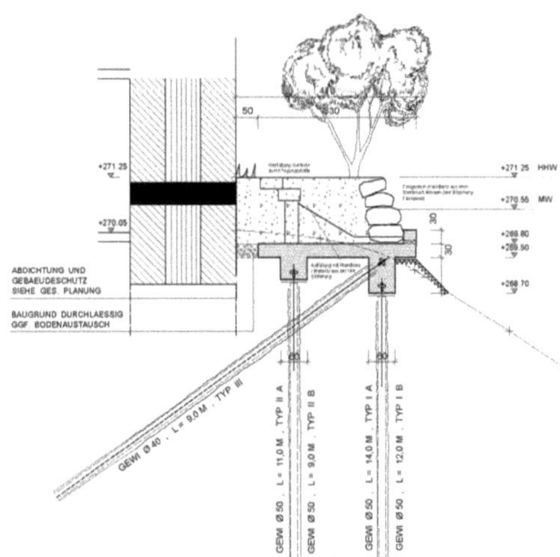

Bild 6: Schloss Beuggen: Regelschnitt Ufersicherung

Für die Festigung des Ufers vor den Gebäuden wurde eine Kombination aus einer massiven Sicherung, bestehend aus einer auf Mikropfählen gegründeten Betonkonstruktion direkt vor den Gebäuden (zur Aufnahme einer Schüttung), und Anschüttungen vor den vorhandenen Stützmauern gewählt (**Bild 6**). Die Sicherungsebene entspricht der Sicherungsebene bei der Gebäudesicherung und liegt bei 271,25 m NSH. Die Pfahlkonstruktion hat die Aufgabe, die zusätzlichen Lasten aus der notwendigen Auffüllung ohne zusätzliche Belastung der vorhandenen Böschung in den Untergrund abzutragen. Die Arbeiten im Uferbereich wurden aufgrund der schlechten Zugänglichkeit der Baustelle sowie zur Minimierung der Belästigung der Nutzer der Schlossanlage vollständig von Schwimmpontons vom Rhein aus ausgeführt. Sämtliche Materialtransporte wurden ebenfalls

Bild 7: Schloss Beuggen: Bewehrung Betonkonstruktion (mit Pflanzlöchern)

Bild 8: Schloss Beuggen: Details Stützmauersanierung

mittels Ponton über den Rhein abgewickelt (**Bild 7**).

Die Gestaltung des Uferabschnitts vor den Gebäuden von Schloss Beuggen erfolgte auf der Grundlage eines Gestaltungslageplans in Absprache mit der Eigentümerin und der ökologischen Begleitkommission. Die zwischen den einzelnen Gebäuden vorhandenen Stützmauern wurden im Zuge dieser Maßnahmen saniert und durch eine bewehrte Spritzbetonschale stabilisiert (**Bild 8**).

Im Rahmen der Ufersicherung wurde auch die Halbinsel Beuggen gesichert, die ohne diese Maßnahmen nach dem Höherstau vollständig überflutet worden wäre (**Bild 9**). Die Sicherung wurde mit einem Blocksteinsatz durchgeführt, die Halbinsel hinter dem Steinsatz auf die definierte Sicherungshöhe verfüllt. Die Arbeiten an dieser Stelle wurden ebenfalls überwiegend von Pontons vom Wasser aus durchgeführt.

Alle Sicherungsarbeiten an den Gebäuden von Schloss Beuggen wurden termin- und kostengerecht durchgeführt. Die Belastungen für die Anwohner wurden dabei so gering wie möglich gehalten.

3 Evonik Rheinfelden

Von dem Anstieg des Grundwasserspiegels waren auch einige Gebäude- und Rohrleitungskeller der Evonik Rheinfelden, Werksteil Nord, betroffen.

Für die Bestimmung der betroffenen Gebäude wurde das Grundwassermodell aus dem Bauantrag von 1994 im Frühjahr 2007 noch einmal auf der Basis aktueller Stichtagsmessungen überprüft. Ein weiteres Grundwassermodell der Firma Evonik wurde erweitert, zusätzliche Erkenntnisse über die zu erwartenden Grundwasserhorizonte in Abhängigkeit von den Rheinabflüssen gewonnen. So konnte der Leistungsumfang im Sommer 2007 definiert werden. Vier Gebäude waren betroffen, von denen drei konventionell gesichert werden konnten. Ab Anfang 2008 wurden die Ausführungsplanungsleistungen durchgeführt, die bis Ende 2008 abgeschlossen waren. Drei Gebäudekeller erhielten jeweils eine zusätzliche Bodenplatte mit einem dichten Wandanschluss. Zusätzlich wurden diverse Schmutzwasserentwässerungsanlagen gesichert bzw. erneuert. Bei einem besonders sensiblen Gebäude war eine konventionelle Sicherung aufgrund der dort vorhandenen Produktionsanlage nicht möglich. Deshalb wurde eine außen liegende Grundwasserabsenkungsanlage aus vier Brunnen installiert. Aufgrund schwieriger geologischer Verhältnisse wurden zusätzlich zu den Brunnen Bohrdrainagen eingebaut. Durch eine entsprechende messtechnische Überwachung läuft die Anlage an, wenn der Grundwasserspiegel unter dem Gebäude einen festgelegten Mindestabstand zu der Unterkante der Bodenplatte unterschreitet. Die Gebäudesicherungsmaßnahmen wurden termingerecht im Herbst 2010 fertiggestellt.

4 Aluminium Rheinfelden

Beim Werk III der Aluminium Rheinfelden waren eine Vielzahl von Gebäudekellern vom Höherstau im Oberwasser betroffen. Im September 2007 wurde mit den Planungsarbeiten für die Sicherungsmaßnahmen begonnen, die dann in zwei Bauabschnitten durchgeführt wurden. Für einen Teilbereich des Werksgeländes wurde noch einmal das vorhandene Grundwassermodell auf der Grundlage zusätzlicher Pegelmessungen verifiziert. Dann wurden gemeinsam mit der Firma Aluminium Rheinfelden die zu sichernden Gebäude bestimmt. Dabei handelte es sich um zwölf Objekte.

Die Sicherungsmaßnahmen reichten von punktuellen Abdichtungen von Rohrleitungseinführungen über die Erhöhung von Kellerfußböden durch Einbau zusätzlicher Bodenplatten zur Auftriebssicherung und zur Abdichtung nach unten bis zu einem kompletten Neubau bzw. Umbau einer 5-kV-Anlage. Die Schaltanlage in einem Keller unter der Gießerei wurde an einer anderen Stelle durch eine neue Schaltanlage ersetzt, da sich der Keller nicht zuverlässig sichern ließ. Ebenso

Bild 9: Sanierung der Halbinsel Beuggen

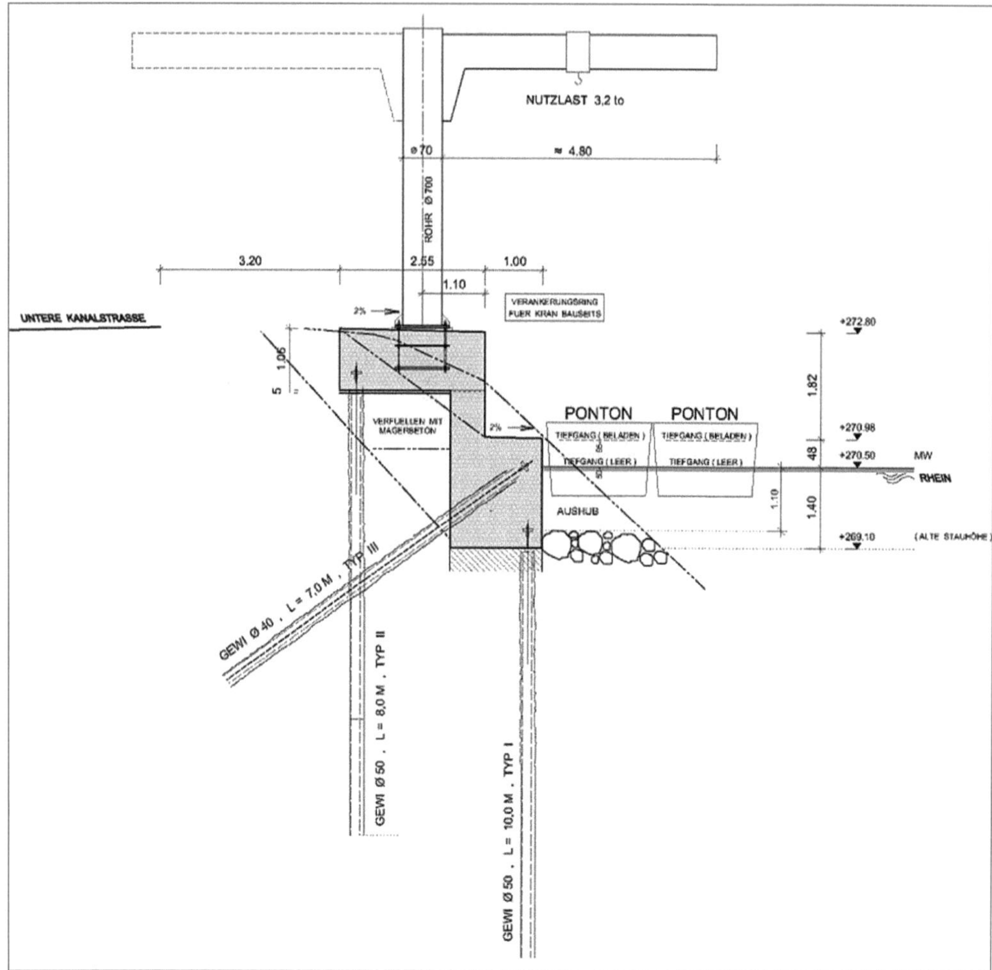

Bild 10: Systemschnitt Bootsliegeplatz

aufwendig musste ein Schacht im Kokslager gesichert werden, in dem sich eine Brecheranlage bis auf einer Tiefe von 8,75 m unter Geländeoberkante befand. Dieser Schacht wurde durch eine Ertüchtigung der außen liegenden Wände mittels einer Ankerkonstruktion und zusätzliche Abdichtungsmaßnahmen vor dem steigenden Grundwasserspiegel gesichert.

Gleichzeitig wurde die vorhandene Schmutz- und Regenwasserkanalisation untersucht, Abschnitte, die nach dem Höherstau im Grundwasser oder im Grundwasserschwankungsbereich liegen, wurden durch grabenlose Verfahren saniert und abgedichtet.

Die Gebäudesicherungsmaßnahmen bei der Aluminium Rheinfelden wurden termingerecht im Herbst 2010 fertiggestellt.

5 Weitere Anlagen im Höherstaubereich

Fischerhütten, Angelsporteinrichtungen, Bootsliegeplätze, Pegel- und Vermessungseinrichtungen sowie Zugangsmöglichkeiten zum Ufer und weitere vom Höherstau betroffene Anlagen wurden in Absprache mit den jeweiligen Eigentümern gesichert. Die Arbeiten wurden in den Jahren 2009 so-

Bild 11: Bootsliegeplatz

wie 2010 durchgeführt und alle rechtzeitig vor dem Höherstau fertiggestellt.

Der Bootsliegeplatz der Energiedienst AG an der Unteren Kanalstraße wurde zurückgebaut und wieder neu aufgebaut, angepasst an die neuen Wasserspiegellagen. Bei dieser Gelegenheit wurde er mit einer Stahlkonstruktion überdacht. Für die Gründung wurden im Uferbereich Mikropfähle eingebaut, auf die eine neue Stahlbetonstruktur aufgebaut wurde. Der Bootsliegeplatz wurde im Zuge dieser Maßnahmen um einen Pontonanlegeplatz für die betriebseigenen Arbeitspontons erweitert (**Bilder 10 und 11**).

Die beiden für die Regelung der neuen Kraftwerkanlage notwendigen Leitpegel direkt oberhalb der Kraftwerkanlage am deutschen sowie am Schweizer Ufer wurden an die zukünftige neue Wasserspiegellage angepasst. Das Vereinsheim des Fischervereins Karsau am deutschen Ufer wurde durch Mikropfähle und eine entsprechende Betonkonstruktion ohne Einschränkung der nutzbaren Flächen zusätzlich gesichert.

Private Fischerhütten am Schweizer Ufer wurden durch teilweisen Neubau bzw. Höhersetzung in Absprache mit den Eigentümern und den Pächtern gesichert. Verschiedene, für Fischereizwecke notwendige Buhnen am Schweizer Ufer wurden erhöht.

Autor

Dipl.-Ing. Frank Pelzer
Fachprojektleiter Peripherie
Energiedienst Holding AG
Basler Straße 44, 5080 Laufenburg, Schweiz
nicole.haller@energiedienst.de

Literatur

[1] Energiedienst (Hrsg.): Neubau Wasserkraftwerk Rheinfelden. Projektbericht. Laufenburg, 2012.

[2] Energiedienst (Hrsg.): Das neue Wasserkraftwerk Rheinfelden – Energie für die Zukunft. Laufenburg, 2011.

[3] Fust, A.; Reif, H.: Ausgangslage am neuen Wasserkraftwerk Rheinfelden. In: WasserWirtschaft 103 (2013) Heft 6, S. 10-14.

Frank Pelzer

Periphery of the Construction Site of the Hydropower Plant Rheinfelden

The upstream banked up water of the new power plant led to a rise in the groundwater level. In the historic Schloss Beuggen castle, and at the company premises of Evonik Rheinfelden and Aluminium Rheinfelden, cellar areas therefore had to be secured. In the castle grounds, the cellars which were at risk were protected by a horizontal sealing layer in the masonry, and with an outer and inner sealant with partial backfill. Various different measures were taken to protect the industrial buildings. These ranged from simply raising the floors through to the installation of a system to lower the groundwater level. Smaller sites on the shore of the Rhine, such as fishing huts, fishing sports facilities and boat landing stages were also secured against groundwater penetration.

Франк Пельцер

Периферийные строительные объекты новой гидроэлектростанции Рейнфельден (Rheinfelden)

Более высокий подпор в верхнем бьефе новой электростанции привел к повышению уровня грунтовых вод. В связи с этим необходимо было провести защитные мероприятия в подвальных помещениях исторического замка Бойгген (Beuggen), а также на предприятиях Эвоник Рейнфельден (Evonik Rheinfelden) и Алюминий Рейнфельден (Aluminium Rheinfelden). Находящиеся под угрозой подвалы замкового комплекса были защищены с помощью изолирующей пленки, горизонтально проложенной в кирпичной кладке, а также посредством внешней и внутренней изоляции методом частичного заполнения. Были проведены также различные мероприятия в промышленных зданиях.

Klaus Möller und Roberto Ferrari

Entwurf des Pumpspeicherkraftwerks Lagobianco

Mit der ständig wachsenden Einspeisung erneuerbarer Energien insbesondere aus Sonnen- und Windkraft in das europäische Verbundnetz wird es zunehmend wichtig, dass auch die Möglichkeit zur Energiespeicherung im Netz vorhanden ist. Nach heutigem Stand der Technik stellen Pumpspeicherkraftwerke die bewährteste Methode dar, große Energiemengen zu speichern und schnell wieder ins Netz einzuspeisen. In diesem Aufsatz wird der Entwurf des Pumpspeicherkraftwerks Lagobianco im Südosten der Schweiz mit seinen teilweise außergewöhnlichen Anlagenmerkmalen vorgestellt.

1 Einleitung

Gegenwärtig wird in Zentral-Europa die Entwicklung von mehreren Pumpspeicherkraftwerken verfolgt. Diese speziellen Wasserkraftanlagen können aus dem Stillstand heraus binnen kürzester Zeit ihre gesamte Turbinen- oder Pumpkapazität verfügbar machen und stellen nach heutigem Stand der Technik die einzige voll ausgereifte Technologie dar, die es erlaubt, in vergleichsweise kurzer Zeit sehr große Energiemengen zu speichern und in ebenso kurzer Zeit wieder in das Netz einzuspeisen. Zudem sind diese Anlagen sehr gut für die Bereitstellung von Systemdienstleistungen, wie z. B. Frequenz- und Spannungsstabilisierung, geeignet.

Die Repower AG mit Sitz in Poschiavo in Graubünden (Schweiz) plant, im Puschlav im Südosten der Schweiz das Pumpspeicherkraftwerk Lagobianco zu realisieren. Das Kraftwerk kann hier zwischen zwei bereits vorhandenen Seen gebaut werden und deren Höhenunterschied für den Pumpspeicherbetrieb nutzen. Die derzeit zwischen den beiden Seen in einer Kette betriebenen drei kleineren Kraftwerke Palü, Cavaglia und Robbia werden zum einen Teil außer Betrieb genommen; zum anderen Teil werden sie auf kleinere Leistungen umgerüstet und dann ausschließlich zur Nutzung des Wasserdargebots aus den Zwischeneinzugsgebieten eingesetzt.

2 Bauliche Anlagen des Projekts Lagobianco

2.1 Speicherbecken und Triebwasserwege

Als Oberbecken dient dem Pumpspeicherkraftwerk Lagobianco der Lago Bianco am Bernina-Pass (**Bild 1**). Dieser See ist heute bereits durch zwei kleine Staumauern gefasst. Im Rahmen des Ausbaus für den Pumpspeicherbetrieb ist geplant, die Staumauern um jeweils etwa 5 m zu erhöhen; damit wird der See auf Spiegellagen zwischen 2 207 m ü. M. und 2 239 m ü. M. aufgestaut werden können. Im See wird bei zeitweise abgesenktem Wasserspiegel das Ein- und Auslaufbauwerk gebaut; es wird im späteren Betrieb vollständig mit Wasser überdeckt und dann nicht sichtbar sein.

Das Unterbecken bildet der Lago di Poschiavo, der in einer Entfernung von etwa 20 km südöstlich im Puschlav liegt. Dieser See wird aus dem Poschiavino gespeist, der auch das Turbinenwasser aus dem Kraftwerk Robbia herbeiführt. Der Lago di Poschiavo soll im Pumpspeicherbetrieb zwischen den Stauhöhen 954,00 m ü. M. und 961,50 m ü. M. bewirtschaftet werden.

Bei den vorstehend beschriebenen Spiegellagen in den beiden Seen steht für den Betrieb des Pumpspeicherkraftwerks Lagobianco eine Bruttofallhöhe von etwa 1 270 m zur Verfügung, weshalb dieses Projekt unter den geplanten wie auch bereits betriebenen Pumpspeicherkraftwerken die Stellung einer Höchstdruckanlage einnimmt.

Die Triebwasserwege des Projekts weisen ebenfalls für eine Pumpspeicheranlage bemerkenswerte Auslegungsdaten auf. Oberwasserseitig soll ein über 18 km langer Druckstollen aufgefahren werden, der auf dem überwiegenden Teil seiner Länge mit einer Tunnelbohrmaschine (TBM) gebohrt wird. Auf der gebohrten Strecke vorgesehen ist eine Auskleidung mit Tübbingen mit 6,40 m Innendurchmesser, die in einem Abschnitt mit niedrigem Bergwasserspiegel als passiv vorgespannte Auskleidung ausgeführt werden soll; die im Sprengvortrieb aufgefahrene Strecke soll eine konventionelle Ortbetonauskleidung erhalten.

Der etwa 2,5 km lange Druckschacht ist mit mehreren Abschnitten mit unterschiedlichen Neigungen entworfen und soll ebenfalls mit einer TBM ausgebrochen werden. Am Übergang vom Druckstollen zum Druckschacht ist ein Wasserschloss angeschlossen, das bis etwa 300 m über den Anschlusspunkt hinaus im umgebenden Fels ausgebrochen werden soll. Die Stollen der Triebwasserwege im Nahbereich des Krafthauses sind, wie auch die sonstigen für den Betrieb benötigte Stollen, im Lageplan im **Bild 2** gezeigt. Aus diesem Bild ist ersichtlich, wie sich der Druckschacht vor dem Krafthaus in sechs Verteilrohrleitungen zu den Maschinensätzen verzweigt.

Auf der Unterwasserseite des Krafthauses wird das Triebwasser durch zwei Unterwasserwegesysteme zum Lago di Poschiavo geleitet; jedes dieser Systeme ist mit drei Maschinensätzen im Krafthaus verbunden. Die Systeme (**Bild 3**) bestehen aus hochliegenden Freispiegelstollen im Ablauf der Turbinen, tiefliegenden Pumpenzulaufleitungen zu den Speicherpumpen und einem gemeinsamen Unterwasserstollen zwischen dem verbindenden Vertikalschacht und dem Ein- und Auslaufbauwerk im Lago di Poschiavo. Die Freispiegelstollen gliedern sich wiederum in die Turbinenablaufkanäle (TAK) sowie die Transversalkammer (TVK) und dienen gleichzeitig als Entgasungsstrecken, damit beim Turbinenbetrieb in das Triebwasser eingetragene Luft wieder ausperlen kann, und als unterwasserseitige Wasserschlösser. Bei Berücksichtigung der wasserwirtschaftlich zulässigen Seewasserstände, der Längen der Unterwasserstollen und der turbinenseitigen Freihangerfordernisse führen die funktionalen Anforderungen an die Freispiegelstollen zu den gezeigten relativ hohen Stollenprofilen von annähernd 20 m (**Bild 4**).

Eine weitere Herausforderung stellt der Bau des Ein-/Auslaufbauwerks im Lago di Poschiavo dar. Hier ist ein Seeanstich unter Wasser in einer annähernd senkrechten Felsböschung auszuführen; anschließend soll ein vorgefertigtes Stahlbeton-Element eingeschwommen und vormontiert werden. Diese aufwändige bautechnische Lösung wurde entwickelt, weil der Entwurf zwei zwingend einzuhaltenden Anforderungen genügen sollte: Zum einen kann der Lago di Poschiavo nicht unter sein vorgegebenes Absenkziel abgesenkt werden. Zum anderen haben Computersimulationen gezeigt, dass die Einleitung des Turbinenwassers in den See mit Hinblick auf die Umweltverträglichkeit am besten erfolgt, wenn das Wasser als horizontaler Strahl in einer Tiefe von etwa 25 m unter dem Absenkziel eingeleitet wird.

2.2 Kavernenzentrale und Stollensystem

Die Zentrale (Bild 2) ist als Kavernenkraftwerk mit getrennten Maschinen- und Transformatorenkavernen entworfen. Das Bild verdeutlicht, dass im

Bild 1: Winterliche Impression des natürlichen Oberbeckens Lago Bianco

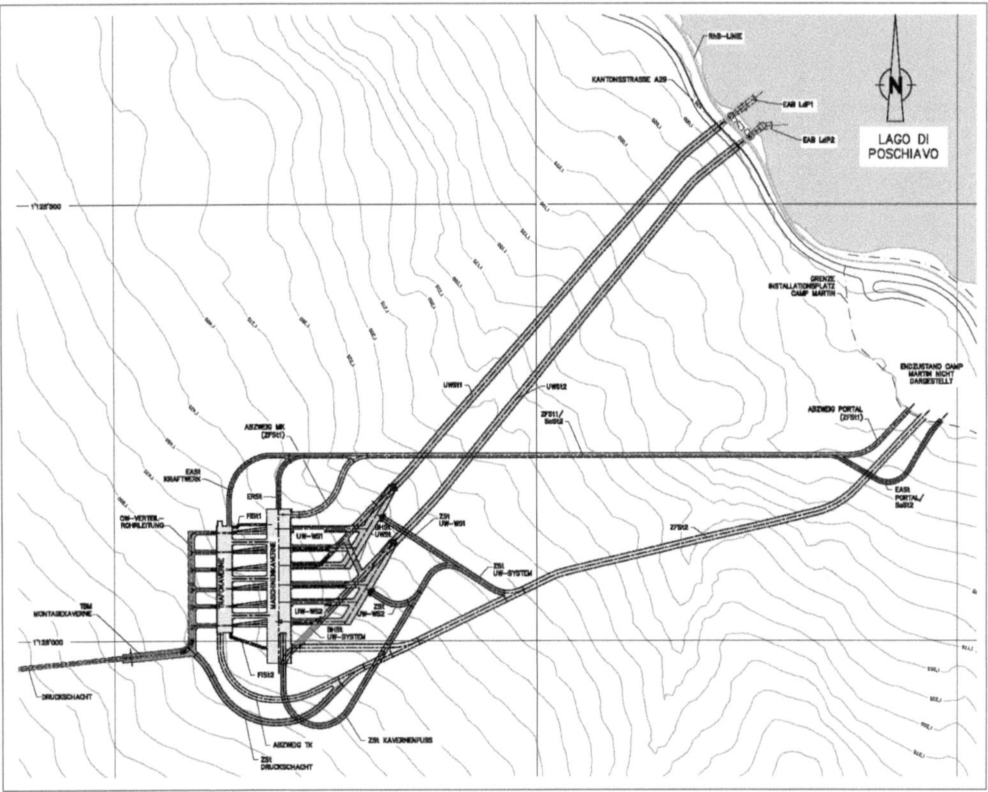

Bild 2: Lageplan der Kraftwerkszentrale mit umgebenden Stollen

Umfeld der Kavernenzentrale mehrere Stollen vorzusehen sind, damit die verschiedensten bautechnischen und betrieblichen Anforderungen erfüllt werden können. So sind die beiden Zufahrtsstollen erkennbar, die von den Portalen in der Betriebsfläche am Lago di Poschiavo zu den beiden Kopfenden der Kavernen führen. Darüber hinaus sind verschiedene Verbindungsstollen zwischen den Kavernen vorgesehen, die z. B. der Überleitung der Energie zwischen Motorgeneratoren und Transformatoren oder als Fluchtstollen dienen. Wieder andere Stollen ermöglichen im Revisionsfall den Zugang durch Panzertore in die Transversalkammern oder durch ein Mannloch in die oberwasserseitige Verteilrohrleitung.

In der frühen Phase der Entwurfsentwicklung wurden verschiedene Möglichkeiten der maschinellen Ausrüstung des Pumpspeicherkraftwerks Lagobianco vergleichend untersucht, wie dies im Abschnitt 3 näher ausgeführt ist. Die vergleichende Bewertung unter Berücksichtigung baulicher, betrieblicher und anderer kostenbestimmender Kriterien führte schließlich zu einer Ausrüstung der Anlage mit sechs ternären, auf vertikalen Wellen montierten Maschinensätzen. Dabei stellte sich für die oben montierten Pelton-Turbinen (anders als z. B. für das Projekt Kopswerk II in Österreich) der Betrieb bei Atmosphärendruck als insgesamt günstigste Lösung dar. Allerdings hatte diese Vorgabe zur Folge, dass die Anforderungen, die sich aus den zulässigen Einbauhöhen der Turbine und der Speicherpumpe ergeben, eine vergleichsweise lange Maschinenwelle bedingten. Demzufolge führte der Entwurf der Maschinenkaverne des Projekts Lagobianco auf eine ungewöhnlich große Kavernenhöhe von etwa 73 m – eine Bauhöhe, für die außerhalb Chinas keine Wasserkraft-Kavernen bekannt sind.

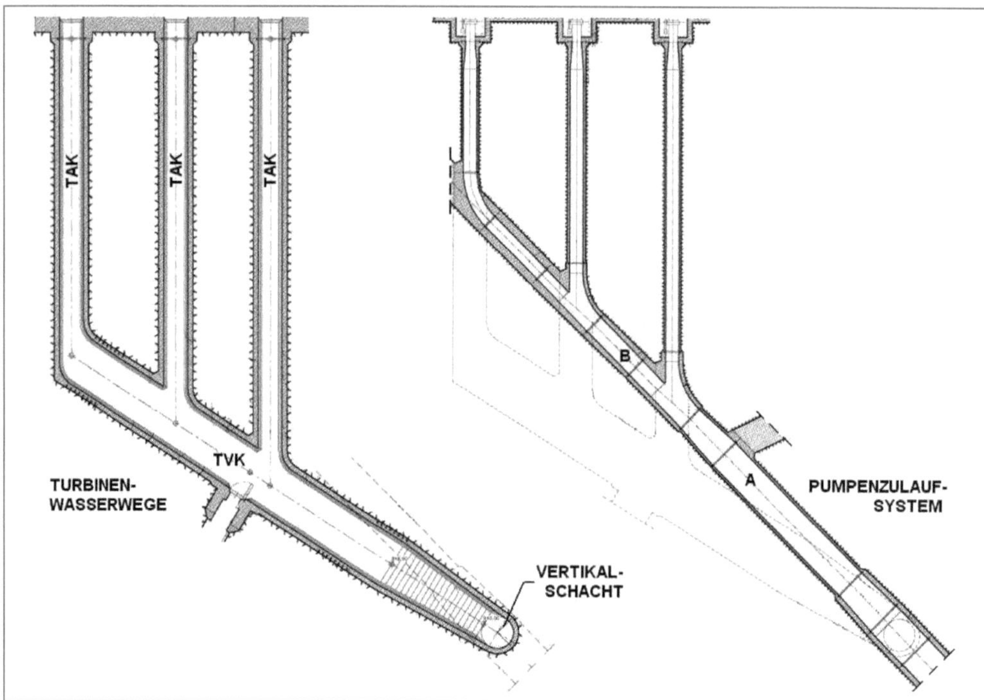

Bild 3: Unterwasser-Triebwasserwege eines Halbwerks im Lageplan: links: hochliegender Teil mit Freispiegelstollen, rechts: tiefliegender Teil mit Pumpenzulaufsystem

3 Maschinelle Ausrüstung

In der Frühphase der Planung wurden unterschiedliche Möglichkeiten zur maschinellen Ausrüstung des Projekts Lagobianco vergleichend betrachtet, wobei – resultierend aus dem konzessionierten Kraftwerksdurchfluss und der verfügbaren Fallhöhe – eine installierte Kraftwerksleistung von etwa 1 000 MW als maßgebende Vorgabe berücksichtigt wurde. Als mögliche Ausrüstungen wurden unter anderem konventionelle ternäre Maschinensätze, ternäre Maschinensätze im Gegendruckbetrieb (wie z. B. beim Kopswerk II) und Pumpturbinen in Betracht gezogen. Bei Berücksichtigung der oben genannten Bruttofallhöhe können Maschinensätze mit Pelton-Turbinen als die Ausführungsvarianten mit der besten Flexibilität im Einsatz eingestuft werden; mehrstufige Pumpturbinen für diesen Fallhöhenbereich arbeiten dagegen nur bei konstanter Leistung und Drehzahl, und für zweistufige drehzahlgeregelte Pumpturbinen sind Betriebserfahrungen kaum vorhanden. Zudem erlaubt ein ternärer Maschinensatz deutlich kürzere Umschaltzeiten als eine Pumpturbine.

Als Referenzanlage für die Ausrüstung mit ternären Maschinensätzen kann z. B. das Pumpspeicherkraftwerk San Fiorano im nahen Italien genannt werden, das eine vergleichbare Fallhöhe aufweist und seit mehreren Jahrzehnten betrieben wird. Entsprechende Erfahrungen liegen zudem auch von der Hauptstufe des Pumpspeicherkraftwerks Malta vor.

Die vergleichende Bewertung führte auf das Ergebnis, dass sich eine Ausrüstung mit ternären Maschinensätzen als die geeignetste Ausrüstung für das Projekt Lagobianco darstellte. Die sechs Maschinensätze auf stehender Welle wurden jeweils mit (v. o. n. u.) einer 6-düsigen Pelton-Turbine, einem Motorgenerator, einem hydraulischen Wandler und einer 5-stufigen Speicherpumpe geplant (**Bild 4**). Die nominale Kraftwerks-Gesamtleistung soll 1 050 MW betragen.

Für die Maschinensätze wurden die folgenden Auslegungskriterien festgelegt:

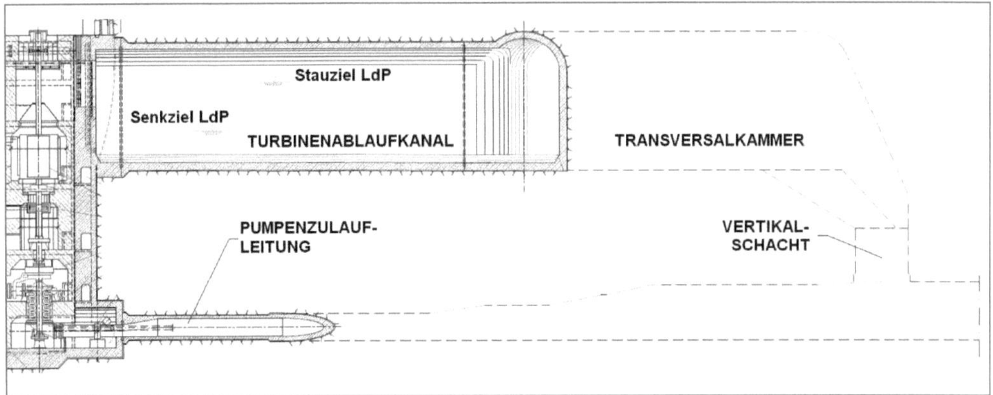

Bild 4: Schnitt durch den Kraftwerksbereich mit Maschinensatz und Unterwasser-Triebwasserwegen

- Wirkleistung der Turbinen:

$P_{T,max} = 6 \times 175 \text{ MW} = 1\,050 \text{ MW}$

- Wirkleistung der Speicherpumpen:

$P_{P,max} = 6 \times 175 \text{ MW} = 1\,050 \text{ MW}$

- Konzessionierte Durchflüsse:

$Q_{T,max} = 95 \text{ m}^3/\text{s} \ (6 \times 15{,}8 \text{ m}^3/\text{s})$

$Q_{P,max} = 74 \text{ m}^3/\text{s} \ (6 \times 12{,}3 \text{ m}^3/\text{s})$

Die Anlage soll zudem geeignet sein, für den Lastausgleich, die Frequenzhaltung und zur Bereitstellung der Minutenreserve eingesetzt zu werden. Darüber hinaus soll sie in der Lage sein, den Netzaufbau nach Schwarzfall zu unterstützen.

4 Weitere Aspekte für die Planung des Projekts Lagobianco

Das Projekt ist geografisch günstig an einer der Haupt-Übertragungsleitungen gelegen, die Deutschland, Österreich, die Schweiz und Italien verbindet. Eine kostenträchtige Anbindung über eine zusätzliche Übertragungsleitung entfällt damit weitestgehend.

Die teilweise in der Hochgebirgsregion liegenden Baufelder und die intensive touristische Nutzung des Puschlavs stellen allerdings besondere Anforderungen an die Planung der Baudurchführung. Deshalb sind beispielsweise Maßnahmen vorgesehen, die den bauzeitlichen Einsatz einer Bauseilbahn umfassen, mittels der Personen befördert, im Druckstollen anfallenden Ausbruch abgefahren und Beton sowie Stahlpanzerungen für die Stollenauskleidung herantransportiert werden kann. Auf dem Lago di Poschiavo sollen Ausbruchmaterial und Zuschlagstoffe für Beton mit Lastschiffen vom Materialbewirtschaftungszentrum zu Zwischenlagern, Betonmischanlagen sowie den Orten der endgültigen Verwendung transportiert werden.

Die Firma Lahmeyer International GmbH hat die technische Federführung der Ingenieurgemeinschaft LAS (bestehend aus Lahmeyer International GmbH, Amberg Engineering AG und Stucky SA) für die Gesamtplanung und ist für die Planung der Kavernenzentrale sowie der permanenten Bauwerke am Lago di Poschiavo zuständig.

Autoren

Dr.-Ing. Klaus Möller
Lahmeyer International GmbH
Friedberger Straße 173
61118 Bad Vilbel
Klaus.Moeller@lahmeyer.de

Dipl.-Ing. Roberto Ferrari
Repower AG
Via da Clalt 307
7742 Poschiavo, Schweiz
roberto.ferrari@repower.com

Klaus Möller and Roberto Ferrari

Design of the Pumped Storage Project Lagobianco

Along with the growing contribution of randomly generated renewable energy especially from solar and wind power projects in the European interconnected grid it becomes increasingly important that also suitable means for the storage of energy are held available. According to today's state-of-the-art pumped storage power projects represent the best-proven method to store large amounts of electrical energy and feed them back into the grid within short time. This publication describes the design of the pumped storage project Lagobianco in the south-east of Switzerland with its partly extraordinary project characteristics.

Клаус Мёллер и Сандро Муттер

Проект гидроаккумулирующей электростанции Лагобьянко (Lagobianco)

В связи с постоянно растущими поставками электроэнергии из возобновляемых источников энергии, в частности, солнечной и ветреной энергии, в европейскую объединенную сеть становится все более важным наличие возможности аккумулирования энергии в сети. По состоянию техники на сегодняшний день гидроаккумулирующие электростанции представляют собой самый надежный метод аккумулирования большого количества энергии и быстрой подачи ее в сеть. В данной статье представляется проект гидроаккумулирующей электростанции Лагобьянко (Lagobianco) на юго-востоке Швейцарии, имеющей порой исключительные характеристики установок.

Pumpspeicher-kraftwerke

Dominik Godde und Klaus Engels

Pumpspeicherkraftwerke zwischen politischem Wunsch und ökonomischer Realität

Photovoltaik und Windenergie haben in Deutschland einen immensen Boom erlebt. Da erneuerbare Energien aber Einspeisevorrang genießen, verringern sie die Einsatzdauern anderer Energieträger. Dadurch sinken die erzielbaren Erlöse konventioneller Kraftwerke, die zwar aus energiewirtschaftlicher Sicht notwendig, aus betriebswirtschaftlicher Sicht aber mitunter nicht mehr tragbar sind; Investitionsentscheidungen für Pumpspeicherkraftwerke sind ebenfalls in Gefahr. Mit Marktveränderungen ist zu rechnen, eine besondere Rolle könnten Langzeitspeicher spielen.

1 Das Erneuerbare-Energien-Gesetz und seine Konsequenzen

Die Politik schreibt das Drehbuch in Sachen Energie, sie setzt die Rahmenbedingungen, innerhalb derer die Akteure unternehmerisch tätig sein können. So wurde 1991 das Stromeinspeisungsgesetz und im Jahr 2000 das Gesetz für den Vorrang Erneuerbarer Energien (EEG) in Kraft gesetzt. Kernelemente des EEG sind eine Anschluss- und Abnahmeverpflichtung der Netzbetreiber für den produzierten Strom aus erneuerbaren Energien, sowie feste und für einen langen Zeitraum zu zahlende Vergütungssätze für den eingespeisten Strom. Diese Kosten werden auf die Gesamtheit der Verbraucher umgelegt.

Die Vergütungssätze und sonstigen Bedingungen wurden so attraktiv gestaltet, dass sich eine große Zahl privater und institutioneller Anleger fand, die in Erneuerbare Energien (EE) investierte. Strom aus Wind und Sonne haben einen besonders hohen Anteil an den EE erreicht hat, über 80 % bei der installierten Leistung und über 50 % bei der erzeugten Strommenge. Daraus resultiert eine Reihe von energiewirtschaftlichen Herausforderungen, denn die neue Form der dezentralen, volatilen und subventionierten Stromerzeugung passt

i) nicht zum bisherigen Stromnetz, weder auf Verteil-, noch auf Transportebene,
ii) nicht zur Nachfrage, von der sie zeitlich und räumlich entkoppelt ist, und
iii) nicht zum neuen, wettbewerblichen Marktmodell.

Die von der Politik unter dem Eindruck der Ereignisse in Fukushima im Frühjahr 2011 verkündete Energiewende beschleunigt die Entwicklung und verstärkt die Herausforderungen. Die energiepolitischen Vorgaben lauten nun (Details siehe **Tabelle 1**):

- Ausstieg aus der Kernenergie bis zum Jahr 2022,
- Reduktion des CO_2-Ausstoßes um mindestens 80 % bis zum Jahr 2050,
- Steigerung des Anteils der EE am Energieverbrauch und an der Stromerzeugung um 60 % bzw. 80 % bis 2050,
- Minderung des Energiebedarfs je nach Sektor zwischen 25 % und 80 %.

Die genannten Ziele sind zwar Konsens in der deutschen Öffentlichkeit. Die Herausforderungen aber liegen darin, das energiewirtschaftliche Zieldreieck mit den Eckpunkten Versorgungssicherheit – Umweltfreundlichkeit – Wirtschaftlichkeit auszubalancieren. Denn mit dem Wegfall der Kernenergie fehlt eine wesentliche Quelle CO_2-freier Grundlast, und so verlangen die CO_2-Ziele nicht nur eine Kompensation der wegfallenden Kernenergie, sondern auch noch eine darüber hinaus gehende Reduzierung. Die Steigerung des EE-Anteils hat – über die Einspeisevergütung hinaus –

Tab. 1: Energiepolitische Ziele für Deutschland (nach [1])

	Kernenergie	CO_2 – Ziele (Basis 1990)	EE-Beitrag		Minderung Energiebedarf			
			Brutto Endenergie	Stromerzeugung	Primärenergie	Gebäudewärme	Endenergie Verkehr	Stromverbrauch
2015	-47 %							
2017	-54 %							
2019	-60 %							
2020		-40 %	18 %	35 %	-20 %	-20 %	-10 %	-10 %
2021	-80 %							
2022	-100 %							
2030		-55 %	30 %	50 %				
2040		-70 %	45 %	65 %				
2050		-80 bis -95 %	60 %	80 %	-50 %	-80 %	-40 %	-25 %

weitere mittelbare Kostensteigerungen zur Folge, unter anderem aufgrund erforderlicher Investitionen ins Stromnetz, in die Speicherung und in die Netzstabilität. Und schließlich bedeuten die Ziele der Effizienzsteigerung, dass neue Weltrekorde erreicht werden müssten, denn diese Ziele stellen in anderen Industriestaaten bisher unerreichte Werte dar.

Leider wurde weder der Weg dorthin geplant noch wurden die damit verbundenen notwendigen Anstrengungen kommuniziert. Die Folge ist heute eine öffentliche Diskussion der Ziele, die sogar auch ihre Aufweichung zum Inhalt hat. Insbesondere sind aber die Kosten in der Kritik. Technische und energiewirtschaftliche Fragen spielen in der Meinungsbildung zwar zunehmend eine Rolle, werden aber häufig aufgrund ihrer Komplexität nicht angemessen durchdrungen.

Zu den Konsequenzen im Einzelnen: Die Kosten sind sicherlich ein besonders prominenter Aspekt der Energiewende und finden sich als Diskussionsgegenstand Tag für Tag in der Presse. Studien der TU Berlin, der Prognos AG, des Rheinisch-Westfälischen Instituts für Wirtschaftsforschung (RWI) und der deutschen Energieagentur (DENA) gehen allesamt von Stromendpreiserhöhungen aus, wenn auch in unterschiedlicher Größenordnung.

Daneben erleben wir auch ein Weniger an Marktwirtschaft bzw. ein Mehr an Planwirtschaft. Wenn heute bereits über 20 % der Stromerzeugung durch das EEG subventioniert wird, heißt das auch nahezu 20 % weniger Marktwirtschaft, denn der Strom aus EE wird zu einem großen Teil mit Vorrang in das Netz eingespeist, andere Marktteilnehmer haben das Nachsehen. Weil aber der Anteil aus EE noch weiter gesteigert wird, nimmt auch die Marktwirtschaft weiter ab. So ist also nicht nur das Stromnetz reguliert, sondern auch zu einem guten Teil die Stromerzeugung. Die Folgen staatlicher Regulierung lassen sich bereits beobachten: Neben dem Kostenanstieg gibt es einen Wildwuchs im Erzeugungsbereich, neue Leistung wird unabhängig vom Ort des Bedarfs errichtet; im Bereich der konventionellen Erzeugung gehen immer mehr Kraftwerke vom Netz, die Netzstabilität leidet unter einem zunehmenden Anteil fluktuierender Einspeisung.

Eine andere, erwartete Konsequenz wird allerdings nicht eintreten: Auf konventionelle Kraftwerke wird man nicht vollständig verzichten können. Zur Illustration dient **Bild 1.**

Wind und Sonne mögen zwar rein rechnerisch für die Bedarfs- bzw. Lastdeckung ausreichen, es wird aber Zeiten geben, in denen konventionelle Kraftwerke unabdingbar sind, um einen Großteil der Nachfrage abzudecken. Wie aber die geringen Vollaststunden mit einem funktionierenden Strommarkt zu vereinbaren sind, ist nicht nur Gegenstand der politischen Diskussion. Das Thema wird auch auf Investoren- und Betreiberseite intensiv diskutiert, unternehmerische Entscheidungen müssen aufgrund zu hoher Unsicherheiten verschoben werden.

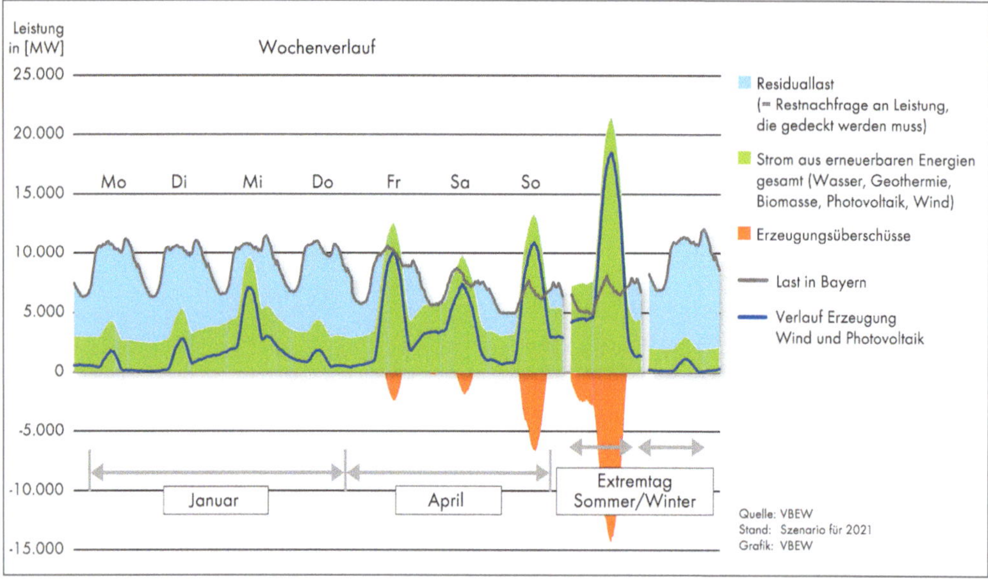

Bild 1: Prognose des VBEW für einen Wochenverlauf zu verschiedenen Zeiten im Jahr 2021

Das Energiewirtschaftsgesetz sieht die Möglichkeit des Eingriffs des Übertragungsnetzbetreibers (ÜNB) zur Sicherung der Netzstabilität vor. Was aber einmal als Ausnahme geplant war, ist mittlerweile die Regel. Immer häufiger müssen neben den üblichen Maßnahmen, wie Redispatch und Umleitung ins Ausland (was auch nicht unproblematisch ist), auch ungewöhnliche Maßnahmen ergriffen werden. Das sind z.B. die Absage geplanter Freischaltungen, Verschiebung von Kraftwerksrevisionsterminen oder der Zukauf von Reservekapazitäten. Die geschilderten Eingriffe sind eine Konsequenz der Energiewende und ein deutlicher Indikator dafür, dass das Ziel der Versorgungsicherheit nicht ohne weiteres mit den energiewirtschaftlichen Zielen des Klimaschutzes in Übereinstimmung zu bringen ist. Mit der Ende November 2012 verabschiedeten Novelle des Energiewirtschaftsgesetzes geht die Politik sogar noch einen Schritt weiter und spricht den ÜNB und der Bundesnetzagentur ein Vetorecht gegen die Stilllegung unwirtschaftlicher Kraftwerke zu, sofern diese für die Netzstabilität eine wichtige Rolle spielen.

2 Marktmechanismen

Für konventionelle Kraftwerke stellt sich mittlerweile die Frage nach deren wirtschaftlichen Einsatzmöglichkeiten. Seit die Energiemärkte sukzessive liberalisiert wurden, hat sich die grundsätzliche Versorgungstruktur, die über Jahrzehnte gewachsen war, zunächst nicht maßgeblich verändert. Erzeugungs- und Verbrauchschwerpunkte sowie die dazu passende Netzinfrastruktur sind nahezu gleich geblieben, die geringfügige, subventionierte EE-Einspeisung hatte keinen nennenswerten Einfluss auf das Versorgungssystem.

Erst mit Anbrechen dieses Jahrzehnts und insbesondere mit dem Ausrufen der Energiewende ändert sich das Bild signifikant. Der massive Zubau bevorzugter Einspeisung aus erneuerbaren Quellen zu garantierten Preisen bei gleichzeitig stagnierendem Gesamtverbrauch führt dazu, dass die unter Marktbedingungen gehandelte Energiemenge immer kleiner wird. Die weiterhin vorhandene konventionelle Erzeugungskapazität führt folglich zu einem Überangebot, was die Marktpreise, die die Erzeuger erlösen können, weiter drückt – sie sehen sich also sowohl einem negativen Mengen- als auch Preiseffekt ausgesetzt.

Aus Sicht des Umweltschutzes ist diese Entwicklung in doppelter Hinsicht ein Rückschritt: Die ge-

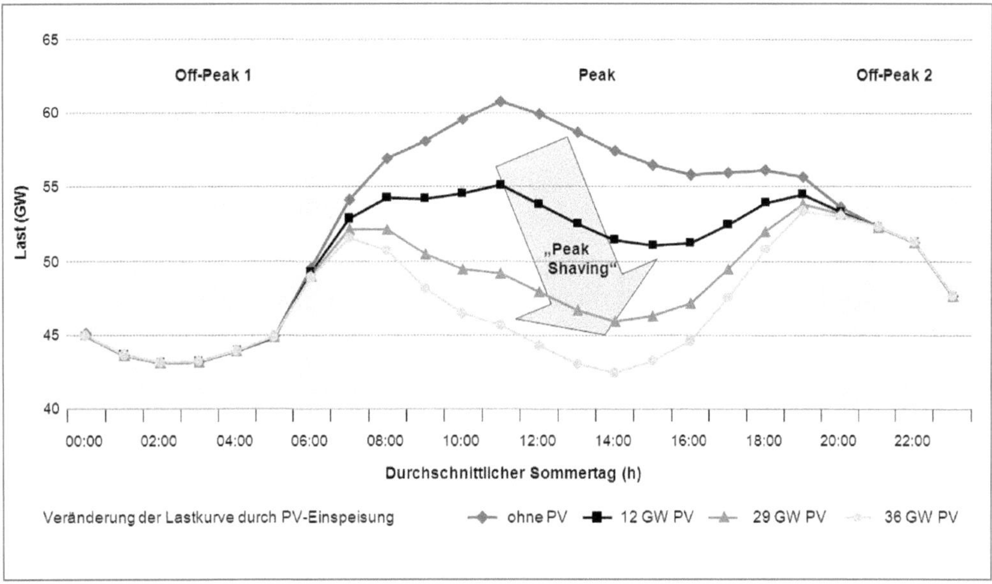

Bild 2: Sogenanntes „peak shaving" durch Einspeisung aus Erneuerbaren Energien

ringen Marktpreise aufgrund sinkender frei gehandelter Energiemengen und der fehlende Anreiz aus dem nahezu zusammengebrochenen Markt für Emissionszertifikate sorgen vor allem für den Einsatz alter, abgeschriebener Kohleblöcke mit geringem Wirkungsgrad, während moderne, effiziente Gaskraftwerke mit hohem Wirkungsgrad aufgrund höherer Gestehungskosten kaum noch ans Netz gehen.

Ein modernes Kraftwerk, das nur noch wenige Stunden im Jahr am Netz ist, kann nicht mehr rentabel betrieben werden. Neben dem betriebs- und auch volkswirtschaftlichen Schaden werden dem Versorgungssystem auch die dringender denn je benötigten Systemdienstleistungen entzogen, die diese Kraftwerke bisher als unbezahlte „Nebenprodukte" beigesteuert haben. Hierbei sind insbesondere die Schnellstartfähigkeit und die hohen Laständerungsgradienten der Gaskraftwerke zu nennen, die aufgrund des hohen Anteils der stark intermittierenden erneuerbaren Erzeugung aber zum Erhalt der hohen Versorgungsqualität dringend benötigt werden. Gleiches gilt auch für Pumpspeicherkraftwerke, deren wirtschaftlicher Betrieb sich aus den unterschiedlichen Marktpreisen zu Stark- und Schwachlastzeiten ergab und deren sprichwörtliche Flexibilität jedoch nicht eigenständig vergütet wird. Der Preisunterschied zwischen Stark- und Schwachlastzeiten verringert sich aufgrund der zunehmenden Einspeisung aus erneuerbaren Quellen deutlich, weil die ursprünglichen Residuallasten sich verändern – z. B. werden die Tagesspitzen der (Markt-) Last zeitweise vollständig durch die PV-Einspeisung mit garantierter Vergütung kompensiert, wie **Bild 2** veranschaulicht.

Um den nachhaltig wirtschaftlichen Betrieb umweltschonender und weiterhin benötigter konventioneller Kraftwerke, insbesondere der Gaskraftwerke zu gewährleisten, sind mindestens zwei Voraussetzungen zu erfüllen:

Der Handel mit Emissionszertifikaten muss zu wirklichen Anreizen führen, da sich ansonsten weder neue, noch bereits getätigte Investitionen in moderne und effiziente Kraftwerke als rentabel erweisen. Eine Verknappung der CO_2-Zertifikate bzw. eine anderweitige Verteuerung sind denkbare marktwirtschaftliche Schritte.

Daneben ist aus technischer Sicht über neue Marktprodukte nachzudenken, die gezielt Systemdienstleistungen vergüten, so dass Kraftwerke, die Systemdienstleistungen zur Verfügung stellen, auch ohne hohe Benutzungsstunden rentabel betrieben werden können.

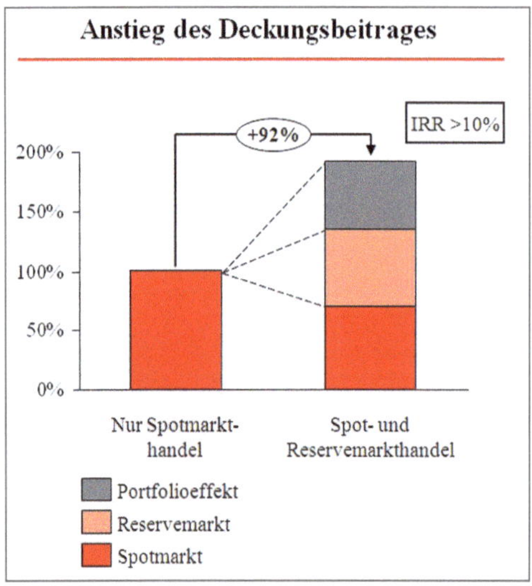

Bild 3: Erlöskomponenten eines Pumpspeicherkraftwerks im herkömmlichen System

3 Speicherbedarf

Neben der Flexibilität der Erzeugung wird der Speicherung von Energie eine wesentliche Bedeutung für das Gelingen der Energiewende zuteil. Dabei kann zwischen kurz- und mittelfristigem Speicherbedarf zur Überbrückung eines Ungleichgewichts von Erzeugung und Verbrauch im Bereich von Sekunden bis zu wenigen Tagen und einem Langzeitspeicherbedarf unterschieden werden, der die Versorgung bei zu geringer Erzeugung über Wochen hinweg kompensiert.

Für die Kurzzeitspeicherung sind Technologien denkbar, deren Einsatz vor allem dezentral in der Nähe der (regenerativen) Erzeugungsanlagen oder der Verbraucher sinnvoll ist. Typischer Vertreter dieser Speichertechnologien sind Batterien oder (Schwung-) Massespeicher, deren Einsatz sich heute jedoch im Wesentlichen auf die Absicherung gegen Spannungsschwankungen bzw. Versorgungsunterbrechungen beschränkt, da die Speicherung von regenerativ erzeugter Energie bei unbeschränkter Einspeisung und garantierter Vergütung sich nicht lohnt.

Für die mittel- bis langfristige Speicherung erweisen sich Pumpspeicher, Druckluft- und sogenannte Power-to-Gas-Speicher (PtG) als geeignete Option. Pumpspeicher sind eine bewährte Technologie, die jedoch sowohl aufgrund einer limitierten Anzahl geeigneter Standorte als auch hinsichtlich der Anlagengröße bei der Energiespeicherung für wenige Tage an Ihre Grenze stößt. Pumpspeicher erfüllen bereits heute eine wichtige Aufgabe zum Erhalt der Systemstabilität durch ein hohes Maß an Einsatzflexibilität und die Möglichkeit, überschaubare Energiemengen planbar einzuspeichern; zudem ist der Einsatz von Pumpspeichern hocheffizient und umweltschonend, und der Bedarf an den genannten Systemdienstleistungen wird zukünftig noch steigen.

Für seltene und unvorhersehbare Fälle langzeitiger Versorgungsengpässe sind aus heutiger Sicht nur PtG-Speicher in der Lage, eine sichere Versorgung nahezu dauerhaft aufrecht zu erhalten.

E.ON verfolgt bei der Energiespeicherung unterschiedliche Ansätze von der Nutzung und Optimierung bereits bewährter Technik, wie Pumpspeicherkraftwerken, bis hin zu sehr innovativen Lösungen. Im Portfolio finden sich neben Pumpspeicher- und Speicherkraftwerken auch Entwicklungsprojekte für Batteriesysteme, Druckluftspeicher, Wärmespeicher und PtG-Speicher.

Erst die Kombination aus unterschiedlichen Speicherlösungen, klassischem Netzausbau, intelligenten Netzen und flexibler Erzeugung wird den Umstieg auf ein überwiegend von erneuerbarer Einspeisung geprägtes Energiesystem möglich machen – nicht nur technologisch, sondern auch im Hinblick auf künftige Bezahlbarkeit und Versorgungssicherheit.

4 Potenziale der Pumpspeichertechnologie

Ursprünglich vor allem zur Gewährleistung eines gleichmäßigen Betriebs von Kernkraftwerken errichtet, sind Pumpspeicher heute eine individuell betriebene und unverzichtbare Stütze des Versorgungssystems geworden. Neben den beschriebenen Vorzügen als Speichertechnologie und Lieferant von Systemdienstleistungen erlauben sie heute zudem die betriebliche Optimierung ganzer Erzeugungsportfolien, was insbesondere bei thermisch dominierten Erzeugungsparks zu nennenswerten wirtschaftlichen Vorteilen führt.

Gemeinsam mit der RWTH Aachen durchgeführte Untersuchungen haben die Erlösbeiträge des Pumpspeicherbetriebs aus Spotmarkt, Sekundärregelreserve und dem sogenannten Portfolioeffekt im herkömmlichen Versorgungssystem und Marktmechanismus untersucht (**Bild 3**).

Aufgrund der zunehmenden Bedeutung dieser Technologie für die Versorgungsqualität und -sicherheit gilt es, die Wirtschaftlichkeit von Pumpspeichern zu erhalten, die aktuell durch die Verringerung der Spreads und die fehlende Vergütung von Flexibilitätsprodukten gefährdet ist. Möglicherweise sind Vergütungsmodelle für neue Produkte, auch unter Einbeziehung einer Prämie für Speicherleistung, geeignet, einen wirtschaftlichen und nachhaltigen Beitrag für die Versorgungssicherheit am Standort Deutschland zu leisten.

Noch sind die Potenziale der Pumpspeicher nicht ausgereizt. Mit der notwendigen Akzeptanz in Politik und Öffentlichkeit kann mit der seit Jahrzehnten bewährten, effizienten und umweltschonenden Pumpspeichertechnologie ein wichtiger Baustein für das Gelingen der Energiewende in Deutschland erhalten werden.

Autor

Prof. Dr.-Ing. Dominik Godde

Dr.-Ing. Dipl.-Wirt.-Ing. Klaus Engels
E.ON Wasserkraft GmbH
Luitpoldstraße 27, 84034 Landshut
Dominik.Godde@eon.com
Klaus.Engels@eon.com

Literatur

[1] Matthes, Felix Chr.: Präsentation Treibhausgas-Emissionsprojektionen bis zum Jahr 2020 – Zwischenergebnisse des Öko-Institutes e. V. aus den Modellierungsarbeiten im Projekt „Politikszenarien für den Klimaschutz VI", Berlin, 28.11.2011.

Dominik Godde and Klaus Engels

Pump Storage Power Plants Between Wishful Thinking and Economic Reality

Solar and wind energy enjoyed a nonpareil upswing in Germany. But due to the infeed priority other power options experience a drastic reduction of full load hours. As a consequence the profitability of conventional power plants is lowered significantly. This mechanism also applies to pump storage power plants; despite the fact that they are urgently needed from an energy system point of view the required investment decisions are postponed as the present market and political environment does not provide the necessary reliability. In contrast to short term storages long term storages will probably not be economically feasible at all; maybe socialization might become public task. In any case market mechanisms will have to change.

Доминик Годде и Клаус Энгельс

Насосно-аккумулирующие электростанции – политика и экономическая реальность

Использование фотовольтаики и энергии ветра испытывают в Германии настоящий бум. Однако, в связи с тем, что получение энергии из возобновляемых источников приоритетно и получает «подпитку», продолжительность использования других носителей электроэнергии снижается. Вследствие этого уменьшаются достижимые поступления от обычных электростанций, которые необходимы с точки зрения энергетического хозяйства, однако с производственно-экономической точки зрения порой скорее неприемлемы; решения в отношении инвестиций в гидроаккумулирующие электростанции также «подвергаются опасности». Следует принимать во внимание изменения рынка. Особую роль в решении этого вопроса могли бы сыграть водохранилища длительной аккумуляции.

Stefan Schmid und Robert Achatz

Potenziale für Pumpspeicherkraftwerke: Studien für Thüringen und Baden-Württemberg

Im Rahmen der zunehmenden Umstellung der Stromerzeugung auf regenerative, fluktuierende Energiequellen, insbesondere Wind und Sonne, erhalten Pumpspeicherkraftwerke als effiziente Energiespeicher zunehmende Aufmerksamkeit. Ein viel diskutiertes Thema ist dabei das Potenzial für neue Pumpspeicherkraftwerke. Es wird ein Verfahren vorgestellt, wie das Potenzial geschätzt und neue geeignete Standorte identifiziert werden können.

1 Einleitung

Die deutsche Bundesregierung hat sich im Jahr 2011 dafür entschieden, den Ausstieg aus der Stromerzeugung aus Kernenergie zu beschleunigen. Des Weiteren verfolgt sie das Ziel, die Erderwärmung aufgrund des anthropogenen Klimawandels zu begrenzen. Dazu will sie die Stromerzeugung aus fossilen Kohlenwasserstoffen sukzessive durch die Erzeugung aus Erneuerbaren Energiequellen ersetzen. Konkret hat sie sich zum Ziel gesetzt, bis 2020 35 % und bis 2050 80 % des Strombedarfes aus Erneuerbaren Energiequellen zu decken. Der Anteil der Stromerzeugung aus Erneuerbaren Energien betrug im Jahr 2011 bereits über 20 %, davon aus Wind ca. 40 % und aus Sonne etwa 16 % [1]. Diese Energieformen sind jedoch volatil und erlauben keine direkte Anpassung der Erzeugung an den Bedarf. Außerdem sind sie räumlich sehr ungleich verteilt: Bereits jetzt können die Bundesländer Schleswig-Holstein, Mecklenburg-Vorpommern, Brandenburg und Sachsen-Anhalt über 40 % ihres Strombedarfes allein aus Wind decken [2]. Dies führt gegenwärtig zunehmend zu kritischen Zuständen in den Stromnetzen, so dass z. B. immer häufiger Windenergieanlagen aus Gründen der Netzstabilität vom Stromnetz abgekoppelt werden müssen (siehe z. B. [3]). Um hier einen Ausgleich zu erreichen und die Stromnetze stabil halten zu können, sind neben einem Ausbau der Netze zusätzliche Speicher erforderlich. Von den technisch möglichen Speichertechnologien auf Ebene der Übertragungsnetzte sind Pumpspeicherkraftwerke (PSW) die technisch ausgereiftesten und wirtschaftlichsten Speicher. Ihre Entwicklung begann in Europa im Jahr 1914 mit dem Bau der Rudolf-Fettweis-Werke in Baden-Württemberg. Die zugehörige Staustufe Forbach ist nach wie vor am Netz. Seither wurden in Deutschland 30 Pumpspeicherkraftwerke gebaut mit einer installierten Leistung von insgesamt ca. 6,6 GW im Turbinenbetrieb und einem Speichervermögen von etwa 40 GWh [4]. Im Jahr 2003 wurde mit dem PSW Goldisthal das letzte und bisher leistungsstärkste PSW in Betrieb genommen.

Seit dem Bau des ersten PSW gab es wesentliche technische Fortschritte, wie z. B. in der Bautechnologie (Bau von untertägigen Wasserwegen und Kavernen) sowie in der Maschinen- und Elektrotechnik. So ermöglichen drehzahlvariable Maschinen mit Asynchrontechnologie bisher nicht erreichbare Wirkungsgrade im Teillastbereich sowie eine unmittelbare Regelbarkeit auch im Pumpbetrieb. Moderne PSW können deshalb eine Vielzahl von Aufgaben für die Gewährleistung eines sicheren Betriebes der Stromnetze übernehmen:

- Sie können Strom in Form von potenzieller Energie über kurze und längere Zeitspannen zwischenspeichern, und das ohne wesentliche Verluste und bei Zykluswirkungsgraden von bis zu 80 %.
- Sie können Tertiär-, Sekundär- und im laufenden Betrieb auch Primärregelungsaufgaben übernehmen.

- Sie können, ohne Wirkleistung bereitzustellen, Blindleistung erzeugen oder aufnehmen und dazu wesentlich zur Netzstabilität und zur Reduktion von Übertragungsverlusten beitragen.
- Sie sind schwarzstartfähig, d.h. sie können ohne Stromzufuhr von außen anfahren, und sie können die starken Lastschwankungen beim Aufbau eines Stromnetzes abfangen.

Aus diesen Gründen ist seit einigen Jahren das Interesse am Neubau von PSW oder an der Ertüchtigung und Erweiterung bestehender Anlagen stark gestiegen. Dies betrifft die gesamte Skala von regionalen Versorgern und Stadtwerken bis zur Ebene der EU [5]. Neben mehreren konkreten Projekten für den Aus- oder Neubau von PSW wurden mehrere Studien zur Identifikation neuer geeigneter Standorte in Auftrag gegeben. So erstellte die Hydroprojekt Ingenieurgesellschaft in Weimar (HPI) neben einigen regionalen Studien flächendeckende Potenzialstudien für die Bundesländer Thüringen im Auftrag des Thüringer Ministeriums für Wirtschaft, Arbeit und Technologie (TMWAT, [6]) und Baden-Württemberg im Auftrag der Energie Baden-Württemberg AG (EnBW, [7]). Die Studie für Thüringen wurde gemeinsam mit dem Fraunhofer-Anwendungszentrum Systemtechnik an der TU Ilmenau erstellt. Zur Zeit ist bei HPI eine weitere Potenzialstudie für den Freistaat Bayern im Auftrag des Bayerischen Landesamtes für Umwelt in Arbeit.

2 Methodik

Nachfolgend werden die Methodik und die Ergebnisse der Studien für Thüringen und Baden-Württemberg ausführlicher erläutert. Der wesentliche Unterschied der Studien war, dass der Fokus der Studie für Baden-Württemberg in der Ermittlung des vorhandenen Potenzials lag, während in der Studie für Thüringen die Identifikation konkreter Standorte im Vordergrund stand.

Die Studien wurden im Wesentlichen mit folgenden methodischen Schritten durchgeführt:

1. Analyse der Topographie zur Identifikation potenzieller Standorte für Ober- und Unterbecken unter Anwendung von Mindest- und Ausschlusskriterien.

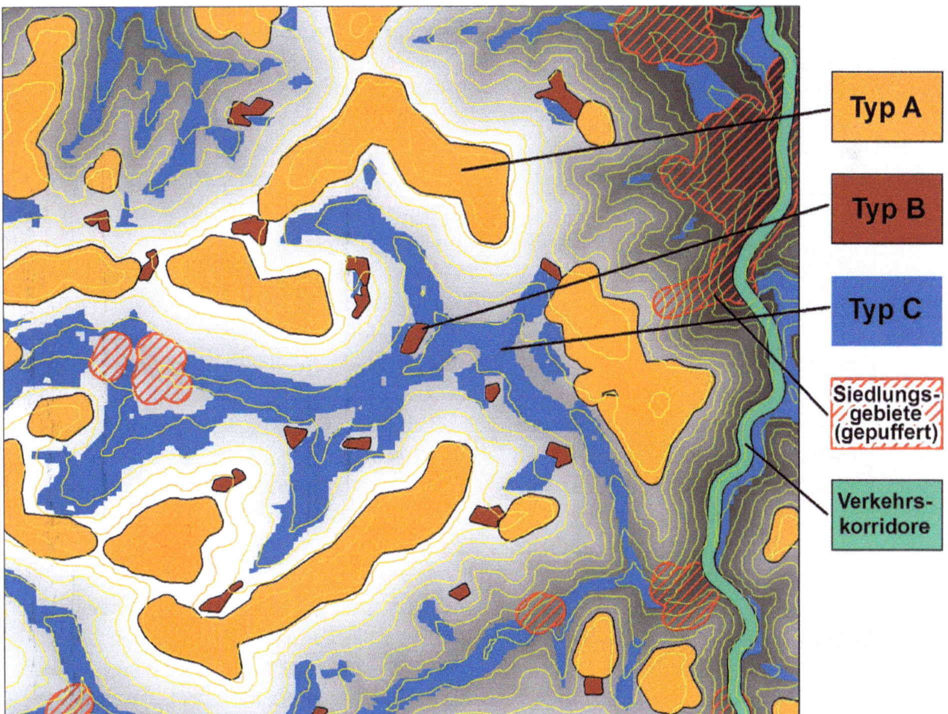

Bild 1: Mit Hilfe von Ebenheitskriterien gefundene potenzielle Beckenflächen

2. Zuordnung von Ober- und Unterbecken zu Standorten.
3. Bewertung der gefundenen Standorte.

Nachfolgend wird das Vorgehen für die einzelnen Schritte ausführlicher erläutert.

2.1 Identifikation geeigneter Beckenstandorte

Den ersten Schritt einer Potenzialanalyse stellt die GIS-gestützte Analyse der Topographie dar. Die Analyse eines Digitalen Geländemodells (DGM) erfolgt dabei hinsichtlich

- ausreichender Höhendifferenzen und
- geeigneter Flächen für den Bau von Becken.

Die Analyse erfolgte dabei rasterbasiert. Um Gebiete mit ausreichender Höhendifferenz zu identifizieren, wurde für jede Rasterzelle geprüft, ob in einem vordefinierten Umfeld die mindestens erforderlichen Höhendifferenzen existieren. Als minimale Höhendifferenz wurden für die Studien 200 m angesetzt. Dies wurde in der Thüringer Studie auf 100 m reduziert, wenn ein bestehendes Unterbecken genutzt werden konnte. Als maximaler horizontaler Abstand zwischen Ober- und Unterbecken wurde in den Studien 5 000 m gewählt.

Zur Identifikation geeigneter Flächen wurden Ebenheitskriterien aufgestellt. Diese wurden aus der Analyse bestehender Standorte und aus geometrischen Überlegungen abgeleitet. Bei den Ebenheitskriterien wurde unterschieden zwischen:

- Becken auf Kuppen (Typ A),
- Becken in Hanglagen (Typ B),
- Becken in Tallagen (Typ C).

Bild 1 zeigt ein Beispiel der auf diese Weise gefundenen Beckenflächen.

Die mit Hilfe dieser Kriterien gefundenen Flächen erstreckten sich teilweise über große Höhendifferenzen. Um die Flächen weiter zu unterteilen, wurden deshalb Höhenlamellen gebildet. Bei den Becken in Tallagen wurde außerdem geprüft, ob es sich um ein Becken in einer Ebene (Rundbecken) oder eine Talsperre handelt.

Die potenziellen Beckenflächen wurden mit den Bereichen mit ausreichender Höhendifferenz verschnitten.

In jeder Studie wurden zudem geschlossene Siedlungsgebiete mit einem Mindestabstand zu den potenziellen Beckenflächen als Ausschlusskriterium definiert.

In Thüringen wurden zusätzlich FFH-Gebiete sowie geologisch ungünstige Gebiete ausgeschlossen, während diese in Baden-Württemberg im Rahmen der nachfolgenden Konfliktanalyse berücksichtigt wurden.

In Baden-Württemberg wurden Bundesautobahnen, 4-spurige Bundesstraßen sowie Eisenbahnlinien mit einer Korridorbreite von 150 m ausgeschlossen.

Für eine erste Schätzung der speicherbaren Wasservolumina wurden bei Rundbecken (Becken auf Kuppen und in Ebenen) die Dammaufstandsfläche berücksichtigt. Dafür wurde eine einheitliche Dammhöhe angenommen.

2.2 Zuordnung von Becken zu Standorten

Die auf diese Weise gefundenen Beckenstandorte werden im Anschluss als Ober- und Unterbecken zu PSW-Standorten kombiniert. Dabei kann jeder Beckenstandort zu einem Ober- oder Unterbecken werden. Bei der Zuordnung erfolgt eine weitere Filterung bezüglich Einhaltung der Mindestkriterien hinsichtlich Höhendifferenz und Mindestleistung.

Außerdem werden die gefundenen Kombinationen dahingehend überprüft, ob sich zwischen Ober- und Unterbecken keine Tallagen befinden, die tiefer liegen als das Unterbecken, da dies bautechnisch erhebliche Probleme mit sich bringen würde (**Bild 2**).

In der Studie für Thüringen wurden die nachfolgenden Bewertungen für alle gefundenen Kombinationen durchgeführt. Für die Potenzialermittlung und Auswahl der Vorzugsstandorte wurden diejenigen mit dem höchsten Nutzwert (siehe unten) ausgewählt.

In der Studie für Baden-Württemberg wurden für alle Becken diejenige Zuordnung mit dem größten Leistungspotenzial ausgewählt und weiter betrachtet.

Das Leistungspotenzial für sämtliche Vorzugsstandorte wurde durch eine genauere Beckenmodellierung überprüft und verifiziert. Dafür wurde ein Verfahren entwickelt, mit welchem für eine größere Anzahl potenzieller Talsperren nach Festlegung der Standorte der Absperrbauwerke und der Stauziele eine rasterbasierte Verschneidung mit dem Gelände sowie eine Abschätzung der nutzbaren Wasservolumina durchgeführt werden kann.

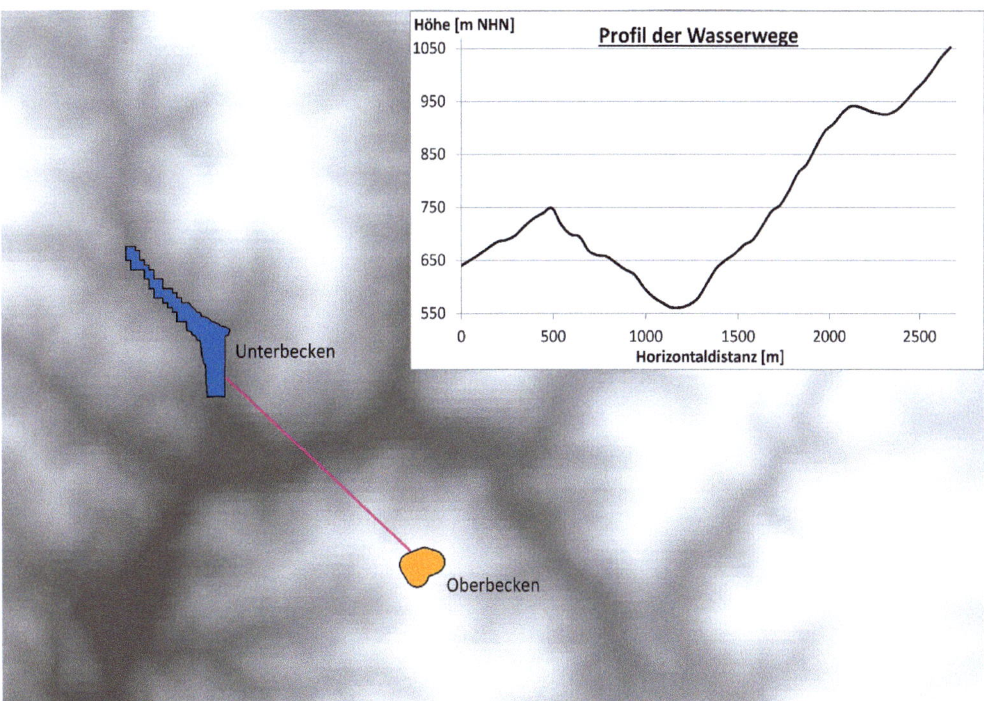

Bild 2: Beispiel für Ausschluss eines Standortes mit Talquerung

Tab. 1: Kriterienkatalog und Indikatoren für die Bewertung der Standorte in Thüringen (aus [6])

Kriterien	Indikatoren für ihre Bewertung	
Topographische Eignung	• Fallhöhe • Arbeitsvolumen • Horizontaldistanz	• Flächenbedarf • Form/Ebenheit Oberbecken
Geologie	• Standsicherheit • Durchlässigkeit	• Eignung für untertägigen Ausbruch
Wasserdargebot	• Verhältnis Wasserdargebot zu Nutzwassermenge	
Anbindung an das Stromnetz	• Entfernung Hochspannungsnetz	• Entfernung Höchstspannungsnetz
Bestehende Nutzungen	• einzelne Siedlungs- und Infrastrukturobjekte • Straßen • Eisenbahn	• Rohrleitungen • Flughafen/-feld • Militärgelände • Kulturelles Erbe
Umwelt	• FFH-Gebiete • Vogelschutz-Gebiete • Naturschutzgebiete • Naturdenkmale • Biosphärenreservate	• Wasser-/Heilquellenschutzgebiete • Landschaftsschutzgebiete • Naturparks • Nationalparks
Akzeptanz	• maßgebliche bekannte Konflikte mit gegenläufigen Interessen	

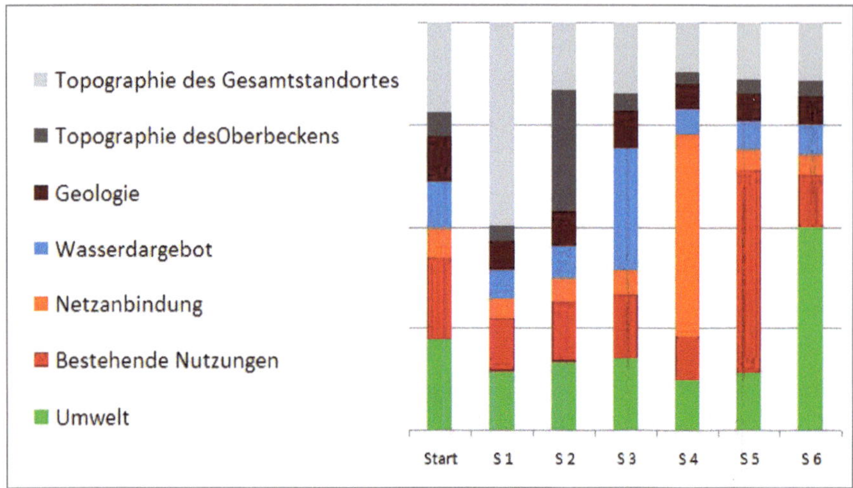

Bild 3: Wertungsszenarien für die Auswahl geeigneter Standorte in Thüringen (aus [6])

2.3 Bewertung der Standorte

2.3.1 Thüringen: Nutzwertanalytische Bewertung

Für Thüringen wurden zusätzlich zu neuen Becken sämtliche bestehenden Talsperren auf ihre Eignung hin als Gegenbecken für ein neues Pumpspeicherkraftwerk untersucht. Drei bestehende Talsperren wurden eruiert, bei denen derzeit keine Nutzungen der Verwendung als Unterbecken entgegenstehen und für welche auch potenzielle Oberbecken existieren.

Im nächsten Bearbeitungsschritt wurden in der Thüringer Studie sämtliche möglichen Kombinationen von Ober- und Unterbecken einer nutzwertanalytischen Bewertung unterzogen. Die für diese Bewertung verwendeten Kriterien und die zugehörigen Indikatoren sind in **Tabelle 1** zusammengestellt.

Für die Gewichtung der Kriterien wurde durch HPI ein Vorschlag erarbeitet, welcher im Anschluss mit dem Auftraggeber diskutiert und abgestimmt wurde. Zusätzlich zu dieser gemeinsam abgestimmten Gewichtung wurde diese im Sinne von Wertungsszenarien variiert. Dazu wurden sämtliche übergeordnete Kriterien mit je 50 % gewichtet (**Bild 3**). Auf diese Weise wurden Reihungen der Standorte für sämtliche untersuchten Gewichtungsvarianten erstellt. Für die weiteren vertiefenden Untersuchungen wurden dann diejenigen Standorte ausgewählt, die in jedem Wertungsszenario unter die 100 besten Standorte fielen.

Für die Auswahl der geeignetsten Standorte wurden jeweils diejenigen Kombinationen von Ober- und Unterbecken bestimmt, welche auf Grundlage der abgestimmten Gewichtung den höchsten Nutzwert erreichten. Für diese Standorte wurden Datenblätter mit den Leistungsdaten, der Darstellung der Topographie, der Lage der Becken und der verbliebenen Konflikte erstellt.

2.3.2 Baden-Württemberg: ökonomische Bewertung, Konfliktanalyse

In der Studie für Baden-Württemberg ([7], [8]) wurden die Standorte weiter untergliedert hinsichtlich

- der Kosten und
- der Konflikte.

Die gefundenen Standorte wurden auf Grundlage der ökonomischen Bewertung in drei Kategorien eingeteilt:

- Kategorie A: Kosten von weniger als 1 200 EUR je kW,
- Kategorie B: Kosten zwischen 1 200 und 1 600 EUR je kW
- Kategorie C: Kosten über 1 600 EUR je kW.

Anschließend wurden mittels einer Konfliktanalyse die gefundenen Standorte weiter gefiltert, um konfliktarme Standorte zu identifizieren. Dazu wurden insbesondere Konflikte mit Schutzgebieten des Natura-2000-Netzwerkes (FFH- und Vogelschutz-Gebiete), mit Naturschutzgebieten und mit Wasserschutzgebieten der Zone 2 ermittelt.

3 Ergebnisse

In der Potenzialstudie für Thüringen wurden insgesamt 13 Standorte mit einem Gesamtpotenzial von 5,5 GW und einem Arbeitsvermögen von insgesamt ca. 44 GWh identifiziert, welche als gut geeignet eingestuft wurden. Darunter befinden sich 3 Standorte an bestehenden Talsperren sowie 10 komplett neue Standorte.

In der Potenzialstudie für Baden-Württemberg konnte gezeigt werden, dass ein sehr großes topografisches Potenzial besteht. Insgesamt wurden 845 Standorte mit einem Potenzial von 573 GW identifiziert. Darunter befinden sich 201 konfliktarme Standorte (keine oder nur geringe Überlagerungen mit naturschutzfachlichen Schutzgebieten). 13 dieser konfliktarmen Standorte mit einer Leistung von ca. 19 GW gehören zur ökonomisch günstigsten Kategorie A, 85 Standorte zur Kategorie B.

Selbst unter Ausschluss von Standorten, die erhebliche Konflikte mit Umwelt- und Naturschutzgebieten aufweisen, verbleibt somit noch ein Potenzial, das die aktuell in Deutschland installierte Pumpspeicherleistung um ein Vielfaches übertrifft.

4 Fazit

Die Ergebnisse der Potenzialstudien zeigen, dass die Möglichkeiten für den Ausbau der Pumpspeicherleistung in Deutschland gegeben sind. Durch die in den Potenzialstudien angewandte Methodik ist es dabei möglich, gut geeignete und konfliktarme Standorte zu identifizieren.

Zurzeit befindet sich eine weitere Studie für den Freistaat Bayern im Auftrag des Bayerischen Landesamtes für Umwelt in der Bearbeitung. Für die Standortbewertung wird hier - ähnlich wie in Thüringen - ebenfalls eine nutzwertanalytische Bewertung in enger Abstimmung mit den zuständigen Behörden durchgeführt.

Selbstverständlich müssen die im Rahmen dieser Studien gefundenen Erkenntnisse für folgende Planungsschritte durch weitere, standortbezogene Untersuchungen vor Ort untersetzt werden.

Die Erweiterung der Pumpspeicherleistung in Deutschland ist somit weniger eine Frage des vorhandenen Potenzials als vielmehr eine Frage der wirtschaftlichen Rahmenbedingungen und der öffentlichen Akzeptanz.

Danksagung

Die Autoren bedanken sich beim Thüringer Ministerium für Wirtschaft, Arbeit und Technologie und bei der Energie Baden-Württemberg AG für die kritische sowie konstruktive Begleitung der Studien und für die Erlaubnis, Ergebnisse dieser Studien veröffentlichen zu dürfen.

Autoren

Dr.-Ing. Stefan Schmid
Hydroprojekt Ingenieurgesellschaft mbH
Rießner Straße 18, 99427 Weimar
stefan.schmid@hydroprojekt.de

Dipl.-Ing. Robert Achatz
Hydroprojekt Ingenieurgesellschaft mbH
Elsenheimerstraße 11, 80687 München
robert.achatz@hydroprojekt.de

Literatur

[1] Bundesministerium für Umwelt, Naturschutz und Reaktorsicherheit (Hrsg.): Erneuerbare Energien in Zahlen: Nationale und Internationale Entwicklung. Berlin, 2012.

[2] Molly, J. P.: Status der Windenergienutzung in Deutschland – Stand 31.12.2011. (www.dewi.de, Abruf 27.11.2012).

[3] Wetzel, D.: Kritische Situation im Stromnetz. In: Welt Kompakt, Hamburg, 02.04.2012.

[4] Lacal Arántequi, R.; Tzimas, E.: SETIS expert workshop on the assessment of the potenzial of pumped hydropower storage. European Commission, Joint Research Centre, Institut for Energy and Transport, Luxemburg, 2012 (setis.ec.europa.eu/newsroom-items-folder/setis-expert-workshop-on-the-assessment-of-the-potential-of-pumped-hydropower-storage-1, Abruf 27.11.2012).

[5] Deutsche Energie-Agentur GmbH (Hrsg.): Analyse der Notwendigkeit des Ausbaus von Pumpspeicherwerken und anderen Stromspeichern zur Integration der erneuerbaren Energien. Berlin, 05.02.2010.

[6] Thüringer Ministerium für Wirtschaft, Arbeit und Technologie (Hrsg.): Pumpspeicherkataster Thüringen: Ergebnis einer Potentialanalyse. Erfurt, 2011.

[7] EnBW Energie Baden-Württemberg AG: Potentialstudie zu Pumpspeicherstandorten in Baden-Württemberg. Karlsruhe, 2012.

[8] Berger, C; Sauer, N; Achatz, R.: Potenzialstudie für Pumpspeicherkraftwerke in Baden-Württemberg. In: WasserWirtschaft 103 (2013), Nr. 3; S. 25-29.

Stefan Schmid and Robert Achatz

Potential for Pumped Hydropower Energy Storage: Studies for the German Federal States Thuringia and Baden-Wurttemberg

The shift in the energy supply system away from fossil and nuclear power sources towards renewable energy sources as wind and solar leads to a growing demand for energy storage. As pumped hydropower energy storage (PHES) is the most efficient and established storage technology on the level of the transmission grid, there is a growing attention on the further development of this technology. Therefore various studies have been commissioned in order to identify potential new sites. The methodology and the results of two of these studies on the level of German federal states are presented. The results show that there is potential for new economic sites even within little conflict areas.

Штефан Шмид и Роберт Ахатц

Потенциал насосно-аккумулирующих электростанций: исследования для Тюрингии и Баден-Вюртемберга

В условиях тенденции усиления перестройки производства электроэнергии на регенеративные, флюктуирующие источники энергии, в частности, ветер и солнце, насосно-аккумулирующие электростанции как эффективные накопители энергии приобретают все более возрастающее внимание. Неоднократно обсуждаемая тема – потенциал для новых насосно-аккумулирующих электростанций. Представлен метод оценки потенциала и определения новых, подходящих для возведения электростанций мест.

Oliver Haupt, Christiane Beer und Robert Achatz

Das Rudolf-Fettweis-Werk in Forbach – Ein Pumpspeicherwerk auf dem Weg in die Zukunft

Der Standort Forbach kann auf fast ein Jahrhundert der Wasserkraftnutzung und Pumpspeicherung zurückblicken. Die EnBW beabsichtigt, die Anlage für einen weiteren zukunftssicheren Betrieb zu erneuern. Eine grundlegende Modernisierung des Kraftwerksstandorts Forbach bietet vielversprechende Potenziale: Sie unterstützt den Ausbau erneuerbarer Energien und stärkt die Region. Im Zuge der Entwicklung eines neuen Gesamtkonzeptes für den Standort wurde eine Vielzahl von Optionen sorgfältig untersucht. Dreh- und Angelpunkt der Überlegungen ist die verstärkte Nutzung des Potenzials der Schwarzenbachtalsperre, die über ein nutzbares Speichervolumen von 14 Mio. m^3 verfügt.

1 Historie Rudolf-Fettweis-Werk

Die Wasserkraftanlage Rudolf-Fettweis-Werk liegt an der Murg im nördlichen Schwarzwald in der Ortschaft Forbach. Die Wasserkraftanlage wurde in mehreren Ausbaustufen in den Jahren 1914 bis 1926 errichtet.

Die Gesamtanlage, bestehend aus Murgwerk (22 MW), Schwarzenbachwerk (43 MW), Niederdruckwerk (2,2 MW) und Raumünzachwerk (550 kW), wird als Laufwasser-, Speicher- und als Pumpspeicherkraftwerk (ohne Wälzbetrieb) genutzt. Die ältesten Anlagenteile befinden sich nunmehr seit fast einhundert Jahren in Betrieb. Die Anlage zählt damit zu einem Pionierkraftwerk der Pumpspeicherung.

Teile der Anlage wurden innerhalb der letzten 30 Jahre grundsaniert, jedoch werden aufgrund des Alters der Anlagen nun erhebliche Investitionen erforderlich, um den weiteren langfristigen Betrieb des Rudolf-Fettweis-Werkes sicherzustellen. Zudem sind die installierten Leistungen des Rudolf-Fettweis-Werkes nicht mehr zeitgemäß, so dass es in seiner heutigen Ausgestaltung nur mehr einen kleinen Beitrag zu einer stabilen und gesicherten Stromversorgung leisten kann. Jedoch verfügt der Standort mit der Schwarzenbachtalsperre über ein großes, bereits vorhandenes Speicherbecken, dessen Potenzial derzeit nicht voll ausgeschöpft wird.

2 „Werdegang" der Planungen

In mehreren Studien wurden die Erneuerungs- und Erweiterungsoptionen für den Wasserkraftstandort Forbach untersucht. Die Bandbreite reichte hierbei von der Erneuerung der Anlagen bei unveränderter Ausbauleistung und Anlagenkonzept bis zur Ergänzung des Standortes durch ein neues Pumpspeicherkraftwerk mit einer Leistung von bis zu 1 000 MW.

Eine wichtige Randbedingung aller Planungen ist die bestehende, durch das Murgtal verlaufende 110-kV-Energieableitung. Bereits in den frühen Stadien der Überlegungen war absehbar, das ein Ausbau dieser Leitung oder Neubau einer Hochspannungsleitung ein weiteres Großprojekt wäre, dass hier nicht weiter vertieft wird. Die Kapazität dieser 110-kV-Leitung ermöglicht die Einspeisung einer Leistung von ca. 300 MW durch das Rudolf-Fettweis-Werk. Topographisch mögliche Ausbauvarianten über 300 MW wurden deshalb nicht weiter verfolgt. Die Erneuerung und Erweiterung des Standortes hat sich an der Kapazität der Energieableitung orientiert, so dass diese unverändert genutzt werden kann.

Kernstück nahezu aller Erweiterungsüberlegungen ist die Schwarzenbachtalsperre, die über ein nutzbares Speichervolumen von 14 Mio. m³ verfügt und bislang vor allem als Zwischenspeicher für die von der Murg hochgepumpten Wassermengen und als saisonaler Speicher der natürlichen Zuläufe und Beileitungen herangezogen wird. Der bisherige Betrieb der Schwarzenbachtalsperre lässt jedoch noch Spielraum für Zusatznutzungen. Eine im Zuge des Raumordnungsverfahrens durchgeführte Prüfung aller Talsperren in Baden-Württemberg kam zu dem Ergebnis, das die Schwarzenbachtalsperre über die besten Voraussetzungen für die Verwendung als Speicherbecken eines Pumpspeicherwerks in der Größenordnung von 200 bis 300 MW verfügt. Von der Untersuchung ausgenommen waren lediglich die Anlagen der Schluchseewerk AG, die eigene Überlegungen zur Erweiterung Ihrer Anlagen verfolgen.

Die topographisch günstige Lage der Schwarzenbachtalsperre ermöglicht eine Doppelnutzung als Ober- und Unterbecken. Der Seespiegel liegt auf rund 650 m ü. NN (Betriebsbereich von 628,0 m ü. NN bis 668,5 m ü. NN) und damit etwa 350 m über dem Murgtal. Die Talsperre ist von Erhebungen mit Gipfelhöhen über 1 000 m ü. NN umgeben. Sowohl nach „oben" als auch nach „unten" lassen sich somit für ein Pumpspeicherwerk sehr günstige Fallhöhen von über 300 m realisieren.

Die Planungen sehen dementsprechend vor, ein neues Pumpspeicherwerk (Oberstufe) mit der Schwarzenbachtalsperre als Unterbecken zu errichten. Zudem soll das bestehende Schwarzenbachwerk ebenfalls durch ein neues Pumpspeicherwerk (Unterstufe), jedoch mit der Schwarzenbachtalsperre als Oberbecken ersetzt werden.

Die Oberstufe und die Unterstufe können getrennt oder als Kaskade gesteuert werden. Das Funktionsschema des möglichen künftigen Kraftwerkssystems mit zwei getrennten Pumpspeicherkraftwerken ist in **Bild 1** dargestellt.

Im Raumordnungsverfahren wurden insgesamt 17 Alternativen zur Standorterweiterung aufgezeigt und unter technischen, raumplanerischen und umweltbezogenen Aspekten bewertet. Hiervon behandelten 13 Alternativen mögliche Oberbecken zur Schwarzenbachtalsperre, die teils als künstliche Oberbecken und teils als Aufstau von Tälern konzipiert sind. Intensiver untersucht wurden die drei Vorzugsalternativen Seekopf, Streitmannsköpfe und Nägeliskopf, die im Hinblick auf Fallhöhe, Horizontalentfernung und Geologie praktisch gleichwertig sind. Für den Auswahlprozess maßgebend waren somit ausschließlich umweltbezogene Aspekte. Dementsprechend wurde den Auswirkungen des Vorhabens auf Mensch, Umwelt und Natur bereits bei der Erstellung der Unterlagen für das Raumordnungsverfahren größte Bedeutung beigemessen und Konzepte zur Minimierung negativer Einflüsse entwickelt. Der letztlich gewählte Oberbeckenstandort Seekopf wurde durch die raumordnerische Beurteilung des Regierungspräsidiums Karlsruhe vom November 2012 bestätigt.

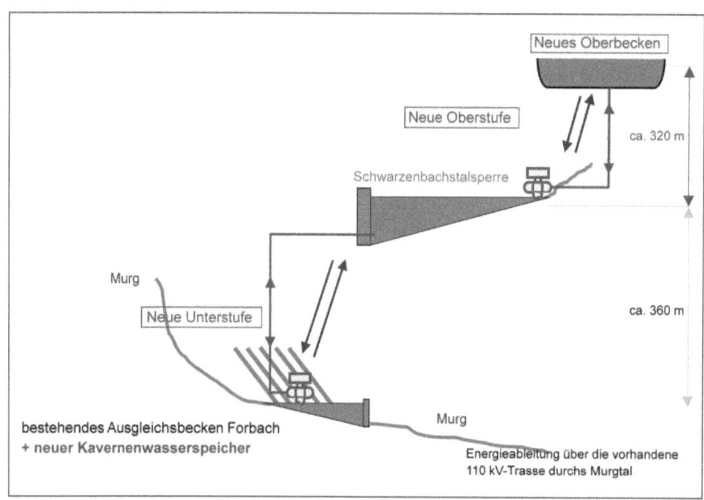

Bild 1: Pumpspeicherkraftwerk Forbach: Funktionsschema des künftigen Kraftwerkssystems [1]

Vier Alternativen befassten sich mit den Möglichkeiten für die Anlage einer neuen Unterstufe. Ein großes Defizit der derzeitigen Anlage ist das geringe Volumen des Ausgleichsbeckens im Murgtal von nur 0,2 Mio. m³. Mit der Errichtung einer neuen Unterstufe sollte deshalb auch eine Erweiterung des Speichervolumens im Unterbecken einhergehen. Die Schaffung eines zusätzlichen Unterbeckens durch Anstauen der Murg wurde insbesondere wegen der damit verbundenen Zielkonflikte mit dem Natur- und Artenschutz, der Wasserrahmenrichtlinie (Durchgängigkeit und Mindestwasserführung von Fließgewässern) sowie dem Murgtal in seiner heutigen Gestalt als landschaftsbildprägendes Element verworfen.

Die oberirdische Vergrößerung des bestehenden Ausgleichsbeckens durch Erhöhung des Stauziels wird durch die vorhandene Besiedlung am Ufer des Ausgleichsbeckens verhindert. Das zusätzliche Pendelwasservolumen soll deshalb durch eine unterirdische Erweiterung geschaffen werden. Ein ausgedehntes System von Speicherstollen (Kavernenwasserspeicher) wird über einen Hauptstollen mit dem Ausgleichsbecken verbunden und hydraulisch mit diesem gekoppelt.

Aufgabe der nachfolgenden Planungsschritte ist es, die optimalen Ausbauleistungen und Speichervolumina für Ober- und Unterstufe unter Berücksichtigung von wirtschaftlichen, technischen und umweltfachlichen Randbedingungen zu bestimmen.

3 Oberstufe aktuell im Entwurf

Die Planungen der Oberstufe befinden sich aktuell in der Entwurfsphase. Nach weiteren Variantenuntersuchungen hat sich die Lösung mit einem Kavernenkraftwerk anstelle eines Schachtkraftwerkes als geotechnisch vorteilhafter herausgestellt. Ein Vorteil des Kavernenkraftwerkes gegenüber dem Schachtkraftwerk ist unter anderem, dass durch den Ausbruch der Kaverne und der Stollen für die Steinschüttung des Oberbeckenringdamms ausreichend guter Granit zur Verfügung steht. Damit konnte das Oberbecken auf dem Seekopf so optimiert werden, dass weitestgehend ein Massenausgleich mit den Ausbruchsvolumina der Kaverne erreicht wird und die Massentransporte deutlich reduziert werden. In **Bild 2** ist die Lage des Pumpspeicherwerkes mit Darstellung des Oberbeckens, des Kavernenkraftwerkes, der Wasserwege und Stollen sowie der Energieableitung zum Rudolf-Fettweis-Werk zu sehen.

Das Oberbecken weist einen Betriebsraum von 2,2 Mio. m³ und eine überbaute Fläche von 24,45 ha auf. Der Damm des Oberbeckens wird als Steinschüttdamm mit einer durchschnittlichen Höhe von ca. 30 m und einer Böschungsneigung von 1:1,8 luftseitig bzw. 1:1,7 wasserseitig ausgeführt. Der am Oberbecken anstehende Sandstein ist zwar als Dammschüttmaterial grundsätzlich geeignet, weist jedoch nur eine relativ niedrige Scherfestigkeit auf. Durch die Verwendung des Granits aus dem Ausbruch der Kaverne können die geplanten Bö-

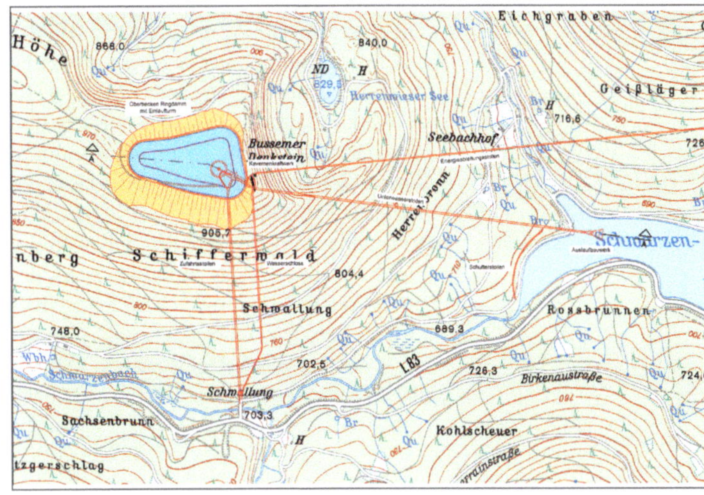

Bild 2: Pumpspeicherkraftwerk Forbach: Lageplan Kavernenkraftwerk Oberstufe

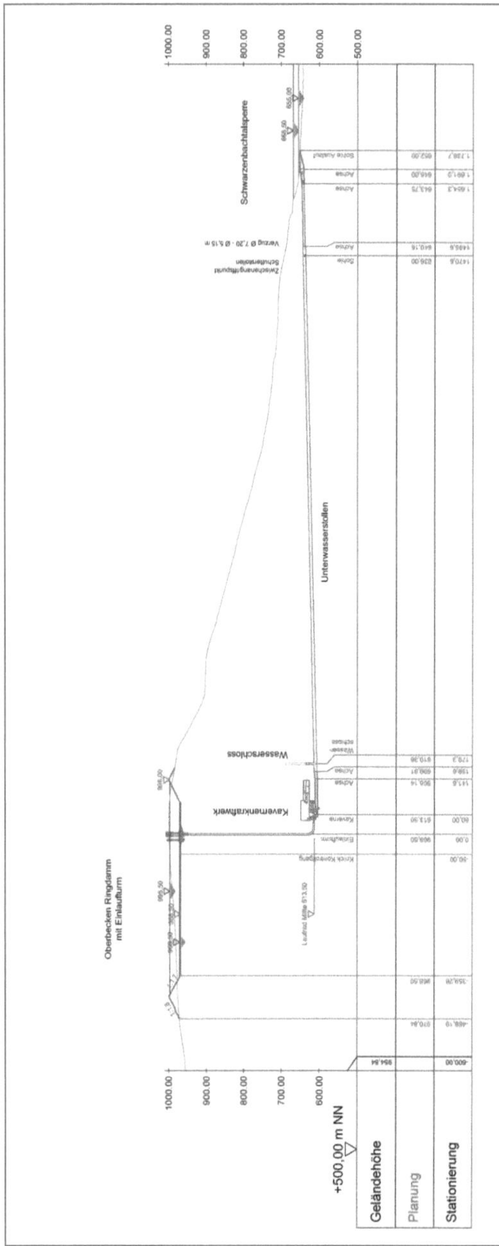

Bild 3: Pumpspeicherkraftwerk Forbach: Längsschnitt Kavernenkraftwerk Oberstufe

schungsneigungen realisiert werden. Die Abdichtung des Beckens, die mit einer Oberflächenasphaltdichtung realisiert werden soll, kann später laufend über einen Kontrollgang unterhalb der Beckensohle auf ihre Funktionstüchtigkeit überprüft werden. Der Zulauf zum senkrechten Druckschacht (**Bild 3**) erfolgt über einen Einlaufturm, der über den Kontrollgang zugänglich sein wird.

Für die Erstellung der unterirdischen Bauwerke wird zunächst der Zufahrtsstollen aufgefahren, um im Anschluss die Kaverne auszubrechen. Der senkrechte Druckschacht (Innendurchmesser ca. 4 m) vom Einlaufturm des Oberbeckens zur Kaverne soll mit Raise Boring hergestellt und anschließend mit einer Stahlpanzerung mit Betonhinterfüllung ausgekleidet werden. Der Unterwasserstollen zwischen der neuen Kaverne und dem Unterbecken, der Schwarzenbachtalsperre, wird nur in Teilen mit einer Betonschale ausgekleidet. Aufgrund des anstehenden standsicheren Granits mit sehr geringer Wasserdurchlässigkeit kann in großen Teilen auf die Betonschale verzichtet werden. In den Bereichen mit Betonschale wird der Unterwasserstollen mit einem Durchmesser von ca. 5,2 m ausgeführt, in den unausgekleideten Bereichen aufgrund der größeren Rauheit mit ca. 7,2 m.

Zum Einsatz soll eine vertikale Pumpturbine mit einer installierten Leistung von 225 MW, einem Nenndurchfluss von ca. 82 m^3/s und einer Fallhöhe bzw. Förderhöhe von ca. 320 m kommen.

Die Energieableitung erfolgt direkt von der Kaverne aus unterirdisch in einem separaten Energieableitungsstollen zum Rudolf-Fettweis-Werk in Forbach. Eingriffe in Natur und Landschaftsbild können so auf ein Minimum reduziert werden. Als einzige Bauwerke an der Oberfläche verbleiben somit das Oberbecken, das Portalbauwerk am Zufahrtsstollen an der Schwallung (Bild 2), das Auslaufbauwerk des Unterwasserstollens in die Schwarzenbachtalsperre und das Portal des Energieableitungsstollens, der auf das Betriebsgelände des Rudolf-Fettweis-Werkes münden soll.

4 Unterstufe mit Kavernenwasserspeicher

Auch an der Unterstufe, die die Schwarzenbachtalsperre als Oberbecken nutzen wird, hat sich ein Kavernenkraftwerk als Vorzugsvariante herauskristallisiert. Dieses neue Kavernenkraftwerk soll das bestehende Schwarzenbachwerk und Murgwerk ersetzen und diese gemeinsam in der neuen Kaverne unterbringen. Das neue Schwarzenbachwerk wird hierbei als Pumpspeicherwerk mit einer Ausbauleistung von 50 MW und das neue Murgwerk als Laufwasserkraftwerk mit ca. 20 MW geplant. Von Bedeutung ist hier unter anderem die Schwarzstartfähigkeit beider Anlagen, um bei Netzausfall eine Notschiene und auch ein Wiederanfahren anderer Kraftwerke zu gewährleisten.

Als Unterbecken wird das bestehende Ausgleichsbecken in der Murg verwendet, das durch einen unterirdischen Kavernenwasserspeicher mit einem nutzbaren Volumen von ca. 100 000 m^3 erweitert werden soll. Dieser Kavernenwasserspeicher ist eine technisch anspruchsvolle und aufwendige Lösung, die in dieser Form in Deutschland bisher noch nicht ausgeführt worden ist. Das Wasser wird aus dem Kavernenkraftwerk zunächst in einen Hauptstollen geleitet, von dem seitlich vier Nebenstollen, die der Speicherung des Wassers dienen, abzweigen (**Bild 4**). Der Hauptstollen stellt zudem die Verbindung mit dem Ausgleichsbecken in der Murg her, so dass Ausgleichsbecken und Kavernenwasserspeicher hydraulisch verbunden sind und gemeinsam als Unterbecken fungieren können.

Als Turbine für die neue Unterstufe ist eine vertikale Pumpturbine mit einer installierten Leistung von 50 MW, einem Nenndurchfluss von 16,4 m^3/s und einer Nennfallhöhe bzw. -förderhöhe von ca. 360 m geplant. Beim neuen Murgwerk sind zwei Francis-Kompaktmaschinen mit installierten Leistungen von 4,6 und 8,5 MW, einem Nenndurchfluss von insgesamt 10 m^3/s und einer Nennfallhöhe von 145 m als erster Entwurf vorgesehen.

Das bestehende Schwarzenbachwerk und das Murgwerk können nahezu während der gesamten Bauzeit der neuen Unterstufe weiterbetrieben werden. Lediglich für den kurzen Zeitraum, in dem der Bestand mit dem neuen System verbunden wird, müssen die beiden Kraftwerke stillgelegt werden. Da der Standort Forbach als Notstromversorgung für andere Kraftwerke dient, muss der Umschluss von Murg- und Schwarzen-

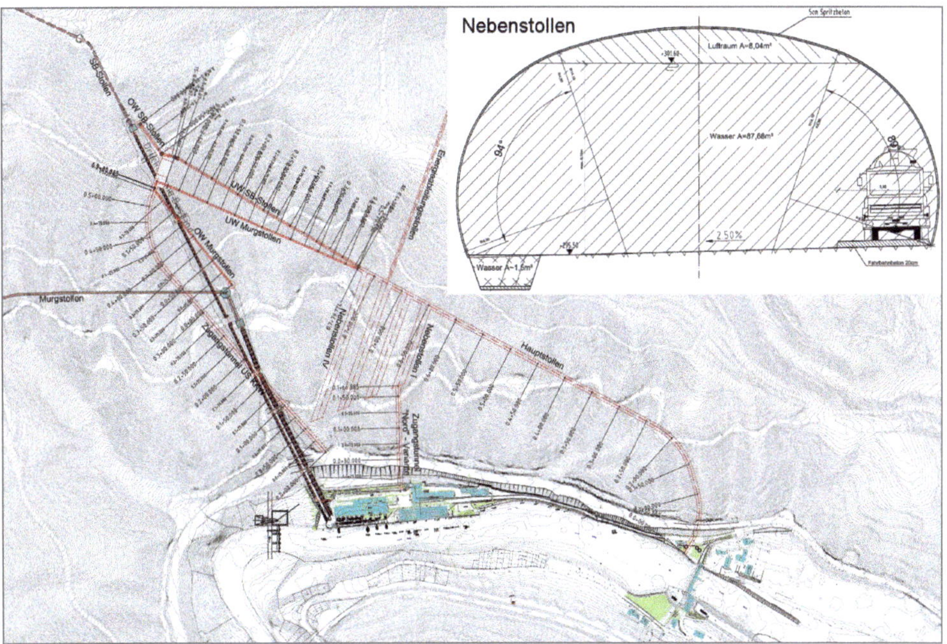

Bild 4: Pumpspeicherkraftwerk Forbach: Kavernenwasserspeicher Unterstufe

bachwerk auf die neue Unterstufe zeitlich versetzt hintereinander erfolgen, so dass die für die Notschiene erforderliche Leistung jederzeit zur Verfügung steht.

Die Unterstufe stellt sich im Vergleich zur Oberstufe unter anderem wegen des Baus des aufwendigen Kavernenwasserspeichers wirtschaftlich weniger positiv dar. Aus diesem Grund soll zunächst geklärt werden, in welcher Form die bestehenden Anlagen mit eingebunden werden können, um zu einer wirtschaftlichen Gesamtlösung zu führen. Eine vertiefte Analyse der Restlebensdauer der bestehenden Anlagenteile bzw. der für einen Weiterbetrieb erforderlichen Investitionen soll dies klären. Daher wurde die Entwurfsplanung für die Unterstufe zunächst ausgesetzt, bis eine Entscheidung über die Restlebensdauer des bestehenden Kraftwerkes bzw. der Errichtung der neuen Unterstufe getroffen werden kann.

5 Ausblick

Der bestehende Standort Forbach bietet hervorragende Voraussetzung für den weiteren Ausbau der Pumpspeicherkraftwerksleistung. Ein derartiges Projekt wird neben seinem energiewirtschaftlichen Beitrag für die Energiewende weitere Vorteile bieten:

- Die Sicherung der Stromversorgung und Netzstabilität bei einem immer größeren Anteil volatiler erneuerbarer Energien an der Stromversorgung,
- die Nutzung der Wasserkraft im Einklang mit der Umwelt und
- die Wertschöpfung für die gesamte Region.

In der aktuellen energiepolitischen Diskussion ist unumstritten, dass mit dem verstärkten Ausbau der erneuerbaren Energien die Schaffung von Energiespeichern zur bestmöglichen Nutzung der fluktuierenden Stromerzeugung der erneuerbaren Energien einhergehen muss. Die derzeitigen energiepolitischen Rahmenbedingungen stellen jedoch die erheblichen Investitionen für den Bau eines Pumpspeicherkraftwerkes selbst an einem Standort mit sehr günstigen Voraussetzungen wie Forbach in Frage. Ursache hierfür ist vorrangig die verstärkte Einspeisung der Photovoltaik in der Mittagsspitze, die dem klassischen Pumpspeicherbetrieb derzeit die wirtschaftliche Grundlage entzieht.

Nichtsdestotrotz ist das Konzept der Pumpspeicherung heute so aktuell wie zu Beginn des 20. Jahrhunderts. Das Vorhaben in Forbach weist in diese Zukunft.

Autoren

Dipl.-Ing. Oliver Haupt
EnBW Kraftwerke AG
Eichwiesenring 14, 70567 Stuttgart
o.haupt@enbw.com

Christiane Beer

Dipl.-Ing. Robert Achatz
Hydroprojekt Ingenieurgesellschaft mbH
Elsenheimerstraße 11, 80687 München
Christiane.Beer@hydroprojekt.de
Robert.Achatz@hydroprojekt.de

Literatur

[1] EnBW Kraftwerke AG (Hrsg.): Pumpspeicherkraftwerk Forbach, Raumordnungsverfahren. Stuttgart, 2012.

[2] Regierungspräsidium Karlsruhe (Hrsg.): Raumordnungsverfahren mit integriertem Zielabweichungsverfahren für die geplante Erweiterung des Rudolf-Fettweis-Werkes in Forbach (Pumpspeicherkraftwerk). Raumordnerische Beurteilung, Karlsruhe, 2012.

Oliver Haupt, Christiane Beer and Robert Achatz

The Rudolf-Fettweis-Werk in Forbach – A Pumped Storage Plant Setting out for the Future

Forbach with the plant „Rudolf-Fettweis-Werk" can look back on almost one century of hydro power and pumped storage. The EnBW is planning to make the power plant ready for long term future operation. A fundamental modernization of the power plant location of Forbach has promising potential: It supports the development of renewable energy and strengthens the local area. During the development of a new overall concept for this location a multitude of options was reviewed carefully. The linchpin of all considerations is the extended use of the Schwarzenbach dam, which currently only uses a part of its developable active storage of about 14 million m³. Due to its unique geographical position the Schwarzenbach dam can both be used as upper and lower reservoir for two new pumped storage plants. This article gives an overview of the ongoing design process.

Оливер Хаупт, Кристиане Беер и Роберт Ахатц

Электростанция имени Рудольфа Феттвейса в Форбахе (Forbach) – насосно-аккумулирующая электростанция на пути в будущее

Город Форбах может «оглянуться назад» – здесь имеется почти столетний опыт использования гидроэнергии и насосного аккумулирования. Компания EnBW планирует обновить насосно-аккумулирующую электростанцию с целью осуществления надежной эксплуатации в будущем. Коренная модернизация электростанции, расположенной в Форбахе (Forbach), дает возможность развития многообещающих потенциалов; таким образом, поддерживается развитие возобновляемых источников энергии и осуществляется укрепление региона. В ходе разработки новой концепции для этого населенного пункта в целом были тщательно рассмотрены несколько вариантов. Ключевой точкой рассмотрения является более широкое использование потенциала водохранилищной плотины Шварценбах (Schwarzenbach), обладающей полезной емкостью аккумулирования 14 млн. м³.

Stefan Höller und Helmut Jaberg

Ein Beitrag zur Druckstoßberechnung von Pumpspeicheranlagen

Der Betrieb von Pumpspeicheranlagen führt zwangsweise zu hochgradig instationären Strömungsvorgängen im Triebwasserweg einer Hochdruckwasserkraftanlage. Das Verlangen nach einem flexiblen Kraftwerksbetrieb mit möglichst kurzen Schaltzeiten von z. B. Pump- in Turbinenbetrieb setzt eine zuverlässige Vorausberechnung des transienten Strömungsverhaltens voraus. Mit Hilfe numerischer Simulationsmethoden können die dabei auftretenden Druckstöße und Massenschwingungen berechnet werden, um in weiterer Folge optimiert zu werden. Dazu müssen die relevanten Anlagenkomponenten, wie Wasserschloss, hydraulische Maschine oder Absperrorgane, möglichst genau modelliert werden. Da in kommerziell verfügbarer Druckstoßberechnungssoftware diese Komponenten nicht oder eventuell nur mangelhaft vorhanden sind, müssen geeignete Simulationsmodelle selbst entwickelt werden, um das transiente Verhalten von Pumpspeicheranlagen berechnen zu können. In diesem Beitrag wird die Vorgehensweise bei der Entwicklung von Simulationsmodellen am Beispiel einer Pumpturbine geschildert. Mittels geeigneter Vergleichsrechnungen werden die Berechnungsergebnisse mit dem Software-Paket Flowmaster inklusive eigener, bereits zuvor validierter Adaptionen verifiziert.

1 Einleitung

Pumpspeicherkraftwerke liefern zurzeit die wohl einzige Möglichkeit, elektrische Energie in großtechnischem Stil und dabei auch wirtschaftlich interessant zu speichern. Gleichzeitig gelingt es dabei, äußerst flexibel und vor allem mit enormer Schnelligkeit auf gegebene Lastwechsel bzw. Anforderungen des elektrischen Netzes reagieren zu können. Wie keine andere Kraftwerksart stellen sie eine Leistungsreserve mit hoher Verfügbarkeit dar und gestatten damit, auftretende Spitzennachfragen nach Strom zu decken sowie Regelleistung für den Netzbetrieb zur Verfügung zu stellen. Der Bedarf bzw. die Nachfrage nach einer solchen Möglichkeit hat im letzten Jahrzehnt vor allem durch den massiven Ausbau von erneuerbaren Energien wie beispielsweise der Windkraft stark zugenommen und wird aufgrund der momentanen klimapolitischen Marschrichtung noch weiter steigen. Von Seiten der Kraftwerksbetreiber gibt es daher vermehrt das Verlangen, bestehende Anlagen umzurüsten, deren Kapazitäten zu erweitern bzw. neue Kraftwerksprojekte voranzutreiben, da der Markt für diese Spitzenenergie aus den eben genannten Gründen ein sehr lukrativer ist [1]. Da die Leistung einer hydraulischen Maschine direkt proportional zu ihrer Fallhöhe ist, bieten sich zur Pumpspeicherung vor allem Hochdruckwasserkraftanlagen an.

Der Betrieb einer Hochdruckwasserkraftanlage als modernes, flexibles Pumpspeicherkraftwerk verlangt nach sehr kurzen Umschaltzeiten zwischen verschiedenen Lastpunkten, wodurch sich hochgradig instationäre Strömungsvorgänge im hydraulischen System der Anlage ergeben. Bereits in der Planungsphase müssen diese mit geeigneten Methoden überprüft werden und dabei auftretende Druckstöße sowie hydraulische Schwingungen des Triebwassersystems berechnet werden, um einen sicheren Betrieb der Anlage zu gewährleisten. Als Ergebnisse dieser Berechnungen resultieren unter anderem die maximalen Rohrbahninnendrücke sowie Lastkollektive, welche in weiterer Folge bemessungsrelevant bzw. Grundlage für die weitere Planung der Kraftwerksanlage sind. Darüber hinaus gilt es im Zuge der Druckstoßberechnungen die Stellgeset-

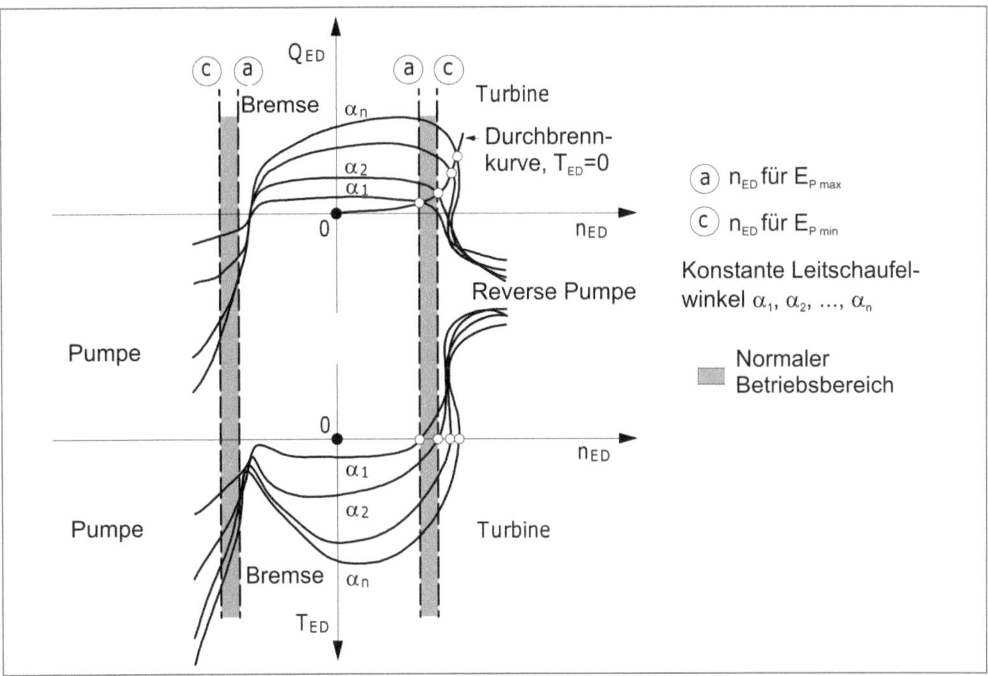

Bild 1: Pumpturbinenkennfeld in Einheitskenngrößen [5]

ze der Kraftwerksarmaturen und Turbinenregelorgane zu optimieren und dabei einen effizienten Kompromiss aus Flexibilität (z. B. minimale Zeitspanne beim Wechsel von Betriebspunkten) und Belastung der Anlage (Rohrbahninnendruck, Pegelstand im Wasserschloss) zu finden. Kommerzielle Softwarepakete liefern dabei ein Rahmengerüst für eine eindimensionale, instationäre Strömungsberechnung nach dem Charakteristikenverfahren [2], wie sie üblicherweise zur Druckstoßberechnung herangezogen wird. Diese beinhalten zumeist eine umfassende Komponentenbibliothek, welche jedoch die komplexen Anlagenkomponenten einer Wasserkraftanlage, wie Turbinen, notschlusstaugliche Armaturen oder Wasserschlösser, nicht beinhaltet. Dadurch sind bei Verwendung von Standardkomponenten auch keine genauen Aussagen über die dynamische Belastung der Kraftwerksanlage (sowohl der Maschinen als auch der Baustruktur) möglich.

Da jedoch die Strömungsmaschine und ihr Betrieb für die Störungen der stationären Betriebsbedingungen im Triebwassersystem verantwortlich sind und somit das transiente Verhalten der Anlage erst verursachen, ist es für eine genaue Abbildung der realen Anlagenverhältnisse unumgänglich, geeignete numerische Modelle zu verwenden und daher selbst zu entwickeln. Ist ein Wasserschloss Teil des hydraulischen Systems – bei langen Triebwasserwegen und/oder großen Fallhöhen bzw. für einen flexiblen Kraftwerksbetrieb unumgänglich – muss auch dieses so genau wie möglich abgebildet werden. Eine ungenügende bzw. ungenaue Modellierung dieser Komponente birgt die Gefahr, bei gegebenen Lastwechselgeschwindigkeiten eine zu große und daher unnötigerweise teure Dimensionierung des Wasserschlosses zu erhalten. Außerdem hat die Modellierungsgenauigkeit der Wasserschlösser großen Einfluss auf das Berechnungsergebnis der Eigenfrequenzen des Systems. Die genaue Kenntnis der Eigenfrequenzen der Wasserschwingung im System sind jedoch für einen zyklischen Kraftwerksbetrieb (z. B. periodische Umschaltvorgänge zwischen Pump- und Turbinenbetrieb) notwendig, um eine mögliche Resonanzanregung detailliert abbilden zu können. Dies erfordert jedoch auch die Modellierung von komplexen hydraulischen Detailphänomenen, wie beispielsweise die Trennung von Wasserspiegeln an Übergabeschächten,

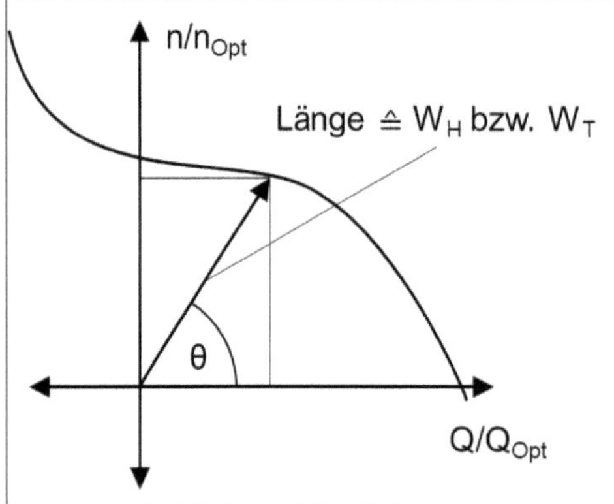

Bild 2: Prinzip der Suter-Transformation

lokale Aufpilzung bzw. Absenkung eines Wasserspiegels, Schwall- und Sunk-Erscheinungen, schräge Wasserspiegel, Oberflächenwellen und dergleichen mehr.

Die beschriebenen Voraussetzungen verlangen also nach einer Berechnungssoftware, die es ermöglicht, auch eigene numerische Modelle zu integrieren, da sie ansonsten zur Druckstoßberechnung von komplexen Pumpspeicheranlagen nur bedingt geeignet ist.

2 Modellierung einer Pumpturbine zur Druckstoßberechnung

Am Institut für Hydraulische Strömungsmaschinen der TU Graz ist in den vergangenen Jahren eine umfassende Modulbibliothek entstanden, um die instationären Vorgänge vor allem, aber nicht nur beim Betrieb von Hochdruckwasserkraftanlagen möglichst detailgetreu berechnen zu können. So entstanden unter anderem verschiedenste Wasserschlossmodelle, hydraulisch betätigte Absperrorgane sowie mehrere Modelle hydraulischer Maschinen. Die Vorgehensweise bei der Modellbildung einer solchen Komponente sei hier am Beispiel einer Pumpturbine dargestellt [3], [4].

Um den Einfluss bzw. die Auswirkungen einer hydraulischen Maschine auf die gesamte Anlage in einer Druckstoßberechnung berücksichtigen zu können, muss die gesamte Betriebscharakteristik der Strömungsmaschine bekannt sein, denn beispielsweise beim Durchgehen einer Turbine kann es unter Umständen möglich sein, dass diese zu pumpen beginnt. Die Druckstoßberechnung einer Wasserkraftanlage liefert also nur dann realitätstreue Ergebnisse, wenn das Verhalten der hydraulischen Maschine zur Gänze bzw. in allen Betriebsbereichen vollständig abgebildet werden kann. Dazu muss das Verhalten der Strömungsmaschine als geeignete Rand- bzw. Übergabebe-

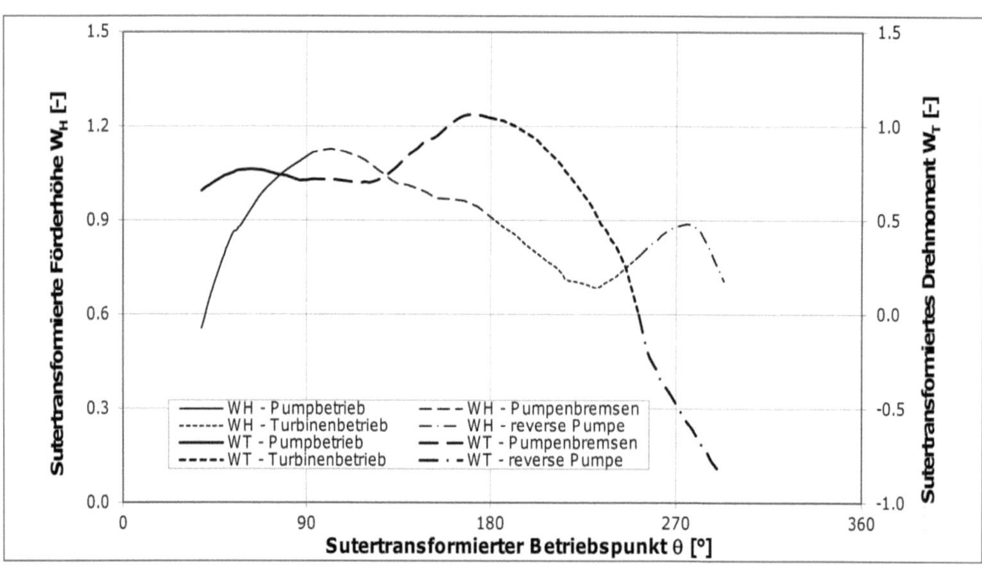

Bild 3: Sutertransformiertes Pumpenkennfeld [4]

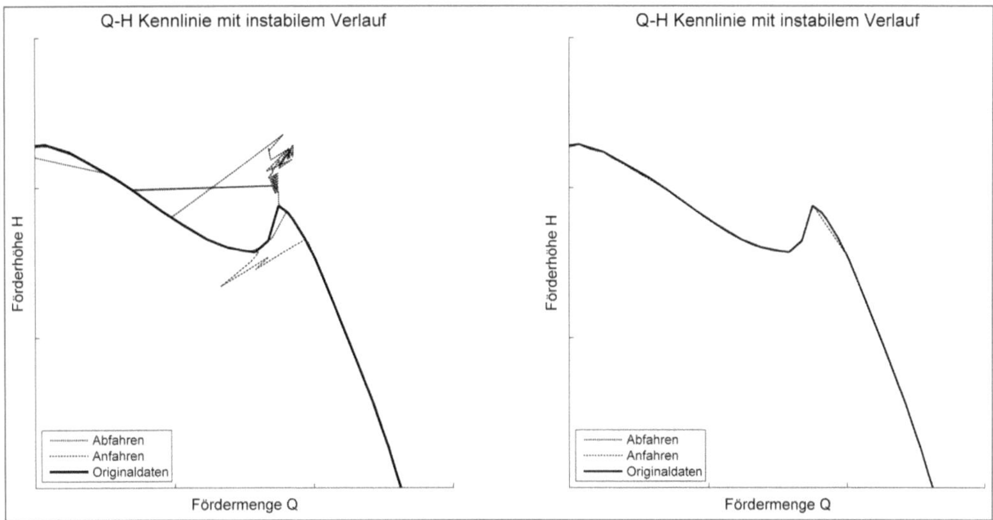

Bild 4: Vergleich von Flowmaster-Pumpenmodell (links) und Pumpturbinenmodell der Autoren (rechts)

dingung am Ende bzw. zwischen zwei Rohrleitungsabschnitten modelliert werden. Es muss beispielsweise bei gegebenem Durchfluss durch die Maschine mit bekannter Drehzahl sowie gegebener Leitapparatstellung die Förder- bzw. Fallhöhe der Maschine aus dem Kennfeld ausgelesen werden. Diese muss anschließend als Übergabebedingung zwischen zwei Rohrleitungen (Druckstutzen und Saugstutzen der Maschine) verwendet werden. Zusätzlich muss auch das vollständige Schließen des Leitapparats im Turbinenbetrieb abgebildet werden können, da ein Kennfeld einer Maschine nur eine diskrete Anzahl an Leitapparatstellungen abbildet. Die Durchfluss- und Drehmomentcharakteristik zwischen dem geschlossenen Leitapparat und der kleinsten gemessenen Leitapparatstellung muss also zusätzlich modelliert werden.

Hierfür muss eine Darstellung des Betriebsverhaltens gewählt werden, welche für die numerische Berechnung geeignet ist und welche alle möglichen Betriebszustände (Laufradstillstand, Drehrichtungsumkehr, Lastabwurf, Anfahrvorgang ...) der Pumpturbine abbildet.

Das allseits bekannte Q-H-Kennfeld einer Pumpe bzw. die Darstellung in drehzahlunabhängiger Form mittels:

- Durchflussziffer $\varphi = \frac{4 \cdot Q}{D^3 \cdot \pi^2 \cdot n}$ [–] und
- Druckziffer $\Psi = \frac{2 \cdot g \cdot H}{D^2 \cdot \pi^2 \cdot n^2}$ [–]

sind für die Berechnung des instationären Verhaltens jedoch ungeeignet:

- In dieser Darstellung liefert die Drehrichtungsumkehr der Maschine, welche gleichzeitig mit einem Moment des Stillstandes des Laufrades verbunden ist, einen singulären Punkt. Diese Tatsache wiederum lässt es nicht zu, diesen durchaus interessanten Betriebspunkt in die Berechnung mit einzuschließen und macht somit diese Kennliniendarstellung unbrauchbar für die Berechnung des instationären Verhaltens von hydraulischen Maschinen.
- Die Drehrichtung der Maschine wird nicht berücksichtigt und gleichzeitig können Mehrdeutigkeiten in der Zuordnung von ψ und φ auftreten. Auch dieses Faktum führt zu ungewollten Problemen bei der numerischen Berechnung.

Es muss also eine alternative Darstellung für das Betriebsverhalten gewählt werden, welche die geschilderten Ausschlusskriterien nicht aufweist.

2.1 Darstellung der Maschinencharakteristik mit Einheitskenngrößen

Nach der Norm IEC 60 193 [5] wird für die Betriebscharakteristik von Francis-Maschinen und auch für Pumpturbinen folgende Darstellung vorgeschlagen:

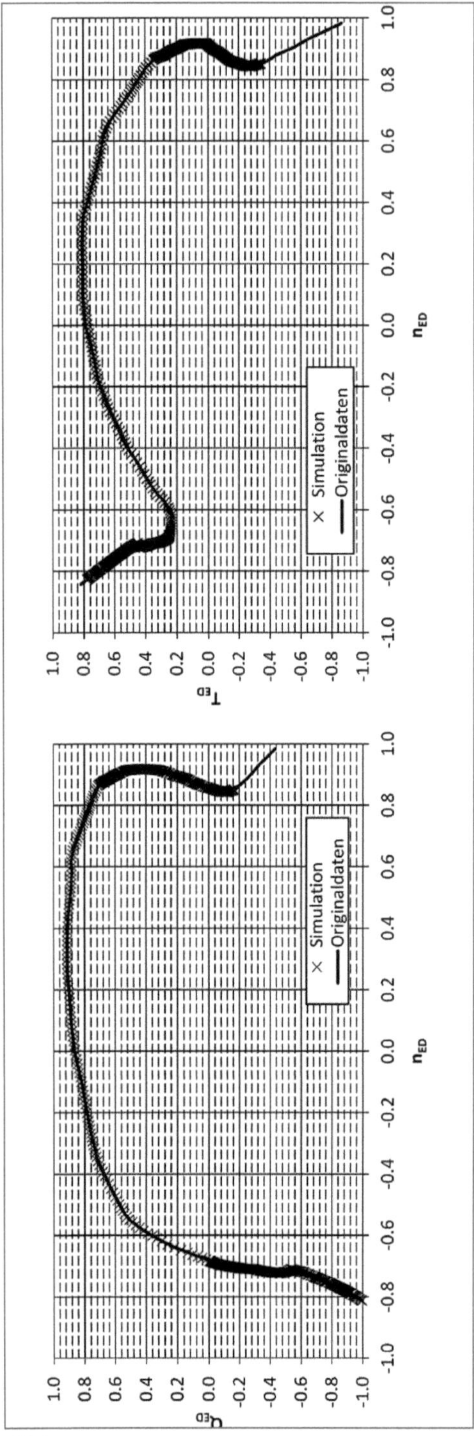

Bild 5: Originaldaten und errechnete Betriebspunkte bei einem Lastabwurf

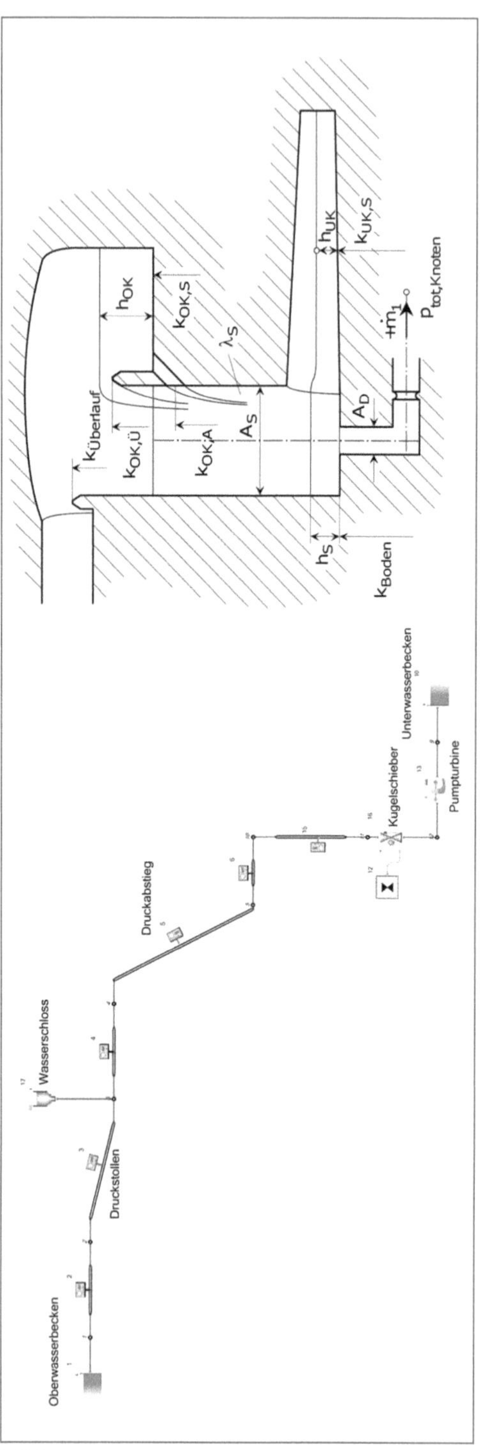

Bild 6: Berechnungsnetzwerk der Machbarkeitsstudie (links) und Detail des Wasserschlosses (rechts)

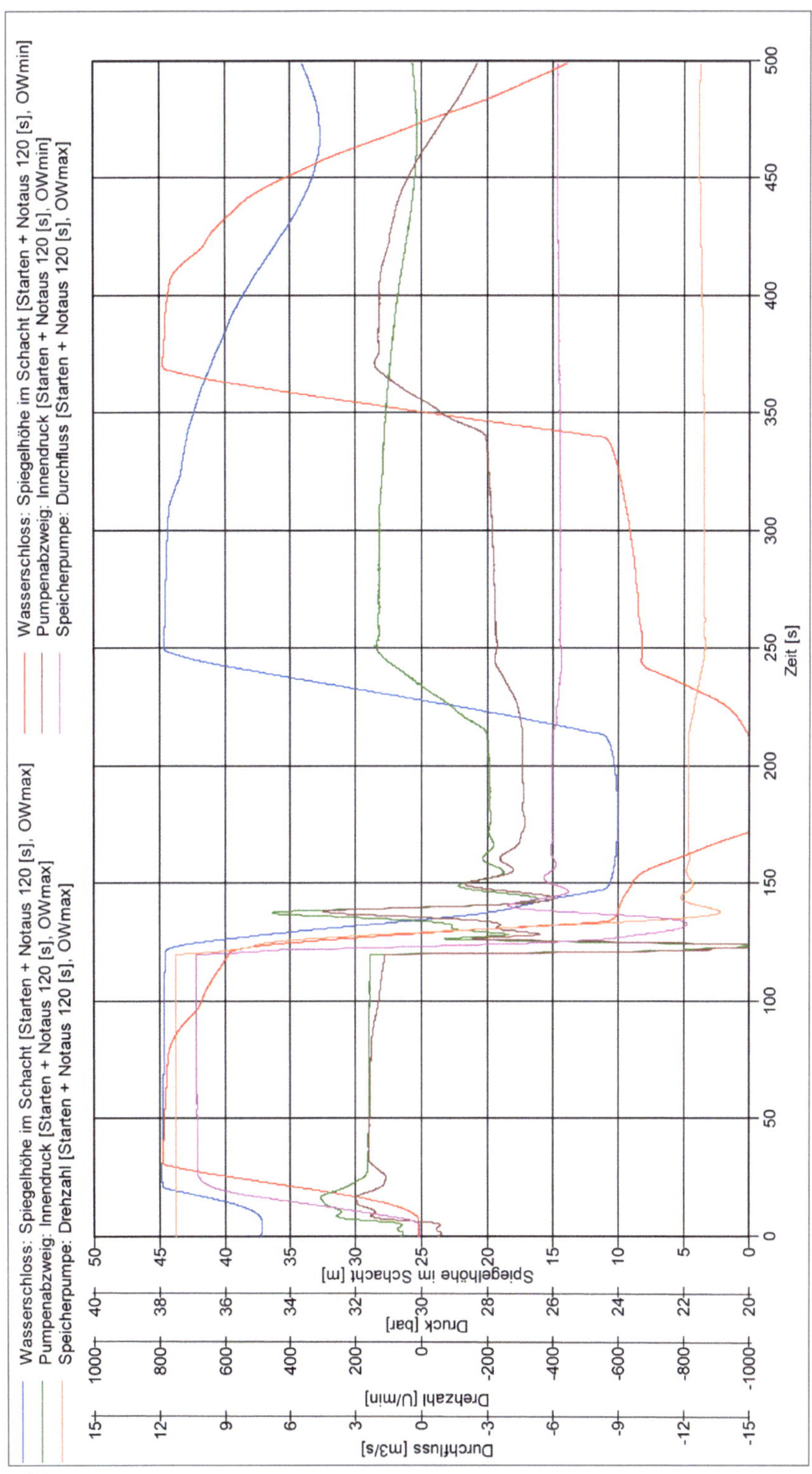

Bild 7: Ergebnisse der Machbarkeitsstudie nach [7]

Einheitsdrehzahl

$$n_{ED} = \frac{n \cdot D}{\sqrt{g \cdot H}} \, [-] \tag{1}$$

Einheitsdurchfluss

$$Q_{ED} = \frac{Q}{D^2 \sqrt{g \cdot H}} \, [-] \tag{2}$$

Einheitsdrehmoment

$$T_{ED} = \frac{T}{\rho \cdot D^3 \cdot g \cdot H} \, [-] \tag{3}$$

Ein beispielhaftes vollständiges 4-Quadranten-Kennfeld einer Pumpturbine nach IEC 60 193 zeigt **Bild 1**.

Diese Darstellung des Betriebsverhaltens von Pumpturbinen zeigt zwar die zuvor genannten Ausschlusskriterien nicht, ist jedoch auch keine Ideallösung für die numerische Berechnung des instationären Verhaltens solcher Maschinen. Mit der Darstellung in Einheitskenngrößen sind zwar die Betriebsbereiche der Strömungsmaschine eindeutig definiert, jedoch können in der Zuordnung von n_{ED} und Q_{ED} sowie auch in der Darstellung von T_{ED} über n_{ED} „S-Schläge" – vor allem in Turbinendrehrichtung – auftreten, welche einem Wert von n_{ED} bis zu 3 Werte von Q_{ED} bzw. T_{ED} zuordnen. Diese Mehrdeutigkeiten entstehen aus der Normierung der Einheitskenngrößen mit der Förder- bzw. Fallhöhe H. Da aber z. B. bei einer Pumpe einer Förderhöhe mehrere Durchflüsse zugeordnet werden können, ergeben sich auch in der Darstellungsform von n_{ED} und Q_{ED} die eben angesprochenen Mehrdeutigkeiten.

2.2 Sutertransformierte Darstellung der Maschinencharakteristik

Die Darstellung nach Suter [6] bietet den Vorteil, dass alle negativen Eigenschaften der bisher genannten Darstellungsformen der Maschinencharakteristik entfallen.

Das Prinzip dieser Darstellung des Maschinenverhaltens beruht auf einer Transformation von kartesischen auf Polarkoordinaten (**Bild 2**). Nach Suter werden das Verhältnis von normierter Maschinendrehzahl und normiertem Maschinendurchfluss über die Arkustangens-Funktion zum sutertransformierten Betriebspunkt Θ transformiert:

$$\Theta = \operatorname{arctg}\left(\frac{\frac{n}{n_{opt}}}{\frac{Q}{Q_{opt}}}\right) = \left(\frac{\frac{n_{ED}}{n_{ED,opt}}}{\frac{Q_{ED}}{Q_{ED,opt}}}\right) [-] \tag{4}$$

Als Normierungspunkt für Drehzahl und Durchfluss sowie in weiterer Folge für Förder- bzw. Fallhöhe und Drehmoment wird dabei üblicherweise der Bestpunkt der Maschine (Optimum) verwendet. Die Wahl der Arkustangens-Funktion bietet den Vorteil, dass auch Wertepaare der Form 0/0 und somit alle Kombinationen von Q_{ED} und n_{ED} bzw. Q, H und n immer im Wertebereich $0 \leq \Theta \leq 2\pi$ (bzw. $0 \leq \Theta \leq 360°$) abgebildet werden. Als abhängige Variablen werden in dieser Darstellungsform die sutertransformierte Förderhöhe W_H und das sutertransformierte Drehmoment W_T verwendet:

$$W_H = \operatorname{sign}(H) \cdot \sqrt{\frac{\left|\frac{H}{H_{opt}}\right|}{\left(\frac{n}{n_{opt}}\right)^2 + \left(\frac{Q}{Q_{opt}}\right)^2}} = \operatorname{sign}(H) \cdot \sqrt{\frac{1}{\left(\frac{n_{ED}}{n_{ED,opt}}\right)^2 + \left(\frac{Q_{ED}}{Q_{ED,opt}}\right)^2}} \, [-] \tag{5}$$

$$W_T = \operatorname{sign}(T) \cdot \sqrt{\frac{\left|\frac{T}{T_{opt}}\right|}{\left(\frac{n}{n_{opt}}\right)^2 + \left(\frac{Q}{Q_{opt}}\right)^2}} = \operatorname{sign}(T) \sqrt{\frac{\left|\frac{T_{ED}}{T_{ED,opt}}\right|}{\left(\frac{n_{ED}}{n_{ED,opt}}\right)^2 + \left(\frac{Q_{ED}}{Q_{ED,opt}}\right)^2}} \, [-] \tag{6}$$

Bild 3 zeigt beispielhaft die Drehmomenten- und Förderhöhenkennlinie einer Speicherpumpe in sutertransformierter Form. Dabei sind zusätzlich die jeweiligen Betriebsbereiche ersichtlich.

3 Benchmarking

Jedes Simulationsmodell muss natürlich auch diversen Testläufen unterzogen werden, um einerseits die Qualität der Ergebnisse und andererseits die Bedienbarkeit zu überprüfen. In einem ersten Vergleich wurden die Ergebnisse des entwickelten Pumpturbinenmodells mit jenen Ergebnissen, welche das in das kommerzielle Software-Paket Flowmaster inkludierte Pumpenmodell liefert, verglichen. Dieser Vergleich schien insofern von Vorteil, da das Flowmaster-Pumpenmodell bei instabilen Pumpenkennlinien Probleme bereitet, indem die berechneten Betriebspunkte der Maschi-

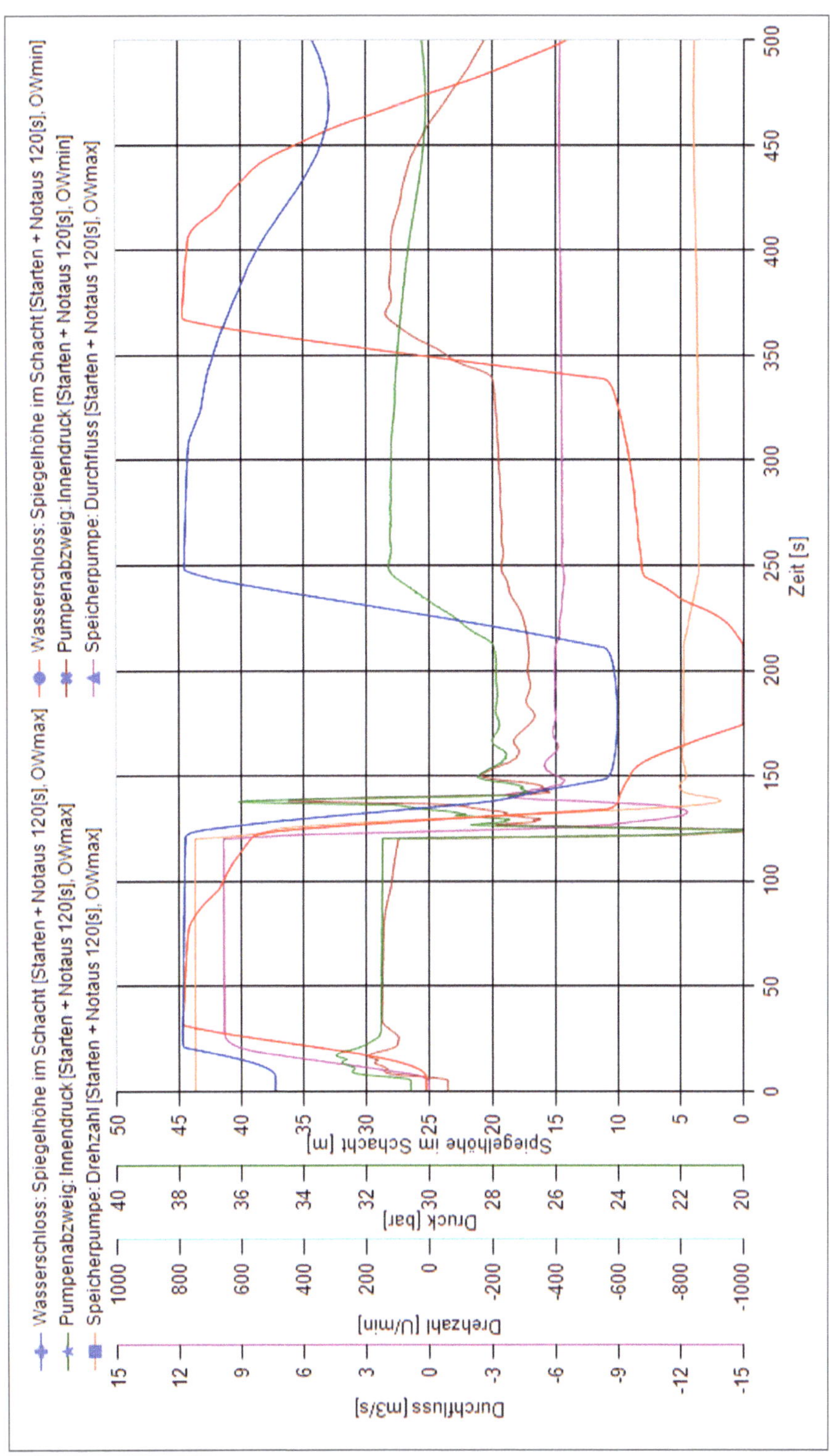

Bild 8: Ergebnisse der Nachrechnung mittels Pumpturbinenmodell

ne in Bereichen lokaler Extremwerte der Kennlinie extrem von dieser abweichen können. Wie aus **Bild 4** (links) deutlich ersichtlich ist, verlässt das Standard-Pumpenmodell die tatsächliche Kennlinie sowohl beim Anfahren (Steigerung des Pumpendurchflusses von Q = 0 bis Q_{max}) als auch beim Abfahren (Verringerung des Pumpendurchflusses von Q_{max} bis Q = 0) deutlich. Doch gerade Speicherpumpen großer Pumpspeicherwerke weisen üblicherweise Kennlinien dieser Form auf. Um nun zuverlässige Vorausberechnungen für die Betriebsweise derartiger Anlagen durchführen zu können, darf ein Pumpturbinenmodell, das eine Pumpe auch real abbilden können muss, dieses Abweichen von berechneten Betriebspunkten und real möglichen Betriebspunkten (das Verlassen der Kennlinie) nicht zeigen.

Mit den gleichen Randbedingungen, die zum linken Diagramm in Bild 4 führten, wurde auch das selbst entwickelte Pumpturbinenmodell getestet. Das Ergebnis dieser Untersuchung zeigt das rechte Diagramm in Bild 4.

Es ist deutlich zu erkennen, dass die doch gravierenden Abweichungen von der Kennlinie, welche das von Flowmaster gelieferte Standardmodell aufweist, beim Pumpturbinenmodell nicht auftreten. Im Gegenteil, sowohl beim Abfahren als auch beim Anfahren liegen alle vom Pumpturbinenmodell berechneten Betriebspunkte auf der Kennlinie. Die eventuell im Bereich des lokalen Maximums erkennbare, jedoch äußerst geringfügige Abweichung beim Abfahren lässt sich dadurch begründen, dass aus Speichergründen nicht genügend Stützpunkte berechnet werden konnten, um dem tatsächlichen Kurvenverlauf exakt zu folgen. Die Darstellung der Kurven erfolgt in diesen Diagrammen über eine lineare Interpolation zwischen den Datenpunkten sowohl für die Berechnungsergebnisse als auch für die gemessene Kennlinie. Somit kann es in Bereichen einer starken Änderung des Gradienten zu geringen Darstellungsungenauigkeiten kommen, wenn nicht genügend Datenpunkte vorhanden sind.

Um ein zusätzliches Vergleichsergebnis bei variierender Drehzahl zu erhalten, wurde ein Lastabwurf aus dem Pumpbetrieb untersucht. Dieser Lastfall simuliert den Antriebsausfall während des Pumpvorgangs. Aufgrund des ab dem Zeitpunkt des Lastabwurfs nicht mehr zur Verfügung stehenden Antriebsmoments sinkt die Drehzahl der Pumpe sehr rasch ab. Sollten in diesem Fall die Verschlussorgane oder Rückschlagklappen des Systems versagen, wie es in dieser Berechnung angenommen wurde, ändert die Wassermasse im Triebwassersystem ihre Richtung und durchströmt die hydraulische Maschine nun in Turbinendurchflussrichtung. Mit fortschreitender Zeitdauer ändert sich auch die Drehrichtung der Maschine und diese beschleunigt bis auf die Durchgangsdrehzahl. Da die soeben geschilderten Vorgänge innerhalb kürzester Zeit vor sich gehen, liegen hier hochgradig instationäre Zustände vor. Die Ausgabedaten aus dieser Berechnung (Drehzahl, Drehmoment, Durchfluss und Förder- bzw. Fallhöhe) wurden auf die Einheitsdarstellung nach IEC 60 193 [5] umgerechnet und mit der Originalkennlinie verglichen (**Bild 5**). Auch für diesen Lastfall kann keine Abweichung der berechneten Ergebnisse von der Originalkennlinie festgestellt werden.

4 Vergleich der Berechnungsergebnisse

Als Vergleichsrechnung zur weiteren Bewertung des hier vorgestellten Pumpturbinenmodells soll eine Druckstoßberechnung dienen, welche im Zuge einer Machbarkeitsstudie am Institut für Hydraulische Strömungsmaschinen der TU Graz durchgeführt wurde [7]. Dabei wurde der Triebwasserweg eines bestehenden Tagesspeicherkraftwerks, welches in ein Pumpspeicherkraftwerk umgerüstet werden soll, hinsichtlich seines transienten Verhaltens untersucht. Es waren sowohl Massenschwingungen als auch maximal auftretende Druckstöße von besonderem Interesse. (Anmerkung: Diese Studie wurde mit dem Software-Paket Flowmaster in der Version 6.5.2 durchgeführt und das Standard-Flowmaster-Pumpenmodell verwendet. Da die Speicherpumpe dieser Anlage keine instabile Kennlinie nach Bild 4 aufweist, ist für diesen Anwendungsfall auch der Einsatz des von Flowmaster mitgelieferten Pumpenmodells gerechtfertigt.)

Das Berechnungsnetzwerk dieser Untersuchung ist in **Bild 6** dargestellt. Das System besteht aus einem Oberwasserspeicher mit konstantem Wasserspiegel und dem Triebwasserweg mit konstantem Durchmesser vom Speicher bis zum Fußpunkt des gedrosselten Kammerwasserschlosses. Das numerische Modell dieses Kammerwasserschlosses wurde extra für diese Berechnungen sehr detailliert erstellt. Es ist beispielsweise in der Lage, die trennbaren Wasserspiegel zwischen Steigschacht und Ober- bzw. Unterkammer abzubilden (Bild 6). Die Rückgabe aus der Oberkammer in den Steigschacht erfolgt bei diesem Wasserschloss stark gedrosselt durch drei am Umfang des Schachtes angeordnete Rückgabeleitungen. Auch dieses Verhalten wird durch das verwendete numerische Modell abgebildet. Die Rohrleitung vom Fußpunkt des Wasserschlosses bis zum Beginn des Druckabstieges sowie der Druckabstieg selbst wurden mit jeweils konstantem Durchmesser modelliert. Ein Pumpenkugelschieber trennt den Pumpenstrang, welcher im Anschluss an den Druckabstieg folgt, von der Speicherpumpe. In deren Anschluss befindet sich das Unterwasserbecken mit ebenfalls konstantem Wasserspiegel.

Die Ergebnisse der Originalberechnungen [7] und den Vergleichsberechnungen, welche mittels Flowmaster in der Version V7.7.2 und dem vorgestellten Pumpturbinenmodell erstellt wurden, sollen für den Fall der plötzlichen Netztrennung der Pumpe und ein gleichzeitiges Versagen des Pumpenkugelschiebers verglichen werden. Dabei wird ein Antriebsaufall der Pumpe nach 120 Sekunden Betrieb simuliert. Da der Pumpe ab diesem Zeitpunkt kein Antriebsmoment mehr zur Verfügung steht, sinkt deren Drehzahl sehr rasch ab. Zumal aber in dieser Simulation der Kugelschieber am Druckstutzen der Pumpe nicht schließt, ändert die Wassermasse im Triebwasserweg, wie im vorigen Abschnitt bereits geschildert, die Fließrichtung und durchströmt die hydraulische Maschine sodann in Turbinendurchflussrichtung. Somit ändert sich auch die Drehrichtung der Maschine, bis diese schließlich bis auf die Durchgangsdrehzahl beschleunigt.

Die **Bilder 7 und 8** zeigen einen Vergleich der zeitlichen Verläufe der Spiegelhöhen im Wasserschloss und des Innendruckes im Pumpenkugelschieber sowohl für Stauziel (OW_{max}) als auch für Absenkziel (OW_{min}) im Oberwasserspeicher. Zusätzlich sind die zeitlichen Verläufe von Pumpendurchfluss und Pumpendrehzahl dargestellt. Beiden Berechnungen liegen exakt gleiche Randbedingungen zugrunde, und auch die Ergebnisse zeigen bei näherer Betrachtung keine merkbaren bzw. nennenswerten Unterschiede. Die Ergebnisse für die Spiegelhöhen im Wasserschlossschacht, die Pumpendrehzahl und den Maschinendurchfluss sind nahezu identisch.

In diesem gezeigten Lastfall liefert das vorgestellte Pumpturbinenmodell somit dieselbe Ergebnisqualität wie das Standard-Pumpenmodell. Die Verwendung dieses Pumpenmodells, d. h. die Standard-Pumpenkomponente von Flowmaster, als Referenz ist für diesen Anwendungsfall aus der bereits vorhin genannten Begründung einer Pumpenkennlinie ohne Instabilität gerechtfertigt. Das selbst entwickelte Pumpturbinenmodell liefert also mindestens die gleiche Ergebnisqualität wie das in Flowmaster inkludierte Pumpenmodell. Die Vorteile des vorgestellten Pumpturbinenmodells sind jedoch klar ersichtlich:

- Das vorgestellte numerische Modell ist in der Lage, das transiente Verhalten nicht nur von Pumpen, sondern auch Pumpturbinen und Francis-Turbinen mit veränderlichem Leitapparat realitätsgetreu nachzubilden.
- Es können auch Pumpen mit instabiler Kennlinie problemlos abgebildet werden. Die Berechnungsergebnisse konvergieren auch in diesem Fall sehr schnell und zeigen eine hervorragende Qualität.
- Auch der Anfahrvorgang in den Turbinenbetrieb inklusive Synchronisation kann nachgebildet werden.
- Die in Pumpspeicherkraftwerken oftmals verwendete Maschinenkonfiguration, bestehend aus Motorgenerator, Speicherpumpe und Francis-Turbine auf einer Maschinenwelle, kann durch einen modulartigen Aufbau des numerischen Modells ebenso simuliert werden.

5 Zusammenfassung

Zur Druckstoßberechnung bei Wasserkraftanlagen zeigt sich die Benutzung von kommerziell verfügbarer Software wie Flowmaster als geeignet. Liegen jedoch nur die Standard-Komponenten vor, können nur einige wenige und noch dazu sehr vereinfachte Systeme und Betriebs-Lastfälle berechnet werden. Die Möglichkeit eigene Module zu entwickeln und diese unkompliziert in das Berechnungsnetzwerk zu integrieren, ist daher eine zwingende Voraussetzung, um kommerzielle Softwarepakete zur Druckstoßberechnung von Pumpspeicherkraftwerken bzw. Wasserkraftwerken im Allgemeinen verwenden zu können. Erst dadurch gelingt es, komplexeste Betriebszyklen, wie sie in modernen Kraftwerksanlagen auftreten, mit großer Genauigkeit vorauszuberechnen. Dies ist vor allem während der Planungs- bzw. Konzeptphase für die Betreiber derartiger Kraftwerke von großem Vorteil. Es muss dabei allerdings erwähnt werden, dass die Genauigkeit und somit auch die Qualität sowie Zuverlässigkeit der Ergebnisse von den Randbedingungen der Berechnung beeinflusst wird. Diese Daten sind daher mit besonderer Sorgfalt zu behandeln und die Ergebnisse der Berechnung sind stets auf deren Plausibilität hin zu prüfen.

Wie die hier angegebenen Berechnungsergebnisse zeigen, liefert das vorgestellte Pumpturbinenmodell nicht nur nachvollziehbare, sondern auch stabile und mehrfach validierte Berechnungsergebnisse. Der Vergleich des selbsterstellten Modells mit einer Standardkomponente zeigt den Vorteil der an der TU Graz entwickelten und eingesetzten Komponente. Sie erlaubt es zum einen, auch das Verhalten von Pumpturbinen und Francis-Turbinen abzubilden, da mehrere Kennlinien hinterlegt werden können. Dies ist notwendig, da diese Maschinen im Gegensatz zu reinen Speicherpumpen über einen veränderlichen Leitapparat verfügen. Zum zweiten gelingt es mit dem hier präsentierten Modell auch, Kennlinienverläufe mit Mehrdeutigkeiten in der Zuordnung richtig abzubilden. Das diesbezüglich aufgezeigte Problem der Standardkomponente ist bei der selbsterstellten Komponente nicht vorhanden.

Die Notwendigkeit, Standardanwendungsprogramme zu erweitern, um sie für Wasserkraftprojekte anwendbar zu machen, wurde gezeigt und die Umsetzung an der TU Graz wurde beispielhaft demonstriert.

Autoren

Dipl.-Ing. Stefan Höller

Univ.-Prof. Dipl.-Ing. Dr. techn. Helmut Jaberg

Institut für Hydraulische Strömungsmaschinen der TU Graz
Kopernikusgasse 24, 8010 Graz, Österreich
hoeller-litzlhammer@tugraz.at
helmut.jaberg@tugraz.at

Abkürzungen

- D Bezugsdurchmesser (meist Laufraddurchmesser)
- g Erdbeschleunigung
- H Fall- oder Förderhöhe
- n Drehzahl
- n_{ED} Einheitsdrehzahl
- Q Durchfluss (volumetrisch)
- Q_{ED} Einheitsdurchfluss
- T Drehmoment
- T_{ED} Einheitsdrehmoment
- W_H sutertransformierte Maschinenfall- bzw. -förderhöhe
- W_T sutertransformiertes Drehmoment
- φ Durchflussziffer
- Ψ Druckziffer
- ρ Dichte
- Θ sutertransformierter Betriebspunkt

Literatur

[1] Energie-Control (Hrsg.): Marktbericht 2010 – Nationaler Bericht an die Europäische Kommission, 2011 (www.e-control.at).

[2] Wylie, E. B.; Streeter, V. L.: Fluid Transients in Systems. Englewood Cliffs. New Jersey: Prentice-Hall, 1993.

[3] Höller, S.: Entwicklung eines numerischen Modells für Pump- und Francisturbinen zur Druckstoßberechnung von großen Wasserkraftanlagen. Diplomarbeit an der TU Graz, 2010.

[4] Meusburger, P.: Die 1D transiente, numerische Simulation von modernen Hochdruckwasserkraftanlagen. Dissertation an der TU Graz, 2009.

[5] IEC 60 193: Hydraulic turbines, storage pumps and pump turbines – Model acceptance tests. 1999.

[6] Suter, P.: Darstellung der Pumpencharakteristik für Druckstoßberechnungen. Sulzer, 1962.

[7] Benigni, H.; Meusburger, P.; Jaberg, H.: Endbericht zur Machbarkeitsstudie Paal. Forschungsbericht der TU Graz, 2007 (unveröffentlicht).

Stefan Höller and Helmut Jaberg

A Contribution to Water Hammer Analysis in Pumped-Storage Power Plants

The operation of pumped-storage power plants induces a highly transient fluid flow in the penstock of high head water power plants. In the planning phase a reliable prediction of the transient plant behaviour in unsteady load cases such as e.g. machine start or switching load cases is necessary.. Numerical simulation methods provide a tool to calculate the occurring pressure pulsations or mass oscillations as well as for the optimization of the transient behaviour. Commercial software-packages for water hammer simulations usually do not provide numerical models for a realistic calculation of complex components like surge tanks, turbines or emergency closing valves in a high head water power plant. But especially these components need to be modelled correctly in order to get a significant and reliable solution. This article shows the practice of the development of a custom-designed numerical model on the example of a pump turbine.

Штефан Хёллер и Хельмут Яберг

Расчет гидравлического удара насосно-аккумулирующих сооружений

Эксплуатация насосно-аккумулирующих сооружений часто вынуждено приводит к высоко динамическим изменениям течения в потоке рабочей воды высоконапорной гидросиловой установки. Требование гибкого режима эксплуатации электростанции с возможно более коротким промежутком времени переключения, например, из насосного режима к турбинному, требует надежного предварительного расчета переходной характеристики течения. Возникающие при этом гидравлические удары и колебания массы могут быть рассчитаны с помощью цифровых методов моделирования для того, чтобы в последующем их можно было оптимировать. С этой целью необходимо как можно более точно смоделировать все важные компоненты установок, такие как уравнительный резервуар, гидравлическая машина или запорные сооружения. Так как в имеющемся в продаже программном обеспечении расчет гидравлического удара либо не представлен, либо представлен лишь неудовлетворительно, то следует разрабатывать подходящие модели моделирования с тем, чтобы иметь возможность рассчитать переходные характеристики насосно-аккумулирующих сооружений. В данной статье на примере насосной турбины представлен метод разработки имитационных моделей. Посредством соответствующих сравнительных расчетов с помощью пакета программного обеспечения «Flowmaster» проверяются результаты расчета, в том числе и собственные, ранее обоснованные разработки.

Bernhard Miller

Alternatives Pumpspeicherkonzept in Form eines Unterflur-Lageenergiespeichers mit Sekundärspeicher

Als Alternative zu klassischen Pumpspeicherbauweisen wurde ein Speicherkonzept fortentwickelt, bei dem aus monolithischem Felsgestein ein zylindrischer Fels ausgesägt wird. Unter diesen Zylinder wird Wasser gepumpt, während eine radiale Hochdruckdichtung den Zylinder abdichtet. Der durch den Druck emporsteigende Felszylinder wird teilweise abgetragen und zu einem umlaufenden Erddamm aufgeschichtet. Der so geschaffene See bildet zusammen mit dem Speicher unterhalb des Zylinders einen Pumpspeicher mit hoher Energiedichte. Ein konstanter Wasserpegel des Speichersees ermöglicht die Nutzung als Naherholungsgewässer mit einer hervorragenden Umweltakzeptanz und freier Standortwahl.

1 Aufbau und Funktion der Anlage

Durch intensiven Ausbau erneuerbarer Energieerzeugung soll bis 2050 eine Spitzenkapazität von 240 GW entstehen [1]. Damit besteht die Notwendigkeit, das künftige Potential an Energiespeichern um ein Vielfaches auszubauen. Spätestens mit dem geplanten Ablösen bisheriger Großkraftwerke von fossilen Brennstoffen auf erneuerbare Energien [1] steigt die Notwendigkeit eines massiven Einsatzes von Energiespeichern, um kurz- und mittelfristige Schwankungen in Erzeugung und Verbrauch auszugleichen.

Derzeit stehen zur Speicherung großer Energiemengen lediglich die seit Jahrzehnten bekannten klassischen Pumpspeicherwerke mit einer Gesamtspeicherkapazität von ca. 40 GWh [3] zur Verfügung. Ein hoher Flächenverbrauch sowie die geografischen Anforderungen eines großen Höhenunterschieds beschränken im Falle eines künftig intensiven Speicherausbaus eine Lösung mit dieser bisherigen Speichertechnologie.

Zwar gibt es verschiedene alternative Lösungsansätze, so z. B. ein „Gravity Power Modul" [2] oder der „Power Tower" [3], welches einen senkrecht in einer zylindrischen Röhre verschiebbaren Kolben besitzt, der als Lageenergiespeicher wirkt und dessen Kolben mit Hilfe von Wasser hochgehoben wird. Das Ausschachten einer senkrechten zylindrischen Röhre sowie das Einbringen eines entsprechend schweren Kolbens setzen einer – wie benötigt – großtechnischen Lösung jedoch sowohl wirtschaftliche als auch technische Grenzen.

Als Alternative zu klassischen Pumpspeicherbauweisen wurde daher ein Speicherkonzept fortentwickelt, bei welchem wie in **Bild 1** dargestellt, die beiden für ein vollwertiges Pumpspeicherwerk benötigten Wasserspeicher ebenfalls direkt übereinander platziert werden. Ein zwischen diesen beiden Speichern angeordneter und in seiner Höhe verschiebbarer Zylinder ersetzt eine hohe Lagedifferenz zwischen beiden Speichern und ermöglicht eine hohe Energiedichte der Anlage. Ähnlich einem bereits vielfach veröffentlichten Projekt von Professor Heindl [4] wird auch bei diesem Konzept die Lageenergie großer Felsmassen genutzt, indem ein zylindrischer Fels aus der Erde ausgesägt und mit einer Hochdruckdichtung versehen wird. Jedoch besitzt dieses in diesem Beitrag beschriebene Konzept einen Sekundärspeicher, so dass hierdurch ein leistungsfähiger Pumpspeicher ohne Einschränkungen entsteht. Außerdem ragt der Speicher im Gegensatz zum Projekt von Prof. Heindl nicht aus dem Speichersee heraus, was zu einer deutlichen Erhöhung der Umweltakzeptanz führt.

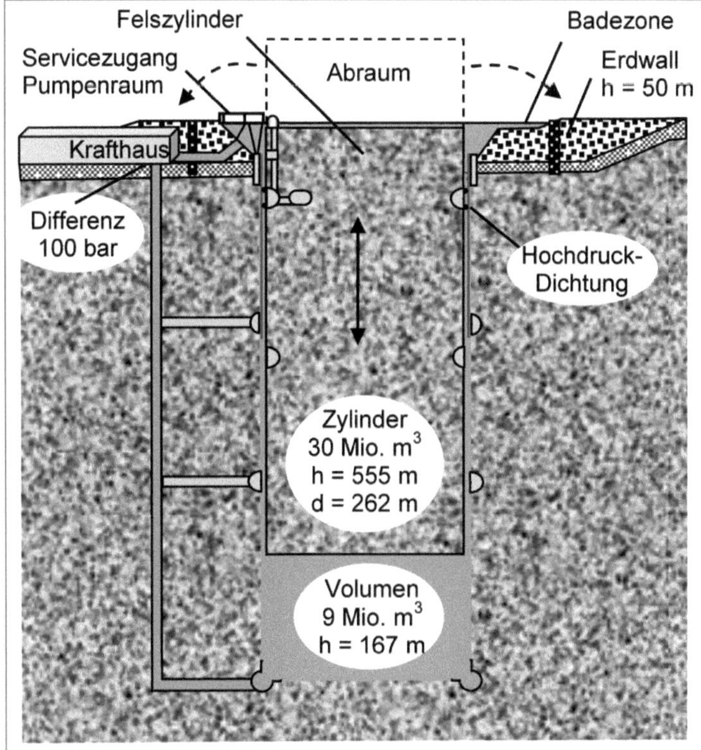

Bild 1: Seitenansicht des Lageenergiespeichers mit Dimensionierung für eine Speicherkapazität von 21 GWh

Ein kurzer senkrechter Verbindungsstollen zwischen beiden Speichern ermöglicht eine hohe dynamische Leistungsanpassung sowie eine hohe mögliche Spitzenlast.

Die kompakte und bezüglich des Wasserbedarfs autarke Speicheranordnung ermöglicht eine weitgehende Freiheit hinsichtlich möglicher Standorte, denn die Anlage benötigt lediglich ein monolithisch zusammenhängendes Felsgestein als Untergrund und kann somit auch in flachem Gelände erstellt werden.

1.1 Besonderheiten

Der obere Speichersee wird dadurch gebildet, dass der Felszylinder nach einer ersten Inbetriebnahme, wie in **Bild 2** dargestellt, nach oben geschoben und der herausragende Zylinderbereich abgetragen wird.

Mit dem Abraum wird um den Zylinder ein kreisrunder künstlicher Erdwall errichtet, so dass auf effiziente und energiesparende Weise ein großes Volumen für den oberen Speichersee geschaffen wird.

Da im Laufe der Erstellung die Anlage kontinuierlich befüllt wird, genügt ein kleiner Zufluss für das Befüllen sowie den späteren Wasseraustausch und Verdunstungsausgleich im Betrieb.

Das Krafthaus mit den Maschinensätzen (Turbinen und Pumpen bzw. Pumpturbinen) kann direkt an der Oberfläche platziert werden und wird im aufgeschütteten Erdwall integriert (Bild 1).

Ein konstanter Differenzdruck unabhängig vom Ladezustand ermöglicht eine im Aufbau einfache Turbine.

Da die Anlagenteile überwiegend im Untergrund platziert sind, kann bereits mit einer kreisrunden Wasserfläche von ca. 400 m eine Speicherkapazität von ca. 21 GWh je Lastzyklus erreicht werden. Der Durchmesser des Zylinders ist dabei 262 m bei einer Zylinderhöhe 555 m und einer Zylinderanhebung von 167 m. Das benötigte Wasservolumen beträgt 9 Mio. m^3 bei einem konstanten nutzbaren Differenzdruck von 100 bar. Mit Verdopplung des Durchmessers bei einer Zylindererhöhung um 85 m auf 640 m wird bereits eine Speicherkapazität von rund 100 GWh je Lastzyklus erreicht.

Durch den konstanten Wasserpegel des oberen Speichersee kann die Anlage auch als Naherholungsgewässer genutzt werden, was eine hervorragende Umweltakzeptanz gewährleistet.

Daneben ermöglichen einige bauliche Besonderheiten dieses Anlagenkonzepts eine kostengünstige Herstellung:

- Serienmäßige Planung und Herstellung.
- Mehrfachnutzung von Maschinen und Montageeinrichtungen.
- Errichtung nur eines Speichersees.
- Effizientes Abtragen des Zylinders mittels Förderband bzw. Loren im Endlosumlauf. Dadurch können die Erdarbeiten zur Errichtung dieses Speichers auf effiziente, energie- und kostensparende Weise erfolgen.
- Erstellen des Krafthauses direkt an der Oberfläche.
- Senkrechter und damit kurzer Verbindungsstollen.
- Einfacher Turbinen- und Pumpenaufbau durch konstanten Differenzdruck.
- Große Freiheit bei der Standortwahl dadurch ggf. auch Einsparung von Fernleitungen.

1.2 Lagepositionierung des Zylinders im Betrieb

Da bei diesem Konzept der zylindrische Fels im Wasser schwebend angeordnet ist, lässt er sich verglichen mit dem Konzept des hoch aus der Erde ragenden Zylinders von Prof. Heindl [1] auf einfache Art positionieren. Mittels Wegsensoren, welche an verschiedenen Zylinderpositionen installiert sind, wird die Lage des Zylinders gegenüber den Zylinderwänden gemessen. Bei einer Annäherung des Zylinders an eine der Seitenwände wird mittels Steuerpumpen Wasser in den entsprechend verkleinerten Ringspalt gepresst. Mit vergleichsweise geringem Pumpendruck können bereits große Seitenkräfte erzeugt werden, da der Zylinder über eine sehr große Oberfläche an seinen Seitenwänden verfügt. Die senkrechten Bohrlöcher sorgen dabei für eine jeweils gute Druckverteilung an den Zylinderaußenflächen.

Jeweils 4 solcher Steuerpumpen sind über den Umfang des Zylinders in seiner oberen Hälfte verteilt wirksam, weitere 4 Steuerpumpen in der unteren Hälfte.

Durch das abschnittsweise Aussägen mittels

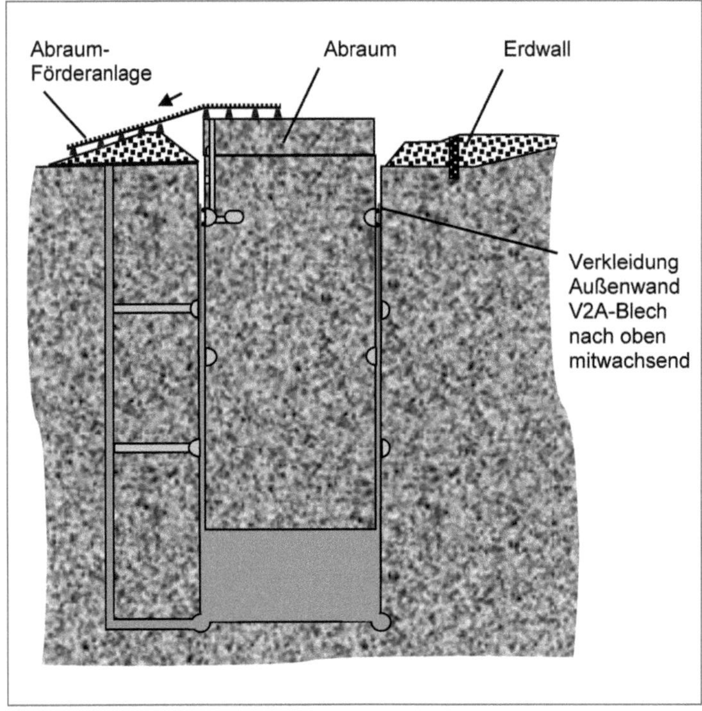

Bild 2: Abtragen des Felszylinders und Erstellung eines Erdwalls mittels Abraumförderanlage

Seilsägen gleicht die Form des ausgesägten Zylinders in Draufsicht genau betrachtet einem ovalen Vieleck (**Bild 3**). Die ovale Formgebung bewirkt, dass mittels diagonal aktivierter Pumpen ergänzend zur Positionierung auch eine in rotatorischer Hinsicht wirkende Lageregelung des Zylinders möglich wird. Dadurch kann sichergestellt werden, dass der Zylinder trotz geringem Ringspaltmaß von z. B. 10 cm, einen ausreichenden Wandabstand beibehält. Dies ermöglicht eine Minimierung des Aushubs im Bereich des Ringspalts.

2 Errichtung der Anlage

Für eine mögliche Realisierung dieses Konzepts ist es notwendig, Lösungswege in allen Detailfragen zu finden. In der folgenden Beschreibung sollen daher Lösungsansätze zur schrittweisen Erstellung der Anlage aufgezeigt werden. Im Rahmen weiterer Untersuchungen bzw. der Herstellung eines ersten Versuchsträgers soll die entsprechende Machbarkeit detailliert untersucht werden.

2.1 Senkrechte Bohrlöcher, Versorgungsschacht und Ringstollen

Anhand einer beispielhaften Anlagengröße von 21 GWh werden zu Beginn in ovaler kreisförmiger Anordnung mit einem Durchmesser von ca. 260 m im Abstand von je 25 m 32 senkrechte Bohrlöcher bis zu einer Tiefe von 720 m gebohrt (Bild 3).

Ergänzend wird daneben, wie in **Bild 4** dargestellt, ein senkrechter Versorgungsschacht ausgehoben, welcher während der Bauphase als Arbeits- und Zugangsschacht, im späteren Betrieb als Verbindungsschacht zwischen beiden Speichern dient.

Zur Überbrückung der Deckschicht mit einer geringeren Stabilität wird etwas außerhalb des Bohrlochkreises eine überschnittene Bohrpfahlwand angebracht und ggf. mit seitlichen Erdankern rückverankert.

Vom senkrechten Versorgungsschacht aus werden anschließend in unterschiedlicher Tiefe zwei bis drei horizontale ringförmige Stollen ausgehoben.

2.2 Aussägen des Felszylinders und Oberflächenversiegelung

Mittels Seilsägen (diamantbestückte Drahtseile) wird der Zylinder aus einem monolithischen Granitfelsen ausgesägt. Diese Sägetechnik wird bereits seit Jahrzehnten als preisgünstiges Verfahren u. a. im Bergbau und in Steinbrüchen eingesetzt.

Aussägen des Zylinders und Versiegeln der Bodenfläche

Zuerst wird ein horizontaler Schnitt zur Erstellung der Bodenplatte, wie in **Bild 5** gezeigt, ausgesägt.

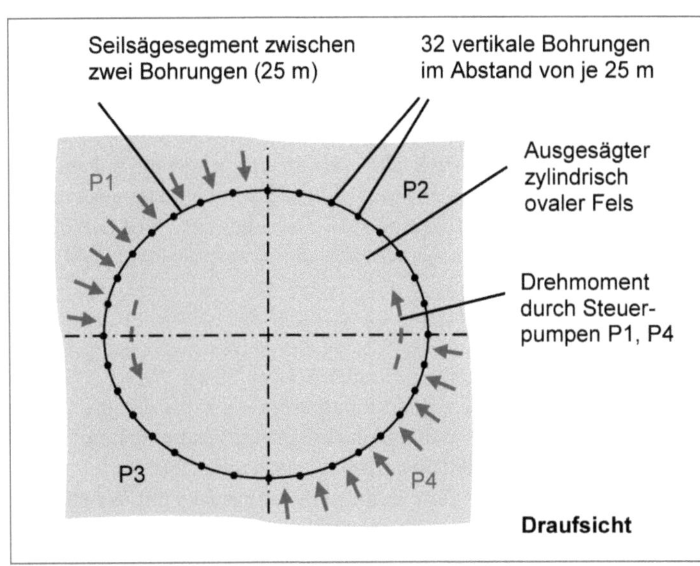

Bild 3: Lageplan des Lageenergiespeichers mit in ovaler Anordnung platzierten vertikalen Bohrungen zum segmentweisen Aussägen

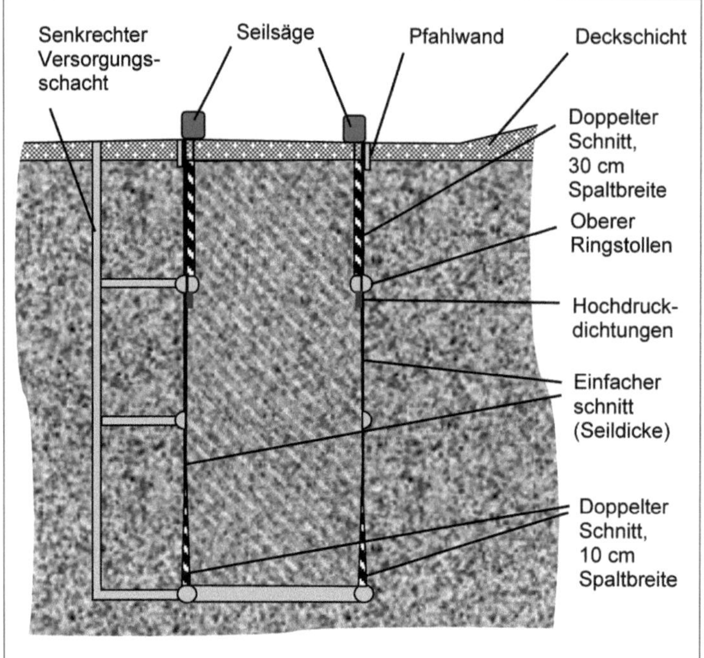

Bild 4: Darstellung des Sägeprofils zur Bildung des Ringspalts

An den Wänden des unteren Ringstollens wird im Schnittbereich eine hochdruckfeste Abdichtung angebracht (Bild 5.1). Unter hohem Druck wird ein harzähnliches Dichtmittel eingepresst (Bild 5.2) und der Zylinder damit leicht angehoben.

Zur Aushärtung des Dichtmittels wird Druckluft eingeführt und der Zylinder dabei etwas weiter angehoben, so dass sich die Oberflächen durchgehend nicht mehr berühren (Bild 5.3). Bis zur endgültigen Aushärtung wird dieses Luftpolster beibehalten.

Aussägen der Seitenwände

Zum Aussägen der Seitenwände schneidet die Seilsäge jeweils einen Abschnitt zwischen zwei benachbarten senkrechten Bohrlöchern aus (Bild 3).

Da die Breite des Ringspalts möglichst klein gehalten wird, müssen sowohl die senkrechten Bohrlöcher als auch die Sägeschnitte der Seilsäge präzise ausgeführt werden. Mittels eines im senkrechten Bohrloch befindlichen Seilführungsschlittens kann, wie in Bild 6a gezeigt, der Sägeschnitt zentimetergenau ausgeführt werden.

Um die Schnittbreite partiell etwas zu vergrößern, werden gleichzeitig 2 Seile auf zwei benachbarten Seilrollen mit einstellbarem Seitenabstand verwendet. Vom unteren Ringstollen aus beginnend wird eine Spaltbreite von ca. 10 cm ausgesägt, welche nach oben keilförmig in einen gemeinsamen Schnitt übergeführt wird (Bild 4).

Da im unteren Bereich der Anlage der spätere Wasserdruck mindestens identisch mit dem ursprünglichen Felsdruck ist, bleibt der ca. 10 cm breite Ringspalt unverändert.

Mit zunehmender Höhe weitet sich der Ringspalt, da das im spezifischen Gewicht leichtere Wasser einen höheren Druck erzeugt als der ursprüngliche Felsdruck. Durch den nach oben keilförmig sich verjüngend ausgesägten Ringspalt (Bild 4) wird dieser Effekt näherungsweise ausgeglichen, was zu einer über der Höhe annähernd konstanten Breite des Ringspalts führt (Bild 1).

Beseitigung der Ringspaltfüllung

Zur Beseitigung der keilförmigen Ringspaltfüllung wird unter hohem Druck Wasser in diesen vertikalen Ringspalt gepresst, bis sich die Wände weiten und das keilförmige Abraummaterial, wie in **Bild 6b** dargestellt, nach unten fällt.

Zum Befüllen des Ringspalts mit Wasser werden die unteren Hochdruckdichtungen installiert und der Raum des unteren Ringspalts mit einer

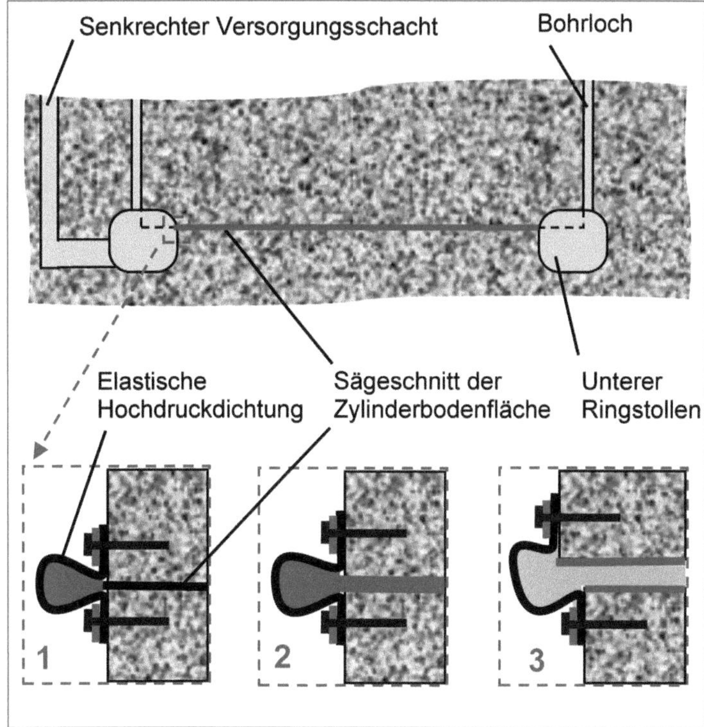

Bild 5: Ausschneiden und Versiegeln der Zylinderbodenfläche

Schotttüre verschlossen, so dass der gesamte untere Ringstollen druckbeaufschlagt werden kann. Da der Sägeschnitt des Zylinderbodens noch abgedichtet ist (Bild 5.3), hebt der Zylinder nicht ab, obwohl ein überhöhter Wasserdruck angelegt wird. Mittels horizontal wirkender Hydraulikzylinder kann das Ringspaltfüllmaterial losgebrochen werden. Das Gestein fällt in die daneben stehenden Loren und neues Abraummaterial rutscht aus dem Ringspalt nach bis die Loren voll sind. Nun wird das Wasser abgelassen und der Abraum über den senkrechten Versorgungsschacht entfernt. Dieser Vorgang wiederholt sich bis die gesamte Ringspaltfüllung entfernt ist. Um ein Verkanten der Ringspaltfüllung zu verhindern, werden die vertikalen Bohrlöcher mit Rohren versehen.

Oberhalb des oberen Ringstollens ist der Wasserdruck bei einer Zylinderhöhe von z. B. 555 m um 100 bar niedriger, so dass der Außenfels hier in größerem Maß nachgibt. Daher wird in diesem Bereich ein breiterer Abstand zwischen den beiden Schnitten (z. B. ca. 30 cm) vorgesehen (Bild 4). Das Füllmaterial zwischen den beiden Schnitten kann oberirdisch entfernt werden, indem nach Installation der Hochdruckdichtungen der zylindrische Fels angehoben wird. Zusätzlich zu dem unterhalb der Dichtungen unter hohem Druck stehenden Wasser wird auch oberhalb der Hochdruckdichtung Wasser eingeleitet. Dies jedoch nur in den äußeren der beiden Sägeschnitte, so dass der Wasserdruck dem Felsdruck entgegenwirkt und gleichzeitig eine geringere Gleitreibung bewirkt. Dadurch läßt sich der Felszylinder anheben.

Versiegeln der Oberfläche im Ringspalt

Die seitlichen Oberflächen des Zylinders und seiner Außenwand werden auf gleiche Weise versiegelt, wie bereits die der Bodenplatte. Das Einführen des harzförmigen Dichtmaterials unter hohem Druck erfolgt dabei direkt unterhalb der Dichtungen von oben nach unten. Dadurch lässt sich die Menge des benötigten Dichtmaterials minimieren.

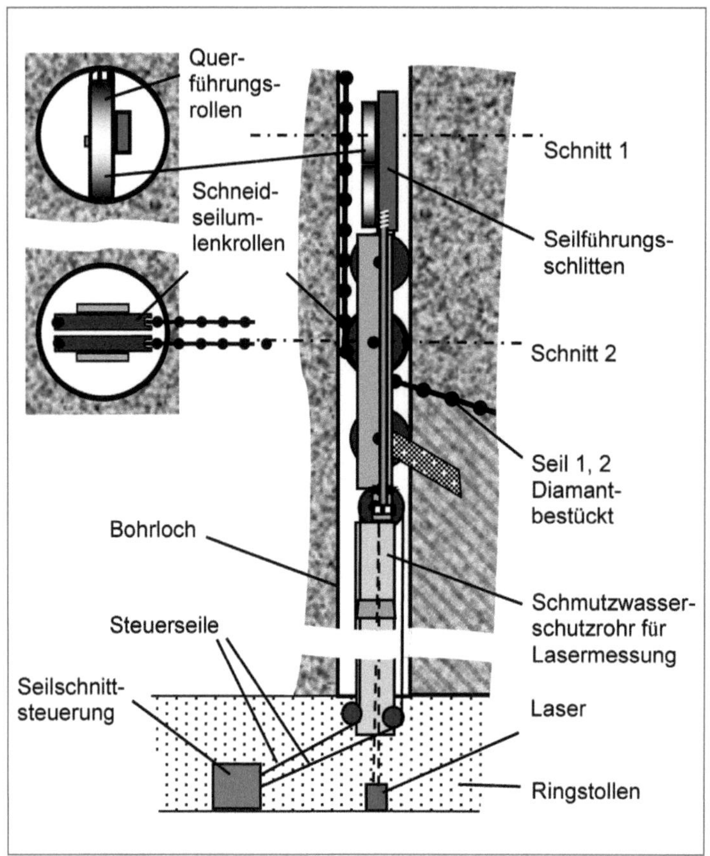

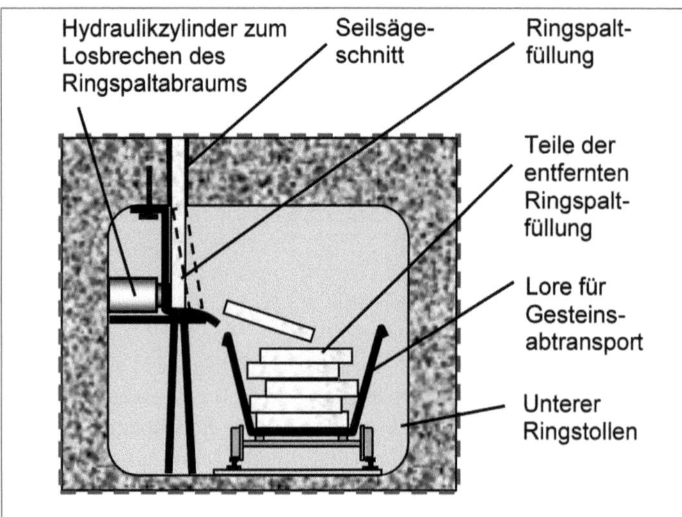

Bild 6: a) Seilführungsschlitten zum präzisen Aussägen mittels Seilsägen im senkrechten Bohrloch; b) Entfernen der Ringspaltfüllung

2.3 Abdichten des Zylinders

Dichtfläche an zylindrischer Außenwand

Um eine zuverlässige Dichtfläche zu erhalten, wird die Zylinderaußenwand mit glatt poliertem Edelstahlblech verkleidet. Aufgrund der Größe der Oberfläche von z. B. 140 000 m^2 (Bei 262 m Zylinderdurchmesser) ist eine rationelle Auftragung des Blechs von Bedeutung. Das Blech wird daher als Endlosband von miteinander verschweißten Blechciols über den oberen Servicestollen eingeführt und platziert. Das Anbringen und thermische Aufwalzen des bereits mit rückseitiger Klebebeschichtung angelieferten Endlosblechs an der Zylinderaußenwand kann dabei in Art einer gewindeartigen Steigung erfolgen. Gleichzeitig werden die Übergänge verschweißt und verschliffen. Montagehilfsvorrichtungen in Form von Schienen mit Laufrollen im gesamten Umfang des Ringstollens sowie Blechhalte- und Fixiervorrichtungen ermöglichen eine rationelle und präzise Verarbeitung.

Hochdruckdichtungen

Das Anbringen der Dichtungen erfolgt, wie in **Bild 7** gezeigt, auf der Zylinderseite. Die unteren Hochdruckdichtungen bestehen aus mehreren übereinander angeordneten Einzeldichtungen, welche sich über mehrere Meter Höhe verteilen. Mittels Druckminderern wird sichergestellt, dass sich ein über die einzelnen Dichtungen gleichmäßig verteilter Druckabbau von z. B. 20 bar pro Dichtstufe einregelt. Dies dient der Vermeidung von Rissbildungen an der Außenwand infolge sich stark änderndem Felsdrucks während der senkrechten Zylinderverschiebung. Eine Überwachung der Dichtheit dieser Hochdruckdichtungen erfolgt mit Hilfe von Durchflussmessern. Die obere Dichtung wird im normalen Betrieb nicht benötigt.

Aufbau und Anordnung der Dichtungen

Die einzelnen Dichtelemente (**Bild 7**) bestehen aus einer Tandemdichtung, welche über ein hebelartiges Zwischenstück an der Zylinderwand befestigt ist. Die doppelte Dichtungsanordnung garantiert eine plane Auflage trotz schwankender Zylinderspaltbreite. Der Hebel gleicht Abstandsschwankungen aus und sorgt für die nötige Anpresskraft der Dichtungen. Jedes Dichtungselement erstreckt sich über eine volle Seilsägelänge (ca. 25 m) und ist komplett mit Gummi umspritzt. Dadurch kann auf einfache Weise die Dichtheit auch am Übergang zur nächsten Dichtungseinheit gewährleistet werden.

2.4 Erstellung und Inbetriebnahme des Krafthauses

Die Maschinensätze benötigen üblicherweise einen Vordruck von ca. 4 bar und müssen daher 40 m tiefer platziert werden. Durch den ca. 50 m hohen Erdwall entsteht im Betrieb der Anlage dieser benötigte Vordruck, so dass das Krafthaus direkt auf dem Höhenniveau der bisherigen Oberfläche errichtet werden kann.

2.5 Komponenten zur Lageregelung des Felsens

Vor der ersten Inbetriebnahme müssen an verschiedenen Stellen des Zylinders Wegsensoren installiert werden, um die Lage des Zylinders gegenüber den Zylinderwänden zu erfassen. In einem Pumpenraum (Bild 7) werden 8 Pumpen zur Lagestabilisierung samt entsprechender Verrohrung installiert. Die Stromzuführung erfolgt über ein von oben zugeführtes Seekabel (**Bild 8**).

2.6 Abtragen des Felsens und Aufschichten des Erdwalls

Nach Inbetriebnahme des Krafthauses kann nun Wasser unter hohem Druck unterhalb des Zylinders eingeleitet werden. Dadurch hebt sich der Zylinder und ragt aus der Erde. Der obere Zylinderteil (ca. 110 m) mit einem Volumen von ca. 6 Mio. m^3 wird abgetragen. Mit dem abgetragenen Material wird um den Zylinder ein kreisrunder Erddamm aufgeschüttet. Nach Abtragen der Deckschicht kann der restliche felsige Abraum mit Hilfe von beispielsweise Sprengungen abgetragen werden.

Durch die große Abraummenge ist es wichtig, ein wirtschaftliches Transportmittel zu wählen. Eine Abraumförderanlage, bestehend aus endlos umlaufenden Loren ermöglicht den Transport selbst großer Felsbrocken. Die Loren können sich seitlich kippend entleeren und den entstehenden Erddamm damit wunschgemäß formen. Ein einstellbares Gefälle der Förderanlage minimiert die Antriebsenergie, während Raupenfahrzeuge für eine kreisförmige Verschiebung der Förderanlage sorgen. Zeitgleich dazu erfolgt das Anbringen der

Edelstahlverkleidung über den oberen Servicestollen zur Außenwandabdichtung.

2.7 Inbetriebnahme der Anlage

Mit Fertigstellung des Erdwalls und dem Aufbringen einer Oberflächendichtung (z. B. Asphalt) werden zuletzt diverse Anlagenteile installiert, welche zur Wartung benötigt werden. So wird ein Zugang zum oberen Kontrollstollen im Zylinder bestehend aus einer Einstiegs-Schotttüre mit einer Brücke installiert. Danach kann der obere Speichersee befüllt und die Anlage in Betrieb genommen werden.

3 Wartung und Reparatur von Anlageteilen

Von großer Bedeutung ist, dass bei einem Ausfall von Anlageteilen, wie z. B. Dichtungen oder einer Beschädigung der Außenwände, das Wasser in der Anlage verbleiben kann. Zur Vermeidung langer und damit kostspieliger Ausfallzeiten sowie der Bereitstellung leistungsfähiger Wasserzu- und Ablaufeinrichtungen ist daher die Anlage so beschaffen, dass das Wasser auch im Servicefall im unteren bzw. oberen Speicher verbleiben kann.

Im Falle eines Austauschs der unteren Hochdruckdichtungen wird der Zylinder wie in Bild 8 dargestellt abgesenkt, so dass sich das gesamte Wasser oberhalb des Zylinders befindet. Die obere Dichtung verhindert das Eindringen von Wasser in den oberen Ringstollen. Der Versorgungsschacht wird leer gepumpt, so dass über einen Förderaufzug (während Bauphase benötigt) die Ringstollen erreicht werden können. Eine Schotttüre im Krafthaus ermöglicht das Einbringen des Förderaufzugs in den senkrechten Schacht.

Zum Ersetzen der oberen Dichtung wird das gesamte Wasser im unteren Speicher platziert. Der Zugang zum Ersetzen der oberen Dichtung erfolgt von oben über den Servicestollen (Bild 7).

4 Ausblick

Zur besseren Visualisierung der konzeptionellen Besonderheiten werden anhand eines 3-D-Modells im Maßstab 1:220 die Funktion sowie die

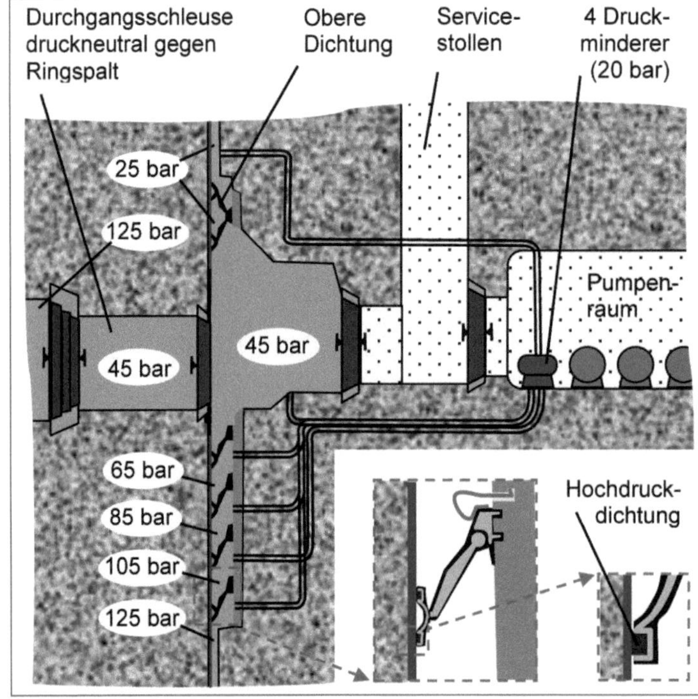

Bild 7: Anordnung der radialen Hochdruckdichtungen und Pumpenraum

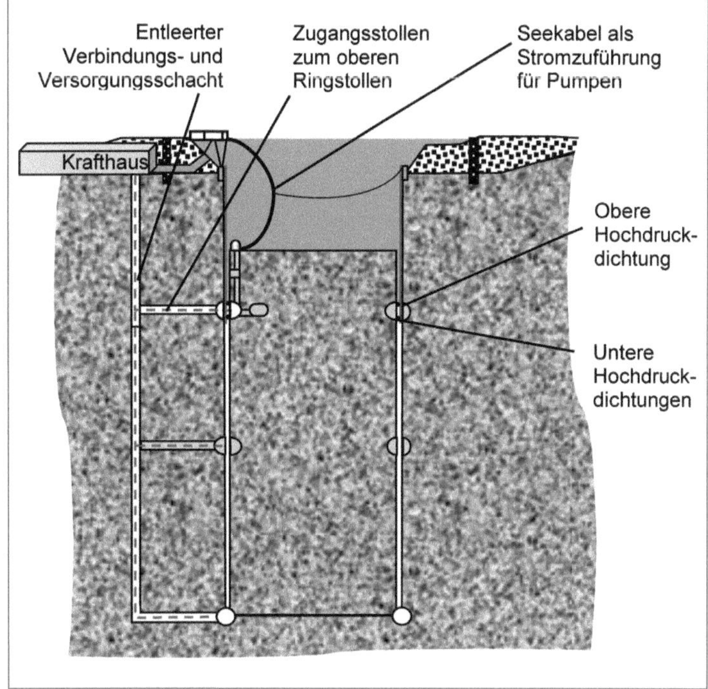

Bild 8: Wartung und Reparatur der unteren Hochdruckdichtungen

landschaftliche Integration als Freizeitgewässer veranschaulicht. Eine Ausstellung des Modells ist insbesondere zur Hannovermesse im April 2013 geplant. In enger Zusammenarbeit mit Herrn Prof. Hendl von der Fachhochschule Furtwangen werden künftig gemeinsame Teilaufgaben (Aussägen des Zylinders, Hochdruckdichtungen etc.) weiter entwickelt und dazu simulatorische Berechnungen zum elastischen Felsverhalten angestellt bzw. in Auftrag gegeben. Verschiedene Konzepteigenschaften wurden bereits zum Patent angemeldet.

Autor

Bernhard Miller
Schwalbenstr. 32
71263 Weil der Stadt
info@miller-energiesparsysteme.de

Literatur

[1] ForschungsVerbund Erneuerbare Energien (Hrsg.): Energiekonzept 2050 (www.fvee.de/fileadmin/politik/10.06.vision_fuer_nachhaltiges_energiekonzept.pdf; Aufruf 25.11.2012).

[2] Gravity Power LLC (Hrsg.): Gravity Power Modul (www.gravitypower.net; Aufruf: 25.11. 2012).

[3] Aufleger, M; Brinkmeier, B.; Klar, R.; Neisch, V.: Wasser als Energiespeicher – neue Ideen und Konzepte. In: WasserWirtschaft 102 (2012), Heft 7-8, S. 24-28

[4] Heindl, E.: Lageenergiespeicher. (http://eduard-heindl.de/energy-storage; Aufruf: 25.11. 2012).

Bernhard Miller

Alternative Pumped Storage Concept by using a Underfloor Elevation Energy Storage with Secondary Storage

As an alternative to commonly used construction methods of pumped storage power plants a storage concept has been developed by cutting a cylindrical rock out from monolithic rock. Under this cylinder water is pumped, while a radial sealing is placed around the cylinder. Due to the pressure the rock cylinder rises up, while this rock partially is cut and rebuilt to a circular earth dam. In this kind this created lake builds a pumped storage with high energy density together with the memory below the rock cylinder. A constant water level of the lake allows getting recreational water with an excellent environmental acceptance and a free choice of location for the pumped storage.

Бернхард Миллер

Альтернативная концепция насосно-аккумулирующего сооружения в форме подземного накопителя потенциальной энергии со вторичным резервуаром-накопителем

В качестве альтернативы классическим насосно-аккумулирующим конструкциям была предложена концепция аккумулирования, при использовании которой из монолитной скальной породы «выпиливается» цилиндрическая скала. Под этот цилиндр закачивается вода, в то время как радиальная изоляция под высоким давлением уплотняет цилиндр. Поднимающийся под давлением скалистый цилиндр частично снимается и укладывается пластами к окружной земляной дамбе. Созданное таким образом озеро вместе с резервуаром-накопителем ниже цилиндра образует насосное гидроаккумулирующее сооружение с высокой энергетической плотностью. Постоянный уровень воды накопительного озера-резервуара делает возможным использование близкорасположенных рекреационных вод, что позволяет с осуществлять эксплуатацию в сочетании отличной экологической защитой и свободным выбором места расположения.

Günther Heigerth

Pumpspeicheranlagen – Entwicklungsschritte im Rückblick und Ausblick

Pumpspeicherwerke in Österreich zeigen auf Grund steigender Anforderungen wesentliche Entwicklungen. Dies betrifft die Hydraulik der Triebwasserwege, Wasserschlösser für freien Regelbetrieb und oftmalige Turbinen-Pumpen-Übergänge, durchströmte Kammern sowie Windkessel- und 3-Kammer-Wasserschlösser. Weiteres umfassen sie die Auskleidung von Druckstollen und -schächten für extreme Bedingungen, wie die Vorspannung des Ringbetons mittels Injektionen, sowie die mögliche zukünftige Verlegung von Speicherbecken unter Tag.

1 Einführung

Der runde Geburtstag eines so prominenten Wasserbau-Ingenieurs, Wasserwirtschaftlers sowie akademischen Lehrers und Funktionärs wie Jürgen Giesecke gibt Anlass zu einem Rückblick samt möglichem Ausblick auf die Zukunft. Der Autor dieses Aufsatzes, dem es zu Ehre gereicht, sich als Gieseckes Freund bezeichnen zu dürfen, wählte dazu das Thema „Pumpspeicher-Anlagen"; auch Giesecke haben sie im Rahmen seiner Untersuchungen und Veröffentlichungen zu Wasserkraftthemen – einem Teil seines umfangreichen Oeuvres – mehrfach beschäftigt [1]. Der Autor tut dies aus der Sicht eines Österreichers, der selbstverständlich die deutsche und die internationale Entwicklung mitverfolgt.

Wie bekannt, erfordert die Deckung des schwankenden Strombedarfs im Jahres- und Tageszyklus sowie die Frequenzhaltung im Netz einen entsprechenden Ausgleich mit zunehmend schärferen Bedingungen. Hierfür stehen die Speicher- und v. a. die Pumpspeicher-Anlagen zur Verfügung. In den vergangenen Jahren sind eine Reihe von Anlagen errichtet worden, wie z. B. Goldisthal und die Anlagen der Schluchseewerke sowie in Österreich ausgehend von der Kaprun-Oberstufe die Werke in den alpinen Regionen; diese waren zum Teil über Verträge mit der deutschen Stromversorgung verbunden. Als neueste Anlagen seien Kops II, Limberg II (**Bild 1**), Feldsee und Reisseck II (im Bau) erwähnt. Nach einer Krisen-bedingten Zurückhaltung in letzter Zeit scheint die Errichtung neuer Anlagen wieder ein Thema zu sein, wie aktuelle Projekte zeigen; dies v. a. zufolge des zunehmenden Einsatzes der stochastisch vorgegebenen erneuerbaren Energien, wie Wind, Wasser und Sonne. Für Deutschland sei dazu auch der geplante Ausstieg aus der Kernenergie-Nutzung, sowie seine Welt-Spitzenstellung bei der Windenergie genannt.

Zur Typologie sei noch angeführt, dass Anlagen für reinen „Pumpwälzbetrieb" sowie hybride, d. h. Speicherkraftwerke mit überlagertem Pumpwälzen, wie sie v. a. in den Alpen errichtet wurden, zu unterscheiden sind. Bemerkenswert ist dabei der konkurrenzlose Gesamtwirkungsgrad derartiger Anlagen (bis nahezu 80 %).

Im folgendem sollen kurz wichtige, v. a. innovative Entwicklungsschritte in Österreich in Vergangenheit und Gegenwart dargestellt werden, an denen der Autor maßgeblich beteiligt war bzw. ist, sowie ein Ausblick auf eine mögliche zukünftige Entwicklung gegeben werden.

2 Stationen der Entwicklung

Die Anlagen, ihre Ausbauleistungen und die Auslegung der Details wurden und werden jeweils den steigenden Netzanforderungen und dem technischen Fortschritt entsprechend ausgelegt.

2.1 Hydraulische Auslegungen

Zunehmend wichtig war die Anpassung an den schwankenden Bedarf im Minuten- und Sekun-

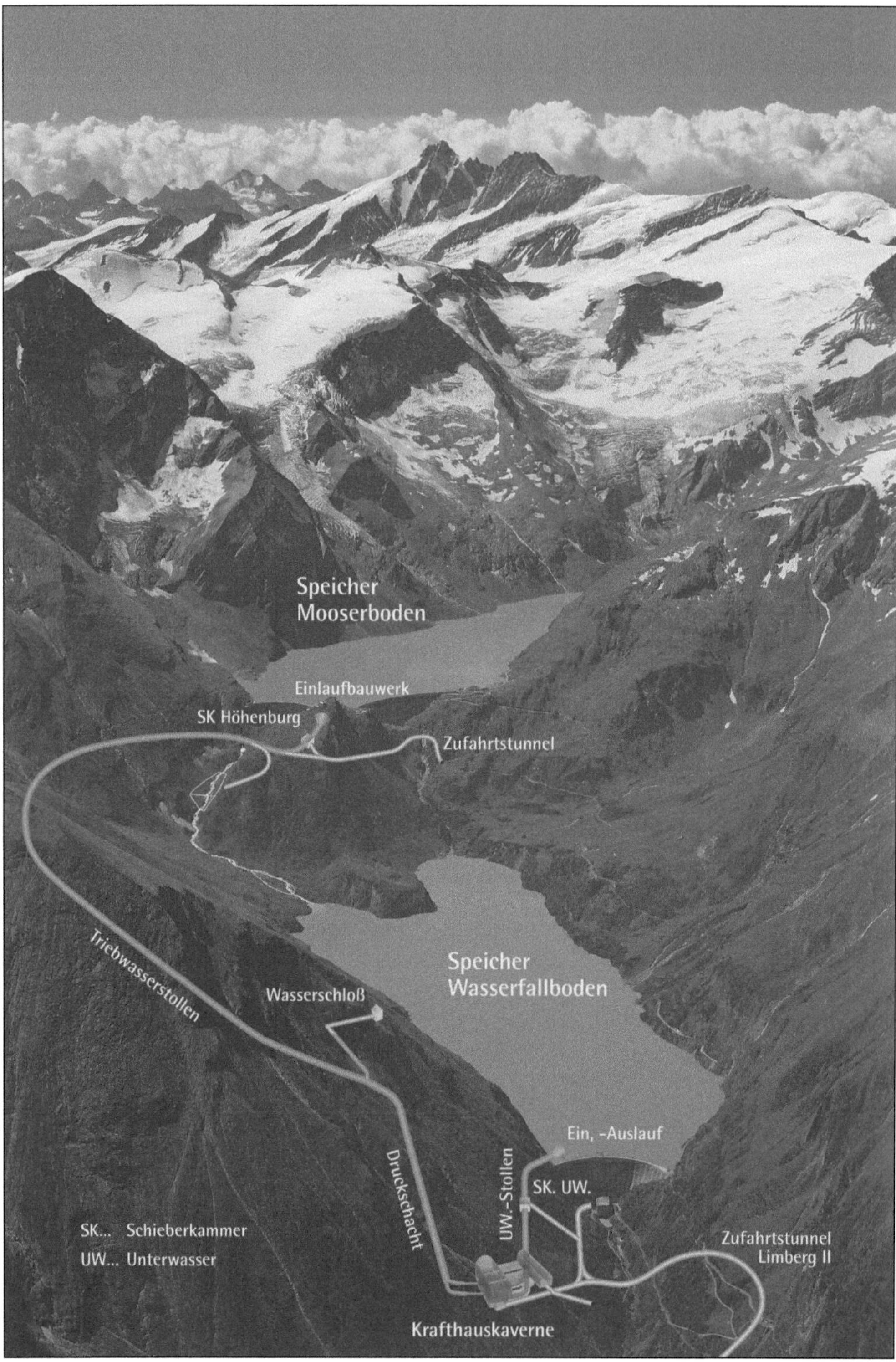

Bild 1: Pumpspeicherwerk Limberg II, Schema

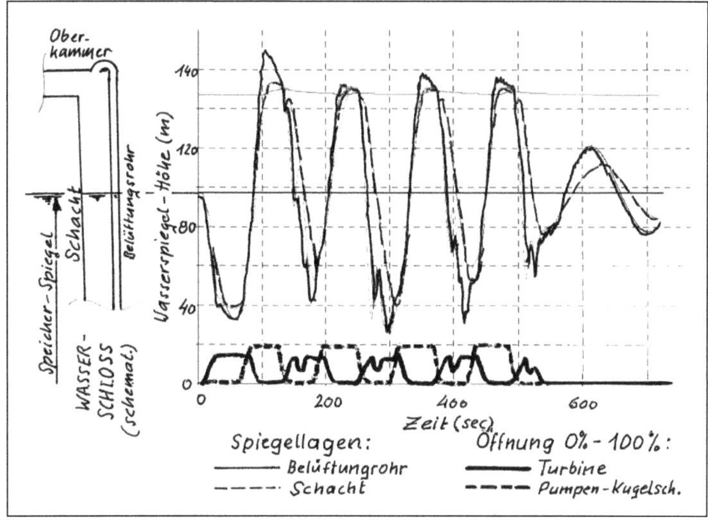

Bild 2: Spiegelschwankungen bei „Takten" des Zweikammer-Differentialwasserschlosses Kops II, oberwasserseitig [6]

denbereich; dies bei Lastwechseln im Turbinenbetrieb sowie bei Übergängen zwischen Turbinen- und Pumpbetrieb. Bei der Ausrüstung mit Pumpturbinen, charakterisiert durch vergleichsweise niedereren Investitionsaufwand aber etwas geringere Wirkungsgrade, benötigen diese Übergänge mehrere Minuten. Bei Maschinensätzen mit Turbinen (Francis, Pelton) und Pumpen können sie jedoch eine Minute und weniger betragen; die neue Anlage Kops II (Vorarlberger Illwerke AG), an der auch die EnBW beteiligt ist, benötigt hierfür nur etwa eine halbe Minute, womit sie – nach Wissen des Autors – das derzeit weltweit kürzeste Zeitintervall aufweist! Bei vergleichsweise kürzeren Triebwasserwegen können die Druckschwankungen in tragbaren Grenzen gehalten werden, bei längeren muss wie bekannt ein Wasserschloss zwischengeschaltet werden. Die durch Lastwechsel angeregte Massenschwingung zwischen Stollen und Wasserschloss weist Perioden in Minutenbereich auf.

Bis in die 60er Jahre waren zur Bemessung nur einfache extreme Lastwechsel maßgebend, allenfalls einschließlich je eines unbeeinflussbaren Lastabwurfes. Ab den 70er Jahren waren zunächst bei den Zemm-Kraftwerken (ehemalige Tauernkraftwerke AG, heute Verbund-Austrian Hydro Power AG) dreifache Laständerungen verlangt, die naturgemäß zu Resonanz mit den Eigenschwingungen führen können. Bei den ersten Untersuchungen ist i. ü. zum Vergleich auch die analoge Turbinensteuerung für das Wasserschloss „Tanzmühle" der Schluchseewerke herangezogen worden. Die weiteren Untersuchungen zeigten, dass bei hierfür geeigneten Wasserschlössern nur mehr ein geringer Unterschied zu beliebig oftmaligen Lastwechseln, d. h. völlig freiem Regelbetrieb besteht (neuerdings als „Takten" bezeichnet). Die zumeist passende Anlage ist das Zwei-Kammer-Differential-Wasserschloss mit Rückström-Dämpfung (**Bild 2**). Die Auslegung auf freien Turbinen-Regelbetrieb und beliebige Betriebsübergänge von Turbinen- zu Pumpen-Betrieb ist bei heutigen Projekten fast durchwegs Standard [2].

Das am Übergang Schacht-Unterkammer einzusetzende Drosselorgan war die ursprünglich von Thoma (München) für den Einsatz in Rohrleitungen vorgeschlagene, von der Tiroler Wasserkraftwerke AG für Wasserschlösser entwickelte und später von der Tauernkraftwerke AG weiter entwickelte Wirbeldrossel, die ein extremes Widerstandsverhältnis aufweist und in Österreich mehrfach eingesetzt worden ist. Bei neueren Anlagen werden vor allem aus Kostengründen (Panzerung) Düsen-Drosseln mit allerdings geringerem Widerstandsverhältnis eingebaut, was zu einem etwas größeren Wasserschlossvolumen führt. Ebenso werden heute vorwiegend Einbauten am Übergang Oberkammer-Schacht eingesetzt, womit beim Abschwingen durch Trennung der Spiegel in Kammer und Schacht ein für die

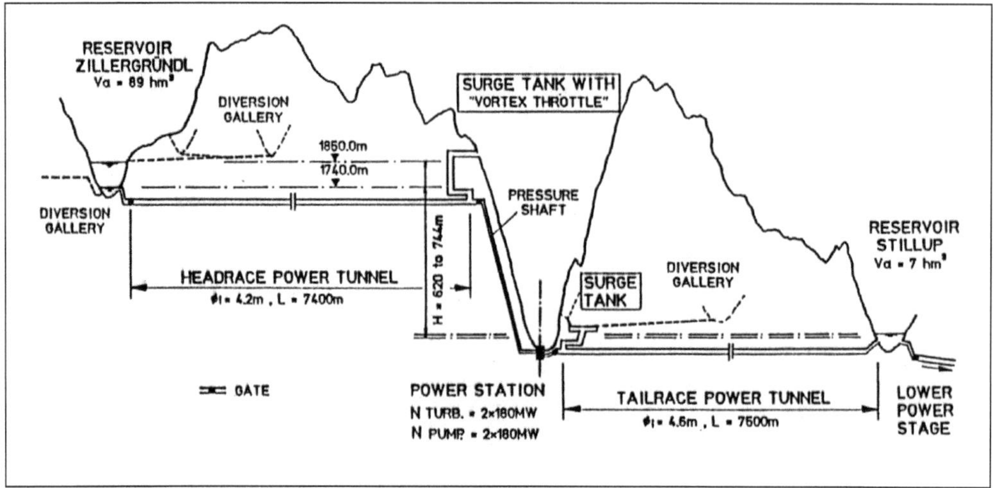

Bild 3: Pumpspeicherwerk mit ober- und unterwasserseitigem Triebwasserweg (Beispiel Anlage Häusling) [3]

Dämpfung vorteilhafter Differential-Effekt erzielt wird. Das in den Schacht abstürzende Wasser reißt allerdings Luft mit. Sie muss zur Vermeidung von Lufteinzug in den Triebwasserweg in einer Unterkammer ausgeschieden werden; dafür eignet sich eine durchströmte Unterkammer mit getrennten Anschlüssen an Schachtfuß und Triebwasserstollen.

Eine weitere Neuerung war die fallweise vorteilhafte Auslegung der Unterkammer als durchflossener Teil des Triebwasserweges, erstmals angewandt beim Unterwasser-Wasserschloss der Anlage Roßhag (Zemm-Kraftwerke). Sie erfordert bei Kammerfüllung eine gesicherte Entlüftung. Ein Beispiel ist die Unterkammer des Pumpspeicherwerkes Limberg II, der Parallel-Anlage zur Kaprun-Oberstufe [7]. Dazu sei bemerkt, dass die beiden etwa gleich großen Speicher – je über 80 hm³ Nutzinhalt – für den Pumpspeicherbetrieb bestens geeignet sind.

Komplexere Verhältnisse liegen bei einem Pumpspeicherwerk mit ober- und unterwasser-

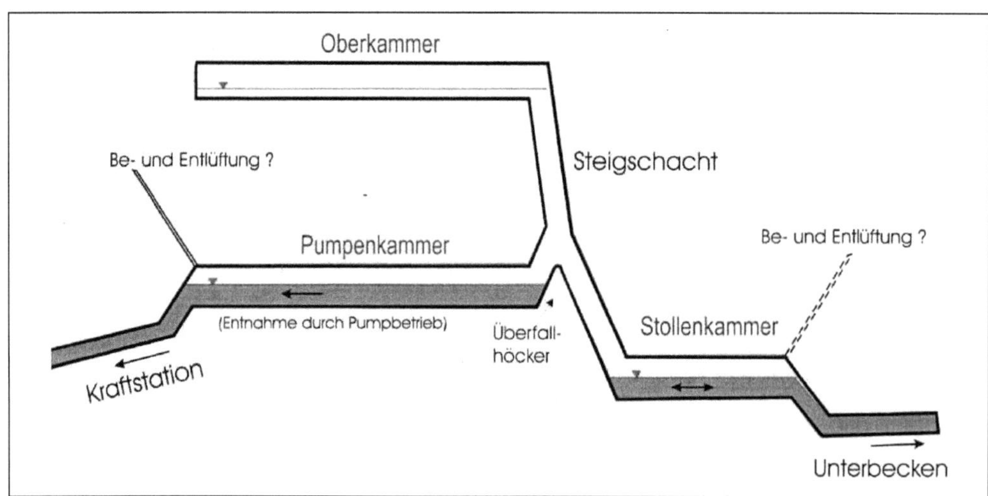

Bild 4: 3-Kammer-Wasserschloss, schematischer Längsschnitt [4]

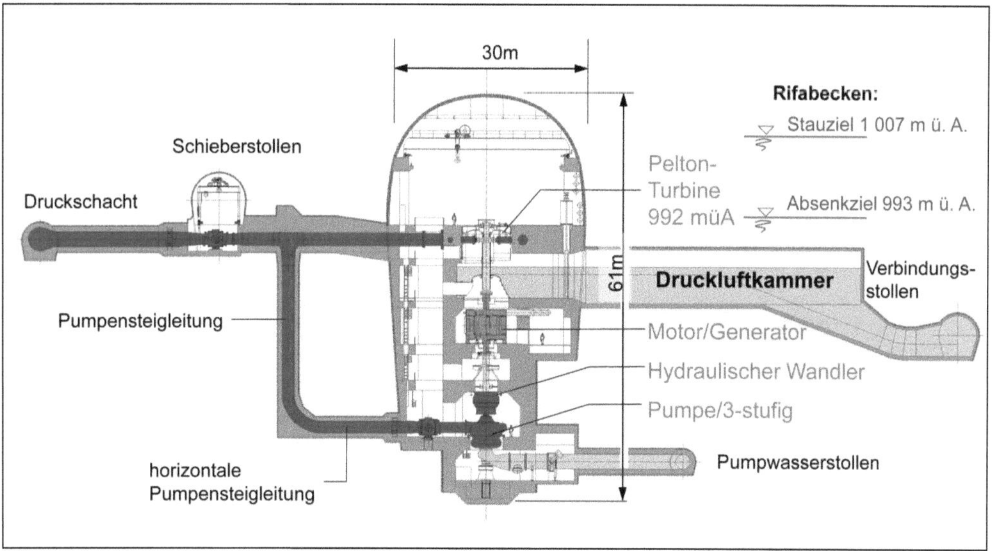

Bild 5: Maschinenkaverne und Druckluft-Wasserschlosskammer des Pumpspeicherwerks Kops II, Querschnitt [6]

seitigem Triebwasserweg mit jeweils einem Wasserschloss vor (**Bild 3**) [3]. Dies betrifft nicht nur die Anzahl der maßgeblichen Lastfälle, sondern auch die Frage der möglichen gegenseitigen Aufschaukelung (erweitertes Stabilitätskriterium). Anzustreben sind möglichst unterschiedliche Schwingungsperioden bzw. Wasserschlosscharakteristiken (Anlagen Roßhag und Häusling der Tauernkraftwerke AG).

Ein besonderes Problem stellt sich für unterwasserseitige Wasserschlösser: Die Unterkammer soll einerseits wegen des erforderlichen Pumpen-Zulaufdruckes zur Vermeidung tiefen Pumpen-Einbaus in der Kraftstation möglichst hoch, anderseits für eine optimale Wasserschlossfunktion eher tief liegen. Dieser Widerspruch wurde bisher mit einem nicht befriedigenden Kompromiss zur Höhenlage der Kammer gelöst. An der TU Graz wurde nunmehr ein 3-Kammer-Wasserschloß entwickelt, das über zwei unterschiedlich hoch liegende Unterkammern verfügt, die beide Teil des Triebwasserweges sind und dessen durchgehende Strömung kurzzeitig unterbrechen. Bei deren Auffüllen muss wieder entlüftet werden. Die Einzelheiten wurden im Rahmen einer Dissertation mittels Berechnungen und hydraulischen Modellversuchen untersucht; die Ergebnisse sind für Vorbemessungen verwendbar (**Bild 4**) [4].

Zwei weitere Besonderheiten seien beschrieben:

Da die Pumpen bekanntlich nur in einem engen Lastbereich regelbar sind, müssen für Teillastbetrieb zusätzlich Turbinen herangezogen werden. Dies ist einerseits mit elektrischer Koppelung zweier Maschinensätze möglich („Mischbetrieb“), allerdings nur bis zu höchstens der halben Kraftwerksleistung. Bei Einsatz der vollen Leistungsspanne benötigt man einen sogenannten Hydraulischen Kurzschluss für jeden Maschinensatz. Dabei wird ein Teil des verpumpten Wassers über die Turbine wieder abgearbeitet und zurückgeführt, womit sich die effektive Pumpleistung aus dem Saldo beider Betriebe ergibt. Angewandt wurde das System beim Pumpspeicherwerk Kaprun-Oberstufe (Tauernkraftwerke AG), im Betrieb seit 1955 (!), sowie in Österreich zuletzt bei der Anlage Kops II (Vorarlberger Illwerke AG).

Weiteres sei das Windkessel-Wasserschloss erwähnt, das in Norwegen seit längerem, in Österreich erstmals im Unterwasser von Kops II (Druckluftkammer) eingesetzt ist (**Bild 5**) [5], [6]. Die wegen der Regelfähigkeit über die volle Leistungsspanne eingesetzten Pelton-Turbinen sind tiefer als der Unterwasser-Speicherspiegel eingebaut, um Turbinen und Pumpen auf einer lotrechten Welle anordnen zu können. Sie fördern in Kammern mit Luftüberdruck, wobei als besonde-

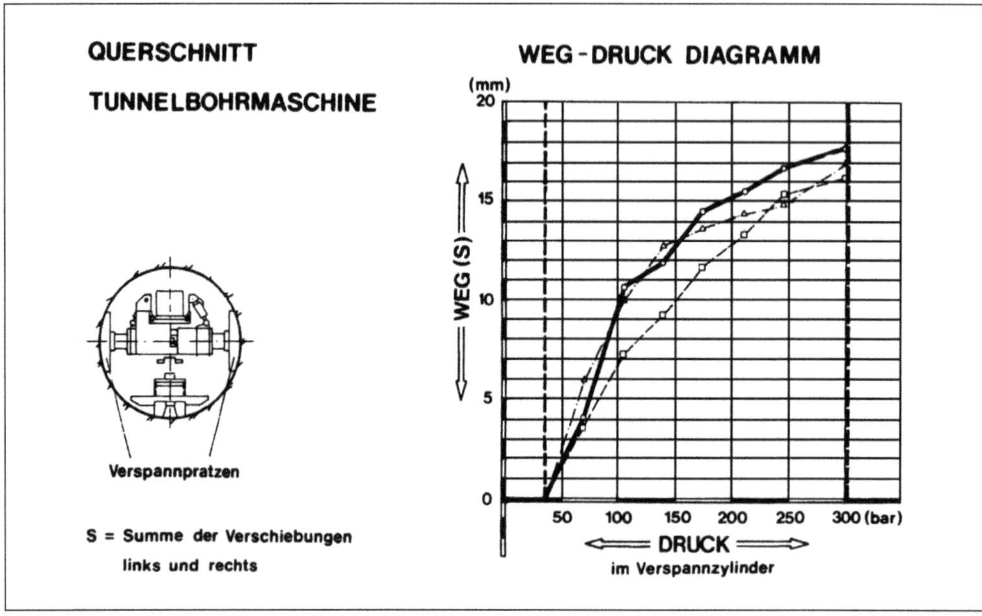

Bild 6: Verspannpratzen – Messungen an der Tunnelbohrmaschine (Vortrieb Druckschacht Häusling) [8]

re Herausforderungen die Luftdrucksteuerung und die Entlüftung bzw. Entgasung vor dem Pumpenzulauf im Fall des o. a. „Kurzschluss-Betriebes" zu bewältigen waren.

2.2 Baulich-konstruktive Auslegungen

Steigende Belastungen, wie immer höhere Ringzugkräfte in Schächten zufolge größerer Innendrücke und Durchmesser, erfordern entsprechend sichere und wirtschaftliche Lösungen.

Bei größeren Kraftwerksanlagen werden zunehmend Druckschächte anstatt freiliegender Druckrohrleitungen errichtet, v. a. aus Gründen der Sicherheit und des Landschaftsbildes. Die Gebirgstragwirkung wird dabei, wie seit längerem üblich, zur Teilübernahme des Innendrucks unter Beachtung der Überlagerungshöhe bei der Bemessung der Auskleidung mit Innen-Stahlpanzerungen herangezogen. Dies erfordert eine sichere Kenntnis der Eigenschaften, v. a. der Verformbarkeit des Gebirges unter Belastung. Dazu dienen Routineverfahren entlang des Schachtes bzw. Stollens, wie die Hammerschlag-Seismik o. ä., zu deren Eichung und messtechnisch genaueren Erfassung an repräsentativen Querschnitten Radialpressen- bzw. Lastplatten-Versuche mit Mehrfach-Extensometern ausgeführt werden.

Besonders vermerkt sei, dass bei einem schrägen Druckschacht (Häusling, max. 80 bar Innendruck) die Verschiebungen beim Einpressen der Verspann-Platten an der Tunnelbohrmaschine beim Vortrieb erstmals als automatisierte Routinemessungen herangezogen wurden, d. h. gleichsam je ein „qualitativer Lastplattenversuch" bei jeder Vortriebsschrittweite von nur 1,20 m (**Bild 6**) [8] Diese sehr effektive und vergleichsweise wirtschaftliche Maßnahme, die den Vortrieb zeitlich praktisch nicht behindert, ist – trotz Bemühungen des Autors – leider nicht weiterentwickelt und bei anderen mechanischen-Vortrieben eingesetzt worden.

Eine weitere wirtschaftliche Innovation, die naturgemäß nicht überall angewandt werden kann, ist die Vorspannung der Ringbeton-Auskleidung anstatt einer aufwändigeren Stahlpanzerung. Nach einer ersten Anwendung in einem Stollen-Abschnitt des Kraftwerks Kaprun-Hauptstufe, allerdings sehr aufwendig mittels umlaufender Vorspannkabel, sind später zwei Injektions-Verfahren entwickelt und mit Erfolg eingesetzt worden:

Die Tiroler Wasserkraftwerke AG setzte ein System außerhalb des Ringbetons liegender längs- und umlaufender Injektionsschläuche mit manschettengedichteten Öffnungen ein. Die Tauernkraftwerke AG wandte dafür ein Raster von Einzelöffnungen an, die über Bohrungen auch für Gebirgsinjektionen verwendbar waren (**Bild 7**). Dieses Vorspannsystem wurde bei den Anlagen Häusling und Feldsee (Kärntner Elektrizitäts AG) eingesetzt [8], [9], [10]. Zur zusätzlichen Sicherheit wurde bei beiden Verfahren eine „Dichthaut", in Form eines dünnen Stahlbleches bzw. einer steifen Kunststofffolie, die eine vergleichsweise hohe Reißdehnung aufweist, eingesetzt. In beiden Fällen werden die Radial-Konvergenzen messtechnisch erfasst. Für die Rissefreiheit (siehe auch Bemessungsdiagramm nach Seeber) ist die Beton-Relaxation zu berücksichtigen. Wesentliche Details sind weiteres die Sektionierung des Injizier-Spaltes in Stollen-Längsrichtung, die messwertabhängige Steuerung des Injektionsdrucks und der Übergang zur anschließenden Panzerstrecke. Beide Verfahren haben jeweils ihre individuellen Vorteile.

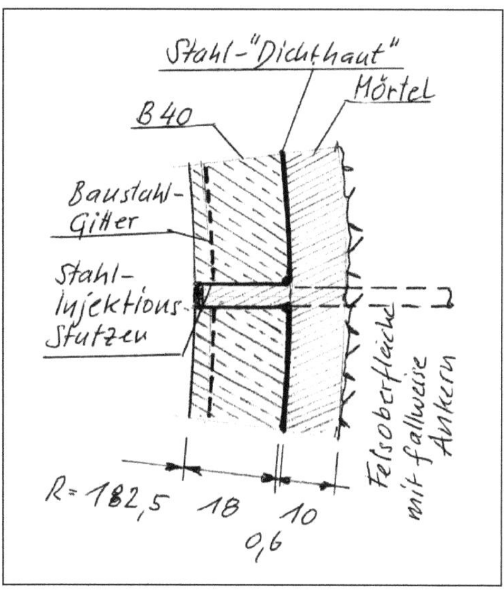

Bild 7: Vorgespannter Ringbeton, Querschnittsdetail (Druckschacht Häusling) [8]

3 Möglicher Ausblick

Die derzeitige Entwicklung bei Pumpspeicherprojekten ist durch steigende Ausbauleistungen im Turbinen- wie im Pumpbetrieb gekennzeichnet, wobei die Leistungen der einzelnen Maschinen im Extremfall über 200 MW hinausgehen. Es erhöhen sich die Durchflüsse und damit die Durchmesser der Triebwasserwege.

Einen außergewöhnlichen Fall stellt ein aktuelles Projekt dar:

Die Ringzugkraft am unteren Ende des lotrechten Druckschachtes weist mit etwa 24 MN/lfm einen Wert im Rekordbereich auf, wobei ein möglicher Gebirgswasserdruck nicht berücksichtigt ist. Gegenwärtig besteht die Tendenz – soweit möglich – eine aufwendige Auskleidung der Triebwasser-Stollen zu reduzieren, selbstverständlich angepasst an die Dichtheit, die Verformbarkeit und die Erodierbarkeit der im Extremfall unausgekleideten Fels-Innenlaibung.

Bei Stollen, die vom Speicher her vorgetrieben werden, entfallen heute i. A. die Verschlüsse beim Übergang zum Kraftabstieg.

Nicht zu lange Triebwasserwege werden auch als Schrägstollen ausgeführt, womit ein Wasserschloss entfallen kann; bei längeren Triebwasserwegen müsste allerdings ein Windkessel-Wasserschloss, wie in Norwegen bereits ausgeführt, eingesetzt werden. Es sei hier auch auf Neuerungen wie das 3-Kammer-Wasserschloss hingewiesen (siehe oben).

Die bisher übliche Auslegung der Becken-Nutzinhalte auf mindestens 8 Std. Pumpbetrieb weicht bei neueren Projekten fallweise ab.

Auf eine Zukunftsoption sei besonders verwiesen: Während bei etlichen Projekten die beiden Speicherbecken schon vorhanden sind oder allenfalls vergrößert werden müssen, ist eine erforderliche Neuerrichtung eines oder beider Becken v. a. in Tallagen aus allen bekannten Gründen nur schwer oder nicht realisierbar. Für diese Fälle bietet sich bei ausreichend guten Gebirgseigenschaften und daraus resultierendem akzeptablen Aufwand an, die Becken zum Teil oder zur Gänze in den Berg zu verlegen [11].

Diese erst in jüngerer Zeit angewandte Option wurde, außer bei Trinkwasserspeichern (i. A. zigtausende Kubikmeter), bei Pumpspeicher-Projekten (hunderttausende Kubikmeter) in Einzelfällen geplant und erstmalig verwirklicht. Dabei wird das Becken als Raster von Stollen mit großem Querschnitt (bis über 100 m^2) ausgelegt. In dieser Form wurde das bestehende Unterbecken Naßfeld

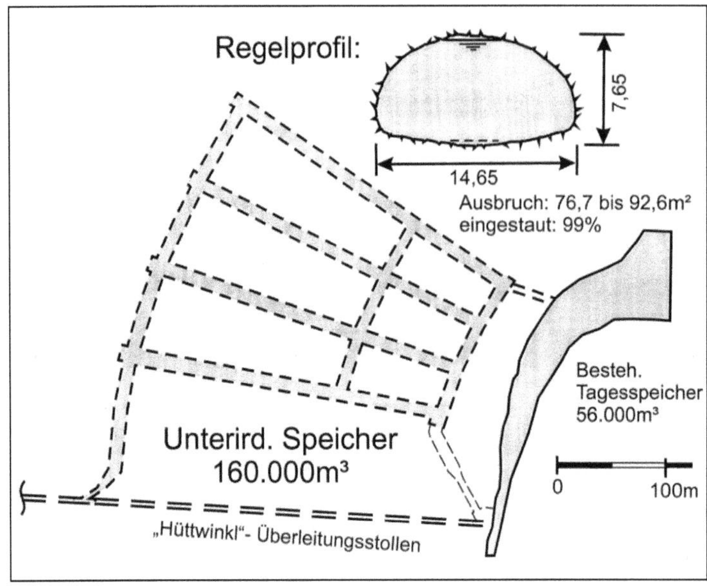

Bild 8: Unterirdisches Speicherbecken, Erweiterung des Unterwasser-Speichers Naßfeld [12]

in der KW-Gruppe Gasteinertal (Salzburg AG) deutlich erweitert (um 160 000 m³) und bereits in Betrieb genommen (**Bild 8**) [12].

Ein weiteres bemerkenswertes Projekt in Österreich sieht ein Oberbecken in Form mehrerer Stollen mit D = 16 m und 1,5 Mio. m³ Nutzinhalt vor! Ein wesentliches Problem stellt trotz des geotechnischen Fortschritts immer die Deponierung des Ausbruchsmaterials dar. Nach Angaben des Antragstellers sei dies beim o. a. Projekt durch die geplante Zwischenlagerung des Materials auf Eigengrund und die spätere Verwertung gelöst; sofern realisierbar - ein Idealfall …

Im Übrigen hat der Autor anlässlich seiner Tätigkeit bei der Europa-Teilorganisation der ICOLD, der Internationalen Talsperren-Kommission, diese ausbaufähige Technologie als mögliches Zukunftsthema vorgeschlagen.

Man darf gespannt sein, was die künftige Entwicklung dazu und bei Pumpspeicher-Anlagen im Allgemeinen bringen wird …

Zu guter Letzt an den Freund Jürgen Giesecke: „Ad multos annos", auch für sein aktives Interesse an der Zukunft des Wasserwesens!

Autor

Em. Univ.-Prof. BR h. c. Dipl.-Ing. Dr. Günther Heigerth
Apothekerhofstrasse 7
5020 Salzburg
Österreich
g.heigerth@aon.at

Literatur

[1] Giesecke, J.: Entwicklungsstufen von Pumpspeicherwerken – Bespiele aus Baden-Württemberg. In: DVWK-Schriftenreihe (1986), Heft 78, S. 3-49.

[2] Larcher, M.; Heigerth, G.: Entwicklung, heutige Auslegungskriterien und innovative Überlegungen zu Wasserschlössern. In: Schriftenreihe zur Wasserwirtschaft TU Graz (2006), Band 46/2, S. 107-120.

[3] Heigerth, G.; Steyrer, P.: Surge tanks for peak-load and pumped storage power plants – Development and realization. In: Proceedings IAHR-Congress, 1991, Madrid.

[4] Larcher, M.; Heigerth, G.; Mayr, D.: Das Dreikammer-Wasserschloss als innovative Neuentwicklung im UW-Bereich von Pumpspeicheranlagen. In: Proceedings der 35. IWASA-Tagung, 2005, Aachen.

[5] Larcher, M.; Heigerth, G.; Klasinc, R. et al : Modelluntersuchung von Wasserschloss Systemen-Kopswerk II: Unterwassersystem im Gegendruckbetrieb. In: Schriftenreihe zur Wasserwirtschaft TU Graz (2006), Band 46/1, S. 447-461.

[6] Gökler, G.; Meusburger, P.: KOPS II on the Grid – First Experiences and Lessons Learned. In: Proceedings Hydro 2009, 2009, Lyon.

[7] Larcher, M.; Arch, A.; Knoblauch, H. et al : Modellversuche zur Auslegung des Wasserschlosses der Pumpspeicherkraftwerksanlage Limberg II. In: VAW-Mitteilungen (2008), Band 207/1, S. 133-144.

[8] Rienössl, K.; Heigerth, G.: Der Druckschacht Häusling – eine wirtschaftliche Lösung für einen Auskleidung mit hohem Innendruck. In: Vorträge zum 38. Salzburger Kolloquium für Geomechanik, 1989, S. 61-72.

[9] Nackler, K.; Heigerth, G.; Großauer, K.: The Feldsee Pumped Storage Project. In: Felsbau – Fachzeitschrift für Ingenieurgeologie, Geomechanik und Tunnelbau (2007), Heft 5, S. 43-51.

[10] Gober, H.; Nackler, K.: Erste Betriebserfahrungen bei einem Hochdruckstollen mit innovativen Ausbaumethoden. In: Geomechanik und Tunnelbau (2011), Band 4, S. 129-140.

[11] Heigerth, G.: Wasserbau – Quo vadis? In: Festschrift zum 60. Geburtstag Prof. Scheuerlein. Innsbruck: Eigenverlag Universität Innsbruck (1997).

[12] Seiwald, S.; Tschernutter, P.: Erweiterung Tagesspeicher Naßfeld – Eine unkonventionelle technische Lösung im Einklang mit der Natur. In: ÖWAV (Hrsg.): Speicher und Pumpspeicherkraftwerke. Seminarunterlagen, Graz, 2009.

Günther Heigerth

Pumped Storage Schemes – their Development in Retrospect and Outlook

Dedicated to Jürgen Giesecke's birthday this paper shows the main past, current and possible future developments of pumped storage schemes due to rising network demands related to Austria I.e. hydraulics of power conduits, special surge tanks for multiple load changes and transitions in turbine-pumping-modes, chambers as part of conduits, aircushion and newly developed 3-chamber surge tanks. It also concerns conduit linings for extreme loads, as for high-pressure shafts, and grouting systems for prestressed concrete linings, furthermore placing reservoirs in the rock mass as possible alternatives, which encounter public rejections.

Гюнтер Хайгерт

Гидроаккумулирующие сооружения – развитие с точки зрения ретроспективы и будущего

В связи с растущими требованиями гидроаккумулирующие электростанции в значительной степени развиваются и совершенствуются. Это касается гидравлики путей прохождения рабочей воды, гидравлических запоров для беспрепятственной нормальной эксплуатации, многократных переходов турбина-насос, проходных камер, а также ресиверных и 3-х-камерных гидравлических запоров. Кроме того, такие вопросы как облицовка напорного гидротехнического туннеля и шахт давления для особых ситуаций, предварительное напряжение кольцевого бетона посредством инжекций и возможная прокладка аккумулирующих резервуаров под землей в будущем также являются темами новых разработок.

André Niemann, Eugen Perau, Ulrich Schreiber und Marco K. Koch

Chancen und Risiken untertägiger Pumpspeicherwerke in Steinkohlebergwerken im Ruhrrevier

Mit dem Auslaufen des Steinkohlenbergbaus in 2018 im Ruhrgebiet hinterlässt der Bergbau eine umfangreiche Infrastruktur. Schachttiefen von bis zu 1 200 m, zahlreiche Ausbauten in der Tiefe und eine großräumige Wasserhaltung eröffnen ggf. Perspektiven für eine Folgenutzung als untertägiges Pumpspeicherwerk. Ein Verbundvorhaben widmet sich ergebnisoffen der Ermittlung dabei zu berücksichtigender Aspekte. Der Beitrag verdeutlicht die angetroffenen Rahmenbedingungen.

1 Ausgangssituation und Vorarbeiten

Der politisch gewollte Ausbau der Kapazitäten regenerativer Energien und deren verstärkte Integration in die Energieversorgung Deutschlands ist aktuell eine vorrangige Aufgabe der Energiewirtschaft. Das Problem der Energiespeicherung selbst ist dabei jedoch ungelöst. Die vorhandenen Speicherkapazitäten reichen zum Auffangen von resultierenden Energie-Überangeboten nicht aus. Gleichzeitig ist die Projektierung von neuen Pumpspeicherwerken aktuell aufgrund der bestehenden Marktbedingungen nahezu zum Stillstand gekommen. So lassen sich die Projekte oft nicht wirtschaftlich darstellen [1]. Neben dem Einsatz und der Entwicklung neuer Speichertechnologien stellt die Nutzung neuer Standorte mit bewährter und etablierter Technik eine weitere Komponente beim Speicherausbau dar. Untertägige Pumpspeicherwerke (UPSW) folgen diesem Grundgedanken. Der vorliegende Beitrag widmet sich der Diskussion der grundsätzlichen Möglichkeiten und Anforderungen, welche sich aus einem solchen Ansatz ergeben. Der Sachstand zu den laufenden Betrachtungen wird dargelegt.

Neu ist nicht die Technik, neu ist der Standort

Die Technik der Energiespeicherung durch Pumpspeicherwerke hat sich langjährig bewährt. Untertägige Pumpspeicher, deren Speicherräume sich vollständig unterhalb der Geländeoberfläche befinden, sind bisher nicht mit ausreichendem Detailierungsgrad untersucht worden. Auch wurde keine systematisierte ganzheitliche Betrachtung möglicher energetischer Folgenutzungen in der bergbaulichen Infrastruktur durchgeführt. Für die Anlagen des Steinkohlebergbaus ist diese Betrachtung aufgrund der Bestätigung des Auslaufens der Kohleförderung (aus 2010) zum Jahr 2018 nun möglich geworden. Die Überlegungen zur Folgenutzung werden seitdem auf zahlreichen Handlungsfeldern forciert [2].

Der Steinkohlebergbau in Nordrhein-Westfalen hinterlässt eine umfangreiche Infrastruktur. Schachtanlagen mit Tiefen von bis zu 1 200 m und ein noch aktives untertägiges Streckennetz von mehreren hundert Kilometern verdeutlichen die Dimension der vorhandenen Infrastruktur im Ruhrrevier. Aktuell verbleiben zwei aktive Bergwerke im Ruhrgebiet: Auguste-Victoria in Marl und Prosper-Haniel in Bottrop. Aus der Identifikation und Definition eines untertägigen Speichervolumens und der Nutzung der in den Schachtanlagen vorhandenen Fallhöhen resultiert dort ein energetisches Potenzial, das theoretisch bereits für kleine bis mittlere Speichervolumina (0,1 bis 1,0 Mio. m^3) ausgenutzt werden könnte.

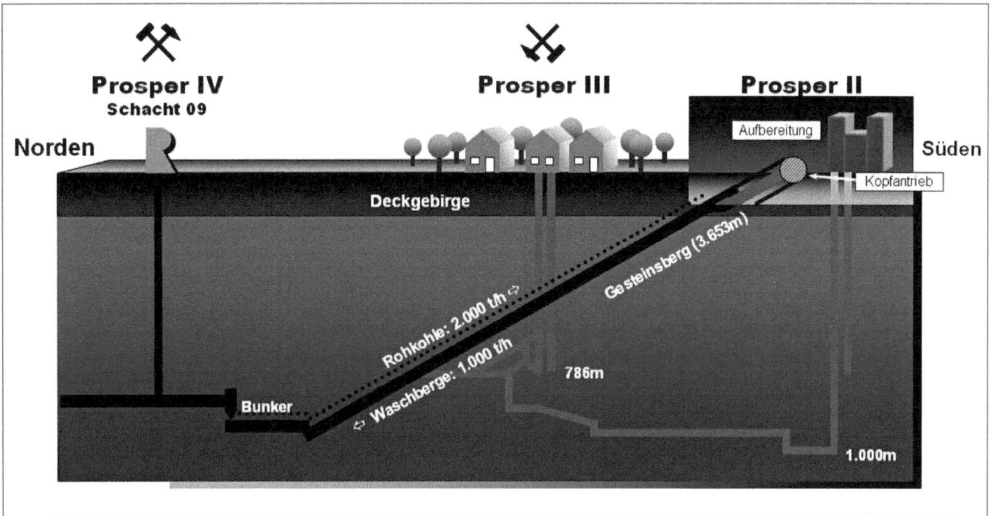

Bild 1: Möglichkeiten zur Integration vorhandener Infrastruktur: Schematische Darstellung der bestehenden Schachtanlagen zur Rohkohleförderung am Bergwerk Prosper-Haniel (Bild: RAG AG)

Die Idee ist nicht neu – Vorarbeiten

Das Konzept eines untertägigen Pumpspeichers ist nicht neu. Erste umfangreiche Studien wurden in den 1970er Jahren in den USA und der DDR durchgeführt. Das EFZN erarbeitete eine Studie zum Potenzial stillgelegter Bergwerke zur Windenergiespeicherung [3]. Aktuell wird in den USA am Riverbank Wiscasset Energy Center (Maine, USA) [4] die Projektierung eines untertägiges Pumpspeicherwerks mit einer Kapazität von 1 GW verfolgt. Eine Zusammenstellung ausgewählter Studien findet sich in Niemann et. al. [5].

2 Nutzung bestehender Infrastrukturkomponenten des Steinkohlebergbaus

Ein Hauptargument für die Untersuchung untertägiger Pumpspeicherwerke ist die Option auf Nutzung vorhandener Infrastrukturkomponenten des Steinkohlebergbaus. Erst diese Synergien ermöglichen aus heutiger Sicht die Wirtschaftlichkeit derartiger Anlagen. Im Nachfolgenden werden die Nutzungsmöglichkeiten einzelner Komponenten der bestehenden Infrastruktur des Bergbaus im Ruhrrevier exemplarisch aufgezeigt. Das **Bild 1** zeigt beispielhaft Komponenten vorhandener Infrastruktur am Standort Prosper-Haniel in Bottrop. Ein Förderberg, in dem heute der Rohkohlentransport organisiert wird, erlaubt den Zugang bis auf rd. 800 m Tiefe. Am Standort befinden sich weitere Schachtanlagen im Umfeld, welche in näherer Umgebung ebenfalls Zugang zur Tiefe ermöglichen.

Schachtanlagen und Förderstrecken als Suchraum für Speicherkonzeptionen

Im Detail sind alle maßgeblichen Standortfaktoren zu analysieren. So müssen für eine Beurteilung der Standortbedingungen vor allem die geologischen und gebirgsmechanischen Zusammenhänge bekannt sein. Beide hier betrachteten Bergwerke liegen geologisch in gefalteten Sedimentgesteinen des Karbons. Es ist eine umfangreiche Basisdatenerhebung zu den geologischen Daten innerhalb der Grubengebäude, zum baulichen Zustand der Strecken, der Schachtscheiben sowie zur chemischen Zusammensetzung der Grubenwässer u. v. m. erforderlich. In den aktiven Bergwerken sind diese Bedingungen recht genau bekannt, wodurch die Analyse erst möglich wird. Für bereits stillgelegte Anlagen ist diese Betrachtung nur schwer durchzuführen.

In beiden verbliebenen Bergwerken des Ruhrreviers existieren unter Tage zahlreiche Hohlräume inner- und außerhalb aktiver Kohleabbaube-

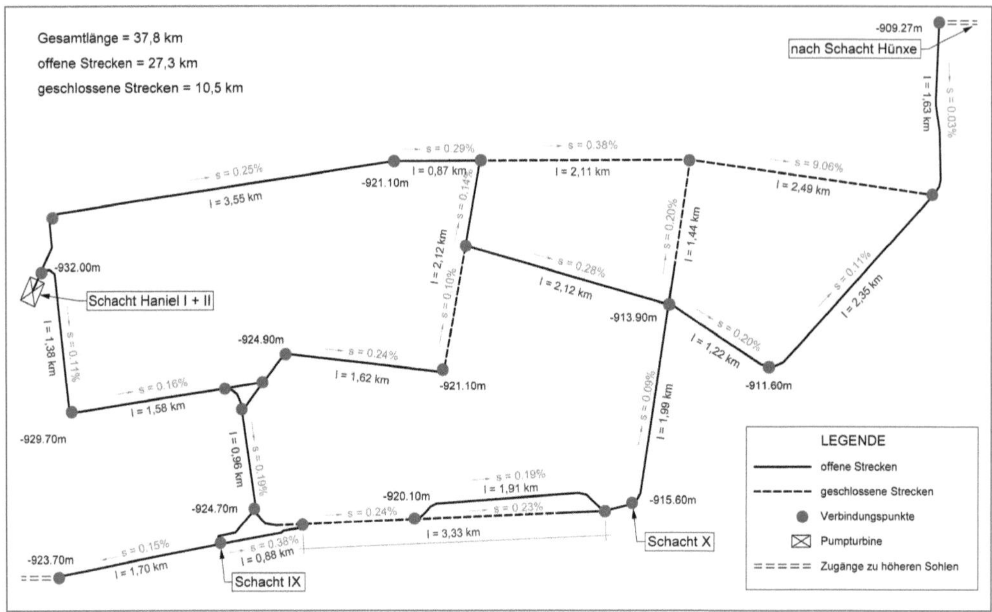

Bild 2: Potenzielle Speicherenergie für die vorhandene Infrastruktur ohne Anpassung und Ausbau am Beispiel der Speichervolumina in den aktiven offenen Sohlen im Bergwerk Prosper-Haniel in Bottrop

reiche. Dabei ist generell zwischen Abbau- und Förderstrecken zu unterscheiden. Die Förder- und Transportstrecken sind für eine mögliche Speichernutzung am interessantesten. Dies insbesondere, wenn sie nicht im direkten Umfeld der durch Abbau beeinflussten Bereiche angeordnet sind und eine im Allgemeinen wenig gestörte und wohldefinierte Gebirgsmechanik aufweisen. So liegen diese Strecken teilweise mehrere Kilometer von den direkten Abbaubereichen entfernt. Gleichzeitig weisen diese Strecken oftmals geringe und gleichmäßige Gefälleverhältnisse auf. Beide Sachverhalte sind günstige Voraussetzungen für die Konzeption untertägiger Speicher. **Bild 2** verdeutlicht diese günstigen örtlichen Bedingungen für ein beispielhaft entwickeltes Pumpspeicherkonzept. Im Ergebnis würden sich in jedem Fall langgestreckte Speicherstrecken ergeben. Der bestehende Ausbauquerschnitt der Strecken variiert dabei zwischen 15 und 27 m². Da ihr Ausbau lediglich in Hinblick auf eine temporäre Nutzung vorgenommen wurde, ist eine Ertüchtigung vorzunehmen. Zu Art und Umfang der Ertüchtigung sind gesonderte Betrachtungen erforderlich, da diese sicherheitsrelevant ist und ihr Bau einen maßgeblichen Anteil der Kosten für den untertägigen Speicher beinhalten würde. Art und Umfang der Ertüchtigung wirken sich direkt auf die Kosten der zu erstellenden untertägigen Speicher und somit auf die Wirtschaftlichkeit der Anlage aus.

Großräumige Wasserhaltung im Ruhrrevier

Aufgrund des umfassenden Kohle-Abbaus unter den Einzugsgebieten von Ruhr, Emscher, Lippe und Rhein ergab sich frühzeitig die Notwendigkeit einer gebietsübergreifenden Wasserhaltung für alle Bergwerkstandorte im Ruhrrevier. Das so entstandene großflächig vernetzte System reicht von Kamp-Lintfort bis nach Hamm bzw. Bergkamen [6]. Es wurde im Zuge der Bergbauaktivitäten grundsätzlich planmäßig wasserwegig gehalten, so dass Übertritte zwischen den einzelnen Wasserhaltungsstandorten möglich sind. Um einen unkontrollierten Anstieg des Grundwasserspiegels zu verhindern, muss diese Wasserhaltung auch nach 2018 betrieben und unterhalten werden. Hieraus ergeben sich Perspektiven für eine Nutzung dieser historisch gewachsenen Infrastruktur zu einem untertägigen Pumpspeicherwerk.

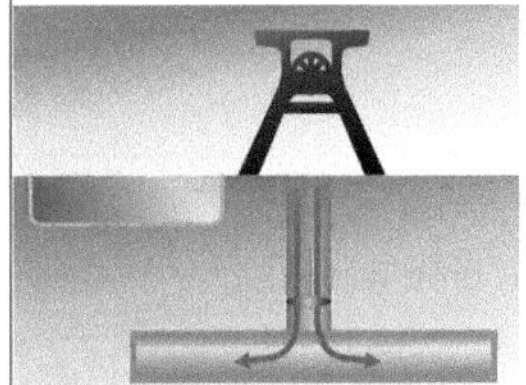

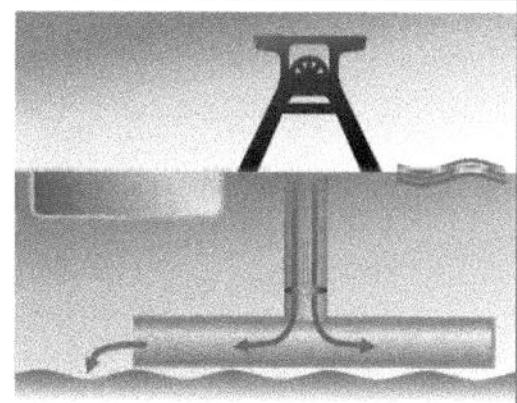

Bild 3: Auf Basis der bestehenden Infrastruktur beispielhaft entwickeltes untertägiges Pumpspeicherkonzept mit Anordnung der Speicherstrecken auf der 6. Sohle im Bergwerk Prosper-Haniel, Bottrop

3 Systemkonfigurationen für untertägige Pumpspeicher

Bei der Wahl der Systemkonfiguration für untertägige Pumpspeicherwerke sind grundsätzlich drei verschiedene UPSW-Typen denkbar (**Bild 3**). Die Unterscheidung ergibt sich durch die räumliche Trennung bzw. Kombination von Speicherraum und Grubenwasserhaltung. Das „geschlossene System" trennt das Speicherwasser komplett vom Grubenwasser und wird am Standort im Kreislauf betrieben. Beim „offenen System" werden zusätzliche Wasserressourcen (z. B. bestehende Brauchwasserkontingente für den Bergwerksbetrieb) in das Konzept eingebunden. Das dabei verwendete Speicherwasser würde dann über das ausgedehnte und vernetzte Wasserhaltungssystem der bergbaulichen Anlagen wieder an die Oberfläche gefördert. Als dritter Typ ist eine Kombination aus beiden Systemen ebenfalls denkbar. In einem solchen Fall wäre eine Kombination von Kurzzeit- und Langzeitspeicher möglich.

Vor allem aus dem „offenen System" resultieren zahlreiche weitergehende Fragestellungen. Zu beachten sind hier insbesondere die Einbindung derartiger Anlagen in die bestehenden wasserwirtschaftlichen Strukturen, die Organisation der Teilströme im wasserwegigen Wasserhaltungssystem unter Tage, die Beeinflussung der Gewässer durch veränderte Salz- und Schwebstoffeinträge sowie die Bewertung der rechtlichen Rahmenbedingungen. Dies sind nur einige der zahlreichen weiteren Fragestellungen, für die aktuell eine Grundlage zur Einschätzung und Beurteilung der Systemkonfigurationen erarbeitet wird.

Aus der Kombination der theoretisch denkbaren Systeme resultiert eine Vielzahl möglicher Anlagenkonfigurationen, die je nach Größe des unteren Speichers und des Ausbaudurchflusses eine theoretische Leistung bis hin zu 600 MW bei Anlagen im Verbund ermöglichen.

4 Energetische Potenziale am Beispiel des Bergwerkes Prosper-Haniel

Nachfolgend erfolgt beispielhaft eine Analyse der energetischen Potenziale für ein geschlossenes System allein auf Basis der bestehenden Infrastruktur des Bergwerkes Prosper-Haniel. Das Ziel hierbei ist, möglichst viel vorhandener Infrastruktur zu verwenden. In einem ersten Schritt wurden die vorhanden Förderstrecken unter Tage analysiert. **Bild 4** verdeutlicht dabei die potenzielle Speicherenergie je Speicherzyklus.

Es zeigt sich, dass das größte Potenzial mit über 1 600 MWh/Zyklus in der Sohle 6 identifiziert werden kann. Dies resultiert vor allem aus dem im Beispiel ermittelten aktivierbaren Speichervolumen von 780 000 m³.

Untertägiger Speicher ist entscheidend

Das **Bild 2** zeigt ein für diese Sohle entwickeltes Pumpspeicherkonzept, welches auf die gesamte Sohle und ausgedehnte Speicherstrecken zurückgreift. Die Sohlenpunkte der Speicherstrecken liegen zwischen -932 m und -908 m. Die resultierende Fallhöhe beträgt im Beispiel rd. 994 m. Es ergibt sich für die bestehenden Strecken ein ringförmiger Speichervorgang, welcher zu einem verhältnismäßig gleichförmigen Füllverhalten führt. Das Sohlengefälle der Speicherstrecken liegt überwiegend zwischen 0,05 % und 0,4 %. In den meisten Strecken bei 0,2 %. In einigen Abschnitten müssten für ein solches Konzept bereits geschlossene Streckenabschnitte wieder geöffnet werden. Der resultierende Leistungsbereich einer solchen Konzeption bewegt sich je nach Ausbaudurchfluss zwischen 80 MW und 800 MW, wobei Limitierungen aus der erforderlichen Energieableitung zu berücksichtigen sind.

5 Laufendes Verbundvorhaben

Vorstehend ist bereits deutlich geworden, dass für eine Beurteilung der Machbarkeit untertägiger Pumpspeicherwerke in den Anlagen des Steinkohlebergbaus noch eine Vielzahl von Fragestellungen zu beantworten ist. Aktuell wird eine weitergehende Untersuchung zur Machbarkeit von UPSW in den Steinkohlebergwerken des Ruhrreviers durch das Land NRW im Rahmen des Förderrahmens „Ziel2 – progres.nrw“ gefördert. Ziel des Verbundvorhabens ist die Beurteilung der technischen Machbarkeit sowie weiterer maßgeblicher umweltrelevanter, wirtschaftlicher sowie rechtlicher und sozialwissenschaftlicher Einflussfaktoren. So fokussieren sich die Untersuchungen zur Machbarkeit eines UPSW derzeit auf die

- Konkretisierung der technischen Anforderung für die Realisierung eines möglichst leistungsstarken Pumpspeicherkraftwerkes in einer auslaufenden bergbaulichen Anlage der RAG AG im Ruhrgebiet;
- Beurteilung der Wirtschaftlichkeit vor dem Hintergrund der Marktdynamik im Energiesektor inklusive einer Beitragsbewertung zur Reduzierung der Ewigkeitslast aus dem Bergbaufolgebetrieb;
- Abschätzung und Quantifizierung umweltrelevanter und energiepolitischer Auswirkungen;
- Entwicklung von Konzepten zur Sicherstellung der Arbeits- und Betriebssicherheit;
- Ermittlung der gesellschaftlichen und politischen Akzeptanz im Untersuchungsgebiet;
- Bewertung des Rechtsrahmens und Aufzeigen gesetzgeberischen Handlungsbedarfs.

Für die Bearbeitung der vielfältigen Fragestellungen des Verbundvorhabens hat sich ein Konsortium von elf Partnern aus fünf Einrichtungen gebildet. Beteiligt sind die Ruhrgebietsuniversitäten aus Duisburg-Essen und Bochum, der Bergbaubetreiber RAG AG, der Bergbauspezialist DMT sowie in Fragen der Akzeptanz bzw. der Politikberatung das Rhein-Ruhr-Institut für Sozialforschung und Politikberatung e. V. (Projekthomepage: www.upsw.de).

Autoren

Prof. Dr.-Ing. André Niemann
Institut für Wasserbau und Wasserwirtschaft
Universität Duisburg-Essen
Universitätsstr. 15
45 141 Essen
andre.niemann@uni-due.de

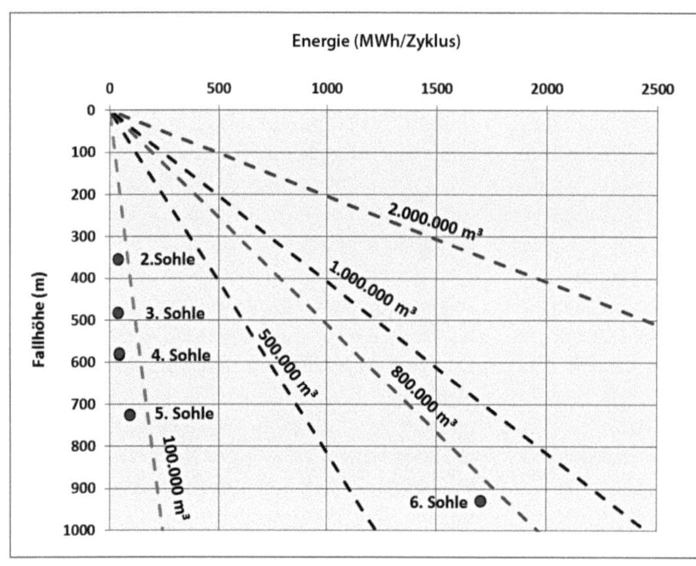

Bild 4: Grundsätzliche Systemkonfigurationen für untertägige Pumpspeicherkonzepte: geschlossenes, offenes und kombiniertes System (v. l. n. r.)

Prof. Dr. Ulrich Schreiber
Fachgebiet Geologie
Universität Duisburg-Essen
Universitätsstr. 5
45 141 Essen
Ulrich.schreiber@uni-due.de

Prof. Dr.-Ing. Eugen Perau
Fachgebiet Geotechnik
Universität Duisburg-Essen
Universitätsstr. 15
45 141 Essen
Eugen.perau@uni-due.de

Prof. Dr.-Ing. Marco K. Koch
Lehrstuhl Energiesysteme und Energiewirtschaft (LEE)
Ruhr-Universität Bochum
Universitätsstr. 150
44801 Bochum
koch@lee.rub.de

Literatur

[1] Dymek, T. : Energiewirtschaftliche Rahmenbedingungen des Betriebs von Pumpspeicherkraftwerken. In: Korrespondenz Wasserwirtschaft 6 (2013), Nr. 5, S. 270-275.

[2] Fischer, P.: Erneuerbare Energien dank Bergbauressourcen. In: Steinkohle 2011 – Energie für neue Wege (2011), S. 52-56.

[3] Beck, H.-P. , Schmidt, M. (Hrsg.): Windenergiespeicherung durch Nachnutzung stillgelegter Bergwerke. BMBF-Abschlussbericht. Energieforschungszentrum Niedersachsehn (Efzn), Goslar, 2011.

[4] Riverbank Wiscasset Energy Center (www.nationalresourcesenergy.com; Abruf 06.05.2013).

[5] Niemann, A.; Perau, E.; Schreiber, U.; Koch, M.: Pumpspeicherkraftwerke in den heute noch aktiven Steinkohlebergwerken – Herausforderung für die Wasserwirtschaft im Ruhrgebiet? In: Pinnekamp, J. (Hrsg.): Gewässerschutz – Wasser – Abwasser, Aachen, 2012, S. 63-3-63/13.

[6] Eckart, M. et al.: Prognose der Flutungsauswirkungen im Steinkohlenbergbau. In: Glückauf 142 (2006), Nr. 6.

André Niemann, Eugen Perau, Ulrich Schreiber and Marco K. Koch

Opportunities and Risks of Underground Pumped Storage Plants in Coal Mines of the Ruhr Area

Coal mining activities in the Ruhr area will fade out in 2018. The mining industry will then consign a huge amount of infrastructure in the deep ground. Access to underground galleries in depths up to 1 200 m might have the potential for an implementation of an underground pumped storage plant for energy storage. The article will show the identified boundary conditions and will discuss some risks and opportunities of such a concept. For an implementation the mining facilities will have to be adapted and reinforced. A case study on the existing infrastructure of the mine Prosper-Haniel in Bottrop shows an energy storage potential of 1 600 MWh/cycle and options for further development.

Андрэ Ниманн, Ойген Перау, Ульрих Шрайбер и Марко К. Кох

Шансы и риски подземных гидроаккумулирующих электростанций в каменноугольных шахтах в Рурской области

По завершению разработок месторождений каменного угля в 2018 году горнодобывающая промышленность оставляет обширную инфраструктуру. Шахты глубиной до 1200 м, многочисленные горные выработки на глубине и крупные водоотливные сооружения открывают при необходимости перспективы дальнейшего использования всего этого в качестве подземных гидроаккумулирующих электростанций. В рамках комплексного проекта без каких-либо предубеждений открыто обсуждаются аспекты, которые необходимо учитывать при реализации. В статье разъясняются рамочные условия, с которыми приходится сталкиваться разработчикам.

Holger Schüttrumpf und Elena Pummer

Unterirdische Pumpspeicherwerke – eine Alternative?

Die Planung und der Bau von Pumpspeicherwerken werden heutzutage durch Landnutzungskonflikte erschwert. Als Alternative bieten sich u. a. unterirdische Pumpspeicherwerke an, deren Machbarkeit bislang jedoch weder technisch, wirtschaftlich noch rechtlich ausreichend untersucht wurde. In einem ersten Schritt wurden daher die hydraulischen Prozesse für verschiedene Geometrien auf der Grundlage einer hybriden Modellierung als eine wesentliche Schlüsselrandbedingung für eine mögliche technische Machbarkeit analysiert.

1 Einleitung

Vielfach konzentriert sich die politische und gesellschaftliche Diskussion bezüglich des Ausbaus erneuerbarer Energien auf die Nutzung von Onshore- und Offshore-Windenergie und Photovoltaik. Energetische Speichermöglichkeiten zum Ausgleich zwischen Energieangebot und -nachfrage werden derzeit noch nachrangig gefördert, haben aber mindestens eine ebenso hohe Bedeutung und Relevanz für die gesellschaftlichen und politischen Ziele der Energiewende wie die Verfahren der Energieerzeugung. Somit sind u. a. Pumpspeicherwerke (PSW) als kurz- und mittelfristige Speichermöglichkeit eine notwendige Ergänzung zum Ausbau erneuerbarer Energien in Deutschland.

Die Planung und der Bau konventioneller PSW wird heutzutage durch den Widerstand der Bevölkerung und die Belauge des Naturschutzes erschwert. Dies zeigen aktuell z. B. die Planungen für ein PSW am Rursee in der Eifel. Den Aachener Zeitungen können fast täglich die zahlreichen Diskussionen rund um das PSW und die damit verbundenen Schwierigkeiten entnommen werden.

Dabei bietet die Nutzung von PSW als bewährte Speichertechnologie zahlreiche Vorteile. Hierzu zählen die besonders schnelle Verfügbarkeit zusätzlicher Energie, die Schwarzstartfähigkeit, ein hoher Erntefaktor, ein hoher Wirkungsgrad, der hohe Wirtschaftsfaktor, niedrige Betriebskosten und die hohe Lebensdauer. Dies kann bei energetischer Nutzung des Wasserkreislaufes, einer Schonung und Entlastung der Umwelt, nicht vorhandener Emissionen sowie einer Verbesserung der ökologischen Verhältnisse bei sorgfältiger Planung erreicht werden.

Wie kann man diesen Konflikt lösen?

Eine Option wären unterirdische Pumpspeicherwerke (UPSW) in alten Steinkohlebergwerken, Erzbergwerken, im Salzbergbau, im Tagebau oder im Festgestein (**Bild 1**). Diese UPSW könnten möglicherweise mit geringen Auswirkungen auf die Natur und geringerem Widerstand der Bevölkerung geplant und gebaut werden. Neue Standorte könnten genutzt werden, die z. B. in der Nähe von Verbraucherzentren und in der Nähe starker volatiler Energieeinspeisung liegen, um z. B. Leitungsverluste und Leitungslängen zu reduzieren. Um diese Idee zu realisieren, bedarf es trotz einiger Konzeptideen der grundsätzlichen Untersuchung der Machbarkeit aus hydraulischer, geotechnischer, bergbaulicher, maschinentechnischer, rechtlicher und ökonomischer Sicht.

2 Bisherige Konzepte

Die Idee der Nutzung von Kavernen als Unter- und/oder Oberbecken für ein PSW ist nicht neu. Bereits seit über 50 Jahren werden entsprechende Konzepte diskutiert ([1], [2]), wurden aber nach Wissen der Autoren dieses Beitrags nie in der Praxis realisiert. Das Thema „Unterirdisches Pumpspeicherwerk" hat jedoch in den letzten Jahren

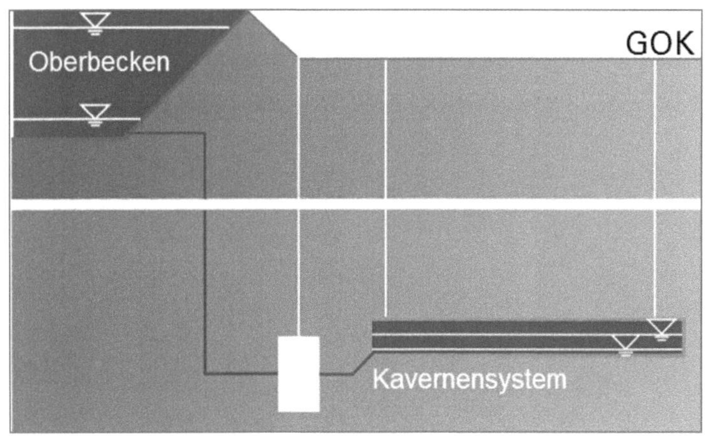

Bild 1: Ansicht eines UPSW [8]

wieder an Bedeutung gewonnen. Derzeit werden in Deutschland verschiedene Realisierungskonzepte von unterschiedlichen Arbeitsgruppen verfolgt. Stellvertretend für andere Konzepte sollen im Folgenden drei Konzepte erwähnt werden, auch wenn die Untersuchungstiefe noch stark variiert und ein echter Vergleich derzeit noch nicht möglich ist. Für den Harz wird vom Energieforschungszentrum Niedersachsen die Nachnutzung stillgelegter Erzbergwerke untersucht [3]. Die Universität Duisburg-Essen beschäftigt sich mit Möglichkeiten der Nutzung alter Steinkohlebergwerke im Ruhrgebiet [4] und in Forbach im Schwarzwald wird ein UPSW als Alternative zu einem konventionellen PSW betrachtet [5]. Auch im Ausland gibt es entsprechende Ansätze, wie z. B. das Wiscasset-Projekt in den USA [6]. Die verschiedenen Konzepte können grob wie folgt klassifiziert werden:

- beide oder nur ein Becken unterirdisch;
- Nachnutzung bestehender oder Bau neuer Kavernen;
- Anlage des Unterbeckens als einzelne Kaverne oder verzweigtes System.

Derzeit ist noch nicht ausreichend geklärt, welches System am besten geeignet ist. Daher ist die interdisziplinäre Untersuchung der Machbarkeit noch erforderlich und sollte in Zeiten von Energiewende, steigender Strompreise sowie Unsicherheiten in der Marktfähigkeit von PSW möglichst kurzfristig erfolgen.

3 Hydraulische Machbarkeit

Erste systematische Untersuchungen zur hydraulischen Machbarkeit von UPSW werden derzeit am Institut für Wasserbau und Wasserwirtschaft der RWTH Aachen in einem hybriden Modell (hier: hybrid = experimentell und numerisch) durchgeführt [8]. **Bild 2a** zeigt das experimentelle System im Modellmaßstab von 1:100 und **Bild 2b** das numerische Modell, das mit OpenFoam umgesetzt wurde. Der Vergleich zwischen experimentellen und numerischen Untersuchungen weist Abweichungen in der Größenordnung von maximal 3 % bei den Wasserständen auf [8].

Ziel ist es, die globalen und lokalen Strömungsprozesse beim Füll- und Entleerungsvorgang zu verstehen, den Einfluss geometrischer Randbedingungen, wie Anzahl, Abstand, Neigung, Breite und Höhe des unterirdischen Kavernensystems, auf die hydraulischen Prozesse zu untersuchen und auf dieser Grundlage ein strömungsoptimiertes „Unterbecken" zu beschreiben. In diesem Zusammenhang ist es somit noch nicht relevant, ob das „Unterbecken" zukünftig im ehemaligen Erzbergbau, im Steinkohlebergbau, im Salzbergbau oder im ungestörten Festgestein realisiert werden soll. Vielmehr sollte untersucht werden, ob Kavernensysteme in vorgegebener Zeit überhaupt mit einer bestimmten Wassermenge gefüllt bzw. entleert werden können. Diese Untersuchungen sind auch deshalb erforderlich, um z. B. Leistung und Arbeitsvermögen, Freibordhöhe etc. zu bestim-

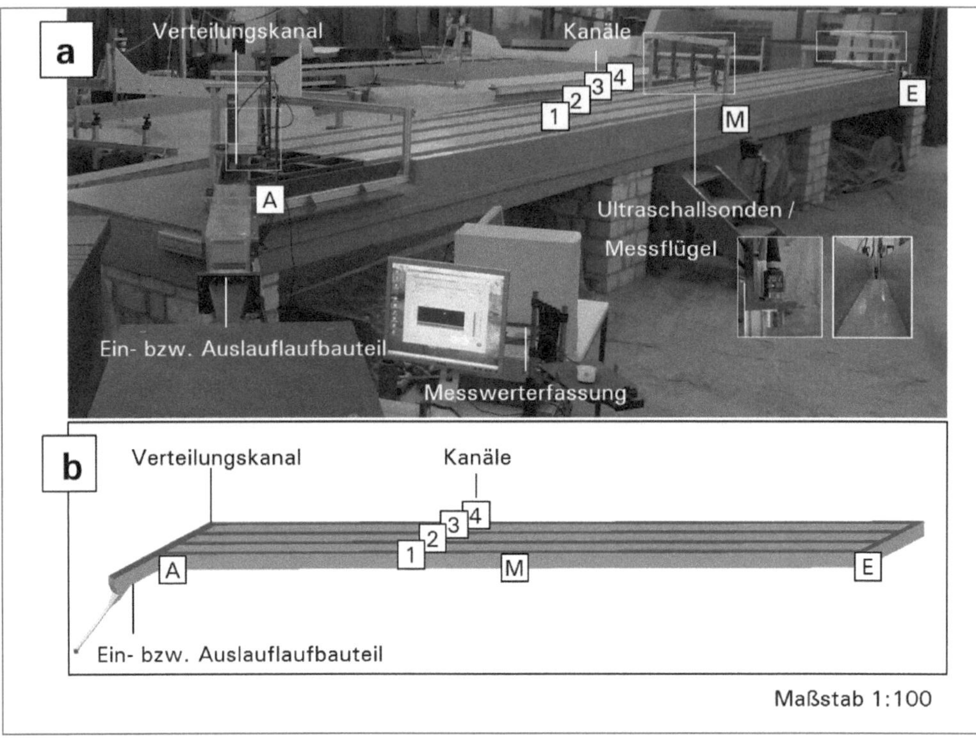

Bild 2: Experimentelles System (a) und numerisches Modell (b) (verändert nach [8])

men und Randbedingungen für die Wasser-Boden-Interaktionen zu ermitteln.

Im Rahmen der experimentellen und numerischen Untersuchungen wurde zwischen globalen und lokalen Strömungsvorgängen unterschieden. Unter globalen Strömungsvorgängen werden der Füll- und Entleerungsvorgang sowie die Auswirkungen verschiedener geometrischer Varianten auf die Füllung und Entleerung der unterirdischen Kavernensysteme verstanden [7]. In diesem Zusammenhang konnte gezeigt werden, dass:

- eine höhere Anzahl an Kavernen sich positiv auf den Füll- und Entleerungsvorgang auswirkt,
- die Verteilung des Wassers bei kleineren Seitabständen der Kavernen zueinander strömungsgünstiger ist,
- kurze Kavernen besser gefüllt und entleert werden können,
- die Neigung der Kavernen sowohl den Füll- wie auch den Entleerungsvorgang stark beeinflusst.

Neben diesen globalen Strömungsprozessen wurden auch lokale Strömungseffekte (**Bild 3**) identifiziert und beschrieben [8]:

- Wechselsprünge und Lufteinschlüsse bei zu schnellem Füll- und Entleerungsvorgang,
- Schwall- und Sunkwellen in den einzelnen Stollen,
- Reflexionen an den Kavernenenden und Kavernenwänden.

Diese Effekte gilt es, durch eine geometrisch angepasste Formgebung der Kavernen zu reduzieren, um unerwünschte Einflüsse auf die Leistungsfähigkeit des PSW zu reduzieren.

4 Schlussfolgerungen

Erste Untersuchungen zur Machbarkeit von UPSW wurden durchgeführt und ergaben, dass das Konzept durchaus eine Alternative zu konventionellen PSW darstellen kann. Weitere Untersuchungen und eine Optimierung des Konzeptes aus hydraulischer Sicht sind in Zusammenarbeit mit den weiteren betroffenen Fachbereichen unbedingt erforderlich. Die neue Ausbaumöglichkeiten und der zukünftige große Bedarf an Speichertech-

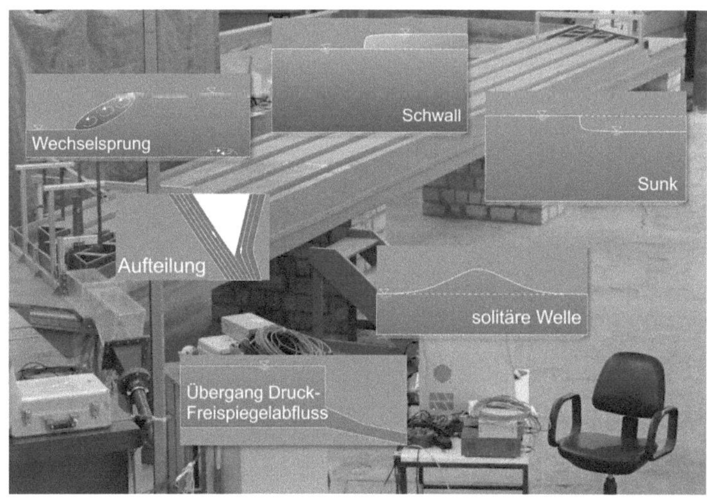

Bild 3: Lokale Strömungsprozesse im Kavernensystem UPSW

nologien sollten einen entsprechenden Anreiz darstellen.

Autoren

Univ.-Prof. Dr.-Ing. Holger Schüttrumpf

Dipl.-Wirtsch.-Ing. Elena Pummer

Institut für Wasserbau und Wasserwirtschaft der RWTH Aachen
Mies-van-der-Rohe-Str. 17
52056 Aachen
schuettrumpf@iww.rwth-aachen.de
pummer@iww.rwth-aachen.de

Literatur

[1] Isaksson, G.; Nilsson, D.; Sjostrand, E.: Pumped storage power plant with underground lower reservoir. In: Proceedings World Power Conference, 1968.

[2] Schumann, G. et al.: Perspektiven zum Bau von Pumpspeicherwerken in der DDR. In: Bauplanung – Bautechnik 33 (1979), Heft 5.

[3] Beck, H. P.; Schmidt, M.: Windenergiespeicherung durch Nachnutzung stillgelegter Bergwerke. Abschlussbericht. Energieforschungszentrum Niedersachsen, 2011. (www.efzn.de; Abruf: 20.01.2012).

[4] Niemann, A.: Chancen und Risiken untertägiger Pumpspeicherkonzepte in Anlagen des Bergbaus. In: Mitteilungen des Lehrstuhls und Institutes für Wasserbau der RWTH Aachen (2013), Nr. 167.

[5] Achatz, R.; Haupt, O; Franke, J.: Planungen zur zukunftssicheren Erneuerung des traditionsreichen Pumpspeicherkraftwerksstandortes Forbach. In: Dresdener Wasserbauliche Mitteilungen (2011), Nr. 47, S. 243-250.

[6] Turgeon, M.; Claisse, M.; Landry, G.: Development of the first pumped storage scheme with an underground lower reservoir. In: Hydropower and Dams (2011), S. 45-48.

[7] Paschmann, C.: Hydrodynamische Untersuchungen der Füll- und Entleerungsvorgänge im unterirdischen Tiefspeicher eines Pumpspeicherkraftwerkes anhand eines physikalischen Modellversuches. Diplomarbeit am Institut für Wasserbau und Wasserwirtschaft der RWTH Aachen, 2012 (unveröffentlicht).

[8] Pummer, E.; Schüttrumpf, H.: Energiespeicherung durch Pumpspeicherkraftwerke – Modellierung der Strömungsprozesse eines unterirdischen Tiefspeichers. In: Mitteilungen des Lehrstuhls und Institutes für Wasserbau der RWTH Aachen (2013), Nr. 167.

Holger Schüttrumpf and Elena Pummer

Underground Pump Storage Plants – an Alternative?

Design and construction of pump storage plants are influenced by land use conflicts and difficult to realize nowadays. Therefore, underground pump storage reservoirs are regarded as a possible alternative due to minor environmental impacts. However the feasibility of such a project needs to be analyzed from a technical, economic and legal point of view. In a first step, the hydraulic processes were investigated for different geometries by using a hybrid modeling approach as a key prerequisite for feasibility.

Хольгер Шюттрумпф и Елена Пуммер

Подземные гидроаккумулирующие электростанции как альтернатива

Планирование и строительство гидроаккумулирующих электростанций в связи конфликтными ситуациями в области землепользования в настоящий момент весьма затруднено. В качестве альтернативы, кроме всего прочего, могут быть предложены подземные гидроаккумулирующие электростанции, которые, в особенности с точки зрения охраны природы, осуществляют меньшее негативное воздействие на окружающую среду; однако, выполнимость таких проектов до сих пор не была изучения ни с технической, ни с экономической, ни с правовой точки зрения. Поэтому в качестве первого шага на этом пути были проанализированы гидравлические процессы для различных геометрий на основе гибридного моделирования; это является существенным ключевым рамочным условием в вопросе возможной технической выполнимости.

Maik Günther

Wirtschaftlichkeit von Pumpspeicherwerken am Spotmarkt

In dieser Arbeit wird die Wirtschaftlichkeit zweier Pumpspeicherwerke am Spotmarkt bewertet. Hierzu kommen zwei Modelle zum Einsatz, die eine fundamentale Preiszeitreihe in stündlicher Auflösung nutzen. Es zeigt sich, dass keines der beiden Pumpspeicherwerke bei einer angemessenen Rendite wirtschaftlich ist. Daher wird aufgezeigt, welche Rahmenbedingungen für eine positive Investitionsentscheidung bestehen müssten.

1 Einleitung

Energiespeichern wird im Rahmen der Energiewende eine besondere Bedeutung beigemessen, um zukünftig auf die volatile Erzeugung aus erneuerbaren Energien zu reagieren. Dabei stehen vor allem Pumpspeicherwerke (PSW) im Fokus, da sie im Vergleich zu anderen Speichertechnologien relativ geringe spezifische Kosten aufweisen und sich in der Vergangenheit technisch bewährt haben.

Häufig wird jedoch bei der Forderung nach einem Neu- oder Ausbau von PSW die Wirtschaftlichkeit nicht ausreichend berücksichtigt. In dieser Arbeit wird daher die Wirtschaftlichkeit von zwei PSW am Spotmarkt exemplarisch untersucht. Für die Vermarktung von Wirkarbeit ist nur der Spotmarkt relevant, da PSW keine Langzeitspeicher sind. Es wird gezeigt, dass sich ein Neubau der beiden PSW heute noch nicht lohnt, wenn sie ihre Erlöse allein am Spotmarkt erwirtschaften. Daher wird erläutert, welche Rahmenbedingungen für eine positive Investitionsentscheidung bestehen müssten. Ohne den Ergebnissen vorweg zu greifen: Eine Sicherung interessanter Standorte und eine Verschiebung der Inbetriebnahme des PSW auf 2030 macht überaus Sinn.

Bei den beiden Bewertungsmodellen am Spotmarkt handelt es sich zum einen um ein deterministisches Modell unter Anwendung der Dynamischen Programmierung. Dort sind in der hFC (hourly Forward Curve = Preiszeitreihe in stündlicher Auflösung) keine zufälligen Schwankungen enthalten. Die Entscheidung, ob in der nächsten Stunde gepumpt, turbiniert oder nichts getan werden soll, wird immer unter Kenntnis aller zukünftigen Spotmarktpreise getroffen. In diesem Zusammenhang spricht man von der perfekten Vorausschau. Der Entscheider handelt also besser, als es ihm in der Realität möglich ist. Dem begegnet in dieser Arbeit das stochastische Modell mit Hilfe der Stochastischen Dynamischen Programmierung. Hier werden zufällige Schwankungen auf die hFC aufgeprägt, so dass der Entscheider unter Unsicherheit handelt. Eine Übersicht über Optimierungsverfahren und Details zur Dynamischen Programmierung sowie zur Stochastischen Dynamischen Programmierung gibt Brass [1].

Als hFC kommt eine Preiszeitreihe zum Einsatz, die das Ergebnis eines fundamentalen Langfristmodells für den europäischen Kraftwerkspark ist. Einen kurzen Überblick über die Parameter des fundamentalen Langfristmodells und über die aus dem Modell resultierenden Erkenntnisse geben Mühlhäuser und Roth [2]. Im Folgenden wird diese hFC als fundamentale hFC bezeichnet.

Nachfolgend werden die Rahmenbedingungen und Parameter der beiden PSW und der Kapitalwertmethode erläutert. Mit Abschnitt 3 schließt die Beschreibung des deterministischen Modells an. Dies erfolgt analog in Abschnitt 4 für das stochastische Modell. Konkrete Ergebnisse zur Wirtschaftlichkeit werden in Abschnitt 5 vorgestellt. Diese Arbeit endet mit einer Zusammenfassung der Erkenntnisse.

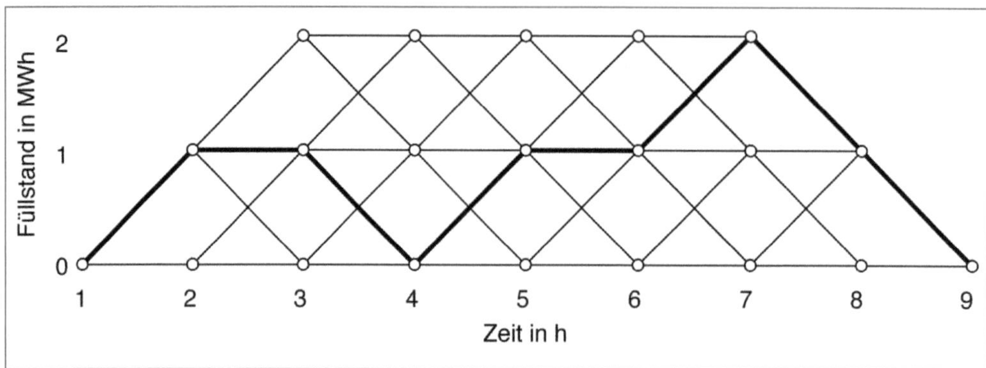

Bild 1: Zustandssystem für das deterministische Modell

2 Rahmenbedingungen und Parameter

Es werden zwei PSW getrennt voneinander am Spotmarkt bewertet. Dabei wird unterstellt, dass die PSW jeweils Teil eines Kraftwerkspools sind, so dass Besicherungskosten entfallen. Das PSW mit 200 MWh Speicherkapazität pro Lastzyklus (LZ) wird als „PSW 200" und das PSW mit 1 200 MWh/LZ wird als „PSW 1 200" bezeichnet. Die untersuchten PSW sind ansonsten identisch:

- installierte Leistung: 100 MW_{el} (stufenlos regelbar),
- Wirkungsgrad Einspeichern und Ausspeichern jeweils: 87 %,
- Betriebskosten: 1 Mio. €/Jahr (10 €/kW_{el} [3]).

Zur Bewertung der Wirtschaftlichkeit wird die Kapitalwertmethode unter folgenden Rahmenbedingungen angewendet:

- Inflation: 1,5 %,
- Diskontrate: 5 %,
- Investitionsvolumen: 140 Mio. € (1 400 €/kW),
- Planungs- und anschließend Baubeginn: 2013,
- Inbetriebnahme: 2020,
- Amortisationszeit nach Inbetriebnahme: 20 Jahre (2020 bis 2039).

3 Deterministisches Modell

3.1 Dynamische Programmierung

Das deterministische Modell arbeitet nach dem Prinzip der perfekten Vorausschau – alle Preise der Zukunft sind bekannt. Weiterhin ist für das PSW ein Zustandssystem gegeben, welches über seine Knoten angibt, von welchem Füllstand im Zeitpunkt t zu welchem Folgefüllstand in t + 1 (durch pumpen, turbinieren oder nichts tun) gewechselt werden kann und zu welchen Erlösen (turbinieren) bzw. Kosten (pumpen) dies führt. In Anlehnung an die Arbeit von Borchert et al. [4] ist in **Bild 1** ein beispielhaftes Zustandssystem dargestellt. Dort ist das PSW-Oberbecken zu Beginn und am Ende des Planungshorizonts leer. Fett markiert ist der optimale Pfad. Er ergibt sich aufgrund einer hFC und zeigt, wie das PSW aufgrund dieser hFC eingesetzt werden muss, um den Erlös zu maximieren.

Zur Bestimmung des optimalen Pfades wird die Dynamische Programmierung angewendet. Hierbei startet man am Ende des Planungshorizonts und bewegt sich rückwärts, immer in die Zukunft blickend, durch das Zustandssystem bis zum Startzeitpunkt. In jedem Zeitpunkt kennt man den aktuellen Preis und trifft in jedem Knoten die optimale Entscheidung, ob turbiniert, gepumpt oder nichts getan werden soll. Dabei werden bereits getätigte Entscheidungen zukünftiger Zeitpunkte mit einbezogen. Der Algorithmus endet, wenn der Startzeitpunkt erreicht ist. Dann lassen sich der optimale Pfad und somit der Erlös ablesen.

3.2 Fundamentale hFC ohne zufällige Schwankungen

Die fundamentale hFC basiert auf den Ergebnissen eines Langfristmodells der Stadtwerke München für den europäischen Kraftwerkspark. Im ersten Schritt werden mit ihm in jährlicher Auflösung der CO_2-Preis, der Base- und Peakpreis sowie

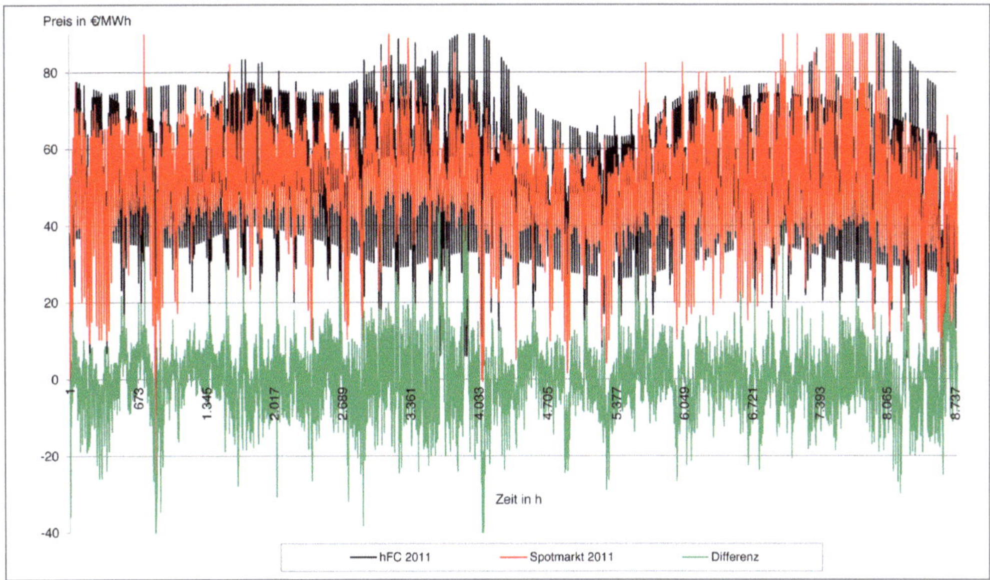

Bild 2: Verlauf von hFC, Spotmarkt sowie Differenz aus hFC und Spotmarkt für 2011

der zugehörige Kraftwerksbestand ermittelt.

Unter Kenntnis des Kraftwerksbestands kann im zweiten Schritt eine fundamentale hFC bestimmt werden. Hierzu werden alle Erzeugungsanlagen unter Berücksichtigung von zufälligen Ausfällen und Wettersituationen (wichtig für die erneuerbaren Energien) in eine Merit Order eingereiht. Der Schnittpunkt mit der Nachfragekurve für Strom bildet den Preis in der jeweiligen Stunde. Dieses Vorgehen wird für alle Stunden von 2020 bis 2039 durchgeführt. Als Ergebnis erhält man eine fundamentale hFC, die sich in ihrer Struktur mit dem Ausbau erneuerbarer Energien wandelt. Sie hat in Zukunft eine deutlich höhere Volatilität im Vergleich zu aktuellen Spotmarktpreisen. Dies liegt vor allem an den erneuerbaren Energien, die in Zukunft einen immer stärkeren Einfluss auf den Spotmarktpreis haben und maßgeblich von Wettersituationen abhängen.

4 Stochastisches Modell

4.1 Stochastische Dynamische Programmierung

Auch bei der Stochastischen Dynamischen Programmierung bewegt man sich rückwärts durch ein Zustandssystem. Dieses ist um die Dimension des Preises erweitert. An die Stelle der perfekten Vorausschau treten Preise mit ihren korrelierten Übergangswahrscheinlichkeiten. Theoretisch gibt es auch beim deterministischen Modell in Abschnitt 3.1 Übergangswahrscheinlichkeiten zwischen den Preisen. Sie beträgt für den Preis der hFC in t zum Preis der hFC in t + 1 wegen der perfekten Vorausschau immer 100 %. Daher ist die Berechnung der Erlöse im deterministischen Modell einfacher zu bewerkstelligen als im stochastischen Modell.

Ein Knoten im Zustandssystem stellt bei der Stochastischen Dynamischen Programmierung eine Kombination aus Preisstufe, Füllstand und Zeitpunkt dar. Rückwärts durch das Zustandssystem gehend legt man für jeden Knoten fest, ob es vorteilhafter ist, dort zu pumpen, zu turbinieren oder nichts zu tun. Anschließend kann für eine Schar an zufällig erstellten Preiszeitreihen jeweils der Gesamterlös des PSW abgelesen werden.

4.2 Fundamentale hFC mit zufälligen Schwankungen

Die fundamentale hFC aus Abschnitt 3.2 verfügt über keine zufälligen Schwankungen. Sie bildet nachfolgend den deterministischen Anteil ab. Um Preisschwankungen für Entscheidungen unter Unsicherheit auf die fundamentale hFC aufzuprägen, werden historische Daten analysiert. Dabei

Tab. 1: Ergebnisse der Wirtschaftlichkeitsrechnungen

PSW-Variante	PSW 1 200		PSW 200	
Modell	deterministisch	stochastisch	deterministisch	stochastisch
laufende Einnahmen	106 330 793 €	128 7 22 909 €	33 797 608 €	37 514 907 €
Investitionen	140 000 000 €	140 000 000 €	140 000 000 €	140 000 000 €
laufende Ausgaben	25 663 684 €	25 663 684 €	25 663 684 €	25 663 684 €
Cash Flow	-59 332 891 €	-37 325 730 €	-131 866 076 €	-128 148 776 €
Kapitalwert	-99 710 808 €	-69 242 814 €	-141 103 709 €	-138 717 183 €
interner Zinsfuß	kein positiver interner Zinsfuß			

wird untersucht, wie die tatsächlichen Spotmarktpreise und eine in der Vergangenheit tatsächlich erstellte hFC verlaufen. Es wird eine hFC aus der Vergangenheit verwendet, da kein aktuelles Wissen enthalten sein darf. Diesen Wissensvorsprung hätte man auch heute bei der Erstellung einer hFC nicht.

Bild 2 zeigt Spotmarktpreise von 2011, eine im Dezember 2010 für 2011 erstellte hFC sowie die Differenz aus beiden Kurven. Um die Differenz aus Spotmarktpreisen und damaliger hFC auf die fundamentale hFC aufzuprägen, müssen die Parameter des stochastischen Prozesses ermittelt werden, mit dem diese zufälligen Abweichungen nachgebildet werden. Hierfür wird ein Ornstein-Uhlenbeck-Prozess gewählt, da er eine langfristige Drift zu extrem hohen oder niedrigen Preisen ausschließt. Die Parameter des stochastischen Prozesses werden mit Hilfe der Kleinsten-Quadrate-Regressions-Methode geschätzt. Anschließend kann durch eine Monte-Carlo-Simulation eine Schar beliebig vieler fundamentaler hFC mit zufälligen Abweichungen im stochastischen Modell eingesetzt werden.

5 Bewertung der Wirtschaftlichkeit am Spotmarkt

Tabelle 1 zeigt die Ergebnisse der Wirtschaftlichkeitsrechnungen für beide PSW im deterministischen und stochastischen Bewertungsmodell. Es zeigt sich, dass die Erlöse im stochastischen Modell höher ausfallen als im deterministischen Modell. Das Fehlen der perfekten Vorausschau wird durch zusätzliche Schwankungen, die auf die fundamentale hFC aufgeprägt sind, überkompensiert. Jedoch rechnet sich keine der untersuchten PSW-Varianten, wobei PSW 1 200 im stochastischen Modell noch am besten abschneidet. Selbst bei einer Diskontrate von 0 % sind beide PSW-Varianten unwirtschaftlich.

Um mögliche Handlungsoptionen aufzuzeigen, sind in **Tabelle 2** drei Modifikationen des PSW 1

Tab. 2: Wirtschaftlichkeit von drei Varianten des PSW 1 200

	30 Jahre Amortisationszeit	spezifische Kosten von 570 €/kW	PSW wird 10 Jahre später gebaut
laufende Einnahmen	319 945 752 €	128 722 909 €	268 802 441 €
Investitionen	140 000 000 €	57 000 000 €	140 000 000 €
laufende Ausgaben	41 662 114 €	25 663 684 €	29 783 753 €
Cash Flow	138 283 638 €	46 059 224 €	99 018 688 €
Kapitalwert	-35 953 124 €	667 601 €	-17 170 003 €
interner Zinsfuß	3,41 %	5,11 %	3,99 %

200 im stochastischen Modell dargestellt. Alle in Abschnitt 2 genannten Rahmenbedingungen bleiben konstant. Lediglich die jeweils im Tabellenkopf aufgeführte Modifikation wurde umgesetzt. So wird zum einen die Amortisationszeit von 20 auf 30 Jahre erweitert. Hierdurch werden jedoch nicht die geforderten 5 % erreicht. In einer weiteren Variante sind die spezifischen Kosten angenommen, mit denen sich die Investition in PSW 1 200 rechnet. 570 €/kW sind in der Praxis jedoch nicht zu erzielen. Die letzte Variante zeigt die Verschiebung der Investition um zehn Jahre, da sich in Zukunft der Einfluss der erneuerbaren Energien zunehmend auf die hFC auswirkt. Dies hat wiederum einen positiven Effekt auf die Erlöse des PSW. Aber auch mit dieser Variante lassen sich die geforderten 5 % nicht erreichen.

6 Zusammenfassung

Qualitativ kommt das stochastische Modell der Realität am nächsten und ist deterministischen Modellen hinsichtlich der Ergebnisqualität überlegen. Demgegenüber benötigt das deterministische Modell CPU-Zeiten von etwa zwei Stunden. Das stochastische Modell ist um den Faktor 50 langsamer.

Es zeigt sich, dass eine Vermarktung der untersuchten PSW am Spotmarkt unter Berücksichtigung eines angemessenen Risikos (5 % Diskontrate) nicht wirtschaftlich ist. Die folgenden allgemeingültigen Erkenntnisse für PSW wurden im Rahmen der Untersuchung gewonnen:

- Am Spotmarkt allein ist die Wirtschaftlichkeit eines PSW-Neubaus heute noch nicht darstellbar. Ggf. lassen sich am Regelenergiemarkt Zusatzerlöse erzielen, wenn das PSW im Pool eingesetzt wird. Da ein PSW die Rampen sehr gut bedient, kann ein Pool aus thermischen Kraftwerken besser am Regelenergiemarkt agieren bzw. dort erst durch das PSW vermarktet werden.
- Spezifische Kosten über 1 400 €/kW sind unwirtschaftlich. Erst bei Kosten von 570 €/kW würde sich bereits heute die Investition in PSW 1 200 lohnen. Da 570 €/kW unrealistisch sind, sollten neben dem Streben nach möglichst geringen spezifischen Kosten die beiden nachfolgenden Maßnahmen ergriffen werden.
- Der Einfluss der erneuerbaren Energien führt ab etwa 2030 zu einer hFC, die zunehmend vorteilhaft für die Vermarktung von PSW am Spotmarkt ist. Es macht daher Sinn, Investitionsprojekte nicht zeitnah zu tätigen. Vielmehr sollten interessante Standorte zunächst gesichert werden.
- Eine Amortisationszeit von 20 Jahren ist typisch für Wirtschaftlichkeitsbetrachtungen von thermischen Kraftwerken. Innerhalb von 20 Jahren rechnet sich eine Investition in den Bau eines PSW nicht. Eine Ausweitung der Amortisationszeit bedeutet jedoch ein höheres Risiko für den Investor, welches auch bepreist wird. Gerade vor dem Hintergrund sich derzeit häufig ändernder politischer Rahmenbedingungen muss die Politik Planungssicherheit für langfristige Investitionen schaffen, um den Risikoaufschlag möglichst gering zu halten.

Autor

Dr. Maik Günther
Stadtwerke München GmbH
Emmy-Noether-Straße 2
80992 München
guenther.maik@swm.de

Literatur

[1] Brass, C.: Betriebsoptimierung von Talsperrensystemen mittels Stochastischer Dynamischer Programmierung (SDP) unter Berücksichtigung veränderlicher Ziele und Randbedingungen. Dissertation, Bochum, 2006.

[2] Mühlhäuser, K.; Roth, H.: Erneuerbare Energien: Ein ewiger Subventionsbestand? In: Energiewirtschaftliche Tagesfragen 62 (2012), Heft 8, S. 45-48.

[3] Hundt, M. et al.: Herausforderungen eines Elektrizitätsversorgungssystems mit hohen Anteilen erneuerbarer Energien. Stuttgart, 2010.

[4] Borchert, J. et al.: Bewertung und Steuerung von Gasspeichern bzw. Gasspeicherscheiben. In: ZfE Zeitschrift für Energiewirtschaft 4 (2009), S. 279-293.

Maik Günther

The Economy of Pump Storage Stations at the Spot Market

The economy of two pump storage stations at the spot market will be evaluated in this paper. Therefore, a deterministic and a stochastic model were developed. Both models use a fundamental hourly price forward curve, which is based on a fundamental long term model of the European generation system. As a result it will be shown that none of the two pump storage stations are economical, if a fair return is required. Thus, conditions are explained which are important for an economical investment into pump storage stations.

Майк Гюнтер

Экономичность гидроаккумулирующих электростанций на спотовом рынке

В данной работе оценивается экономичность двух гидроаккумулирующих электростанций на стоповом рынке. Для этого применяются 2 модели, которые используют фундаментальный ценовой временной ряд в ежечасном разрешении. Установлено, что ни одна из двух гидроаккумулирующих электростанций не является рентабельной при соответствующей норме прибыли. В связи с этим также указывается, какие рамочные условия должны существовать для положительного решения вопроса об инвестициях.

Désirée Plenker, Elena Pummer und Holger Schüttrumpf

Tiefspeicherdimensionierung unterirdischer Pumpspeicherwerke – Numerische Modellierung

Pumpspeicherwerke stellen eine großmaßstäbliche Möglichkeit der Energiespeicherung dar. Durch neuartige Konzepte sollen topographieunabhängige Bauweisen ermöglicht werden. Eines dieser Konzepte sieht eine Anordnung von unterirdischen Speichereinheiten als Unterbecken vor. Hierfür wurde an der RWTH Aachen ein numerisches 3-D-Modell zur hydrodynamischen Optimierung entwickelt und anhand verfügbarer experimenteller Untersuchungen kalibriert. Inhalt dieser Arbeit ist der Aufbau des numerischen Modells sowie die Simulation und Validierung eines Füllprozesses.

1 Einleitung

Den deutschen Energiesektor prägt derzeit ein grundlegender Wandel. Während die deutsche Energieversorgung bislang vor allem durch fossile und atomare Energieträger sichergestellt wurde, soll zukünftig eine nachhaltige Energiegewinnung durch erneuerbare Quellen gewährleistet werden [1]. Mit der Einführung des Erneuerbare-Energien-Gesetzes (EEG) im Jahr 2000 entstand hierfür eine gesetzliche Grundlage mit dem Ziel, den Anteil der erneuerbaren Energien an der Stromversorgung sukzessive zu erhöhen und die Weiterentwicklung der vorhandenen Technologien zur Stromerzeugung aus regenerativen Quellen finanziell zu fördern [2]. Bis zum Jahr 2020 sollen mindestens 35 % der deutschen Stromversorgung durch erneuerbare Quellen abgedeckt und eine stufenweise Erhöhung des Anteils bis 2050 garantiert werden [2].

Erneuerbare Energiequellen, wie Wind- und Solarenergie, sind von Natur aus Schwankungen unterworfen. Für eine bedarfsgerechte Integration der Strommengen aus regenerativen Quellen wird jedoch eine bedarfsgerechte Einspeisung in das Versorgungsnetz benötigt. Es besteht daher ein hoher Bedarf der Zwischenspeicherung zur Gewährleistung der Versorgungssicherheit und der Netzstabilität.

1.1 Konventionelle Pumpspeicherwerke

Zur langfristigen und großmaßstäblichen Energiespeicherung hat sich der Einsatz von Pumpspeicherwerken bewährt [11]. Als Grundprinzip nutzt diese Speichertechnologie das hydraulische Gefälle zwischen zwei unterschiedlich hoch angeordneten Speicherbecken. Im Pumpbetrieb wird Wasser vom Unter- ins Oberbecken transportiert und somit Energie in potenzieller Form zwischengespeichert. Durch ein kontrolliertes Ablassen des Wassers aus dem Oberbecken wird die gespeicherte potenzielle Energie in kinetische Energie umgewandelt und durch Turbinen in Strom rückgewandelt.

Eine Grundvorrausetzung für den Bau eines Pumpspeicherwerks besteht in der Auswahl eines geeigneten Standorts, der ein steiles Geländerelief mit großen Höhenunterschieden und ausreichend Raum für großmaßstäbliche Reservoirs bietet [4]. Jedoch besteht derzeit vor allem in reliefarmen Gebieten, z. B. infolge des Ausbaus der Windenergieanlagen im Norden von Deutschland, Bedarf an der Umsetzung von geländeunabhängigen Konzepten für Pumpspeicherwerke.

1.2 Alternative Pumpspeicherkonzepte

Mit diesem Hintergrund wurden in den vergangenen Jahren bereits Ansätze zur Realisierung einer geländeunabhängigen und großräumigen Speicheranlage entwickelt [8]. Ein mögliches Konzept stellen unterirdisch angeordnete Pumpspeicherwerke dar. Auch hier wird das hydraulische Gefälle zweier in unterschiedlichen Höhenlagen angeordneter Speicherbecken zur Energiespeicherung genutzt. Anstatt jedoch die Speicherbecken oberirdisch in unterschiedlichen Höhen anzuordnen, wird ein Reservoir oberirdisch (Oberbecken) und ein Reservoir unterirdisch (Unterbecken) realisiert (**Bild 1**). Die Funktion des Unterbeckens übernimmt dabei ein unterirdisches System, das aus zusammenhängenden Kavernen in großer Tiefe besteht. Bei geeignetem und ausreichend tragfähigem Untergrund können Fallhöhen von mehreren hundert Metern erreicht werden. Durch Anordnung der Versorgungseinrichtungen und technischer Anlagen unterhalb der Geländeoberkante kann zusätzlich der oberflächige Raumbedarf und somit der Eingriff in das Landschaftsbild minimiert werden.

1.3 Projektierung

Für die Umsetzung dieses Ansatzes wurden am Institut für Wasserbau und Wasserwirtschaft (IWW) der RWTH Aachen im Jahr 2012 physikalische Untersuchungen an einem physikalischen Modell eines unterirdischen Kavernensystems im Maßstab 1:100 (**Bild 2**) durchgeführt [9]. Der Schwerpunkt dieser Untersuchungen lag in der geometrischen Ausgestaltung und hydraulischen Optimierung eines unterirdischen Tiefspeichers für den Einsatz als Unterbecken. Das Modell besteht aus einem System aus vier offenen, am Anfang und Ende miteinander verbundenen parallelen Kanälen. Über einen gemeinsamen Ein- und Auslaufbereich kann das Modell befüllt sowie entleert werden. Durch Variation der durchflossenen Modellbereiche war es möglich, die Einflüsse von Kanalanzahl, Kanallänge sowie Lage der Kanäle auf das Strömungsverhalten während der Füll- und Entleerungsvorgänge zu untersuchen.

2 Entwicklung des numerischen 3-D-Modells

Parallel zum physikalischen Modell des unterirdischen Tiefspeichers wurde ein numerisches Modell zur Simulation der Füll- und Entleerungsvorgänge an weiteren geometrischen Variationen des Speichers entwickelt. Die zugrundeliegende Geometrie der numerischen Modellierung orientierte sich an dem Aufbau des physikalischen Modells. Vorerst wurde der Füllvorgang des Tiefspeichers simuliert und anschließend durch die Ergebnisse des physikalischen Modells validiert.

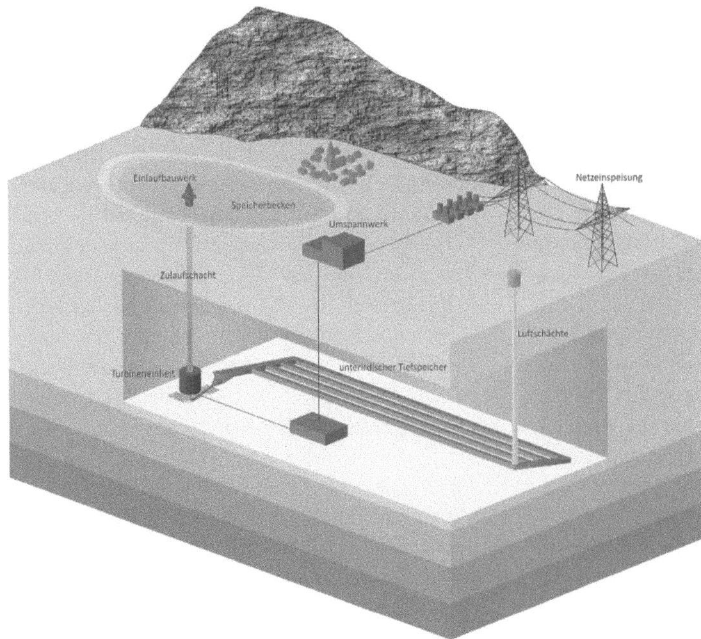

Bild 1: Schema eines unterirdischen Pumpspeicherwerks (verändert nach [10])

2.1 Modellierungswerkzeuge

Als Modellierungsprogramm wurde das frei zugängliche Softwarepaket OpenFOAM® verwendet. Die Software wurde speziell zur Lösung kontinuumsmechanischer Fragestellungen entwickelt. OpenFOAM bietet in der Version 2.0.1 umfangreiche Solver, Anwendungen zur Modellerstellung, numerische Tools zur Beschreibung von Turbulenzproblematiken und Mehrphasenproblemen sowie Anwendungen zum Pre- und Postprocessing [7]. Der in der Programmiersprache C++ implementierte Code der vorhandenen Bibliothek kann individuell auf Problemstellungen zugeschnitten und erweitert werden.

2.2 Räumliche Diskretisierung

Die räumliche Diskretisierung des Modells erfolgte nach der Finiten-Volumen-Methode (FVM) nach dem Ansatz von Lagrange. Dieser Diskretisierungsansatz ist aufgrund seiner konservativen Formulierung besonders gut für die Simulation von Computational-Fluid-Dynamics (CFD)-Anwendungen nutzbar. Die FVM eignet sich zudem zur Nachbildung von komplexen Geometrien mit unregelmäßigen Modellrändern, da die Rechenknoten nicht in den Knotenpunkten der Gitternetzlinien liegen, sondern im Schwerpunkt eines Kontrollvolumenelements [3]. Die Gitternetzlinien definieren somit lediglich die Ränder der Kontrollvolumina und können beliebige polyedrische Formen bilden.

2.3 Simulation komplexer Strömungen

Als mathematisches Modell zur Beschreibung der Strömungsprozesse wird die Grundgleichung nach Navier-Stokes für inkompressible Fluide verwendet. Der Turbulenzansatz erfolgt dabei über den statistischen Ansatz der Wirbelviskosität mit dem k-ε-Modell. Für die untersuchte Fragestellung liefert dieser Ansatz eine hinreichend genaue Näherungslösung und zeichnet sich durch seine numerische Stabilität aus [6]. Da es sich bei der vorliegenden Fragestellung um ein Zweiphasenproblem handelt, wird die Volume-of-Fluid-Methode (VOF-Methode) zur Bestimmung der freien Wasserspiegeloberfläche verwendet. Dabei wird ein Kennwert eingeführt, der den Volumenanteil der Phase Wasser innerhalb eines Kontrollvolumenelementes beschreibt. Mit Wasser vollgefüllte Elemente erhalten den Kennwert 1; ausschließlich mit Luft gefüllte Zellen den Wert 0. Elemente deren Wertigkeit zwischen 0 und 1 liegt, müssen demnach mit Wasser teilgefüllt sein [5].

Bild 2: Physikalischer Modellaufbau

2.4 Gitternetzkonfiguration

Die dem numerischen Modell zugrunde liegende Geometrie umfasst den unter Tage befindlichen Tiefspeicher im Maßstab 1:100, wodurch Modellwerte entsprechend über die Froude'sche Ähnlichkeit in Naturwerte übertragen werden müssen. Der verwendete Maßstab entspricht dem des physikalischen Modells und wurde zur korrekten Validierung beibehalten.

Den Ein- bzw. Auslauf des Modells bildet ein um 30° ansteigendes Druckrohr mit einem Durchmesser von 5,36 cm, das im Gesamtbauwerk im Anschluss an die Turbineneinheit positioniert wird (**Bild 3**). Das runde Profil erweitert sich im Bereich eines Ein- bzw. Auslaufbauteils zu einem rechteckigen Einlaufkanal (Breite von 14 cm und Höhe von 13 cm) und überführt dabei die Druckrohrströmung in einen Freispiegelabfluss. In einem anschließenden Verteilungsbe-

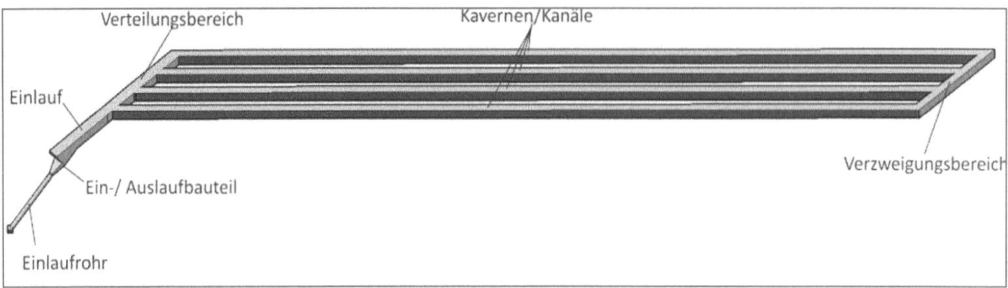

Bild 3: Geometrie des numerischen Modells

reich gliedert sich der Kanal im 45°-Winkel in ein Kavernensystem mit vier Kanälen auf, die am Ende des Modells im Verzweigungsbereich wieder miteinander verbunden werden. Um die Entleerung des Systems zu ermöglichen, erhielten die Kanäle ein geringes Gefälle mit einem Höhenunterschied von 1,5 cm über die Kanallänge von 11 m.

Die Netzgenerierung der komplexen Modellgeometrie erfolgte durch die Meshing-Tools der OpenFOAM-Bibliothek [7]. Dabei wurden die Modellabschnitte mit komplizierter Geometrie (Einlaufrohr und Ein-/Auslaufbauteil; Bild 3) feiner vernetzt, um eine bessere Übereinstimmung zwischen Netz und Geometrie zu erhalten. Weiterhin erhielten die Bereiche mit erhöhter Turbulenz (Verteilungs- und Verzweigungsbereich; Bild 3) eine feinere Vernetzung, um die hochturbulenten Strömungsprozesse genauer aufzulösen. Insgesamt umfasste das Netz in seiner endgültigen Form 1,4 Mio. Kontrollvolumenelemente.

2.5 Parametrisierung

Für die Festlegung der Randbedingungen des Modells wurde zwischen drei Bereichen unterschieden:

- Der untere Querschnitt des Druckrohres wurde mit einer Einlaufrandbedingung versehen. Durch Angabe einer Einströmgeschwindigkeit kann so über die Querschnittsfläche ein fester Durchfluss eingestellt werden. In der Simulation betrug der Durchfluss 1 l/s, was in der Natur bei einem Modellmaßstab von 1:100 einem Durchfluss von 100 m^3/s entspricht.
- Als obere Randbedingung erhielt das Modell atmosphärische Randbedingungen, um einen belüfteten Freispiegelabfluss zu simulieren.
- Alle restlichen Flächen wurden als feste Wände deklariert, denen später ein spezifischer Reibungsbeiwert zugeordnet wurde. Um die Wirkung der Oberflächenbeschaffenheit abzuschätzen, wurden zwei Simulationen mit einem Reibungsbeiwert der äquivalenten Sandrauheit von k_s = 0,001 m sowie mit hydraulisch glatten Wänden (k_s = 0) durchgeführt.

3 Validierung

Zur Validierung des Modells wurden die Messergebnisse der physikalischen Modellversuche den numerischen Ergebnissen gegenübergestellt. Dafür wurden mit dem Visualisierungsprogramm ParaView® die Wasserspiegelhöhen an 13 ausgewählten Positionen ausgelesen, die im physikalischen Modell den Platzierungen der Ultraschallmesssonden entsprachen. Neben drei Positionen am Anfang, Mitte und Ende eines jeden Kanals wurde zusätzlich eine Referenzposition im Einlaufbereich angeordnet, die als Bezugspunkt und Nullpunkt fungierte. Als Ausgangssituation der Modellierung diente ein Initialwasserstand mit einer Wasserspiegelhöhe von 2 cm.

Der im numerischen Modell simulierte Zeitraum wurde aufgrund der hohen Rechenzeiten des komplexen Modells auf 240 s begrenzt. Das angesetzte Stauziel von 10 cm wurde in dieser Zeitspanne nicht erreicht, jedoch war die Dauer ausreichend, um die folgenden Effekte des Befüllvorgangs zu veranschaulichen.

3.1 Simulation des Befüllvorgangs

Beim Start des Befüllvorgangs wurde aufgrund der schlagartigen Durchflussänderung, vergleichbar mit der Öffnung eines Verschlussorgans, ein Füllschwall in das System induziert. Diese Schwallwel-

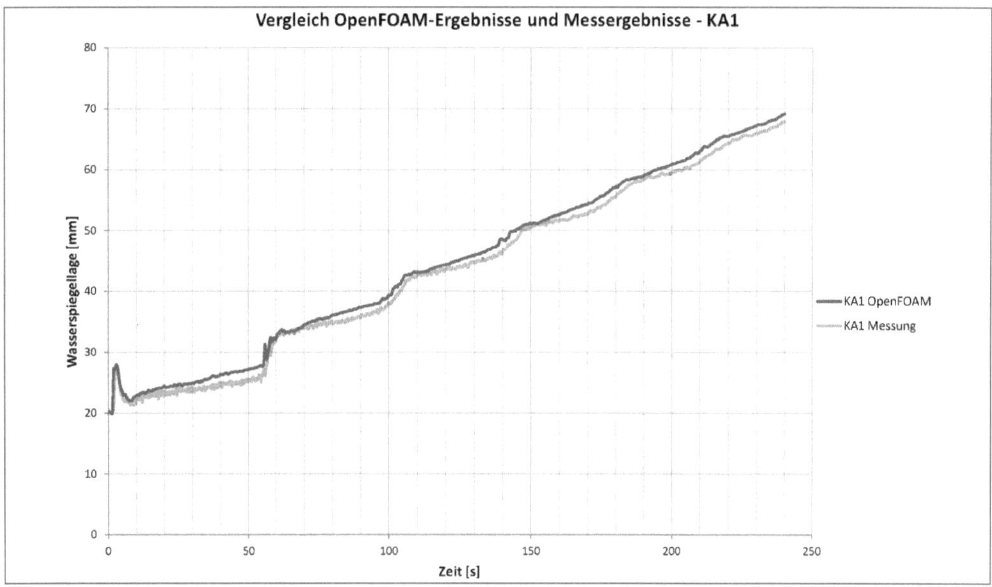

Bild 4: Vergleich der OpenFOAM-Ergebnisse der Variante ohne Reibung mit den Messergebnissen des physikalischen Modells am Messpunkt KA1 (Kanal 1, Anfang)

le setzte sich über das gesamte System fort, teilte sich im Verteilungsbereich auf die Kanäle auf und wurde im Verzweigungsbereich reflektiert. Diese sogenannte Beckenschwingung war auf den ausgelesenen Wasserspiegellagen deutlich zu erkennen. Im Vergleich der Wasserspiegelverläufe am vorderen Kanalabschnitt wurde der zeitliche Versatz der Schwallwellenankunft, der infolge der geometrischen Ausgestaltung des Systems zustande kam, ersichtlich. Bei der Gegenüberstellung der Wasserspiegelverläufe am Anfang und Ende eines Kanals wurde zudem die dämpfende Wirkung infolge innerer und äußerer Reibung deutlich, da der Scheitelwert der Schwallwelle im Verlauf abnahm. Infolge dieser Reibung nahm die Amplitude der Beckenschwingung ab und fiel von ca. 1 cm am Anfang auf ca. 1 mm zum Zeitpunkt t = 240 s.

3.2 Ergebnisse

Zur Validierung wurden zunächst die Ergebnisse der beiden numerischen Varianten ohne und mit Reibungsbeiwert verglichen. Die Unterschiede der Wasserspiegelverläufe erwiesen sich mit maximalen Abweichungen der Wasserspiegelhöhen von 1,5 mm als minimal. Wie zu erwarten wurden die Unterschiede im reibungsbehafteten Modell durch eine leichte Verzögerung der zeitlichen Schwallwellenankünfte sowie einer minimal stärkeren Dämpfungswirkung der Beckenschwingung im System deutlich.

Im Weiteren wurden die Simulationsergebnisse der reibungslosen Variante den Messergebnissen des physikalischen Modells gegenübergestellt (**Bild 4**). Die Vergleiche zeigten, dass sowohl der Verlauf der Wasserspiegelhöhe als auch der zeitliche Verlauf der Wasserspiegelanstiege infolge der Schwallwelle gut miteinander übereinstimmen. Die durchschnittliche Abweichung zwischen den Ergebnissen über den betrachteten Zeitraum betrug 1,03 mm. Während die Wasserspiegeldifferenzen jedoch anfänglich noch stark variierten, glichen sich die Wasserspiegellagen mit zunehmender Dämpfung an und konvergierten gegen einen Wert entsprechend der durchschnittlichen Abweichung.

Beim Vergleich der Wasserspiegelverläufe der einzelnen Sonden aus den physikalischen und numerischen Versuchen lagen alle Kurven der Simulationsergebnisse oberhalb der Kurven der Messergebnisse. Eine Ausnahme bildete die Referenzsonde am Einlauf an der es sich umgekehrt verhielt. Weiterhin war bei Betrachtung des Schwingungsverhaltens zu erkennen, dass die Kurven der Messergebnisse größere Amplituden infolge des

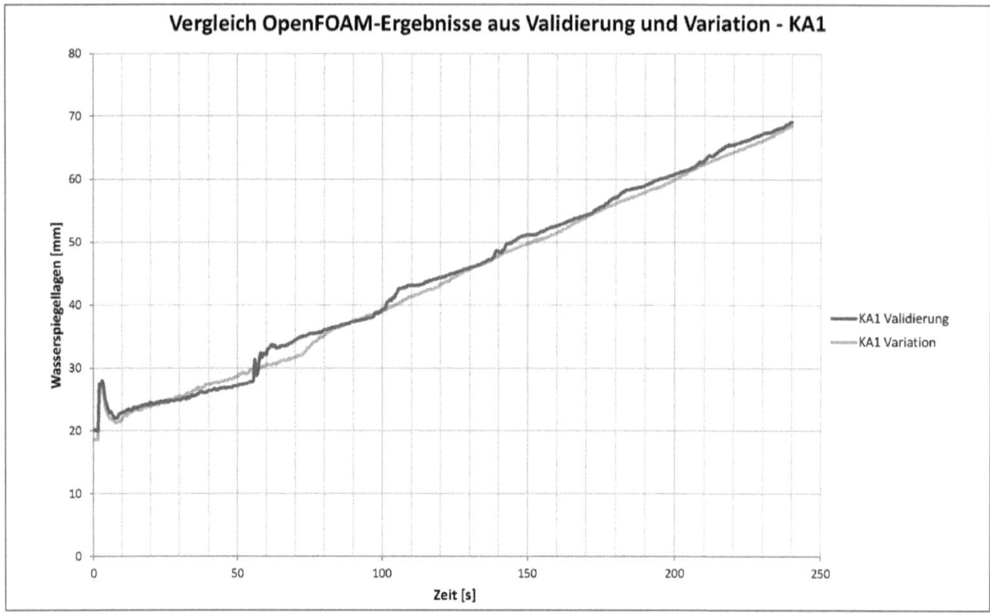

Bild 5: Vergleich der OpenFOAM-Ergebnisse der Validierungsgeometrie mit den Ergebnissen der Variante am Messpunkt KA1

Schwallwellendurchgangs aufzeigten. Obwohl die Maxima des ersten Schwellenwerts infolge des induzierten Füllschwalls bei der Simulation und dem physikalischen Versuch in einem ähnlichen Größenbereich lagen, waren die darauffolgenden Wasserspiegelanstiege bei der Kurve der Messung deutlich höher ausgeprägt. Daraus folgte, dass zum Ende der Simulationszeit bei t = 240 s der Wasserspiegelverlauf der Simulation annähernd linear verlief, während die Kurve der Messergebnisse deutlichere Schwingungen mit einer Amplitude von 2 mm aufwies. Die physikalischen Versuche wiesen demnach eine längere Schwingungsdauer auf, die durch eine erhöhte Simulationsdauer spezifiziert werden kann.

4 Variantenstudie

Um die Möglichkeiten der Modellierung verschiedener Geometrien zu verdeutlichen, wurde neben dem Validierungsmodell eine weitere geometrische Variante simuliert. Dabei blieb der Systemaufbau unverändert und nur die Neigung der Kanäle wurde auf einen Höhenunterschied von 2,2 cm erhöht. Bei gleichem Initialwasserstand fiel infolgedessen der Bereich zwischen Kanalmitte und Verzweigungsbereich trocken.

Bei dieser geometrischen Variante stellte sich keine Beckenschwingung ein. Die anfänglich induzierte Schwallwelle lief auf den trockenen Bereich auf und wurde infolgedessen vollständig dissipiert. Die weitere Befüllung des Kanals verlief gleichmäßig ohne Wasserspiegelschwankungen (**Bild 5**).

Ein großer Vorteil dieser Variante liegt in der deutlich gleichmäßigeren und turbulenzärmeren Befüllung infolge der Schwallwellendissipation. So können die Wassermassen besser in das System eingeleitet und die Bauteilbelastungen infolge Wellen durch den Füllschwall reduziert werden. Auf Basis dieser Variante lassen sich weitere Szenarien generieren, die eine Dämpfung des Schwingungsverhaltens ermöglichen.

5 Zusammenfassung und Ausblick

Für die hydraulische Optimierung der Geometrie des Tiefspeichers eines unterirdischen Pumpspeicherwerks wurde mit der Software OpenFOAM®

ein numerisches Modell entwickelt. Anhand eines bestehenden physikalischen Modells wurde das numerische Modell validiert.

Mittels des in der OpenFOAM-Bibliothek implementierten Meshing-Tools wurde ein dem physikalischen Modells nachempfundenes Gitternetz erstellt. Im Rahmen der Parametrisierung wurden Modellrand- und Anfangsbedingungen sowie Turbulenz- und Transporteigenschaften für die Simulation einer Systembefüllung eines unterirdischen Tiefspeichers festgelegt. Im Anschluss an die Berechnung wurden Wasserspiegellagen ausgelesen und zu Validierungszwecken vergleichend mit experimentellen Wasserspiegelmessungen dargestellt.

Der Vergleich der Wasserspiegelverläufe des physikalischen und des numerischen Modells ergab, dass der Befüllvorgang durch das numerische 3-D-Modell erfolgreich abgebildet werden konnte. Das numerische Modell kann somit zur Optimierung der Tiefspeichergeometrie verwendet werden. Um zusätzlich die Übereinstimmung der Simulationsergebnisse mit den Messergebnissen der physikalischen Versuche bei der Abbildung der Beckenschwingung zu optimieren, sollten die Einflüsse der äußeren Reibungsbedingungen sowie des Turbulenzmodells auf das Schwingungsverhalten überprüft werden.

Zusätzlich wurde eine Variation Ursprungsgeometrie mit einer größeren Neigung untersucht. Die Ergebnisse zeigten, dass durch die erhöhte Neigung eine Beckenschwingung verhindert werden konnte. Während ein größerer trockener Abschnitt zwar eine Beckenschwingung infolge des Füllschwalls verhindert, bleibt die Beckenschwingung infolge des Absperrsunks im gefüllten System jedoch ungedämpft. Um hier eine optimale dämpfende Wirkung zu erzielen, sollten in Zukunft weitere geometrische Varianten zur Ausgestaltung des hinteren Modellbereichs untersucht werden.

Hinweis

Bei diesem Beitrag handelt es sich um die Kurzfassung der Diplomarbeit der Erstautorin, die hierfür das DTK-Stipendium 2013 des Deutschen TalsperrenKomitees e. V. (DTK) erhalten hat.

Autoren

Dipl.-Ing. Désirée Plenker
Institut für Geotechnik und Baubetrieb
Technische Universität Hamburg-Harburg
Harburger-Schloßstraße 20
21079 Hamburg
desiree.plenker@tuhh.de

Dipl.-Wirtsch.-Ing. Elena Pummer

Univ.-Prof. Dr.-Ing. Holger Schüttrumpf
Lehrstuhl und Institut für Wasserbau
und Wasserwirtschaft
RWTH Aachen
Mies-van-der-Rohe Straße 17
52056 Aachen
pummer@iww.rwth-aachen.de
schuettrumpf@iww.rwth-aachen.de

Literatur

[1] N. N.:Energien und das EEG: Zahlen, Fakten, Grafiken. Berlin. 2012.

[2] Gesetz für den Vorrang Erneuerbarer Energien (Erneuerbare-Energien-Gesetz – EEG). Artikel 1 G. v. 25.10.2008 BGBl. I S. 2074 (Nr. 49); zuletzt geändert durch Artikel 5 G v. 20.12.2012 BGBl. I S. 2730; Geltung ab 01.01.2009.

[3] Ferziger, J.; Peric, M.: Numerische Strömungsmechanik. Berlin: Springer-Verlag. 2008.

[4] Giesecke, J.; Heimerl, S.; Mosonyi, E.: Wasserkraftanlagen – Planung, Bau und Betrieb. 6. A. Heidelberg: Springer-Verlag. 2014.

[5] Huang, Yu; et al.: Computational fluid dynamics modeling of post-liquefaction soil flow using the volume of fluid method. Berlin; Heidelberg: Springer Verlag. 2011.

[6] Musall, M.: Mehrdimensionale hydrodynamisch-numerische Modelle im praxisorientierten und operationellen Einsatz. Karlsruher Institut für Technologie (KIT). 2011.

[7] OpenFOAM Ltd.: OpenFOAM – User Guide. GNU Free Documentations License. 2011.

[8] Schreiber, U. et al.: Unterflur Pumpspeicherkraftwerke – Konzepte für regionale Speicher regenerativer Energie. Universität Duisburg-Essen. Bauwissenschaften: Geotechnik, 2012 (www.uni-due.de/geotechnik/forschung/upw.shtml; Aufruf: 02.06.2014).

[9] Schüttrumpf, H. ; Pummer, E.: Unterirdische Tiefspeicher – eine Alternative? In: WasserWirtschaft (104) 2014, Heft 1-2, S. 70-73.

[10] Universität Duisburg-Essen (Hrsg.): Unterflur Pumpspeicherkraftwerke (www.uni-due.de/wasserbau/upw.php; Aufruf 15.06.2014).

[11] Viollet, P. L.: Hydro Pumped Strorage Powerplants: Challenges and Opportunities in Europe. Hydrolink. 2012, Bd. 2.

Désirée Plenker, Elena Pummer and Holger Schüttrumpf

Underground Pumped Storage Power Plants – Numerical Investigations of Lower Reservoir Design

As a consequence of a change in German energy policy the interest in pumped storage facility has increased significantly. Novel implementations for this kind of energy storage building should expand their possible applications – for example, the concept of underground pumped storage hydropower plants. Several caverns build a system of underground storage rooms, which perform the function of the lower reservoir. First knowledge on flow efficient arrangements of the cavern system should be gained by fundamental research. To accomplish this, filling- and emptying-processes are investigated via a hybrid modelling approach comprising of physical model research and numerical simulations. Therefore a 3-dimensional numerical model should be developed with the software package OpenFOAM®. Afterwards the numerical model is verified by the results of physical tests.

Дезире Пленкер, Елена Пуммер и Хольгер Шюттрумпф

Расчет параметров подземного аккумулирующего резервуара для подземных насосно-аккумулирующих электростанций: цифровое моделирование

Насосно-аккумулирующие электростанции предоставляют возможность крупномасштабного аккумулирования энергии. Благодаря использованию новых концепций появляется возможность использования методов строительства вне зависимости от топографии. Одна из этих концепций рассматривает сооружение серии подземных накопительных резервуаров в качестве нижнего бассейна. Для этого в Рейнско-Вестфальской высшей технической школе (RWTH) Аахена была разработана цифровая трехмерная модель для гидродинамической оптимизации, отрегулированная затем на основе имеющихся экспериментальных исследований. Содержание этой работы – создание цифровой модели, а также моделирование и валидирование процесса заполнения резервуара.

Ökologie und Rahmenbedingungen

Jürgen H. R. Küenzlen und Dieter Lind

Hochwasserschutz contra Wasserkraft – ein unlösbarer Konflikt?

Die vorgestellte private Planungsvariante eines Hochwasserrückhaltebeckens zeigt, dass auch rein technische Bauwerke ein Gewinn für die gesamte Umgebung – und nicht alleine für den Hochwasserschutz – sein können. Dabei ist es unerlässlich, frühzeitig alle Beteiligten einzubeziehen und sich mit deren Vorstellungen auseinander zu setzen. Das bequeme Zurückziehen auf das einfache und fast immer zutreffende Argument „Kosteneinsparung" kann nicht allein gelten, da bei Bauwerken mit Veränderung sowie Verlegung ganzer Flussläufe über zeitliche Dimensionen von 100 Jahren und mehr nachgedacht werden muss.

1 Vorplanungsphase des Rückhaltebeckens

In der Gemeinde Oppenweiler (Großraum Stuttgart) soll zur Verbesserung des Hochwasserschutzes ein Rückhaltebecken für den Fluss Murr gebaut werden. Dieses Becken ist mit einem Volumen von ca. 850 000 m^3 derzeit (Juli 2013) in der Vorplanungsphase [1]. Direkt im zukünftigen Rückhaltebecken befindet sich das Staugebiet des Kleinkraftwerkes Rüflensmühle (**Bild 1**). Die Rüflensmühle wurde im Jahre 1231 erstmalig urkundlich erwähnt und ist seitdem ununterbrochen in Betrieb.

Mit der aktuellen Planungsvariante des Rückhaltebeckens vom Wasserverband Murrtal soll das Wasserrecht enteignet und das Kleinkraftwerk nach 800 Jahren stillgelegt werden. Alternativ zu der Planungsvariante des Wasserverbandes wurde eine Planungsvariante auf privater Basis erarbeitet, die einen gleichwertigen Hochwasserschutz wie die öffentliche Planungsvariante bietet, aber darüber hinaus den Ausbau der Wasserkraftanlage Rüflensmühle ermöglicht.

2 Öffentliche Planungsvariante 3b für das Rückhaltebecken

Die Planungsvariante 3b wird hauptsächlich dadurch charakterisiert, dass die Murr in Talmitte verlegt und die Wasserkraftanlage Rüflensmühle stillgelegt wird. Die nachfolgenden Angaben zur Variante 3b wurden [2] entnommen, **Bild 2** zeigt eine schematische Darstellung der Variante 3b:

- Nettobeckenvolumen für das Rückhaltebecken: 850 000 m^3;
- Regelabgabe des Rückhaltebeckens von 121 m^3/s;
- Reduzierung des Grundwasserstandes, d. h. Grundwasserabsenkung in Talmitte um 1 bis 2 m;
- Privater Mühlkanal soll als Drainage für Hangwässer verwendet werden.

Die Variante 3b ist die vom Wasserverband Murrtal favorisierte Planungsvariante, über deren Weiterverfolgung im Mai 2012 von den entsprechenden Gremien entschieden wurde. Damit ist mit Stand Juli 2013 geplant, das rund 800 Jahre alte Wasserrecht zu enteignen, um die Stauhaltung abzubrechen. Der Abbruch der Stauhaltung mit gleichzeitiger Absenkung des Wasserspiegels um die derzeitige Fallhöhe der Wasserkraftanlage von bis zu 3,2 m wird in der Öffentlichkeit als ökologisch beste Variante dargestellt. Mit dem auf 121 m^3/s ausgelegten Hochwassergerinne (MQ ca. 2,5 m^3/s) soll ein guter ökologischer Zustand zur Erfüllung der europäischen Wasserrahmenrichtlinie (WRRL) erreicht werden, da die Murr nach [2] angeblich in den ursprünglichen Naturzustand versetzt werden kann. Der ursprüngliche Naturzustand der Murr war jedoch bis ca. 1900 ein schmales und stark verschlungenes Gewässerbett, das erst mit Beginn der Flussbegradigung um 1890 in diesem Bereich ausgebaut wurde [3].

Bild 1: Blick auf geplanten Standort des Hochwasserdammes (links), Staugebiet der Rüflensmühle (Bildmitte) und Rüflensmühle (rechter Bildrand)

In Bezug auf die Absenkung des Grundwasserspiegels von 1 bis 2 m in Talmitte und über 3 m im Bereich der Rüflensmühle wird in [2] dargestellt, dass für die Gebäude keine Auswirkungen bzw. Schäden zu erwarten sind, da im Jahr 2009 bereits aufgrund einer Brückensanierung die Stauhaltung der Rüflensmühle über rund drei Monate abgelassen war und damit eine vergleichbare Situation vorhanden gewesen sei, aus der keine negativen Auswirkungen resultierten.

3 Private Planungsvariante 3K

3.1 Grundlagen

Die Grundlage der privaten Planungsvariante 3K (Anmerkung: K = Küenzlen) ist eine Vorplanung der Variante 3b – mit Erhalt und Weiterbetrieb der Rüflensmühle –, die vom Wasserverband Murrtal verworfen und nicht weiterverfolgt wurde.

Eine Bereitschaft von offizieller Seite, eine Planungsvariante auszuarbeiten, die den Ausbau der Wasserkraftanlage zugelassen hätte, war nicht erkennbar; dem Anschein nach hat man von öffentlicher Seite von Anfang an auf die Enteignung des Wasserrechtes gesetzt. Aus diesem Grund wurde von privater Seite, d. h. von den Autoren des Beitrages, die öffentliche Planung überabeitet, um den Ausbau der Rüflensmühle, der bereits 1998 im Rahmen einer Diplomarbeit untersucht wurde, zu ermöglichen. Im Einzelnen wurde in der Variante 3K gegenüber der Variante 3 [4] folgendes ergänzt bzw. verändert:

- Stauhaltung Rüflensmühle mittels Schlauchwehr, Abflussleistung 121 m^3/s bei einer Breite von ca. 25 m;
- Schacht mit Tiefschütz im Dammbauwerk mit maximalem Durchfluss von 5 m^3/s für das Zuleitungsgewässer;
- Erweiterung Rüflensmühle mittels Wasserkraftschnecke, Ausbau der Kraftwerksleistung von 1 350 l/s auf 2 600 l/s;
- Raugerinne mit Beckenstruktur im bisherigen Flussbett der Murr als Fischaufstiegsanlage;
- Erweiterung der Biotopstruktur zwischen Rüflensmühle und Dammbauwerk.

Da es auf rein privater Basis mit enormem Aufwand verbunden ist, eine solch komplexe Planungsüberarbeitung durchzuführen, wurde Herr Prof. Dr. Jürgen Giesecke, Universität Stuttgart, bereits Ende 2011 um eine erste Stellungnahme zur Machbarkeit dieser – damals von den Autoren nur grob skizzierten – Variante 3K gebeten. In seiner Stellungnahme bescheinigte Herr Giesecke Anfang 2012 dieser Planungsvariante eine Möglichkeit für das gleichzeitige Berücksichtigen der Belange aller Betroffenen und eine prinzipielle Ausführbarkeit in wasserbaulicher Sicht [6]:

„Die Schlussfolgerung aus den Darlegungen ist, dass durchaus für alle Seiten der am Projekt „Hochwasserschutz Oppenweiler" beteiligten Parteien eine Kompromisslösung gemäß dem jüngsten Vorschlag der Familie Küenzlen als möglich erscheint. Sowohl die flussbaulichen Maß-

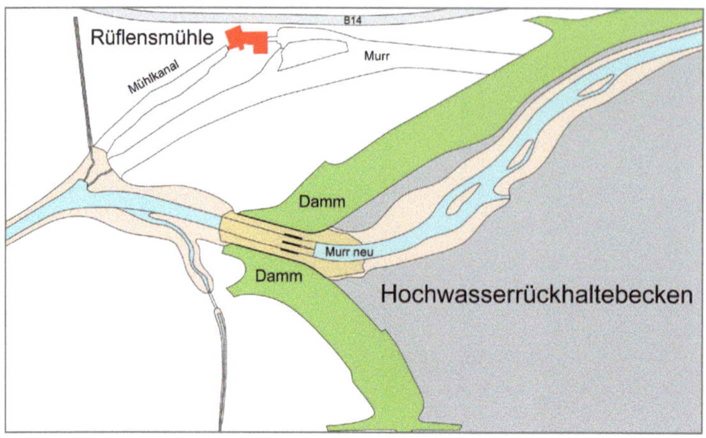

Bild 2: Schematische Darstellung der Variante 3b in Anlehnung an [8]

nahmen zum effizienten Hochwasserschutz, die Errichtung eines Hochwasserrückhaltebeckens (Trockenbecken), ferner die Aufsiedelung hochwassergeschützter Flächen, die Straßenumlegung der B14 und die Schaffung von Erholungs- und Freizeitzonen als auch die bedeutsame Wahrung des der Familie Küenzlen zustehenden Wasserrechtes und die verstärkt nachgefragte Wasserkraftnutzung lassen sich durchaus auf einen Nenner bringen."

Diese Stellungnahme war der endgültige Startschuss für die beiden Autoren, diese Planung zu verfeinern und im Detail privat weiter auszuarbeiten. Durch eine weitere, inzwischen erhaltene Stellungnahme (nebst Detaillierung der Planung) von Herrn Dr. Klaus Jorde (Schneider & Jorde bzw. KJconsult) wurde endgültig die wasserbauliche Ausführbarkeit der Variante 3K bestätigt [7].

3.2 Hochwasserschutz

Bei Planung der privaten Variante 3K wurde großer Wert darauf gelegt, die gleiche Leistungsfähigkeit bei Hochwasser wie die öffentliche Variante 3b (s. Abschnitt 2) zu erreichen. Aus diesem Grund wurde die Abflussleistung über das geplante Schlauchwehr auf die Regelabgabe von 121 m^3/s bei einer Wehrbreite unter 25 m festgelegt. Bei Hochwasser wird der Schlauch abgesenkt und vermeidet so an dieser Stelle eine ungewollte Vorfüllung des Hochwasserrückhaltebeckens. Die Abtrennung des neuen Zuleitungsgewässers zur Rüflensmühle vom Rückhaltebecken erfolgt durch einen Tiefschütz im Damm des Beckens. Auch hier wurde Wert auf eine betriebssichere Konstruktion gelegt, um die Funktionsfähigkeit des Rückhaltebeckens in vollem Umfang zu gewährleisten. Damit hat die Variante 3K die gleiche Leistungsfähigkeit in Sachen Hochwasserschutz und Betrieb des Rückhaltebeckens wie die Variante 3b.

3.3 Ökologische Durchgängigkeit

Die ökologische Durchgängigkeit der Planungsvariante 3b des Wasserverbandes Murrtal [8] zur Erfüllung der WRRL soll alleine durch die vollständige Beseitigung der Stauhaltung der Rüflensmühle erfolgen [1]. Bedingt durch die Verbreiterung des Flussbettes für die geplante Regelabgabe des Rückhaltebeckens von rund 121 m^3/s wird für die Durchgängigkeit des neuen Flussbettes (gemäß Stellungnahme des zuständigen Landratsamtes) eine Mindestwassermenge von 1,3 MNQ in Höhe von 800 l/s benötigt [9].

In der Variante 3K wird die ökologische Durchgängigkeit des Standortes Rüflensmühle durch ein Raugerinne mit Beckenstruktur, bestehend aus 25 Becken, auf einer Länge von rund 100 m bei einer Höhendifferenz von knapp 3,2 m erreicht (**Bild 3**). Die Planung des Raugerinnes wurde eng an das im Entwurf vorliegende neue Merkblatt DWA-M 509 „Fischaufstiegsanlagen und fischpassierbare Bauwerke" angelehnt.

3.4 Erweiterung der Wasserkraftnutzung

Im Zuge der Planungsvariante 3K wurde mit Blick auf den Fischabstieg der Einbau einer zusätzlichen Wasserkraftschnecke vorgesehen. Damit soll ein Ausbaugrad von 2 600 l/s erreicht werden, der einem Abfluss entspricht, der an ca. 100 Tagen im

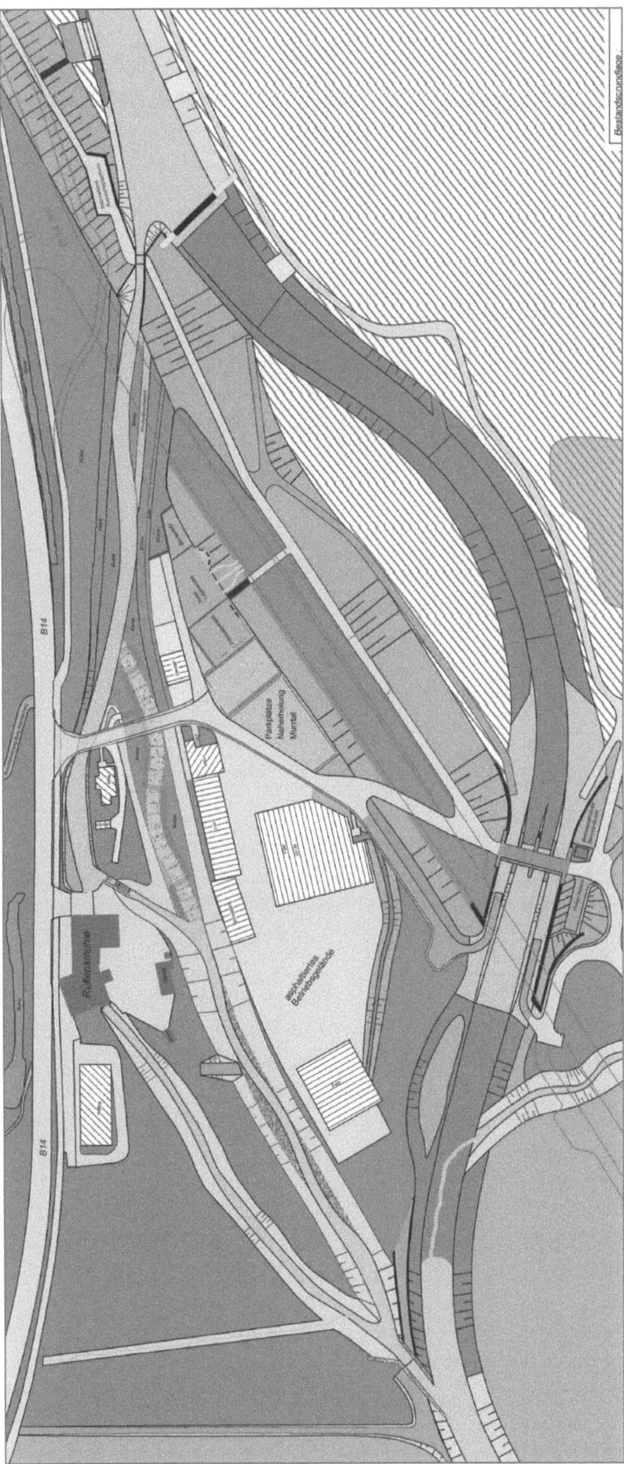

Bild 3: Gesamtübersicht Variante 3K: Hochwasserrückhaltebecken Oppenweiler mit Integration der Rüflensmühle (rot), Planungsstand März 2013 [5]

Jahr in der Murr überschritten wird. Derzeit verfügt die Rüflensmühle nur über eine Turbine mit maximalem Schluckvolumen von 1 350 l/s.

Durch diese Erweiterungsmaßnahme wäre bei Niedrigwasser nur im Raugerinne selbst die Mindestwassermenge von 200 l/s vorhanden, da direkt am Ende des Raugerinnes in Niedrigwasserzeiten das gesamte Wasser der Murr wieder über den Betrieb der Wasserkraftschnecke zur Verfügung steht. Der ca. 200 m lange, mittelalterliche Ausleitungskanal der vorhandenen Turbine wäre in der Regel nur noch bei größeren Abflüssen über 1 000 l/s in Betrieb.

4 Hochwasserrückhaltebecken an der Breg

Das Beispiel einer Wasserkraftanlage innerhalb, ja sogar am Grunde des Hochwasserrückhaltebeckens an der Breg auf der Gemarkung Wolterdingen, Süddeutschland (**Bild 4**), zeigt, dass es möglich ist, faszinierende Kombinationen aus Hochwasserschutz, Wasserkraftnutzung und Naturschutz zu entwerfen sowie zu bauen und dass sich diese Bereiche auf keinen Fall gegenseitig ausschließen müssen.

Hier wurde zwischen Wasserkraftanlagenbetreiber, regionalen Naturschutzverbänden sowie öffentlicher Verwaltung (hier dem Regierungspräsidium Freiburg) eine einvernehmliche Lösung entwickelt und eine konstruktive Zusammenarbeit aufgebaut, um damit eine für alle Seiten akzeptable und tragbare Lösung zu finden. Die Vorschläge des Anlagenbetreibers zur Verle-

Bild 4: Wasserkraftanlage (links) am Grund des Hochwasserrückhaltebeckens an der Breg mit Entlastungsbauwerk (rechts)

gung und Erweiterung des an der Stelle des Rückhaltebeckens bereits vorhandenen Kleinkraftwerkes wurden akzeptiert und finanziell durch das Land gefördert.

5 Zusammenfassung

Die vorgestellte private Planungsvariante eines Hochwasserrückhaltebeckens zeigt, dass auch rein technische Bauwerke ein Gewinn für die gesamte Umgebung – und nicht alleine für den Hochwasserschutz – sein können. Dabei ist es unerlässlich, frühzeitig alle Beteiligten einzubeziehen und sich mit deren Vorstellungen auseinander zu setzen. Das bequeme Zurückziehen auf das einfache und fast immer zutreffende Argument „Kosteneinsparung" kann nicht allein gelten, da bei Bauwerken mit Veränderung und Verlegung ganzer Flussläufe über zeitliche Dimensionen von 100 Jahren und mehr nachgedacht werden muss.

Im Anbetracht solcher Zeiträume sind hier im aktuellen Fall die zusätzlich entstehenden Kosten für eine Ausführung der Variante 3K kein Argument, sich alternativen Lösungswegen zu verschließen. Allein für den Ersatz der ausfallenden Wasserkraftanlage und den Neubau an vergleichbarer Stelle würden vergleichbare Kosten entstehen. Unberücksichtigt bleibt dabei, dass die Anzahl von potenziellen Standorten für Wasserkraftanlagen begrenzt ist. Mit Blick auf die Energiewende können hier kurzfristige Einsparungen auf lange Sicht sehr teuer werden.

Das Hochwasserrückhaltebecken an der Breg als bereits ausgeführtes praktisches Beispiel lässt hoffen, dass auch für die Rüflensmühle noch eine einvernehmliche Lösung – durch eine gemeinsame Umsetzung der Planungsvariante 3K – gefunden werden kann.

Danksagung

Die Autoren möchten sich auf diesem Wege ganz herzlich bei den Herren Prof. Dr. Jürgen Giesecke, Hans-Dieter Heilig, Dr. Klaus Jorde und allen anderen für die umfangreiche fachliche und vor allem auch für die enorm wichtige moralische Unterstützung in den letzten Jahren bedanken. Ohne diese Unterstützung wäre es gar nicht erst möglich gewesen, den Versuch, das Wasserrecht der Rüflensmühle vor einer Enteignung zu bewahren, zu unternehmen.

Hinweis

Einige wesentliche Aspekte dieses Beitrages v. a. zum Hochwasserschutz wurden in einem umfassenden Beitrag der Autoren [10] in der Zeitschrift Bautechnik veröffentlicht und können dort vertieft werden.

Autoren

Dr.-Ing. Dipl.-Wirt.-Ing. (FH)
Jürgen H. R. Küenzlen, M. A.
Firma Dr. Küenzlen Rüflensmühle
Erzeugung regenerativer Energie/
Ingenieurdienstleistungen im Bereich
Wasserbau
Rüflensmühle 4
71570 Oppenweiler
info@rueflensmuehle.de

Dipl.-Ing. Dieter Lind
Reichenbach 36
71570 Oppenweiler
d.lind@web.de

Literatur

[1] Wasserverband Murrtal (Hrsg.): Hochwasser-Rückhaltebecken Oppenweiler (www.murrhardt.de/1080; Abruf 21.06.2013).

[2] Ingenieurbüro Frank GmbH: Synopse zum HRB Oppenweiler, Ist-Zustand, Variante 3A, Variante 3B und Variante 3K. Backnang, 14.03.2012.

[3] Zehender, J.: Heimatbuch Oppenweiler. Gemeinde Oppenweiler (Hrsg.), 1992.

[4] Ingenieurbüro Frank GmbH: Vorentwurf Hochwasserrückhaltebecken Oppenweiler, Lageplan Variante 3. Backnang, 21.04.2010.

[5] Lind, D.: Naherholung Murr – Rüflensmühle, Projektvorschlag Masterplan Murr-/Bottwartal. Oppenweiler, Februar 2013.

[6] Giesecke, J.: Kleinwasserkraftwerk Rüflensmühle, Planung von Hochwasserschutzmaßnahmen in Oppenweiler. Stuttgart, 25.01.2012.

[7] Jorde, K.: HRB Oppenweiler, Stellungnahme zur Planung und ergänzende Informationen zur Variante 3K „Küenzlen". Stuttgart, 05.12.2012.

[8] Ingenieurbüro Frank GmbH: Entwurf Hochwasserrückhaltebecken Oppenweiler, Lageplan Variante 3B – West. Backnang, 21.02.2012.

[9] Schelling, U.: Positionspapier: Gewässerökologische Empfehlung für Mindestabflüsse in der „neuen Murr" durch den Bau des Hochwasserrückhaltebeckens Oppenweiler. Landratsamt Rems-Murr-Kreis, 15.06.2012.

[10] Küenzlen, J. H. R.; Lind, D.: Ganzheitliche Planung eines Hochwasserrückhaltebeckens. In Bautechnik (2013), Heft 6/2013, S. 367-375.

Jürgen H. R. Küenzlen und Dieter Lind

Flood Protection versus Hydropower – an Insolvable Conflict?

The presented private planning option of a flood control reservoir shows that even solely technical engineering structures can prove to be beneficial for the whole environment instead of only with regard to flood prevention. It is essential to include all parties involved and to deal with their conceptions at an early stage. The convenient retraction to the simple and almost always applicable argument of "cost savings" cannot solely apply because structures including the transformation and relocation of complete river courses require the need to take dimensions of 100 years and more into account.

Юрген Х. Р. Кюенцлен и Дитер Линд

Противопаводковая защита и гидроэнергия – неразрешимый конфликт?

Представленный частный вариант планирования резервуара паводкового аккумулирования показывает, что чисто технические сооружения могут служить не только для противопаводковой защиты, но и на пользу всего окружения. При этом необходимо своевременно привлечь все заинтересованные стороны и постараться разобраться в их представлениях. Удобный уход от проблемы и ссылка на простой и почти всегда верный аргумент «экономии издержек» не могут быть признаны единственно правильными, так как при строительстве сооружений следует принимать во внимание изменения и перенос речных русел с периодом времени 100 и более лет.

Gereon Hermens und Ulrich Dumont

Neubau der Wasserkraftanlage Willstätt mit Fischschutz und vollständiger Fischwechselanlage

In der Vergangenheit war das Schwarzwaldgewässer Kinzig ein sehr bedeutendes Laichgebiet für Lachse. Nach dem Bau von zahlreichen Stauanlagen während der Industrialisierung konnte ein Großteil der Laichgebiete nicht mehr erreicht werden. Die unterste dieser Stauanlagen befindet sich in Willstätt. Dort wird seit über 100 Jahren die Wasserkraft genutzt.

Die alte Wasserkraftanlage in der Ortsmitte war 2007 so stark sanierungsbedürftig, dass der Betreiber sich für einen Neubau außerhalb der Ortschaft entschied. Dadurch wurde die Möglichkeit geschaffen, neben der Installation modernster Wasserkrafttechnik auch die hohen Anforderungen an die flussauf- und flussabwärts gerichtete Durchgängigkeit sowie des Fischschutzes an diesem Standort zu realisieren.

1 Einleitung

Die vom Schwarzwald kommende Kinzig fließt in der Rheinebene unter anderem durch Offenburg und Willstätt, bevor sie bei Kehl in den Rhein mündet. Ursprünglich floss die Kinzig mitten durch die Ortschaft von Willstätt, wo bis Ende 2012 von der SÜWAG Vertrieb GmbH & Co. KG eine Wasserkraftanlage betrieben wurde.

In den 50iger Jahren wurde die Neue Kinzig westlich von Willstätt zur Hochwasserabfuhr hergestellt (**Bild 1**). Damit verbunden war die Errichtung einer Wehranlage, die gleichzeitig den Stauspiegel für die Alte Kinzig bzw. den Kinzig-Altarm regelte. Die Kinzig ist ein Wiederansiedlungsgewässer für den Lachs.

Die alte Wasserkraftanlage in Willstätt nutzte das energetische Potenzial des Standortes nur teilweise aus. Für den weiteren Betrieb wären erhebliche Investitionen erforderlich gewesen. In einer Machbarkeitsstudie wurden die Möglichkeiten der künftigen Entwicklung des Wasserkraftstandortes Willstätt untersucht. Dabei wurden auch die Bestrebungen seitens des Landes Baden-Württemberg, den Flusslauf der Alten Kinzig ökologisch aufzuwerten sowie die Durchgängigkeit wesentlich zu verbessern, berücksichtigt. Im Jahre 2009 entschied die SÜWAG, statt einer Sanierung des alten Standortes den Neubau einer neuen Wasserkraftanlage am Wehr der neuen Kinzig zu beantragen [4]. Die Umsetzung erfolgte von 2011 bis April 2013.

Der Beschluss zum Neubau der Wasserkraftanlage ermöglichte gleichzeitig der Gemeinde Willstätt eine morphologische Umgestaltung der Alten Kinzig und die Weiterentwicklung des Ortskerns durch Umnutzung des alten Krafthauses anzugehen.

Alle Maßnahmen zusammen bedeuteten für die Einwohner der Gemeinde Willstätt eine nicht unwesentliche Änderung der bisherigen Ortsstruktur. Daher war es allen Beteiligten von Beginn an wichtig, die Interessen und Anliegen der Anwohner zu berücksichtigen. Zu diesem Zweck wurde durch die Gemeinde Willstätt ein runder Tisch ins Leben gerufen, der die gesamte Planungs- und Bauphase der Wasserkraftanlage sowie den Umbau der Alten Kinzig begleitete.

Planungsziel für den Neubau war, die Wasserkraftanlage auf dem aktuellen Stand der Technik zu errichten, um in technischer und ökologischer Sicht eine möglichst effektive und nachhaltige Nutzung des Standortes zu ermöglichen.

2 Beschreibung der Anlage

2.1 Neubau der Wasserkraftanlage

Unmittelbar unterhalb der 1957 errichteten Stauanlage der Neuen Kinzig quert die L 91 die Kinzig. Im linken Brückenwiderlager wurde bereits beim damaligen Bau ein Auslass für eine spätere Wasserkraftanlage mit vorgesehen. Dieser Umstand wurde genutzt und die Wasserkraftanlage direkt links neben der bestehenden Wehranlage errichtet. Zur optimalen Raumnutzung wurde der Zulaufkanal in einem Winkel von 90° zum Abflusskanal angeordnet. Daraus ergab sich eine relativ komplexe geometrische Struktur, die hohe Anforderungen an die Planung und die Bauausführung bedingte (**Bilder 2 und 3**).

Während die Breite und Tiefenlage des Auslaufkanals an den bestehenden Auslass des Brückenwiderlager angepasst werden mussten, orientierte sich die Breite des Zulaufkanals an der erforderlichen Fischschutzeinrichtung (10-mm-Feinrechen, s. Abschnitt 2.2).

Aufgrund der hohen Durchlässigkeit des anstehenden Bodens im Oberrheingraben war es notwendig, einen geschlossenen Baugrubenverbau auszuführen. Das Herzstück der Anlage ist eine fünfflügelige Kaplanturbine mit einem aufgesetzten direktgekuppelten, permanenterregten Generator. Dadurch konnte das Getriebe entfallen und das Krafthaus sehr kompakt errichtet sowie die Geräuschentwicklung stark reduziert werden. Auf diese Weise konnten auch die Bedenken der Anwohner bezüglich der Lärmbelastung ausgeräumt werden.

Der Ausbaudurchfluss liegt bei 25 m^3/s und erreicht bei einer Fallhöhe von ca. 5 m eine elektrische Leistung von rund 990 kW.

2.2 Fischschutzanlage

Bei der Planung der neuen Wasserkraftanlage mussten die Anforderungen, die sich aus dem Charakter der Kinzig als Lachs-Wiederansiedlungsgewässer ergeben, erfüllt werden.

Zum wirksamen Schutz der abwandernden Smolts darf nach heutigem Kenntnisstand die lichte Rechenstabweite 10 mm betragen und die Anströmgeschwindigkeit 0,5 m/s nicht übersteigen. Daher wurde die Wasserkraftanlage Willstätt mit einem schrägliegenden 10-mm-Feinrechen ausgerüstet.

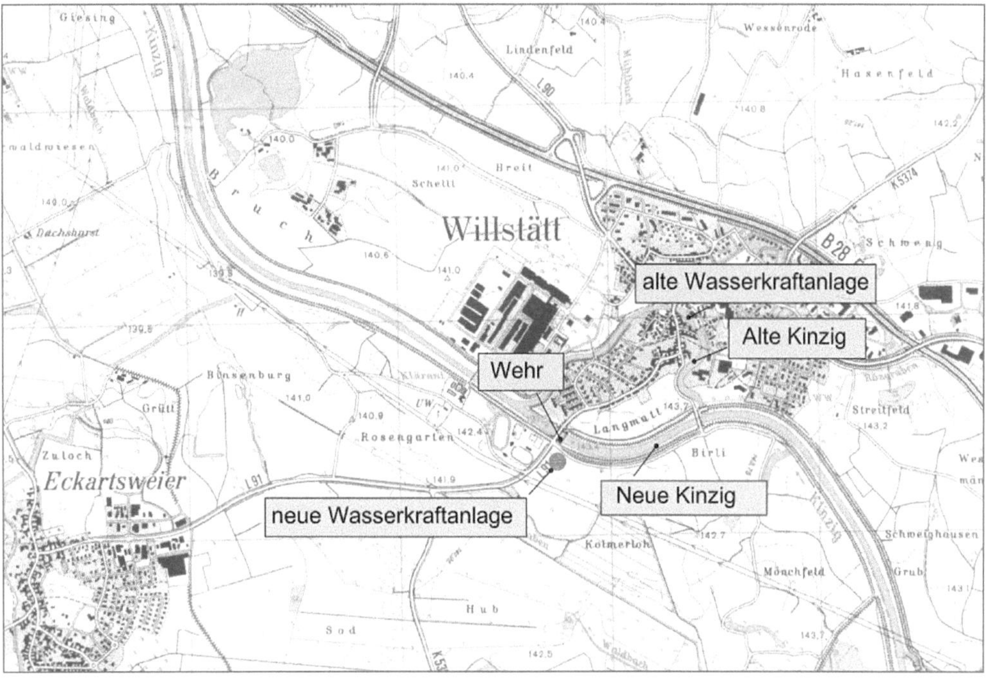

Bild 1: Übersicht des Standortes Willstätt mit Alter und Neuer Kinzig

Bild 2: Baugrube im Frühjahr 2012

Bild 3: Baugrube im Frühjahr 2013: Im Vordergrund ist der Vertical-Slot-Pass sichtbar, der das Krafthaus zweiseitig umschließt, oberhalb des Krafthauses ist der Zulaufkanal mit der Rechenreinigungsmaschine sichtbar

Für den Rechen wurden ein spezielles Profil und eine weiterentwickelte Verschraubungstechnik eingesetzt. Dadurch kann eine dauerhafte Verlegung des Rechens verhindert werden. Für diesen „Minimal Gap Screen" wurden vom Ingenieurbüro Floecksmühle Schutzrechte beantragt.

Um die Anströmgeschwindigkeit von 0,5 m/s zu realisieren, wurde der Zulaufkanal auf eine Breite von 13 m ausgelegt. Durch die Schrägstellung des Rechens reduziert sich die Fließgeschwindigkeit senkrecht zum Rechen (Normalgeschwindigkeit) und es wird eine Leitwirkung zu den oberflächennahen Bypassöffnungen erreicht.

Die Reinigung des Rechens erfolgt mit einem einzigen Rechenreiniger, dessen Reinigungsharke 13 m breit ist, und die für die speziellen Anforderungen des 10-mm-Rechens optimiert wurde (**Bild 4**).

Oberhalb des Feinrechens sind zunächst eine Blechschürze und daran anschließend ein Grobrechen mit einer dahinter liegenden Spülrinne angebracht. Das feinere Treibgut wird durch den Grobrechen in die Spülrinne abgegeben und gelangt so in das Unterwasser. Größere Treibgutelemente (Äste etc.) werden hingegen vom Rechenreiniger über den Grobrechen auf das dahinter liegende Förderband gehoben.

Die bisherigen Betriebsergebnisse zeigen, dass die Rechenanlage einen sehr geringen hydraulischen Verlust (ca. 3 cm) aufweist und dass die vorgesehene Auslegung der Rechenreinigungsmaschine einen störungsfreien Betrieb gewährleistet.

2.3 Fischabstiegsanlage

Die Abstiegseinrichtungen sind primär auf die oberflächennah abwandernden Lachssmolts ausgelegt. Nach vorliegenden Erfahrungen an anderen Standorten werden derartige Bypassöffnungen auch von vielen potamodromen Fischarten genutzt.

Wie in **Bild 5** erkennbar, sind die Bypassöffnungen in der Blechschütze zwischen Fein- und Grobrechen angeordnet. Hinter der Blechschütze befindet sich die Spülrinne, die neben dem feinen Treibgut auch die abwandernden Fische aufnimmt und ins Unterwasser führt. Eine Schädigung der abwandernden Fische wird durch eine geeignete Gestaltung der Spülrinne und eine ausreichende Wassertiefe verhindert.

Bild 4: 10-mm-Feinrechen mit der Harke der Rechenreinigungsmaschine und den oberflächennahen Bypassöffnungen

Bild 5: Unterer Abschnitt der Fischaufstiegsanlage

2.4 Fischaufstiegsanlage

Am Standort der alten Wasserkraftanlage war in den neunziger Jahren eine erste Fischaufstiegsanlage (FAA) errichtet worden. Durch die Auslagerung der Wasserkraft aus dem Ort an das Wehr der neuen Kinzig tritt die Hauptströmung nunmehr ganzjährig dort auf. Dies bedeutet, dass zukünftig der Großteil der aufwandernden Fische in der neuen Kinzig bis zum Wehr und zur Mündung der Wasserkraftanlage schwimmt. Daher war es erforderlich, unmittelbar neben der Wasserkraftanlage eine FAA zu installieren.

Die hydraulische und geometrische Bemessung der Fischaufstiegsanlage erfolgte nach den aktuellen Vorgaben des DWA-Merkblattes M 509 [3], Stand 2013, für die Barbenregion und die Fischfauna des Standortes.

Die FAA wurde als beckenartige Fischaufstiegsanlage (Vertical-Slot-Pass) ausgeführt. Der Einstieg wurde unmittelbar neben dem Ende des Saugrohrs der Wasserkraftanlage positioniert. Sie führt entlang der Außenwand des Krafthauses in gewendelter Anordnung mit insgesamt sechs Teilsträngen Richtung Oberwasser (Bild 3). Der jeweils mittlere Strang ist aus Wartungsgründen mit Gitterrosten versehen (Bild 5).

2.5 Betriebsdurchfluss und Leitströmung der Fischaufstiegsanlage

Der Vertical-Slot-Pass hat folgende Bemessungswerte:

- Maximale Wasserspiegeldifferenz bei Q_{30}: 6 m (Ober- zum Unterwasser)
- Wasserspiegeldifferenz zwischen den Becken: 0,13 m
- Daraus Anzahl der Becken: 46
- Schlitzweite: 0,35 m
- Wassertiefe: 0,9 m
- Auslegungsdurchfluss der FAA: 0,43 m^3/s

Der Unterwasserspiegel der Kinzig an der Wasserkraftanlage schwankt im vorgegebenen Betriebszeitraum (Q_{30} bis Q_{330}) um rund 1,3 m. Um die kleinräumige Auffindbarkeit auch bei höheren Unterwasserständen und die hydraulischen Verhältnisse in den zunehmend eingestauten unteren Becken zu optimieren, wird bei steigendem Unterwasserspiegel der Durchfluss der FAA sukzessive erhöht.

Die Bemessung der zusätzlichen Dotation erfolgte entsprechend des DWA-Merkblatt M 509 [3]. Die Leitströmung im Auslauf der FAA sollte demnach 1 bis 2 % des Durchflusses betragen.

Am Standort Willstätt wird die zusätzliche Dotation des Oberwassers über einen SPS-gesteuerten Schieber entnommen und zunächst in ein Energieabbaubecken geleitet. Von dort gelangt das beruhigte Wasser über einen Leitrechen in den Vertical-Slot-Pass. Die Position der Einleitung innerhalb der Fischaufstiegsanlage wurde durch hydraulische Berechnungen für alle auftretenden Betriebszustände ermittelt. Dadurch wird gleichzeitig gewährleistet, dass der Anteil der Leitströmung am Durchfluss der Wasserkraftanlage nicht unter 2,5 % sinkt.

2.6 Monitoring

Das Wehr und die Wasserkraftanlage Willstätt sind das unterste Wanderhindernis in der Kinzig. Alle Fische, die vom Rhein in das System aufsteigen, müssen diesen Standort passieren. Das Gleiche gilt für die abwandernden Fische, insbesondere für die diadromen Fischarten. Der Funktionsfähigkeit der FAA – wie auch der Abstiegsanlage – kommt daher eine besondere Bedeutung zu. Aus diesem Grunde entschied sich die SÜWAG in Abstimmung mit dem zuständigen Regierungspräsidium Freiburg, im oberen Bereich der FAA eine zusätzliche Monitoringeinrichtung vorzusehen. Diese besteht aus einer an die FAA angrenzenden Kammer, die auf verschiedene Weise genutzt werden kann. Zum einen verfügt die Kammer in der Seitenwand zur FAA über eine Beobachtungsscheibe. Durch diese können die aufsteigenden Fische mittels Kamera beobachtet werden. Zum anderen kann die Kammer geflutet werden, indem der Abfluss der FAA durch die Monitoringstation umgeleitet wird. In diesem Fall wird eine Reusenkehle im Auslaufbereich der Kammer positioniert, so dass die aufsteigenden Fische in dieser Zählkammer gesammelt und erfasst werden können.

3 Zusammenfassung

Die Gefällestufe der Kinzig in Willstätt besitzt ein Leistungspotenzial von knapp 1 MW. Entsprechend Anderer et al. [1] gehört sie damit zu den energetisch bedeutendsten Standorten, die bisher nur unzureichend genutzt wurden.

Das Potenzial wird nach dem Bau einer neuen Wasserkraftanlage mit einer sehr effizienten technischen Ausrüstung nunmehr in hohem Maß genutzt.

Wegen der Bedeutung der Kinzig als Lachswiederansiedlungsgewässer wurden beim Neubau der Wasserkraftanlage erhebliche Anstrengungen unternommen, um die erforderlichen hohen Aufstiegs-, Abstiegs- und Schutzraten für Fische zu realisieren. Insbesondere wurde ein 10-mm-Rechen mit automatischer Rechenreinigungsmaschine und einem Durchfluss von 25 m^3/s realisiert. Die Anlage weist damit einen der größten 10-mm-Rechen auf. Durch eine geeignete technische Auslegung arbeitet sie störungsfrei und mit sehr geringen hydraulischen Verlusten.

Autoren

Dipl. Ing. Gereon Hermens

Dipl. Ing. Ulrich Dumont
Ingenieurbüro Floecksmühle
Bachstraße 62-64, 52066 Aachen
Gereon.hermens@floecksmuehle.com

Literatur

[1] Anderer, P.; Dumont, U.; Heimerl, S.; Ruprecht, A.; Wolf-Schumann, U.: Das Wasserkraftpotenzial in Deutschland. In: WasserWirtschaft 100 (2010), Heft 9, S. 12-16.

[2] Dumont, U.: Konstruktive Möglichkeiten zur Verbesserung der hydraulischen Bedingungen am Einstieg von Fischaufstiegsanlagen. In: Bundesanstalt für Wasserbau (Hrsg.): Herstellung der ökologischen Durchgängigkeit an BWaStr – Auffindbarkeit von Fischaufstiegsanlagen – Herausforderung, Untersuchungsmethoden, Lösungsansätze. Kolloquiumsreihe der BAW und BfG, 12. und 13. Juni 2013, Karlsruhe.

[3] Deutsche Vereinigung für Wasserwirtschaft, Abwasser und Abfall e. V. (Hrsg.): Fischaufstiegsanlagen und fischpassierbare Bauwerke – Gestaltung, Bemessung, Qualitätssicherung. In: DWA-Merkblätter (2010), DWA-M 509 Entwurf.

[4] Ingenieurbüro Floecksmühle: Genehmigungsplanung zum Neubau einer Wasserkraftanlage in Willstätt/ Kinzig, 2010 (unveröffentlicht).

Gereon Hermens and Ulrich Dumont

The new Hydro Power Station at Willstätt with Fish Protection and Downstream Migration Facilities

In the past the River Kinzig was a very important salmon-breeding area. During the industrialization a lot of dams had been built to use the waterpower, so the salmons could not reach the breeding area anymore. The first barrage for upstream migrating fish is placed in Willstätt and was used for waterpower since a long time. In 2007 the building was already in need of rehabilitation, so the company decided to build a new hydroelectric power station outside the village. Core of the new plant is a vertical Kaplan turbine with a highly efficient generator. Additionally a fish protection system and upstream as well as downstream migration devices were installed.

Гереон Херменс и Ульрих Дюмон

Строительство новой гидроэлектростанция в Виилльштетте (Willstätt) с системой рыбозащиты и комплексной установкой рыбообмена

В прошлом река Кинциг (Kinzig) в Шварцвальде была крупной областью нереста лососей. Во время индустриализации после строительства многочисленных гидротехнических сооружений большая часть нерестовых зон стала недоступна. Самое нижнее из этих сооружений находится в Вилльштетте (Willstätt). Гидроэнергия используется там в течении уже более 100 лет. В 2007 году старой гидроэлектростанции в центре города потребовалась санация, причем в такой степени, что эксплуатирующая фирма решалась на строительство новой плотины за пределами населенного пункта. Таким образом, наряду с установкой современнейшей гидроэнергетической техники, была создана возможность реализации высоких требований в отношении проходимости водного потока вверх и вниз по течению, а также рыбозащиты в данном населенном пункте.

Raymond Johan Meijnen und Thomas Grünig

Die fischfreundliche Turbine – ein innovativer Lösungsansatz

Für die Migration von Fischbeständen in Fließgewässern bilden Querbauwerke, insbesondere solche mit Turbinenanlagen, oft unüberwindliche oder tödliche Hindernisse. Schätzungen gehen von Mortalitätsraten von 25 bis 80 % beim Durchschwimmen von Niederdruckturbinen aus. Neben einigen anderen Ursachen gilt eine Kollision der Fische mit den schnell rotierenden Turbinenschaufeln als Hauptverursacher von fatalen Verletzungen. Dieser Artikel stellt die Entwicklung sowie die Testergebnisse einer fischfreundlichen Niederdruckturbine dar und beschreibt die dabei zu Grunde gelegten theoretischen Betrachtungen.

1 Modellbetrachtung

Bei Fließwasserkraftwerken kommen in der Regel horizontal eingebaute Kaplanturbinen zum Einsatz. Die Turbinenlaufräder werden als Propeller ausgeführt. Das hier angewendete Modell zur Entwicklung einer fischfreundlichen Turbinenhydraulik basiert auf der Annahme, dass ein Fisch eine mit der Drehzahl Ω rotierende Turbinenschaufel durchschwimmt. Der Eintritt in die Turbinenschaufel erfolgt durch einen auf der Rotationsachse senkrecht stehenden Kreisring mit dem Innendurchmesser r_h und dem Außendurchmesser r_s (**Bild 1**). Während der Passage des Fisches durch einen Segmentabschnitt des rotierenden Schaufelrades besteht eine bestimmte Wahrscheinlichkeit der Kollision des Fisches mit der Vorderkante eines Propellerblattes [5]. Die Zeitdauer, die ein Fisch mit der Körperlänge L und der Geschwindigkeit v benötigt,um ein Teilsegment der Rotationsebene zu durchschwimmen ist:

$$t_c = L/v \tag{1}$$

In der gleichen Zeit überstreicht ein Propeller mit der Fläche A und der Schaufelzahl n_b die Segmentfläche:

$$A_c = n_b \frac{\alpha_c}{2} \left[r_s^2 - r_h^2 \right] \tag{2}$$

Die Wahrscheinlichkeit einer Kollision mit der Vorderkante eines Schaufelrades wird beschrieben durch das Verhältnis:

$$\begin{aligned} p_b &= A_c/A \quad \text{wenn} \quad A_c < A, \\ p_b &= 1 \quad\quad\;\; \text{wenn} \quad A_c \geq A \end{aligned} \tag{3}$$

In der Zeit t_c überstreicht eine Propellerschaufel den Winkel α_c, ausgedrückt durch:

$$a_c = \int_0^{t_c} \Omega \, dt \approx \Omega t_c \tag{4}$$

Durch Einsetzen der Gl. (1) in (4) und (2) in (3) ergibt sich die Kollisionswahrscheinlichkeit mit:

$$p_b = \min \left[\frac{n_b \Omega L}{2\pi\, v}, 1 \right] \tag{5}$$

Die Absolutgeschwindigkeit mit der ein Fisch die Turbine durchschwimmt, entspricht der Summe aus Fischeigengeschwindigkeit v_v und der Strömungsgeschwindigkeit v_w. Beide Geschwindigkeiten werden als axial gerichtete Vektoren durch die Turbine angenommen:

$$v = v_v + v_w \tag{6}$$

Die Fischeigengeschwindigkeit ist ungefähr proportional der Körperlänge eines Fisches, jedoch wird in diesem Modell die Eigengeschwindigkeit mit Null angenommen. Diese Annahme wird gestützt durch Beobachtungen, dass sich die meisten Fische vor Turbineneintritt gegen die Strömungs-

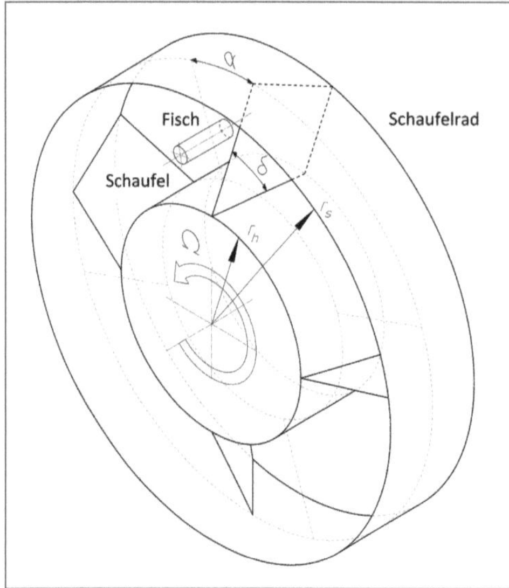

Bild 1: Schemabild der Variablen des theoretischen Kollissionsmodells

richtung drehen, um sich dann mit der Strömung durch die Turbine treiben lassen. Dadurch wird die Fischeigengeschwindigkeit zu $v_v = 0$ und folglich die absolute Geschwindigkeit v des Fisches beim Durchtritt durch die Turbinenschaufel gleich der Strömungsgeschwindigkeit des Wassers $v = v_w$. Fische durchschwimmen Turbinen in der Regel mit in parallel zu den Strömungslinien ausgerichteter Körperhaltung.

Wie bei den meisten Kollisionen, muss auch eine Kollision mit einer Turbinenschaufel nicht zwangsläufig zu einer ernsthaften oder sogar tödlichen, d. h. fatalen Verletzung führen. Dies wurde bei entsprechenden Versuchen von von Raben [5] und von Turnpenny [6] beobachtet. Turnpenny schlägt deshalb eine sogenannte Verstümmelungswahrscheinlichkeit (mutilation ratio) MR vor, die auch in dieser Modelbetrachtung Berücksichtigung findet. Die Verstümmelungswahrscheinlichkeit MR wird von der Körperlänge des Fisches und von der Stelle des Aufschlages auf den Fischkörper beeinflusst. In diesem Modell wird eine Kollision als tödlich betrachtet, wenn der Fischkörper vor dem Körperschwerpunkt getroffen wird. Bei den meisten Fischen befinden sich die empfindlichen Organe vor dem Schwerpunkt. Ein starker Schlag auf den Körper in diesem Bereich würde zu schweren oder tödlichen Verletzungen führen. Die Position des Körperschwerpunktes wurde mit etwa 1/3 der Körperlänge angenommen. Durch diese Annahme wird Gl. (5) zu:

$$p_b = \frac{n_b \Omega L}{6\pi v_w} \qquad (7)$$

Des Weiteren muss die Schlagenergie, die auf einen Fischkörper einwirkt, berücksichtigt werden. Diese verändert sich quadratisch proportional mit der Umfangsgeschwindigkeit u der Turbinenschaufel. Dieser Zusammenhang findet in der Weibull-Verteilung $p_f = 1 - e^{-(u/u_c)^2}$ seinen Ausdruck.

Die kritische Umfangsgeschwindigkeit wird mit 12 m/s angenommen. Bei einem Aufschlag mit dieser Geschwindigkeit wird eine Überlebenswahrscheinlichkeit von <37 % angenommen [3].

Schließlich hängt die Auswirkung einer Kollision von der Geometrie der Schaufelvorderkanten ab, d. h. vom Neigungswinkel δ der Schaufelvorderkante gegen die Tangente des Kreisumfanges der Turbinenschaufel. Die wirksame Aufschlaggeschwindigkeit entspricht u[sin(δ)]. Somit ist:

$$pf = 1 - e^{-(u \sin(\delta)/u_c)^2} \qquad (8)$$

Die theoretische Gesamtwahrscheinlichkeit p einer tödlichen Kollision eines Fisches mit der Turbinenschaufel ergibt sich durch Multiplikation der Kollisionswahrscheinlichkeit p_b und der Wahrscheinlichkeit p_f einer Kollision mit tödlicher Auswirkung. Damit wird:

$$p = p_b\, p_f = \frac{n_b \Omega L}{6\pi v_w}\left[1 - e^{-(u \sin(\delta)/u_c)^2}\right] \qquad (9)$$

2 Umsetzung der theoretischen Zusammenhänge in ein fischfreundliches Hydraulikdesign

Unter Berücksichtigung der oben beschriebenen Zusammenhängen wurde eine fischfreundliche Turbinenhydraulik entwickelt. Dabei kamen Turbinenschaufeln mit zwei- oder dreiblättrigen Turbinenlaufräder zum Einsatz. Zwei verschiedene Ausführungen sind notwendig, um eine bessere Anpassung an unterschiedliche Fallhöhen zu ge-

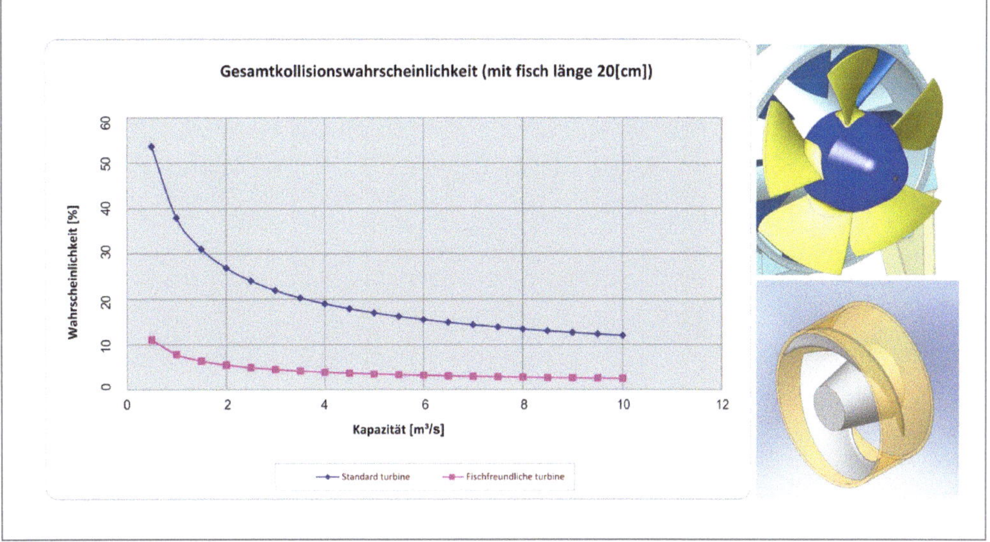

Bild 2: Theoretische Fischmortalität bei Nenndrehzahl in Abhängigkeit des Durchflusses bei einer durchschnittlichen Fischlänge von 20 cm

währleisten. Die Vorderkanten der Turbinenschaufeln wurden schraubenförmig nach vorne gezogen und gegenüber der Umfangstangente mit einem Winkel von 25° abgeschrägt ($\delta = 25°$). Diese Maßnahme reduziert die wirksame Aufschlagsenergie auf einen Fischkörper um das Verhältnis sin 25°/sin 90° gegenüber einem konventionell gestalteten Turbinenlaufrades mit $\delta = 90°$.

Die Nenndrehzahl des fischfreundlichen Turbinenlaufrades wurde um etwa 25 % gegenüber einer konventionellen Turbine bei gleichen hydraulischen Parametern reduziert. Der Schaufelraddurchmesser der fischfreundlichen Hydraulik vergrößert sich dabei um etwa 20 %. **Bild 2** zeigt einen Vergleich der theoretischen, fatalen Gesamtkollisionswahrscheinlichkeit p einer konventionellen Turbine mit derjenigen einer fischfreundlichen Turbine.

Unter Berücksichtigung der in Abschnitt 1 beschriebenen Zusammenhänge wurde eine Niederdruckturbine für Fallhöhen von 1,5 m bis maximal 10 m und Durchflüssen für einen Bereich von ca. 1,5 m³/s bis 150 m³/s entwickelt (**Bild 3**).

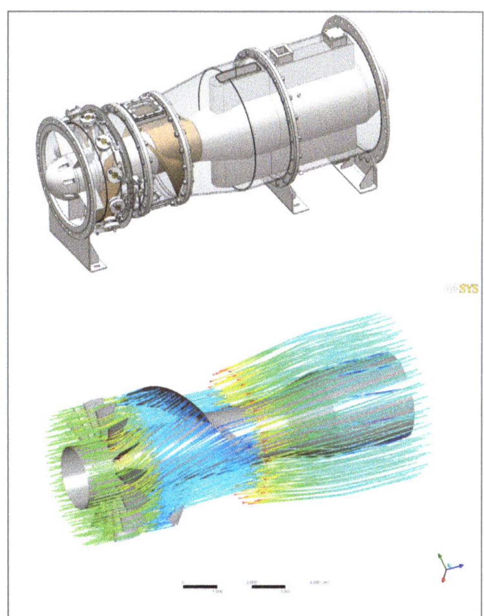

Bild 3: Ausgestaltung der fischfreundlichen Turbine

Die Schaufelblätter wurden feststehend ausgeführt. Eine Zweifachregelung wird durch verstellbare Leitschaufeln und einer Drehzahlregelung realisiert. Damit wird ein Turbinenbetrieb im stets optimalen Wirkungsgradbereich bei variierenden

Bild 4: Übersicht über die Testeinrichtung für die Aal-Passage

Betriebszuständen garantiert. Als Generator wurde ein direkt angetriebener Permanentmagnet-Generator gewählt. Die Turbine eignet sich sowohl zum horizontalen als auch zum vertikalen Einbau. Zur Strömungsoptimierung wurde bei der Entwicklung konsequent CFD (computational fluid dynamics) eingesetzt. Prüfstandmessungen der fischfreundlichen Turbinenhydraulik ergaben vergleichbare hydraulische Wirkungsgrade wie bei modernen, konventionellen Niederdruckturbinen [7].

3 Leistungsmessungen an einer fischfreundlichen Turbine

An einem Prototyp mit Nenndurchmesser DN 800, ausgelegt für eine Fallhöhe von 3,8 m, einem Nenndurchfluss von 3 m^3/s und einem fahrbaren Drehzahlbereich von 50 bis 350 1/min wurden Leistungsmessungen unter Laborbedingungen durchgeführt. Die Nennleistung des Prototyps betrug 100 kW. Für den Testaufbau wurde die gesamte Turbineneinheit horizontal in eine Rohrleitung eingebaut und an einem Frequenzumrichter mit unterschiedlichen Drehzahlen getestet. Die Energieeinspeisung erfolgte über einen Frequenzumrichter direkt in das 50-Hz-Netz. Durch automatische Drehzahlanpassung und Leitschaufelwinkelverstellung wurde die Turbine verschiedenen vorgegebenen Betriebszuständen angepasst. Die Testergebnisse bestätigten den mit Hilfe von CFD vorausberechneten guten hydraulischen Wirkungsgradverlauf, der vergleichbar ist mit modernen, konventionellen Niederdruck-Turbinen gleicher Baugrößen.

4 Feld-Tests zur Bestimmung der Mortalitätsrate

Durch das unabhängige Unternehmen IMARES Wageringen wurden zunächst Feldtests zur Untersuchung der Mortalitätsraten von Aalen durchgeführt [8]. Dazu wurde der oben beschriebene Prototyp einer fischfreundlichen Turbine in eine horizontale Rohrleitung parallel einem Hebewerk eingebaut (**Bild 4**).

Die geodätische Höhendifferenz zwischen Ober- und Unterwasser betrug 5,5 m und der Durchfluss konnte durch einen oberhalb der Turbine eingebauten Schieber verändert werden. Es wurden zwei Testdurchgänge mit je drei verschiedenen Aalgruppen durchgeführt. Alle Testdurchgänge wurden mit einer konstanten Drehzahl von 280 1/min durchgeführt. Eine Testgruppe von Aalen durchschwamm die Turbine kontrolliert bei voll geöffneten Leitschaufeln (Serie 1) und eine zweite bei auf 30° eingestellten Leitschaufeln (Serie 2). Um eine Referenzmessung zu erhalten, durchschwamm eine dritte Testgruppe (Kontrollgruppe) die gleiche Rohrleitung ohne eingebaute Turbine. Eine Auffangvorrichtung erlaubte das Einsammeln der Aale im Unterwasser, wo die Aale anschließend einer genauen Begutachtung durch Fischereispezialisten unterzogen wurden, um eventuelle äußerlich sichtbare Verletzungen zu identifizieren. Um verzögerte, nicht gleich sichtbare innere Verletzungen festzustellen, wurden alle Aale nach 96 Stunden Hälterung einer weiteren Untersuchung unterzogen und auf anormales Schwimmverhalten untersucht. Die festgestellten und genau protokollierten Resultate der 6 Testdurchgänge sind in **Tabelle 1** zusammengefasst. Sie zeigen eine Überlebensrate von na-

Tab. 1: Zusammenfassung der Versuche zur Aal-Passage mit dem Prototypen der fischfreundlichen Turbine

	Turbine mit vollständig geöffneten Leitschaufeln (Serie 1)		Turbine mit Leitschaufeln mit 30°-Öffnung (Serie 2)		Kontrollversuche	
Versuchsreihenfolge	2	4	3	5	1	6
Anzahl der wiedergefangenen Aale nach dem Versuch	79	70	73	63	80	93
Anteil der wild gefangenen Aale	0,71	0,69	0,64	0,73	0,70	0,71
Durchschnittliche Länge und Standardabweichung [cm]	40,6 ± 8,0	40,3 ± 7,5	42,0 ± 9,1	40,7 ± 8,3	41,3 ± 9,4	42,8 ± 10,6
Längenbereich [cm]	31-76	28-60	32-75	31-64	31-75	31-84
Direkte Mortalität %	0 %	0 %	0 %	0 %	0 %	0 %
Normales Schwimmverhalten	100 %	100 %	100 %	100 %	100 %	100 %
Mortalität nach 96 h [%], (n; Länge der getöteten Aale)	1,2 % (n = 2; 35 & 57 cm)		0 %		1,5 % (n = 2; 32 & 36 cm)	

hezu 100 %. Keinen signifikanten Unterschied konnten bei der Kontrollgruppe ohne Turbine im Vergleich zu den Testreihen 1 und 2 mit Turbine festgestellt werden.

5 Zusammenfassung und Schlussfolgerung

Die Leistungstests im Labor bestätigten die mit CFD-Verfahren vorausberechneten guten hydraulischen Wirkungsgrade der fischfreundlichen Turbine. Bestätigt werden konnte auch eine sehr geringe Mortalitätsrate bei Aalen. Durch die Testreihen wurden die zwei wichtigsten Entwicklungsziele bestätigt. Weitere Tests, insbesondere an Schuppenfischen werden in naher Zukunft folgen, um eine generelle Fischfreundlichkeit nachzuweisen. Bereits ausgedehnte Feldtests an fischfreundlichen Pumpenhydrauliken, durchgeführt mit Schuppenfischen, verliefen durchweg vielversprechend. Es ist zu erwarten, dass diese Ergebnisse wegen der Ähnlichkeit der Hydrauliken auch auf fischfreundliche Niederdruckturbinen übertragbar sind.

Abschließend sei noch zu bemerken, dass Winter/Griffioen und Benden [9] in Ihrer Studie gezeigt haben, dass Mortalitätsraten kleiner Turbinen auf größere Durchmesser umgerechnet werden können. Die dabei überprüften Zusammenhänge lassen die Schlussfolgerung zu, dass das Kollisionsrisiko – und damit die Fischmortalität – bei geometrisch ähnlichen Hydrauliken mit der Zunahme der Turbinendurchmesser abnimmt.

Autoren

Dipl.-Ing. Raymond Johan Meijnen

Dipl.-Ing. Thomas Grünig

Fairbanks Nijhuis
Parallelweg 4
7102 DE Winterswijk, Niederlande
Raymond.Meijnen@pentair.com
thomas.gruenig@pentair.com

Literatur

[1] Furguson J. W.: Behaviour and Survival of Fish Migrating Downstream in Regulated Rivers. Ph. D. Thesis, SLU Umea Sweden, 2008.

[2] Kunst, J. M.; Spaargaren, B.; Vriese, T.; Kroes, M.; Rutjes, C.; Van der Pouw Kraan, E.; Jonker, R. R.: Gemalen of vermalen worden. (Research on the fish friendliness of water pumping stations), 2008.

[3] Davis, J. K.: A review of information relating to fish passage through turbines: implications to tidal power schemes. In: Journal of Fish Biology 33 (1988), Supplement A, S. 111-126.

[4] Ohed, M.: A Summary of Environmentally Friendly Turbine Design Concepts. United States Department of Energy, 1999.

[5] Von Raben, K.: Zur Frage der Beschädigung von Fischen durch Turbinen. In: Wasserwirtschaft 47 (1957), Heft 4, S. 97-100.

[6] Turnpenny, A. W. H.: Mechanisms of fish damage in low-heat turbines: an experimental appraisal. In: Schmutz, M. (Hrsg.): Fish Migration and Fish Bypass. Oxford: Blackwell Publishing, 1998, S. 300-314.

[7] Arnold, J.; Bosman, R.; Meijnen, R.; Vrielink, L.: Development of Fish-friendly Pumps and Turbines. R&D Department Nijhuis Pompen, 2011.

[8] Winter, H. V.; Bierman, S. M.; Griffioen, A. B.: Field test for mortality of eel after passage through the newly developed turbine of Pentair Fairbanks Nijhuis and FishFlow Innovation, IMARES Wageningen UR, 2012.

[9] Winter, H. V.; Griffioen, A. B.; Benden, D.: Desk study on scaling Pentair Fairbanks Nijhuis/FishFlow Innovations turbine in relation to fish mortality, IMARES Wageningen UR, 2013.

Raymond Johan Meijnen und Thomas Grünig

The Fish-friendly Turbine – an Innovative Solution

Different studies have shown that fish and eel are severely damaged when swimming through a conventional pump or turbine [2], [3] and [4]. Different injuries are observed during the passage of which the most prominent injury mechanisms involves blade strike injury. A prototype fish-friendly turbine, with high specific speed was developed and tested for application at low head/large flow locations. The design was based on a theoretical model that predicts the probability of a fish colliding with rotating components of a turbo machine. The performance of the turbine was optimized using computational fluid dynamics. Extensive prototype tests showed excellent performance on efficiency and eel passage.

Р. Дж. Мейнен и Томас Грюниг

Турбина, «благоприятная» для рыб – инновационный подход к решению

Для миграции рыбных популяций в проточных водоемах поперечные сооружения, в особенности, с турбинными установками, часто представляют собой непреодолимые или смертельные для рыбы преграды. Согласно оценке, норма смертности при прохождении турбины пониженного давления составляет от 25 до 80%. Наряду с некоторыми другими причинами столкновение рыб с быстро вращающимися лопастями турбин считается основной причиной смертельных ранений. Данная статья представляет разработку, а также результаты испытаний турбин пониженного давления, «благоприятных» для рыб, и описывает положенные в основу этого теоретические соображения.

Michael Spannring, Michael Hengl, Klaus Michor, Reinhard Schaufler und Tilmann Zinsser

Wasserkraft und/oder Naturschutz? – Variantenuntersuchung zur Sanierung der Unteren Salzach

Für einen 22 km langen Abschnitt der Unteren Salzach wird derzeit eine Variantenuntersuchung für eine wasserbauliche und gewässerökologische Sanierung durchgeführt. Neben drei Varianten mit ausschließlich flussbaulichen Sanierungskomponenten ist bei zwei weiteren Varianten zudem eine energetische Nutzung vorgesehen. Im Rahmen einer Variantenbewertung werden die Auswirkungen der verschiedenen Varianten hinsichtlich definierter Kriterien untersucht. Das Ergebnis der Variantenbewertung bildet die Grundlagen für eine nachfolgende Variantenentscheidung.

1 Einführung

Die wasserbauliche und gewässerökologische Sanierung der Unteren Salzach mit ihren begleitenden Auen wird seit vielen Jahren intensiv diskutiert. Es wurden verschiedene Lösungsmöglichkeiten für die insgesamt fast 60 km lange Grenzstrecke zwischen Bayern sowie den österreichischen Bundesländern Salzburg und Oberösterreich auf genereller Ebene entwickelt [1]. Im Zuge der Detailierung der Planungen wurden diese dem voranschreitenden Stand von Wissenschaft und Forschung entsprechend verbessert [2] sowie in besonders dringlichen Sanierungsabschnitten erste Maßnahmen umgesetzt [3]. Die hier vorgestellte Variantenuntersuchung befasst sich mit dem ca. 22 km langen Abschnitt der Salzach im Tittmoninger Becken (**Bild 1**).

Durch Einengung und Begradigung im 19. Jahrhundert sowie Eingriffe in den Geschiebehaushalt im Einzugsgebiet befindet sich die Salzach in einem stetigen Erosionsprozess. Da das Tittmoninger Becken von flussauf aus dem Freilassinger Becken noch mit Geschiebe versorgt wurde, verlief die Eintiefung mit durchschnittlich ca. 1,5 cm/Jahr gedämpfter als weiter flussauf mit ca. 4 cm/Jahr. Trotzdem sind die Auswirkungen, wie sinkender Grundwasserstand, Abtrennung der Auen vom Fluss sowie Unterspülung von Ufersicherungen, klar erkennbar. Durch die ersten Sanierungsschritte flussauf wird sich durch den zusätzlichen Geschiebemangel der Eintiefungsprozess in Zukunft verstärken. Ein spezielles Problem an der Unteren Salzach ist die Gefahr des Sohlendurchschlags. Feinkörnige eiszeitliche Sedimente (Seetone), die der Strömung kaum Widerstand leisten, sind oft nur mehr dünn mit Kies überdeckt. Was ein Sohlendurchschlag bedeutet, war 2002 im Freilassinger Becken zu beobachten, wo während eines Hochwassers mittlere Sohleneintiefungen von ca. 1 m mit nach dem Ereignis gemessenen ca. 4 m tiefen Kolken auftraten. Größere Schäden traten nur deshalb nicht auf, da das Ereignis sehr kurz war und die Kolke sich auf die Mitte des ca. 100 m breiten Flusses beschränkten.

Aus Sicht der Wasserwirtschaftsverwaltungen von Bayern und Österreich sind die Hauptziele der Sanierung der Unteren Salzach im Tittmoninger Becken die dynamische Stabilisierung der Flusssohle sowie das Erreichen des guten Zustands gemäß Wasserrahmenrichtlinie. In diesem Zusammenhang stehen fünf Varianten zur Diskussion. Drei dieser Varianten basieren auf rein flussbaulichen Maßnahmen, bei zwei Varianten ist darüber hinaus eine energetische Nutzung vorgesehen.

Mit der Energiewende in Deutschland ist u. a. ein vermehrter Ausbau der erneuerbaren Energien verbunden. In diesem Zusammenhang wurde auch die Diskussion über die Vor- und Nachteile

Bild 1: Einzugsgebiet der Salzach

der Wasserkraft verstärkt entfacht. In der öffentlichen Diskussion erfolgen aber häufig eher einseitige Betrachtungen. Während die Befürworter Strom aus Wasserkraft häufig als „sauberen Strom", „grüne Energie" bzw. „Ökostrom" bezeichnen, um damit die weitgehende Vermeidung von CO_2-Emissionen auszudrücken, benutzen Kraftwerksgegner Begriffe, wie „letzte freie Fließstrecke" oder „Zerstörung von Fluss- und Auelebensraum", um ihre erhebliche Bedenken gegen die Nutzung der Wasserkraft zu artikulieren.

Schließlich wird es die Aufgabe der politischen Entscheidungsträger sein, standortbezogen auf der Basis der bestehenden rechtlichen Vorgaben und unter Berücksichtigung und Abwägung der maßgebenden Vor- und Nachteile Entscheidungen herbeizuführen. Diese Entscheidungen können nur im Konsens zwischen beiden Staaten gefunden werden. Grundlage dafür sind die von Fachleuten untersuchten, sachlich und nachvollziehbar dargestellten Auswirkungen der einzelnen Varianten. Dazu dient die hier in ihrem methodischen Konzept vorgestellte Variantenuntersuchung im Auftrag der Wasserwirtschaftsverwaltungen Bayerns und Österreichs.

2 Variantenuntersuchung

2.1 Beteiligte Institutionen

Die Übersicht in **Bild 2** zeigt die an der Variantenuntersuchung beteiligten Gruppen, die jeweils zugehörigen Institutionen sowie die Datenflüsse. Die Vielzahl der Beteiligten ist u. a. unter anderem darauf zurückzuführen, dass die Untere Salzach Grenzfluss ist und von drei lokalen Verwaltungsstellen betreut wird.

Wichtige Entscheidungen zur Variantenuntersuchung werden in einem erweiterten Auftraggebergremium getroffen. Darin sitzen u. a. auch Vertre-

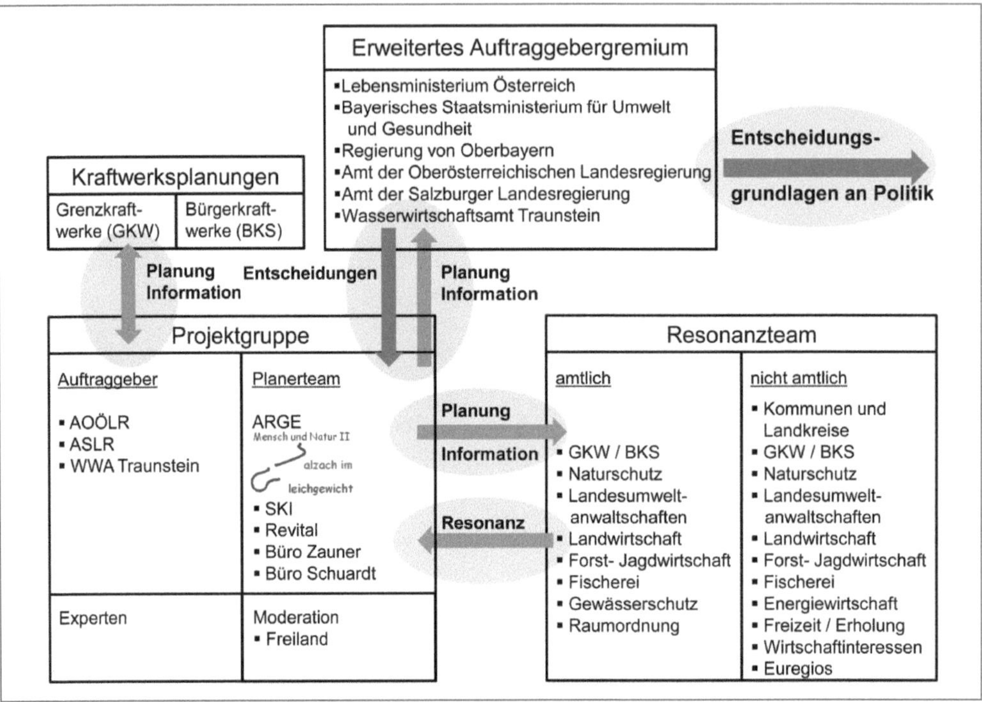

Bild 2: Beteiligte Institutionen

ter der zuständigen Ministerien in Wien und München.

Die Bearbeitung der Variantenuntersuchung findet in der Projektgruppe statt. Diese besteht aus Vertretern der Auftraggeber, dem in einem europaweit ausgeschriebenen Wettbewerb ausgewählten Planerteam sowie beratenden Experten. Die Kraftwerksplanungen werden von privaten Investoren erstellt und der Projektgruppe zur Verfügung gestellt. Die Kraftwerksplaner erhalten wiederum regelmäßige Informationen über die Variantenuntersuchung und Bewertungsergebnisse. Zudem sitzen die potentiellen Kraftwerksbetreiber im so genannten Resonanzteam.

Das Resonanzteam besteht aus fachlichen Vertretern von Ämtern und Behörden sowie aus verschiedensten Interessensvertretern der Energiewirtschaft, des nicht amtlichen Naturschutzes, der Land- und Forstwirtschaft, der Fischerei, des Tourismus sowie der betroffenen Kommunen und Landkreise. An den Resonanzteamsitzungen haben bisher durchschnittlich 50 bis 60 Personen teilgenommen. Das Resonanzteam wird über die geplante Vorgehensweise und Zwischenergebnisse informiert. Alle Beteiligten können „Resonanz" geben, indem sie Stellungnahmen, Kritik oder Änderungswünsche formulieren. Alle Anregungen werden von der Projektgruppe aufgenommen und geprüft. Falls die Anregungen sinnvoll sind und zu einer Verbesserung (z. B. des Bewertungssystems) führen, werden sie eingearbeitet. Andernfalls wird die Nichtberücksichtigung durch die Projektgruppe begründet.

2.2 Varianten

In der Variantenuntersuchung werden fünf Varianten (A, B, C, E1 und E2) betrachtet. Die Varianten A, B und C enthalten ausschließlich flussbauliche Maßnahmen. Bei den Varianten E1 und E2 wird die flussbauliche Sanierung zusätzlich mit einer energetischen Nutzung kombiniert. Die Planungen der Varianten E1 und E2 erfolgen auf Basis der Variante B. Nachfolgend werden die Grundzüge der einzelnen Varianten kurz beschrieben.

- **Variante A:** Aufweitung der Flusssohle von ca. 100 m auf 180 bis 200 m, 4 aufgelöste Sohlenrampen, Auenanbindung und Nebengewässer (Länge ca. 10 km).

- **Variante B:** Aufweitung von ca. 100 m auf ca. 140 m, 5 aufgelöste Sohlenrampen, Auenanbindung und Nebengewässer (Länge: ca. 17 km).
- **Variante C:** Aufweitung etwa wie in Variante A, 7 morphologisch wirksame Nebenarme, voraussichtlich 1 aufgelöste Sohlenrampe.
- **Variante E1:** Konzept „Fließgewässerkraftwerk", 3 Fließgewässerkraftwerke anstelle von vier Sohlenrampen der Variante B, Fallhöhen dynamisch bis ca. 3 m (s. a. [4]), installierte Leistung pro Standort ca. 5 MW, durchschnittliche Jahresarbeit insgesamt ca. 90 GWh/a.
- **Variante E2:** Konzept „Ökomodul", 2 Kraftwerke im Nebenschluss an 2 Sohlenrampen der Variante B, mit Fallhöhen von etwa 2 m, installierte Leistung pro Standort ca. 2 MW, durchschnittliche Jahresarbeit insgesamt ca. 20 GWh/a.

2.3 Vorgehensweise

Bild 3 zeigt die grundsätzliche Vorgehensweise bei der Variantenuntersuchung. Nach der Variantenentwicklung erfolgt ein erster Bewertungsdurchgang. Die Ergebnisse zeigen auf, bei welchen Zielen bzw. Kriterien die einzelnen Varianten Stärken und Schwächen aufweisen. Sie bilden damit die Grundlage für einen Optimierungsschritt mit anschließendem zweiten Bewertungsdurchgang. Diese Vorgehensweise gewährleistet, dass das Ergebnis belastbar ist. Ein Ende der Variantenuntersuchung bereits nach dem ersten Bewertungsdurchgang wäre mit dem Makel verbunden, dass die Bewertung durch die Verbesserung bzw. Optimierung der Varianten bei Kenntnis des Ergebnisses der ersten Bewertung rasch überholt und „veraltet" wäre. Das Ergebnis des zweiten Bewertungsdurchgangs bildet dann die Entscheidungsgrundlage für die Politik.

2.4 Variantenbewertung

Die Variantenbewertung bildet den Kern der Variantenuntersuchung und letztlich die Grundlage für die Variantenentscheidung. Die Bewertung umfasst zwei Bausteine: die Darstellung der Kosten für die öffentliche Hand und die Beschreibung der Wirkungen der Varianten.

Die Kosten für die öffentliche Hand gliedern sich in das Investitionsvolumen und die Instandhaltungskosten sowie gegebenenfalls sonstige Kosten (z. B. Subventionszahlungen der öffentlichen Hand für eine Variante). Um dem unterschiedlichen zeitlichen Verlauf der Zahlungsströme Rechnung zu tragen und die Kosten vergleichbar zu gestalten, werden diese in Form von Kostenbarwerten gegenübergestellt.

Bei der Beschreibung der Wirkungen der Varianten werden zwei Werkzeuge parallel verwendet: die Wirkungsanalyse sowie die Nutzwertanalyse. Es soll nicht unerwähnt bleiben, dass auch über alternative Bewertungsmethoden intensiv diskutiert und nachgedacht wurde, insbesondere über eine Kosten-Nutzen-Analyse, bei der die entstehenden Kosten den monetär zu bewertenden positiven (Nutzen) und negativen Wirkungen gegenübergestellt werden. Dieser Ansatz wurde schließlich nicht weiter verfolgt, weil aus Sicht der Verfasser die monetäre Bewertung der Wirkungen (z. B. betreffend Ökologie) zum Teil sehr problematisch gesehen wird. Es bedarf zahlreicher Annahmen und Experteneinschätzungen, was die geforderte Transparenz und Nachvollziehbarkeit insbesondere für Interessensvertreter sowie der interessierten Öffentlichkeit deutlich erschwert.

2.4.1 Übergeordnete gesetzliche Grundlagen

Bei der Wahl des Bewertungsverfahrens und der Bewertungskriterien spielen zwei übergeordnete EG-Richtlinien eine wichtige Rolle:

Die EG-Wasserrahmenrichtlinie (Richtlinie 2000/60/EG) fordert für europäische Gewässer die Einhaltung ökologischer Mindeststandards im Wesentlichen bis 2015. Bei der Variantenuntersuchung an der Salzach gilt es in diesem Zusammenhang v. a. zu berücksichtigen, dass der gute ökologische Zustand erreicht werden kann.

Da der Untersuchungsraum mehrere Natura-2000-Schutzgebiete im Sinne der FFH-Richtlinie (Richtlinie 92/43/EWG) und der Vogelschutz-Richtlinie (Richtlinie 79/409/EWG) berührt, ist es

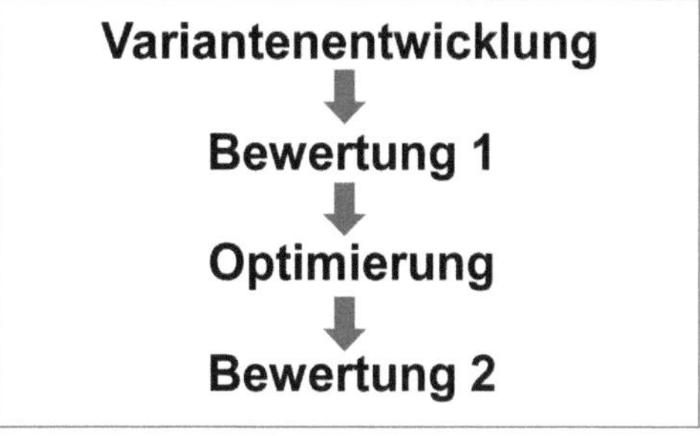

Bild 3: Vorgehensweise

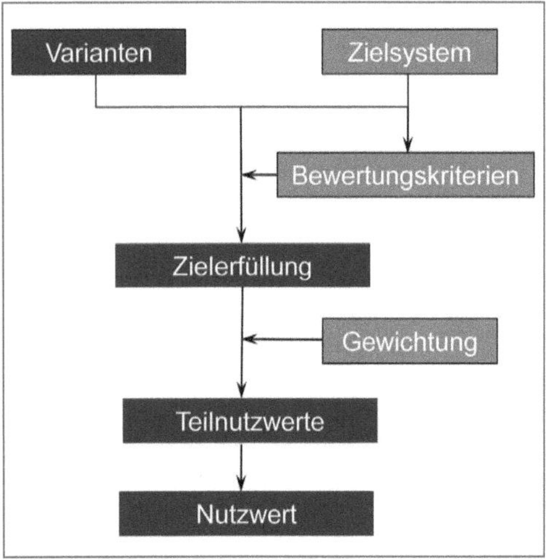

Bild 4: Ablaufschema Nutzwertanalyse

notwendig, im Rahmen der Variantenuntersuchung mögliche Auswirkungen auf die Erhaltung bzw. Wiederherstellung des günstigen Erhaltungszustandes der Schutzgüter auf bayerischer sowie österreichischer Seite darzustellen und das Projektrisiko der Varianten hinsichtlich der Genehmigungsfähigkeit abzuschätzen. Besondere Relevanz erhält die Risikoeinschätzung in Zusammenhang mit den Kraftwerksvarianten.

2.4.2 Ziele und Kriterien

Folgende Planungsziele wurden in logischer Fortsetzung zu den bisherigen Planungen an der Unteren Salzach [1] für die Variantenbewertung definiert:

- **Ziel 1:** Gesichertes Entwicklungs- und nachhaltiges Bewirtschaftungskonzept.
- **Ziel 2:** Dynamische Sohlenstabilisierung.
- **Ziel 3:** Ökologische Verbesserung von Fluss und Aue.
- **Ziel 4:** Verbesserung des Landschaftsbildes.
- **Ziel 5:** Erhalt bzw. Verbesserung des vorhandenen Hochwasserschutzes.
- **Ziel 6:** Minimierung nachteiliger Auswirkungen auf Nutzungen.
- **Ziel 7:** Technische, rechtliche und zeitliche Realisierbarkeit.
- **Ziel 8:** Erzeugung regenerativer Energie und Klimaschutz (optional).

Das Ziel 8 wurde als „optionales" Ziel festgelegt, weil die flussbaulichen Varianten A, B und C dieses Ziel a priori nicht erfüllen können.

Zur Bewertung der Ziele wurden für jedes Ziel Kriterien eingeführt. Insgesamt enthält der Kriterienkatalog über 30 Kriterien.

Für jedes Kriterium wurden Zielfunktionen definiert. Die Einstufung der Zielerfüllung erfolgt so weit wie möglich auf Basis von Berechnungsergebnissen (hydraulische bzw. morphologische Modelle und GIS-Auswertungen) sowie durch Experteneinschätzungen.

Zur Bewertung des optionalen Ziels der Erzeugung regenerativer Energie und Klimaschutz wurden in Anlehnung an [5] folgende Kriterien gewählt:

- Versorgungssicherheit,
- Versorgungsqualität und
- Klimaschutz (CO_2-Vermeidung).

2.4.3 Nutzwertanalyse

Das Grundprinzip der Nutzwertanalyse (NWA) erscheint auf den ersten Blick einfach, transparent und gut vermittelbar (Ablaufschema in **Bild 4**). Allerdings ist die Anwendung der NWA formalen Regeln unterworfen [6]. Auch muss berücksichtigt werden, dass die NWA subjektive Bestandteile enthält. Durch die intensive Beteiligung des Resonanzteams an der Erstellung des Bewertungssystems, insbesondere an der Gewichtung der Ziele, konnte der subjektive Anteil aber auf „viele Schultern" verteilt und damit relativiert werden.

Die Anwendung der NWA hat Grenzen. Die Ziele 7 und 8 (s. Kapitel 2.4.2) können nicht in der NWA bewertet werden. Es ist z. B. nicht möglich, die rechtliche Realisierbarkeit einer Variante, die sich u. a. durch das Risiko einer negativen Natura-2000-Verträglichkeit ausdrückt, in eine Zielfunktion zu packen und dafür Nutzenpunkte zu vergeben. Ebenso ist es nicht möglich bzw. zielführend, für die Kriterien Energieerzeugung oder Klimaschutz eine objektive Zielfunktion zu erstellen. Die Aufnahme des Kriteriums Energieerzeugung in die NWA hätte bedeutet, dass die politische Diskussion zum Spannungsfeld regenerative Energie aus Wasserkraft und Ökologie in die Zielfunktionen und Gewichtung der NWA verlagert wird. Dies würde aus Sicht der Verfasser zwangsläufig zum Scheitern führen.

Aus diesem Grund ist es unbedingt erforderlich, parallel zur NWA eine Wirkungsanalyse

Nutzwertanalyse - Gewichtung der Ziele

Nr.	Ziel	gering	-			hoch	Gewichtung
1	Gesichertes Entwicklungs- und nachhaltiges Bewirtschaftungskonzept	☐	☐	☑	☐	☐	16,7%
2	Dynamische Sohlstabilisierung	☐	☐	☐	☑	☐	25,0%
3	Ökologische Verbesserung von Fluss und Aue gemäß Leitbild	☐	☐	☐	☑	☐	25,0%
4	Verbesserung des Landschaftsbildes und der Erlebbarkeit der Landschaft	☐	☐	☑	☐	☐	16,7%
5	Erhalten eines bestehenden Hochwasserschutzes von HQ100 für Siedlungen und Infrastruktur - Schutzgrad nicht verschlechtern	☐	☑	☐	☐	☐	8,3%
6	Minimierung nachteiliger Auswirkungen auf Nutzungen	☐	☑	☐	☐	☐	8,3%
							100,0%

Bild 5: Vorlage und Beispiel für einen Gewichtungsvorschlag

durchzuführen (Kapitel 2.4.4). Dennoch ist die NWA ein ideales Instrument, um schnell einen Überblick über die Stärken bzw. Schwächen der Varianten bei den einzelnen Zielen bzw. Kriterien zu gewinnen und dies für die Variantenoptimierung zu nutzen.

Ein zentraler Punkt bei der NWA ist die Gewichtung der Ziele bzw. Kriterien. Zunächst wurde festgelegt, dass nur die übergeordneten Ziele der NWA unterschiedlich gewichtet werden und die einzelnen Kriterien innerhalb eines Ziels jeweils das gleiche Gewicht erhalten. Für die Beurteilung der Qualität einer NWA ist es wichtig, das Ergebnis mit Hilfe unterschiedlicher Gewichtungen auf seine Sensitivität zu prüfen. Um verschiedene Gewichtungen zu erhalten, konnte jedes Mitglied des Resonanzteams einen Vorschlag abgeben. Dazu wurde eine Excel-Vorlage erstellt, in der die Mitglieder des Resonanzteams die Wichtigkeit jedes einzelnen Ziels subjektiv zwischen „gering" und „hoch" eingeben konnten (**Bild 5**). Daraus errechnet sich die jeweilige Gewichtung der Ziele in %. Die Gewichtungsvorschläge der Resonanzteammitglieder wurden anschließend einer Clusteranalyse unterzogen, wobei am Ende Gruppen (Cluster) innerhalb des Resonanzteams mit ähnlichem Gewichtungsverhalten separiert wurden. Innerhalb dieser Gruppen ist es zulässig, Mittelwerte für die Einzelgewichtungen zu berechnen. **Bild 6** zeigt das Ergebnis der Clusteranalyse ergänzt um eine Gewichtung, die die (subjektive) Auffassung der Projektgruppe widerspiegelt. Ökologisch interessierte Gruppierungen (Cluster 1, blau) gewichten das Ziel 3 (Ökologische Verbesserung von Fluss und Aue) am höchsten, Interessensgruppen aus dem Bereich Land- und Forstwirtschaft (Cluster 3, grün) hingegen die Ziele 2 (Dynamische Sohlenstabilisierung) und 6 (Minimierung nachteiliger Auswirkungen auf Nutzungen).

2.4.4 Wirkungsanalyse

In der Wirkungsanalyse (WA) erfolgt eine verbale Beschreibung der Wirkungen der Varianten für alle Ziele bzw. Kriterien. Somit dient die WA auch dazu, die Vergabe von Nutzenpunkten in der NWA nachvollziehbar und transparent zu machen. Zudem wird für jedes Kriterium bzw. Ziel ein abschließendes, zwischen den Varianten vergleichendes Resümee erstellt.

Besondere Relevanz erhält die WA durch die Beschreibung jener Kriterien bzw. Ziele, die nicht in der NWA berücksichtigt werden können

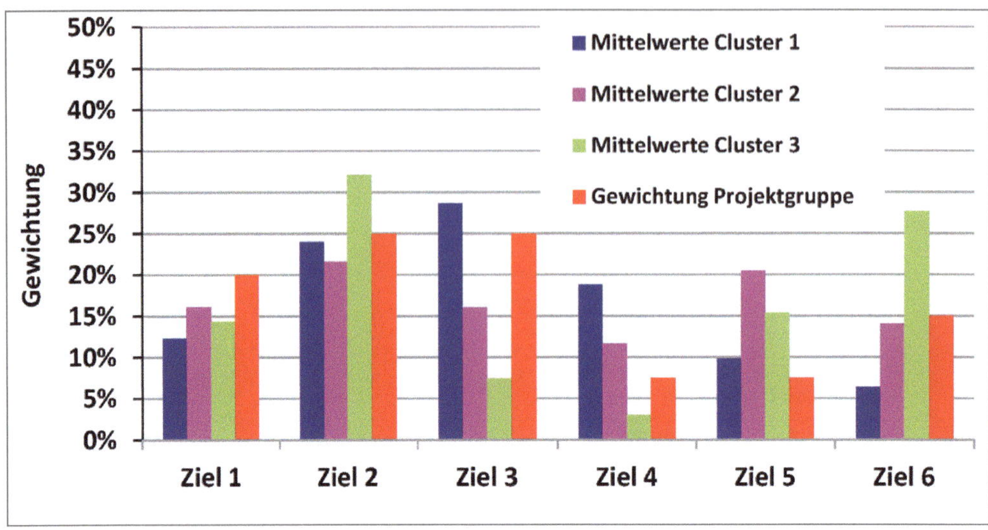

Bild 6: Ergebnis der Clusteranalyse

(z. B. Ziele 7 und 8). Bei der Beschreibung des Ziels 8 (Erzeugung regenerativer Energie und Klimaschutz) wird beispielsweise die durchschnittlich zu erwartende jährliche Regelarbeit der Varianten E1 und E2 angegeben. Damit die Entscheidungsträger die Wertigkeit der Erzeugung regenerativer Energie und den entsprechenden Beitrag zum Klimaschutz besser einordnen können, werden die Erzeugungszahlen ins Verhältnis zu den Inhalten gültiger rechtlicher Normen und fachlicher Grundsatzpapiere gesetzt. Diese reichen von der Richtlinie der europäischen Gemeinschaft 2009/28/EG zur Förderung der Nutzung von Energie aus erneuerbaren Energiequellen über nationale Gesetzte (EEG in Deutschland, Ökostromgesetz in Österreich) bis hin zu nationalen bzw. regionalen Zielen (z. B. Bayerisches Energiekonzept „ Energie innovativ" der bayerischen Staatsregierung vom Mai 2011 oder Energiezukunft 2030 – Die oberösterreichische Energiestrategie von 2009).

In konkreten Zahlen ausgedrückt lautet z. B. ein Ziel der bayerischen Staatsregierung bis 2021 die Stromerzeugung aus Wasserkraft um 2 Mrd. kWh/a zu erhöhen [7]. Der Beitrag der Variante E1 läge in einer Größenordnung von 4,5 %. Bei Variante E2 wäre es ca. 1 %. Diese Zahlen werden in der Variantenuntersuchung nicht weiter interpretiert. Dies ist die Aufgabe der politischen Entscheidungsträger.

Die Berechnung der jeweiligen CO_2-Vermeidungsmenge orientiert sich an einem interessanten Ansatz in [5]. Dabei werden nicht der vorhandene Strommix und die durchschnittliche CO_2-Emission pro kWh erzeugter Energie betrachtet. Vielmehr basiert der Ansatz auf der realitätsnahen Annahme, dass durch den Neubau eines Wasserkraftwerks die Stromerzeugung des „letzten" Kraftwerks ersetzt wird, das zur Deckung der Nachfrage gerade noch eingesetzt werden muss. Der maßgebende Indikator sind die durchschnittlichen jährlichen Volllaststunden des neuen Wasserkraftwerks. Somit ergibt sich eine zu erwartende jährliche Vermeidung von CO_2-Emissionen von ca. 12 000 t bei Variante E2 bzw. ca. 60 000 t bei Variante E1. Der nicht lineare Zusammenhang zwischen Regelarbeit und CO_2-Vermeidung liegt an den unterschiedlichen Volllaststunden beider Konzepte.

3 Stand der Bearbeitung und Ausblick

Der erste Bewertungsdurchgang wurde im Juli 2012 abgeschlossen. Seither läuft die Optimierungsphase. Ein Abschluss der Variantenuntersuchung ist bis Ende 2013 geplant. In weiterer Folge ist auch eine Veröffentlichung der Ergebnisse vorgesehen.

Danksagung

Die Autoren danken allen Mitgliedern der Projektgruppe für deren aktive Beteiligung in diesem Projekt.

Autoren

Dr.-Ing. Michael Spannring
SKI GmbH + Co.KG
Lessingstraße 9
80336 München
spannring@ski-ing.de

Dipl.-Ing. Dr. Michael Hengl
Institut für Wasserbau und hydrometrische Prüfung des Bundesamtes für Wasserwirtschaft
Severingasse 7
1090 Wien, Österreich
office.iwb@baw.at

Dipl.-Ing. Klaus Michor
REVITAL – Integrative Naturraumplanung GmbH
Nußdorf 71
9990 Nußdorf-Debant, Österreich
office@revital-ib.at

Dipl.-Ing. Reinhard Schaufler
Gewässerbezirk Braunau am Inn
Hammersteinplatz 9
5280 Braunau am Inn, Österreich
reinhard.schaufler@ooe.gv.at

Dipl.-Ing. Tilmann Zinsser
Wasserwirtschaftsamt Traunstein
Rosenheimer Str. 7
83278 Traunstein
tilmann.zinsser@wwa-ts.bayern.de

Literatur

[1] Amt der Salzburger Landesregierung (Hrsg.): Wasserwirtschaftliche Rahmenuntersuchung Salzach: Zusammenfassende Darstellung und Bewertung der Lösungsvarianten, 2001.

[2] Aufleger, M.; Hafner, T.; Hengl, M.: Sanierung Untere Salzach – Weiche Ufer. In: Mitteilungen der VAW der ETH Zürich (2008), Nr. 208, Band 2, S. 715-725.

[3] Hengl, M.; Aufleger, M.; de Mas, V.; Eggertsberger, J.; Hafner, T.; Michor, K.; Mühlbauer, M.; Raudaschl, S.; Schuardt, W.; Spannring, M.; Unterlercher, M.; Wiesenegger, Ch.: Eigendynamische Aufweitungen an der Unteren Salzach – vom Konzept bis zu den ersten Erfahrungen. In: Österr. Wasser und Abfallwirtschaft 64 (2012), Heft 7-8, S 401-410.

[4] Brinkmeier, B.: Wasserkraftnutzung an ökologisch sensiblen und erosionsbedingt sanierungsbedürftigen Standorten: das Konzept des Fließgewässerkraftwerkes. Innsbruck: Univ. Press, 2012.

[5] Bundesministerium für Land- und Forstwirtschaft, Umwelt und Wasserwirtschaft (Hrsg.): Österreichischer Wasserkatalog Wasser schützen – Wasser nutzen. Wien, 2012.

[6] Bechmann, A.: Nutzwertanalyse, Bewertungstheorie und Planung. Bern, Stuttgart: Verlag Paul Haupt, 1978.

[7] Bayerische Staatsregierung (Hrsg.): Bayerisches Energiekonzept „Energie innovativ", 2011.

Michael Spannring, Michael Hengl, Klaus Michor, Reinhard Schaufler and Tilmann Zinsser

Water Power and/or Nature Conservation? – Analysis of Options for the Rehabilitation of the Lower Salzach River

For a river reach of the Lower Salzach River at the border between Germany and Austria an option analysis for a rehabilitation is currently being conducted concerning water engineering as well as freshwater-ecological measures. In addition to three options including only river engineering components, two further alternatives also offer an energy recovery model. In order to evaluate the different options, their impact is analysed in reference to clearly defined criteria. The findings will provide the basis for a decision for one alternative.

Михаэль Шпаннринг, Михаэль Хенгль, Клаус Михор, Райнхард Шауфлер и Тильманн Цинссер

Гидроэнергия и/или охрана природы? – Исследование вариантов санирования реки Нижний Зальцах

Для участка реки Нижний Зальцах (Unterer Salzach) длиной 22 км в настоящее время провидится исследование вариантов гидротехнического и водно-экологического санирования. 3 варианта включают в себя элементы, связанные только с речным строительством, то есть с работами по регулированию реки. Наряду с ними имеются еще 2 варианта, предусматривающих энергетическое использование. В рамках анализа различных вариантов исследуется их воздействие в отношении определенных критериев. Результат анализа является основой для последующего выбора вариантов.

Martin Bieri, Anton J. Schleiss und Frédéric Jordan

Bewirtschaftung alpiner Speicherkraftwerke unter Berücksichtigung klimatischer und wirtschaftlicher Veränderungen

Die Wasserkraft ist mit großen Herausforderungen (Klimawandel und Strommarktliberalisierung) konfrontiert. Ein neuartiger integrativer Ansatz erlaubt die Modellierung von komplexen Wasserkraftanlagen zur Beurteilung der Auswirkungen auf deren Betrieb. Das Simulationsprogramm Routing System beinhaltet nebst einem hydrologischen Modell für alpine Einzugsgebiete auch ein Betriebsmodul für Speicherkraftwerke.

1 Einleitung

In Europa wird mehr als 40 % des Stroms aus Wasserkraft im Alpenraum produziert [5]. Die alpinen Speicherkraftwerke sind in der Lage, die unregelmäßig anfallende Elektrizitätsproduktion aus erneuerbaren Quellen im europäischen Verbundnetz aufzuwerten. Um eine nachhaltige Bewirtschaftung zu gewährleisten, gilt es, sich der Umverteilung der Wasserressourcen durch den Klimawandel sowie den veränderten rechtlichen, politischen und wirtschaftlichen Rahmenbedingungen zu stellen. Zur Evaluation der wechselnden Parameter wurde das integrative Simulationsprogramm Routing System entwickelt [2]. Es beinhaltet für die Modellierung von Speicherkraftwerken in alpinen Einzugsgebieten nebst einem hydrologischen Modell auch ein Betriebssimulationstool, welches Strompreisszenarien berücksichtigt.

2 Fallstudie

Als Fallstudie dient das Einzugsgebiet der Hasliaare in der Schweiz. Das Einzugsgebiet der Aare oberhalb Brienzwiler erstreckt sich über 554 km^2. 2003 waren 21 % der Fläche vergletschert. Die Aare entspringt dem Unter- und Oberaargletscher auf rund 2000 m ü. M. und durchfließt die Speicherseen Oberaar, Grimsel sowie Räterichsboden. Rund 60 % des Einzugsgebietes sind von einem Kraftwerkskomplex mit acht Speicherseen und neun Zentralen der Kraftwerke Oberhasli AG bewirtschaftet (**Bild 1**), darunter das Umwälzwerk Grimsel 2 zwischen dem Oberaar- und dem Grimselsee. Die Gesamtleistung aller Turbinen beträgt rund 1000 MW, jene der installierten Pumpen 400 MW. Seit den 30er Jahren nimmt der saisonale Wassertransfer vom Sommer in den Winter durch Kraftwerksausbauten stetig zu. Das Ausbauprojekt KWOplus, das bis Ende 2019 realisiert wird, soll die Flexibilität des Kraftwerks künftig erhöhen. Dabei soll die Speicherkapazität des Grimselsees von heute 100 auf 172 Mio. m^3 erhöht, die Kraftwerke Handeck 2 und Innertkirchen 1 um 240 MW ertüchtigt und ein neues 600-MW-Pumpspeicherkraftwerk Grimsel 3 zwischen Oberaar- und Räterichsbodensee zugebaut werden (Bild 1, in blau).

3 Methode

Die Simulation hydrologischer Prozesse in Routing System basiert auf einem konzeptionellen Modellierungsansatz und beinhaltet das speicherbasierte Niederschlag-Abfluss-Transformationsmodell GSM-SOCONT [4]. Räumliche und zeitliche Niederschlags- und Temperaturverteilungen bestimmen Schnee- resp. Gletscherbildung und -schmelze sowie den Grundwasser- und Oberflä-

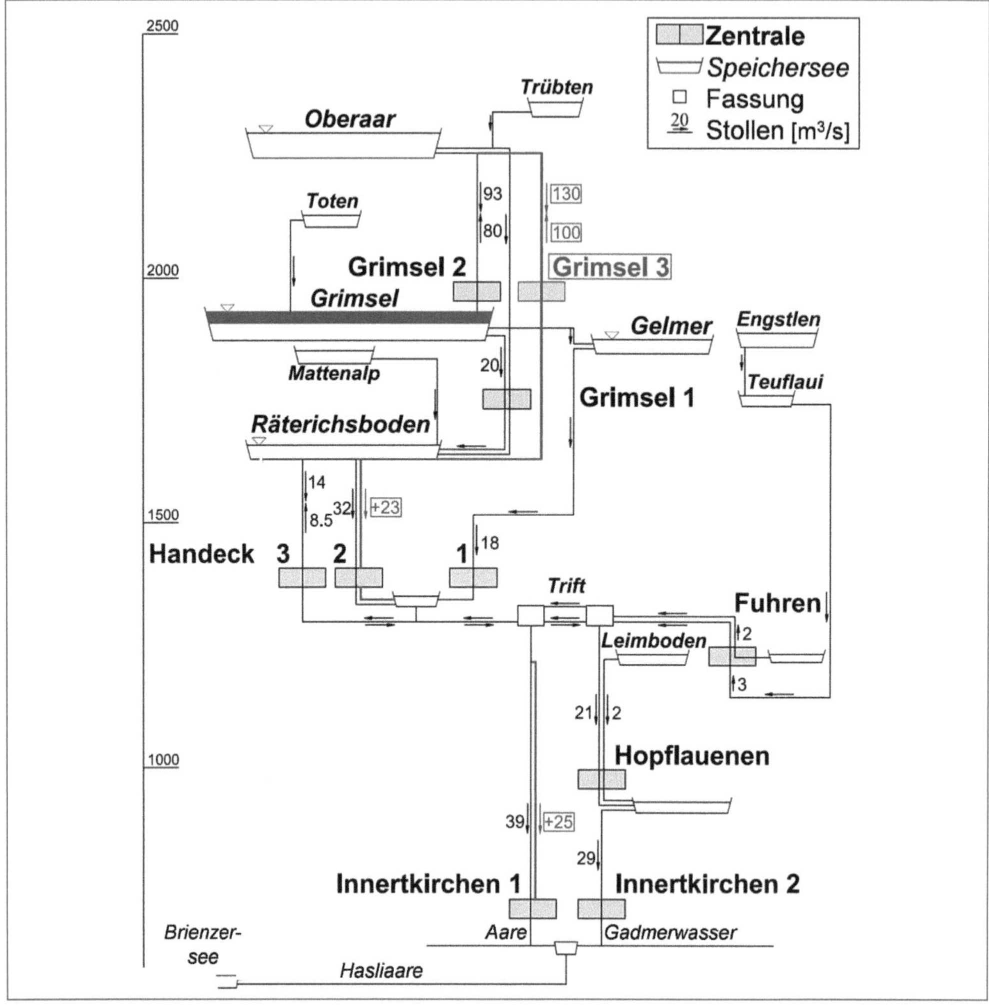

Bild 1: Heutiger Kraftwerkskomplex der Kraftwerke Oberhasli AG (KWO) mit Zentralen, Speichern, Wasserfassungen und Stollen, sowie den Ertüchtigungsmaßnahmen des Ausbauprojekts KWOplus (in blau).

chenabfluss [1]. Das Einzugsgebiet wird in Untereinzugsgebiete und diese wiederum in vergletscherte und unvergletscherte Höhenbänder aufgeteilt. Für jedes Höhenband werden die meteorologischen Eingangsgrößen aus den Datenreihen der im Einflussradius gelegenen Messstationen errechnet. Die Berücksichtigung des höhenabhängigen Temperaturgradienten ermöglicht die Unterscheidung zwischen Fest- und Flüssigniederschlag.

Modellierung

Nebst den Retentionsprozessen in den Fließgewässern werden sämtliche Funktionen der hydraulischen Anlagen simuliert. Ein heuristischer Modellierungsansatz wurde zur Optimierung des Betriebs von Kraftwerkskomplexen implementiert, der einerseits den kurz- sowie langfristigen Zufluss und andererseits die Strompreise berücksichtigt. Um den maximalen Ertrag aus dem Kraftwerksbetrieb zu bestimmen, muss ein nichtlineares Gleichungssystem gelöst werden, das die Betriebsstunden der Zentralen festlegt. Zur Lösung

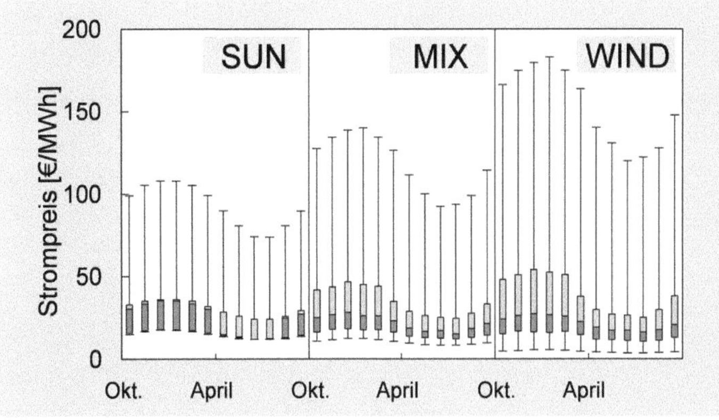

Bild 2: Statistische Auswertung (Extrema, 25-%- und 75-%-Perzentile) der Stundenstrompreise der Szenarien mit tiefer (SUN), mittlerer (MIX) und hoher (WIND) Volatilität.

dieses Problems wurde ein deterministisch-heuristischer Ansatz gewählt.

Die Definition des Kraftwerkskomplexes in Routing System geschieht über eine grafische Benutzeroberfläche, wo sämtliche Komponenten angeordnet und bestimmt sowie deren Verbindungen charakterisiert werden. Für die Simulation werden die ausgewählten Zeitreihen, wie z. B. Strompreis oder Zufluss, aus einer Datenbank entnommen. Bei einfachen Einzugsgebieten kann der hydrologische Teil auch direkt mit dem Kraftwerk gekoppelt werden ohne Zugriff auf die Datenbank. Eine realitätsnahe Simulation beinhaltet sowohl kurz- als auch langfristige Aspekte. So müssen einerseits die saisonalen (Füllen des Stausees im Sommer bei tiefen Strompreisen für den Betrieb im Winter mit hohen Strompreisen) sowie die Gegebenheiten aus dem Tagesbetrieb für Strompreis und Zufluss berücksichtigt werden. Im vorliegenden Fall wurden jeweils fünf Betriebsjahre mit einem stündlichen Zeitschritt simuliert. Jeder Speicher wird mit dessen Füllkurve für das zu bewirtschaftende Volumen definiert. Die wichtigsten Parameter der Zentralen sind die Turbinen- sowie Pumpkapazitäten, die jeweils voll oder gar nicht ausgenutzt werden.

Der Tagesbetrieb muss stets auf dessen langfristigen Auswirkungen evaluiert werden. Darum wird für jeden Speichersee eine Zielfüllkurve bestimmt, welche auf statistischen Zufluss- und Preiskennwerten beruht. Ein benutzerdefinierter Parameter gibt an, wie strikt diese vorgegebene Füllkurve eingehalten werden muss. Je nach Unsicherheit der Angaben kann dieser höher oder tiefer gesetzt werden. Für den Tagesbetrieb wird ein Zeithorizont bestimmt, für den die Strompreise sowie Zuflüsse bekannt sind. Bei jedem Zeitschritt werden diese Angaben aus der Datenbank für die Optimierung beigezogen. Ob für einen gegebenen Zeitpunkt eine Turbine (oder Pumpe) in Betrieb ist, wird wie folgt bestimmt:

1. Es wird abgeklärt, ob es im vorgegebenen Zeithorizont zu einem Überlaufen des oberhalb liegenden Speichers kommen könnte. Ist dies der Fall, so wird der Zeithorizont der Betriebsoptimierung verkürzt. Je nach Bedarf können bereits präventive Maßnahmen definiert werden.
2. Wenn das vorhandene Volumen im Speichersee gering ist, so wird nur jene Anzahl Produktionsstunden betrachtet, die noch eine Volllast der Turbine zulassen würde.
3. Sofern das Triebwasser in einen anderen Speicher eingeleitet wird, muss abgeklärt werden, ob genug Leervolumen vorhanden ist. Sollte dies nicht der Fall, so wird die Anzahl Produktionsstunden eingeschränkt.
4. Entsprechend der bestimmten Anzahl Betriebsstunden werden nun für den gewählten Zeithorizont jene Stunden mit dem höchsten Strompreis für den Betrieb vorgesehen. Der tiefste Preis der ausgesuchten Betriebsstunden gilt als Grenzpreis.
5. Ein Koeffizient wird bestimmt, der das Verhältnis zwischen aktuellem Füllstand und Zielfüllstand der Zielfüllkurve berücksichtigt.
6. Ist der Strompreis für den gegebenen Zeitschritt sowohl höher als der Grenzpreis als auch das Produkt aus Gestehungspreis und Füllstandskoeffizienten, so wird die Turbine mit Volllast betrieben. Andernfalls bleibt die Pro-

Tab. 1: Mittlere Jahresstromproduktion und -verbrauch sowie Betriebsertrag für das heutige Kraftwerk sowie das Ausbauvorhaben KWOplus für die drei Strompreisszenarien SUN, MIX und WIND und die drei Zeitabschnitte 2005 bis 2009, 2046 bis 2050 und 2095 bis 2099.

	Zeitabschnitt		2005 bis 2009			2046 bis 2050			2095 bis 2099		
	Strompreisszenario		SUN	MIX	WIND	SUN	MIX	WIND	SUN	MIX	WIND
KWO	Produktion	[TWh/Jahr]	2,2	2,5	2,6	2,0	2,3	2,4	1,8	2,1	1,8
	… im Winter	[%]	46	44	44	57	54	52	59	54	59
	Verbrauch	[TWh/Jahr]	-0,7	-1,1	-1,2	-0,7	-1,1	-1,3	-0,7	-1,2	-0,7
	… im Winter	[%]	71	58	54	70	57	52	66	53	66
	Gesamtproduktion	[TWh/Jahr]	1,5	1,4	1,4	1,3	1,2	1,1	1,1	0,9	1,1
	Ertrag	[Mio. €/Jahr]	108	118	127	105	112	123	101	109	116
	… im Winter	[%]	66	66	64	74	72	70	74	71	70
KWOplus	Produktion	[TWh/Jahr]	3,1	3,7	3,9	3,1	3,6	3,7	3,0	3,7	3,8
	… im Winter	[%]	58	54	52	65	59	58	63	57	56
	Verbrauch	[TWh/Jahr]	-2,0	-2,8	-3,1	-2,2	-2,9	-3,1	-2,4	-3,3	-3,5
	… im Winter	[%]	69	58	55	68	57	55	63	53	52
	Gesamtproduktion	[TWh/Jahr]	1,1	0,9	0,8	0,9	0,7	0,6	0,6	0,4	0,3
	Ertrag	[Mio. €/Jahr]	125	173	190	162	174	189	157	173	190
	… im Winter	[%]	65	74	71	78	77	75	76	75	73

duktion für den Zeitschritt aus.

Der vom Benutzer zu bestimmende Gestehungspreis sowie der Parameter, wie strikt diese vorgegebene Füllkurve eingehalten werden muss, erlauben eine Kalibrierung des Modells für den heutigen Zustand.

Szenarien

Die simulierten Klimaszenarien basieren auf einer Referenzperiode (1980 bis 2009) und berücksichtigen künftige jährliche und zwischenjährliche Niederschlags- und Temperaturänderungen bis 2099. Die Massenbilanzen der großen Gletscher sowie der daraus resultierende Tagesabfluss wurden in stündlichen Zeitschritten mit dem geeichten hydrologischen Modell für sämtliche Untereinzugsgebiete berechnet. Das hier diskutierte Klimaszenario ohne verringerten CO_2-Ausstoss A1B errechnet für das alpine Einzugsgebiet bis 2099 einen Temperaturanstieg um 4 °C sowie einen höheren Niederschlag im Frühsommer und Spätherbst, jedoch einen Rückgang im August und September [3].

Der Betrieb des heutigen Kraftwerks und des Ausbauvorhabens KWOplus wurde für die generierten Zuflüsse sowie drei Preisszenarien identischer Monatsmittelwerten, jedoch unterschiedlicher Volatilität simuliert (**Bild 2**):

- Szenario SUN basiert auf einer Stromversorgung mit größtenteils photovoltaischen Anlagen, was zu relativ langen und vorhersehbaren Spitzen an Sommertagen mit dementsprechend tieferen Strompreisen führt.

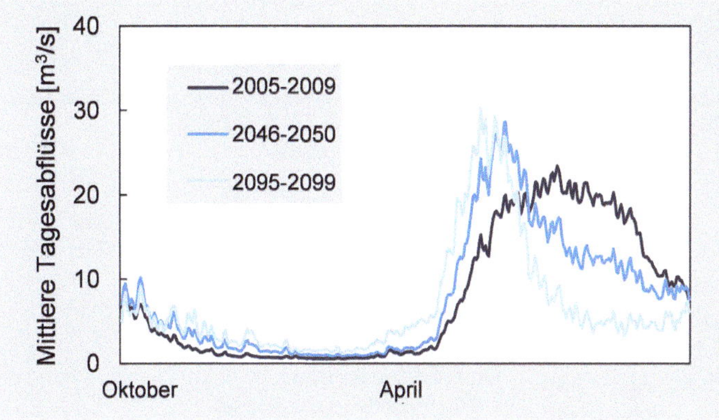

Bild 3: Mittlerer Tageszufluss des Betriebsgebietes der Kraftwerke Oberhasli AG für die drei Zeitabschnitte 2005 bis 2009, 2046 bis 2050 und 2095 bis 2099 basierend auf Klimaszenario ohne verringerten CO_2-Ausstoss A1B [3].

- Szenario WIND berücksichtigt einen großen Zubau von Windkraftanlagen. Die saisonal sowie auch kurzfristig stark schwankenden Windverhältnisse führen zu einem sehr volatilen Marktpreis.
- Szenario MIX sieht verschiedene Produktionsquellen im europäischen Verbund vor und ist somit ein Kompromiss zwischen den oben erwähnten Szenarien.

4 Ergebnisse

Modellkalibrierung

Die Kraftwerke Oberhasli AG hatte zwischen 2005 und 2009 eine mittlere Bruttostromproduktion von 1,54 TWh. Von den eigentlich produzierten 2,24 TWh wurden 0,69 TWh für das Pumpen, hauptsächlich durch das Umwälzwerk Grimsel 2, verwendet. 36 % der Stromproduktion und 50 % der Pumpenergie fiel im Winter an. Die mit Szenario SUN simulierten Werte (**Tabelle 1**) kommen den statistischen Angaben am nächsten. Der Produktionsertrag liegt mit 88 Mio. € pro Jahr (113 aus dem Turbinenbetrieb und 25 zum Pumpen) tiefer als die simulierten 108 Mio. €. Dieser Vergleich ist jedoch nicht relevant, da der heutige Betrieb nur teilweise vom Spotmarkt getrieben ist und die meisten Lieferungen vertraglich festgelegt sind. Trotz vereinfachten Rand- sowie Anfangsbedingungen erlauben die Simulationen mit Routing System plausible Ergebnisse für einen liberalisierten Strommarkt.

Simulation

Das Szenario ohne Verringerung der CO_2-Emissionen hat ein nahezu vollständiges Abschmelzen der Eismassen im 21. Jahrhundert zur Folge. Die ausfallende Gletscherschmelze im Sommer sowie die früher und intensiver einsetzende Schneeschmelze ändern das Abflussregime der Hasliaare von heute glazio-nival zu nival (**Bild 3**). Die Zuflüsse zu den Speicherseen werden um 15 % bis 2050 und um 25 % bis Ende des Jahrhunderts geringer ausfallen als heute.

Konkret bedeutet dies für das heutige Kraftwerk ohne Umwälzwerke (Tabelle 1), dass die mittlere Jahresproduktion von 2,2 TWh zwischen 2005 und 2009 für das Szenario SUN auf 2,0 TWh bis Mitte dieses Jahrhunderts und auf 1,8 TWh bis zu dessen Ende zurückgehen wird. Dies entspricht Produktionsausfällen von rund 10 % und 20 %. Die vergleichsweise großen Volumina der Speicherseen garantiert jedoch auch künftig eine hohe Winterproduktion von ca. 1,0 TWh für das heutige Kraftwerk und 1,8 TWh für KWOplus. Der Zubau von Turbinen und Pumpen erhöht sowohl Stromproduktion als auch den Pumpverbrauch. In Kombination mit einem größeren Speichervolumen des Grimselsees kann die Winterproduktion sogar leicht erhöht werden. Ohne das Ausbauprojekt würden der Turbinen- und der Pumpbetrieb aufgrund des frühen Füllens der Speicherseen während der Sommermonate eingeschränkt.

Dank der Betriebsflexibilität mit den bestehenden Pumpspeicheranlagen reduziert sich der Produktionsertrag trotz Zuflussrückgang nur um 4 % bis Mitte des Jahrhunderts bzw. 8 % bis zu dessen Ende. Der Zubau von Turbinen- sowie Pumpspeicherkapazitäten kann den Ertragsausfall weitgehend kompensieren und gar Mehreinnahmen generieren, sofern gleichzeitig die Volatilität der Strompreise zunimmt.

5 Diskussion

Ein heuristischer Modellierungsansatz wurde in Routing System zur Optimierung des Betriebs von Kraftwerkskomplexen verwendet. Im Rahmen der Fallstudie der Kraftwerke Oberhasli AG – und trotz der Komplexität des Systems – konnte der Einfluss der Klimaänderung, der Veränderungen im Strommarkt sowie von Ausbauvorhaben untersucht werden.

Routing System wurde auch zur Beurteilung der Hochwasserretentionskapazität von Speicheranlagen [1] sowie der Kosten-Nutzen-Beurteilung von baulichen wie auch betrieblichen Schwallsanierungsmaßnahmen [2] erfolgreich eingesetzt. Der entwickelte Ansatz ist ein praxisorientiertes Werkzeug um den künftigen Herausforderungen im Bereich Wasserkraft proaktiv und effizient zu begegnen.

Danksagung

Das Forschungsprojekt (9676.1 PFIW-IW) wurde von der Kommission für Technologie und Innovation (KTI) und der Kraftwerke Oberhasli AG (KWO) sowie weiteren privaten und öffentlichen Partnern finanziert.

Autoren

Dr. Martin Bieri
Pöyry Energy AG
Hardturmstrasse 161, CH-8037 Zürich
martin.bieri@poyry.com

Prof. Dr. Anton J. Schleiss
Laboratoire de Constructions Hydrauliques (LCH)
Ecole Polytechnique Fédérale de Lausanne (EPFL)
Station 18
CH-1015 Lausanne
anton.schleiss@epfl.ch

Dr. Frédéric Jordan
e-dric.ch ingénieurs conseils Sàrl
Chemin du Rionzi 54
CH-1052 Le Mont-sur-Lausanne
fred.jordan@e-dric.ch

Literatur

[1] Bieri, M.; Schleiss A. J.: Analysis of flood-reduction capacity of hydropower schemes in an Alpine catchment area by semi-distributed conceptual modelling. In: Journal of Flood Risk Management (2012), Online-Publikation (http://onlinelibrary.wiley.com/doi/10.1111/j.1753-318X.2012.01171.x/abstract; Abruf 27.01.2013).

[2] Bieri, M.: Operation of complex hydropower schemes and its impact on the flow regime in the downstream river system under changing scenarios. In: Mitteilung (Communication) des Laboratoire de constructions hydrauliques (2012), LCH N° 52 (lch.epfl.ch).

[3] Bosshard, T.; Kotlarski S.; Ewen, T.; Schär, C: Spectral representation of the annual cycle in the climate change signal. In: Hydrology Earth System Sciences Discussions (2011), Heft 8, S. 1161-1192.

[4] Schaefli, B.; Hingray, B.; Niggly, M.; Musy, A.: A conceptual glacio-hydrological model for high mountainous catchments. In: Hydrology and Earth System Sciences (2005), Heft 9 (1), S. 95-109.

[5] Schleiss, A.: L'hydraulique suisse: Un grand potentiel de croissance par l'augmentation de la puissance. In : Bulletin SEV/VSE (2007), Heft 07 (2), S. 24-29.

Martin Bieri, Anton J. Schleiss and Frédéric Jordan

Operation of Alpine Storage Hydropower Schemes under Climatic and Economic Changes

Hydropower is the world's most important renewable energy source. High-head storage hydropower plants (HPP) contribute significantly to peak electricity production and grid regulation. Future plant management is faced with several challenges concerning modified availability of water resources due to climate change as well as electricity market issues. A novel integrative approach to model complex HPPs and assess the impact on their operation was developed. The simulation tool Routing System contains besides a precipitation-runoff model for long-term simulations of glacierized Alpine catchment areas an HPP operation tool.

Мартин Биери, Антон Й. Шлейсс и Фредерик Йордан

Хозяйственное использование альпийских аккумулирующих гидроэлектростанций с учетом климатических и экономических изменений

Гидроэнергетика испытывает сегодня серьезные проблемы (климатические изменения и либерализация энергетического рынка). Новый интегративный подход позволяет осуществлять моделирование целых ГЭС для оценки воздействия этих аспектов на их эксплуатацию. Программа моделирования «Routing System» включает в себя, наряду с гидрологической моделью альпийских водосборных бассейнов, модуль эксплуатации гидроаккумулирующих электростанций.

Pia Anderer und Stephan Naumann

Lenkungswirkung der Erneuerbare-Energien-Gesetze (EEG 2004 und 2009) für die ökologische Modernisierung von Wasserkraftanlagen – Ergebnisse einer Umfrage

In Deutschland besteht kein einheitliches Kataster, das Auskunft über die Ausstattung von Wasserkraftanlagen mit Anlagen oder Auflagen zur Minderung der Umweltwirkungen auf den Gewässerzustand gibt. Mit Unterstützung der Wasserkraftbetreiber konnte erstmalig ein Einblick in die Lenkwirkung der Erneuerbare-Energien-Gesetze (EEG) und in das bestehende ökologische Modernisierungspotenzial der Wasserkraftanlagen in Deutschland gewonnen werden. Die im Rahmen der Förderung durch das EEG 2004 und 2009 durchgeführten Maßnahmen an Wasserkraftanlagen konzentrieren sich auf die Gewährleistung des Mindestabflusses und der Durchgängigkeit. Dieser Maßnahmenschwerpunkt deckt sich mit dem wasserwirtschaftlichen Erfordernis für die Zielerreichung der Wasserrahmenrichtlinie in diesem Eingriffsbereich.

1 Einleitung

In Deutschland gibt es kein einheitliches, zentrales oder größeres regionales Kataster, das über die Ausstattung von Wasserkraftanlagen (WKA) mit Anlagen zur Wiederherstellung der stromabwärts- oder stromaufwärts gerichteten Durchgängigkeit oder zu festgesetzten Mindestabflüssen Auskunft gibt. Sofern Daten vorhanden sind, ist es oftmals schwierig, gesicherte Angaben über die Funktionsfähigkeit der Anlagen zu erhalten. Dies erschwert Grund legend eine Ziel gerichtete und Problem orientierte Festlegung von Förderkriterien. Aus diesem Grund wurde im Rahmen des Projektes „Wasserkraftnutzung in Deutschland: Wasserrechtliche Aspekte, ökologisches Modernisierungspotenzial und Fördermöglichkeiten" [1] mit dem Umweltbundesamt als Auftraggeber abgestimmt, die Daten, die zur Validierung der Regelungswirksamkeit des EEG (§ 6 EEG 2004, § 23 EEG 2009) gemäß § 14a Abs. 8 i. V. m. § 14a Abs. 3 S. 1 Nr. 2 und § 14a Abs. 5 EEG 2004 an die Bundesnetzagentur übermittelt bzw. von den Energieversorgern regelmäßig veröffentlicht werden, für eine Umfrage bei den Wasserkraftbetreibern zu nutzen.

Mit den veröffentlichten EEG-Daten liegt die bisher umfangreichste Zusammenstellung von Angaben zu in Betrieb befindlichen WKA in Deutschland vor. Neben den Adressen der Betreiber werden jedes Jahr die Leistung und die Jahresarbeit der Anlagen veröffentlicht. Der Datenbestand umfasst schätzungsweise 80 % aller in Deutschland betriebenen WKA. Nicht erfasst werden dabei:

- WKA, die keinen Strom einspeisen, sondern für den Eigenbedarf wirtschaften,
- WKA, deren Strom vom Betreiber ausschließlich direkt vermarktet wird oder
- WKA mit einer installierten Leistung von >5 MW (mit Ausnahme der Anlagen, die eine Leistungserhöhung durchgeführt haben und dafür eine Vergütung erhalten).

2 Gewässerökologische Maßnahmen nach EEG 2009

Nach EEG 2009 konnte eine erhöhte Vergütung für den Strom aus WKA erzielt werden, wenn eine wesentliche Verbesserung des ökologischen Zustands des Gewässers am Standort der Anlage erreicht wurde. Dazu konnte

- die Stauraumbewirtschaftung,
- die biologische Durchgängigkeit,
- der Mindestabfluss,
- die Feststoffbewirtschaftung oder
- die Uferstruktur

wesentlich verbessert werden oder

- Flachwasserzonen angelegt oder
- Gewässeralt- oder -seitenarme

angebunden werden. Die Maßnahmen konnten einzeln oder in Kombination unter Beachtung der Bewirtschaftungsziele der WRRL durchgeführt werden.

3 Die Umfrage

Die Umfrage sollte Aufschluss darüber bringen, wie der Ausstattungsgrad der WKA in Bezug auf die im EEG 2009 genannten Möglichkeiten der Verbesserung des ökologischen Zustands ist, welche Maßnahmen zur Höhervergütung nach EEG 2004 und 2009 durchgeführt wurden und ob sich die durchgeführte Maßnahmenart mit dem wasserwirtschaftlichen Erfordernis in Einklang bringen lässt.

Neben den Angaben zum Bundesland, in dem sich der Standort befindet, dem Anlagentyp und der Leistungsklasse der WKA, wurde daher angefragt, welche gewässerökologischen Maßnahmen bereits durchgeführt wurden. Zusätzlich konnte angegeben werden, ob die Maßnahmen gefördert wurden oder ob sie zu einer Höhervergütung nach EEG geführt haben. Zusätzlich war die Angabe von Verbesserungsvorschlägen in Bezug auf Vergütung und Fördermaßnahmen möglich (**Bild 1**).

In 2009 erhielten ca. 6 560 WKA eine Vergütung nach EEG. Von diesen konnten nach Bereinigung der Adressdaten von doppelten oder fehlerhaften Angaben, 5 846 im November 2010 angeschrieben werden. Die Rücksendungen der vorgedruckten Postkarten (Bild 1) erfolgten in der Regel anonym. Unterstützt wurde die Umfrage durch kurze Aufsätze und den Abdruck der Postkarte in der Zeitschrift „Wassertriebwerk" (Verbandsorgan des Bundesverbandes Deutscher Wasserkraftwerke und der Arbeitsgemeinschaften Wasserkraftwerke der Bundesländer, Ausgaben 11/2010 und 2/2011) und der Zeitschrift „Wasser-Wirtschaft" (Ausgabe 2/2011).

Zutreffendes bitte ankreuzen ☒

Ausleitungskraftwerk	ja ☐	nein ☐

Installierte Leistung		
	< 100 kW	☐
	100 – 500 kW	☐
	500 – 1.000 kW	☐
	1.000 – 10.000 kW	☐
	> 10.000 kW	☐

bisher wurde keine ökologische Maßnahme durchgeführt	☐

Maßnahmen zur ökologischen Verbesserung (Mehrfachnennungen möglich)	durchgeführt	Vergütung/ Förderung A	B	C
Bau einer Fischaufstiegsanlage am Wehr	☐	☐	☐	☐
Bau einer Fischaufstiegsanlage an der WKA	☐	☐	☐	☐
Abgabe Mindestabfluss	☐	☐	☐	☐
Installation Feinrechen (Abstand < 20 mm)	☐	☐	☐	☐
Installation von einem / mehreren Bypässen für den Fischabstieg	☐	☐	☐	☐
Stauraumbewirtschaftung	☐	☐	☐	☐
Maßnahmen an der Uferstruktur	☐	☐	☐	☐
Feststoffbewirtschaftung	☐	☐	☐	☐
Anlage von Flachwasserzonen	☐	☐	☐	☐
Anbindung von Altarm / Seitengewässer	☐	☐	☐	☐
Weitere (bitte angeben):	☐	☐	☐	☐

A: führte zu erhöhter Vergütung nach EEG 2004, 9,67 ct/kWh
B: führte zu erhöhter Vergütung nach EEG 2009, 11,67 ct/kWh
C: Maßnahme mit zusätzlicher Förderung

Bild 1: Postkarte zur Beteiligung an der Betreiberumfrage bzgl. der gewässerökologischen Maßnahmen

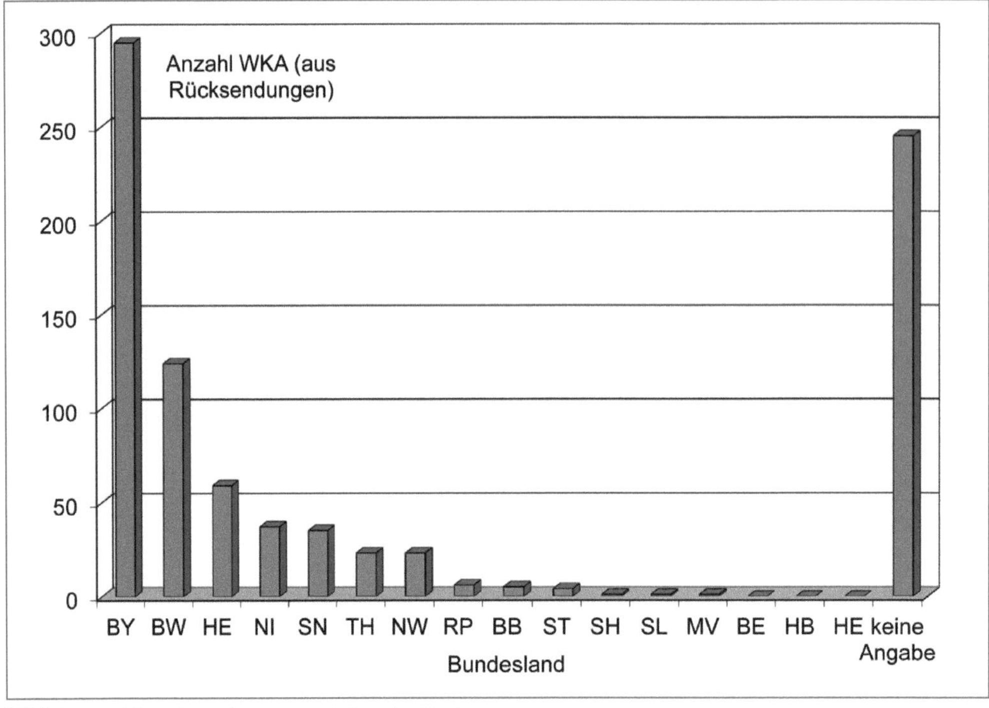

Bild 2: Anzahl Rücksendungen nach Bundesländern

3.1 Anzahl der Rückläufe

Insgesamt konnte bis März 2011 ein Rücklauf von ca. 870 Postkarten oder 15 % verzeichnet werden.

Die meisten Rücksendungen kamen aus Bayern und Baden-Württemberg (**Bild 2**), wo etwa 77 % aller deutschen WKA installiert sind. 576 oder 67 % der Rücksendungen bezogen sich auf Ausleitungskraftwerke.

3.2 Leistungsklassen der Anlagen

Der überwiegende Teil der Rückmeldungen, bezog sich auf die Leistungsklasse <100 kW (592 oder 69 %, **Bild 3**) und 20 % auf die Leistungsklasse von 100 bis 500 kW. Die folgenden Aussagen beziehen sich daher v. a. auf diese beiden Leistungsklassen.

Bei den höheren Leistungsklassen wurden für 33 WKA mit einer installierten Leistung zwischen 500 und 1 000 kW und für 24 WKA mit einer installierten Leistung zwischen 1 000 und 10 000 kW Rückmeldungen gesendet.

3.3 Ökologische Maßnahmen an WKA

Ökologische Maßnahmen sind an 74 % der WKA durchgeführt worden, von denen Rückmeldungen eingegangen sind. Insgesamt handelt es sich um 1 622 verschiedene Verbesserungsmaßnahmen an 643 Anlagen. Auf 227 oder 26 % der Rücksendungen war vermerkt, dass bisher keine Maßnahme am Standort durchgeführt wurde.

Zu den am häufigsten genannten Maßnahmen gehören die Abgabe eines Mindestabflusses Qmin und die Verbesserung der Durchgängigkeit (**Bild 4**):

- Für 64 % der Standorte mit Ausleitungskraftwerken wurde angegeben, dass ein Mindestabfluss abgegeben wird.
- Die Installation von Fischaufstiegsanlagen wurde für 46 % der WKA-Standorte angegeben, wobei als Lage in 36 % der Fälle „am Wehr“ und bei 11 % „an der WKA“ angekreuzt war. Trotz der Vielzahl der Ausleitungskraftwerke befinden sich die Fischaufstiegsanlagen also überwiegend an den Wehren.
- Die Installation eines Feinrechens mit Stabab-

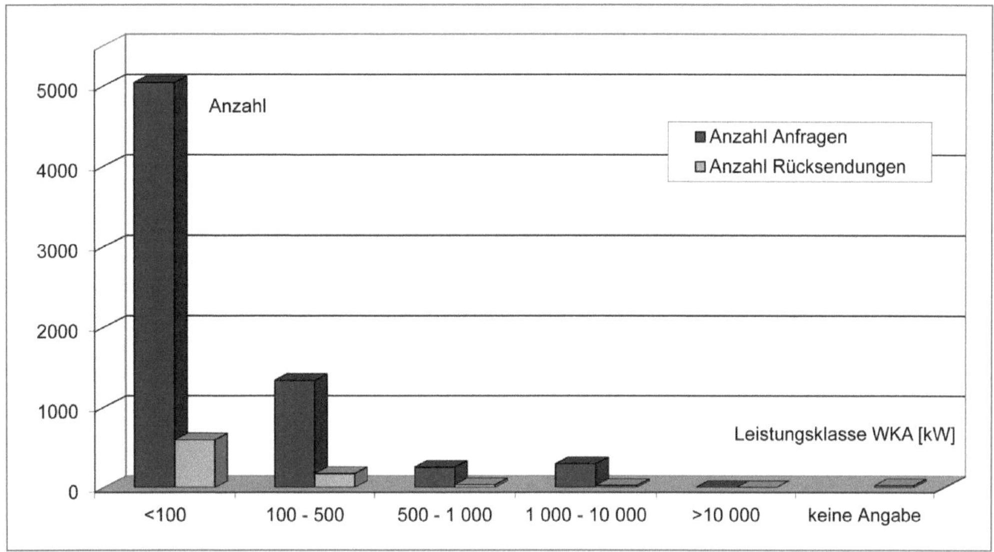

Bild 3: Zahl der Rückmeldungen nach Leistungsklassen

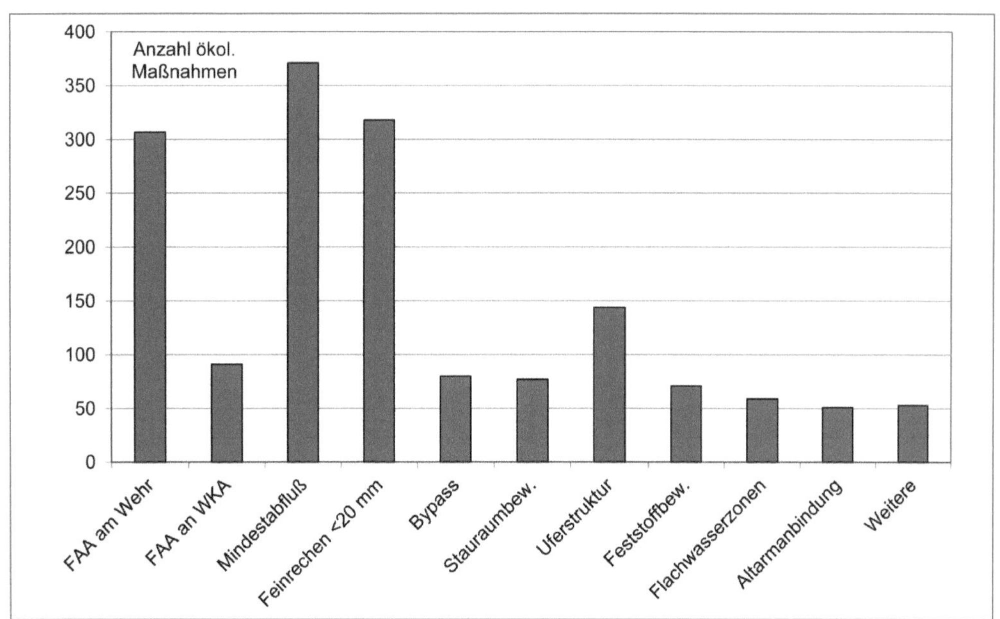

Bild 4: Anzahl der ökologischen Maßnahmen an Standorten mit WKA aus Rückmeldungen; Rückmeldungen zu Feinrechen <20 mm beziehen sich vermutlich vorwiegend auf den Stababstand von 20 mm

stand <20 mm wurde in 37 % der Rückmeldungen angekreuzt, wobei hier davon ausgegangen werden kann, dass es sich zum großen Teil um Rechen mit einem Stababstand von 20 mm handelt, wie er in einigen Bundesländern vorgeschrieben ist bzw. war. In 60 Rückmeldungen wurde angegeben, dass der Rechen in Verbindung mit einer Höhervergütung nach EEG 2009 eingebaut wurde. Dies kann darauf hindeuten, dass dort tatsächlich Rechen mit Stababständen <20 mm installiert wurden.

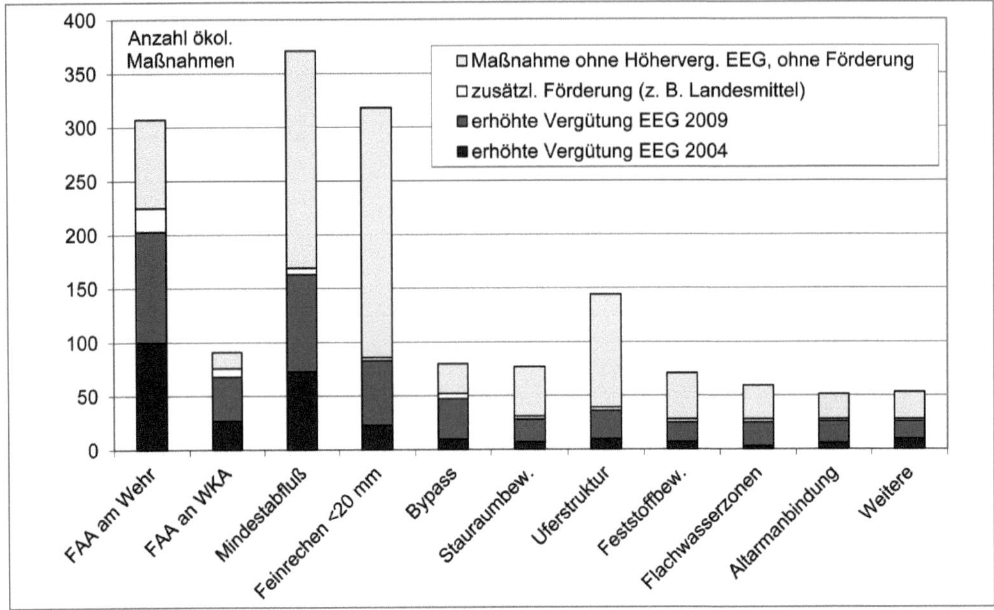

Bild 5: Förderung der ökologischen Maßnahmen an WKA-Standorten aus Umfrageergebnissen; Angaben zu Rechen <20 mm beziehen sich vermutlich vorwiegend auf den Stababstand von 20 mm

- An 17 % der Anlagen wurden Maßnahmen zur Verbesserung der Uferstruktur durchgeführt. Eher untergeordnet sind Maßnahmen im Bereich Feststoff- und Stauraumbewirtschaftung, Altarmanbindung und Schaffung von Flachwasserzonen.
- Nur bei 3,7 % der Rücksendungen (32) wurde vermerkt, dass die durchgeführte Maßnahme nicht im Zusammenhang mit der Gewährleistung der Durchgängigkeit oder des Mindestabflusses stand. Zudem wurde zumeist eine Maßnahmenkombination aus Stauraum-, Feststoffbewirtschaftung, Strukturverbesserung, Altarmanbindung oder Schaffung von Flachwasserzonen durchgeführt. Nur in 10 Fällen führte bereits die Durchführung nur einer dieser Maßnahmen zu einer erhöhten Vergütung nach EEG 2009.

Ein Großteil der in den Umfrageergebnissen genannten ökologischen Maßnahmen wurde durchgeführt, um dadurch eine erhöhte Vergütung nach EEG zu erhalten (**Bild 5**). Eine deutlich geringere Anzahl von Maßnahmen wurde mit Hilfe von Fördermitteln der Länder finanziert.

Insbesondere der Bau von Fischaufstiegsanlagen an Wehr und WKA und die Abgabe eines Mindestabflusses konnten durch die erhöhte Vergütung des EEG und durch Fördermittel angeregt und unterstützt werden.

Bild 5 zeigt aber auch, dass an den gemeldeten WKA zahlreiche Maßnahmen durchgeführt wurden, ohne dass damit eine Förderung oder eine erhöhte Vergütung verbunden war. Dies gilt insbesondere für die Abgabe eines Mindestabflusses (Qmin) und den Bau von Rechenanlagen, die in vielen Bundesländern gesetzlich vorgeschrieben und in den Genehmigungen von Kraftwerken festgelegt sind.

3.4 Gewässerzustand und wasserwirtschaftliche Erfordernis

Die EG-Wasserrahmenrichtlinie (WRRL) verpflichtet die Mitgliedsstaaten der Europäischen Union bis möglichst zum Jahr 2015 einen „guten Zustand" der Binnen- und Küstengewässer sowie des Grundwassers zu erreichen. Im Frühjahr 2010 wurden der EU-Kommission die Bewirtschaftungspläne und Maßnahmenprogramme vorgelegt. Die Bewertung der Oberflächengewässer erfolgt auf Ebene der Wasserkörper. Insgesamt wurden in Deutschland etwa 9 900 Oberflächenwasserkörper ausgewiesen, von denen 9 070 Fließgewässer sind. Aufgrund der vielfältigen Belastungen durch die Urbanisierung, die landwirtschaftliche,

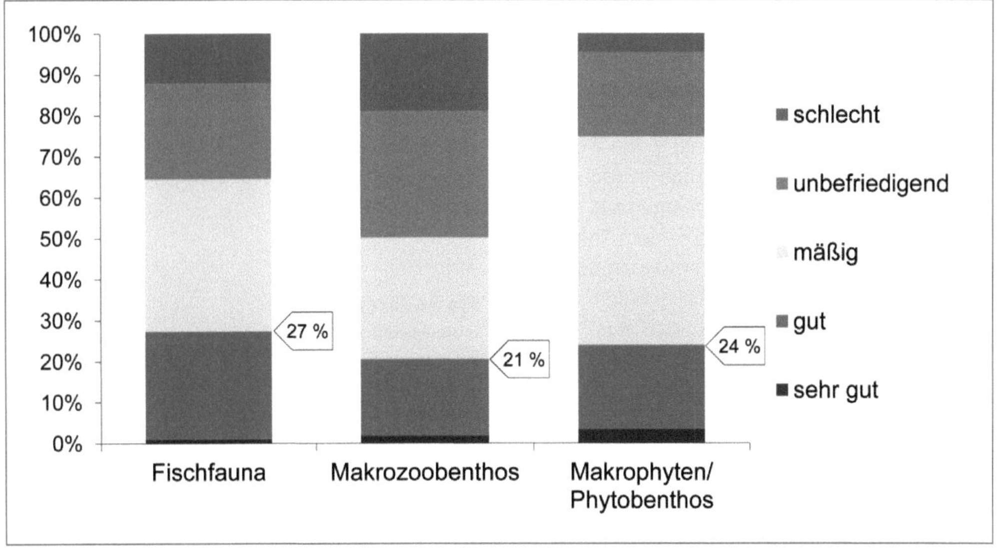

Bild 6: Bewertung der biologischen Qualitätskomponenten nach WRRL für Flüsse bezogen auf die Streckenanteile; die angegebenen Prozentwerte beziehen sich auf den Streckenanteil im Zustand „gut und besser" (Datengrundlage: Berichtsportal WasserBLIcK/BfG, Stand 22.03.2010, Auswertung und Grafik: Umweltbundesamt)

energetische und schifffahrtliche Nutzung, den umfassenden Hochwasserschutz und den damit im Zusammenhang stehenden Eingriffen in das Gewässer (Begradigung, Aufstau, Lauffestlegung, Eindeichung etc.) erreichen gegenwärtig nur etwa 14 % der deutschen Fließgewässerstrecken im Berichtsnetz der WRRL (127 000 Fließkilometer) den guten ökologischen Zustand [2]. Unter bestimmten Voraussetzungen können Gewässer als erheblich verändert ausgewiesen (HMWB) werden. Das zu erreichende Umweltziel ist in diesem Fall das gute ökologische Potenzial. Nur etwa 2 % aller bewerteten erheblich veränderten Gewässerstrecken erreichten 2010 dieses Umweltziel. In Deutschland lassen sich 7 % der HMWB Ausweisungen direkt auf die Wasserkraftnutzung zurückführen [3].

Die Bewertung der biologischen Qualitätskomponenten zeigt, dass alle Organismengruppen Defizite aufweisen (**Bild 6**). Im guten oder besseren Zustand befinden sich die Fischfauna in 27 %, das Makrozoobenthos in 21 % und die Makrophyten in 24 % der untersuchten Fließgewässerstrecken.

Aufgrund der Indikatoreigenschaften der einzelnen biologischen Qualitätskomponenten kann anhand dieser Bewertungsergebnisse geschlussfolgert werden, dass sich die fehlende Besiedlung vor allem auf Nährstoffbelastungen, hydromorphologische Defizite und fehlende Durchgängigkeit zurückführen lässt. Diese Defizite sind durch verschiedene Gewässernutzungen bedingt. Im Zusammenhang mit der Wasserkraftnutzung gelten für das Erreichen der WRRL-Ziele folgende Auswirkungen als wesentlich, die sich einerseits auf den Wasserkörper beziehen und die andererseits Wasserkörper übergreifend wirken:

- Die Behinderung der biologischen und morphodynamischen Durchgängigkeit der Fließgewässer.
- Die direkte Schädigung von Organismen durch den Turbinenbetrieb und am Kraftwerksrechen bei der flussabwärts gerichteten Wanderung, die in aufeinanderfolgenden Anlagen kumulativ wirken und zur Gefährdung von Populationen führen kann.
- Der Lebensraumverlust und die Lebensraumveränderung durch den Gewässeraufstau und durch ungenügende Mindestabflüsse in den Ausleitungsstrecken.

Die ökologischen Kriterien, die zu einer Höhervergütung nach EEG berechtigen, sollten sich daher in Übereinstimmung mit dem wasserwirtschaftlichen Erfordernis auf Maßnahmen zur Herstellung der Durchgängigkeit – flussauf- und flussabwärts – und zur Gewährleistung eines ausreichenden Mindestwasserabflusses konzentrieren.

Von den gut 6 500 WKA, deren Strom zwischen 2007 und 2009 nach EEG vergütet wurde, erhielten etwa 20 % eine erhöhte Vergütung. Dieser Wert kann als obere Grenze für den Anteil der Wasserkraftstandorte gelten, an denen ökologische Maßnahmen durchgeführt wurden. Es besteht daher ein erhebliches ökologisches Modernisierungspotenzial im Anlagenbestand [1].

4 Fazit

Mit Unterstützung der Wasserkraftbetreiber konnte erstmalig ein Einblick in die Lenkungswirkung des EEG und in das bestehende ökologische Modernisierungspotenzial der WKA in Deutschland gewonnen werden. Da die Umfrage nur einen Teil des Anlagenbestandes erfasst hat und davon auszugehen ist, dass in erster Linie Wasserkraftbetreiber teilgenommen haben, die sich intensiv mit den Möglichkeiten der Höhervergütung nach dem EEG auseinandergesetzt haben, ist das Umfrageergebnis nur bedingt repräsentativ für den gesamten Anlagenbestand. Folgende Aussagen können mit dieser Einschränkung getroffen werden:

- Die im Rahmen der Förderung durch das EEG durchgeführten Maßnahmen an WKA konzentrieren sich auf die Gewährleistung eines Mindestabflusses und der Durchgängigkeit. Dieser Maßnahmenschwerpunkt deckt sich mit dem wasserwirtschaftlichen Erfordernis für die Zielerreichung der WRRL in Bezug auf diese Gewässernutzung. Die weitere Fokussierung der Förderkriterien im EEG 2012 auf die Erfüllung der §§ 33 bis 35 im Wasserhaushaltsgesetz 2010 (WHG) ist demnach grundsätzlich folgerichtig.
- Befürchtungen, dass mit dem Vollzug des EEG 2009 vor allem nur relativ kostengünstige, aber wenig wirksame Maßnahmen zur Verbesserung des ökologischen Zustands bei der erhöhten Vergütung zum Tragen kommen, konnten durch die Umfrageergebnisse nicht bestätigt werden.
- Aussagen zur Funktionstüchtigkeit der Anlagen bzw. ob die durchgeführten Maßnahmen tatsächlich zur Verbesserung des ökologischen Zustands geführt haben, können weiterhin nicht getroffen werden.

Danksagung

Die Autoren der Studie bedanken sich bei den Wasserkraftbetreibern für die sehr gute Unterstützung der Umfrage.

Autoren

Pia Anderer
Ingenieurbüro Floecksmühle GmbH
Bachstrasse 62-64
52066 Aachen
Pia.Anderer@floecksmuehle.com

Stephan Naumann
Umweltbundesamt
Wörlitzer Platz 1
06844 Dessau
Stephan.naumann@uba.de

Literatur

[1] Anderer, P.; Dumont, U.; Massmann, E.; Keunecke, R.: Wasserkraftnutzung in Deutschland: Wasserrechtliche Aspekte, ökologisches Modernisierungspotenzial und Fördermöglichkeiten. In: Texte des Umweltbundesamtes (2012), Nr. 22.

[2] Richter, S.; Völker, J.: Die Wasserrahmenrichtlinie – Auf dem Weg zu guten Gewässern – Ergebnisse der Bewirtschaftungsplanung 2009 in Deutschland. In: Broschüren des Umweltbundesamtes, Dessau, 2010.

[3] Kampa, E.; von der Weppen, J.; Dworak, T.: Water management, Water Framework Directive & Hydropower. Issue Paper (final version) – Common Implementation Strategy Workshop. Brüssel, 13./14. September 2011.

Pia Anderer and Stephan Naumann

Regulation Effects of the German Renewable Energy Act on the Ecological Upgrade of Hydro-power Plants – Results of a Survey

Germany lacks a unified register containing data on the equipment of hydro-power stations with environmental facilities or of those subject to requirements for reducing the environmental impact on the status of waters. Thanks to the cooperation of the hydro-power plant operators, our survey allowed us for the first time to gain insight into the regulation effects of the German Renewable Energy Act (Erneuerbare-Energien-Gesetz; EEG) as well as into the ecological upgrade potential of German hydro-power plants. EEG 2004 and 2009 funded measures implemented at hydro-power stations are focused on ensuring a minimum flow as well as on longitudinal connectivity. This priority is consistent with the water management requirement of achieving the goals of the Water Framework Directive in this area.

Пиа Андерер и Штефан Науманн

Регулирующее воздействие Закона о возобновляемых источниках энергии (EEG 2004 и 2009) на экологическую модернизацию гидроэнергетических установок – результаты опроса

В Германии не существует единого кадастра, благодаря которому можно было бы получить информацию об оборудовании гидроэнергетических установок, при эксплуатации которых - посредством использования различных установок и устройств - снижалось бы негативное воздействие на экологию и состояние водных ресурсов. С помощью предприятий, эксплуатирующих гидроэнергетические сооружения, впервые удалось получить данные о регулирующем воздействии Закона о возобновляемых источниках энергии (EEG) и о существующем на данный момент экологическом потенциале в деле модернизации гидроэлектростанций в Германии. Мероприятия на гидроэлектростанциях, проведенные в рамках содействия реализации Закона о возобновляемых источниках энергии (EEG 2004 и 2009), были сконцентрированы на вопросах обеспечения минимального стока и проходимости для рыб. Основное направление данных мероприятий совпадает с потребностями водного хозяйства и такими целями, как реализации Рамочной Директивы по воде в этой области.

Frieder Haakh

Energieeffizienz in der Fernwasserversorgung am Beispiel der Landeswasserversorgung

Die Landeswasserversorgung liefert als Fernwasserversorgungsunternehmen Trinkwasser an etwa 250 Städte und Gemeinden in Baden-Württemberg und Bayern. Mit den Fernleitungen werden große Höhenunterschiede und lange Strecken überwunden, so dass der Energieeffizienz bei der Wasserförderung, der Energierückgewinnung und dem optimalen Betrieb des Systems besondere Bedeutung zukommt. Der Beitrag führt ein in Überlegungen zu einem energieoptimierten Förderbetrieb und beleuchtet am praktischen Beispiel die Frage, wann sich der Tausch einer Pumpe lohnt. Weiterhin werden der energieoptimale Betrieb von regelbaren Trinkwasserturbinen und die Auslegung von Trinkwasserkleinturbinen erläutert. Schlussendlich wird aufgezeigt, wie diese Maßnahmen die Energiebilanz der Landeswasserversorgung verbessern.

1 Einleitung

Die Energiewende erfordert zwei wesentliche Entwicklungen: Erstens den Ausbau regenerativer Energien und zweitens eine deutliche Steigerung der Energieeffizienz. Beim letzten Punkt ist jede Branche gefordert, ihren Beitrag zu leisten, auch die Wasserversorgung. Beim Energieeinsatz in der Wasserversorgung dominiert die elektrische Energie. Der mögliche Beitrag der Wasserversorgung lässt sich wie folgt abschätzen. In Deutschland werden im Jahr etwa 4,7 Mrd. m^3 Trinkwasser bereitgestellt. Dabei kann von einem spezifischen Brutto-Energiebedarf von ca. 0,6 kWh/m^3 ausgegangen werden. In der Gesamtsumme ergibt dies 2,82 TWh/a, bezogen auf die in Deutschland 2010 „genutzte" elektrische Energie von 530 TWh [1] sind dies 0,53 %. Werden als Optimierungsziel 20 % Effizienzsteigerung ausgegeben, so entspricht dies 0,564 TWh/a. Dies ist bezogen auf die Gesamtmenge von 530 TWh/a nicht sehr viel, entspricht andererseits aber beim bestehenden Strommix (mit 494 gCO_2/kWh) 278 616 tCO_2/a.

Neben dem allgemeinen Umweltziel kann durch verbesserte Energieeffizienz bares Geld gespart werden. Die Energiekosten für Großkunden sind in der letzten Dekade sowohl über die Erzeugungskosten aber insbesondere durch die Abgabenlast deutlich gestiegen. Gerade für große Wasserversorgungsunternehmen verschärft sich diese Situation mit dem Wegfall der Privilegierung als energieintensive Branche mit der EEG-Novelle ab 2013 nochmals dramatisch (**Tabelle 1**). Damit ist klar: Die Verbesserung der Energieeffizienz ist in den Fokus der Unternehmensentscheidungen und der Kostenoptimierung gerückt.

2 Die Energiebilanz der Landeswasserversorgung

Die Landeswasserversorgung betreibt zwei große Wasserwerke in Langenau und Dischingen und im 776,7 km langen Fernleitungsnetz derzeit 12 Stromgewinnungsanlagen und bewirtschaftet etwa 400 000 m^3 Speichervolumen der Trinkwasserbehälter auch unter energiewirtschaftlichen Gesichtspunkten (**Bild 1**).

Bei einer Wasserabgabe von 88,4 Mio. m^3 im Jahr (2011) beträgt der Gesamtenergiebedarf (einschließlich Kfz-Kraftstoffe und Heizenergie für die Gebäude) 65,54 GWh/a, dies ergibt einen spezifischen Bruttoenergiebedarf von 0,741 kWh/m^3. Mit den Trinkwasserkleinturbinen können etwa

Tab. 1: Entwicklung der Stromkosten bei der Landeswasserversorgung für den 15-Jahres-Zeitraum 2001 bis 2015 (Prognose ab 2012)

Jahr	Strombezug [T€/a]	Stromsteuer [T€/a]	EEG [T€/a]	Gesamtkosten [T€/a]	Gesamtkosten [%]
2001	2 003	549	42	2 594	100
2002	2 338	641	49	3 028	117
2003	3 116	854	66	4 036	156
2004	3 130	858	66	4 054	156
2005	3 552	847	67	4 466	172
2006	3 749	831	80	4 660	180
2007	4 397	796	141	5 334	206
2008	4 174	764	135	5 073	196
2009	4 199	727	118	5 044	194
2010	4 194	710	172	5 076	196
2011	4 680	1 218	274	6 172	238
2012*	4 508	1 300	307	6 115	236
2013*	4 219	1 300	2 670	8 189	316
2014*	4 615	1 300	2 970	8 885	343
2015*	4 800	1 300	3 150	9 250	357

* Prognosewerte

14,6 GWh/a Energie zurückgewonnen werden (2011), so dass der spezifische Nettoenergieaufwand nur noch 0,576 kWh/m^3 beträgt. **Tabelle 2** zeigt die Energieaufwendung und -erzeugung in den einzelnen Bereichen.

Daran wird deutlich, dass den Pumpen eine besondere Bedeutung zukommt. Hier sind wiederum 2 Aspekte zu beachten.

1. „Passen die Maschinen wirklich optimal in das System?" und
2. „Werden die Maschinen optimal betrieben?"

3 Optimierung des Pumpenbetriebs

Am Anfang jeder Betriebsoptimierung steht die Bereitstellungsdauerlinie (**Bild 2**). Liegt diese vor, so steht man vor der Aufgabe der „richtigen" Pumpenauslegung. Angenommen, diese Dauerlinie soll mit 2 Pumpen „abgefahren" werden, dann ist die große Pumpe so auszulegen, dass die Spitzenbereitstellung am Spitzentag beherrscht werden kann, ggf. auch im Parallelbetrieb mit der „kleineren" Pumpe. Energiewirtschaftlich relevant ist, abgesehen von den Netznutzungsgebühren, aber das „Tagesgeschäft". A priori ist klar, dass mit einem möglichst kontinuierlichen Betrieb („es wird immer gefördert") die Rohrreibungsverluste minimal werden. Dies führt zum Prinzip des kontinuierlichen Betriebs (**Bild 3**).

Die eigentliche Aufgabe besteht darin, die Pumpen so auszulegen, dass bei dieser Betriebsweise die Jahresarbeit minimal wird (**Bild 4**). Bemerkenswert ist, dass alle Arbeitsanteile, die einen konstanten „Block" verursachen, wie die geodätische Förderhöhe, der Reibungsbeiwert λ, die Nennweite DN, die Leitungslänge und der Wirkungsgrad, keinen Einfluss haben. Entscheidend ist die Steigung der Dauerlinie [2].

Bereits deutlich komplexer wird die Fragestellung, wenn eine Tarifunterscheidung (HT/NT) oder die Anforderungen der „atypischen Netznutzung" hinzukommen. Die Zeiten, in denen mit „billigem Nachtstrom" nach einer „vedewa-Regelung" nachts Trinkwasserbehälter gefüllt wurden, sind längst überholt, was den Strommarkt anbelangt. Leider gilt dies noch nicht überall für den Betrieb von Wasserversorgung-

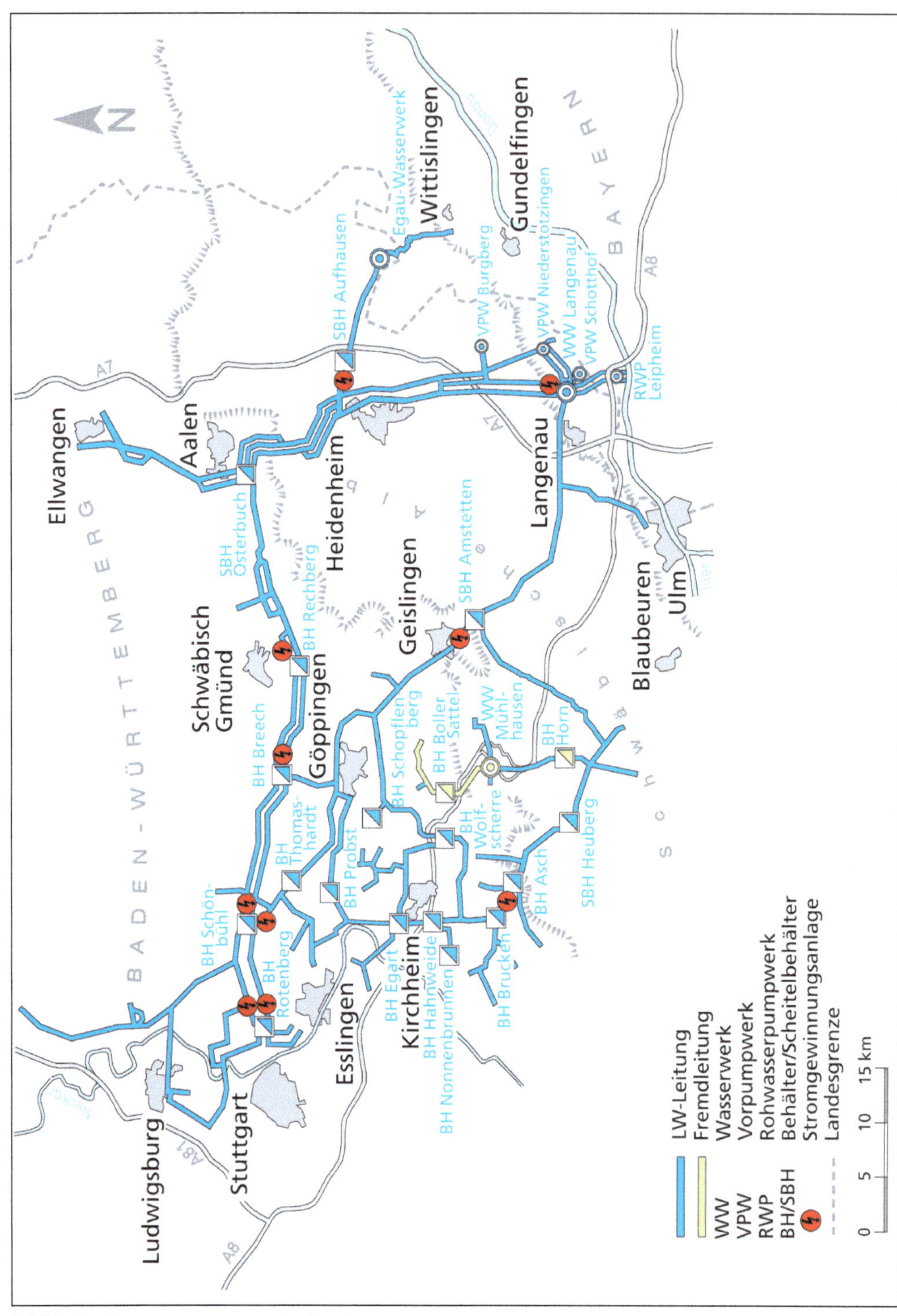

Bild 1: Das Versorgungssystem der Landeswasserversorgung

Tab. 2: Die Energiebilanz der Landeswasserversorgung in MWh/a

Verbrauchsstelle	2010	2011
Pumpen Langenau	27 709	27 060
Förderung Egauwasserwerk	10 432	8 894
Vorpumpwerke	7 036	7 297
Aufbereitung	4 366	4 487
Rohwasserpumpwerk	3 949	3 656
DEAs	3 815	4 414
Aufbereitung Egauwasserwerk	2 825	3 007
Betriebsgebäude/Labor	1 622	1 495
Sonst. Netz, Betriebsstellen, Gebäude	1 426	3 942
KFZ-Kraftstoffe	1 295	1 287
Heizenergie	1 052	0 910
Brutto-Summe	65 527	65 539
abzgl. Trinkwasserturbinen	14 000	14 622
Netto-Summe	51 527	50 917
Wasserabgabe in Mio. m^3	87,9	88,4

sanlagen. So wäre es unwirtschaftlich, mit Pumpe 1 von A nach B durchzufördern (**Bild 5**), ebenfalls noch ungünstig ist der Fahrplan A-C-D, da hier die höhere Leitung im HT bezogen wird. Günstig ist hingegen der Pfad A-E-D.

Diese Erkenntnisse bildeten u. a. die Grundlagen für die richtige Auslegung der Trinkwasserpumpen im Wasserwerk Langenau, dessen Förderwerk in den Jahren 2004 bis 2006 teilerneuert wurde [3]. Mit der „richtigen" Pumpenauslegung und einem energiewirtschaftlich optimalen Betrieb konnte der spezifische Förderenergieaufwand um 11 % auf jetzt nur noch 37,5 Mio. kWh gesenkt werden.

4 Optimierung des Wassergewinnungsbetriebs

Die Landeswasserversorgung gewinnt aus über 200 Vertikalbrunnen im Heberleitungsprinzip über 6 Vorpumpwerke 30 bis 35 Mio. m^3 Grundwasser aus dem Quartär im Donauried. Zur Bewertung der Energieeffizienz wurde die Kennzahl kWh pro Kubikmeter und Meter Förderhöhe ([kWh/m^3 x m]) eingeführt (**Tabelle 3**).

Das Best-practice-Niveau liegt bei 0,00359 kWh/(m^3 x m) bei der Fassung 3. Auffällig sind die Fassungen 1 und 5. Um die Situation an der Fassung 5 zu verbessern, wurde die Tauchpumpe (A_{spez} = 0,215 kWh/m^3) gegen eine Inline-Pumpe (A_{spez} = 0,153 kWh/m^3) getauscht (**Bilder 6a und 6b**). Dadurch konnte die Jahresarbeit bei identischer Fördermenge um 234 000 kWh gesenkt werden, dies entspricht 27 %.

Analysiert man die Lebenszykluskosten der Rohwasserförderpumpen und der Hauptförderpumpen, dann dominieren mit deutlichem Abstand die Stromkosten. Daraus muss zwangsläufig geschlossen werden: Die besten Pumpen mit dem höchsten Wirkungsgrad und Motoren der höchsten Effizienzklasse sind in der Wasserversorgung aufgrund der hohen Benutzungsstunden gerade gut genug (**Tabelle 4**).

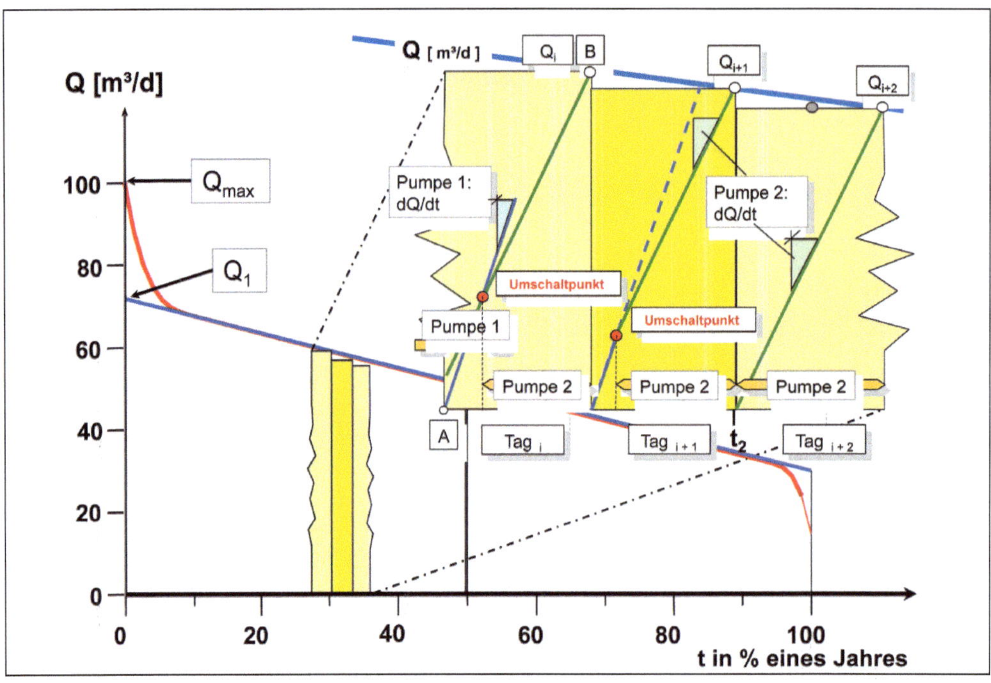

Bild 2: Prinzip des kontinuierlichen Betriebs mit 2 Pumpen

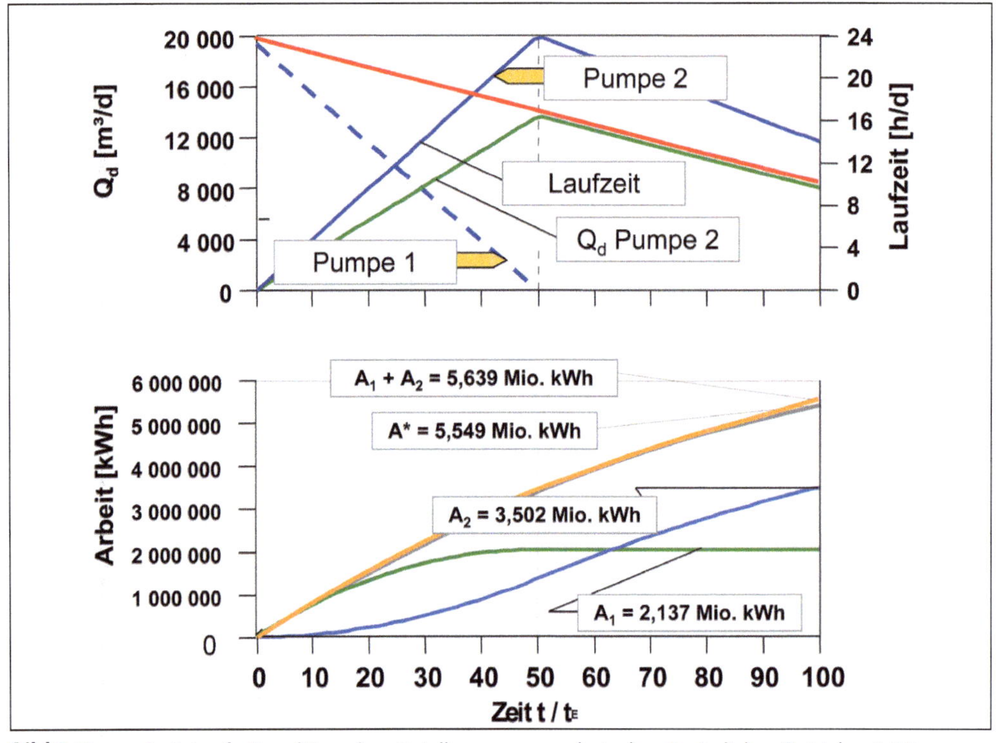

Bild 3: Tagesarbeit, Laufzeit und Tagesbereitstellungsmengen beim kontinuierlichen Betrieb mit 2 Pumpen

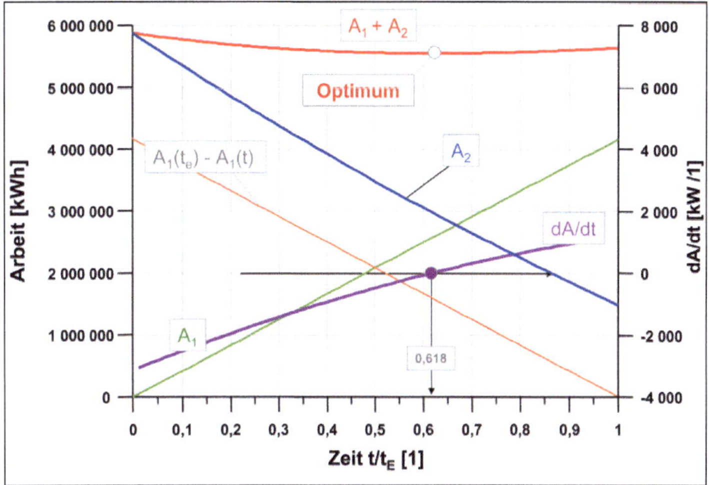

Bild 4: Die optimale Teilung der Dauerlinie bei kontinuierlichem Betrieb (Im Fallbeispiel sollen die Tagesfördermengen zwischen 19 400 und 8 000 m³/d über eine Druckleitung mit $\alpha - 8\,L\lambda/(\Pi^2\,gD^5) = 1\,057\ s^2/m^5$ mit $h_v = Q^2 \cdot \alpha$ und $h_{geod.} = 270$ m gepumpt werden [2]).

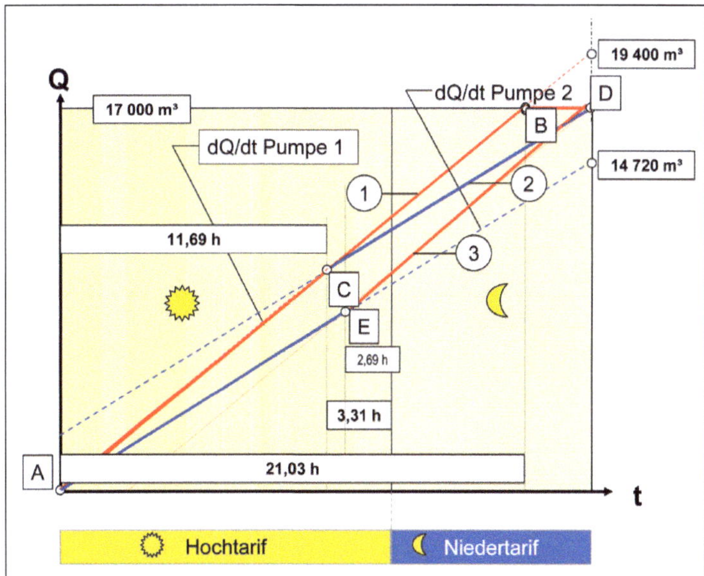

Bild 5: Das Optimierungsproblem für den Förderbetrieb bei HT- und NT-Strompreisen

5 Energieoptimierter Betrieb regelbarer Trinkwasserturbinen

Grundsätzlich sind in Wasserversorgungssystemen zwei Turbinenarten zu unterscheiden: Trinkwasserkleinturbinen, meist „rückwärtslaufende" Pumpen als Turbinen (PAT) mit festem Betriebspunkt, und große, regelbare Maschinen, meist Francis-Turbinen mit Leitapparat. In Trinkwasserversorgungssystemen herrschen in Abhängigkeit von der jeweiligen Tagesabgabe höchst unterschiedliche Durchsätze. Die Zielstellung beim Turbinenbetrieb besteht in der Regel darin, aus jedem Kubikmeter Trinkwasser möglichst die maximale Energie zu gewinnen. Nur bei sehr großen Maschinen und entsprechenden vertraglichen Regelungen wird ein Leistungspreis bezahlt. Während früher (sogar im Regelwerk) $Q(P_{max})$ als Betriebspunkt „ausgegeben" wurde, erfordert die obige Überlegung eine differenziertere Betrachtung. Die maßgebende Kennzahl ist wiederum die spezifische Arbeit

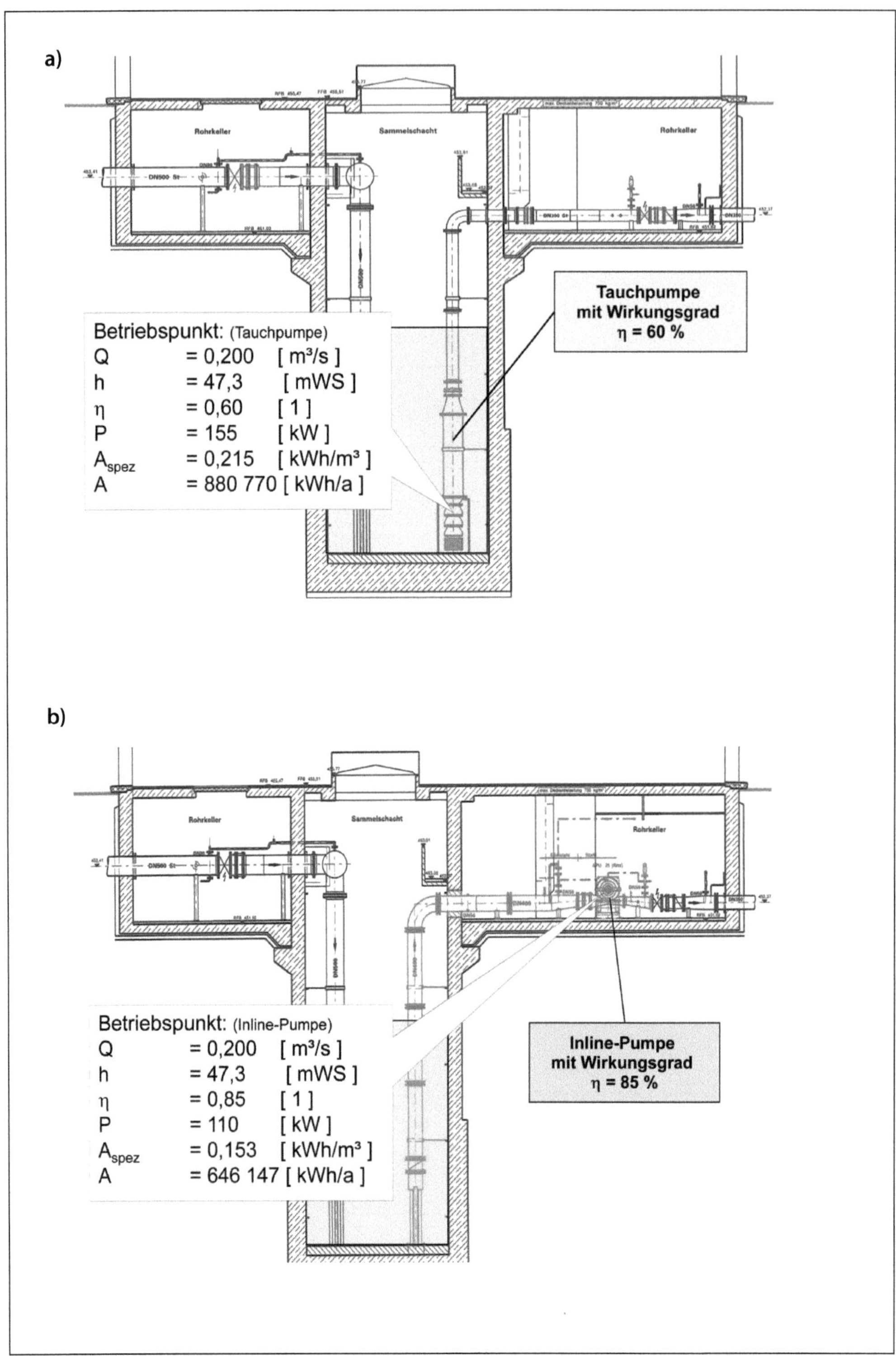

Bild 6: Umbau zur Energieoptimierung an der Fassung 5: a) Tauchpumpe; b) Inline-Pumpe

Tab. 4: LCC-Betrachtung für die Pumpen an der Fassung 5

	Stromkosten [€]	Wartungskosten [€]	Zins [€]	AfA [€]	Summe [€]
Tauchpumpe	5 306 582	101 420	30 400	80 000	5 518 402
Inlinepumpe	3 801 080	81 136	38 000	100 000	4 020 217

(A_{spez}[kWh/m³]). Das **Bild 7** zeigt die Zusammenhänge: So wird bei zunehmendem Durchfluss $Q(A_{max})$ vor $Q(P_{max})$ erreicht. Liegt $A_{spez, max}$ bei 0,155 kWh/m³, so wird bei $Q(P_{max})$ nur ein Wert von A_{spez} = 0,139 kWh/m³ erreicht. Läuft an einem Tag nun weniger Wasser über die Turbine als es $Q(P_{max})$ entspricht, so wird es günstiger, die Turbine $Q(A_{spez, max})$ zu betreiben (Bild 7). Aus diesen Überlegungen leitet sich der im **Bild 8** dargestellte Turbinenfahrplan ab.

Auch diese theoretischen Ergebnisse wurden bei der Landeswasserversorgung in die Praxis umgesetzt. Bei der Turbine Geislingen beträgt die maximale spezifische Arbeit 0,155 kWh/m³, wohingegen $A_{spez}(Q(P_{max}))$ nur bei 0,139 liegt. Wird dies berücksichtigt, so lassen sich durch die Wahl des optimalen Betriebspunktes zusätzlich 675 000 kWh/a erzeugen.

6 Trinkwasserkleinturbinen

Auch in großen Fernwasserversorgungssystemen verteilen sich am Ende die Durchflüsse auf oftmals hunderte von Übergabestellen mit im Vergleich zu den Hauptleitungen geringen Durchflüssen. Die hier vorhandene Energie kann mit Trinkwasserkleinturbinen genutzt werden. Bemerkenswert in diesem Zusammenhang ist, dass Trinkwasserkleinturbinen deutlich wirtschaftlicher sind als übliche regenerative Energien.

Wird beispielsweise als Kennzahl das Verhältnis von Investitionen zu im Jahr erzeugten Kilowattstunden [€/(kWh/a)] herangezogen, so sind Trinkwasserkleinturbinen mindestens um den Faktor 10 günstiger (**Tabelle 5**) als z. B. Fotovoltaik.

Im Hinblick auf noch ungenutzte Potenziale im LW-Fernleitungsnetz wurden die Druckminderer und Übergabestellen untersucht. Derzeit sind noch in 12 Schachtanlagen Druckminderer eingebaut. Bei mindestens 5 Anlagen ist der Einbau von Trinkwasserkleinturbinen wirtschaftlich zumindest interessant, da die Anlagen zwischen 144 000 und 50 000 kWh/a liefern könnten, in der Summe von 5 Anlagen bereits über 400 000 kWh/a (**Tabelle 6**).

Noch interessanter ist die Analyse der Druck- und Durchflussverhältnisse an den 328 Übergabestellen der LW. In der Summe steht dort ein theoretisches Potenzial von 12,494 GWh/a an. Werden nun die Übergabestellen abgezogen, an denen der Vordruck notwendig ist, um in die Behälter der Verbandsmitglieder einspeisen zu können, so ergibt sich ein nutzbares Potenzial von 7,222 GWh/a. Wird weiterhin beachtet, dass heute die Nachrüstung mit Trinkwasserkleinturbinen ab einer Jahresarbeit von ca. 50 000 bis 80 000 kWh wirtschaftlich darstellen lässt, so ergibt sich ein wirtschaftlich nutzbares Potenzial von 4 GWh/a an 25 Standorten. Daraus folgt aber auch: Wenn es gelingt, die Investitionen für Trinkwasserkleinturbinen weiter zu senken, kann das wirtschaftlich nutzbare Potenzial deutlich erweitert werden (**Tabelle 7**).

Genau hier setzt ein vom DVGW gefördertes Forschungsvorhaben an, das vom Institut für Wasserbau der Universität Stuttgart, der Bodensee-Wasserversorgung, der EnBW und der Landeswasserversorgung gemeinsam initiiert wurde.

7 Fazit und Ausblick

Bedingt durch drastisch gestiegene Stromkosten ist das Thema der Energieeffizienz betriebswirtschaftlich in den Fokus der Unternehmensaktivitäten der Wasserversorgung gerückt. Durch konsequente Suche nach Optimierungsmöglichkeiten sowohl in der Anlagenauslegung bei allen Neubau- und Ersatzmaßnahmen als auch im Betrieb ist es bei der Landes-

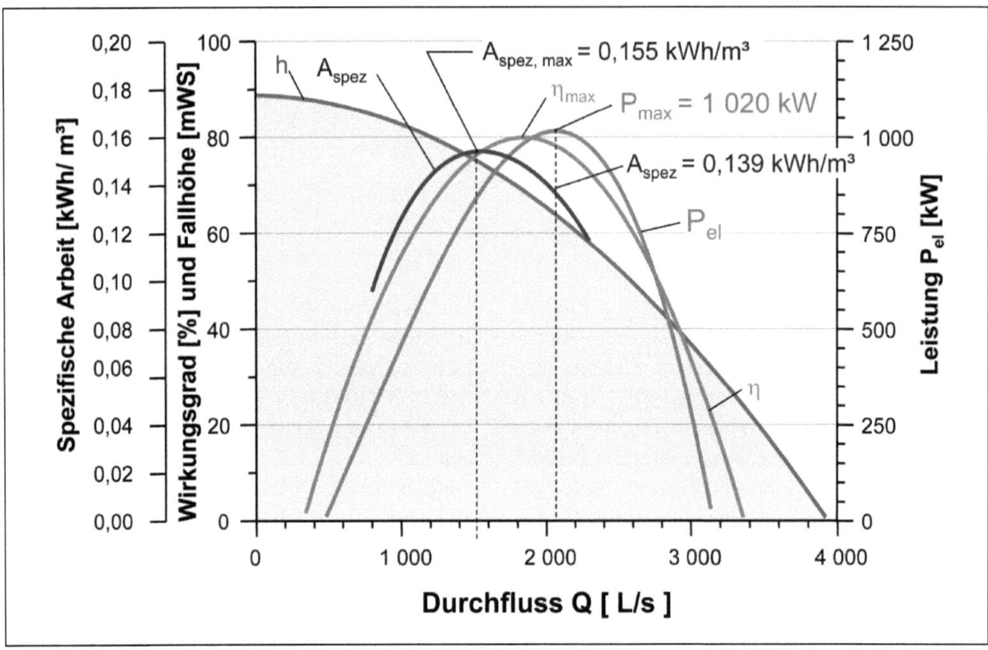

Bild 7: Betrieb von Trinkwasserturbinen: Maximale Leistung oder maximale Arbeit? – dargestellt am Beispiel der Turbine Geislingen der Landeswasserversorgung

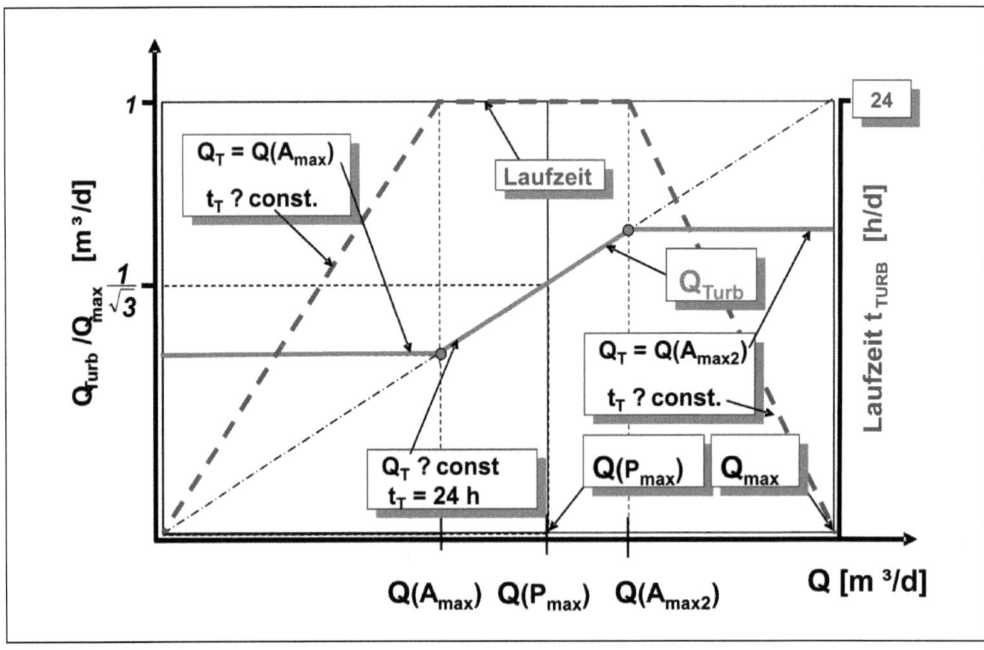

Bild 8: Optimale Laufzeit und Durchsatz von regelbaren Trinkwasserturbinen

Tab. 5: Investitionen im Verhältnis zum jährlichen Energieertrag für Trinkwasserkleinturbinen bei der LW im Vergleich zu Photovoltaik

Standort	spez. Invest zu jährlichem Energieertrag [€/(kWh/a)]	jährliche Stromerzeugung [kWh/a]
Fotovoltaik	5,7	je nach Größe
Beutelsbach	0,490	200 000
Breech	0,333	2 000 000
Schönbühl	0,290	300 000
Egart	0,211	475 000
Aufhausen	0,205	2 200 000
Mühlhausen	0,160	250 000
Geislingen	0,094	5 000 000

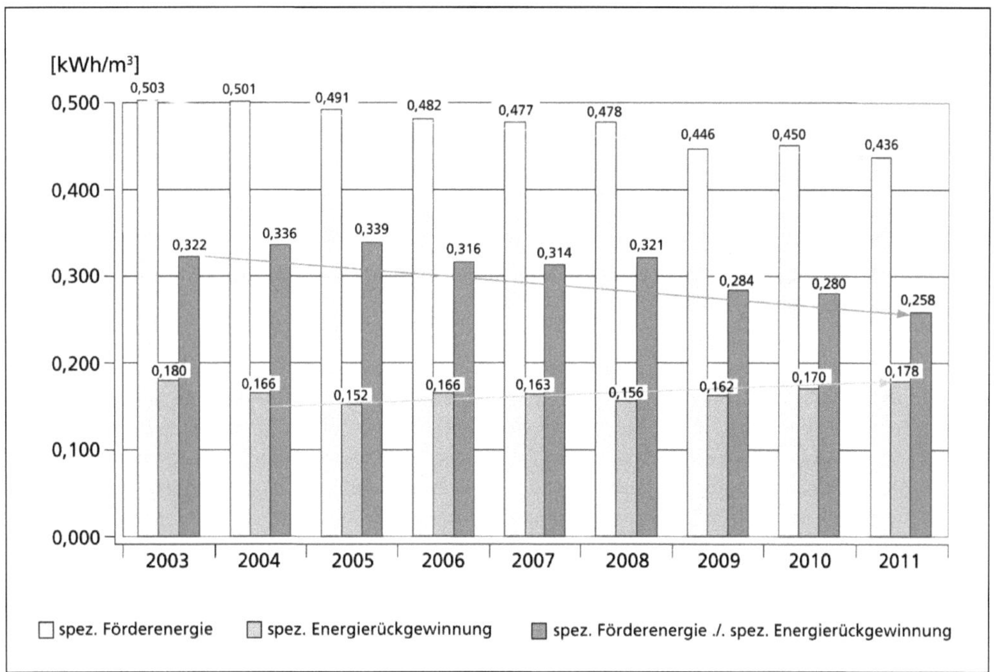

Bild 9: Entwicklung von spez. Förderenergie, Energierückgewinnung und Nettoenergieaufwand im Förder- und Netzbetrieb der LW

wasserversorgung gelungen, den spez. Förderenergieaufwand von 0,503 kWh/m³ auf 0,436 kWh/m³, die Energierückgewinnung trotz rückläufiger Wasserabgabe von 0,152 auf 0,178 kWh/m³ und in der Differenz den spezifischen Nettoenergieaufwand im Förder- und Netzbetrieb von 0,339 auf 0,258 kWh/m³ zu senken (Jahr 2011). Die zukünftigen Optimierungsaktivitäten gelten dem Wassergewinnungsbetrieb und der Entwicklung von Trinkwasserkleinturbinen (**Bild 9**).

Eine weitere Verbesserung der Energiebilanz der Landeswasserversorgung um nochmals 10 % ist somit realistisch, mittelfristig erscheint sogar das Ziel eines spez. Nettoenergieeinsatzes von nur noch 0,50 kWh/m³ erreichbar.

Autor

Prof. Dr.-Ing. Frieder Haakh
Zweckverband Landeswasserversorgung
Schützenstraße 4
70182 Stuttgart
Haakh.f@lw-online.de

Literatur

[1] Weltenergierat-Deutschland e. V. (Hrsg.): Energie für Deutschland 2011; Fakten, Perspektiven und Positionen im globalen Kontext. Berlin, 2012.

[2] Haakh, F.: Hydraulische Aspekte zur Wirtschaftlichkeit von Pumpen, Turbinen und Rohrleitungen in der Wassergewinnung. München: Oldenbourg-Industrieverlag, 2009.

[3] Haakh, F.; Störzer, G.; Holz, P.: Neue Pumpen für das Hauptförderwerk im Wasserwerk Langenau der Landeswasserversorgung. In: Schriftenreihe der Landeswasserversorgung (2006), S. 20-32

Frieder Haakh

Energy Efficiency in long Distance Water Supply using the Example of the Landeswasserversorgung

The water supply company Landeswasserversorgung in Stuttgart, Germany, supplies drinking water to around 250 cities and towns in Baden-Württemberg and Bavaria. The long-distance pipelines cover great height differences and long reaches, so energy efficiency is for pumping and energy recovery by drinking water turbines and best practice for operation of great importance. This article introduces into considerations for optimizing operation as well as aspects for replacing aggregates of pumping systems. Furthermore, the optimum operation and dimensioning of drinking water turbines are explained. At the end is shown, how these measures improve the energy balance of the Landeswasserversorgung.

Фридер Хаак

Энергетическая эффективность в водоснабжении удаленных потребителей на примере водоснабжения земель

Управление водоснабжение земель в качестве предприятия, осуществляющего водоснабжение удаленных потребителей, поставляет питьевую воду примерно в 250 городов и общин в Баден-Вюртемберге и Баварии. Магистральные линии характеризуются значительными различиями в высотах и длинными участками. Таким образом, при осуществлении водоподачи, регенерации энергии и оптимальной эксплуатации системы особое значение приобретает энергетическая эффективность. Статья заставляет задуматься в отношении энергооптимированной системы водоподачи и на основе практического примера освещает вопрос о том, когда имеет смысл смена насоса. Далее освещается энергооптимированная эксплуатация регулируемых турбин питьевой воды и конструктивное исполнение малых турбин питьевой воды. В заключение показывается, как все эти мероприятия улучшают энергобаланс водоснабжения на уровне земель.

Cameron Ironside und Simon Howard

Geschichte und Hintergrund des Protokolls zur Evaluierung der Nachhaltigkeit von Wasserkraftprojekten

In diesem Beitrag werden der Hintergrund und die Entwicklung des Protokolls zur Evaluierung der Nachhaltigkeit von Wasserkraftprojekten beschrieben. Das Protokoll ist ein verbessertes Instrument zur Evaluierung der Nachhaltigkeit, das zur Messung und Steuerung der Leistungsfähigkeit im Wasserkraftsektor verwendet wird. In diesem Beitrag wird das Frühstadium seiner Entwicklung in den Jahren von 2000 bis 2008 aufgezeigt, sodann die zwischen 2008 und 2010 geleistete Arbeit des Forums zur Evaluierung der Nachhaltigkeit von Wasserkraftprojekten und schließlich die Ersteinführung in den Jahren 2011 bis 2013 in groben Zügen umrissen. Die Lenkungs- und Qualitätskontrollmechanismen des Protokolls werden beschrieben, und es werden Maßnahmen für die kommenden Jahre vorgestellt.

1 Anfängliche Entwicklung in den Jahren 2000 bis 2008

Das Protokoll ist der Höhepunkt eines langen Prozesses von Diskussionen und Gesprächen, die im Jahr 2000 vom Internationalen Wasserkraftverband (International Hydropower Association, IHA) als Antwort auf den Abschlussbericht der Weltkommission für Staudämme (World Commission on Dams, WCD) angestoßen wurden. Die IHA mochte sich den im Bericht genannten Empfehlungen nicht anschließen, und sah – trotz Zustimmung zu den Zielen der „Strategischen Prioritäten" des Berichts – Bedarf für ein in der Praxis anwendbares Instrument zur Evaluierung und Nachweiserbringung der Nachhaltigkeit von Wasserkraftprojekten. Dies veranlasste die IHA im Jahr 2004 zur Entwicklung von Nachhaltigkeitsrichtlinien für diesen Sektor mit der Absicht, praktische und realistisch umsetzbare Lenkungsinstrumente bereitzustellen.

Mit der Absicht ein einheitliches Verfahren zur Evaluierung der Nachhaltigkeit von Wasserkraftprojekten weltweit zur Verfügung zu stellen, hatte die IHA bis 2006 ein erstes Protokoll zur Evaluierung der Nachhaltigkeit erarbeitet. In Erkenntnis des Nutzens dieser ersten Fassung und in der Absicht, dieses Instrument weiter zu verfeinern, kam es zu einer Annäherung von WWF sowie von The Nature Conservancy, einer gemeinnützigen Naturschutzorganisation in den USA, und der IHA. Die IHA stimmte darin überein, dass eine gesamtheitlichere und Nachhaltigkeitsperspektiven aller Interessensgruppen in der Wasserkraft umfassende Entwicklung für das Protokoll vorteilhaft wäre, und es wurde beschlossen, eine Gruppe namens „Forum zur Evaluierung der Nachhaltigkeit von Wasserkraftprojekten" (Hydropower Sustainability Assessment Forum) zu bilden, um dies zu erreichen.

2 Forum zur Evaluierung der Nachhaltigkeit von Wasserkraftprojekten (2008 bis 2010)

Das Forum bestand aus Vertretern von Nichtregierungsorganisationen des sozialen Bereichs und des Umweltsektors, von Regierungen entwickelter Länder und Entwicklungsländern, von Finanzinstituten, Entwicklungsbanken sowie aus Vertretern der Wasserkraftindustrie. Jedes Mitglied des Forums beriet sich mit einer Bezugsgruppe, die aus Organisationen mit ähnlichen Interessen und

Zielsetzungen zusammengesetzt war. Mit dieser Zusammensetzung wurden die Reichweite und der Kompetenzbereich des Forums im Hinblick auf die Einbeziehung der Vorstellungen der größtmöglichen Anzahl von Interessensgruppen erweitert.

Die Entwicklungsländer wurden im Forum vertreten durch das chinesische Institut für Wasserressourcen und Wasserkraftforschung (China Institute of Water Resources and Hydropower Research) und durch das sambische Ministerium für Entwicklung von Energie- und Wasserressourcen (Ministry of Energy and Water Development); dies war besonders wichtig für Gespräche über das Thema der Arbeit mit von Projekten betroffenen Gemeinschaften. Die entwickelten Länder waren vertreten durch das norwegische Ressort für Energie (Norwegian Department of Energy), die staatliche Energiebehörde Islands (National Energy Authority of Iceland) und die Deutsche Gesellschaft für Technische Zusammenarbeit (GTZ). Der Wasserkraftsektor war vertreten durch die IHA. Auf die sozialen Aspekte von Wasserkraftprojekten konzentrierte Nichtregierungsorganisationen wie Oxfam, eine Nothilfe- und Entwicklungsorganisation, und Transparency International (Organisation zur Bekämpfung von volks- und betriebswirtschaftlicher Korruption) ermutigten die von Dämmen betroffene Bevölkerung zur direkten Beteiligung am Entwicklungsprozess. Der WWF und The Nature Conservancy vertraten Themen, die für umweltengagierte Nichtregierungsorganisationen von Bedeutung sind. Der Finanzsektor wurde von der Weltbank (Beobachterstatus) sowie von der Société Générale und der Citigroup vertreten, die ihrerseits die den Äquator-Prinzipien verpflichteten Finanzinstitute vertraten.

Das aktuelle Protokoll ist das Ergebnis der vom Forum während 30 Monaten zwischen 2008 und 2010 intensiv geführten Diskussionen und eines Prozesses von sich weiterentwickelnden Entwurfsstadien. Das Forum setzte auf Verhandlung und Konsens und bezog den Dialog zwischen den Interessensgruppen als Basis des Protokolls ein. Im Rahmen ihrer Tätigkeit griffen die Forumsmitglieder auf bestehende wesentliche Richtlinien und Regelwerke, insbesondere auf die Richtlinien der Weltbank, die den rechtlichen Rahmen für die Kreditvergabe stellen (Safeguard Policies), auf die Leistungsstandards der Internationalen Finanz-Corporation (International Finance Corporation, IFC), sowie auf die Kriterien und Richtlinien der WCD zurück.

Bild 1: Kraftwerksinspektion als Teil der ersten Protokoll-Evaluierung: Trevallyin-Wasserkraftprojekt von Hydro Tasmania (Australien), Oktober 2011 [1]

Zwischen März 2008 und Mai 2010 kamen die Forumsmitglieder zu neun offiziellen Sitzungen zusammen, in deren Verlauf sie sich über Zusammensetzung sowie Inhalte des Protokolls einigten und die künftige Ausrichtung des Forums, darunter auch Beratung und Erprobung, festlegten. Bei den Treffen des Forums sollten Expertenbeiträge über wichtige Themen der Nachhaltigkeit mit praktischen Übungen zur Anwendung des Protokolls für Wasserkraftprojekte kombiniert werden. Zwischen den Sitzungen fanden auch internetbasierte Diskussionsrunden zur Überprüfung wesentlicher Meilensteine oder Diskussionen über den Fortschritt wichtiger Themen statt.

An diesem Prozess haben sich Interessensgruppen aus 24 Ländern, mit mehr als 1 300 Beteiligten und 3 800 interessierten Beobachtern beteiligt. Mehrere Tausend Mal wurde die Website mit dem Entwurf des Protokolls aufgerufen. Fassungen des Protokollentwurfs wurden in 20 Ländern unter Beteiligung von 18 Wasserkraftunternehmen auf sechs Kontinenten in Projekten aller Art, aller Größen und Lebenszyklusstadien getestet (**Bild 1**). Vom Projekt betroffene Gemeinschaften wurden in die Tests einbezogen.

3 Erste Einführung (2011 bis 2013)

3.1 Lenkung

Das aus vielen Interessensgruppen bestehende Forum beendete seine Arbeit im Jahr 2010, nachdem ein grundsätzlicher Konsens – mit Ausnahme einer sehr kleinen Anzahl von Themen, bezüglich derer vereinbart wurde, die Ablehnung durch eine Minderheit in das Protokoll aufzunehmen – über die Inhalte des Protokolls erzielt worden war. Die IHA nahm daraufhin das Protokoll an, und viele Organisationen bekundeten ihre Unterstützung für das neue Instrument. Angesichts der Bedeutung der Tatsache, dass bei der Formulierung des Protokolls eine Vielzahl von Interessensgruppen maßgeblich mitgewirkt hat, war die Weiterführung dieser Struktur ein Muss. So hat das Forum bei seiner letzten Sitzung den Grundsätzen einer Lenkungsstruktur, die dies zum Ausdruck brachte, zugestimmt.

Folglich kamen alle Mitglieder des Forums (mit Ausnahme von einem) in einem Interims-Lenkungsausschuss (Transitional Governance Committee, TGC) zusammen und entwarfen eine Charta für eine neue Organisation: Das Gremium zur Evaluierung der Nachhaltigkeit von Wasserkraftprojekten (Hydropower Sustainability Assessment Council), „das Gremium", dem die Lenkung des Protokolls obliegen sollte. Des Weiteren haben die Mitglieder die Bedingungen für die Anwendung des Protokolls ausgearbeitet. Beide, sowohl die Charta als auch die Bedingungen, wurden beim Weltkongress der IHA in Igassu im Juni 2011 endgültig festgelegt, bei dem das Protokoll formal ins Leben gerufen und das Gremium gegründet wurde.

Die Zusammensetzung des Gremiums wird in **Bild 2** dargestellt. Es besteht aus sogenannten Kammern, die unterschiedliche Interessensgruppen verkörpern und die Zusammensetzung des Forums nachbilden. Jede Kammer wählt eine vorsitzende Person, die in einem Lenkungsausschuss sitzt, der für alle wichtigen Entscheidungen im Rahmen des Protokolls zuständig ist. Darüber hinaus hat das Gremium eine Management-Einrichtung, die für die Umsetzung des Protokolls einschließlich Schulungen, Akkreditierungen von Auditoren, Übersetzungen, Pflege der Kohärenz von Anwendung und Ergebnissen des Protokolls sowie für die Entwicklung von Instrumenten wie Standardberichtsformate und die Datenbank zur Evaluierung zuständig ist. Derzeit hat die Management-Einrichtung ihren Sitz in der Hauptstelle der IHA.

Das vorrangige Ziel des Interims-Lenkungsausschusses (TGC) war die weltweite Einführung des Protokolls und die Bildung eines voll besetzten Gremiums. Dessen wesentlicher Zweck war die Schaffung der Grundlagen für ein auf Mitgliedschaft beruhendem demokratischen Gremium zur Vertretung aller Interessensgruppen bei der Entwicklung von Wasserkraftprojekten. Hinzu kommt die Sicherstellung einer umfassenden, kohärenten und glaubwürdigen Anwendung des Protokolls. Der Interims-Lenkungsausschuss beaufsichtigte die Erstellung von unterstützenden Unterlagen, Übersetzungen, Regeln für die Evaluierungen und die Akkreditierung von Auditoren. Die Mitglieder des Interims-Lenkungsausschusses haben das Gremium auch bei vielen Veranstaltungen im Rahmen der Öffentlichkeitsarbeit und Schulung aktiv vertreten, boten Hilfestellung bei der Mittelbeschaffung und waren als Beobachter bei Evaluierungen zugegen.

In der ersten Hälfte 2013 wurde eine Initiative zur Rekrutierung von Mitgliedern unternommen, um die Kammern des Gremiums zu besetzen. Mit der Rekrutierung von 89 Mitgliedern aus der ganzen Welt für die 7 Kammern war diese Initiative ein Erfolg. Die Wahlen der Kammervorsitzenden fanden beim Weltkongress der IHA im Mai 2013 in Kuching statt, und diese Vertreter bilden nun den komplett gewählten Lenkungsausschuss.

3.2 Umsetzung

Die anfängliche Umsetzung des Protokolls wurde von Hydro4LIFE, einem von der EU-Kommission mit Mitteln ausgestattetem Projekt, stark gefördert, um die Einführung in der Europäischen Union (EU) zu unterstützen. Das Projekt hat ein Gesamtbudget von 1,2 Mio. € und wird zu jeweils 50 % von der IHA und vom Finanzierungsprogramm der EU für Umweltvorhaben (LIFE+) finanziert. Es wird von der IHA koordiniert und läuft bis September 2014. Projektziele sind die Darstellung des Protokolls, die Konsolidierung der Wissensbasis über die nachhaltige Leistungsfähigkeit im Bereich von Wasserkraftprojekten, eine gesteigerte Wahrnehmung des Protokolls, seine per-

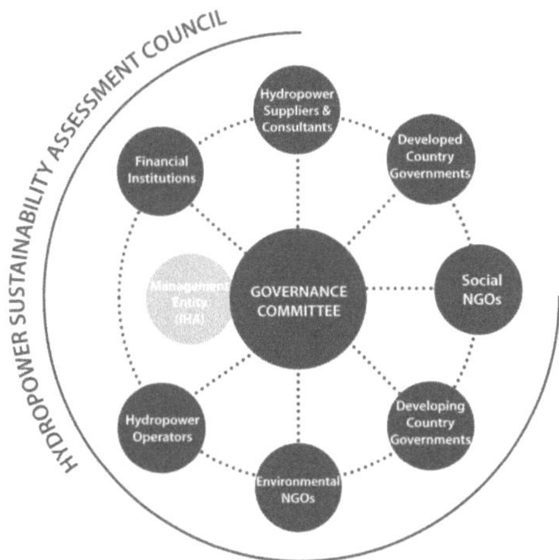

Legende	
Hydropower Sustainability Assessment Council	Gremium zur Evaluierung der Nachhaltigkeit von Wasserkraftprojekten
Hydropower Suppliers & Consultants	Lieferanten und Berater von Wasserkraftunternehmen
Developed Country Governments	Regierungen von entwickelten Ländern
Social NGOs	Nichtregierungsorganisationen des sozialen Sektors
Developing Country Governments	Regierungen von Entwicklungsländern
Environmental NGOs	Nichtregierungsorganisationen des Umweltsektors
Hydropower operators	Wasserkraftanlagenbetreiber
Financial Institutions	Finanzinstitute
Management Entity (IHA)	Management-Einrichtung (IHA)
Governance Committee	Lenkungsausschuss

Bild 2: Zusammensetzung des Gremiums zur Evaluierung der Nachhaltigkeit von Wasserkraftprojekten [1]

sonelle Aufstockung sowie – auf Ebene der Interessensgruppen, Regulierungsbehörden und politischen Entscheidungsträger – die nachhaltige Leistungsfähigkeit bei Wasserkraftprojekten.

Zur Förderung und Anwendung des Protokolls in geringer entwickelten Ländern erhielt die IHA ebenfalls Finanzierungsmittel von der norwegischen Behörde für Zusammenarbeit im Bereich der Entwicklung (NORAD). Zweck des Projekts ist die Anwendung des Protokolls auf Seiten von Interessensgruppen bei Wasserkraftprojekten in drei ausgewählten Entwicklungsländern oder Flusseinzugsgebieten. Auch die Deutsche Gesellschaft für Internationale Zusammenarbeit (GIZ) hat Unterstützung für die Kammern des Lenkungsgremiums bereitgestellt.

Die Umsetzung des Protokolls hatte viele Facetten; hingearbeitet wurde auf die Einrichtung der Leitungs- und Förderungsstrukturen für die Arbeit des Protokolls. Dies beinhaltete Instrumente, Verfahren und Regelungen für akkreditierte Auditoren, den Internetauftritt des Protokolls sowie ein besseres Verständnis des Protokolls durch Schulungen und Evaluierungen. Interaktive Schulungen mit Vorträgen und praktischen Übungen wurden für unterschiedliche Anwender des Protokolls – Entwickler von Wasserkraftprojekten, Zivilgesellschaft, Hersteller von Ausrüstungen, akkreditierte Auditoren – entwickelt.

Mit Hilfe eines „Nachhaltigkeitspartner-Modells“ zur Schulung von Partnern über das Protokoll und zur Evaluierung von Projekten hat die

Bild 3: Besuch vor Ort als Teil der Evaluierung des Hvammur-Wasserkraftprojekts von Landsvirkjun (Island), Mai 2012 [1]

IHA ihre Mitglieder zur erstmaligen Anwendung des Protokolls mobilisiert. Derzeit gibt es 15 Nachhaltigkeitspartner: China Three Gorges Corporation, EDF, E.ON, Energia Sustentável do Brasil, EPM, HEA, Hydro Tasmania, ISAGEN, Itaipu Binacional, Landsvirkjun (**Bild 3**), Manitoba Hydro, Odebrecht, RusHydro, Sarawak Energy und Statkraft, sowie eine Reihe weiterer Organisationen, darunter auch Nichtmitglieder der IHA, die Interesse haben, sich dem Prozess anzuschließen. Den Nachhaltigkeitspartnern kam bei der Ausweitung des Lernprozesses über die praktische Anwendung des Protokolls eine wichtige Rolle zu, und sie sind in dieser Hinsicht die Speerspitze der Entwicklung. Gleichzeitig ist klar, dass die Arbeit für die Partner einen erheblichen Nutzen beinhaltet.

3.3 Der Evaluierungsprozess

Der Evaluierungsprozess im Rahmen des Protokolls ist in vier Abschnitte gegliedert: Die Einrichtung, die Planung, die Evaluierung vor Ort und – abschließend – das Berichtswesen.

Als einen wichtigen Punkt wird angesehen, dass beim Anwender eine Person benannt wird, die für die Evaluierung zuständig und Verbindungsperson zum leitenden Auditor ist. Dieser als „alleiniger Ansprechpartner" bezeichneten Person obliegt dann der Kontakt zum leitenden Auditor und zu den maßgeblichen Interessensgruppen im Projekt. Der Anwender muss Zielsetzungen und Erwartungen hinsichtlich der Evaluierung definieren, und die Finanzierung sollte gesichert sein.

In der Planungsphase arbeiten der leitende Auditor und der alleinige Ansprechpartner bei der Planung von Befragungen, beim Entwurf von Belegmaterial und bei der Evaluierung vor Ort eng zusammen. Der leitende Auditor steht in Verbindung mit den anderen Auditoren, und der alleinige Ansprechpartner arbeitet mit dem lokalen Betreuungsteam des Unternehmens. Dieses Betreuungsteam organisiert Befragungen sowie die Lokaltermine und nimmt Beobachter an die Hand, die sich am Prozess beteiligen möchten. Während dieser Phase könnte der leitende Auditor optional den Wunsch äußern, bei einem Besuch vor Ort den Stand der Vorbereitung des Audits zu prüfen.

Je nach Umfang des Projekts dauert die Evaluierung vor Ort ca. 5 Tage oder auch mehr (**Bild 4**). Während der Evaluierung vor Ort nehmen der leitende Auditor und das Evaluierungsteam Befragungen vor und prüfen Belegmaterial. Die Auditoren und Vertreter des Unternehmens führen in der Regel eine erste Koordinierungsbesprechung

Bild 4: Besuch vor Ort als Teil der Evaluierung des Trevallyn-Wasserkraftprojekts von Hydro Tasmania (Australien), Oktober 2011 [1]

und darauf eine Besichtigung vor Ort durch. Anschließend werden interne oder externe Interessensgruppen befragt und das Belegmaterial geprüft.

Gegenstand der letzten Phase ist das Berichtswesen, das je nach Größe des Projekts zwei bis vier Wochen in Anspruch nimmt. Während dieser „Berichtsphase" arbeitet der leitende Auditor mit dem Evaluierungsteam zur Erstellung des Abschlussberichts zusammen. Der Kunde erhält einen ersten Entwurf und damit die Möglichkeit, zu den Ergebnissen Stellung zu nehmen. Nach Zustimmung stellt der leitende Auditor den Bericht fertig, der auf Wunsch des Kunden auf der Internetseite des Protokolls veröffentlicht werden kann.

3.4 Qualitätskontrolle

Ein sehr wichtiger Aspekt bei der Ersteinführung des Protokolls ist es sicherzustellen, dass dieses kohärent und entsprechend geeigneter Standards zur Anwendung gebracht wird. Damit werden einheitliche und vom Anwendungsort unabhängige Ergebnisse sichergestellt. Der Hauptgedanke dieser Philosophie liegt in der Akkreditierung von Auditoren, die zur Anwendung des Protokolls qualifiziert sind. Jede Anwendung des Protokolls für gewerbliche Zwecke muss von akkreditierten Auditoren durchgeführt werden. Angesichts der von dieser Gruppe aufgebauten Wissensbasis und Erfahrung ist es unerlässlich, dass Unternehmen, die das Protokoll sinnvoll in Anspruch nehmen möchten, hierzu auf akkreditierte Personen zurückgreifen (**Bild 5**).

Die Anforderungen für die Akkreditierung beinhalten den Abschluss eines umfangreichen, vom Gremium genehmigten Schulungsprogramms und die Annahme eines Verhaltenskodex, wobei die Auditoren eine vom Gremium ausgestellte Ermächtigung erhalten müssen. Vor Erhalt der Ermächtigung müssen die Auditoren ferner in der Vergangenheit auf dem Gebiet der Wasserkraft erworbene Erfahrungen vorweisen können und an mindestens zwei Evaluierungen unter der Leitung eines bereits akkreditierten Auditors teilgenommen haben. Die Kapazität zur Durchführung von Evaluierungen durch das Protokoll mit sechs akkreditierten Auditoren zuzüglich einer Anzahl von Personen, deren Akkreditierung geplant ist, nimmt zu. Unter der Leitung des Lenkungsgremi-

Bild 5: Akkreditierte Auditoren beim Trevallyn-Wasserkraftprojekt von Hydro Tasmania (Australien), Oktober 2011 [1]

ums hat die IHA gezielt in Ausbildung zur Akkreditierung befindliche Auditoren gefördert und fördert diese auch in Zukunft, um sicherzustellen, dass Auditoren mit einem breiten Erfahrungsspektrum auf dem Gebiet der Nachhaltigkeit von Wasserkraftprojekten rekrutiert werden.

4 Weiterentwicklung (2013/2014)

Kontinuierlicher Kontakt zu Finanzinstituten, Entwicklungsbanken, Regierungen und Regulierungsbehörden in den nächsten Jahren wird den zusätzlichen, aus der Anwendung des Protokolls resultierenden Nutzen besser ins Bewusstsein rücken. Die IHA und der Lenkungsausschuss werden 2013/2014 mit diesen wichtigen Interessensgruppen partnerschaftlich zusammenarbeiten. Die Umsetzung des Protokolls wird mittels Nachhaltigkeitspartnerschaften und Hydro4LIFE fortgesetzt (**Bild 6**), und weitere Auditoren werden zur Erweiterung dieser Expertengruppe und zur Gewährleistung der einheitlichen Anwendung des Protokolls akkreditiert. Für wichtige Personen aus dem Bereich der Entwickler von Wasserkraftprojekten, der Betreiber sowie der Eigentümer wird eine Reihe von Workshops auf regionaler Ebene zur Einführung in das Protokoll organisiert. Ein funktionsfähiges und engagiertes Lenkungsgremium wird für eine umfassende Anerkennung und Unterstützung des Protokolls von Seiten aller Interessensgruppen von essentieller Bedeutung sein.

Natürlich ist es offensichtlich, dass die Verantwortung dafür, dass das Protokoll angenommen wird, nicht im Zuständigkeitsbereich der Industrie allein liegen kann. Große Fortschritte wurden bei der Darlegung der Bedeutung des Instruments durch Nachhaltigkeitspartnerschaften erzielt. Doch wenn es für diejenigen Unternehmen, die das Protokoll anwenden, keine Anreize gibt, wird es für die Industrie keine große wirtschaftliche Rechtfertigung geben, die Anwendung dieses Instruments voranzubringen. Dieser wirtschaftliche Nutzen wird sich dann einstellen, wenn die anderen Interessensgruppen im Wasserkraftsektor – und zwar nicht nur Regierungen oder Organe, die Wasserkraftprojekte finanzieren, sondern auch die mit Wasserkraftprojekten konfrontierte Zivilgesellschaft – die Anwendung des Instruments belohnen.

Wenn die Industrie lernt, dass sie für die Anwendung des Protokolls und für nachhaltige Leistungsfähigkeit im Zusammenhang mit ihren Projekten mit der Bereitstellung von Finanzmitteln, der Projektgenehmigung oder auch mit gesellschaftlicher Akzeptanz belohnt wird, wird das Protokoll als Erfolg angesehen werden.

Bild 6: Überlauf im Sogamoso-Projekt von Isagen (Kolumbien), Evaluierung Oktober 2013 [1]

5 Zusammenfassung

Das Protokoll zur Evaluierung der Nachhaltigkeit von Wasserkraftprojekten bietet eine von vielen Interessengruppen unterstützte und weltweit relevante Evaluierungsmethodik zur kontinuierlichen Verbesserung der Nachhaltigkeit im Wasserkraftsektor. Mit Hilfe einer international anwendbaren „Sprachregelung" zur Evaluierung der Nachhaltigkeit von Wasserkraftprojekten macht es die Notwendigkeit individueller Festlegungen von Kriterien auf Ebene von Organisationen, Sektoren, Ländern und Regionen überflüssig.

Der Nutzen des Protokolls liegt in der Erleichterung des Dialogs und gemeinsamen Erwartungen auf Seiten der Interessensgruppen zu Themen der Nachhaltigkeit, die für spezifische Wasserkraftprojekte angesprochen werden müssen. Ein solcher Rahmen kann die Entscheidungsfindung in wichtigen Projektabschnitten verbessern, verkürzen und erleichtern und damit Projektkosten und Zeitrahmen reduzieren sowie nachhaltigere Ergebnisse zutage fördern.

Hinweis

Die Übersetzung dieses Beitrages wurde seitens der Fachzeitschrift WasserWirtschaft in Abstimmung mit den Autoren vorgenommen und stellt daher nicht automatisch eine in allen Teilen von der IHA autorisierte Übersetzung dar.

Autoren

Cameron Ironside

Simon Howard

IHA Central Office
Nine Sutton Court Road, Sutton
London, SM1 4SZ,Großbritannien
ci@hydropower.org
sh@hydropower.org

Literatur

[1] International Hydropower Association, London, 2014.

Cameron Ironside and Simon Howard

History and Background of the Hydropower Sustainability Assessment Protocol

This paper describes the background and development of the Hydropower Sustainability Assessment Protocol. The Protocol is an enhanced sustainability assessment tool used to measure and guide performance in the hydropower sector. The paper discusses its early development from 2000 to 2008, before outlining the work of the Hydropower Sustainability Assessment Forum which occurred between 2008 and 2010, and then the initial roll out from 2011 to 2013. The Protocol's governance and quality control mechanisms are described, and actions for the coming years introduced.

Камерон Айронсайд и Саймон Ховард

История создания и особенности «Протокола оценки устойчивого развития гидроэнергетических проектов»

В данной статье описываются особенности и история развития «Протокола оценки устойчивого развития гидроэнергетических проектов». «Протокол» является усовершенствованным инструментом для оценки устойчивого развития и применяется для измерения производительности и управления ею в секторе гидроэнергетики. В статье представлена ранняя стадия разработки «Протокола» в период с 2000 по 2008 год; затем описывается выполненная в период с 2008 по 2010 год работа Форума по устойчивому развитию гидроэнергетических проектов и, наконец, в общих чертах сообщается о первом использовании «Протокола» в 2011-2013 годах. Описываются механизмы управления и контроля качества «Протокола», и представлены мероприятия на последующие годы.

Joerg Hartmann

Wozu ein freiwilliges Protokoll für Wasserkraft, wenn es doch Standards gibt?

Fast bei jedem Wasserkraftprojekt gibt es Konflikte zwischen verschiedenen Interessengruppen. Das Nachhaltigkeits-Protokoll für Wasserkraft des Internationalen Wasserkraftverbandes (International Hydropower Association, IHA) ist ein neuartiges Instrument, um den Interessenausgleich, die Qualität und Akzeptanz von Wasserkraft-Projekten zu verbessern. Es ist es ein komplexes Evaluierungsinstrument, das Stärken und Schwächen von Projekten aufzeigt, aber das Urteil, ob ein bestimmtes Ergebnis ausreichend ist, dem Anwender überlässt. Dieser Artikel beschreibt anhand von Beispielen die Erfahrungen mit den ersten Projektevaluierungen.

1 Einleitung

Konflikte zwischen verschiedenen Interessengruppen über den Standort, die Auslegung und die Betriebsregeln von Wasserkraftwerken sind unvermeidlich, denn Interessen und Perspektiven sind nun einmal unterschiedlich. So möchten die Besitzer von Sommerhäusern an einem Stausee vielleicht gerne einen gleichmäßig hohen Wasserstand haben, der Betreiber des Wasserkraftwerks aber möchte auch in Phasen niedrigen Zuflusses weiter produzieren und den See im Sommer absenken. Selbst dieser auf den ersten Blick harmlose Interessengegensatz kann für die Beteiligten wichtige wirtschaftliche und emotionale Konsequenzen haben. Existierenden Instrumenten, wie nationalen Genehmigungsverfahren, freiwilligen Zertifizierungen und internationalen Standards, scheint es oft schwer zu fallen, diese Konflikte in einer befriedigenden Art zu lösen und einen Interessenausgleich herzustellen. Laut dem Zwischenstaatlichen Ausschuss über Klimaveränderungen (Intergovernmental Panel on Climate Change) [1] sind „verschiedene Umwelt- und soziale Besorgnisse vielleicht die größte Herausforderung beim weiterem Ausbau, wenn sie nicht sorgfältig gemanagt werden". Nun gibt es ein neues Instrument, das internationale Nachhaltigkeitsprotokoll für Wasserkraft (Hydropower Sustainability Assessment Protocol, HSAP). Viele an Wasserkraft Interessierte werden sich fragen, warum ein zusätzliches Instrument erforderlich sein sollte und welchen Mehrwert es bieten kann.

2 Gegenüberstellung des Protokolls mit existierenden Instrumenten

Jedes Land hat zunächst einmal seine eigenen, historisch gewachsenen Standards. Letztlich sind dies die einzigen obligatorischen Instrumente, mit denen sich ein Projektentwickler auseinandersetzen muss. Die Unterschiede in den Genehmigungsverfahren sind allerdings gewaltig, selbst in Ländern mit ähnlichem Entwicklungsstand. In Brasilien beispielsweise bereitet die Regierung jedes größere Projekt weitgehend selbst vor, einschließlich der Umweltverträglichkeitsprüfung (UVP), und schreibt es dann zwischen Unternehmen zur Durchführung aus. Dagegen muss sich in Chile ein Unternehmen lediglich ein Wasserrecht sichern und bereitet dann ohne jede weitere Involvierung der Regierung sein Projekt vor, bis es in das UVP-Verfahren eingeht. In Ländern mit langer Tradition, wie beispielsweise Kanada, sind die Genehmigungsverfahren oft hochkomplex, aufwendig, aber auch weitgehend vorhersehbar. In Ländern, die erst einen geringen Teil ihres Potentials und entsprechend wenig Verwaltungskapazität entwickelt haben, wie Guyana, bestehen oft Unklarheiten und politische Risiken in der Genehmigung.

Wie Beispiele aus allen diesen Ländern leicht belegen können, ist allerdings eine behördliche Genehmigung noch lange keine „social license to operate". Solange Konflikte ungelöst und Interessengruppen in Opposition bleiben, oder auch mit

Bild 1: Fischer unterhalb des Sogamoso-Projekts in Kolumbien

der Zeit neue Ansprüche entstehen, sind sowohl die Projekte selbst als auch die Reputation aller mit ihnen verbundenen Unternehmen gefährdet. In vielen Projekten sind es z. B. Fischer, mit denen eine Einigung erzielt werden muss (**Bild 1**).

Ein Ausweg aus diesem Dilemma ist es, freiwillig mehr zu tun. Es ist den Projektentwicklern unbenommen, selbst im Dialog mit Interessengruppen Konfliktursachen zu identifizieren und vorausschauend anzugehen. In einigen Ländern gibt es auch die Möglichkeit, sich die freiwillige Einhaltung höherer Standards zertifizieren zu lassen. In den USA beispielsweise kommen in dem offiziellen Lizensierungsverfahren der Federal Energy Regulatory Commission (FERC) oft weitere Wünsche der Umwelt-Behörden und -gruppen auf. Werden diese freiwillig erfüllt, kann eine Anlage nach dem Standard des Low Impact Hydropower Institute (LIHI) zertifiziert werden (aktuell 109 zertifizierte Anlagen) [2]. In der Schweiz sind aktuell 64 Anlagen nach dem naturemade- bzw. naturemade-star-Kennzeichen für ökologische Wasserkraft zertifiziert [3]. Vorteile dieser Modelle ist, dass man gegen eine klare Zielvorgabe arbeitet, also nicht selbst definieren muss, was man als „nachhaltig" oder „akzeptabel" ansieht, sowie eine Bestätigung der Einhaltung des Standards von einer unabhängigen Stelle erhält. Nachteile sind das langsame Wachstum des Marktanteils, Bekanntheitsgrads und damit auch Reputationsvorteils dieser Systeme sowie die Kosten der Zertifizierung und der erforderlichen Änderungen an den

Bild 2: Blanda-Projekt, Island; Gutachter im Gespräch mit Schafzüchtern

Anlagen. Ein Grund für die langsame Verbreitung ist die in den meisten Ländern noch mangelnde Bereitschaft der Endkonsumenten, für nachhaltigen Strom einen Aufpreis zu zahlen.

Ein wesentliches Problem der nationalen Verfahren, ob behördlich oder privat, ist auch die mangelnde Vergleichbarkeit. Was in einem Land genehmigungs- oder zertifizierungsfähig ist, ist in dem nächsten nicht akzeptabel. Damit fällt es schwer, voneinander zu lernen oder (gerade für internationale Unternehmen wichtig) einheitlich vorzugehen. Seit etwa 15 Jahren gibt es deshalb Versuche von verschiedener Seite, Standards zu harmonisieren. Wesentliche Beiträge sind dabei von den international operierenden Banken gekommen. Unter den sogenannten „safeguards" der Banken stellen die in 2012 zuletzt aktualisierten „Performance Standards" der Internationalen Finanz-Corporation (International Finance Corporation, IFC) den letzten Stand dar [4]. Sie gelten für Vorhaben in allen Entwicklungsländern und allen Branchen und sind auch von aktuell 78 kommerziellen Banken, die in der Äquator-Prinzipien-Vereinigung (Equator Principles Association) organisiert und geschätzt an über der Hälfte aller internationalen Projektfinanzierungen beteiligt sind, übernommen worden [5]. Andere relevante internationale Standards stammen z. B. von der International Standards Association (ISO) und der Global Reporting Initiative (GRI), sind allerdings eher prozess- als inhaltlich orientiert. Allen

Bild 3: Bauleiter des Jirau-Projekts im Gespräch mit Gutachtern

diesen Standards ist gemeinsam, dass

- Systeme zur Überprüfung ihrer Einhaltung bestehen,
- sie freiwillig sind (niemand ist verpflichtet, ein Darlehen von einer bestimmten Bank aufzunehmen, ein ISO-Zertifikat oder einen GRI-Nachhaltigkeitsbericht vorzulegen),
- sie mit unterschiedlich breiter Involvierung von Interessengruppen entstanden sind, und häufig von Nicht-Regierungsorganisationen (NGO) als zu abstrakt oder industrienah angesehen werden,
- sie nicht wasserkraft-spezifisch sind, also die besonderen technischen Eigenheiten von Wasserkraft und die daraus resultierenden potentiellen Konflikte und Anforderungen an Nachhaltigkeit nicht gut abbilden können.

Wasserkraft-spezifische internationale Richtlinien und Empfehlungen sind in den letzten 15 Jahren ebenfalls entstanden. Die Absichten der Weltkommission für Staudämme (World Commission on Dams, WCD), die ihren Abschlussbericht in 2000 vorlegte, sind unterschiedlich interpretiert worden [6]. Viele Vertreter der Wasserkraft-Industrie haben die Fakten (einschließlich der Feststellung, dass Dämme „zu oft unnötige und unakzeptable Auswirkungen hatten") und die allgemeinen Empfehlungen akzeptiert, sich aber gegen eine verpflichtende Einhaltung der Richtlinien gesträubt. Aus heutiger Sicht war die WCD ihrer Zeit wohl teilweise voraus. Eine der wesentlichen damals umstrittenen Empfehlungen – das Recht indigener Völker auf freie, informierte und vorherige Zustimmung zu Projekten, die sie betreffen – ist beispielsweise mittlerweile von der Staatengemeinschaft akzeptiert, wenn auch noch nicht überall in die nationale Rechtspraxis übersetzt worden. Ob die einheimische Bevölkerung nun als „indigen" definiert wird oder nicht: viele Unternehmen wie z. B. Landsvirkjun in Island machen es sich mittlerweile zum Grundsatz, nur dort zu investieren, wo sie willkommen sind (**Bild 2**).

Zu einem verpflichtenden Standard sind die WCD-Empfehlungen nur in wenigen Ländern geworden; so haben die deutsche Entwicklungszusammenarbeit und das europäische Emissionshandelssystem eine Förderung von Wasserkraft-Projekten in Entwicklungsländern von der Einhaltung der WCD-Richtlinien abhängig gemacht. Es hat sich allerdings keine zufriedenstellende und einheitliche Praxis zur Prüfung der Einhaltung von WCD-Richtlinien herausgebildet. Gemessen an der Intensität der Diskussion über die WCD existieren sogar erstaunlich wenige veröffentlichte Projektevaluierungen. Zweifelsfrei hat die WCD aber einen großen indirekten Einfluss auf die Nachhaltigkeits-Diskussion gehabt. Auch das Nachhaltigkeitsprotokoll war letztlich ein Ergebnis dieser Diskussionen.

Im Nachgang zur WCD entstanden mehrere internationale Ansätze zur Messung der komplexen, multidimensionalen Eigenschaft „Nachhaltigkeit". Diese Ansätze versuchen, Stärken und Schwächen von Projekten aufzuzeigen und dem Anwender Hinweise auf Verbesserungsmöglichkeiten zu geben. Sie überlassen aber das Urteil, ob ein bestimmtes Ergebnis ausreichend ist, dem Anwender, etablieren also bewusst keinen Standard. Ledec und Quintero [7] konstruierten ein quantitatives Indikatorensystem und zeigten, wie unterschiedlich Projekte hinsichtlich Kriterien wie „MW/überflutete Fläche" oder „MW/umgesiedelte Bevölkerung" abschnitten. Ein qualitatives System entwickelte sich aus den Nachhaltigkeits-Richtlinien der IHA. Die aktuelle Fassung dieses Protokolls wurde schließlich in 2011 veröffentlicht, als Ergebnis eines mehrjährigen und schwierigen Abstimmungs-Prozesses zwischen Interessengruppen. Anders als aktuelle Instrumente für andere Sektoren, die aus ähnlichen Prozessen entstanden, wie z. B. für die Zertifizierung von nachhaltiger Holz-, Fisch- oder Palmöl-Produktion, ist das Protokoll kein Standard, den man erreichen oder nicht erreichen kann, dessen Erreichung man sich zertifizieren lassen kann, und dessen Zertifikate von manchen Geschäftspartnern oder sogar Regulierungsbehörden verlangt werden. Allerdings kann man sich sehr wohl an zwei im Protokoll enthaltenen „Benchmarks" messen, der guten und der besten internationalen Praxis.

Erwartungen an und Erfahrungen mit den ersten Protokoll-Anwendungen

Die Ziele der ersten 5 Projektevaluierungen, die vom Gremium zur Evaluierung der Nachhaltigkeit von Wasserkraftprojekten (Hydropower Sustainability Assessment Council, HSAC) veröffentlicht wurden [8], und von einer Auswahl von 4 unveröffentlichten Evaluierungen lassen sich wie folgt zusammenfassen (nach Häufigkeit der Nennung):

Bild 4: Jirau-Projekt: Vertreter von Umwelt-NGO und Wasserkraftfirmen im Gespräch

- „Benchmarking" des Projekts und des Projektentwicklers, Identifizierung von Verbesserungsmöglichkeiten;
- Interne Kapazitätsentwicklung, generell hinsichtlich Nachhaltigkeit oder spezifisch hinsichtlich der Protokoll-Methodik; in einigen Fällen darüber hinaus die Sammlung von Erfahrungen hinsichtlich der Einbettung des Protokolls in Geschäftsabläufe (z. B. interne Evaluierungen vor Investitionsentscheidungen) und der Möglichkeit, eine Evaluierung der Projekte anderer Unternehmen anzubieten; in einem Fall (von einer NGO in Auftrag gegebene Evaluierung) Sammlung von Erfahrungen hinsichtlich der Praktikabilität von Evaluierungen anhand öffentlich zugänglicher Materialien, ohne Einbeziehung des Unternehmens;
- Nutzung im konkreten Genehmigungsverfahren und generell im Umgang mit Regulierungsbehörden (Einreichung zusätzlicher Unterlagen bzw. von Unterlagen in einem neuen Format; Hintergrundmaterial zur Initiierung von Gesprächen mit Behörden; Darstellung der Leistungsfähigkeit zur Gewinnung neuer Konzessionen; frühe Vorbereitung von Re-Lizensierungsverhandlungen; Prüfung der Kompatibilität des Protokolls mit nationalen Anforderungen; sowie, wiederum im Fall der NGO, Nutzung der Erkenntnisse in den Anhörungen zum Genehmigungsverfahren);
- Nutzung in der Unternehmenskommunikation mit Interessengruppen (von der allgemeinen Darstellung von Wasserkraft als nachhaltiger Energiequelle, über die Förderung des Unternehmensimages, bis hin zum konkreten Dialog über die Akzeptanz einzelner Aspekte eines Projektes);
- Förderung der weiteren Verbreitung und fortlaufenden Verbesserung des Protokolls.

Dieser potentielle Nutzen ist nach den Erfahrungen des Autors, der als akkreditierter Assessor an der Mehrzahl dieser Evaluierungen beteiligt war, und nach der Rückmeldung der jeweiligen Auftragnehmer in den meisten Fällen auch eingetreten. Der Nutzen ist allerdings schwer zu quantifizieren, so wie auch die ihm entgegenstehenden Kosten nur schwer darzustellen sind.

Zu den Kosten zählen zum einen die direkten Kosten einer Evaluierung, wie die Honorare und Reisekosten der Gutachter. Im Zusammenhang mit Trainings und einigen anderen Leistungen hat die IHA für Wasserkraft-Unternehmen ein Paket mit einem Festpreis für die ersten Evaluierungen geschnürt. Der zweite, möglicherweise größere

Kostenblock besteht in dem Aufwand für Unternehmensmitarbeiter, die an der Koordination der Evaluierungen und als Interviewpartner beteiligt sind. Bei komplexeren Evaluierungen, wie bei dem Jirau-Projekt in Brasilien (3 750 MW), kommen schnell hunderte von Dokumenten und Interviews zusammen, die teilweise auch noch ins Englische zu übersetzen sind. Soweit sind aber nur die Kosten der objektiven Beschreibung des Ist-Zustands genannt. Der dritte und wahrscheinlich umfangreichste Kostenblock besteht daraus, Konsequenzen zu ziehen und Investitionen zur Korrektur von identifizierten Schwächen vorzunehmen.

Einige Beispiele für Nutzen und Kosten von Evaluierungen mögen an dieser Stelle genügen.

In dem Jirau-Projekt war eine Absicht des Projektentwicklers, die vermiedenen Treibhausgas-Emissionen auch wirtschaftlich zu verwerten, indem die entsprechenden Zertifikate über den Mechanismus für umweltverträgliche Entwicklung (Clean Development Mechanism, CDM) der Vereinten Nationen vermarktet werden. Zur Teilnahme an dem CDM müssen Projekte ihren Beitrag zur nachhaltigen Entwicklung nachweisen, was zum einen über eine Bestätigung ihrer Regierung erfolgt, zum anderen aber auch über Anforderungen des CDM-Board und der Regierungen derjenigen Länder, in denen die Zertifikate verkauft werden sollen. Nachdem im September 2012 die Protokoll-Evaluierung durchgeführt worden war (**Bild 3**), wurde das Jirau-Projekt im Mai 2013 vom CDM-Board registriert.

In dem Keeyask-Projekt (695 MW) von Hydro Manitoba war bei der Evaluierung ursprünglich aufgefallen, dass keine unabhängige Überprüfung der Sicherheit des Staudammdesigns vorgenommen worden war. Damit hätte das Projekt gemäß den Anforderungen des Protokolls in dem Aspekt Sicherheit keine „gute Praxis" erreichen können. Hydro Manitoba berief daraufhin kurzfristig eine unabhängige Kommission ein, die die Einhaltung der Standards des Kanadischen Talsperrenverbandes (Canadian Dam Association) bestätigte. Danach wurde die Evaluierung komplettiert, und Hydro Manitoba konnte mit einem erheblich positiveren Ergebnis in die öffentlichen Anhörungen zur Projektgenehmigung gehen. Die zusätzlichen Ausgaben für die unabhängigen Experten waren zwar nicht budgetiert gewesen. Verglichen mit dem wirtschaftlichen Konsequenz einer möglichen Nicht-Akzeptanz dieses Vorhabens durch Behörden und Öffentlichkeit, und gar verglichen mit den katastrophalen Folgen eines Dammbruchs, erscheinen sie aber tragbar.

4 Ausblick

Ein wesentlicher Beitrag des Protokolls soll die Fokussierung auf das Wesentliche sein. Durch die objektive Identifizierung von Stärken und Schwächen können hoffentlich auch unnötige Ausgaben vermieden werden. Laut Weltbank [9] machen z. B. in Brasilien die Kosten der Umwelt- und Sozialprogramme durchschnittlich 12 % und andere regulatorische und vertragliche Kosten durchschnittlich 7,5 % der Gesamtkosten von Wasserkraft-Projekten aus. In anderen Ländern dürften diese Anteile vergleichbar sein. Wenn das Protokoll dazu beitragen kann, diese Mittel effizienter einzusetzen, wäre viel gewonnen.

Ob das Protokoll tatsächlich in der Lage sein wird, die Auseinandersetzungen um Wasserkraft-Projekte zu versachlichen und Konflikte zu lösen, bleibt abzuwarten. Während einige der größeren international aktiven NGO, wie WWF, TNC, Oxfam und Transparency International, an der Erstellung und Verwaltung des Protokolls beteiligt sind, werfen andere dem Protokoll immer noch vor, eben kein Regulierungsinstrument zu sein und den Projektentwickler nicht zu zwingen, Fehler zu korrigieren [10]. Es ist zu erwarten, dass manche NGO auch in Zukunft ihre Fundamentalopposition gegen Wasserkraft aufrechterhalten, das Protokoll, wie auch jedes andere verfügbare Instrument, gegen Projekte einsetzen, und Evaluierungsberichte als „greenwashing" kritisieren werden. Dies ist im übrigen legitim und wird dem Protokoll mehr nützen als schaden, indem es für objektive Bewertungen und keine Gefälligkeitsgutachten sorgt. Eine andere Schwäche ist die bisher unzureichende Verbreitung in einigen Ländern, die für chronische Konflikte bekannt sind, wie z. B. Indien. Es ist eben weder für Befürworter noch für Gegner von Wasserkraft-Projekten leicht, traditionelle Herangehensweisen an Konflikte aufzugeben und internationale Bewertungskriterien zu akzeptieren.

Das Protokoll ist eine große und in dieser Form noch nicht dagewesene Chance für einen konsensbasierten Ausbau der Wasserkraft oder, wie ein Leitartikel in der renommierten Zeitschrift „Nature" es in 2011 ausdrückte [11]: „Trotz aller Unzulänglichkeiten öffnet das Protokoll eine Brücke in eine bessere Zukunft. Nun ist es an den Regierungen, Banken und Unternehmen, die Brücke zu betreten." Es ist zu hoffen, dass eine wachsende Zahl von Anwendern auch in den deutschsprachigen Ländern und unter deutschen Unternehmen, die im Ausland tätig sind, zu seiner Verbreitung beiträgt.

Autor

Dr. Jörg Hartmann
Unabhängiger Consultant
Taunusstr. 102
61381 Friedrichsdorf
joerg.hartmann.water@gmail.com

Literatur

[1] Kumar, A. et al.: Hydropower. In: IPCC Special Report on Renewable Energy Sources and Climate Change Mitigation, 2011.
[2] Low Impact Hydropower Institute, USA (www.lowimpacthydro.org; Aufruf: 08.02.2014).
[3] Verein für umweltgerechte Energie: naturemade. Zürich (www.naturemade.org; Aufruf: 08.02.2014).
[4] IFC (Hrsg.): Performance Standards on Environmental and Social Sustainability. 2012.
[5] Equator Principles Association (Hrsg.): The Equator Principles: A financial industry benchmark for determining, assessing and managing environmental and social risk in projects. 2013.
[6] World Commission on Dams (Hrsg.): Dams and Development: A New Framework for Decision-Making. 2000.
[7] Ledec, G., Quintero. J. D.: Good Dams and Bad Dams: Environmental Criteria for Site Selection of Hydroelectric Projects. World Bank, Latin America and Caribbean Region: Sustainable Development Working Paper 16, 2003.
[8] International Hydropower Association (Hrsg.): Hydropower Sustainability Assessment Protocol, 2014 (www.hydrosustainability.org; Aufruf: 08.02.2014).
[9] World Bank (Hrsg.): Environmental Licensing for Hydroelectric Projects in Brazil: A Contribution to the Debate. 2008.
[10] International Rivers (Hrsg.): Fight Back Against Greenwash: How to engage with the Hydropower Sustainability Assessment Protocol (HSAP). 2013.
[11] N. N.: Damned if they do. In: Nature (23. Juni 2011), Nr. 474, S. 420.

Joerg Hartmann

Why use a voluntary Hydropower Protocol, if there are Standards?

Nearly all hydropower conflicts suffer from conflicts between different stakeholders. While different interests and perspectives are legitimate and perhaps, inevitable, existing instruments such as national approvals processes, voluntary certification schemes, and international standards often seem to be unable to resolve them. The Hydropower Sustainability Assessment Protocol of the International Hydropower Association (IHA) is a new instrument designed to promote informed debate, compromise, quality and acceptance of hydropower projects. It is a complex evaluation tool which highlights strengths and weaknesses of projects, but leaves any judgment on the acceptability of results with the user. This article describes, by way of a number of examples, the experiences of early project assessments.

Йоерг Хартманн

Для чего необходим добровольный гидроэнергетический «Протокол», если уже имеются стандарты?

При реализации почти каждого гидроэнергетического проекта имеется конфликт интересов между различными группами. «Протокол оценки устойчивого развития гидроэнергетических проектов» Международной ассоциации гидроэнергетики (International Hydropower Association / IHA) – это новый инструмент, позволяющий осуществить компромисс различных интересов, а также улучшить качество и получить одобрение гидроэнергетических проектов. Это комплексный инструмент оценки, раскрывающий сильные и слабые стороны проектов; однако решение, является ли конкретный результат достаточным, остается за пользователем. В данной статье с помощью примеров описывается опыт работы с первыми проектами оценки.

Jian-hua Meng

Das Nachhaltigkeitsprotokoll für Wasserkraft aus Sicht des WWF

Das Nachhaltigkeitsprotokoll für Wasserkraft (Hydropower Sustainability Assessment Protocol, HSAP) wurde entwickelt, um die Nachhaltigkeit von Wasserkraftprojekten messbar zu machen, und um zur beständigen Verbesserung des internationalen Wasserkraftsektors beizutragen. Das Protokoll wird als Werkzeug zum Risikomanagement, zur Entscheidungsunterstützung und zur Kommunikation mit Interessensvertretern eingesetzt. Der internationale Naturschutzverband WWF wurde 2008 Teil eines Multi-Stakeholder-Forums, das diesen Prozess initiierte und anhaltend unterstützt.

1 Umweltschutz und Wasserkraft – Konflikte, Chancen und Visionen

Wir sind über 7 Mrd. Menschen auf diesem Planeten. Seit dem Ender der 1960er Jahre hat sich die globale Bevölkerung verdoppelt; bei der derzeitigen Wachstumsrate würde sich die globale Bevölkerung in 66 Jahren wiederum verdoppeln. Als sicher gilt, dass 2050 über 9 Mrd. Menschen leben werden. Wir alle benötigen Wasser, Nahrung und Energie. Deren grundlegender Zusammenhang und Schlüsselstellung wird in internationalen Foren zunehmend als der „Nexus" behandelt [1]. Doch alleine mit der Versorgung grundlegendster Bedürfnisse ist die internationale Staatengemeinschaft noch immer überfordert: 1,2 Mrd. Menschen leben in extremer Armut, jeder achte Mensch hungert [4]. Zugleich befinden sich viele Länder und Volkswirtschaften im Aufbruch: Immer mehr Ressourcen werden benötigt, um Wachstum und Wohlstand zu erwirtschaften; dies sind unbestritten legitime Entwicklungsziele. Doch bereits heute werden mehr Ressourcen verbraucht als nachhaltig verfügbar sind, unter anderem verbunden mit einem dramatischen Verlust von Biodiversität. In tropischen Süßwassersystemen ist der alljährlich ermittelte Living-Planet-Index seit 1970 über 70 % zurückgegangen, kein anderes Biom steht derartig unter Druck wie die globalen Süßwassersysteme (**Bild 1**) [7]. Die Art und Weise, wie Gesellschaften mit Wasser- und Umweltressourcen umgehen, wird zeigen, ob globale Entwicklung, Wachstum und Wohlstand umwelt- und ressourcenschonend und vor allem dauerhaft nachhaltig möglich sein werden. Der World Wide Fund for Nature (WWF) arbeitet mit Partnern aus Regierungen, Wissenschaft, Wirtschaft und Interessensvertretern (Stakeholdern) aller Art in über 100 Ländern für die Bewahrung und verantwortungsvolle Nutzung der natürlichen Lebensgrundlagen mit nachhaltiger wirtschaftlicher Entwicklung.

Die Wasserkraft ist eine bedeutende Komponente weltweiter regenerativer Stromerzeugung und hat noch bedeutendes Entwicklungspotenzial insbesondere in Afrika, Asien und Lateinamerika [3]. Wasserkraft kann eine nachhaltige Form der Stromerzeugung sein: wenn sie am richtigen Ort auf die richtige Weise betrieben wird, aber auch nur dann. Der WWF sieht Wasserkraft als einen Bestandteil eines künftigen klimaneutralen Energiemixes [6].

Die Wasserkrafterzeugung ist eine technisch ausgereifte Technologie und bewährte Form der regenerativen Stromerzeugung. „Regenerativ" ist jedoch nicht per se und automatisch „nachhaltig". Das allgemeine Verständnis der Nachhaltigkeit von Wasserkraft hat seit dem Bericht der Weltkommission für Staudämme (World Commission on Dams, WCD) 2001 [5] weitere Entwicklung erfahren und wird heute breiter denn je anerkannt, auch und vor allem in denjenigen Regionen, wo der internationale Wasserkraftboom stattfindet.

Es gibt wenige Technikfelder, die der Wasserkraft gleichkommen, wenn es um eine größere

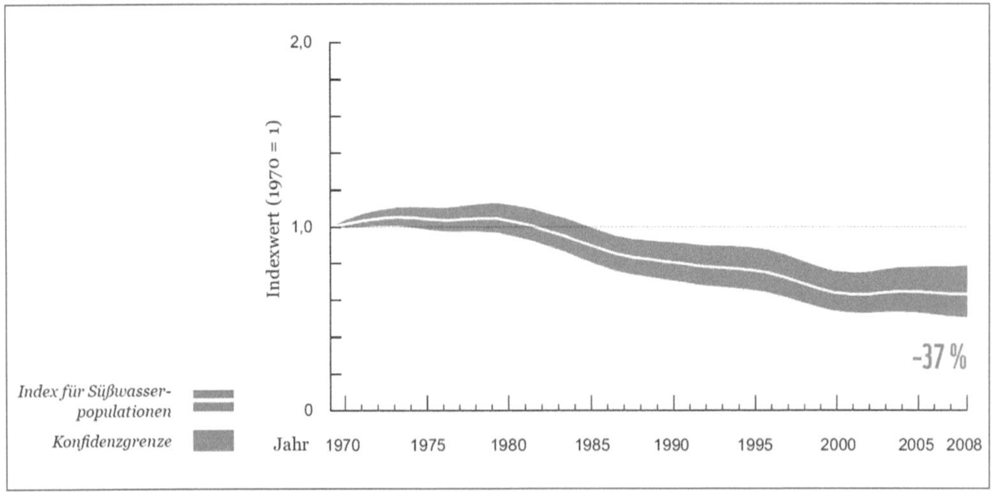

Bild 1: Der Living-Planet-Index für Süßwasserarten: Der globale Index für Süßwasserarten zeigt einen Rückgang von 37 % zwischen 1970 und 2008, der Index für Süßwasserarten der tropischen Zonen fiel in diesem Zeitraum um rund 70 % (aus [7])

Anzahl von Wirkungen (sozial, ökonomisch, Umwelt) und die Zahl direkt oder indirekt Betroffener („Stakeholdern") geht. Kaum eine Technologie kann derartig ein Schlüssel für ökonomische Entwicklung von Volkswirtschaften darstellen und als Mehrzweck-Projekt weitere Bedürfnisse bedienen. Oft stellen Wasserkraftanlagen bedeutende Investitionen dar, welche die Wirtschaftskraft sich entwickelnder Länder bei weitem übersteigen. Wasserkraftanlagen haben als „Infrastruktur-Hardware" keine Lebensdauerbegrenzung: Stauanlagen und ihre Auswirkungen auf Gewässer und Umwelt bleiben für viele Generationen. Daher ist es nicht verwunderlich, dass Vor- und Nachteile bzw. Risiken und Nebenwirkungen von Wasserkraftprojekten oft mit großer Leidenschaft diskutiert werden. Die Kontroversen um Stauanlagen drehen sich üblicherweise um stets wiederkehrende Themen: Projektbegründung und Standortwahl, Risikoeinschätzung und -empfinden gesellschaftlicher, sozialer und Umweltfolgen insbesondere durch Auswirkungen auf den Wasserhaushalt und die Gewässerökologie, volkswirtschaftlicher Nutzen und die „gesellschaftliche Betriebserlaubnis". Umweltthemen beinhalten Fragen der ökologischen Durchgängigkeit von aquatischen und terrestrischen Organismen und des Sedimenthaushalts, der ökologisch erforderlichen Unterwasser-Abgabemenge und Abflussdynamik sowie der davon abhängigen Auswirkungen auf den Fluss und deren Nutzen. Nur von ökologisch intakten Fließgewässern und angeschlossenen Feuchtgebieten sind vielfältige Ökosystemdienstleistungen zu erwarten, die – direkt oder indirekt – den Anrainern und den Volkswirtschaften des Einzugsgebietes nutzen [8].

Stauanlagen haben stets Auswirkungen, positive wie negative. Die resultierenden negativen Auswirkungen – nach allen Vermeidungs-, Minderungs- und Ausgleichsmaßnahmen – sind determiniert und limitiert durch die Standortwahl. Somit ist die Standortwahl eine weichenstellende Grundsatzentscheidung für die Vermeidung negativer Umweltauswirkungen. Daher ist die frühe Kenntnis von prioritär schutzwürdigen Gewässern und Gebieten für Neuplanungen von erheblicher Bedeutung. Sie muss nach Ansicht des WWF zwingender Bestandteil strategischer Umweltplanungen und Flussgebietsplanungen sein, Alternativen und Optionen zu energie- und wasserwirtschaftlichen Grundsatzfragen aufzeigen und begründete und transparente Entscheidungen ermöglichen. Derartige strategische Umweltplanungen sind leider international noch immer keine allgemein gängige Praxis.

All dies sind Aspekte von Nachhaltigkeit, denen sich der Wasserkraftsektor stellen muss und es erfreulicherweise zunehmend auch tut. Stauanlagen

Bild 2: Stakeholder-Konsultation in Laos: Die vielleicht größte Stärke des Protokolls liegt in seinem Kommunikationspotenzial; das Protokoll hat sich bereits vielfach als Stimulanz und als Leitfaden für Stakeholder-Dialoge und -Seminare bewährt (Foto: IHA)

müssen, um ein Mindestmaß an sozialer und ökologischer Nachhaltigkeit zu garantieren, strikt anhand von Nachhaltigkeitskriterien überprüft werden. Gegebenenfalls müssen geplante Projekte angepasst oder gestoppt werden. Wer langfristig eine Stauanlage erfolgreich betreiben will, dem kann eine behördliche Baulizenz nicht ausreichen. Die Betreiber müssen bei derartigen Großprojekten auch eine „gesellschaftliche Betriebserlaubnis“ erhalten. Akzeptanz bei der Bevölkerung ist die Grundlage eines nachhaltigen Managements. Nur die stetige Verbesserung des Wasserkraftsektors kann bewirken, dass der unbestreitbare Nutzen der Wasserkraft auf Akzeptanz stößt.

Die Aufgabe des Nachhaltigkeitsprotokolls für Wasserkraft ist es „Nachhaltigkeit in der Wasserkraft zu messen und zu beständiger Verbesserung zu führen“ [2]. Der WWF hat 2008 beschlossen, diesen Prozess mit zu initiieren und anhaltend zu unterstützen.

2 Was das Protokoll leisten kann

Das internationale Nachhaltigkeitsprotokoll für Wasserkraft (Hydropower Sustainability Assessment Protocol, HSAP, nachfolgend „das Protokoll“ genannt) ist aus einem dreijährigen Multi-Stakeholder-Prozess – dem „Forum“ – entstanden. Die Arbeit des Forums war gekennzeichnet von kritischem Dialog, dem gemeinsamen und gegenseitigen Lernen, dem sich entwickelnden Verständnis für Perspektiven und Positionen der anderen Forumsteilnehmer sowie von dem gemeinsamen Willen, eine gute und praktikable Konsenslösung zu finden. Entwurfsfassungen wurden zwei globalen Test- und Konsultationsphasen unterzogen und führten zu dem heutigen, zunehmend weithin anerkannten und unterstützen Nachhaltigkeitsprotokoll für Wasserkraft. Auf der Internetpräsenz des Protokolls (www.hydrosustainability.org) sind das Protokoll, dessen Governance-Struktur, die Dokumentation des Forums-Prozesses und vielfältige Hintergrundinformation zu finden [2].

Die breite Zustimmung und Integrität des Protokolls stützt sich im Wesentlichen auf drei Säulen:

i) dem transparenten Entstehungsprozess im Multi-Stakeholder-Forum mit freier Zugänglichkeit aller Dokumente,
ii) Charta und Nutzungsregeln und dem gewählten Governance Council sowie
iii) Qualität und die überparteiliche Unabhängigkeit der akkreditierten Auditoren.

Auf diese Weise wird der Gefahr begegnet, dass etwa die Anforderungen des Protokolls einseitig verändert werden (z. B. in Übersetzungen oder in regionalem Kontext) oder dass regelwidrig öffentliche Aussagen („Claims“) getätigt werden (z. B. regelwidrige Veröffentlichung von Ergebnissen nicht-offizieller Audits). Ein offizielles Audit produziert eine unabhängige Bewertung in allen relevanten Nachhaltigkeits-Aspekten. Eine Gewichtung der Aspekte findet nicht statt, ebenso wenig wird ein Gesamtergebnis etwa als Summenparameter oder Mittelwertbildung produziert, da ansonsten Lücken bei einzelnen Aspekten in einer Gesamtdarstellung unbemerkt blieben.

Der Wert von Protokollaudits ist damit offensichtlich: Man kann „Etwas“ nur qualifiziert diskutieren oder verbessern, wenn dieses „Etwas“ nachweisbar beschrieben und gemessen ist. Ähnlich etwa einem Gesundheitscheck kann ein Protokollaudit vom Projekteigner somit zur Risikobewertung eingesetzt werden, z. B. zur Entscheidungsfindung über die Freigabe einer Anlagenneuplanung, zum Übergang in eine weitere Planungsphase oder zu Verhandlungen über Projektfinanzierungen. Ein Auditergebnis kann ein wertvolles Mittel sein, um mit Stromkäufern, Investoren und Regulierungsinstanzen in Verhandlungen zu treten. Selbst unterhalb der Schwelle eines offiziellen Audits kann das Protokoll nützliche Dienste leisten, als Management-Tool für Entwickler und Betreiber einer oder mehrerer Anlagen, zur Risikobeurteilung einer potenziellen Akquisition oder auch schlicht als interne Checkliste. Kritische Parteien – zum Beispiel Umweltverbände – können ihre Position überprüfen: Ist ein Wasserkraftprojekt unakzeptabel, tolerierbar, verbesserungsfähig oder unterstützenswert?

Die vielleicht größte Stärke des Protokolls liegt aber in seinem Kommunikationspotenzial. Das Protokoll hat sich bereits vielfach als Stimulanz und als Leitfaden für Stakeholder-Dialoge und -Seminare bewährt (**Bild 2**). Das Netzdiagramm eines Auditergebnisses gibt in einfacher und allgemein verständlicher Weise das „Nachhaltigkeitsprofil“ einer Wasserkraftanlage wieder und trägt damit dazu bei, Diskussionen zu strukturieren und zu versachlichen.

3 Ein vorläufiges Fazit

Das Nachhaltigkeitsprotokoll für Wasserkraft ist seit 2011 veröffentlicht und damit noch ein junger internationaler Prozess. Noch sind bei weitem nicht alle Möglichkeiten der Anwendung in der Praxis erfolgt oder ersichtlich. Versuche, das Protokoll zum „Greenwashing“ zu missbrauchen, konnten bislang unterbunden werden. Wir werden in wenigen Jahren wissen, ob die Hoffnungen, die wir in das Protokoll gesetzt haben, berechtigt waren und ob es den Herausforderungen standhält.

Wie sind unsere Erfahrungen bisher?

An die Stelle bisheriger Unsicherheit, Verwirrung und lokaler Interpretationen über die Definition und Umsetzung von „Nachhaltigkeit in der Wasserkraft“ ist das Protokoll mit einem globalen Rahmenwerk getreten. Nachhaltigkeit im Wasserkraftsektor ist nun objektiv messbar und global vergleichbar. Das beeinflusst letztendlich viele maßgebende Wirtschaftsfaktoren über Investitions- und Konsumentenentscheidungen.

Projektrisiken, -stärken und -schwächen werden erkennbar. Damit können Positions- und Entscheidungsfindung unterstützt werden, etwa über den Projektfortgang oder -abbruch, Verbesserung von Schwachstellen und über den Umgang mit Unwägbarkeiten und Risiken. Maßnahmen zur Verbesserung können zielgerichtet angesetzt werden, bevor signifikante und schwer umkehrbare Investitionsentscheidungen getroffen werden oder schwere Konflikte entstehen.

Große Herausforderungen bestehen nach wie vor: Inwieweit das Protokoll für nachhaltige Entwicklung beispielsweise in Afrika wertvoll ist, hängt in großem Maße vom exportorientierten chinesischen Wasserkraftsektor ab. Auch muss sich der Wert des Protokolls in der Frühphase von Flussgebietsplanungen und strategischen Umweltprüfungen noch zeigen.

Wir begrüßen sehr, dass Vorreiter innerhalb der Wasserkraftindustrie das Protokoll in seiner Entstehung unterstützt haben und es sowohl aktiv anwenden als auch verbreiten. Sie haben erkannt, dass Nachhaltigkeit ihrer Produkte kein teurer Luxus ist, sondern ein Qualitätsmerkmal. Partner und Mitbewerber werden ihnen folgen. Dies trägt dazu bei, dass die Wasserkraft – sowohl bei bestehenden Anlagen als auch bei in Planung befindlichen Projekten – insgesamt besser wird und sich zu echter Nachhaltigkeit entwickeln kann.

Autor

Dr.-Ing. Jian-hua Meng
World Wide Fund for Nature – WWF
Reinhardtstrasse 16
10117 Berlin
jianhua.meng@wwf.de

Literatur

[1] Deutsche Bundesregierung (Hrsg.): The Water, Energy and Food Security Resource Platform Nexus (www.water-energy-food.org/; Aufruf. 08.02.2014).

[2] International Hydropower Association: Hydropower Sustainability Assessment Forum Hydropower Sustainability Assessment Protocol – Documents (www.hydrosustainability.org/Protocol/Documents.aspx; Aufruf: 08.02. 2014).

[3] IEA (Hrsg.): Technology Roadmap Hydropower. Paris, 2012.

[4] UNDP (Hrsg.): The Millennium Development Goals Report. 2013.

[5] World Commission on Dams: Dams and Development: A new Framework for decision-making. 2000.

[6] WWF; Ecofys (Hrsg.): The Energy Report – 100% Renewable Energy by 2050. Gland, 2011.

[7] WWF (Hrsg.): Living Planet Report 2012, Gland, 2012.

[8] WWF (Hrsg.): The Seven Sins of Dams Building. Gland und Berlin, 2013.

Jian-hua Meng

The Hydropower Sustainability Assessment Protocol in the View of WWF

The Hydropower Sustainability Assessment Protocol was developed as a multi-stakeholder tool to measure sustainability performance in hydropower projects and to guide improvements in the sector. The Protocol is applied as a tool for risk management, for communications and negotiations with stakeholders and as a supporting tool for informed decision-making. WWF as an environmental advocacy organisation believes that the Protocol can improve hydropower's environmental performance, and has been continuously supporting this process since 2008.

Джиан-хуа Менг

«Протокол оценки устойчивого развития гидроэнергетических проектов» с точки зрения Всемирного фонда дикой природы (WWF)

«Протокол оценки устойчивого развития гидроэнергетических проектов (Hydropower Sustainability Assessment Protocol / HSAP)» был разработан с целью получения возможности оценки устойчивого развития гидроэнергетических проектов и для стабильного улучшения в области международного гидроэнергетического сектора. «Протокол» применяется как инструмент в области менеджмента рисков, для поддержки при принятии решений и для связи между группами представителей с различными интересами. Международный Фонд защиты дикой природы (WWF) уже в 2008 году был частью Форума по устойчивому развитию гидроэнергетических проектов, который инициировал и в течение длительного времени поддерживает этот процесс.

Barbara Fischer-Aupperle

Motivation eines Lieferunternehmens zur Unterstützung und Messung von Nachhaltigkeit bei der Planung und Umsetzung von Wasserkraftprojekten

Nachhaltigkeit steht bei global agierenden Unternehmen sowie ganzen Industrien immer häufiger auf der Agenda und umfasst inzwischen oft eine ganzheitliche Sicht aus Ökonomie, Ökologie und Sozialem. Voith hat seit 2009 seine Nachhaltigkeitsstrategie und das dazu notwendige Reporting begonnen und berichtet nach Global Reporting Initiative (GRI). Das Unternehmen hat seinen internen Ressourcenverbrauch mit klaren Zielen für die Reduktion von Wasser, Abfall und Energie verbunden, schaut aber auch auf technologische Lösungen mit Schwerpunkt auf Umweltlösungen im Betrieb einer Anlage bzw. auf Maschinen- und Komponentenebene. Dabei hält das Unternehmen ein unter „HyEco" vermarktete Reihe von konstruktiven Lösungen bereit, wie z. B. fischfreundliche oder belüftende Laufräder, Erosionsschutz, aber auch ölfreie Komponenten. Ein weiterer – externer – Aspekt bezieht sich auf die Realisierung nachhaltiger Wasserkraft und die Messung von Nachhaltigkeit durch das so genannte „Hydropower Sustainability Assessment Protocol". Dieses Instrument wurde durch eine Vielzahl von Bezugsgruppen in einem „Multi-Stakeholder-Forum" und der International Hydropower Association (IHA) entwickelt und hat dabei intensive Unterstützung durch Voith Hydro erfahren.

1 Nachhaltigkeit als Konzernphilosophie bei Voith

Nachhaltigkeit steht bei global agierenden Unternehmen und ganzen Branchen immer häufiger auf der Agenda. Während hierbei noch immer häufig hauptsächlich ökologische oder soziale Auswirkungen angesprochen werden, umfasst die ganzheitliche Betrachtung und Definition des Konzeptes Nachhaltigkeit die gleichgewichtige Einbeziehung von wirtschaftlichen, ökologischen und sozialen Aspekten (**Bild 1**).

Welche Aspekte von Nachhaltigkeit in Unternehmensaktivitäten zum Vorschein kommen, ist nur ein Teil des Begriffsverständnisses. Eine andere, oftmals unterschätzte Seite ist die technische bzw. technologische Ebene, auf der Beiträge für nachhaltige Lösungen entwickelt und in die Praxis umgesetzt werden können. Voith hat sich seit 2009 mit seinen vier Konzernbereichen zu einer unternehmensweiten Nachhaltigkeitsstrategie entschlossen und begonnen, sein Handeln darauf auszurichten (**Bild 2**). Der neben Turbo, Paper und Industrial Services dazu gehörende Konzernbereich Hydro ist seit Jahrzehnten führender Lieferant von elektromechanischer Ausrüstung und Dienstleistungen in Wasserkraftanlagen.

2 Aspekte der Nachhaltigkeit und Verantwortlichkeiten bei Voith und Voith Hydro

Ein wichtiger Aspekt der Nachhaltigkeitsstrategie bei Voith betrifft das unternehmensinterne Ressourcen-Management. Voith veröffentlicht seit 2010 einen Nachhaltigkeitsbericht und hat sich Ziele mit einem hohen Fokus auf die internen Um-

Bild 1: Umfassend gedachte Nachhaltigkeit in der Wasserkraft umfasst ökonomische, ökologische und soziale Aspekte gleichermaßen

weltaspekte gesetzt: Sie beinhalten klare Zielvorgaben für die Reduktion von Wasser- und Energieverbrauch sowie ein geringeres Abfallaufkommen.

Ein weiterer Aspekt von Nachhaltigkeit bezieht sich deutlich auf die Verantwortung von Unternehmen, ihr Produktportfolio technologisch so auszurichten und stetig zu optimieren, dass es die wirtschaftlichen, ökologischen und sozialen Auswirkungen stets im Blick hat (**Bild 3**). Voith berichtet darüber auf Basis des globalen Nachhaltigkeitsstands GRI (Global Reporting Initiative, Version 3.1): Der jährlich und mittlerweile auf vier Jahre zurückblickende Nachhaltigkeitsbericht des Konzerns stellt die Ziele des Unternehmens für verbesserte Nachhaltigkeit in allen Unternehmensaktivitäten dar.

Welchen Beitrag kann die Technik leisten?

Technische Lösungen, die sich auf weiter verbesserte Umweltauswirkungen beim Betrieb von Wasserkraftanlagen beziehen (**Tabelle 1**), sind eindeutig möglich und werden von Voith Hydro in einer Reihe von maschinenbezogenen Lösungen für Wasserkraftwerksbetreiber angeboten. Es handelt sich beispielsweise um fischfreundliche oder belüftende („Aerating Runners") Laufrad-Designs zur Erhöhung von Fischpassagen oder einer Verbesserung des Sauerstoffgehalts im Unterwasser (**Bilder 4 bis 6**), Erosionsschutz für wasserberührte Komponenten für eine nachhaltig verlängerte Lebensdauer der Maschinen sowie ölfreie Lösungen durch den Einsatz von wassergeschmierten Lagern (**Bild 7**) – darunter auch Anwendungen mit Meerwasser-Schmierung für marine Technologien – und auch ölfreie Naben. Diese Lösungen und Produkte werden von Voith Hydro unter dem Namen „HyEco" angeboten.

Nachhaltigkeit in bestehenden und neuen Wasserkraftwerken

Ein weiterer, extern ausgerichteter Aspekt ist die nachhaltige Umsetzung von Wasserkraftprojekten von der Projektentwicklung bis zum Betrieb. Idealerweise bezieht dieser Aspekt alle von einem solchen Projekt betroffenen Bezugs-Gruppen (stakeholders) und ihre Interessen (stakes) ausgewogen und gut umgesetzt ein.

Bild 3: Auf technologischer Ebene kann mit besonders umweltfreundlichen Produktlösungen die Nachhaltigkeit von Wasserkraft weiter optimiert und verbessert werden

3 Nachhaltigkeitsansätze in der Wasserkraftindustrie

Die Gesamtbeurteilung der Nachhaltigkeit von Wasserkraftwerken oder deren Planung wird von Voith Hydro seit langer Zeit über die Beteiligung an der Erstellung und Einführung des Protokolls zur Bewertung der Nachhaltigkeit von Wasserkraftwerken (Hydropower Sustainability Assessment Protocol (HSAP)) unterstützt. Die gegenwärtige Fassung des Protokolls wurde von einer Reihe von Bezugs-Gruppen in einem so genannten „Multi-Stakeholder-Forum" sowie der International Hydropower Association (IHA) erarbeitet.

Das Protokoll wird als das derzeit am besten geeignete verfügbare Instrument zur Nachhaltigkeitsmessung aller Phasen von Wasserkraftwerken betrachtet – von der Anfangsphase über die Planung,

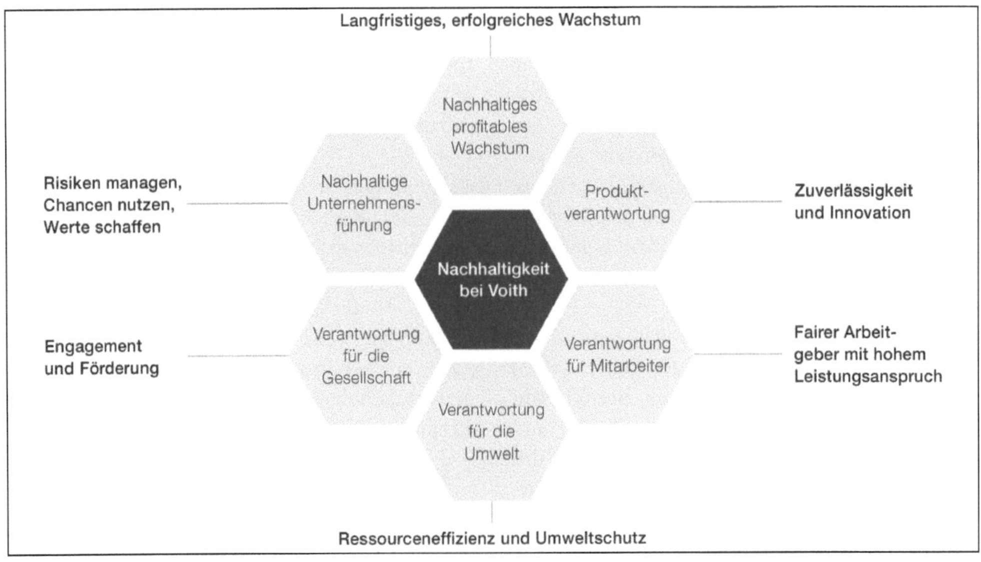

Bild 2: Handlungsfelder der Nachhaltigkeit bei Voith

Vorbereitung und den Bau bis hin zum Betrieb.

Wasserkraftwerke stehen länger und immer wieder stark unter Beobachtung bzw. sind Gegenstand öffentlicher Kritik, insbesondere wenn es sich um Großprojekte handelt, die Auswirkungen auf Landschaft, Flussläufe, Wasserverläufe und die lokale Bevölkerung haben. Als besonders umstritten erweisen sich hierbei die Veränderung bestehender Wasserströme mit den entsprechenden Auswirkungen auf Landschaft, Landwirtschaft und lokale Strukturen bezüglich Handel oder Selbstversorgung, wie Fischerei, aber auch Biodiversität in und um das ökologische System Wasser, sowie auf lokale Bevölkerungsgruppen durch Umsiedlungen.

Der Nachhaltigkeitsansatz von Voith und Voith Hydro – auch für Wasserkraft

Zur Umsetzung „nachhaltiger" Wasserkraftprojekte und das Erfordernis einer neutralen und professionellen Beurteilung aller Gesichtspunkte – wirtschaftlich, ökologisch und sozial – hat sich das Protokoll als am besten geeignet erwiesen. Daher unterstützt Voith Hydro dieses Protokoll und seine Anwendung schon seit längerer Zeit, sowohl im Rahmen seiner Präsenz im IHA-Board als auch in der Hydro Equipment Association (HEA). Die Frage, warum ein Ausrüster ein solches Prozesswerkzeug so stark fördert, lässt sich klar mit seinen geschäftlichen Interessen ebenso wie mit einem starken Verantwortungsbewusstsein für seine Produkte und ihren Einsatz beantworten.

Die Unterstützung zur Verbreitung und Anwendung des Protokolls ist Bestandteil der Denkweise der weltweiten Voith-Hydro-Vertriebsorganisationen, in denen Mitarbeiter durch Nachhaltigkeits-Workshops in Europa, Nord- und Südamerika sowie Asien geschult werden, um Kenntnis und Bewusstsein über dieses Instrument auch bei Kraftwerksbetreibern und -eigentümern erhöhen zu können.

Darüber hinaus fanden im letzten Jahr zwei Stakeholder-Workshops statt, deren Teilnehmer u. a. von international agierend Beratungsfirmen und Finanzinstituten in Deutschland gemeinsam mit der IHA das Protokoll als Instrument näher bekannt gemacht wurde, um auch hier Verbreitung und Beschäftigung mit dem Instrument zu fördern. Voith Hydro ist als Mitglied von HEA auch Nachhaltigkeitspartner der IHA und hat außer-

Tab. 1: Nachhaltigkeitsthemen, die im Hydropower Sustainability Assessment Protocol angesprochen wurden [1] und – rot eingerahmt – Themen, bei denen Ausrüster einen wichtigen Beitrag zur Nachhaltigkeit eines Projektes durch technische Lösungen leisten können (englische Originalversion)

Cross-Cutting	Environmental	Social	Technical	Economic/Financial
Climate Change	Downstream Flow Regimes	Resettlement	Siting and Design	Financial Viability
Human Rights	Erosion and Sedimentation	Indigenous Peoples	Hydrological Resource	Economic Viability
Gender	Water Quality	Public Health	Infrastructure Safety	Project Benefits
Livelihoods	Biodiversity and Invasive Species	Cultural Heritage	Asset Reliability and Efficiency	Procurement

Bild 4: Alden Turbine: Voith und das Alden Research Laboratory haben ein innovatives Laufrad-Konzept entwickelt, das die Fischfreundlichkeit von Wasserkraftwerken weiter verbessert

dem den stellvertretenden Vorsitz der „Chamber for Contractors, Consultants, Suppliers" im Rahmen der neugegründeten Protocol-Governance-Organisation inne. Im Rahmen der Nachhaltigkeitspartnerschaft mit der IHA haben inzwischen alle HEA-Mitglieder entsprechende Workshops in den jeweiligen Hauptsitzen ihrer Unternehmen abgehalten.

5 Fazit

Entscheidungen über wirtschaftliche, ökologische und soziale Aspekte, die auf der Basis eines Nachhaltigkeits-Messinstruments getroffen werden, führen weltweit zu einer Grundlage für eine nachhaltige Wasserkraftprojekt-Realisierung. Die Anwendung und Messung wird dazu beitragen, die Interessen und Bedürfnisse aller Beteiligten eines Projektes von vorne herein zu integrieren sowie zu berücksichtigen und damit den vielfältigen Interessen von Natur, Menschen und Wirtschaft in einem

Bild 5: Aerating Runner: Zur Verbesserung der Wasserqualität entwickelt Voith neueste Technologien für belüftende Turbinen, die den Gehalt an gelöstem Sauerstoff im Wasser erhöhen

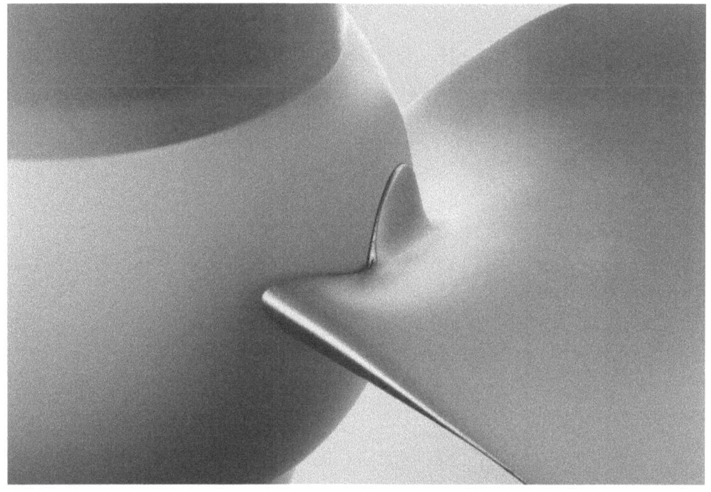

Bild 6: Minimum Gap Runner: Durch die Minimierung von Spalten zwischen den Laufradschaufeln minimiert kann die Überlebensrate von Fischen zusätzlich gesteigert werden

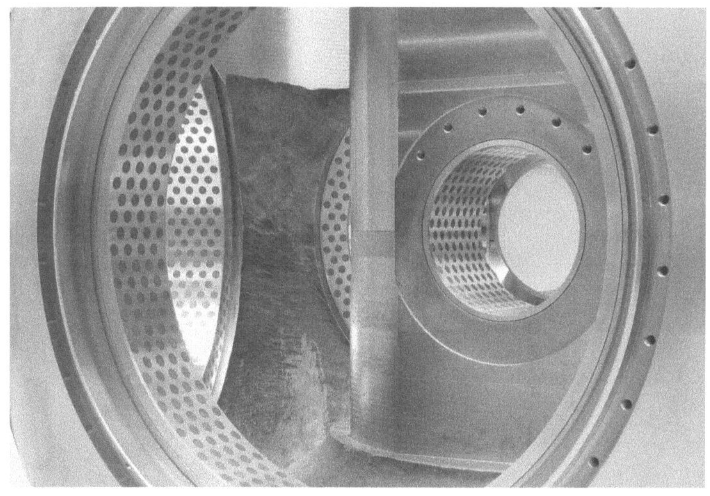

Bild 7: Ölfreie Naben helfen, das Wasser vor dem Risiko einer Verunreinigung zu schützen

Konzept für sauberen, erneuerbare und nachhaltige Stromerzeugung und -versorgung dienen.

Die Hauptpunkte in der weiteren Verbreitung des Protokolls sind:

- Erweiterung des Teilnehmerkreises durch Einladung und Mitwirkung weiterer führender Unternehmen im Beratungs- und Lieferantenbereich.
- Verstärkte Anwendung und erhöhte Zahl offizieller Messungen („Assessments") von Wasserkraftwerken in allen Phasen.
- Einsatz des Protokolls als Planungs- und Entscheidungsinstrument für Planungsprozesse auf Behörden-, Regierungs- und Industriebasis.
- Verwendung des Protokolls als synergieerzeugendes Instrument für Genehmigungsprozesse bei Finanzierungs- und Entwicklungshilfe-Institutionen sowie Banken zur Vermeidung wiederkehrender, gleichartiger Genehmigungs- oder Verfahrensschritte während des gesamten Prozesses der Planung und Realisierung von Wasserkraftwerken.

In diesem Zusammenhang begrüßen wir es sehr, dass internationale Institutionen zur Kreditfinanzierung – wie OECD, Euler Hermes und Österreichische Kontrollbank (ÖKB) – das Protokoll als valides Instrument und wertvolle Ergänzung bzw. Vervollständigung institutioneller Richtlinien bei

Genehmigung und Finanzierung von Projekten ansehen, das die verantwortungsvolle und nachhaltige Durchführung von Wasserkraftanlagen in höchstem Maße sichert.

Technologieaspekte im Protokoll

Mit Hilfe technischer Lösungen können Lieferanten und Ausrüster klar auf doppelte Weise zu nachhaltiger Wasserkraft beitragen: Zum einen kann auf die Bewertungsaspekte des Protokolls, die über die Lieferung von Ausrüstungskomponenten hinausgehen, mit Lösungen Einfluss genommen werden, die sich positiv auf Hydrologie, Biodiversität, Erosion und Sedimentierung, Wasserqualität und somit die Lebensbedingungen für Pflanzen und Tiere im Wasser, aber auch Sicherheit etc. auswirken. Zum anderen gibt es bereits heute speziell entwickelte Produktlösungen, die zeigen, dass moderne Technologie umfassend und in hohem Maße zur Realisierung von Nachhaltigkeitszielen auf Umwelt- und Sozialebene beitragen kann.

Autorin

Barbara Fischer-Aupperle
Voith Hydro Holding GmbH & Co. KG
Alexanderstrasse 11
89522 Heidenheim
barbara.fischer-aupperle@voith.com

Literatur

[1] International Hydropower Association (Hrsg.): Hydropower Sustainability Assessment Protocol. London, 2010.

Barbara Fischer-Aupperle

Motivation of a Hydropower Equipment Supplier to pursue the Application of a Sustainability Measurement Tool in Hydropower Planning and Implementation

Sustainability is an issue emerging more and more on a global basis for enterprises and sectors, and meanwhile often embraces a holistic view of economic, environmental and social impacts. Voith has started to develop its internal sustainability path and reporting according to GRI (Global Reporting Initiative) in 2009 and has developed among others its internal resource use with clear targets for reduction of water, waste and energy. At the same time, the company has looked at technological solutions within its product portfolio for mainly environmental enhancement of hydropower operations and through various machine-related design offers, such as fish-friendly designs, aerating runners, erosion protection, and oil-free solutions, now offered under its „HyEco" label. An additional, also externally oriented aspect is the realization of hydropower projects by measuring sustainability through the Hydropower Sustainability Assessment Protocol. This tool was developed towards its current version by a variety of respective groups in a Multi-stakeholder Forum and the International Hydropower Association (IHA) and has long been supported by Voith Hydro.

Барбара Фишер-Аупперле

Мотивация предприятия-поставщика в вопросах поддержки устойчивого развития гидроэнергетических проектов и проведения оценки при планировании и реализации проектов

Устойчивое развитие все чаще стоит на повестке дня предприятий, работающих на мировом уровне, а также целых отраслей. Часто это понятие является целостным и включает в себя экономические, экологические и социальные аспекты. Компания Voith начала претворять в жизнь стратегию устойчивого развития и разрабатывать относящуюся к этому необходимую отчетность с 2009 года; в настоящее время отчетность составляется в соответствии с Глобальной инициативой по отчетности (Global Reporting Initiative / GRI). Компания имеет свои внутренние ресурсы, связанные с четко поставленными целями по уменьшению отходов, сокращению расходования воды и энергии; при этом при эксплуатации объекта, оборудования или компонентов оборудования особое внимание обращается на технологические решения с акцентом на экологию. При этом предприятие имеет «в запасе» ряд конструктивных решений, выведенных на рынок под маркой «ГиЭко» (HyEco), как например, рабочие колеса турбин с вентиляцией или благоприятной для рыб конструкцией, противоэрозийные средства или не требующие масляной смазки компоненты. Другой – внешний – аспект относится к реализации принципа устойчивого развития гидроэнергетических проектов и проведения оценки устойчивого развития, так называемый «Протокол оценки устойчивого развития гидроэнергетических проектов (Hydropower Sustainability Assessment Protocol)». Этот инструмент был разработан с участием большого числа заинтересованных сторон в Форуме по устойчивому развитию гидроэнергетических проектов и Международной ассоциации гидроэнергетики (International Hydropower Association / IHA) и получил при этом интенсивную поддержку со стороны компании Voith Hydro.

Philip Koelle-Nebelsiek

Anwendbarkeit des Protokolls zur Bewertung der Nachhaltigkeit von Wasserkraftwerken bei staatlichen Exportkreditgarantien

Staatliche Exportkreditgarantien sichern Auslandsgeschäfte gegen wirtschaftliche oder politische Risiken ab. Ein Bestandteil der Prüfung der Förderungswürdigkeit ist dabei die Betrachtung der Umwelt- und Sozialaspekte. Die maßgeblichen Standards sind im Bereich Wasserkraft allerdings nicht immer umfassend, so dass das Protokoll zur Bewertung der Nachhaltigkeit von Wasserkraftwerken (Hydropower Sustainability Assessment Protocol, HSAP) als ein zusätzliches Bewertungsinstrument zur Anwendung kommt. Seit seiner Implementierung 2010 ist das HSAP zu einem wichtigen Wegweiser für die Prüfung von Nachhaltigkeitsaspekten geworden.

1 Hermesdeckungen

Seit mehr als 60 Jahren sichern staatliche Exportkreditgarantien (sogenannte Hermesdeckungen) Auslandsgeschäfte gegen wirtschaftliche oder politische Risiken ab [1]. Die Übernahme von staatlichen Exportkreditgarantien geschieht unter zwei grundlegenden Bedingungen: das Geschäft wird seitens des Bundes als förderungswürdig und risikomäßig vertretbar eingeschätzt.

Die Federführung für die Übernahme von Exportkreditgarantien der Bundesrepublik Deutschland liegt beim Bundesministerium für Wirtschaft und Energie (BMWi). Die Geschäftsführung der staatlichen Exportkreditgarantien hat die Bundesregierung einem Konsortium bestehend aus der Euler Hermes Deutschland AG (Euler Hermes) und der PricewaterhouseCoopers AG WPG (PwC) übertragen.

Bei der Frage nach der Förderungswürdigkeit eines Auslandsgeschäftes werden neben möglichen positiven Effekten für den Wirtschaftsstandort Deutschland auch Umwelt- und Sozialaspekte in die Analyse mit einbezogen und geprüft, ob Lieferungen und Leistungen im Einklang mit entsprechenden Standards der Weltbankgruppe stehen, zu deren Einhaltung sich der Bund im Rahmen von OECD-Vereinbarungen verpflichtet hat.

2 Umwelt- und Sozialverträglichkeitsprüfung

Ökologie, Ökonomie und soziale Aspekte bilden die drei Seiten des Nachhaltigkeits-Dreiecks. Diese Aspekte haben in zunehmendem Maße an Bedeutung gewonnen. Die Bundesregierung ist bestrebt, dieser Entwicklung bei der Vergabe von staatlichen Exportkreditgarantien Rechnung zu tragen und so einen Beitrag zu einer globalen nachhaltigen Entwicklung durch Förderung sozial und ökologisch nachhaltiger Projekte zu leisten.

Die Bedeutung einer systematisierten Nachhaltigkeitsprüfung hat in den letzten Jahren aufgrund der Weiterentwicklung internationaler Standards, aber auch vor dem Hintergrund eines gesteigerten öffentlichen Bewusstseins für das Thema, an Umfang und Komplexität deutlich zugenommen. Im Interesse gleicher Wettbewerbsbedingungen („level playing fields") wurde das Verfahren der Nachhaltigkeitsprüfung unter

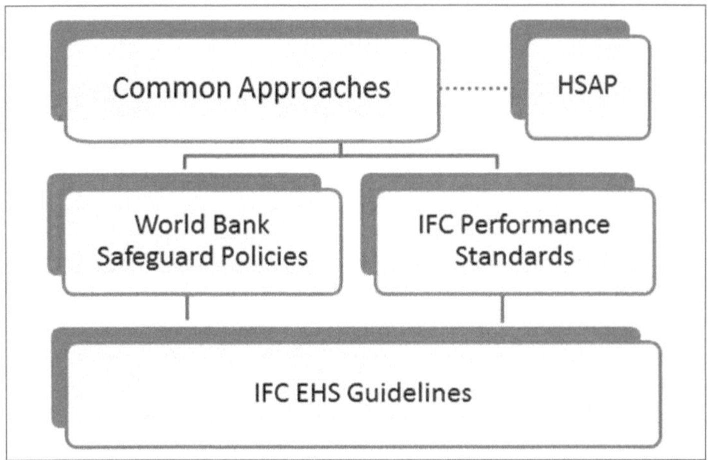

Bild 1: Schematische Darstellung Prüfstandards

den Mitgliedsstaaten der OECD weitgehend harmonisiert [2].

3 Angewandte Prüfstandards

Die OECD-Leitlinien („Recommendation of the Council on Common Approaches for officially supported Export Credits and Envrionmental and Social Due Diligence", kurz "Common Approaches") [3] sehen je nach Projektkonstellation eine Prüfung nach den Performance Standards der International Finance Corporation (IFC) [4], den Safeguard Policies der Weltbank [5] und den Environmental Health and Safety Guidelines (EHS) der IFC [6] vor.

Die Common Approaches wurden als Regelwerk für Nachhaltigkeitsaspekte innerhalb der OECD-Mitgliedsländer implementiert, um ein einheitliches Vorgehen aller Exportkreditagenturen (Export Credit Agencies; ECA) zu gewährleisten. Die Common Approaches beschreiben die grundsätzlichen Vorgaben für eine Prüfung und legen fest, welche Prüfmaßstäbe anzulegen sind (**Bild 1**).

Die Safeguard Policies der Weltbank sind dagegen ein Rahmenwerk mit Verweisen auf technische Standards, die üblicherweise im Zuge der Prüfung von Exportkreditgarantieübernahmen durch die ECA angewandt werden. Bezüglich der

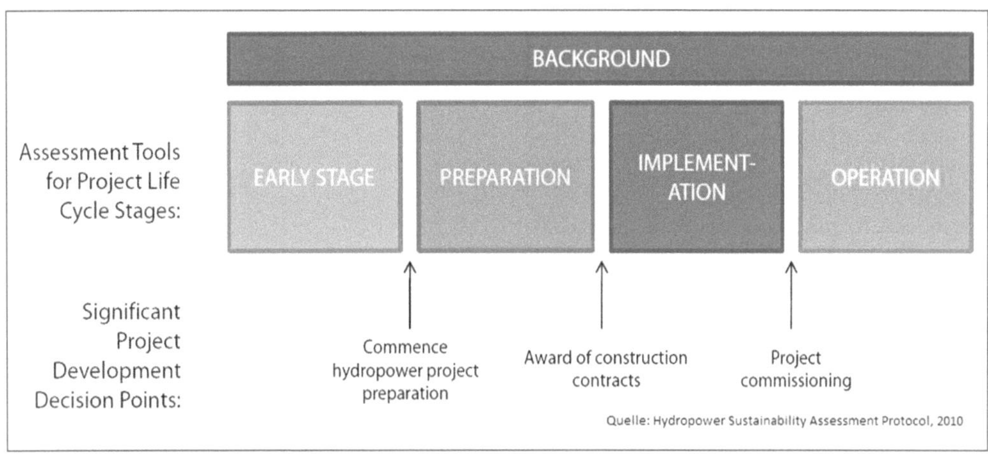

Bild 2: Die vier Phasen des HSAP

Realisierung von Wasserkraftprojekten sind hiervon zwei Richtlinien hervorzuheben: die Operational Policy for Safety on Dams (WB SP 4.37) und die Operational Policy for Projects on International Waterways (WB SP 7.50).

4 Das Hydropower Sustainability Assessment Protocol

Die IFC hat sich in der Vergangenheit für einige Zeit nicht mehr an Wasserkraftwerksprojekten beteiligt, so dass es in den Environmental Health and Safety (EHS) Guidelines keine anzuwendende Richtlinie zu diesem Thema gibt.

Die Common Approaches verweisen in ihrer aktuellen Fassung auf das Hydropower Sustainability Assessment Protocol (HSAP) [7] als eine mögliche Unterstützung bei der Prüfung von Wasserkraftprojekten. Ein bedeutender Unterschied zu den EHS Guidelines ist, dass sich diese als technische Richtlinie verstehen und umfangreiche Tabellen mit Grenz- und Prüfwerten enthalten, während das HSAP eine Bestandsaufnahme darstellt und nicht als Prüfstandard zu verwenden ist [8]. Das Protokoll wurde durch den Internationalen Wasserkraftverband (International Hydropower Association, IHA) erstellt und ist das Ergebnis eines mehrjährigen Konsultationsprozesses mit Interessensgruppen („Stakeholder") aus allen Bereichen (NGO, Regierungsvertretern, Banken und Industrie). Es besteht aus vier Abschnitten, die auf die verschiedenen Phasen eines Projektes eingehen und die unabhängig voneinander anwendbar sind. Die Abschnitte des HSAP lassen sich wie folgt beschreiben (**Bild 2**):

Phase 1: Early Stage

In dieser frühen Phase des Projekts werden die wesentlichen potenziellen Risiken und die Möglichkeiten für Optimierungen identifiziert. Im Gegensatz zu den weiteren Kapiteln ist in diesem Abschnitt die Vergabe von Bewertungspunkten nicht vorgesehen. Da in dieser Projektphase in der Regel noch keine Investitionsentscheidungen getroffen wurden, wird dieser Teil oft vertraulich behandelt. Der Übergang zur nächsten Phase erfolgt üblicherweise mit der Durchführung einer Machbarkeitsstudie, welche die Themen Umwelt, Soziales sowie technische und finanzielle Aspekte adressiert.

Phase 2: Preparation

Die vorbereitende Projektphase ist gekennzeichnet durch die Vorplanung und das Design. Üblicherweise wird im Rahmen dieser Phase der nationale Genehmigungsprozess vorangetrieben und die Anforderungen des Environmental & Social Impact Assessments (ESIA) sowie die Management Prozesse implementiert. Werden alle Anforderungen an das Projekt erfüllt, so ist dies ein wichtiger Meilenstein für die Entscheidung, das Projekt weiter voranzubringen. Diese Phase endet in der Regel mit der Vergabe der Bauleistungen.

Phase 3: Implementation

Der Hauptfokus dieses Kapitels liegt auf der Umsetzung von Managementprozessen. In dieser Phase kann auch bereits eine Teilinbetriebnahme von Komponenten erfolgen, sofern die erforderlichen Managementpläne erfolgreich implementiert wurden. Die Phase endet mit der vollständigen Inbetriebnahme der Anlage.

Phase 4: Operation

Das HSAP untersucht und bewertet abschließend die Umsetzung der geplanten Maßnahmen während der Betriebsphase. Begleitet wird diese Phase durch ein Monitoring und einen kontinuierlichen Verbesserungsprozess.

Das HSAP ermöglicht es somit, Wasserkraftwerksprojekte neben technischen und hydrologischen Themen hinsichtlich ihrer Nachhaltigkeitsaspekte, wie z. B. der Folgen für die Biodiversität, für (indigene) Bevölkerungsgruppen und für die Wasserqualität im Einzugsgebiet von Anlagen, zu untersuchen, zu bewerten sowie geeignete Maßnahmen zu treffen, um negative Auswirkungen abzuschwächen. Neben solchen Nachhaltigkeitsaspekten betrachtet das Protokoll aber auch technische und ökonomische Aspekte von Projekten, was vor dem Hintergrund möglicher Finanzierungsoptionen einen bedeutsamen Baustein für eine erfolgreiche Realisierung darstellt.

5 Herausforderungen

In den vergangen Jahrzehnten wurde eine Reihe von Exporten zu Wasserkraftprojekten durch Hermesdeckungen abgesichert. Hierzu zählen insbesondere Projekte in Südamerika, Afrika und Asien aber auch Projekte im europäischen Ausland. Die neuere Entwicklung zeigt, dass neu zu errichtende Wasserkraftwerke an Standorten realisiert werden, die ehemaligen Konfliktregionen (post conflict areas), wie z. B. Sri Lanka oder Angola zugerechnet werden. Nach oft langjährigen Bürgerkriegen stehen solche Länder neben dem politischen Neuanfang auch vor großen Herausforderungen in den Bereichen Infrastruktur und Energieversorgung. Darüber hinaus waren viele Wasserkraftwerke, wie andere Kraftwerke auch, ein bevorzugtes strategisches Ziel in diesen Konfliktregionen, so dass sich nach Beendigung der jeweiligen Konflikte ein hoher Bedarf ergab, Staudämme und die erforderlichen technischen Komponenten wieder herzustellen. In diesem Umfeld sind die Ansprüche, die sich aus einer umfänglichen Umwelt- und Sozialprüfung ergeben, für alle Projektbeteiligten eine große Herausforderung.

Auch in Gebieten, die nicht zu den ehemaligen Konfliktregionen gehören, gestaltet sich die Realisierung von Wasserkraftwerksprojekten zunehmend komplexer. Hintergrund sind vor allem Nutzungskonflikte, die mit dem Bau von Staudämmen, mit der Änderung des Wasserhaushalts und mit dem oft großen Flächenbedarf der Reservoirbecken einhergehen.

Im Rahmen von durchgeführten Nachhaltigkeitsprüfungen konnten dennoch in der Regel Ergebnisse erzielt werden, die die Projektbeteiligten nicht überforderten und gleichzeitig die Einhaltung der relevanten Standards gewährleisteten.

Aufgrund ihrer Langlebigkeit, den zunehmenden Nutzungskonflikten und eines gesteigerten Energiebedarfs bleiben Wasserkraftprojekte für alle Beteiligten herausfordernd. Insbesondere die Umwelt- und Sozialauswirkungen von Staudämmen und Talsperren sind ein bedeutsamer Faktor, der bei der Erstellung sowie der Anwendung von Standards und Richtlinien zunehmend zu berücksichtigen ist und einer ständigen Weiterentwicklung unterliegt. Das HSAP ist dabei ein wichtiger Wegweiser für die Prüfung der Nachhaltigkeitsaspekte.

Autor

Dipl.-Geol. Philip Koelle-Nebelsiek
Euler Hermes / PwC
Gasstraße 27, 22761 Hamburg
philip.koelle-nebelsiek@de.pwc.com

Literatur

[1] Euler Hermes (Hrsg.): AuslandsGeschäftsAbsicherung der Bundesrepublik Deutschland – AGA-Portal (www.agaportal.de; Aufruf: 08.02.2014).
[2] Walz, N.: Hermesdeckungen Spezial; Umwelt- und Sozialprüfung gedeckter Exportgeschäfte, die Common Approaches. 2013.
[3] OECD (Hrsg.): Recommondations of the Council on Common Approaches for officially supported Export Credits and Envrionmental and Social Due Diligence: The Common Approaches. 2012.
[4] IFC (Hrsg.): Performance Standards on Envrionmental and Social Sustainability. 2012.
[5] World Bank (Hrsg.): World Bank Safeguard Policies. 1999/2011.
[6] International Finance Corporation (Hrsg.): Environmental, Health, and Safety Guidelines. 2007.
[7] International Hydropower Association (Hrsg.): Hydropower Sustainability Assessment Protocol. 2010.
[8] Mazzei, L.; Haas, L. J. M.; O'Leary, D. T.: Opportunities in Dam Planning and Management – A Communication Practitioner's Handbook for Large Water Infrastructure. 2011.

Philip Koelle-Nebelsiek

Applicability of the Hydropower Sustainability Assessment Protocol in the Scheme of official Export Credit Guarantees

Federal export credit guarantees support German enterprises in their efforts to open difficult markets and expand traditional markets in unfavourable times. By taking out Federal guarantees, German exporters and banks protect themselves from the country and buyer risks involved in export transactions. Guidelines ensure that a globally responsible approach is taken. Nevertheless, regarding hydropower the applied standards do not always ensure a complete approach to address all environmental and social aspects. Therefore the Hydropower Sustainability Assessment Protocol (HSAP) which is the result of a longtime multilateral consultation process is used as a very helpful tool to evaluate environmental and social impacts of hydropower projects. Since its implementation the HSAP has been an important signpost for a sustainable development of the hydropower sector.

Филип Коелле-Небелсиек

Применимость «Протокола оценки устойчивого развития гидроэнергетических проектов» при использовании государственных экспортно-кредитных гарантий

Государственные экспортно-кредитные гарантии обеспечивают безопасность внешнеторговых операций в отношении экономических или политических рисков. При этом составной частью проверки необходимости стимулирования является рассмотрение экологических и социальных аспектов. Однако, соответствующие стандарты в области гидроэнергетики не всегда являются комплексными; в этом случае в качестве дополнительного инструмента анализа применяется «Протокол оценки устойчивого развития гидроэнергетических проектов» (Hydropower Sustainability Assessment Protocol / HSAP)». С момента своего внедрения в 2010 году «Протокол HSAP» стал важным ориентиром в деле изучения аспектов устойчивого развития.

Bernhard Möstl und Klaus Engels

Erkenntnisse aus der ersten praktischen HSAP-Anwendung in Europa aus Sicht von E.ON

Nachhaltigkeit ist für Energieversorgungsunternehmen, die sich im Streben nach einem Wettbewerbsvorteil um Differenzierung bemühen, zu einem äußerst wichtigen Faktor geworden. Das von zahlreichen Interessengruppen befürwortete Protokoll zur Bewertung der Nachhaltigkeit von Wasserkraftwerken (Hydropower Sustainability Assessment Protocol (HSAP)) ist mit seinem umfassenden Anwendungsbereich ein empfehlenswertes Instrument zur Bewertung der Nachhaltigkeitsleistungen von geplanten und bestehenden Wasserkraftwerken. Der sich daraus ergebende Mehrwert und das generierte Nachhaltigkeitsprofil rechtfertigen die für die Anwendung des Protokolls erforderlichen Ausgaben. Schließlich liefert das HSA-Protokoll nicht nur ein Mittel für den Nachweis eines erfolgreichen Engagements zum Wohle der Gesellschaft, es unterstützt Unternehmen auch bei der erfolgreichen Bewältigung der im Tagesgeschäft auftretenden Nachhaltigkeitsherausforderungen von komplexen Wasserkraftwerksprojekten.

1 Einführung

Ein Unternehmen, das auf einem Gebiet Vorreiter ist, läuft stets Gefahr, Fehler zu machen, die hohe Kosten verursachen, und „Lehrgeld zahlen zu müssen" in Form schmerzlicher Verluste. In manchen Fällen können Innovationen und unternehmerischer Mut jedoch einen Wettbewerbsvorteil darstellen, indem sie das jeweilige Unternehmen in die Lage versetzen, sich durch den Einsatz modernster Technik und innovatives Management erfolgreich weiterzuentwickeln. In diesem Zusammenhang sei das in der Wasserkraftbranche bekannte Beispiel des 124-MW-Wasserkraftwerks Walchensee in Bayern angeführt. Als dieses Denkmal der Stromerzeugung 1924 in Betrieb genommen wurde, hielten es zahlreiche Kritiker angesichts des zu der damaligen Zeit bestehenden Strombedarfs für viel zu groß. Die Nachfrage reichte kaum aus, um den Kraftwerksbau zu rechtfertigen; die Geschichte hat jene Skeptiker allerdings eines Besseren belehrt. Selbst in der heutigen Zeit gehört diese Speicheranlage in Süddeutschland noch immer zu den wertvollsten Anlagen der E.ON-Hydro-Flotte – das hat E.ON dem vorausschauenden Herrn Oskar von Miller zu verdanken, der ein Industriedenkmal schuf, das Jahrhunderte lang Bestand hat (**Bild 1**).

Das 21. Jahrhundert bringt diverse Herausforderungen für die europäischen Energieversorgungsunternehmen. Für den Ausbau und Erhalt des Portfolios robuster Wasserkraftanlagen sind Neubau-Aktivitäten und Verlängerungen bestehender Konzessionen von zentraler Bedeutung. Unternehmen, die die Erwartungen ihrer Anteilseigner hinsichtlich gesellschaftlichem Engagement erfüllen wollen, sollten nicht nur prüfen, ob sich Chancen für jene Aktivitäten bieten, die strategisch sinnvoll sind und sich wirtschaftlich rechnen, sondern auch solche, die eine Verbesserung der „Nachhaltigkeit" herbeiführen können. Eine Möglichkeit, sich von anderen Unternehmen abzuheben, besteht darin, ein sogenanntes Protokoll zur Bewertung der Nachhaltigkeit von Wasserkraftwerken (Hydropower Sustainability Assessment Protocol, kurz HSA-Protokoll oder Proto-

Bild 1: Bau der Druckrohrleitung in den frühen 20er-Jahren des 20. Jahrhunderts [3]

koll) erstellen zu lassen, das ein aussagekräftiges Instrument zur Ermittlung der Nachhaltigkeitserfolge von Wasserkraftprojekten in unterschiedlichen Phasen ihres Lebenszyklus darstellt.

Kurz nachdem das Unternehmen Nachhaltigkeitspartner des Internationalen Verbandes der Wasserkraftwerksbetreiber (International Hydropower Association (IHA)) geworden war, hat E.ON im Februar 2012 eine derartige Bewertung beim Kraftwerk Walchensee durchgeführt – die erste formale Nachhaltigkeitsbewertung eines Wasserkraftwerks in Europa. Das wichtigste Ziel dieser Pilotuntersuchung war die Ermittlung der potenziellen Vorteile, die sich aus der Anwendung des HSA-Protokolls ergeben können.

Um einen größeren Personenkreis an den Erfahrungen teilhaben zu lassen, untersucht dieser Beitrag: (1) die Beweggründe, die dafür sprechen, dass privatwirtschaftliche Energieversorgungsunternehmen das Nachhaltigkeitsprotokoll anwenden, er beschreibt (2) die Kernkomponenten bei der systematischen Untersuchung der Nachhaltigkeitsleistungen von geplanten und bestehenden Wasserkraftwerken, stellt (3) auf der Grundlage von Erfahrungswerten die dafür erforderlichen Ressourcen zusammen, ermittelt (4) die Treiber für die Wertschöpfung, die mit der Nachhaltigkeitsförderung von Wasserkraft verbunden ist, und gibt (5) Einblicke in Verfahren zur Integration des Bewertungsprotokolls in unternehmensinterne Abläufe.

2 Das HSA-Protokoll in der Praxis

Der erste Teil dieses Artikels untersucht, welche Gründe dafür sprechen, dass Energieversorgungsunternehmen dieses international anerkannte und auf breite Zustimmung stoßende Instrument zur Bildung eines Nachhaltigkeitsprofils einsetzen und die Ergebnisse schließlich der Öffentlichkeit mitteilen. Die hier präsentierten Untersuchungsmethoden haben ergeben, dass das HSA-Protokoll weder an der Oberfläche bleibt, noch ein Instrument ist, das dazu genutzt werden kann, das Verhalten von Unternehmen mit einem grünen Image zu belohnen. Die für die eigentliche Anwendung des Bewertungsprotokolls erforderlichen Hilfsmittel werden einer kritischen Prüfung unterzogen.

2.1 Motivation für die Nutzung des HSA-Protokolls

E.ON hat einen eindeutigen Anreiz, nachhaltige Entwicklungen anzustreben. Als erfolgreicher Betreiber von Wasserkraftanlagen in vier europä-

Bild 2: Das Walchenseekraftwerk, Inbetriebnahme 1924 [3]

ischen Ländern steuert die E.ON-Hydro-Flotte mehr als 200 Anlagen in unterschiedlichen geografischen und regulatorischen Umgebungen und beschäftigt sich Tag für Tag mit vielfältigen Interessensgruppen, die sich gegenseitig beeinflussen. Beweggründe für das Testen einer innovativen Methode zur Bewertung des nachhaltigen Verhaltens sind daher: (a) die auf der Grundlage der Konzernstrategie eingegangene Verpflichtung, umweltfreundlichere und bessere Energie („cleaner and better energy") zu erzeugen, (b) das Ziel, die Entwicklung der Nachhaltigkeit als eine der Initiativen zur Übernahme gesellschaftlicher Verantwortung als Unternehmen voranzubringen, (c) die Förderung eines internationalen Instruments zur Erhöhung der Akzeptanz von Wasserkrafttechnologien in der Öffentlichkeit und (d) der strategische Anreiz, durch die Verringerung der Projektrisiken und nachteiligen Auswirkungen auf die Umwelt einen Wettbewerbsvorteil zu erlangen und gleichzeitig das Image des Unternehmens zu verbessern.

Bei der Bewertung des Kraftwerks Walchensee (**Bild 2**) wurden von E.ON festgelegte, klare Ziele verfolgt: Es sollte ein konkretes Beispiel unterstützt werden, um die Stromerzeugung in Wasserkraftanlagen gemäß der E.ON-Strategie „cleaner and better" zu fördern. Darüber hinaus spielten bei der Festlegung des Rahmens für die Pilotuntersuchung noch weitere Faktoren und Ziele eine erhebliche Rolle. Dazu gehörte der Kompetenzaufbau, um die Anwendung des Bewertungsprotokolls in unterschiedlichen Umgebungen in Europa und außerhalb seiner Grenzen zu organisieren, die Ermittlung von Bereichen mit Verbesserungspotenzial in puncto Nachhaltigkeitsleistungen (da davon auszugehen war, dass das Kraftwerk Walchensee ausgezeichnete Nachhaltigkeitsleistungen hervorbringt, könnte es in Zukunft als potenzielles Kontrollinstrument eingesetzt werden) und das Identifizieren von Möglichkeiten, ein außerordentlich gutes Ergebnis zu erzielen (bewährtes Best-Practice-Verfahren).

2.2 Bewertung der Nachhaltigkeit von Wasserkraft

Das HSA-Protokoll soll eine bestimmte, in anderen vorhandenen internationalen Richtlinien bestehende Lücke schließen; obwohl die meisten Richtlinien beschreiben, wie nachhaltig Projekte oder Anlagen idealerweise sein sollten, enthalten sie in der Regel keine konkreten Aussagen dazu, was das bedeutet. Das HSA-Protokoll hingegen nutzt bei Definition und Bewertung nachhaltigen Handelns ein gut strukturiertes Konzept. Dementsprechend besteht das zentrale Ziel des Bewertungsprotokolls darin, die Nachhaltigkeitserfolge im Bereich Wasserkraft ([1], [2]) zu beschreiben, zu steuern und zu messen. Es ist im Laufe der letzten Jahre von einem aus mehreren Akteuren – Vertretern von Nichtregierungsorganisationen (NGO), Regierungen und Banken sowie Experten aus dem Wasserkraftbereich – zusammengesetzten Gremium gemeinschaftlich erarbeitet worden. Die Vielseitigkeit des Instruments zeigt sich in den vier unterschiedlichen Anwendungsgebieten, die mit den wesentlichen Phasen der Entwicklung von Wasserkraftwerken einhergehen: Anfangsstadium, Entwicklung, Umsetzung und Betrieb. Ein Großteil der Untersuchungen im Rahmen der Bewertung ist Unternehmensmanagementsystemen und -prozessen gewidmet (Sicherheit, Umwelt, Stakeholder-Management, operativer Betrieb, Instandhaltung, Anlagenperformance, Personalwesen, Finanzen etc.). Außerdem ist es das bislang einzige Instrument, das die mit Wasserkraftwerken zusammenhängenden Nachhaltigkeitsaspekte verschiedenen Gruppen zuordnet und dabei klar abgegrenzte Kategorien verwendet und somit eine eindeutige Terminologie zur Verfügung stellt, mit der der Dialog zwischen den verschiedenen Interessengruppen gefördert und bei Bedarf voneinander abweichende Forderungen abgewogen werden können.

Trotz seiner Reichweite und Komplexität ist das Bewertungsprotokoll ein praktikables, fertiges Werkzeug, das von jedem Projektmanager, der das Nachhaltigkeitsprofil eines Wasserkraftprojektes aktiv verbessern will, sofort eingesetzt werden kann. Die Nachhaltigkeitsbewertung selbst basiert auf objektiven, empirischen Daten, die zum Beispiel bei Standort- bzw. Baustellenbegehungen er-

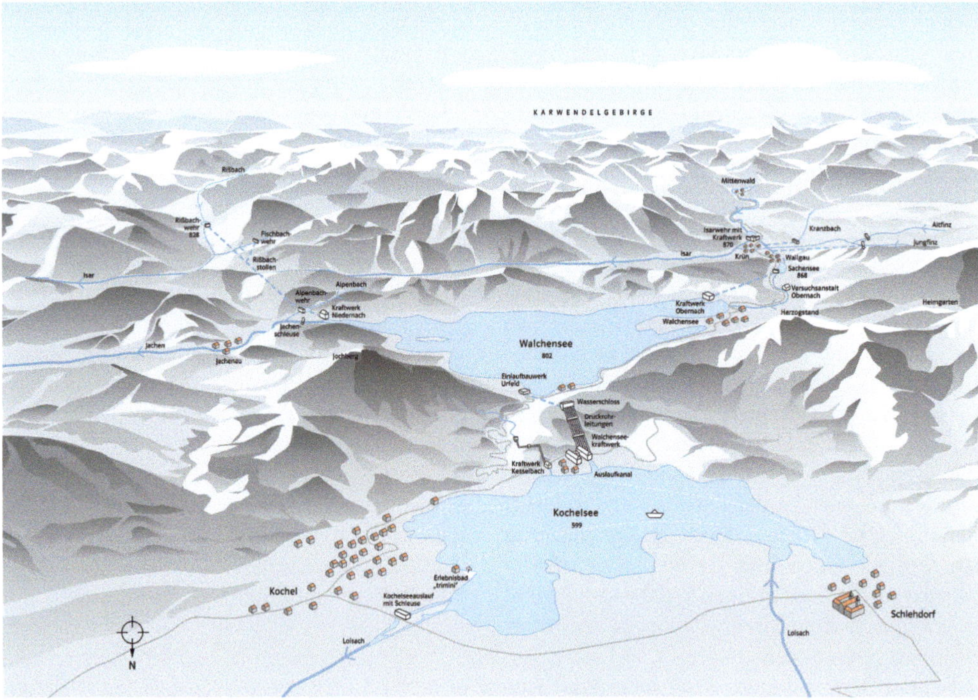

Bild 3: Ein schematischer Überblick über das Walchenseekraftwerk [4]

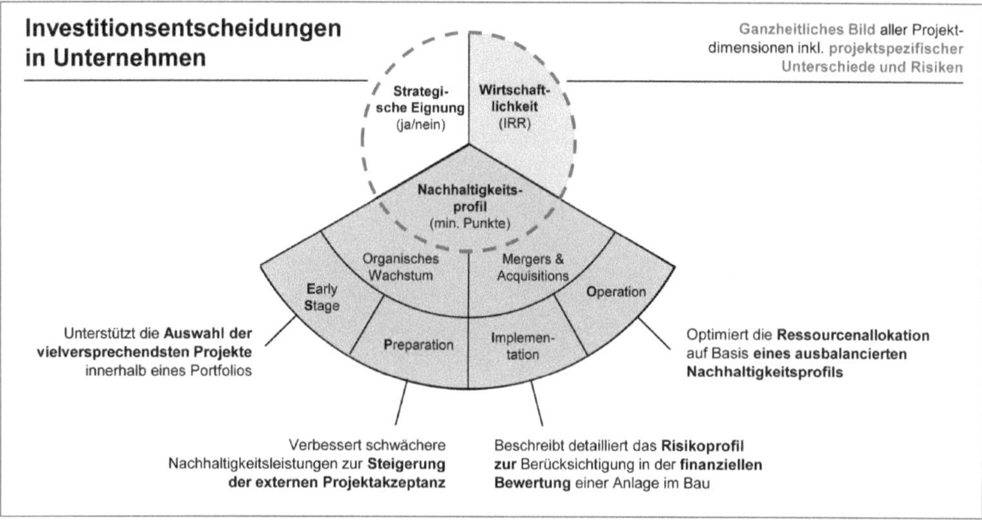

Bild 4: Das Nachhaltigkeitsprofil als Kriterium für Investitionen

hoben, in Interviews mit einem breiten Spektrum an Interessensvertretern gewonnen und einem umfassenden Paket an Projektunterlagen entnommen werden. Auf deren Grundlage wird für jedes der ca. 20 Themen eine Zahl auf einer Bewertungsskala festgelegt. Detaillierte Matrizen und Erklärungen helfen jeweils bei der Bewertung jedes einzelnen Nachhaltigkeitskriteriums. Darüber hinaus ermöglicht das verwendete Punktebewertungssystem Projekteignern, die individuellen Nachhaltigkeitsleistungen an grundlegenden international bewährten Praktiken (international basic good practice) und erwiesenermaßen optimalen Praktiken (proven best practice) zu messen. Diese Vergleichsergebnisse werden von konkreten Verbesserungsmaßnahmen begleitet, die Möglichkeiten für eine weitere Steigerung der Nachhaltigkeit des betreffenden Wasserkraftprojektes aufzeigen.

2.3 Erforderliche Ressourcen

Für die Durchführung einer Bewertung mit Hilfe des HSA-Protokolls werden sowohl finanzielle als auch personelle Ressourcen benötigt [3]. Die Gesamtkosten der Untersuchung des Kraftwerks Walchensee, einschließlich Honorare der Gutachter, Reise- und Unterbringungskosten sowie Aufwendungen für die Standortbegehungen, beliefen sich auf ca. 50 000 EUR. In Abhängigkeit von den Zugangsmöglichkeiten des jeweiligen Standorts könnten die Reisekosten bei künftigen Untersuchungen jedoch erheblich voneinander abweichen (**Bild 3**; dieses veranschaulicht die Projektumgebung rund um Walchensee und Kochelsee). Des Weiteren wurden zwei Mannmonate aus internen Ressourcen benötigt, um die HSAP-Anwendung vorzubereiten und zu unterstützen. Vor und während der Untersuchungswoche wurden ungefähr 200 interne und externe Unterlagen gesammelt und 30 Interviews mit E.ON-Mitarbeiterinnen und -Mitarbeitern sowie externen Interessensvertretern sowohl in Büroräumen als auch während der zweitägigen Besichtigung des Kraftwerks vor Ort durchgeführt.

Der Projektleiter der Anwendung des Nachhaltigkeitsprojekts führte ein bis zu 10-köpfiges Team vor Ort. Das Schnittstellenmanagement zwischen dem IHA-Verband und dem leitenden externen Gutachter stellte im Vorfeld der Untersuchung, im Zuge ihrer Durchführung und auch danach sicher, dass es einen stetigen Informationsfluss gab. Hierfür sollten mindestens drei Monate zur Verfügung stehen. Denn es gilt, die Untersuchung mit dem IHA zu koordinieren, die Gutachter einzubinden, Besprechungsräume zu organisieren, Daten zu erfassen, Interessensvertreter zu beteiligen, die Teilnehmer zu informieren, mit den unternehmensinternen Projektsponsoren zu kommunizieren und die Terminpläne abzustimmen. – Dass die formale Untersuchung der Nachhaltigkeitsleistungen von geplanten oder bestehenden Wasserkraftanlagen erhebliche Anstrengungen und Ressourcen erfordert, steht außer Frage.

3 Erkenntnisse aus der Sicht eines Energieversorgungsunternehmens

Im zweiten Teil dieses Artikels werden die Vorteile vorgestellt, die sich aus der Förderung von Nachhaltigkeitsleistungen ergeben. Des Weiteren werden die Erkenntnisse besprochen, die Organisationen gewinnen können, wenn sie in die HSAP-Initiative eingebunden sind. Dank der Fallstudie Walchensee ist es gelungen, konkrete Wert-Treiber zu ermitteln. Zudem können Einblicke, die im Zuge ihrer erstmals erfolgten Erstellung gewonnen wurden, den Weg für die Einbettung des HSAP in Projektentscheidungsprozesse unter Anwendung eines mehrstufigen Investitionsfreigabeverfahrens ebnen.

3.1 Wertschöpfungstreiber

Nach der Untersuchung, wie sich ein relativ abstraktes Konzept zu einer konkreten Realität in der Unternehmenswelt entwickeln kann, konzentriert sich dieser Abschnitt auf die gegenseitige Abhängigkeit von Nachhaltigkeitsinitiativen und Finanzergebnissen im Wasserkraftbereich. Ein Unternehmen, das seinen Gesellschaftern die Relevanz von Nachhaltigkeitsaspekten aufzeigen will, kann den Nachweis in der Regel mit Hilfe eines der folgenden drei Verfahren führen: Es kann erstens argumentieren, dass die neuen Kenntnisse und Fähigkeiten, die beim Streben nach Nachhaltigkeitsinitiativen erworben werden, das Unternehmen auf vielfältige Art und Weise bereichern. Zweitens kann es anführen, dass die Einbeziehung von Nachhaltigkeitsaspekten die geschäftlichen Risiken vermindern kann, und drittens kann es darlegen, dass sich die Unternehmensgewinne auch durch verantwortungsvolles Handeln steigern lassen. Erreicht werden kann Letzteres durch vermehrte Einnahmen aus zusätzlichen Absatzmengen und/oder Verbesserungen der Marge von Stromverkäufen, wenn es gelingt, die Bereitschaft der Kunden zu erhöhen, für ‚nachhaltig erzeugte' Energie mehr zu bezahlen. Mit anderen Worten ist es möglich, dass sich die Bemühungen um einen Wettbewerbsvorteil durch die Förderung und Nutzung von nachhaltiger Wasserkraft nicht nur auf die Reputation der Marke des betreffenden Wasserkraftunternehmens positiv auswirken, sie können auch in finanzieller Hinsicht vorteilhaft sein.

Für das Tagesgeschäft besteht der Wert des HSA-Protokolls jedoch in den konkreten Botschaften, die sowohl die Führungsmannschaft als auch das Betriebsteam dem Bewertungsbericht entnehmen können. Im Anschluss an die erfolgreiche Bewertung des Walchenseekraftwerks kam E.ON zu dem Schluss, dass die Ergebnisse der Studie in reale Vorteile umgemünzt werden können, denn die gewonnenen Erkenntnisse sind auf folgenden Gebieten nützlich:

- Kommunikation mit den externen Interessensvertretern,
- Optimierung der betrieblichen Prozesse (operational excellence) und kontinuierliche Verbesserungsinitiativen,
- Erreichen einer höheren Produktivität der Beschäftigten und herausragender Leistungen im Projektmanagement und
- Unterstützung von unternehmerischen Entscheidungsfindungsprozessen, bei denen es um die Priorisierung von Investitionen geht.

Kurz gesagt, die Erfahrungen, die ein Unternehmen im Laufe der Vorbereitungs- und Durchführungsphase der HSAP-Anwendung erlangt, sind in vielfacher Hinsicht sehr wertvoll. Der wichtigste Grund, der für eine Bewertung mit Hilfe des HSA-Protokolls spricht, ist jedoch das gründliche Aufspüren von Risiken, die mit Nachhaltigkeitsaspekten verbunden sind. Neben technischen, ökologischen und sozialen Aspekten umfasst das im Wesentlichen finanzielle Risiken. Die Minimierung dieser Risiken bildet den Kern des Projektmanagements; dementsprechend ist es höchst empfehlenswert, den Inhalt des HSA-Protokolls für das effektive Management von anspruchsvollen Entwicklungsprojekten zu nutzen, unabhängig von deren Typus, Standort oder Komplexität.

Es muss nicht erwähnt werden, dass sich lediglich durch offiziell bewertete Projekte eine gute Positionierung in der Öffentlichkeit erreichen lässt, wenn es um Nachhaltigkeitsaspekte geht. Allerdings sind die Begleitumstände einiger Projekte (zum Beispiel ihre Größe oder ihre Dauer und

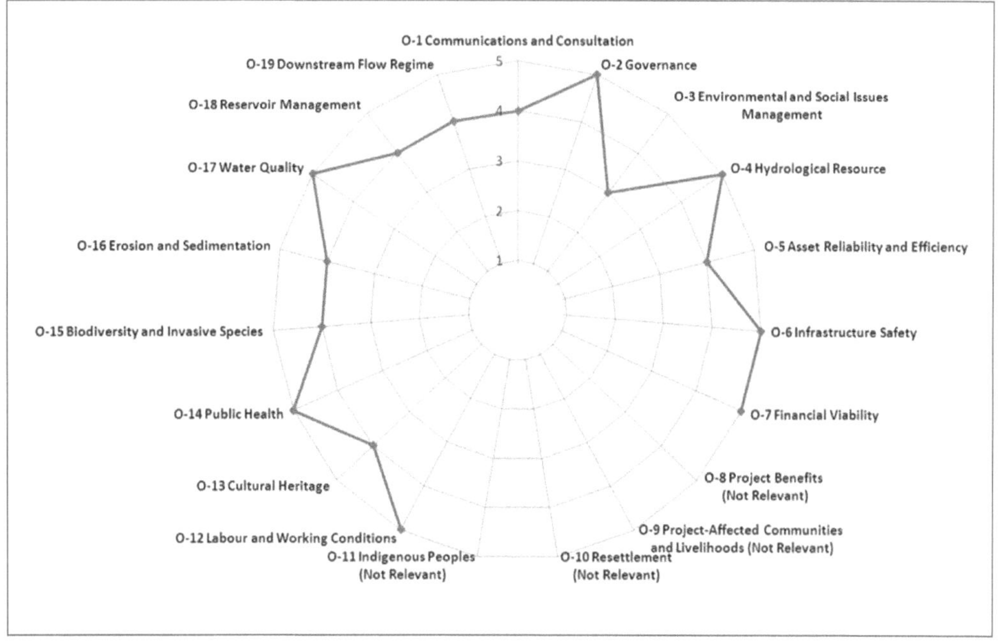

Bild 5: Das Nachhaltigkeitsprofil des Walchenseekraftwerkes (Stand Mai 2013) [4]

Budgetbeschränkungen) derartigen detaillierten Untersuchungen nicht immer zuträglich. Für Projektmanager, die in einer frühen Entwicklungsphase Risiken und Nachhaltigkeit strukturieren und grundlegende Fragen angehen müssen, stellt das Bewertungsprotokoll für sich genommen auch vor einem solchen Hintergrund eine hervorragende Informationsquelle dar. Darüber hinaus bietet das HSA-Protokoll einen schlüssigen Rahmen für die Vermittlung von Nachhaltigkeitsthemen, und das sowohl intern als auch gegenüber einer breiten Öffentlichkeit, noch bevor die offiziellen Bewertungen erfolgen. Zusammenfassend lässt sich sagen, dass selbst kleinere Projekte vom Inhalt des Bewertungsprotokolls erheblich profitieren können und dass bei größeren Projekten die von einem Unternehmen öffentlich vertretene Position in puncto Nachhaltigkeit durch eine offizielle Evaluierung zusätzlich untermauert werden und diese Bewertung zur Erhaltung des erstklassigen Profils verantwortungsbewusst entwickelter Wasserkraftwerke beitragen kann.

3.2 Förderung besserer Investitionsentscheidungen

Im Anschluss an die Analyse der quantitativen Kosten und qualitativen Vorteile folgt nun die Erörterung, wie Wasserkraftwerksunternehmen Instrumente zur Untersuchung der Nachhaltigkeit in Projektentwicklungszyklen und Entscheidungsfindungsprozessen bei Investitionsbeschlüssen implementieren können, um die Entwicklung der Nachhaltigkeit in der Wasserkraftbranche zu fördern. Die überwiegende Zahl der Entwickler und Betreiber von Wasserkraftwerksanlagen betrachtet das Nachhaltigkeitsprofil eines Projektes als weniger wichtig vergleichen mit anderen Faktoren, wie strategische Eignung oder Wirtschaftlichkeit. Dennoch könnte bei der Implementierung eines dritten Investitionskriteriums ähnlich vorgegangen werden wie bei intern definierten Hürden strategischer und finanzieller Art. Derartige Nachhaltigkeitsziele könnten bei einem Projekt mit minimalen Punktzahlen in ausgewählten Nachhaltigkeitsbereichen verknüpft sein und sich zum Beispiel auf jene Themen beziehen, die in dem Bewertungsprotokoll behandelt wurden. Sukzessive werden so die Maßstäbe für den Unternehmenserfolg – strategische Eignung und Wirtschaftlichkeit – durch die Einbeziehung der Nachhaltigkeitsleistungen erweitert.

Im Prinzip gibt es vier unterschiedliche HSAP-Anwendungen, die als nützliche Grundlage für Investitionsentscheidungen dienen können (**Bild 4**). Eine davon ist die Unterstützung in Fällen sein, in denen aus einem größeren Portfolio an Projekten sachkundig diejenigen auszuwählen sind, die die besten Aussichten auf Erfolg haben. In komplexen natürlichen, politischen und regulatorischen Projektumgebungen ist der Teil „Anfangsstadium" des Bewertungsprotokolls ein sehr nützliches Instrument zur Unterstützung eines auf Erkenntnisse gestützten Entscheidungsfindungsprozesses. Die zweite HSAP-Anwendung ist bei der „Entwicklung" von großangelegten Projekten hilfreich. Ein konkretes Nachhaltigkeitsprofil, das mit Folgemaßnahmen einhergeht, die Verbesserungen auf Gebieten mit weniger guten Leistungen dienen, hat das Potenzial, die interne Kompromissfindung zu begünstigen und die Akzeptanz des Wasserkraftwerksprojektes durch Externe zu verstärken und auf diese Weise letztendlich die Chancen für die Realisierung des Projektes zu erhöhen. Wenn sich ein Projekt bereits in der „Umsetzung" befindet, kann der entsprechende Teil des Bewertungsprotokolls dazu verwendet werden, einem potenziellen Käufer zu einer besseren Einschätzung des Risikoprofils der im Bau befindlichen Anlage zu verhelfen (zum Beispiel während eines Akquisitionsprozesses). Die vierte Anwendung bietet Unterstützung bei internen Investitionsentscheidungen hinsichtlich einer ausgewogenen Zuteilung von Ressourcen zur Steigerung der Nachhaltigkeitsleistung von Kraftwerken im „laufenden Betrieb". Das Ergebnis der Bewertung, das sogenannte Spinnendiagramm (**Bild 5**), zeigt einerseits deutlich die Bereiche, in denen Verbesserungen erforderlich sind (die z. B. durch Zielsetzungen in Bezug auf die Leistung angegangen werden müssen), und andererseits auch die Bereiche mit hoher Punktzahl, wo – je nachdem, welche Relevanz das Unternehmen und seine Anteilseigner ihnen beimessen – zusätzliche Ausgaben eventuell nicht sinnvoll erschienen. Insgesamt liefern diese vier Hauptanwendungen ein integriertes Bild der Projektchancen und ermöglichen, die damit verbundenen Unausgewogenheiten und Risiken auszugleichen, was bei rein strategischer Betrachtung oder unabhängig voneinander betrachteten Finanzparametern ausgeblieben wäre.

4 Schlussfolgerungen

Entwickler und Betreiber von Wasserkraftwerksanlagen sind beim Nachweis der Nachhaltigkeit ihrer Projekte gleichermaßen mit großen Herausforderungen konfrontiert; unter Experten der Branche herrscht weitgehend Einigkeit darüber, dass sich Nachhaltigkeit nicht so leicht quantifizieren lässt wie Ingenieurleistungen oder wirtschaftliche Aspekte. Eine ähnlich diffizile Aufgabe stellen Messungen der Auswirkungen von Nachhaltigkeit auf die Finanzergebnisse eines Unternehmens dar. Bei unternehmerischen Beschlussfassungen zur Tätigung von Investitionen sind zwar strategische Hürden und finanzielle „Gates" zu überwinden, Anforderungen in Bezug auf die Nachhaltigkeit werden hingegen (bislang noch) nicht gestellt. Daher gibt es für Unternehmen wenig Anreize, Nachhaltigkeit über das Maß hinaus zu fördern, das zur Erfüllung der gesetzlichen oder Finanzierungsvorschriften im Hinblick auf ökologische und soziale Kriterien erforderlich ist.

Das HSA-Protokoll als Bewertungsinstrument, das die Erörterung von Nachhaltigkeitsthemen auf ein neues Niveau hebt, wird dieses Argument schon bald entkräften. Die Erkenntnisse, die aus der ersten HSAP-Anwendung in Europa gezogen werden können, zeigen, dass kritische Überlegungen in puncto Nachhaltigkeit zur Steigerung des Unternehmenswertes beitragen – besonders, wenn großangelegte Projekte untersucht werden. Und schließlich kann die Anwendung des Bewertungsprotokolls auf nützliche Weise in Entscheidungsfindungsprozesse wie ein mehrstufiges Investitionsfreigabeverfahren integriert werden, bei denen es um neue Projekte, Akquisitionen und Verbesserungen an bestehenden Anlagen geht. Energieversorgungsunternehmen sollten das HSAP vor allem aufgrund seines Inhalts positiv bewerten: Es trägt dazu bei, die Nachhaltigkeit von Wasserkraftwerksanlagen durch objektive Messkriterien zu verbessern.

Autoren

Dipl.-Ing. Bernhard Möstl, MBA-HSG

Dr.-Ing. Dipl. Wirt.-Ing. Klaus Engels

E.ON Global Unit Generation
Luitpoldstraße 27
84034 Landshut
bernhard.moestl@eon.com
klaus.engels@eon.com

Literatur

[1] International Hydropower Association (Hrsg.): Hydropower Sustainability Assessment Protocol. London, 2010.

[2] International Hydropower Association (Hrsg.): Hydropower Sustainability Partner Protocol Training Slide Deck. Landshut, 2011.

[3] Möstl, B.: Ergebnisse der Nachhaltigkeitsuntersuchung des Kraftwerks Walchensee. Landshut, 2011 (Unternehmensinterne E.ON-Präsentation).

[4] Rydgren B. et al.: Official Assessment Walchenseekraftwerk. London, 2013, (www.hydrosustainability.org; Aufruf: 08.02.2014).

Bernhard Möstl and Klaus Engels

Lessons Learned from the first HSAP Application in Europe

Sustainability has become a highly important consideration for utilities as they strive for competitive advantage through differentiation. The Hydropower Sustainability Assessment Protocol (HSAP), comprehensive in scope and endorsed by multiple stakeholders, is a recommended tool for the assessment of a hydropower project's or plant's sustainability performance. The value created during this assessment and by the derived sustainability profile justifies the investment necessary to conduct such a protocol application. Finally, not only does the HSAP provide a channel to successfully demonstrate good corporate citizenship, it also supports organizations in the successful management of complex hydropower projects' sustainability issues on a day-to-day basis.

Бернхард Мёстль и Клаус Энгельс

Опыт первого практического применения «Протокола оценки устойчивого развития гидроэнергетических проектов (HSAP)» в Европе с точки зрения компании E.ON

Устойчивость развития стала для энергетических компаний, стремящихся посредством дифференцирования получить конкурентное преимущество, чрезвычайно важным фактором. Поддерживаемый многочисленными группами заинтересованных сторон «Протокол оценки устойчивого развития гидроэнергетических проектов (Hydropower Sustainability Assessment Protocol / HSAP)», обеспечивающий широкие возможности применения, – это достойный рекомендации инструмент для анализа устойчивого развития планируемых и существующих гидроэлектростанций. Получаемая как результат прибавочная стоимость и созданный профиль устойчивого развития оправдывают потраченные на «Протокол» средства. В конце концов, использование «Протокола HSAP» является не только подтверждением проведения активных инициатив на благо общества; он также обеспечивает поддержку компании в успешном решении возникающих повседневных проблем, связанных с устойчивым развитием сложных гидроэнергетических проектов.

Stephan Naumann und Stephan Heimerl

Fischschutz und Fischabstieg im Dialog – Forum „Fischschutz und Fischabstieg"

Das Thema Fischschutz und Fischabstieg ist seit längerem Gegenstand umweltpolitischer, umweltrechtlicher und fachlicher Diskussionen, wobei deren Intensität in den letzten Jahren zugenommen hat. Dies war Veranlassung zur Gründung des „Forums Fischschutz und Fischabstieg". Grundsätzliches Ziel ist es, in den Jahre 2012 bis 2014 einen offenen Austausch zu den verschiedenen Aspekten des Themas zu ermöglichen und ein gemeinsames, bundesweit einheitliches Verständnis darüber zu fördern, welche Anforderungen und Lösungen nach dem derzeitigen Stand des Wissens und der Technik dem Fischschutz und Fischabstieg und dem Erhalt und der Etablierung von Fischpopulationen zu Grunde zu legen sind. In diesem Beitrag wird der aktuelle Stand dieses Prozesses dargestellt.

1 Einleitung

Das Thema Fischschutz und Fischabstieg ist seit längerem Gegenstand umweltpolitischer, umweltrechtlicher und fachlicher Diskussionen, wobei deren Intensität in den letzten Jahren durch den Umsetzungsprozess der Wasserrahmenrichtlinie (WRRL) und der damit in Zusammenhang stehen Änderungen im Wasserhaushaltsgesetz (WHG) und Erneuerbare-Energien-Gesetz (EEG) zugenommen hat.

Im Jahr 2010 haben die Bundesländer der EU-Kommission gemeinsam für jede der 10 Flussgebietsgemeinschaften Deutschlands Bewirtschaftungspläne und Maßnahmenprogramme vorgelegt, die Auskunft über den Zustand der Gewässer geben und den Handlungsbedarf für das Erreichen der WRRL-Gewässerschutzziele darlegen. Eine der zentralen Aussagen ist, dass das Ziel der Richtlinie der „gute ökologische Zustand" bzw. das „gute ökologische Potenzial" in nur 14 % der Fließgewässerstrecken (<10 % der Fließgewässer-Wasserkörper) erreicht wird. Aufgrund der Indikatoreigenschaften der bewertungsrelevanten biologischen Qualitätskomponenten (Fischfauna, Makrozoobenthos, Makrophyten) lässt sich diese Zielverfehlung in den Fließgewässern auf Nährstoffbelastungen, hydromorphologische Defizite und fehlende Durchgängigkeit zurückführen. Die von den Bundesländern in den Maßnahmenprogrammen festgelegten Maßnahmen zielen daher vor allem auf Verbesserungen in diesen defizitären Bereichen ab.

Ein Teil dieses Maßnahmenspektrums betrifft auch den Fischschutz und Fischabstieg zur Verbesserung des Zustandes der Fischfauna. Maßnahmen dieser Art werden der Schlüsselmaßnahme „Verbesserung der linearen Durchgängigkeit" zugeordnet. Bezogen auf diesen Maßnahmentyp sind deutschlandweit bisher nur 10 % der benötigten Maßnahmen abgeschlossen worden. Mit 40 % der Maßnahmen wurde noch nicht begonnen und bei einem weiteren Drittel sind Verzögerungen bei der Umsetzung absehbar [1].

Neben diesen Erfordernissen zur WRRL-Umsetzung gibt es weitere Veranlassungen, die Investitionen in Maßnahmen für den Fischschutz und Fischabstieg in den kommenden Jahren erwarten lassen. Zu diesen zählen das geänderte WHG (§ 35), die europäische Verordnung zur Wiederauffüllung des Bestandes des Europäischen Aals und die Umsetzung energiepolitischer Zielsetzungen u. a. durch das EEG. Parallel dazu stehen gegenwärtig und in naher Zukunft Verlängerungen der wasserrechtlichen Gestattungen bei dem Großteil der deutschen Wasserkraftanlagen mit einer Ausbauleistung größer 1 MW an [2], wodurch es u. a. auch verstärkt zur Anwendung des § 35 WHG zum Schutz der Fischpopulationen kommen dürfte. Da alle genannten Randbedin-

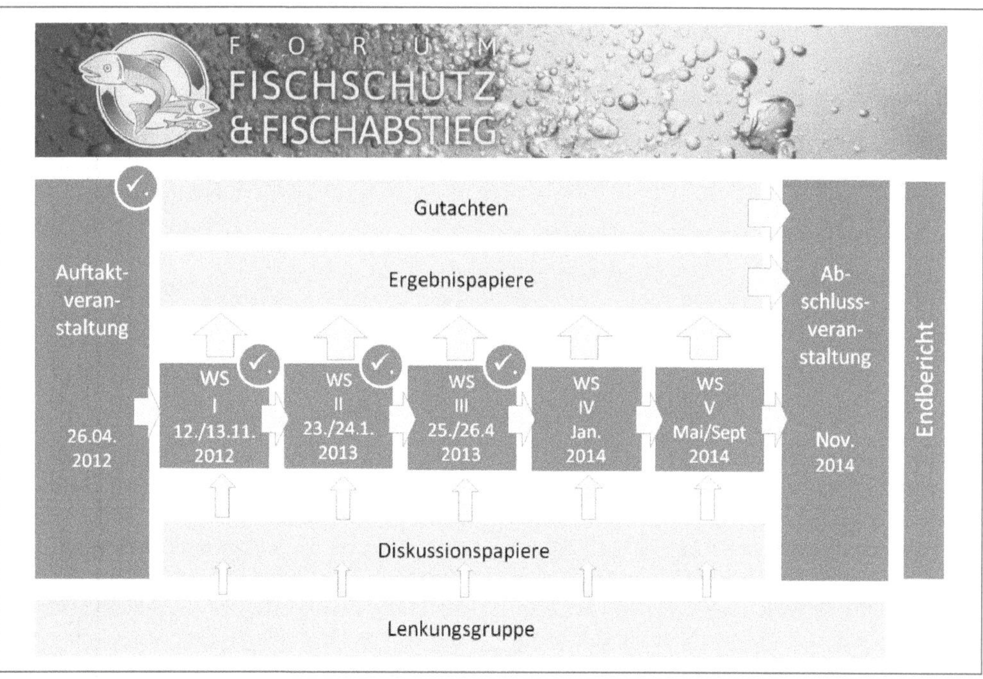

Bild 1: Struktur des Forums Fischschutz und Fischabstieg (WS: Workshop)

gungen mit einzuhaltenden Fristen und Berichtspflichten über deren Umsetzung versehen sind, besteht ein nicht zu vernachlässigender Handlungsdruck für die Umsetzung von Maßnahmen für den Fischschutz und den Fischabstieg.

Dabei ist zu berücksichtigen, dass die Gewährleistung des Fischschutzes und Fischabstiegs an Wasserentnahmebauwerken, Wasserkraftanlagen und Pump- und Schöpfwerken eine Herausforderung für den wirtschaftlichen Betrieb dieser Anlagen darstellen kann, da sie mit Investitionen, Betriebskosten und Energieverlusten (Wasserkraftanlagen) einhergeht. In Bezug auf die Rechts- und Investitionssicherheit des Maßnahmenträgers sowie im Interesse des Erreichens der wasserwirtschaftlichen, naturschutzfachlichen oder fischereilichen Ziele ist die ökologische Wirksamkeit der Maßnahme daher von unmittelbarem Belang. Gegenwärtig gibt es jedoch nicht für alle Gewässergrößen und Standortbedingungen technische oder anderweitige Lösungen für den Fischschutz und Fischabstieg, die wirtschaftlich sowie fachlich validiert sind und für alle Fischarten gleichermaßen wirksam oder umsetzbar wären.

Das heißt zu dem bereits konstatierten Umsetzungsdruck gesellen sich Unsicherheiten, die sich u. a. auf die Bereitschaft zur Umsetzung von Maßnahmen auswirken. Als Hauptgrund für die ausbleibende oder nur zögerliche Umsetzung von Maßnahmen zur Herstellung der Durchgängigkeit wird daher auch fehlende Akzeptanz genannt. Erst unter den weiteren Gründen stehen fehlende personelle und finanzielle Ressourcen sowie fehlende Flächen [1]. Diese Situation führt dazu, dass das Thema Fischschutz und Fischabstieg nicht nur unter fachlichen, sondern auch unter umweltpolitischen Gesichtspunkten zwischen und innerhalb der einzelnen Fachdisziplinen und Zuständigkeiten intensiv bis kontrovers diskutiert wird.

2 Das Forum „Fischschutz und Fischabstieg"

Dies war Veranlassung zur Gründung des „Forums Fischschutz und Fischabstieg". Grundsätzliches Ziel ist es, einen offenen Austausch zu den verschiedenen Aspekten des Themas zu ermöglichen und ein gemeinsames, bundesweit einheitliches Verständnis darüber zu fördern, welche Anforderun-

Tab. 1: Gewählte Kernthemen des Forums (in Klammern prozentualer Anteil der Teilnehmer, die das Kernthema als „am wichtigsten" gewichtet haben)

Kernthema	Workshop
Technische Maßnahmen für den Fischschutz und den Fischabstieg (34 %)	2. Workshop (Karlsruhe)
Angewandte Verhaltens- und Populationsbiologie (19 %)	2. Workshop (Karlsruhe) 3. Workshop (Koblenz)
Strategische und flussgebietsbezogene Aspekte (18 %)	1. Workshop (Bonn), 3. Workshop (Koblenz)
Umweltpolitische Rahmenbedingungen und Erfahrungen in der Umsetzung des WHG (15 %)	1. Workshop (Bonn)
Effizienz- und Funktionskontrolle von Maßnahmen für den Fischschutz und Fischabstieg (14 %)	2. Workshop (Karlsruhe)

gen und Lösungen nach dem derzeitigen Stand des Wissens und der Technik dem Fischschutz und Fischabstieg und dem Erhalt und der Etablierung von Fischpopulationen zu Grunde zu legen sind.

Das Forum wurde im Rahmen eines Forschungs- und Entwicklungsvorhabens des Bundesministeriums für Umwelt, Natur und Reaktorsicherheit durch das Umweltbundesamt für die Dauer von 3 Jahren gegründet (2012 bis 2014) und wird in seiner Durchführung durch das Ecologic Institut unterstützt (**Bild 1**). Dem Forum ist eine Lenkungsgruppe zur Seite gestellt, die die inhaltliche Vorbereitung und Durchführung der Veranstaltungen sowie Verantwortung bei der Vergabe der Gutachten übernimmt. Die Zusammensetzung der Lenkungsgruppe spiegelt die Interessenvertretung im Forum wider. Alle Informationen zum Forum, zu den Sitzungen und zu den Vertretern der Lenkungsgruppe, zu Veranstaltungs- und Literaturhinweisen und den Ergebnisberichten sind auf der Internetseite des Forums zugänglich (http://forum-fischschutz.de).

Das Forum ist im Kern eine Veranstaltungsreihe aus fünf zweitägigen Fachworkshops, auf denen zu bestimmten Aspekten des Themas Fischschutz und Fischabstieg in einer Kombination aus Plenarveranstaltung und moderierter Gruppenarbeit (3 parallele Arbeitsgruppen à 20 bis 30 Personen) vertiefend diskutiert wird. Die Kernthemen, denen sich die Veranstaltungen widmen, wurden vor dem Start der Workshopreihe im Rahmen einer Online-Umfrage und auf der Auftaktveranstaltung von den Teilnehmern festgelegt. Als besonders maßgeblich wurde das Thema der technischen Maßnahmen für den Fischschutz und Fischabstieg angesehen (**Tabelle 1**).

An den Veranstaltungen des Forums nehmen in Abhängigkeit von der Thematik regelmäßig aber in unterschiedlicher Stärke Vertreter der Wasserwirtschaft und des Naturschutzes der Länder und des Bundes, der Bundeswasserstraßenverwaltung, der Energiewirtschaft, des Ingenieurwasserbaus und der Fischereibiologie, der Naturschutz-, Angler- und Fischereiverbände und der universitären Wissenschaft teil (**Bild 2**). Die Ergebnisse jedes Workshops werden in einem eigenständigen Ergebnisbericht zusammengefasst, der unter den Workshopteilnehmern abgestimmt und veröffentlicht wird.

Die im Folgenden vorgestellten Ergebnisse sind diesen Berichten entlehnt [3], [4], [5], wobei der Versuch einer ersten Synthese der Ergebnisse unternommen wird. Es ist zu berücksichtigen, dass die Diskussion der einzelnen Themen noch nicht abgeschlossen ist und dementsprechend auch die hier in Auszügen präsentierten Ergebnisse als Stand der Diskussion zu verstehen sind.

3 Umweltpolitische Rahmenbedingungen

Insbesondere auf dem 1. Workshop des Forums wurden die umwelt- und klimapolitischen Ziele, rechtlichen Rahmenbedingungen, energiewirtschaftlichen Notwendigkeiten und deren Umsetzungsinstrumente angesprochen, die die Thematik Fischschutz und Fischabstieg in der Praxis beeinflussen. Im Mittelpunkt des Interesses stand die Frage, in wie weit die Teilnehmer, die eingesetzten Strategien und Instrumente, die für das Erreichen der verschiedenen umweltpolitischen Ziele rele-

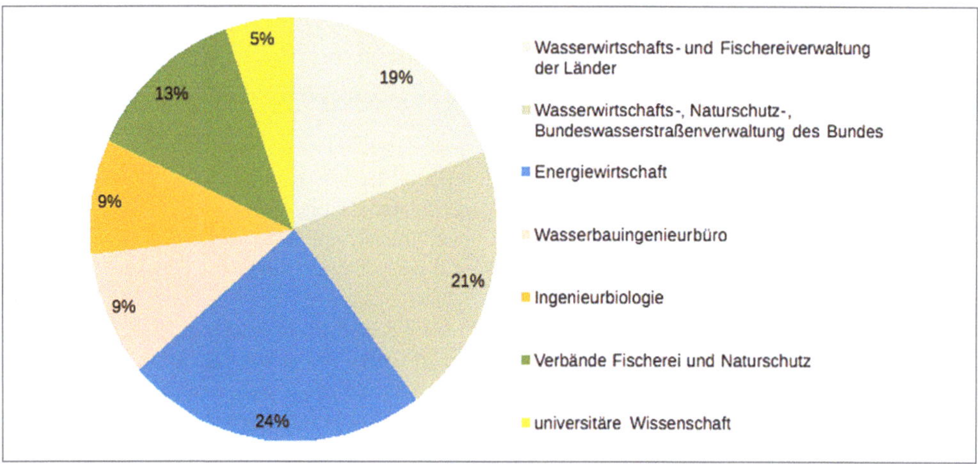

Bild 2: Durchschnittliche Verteilung der Zuständigkeiten und Interessen im Teilnehmerkreis des Forums

vant sind, als richtig, einander ergänzend, vollständig und wirkungsvoll einschätzen.

Grundsätzlich haben sich die Teilnehmer darauf verständigt, dass die umweltpolitischen Ziele für den Klimaschutz denen des Natur- und Gewässerschutzes gleichgestellt sind. Im Interesse des Allgemeinwohls sollte zwischen dem Ausbau und der Modernisierung der Wasserkraft sowie dem Erreichen der Umweltziele auf verschiedenen Ebenen abgewogen werden, wobei es Konsens war, dass hierfür Instrumente entwickelt werden müssen, die auch der Transparenz und Versachlichung dienen. Als Kriterien für die Abwägung sollten die Bedeutung der Wasserkraftanlagen für die Energieerzeugung und ihr Klimaschutzbeitrag, Erhaltung der Biodiversität, fischereiliche Bedeutung und ökologische Wertstellung des Gewässers eingehen. Nach Auffassung des Deutscher Anglerverband e. V. müssen bei der Abwägung weitere Regelungen, wie z. B. EU- und Bundesrecht in Natura-2000-Schutzgebieten, die sehr große Teile der Flussgebiete betreffen, Fischartenschutz im Bundesnaturschutzgesetz, Tierschutz- und Fischereigesetze und das Umwelt-Strafrecht (RL 2008/99/EG und § 329 (4) STGB) berücksichtigt werden. Als Resultat der Abwägung wurde von den Teilnehmern eine differenzierte Beurteilung über die Genehmigungsfähigkeit, die Förderwürdigkeit oder den Rückbau von Anlagen vorgeschlagen. Letzteres ist aus Sicht der Energiewirtschaft nicht konsensfähig.

Die Wirkung des EEG wurde von den Teilnehmern differenziert beurteilt. Insbesondere die Förderung des Anlagenneubaus wird aus fischereilicher und gewässerökologischer Sicht größtenteils kritisch gesehen. Allgemein wurde es als wichtig herausgestellt, dass für die Höhervergütung nach EEG klar definierte, ökologisch wirksame Verbesserungsmaßnahmen zur Anwendung kommen müssen, die eng an die Bewirtschaftungsplanung und die Maßnahmenprogramme der WRRL angelehnt sind. Es wurde darauf hingewiesen, dass das EEG kein Instrument ist, um ökologisch nötige Maßnahmen in jedem Fall ökonomisch umsetzbar zu machen. Die ökologische Lenkungswirkung des EEG gestaltet sich daher bei der Modernisierung umso schlechter je geringer der Leistungsertrag der Anlage gegenüber den nötigen Aufwendungen zur Minimierung der Umweltwirkung am Gewässer ist. Aus Sicht der Energiewirtschaft entfällt mit der Neufassung des EEG 2012 dessen Lenkungswirkung für die ökologische Modernisierung der Wasserkraft völlig, da die kumulativen Anforderungen des WHG (§§ 33 bis 35) nicht über das EEG finanzierbar sind und zudem konkretisierungsbedürftige Formulierungen des § 35 WHG in den Fördertatbestand des EEG übertragen wurden, was zur Rechtsunsicherheit führen kann. Es wurde allgemein darauf hingewiesen, dass es einer einheitlichen, vergleichbaren und transparenten Umsetzung der materiellen Anforderungen des WHG (§ 35) bedarf. In Bezug auf die WRRL wurde auf allen Veranstaltungen des Forums deutlich, dass die Umsetzung der Richtlinie in der Praxis angekommen ist. Es besteht ein hohes Bedürfnis an einer Konkretisierung der Anforderungen und an einer umfassenden, Nutzergruppen übergreifenden Information über Maßnahmen und Ziele der Richtlinie. Die vielfältigen Initiativen, die die Bundesländer zur Öffentlichkeitsbeteiligung ergriffen haben, sollten daher konsequent weiter betrieben werden. Die Fachworkshops zeigen jedoch auch, dass der umfassende flussgebietsbezogene Ansatz der Richtlinie und das gesamte, von den Ländern, Kommunen und Nutzern aufgewendete Maßnahmenspektrum zur Etablierung und zum Erhalt von Fischpopulationen in der Diskussion um Standort bezogene Maßnahmen zur Herstellung der Durchgängigkeit nicht genügend vermittelt werden kann. Der Sinn und Zweck der Einzelmaßnahme zum Fischschutz oder Fischabstieg für den Erhalt der Population erschließt sich dem Gewässernutzer nicht zwangsläufig. Entsprechende Maßnahmen und deren Bedeutung sollten daher aus Gründen der Akzeptanzbildung in den Kontext der Bewirtschaftung gestellt werden. Gleiches gilt für die Vermittlung der Ursachen der Zielverfehlung im Gewässerschutz. In den Ergebnispapieren der Workshops wird daher wiederkehrend auf diese übergeordneten Zusammenhänge und damit auf die Nutzergruppen übergreifende Lastenverteilung bei der Umsetzung der WRRL hingewiesen.

4 Strategische, flussgebietsbezogene und populationsbiologische Aspekte

Strategische Planungsinstrumente, wie Durchgängigkeitsstrategien, Wasserkraftpotenzialstudien u. a., werden grundsätzlich als förderlich für die Akzeptanzbildung, die Planungs- und Investitionssicherheit und für die Berücksichtigung überregionaler Ziele im Gewässer- und Naturschutz bei der Zulassung und Modernisierung von Wasserkraftanlagen oder Wasserentnahmebauwerken angesehen. Empfohlen wurde, die fachlichen Konzepte zur WRRL-Zielerreichung in der Umsetzung verbindlicher zu gestalten und möglichst frühzeitig mit den Gewässernutzern zu kommunizieren. Keinen Konsens findet dagegen die Festlegung von sogenannten „No-go-areas“ für die Wasserkraftnutzung, da diese Planungskategorie u. a. für Wasserkraftbetreiber negativ belegt ist. Strategische Aspekte spielen insbesondere bei der Betrachtung von Gewässersystemen und bei der Vorgehensweise zur Etablierung und zum Schutz von Fischpopulationen eine grundlegende Rolle. Da das WHG in § 35 die Zulassung der Wasserkraftnutzung vom Ergreifen geeigneter Maßnahmen zum Schutz der Fischpopulation abhängig macht, hat sich die Erläuterung und vor allem die materielle Hinterlegung dieser Anforderung zum Mittelpunkt der Diskussion um den Fischschutz und Fischabstieg entwickelt.

Auf Grund der gesammelten Eindrücke im Forum ist in diesem Zusammenhang ergänzend auf folgende Punkte hinzuweisen:

- Aus Sicht der Fischereiverbände bezieht sich der Schutzaspekt nicht nur auf die Population, sondern auch auf das Individuum und es sind ethische Fragestellungen bei der Beurteilung von Fischschädigungen zu berücksichtigen.
- Aus Sicht der Energiewirtschaft reduziert sich das nach § 35 WHG in Frage kommende Maßnahmenspektrum nicht nur auf Maßnahmen zum Fischschutz, sondern kann beispielsweise auch durch Habitat verbessernde Maßnahmen erfüllt werden. Die Workshopteilnehmer gelangen in diesem Zusammenhang zu der Aussage, dass der Schutz der Fischpopulation nur mit Maßnahmen an Wasserkraftanlagen allein nicht zu gewährleisten ist. Es sind weitere Maßnahmen nötig und andere Nutzergruppen einzubeziehen. Maßnahmen zur Verbesserung der Gewässerstruktur können Maßnahmen zur Verbesserung der Durchgängigkeit aber nicht ersetzen (und andersherum).

In Bezug auf die Umsetzung des § 35 WHG zielen die Fragen zum Populationsschutz konkret auf folgende Punkte ab:

- Stellenwert der Fischabwanderung für den Populationserhalt bei potamodromen Arten und bei diadromen Arten.
- Relevanz der Mortalitätsraten an Wasserkraftanlagen, Wasserentnahmebauwerken etc. im Vergleich zu anderen Mortalitätsursachen während der Abwanderung für den Populationserhalt bei potamodromen Arten und bei diadromen Arten.

Diesen Fragestellungen wird in der Diskussion um die materiellen Anforderungen an Fischschutz- und Fischabstiegsmaßnahmen eine hohe Bedeutung beigemessen, da deren möglichst präzise Beantwortung als Grundlage für die Formulierung von konkreten Anforderungen an Überlebens- und Aufstiegsraten angesehen wird. An die Festlegung der Raten schließt sich die fachliche Diskussion an, mit welchen technischen Anforderungen diese Raten korrelieren und in wie weit diese mit dem heutigen Wissen sowie der zur Verfügung stehenden Technik realisierbar sind. Ob diese in sich geschlossene Schrittfolge tatsächlich praxisnah zu realisieren sein wird, ist Gegenstand der laufenden Diskussionen im Forum.

Die bisherigen Ergebnisse stellen sich wie folgt dar. Eine differenzierte Betrachtung der Einflüsse verschiedener Faktoren auf die Fischpopulationen (populationsbezogene Defizitanalyse) und populationsbiologisch begründete Strategien (z. B. auch für Akzeptanzbildung, politische Vermittlung) werden allgemein als notwendig angesehen. Es wird eingeschätzt, dass das Wissen um die qualitativen Zusammenhänge vorhanden ist, aber die Quantifizierung für Fragen der Bewirtschaftung nur schwer möglich sein wird, da sich Fischpopulationen innerhalb von hochdynamischen, chaotischen und offenen Systemen entwickeln. Die Wissenschaft wird daher auf absehbare Zeit keine befriedigenden, umfassenden Antworten „in letzter mathematischer Konsequenz" geben können. Der Wissenstand wird im Vergleich zu einigen diadromen Populationen grundsätzlich bei den potamodromen Populationen als geringer eingeschätzt. Es wurde daher mehrfach betont, die Forschung bei den potamodromen Arten weiter voranzutreiben. Da der Bedarf für Maßnahmen zum Fischschutz und Fischabstieg trotz der bestehenden Kenntnislücken gegeben ist, sollten nach Auffassung der Workshopteilnehmer realistische Ziele transparent und für den Einzelfall mit konkreten Kriterien für die Erfolgskontrolle festgelegt werden, um die Multikausalität zu reduzieren. Dabei sind die nötige Rechts- und Investitionssicherheit und die Belange der Verhältnismäßigkeit für den Maßnahmenträger zu beachten.

5 Erfahrungen mit der Umsetzung von Fischschutz und Fischabstiegsmaßnahmen und ihrer Funktionskontrolle

Die praktischen Erfahrungen und Auffassungen zur gegenwärtigen Effizienz von Fischschutz- und Fischabstiegsmaßnahmen sowie deren Funktionskontrolle wurden bisher im Forum nur kurz beleuchtet und sollen den Mittelpunkt der folgenden Fachworkshops des Forums bilden.

Angesprochen wurde unter anderem das Schädigungspotenzial an wasserbaulich genutzten Standorten (Wasserentnahmebauwerke, Wasserkraftwerke, Siel- und Schöpfbauwerke). Grundsätzlich wurde übereinstimmend festgehalten, dass für die Bewertung der Schädigungsrate einer Zielart bzw. ihrer Population eine Betrachtung aller Wanderwege des gesamten Standorts erforderlich ist. Dass Schädigungen an o. g. Standorten auftreten, ist unbestritten und grundsätzlich für Fische >10 cm ausreichend dokumentiert. Für die Quantifizierung von Schädigungsraten sind die grundsätzlichen Methoden zwar bekannt, aber die art- und standortspezifischen Gegebenheiten, methodisch bedingte Erfassungsgrenzen (Abflussspektrum, Altersstadien) oder Vorschädigungen sind bei der Darstellung und Interpretation der Ergebnisse zu berücksichtigen. Die Bedeutung der guten wissenschaftlichen Praxis und der frühzeitigen Einbindung des Gewässernutzers wurde in diesem Zusammenhang unterstrichen.

In Bezug auf den Fischschutz wurde grundsätzlich festgestellt, dass ein vollumfänglicher Schutz (100 % aller Alters- und Lebensstadien) an Neubau und insbesondere an bestehenden Anlagen derzeit nicht möglich und rechtlich auch nicht gefordert ist. Der konkreten Zielbestimmung kommt daher eine Ausschlag gebende Bedeutung zu. Die gewässerbezogene Festlegung von Zielarten und -stadien und ihrer Abwanderzeiträume wird daher kurz- bis mittelfristig als zwingend erforderlich angesehen, damit Fischschutzanlagen standörtlich bemessen werden können.

Bezüglich des Wissensstandes über die Bemessungsgrundlagen gehen die Meinungen auseinander. Zumindest liegen zu einigen diadromen Arten, insbesondere aber dem Lachs, vergleichsweise gute Kenntnisse zum Verhalten und daraus abgeleiteten Anforderungen an den Fischschutz (Feinrechen, Rechenabstand) und an die Gestaltung und Beaufschlagung der Abstiegskorridore vor. Zum Umgang mit den vorhandenen Kenntnislücken zum Verhalten und zur Schutzbedürftigkeit potamodromer Arten wird vorgeschlagen, zunächst davon auszugehen, dass Fischschutz- und Abstiegsanlagen für diadrome Arten auch einen Schutz für viele potamodrome Arten bieten, wobei der konkrete Nachweis noch zu erbringen ist. Konsens war, dass für Wasserkraftanlagen ab einem bestimmten Ausbaudurchfluss (Vertikalrechen ca. ab 30 m^3/s, Horizontalrechen ab ca. 50 m^3/s je Turbineneinheit) gegenwärtig nur ein begrenzter Stand des Wissens und kein Stand der Technik existiert, mit dem funktionsfähige, mechanische Fischschutz- und -abstiegsanlagen einschließlich der erforderlichen Reinigungstechnik realisiert werden können.

Kontrovers und bisher ergebnislos wurde die Höhe möglicher und effizienter Schutzraten an Wasserkraftanlagen diskutiert. Im Allgemeinen wird davon ausgegangen, dass nach den bisher vorliegenden Erkenntnissen hohe Schutzraten (Verhinderung des Eindringens in die Turbine) nur mit physischen Barrieren, die die Passage von Organismen durch kleine lichte Weiten verhindern, realisiert werden können. Es besteht aber noch Unklarheit über die Wirkung von Kombinationen aus Verhaltens- und mechanischen Barrieren (z. B. Louver). Die Energiewirtschaft plädiert demgegenüber für ein jeweils anlagenspezifisches Gesamtschutzsystem mit kombinierten Lösungen aus Verhaltensbarrieren, ggf. notwendigen mechanischen Barrieren und darauf abgestimmten Betriebsweisen unter Einbeziehung von Frühwarnsystemen sowie Soforthilfemaßnahmen wie „Fang und Transport". Prinzipiell wird dabei auf die technische Machbarkeit und die Wahrung des Verhältnismäßigkeitsgrundsatzes hingewiesen.

Der Fischabstieg und die standörtliche Funktionskontrolle von Fischschutz- und Fischabstiegsanlagen wurden im Forum bisher nur partiell diskutiert, so dass derzeit noch kein vollständiger Überblick über die verschiedenen Auffassungen zum Stand des Wissens und die Erfahrungen mit der praktischen Umsetzung gegeben werden kann.

6 Umgang mit Kenntnislücken und Forschungsbedarf

An dieser Stelle soll insbesondere auf den derzeitigen Stand der Diskussion zum zukünftigen Umgang mit Kenntnislücken (technische Umsetzung des Fischschutzes und Fischabstiegs an großen Gewässern, erforderliche Schutzraten für diadrome und insbesondere potamodrome Arten zum Schutz der jeweiligen Populationen) und deren Konsequenz für die Investitions- und Rechtssicherheit sowie für die ökologische Effizienz der umgesetzten Maßnahmen aufmerksam gemacht werden. Die Auffassungen gehen diesbezüglich weit auseinander und reichen je nach Blickwinkel vom Moratorium für die Genehmigung von Anlagen bis zu einem Moratorium für die Festlegung von Umweltauflagen.

In Anbetracht dessen, dass ein Erkenntniszugewinn ohne konkrete Umsetzung von Maßnahmen nicht möglich ist, wird gegenwärtig ein paralleles Handeln als am Erfolg versprechendsten beurteilt. Das bestehende Wissen und die verfügbare Technik zum Fischschutz und Fischabstieg sollen auch umgesetzt werden, wenn derzeit noch keine absolute Gewissheit über die ausreichende Funktionsfähigkeit dieser Maßnahmen besteht. Parallel dazu sind die Standards durch wissenschaftliche Untersuchungen (Laboruntersuchungen, Vor-Ort-Evaluierungen, Modelentwicklungen etc.) fortlaufend zu verbessern. Damit dies sowohl aus Verwaltungssicht als auch aus Sicht des Maßnahmenträgers tragfähig ist, müssen eindeutige Regeln gefunden werden, wie verfahren wird, wenn Fischschutz- und -abstiegsmaßnahmen, die nach dem vorliegenden Stand des Wissens und der Technik umgesetzt wurden, sich als nicht oder nur teilweise funktionstüchtig herausstellen. Die Gewässernutzer sehen den Auflagenvorbehalt in der Genehmigung problematisch, da Rechtsunsicherheit sowie eine „Endlospirale" von Nachbesserungen drohen, und sie fordern klare Regelungen für Anpassungen und Folgekosten. Dagegen steht die Auffassung, dass nach dem Verursacherprinzip gehandelt werden sollte, wonach der Verursacher für die Minimierung bzw. Abstellung der Belastung sorgen muss. Die Diskussion dieses Sachverhaltes ist nicht abgeschlossen.

Von den Teilnehmern wurde auf den Veranstaltungen des Forums ein umfangreicher Forschungs- und Handlungsbedarf festgestellt, wobei der Bedarf an wissenschaftlich fundierten Evaluierungen der bestehenden Fischschutz- und Fischabstiegsanlagen und der praxisnahen Anwendung des bestehenden Wissens deutlich herausgehoben wurde. Allen Teilnehmerbeiträgen ist der Anspruch auf einheitliche, übertragbare, transparente und wissenschaftliche Kriterien gemein. Diese Forderung wird an alle Aspekte der Thematik Fischschutz und

Fischabstieg gerichtet, z. B. an die Durchführung und Vorbereitung von Funktionskontrollen, standörtliche Untersuchungen, Evaluierungen von Fischschutz- und -abstiegsanlagen sowie Bewertungen des Populationsschutzes. Hervorzuheben ist ebenfalls der grundsätzliche Bedarf an verhaltens- und populationsbiologischen Untersuchungen vor allem für potamodrome Arten.

7 Zusammenfassung und Ausblick

Grundsätzlich kann festgehalten werden, dass es ein hohes Interesse an einem ernsthaften, sachlichen und fachlich fundierten Erfahrungs- und Informationsaustausch sowie an der Wiedergabe und Verteidigung von Positionen und Auffassungen zum Thema Fischschutz und Fischabstieg gibt. Das Forum wird dafür intensiv genutzt und zwar Zuständigkeiten und Interessen übergreifend. Als grundsätzlich förderlich für den Austausch erweist sich, dass das Forum in einer Veranstaltungsreihe arbeitet und ein im Kern stabiler Teilnehmerkreis die Veranstaltungen besucht, wodurch die Möglichkeit des Perspektivwechsels und die Entwicklung eines gemeinsamen Verständnisses gegeben ist. Die bisherigen Ergebnisse lassen daher vermuten, dass die eingangs genannten Ziele des Forums grundsätzlich erreicht werden können.

Das Forum wird den Aspekt der standörtlichen Evaluierung des Fischschutzes und Fischabstiegs aus fachlicher Sicht im Rahmen eines Gutachtens aufgreifen und in Form einer Arbeitshilfe erarbeiten lassen.

In den Folgeveranstaltungen des Forums werden die technischen Maßnahmen zum Fischschutz und Fischabstieg, deren Effizienz- und Funktionskontrolle und das Gutachten im Mittelpunkt der Aufmerksamkeit stehen. Der Vorstellung und Zusammenstellung von Good-practice-Beispielen soll ebenfalls mehr Raum eingeräumt werden.

Über das Forum, gemeinsame Projekte des Forums und über die Ergebnisse der Workshops wird auf der Internetseite http://forum-fischschutz.de fortlaufend informiert.

Dank

An dieser Stelle sei ausdrücklich allen gedankt, die ihr Wissen und ihr Engagement in die Veranstaltungen des Forums, in deren Vor- und Nachbereitung eingebracht und das Forum als Gast in ihren Häusern empfangen haben.

Autoren

Stephan Naumann
Umweltbundesamt, FG II 2.4 Binnengewässer
Wörlitzer Platz 1, 06844 DESSAU
stephan.Naumann@uba.de

Dr.-Ing. Stephan Heimerl
Fichtner Water & Transportation GmbH
Sarweystraße 3
70191 Stuttgart
Stephan.Heimerl@FWT.Fichtner.de

Literatur

[1] Bundesministerium für Umwelt, Naturschutz und Reaktorsicherheit (Hrsg.): Die Wasserrahmenrichtlinie – Eine Zwischenbilanz zur Umsetzung der Maßnahmenprogramme 2012. Berlin, 2013 (Stand 29.05.2013, im Druck).

[2] Heimerl, S.: Wasserkraft in Deutschland – Bedeutung, Struktur und rechtliche Rahmenbedingungen. In: EW – Elektrizitätswirtschaft 104 (2005), Heft 16, Seite 30-35.

[3] Forum „Fischschutz und Fischabstieg" (Hrsg.): Ergebnisse des 1. Workshops „Umweltpolitik und rechtliche Rahmenbedingungen – Wasserrahmenrichtlinie, Durchgängigkeit und Wassernutzungen". 12.-13.11.2012. Bonn, 2013.

[4] Forum „Fischschutz und Fischabstieg" (Hrsg.): Ergebnisse des 2. Workshops „Fischschutz & Fischabstieg an wasserbaulichen Anlagen – Was ist nötig?". 23.-24.01.2013. Karlsruhe, 2013.

[5] Forum „Fischschutz und Fischabstieg" (Hrsg.): Ergebnisse des 3. Workshops „Schutz und Erhalt von Fischpopulationen – Was ist nötig?", 25.-26.04.2013. Koblenz, 2013.

Stephan Naumann and Stephan Heimerl

Fish Protection and Downstream Fish Migration in Dialog – the "Forum Fish Protection and Downstream Fish Migration"

The item of fish protection and downstream fish migration has been the subject discussions about environmental politics, environmental law and professional items for quite some time, and its intensity has increased in recent years. This was the reason to establish the "Forum fish protection and downstream fish migration". The fundamental objective within the period 2012 to 2014 to have an open exchange on the various aspects of the topic and to promote a common, nationwide uniform understanding about the demands and solutions in the current state of knowledge and technology have to be taken into account for fish protection and downstream fish migration and for conservation and establishment of fish populations. In this paper, the current status of this process is described.

Штефан Науманн и Штефан Хаймерль

Диалог по проблемам рыбозащиты и рыбоспуска – форум «Рыбозащита и рыбоспуск»

Тема «Рыбозащита и рыбоспуск» уже давно стала предметом профессиональных, а также затрагивающих вопросы экологической политики и экологического права дискуссий, причем интенсивность их возросла в последние годы. Это послужило поводом к основанию «Форума по проблемам рыбозащиты и рыбоспуска». Принципиальной целью является осуществление в 2012-2014 годах открытого обмена по различным аспектам темы, что на едином федеральном уровне способствовало бы унифицированному пониманию того, какие требования и решения – в соответствии с нынешним состоянием знания и техники – следует положить в основу рыбозащиты и рыбоспуска с целью создания и сохранения рыбных популяций. В данной статье представлено актуальное состояние данного процесса.

Johannes Schnell

Fischschutz und Fischabstieg: Erfordernisse aus dem Blickwinkel eines Fischerei- und Naturschutzverbandes

An Triebwerken werden Fische durch Turbinen- oder andere Anlagenteile in erheblichem Umfang geschädigt oder getötet. Der deutsche Gesetzgeber hat im Hinblick auf europäische Schutz- und Erhaltungsziele darauf reagiert, indem er Maßnahmen zum Schutz der Fischpopulation v. a. an Wasserkraftanlagen fordert. Der für den Vollzug erforderliche Stand der Technik ist aktuell als unzureichend zu bezeichnen. Daraus ergeben sich sowohl für Betreiber als auch Behörden Rechtsunsicherheiten v. a. im Hinblick auf Anlagen-Genehmigungen. Um Spannungen zwischen verschiedenen Lagern abzubauen und nach gemeinsamen Lösungswegen zu suchen, wurde 2012 auf Bundesebene das Forum Fischschutz initiiert. Als bisherige Resultate interdisziplinärer Arbeitsgruppen wurden die Notwendigkeit grundliegender Untersuchungen zum Fischverhalten und der Erprobung von Fischschutz-Techniken und -Konzepten auf einer methodisch standardisierten Basis festgehalten. Sowohl Naturschutz als auch Fischerei bringen sich zum Schutz und Erhalt der heimischen Fischfauna gerne in den erforderlichen Dialog ein.

1 „Durch diese hohle Gasse muss er kommen!"

Das Zitat aus Friedrich Schillers Drama „Wilhelm Tell" ist nicht nur im Hinblick auf den Verlauf der Szene, sondern auch für den Fischabstieg an Wasserkraftanlagen „treffend".

Denn wollen Fische in einem Fließgewässer längere Distanzen zurücklegen, so stehen ihnen in unserer Kulturlandschaft allerhand Wasserkraftanlagen im Weg [3]. Gerade bei stromabgerichteten Wanderungen ist dies problematisch. Denn in der Regel wird der Löwenanteil des ankommenden Abflusses in den Triebwerken energetisch genutzt. Dem Fisch, der explizit an das Medium Wasser gebunden ist, bleibt für den Abstieg bisher kaum eine Alternative zu dieser „hohlen Gasse".

An sich wäre das vielleicht nicht so schlimm, würden Triebwerke und Turbinen die kinetische Energie des durchströmenden Wassers nicht in mechanische Rotations-Energie umwandeln. Die Fische laufen bei einer Passage in hohem Maße Gefahr, mit rotierenden Triebwerksteilen zu kollidieren, in Spalten gequetscht, an scharfkantigen Graten aufgescheuert oder durch rasche Druckwechsel innerlich geschädigt zu werden ([1] bis [8]). Auch falsch konzipierte Rechen vor einem Triebwerkseinlauf können – wenngleich in guter Absicht errichtet – Fische schädigen oder töten. Dies ist z. B. bei zu hohen Anström-Geschwindigkeiten am Rechen der Fall, die gerade größere Individuen bewegungsunfähig an den Rechen pressen [2]. Den Rest erledigt dann die Rechen-Reinigungsmaschine.

Ähnliches gilt für Wasserentnahmen, bei denen Brauchwasser zu Kühlzwecken o. ä. aus einem Gewässer entnommen wird. Verfügen die Einlaufbauwerke nicht über entsprechende Schutzeinrichtungen, sind einmal hineingelangte Fische häufig Todeskandidaten.

2 Fischschäden: In der Summe oft mehr als die einzelnen Teile

In zahlreichen Fällen sind an Wasserkraftanlagen Schäden in einem solchen Ausmaß zu verzeichnen, dass man unter normalen Abflussbedingungen bei der „hohlen Gasse" beinahe von einer „Sackgasse" sprechen muss.

Die Problematik verstärkt sich durch die in der Regel gegebene Abfolge mehrerer Wasserkraftanlagen in Serie. Hat ein Fisch die Passage eines Triebwerks überlebt, ist das nächste oft nicht weit. Somit tritt über einen längeren Gewässerverlauf eine Summationswirkung ein, bei der sich die Fischschäden der einzelnen Wasserkraftanlagen nicht nur statistisch gesehen addieren (**Bilder 1 und 2**).

Bezieht man die Intensität der summierten Schäden auf den Raum, in dem die Schäden eintreten, sind Effekte auf die vorhandene Population einer Fischartengemeinschaft oder einzelner Fischarten nicht auszuschließen [2], [3], [4], [10]. Zwar ist es schwierig, den Begriff „Population" räumlich einzugrenzen. Doch ist es erforderlich, sich hiermit intensiv auseinanderzusetzen. Denn der Gesetzgeber fordert in § 35 des Wasserhaushaltsgesetzes (WHG) einen „Schutz der Fischpopulation an Wasserkraftanlagen".

3 Früher war alles besser?!

In manchen Fällen wird von Wasserkraft-Befürworten die Argumentation aufgeführt, zu Anfang des vorigen Jahrhunderts habe es z. B. in Bayern rund 12 000 Wasserkraftanlagen gegeben, jetzt gäbe es dort nur noch etwa 4 250. Obwohl die Schädigung von Fischen früher demnach weitaus höher gewesen sein müsse, habe es traumhafte Fischbestände gegeben.

Die hohe historische Anzahl von 12 000 muss heute sehr differenziert betrachtet werden. Diese Anlagen waren meist nur bei Bedarf in Betrieb und erbrachten in der Regel nur so viel Leistung, wie sie für die zu verrichtende Arbeit benötigten. Die Mehrzahl der 12 000 Anlagen dürfte durchschnittlich über eine Leistung im einstelligen, selten im niedrigen zweistelligen kW-Bereich und niedrige Wirkungsgrade verfügt haben. Die Nutzung großer Gewässer und Haupt-Fischwanderkorridore, wie Rhein, Donau, Lech, Isar oder Main, war technisch noch nicht möglich. Die ökologischen Auswirkungen waren daher trotz einer wesentlich höheren Anzahl von Anlagen technisch überwiegend auf Kleingewässer beschränkt und umgelegt auf das Einzugsgebiet weitaus geringer.

Im Rahmen der Industrialisierung und der einhergehenden Elektrifizierung wurden aus alten, gemächlichen Wasserrädern schnelllaufende Turbinen aus Stahl. Die aufkommenden Fertigungstechniken mit Beton und ähnlichen Werkstoffen eröffneten im Gegensatz zu altherkömmlichen Holz- und Ziegelbauweisen völlig neue Dimensionen beim Kraftwerksbau sowie der Auswahl der Gewässer. Wurde früher extensiv bedarfsgerechte Energie produziert, liefen die neuen Anlagen zur Stromerzeugung nun meist rund um die Uhr. Heute veranschlagt man für eine Wasserkraftanlage ca. 5 000 Betriebsstunden pro Jahr.

Legt man für einfache Sägewerke und Mühlbetriebe anno 1900 durchschnittlich ca. 500 bis 600 Betriebsstunden pro Jahr zu Grunde, so ergeben sich bei 12 000 Anlagen summarisch etwa 7 Mio. h/a. Bei aktuell 4 250 Anlagen in Bayern ergeben sich mit durchschnittlich 5 000 h/a jährlich 21,2 Mio. h/a. Obwohl die aktuelle Anzahl der Anlagen in Bayern nur mehr etwa einem Drittel der Anlagenzahl Anfang 1900 entspricht, ist die Zahl der jährlichen Betriebsstunden schätzungsweise um den Faktor 3 gestiegen.

Somit liegt heute die Gefahr für einen Fisch in ein Triebwerk zu gelangen, statistisch gesehen weitaus höher als noch zur historischen „Blütezeit" der Wasserkraft. Dabei ist noch nicht berücksichtigt, dass neuere, schnelldrehende Triebwerke aus Stahl weitaus höhere Schädigungsraten bei Fischen hervorrufen können als ein gemächliches, hölzernes Wasserrad.

4 Wasserkraft maßgeblicher Einflussfaktor bei Fischpopulation

Zugegebenermaßen wirkt eine ganze Bandbreite menschlicher Einflüsse auf den Lebensraum der Fische und letztlich deren Population ein [3]. Angefangen vom Verlust natürlicher Strukturen durch Gewässerverbau bis hin zu Schifffahrt und den Einträgen von Stoffen aus der Landwirtschaft. Auch die Fischerei kann sich auf den Bestand bestimmter Fischarten auswirken, z. B. durch Entnahme oder Besatz bestimmter Arten.

Bei Wasserkraftanlagen gibt es jedoch Punkte, in welchen sich die Eingriffsintensität von ande-

Bild 1: Typisch potamodrome Flussfischart Nase mit Amputation durch Triebwerk am Schwanzstiel (Quelle: Schneider)

ren Nutzungen oder Einflüssen deutlich abhebt.

Maßgeblich ist der anhand des Tell-Zitats bereits näher beschriebene „Gassen-“ oder auch „Nadelöhr-Effekt“. Stromabwandernde Organismen gelangen zwangsläufig vor einem Triebwerk an, da der natürliche Abfluss meist zu 100 % in der/den Triebwerksöffnung/en gebündelt wird. Diese Bündelung ist nicht artspezifisch oder größenselektiv. Die Konzentrationswirkung der Triebwerke bewirkt sozusagen einen „absoluten Abgreif-Effekt“, stehen keine geeigneten Schutz- und Ableitsysteme zur Verfügung.

Einfluss der Fischerei

Haben Sie schon mal eine Nase, einen Frauennerfling oder einen Zingel gegessen?

In der Diskussion um den Schutz der Fischpopulation wird die Fischerei häufig als Nutzer und somit wichtiger Einflussfaktor auf den Fischbestand dargestellt. Doch gibt es hier klare Unterschiede.

Im Gegensatz zu einer Wasserkraftanlage greift z. B. ein gängiges Fischfangerät nur temporär einen kleinen Teil des Passage-Korridors wandernder Fische größen- und überwiegend artenselektiv ab. Der Fischfang ist bei einer Vielzahl von Arten zudem durch Schonzeiten und Schonmaße reglementiert. Einen Discard (= unbeabsichtigt gefangene und dabei verendete Fische), der v. a. aus der mariner Schleppnetzfischerei bekannt ist, gibt es im Binnenbereich fangtechnisch bedingt kaum. Von rund 70 typischen Fließgewässerfischarten werden in deutschen Fließgewässern nur eine Handvoll in nennenswertem Umfang fischereilich genutzt. Dabei handelt es sich in der Regel um marktfähige Fischarten, wie Zander oder Hecht. Weitere Arten wie bspw. Nase, Barbe oder Nerfling (Aland)

Bild 2: Aal mit massiven Schäden durch Wasserkraftanlage (Quelle: Schneider)

spielen bei der Entnahme durch die Binnenfischerei aufgrund veränderter Konsumentengewohnheiten eine untergeordnete Rolle.

Auch der Besatz von Fischen konzentriert sich auf wenige, (angel-) fischereilich bevorzugte Arten, wie Zander, Forellen oder Karpfen. Hinzu kommen gewässertypische Arten, die im Rahmen sog. „Artenhilfsprogramme" durch die Fischerei als Brut oder Jungfische eingebracht werden, um den Erhalt der Art bei schlechten Lebensraumbedingungen einstweilig sicherstellen zu können.

Letztlich ist es in vielen Fällen auch den Besatzaktivitäten der Fischerei zu verdanken, dass in den vergangenen Jahrzehnten der europäische Aal in seinen unerreichbar gewordenen Aufwuchsgewässern regelmäßig eingebracht wurde und sich bis heute noch in einem nennenswerten Bestand halten konnte.

5 Fischschutz im öffentlichen Interesse

Kurioser Weise leitet sich das Wort „Schutz" laut Duden aus dem mittelhochdeutschen Wort „Schuz" ab, was so viel wie „Staudamm" oder „Aufstauung des Wassers" bedeutet. Das bedeutet jedoch nicht, dass alle Formen von Stauanlagen automatisch Schutz für Fische böten.

Der Schutz von Fischen an Wasserkraftanlagen liegt aufgrund genannter Auswirkungen nicht nur in einem fischereilichen, sondern in einem öffentlichen Interesse. Dies ist bei weitem keine Neuentwicklung, die etwa aus der europäischen Wasserrahmanrichtlinie oder Natura 2000 entsprungen ist.

Bereits in der Fassung von 1908 – also in der Blütezeit der Wasserkraft – führt das Bayerische Fischereigesetz (BayFiG) in Art. 67 aus, dass eine Behörde Vorrichtungen anordnen kann, die das Eindringen von Fischen in Kraftwerke unterbinden, um Beschädigungen der Fische durch Triebwerke zu verhindern. Der Gesetzgeber sah bereits damals den Schutz der Fische als „öffentliche Interesse". Dieser Artikel lautet wie folgt:

„(1) Zum Schutz der Fische gegen Beschädigungen durch Triebwerke kann dem Eigentümer der Anlage durch die Verwaltungsbehörde jederzeit die Herstellung und Unterhaltung von Vorrichtungen auferlegt werden, die das Eindringen der Fische in die Triebwerke verhindern.

(2) Die Eigentümer der zur Zeit des Inkrafttretens dieses Gesetzes bereits bestehenden Triebwerke können von der Verwaltungsbehörde für verpflichtet erklärt werden, die Herstellung und die Unterhaltung von Vorrichtungen der im Abs. 1 bezeichneten Art zu dulden, wenn

1. die Maßnahme im öffentlichen Interesse vom Staat beabsichtigt wird oder
2. von den im Gewässer Fischereiberechtigten ausgeführt werden will."

Je länger die Wanderdistanz eines Fisches ist, desto wahrscheinlicher macht er auf seinem Wanderweg die Bekanntschaft mit einer Wasserkraftanlage. Hinsichtlich ihres Wanderverhaltens unterscheidet man bei den Fischarten zwischen Kurz-, Mittel- und Langdistanzwanderern. Zu letztgenannten gehören bspw. der europäische Aal, Lachs und Meerforelle.

Speziell für den europäischen Aal besteht enormer Handlungsbedarf. Eine künstliche Vermehrung ist nicht möglich, somit ist man ausschließlich auf die natürliche Reproduktion der Art angewiesen. Der Aal als Langdistanz-Wanderfisch hat bei seinem Weg vom Meer in die Oberläufe der Flüsse und zurück denkbar schlechte Karten. Seine schlangenartige Körperform mag beim Aufsuchen von Schlupflöchern ein Vorteil sein, an Triebwerken hingegen wird sie ihm oft zum Verhängnis. Absteigende Aale passen bisher meist „problemlos" durch Rechenstäbe, die vor Kraftwerken installiert sind. Durch die langgestreckte Körperform ist er prädestiniert, mit einer rotierenden Laufradschaufel o. ä. zu kollidieren. Die hohen Verluste bei dieser Fischart bei gleichzeitiger Erfordernis eines bestimmten Pools an Elterntieren für die natürliche Vermehrung haben letztlich die EU auf den Spielplan gerufen. 2007 wurde für Aal-relevante Gewässer die sog. EU-Aalschutz-Verordnung erlassen. Diese hat im Rahmen von Aalbewirtschaftungsplänen zum Ziel gesetzt, dass mindestens 40 % der stromab wandernden Blankaale (= laichreife Elterntiere) unbeschadet das Meer erreichen. Derzeit sind es überwiegend von Kraftwerksbetreibern finanzierte Berufsfischer, die mit Fangeinrichtungen absteigende Aale fangen und an den folgenden Wasserkraftanlagen vorbei zum Nieder-Rhein transportieren. Eine dauerhafte Bestandssicherung hierdurch ist fraglich.

Weiterer Schutz widerfährt den Fischen im Bundesnaturschutzgesetz sowie dem Umweltschadensgesetz, in dem die Sanierungspflicht von Umweltschäden fixiert ist.

Ferner gilt in europäischen Natura-2000-Gebieten ein Verschlechterungsverbot für bestimmte Arten und Lebensräume. Dies gilt es auch im Hinblick auf den Fischschutz an dort vorhandenen oder geplanten Wasserkraftanlagen anzuwenden.

Neben dem europäischen Instrument Natura 2000 ist ein wesentliches Werkzeug die WRRL. In Deutschland werden die Vorgaben dieser Richtlinie überwiegend durch das WHG aufgegriffen.

Der Schutz von Fischen an Wasserkraftanlagen trat mit Inkrafttreten der Fassung des WHG von 2010 einen Schritt weiter in die Öffentlichkeit. Hier schreibt der Gesetzgeber in § 35 WHG erstmalig sowohl für bestehende als auch neue Wasserkraftanlagen die Umsetzung von Maßnahmen zum Schutz der Fischpopulation vor. Dabei sind keine Ausnahmen nach § 31 WHG vorgesehen.

Etliche dieser Aspekte greifen die „Kernforderungen zur Wasserkraftnutzung" auf, die das Bundesamt für Naturschutz im März 2014 herausgegeben hat.

6 Forum Fischschutz

Aus Sicht von Fischerei und Naturschutz ist die gesetzliche Forderung in § 35 WHG eindeutig zu begrüßen. Gleichwohl gestaltet sich die Aufgabe, den Fischschutz praktisch umzusetzen, schwierig. Da es bisher in vielen Fällen keinen ausreichenden Stand der Technik für geeignete Schutz-Systeme und -Maßnahmen gibt. Gleichwohl wird der Begriff „Population" gerne aus der Sicht des jeweiligen Betrachters definiert. Vertreter des Naturschutzes kritisieren, bei der Nachrüstung und Entwicklung von Fischschutztechnik habe man Jahrzehnte verschlafen. Gleichzeitig bemängeln Anlagenbetreiber und Behörden, infolge eines kaum vorhandenen Stands der Technik gäbe es keine hinreichende Rechtssicherheit bei der Genehmigung oder Weiterbewilligung von Anlagen.

Aus dieser Diskussion ist das „Forum Fischschutz" entstanden, welches seit 2012 vom Umweltbundesamt (UBA) regelmäßig einberufen wird [11]. Dabei werden von Fachleuten unterschiedlichster Disziplinen im gemeinsamen Dialog Ansätze und Konzepte entwickelt, die den Schutz der Fischpopulation im Sinne des Gesetzes gewährleisten sollen. Nicht einfach, wenn verschiedene Interessengruppen teils sehr unterschiedliche Auffassungen zu manchen Punkten haben. Aber dank hartnäckiger Organisatoren und dem Engagement einer interdisziplinären Lenkungsgruppe dennoch konstruktiv.

7 Vorwärts Fischschutz!

So in etwa könnte man kurz, aber griffig eines der zentralen Resultate des o. g. „Forum Fischschutz" widergeben. Man ist sich weitgehend einig: Es müssen schleunigst neue und tragfähige Konzepte für den Fischschutz an Wasserkraftanlagen in standardisierten Verfahren erprobt werden, die sowohl ökologischen als auch rechtlichen Belangen hinreichend Rechnung tragen können. Bislang ist der Erfahrungsschatz, auf den man zurückgreifen kann, vergleichsweise spärlich. Eine mangelnde Vergleichbarkeit zwischen bisherigen Untersuchungs-Ansätzen und -Methoden kommt erschwerend hinzu. Die dringend erforderliche Entwicklungszeit für den Fischschutz darf zudem nicht Gefahr laufen, einem im Rahmen der Energiewende politisch zu rasch forcierten Wasserkraftausbau zum Opfer zu fallen.

Eine rasche Weiterentwicklung von Fischschutz-Systemen und -Konzepten tut daher dringend Not. Dabei ist eine sehr vielschichtige Aufarbeitung erforderlich. Diese reicht von einer Erforschung des Fischverhaltens über technische Schutzeinrichtungen bis hin zu einzugsgebietsbezogenen Schutzkonzepten, die dem Schutz der Population Rechnung tragen. Die Fischerei bringt hierzu ihr Knowhow und ihre Erfahrungen gerne ein.

8 Wissensbedarf für Fischschutz an Wasserkraftanlagen ist enorm

Maßnahmen und Techniken zum Fischschutz und Fischabstieg sind einerseits gesetzlich vorgeschrieben. Sie stecken jedoch andererseits hinsichtlich ihres Entwicklungsstandes im Gegensatz zum bereits weit fortgeschrittenen Knowhow beim Fisch-

Bild 3: 3 Wasserkraftanlagen an der Mitternacher Ohe wurden bis 2013 durch die Fischerei zurückgebaut, auf 17 km ist der Fluss von der Quelle bis zur Mündung wieder frei durchgängig (Quelle: LFV Bayern)

aufstieg in vielen zentralen Punkten noch in der Anfangsphase. So weiß man über das für den Fischschutz maßgebliche Abwanderverhalten vieler Fischarten und/oder deren unterschiedliche Altersstadien so gut wie nichts. Über technische Schutzeinrichtungen und ihre Wirkung gibt es – überwiegend zu den Langdistanzwanderarten Lachs und Aal – bereits Untersuchungsergebnisse, die allerdings auf eine Vielzahl der potamodromen (= Binnen-) Fischarten nur bedingt übertragbar sind. Wie sich zudem zeigt sind bestehende Untersuchungsergebnisse nur begrenzt vergleichbar, da die methodischen Untersuchungsansätze aufgrund eines unbefriedigenden Stands der Technik teils große Unterschiede aufweisen (vgl. 2).

Um dieser unbefriedigenden Situation entgegenwirken zu können, wurde durch das „Forum Fischschutz" ein Gutachten mit dem Titel „Arbeitshilfe zur standörtlichen Evaluierung des Fischschutzes und Fischabstieges" in Auftrag gegeben.

Von verschiedenen Herstellern, Betreibern und Instituten werden derzeit neue Kraftwerkskonzepte und Techniken entwickelt und getestet. Hier ist darauf zu achten, dass sich die Erprobung verschiedener Maßnahmen und Techniken zum Schutz der Fischpopulation am tatsächlichen Bedarf orientiert. Mit rund 7 700 Bestandsanlagen in der Bundesrepublik liegt der Schwerpunkt im Vollzug von § 35 WHG klar bei bereits in Betrieb befindlichen Anlagen. Allein in Bayern stehen seit 2013 nach Angaben des bayerischen Umweltministeriums (StMUV) rund 300 „alte" Wasserkraftanlagen zur Weiterbewilligung an. In den Folgejahren sind sicherlich ähnliche Zahlen zu erwarten. Erprobung und Entwicklung neuer Triebwerkstechniken und Kraftwerkskonzepte helfen im Hinblick auf die von Betreibern und Behörden geforderte Rechtssicherheit für den Vollzug nur wenig, wenn diese für Bestandsanlagen nicht geeignet sind. Daher müssen sowohl methodische Ansätze für standardisierte Funktionskontrollen und Monitoring als auch Standorte zur Durchführung solcher Kontrollen am tatsächlichen Bedarf ausgerichtet werden. Eine überwiegende Ausrichtung auf Neubauanlagen wird für den bestehenden Vollzugsbedarf an Bestandsanlagen nur sehr bedingt Hilfestellung leisten können.

9 Rückbau von Kleinwasserkraftanlagen

Zwar ist die Umsetzung insbesondere technischer Fischschutzsysteme an kleinen Wasserkraftanlagen aufgrund der geringeren Anlagendimensionen leichter realisierbar als an Großkraftwerken. Doch machen die Investitionen in Koppelung mit ggf. einhergehenden Leistungseinbußen (z. B. durch die energetisch nicht nutzbare Dotation einer Fischabstiegsanlage) den Betrieb rasch unwirtschaftlich [9], [10]. Die Konformität mit dem WHG, die neben dem Schutz der Fischpopulation auch Durchgängigkeit (§ 34) und ggf. Restwasserabgabe (§ 33) beinhaltet, ist an zahlreichen Kleinwasserkraft-Standorten vermutlich selbst langfristig nicht realisierbar.

Der Landesfischereiverband Bayern e. V. und der Fischereiverband Niederbayern haben daher an der Mitternacher Ohe (Bezirk Niederbayern) in einem Pilotprojekt drei solcher Anlagen rückgebaut (**Bild 3**). Das Gewässer zweiter Ordnung ist seitdem auf rund 17 km von der Quelle bis zur Mündung wieder frei durchgängig für Fische und andere Wassertiere. Das Pilotprojekt erfüllt dadurch zentrale Vorgaben des WHG und des vor Ort befindlichen Natura-2000-Gebietes. Davon profitieren europarechtlich besonders geschützte Arten, wie der Huchen, das Bachneunauge und die Flussperlmuschel. Der Verlust der elektrischen Leistung durch die Stilllegung der drei Wasserkraftanlagen an der Mitternacher Ohe beträgt summiert rund 90 kW und ist somit energiewirtschaftlich gesehen „verschmerzbar" [5].

Ein weiterer Rückbau solcher Anlagen sollte durchaus in Betracht gezogen werden. Denkbar wäre etwa, dass als Kompensation für eine Stauerhöhung und die damit verbundene Leistungssteigerung an einer großen Wasserkraftanlage ein bestimmter Prozentsatz der zusätzlich gewonnenen Leistung in Form solcher Kleinanlagen rückgebaut wird. Für eine Leistungssteigerung von 1 MW an einer Großanlage könnten bspw. 10 % der Mehrleistung (= 100 kW) in Form solcher Kleinstandorte rückgebaut werden. Somit stünde für Standorte, bei denen eine Konformität mit dem EEG nicht möglich und der Beitrag zu Stromerzeugung und Netzstabilisierung ohnehin vernachlässigbar ist, eine Lösung zur Verfügung, die in der Gesamtbilanz trotzdem eine Steigerung der Stromproduktion bewirken würde.

10 Schutz der Fischpopulation durch Steigerung des natürlichen Fischbestands?

Derzeit gibt es Bestrebungen, durch gezielte Strukturverbesserungen im Wirkbereich von Wasserkraftanlagen die natürliche Produktion von Fischen sozusagen „anzukurbeln", um die Beeinträchtigungen durch die Wasserkraftnutzung zu kompensieren.

Bei diesem pragmatischen Ansatz bewegt man sich naturschutzfachlich gesehen auf einem schmalen Grat. Denn mit einer Steigerung des Schutzguts Fisch steigt auch dessen Schutzbedürftigkeit. Gleichzeitig bleiben bei einem solchen Ansatz die Wirk-Faktoren „Fischschädigung durch Triebwerke bzw. Rechen" vollumfänglich bestehen. Bei einer praktischen Umsetzung eines solchen Konzepts kommen daher mit hoher Wahrscheinlichkeit mehr Fische in bzw. an der Wasserkraftanlage zu Schaden als vorher. Der verbleibende Fischbestand nimmt ggf. nur zu, weil in Relation von der Gesamtzahl mehr „übrig bleibt".

Aus Sicht von Fischerei und Naturschutz kann dieser Weg grundsätzlich nur dann mitgegangen werden, wenn er als Übergangslösung konzipiert wird, bis geeignete Schutzsysteme zur Verfügung stehen. Daher darf in solch einer Übergangsphase bspw. die Entwicklung erforderlicher Fischschutz-Techniken nicht ins Stocken geraten.

11 Konstruktiver Dialog ohne Druck

Die Diskussion bzgl. der Umsetzung eines hinreichenden Fischschutzes an Wasserkraftanlagen wird von allen Seiten mit harten Bandagen geführt. Abgesehen von wenigen emotional geprägten Entgleisungen einzelner hat sich in Deutschland mittlerweile ein durchaus konstruktiver Dialog entwickelt. Dieser Dialog muss auf einer fachlich fundierten Ebene konsequent weitergeführt werden. Hoffnungsgebende Beispiele ermuntern dazu. Noch vor wenigen Jahrzehnten etwa hätte kaum einer gedacht, dass Kläranlagen einmal zum gewohnten Bild an deutschen Fließgewässern gehören würden. Auch die aktuell weit gereiften Grundlagen für Bau und Gestaltung von Fischaufstiegsanlagen sind in aufwändigen Untersuchungen und zahlreichen Fachdiskussionen über viele Jahre entstanden. Vergleichbares ist sicherlich auch im Hinblick auf den Fischschutz möglich.

Gefährdet wird ein solcher Prozess beim Fischschutz durch den politischen Ausbau-Druck der Energiewende im Wasserkraftsektor. Hier gilt es von den Verantwortlichen Druck herauszunehmen. Ohne die erforderlichen Kenntnisse und Voraussetzungen für einen hinreichenden Fischschutz ist ein Ausbau der Wasserkraftleistung durch neue Anlagen unverantwortlich.

Autor

Johannes Schnell
Landesfischereiverband Bayern e. V.
Pechdellerstr. 16
81545 München
johannes.schnell@lfvbayern.de

Literatur

[1] Deutsche Vereinigung für Wasserwirtschaft, Abwasser und Abfall e. V. (Hrsg.): Fischschutz und Fischabstiegsanlagen. In: DWA-Themen, Hennef, 2005.
[2] Ebel, G.: Fischschutz und Fischabstieg an Wasserkraftanlagen. In: Mitteilungen aus dem Büro für Gewässerökologie und Fischereibiologie (2013), Band 4.
[3] Bayerischen Landesanstalt für Landwirtschaft (Hrsg.): Fischzustandsbericht. Freising-Weihenstephan, 2013.
[4] Landesfischereiverband Bayern e. V.) (Hrsg.): Untersuchungen zur Vermeidung von Fischschäden im Kraftwerksbereich – Dargestellt am Kraftwerk Dettelbach a. Main / Unterfranken. München: Weltbild Verlag, 1999.
[5] Landesfischereiverband Bayern e. V. (Hrsg.): Der Rückbau einer Kleinwasserkraftanlage – Untersuchungen über die ökologischen Auswirkungen auf das Gewässer. In: Schriftenreihe des Landesfischereiverbandes Bayern (2006), Heft 11 (www.lfvbayern.de/media/files/rueckbaueinerkleinwasserkraftanlage.pdf; Aufruf 20.05.2014).
[6] Schmalz, W.: Untersuchungen zum Fischabstieg und Kontrolle möglicher Fischschäden durch die Wasserkraftschnecke an der Wasserkraftanlage Walkmühle an der Werra in Meiningen. Untersuchungen i. A. der Thüringer Landesanstalt für Umwelt und Geologie, 2010.
[7] Schnell, J.; Ache, M.: Untersuchungen zur Effizienz von nachträglich errichteten Fischaufstiegs-, Fischschutz- und Fischableitanlagen an einer Wasserkraftanlage. In: 23. SVK-Fischereitagung, 05.03.2012, Fulda.
[8] Schneider, J.; Hübner, D.; Korte, E.: Funktionskontrolle der Fischaufstiegs- und Fischabstiegshilfen sowie Erfassung der Mortalität bei Turbinendurchgang an der Wasserkraftanlage Kostheim am Main. Gutachten im Auftrag der WKW Staustufe Kostheim/Main GmbH & Co. KG, 2012.
[9] Umweltbundesamt (Hrsg.): Umweltverträglichkeit kleiner Wasserkraftwerke – Zielkonflikte zwischen Klima- und Gewässerschutz. In: UBA-Texte (1998), Nr. 13/98.
[10] Verband Deutscher Fischereiverwaltungsbeamter und Fischereiwissenschaftler e. V. (Hrsg.): Kleinwasserkraftanlagen und Gewässerökologie – Probleme und Lösungsansätze aus fischereilicher Sicht. 1995.
[11] Forum Fischschutz, 2014 (www.forum-fischschutz.de; Aufruf: 20.05.2014).

Johannes Schnell

Protection of Fish During Downstream Migration: Demands from the Perspective of an NGO for Fishery and Natural Conservation

Hydro power plants can hurt or kill fish in a significant volume. The reaction of the German legislator, also to achieve European guidelines, was to anchor the protection of fish population on power plants by law. But the state of technology for enforcement is insufficient. As a result of this there often is no legal security for administration as well as for operators of power plants. To relieve tensions between different stakeholders and to search for common approaches a forum of fish protection (called "Forum Fischschutz") was started 2012. The previous results of interdisciplinary task groups show the necessity of researching the behavior of fish. Further it includes testing of technologies and measures on a methodically standardized level. Organizations for nature protection as well as the organized fishery are supporting the necessary dialog to protect and conserve the native fish fauna.

Йоханнес Шнелль

Рыбозащита и рыбоспуск: необходимость исследований с точки зрения Ассоциации рыболовства и Общества по охране природы

На силовых установках рыба часто и в значительной степени повреждается частями турбин или других агрегатов и даже погибает. Немецкие законодатели отреагировали на общеевропейском уровне в отношении постановки целей по защите и сохранению рыбы - они требуют проведения мероприятий по защите рыбной популяции. Однако современное состояние таково, что уровень, необходимый для реализации этих целей, в настоящее время можно охарактеризовать только как недостаточный. Это означает – как для эксплуатирующих предприятий, так и для административных органов – правовую неопределенность, особенно что касается санкционирования объектов. Для снижения напряженности в отношениях между различными сторонами и нахождения общих решений в 2012 году на федеральном уровне был создан форум «Рыбозащита». К достигнутым на настоящий момент результатам работы межотраслевых рабочих групп относится определение необходимости основополагающих исследований по вопросам поведения рыб и апробации программ и технологий рыбозащиты с использованием методически стандартизованной базы. Как Общество по охране природы, так и Ассоциация рыболовства охотно вступают в необходимый диалог по вопросам защиты и сохранения отечественной рыбной фауны.

Manfred Holzner, Georg Loy, Hans Michael Schober, Ralf Schindlmayr und Christoph Stein

Vorgehensweise zur Entwicklung von populationsunterstützenden Maßnahmen für die Fischarten am Inn in Oberbayern

Im Rahmen einer Vereinbarung mit dem Bayerischen Staatsministerium für Umwelt und Gesundheit wurden seit 2011 umfangreiche ökologische Maßnahmen auch mit dem Ziel der Förderung und des Schutzes von Fischpopulationen umgesetzt. Ausgehend vom Leitbild eines ursprünglichen Inns mit seinen Fischarten, den Randbedingungen, aus den über die Jahrhunderte durchgeführten anthropogenen Veränderungen und dem erkennbaren Potenzial der noch vorhandenen Strukturen wurden Konzepte entwickelt, um Habitate für alle Lebensstadien der am Inn heimischen Fischarten anbieten zu können. Die Maßnahmen konnten durch einen intensiven Dialogprozess mit allen Beteiligten durch den Wasserkraftbetreiber im Gewässerunterhalt ausgeführt werden.

1 Veranlassung

Verbund, Österreichs führendes Stromunternehmen und Betreiber der bayerischen Innkraftwerke, hat seit 2011 mit umfangreichen ökologischen Verbesserungsmaßnahmen in den Staugebieten am Inn begonnen. Grundlage dafür ist eine Vereinbarung zwischen der Verbund Innkraftwerke GmbH und dem Bayerischen Staatsministerium für Umwelt und Gesundheit, welche im Rahmen von Verhandlungen zu einer wasserrechtlichen Gestattung eine mehrjährige Partnerschaft vorgibt. Im Rahmen einer wasserrechtlichen Bewilligung wurde zwischen dem Freistaat Bayern und der Verbund Innkraftwerke GmbH eine Vereinbarung geschlossen, die für die kommenden zehn Jahre umfassende Verbesserungen des Naturraumes am Inn vorsieht. Diese umfasst unter anderem ökologische Maßnahmen im und am Gewässer sowie Unterstützungen bei Inn-relevanten Infrastruktureinrichtungen in einem Gesamtumfang von rund 10 Mio. Euro. Weitere ca. 10 Mio. Euro werden durch die Verbund Innkraftwerke GmbH zur Herstellung der ökologischen Durchgängigkeit an den Staustufen Rosenheim bis Stammham vorgezogen umgesetzt. Ziel ist es, das vielfältige und artenreiche „Öko-System Inn" zu erhalten, zu fördern und zu verbessern. Dazu gehört die Schaffung, Erhaltung und Förderung von Lebensraum für die Fischfauna, um zielgerichtet Maßnahmen zum nachhaltigen Erhalt der Fischpopulation umzusetzen.

2 Zusammenarbeit mit allen Beteiligten

Im Vorfeld zur Identifizierung von möglichen Maßnahmen wurden intensive Befahrungen mit den Fischereivereinen, Ortskennern sowie mit den Fachplanern (Fischerei, Landschaftsplaner, Ökologie etc.) durchgeführt. Die Planung zu den jeweiligen beabsichtigten Maßnahmen wurde in den sogenannten „Großen Runden" vorgestellt. Diese Runde, bestehend aus Verbänden, Ortsgruppen von Verbänden, Bezirksfachberatung für Fischerei, ortsansässigen Fischereivereinen und den im Planungsprozess zuständigen Behörden, wie Wasserwirtschaftsämtern, Regierung von Oberbayern (Naturschutz), den Landratsämtern mit den zugehörigen Genehmigungsbehörden

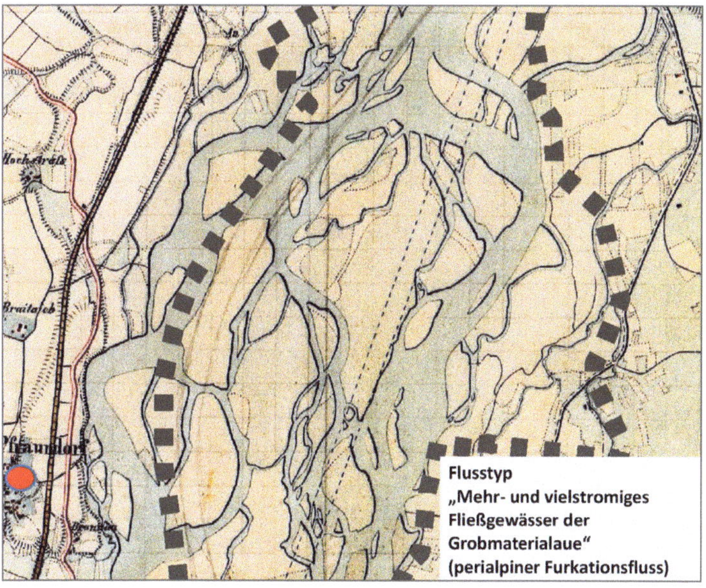

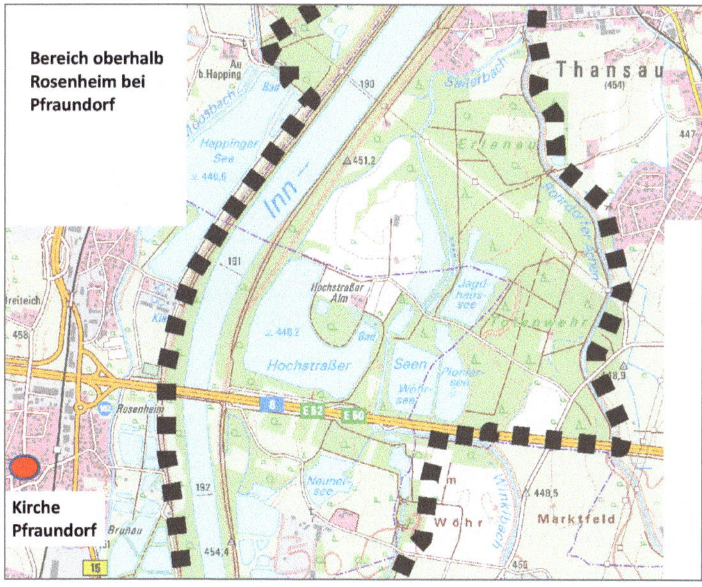

Bild 1: Ursprüngliches Bild des Inn 1850 bei Rosenheim (Pfraundorf) mit eingezeichneter Begradigungstrasse vor den Staustufenbau (rechts) und heute (links)

und unteren Naturschutzbehörden, wurde einbezogen, die jeweiligen Anregungen aufgenommen und in der Planung früh berücksichtigt. Die eingereichten Unterlagen waren naturschutzfachlich umfangreich und mit entsprechend fundierten Erhebungen belegt. Die Umsetzung der Maßnahmen war daher z. B. auf die Zeit außerhalb der Vogelbrutzeit beschränkt.

3 Wasserwirtschaftliche Verhältnisse am Inn

3.1 Abflussverhältnisse (Ursprungszustand)

Das Einzugsgebiet des Inn ist geprägt durch den hochalpinen Charakter des größten Teiles des Einzugsgebietes mit seinem Basiswinterabfluss und den durch Schmelzwässer geprägten Abflüssen des Frühjahrs, die im Sommer durch die hochalpin geprägten Gletscherabflüsse ergänzt werden. Zusätzlich geprägt ist das Abflussverhalten durch die starken Gewitterniederschläge in den z. T. steilen Teileinzugsgebieten mit dem sehr schnellen An- und Abschwellen der Abflüsse, dessen Charakteristik sich auch in den Hochwasserereignissen wiederspiegeln.

Fischökologisch bedeutsam am Inn ist insbesondere das Einsetzen und Abschwellen der Hochwasserphase im Jahresverlauf und deren außergewöhnlich langes Anhalten. Im Frühjahr setzt der Abflussanstieg des Inns üblicherweise Ende März mit einer ersten, geringfügigen Abflusssteigerung ein, wenn in den Voralpen und im vorgeschalteten Hügelland des Voralpenlandes die Schneeschmelze einsetzt. Je nach Witterungsverlauf und Niederschlagseinflüssen folgt dann gegen Mitte April bis Anfang Mai eine weitere, deutlichere Steigerung der Abflüsse, wenn die Schneeschmelze auch die schneereiche Alpenregion erreicht. Dieser zweite Anstieg ist dann auch mit einer erheblichen Trübung des Inns verbunden, während in der ersten Phase üblicherweise noch kein wesentlicher Materialtransport erfolgt. Fischökologisch bedeutsam sind hier die Faktoren Abfluss, Temperatur und Trübung, die sich in dieser Frühjahrsphase auf das Laichgeschehen der meisten vorkommenden Arten direkt oder indirekt auswirken. Im Verlaufe eines Jahresgangs passen sich die genannten Faktoren mehrfach an den tatsächlichen Witterungsverlauf an und üben auf die Fauna im Gewässer erhebliche Einflüsse aus.

3.2 Sedimentfrachten (Ursprungszustand)

Fischökologisch bedeutsam sind hier in erster Linie die grundsätzlich vorhandene Sedimentqualität und deren jahreszeitlich gestaffeltes Auftreten. Im Gewässerbett des Inns dominieren eigentlich Kiese verschiedener Körnungen. Das spiegelt sich auch im Laichverhalten (Beispiele: Kies-/Interstitiallaicher: Leitfischart Äsche; Kies-/Substratlaicher: Leitfischart Nase) der hier vorkommenden Fischarten deutlich wieder. Entscheidend ist einerseits die Stabilität der Kiesstrukturen während der Laich- und Larvalphase sowie andererseits die Umlagerung und damit Erneuerung der Kiesstrukturen während der stärkeren Hochwasserabflüsse im Rahmen der sommerlichen durch Schneeschmelze bzw. Niederschläge bedingten Hochwässer. Der Transport von Sedimenten und insbesondere Feinmaterialien nimmt ursprünglich mit dem Abfluss durch Erosionserscheinungen in der Fläche sowie im Gewässerbett selbst erheblich zu und reduziert sich ebenso bei rückläufigen Abflüssen.

3.3 Strukturelle Gestaltung (Ursprungszustand)

Ursprünglich handelt es sich beim Inn um einen Voralpenfluss des Furkationstyps. Das bedeutet, dass eine ständige Umlagerung von mehreren Abflussgerinnen während der Hochwasserereignisse üblich und normal war. Nur teilweise oder nicht angebundene Altgewässer wurden ständig neu geschaffen und wieder durch den Fluss verlandet, und eine ausgedehnte Überschwemmungszone mit Weich- und peripher Hartholzaue begleitete das Flussbett. Ausnahmen waren hier nur Schlucht- oder Durchbruchstrecken, wie sie am Inn mehrfach auftreten (Bsp. Wasserburg am Inn flussab bis Gars). In diesen Bereichen war natürlicher Weise wohl meist nur ein Gerinnestrang ausgebildet, der auch nur wenige für Fische nutzbare Nebenstrukturen aufwies.

3.4 Nutzungen (Ursprungszustand)

Die gewerbliche Nutzung der reichen Fischbestände am Inn blickt auf eine lange Tradition zurück und wurde erst nach dem 2. Weltkrieg Schritt für Schritt durch die heutige angelfischereiliche Nutzung ersetzt. Ursprünglich wurden insbesondere die Massenfischarten, wie die Nase, bevorzugt genutzt, weil sie am einfachsten in großen Mengen zu fangen waren. Für die Nase aber auch die Barbe galt dies insbesondere für die Laichfischzüge.

Einfluss nehmend auf die Gewässerstruktur ist auch die Innschifffahrt zu bewerten. Sie wurde als Treidelschifffahrt betrieben, was nach und nach die intensive Bewirtschaftung und Befestigung zumindest einer Uferseite beinhaltete.

Die Wasserkraftnutzung am Inn setzte im Vergleich zu den bereits viel früher umgebauten Nebenflüssen erst deutlich später ein, weil dies ingenieurtechnisch und baulich erheblich anspruchsvoller und hinsichtlich der Finanzierung nur mit sehr hohem Aufwand zu bewältigen war. Zwischen 1. und 2. Weltkrieg entstanden die ersten Kraftwerke am Inn, der aufgrund von Schifffahrt, Landgewinnung und beginnendem Hochwasserschutz zu diesem Zeitpunkt schon weitgehend be-

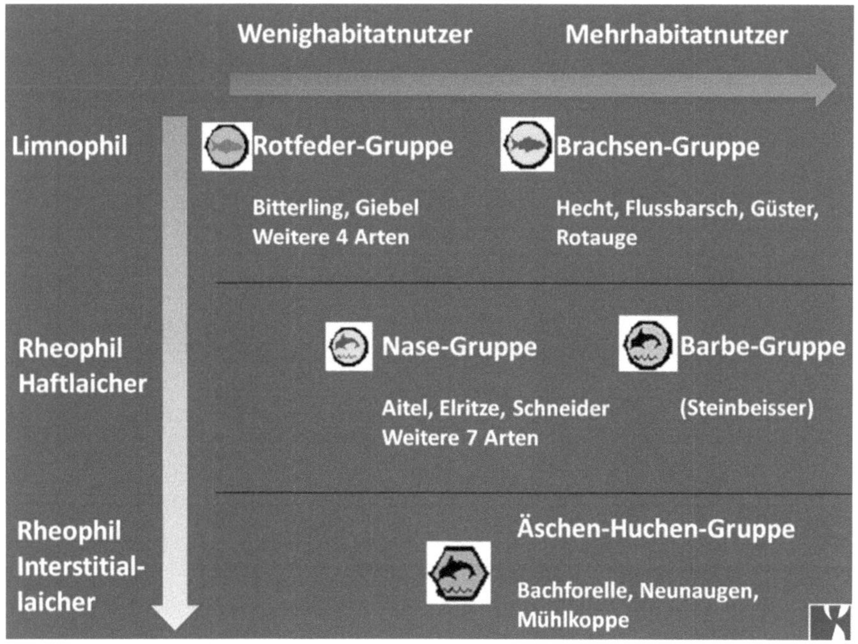

Bild 2: Einteilung der Fischgilden (Quelle: Büro Schober 2013)

gradigt und eingedämmt war. Der derzeitige Ausbaugrad des Flusses in Bezug auf die Nutzung der Wasserkraft war im wesentlichen Anfang der 1980er Jahre erreicht.

Die wesentlichen Veränderungen, wie Begradigung, Festlegung der Ufer mit Landgewinnung, Hochwasserschutzmaßnahmen und kontinuierlicher Verfall der Wasserspiegel- und Grundwasserspiegellagen, waren schon vor dem Staustufenbau gegeben (**Bild 1**). Die Begradigung führte zur funktionalen Trennung der Auen und ihren Nebengerinnen vom kanalisierten Fluss. Die Hochwässer erreichten die Aue und die Auwälder nur noch selten. Die höheren Fließgeschwindigkeiten verstärkten den Geschiebetrieb und die Tiefenerosion im Hauptgerinne. In dieser Phase verschwanden bereits die meisten Nebengerinne, und die Feinsedimentfrachten führte bereits im Uferbereich zu Uferrehnen (bei Hochwasser ufernahe Ablagerungen von Sand), die die Überflutungen der Aue zusätzlich seltener werden ließen.

4 Defizitanalyse

Im begradigten und staugeregelten Fluss mit seinen festgelegten Ufern sowie dem bereits ab Landesgrenze fehlenden Grobgeschiebeeintrag führte zu einer Monostrukturierung und auch bedingt durch das Alter der Staustufen zum Verschwinden von wesentlichen dynamischen Prozessen. Bei Stauerrichtung gab es zum Teil riesige Verlandungsbereiche mit neu entstehenden Inseln, Rinnen und Sukzessionsflächen. Das Hauptthema im „gesellschaftlichen Konsens" beim Staustufenbau und damit die Gründe zur Umgestaltung des Flusses waren bei den ersten Wasserkraftanlagen die Energiegewinnung, die später durch die Themen Landgewinnung, Hochwasser- und Erosionsschutz dominiert wurden. Die Einleitungen durch Industrie, Haushalte sowie Landwirtschaft und damit die Einflüsse auf die Wasserqualität bestimmten ebenso für Jahrzehnte die Habitatqualität, wobei heute deren meist diffuse Wirkung auf die Fischfauna schwer einordenbar ist.

4.1 Abflussgestaltung (Defizite)

In Bezug auf die Entwicklung der Abflussverhältnisse sind für die Fischfauna am Inn mehrere As-

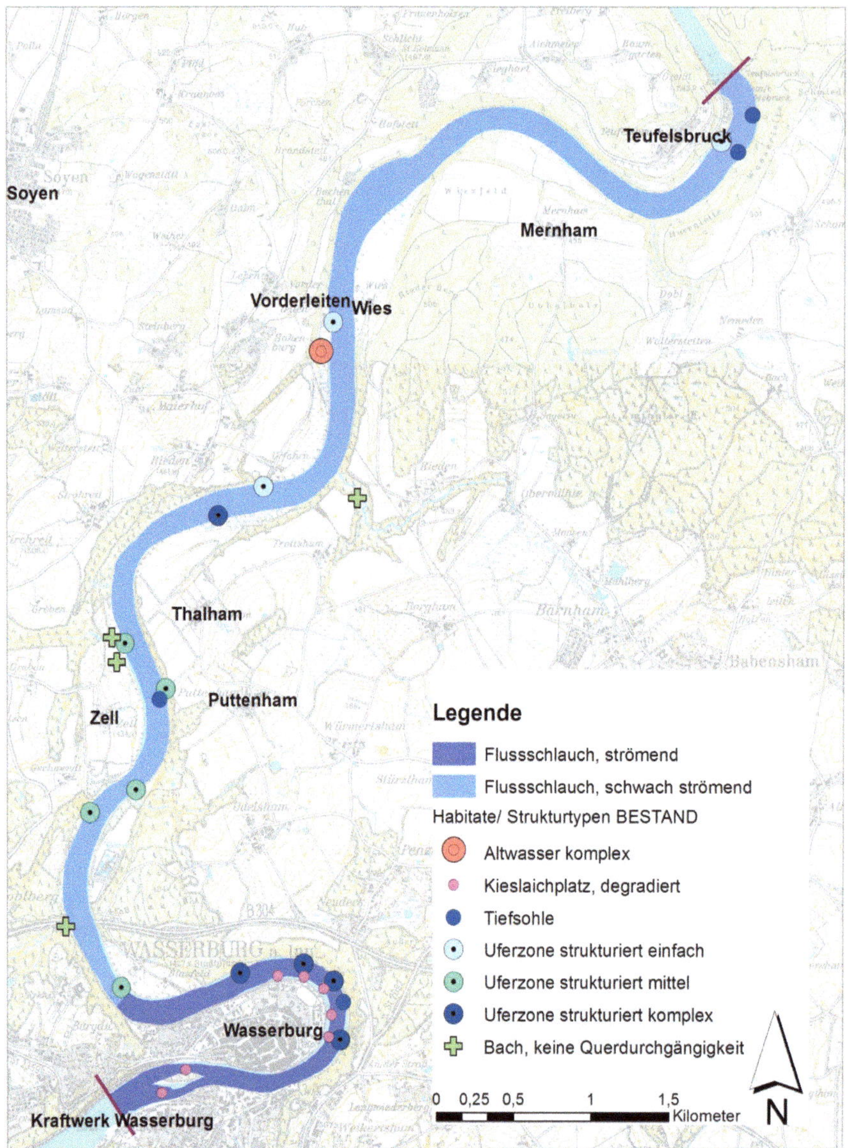

Bild 3: Lageplan mit relevanten Habitatstrukturen vor der Maßnahmenumsetzung

pekte anzusprechen. Wie in vielen anderen bayerischen Gewässern ist in den letzten Jahrzehnten durch baubedingte Flächenversiegelung, Begradigung und Drainage in der Landwirtschaft eine Beschleunigung der Hochwasserereignisse zu beobachten, die aber am Inn durch das hochalpine Einzugsgebiet überprägt sind. Für die Gewässerfauna verkürzen sich daher die Reaktionszeiten, die genutzt werden können, um der ungewollten Verdriftung durch das Hochwasserereignis durch Ausweichen in Rückzugsgewässer zu entgehen. Selbiges gilt aber auch für das Abschwellen der Hochwasserwelle, so dass den Fischen im heute veränderten Inn auch deutlich weniger Zeit zur Verfügung steht, um aus den Rückzugs- und Überschwemmungsflächen wieder ins Hauptgewässer zurückzugelangen. Zudem greift die Wasserkrafterzeugung insbesondere durch die Bewirt-

Bild 4: Durch den Fischereiverein praktiziertes Laichplatzmanagement in der Wasserburger Schleife und am Troitshammer Graben

schaftung der Speicherkraftwerke und Schwellbetrieb im Oberlauf des Inns (Schweiz und Österreich) erkennbar in das Abflussgeschehen auch des bayerischen Inns ein und verändert die natürliche Abflussdynamik. Nicht zuletzt deutet sich an, dass sich die Abflussmengenentwicklung auch mit dem weiteren Abschmelzen der Gletscher verändern wird. Aus einem recht gleichmäßig hohen Schneeschmelzhochwasser zwischen Mai und August wurde in den letzten Jahren ein stark schwankender, aus Schneeschmelze und Niederschlägen gespeister Abfluss, der regelmäßig durch einzelne, meist extreme Abflussspitzen geprägt wurde. Unter den beschriebenen Bedingungen ist von maximalem Lebensraumverlust durch Verdriftung bei den vorkommenden Fischarten auszugehen. Zudem sind die Individuenverluste durch Trockenfallen in Überschwemmungsflächen heute meist schwerwiegender als dies noch bei natürlichen Abflussverhältnissen und vielfältigen funktionierenden Seitenstrukturen in der Aue der Fall war.

4.2 Sedimentfrachten (Defizite)

Aus den ursprünglich am Inn dominanten Kiesfrachten, die das Gewässer vom äußeren Erscheinungsbild und als Lebensraum prägten, wurde mit zunehmender Querverbauung des Gewässers schließlich der Transport auf die auch ursprünglich vorhandenen Feinsedimente reduziert. Der Transport der Kiesfraktionen wird dabei nahezu gänzlich im Oberlauf zurückgehalten. Gletschersande zentralalpiner Herkunft dominieren die Körnungsfraktion. Dieses Material und auch feineres wird in sehr großen Mengen transportiert, so dass über längere Zeiträume hinweg das Wasser trüb ist („Gletschermilch"). In den letzten Jahren fällt hier zusätzlich auf, dass – subjektiv betrachtet – die absolute Menge dieses Materials zunimmt, was sich in teils mehrere Meter hohen Anlandungen nach Hochwasserereignissen zeigt. Als Ursache hierfür kann unter Umständen die zunehmende Mobilisierung von Material angeführt werden, das ursprünglich in Permafrostbereichen und in den Gletscherbereichen der alpinen Einzugsgebiete der Alpenregionen fixiert war, aber auch durch die Stauraumbewirtschaftung in den österreichischen Staustufen. Diese Feinmaterialfrachten führen zu einer sehr schnellen und dauerhaften Kolmation von bestehenden Kiesbänken, die eine Umlagerung nahezu unmöglich macht. Zudem zeigen diese Kiesbänke durch die vorangegangene Tiefenerosion und die damit ausgelösten Abpflasterungseffekte (grobe Deckschicht aus Grobkies) nur noch bei extremen Abflussereignissen Veränderungen. Eine Nutzung solcher Kiesflächen als Laichgebiete für Kies-/Interstitiallaicher fällt fast gänzlich aus, aber auch Kies-/Substratlaicher finden kaum mehr geeignete Kiesbankverhältnisse für abgelegte Eier oder die frisch geschlüpften Larven vor. Eine natürliche Neubildung von frisch umgelagerten Kiesbänken im begradigten Flusslauf findet derzeit kaum mehr statt.

4.3 Strukturelle Gestaltung (Defizite)

Aus einem naturnahen Fluss mit mehreren Gerinnen und einer Vielzahl von angebundenen sowie zeitweilig isolierten Nebenstrukturen wurde im Laufe der Jahrzehnte nicht zuletzt durch die fortschreitende Eintiefung der Sohle ein sehr einheitlich gestaltetes Flussbett ohne strukturelle Vielfalt.

Tab. 1: Bereiche und Umsetzungskonzepte im Staugebiet Wasserburg

	Wehrnaher Abschnitt Laufberuhigt, limnische Systeme	**Übergangsbereich** Stauwurzel, gemäßigte/ überströmte Systeme	**Restfließstrecke (Unterwasser der nächsten Stufe)** Wehrferner Bereich, die morphologische Gestaltung ist hier dem Inventar eines perialpinen Furkationsflusses entlehnt.
Fluss-bereich	**Strömung vorhanden, aber vermindert**	**Strömung vorhanden aber vermindert**	**Strömung vorhanden aber in einem Regelprofil, steile befestigte oder angelandete hohe Ufer.**
	Einbau von kiesbedeckten Brutinseln für Flussseeschwalbe und Mittelmeermöve.	Flache Modellierung von Gleitufersituationen mit eingeschalteten Buhnenfeldern (Jungfischhabitate!) und vorgeschobenen umströmten Buhnenköpfen mit ständiger Freistellung von Kiessubstraten (Abtransport Sande) oder zumindest Sand-Kies-Mosaiken.	Gestaltung von umlagerungsfähigen Kiesbänken aus anstehendem Innkies (durch Baumaßnahme gewonnen); Großzügige Uferdynamisierung auf mehreren hundert Metern Länge in einer hydraulisch maximal angriffsfähigen Außenkrümmung.
	Uferrücknahmen zur Querschnittsaufweitung und Initialisierung von Sandbankbildung.	Steile Modellierung von Prallufersituationen mit Kieswänden, vorgeschalteten Kies- und Tuffsteinkörpern zur Strömungsdiversifizierung.	Unregelmäßige Uferrücknahme mit belassen vorgeschobener kiesiger, auch baumbestandener Kanzeln als Abtragskörper bei Hochwasserangriff.
		Aufsetzen von Flussbausteinen (gewonnen aus Uferrückbauten) auf in der Flusssohle vorhandenen Leitwerken zur Strömungsdiversifizierung, insbesondere zur Strömungsberuhigung um Fischen energiearmen Einstandsbereiche zur Verfügung zu stellen.	Gestaltung von girlandenartig geschwungenen Ufern um Kleinstandorte für Ablagerung von verschiedenen Korngrößen bereit zu stellen.
			Gestaltung von vorgelagerten strömungsteilenden Störkörpern aus Flussbausteinen, um Uferanströmungen mit Sandtransport auch bei Mittelwasser zu gewährleisten.
Auen-bereich	**seitlich des Hauptflusses**	**seitlich des Hauptflusses**	**Aktivierung/Anreicherung von Seitengewässersystemen und deren Ufer**
	Entlandung (Vertiefung) von durch Einstau entstandenen und seither stark verlandeten Stillgewässern und flächige Erweiterung bzw. Neuanlage von Stillgewässern (Lacken) aber auch nicht vernetzte Lacke entlanden, um ein Klarwassermilieu mit üppiger Makrophytenvegetation dauerhaft zu gewährleisten).	Anlage von Klein- und Lagunengewässersystem als ufernahe angebundene Einstandsgewässer mit schnellerer Durchwärmung, ebenfalls begleitet durch Kleingewässer mit Zielartengruppe Amphibien/Ringelnatter.	Herstellung eines wassergängigen Durchbruchs durch die hohen Uferrehnenzüge, um ein verlandetes bzw. abgehängtes seitliches Auengewässersystem zu aktivieren.
	Vernetzung der vorhandenen, erweiterten oder neuangelegten Stillgewässer (Lacken) durch Binnengerinne untereinander bzw. mit dem Inn um eine vollständige Durchwanderbarkeit zu erreichen.	Anlage von Versteck-/Brutmöglichkeiten für Kleinsäuger, Amphibien, Reptilien durch Haufwerke aus Geäst, vor Ort gewonnen Flussbausteinen (darunter Tuffquader) oder auch sog. Schlangenhotels (Strohballen, abgedeckt).	Verbesserung der Ausuferungsdynamik im Auwald hierbei Flächenbereitstellung für eigendynamische Bildung von Sandkleindünen als Habitat für extrem seltene ripicole Uferlaufkäfer alpigener Flüsse (z. B. Bembidion foraminosum u. a.).

Auenbereich (Forts.)	Gestaltung von durchgängigen Gewässervernetzungen zwischen Hangquellabflüssen und dem Inn (Erreichbarkeit sauerstoffreicher, kühler Flachgewässer für bestimmte Juvenilstadien). Gestaltung von assoziierten Kleingewässern oder Kleingewässergruppen im Maßnahmenbereich (meist nicht aquatisch vernetzt) als Amphibiengewässer (z. B. benachbart zur Hangkante als Springfroschhabitat).		Gestaltung von Kieslaichplätzen, hierdurch auch strömungsfördernde Querschnittseinengungen an Seitenfließgewässern (Rott) in idealer lateraler Zuordnung zum Hauptgewässer Inn.

Landgewinnung, Schifffahrt und der Hochwasserschutz haben mit der Zeit das Gewässer so weit eingeengt, dass die heute zusätzlich stattfindende Wasserkraftnutzung erst umsetzbar wurde. An einigen Stellen war eine Querverbauung (Stützkraftstufen) nicht mehr zu umgehen, weil die fortschreitende Sohleneintiefung dazu geführt hatte, dass Grundwasserstände in der Gewässernachbarschaft absackten und sogar massive Auswirkungen auf die landwirtschaftliche Nutzung zu befürchten waren. Der Kontakt zu Nebengewässern der Aue blieb an vielen Stellen abgetrennt, die Vernetzung mit der Aue war auf wenige Areale und nur auf die Phasen starker Hochwasserereignisse beschränkt. Die Gesamtheit der Veränderungen (Begradigung, Eindeichung, Aufstau) hat dem Fluss die Fähigkeit zu dynamischen Prozessen weitgehend entzogen. Das bedeutet, dass durch die Maßnahmen eine Vielzahl von ökologisch wichtigen Strukturen am Fluss sowie im Gewässerbett nachhaltig verloren gingen, die dürftigen Restbestände mit den Jahren alterten und ihre Funktion nach und nach einbüßten. Eine Neuschaffung dieser Strukturen durch den Fluss selbst ist aber aufgrund der fehlenden Gewässerdynamik heute nicht mehr möglich oder zumindest auf sehr kleine Restflächen (Fließstrecken, Unterwasserbereiche) beschränkt.

4.4 Einflüsse Nutzung

Mit der Veränderung der fischereilichen Nutzung von der Berufsfischerei zur Angelfischerei änderte sich auch die grundlegende Bewirtschaftungsweise. Zum ursprünglichen Fischartenspektrum wurden Fischarten, wie die Regenbogenforelle oder der Aal, in den Inn eingeführt. Heute sind Besatzfischwirtschaft und angelfischereiliche Nutzung eng verwoben. Die Pflege und Nutzung der ursprünglichen Fischfauna des Inns tritt dadurch leider oft deutlich in den Hintergrund und gewinnt erst in den letzten Jahren mit der zunehmenden Nachhaltigkeitsdiskussion innerhalb der Fischerei wieder an Bedeutung. Die Fischerei hat heute, bei nachhaltiger Ausführung, einen erheblichen Anteil am Erhalt der natürlichen Innfischbestände. Die Schifffahrt am Inn wurde eingestellt und spielt heute keine gestaltende Rolle mehr. Die Nutzung der Wasserkraft ist am ganzen Inn durchgehend vorhanden und greift v. a. durch den Aufstau und den Betrieb der Turbinen in das Gewässer ein. Mögliche Schadeinflüsse hinsichtlich des Turbinenbetriebes hängen stark von Wander- und Driftbedingungen sowie auch den technischen Voraussetzungen der Anlagen ab. Eine bewertende Diskussion zu diesen Aspekten ist im Gange, aber aufgrund grundlegender fischökologischer Wissensdefizite derzeit nicht abschließbar.

Ein zentraler und zunehmend wichtiger Aspekt wurde aber in den letzten Jahren auch die Erkenntnis, dass es möglich ist, viele für die Gewässerfauna essentielle Strukturelemente im Rahmen des Gewässerunterhaltes zu pflegen, wieder herzustellen oder dort zu ergänzen, wo sie als echtes Defizit erkannt wurden. In begrenztem Maße übernimmt hier nun der Gewässerunterhalter die dynamische Rolle des Gewässers selbst. Dies ist vor allem in den Abschnitten nicht zu umgehen, wo die Erfordernisse des Hochwasserschutzes und der Besiedelung eine echte Kehrtwende zurück unmöglich machen. Im dichtbesiedelten Inneinzugsgebiet sind die räumlichen Möglichkeiten leider an vielen Stellen drastisch beschränkt.

Bild 5: Beispiel umgesetzte Maßnahmen im Staugebiet Wasserburg mit einer Vielzahl von unterschiedlichen Strukturen sowohl im Fluss als auch im Auwald (Luftbild: Leidorf, 2013)

5 Vorstellung der allgemeinen Herangehensweise zur Konzeptentwicklung von Maßnahmen

Der Wasserkraftbetreiber am Inn ist sich seiner Verantwortung für den Naturraum bewusst und setzt bei den gegebenen Randbedingung Maßnahmen für den Erhalt der Fischpopulation um. Wichtig war in diesem Zusammenhang im Zusammenspiel mit den Behörden ein schlagkräftiges Expertenteam zusammenzustellen, das zusammen mit dem Wasserkraftbetreiber, der Erfahrung in der Umsetzung wasserbaulicher Maßnahmen hat, zielgerichtet Maßnahmen umsetzt. Durch den vielerorts vorkommenden Biber und den alpinen Charakter des Flusses findet sich zudem eine große Zahl in das Wasser ragende Tothölzer oder Totholzablagerungen, die den Fischen als Unterstand dienen.

5.1 Erarbeitung Fischhabitatmodelle

Ausgehend von den vorab beschriebenen gewässer- und fischökologischen Rahmenbedingungen am Inn wurde für die drei Staustufen Wasserburg, Teufelsbruck und Gars jeweils ein „Fischhabitatmodell" erarbeitet. Diese Fischhabitatmodelle bilden die fachliche Grundlage für die mittlerweile umgesetzten und künftig populationsfördernden und -erhaltenden Maßnahmen in den jeweiligen Staustufen. Jede Staustufe wurde dabei als abgetrennter Raum betrachtet, in dem durch geeignete populationsfördernde und populationserhaltende Maßnahmen den dort vorkommenden Fischarten bzw. Gilden der gesamte Lebenszyklus gesichert werden soll. Ober- und Unterstromig liegende Staugebiete und damit auch die Frage der Durchgängigkeit der Wehranlagen waren nicht Gegenstand dieser Betrachtung. Diese wird vom Verbund bis 2015 umgesetzt und soll zusätzliche Funktionen v. a. bei der Einbindung von Nebenstrukturen und Gewässerstrukturen (lokale Kiesbänke) liefern.

Als Grundbaustein des Modells wurden die 38 Referenzfischarten des Inns in Gilden mit ähnlichen Habitat-Ansprüchen eingeteilt. Ein grundlegender Aspekt bei der Einteilung sind die unterschiedlichen Ansprüche an den Laichplatz, wobei hier limnophile Haft-/Substratlaicher, rheophile Haftlaicher und rheophile Interstitiallaicher unterschieden wurden. Als weiteres Unterscheidungskriterium gilt die benötigte Habitat-Vielfalt im Lebenszyklus. Für die 3 Staustufen ergaben sich auf diese Weise fünf Fischgilden (**Bild 2**).

Um den Handlungsbedarf aufzuzeigen und geeignete Maßnahmen zu entwickeln, wurden die Habitate und strukturellen Voraussetzungen der einzelnen Staustufen vor Beginn der populationsfördernden und -erhaltenden Maßnahmen analysiert. **Bild 3** zeigt exemplarisch das Ergebnis für den Stauraum Teufelsbruck.

Für die drei Staustufen ergaben sich aus den dominierenden geometrischen und morphologischen Randbedingungen unterschiedliche Maßnahmen- und Umsetzungskonzepte. Alle Staustufen sind im Flussschlauch endverlandet mit dynamischen Sandsohlen, d. h. die Sandablagerung in den Stauräumen führen auch nahe an der Staustufe zu Fließgeschwindigkeiten, die deutlich wahrgenommen werden können. Die Sandsohle passt sich dynamisch über die wirkenden Schubspannungen an die Abflussverhältnisse an.

Nachfolgend werden exemplarisch Umsetzungskonzepte für Teufelsbruck und Wasserburg aufgezeigt.

5.2 Umsetzungskonzepte Stauraum Teufelsbruck

5.2.1 Situationsdarstellung im Stauraum Teufelsbruck

Durch den Schluchtcharakter des Stauraumes Teufelsbruck war das Habitat-Angebot für die Fischfauna im Inn sehr eingeschränkt, aber natürlich so gegeben. Die erosionsgefährdeten steilen Hänge wurden im langjährigen Gewässerunterhalt versteint und befestigt. Da die Eigentümer der Grundstücke selten auf eine Uferversteinung verzichten, aber auch Hangrutschungen zu vehementen Ereignissen führen, ist das Aufgeben einer Befestigung bei derzeit gegebenen Unterhaltsverpflichtungen, nur an wenigen Stellen möglich. Ebenso stellten sich nur an wenigen Stellen nach Stauerrichtung Verlandungszonen mit Altwassercharakter ein. Diese waren aber bis auf wenige Bereiche vollständig verlandet und standen somit den aquatischen Lebewesen nicht mehr zur Verfügung. Überalterte Schilfbestände ohne direkten Wasserkontakt und ohne Überschwemmungszonen dominierten diese Bereiche. Nur der Bereich unterhalb der Staustufe Wasserburg mit der Innschleife und der historischen Stadt Wasserburg siehe (**Bild 4**), hat eine freie Fließstrecke mit wahrnehmbaren, aber meist abgepflasterten und somit kaum umlagerungsfähigen Kiesbänken (Grobkies).

5.2.2 Konzeptentwicklung Teufelsbruck

Die zunehmend kolmatierenden und abgepflasterten Kieslaichplätze um Wasserburg haben zu immer schlechter werdenden Laichbedingungen für rheophile Flussfischarten geführt bzw. waren nicht mehr nutzbar. Da Altgewässer bis auf kleinflächige Restbestände bei Vorderleiten fehlten, war auch das Habitat-Angebot für limnophile Arten im Staugebiet gering. Die Quervernetzung der einmündenden Seitengewässer fehlte bzw. war nur eingeschränkt vorhanden. Aufgrund dieser Analyse wurden bereits umgesetzte Maßnahmen bewertet (z. B. jährliche Laichplatzrestaurierung durch Kiesauflockerung (Umlagerung bzw. Kieszugabe) in der Innschleife bei Wasserburg für die Äschen-Huchen- und die Nasen-Barben-Gruppe) und zusätzlich erforderliche Maßnahmen erarbeitet.

Wie schon angesprochen gibt es Innbereiche, die aufgrund der Schluchtlage natürlicher Weise nur bedingt und kleinflächig Nebenstrukturen enthalten können. Hier können in neu entstandenen Anlandungsbereichen (artenarmer Schilfbestand ohne Wasserflächen) angebundene Stillgewässer geschaffen werden. Die große Entwicklungslänge nicht oder nur zeitweise angebundene Teilflächen bieten sowohl für die rheophile wie auch die stagnophile Fischfauna eine erhebliche Erweiterung des Lebensraumangebotes. Der Schwerpunkt wurde auf eine reichhaltige Strukturierung gelegt, die in erster Linie ein breites Angebot von Temperaturnischen für die Gewässerfauna sicherstellt. Hierbei sind dem Inn nahe Bereiche entsprechend dem Temperaturregime des Inns sehr kühl, während entfernte Bereiche sich deutlich stärker erwärmen. Nicht oder nur zeitweise angebundene Bereiche erweitern dieses Angebot noch zusätzlich zum wärmeren Ende hin. Auch dienen die Strukturen sowohl als Laichplatz für limnophile Fischarten, Aufwuchs-, Nahrungs- und Hochwasserrückzugshabitate für alle Fischgrößen und -arten und auch als Winterruhestätte (-2,0 m tief) für die vorkommenden Fischbestände.

5.3 Konzeptentwicklung Wasserburg

5.3.1 Situationsdarstellung im Stauraum Wasserburg

Die Staustufe Wasserburg wurde 1938 in Betrieb genommen. Hierzu erfolgte in dem bereits begradigen und eingedämmten Innabschnitt eine Anhebung des Wasserspiegels um ca. 6 m. Im wehrnahen Bereich wurde eine Überflutung der vorherigen auch landwirtschaftlich genutzten Auenlagen in Kauf genommen, da man auf aufwändige Bedeichungen verzichtete oder bis an die begleitenden Hangkanten staute. Hier breiten sich heute weitläufige lagunenartige Stillgewässer (sog. Lacken, keine eigentlichen Altgewässer) in größeren Röhrichtbeständen aus. Einzelne Stillgewässer sind über schmale Verbindungsgewässer an den Inn angebunden, andere infolge der seit Jahrzehnten ungebremsten biogenen Verlandung, insbesondere durch Schilfwachstum, vom Hauptfluss isoliert. Luftbilder zeigen, dass bis in die 1970er Jahre hinein im Stauraum Wasserburg eine fluviatile Auflandungen von Sandbänken und eine Sukzession mit schütterer Vegetation stattgefunden hat. Diese Prozesse sind seither vollständig zum Erliegen gekommen, auf den damals freien Anlandungen breiten sich heute Weidengebüsche aus. Die ursprüngliche Bedeutung des Stauraums für Brut- oder Zugvorkommen für Watvögel ist demnach sehr stark reduziert.

Die Stauwurzel reicht in dem gefällereichen Fluss einige Kilometer zurück. Die oberstrom liegende Staustufe Feldkirchen wurde erst 1970 in Betrieb genommen. Zwischen dieser Stufe und der Stauwurzel der Stufe Wasserburg liegen einige Kilometer Restfließstrecke, die zwar morphologisch verarmt ist, jedoch ausreichend stark durchströmt wird und daher ideales Potenzial für eine Fließdynamisierung bietet. Ein besonders wertvoller gewässerökologischer Vorteil war, dass mehrere kleinere und mittlere Bachsysteme aus den umliegenden Hangkanten und Moränenhügelländern östlich und westlich des Inns in diesen einmünden. Die Mündungspunkte dieser Gewässer liegen teils im staubeeinflussten Bereich, teils aber im bereits erwähnten Fließbereich und kommen daher als Einstands- und Rückzugsbereich auch für rheophile Flussfischarten in Betracht. Eine Besonderheit stellen zudem mehrere klare Quellabflüsse der Hangkanten dar, welche in die Schilfzonen bzw. Lacken einmünden und so deren Besiedelung entscheidend mitprägen.

Aufgrund der immensen Stofffracht des Inns konnten sich insbesondere im Stauraum Wasserburg entlang der Ufer nahezu durchlaufende Uferwälle (Rehnen) bilden. Dies bedeutet auf längere Sicht, dass sich eigendynamisch, aber auch anthropogen durch die Korrektionen induziert, hohe Wälle bilden, die das Ausuferungspotenzial massiv beschränken und für sehr steile, auch standfeste Flussufer sorgen. Vegetationsökologisch bedeutet diese steile Uferkante auch eine markante Grenze zwischen Fluss und Aue (steiler ökologischer Gradient). Sandbänke, Pionierweidengebüsche, Umlagerungsfluren etc. konnten sich daher weder halten noch erneut ausbilden.

5.3.2 Umsetzungskonzept Wasserburg

Ausgehend von den oben genannten Defiziten, aber auch von vorhandenen wertvollen entstandenen Strukturen und Relikten wurde ein Maßnahmenkonzept entwickelt, dass den wesentlichen gewässer- und auenökologischen Defiziten an möglichst wirkungsvoll platzierten Stellen im Längs- und Querschnitt des Flusses begegnen sollte. Dabei wurde grundsätzlich ein ganzheitlicher Ansatz verfolgt. Im Längsschnitt des Flussabschnittes wurden je nach vorhandener gewässer- und auenökologischer Situation die in **Tabelle 1** beschriebenen Maßnahmentypen entwickelt.

6 Beurteilung der Staustufen nach der ersten Umsetzungswelle bis Frühjahr 2014

Im entwickelten „Fischhabitatmodell" wurden die Staustufen nach der Umsetzung der bisherigen Maßnahmen (**Bild 5**) erneut bewertet, wobei hierfür bedeutsame Habitatstrukturen, Vernetzungsstrukturen, Laichhabitate bzw. Einstände für den Fischbestand bzw. Gilden herangezogen wurden. Um die Wirksamkeit der Maßnahmen aber auch die Nachhaltigkeit langfristig verfolgen zu können, ist beabsichtigt, zum einen eine Maßnahmenbewertung nach der Umsetzungsphase bis 2014 [1] der Maßnahmen durchzuführen – welches Maßnahmenkonzept hat am Inn eine Wirkung und ist auch nachhaltig –, zum anderen, wie viele gezielte Maßnahmen und Funktionen sind erforderlich, um den Habitatansprüchen der am Inn vorkommenden Fischarten gerecht zu werden.

Ziel ist es, ein Maßnahmenportfolio zu entwickeln, um dieses auch auf andere Stauhaltungen übertragen zu können. Ein terrestrisches Monitoring ist ebenso geplant, um die positive Wirkung, aber auch die teils sehr schnelle Entwicklung von Maßnahmen zu dokumentieren.

Autoren

Dr. Manfred Holzner
Büro für Gewässerökologie und Fischbiologie
Schweigermoos 13
94431 Pilsting
Holzner-manfred@t-online.de

Georg Loy
Verbund Innkraftwerke GmbH
Werkstrasse 1
84513 Töging am Inn
Georg.Loy@Verbund.com

Dr. Hans Michael Schober
Gesellschaft für Landschaftsarchitektur mbH
Kammerhof 6
85354 Freising
zentrale@schober-larc.de

Ralf Schindlmayr
aquasoli Ingenieurbüro
Haslacher Str. 14
83278 Traunstein
ralf.schindlmayr@aquasoli.eu

Christoph Stein
Marienburger Str. 33
84028 Landshut
Chr_stein@gmx.de

Literatur

[1] Loy, G.; Holzner, M.; Schober, H. M.; Schindlmayr, R.; Stein, Ch.: Maßnahmen zur Förderung von Populationen bedrohter Fischarten am Inn (Obb.) im Rahmen des Gewässerunterhaltes. In: WasserWirtschaft 104 (2014), Heft 7-8, S. 26-33.

Manfred Holzner, Georg Loy, Hans Michael Schober, Ralf Schindlmayr and Christoph Stein

Deficit analysis and Approach to Foster Endangered Fish Population along the River Inn in Bavaria

According to an agreement with the Ministry of Environment of Bavaria and the hydro plant operator Verbund Innkraftwerke GmbH measures to foster the ecologic system of the Inn river were developed. The main aim was to refer to the environmental guiding principles of the historical Inn river and to develop measures to support the living conditions for existing endangered fish population. The existing heavily modified water body was analysed and a so called "fish habitat model" developed to discuss the existing situation and to develop measures to meet the requirements of the different species. The attempt was to offer habitats for the whole live circle from the spawning area, the juvenile phase up to the adult phase. The dominant anthropogenic influences especially the straightening in the last century. Later hydropower use and flood protection works dominate the Inn river system. However 38 fish species are recorded and existing and potential structures including these since 2011 implemented will further be monitored and in long term be ranked to develop a portfolio of effective measures to enable a transfer to other areas. The following paper describes the approach to develop these measures.

Манфред Хольцнер, Георг Лой, Ханс Михаэль Шобер, Ральф Шиндльмайр и Кристоф Штайн

Подход к разработке мероприятий по развитию популяций различных видов рыб на реке Инн (Inn) в Верхней Баварии

Начиная с 2011, в рамках соглашения с Министерством окружающей среды и здоровья Баварии, проводились обширные экологические мероприятия, в том числе с целью поддержки развития и защиты рыбных популяций. Основой послужило первоначальное состояние реки Инн с определенными видами рыб и ее рамочными условиями; с учетом проведенных в течение нескольких столетий антропогенных изменений и распознаваемого потенциала еще существующих структур были разработаны специальные программы с тем, чтобы предоставить среду обитания видам рыб, обитающим в реке Инн (Inn), на всех стадиях жизненного цикла. Мероприятия осуществлялись благодаря возможности проведения интенсивного диалога со всеми участниками процесса, в том числе с эксплуатирующими электростанции предприятиями, занимающимися поддержанием водных ресурсов.

Georg Loy, Manfred Holzner, Hans Michael Schober, Ralf Schindlmayr und Christoph Stein

Maßnahmen zur Förderung von Populationen bedrohter Fischarten am Inn (Oberbayern) im Rahmen des Gewässerunterhaltes

Im Rahmen einer Vereinbarung mit dem Bayerischen Staatsministerium für Umwelt und Gesundheit wurden seit 2011 umfangreiche ökologische Maßnahmen auch mit dem Ziel der Förderung und des Schutzes von Fischpopulationen umgesetzt. Mit den Randbedingungen eines Flusses, der über die letzten Jahrhunderte anthropogen verändert wurde, aber dem erkennbaren Potenzial von noch vorhandenen Strukturen wurden aus einer Analyse des Ist-Zustandes mit einer Konzeptentwicklung, dem sog. „Fischhabitatmodell", Maßnahmen entwickelt und zeitnah umgesetzt, um Habitate für alle Lebensstadien der am Inn heimischen Fischarten anbieten zu können. Die Maßnahmen konnten durch einen intensiven Dialogprozess mit allen Beteiligten durch den Wasserkraftbetreiber im Gewässerunterhalt ausgeführt werden.

1 Veranlassung

VERBUND, Österreichs führendes Stromunternehmen und Betreiber der bayerischen Innkraftwerke, hat seit 2011 mit der Umsetzung umfangreichen ökologischen Verbesserungsmaßnahmen in den Staugebieten am Inn begonnen. Grundlage dafür ist eine Vereinbarung zwischen der VERBUND Innkraftwerke GmbH und dem Bayerischen Staatsministerium für Umwelt und Gesundheit, welche den Rahmen für eine mehrjährige Partnerschaft vorgibt. Im Rahmen von Verhandlungen zu einer wasserrechtlichen Bewilligung wurde zwischen dem Freistaat Bayern und der VERBUND Innkraftwerke GmbH eine Vereinbarung geschlossen, die für die kommenden zehn Jahre umfassende Verbesserungen des Naturraumes am Inn vorsieht. Diese umfasst unter anderem ökologische Maßnahmen im und am Gewässer, Unterstützungen bei Inn-relevanten Infrastruktureinrichtungen sowie die vorgezogene Herstellung der ökologischen Durchgängigkeit an den Staustufen Rosenheim bis Stammham. Ziel ist es, das vielfältige und artenreiche „Öko-System Inn" zu erhalten, zu fördern und zu verbessern. Dazu gehört die Schaffung, Erhaltung und Förderung von Lebensraum für die Fischfauna, um zielgerichtet Maßnahmen zum nachhaltigen Erhalt der Fischpopulation umzusetzen. In Summe soll durch die geplanten Maßnahmen die am Inn vorkommende Tier- und Pflanzenwelt in ihrer Entwicklung gefördert werden.

2 Zusammenarbeit mit allen Beteiligten

Im Vorfeld zur Identifizierung von möglichen Maßnahmen wurden intensive Befahrungen mit den Fischereivereinen, Ortskennern sowie mit den Fachplanern (Fischerei, Landschaftsplaner, Ökologie etc.) durchgeführt. Die Planung zu den jeweiligen beabsichtigten Maßnahmen wurde in den sogenannten „Großen Runden" vorgestellt. Diese Runde, bestehend aus Verbänden, Ortsgruppen von Verbänden, Bezirksfachberatung für Fischerei, ortsansässigen Fischereivereinen und den im Planungsprozess zuständigen Behörden, wie Wasserwirtschaftsämtern, Regierung von Oberbayern (Naturschutz), den Landratsämtern mit den zugehörigen Genehmigungsbehörden und unteren Naturschutzbehörden, wurde einbezogen, die jeweiligen Anregungen aufgenommen und in der Planung früh berücksichtigt. Das enge Zusammenspiel zwischen dem Kraftwerksbetreiber, den beteiligten Fachplanern und den beim iterativen Planungsprozess Beteiligten, führte dazu, dass die Maßnahmen im Einklang mit den Erhaltungszielen des FFH-Gebietes und des besonderen Schutzgebiets in Wasserburg im Gewässerunterhalt ausgeführt werden konnten. Die eingereichten Unterlagen waren naturschutzfachlich umfangreich und mit entsprechend fundierten Erhebungen belegt. Die Maßnahmenfestlegung richtete das Augenmerk auf Bereiche, wo durch möglichst geringe „Beeinträchtigungen" auch durch bauliche Maßnahmen ein Optimum an ökologisch wirksamen „Strukturen" und „Impulsgebungen" bei wirtschaftlicher Umsetzbarkeit geschaffen werden konnten. Die Umsetzung der Maßnahmen war daher z. B. auf die Zeit außerhalb der Vogelbrutzeit beschränkt.

3 Vorstellung der allgemeinen Herangehensweise zur Maßnahmenumsetzung und konkreter Maßnahmen

Der Wasserkraftbetreiber ist sich seiner Verantwortung für den Naturraum bewusst und setzt bei den gegebenen Randbedingung Maßnahmen für den Erhalt der Fischpopulation um. Wichtig war in diesem Zusammenhang, im Zusammenspiel mit den Behörden ein schlagkräftiges Expertenteam zusammenzustellen, das zusammen mit dem Wasserkraftbetreiber, der Erfahrung in der Umsetzung wasserbaulicher Maßnahmen hat, wirtschaftlich zielgerichtet Maßnahmen umzusetzen.

Ein wirtschaftliches Umsetzen bedeutet hier sowohl die zeitliche „Beeinträchtigung" im Naturraum zu beschränken als auch ein Mehr an Maßnahmen bei gleichem Mittelbedarf. Wegen der oft schwierigen Zugänglichkeit wurden auch Wasserfahrzeuge, wie Saugbagger, Bagger auf Pontons und Klapproste, eingesetzt. Wenn möglich wurde aber versucht, mit konventionellen Baggern, die große Massen kostengünstig bewegen können, vor Ort zu arbeiten. Hier waren die Untergrundverhältnisse und damit Zugänglichkeit die oft limitierenden Faktoren. Mancher Gestaltungswunsch musste vor Ort relativiert werden, andere konnten trotz anfänglicher Bedenken realisiert werden.

Durch den vielerorts vorkommenden Biber und den alpinen Charakter des Flusses findet sich zudem eine große Zahl in das Wasser ragende Tothölzer oder Totholzablagerungen, die den Fischen als Unterstand dienen. Wichtig ist es, dem Fluss die Arbeit sowie „Gestaltung" zu ermöglichen und natürliche Prozesse zu fördern. Die dominierenden Feinsedimentfrachten (Sand) des Inn wurden als wesentliches Gestaltungselement in die Konzepte aufgenommen. Die Aushubsedimente aus dem Inn oder inn-nahen Auflandungen wurden, um mit den Maßnahmenmitteln effektiv umzugehen, dem stark sedimentführenden Inn wieder zugegeben, aber auch als temporäre Uferstrukturen und v. a. zum Schutz vor übermäßiger Sedimentation als Uferrehnen bei Altwässern gestaltet. Die Linienführung der Uferrehnen wurden so gelegt, dass selbst größere Hochwässer die neuen oder entlandeten Altwasserbereiche nicht mehr von oberstrom durchströmen können, sondern nur ein Wasseraustausch an einer definierten Stelle unterstrom möglich ist. Dies garantiert, dass die Tiefenzonen langfristig erhalten und sich eine Temperaturzonierung über den Altwasserbereich bilden kann. Nur der Mündungsbereich muss regelmäßig kontrolliert und nach Hochwässern entlandet werden. Das Hochwasser 2013, das einem 40-jährlichen Ereignis entsprach, bestätigte diese Vorgehensweise bzgl. Nachhaltigkeit, so dass alle Strukturen im Wesentlichen erhalten, aber durch die „Gestaltungskraft" des Flusses überprägt wurden. Die Sand- und Baggerflächen mit Hügeln sind wichtige Rohbodenstandorte sowie Sukzessionsflächen und bieten bei Hochwasser Rückzugsbereiche für Kleinsäuger und Reptilien.

3.1 Maßnahmenumsetzung Teufelsbruck

Die zunehmend kolmatierenden und abgepflasterten Kieslaichplätze bei Wasserburg haben zu immer schlechter werdenden Laichbedingungen für rheophile Flussfischarten geführt bzw. waren nicht mehr nutzbar. Da Altgewässer bis auf kleinflächige Restbestände bei Vorderleiten fehlten, war auch das Habitat-Angebot für limnophile Arten

Tab. 1: Einteilung in Fischgilden

	Wenighabitatnutzer	Mehrhabitatnutzer
limnophile Haft-/Substratlaicher	Rotfeder-Gruppe ▪ Rotfeder ▪ Bitterling ▪ Giebel ▪ Karausche ▪ Schlammpeitzger ▪ Schleie ▪ Waller	Brachsen-Gruppe ▪ Brachse ▪ Flussbarsch ▪ Güster ▪ Hecht ▪ Rotauge
rheophile Haftlaicher (Laichen im Inn und/oder in potamalen Nebengewässern) Substratkörnung zwischen 2 und ca. 200 mm	Nasen-Gruppe ▪ Nase ▪ Aitel, Elritze ▪ Gründlings-Gruppe ▪ Steingressling ▪ Hasel, Laube ▪ Schied, Schneider ▪ Schmerle	Barben-Gruppe ▪ Barbe ▪ (Steinbeisser)
rheophile Interstitiallaicher (Laichen im Inn und/oder rithralen Nebengewässern) Substratkörnung zwischen 2 und ca. 70 mm	im Inn: Äsche-Huchen-Gruppe ▪ Äsche ▪ Huchen in Nebengewässern: ▪ Bachforelle ▪ Bachneunauge ▪ Donauneunauge ▪ Mühlkoppe	

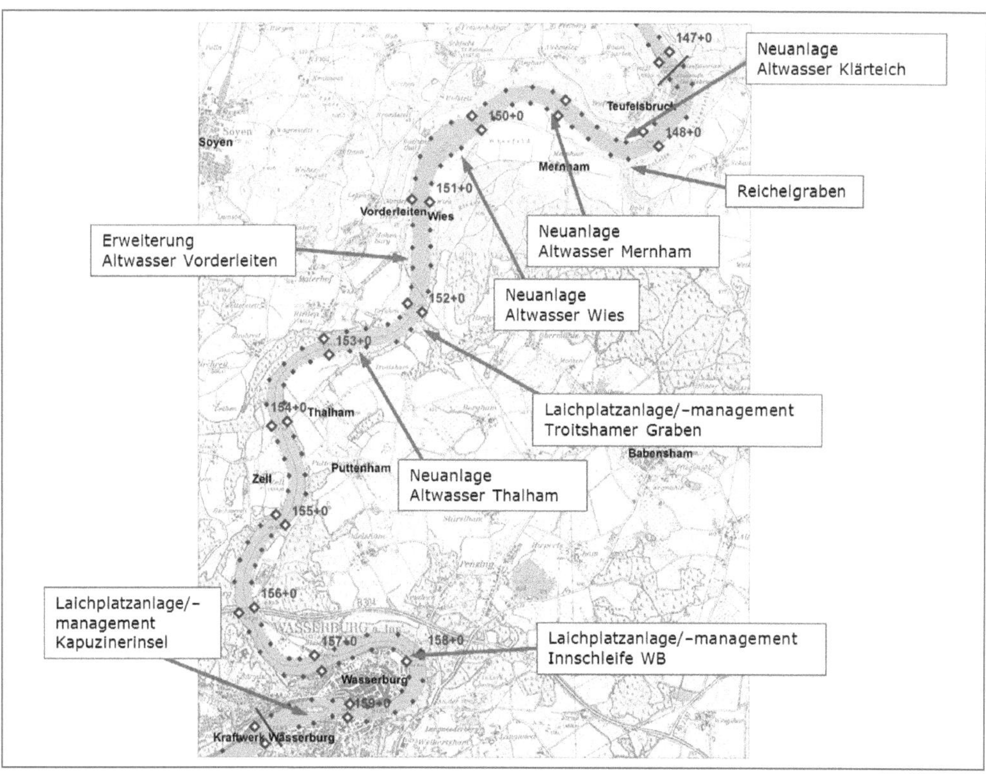

Bild 1: Übersichtskarte Staugebiet Teufelsbruck mit Maßnahmenbezeichnung

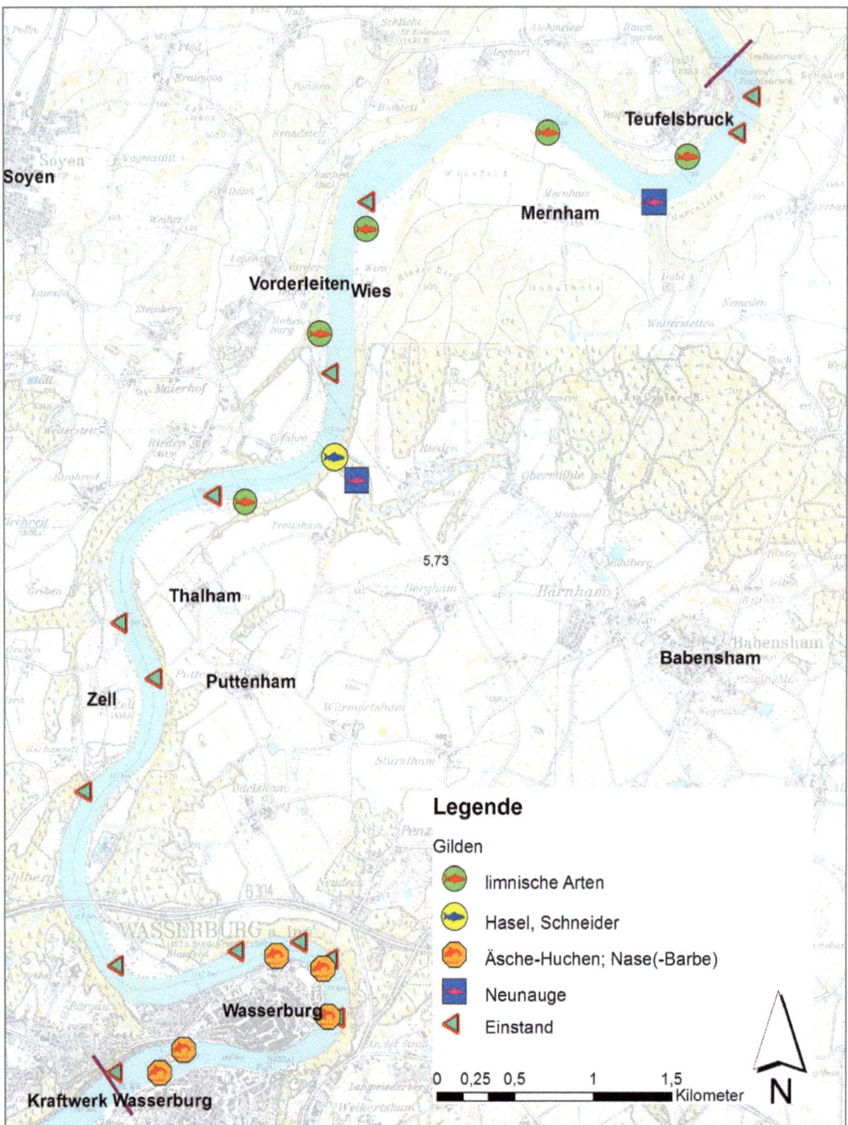

Bild 2: Lageplan Teufelsbruck und Verteilung Gilden (Laichhabitate) nach Maßnahmenumsetzung (Stand 2013)

im Staugebiet gering. Die Quervernetzung der einmündenden Seitengewässer fehlte bzw. war nur eingeschränkt vorhanden. Aufgrund einer vorangegangenen Analyse wurden zusätzlich erforderliche Maßnahmen erarbeitet, die sich an den Ansprüchen der vorhandenen Fischarten orientierten (**Tabelle 1** und **Bild 1**).

Im Staugebiet Teufelsbruck, das aufgrund der Schluchtlage natürlicherweise nur bedingt kleinflächig Nebenstrukturen enthält, wurden hauptsächlich Maßnahmen entwickelt, die sich auf die verlandeten Uferbereiche und kleinen Seitenbäche konzentrierte (**Bild 2**). Als eine der ersten Maßnahmen im Nahbereich der Staustufe konnte in durch den Staustufenbau entstandenen Anlandungsbereichen (artenarmer Schilfbestand ohne Wasserflächen) ein angebundenes Stillgewässer geschaffen werden. Die große Entwicklungslänge und nicht oder nur zeitweise angebundene Teilflächen bieten sowohl für die rheophile als auch die stagnophile Fischfauna eine erhebliche Erweiterung des Lebensraumangebotes. Der Schwerpunkt wurde hier auf eine reichhaltige Strukturierung gelegt, die in erster Linie ein breites Angebot von Temperaturnischen für die Gewässerfauna sicherstellt. Hierbei sind dem Inn nahe Bereiche entsprechend dem Temperaturregime des Inns sehr kühl, während entfernte Bereiche sich deutlich stärker erwärmen. Nicht oder nur zeitweise angebundene Bereiche erweitern dieses Angebot noch zusätzlich zum wärmeren Ende hin. Auch hier dienen die Strukturen sowohl als Laichplatz für limnophile Fischarten, Aufwuchs-, Nahrungs- und Hochwasserrückzugshabitate für alle Fischgrößen und -arten als auch als Winterruhestätte (-2,0 m tief) für die vorkommenden Fischbestände.

Auch in Wies und Thalham (**Bild 3**) konnten große artenarme Schilfflächen dazu genutzt werden, fehlende Altwasserflächen neu zu schaffen. Da beide Bereiche bereits abgerückt von der Staustufe sind und damit bei Hochwasser mit großen Wasserspiegelschwankungen zu rechnen ist, wurden die Aushubsedimente dazu genutzt, Uferrehnen auszubilden. Diese verhindern ein oberstromiges Einströmen und damit einen vehementen Eintrag von Feinsedimenten bei Hochwasserereignissen. Nur der unterstrom anbindende Mündungsbereich muss regelmäßig entlandet werden.

Bild 3: Altwasser Thalham mit Portfolio an Altwasser- und Fließgewässerstrukturen mit unterstromiger Anbindung an den Inn (Luftbild: Leidorf, 2013)

3.2 Maßnahmenumsetzung Wasserburg

Im Nahbereich der Staustufe breiten sich heute weitläufige lagunenartige Stillgewässer (sog. Lacken, keine eigentlichen Altgewässer) in größeren überalterten Röhrichtbeständen aus. Einzelne Stillgewässer sind über schmale Verbindungsgewässer, die vom Fischereiverein und Wasserkraftbetreiber freigehalten werden, an den Inn angebunden, andere infolge der seit Jahrzehnten ungebremsten biogenen Verlandung, insbesondere auch durch Schilfwachstum, vom Hauptfluss seit Jahrzehnten isoliert. Die meisten verbliebenen Lacken waren bis auf 0,4 m komplett mit Feinsanden, hauptsächlich nach den Hochwässern 1985 und 2005 verlandet.

Die Stauwurzel reicht in dem gefällereichen Fluss einige Kilometer zurück. Die oberstrom liegende Staustufe Feldkirchen wurde 1970 in Betrieb genommen. Zwischen dieser Stufe und der Stauwurzel der Stufe Wasserburg liegen einige Kilometer Restfließstrecke, die zwar morphologisch verarmt ist, jedoch ausreichend stark durchströmt wird und daher ideales Potenzial für eine Fließdynamisierung bot. Der besonders wertvolle gewässerökologische Vorteil, dass mehrere kleinere und mittlere Bachsysteme aus den umliegenden Hangkanten und Moränenhügelländern östlich und westlich des Inns einmünden, wurde genützt, um auch hier Maßnahmen gezielt zu setzten. Zu nennen sind die Rott (mit Hammerbach), die Attel, die Murn sowie der Laimbach. Die Mündungspunkte dieser Gewässer liegen teils im staubeeinflussten Bereich, teils aber im bereits erwähnten Fließbereich und kommen daher als Einstands-

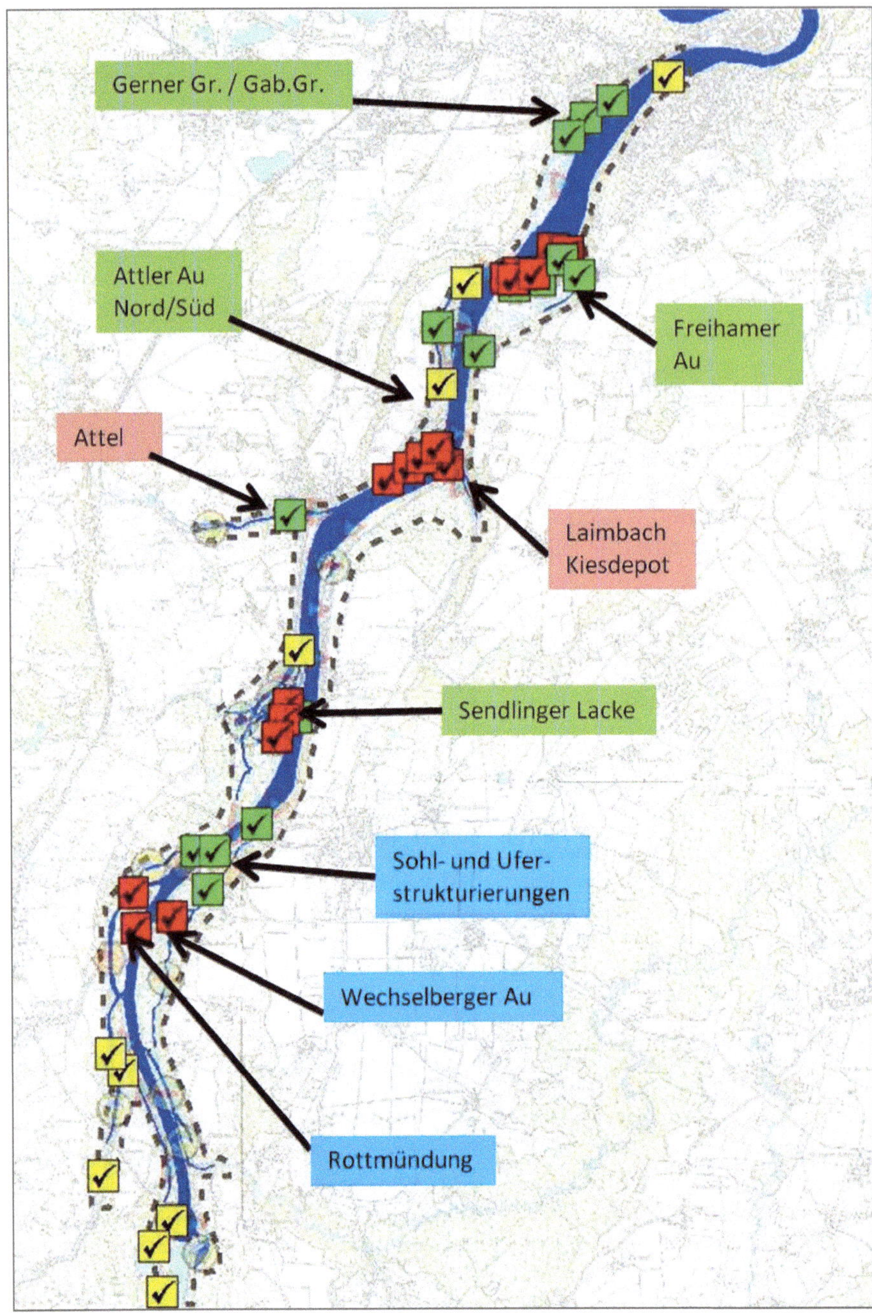

Bild 4: Übersichtskarte Staugebiet Wasserburg, durchgeführte Maßnahmen

Maßnahmenübersicht

- Neuanlage, ausgeführt
- Optimierung, Strukturierung, ausgeführt
- Planung

Bild 5: oben: Kiesdepot am Laimbach ; unten: „Fingerbuhnen" mit Altwasserstrukturen (Luftbild: Leidorf, 2013)

sowie Rückzugsbereich auch für rheophile Flussfischarten in Betracht. Eine Besonderheit stellen zudem mehrere klare Quellabflüsse der Hangkanten dar, welche in die Schilfzonen bzw. Lacken einmünden und so deren Besiedelung entscheidend mitprägen und strukturell genutzt wurden (**Bild 4**).

Ausgehend von der Analyse der Defizite [1], aber auch von vorhandenen wertvollen entstandenen Strukturen und Relikten wurde ein Maßnahmenkonzept entwickelt, dass den wesentlichen gewässer- und auenökologischen Defiziten an möglichst wirkungsvoll platzierten Stellen im Längs- und Querschnitt des Flusses begegnen sollte. Dabei wurde grundsätzlich ein ganzheitlicher Ansatz verfolgt. Der Flussabschnitt im Bereich Feldkirchen – Wasserburg bietet wie kaum ein anderer günstige Voraussetzungen, neben üblichen Maßnahmen, wie Rückbau von Uferbefestigungen, Anbindungen von Altgewässern (Lacken) oder Einbringen von Störsteinen, Raubäumen und Totholzstrukturen, auch ambitionierte Maßnahmen, wie großräumige Uferdynamisierung, Entlandung von verlandeten Auenstrukturen, Aktivierung von ehemaligen Auenrinnen, Initialisierung von fluviatilen Prozessen aus eigen-

Tab. 2: Bereiche und Umsetzungskonzepte im Staugebiet Wasserburg

	Wehrnaher Abschnitt Laufberuhigt, limnische Systeme	**Übergangsbereich** Stauwurzel, gemäßigte/ überströmte Systeme	**Restffließstrecken (Unterwasser der nächsten Stufe)** Wehrferner Bereich, die morphologische Gestaltung ist hier dem Inventar eines perialpinen Furkationsflusses entlehnt.
Flussbereich	**Strömung vorhanden, aber vermindert**	**Strömung vorhanden aber vermindert**	**Strömung vorhanden aber in einem Regelprofil, steile befestigte oder angelandete hohe Ufer.**
	Einbau von kiesbedeckten Brutinseln für Flussseeschwalbe und Mittelmeermöve.	Flache Modellierung von Gleitufersituationen mit eingeschalteten Buhnenfeldern (Jungfischhabitate!) und vorgeschobenen umströmten Buhnenköpfen mit ständiger Freistellung von Kiessubstraten (Abtransport Sande) oder zumindest Sand-Kies-Mosaiken.	Gestaltung von umlagerungsfähigen Kiesbänken aus anstehendem Innkies (durch Baumaßnahme gewonnen); Großzügige Uferdynamisierung auf mehreren hundert Metern Länge in einer hydraulisch maximal angriffsfähigen Außenkrümmung.
	Uferrücknahmen zur Querschnittsaufweitung und Initialisierung von Sandbankbildung.	Steile Modellierung von Prallufersituationen mit Kieswänden, vorgeschalteten Kies- und Tuffsteinkörpern zur Strömungsdiversifizierung.	Unregelmäßige Uferrücknahme mit belassen vorgeschobener kiesiger, auch baumbestandener Kanzeln als Abtragskörper bei Hochwasserangriff.
		Aufsetzen von Flussbausteinen (gewonnen aus Uferrückbauten) auf in der Flusssohle vorhandenen Leitwerken zur Strömungsdiversifizierung, insbesondere zur Strömungsberuhigung um Fischen energiearmen Einstandsbereiche zur Verfügung zu stellen.	Gestaltung von girlandenartig geschwungenen Ufern um Kleinstandorte für Ablagerung von verschiedenen Korngrößen bereit zu stellen. Gestaltung von vorgelagerten strömungsteilenden Störkörpern aus Flussbausteinen, um Uferanströmungen mit Sandtransport auch bei Mittelwasser zu gewährleisten.
Auenbereich	**seitlich des Hauptflusses**	**seitlich des Hauptflusses**	**Aktivierung/Anreicherung von Seitengewässersystemen und deren Ufer**
	Entlandung (Vertiefung) von durch Einstau entstandenen und seither stark verlandeten Stillgewässern und flächige Erweiterung bzw. Neuanlage von Stillgewässern (Lacken) aber auch nicht vernetzte Lacke entlanden, um ein Klarwassermilieu mit üppiger Makrophytenvegetation dauerhaft zu gewährleisten).	Anlage von Klein- und Lagunengewässersystem als ufernahe angebundene Einstandsgewässer mit schnellerer Durchwärmung, ebenfalls begleitet durch Kleingewässer mit Zielartengruppe Amphibien/Ringelnatter.	Herstellung eines wassergängigen Durchbruchs durch die hohen Uferrehnenzüge, um ein verlandetes bzw. abgehängtes seitliches Auengewässersystem zu aktivieren.
	Vernetzung der vorhandenen, erweiterten oder neuangelegten Stillgewässer (Lacken) durch Binnengerinne untereinander bzw. mit dem Inn um eine vollständige Durchwanderbarkeit zu erreichen.	Anlage von Versteck-/Brutmöglichkeiten für Kleinsäuger, Amphibien, Reptilien durch Haufwerke aus Geäst, vor Ort gewonnen Flussbausteinen (darunter Tuffquader) oder auch sog. Schlangenhotels (Strohballen, abgedeckt).	Verbesserung der Ausuferungsdynamik im Auwald hierbei Flächenbereitstellung für eigendynamische Bildung von Sandkleindünen als Habitat für extrem seltene ripicole Uferlaufkäfer alpigener Flüsse (z. B. Bembidion foraminosum u. a.).

Auen-bereich (Forts.)	Gestaltung von durchgängigen Gewässervernetzungen zwischen Hangquellabflüssen und dem Inn (Erreichbarkeit sauerstoffreicher, kühler Flachgewässer für bestimmte Juvenilstadien). Gestaltung von assoziierten Kleingewässern oder Kleingewässergruppen im Maßnahmenbereich (meist nicht aquatisch vernetzt) als Amphibiengewässer (z. B. benachbart zur Hangkante als Springfroschhabitat).	Gestaltung von Kieslaichplätzen, hierdurch auch strömungsfördernde Querschnittseinengungen an Seitenfließgewässern (Rott) in idealer lateraler Zuordnung zum Hauptgewässer Inn.

dynamischen Ab- und Auftrag, umzusetzen. Als besonders willkommen erwies sich die Existenz eines Kiesdepots (**Bild 5**) aus früheren Flussbaggerungen. Die hier ufernah vorhandenen Kiese mit inntypischer Körnung wurden zur Gestaltung von kiesreichen Ufer- und Flachzonen sowie von Substratmosaiken verwendet. Damit konnte dem oben erwähnten, nahezu vollständigen Kiesdefizit von Sohle und Ufer zumindest temporär begegnet werden.

Im Längsschnitt des Flussabschnittes wurden je nach vorhandener gewässer- und auenökologischer Situation die in **Tabelle 2** aufgeführten Maßnahmentypen entwickelt und an den geeigneten Stellen umgesetzt.

Laichplatzgestaltung und -management durch Ufergestaltung (Fkm 170, UW Staustufe Feldkirchen)

Die Zielsetzung der Maßnahme richtete sich auf mehrere Aspekte. Hier sind die Verbesserung des Laichplatzangebotes sowie die Verbreiterung des Standortangebotes für Brut, Jungfische und auch adulte Fische zu nennen. Durch die Gestaltung geringer Uferneigungen sollten die geschaffenen Strukturen auch bei steigenden Wasserständen fischökologisch nutzbar sein (**Bild 6**). Somit sollte durch die Maßnahme auch ein gewisser Hochwasserschutzraum für die Fischfauna geschaffen werden.

Das geförderte Fischartenspektrum beschränkt sich in erster Linie auf das rheophile Arteninventar. Das bedeutet besonders strömungsliebende Flussfischarten, die einem besonderen Schutz und einer zusätzlichen Stützung bedürfen, sollen durch die ergriffenen Maßnahmen profitieren.

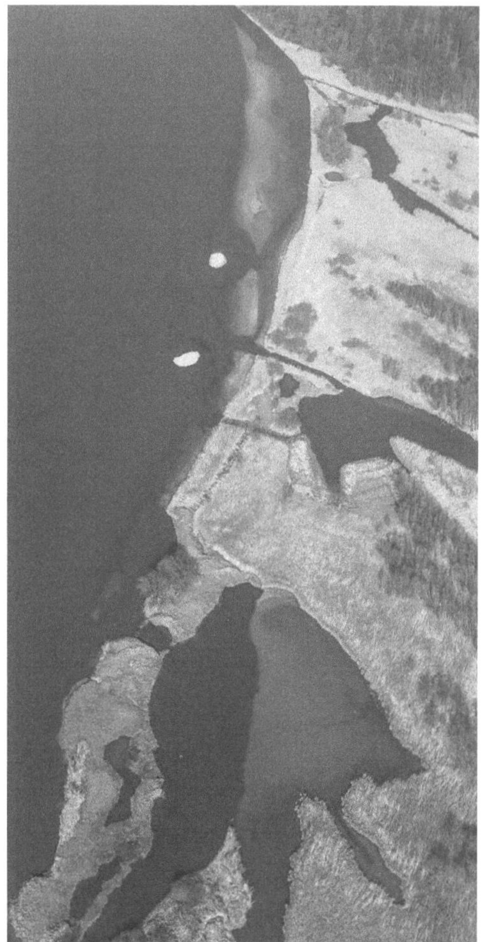

Bild 7: Freihammer Aue, neue angeschlossene, entlandete Tiefenbereiche (dunkler), Ufervariation, Vogelinseln (im Hauptfluss) (Luftbild: Leidorf, 2013)

Altwassersanierung und Neuanbindung – Freihamer Au

Im Bereich der Freihamer Au steht eine Vielzahl von Stillwasserflächen zur Verfügung, die einen unterschiedlichen Anbindungszustand aufweisen. Um deren Zugänglichkeit und damit die Nutzbarkeit für die rheophilen Flussfische (z. B. Brut und Jungfische Nase) zu verbessern, wurden die Anbindungen teilweise neu hergestellt. Durch die Eintiefung der Altwasserflächen wurde zusätzlich die nutzbare Fläche auch für limnophile Fischarten (z. B. gesamter Lebenszyklus von Schleie oder Brachse) erheblich vergrößert. Hierbei wurden auch durch die Entschlammung von nicht angebundenen Strukturen, die meist nur bei starken Hochwässern erreichbar werden, wertvolle Lebensraumkomponenten geschaffen. Die Strukturen dienen sowohl als Laichplatz für limnophile Fischarten, Aufwuchs-, Nahrungs- und Hochwasserrückzugshabitate für alle Fischgrößen als auch als Winterruhestätte für die Fischbestände (**Bild 7**).

Aufwertung und Entwicklung von Nebengewässern – Attel (Wasserburg)

Im Unterlauf der Attel werden durch Strukturierung der Uferlinie unterschiedliche Rückzugshabitate für abdriftende Jungfische, die auch ein erhebliches Nahrungsangebot bereitstellen, geschaffen. Die Nutzung der Flächen wird in erster Linie durch Jungfische rheophiler Fischarten erfolgen. Oberhalb liegende Laichplätze für Kies-/Interstitiallaicher bzw. Kies-/Substratlaicher liefern auch derzeit ausreichend Brutfischmaterial, um in diesen neugeschaffenen Strukturen aufzuwachsen. Bislang wurden diese Fische wohl in den meisten Fällen bis in den Inn verdriftet und gingen zumindest den lokalen Fischbeständen nachhaltig verloren.

4 Beurteilung der Staustufen nach der ersten Umsetzungswelle bis Frühjahr 2014

Im entwickelten Fischhabitatmodell wurden die Staustufen nach der Umsetzung der bisherigen Maßnahmen erneut bewertet, wobei hierfür bedeutsame Habitatstrukturen, Vernetzungsstrukturen, Laichhabitate bzw. Einstände für den Fischbestand bzw. Gilden herangezogen wurden.

In Teufelsbruck hat sich sowohl die Anzahl als auch vor allem die Qualität der Habitatstrukturen für Fischfauna deutlich erhöht. Neben der Verbesserung bestehender, teils degradierter Laichhabitate entstanden viele neue. Die Querdurchgängigkeit konnte trotz des Schluchtlaufcharakters an 2 Stellen merklich verbessert werden. Vor allem wurde die Fläche von Unterstrom angebundener, strukturreicher und teils sehr langer Altwasser um ca. 2,8 ha vergrößert. Die vorhandenen Uferstrukturen (Anbrüche, Totholz) wurden durch das abgelagerte Aushubmaterial der Altwasser im Inn als neue komplexe und dynamische Uferstrukturen ergänzt, so dass nun an beiden Innufern mit sehr guter Anbindung an die Wanderkorridore der Fischfauna immer wieder gut erreichbare Uferstrukturen vorhanden sind. Für Jungfische sind die Einstände (Vernetzungsstrukturen) wichtig zur Verzögerung/Reduzierung der Passivdrift. Er-

Bild 6: Uferrückbau mit „Strömungslenkern", beim Hochwasser 2013, 2 m in die Aue überströmt (Luftbild: Leidorf, 2013)

gänzt werden die linearen Vernetzungsstrukturen durch linear tiefe Strukturen (Tiefeneinstände). Es sind auch laterale Vernetzungen in neue bzw. erheblich aufgewertete Altwasser sowie in Seitengewässer geschaffen worden die entscheidend zur Vermeidung bzw. Minimierung von Verdriftung von Jungfischen, aber auch älteren Stadien im Hochwasserfall sind. Im Staubereich Wasserburg kommen neben der Vielzahl nun wieder angeschlossener Lacken mit der Vielzahl ihrer Funktionen auch Maßnahmen in den Seitengewässern (Jungfischhabitate und Kieslaichplätze) sowie den zusätzliche Ufer- und Kiesstrukturen hinzu, deren Wirkung im Rahmen eines Monitorings bzgl. der Fischgilden eingeordnet werden soll.

Die Maßnahmen haben in puncto Laichhabitat bzw. Einstände für die Fischgilden erhebliche Verbesserungen bewirkt. Die Laichplätze in der Innschleife Wasserburg und an der Kapuzinerinsel nutzen Arten der Äschen-Huchen-Gruppe sowie der Nasen-(Barben)-Gruppe. Mit den Altwasserflächen, welche aufgrund ihrer Länge einen deutlichen Temperaturgradienten entwickeln, sind Laichhabitate für limnophile Arten entstanden. Entsprechende Habitate lagen vor Maßnahmenumsetzung nur sehr beschränkt vor. Arten der Rotfedern-Gruppe, wie Bitterling und Rotauge, sowie Arten der Brachsen-Gruppe bedürfen eines hohen Temperaturoptimums zum Laichen. Meist dauerhaft in den Altwassern verbleiben Arten der Rotfedern-Gruppe. Arten der Brachsen-Gruppe verbringen außerhalb der Hochwasserphasen viel Zeit als subadulte und adulte Fische in langsamer fließenden, reich strukturierten Uferbereichen des Inns. Die ausgedehnten Altwasserstrukturen bieten jedoch nicht nur den limnophilen Arten Lebensraum, sondern auch anderen Art des Inns, welche die Altwässer als Teilhabitate in ihrem Lebenszyklus nutzen. Brut- und Jungfische der Nasen- und Barben-Gruppen, wie Aitel, Nase und Steinbeisser, verbringen zumindest bis zum Ende des 1. Lebensjahres viel Zeit in den nahrungsreichen Altwassern. Diesen Gruppen dienen die Altwasser zusätzlich als Hochwasserrückzugsbereiche und Wintereinstand. Für Arten, die nicht ihren gesamten Lebenszyklus in den Altwässern verbringen, sind die Einstände im Inn von großer Bedeutung. Dies sind neben den Uferstrukturen auch die Tiefeneinstände. Zur Vernetzung der erforderlichen Strukturen der verschiedenen Lebenszyklen gibt es heute am Inn eine Vielzahl (Ufer-) Strukturen (zum Unterstand) in relativ geringen Abständen. Die vorhandenen Tiefeinständen sind Hochwasser- sowie Wintereinstände und wichtig für Arten, welche während dieser Zeiten nicht in den Altwässern verweilen. Beispielsweise verlässt die Nase bei Hochwässern die Hauptströmung, während sich Barben bei Hochwasser in tiefere Rinnen mit verringerter Strömung zurückziehen. Im Unterstrom der Kraftwerke ist der Einstand von mächtigen Huchen bekannt.

Nach derzeitigem Kenntnisstand sind nach der Durchführung der genannten Maßnahmen in den Staugebieten Teufelsbruck und Wasserburg ausreichend Habitate vorhanden, um alle Lebenszyklen der Referenz-Fisch-Gilden abdecken zu können: Ei, Larve, Jungfisch, subadulter und adulter Fisch. Eine Ausnahme stellt die Barbe im Staugebiet Teufelsbruck dar, welche sich aufgrund der niedrigen Inn-Wassertemperaturen und der hier natürlicherweise fehlenden geeigneten potamalen Nebengewässer im Staugebiet auch weiter kaum reproduzieren kann.

5 Zusammenfassung der unterschiedlichen Gestaltungsmöglichkeiten und Ausblick auf das anstehende Monitoring mit dortiger Zielrichtung

Entscheidender Aspekt bei allen Maßnahmen ist der Versuch, das im naturnahen Inn früher vorhandene Lebensraumangebot wieder zu ergänzen oder, wo lokal möglich, soweit wieder herzustellen, dass den heimischen Fischen das vollständige und erfolgreiche Absolvieren ihres Lebenszyklusses ermöglicht wird. Schwerpunkt des Interesses liegt hierbei auf den rheophilen Flussfischarten, wie Nase und Barbe, aber auch Äsche oder Huchen. Nicht vergessen werden sollen aber auch weniger gefährdete, eher euryöke oder limnophile Fischarten, wie Aitel, Brachse oder Rotauge, die bezüglich der nutzbaren Biomasse im Ökosystem einen unschätzbaren Anteil liefern können. Damit würden auch die heute in weiten Gewässerstrecken anzutreffenden Prädatoren, wie Kormoran oder Gänsesäger, für die Fischfauna insgesamt wieder erträglich.

Um die Wirksamkeit der Maßnahmen, aber auch die Nachhaltigkeit langfristig verfolgen zu können, ist beabsichtigt, zum einen eine Maßnahmenbewertung durchzuführen – welches Maßnahmenkonzept hat am Inn eine Wirkung und ist auch nachhaltig – zum anderen, wie viele gezielte Maßnahmen und Funktionen sind erforderlich, um den Habitatansprüchen der am Inn vorkommenden Fischarten gerecht zu werden. Ziel ist es, ein Maßnahmenportfolio zu entwickeln um dieses auch auf andere Staugebiete übertragen zu können. Ein terrestrisches Monitoringwird durchgeführt, um die positive Wirkung, aber auch die teils sehr schnelle Entwicklung von Maßnahmen zu dokumentieren. Zwei Lehrstühle der TU München, Herr Prof. Dr. Geist, Lehrstuhl für Aquatische Systembiologie, und Prof. Kollmann, Lehrstuhl für Renaturierungsökologie, werden das Monitoring wissenschaftlich begleiten.

Klar ist, dass Veränderungen zu einem Flusssystem wie dem Inn gehören und diese den Raum und die Artenvielfalt prägen. Wenn der Fluss durch die vielfältige anthropogene Überprägung dies mit seiner eigenen Dynamik nicht mehr erreicht, muss aktiv eingegriffen oder initiiert werden, um den Gesamtlebensraum mit seiner Vielfalt langfristig erhalten und fördern zu können.

Wichtig war in diesem Zusammenhang das gemeinsame Verständnis aller Projektbeteiligten, dass in der Veränderung und Dynamik der Schlüssel zu den gewünschten Verbesserungen liegt. Der naturschutzfachliche Abwägungsprozess wurde in der Planung berücksichtigt und die Orte und Maßnahmen zur Eingriffsminimierung, z. B. durch Muschelbergung und Verzicht auf manche Entlandung, gezielt gewählt. Das Besondere lag und liegt aber daran, dass es sich ausschließlich um Maßnahmen im „Gewässerunterhalt" handelt, so dass auf ein kosten- und zeitaufwändiges Planungs- und Genehmigungsverfahren weitgehend verzichtet werden konnte. Dies betrifft auch die regelmäßigen Unterhaltsarbeiten an den Mündungen, die nach dem Hochwasser 2013 bereits ausgeführt werden konnten. Das gemeinsame Kostenbewusstsein und auch die Fortführung von Strukturverbesserungsmaßnahmen durch die Fischereivereine – statt Besatz – führten zu einer ansehnlichen Liste an Maßnahmen seit 2011, die sich – wie in einem diversen Raum üblich – sehr unterschiedlich entwickeln.

Autoren

Georg Loy
Verbund Innkraftwerke GmbH
Werkstrasse 1
84513 Töging am Inn
Georg.Loy@Verbund.com

Dr. Manfred Holzner
Büro für Gewässerökologie und Fischbiologie
Schweigermoos 13
94431 Pilsting
Holzner-manfred@t-online.de

Dr. Hans Michael Schober
Gesellschaft für Landschaftsarchitektur mbH
Kammerhof 6
85354 Freising
zentrale@schober-larc.de

Ralf Schindlmayr
aquasoli Ingenieurbüro
Haslacher Str. 14
83278 Traunstein
ralf.schindlmayr@aquasoli.eu

Christoph Stein
Marienburger Str. 33
84028 Landshut
Chr_stein@gmx.de

Literatur

[1] Holzner, M.; Loy, G.; Schober, H. M.; Schindlmayr, R.; Stein, Ch.: Vorgehensweise zur Entwicklung von populationsunterstützenden Maßnahmen für die Fischarten am Inn in Oberbayern. In: WasserWirtschaft 104 (2014), Heft 7-8, S. 18-25.

Georg Loy, Manfred Holzner, Hans Michael Schober, Ralf Schindlmayr and Christoph Stein

Implementation of Measures to Foster Endangered Fish Population along the River Inn in Bavaria

According to an agreement with the Ministry of Environment of Bavaria and the hydropower plant operator VERBUND Innkraftwerke GmbH measures to foster the ecologic system of the Inn river were developed. The main aim was to develop measures to support the living conditions for the existing endangered fish population. The existing heavily modified water body was in a first stage analysed and a so called "fish habitat model" developed to implement measures to meet the requirements of the different species. The attempt was to offer habitats for the whole live circle from the spawning area, the juvenile phase up to the adult fish. The dominant anthropogenic influences in the last centuries dominate the Inn river system. However 38 fish species are still recorded and existing and potential structures including these since 2011 implemented will further be monitored and in long term be ranked to develop a portfolio of effective measures to enable a transfer to other areas. In the following paper the already implemented measures are discussed.

Георг Лой, Манфред Хольцнер, Ханс Михаэль Шобер, Ральф Шиндльмайр и Кристоф Штайн

Мероприятия по поддержке развития популяций исчезающих видов рыб, обитающих в реке Инн (Inn) (Верхняя Бавария), в рамках поддержки водных ресурсов

Начиная с 2011, в рамках соглашения с Министерством окружающей среды и здоровья Баварии, проводились обширные экологические мероприятия, в том числе с целью поддержки развития и защиты рыбных популяций. С учетом рамочных условий реки, которая в последние столетия изменялась антропогенно, и распознаваемого потенциала еще существующих структур, а также анализа истинного состояния была разработана концепция, так называемая «модель среды обитания рыб», на основе которой были разработаны и в течение короткого времени реализованы соответствующие мероприятия с тем, чтобы предоставить среду обитания видам рыб, обитающим в реке Инн (Inn), на всех стадиях жизненного цикла. Мероприятия осуществлялись благодаря возможности проведения интенсивного диалога со всеми участниками процесса, в том числе с эксплуатирующими электростанции предприятиями, занимающимися поддержанием водных ресурсов.

Gerhard Haimerl, Oliver Born und Dagobert Smija

Maßnahmen zur Förderung von Fischpopulationen in Schwaben

Das Wasserhaushaltsgesetzes (WHG) fordert bei Wasserkraftanlagen geeignete Maßnahmen zum Schutz der Fischpopulationen. Bei Anlagen an großen Gewässern mit ausschließlich potamodromen Fischarten wird untersucht, ob dies neben technischen Einrichtungen und betrieblichen Maßnahmen an Kraftwerken standortspezifisch nicht auch wirtschaftlich und effektiv durch die gezielte Gestaltung von Habitaten sowie deren Vernetzung erreicht werden kann. Erste kleinräumigere Maßnahmen zeigen vielversprechende Wirkungen, in weiterführenden Projekten sollen großräumigere Maßnahmenkombinationen untersucht werden.

1 Ausgangslage und Maßnahmenkonzept

1.1 Situation

Die Bayerische Elektrizitätswerke GmbH (BEW) betreibt an den Flüssen Donau, Iller, Lech, Wertach und Günz insgesamt 35 Wasserkraftanlagen an Ausleitungskanälen oder Staustufen (**Bild 1**). Die Fluss-Staustufen wurden dabei meist im Zuge einer Fluss-Sanierung als Mehrzweckanlagen gebaut, um Sohlenstabilisierung, Hochwasserschutz und regenerative Energieerzeugung in einem Konzept zu erreichen. Zur Geschichte der Anlagen und dem Konzept des Mehrfachnutzens wird exemplarisch auf den Artikel „Herausforderungen für die Große Wasserkraft" [1] sowie auf das Buch „Die Wertach" [2] verwiesen.

Neben den vielfältigen Nutzen der Anlagen stellen diese auch Eingriffe in die Gewässer dar. Zusätzlich zur Unterbrechung der Durchgängigkeit führt die reduzierte Fließgeschwindigkeit in den Stauräumen zum abschnittsweisen Verlust von Fließgewässerlebensraum. Starre Uferbefestigungen reduzieren die Vielfalt von Gewässerstrukturen. Im Endergebnis fehlen der heimischen Fischfauna unverzichtbare Schlüsselhabitate für verschiedene Entwicklungsstadien und Jahreszeiten.

1.2 Strategie zum Populationsschutz

Das Wasserhaushaltsgesetzes (WHG) fordert in § 33 die Erhaltung der erforderlichen Abflussmenge (Mindestwasserführung), in § 34 geeignete Einrichtungen und Betriebsweisen zum Erhalt oder Wiederherstellung der Durchgängigkeit an Stauanlagen, soweit dies zum Erreichen der Bewirtschaftungsziele nach Maßgabe der §§ 27 bis 31 WHG erforderlich ist, sowie in § 35 den Schutz der Fischpopulationen – nicht einzelner Individuen! – bei Wasserkraftanlagen durch geeignete Maßnahmen.

Für die Aufwärtswanderungen von Fischen existiert bereits ein umfangreicher Stand des Wissens. Auch wenn immer noch neue Forschungsideen entwickelt werden, liegen ausreichende Erfahrungen und konkrete Vorgaben zu Planung, Bau und Betrieb in Form von Merkblättern (z. B. [3] und [4]) vor, um funktionsfähige Fischaufstiegsanlagen kostenbewusst und mit den erforderlichen Dotationsabflüssen zu bauen. Im Gegensatz dazu gibt es bislang für den Schutz der Fischpopulationen an Wasserkraftanlagen deutlich weniger Erkenntnisse und auch keinen allgemein anerkannten Stand der Technik.

Konventionelle Wasserkraftanlagen führen – abhängig von einer Vielzahl von Faktoren wie u. a. Kraftwerks- bzw. Turbinentyp, Abfluss und dessen Aufteilung (Mindestwasserstrecken), Fischarten und -größen sowie von ggf. bereits installierten Fischschutz- und Leiteinrichtungen zum Fischabstieg – zu Schäden an den abwandernden Fischen. Die Schädigungsraten, die in Modellversuchen und an realisierten Anlagen ermittelt wurden, variieren – insbesondere auch durch die große Zahl der Einflussfaktoren und die eingeschränkten Möglichkeiten eines Monitorings in großen Gewässern – sehr stark. Quantitative Untersuchungen zum Fischabstieg liegen nur für relativ wenige Anlagen in Bayern vor. In den letzten Jahren wurden vermehrt sogenannte innovative Wasserkraftanlagen entwickelt, die den Schutz abwandernder oder abdriftender Fische gewährleisten sollen. Der Nachweis eines erfolgreichen Fischschutzes ist jedoch auch für diese Anlagen noch durch wissenschaftlich fundierte Monitoringergebnisse zu erbringen und vielfach noch nicht belegt.

Bei kleinen Wasserkraftanlagen (Ausbauabfluss kleiner 50 m³/s) konzentriert sich die Forschung und Entwicklung bisher stark auf den technischen Fischschutz an baulichen Anlagen einschließlich der Beobachtung des Verhaltens von Fischen im direkten Nahbereich von Bauwerken. Als Fischarten stehen dabei v. a. die diadromen Arten Aal, Meerforelle und Lachs im Vordergrund. Ein Stababstand an Turbineneinlaufrechen von höchstens 20 mm und eine Anströmgeschwindigkeit von maximal 0,5 m/s wird als Mindestkriterium für den Fischschutz an Wasserkraftwerken gefordert.

Bei bestehenden Wasserkraftanlagen an großen Flüssen mit Mittelwasserabflüssen größer 100 m³/s und Ausbauabflüssen von über 50 m³/s pro Turbine sind derartige Forderungen in der Regel nicht realisierbar. Vor allem die Reduzierung der Anströmgeschwindigkeit würde in vielen Fällen mehr als eine Verdoppelung der Rechenfläche bedeuten, was im baulichen Anlagenbestand oftmals nicht möglich ist. Der Einbau von Feinrechen ohne Reduzierung der Anströmgeschwindigkeit ist darüber hinaus sogar als kontraproduktiv zu sehen, da damit die Schädigungen von Fischen durch Anpressen an den Rechen im Vergleich zu den Schäden bei der Passage von groben Rechen und Turbinen eher zunehmen.

Neben diesen technischen Einschränkungen wird – insbesondere bei großen Anlagen im Donaueinzugsgebiet ohne Vorkommen diadromer Fischarten – derzeit diskutiert, ob ein technischer

Bild 1: Übersicht der Anlagen BEW in Bayerisch Schwaben

Bild 2: Beispiel der Uferstruktur an der Günz mit Uferbewuchs, Totholz und Kiesbank

Fischschutz am Einlauf von Wasserkraftanlagen für den Schutz der Fischpopulation notwendig ist oder ob nicht Maßnahmen an den Turbinen und an der Steuerung der Anlagen sowie weitere populationsstützende Maßnahmen wesentlich zielführender sein können. Dass bei der Passage von Turbinen Schäden an Fischen auftreten ist unstrittig. Bei potamodromen Fischarten ohne konkrete, definierte Wanderbewegungen ist aber noch nicht ausreichend geklärt, wie bedeutend diese für die Fischpopulation sind. Es stellen sich dabei u. a. die Fragen, wie viele Fische in die Nähe von Turbineneinläufen schwimmen und wenn, wie hoch dann die Schädigungsraten bei großen Turbinen mit mehreren Metern Durchmesser und niedrigen Drehzahlen sind.

Unabhängig davon ist die Bedeutung der Verfügbarkeit und Qualität von Schlüsselhabitaten für die Entwicklung von Fischpopulationen bekannt. Daher wird in Bayerisch Schwaben bereits seit einigen Jahren der Ansatz verfolgt, die Beeinträchtigung von Fischpopulationen durch eine gezielte Gestaltung und Vernetzung von Habitaten zu kompensieren. Diese Lebensraumverbesserungen sollen nicht nur die negativen Einflüsse auf Fischpopulationen durch Wasserkraftanlagen vermindern, viel mehr wirken sie auch gegen andere anthropogen bedingte Einflüsse, wie z. B. die Auswirkungen der modernen Landwirtschaft und den Ausbau von Gewässern für Hochwasserschutz, Schifffahrt und Landnutzung.

Im Folgenden werden ausgewählte Maßnahmenbeispiele beschrieben.

2 Ausgewählte Maßnahmen

2.1 Gewässer- und Ufer-Strukturen als Fischhabitate

Die meisten Gewässerabschnitte mit Staustufen und Wasserkraftanlagen sind hinsichtlich der Gewässerökologie stark beeinträchtigt und entsprechend der WRRL als erheblich veränderte Wasserkörper (Heavily Modified Water Bodies, HMWB) eingestuft. Starre und unstrukturierte Uferböschungen bieten dabei v. a. für Fische meist wenig bis keine Habitatstrukturen. Die gezielte Gestaltung von Gewässer- und Uferstrukturen wird durch die BEW an allen Unterhaltsstrecken vorangetrieben. Im Folgenden werden Maßnahmen und die Untersuchung ihrer Wirkung an den Flüssen Günz und Lech exemplarisch beschrieben.

2.1.1 Alte Günz

Das Mutterbett der Günz nördlich von Deisenhausen im Landkreis Günzburg, die sogenannte

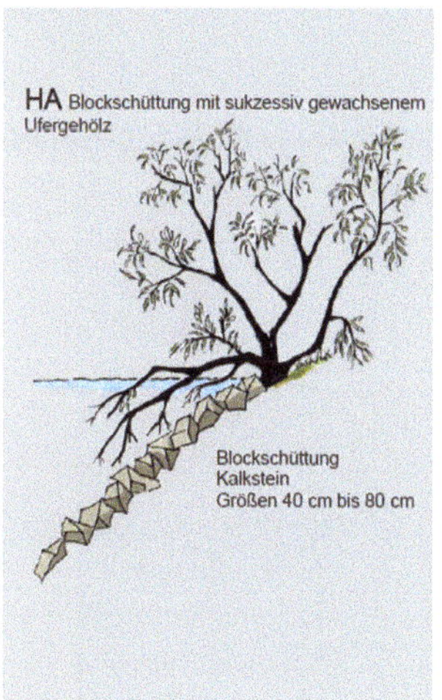

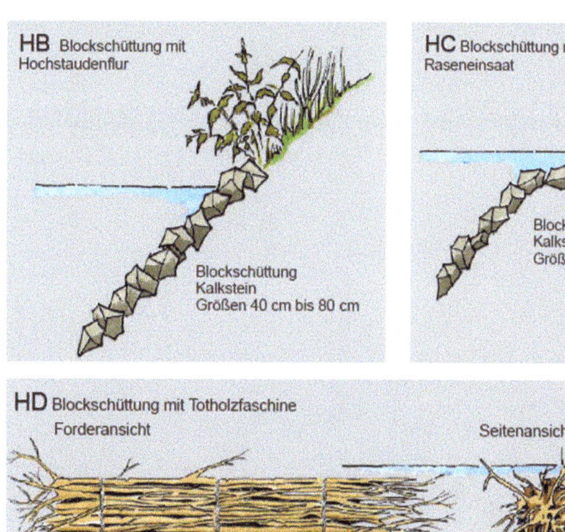

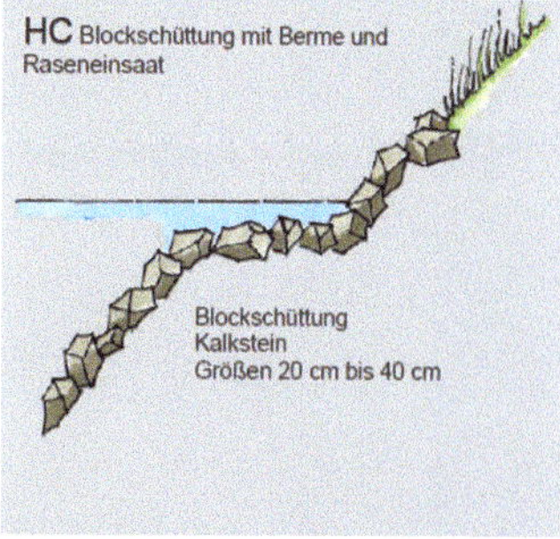

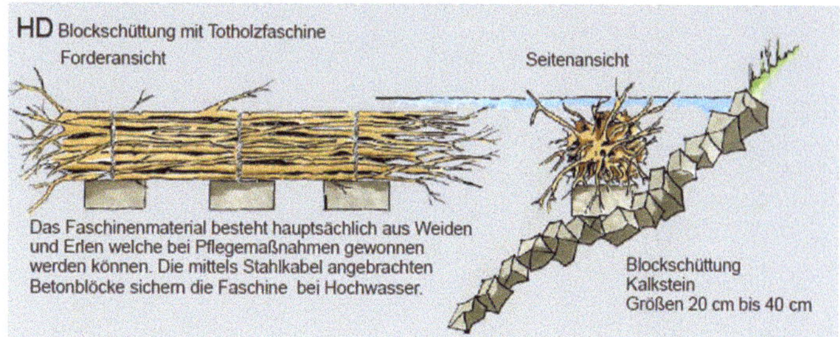

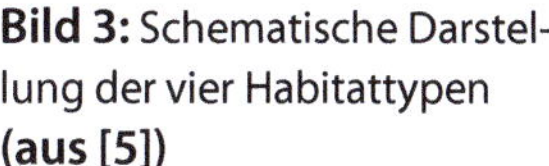

Bild 3: Schematische Darstellung der vier Habitattypen **(aus [5])**

„Alte Günz“, die wegen des Baues des Oberegger Stausees lediglich die Funktion eines Hochwasserableiters hatte und als Ausleitungsstrecke nur wenig Wasser aus Undichtigkeiten des Wehres und eines Wiesengrabens führte, ist durch die Dotation aus einem neu gebauten Umgehungsbach, einer Kieszugabe und weiterer struktureller Maßnahmen nunmehr in einem sehr schönen, naturnahen Zustand. Die Ufer sind weitgehend natürlich, Steiluferbereiche, Kiesbänke, Flachwasserzonen und tiefere Gumpen wechseln sich ab. Dieser Flussabschnitt hat heute nicht nur als Laichplatz und Jungfischhabitat eine bedeutende Strahlwirkung auf die benachbarten Günzabschnitte, sondern er ist auch aufgrund seines Strukturreichtums (Rohbodenstandorte, Sukzessionsflächen) und des uferbegleitenden Baum-und Strauchbewuchses von hohem, naturschutzfachlichen Wert (**Bild 2**). Dieses Konzept der Reaktivierung von alten Flussläufen soll als „Erfolgsmodell“ wo immer möglich wiederholt werden.

2.1.2 Günz

Die Umsetzung der Maßnahmen wurde mit einem wissenschaftlichen Monitoringprogramm – ausgeweitet auf einen größeren Abschnitt der Günz – begleitet. Die Zielsetzung war, die Wirkung von unterschiedlichen Uferstrukturen auf die saisonalen Fischbestände zu vergleichen. Dazu wurden in den Jahren 2005/2006 insgesamt 36 Strukturelemente von vier unterschiedlichen Typen eingebaut: Uferbefestigungen aus Wasserbausteinen ohne Bewuchs, mit überhängendem Staudenbewuchs, mit Busch- und Baumbeständen sowie mit im Wasser verankerten Totholzbündeln (**Bild 3**).

Zwei Jahre später wurden die Strukturen im Sommer und Winter 2008 in einer wissenschaftlichen Studie durch den Lehrstuhl für Aquatische Systembiologie der Technischen Universität München untersucht. Die Ergebnisse sind in [5] ausführlich erläutert. Dabei wird unter anderem die hervorragende Wirkung von ufernahen Totholzbündeln als Wintereinstand und Schutzhabitat für kleine Fischarten und Jungfische wissenschaftlich nachgewiesen. Diese Strukturen sind deswegen besonders interessant, weil sie einerseits mit vergleichsweise geringem Aufwand schnell und kostengünstig eingebaut werden können und sie andererseits sofort wirken, d. h. umgehend von den Fischen angenommen werden. Selbst unter beengten Platzverhältnissen und bei größeren Fließgeschwindigkeiten können Totholzbündel, mit Stahlseilen am Ufer oder an Wasserbausteinen verankert, effektiv eingesetzt werden. Aufgrund der begrenzten Lebensdauer der Strukturen müssen diese in regelmäßigen Abständen erneuert

Bild 4: Stauraum Ellgau mit geradliniger Böschungsbeton-Oberflächendichtung vor Einbau der Uferstrukturen (2010)

werden, um die Funktion als Fischhabitat aufrechterhalten zu können.

2.1.3 Unterer Lech

Aufbauend auf den Untersuchungen an der Günz wurden in den Jahren 2010/2011 am Lech im Bereich der Staustufen Ellgau und Rain Maßnahmen zur Strukturverbesserung der Ufer durchgeführt. Im Rahmen des Umbaus entstanden dabei an sechs Teilbereichen der bislang strukturlosen Betonuferwände (**Bild 4**) sogenannte Ökobermen. Diese unterteilen das Ufer durch Absätze und bereichern das Substratangebot durch Schotter (Wasserbausteine), Schroppen, Kiesaufschüttungen sowie Totholzbündel. Sie führen damit zu einer Strukturvielfalt unter Wasser sowie in der Wasserwechselzone (**Bilder 5 und 6**).

Um zu überprüfen, ob und inwieweit sich aufgrund der strukturellen Veränderungen die Lebensraumqualität in den neu strukturierten Uferbereichen verbessert hat, wurden 2011/2012 an ausgewählten Probestellen gewässerbiologische Untersuchungen zur Erfassung und Bewertung der Makrozoobenthosbesiedlung durchgeführt. Im Rahmen einer weiteren Studie im Jahr 2013 sollte geklärt werden, wie sich die Bestände in den umgestalteten Bereichen entwickeln und ob sich die Besiedlung etabliert hat.

Das Untersuchungsgebiet umfasst den Lech im Bereich der Staustufe Ellgau zwischen Fluss-Km 17,4 und 18,0 sowie im Bereich der Staustufe Rain bei Fluss-Km 7,8. Bearbeitet wurden insgesamt acht Probestellen, jeweils mit einer Länge von 30 bis 50 m. Vier liegen in den strukturell optimierten Bereichen der Staustufe Ellgau (rechts- und linksufrig), zwei in der flussabwärts gelegenen Staustufe Rain (rechtsufrig) und zwei in den unveränderten Böschungen mit Betonoberflächendichtungen der Staustufe Ellgau.

Bei den Umbaumaßnahmen kamen zwei Varianten von Ökobermen zum Einsatz. Bei der ersten Variante wurden ausschließlich grober Schotter (Wasserbausteine) eingebracht, bei der zweiten strukturreicheren Variante zusätzlich Schroppen kleinerer Korngrößen (<20 cm), Kies, Totholzbündel und große Flusssteine (Bilder 5 und 6).

Wie die Untersuchungsergebnisse belegen, haben die neu angelegten Ökobermen die Lebensraumfunktion und die Biotopqualität im staugeregelten Lech deutlich erhöht. Obwohl die Erhebungen nur kurze Zeit nach Neuanlage der Ökobermen erfolgten und die Neubesiedlung mit Ausbildung stabiler Biozönosen noch nicht abgeschlossen war, konnten bereits 2011/ 2012 in den neu geschaffenen Habitaten 59 verschiedene Taxa, davon acht Rote-Liste-Arten, darunter eine gefährdete Art (*Ephemera vulgata*; Eintagsfliege) sowie sieben Arten der Vorwarnliste, darunter die Grundwanze *Aphelocheirus aestivalis*, nachgewiesen werden. 2013 wurden in den durch Ökobermen umstrukturierten Bereichen arten- und individuenreiche Bestände sowie drei weitere Rote-Liste-Arten, dar-

Bild 5: Uferstrukturen aus Kiesbuhnen, Wasserbausteinen und Totholzelementen, 2012 ca. 6 Monate nach Einbau

Bild 6: Uferstrukturen aus Kiesbuhnen, Wasserbausteinen und Totholzelementen, 2012 ca. 12 Monate nach Einbau

unter eine stark gefährdete (*Sialis nigripes*; Netzflügler) und eine gefährdete Art (*Limnephilus fuscicornis*; Eintagsfliege), erstmals nachgewiesen [6].

Die Wirkung auf die Fischfauna zeigt sich kurzfristig durch große Mengen von Fischbrut, die in den Flachwasserzonen beobachtet werden konnten. Elektrobefischungen durch den örtlichen Fischereiverein Meitingen (Hr. Hubert Schuster) haben ergeben, dass an den Standorten, wo der betonierte Wellenbrecher durch die Ökoberme ersetzt wurde, nun im Gegensatz zu früher im Stau Ellgau bereits im September 2012 auf einer Strecke von 200 m neun Fischarten in unterschiedlichen Altersklassen nachgewiesen wurden (Hecht, Rotauge, Laube, Flussbarsch, Kaulbarsch, Dreistachliger Stichling, Schleie, Aal und Schmerle).

2.2 Fließgewässerlebensraum in Hinterlandentwässerungsgräben

Neben den oben beschriebenen Gewässerstrukturmaßnahmen in Stauräumen werden parallel der Erhalt und die Verbesserung von Habitaten in Fließgewässerabschnitten angestrebt. Dazu werden gezielte Gestaltungen von Hinterlandentwässerungsgräben durchgeführt, zum Beispiel an der Donau. Die im Zuge des Staustufenbaus angelegten Entwässerungsgräben mit insgesamt rund 70 km Länge und die verbliebenen Altwasserstrukturen haben eine wichtige Funktion und ein sehr hohes Lebensraumpotenzial im Gesamtsystem der Donau. Dort bilden diese Gräben mehrere hundert Kilometer lange Fließgewässer und sind Lebensraum für Fließwasserarten. Sie stellen einen gewissen Ersatz für Fließstrecken des Hauptgewässers dar und speisen teilweise die Altwässer. Durch zusätzliche Dotation aus dem Hauptgewässer – wie beispielsweise an der Donau bei Offingen geplant – erfahren diese Bäche bei gleichzeitiger Renaturierung eine bedeutende Aufwertung. Teilweise können sie die Funktion von Umgehungsbächen übernehmen. Nachdem in den Altwasserbereichen eine starke Verlandung festgestellt wird, ist eine Räumung bzw. Teilräumung notwendig, um die Lebensraumfunktionen zu erhalten bzw. zu verbessern. Durch die intensive landwirtschaftliche Nutzung erfahren unsere Fließgewässer einen bedeutenden Eintrag an feindispersem Material. Die meisten Altwasserstrukturen entlang der Donau sind in den letzten Jahrzehnten bereits verloren gegangen. Der Erhalt der verbliebenen Altwasser ist daher nur durch periodische Räumungen zu sichern.

Nach den Erfahrungen der BEW ist deshalb die Schaffung von Sandfängen, die als definierte Stellen für die periodische Räumung fixiert werden, eine sehr erfolgversprechende Maßnahme. Hierdurch kann die Entlandung auf wenige Bereiche begrenzt werden, der Eingriff in die Natur wird deutlich vermindert und trotzdem profitieren auch die unterhalb liegenden, fließenden Gewässerabschnitte des Entwässerungsgrabens von dieser Maßnahme. Gleichzeitig bieten sie auch als tiefe Gumpen für Fische Strukturreichtum und Wintereinstände. Voraussetzung ist die ausreichend große Dimensionierung (Tiefe und Ausdehnung) der ausgewählten Stellen und die leichte Zugänglichkeit für Baugeräte.

Obwohl die bachartigen Gräben in den Flussauen in der Regel in Schutzgebieten liegen, ist bei den Entlandungen als punktuelle Unterhaltungsmaßnahmen eine erhebliche Beeinträchtigung der Schutzgebiete in ihren für die Erhaltungsziele oder den Schutzzweck maßgebenden Bestandteilen nicht gegeben. Eine Verschlechterung des Erhaltungszustandes kann in der Regel ausgeschlossen werden, wenn die Maßnahme in der passenden Jahreszeit – möglichst im Herbst, außerhalb der Frostperiode und außerhalb der Brutzeit der Vögel – vorgenommen wird.

3 Ausblick

Die oben beschriebenen Maßnahmen haben eine positive kleinräumige Wirkung. Einen umfassenderen Nutzen können sie jedoch erst entfalten, wenn die unterschiedlichen Gewässerabschnitte mit den verschiedenen Habitaten vernetzt sind. Dazu wird zum einen der Bau von Fischwanderhilfen vorangetrieben, zum anderen eine durchgängige Anbindung von Seitengewässern angestrebt.

In einem nächsten Schritt der Untersuchungen werden derzeit mehrere parallele Projekte vorbereitet. Zum einen soll an der Günz die Entwicklung der Fischpopulation untersucht werden, nachdem neben den oben beschriebenen Strukturmaßnahmen zwischenzeitlich auch die Durchgängigkeit mit Fischwanderhilfen hergestellt wurde und damit bestehende Teilhabitate nun verbunden sind.

An der Donaustrecke zwischen Ulm und Donauwörth sind auf der Strecke von insgesamt rund 70 km großräumige Kombinationen aus folgenden Maßnahmentypen vorgesehen: Uferstrukturgestaltungen (Ökobermen) an bestehenden Stauhaltungsdämmen mit Betonoberflächendichtungen, Kieszugaben zur Schaffung von Kieslaichplätzen im Unterwasser der Wasserkraftanlagen, Uferdynamisierungen bzw. Uferaufweitungen und die Wiederanbindung von Seitengewässern und Altarmen [7]. Diese Maßnahmen in der Donau sollen zusätzlich durch die oben beschriebene Gestaltung der Gräben als Parallelgewässer – ggf. auch mit zusätzlicher Dotation mit Donauwasser – ergänzt und unterstützt werden, um neben den fischökologischen Zielen auch naturschutzfachliche Verbesserungen in der Aue zu erzielen sowie die Vernetzung zwischen Fluss und Aue zu entwickeln. Das Projektkonzept ist derzeit in der Entwicklungsphase mit dem Ziel, Förderprogramme zu nutzen. Auf weitere Details wird daher an dieser Stelle noch nicht eingegangen und auf spätere Veröffentlichungen über die Projektdurchführung und Ergebnisse verwiesen.

Ziel der weiterführenden Projekte ist es, die Wirkung von fischpopulationsfördernden Maßnahmen zu quantifizieren. Es soll damit die Frage beantwortet werden, ob und in welchem Umfang mit Habitatgestaltungen und deren Vernetzung der Schutz der Fischpopulation gemäß WHG erreicht wird. Neben der grundsätzlichen fachlichen Eignung soll auch ein Beitrag zur Wirtschaftlichkeit im Sinne einer Kosten-Nutzen-Betrachtung geleistet werden. Unter Berücksichtigung von betriebswirtschaftlichen und volkswirtschaftlichen Gesichtspunkten soll gewässerökologisch ein durchschlagender und messbarer Erfolg auf dem Weg zum guten ökologischen Zustand (bzw. guten ökologischen Potenzial) erreicht werden. Es soll dazu die Frage beantwortet werden können, ob durch zielgerichtete strukturelle Maßnahmen für die potamodromen Fischpopulation mit gleichem oder geringerem Aufwand ein gleicher oder größerer Effekt erzielt werden kann, als durch reine technische Fischschutzanlagen an Bauwerken und Kraftwerken.

Autoren

Dr.-Ing. Gerhard Haimerl
Bayerische Elektrizitätswerke GmbH
Schaezlerstraße 3
86150 Augsburg
gerhard.haimerl@lew.de

Dr. Oliver Born
Fachberater für das Fischereiwesen im Bezirk Schwaben
Schwäbischer Fischereihof
Mörgenerstr. 50
87775 Salgen
oliver.born@bezirk-schwaben.de

Dr. phil. nat. Dagobert Smija
Beauftragter für Gewässerfragen des Fischereiverbandes Schwaben e. V.
Ligusterweg 28
86381 Krumbach
dagobert.smija@t-online.de

Literatur

[1] Pöhler, F.; Klocke, R.: Herausforderungen für die „große Wasserkraft". In: WasserWirtschaft (2011), Heft 7-8, S. 10-14.

[2] Rapp, R.: Die Wertach, Flussentwicklung an der unteren Wertach. Gestern. Heute. Morgen. Augsburg: context Verlag, 2012.

[3] Deutsche Vereinigung für Wasserwirtschaft, Abwasser und Abfall e. V. (Hrsg.): Fischaufstiegsanlagen und fischpassierbare Bauwerke – Gestaltung, Bemessung, Qualitätssicherung. In: DWA-Merkblätter (2010), DWA-M 509 Entwurf.

[4] Bayerisches Landesamt für Umwelt & Landesfischereiverband Bayern e. V. (Hrsg.): Praxishandbuch Fischaufstieganlagen in Bayern. 2012.

[5] Pander, J.; Geist J.: Seasonal and spatial bank habitat use by fish in highly altered rivers – a comparison of four different restoration measures. In: Ecology of Freshwater Fish 19 (2010), S. 127-138.

[6] Klingshirn, C.: Lechstaustufen Ellgau und Rain, Wirkungsmonitoring zu Uferstrukturverbesserungsmaßnahmen – Makrozoobenthos. Gutachten im Auftrag der Bayerischen Elektrizitätswerke GmbH, November 2013.

[7] Mair, A.: Gewässserstrukturentwicklung zur Umsetzung der Wasserrahmenrichtlinie an Wasserkraftanlagen an der oberen Donau. Bachelorarbeit an der Hochschule Augsburg, 2012.

Gerhard Haimerl, Oliver Born and Dagobert Smija

Measures to Foster Fish Population in Swabia

The German federal water law demands from operators of hydropower plants sufficient measures to protect fish population. Investigations at hydropower plants at bigger rivers with exclusively potamodromous fish are conducted to show, whether site-specific fish habitat structures can be introduced to achieve this aim regardless of the technical facilities at the plants. Initial localized measures and studies show promising results. In further projects large-scale combinations of measures dealing with fish habitats will be investigated.

Герхард Хаймерль, Оливер Борн и Дагоберт Смийя

Мероприятия по поддержке развития популяций рыб в Швабии

Закон о водном балансе (WHG) требует проведения на гидроэлектростанциях соответствующих мероприятий по защите популяций рыб. На гидротехнических сооружениях, расположенных на крупных водоемах, с исключительно потамодромными видами рыб проводятся исследования, касающиеся следующих вопросов: возможно ли рациональное и эффективное достижение целей рыбозащиты – наряду с использованием технических сооружений и проведением производственных мероприятий на электростанциях и в зависимости от условий расположения - за счет создания среды обитания и объединения ее в сеть. Первые малые мероприятия показывают многообещающие результаты; в последующих будет исследована возможность проведения более крупных мероприятий.

Jörg Schneider und Dirk Hübner

Funktionskontrolle der Fischwechselanlagen am Main-Kraftwerk Kostheim

Mittels verschiedener herkömmlicher und moderner Monitoringmethoden wurde am Main-Kraftwerk Kostheim eine Funktionskontrolle zweier Fischabstiegsanlagen und eine Erfassung der Mortalität bei Turbinenpassage durchgeführt. Weiterhin wurde die Auffindbarkeit und Passierbarkeit eines Umgehungsgerinnes für den Fischaufstieg untersucht. Die Studie zeigte eine Größenselektivität bei der Nutzung des Umgehungsgerinnes sowie Defizite in der Attraktivität und Auffindbarkeit der Abstiegshilfen auf. Am 20-mm-Rechen sowie bei Turbinenpassage entstehen erhebliche Fischschädigungen.

1 Untersuchungsgegenstand und Methoden

Die Staustufe Kostheim befindet sich etwa 3,2 km oberhalb der Einmündung des Mains in den Rhein. Die Staustufe besitzt drei Walzenwehre; diese werden ab Q = 160 m^3/s (Ausbaumenge der Wasserkraftanlage (WKA)) überströmt. Das Unterwasser wird maßgeblich durch die Wasserspiegellagen des Rheins beeinflusst (Δh max. 3,74 m, bei MQ = 2,36 m).

Die WKA (**Bild 1**) hat eine Leistung von 4,9 MW. Die Energieerzeugung erfolgt über zwei horizontale Kaplan-Pit-Maschinen (Voith Hydro) mit einem Durchfluss von jeweils 80 m^3/s. Die dreiflügeligen Laufräder werden mit Umdrehungszahlen von 77 bis 94 U/min betrieben. Die prognostizierte Mortalitätsrate lag bei ≤10 %. Ergänzt werden soll der Fischschutz durch je einen vertikalen Rechen pro Turbine; der Stababstand liegt bei 20 mm, die Neigung beträgt 25° (**Bild 2**) und die mittlere Anströmgeschwindigkeit 0,5 m/s.

Als Abstiegskorridor u. a. für den Aal wurde am Mittelpfeiler zwischen den Turbinen beidseitig je eine Einstiegsöffnung mit einer Höhe von 2 m und einer Breite von 0,8 m installiert. Die beiden Öffnungen dieses sog. Aalbypasses befinden sich in der Mitte der Wassersäule und führen eine Wassermenge von 1 m^3/s über eine 800-mm-Rohrleitung mittig durch die WKA (Bild 2) ins Unterwasser (**Bild 3**). Im Rechen bestehen oberflächennahe Abstiegsöffnungen mit 30 cm Breite und 20 cm Höhe (Bild 2). Die Dotation beträgt 100 l/s. Die Ausläufe der über zwei unterirdische 400-mm-Rohrleitungen abgeführten Abstiege verlaufen nach einem 90°-Winkel parallel zum Kraftwerk über rund 50 m ins Unterwasser. Der Betrieb dieser sog. Salmonidenabstiege ist bis Q = 160 m^3/s an die Reinigungsintervalle angelehnt (ab Q > 160 m^3/s permanente Öffnung).

Für den Fischaufstieg und ggf. Fischabstieg besteht ein 200 m langes Umgehungsgerinne mit einem mittleren Gefälle von 2,1 %. Die Anbindung im Oberwasser liegt rund 60 m oberhalb der Rechenanlage, die Anbindung im Unterwasser 40 m unterhalb des Saugschlauchendes der WKA. Das Umgehungsgerinne ist für Q = 1,5 m^3/s ausgelegt. Die Funktionskontrolle erstreckte sich auf beide Wanderrichtungen.

Die Untersuchungen fanden von Frühjahr bis Herbst 2011 statt. Sie untergliederten sich in die Fragestellungen a) Funktionsfähigkeit Fischaufstiegsanlage, b) Funktionsfähigkeit Fischabstiegsanlagen inkl. Mortalität bei der Abwanderung und c) Mortalität bei Turbinenpassage ohne Rechenkontakt.

Im Kraftwerksbereich bestehen mit dem Aalbypass, dem Salmonidenabstieg, dem Umgehungsgerinne und der Turbinenpassage grundsätzlich vier Abwandermöglichkeiten, die zeitgleich beprobt werden mussten. Eine weitere Beprobungsquelle bildete das Rechengut. Erst die Zusammenführung der verschiedenen Teilergebnisse lieferte belastbare Daten hinsichtlich der Verteilung von Fischen auf die vier Abwanderkorridore und erlaubt so eine Einschätzung der

Bild 1: Einlaufbereich Wasserkraftwerk Kostheim mit Rechenreinigungsanlage

Funktion des Bypasses und der Salmonidenleitung (relative Nutzung im Vergleich zu den weiteren Abwandermöglichkeiten). Die Nutzung der Schiffsschleusen und der Wehre war nicht Gegenstand der Studie [7]. Folgende Fragestellungen wurden bearbeitet:

- Auffindbarkeit der Abstiegshilfen Bypass und Salmonidenabstiege:
  - Anteil Bypass,
  - Anteil Salmonidenabstiege,
  - Anteil Rechengut,
  - Anteil Turbinenpassage.
- Mortalitätsrate bei Durchgang durch die Turbine (inkl. Rechenpassage).

Die beiden Salmonidenabstiege wurden am Auslauf mit Netzreusen abgesperrt. Aufgrund von Verlegungen war nur eine Leitung während des Lachsabstiegsversuchs im April (siehe unten) für etwas über eine Stunde in Betrieb.

Der Fischanfall im Rechengut wurde über Kontrollen des Treibgutcontainers und des Förderbandes untersucht.

Unterhalb des uferseitigen Turbinenauslasses wurde ein Hamen eingesetzt. Die Aufhängung erfolgte bei Variante 1 mittels eines Stahlrahmens (Bild 3). Nach einer Havarie des Rahmens wurde die Halterung in eine mit Doppelseilzug zu hebende Variante 2 umkonstruiert, in der das Netz am Grund mit einem Stahlrohr fixiert wurde. Das Hamennetz hatte eine Länge von ca. 40 m und verfügte im Endstück über drei Kehlen. Die Maschenweite reduzierte sich vom Netzanfang bis zum Fangsack von 30 mm auf 10 mm.

Am Aalbypassauslauf im Mitteltrennpfeiler wurde eine Netzreuse angebracht.

Am Einlauf des Umgehungsgerinnes wurden eine nach unten und eine nach oben ausgerichtete Edelstahl-Kastenreuse aus jeweils 5-mm-Lochblech eingesetzt. Im Sommer wurde zusätzlich ein VAKI-Riverwatcher als automatisches Fischzählsystem installiert. Hiermit sollte die Interpretation der Reusenfangdaten hinsichtlich einer möglichen Barrierewirkung der Reuse abgesichert werden und ein Abgleich zwischen der Frequentierung des Einstiegsbereichs und des Fischaufkommens am Ausstiegsbereich erfolgen.

Das Suchverhalten der Fische wurde mittels eines DIDSON-Sonars aufgezeichnet. Es wurde bei den Abstiegsuntersuchungen im Oberwasser wechselweise auf den Salmonidenabstieg und den Einlauf des Aalbypasses ausgerichtet. Bei den Fischaufstiegsuntersuchungen wurden der Auslauf des Aalbypasses sowie der Einstieg in das Umgehungsgerinne gescannt.

Die Kategorisierung der Schädigungen umfasste folgende Schädigungsformen:

- Teilabtrennung,
- Totalabtrennung,
- Quetschungen, Hämatome,
- Fleischwunden oberflächlich,
- Schuppenverlust (Auswahl: gering, mittel oder stark),

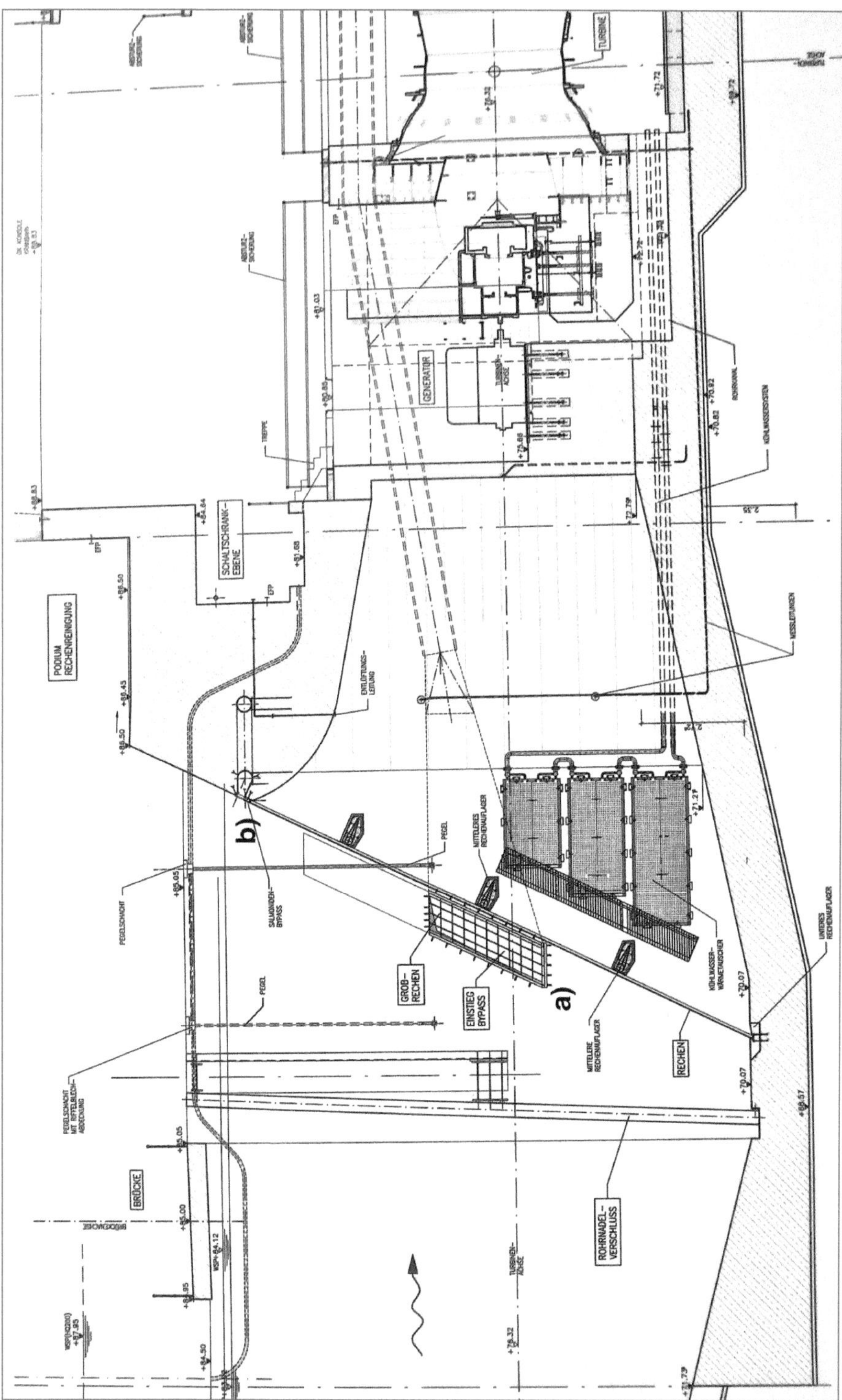

Bild 2: Seitenansicht auf den 20-mm-Rechen und den in der Mitte der Wassersäule gelegenen Aalbypass (a); oben die Lage der Salmonidenabstiegsleitungen (b)

Bild 3: Einbau des Hamens Variante 1; rechts liegt der Aalbypassauslauf

- Augenverlust,
- Augenblutung,
- Flossenschäden,
- Wirbelsäulenbruch
- Pilzbefall (Schädigung älter),
- Verhaltensauffällig (ggf. innere Verletzungen),
- innere Verletzung (Afterbluten, Kiemenbluten),
- Schwimmblase geplatzt (nur stichprobenhafte Obduktionen),
- tot, jedoch ohne sichtbare Schäden.

In der Auflistung sind außer für die Kategorie „tot ohne sichtbare Schäden" Mehrfachnennungen möglich; bei Schuppenverlust wurde eine der Kategorien „gering" (max. 10 % der Körperoberfläche), „mittel" (>10 % bis <50 %) und „stark" (50 % bis 100 %) ausgewählt (**Bild 4a**).

Die aufgeführten Schädigungen wurden in einem weiteren Beurteilungsschritt in folgende Schädigungsklassen mit den folgenden Überlebensprognosen unterteilt:

A. Prognose positiv, Fisch überlebt:

- Vital: ohne äußerlich sichtbare Schädigungen, normales Verhalten.
- Gering geschädigt: geringe sichtbare Schädigungen, die den Fisch nicht wesentlich beeinträchtigen, z. B. geringe Schuppenverluste, kleine Wunden.

B. Prognose negativ, Fisch überlebt nicht:

- Mittel geschädigt: kritische Verletzungen, die wahrscheinlich zu verspäteter Mortalität führen, wie mittlere Schuppenverluste, Augen- und Afterbluten als Indiz für innere Verletzungen, Fleischwunden, Quetschungen und Hämatome, Flossenschäden, Verhaltensauffälligkeiten als Indiz für Brüche und innere Verletzungen.
- Kritisch geschädigt: Verletzungen, die zeitnah zum Tod führen (z. B. starke Schuppenverluste, Fleischwunden, Augenverluste, starke Hämatome, Wirbelsäulenbruch, geplatzte Schwimmblasen, Teilabtrennungen).
- Tot: kürzlich letal geschädigt – länger verendete Individuen wurden nicht berücksichtigt.

Alle im Turbinenhamen gefangenen, lebenden Fische wurden über 48 Stunden gehältert.

Vor Versuchsbeginn wurde die fang- und hälterungsbedingte Referenzmortalität erhoben. Diese wurde von der Mortalitätsrate, die jeweils in den Teilversuchen ermittelt wurde, abgezogen. Die Referenzmortalität wurde mit 300 Lachssmolts ermittelt, die bei laufendem Turbinenbetrieb in den Hamen eingebracht wurden. Auf eine Fangmortalitätsbestimmung bei Aalen wurde wegen deren Robustheit verzichtet.

Bild 4: a) Lachssmolts mit (von oben nach unten): Schuppenverlust stark; Schuppenverlust mittel, Schuppenverlust gering und kein Schuppenverlust; b) Lachssmolt gerät mit dem Schwanzstiel zwischen die Stäbe eines 10-mm-Rechens [4]

Um die Ergebnisse der Wahl von Abwanderkorridoren und das benötigte Zeitbudget für die Fische quantitativ bestimmen zu können, wurden abwanderbereite markierte Fische im Oberwasser vor dem Rechen ausgesetzt.

- April: 2 500 adiposenmarkierte Lachssmolts;
- Dezember: 800 farbmarkierte Blankaale aus dem Main.

Durch Verwendung markierter Individuen wurde ausgeschlossen, dass andernorts vorgeschädigte Individuen in die Untersuchungsergebnisse eingehen.

Um Verletzungen am Rechen von Schäden bei Turbinenpassage zu unterscheiden, wurden in einem Tierversuch 1 200 markierte Fische direkt in die bei Volllast laufende Turbine eingeführt. Als Versuchsfische dienten aus Wildfängen 300 Aale, 521 Cypriniden und 79 Barschartige sowie 300 Aquakultur-Forellen. Neben den Versuchsfischen verschiedener Größenklassen wurden 102 Bockwürste, um die 16 cm lang, als Dummys eingesetzt. Die Hamenleerung erfolgte stündlich, die Hälterung währte 48 Stunden.

2 Ergebnisse der Funktionskontrolle

2.1 Fischabstieg

Die Wiederfangrate der Lachse lag bei 73,7 %, als die Fische direkt in den Hamen eingeführt wurden, und bei 58,6 %, als die Fische im Oberwasser eingesetzt wurden und den Rechen sowie die Turbine passierten. Die Referenzmortalität betrug 8,2 % bzw. rund 10 % (**Bild 5**).

Der 20-mm-Rechen wirkte bei den Lachssmolts kaum als Verhaltensbarriere; bereits nach einer Stunde hatten 40,4 % bzw. 1 010 von 2 500 besetzten Smolts den Rechen und die Turbine passiert (Bild 5). Dieses Hol 1 konnte aufgrund der hohen Fangmortalität nicht in die Berechnung der Schädigungsrate eingehen, wohl aber in die Auswertung der Nutzung der Abwanderkorridore. DIDSON-Sonar-Beobachtungen zeigten, dass die Lachssmolts mehrheitlich zügig mit dem Schwanz voran passiv durch den Rechen in die Turbine gelangen. Gestützt wird diese Interpretation durch Laborergebnisse von Hübner [4] in einem Versuchsgerinne mit 10-mm-Rechen (**Bild 4b**).

Mangels funktionsfähiger Abwanderhilfen wandern bei normalen Abflussbedingungen Aale

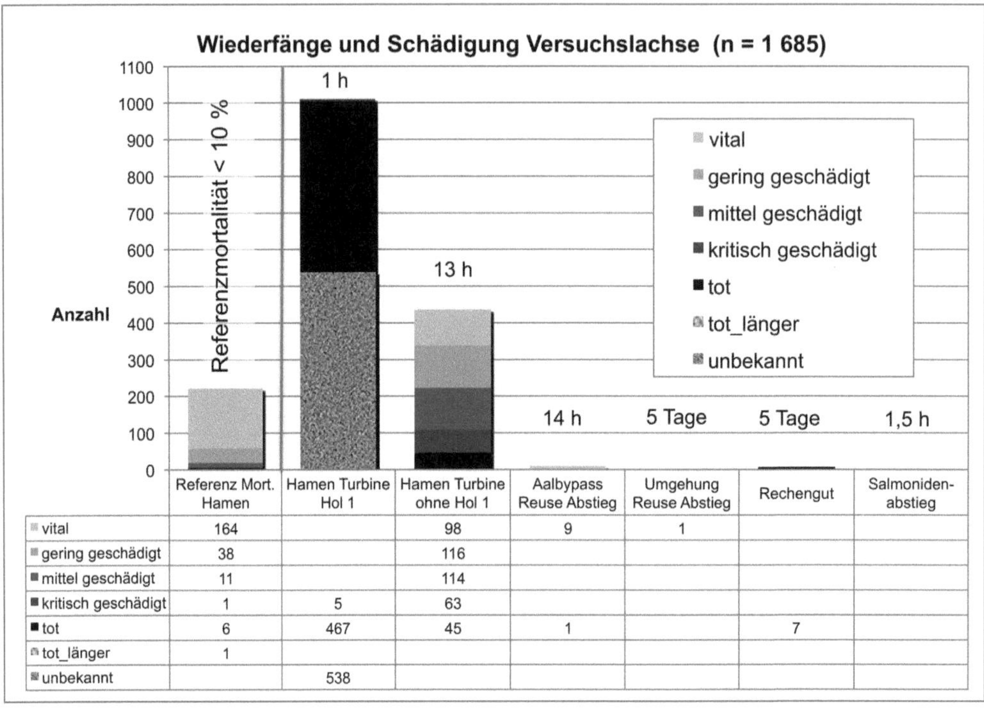

	Referenz Mort. Hamen	Hamen Turbine Hol 1	Hamen Turbine ohne Hol 1	Aalbypass Reuse Abstieg	Umgehung Reuse Abstieg	Rechengut	Salmoniden-abstieg
vital	164		98	9	1		
gering geschädigt	38		116				
mittel geschädigt	11		114				
kritisch geschädigt	1	5	63				
tot	6	467	45	1		7	
tot_länger	1						
unbekannt		538					

Bild 5: Übersicht der Wiederfänge der Versuchslachse und der jeweiligen Schädigungsschwere; absolute Zahlen. Balken links: fangbedingte Schädigung (Referenzmortalität)

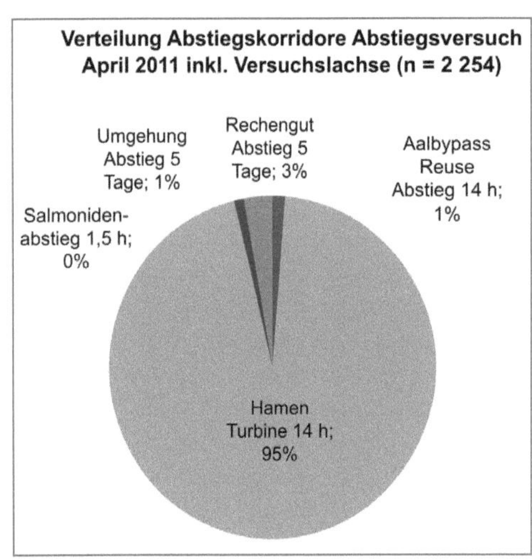

Bild 6: Wahl der Abstiegskorridore durch markierte Lachse und sonstige Arten

<65 cm Totallänge (TL) und andere Arten <25 bis 30 cm TL überwiegend über die Turbine ab (auch DIDSON-Beobachtungen), größere Individuen gelangen häufig mit dem Rechenreiniger ins Rechengut. Der Rechen mit einem Stababstand von 20 mm ist folglich für Aale <60 bis 65 cm TL und für andere Arten <25 bis 30 cm physisch passierbar. So verursachen Schäden durch die Rechenreinigung, Schäden durch die Rechenpassage sowie turbinenbedingte Verletzungen eine Gesamtmortalität von rund 50 %, variierend nach Abfluss, Fischart, Individuengröße und Rechenreinigungsintervallen. Die Schädigungsrate bei Rechen- und Turbinenpassage nahm mit der Körperlänge zu.

Die Lachssmolts wie auch alle anderen Individuen, die physisch den Rechen passieren konnten, wanderten zu 95 % über die Turbine ab (**Bild 6**). Der 20-mm-Rechen bildete folglich keine nennenswerte Verhaltensbarriere. Im vorliegenden Fall dürften das Fehlen attraktiver alternativer Wanderkorridore und die für diverse Arten bzw.

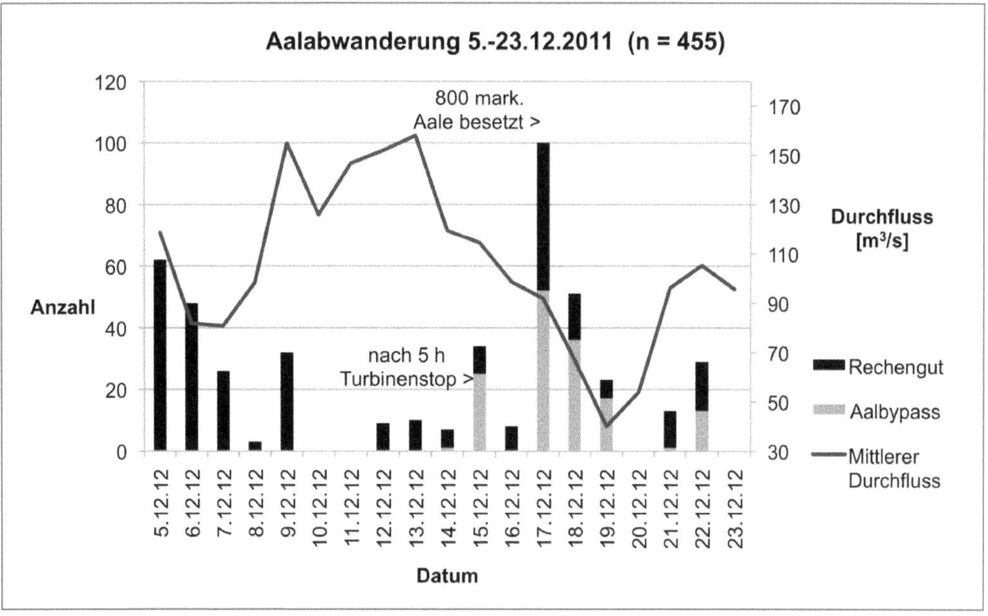

Bild 7: Nutzung des Aalbypasses in Abhängigkeit des mittleren Turbinendurchflusses. Da in den meisten Fällen (Ausnahmen 17.-19.12.) die Kontrollen morgens erfolgten, sind die Durchflusswerte des Vortages für die Wahl des Abwanderweges relevant

Individuengrößen im Grenzbereich liegende mittlere Anströmgeschwindigkeit am Rechen von 0,5 m/s die zügige Rechenpassage gefördert haben.

Unter normalen Betriebsbedingungen wird der Aalbypass weder vom Aal noch von anderen Arten als Abstiegskorridor angenommen. Dies dürfte neben der ungünstigen Lage des Einlaufs in der Mitte der Wassersäule auch auf die geringe Leitströmung im Einlaufbereich zurückzuführen sein. Eine Dotation von 0,5 m^3/s bei einer Öffnung von 80 x 200 cm ist im Abstand von 50 cm für Fische offensichtlich kaum noch wahrnehmbar. Selbst bei für Fische optimalen Betriebsbedingungen, also bei geringer Auslastung der Turbinen, gelangten noch rund 50 % der größeren Aale ins Rechengut. Die Nutzung des Aalbypasses steht folglich in direktem Zusammenhang mit seiner Dotation im Verhältnis zur turbinierten Wassermenge sowie zu Abschaltereignissen (**Bild 7**).

Das Umgehungsgerinne hat aufgrund der Entfernung des Einlaufs und der relativ geringen Dotation keine wesentliche Bedeutung für den Fischabstieg (Bild 6).

Über 50 % der Individuen im Rechengut Kostheim sind durch die hiesige Rechenreinigungsanlage letal geschädigt worden. Fische, die vom Rechenreiniger erfasst werden, erleiden häufig Total- und Teilabtrennungen, Schuppenverluste, Fleischwunden und Quetschungen. Neben dem Aal waren mehrheitlich Brachsen und Rotaugen betroffen. Aale scheinen dabei meist nicht vor dem herannahenden Rechenreiniger zu fliehen, sondern klemmen sich mit dem Schwanz in den Rechenstäben fest. Die Schädigungen treten unabhängig von der Körperlänge meist im hinteren Körperbereich auf.

Der Salmonidenabstieg war mangels Leitströmung und wegen Wartungsproblemen ohne Funktion. Im Rahmen von DIDSON-Sonaruntersuchungen wurden nur wenige Individuen im Nahbereich der Einstiegsöffnungen verzeichnet.

2.2 Mortalität bei Turbinenpassage

Die Mortalität bei Turbinenpassage betrug im Mittel 20 bis 30 % und lag damit deutlich über dem „Sollwert“ von ≤10 % (**Bild 8**). Die Mortalitätsrate der Forellen und die Schädigungsrate der Dummy-Bockwürste waren vergleichsweise niedrig.

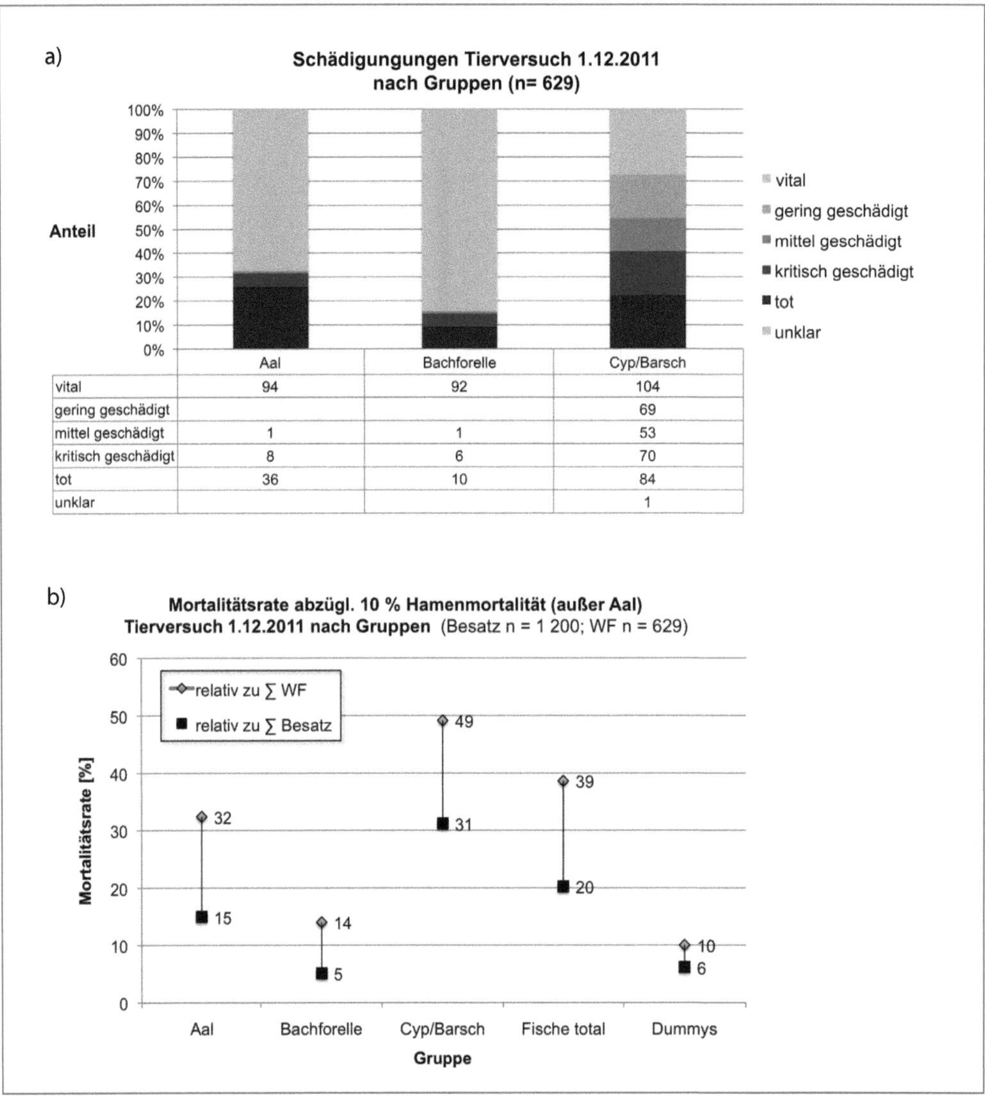

	Aal	Bachforelle	Cyp/Barsch
vital	94	92	104
gering geschädigt			69
mittel geschädigt	1	1	53
kritisch geschädigt	8	6	70
tot	36	10	84
unklar			1

Bild 8: a) Schädigungsrate der Fischgruppen bei Turbinenpassage ohne Rechenkontakt; b) Mortalitätsraten in Bezug zur Wiederfangzahl und zur Besatzzahl, es wird jeweils der optimale Fall (alle entkommenen, nicht-registrierten Individuen sind lebensfähig) und der pessimale Fall (die Mortalitätsraten der wiedergefangenen Fische sind repräsentativ für die Gesamtgruppe) angegeben

Bei Aal und Cypriniden/Barschen war der „Sollwert" deutlich überschritten. Ein ersatzloser Abbau des 20-mm-Rechens oder eine Vergrößerung des Rechenstababstands ist daher nicht zielführend.

2.3 Fischaufstieg

Im Zeitraum 10.3. bis 23.12.2011 wurden im Umgehungsgerinne 25 183 Fische registriert, die sich 36 Arten zuordnen ließen. Die mit Abstand häufigste Art bildete der Rapfen, gefolgt von Rotauge, Flussbarsch und Ukelei. Auffällig war das deutliche Defizit bei Individuen >25 cm, insbesondere im Vergleich zum dokumentierten Arten- und Größenklassenspektrum des Unterwassers. Das Defizit ist auf eine mangelhafte Auffindbarkeit und nicht auf Einschränkungen der Passierbarkeit zurückzuführen. Dies belegen auch DIDSON-Aufnahmen großer Fische am Saugschlauchende und VAKI-Registrierungen am Auslauf des Umgehungsgerinnes, wo große Fische ebenfalls unterrepräsentiert waren.

3 Schlussfolgerungen

Durch eine Kombination verschiedener Methoden, wie Reusenfänge, Hamenfänge, DIDSON-Sonaruntersuchungen, Einsatz eines VAKI-Fischzählers, Elektrofischerei, Markierung-Wiederfang-Experimente und Rechengutkontrollen konnte an der WKA Kostheim ein differenziertes Bild über die Funktionsfähigkeit der Fischwechselanlagen gewonnen werden. Die Studie hat zudem aufgezeigt, dass Fischabstiegsuntersuchungen mittels Hamen unterhalb von Turbinenauslässen bis zu einem Ausbaudurchfluss von mindestens 80 m^3/s pro Turbine methodisch möglich sind. Mit dem Einsatz markierter Referenzfische konnten quantitative Ergebnisse erarbeit und Vorschädigungen ausgeschlossen werden.

Die Fischaufstiegskontrollen ergaben, dass größere und schwimmstarke Individuen im Umgehungsgerinne unterrepräsentiert sind. Diese Selektivität wird darauf zurückgeführt, dass größere und schwimmstarke Fische nahe des Saugschlauchendes nach einer Aufstiegsmöglichkeit suchen. Der Einstieg in das Umgehungsgerinne liegt jedoch 40 m unterhalb des Turbinenauslasses. Dieser Sackgasseneffekt wird gemäß DIDSON-Beobachtungen und Elektrofischereifängen durch den Auslauf des mit 1 m^3/s dotierten Aalbypasses im Sinne einer irreführenden Leitströmung verschärft.

Rechen mit Stababständen von 15 bis 20 mm, die im 90°-Winkel zur Fließrichtung positioniert sind und nur eine geringe Neigung zur Sohle aufweisen, bilden keinen wirksamen Schutz für Smolts und andere Fische vergleichbarer Größe vor einer Turbinenpassage. Dabei liegt bei Stababständen von 15 bis 20 mm nicht nur keine wirksame Schutzfunktion vor, sondern es kommt durch Schädigungen am Rechen sogar zu einer Erhöhung der Schädigungsrate. Verschärft wird das Schädigungspotenzial durch mangelhaft funktionsfähige Fischabstiegssysteme.

Die Passage des 20-mm-Rechens ist für Individuen bis ca. 22 bis 25 cm Körperlänge möglich (Aal: 60 bis 65 cm). Wie Laboruntersuchungen zeigen ([4], [6]), liegt bei Cypriniden und Salmoniden das erhöhte Schädigungspotenzial an Rechen mit Stababständen von 20 mm darin begründet, dass die Fische sich mit dem Schwanz voran den Gitterstäben nähern, zwischen die Stäbe geraten und dadurch keinen Vortrieb mehr erzeugen können (Bild 4b). In der Folge werden kleinere Fische durch den Sog durch den Rechen gezogen und erleiden dadurch Entschuppungen, die typischerweise den hinteren Körperbereich bis zur dicksten Stelle ungefähr auf Höhe der Rückenflosse umfassen. Dabei werden die Tiere teilweise so stark gequetscht, dass sie Stabweiten passieren, die um 10 bis 20 % enger sind als die Körperdicke an der dicksten Stelle des Fisches [6]. Hierdurch kam es an der WKA Kostheim bei vielen Tieren zu inneren Blutungen und Organschädigungen, welche sich z. B. in geplatzten Gallenblasen, geplatzten Gefäßen und Blutaustritt aus dem After äußern. Ebenfalls typisch sind Hämatome an der Schwanzwurzel, die vermutlich durch ruckartige Schwanzbewegungen als Panikreaktion zwischen den Stäben entstehen.

Aale verhalten sich an engen Rechen dagegen anders. In Laboruntersuchungen wurde festgestellt, dass Aale versuchen, sich mit dem Schwanz voran durch den Rechen hindurchzuzwängen. Dabei können Stababstände von 20 mm von Aalen bis über 60 cm TL passiert werden. Größere (weibliche) Individuen hängen am Rechen fest [5]. An der WKA Kostheim löste der Rechenreiniger bei den zurückgehaltenen Aalen >60 bis 65 cm TL entweder keine Fluchtreaktion aus, oder sie konnten nicht rechtzeitig flüchten. Typische Verletzungen vom Rechenreiniger erfasster Aale sind Quetschungen und Abtrennungen im hinteren Körperbereich.

Neben der Installation eines feineren Rechens mit einem Stababstand ≤10 mm ist grundsätzlich die Bereitstellung auffindbarer sohlennaher und oberflächennaher Abwanderkorridore zielführend [1]. Abstiegshilfen, die von Aalen gefunden werden sollen, müssen sohlennah am Rechenfuß ansetzen ([3], [5]). Zur Hydraulik von Feinrechen siehe [2]. Alternativ kann der Abstieg nur bei nachgewiesener „Fischfreundlichkeit“ über die Turbinen erfolgen.

Autoren

Dr. Jörg Schneider
Büro für fisch- und gewässerökologische Studien
BFS-Frankfurt
Unterlindau 78
60323 Frankfurt
bfs-schneider@web.de

Dr. Dirk Hübner
Büro für fisch- und gewässerökologische Studien
BFS-Marburg
Über dem Grund 1
35041 Marburg-Michelbach
dirk-huebner@arcor.de

Literatur

[1] Deutsche Vereinigung für Wasserwirtschaft, Abwasser und Abfall e. V. (Hrsg.): Fischschutz und Fischabstieganlagen. In: DWA-Themen, Hennef, 2005.

[2] Hassinger, R.: FischSchonRechen – ein neuartiger fischschonender Rechen für Wasserkraftanlagen. Versuchsanstalt und Prüfstelle für Umwelttechnik und Wasserbau Universität Kassel, 2009 (www.uni-kassel.de/fb14/vpuw/Sites/Download/fischonrechendownload; Abruf: 21.03.2014).

[3] Hassinger, R.; Hübner, D.: Entwicklung eines neuartigen Aal-Abstiegsystems mithilfe von Laboruntersuchungen. In: Korrespondenz Wasserwirtschaft (2009), Heft 2, S. 276-281.

[4] Hassinger, R.; Hübner, D.: Entwicklung und Untersuchung einer neuartigen Kombination von Fischabstiegsvorrichtung und Rechenreiniger. Abschlussbericht über ein Entwicklungsprojekt gefördert von der Deutschen Bundesstiftung Umwelt, 2013.

[5] Hübner, D.: Funktionskontrolle eines neuartigen Aalabstieges mit unterschiedlicher Einstiegsanordnung einschließlich des hydraulischen Tests eines neuartigen fischschonenden Rechens. Laboruntersuchungen im Auftrag der Versuchsanstalt und Prüfstelle für Umwelttechnik und Wasserbau. Univ. Kassel, 2009.

[6] Hübner, D.; Menzel, C.; Fricke, R.; Hassinger, R.; Rahn, S.: Laboruntersuchungen zu Auswirkungen von Kraftwerksrechen auf Rotaugen (*Rutilus rutilus*) und Brassen (*Abramis brama*) in Abhängigkeit von Stababstand und Anströmgeschwindigkeit. Studie im Auftrag des Regierungspräsidiums Kassel, Obere Fischereibehörde, 2011.

[7] Schneider, J., Hübner, D.; Korte, E.: Funktionskontrolle der Fischaufstiegs- und Fischabstiegshilfen sowie Erfassung der Mortalität bei Turbinendurchgang an der Wasserkraftanlage Kostheim am Main – Endbericht 2012. Studie im Auftrag der WKW Staustufe Kostheim/Main GmbH & Co. KG (Studie verfügbar unter www.lachsprojekt.de).

Jörg Schneider and Dirk Hübner

Function Control of Fish Migration Facilities at the Hydropower Plant Kostheim at River Main

Applying various monitoring methods a function control of downstream migration facilities and turbine passage related mortality was conducted at the Kostheim hydropower plant at the river Main. Furthermore, the perceptibility and passability of a nature-like bypass for upstream migration was examined. Results showed a size selectivity of the bypass caused by an unsuitable entrance position. The effectiveness of the downstream migration facilities proved to be low, leading to high mortalities at the trashrack and during turbine passage. The trashrack with a bar spacing of 20 mm showed little repellent effect and was passed by most fish up to a size of 20 to 25 cm, causing scale loss and haematoma. Eels >65 cm were unable to pass the trashrack and the majority was killed by the trashrack cleaning device. Particularly, smaller eels experienced high mortalities at the turbine passage.

Йорг Шнайдер и Дирк Хюбнер

Функциональный контроль рыбообменников на электростанции Костхайм (Kostheim) на реке Майн

С помощью различных традиционных и современных методов мониторинга проводился функциональный контроль двух рыбоспусков и анализ смертности рыб при прохождении турбины на электростанции Костхайм (Kostheim) на реке Майн. Кроме того, исследовались находимость и проходимость обходного канала рыбоподъемника. Исследование показало селективность значений при использовании обходного канала, а также дефициты в таких аспектах как привлекательность и находимость вспомогательных сооружений рыбоспуска. В 20-миллиметровой решетке, а также при прохождении турбин рыбы получают значительные повреждения.

Pia Anderer, Christof Bauerfeind und Jens Görlach

Durchgängigkeitskonzept Unstrut

Die Unstrut gehört zu den Gewässern, in denen nach den Bewirtschaftungsplänen in Thüringen die Herstellung der Durchgängigkeit den Schwerpunkt der umzusetzenden Maßnahmen darstellt. Es wurden Konzepte erstellt, die neben der Betrachtung der einzelnen Querbauwerke auch die Summenwirkung dieser Bauwerke sowie die Gesamtbeeinträchtigungen der Gewässer durch Stau- und Ausleitungsstrecken betrachten. Mit den ausgewiesenen Maßnahmen zur Herstellung der Durchgängigkeit können die Voraussetzungen zur Erreichung des guten ökologischen Zustandes für die Fischfauna geschaffen werden.

1 Einleitung

Im Zuge der WRRL-Umsetzung wurden in Thüringen Oberflächenwasserkörper ausgewiesen, in denen der Schwerpunkt der Maßnahmen in der Herstellung der Durchgängigkeit liegt („Schwerpunktgewässer Durchgängigkeit"). Zu diesen Gewässern gehören u. a. Ilm und Unstrut. Für die Ilm entwickelte und erprobte das Ingenieurbüro Floecksmühle modellhaft 2009 ein Bearbeitungskonzept, das auch als Grundlage des Durchgängigkeitskonzeptes für die Unstrut diente (Bearbeitung 2010 bis 2013) [3]. Derzeit werden im Auftrag der Thüringer Landesanstalt für Umwelt und Geologie weitere Schwerpunktgewässer in Anlehnung an dieses Konzept bearbeitet.

Als Ergebnis werden für alle Querbauwerke und Wasserkraftanlagen Konzepte für die Verbesserung der flussauf- und -abwärts gerichteten Durchgängigkeit erstellt, in denen die aktuellen Gegebenheiten und die möglichen Maßnahmen sowohl textlich als auch in Lageplänen dokumentiert wurden. Neben der Durchgängigkeit wird die Lebensraumveränderung durch Stau- und Ausleitungsstrecken bewertet, so dass hier auf der Ebene der Fließgewässerzonen Maßnahmen zur Entwicklung größerer Anteile freier Fließstrecken vorgeschlagen werden können.

Darüber hinaus wird das unter ökologischen und wirtschaftlichen Betrachtungen zusätzlich ausbaubare technische Wasserkraftpotenzial des Gewässers ermittelt.

2 Untersuchungsgebiet und Untersuchungsumfang

Die Unstrut entspringt in Nordthüringen und entwässert mit einem Einzugsgebiet von 6 364 km^2 und einer Länge von 192 km fast das gesamte Thüringer Becken.

Innerhalb der Untersuchung wurden alle 48 in Thüringen vorhandenen Standorte von Querbauwerken betrachtet (**Bild 1**). An diesen sind 14 Wasserkraftanlagen mit einer Gesamtleistung von 730 kW in Betrieb. Die Unstrut mündet in Sachsen-Anhalt linksseitig in die Saale. Dort existieren 5 weitere Standorte mit Querbauwerken bis zur Mündung in die Elbe.

Die Bearbeitung der Studie erfolgte in mehreren Schritten:

- Grundlagenermittlung und Besichtigung für alle Standorte: Querbauwerke, Fischaufstiegsanlagen, Wasserkraftanlagen;
- Bewertung der aktuellen Durchgängigkeit und der Lebensraumveränderung durch Stau- und Ausleitungsstrecken (Ist-Zustand);
- Konzepte für eine ökologische Verbesserung aller Standorte inkl. Varianten (Plan-Zustand);
- Bewertung der Einzelkonzepte und Betrachtung der Summenwirkung in Bezug auf die Verbesserung der Durchgängigkeit;
- Bewertung verschiedener Planungsvarianten bezüglich der Lebensraumveränderung durch Stau sowie Ausleitung und daraus Ableitung der erforderlichen Maßnahmen zur Zielerreichung;
- Einfache Kostenschätzung auf Basis von Erfahrungswerten;

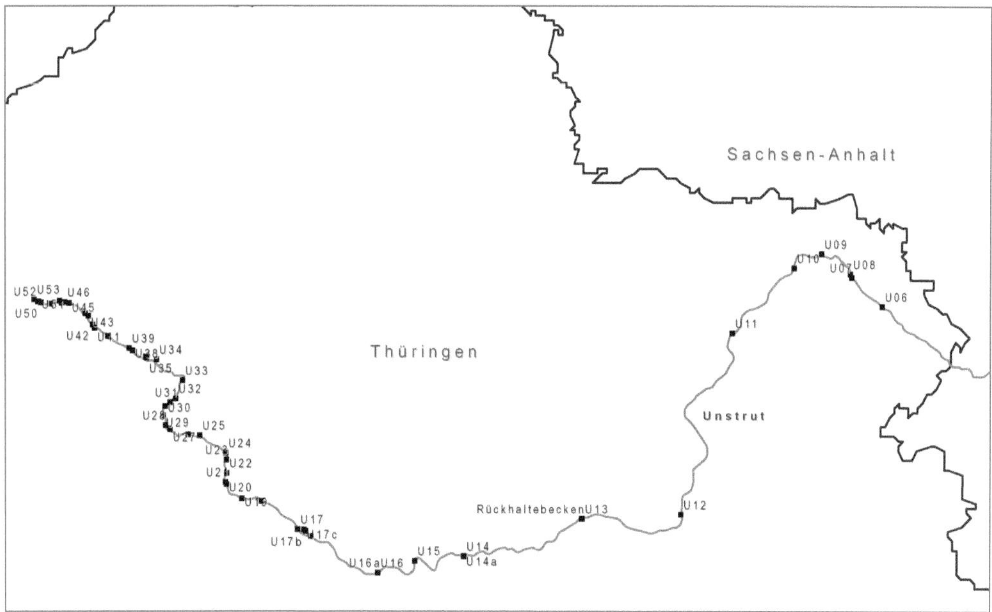

Bild 1: Standorte im Unstrut-Einzugsgebiet in Thüringen

- Abschätzung der Mindererzeugung an WKA durch ökologische Abflüsse, Änderung Jahreserträge;
- Prüfung nach § 35 WHG (Wasserkraftpotenzial).

3 Durchgängigkeit

Die Grundlage für die Bewertung der Durchgängigkeit bilden Mindeststandards, die in [1] und [2] veröffentlicht wurden. Um eine Einschätzung der erforderlichen Maßnahmen zur Zielerreichung der WRRL vornehmen zu können, war neben der Betrachtung der Einzelbauwerke deren Summenwirkung als Gesamtbetrachtung der jeweiligen Gewässer erklärtes Ziel der Studie. Für die einzelnen Standorte können sich daraus auch höhere Anforderungen ergeben.

Bei der Entwicklung von Maßnahmen müssen die Anforderungen der autochthonen Fischfauna berücksichtigt werden. Dabei ist insbesondere für die diadromen Fischarten (in Thüringen vor allem Lachs und Aal) die kumulative Wirkung der Querbauwerke und Wasserkraftanlagen entlang ihrer Wanderrouten entscheidend. Auch wenn der Lachs derzeit nicht in den Thüringer Gewäs-

Bild 2: Ehemaliger Wehrstandort nach Umbau in ein geteiltes Raugerinne mit Beckenstruktur

sern heimisch ist, ist die Berücksichtigung dieser historisch belegten diadromen Arten für das Erreichen eines guten ökologischen Zustands entsprechend WRRL von Bedeutung. Jedoch profitieren auch die anderen Arten von den für die diadromen Arten geltenden Anforderungen.

Die Maßnahmen für Wiederherstellung der Durchgängigkeit wurden wie folgt differenziert:

- Die flussaufwärts gerichtete Passierbarkeit muss für die gesamte autochthone Fischfauna realisiert werden.
- Bei der flussabwärts gerichteten Passierbarkeit sind die diadromen und die geschützten/gefährdeten Arten in besonderer Weise zu berücksichtigen.

Einschränkungen bei der Passierbarkeit der Standorte (flussauf- und -abwärts) haben entlang der Wanderrouten der Fische eine kumulative Wirkung. Diese wird durch die Erreichbarkeitsrate der Laich- bzw. Aufwuchsareale (bei der flussaufwärts gerichteten Wanderung) und die kumulierte Abstiegsrate an der Mündung der Unstrut in die Saale (bei der flussabwärts gerichteten Wanderung) ausgedrückt. Als Grundlage für die Ermittlung dieser Raten wurden die Aufstiegs- und die Überlebensrate an den Einzelstandorten ermittelt.

Bild 2 zeigt beispielhaft den Standort eines ehemaligen Wehres an der oberen Unstrut, der auf Initiative des Landes Thüringen bereits vor der Studie durchgängig gestaltet wurde.

QBW Nr.	WKA	Wanderweg	Maßnahme
U06	nein	Raugerinne	Reduzierung Kronenhöhe
U07	nein	Raugerinne	-
U08	nein	Wehr mit Beckenpass	Umgehungsgerinne am rechten Ufer
U09	ja	Wehr mit WKA	Monitoringuntersuchung, ggf. Dimensionierung anpassen
			optimierter Schlitzpass an der WKA
U10	nein	Wehr im Nebenschluss = keine Auswirkungen	-
U11	ja	Wehr mit FAA	-
		WKA mit FAA	Neubau FAA an WKA
U12	ja	Wehr	Neubau FAA am Wehr
		Kanustrecke	-
		Mühlgraben mit Wasserrad	Einschwimmsperre Mühlgraben
U13	nein	Wehr	Aufhebung Teildauerstau, Umbau Sohle in Raugerinne ohne Einbauten
U14	ja	Wehr	Umgehungsgerinne am Wehr
		Mühlgraben mit WKA1 (OM) und WKA2 (UM)	-
U15	nein	Raugerinne	vorh. Planung für gewässerbreites Raugerinne in Beckenbauweise
U16	ja	Wehr	Schlitzpass am Wehr
		Wasserrad mit Schlitzpass	Monitoringuntersuchung
U17	ja	Wehr	Umgehungsgerinne
		WKA 1 (Untermühle) und WKA 2 (Obermühle)	Schlitzpässe an beiden WKA
U18	nein	Wehr	Variante 1 oder 2
U19	ja	Varinate 1: Raugerinne mit Beckenstruktur	Variante 1 oder 2
		Mühlgraben mit WKA (außer Betrieb)	-
U20	nein	Raugerinne	-
U21	nein	Raugerinne	-

Einstufung Beeinträchtigung	keine Beeinträchtigung

Bild 3: Bewertung der flussaufwärts gerichteten Durchgängigkeit von Standorten in der Unstrut für den Ist-Zustand und den Plan-Zustand: Aufstiegsraten an den Standorten und Erreichbarkeitsraten für aus der Saale aufsteigende Fische (beispielhaft dargestellt für die unteren 16 Bauwerke in Thüringen)

Zur Bewertung der Durchgängigkeit eines Standortes wurden die großräumige und die kleinräumige Auffindbarkeit der möglichen Wanderwege und Wanderkorridore sowie deren Passierbarkeit bewertet. Dabei wurden Raten verwendet, die eine grobe Einschätzung des Anteils der betroffenen Tiere liefern sollen. Die Bewertung erfolgte mit Hilfe einer fünfstufigen Skala, die in Anlehnung an die Darstellung der WRRL farbig unterlegt ist.

Aus **Bild 3** wird für den Ist-Zustand deutlich, dass die Erreichbarkeit für Fische, die aus der Saale aufsteigen, selbst bei Annahme optimaler Gestaltung der 5 Standorte in Sachsen-Anhalt spätestens oberhalb des zweiten Standortes in Thüringen nur noch etwa 26 % beträgt und oberhalb des fünften Standortes gegen Null geht. Für den Plan-Zustand kann

Aufstiegsrate Standort	Erreichbarkeitsrate Standort aus der Saale	Aufstiegsrate Standort	Erreichbarkeitsrate Standort aus der Saale
0,85	0,75	1,00	0,88
0,98	0,73	1,00	0,88
0,36	0,26	0,95	0,84
0,83	0,22	0,90	0,80
1,00	0,22	1,00	0,80
0,19	0,04	0,86	0,68
0,04	0	0,95	0,65
0,36	0	1,00	0,65
0	0	0,86	0,55
0,6	0	0,98	0,54
0,48	0 0	0,94	0,51
0	0	0,86	0,43
0	0	1,00	0,43
0,18	0	0,86	0,37
0,98	0	1,00	0,37
0,98	0	1,00	0,37
gering	mäßig	erheblich	sehr stark

in der Regel eine gute Durchgängigkeit der einzelnen Standorte erzielt werden. Bis zum achten Standort in Thüringen wird die Erreichbarkeit aus der Saale heraus mit über 60 % abgeschätzt. Die Durchgängigkeit wird dabei auch für Arten, die innerhalb der Unstrut über kürzere Strecken wandern, erheblich verbessert.

4 Standortkonzepte

Die Festlegung der Bauweise einer Fischaufstiegsanlage richtete sich nach den jeweiligen Standortgegebenheiten. An Wehren ohne Nutzung und sonstige Restriktionen wurde der Rückbau als vorrangige Lösung betrachtet. War ein Rückbau aufgrund der Rahmenbedingungen nicht möglich, bot sich der Umbau in ein gewässerbreites Raugerinne mit Beckenstrukturen, ein geteiltes Raugerinne (Bild 2) oder der Bau einer Fischaufstiegsanlage an. An Wasserkraftanlagen war aufgrund des geringen verfügbaren Platzes ein Schlitzpass meist die sinnvollste Lösung (**Bilder 4 und 5**).

Die Positionierung der Fischaufstiegsanlagen wurde sowohl großräumig als auch kleinräumige sorgfältig untersucht, um die Auffindbarkeit zu gewährleisten und Sackgassen-Effekte zu vermeiden.

Bei der Gewässergröße bzw. den Abflussverhältnissen in der Unstrut ist die Vorzugslösung für den Fischabstieg an den genutzten Querbauwerken (Wasserkraftanlagen) eine Kombination aus einer mechanischen Barriere (Feinrechen mit 10 bzw. 15 mm Stabweite), die das Eindringen der Fische in die Wasserkraftanlage verhindern soll, und geeigneten Abwanderkorridoren (Bypässen), durch die die Fische sicher ins Unterwasser geleitet werden (**Bild 6**). Auch hier sind die Anforderungen nach [1] zu berücksichtigen.

Bei der flussabwärts gerichteten Passage von Wehren können Fische geschädigt werden, wenn das Wasserpolster im Unterwasser nicht ausreichend tief ist. Dies kann durch das lokale Aufbrechen von Hindernissen und das Anlegen eines Kolkes oder durch den Aufstau an kleinen Schwellen unterhalb des Wehres verbessert werden.

5 Kosten

Die Kosten wurden anhand eines einfachen Verfahrens auf der Basis weniger Parameter und anhand von Erfahrungswerten abgeschätzt, um ei-

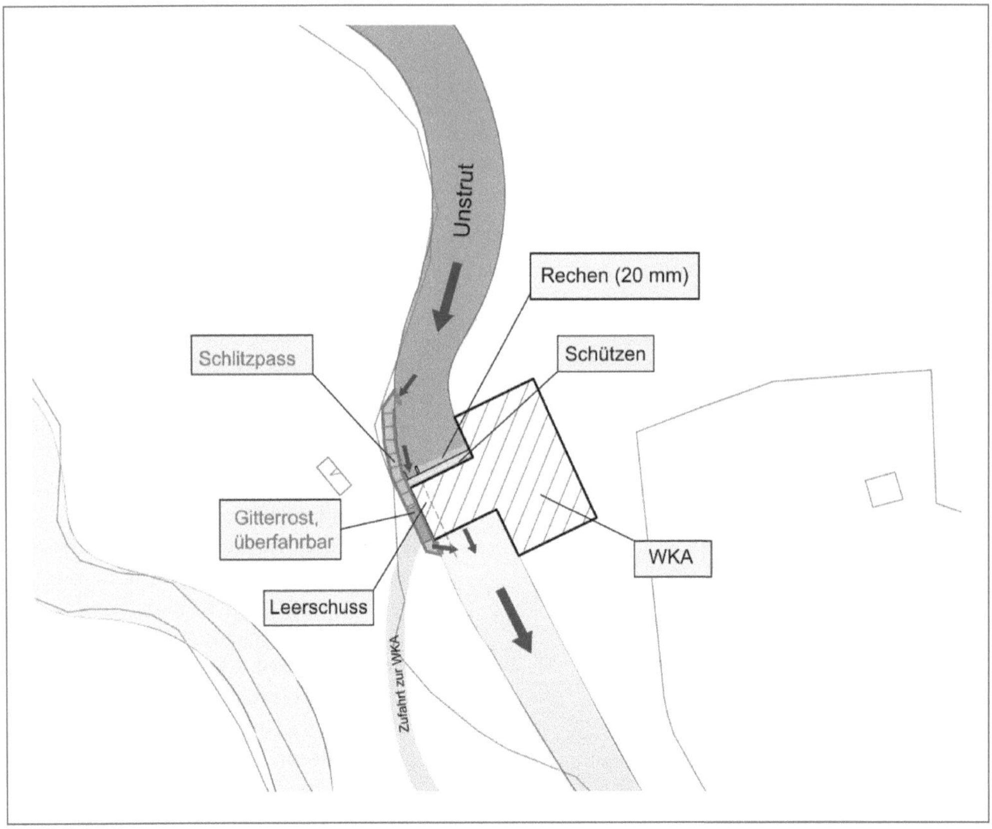

Unstrut
Rechen (20 mm)
Schlitzpass
Schützen
Gitterrost, überfahrbar
WKA
Leerschuss
Zufahrt zur WKA

Bild 4: Maßnahmenplanung flussaufwärtsgerichtete Durchgängigkeit an einer Wasserkraftanlage – Darstellung im Lageplan, Bestand in schwarz, Maßnahmen in rot

Bild 5: Wasserkraftschnecken am Standort Artern, Einstieg Schlitzpass (FAA) rechts

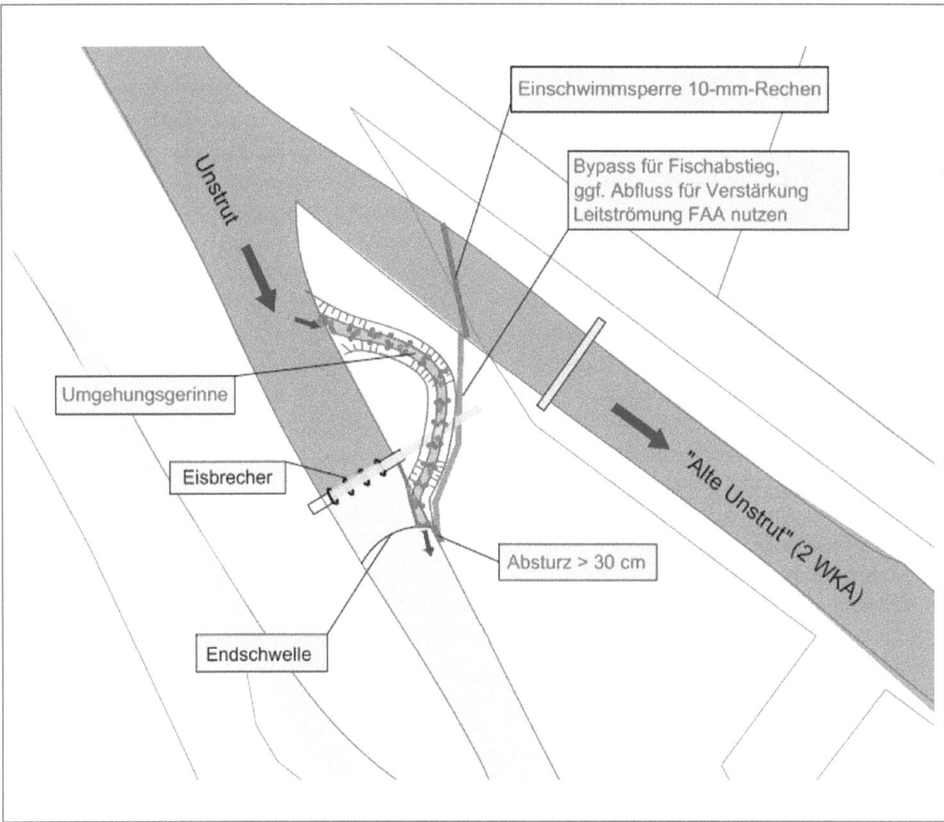

Bild 6: Maßnahmenplanung flussabwärts gerichtete Durchgängigkeit an einer Wasserkraftanlage – Darstellung im Lageplan, Bestand in schwarz, Maßnahmen in rot und grün

nen Anhaltswert über die zu erwartenden Gesamtinvestitionen zu erhalten.

Bei den erforderlichen Maßnahmen zur Verbesserung des Fischaufstiegs reichen die Kosten von etwa 1 500 € für eine sehr kleine Maßnahme (Abbrennen eines Spundwandrestes) bis zu 700 000 € an schwierigen Standorten von Ausleitungskraftwerken für den Bau einer Fischaufstiegsanlage am Wehr und einer Einschwimmsperre am Unterwasserkanal. Der Kostenrahmen für die baulichen Maßnahmen erreicht für die Unstrut etwa einen Wert von 7,3 Mio. €.

Der Kostenrahmen für Maßnahmen zur Verbesserung von Fischschutz und Fischabstieg wurden als Minimal- und Maximalwerte ermittelt. Sie liegen zwischen 10 000 € und etwa 270 000 € je Standort. Die Gesamtkosten für den Fischabstieg variieren zwischen 718 000 € und 1 094 000 €.

6 Auswirkungen der ökologischen Maßnahmen auf die Wirtschaftlichkeit von Wasserkraftanlagen

Die oben beschriebenen Maßnahmen zur Herstellung bzw. Verbesserung der Durchgängigkeit können neben den erforderlichen Investitionen die Betriebskosten der Wasserkraftanlagen erhöhen. Zusätzlich können ökologische Abflüsse, die als Durchfluss von Bypässen bzw. Fischaufstiegsanlagen oder als zusätzlicher Mindestabfluss erforderlich sind, häufig nicht energetisch genutzt werden und bedingen somit Erzeugungsverluste an den Wasserkraftanlagen.

Im Rahmen der vorliegenden Studie wurde für jeden Standort ein vereinfachtes Verfahren zur Abschätzung der Mindererzeugung angewandt. Dazu wurden Jahreserzeugung und Jahreserträge für den Ist- und den Plan-Zustand ermittelt. Aufgrund der jährlichen Abflussschwankungen und der Abhängigkeit der Jahresarbeit vom Betriebszustand der Anlage im jeweiligen Jahr wurden alle Berechnungen der Jahresarbeit für den Plan-Zustand pauschal mit Hilfe von installierter Leistung und einer abgeschätzten Zahl der Volllaststunden durchgeführt. Die jeweiligen Jahreseinnahmen wurden anhand der aktuellen Vergütung und der nach der Modernisierung zu erzielenden Vergütung aus dem Erneuerbare-Energien-Gesetz (EEG 2012) ermittelt. Die Durchführung der ökologischen Modernisierung führt aufgrund einer erhöhten Vergütung trotz der zu erwartenden Mindererzeugung bei etwa der Hälfte der Wasserkraftanlagen zu einem höheren Jahresertrag, der maximal einen Wert von etwa 8 500 € im Jahr erreicht.

Die Maßnahmen zur Herstellung der Durchgängigkeit an den Standorten mit Wasserkraftnutzung können bei den sehr geringen Anlagengrößen in der Regel nicht durch eine erhöhte Vergütung nach EEG refinanziert werden.

7 Zusätzlich ausbaubares Wasserkraftpotenzial

In der Unstrut sind viele Standorte für die Wasserkraftnutzung ungeeignet, da entweder die Fallhöhe oder der für eine Nutzung verfügbare Abfluss und somit die erzielbare Leistung zu gering sind. Daher scheiden die meisten Standorte, die auf ihr Potenzial hin untersucht wurden, aufgrund der wirtschaftlichen Betrachtung für die Wasserkraftnutzung aus. Es verbleiben in der Unstrut drei Standorte, an denen eine erste Abschätzung der Investitionen für die Wasserkraftanlagen und die ökologischen Maßnahmen sowie der zu erzielenden Erträge zeigt, dass ein wirtschaftlicher Betrieb unter den gemachten Annahmen möglich sein kann. Alle drei Standorte liegen in der Barbenregion. Das gesamte technische Zubaupotenzial beträgt etwa 600 kW. An zwei Standorten sind bereits Ausleitungskraftwerke installiert, in denen aber nur ein Teil des Abflusses genutzt wird. An einem Standort war bisher keine Wasserkraftanlage vorhanden (**Bild 7**).

8 Lebensraumveränderung durch Stau und Ausleitung

Die Fließlänge der Unstrut oberhalb der thüringischen Grenze beträgt etwa 133 km. Davon entfallen auf die Barbenregion 105,2 km. Die Äschenregion ist mit 5,8 km vergleichsweise kurz. Die Länge der Unteren Forellenregion beträgt 15,7 km, die der Oberen Forellenregion 5,8 km.

Die als Maßstab für den guten ökologischen Zustand nach [1] maximal zulässige Beeinträchtigung des Gewässers durch Stau- und Ausleitungsstrecken von 25 % der Fließlänge wird im Ist-Zustand in allen Fließgewässerregionen übertroffen (Ist-Zustand: Barbenregion 33,9 %, Äschenregion 60 %, Untere und Obere Forellenregion etwa 29 %). Die Gesamtbeeinflussung der Unstrut beträgt derzeit etwa 32 %.

Es wurden zwei Plan-Varianten untersucht. In Szenario 1 wurde ein Rückbau bzw. eine Teilabsenkung an Querbauwerken vorgesehen, bei denen keine Nutzungen oder Restriktionen vorliegen. In diesem Szenario konnte bei einem potenziellen Rückbau von 4 Wehren und einer Teilabsenkung weiterer 4 Stufen für keine der Fließgewässerzonen die Beeinträchtigung auf unter 25 % verkleinert werden. Erst durch den Rückbau weiterer 6 Querbauwerke und eine Teilabsenkung an 2 Standorten kann zumindest in allen Regionen außer der Äschenregion die 25-%- Grenze unterschritten werden.

9 Fazit

Für die Unstrut in Thüringen wurden mit dieser gewässerbezogenen Betrachtung die Funktionalität des Fischaufstiegs, des Fischschutzes und Fischabstiegs sowie die Beeinträchtigungen des Gewässers durch Stau- und Ausleitungsstrecken im aktuellen Zustand für jedes Querbauwerk sowie für das Gesamtgewässer bewertet und anschließend die erforderlichen Maßnahmen zur Herstellung der Durchgängigkeit abgeleitet. Dabei wurde sowohl die Möglichkeit des Rückbaus von Querbauwerken als auch eine zusätzliche Wasserkraftnutzung an bestehenden Bauwerken betrachtet. Es zeigte sich, dass mit den ausgewiesenen Maßnahmen zur Herstellung der Durchgängigkeit die Voraussetzungen zur Erreichung eines guten

Bild 7: Bisher ungenutzter Standort mit technischem Potenzial zur Wasserkraftnutzung

ökologischen Zustandes für die Fischfauna geschaffen werden können, wenn

- die Auffindbarkeit und Passierbarkeit der Fischaufstiegsanlagen mit hoher Qualität realisiert wird bzw.
- durch den Rückbau von Querbauwerken die Beeinträchtigungen durch Stau- und Ausleitungsstrecken deutlich reduziert werden.

Für potamodrome Arten ergeben sich im Plan-Zustand ausreichend große durchwanderbare Bereiche. Die Summenwirkung der zahlreichen Bauwerke zeigt, dass für die anadromen Arten eine konsequente Umsetzung der benannten Maßnahmen an der Unstrut erforderlich ist, wenn sich reproduktive Bestände entwickeln sollen. Gleichzeitig sind aber auch Einschränkungen der Durchgängigkeit an den 22 Querbauwerkstandorten außerhalb Thüringens auf dem Weg bis zum Meer zu vermeiden. Die Erreichung eines guten ökologischen Zustandes hängt nicht allein von der Herstellung der Durchgängigkeit ab. Eine leitbildgerechte Entwicklung der Unstrut wird durch weitere, laufende Maßnahmen wie Verbesserung der Gewässerstruktur und Reduzierung der Nährstoffeinträge unterstützt.

Die vollständige Studie ist frei verfügbar [3].

Autoren

Dipl.-Phys. Pia Anderer,

Dipl.-Ing. Christof Bauerfeind

Ingenieurbüro Floecksmühle
Bachstraße 62-64, 52066 Aachen
pia.anderer@floecksmuehle.com
christof.bauerfeind@floecksmuehle.com

Dipl.-Fischereiing. Jens Görlach

Thüringer Landesanstalt für Umwelt und Geologie
Göschwitzer Straße 41, 07745 Jena
jens.goerlach@tlug.thueringen.de

Literatur

[1] Thüringer Landesanstalt für Umwelt und Geologie (Hrsg.): Fachliche Anforderungen zur Herstellung der Durchgängigkeit in Thüringer Fließgewässern. 2009.

[2] Deutsche Vereinigung für Wasserwirtschaft, Abwasser und Abfall e. V. (Hrsg.): Fischaufstiegsanlagen und fischpassierbare Bauwerke – Gestaltung, Bemessung, Qualitätssicherung. In: DWA-Merkblätter (2010), DWA-M 509 Entwurf.

[3] Anderer, P.; Bauerfeind, C.; Krischer, S.; Dumont, U.: Gesamtkonzept zur Herstellung der Durchgängigkeit der Unstrut – Durchgängigkeitskonzept Unstrut. Schlussbericht im Auftrag der Thüringer Landesanstalt für Umwelt und Geologie, Jena, 2013 (www.thueringen.de/th8/tlug/umweltthemen/wasserwirtschaft/wasserbau/unstrut_studie/; Aufruf: 05.04.2014).

Pia Anderer, Christof Bauerfeind and Jens Görlach

Passability Concept for the River Unstrut

The river Unstrut is one of the rivers for which the management plans for the German Federal State of Thuringia set the focus of the devised measures on restoring passability. Studies were carried out that covered not only the analysis of the individual barriers but also of their combined effect on passability and of the total disturbances caused by the reservoir and the original river bed sections. The analysis shows that the suggested passability restoring measures are able to create the conditions for the good ecological status for the fish fauna.

Пиа Андерер, Кристоф Бауерфайнд и Йенс Гёрлах

Концепция проходимости на реке Унструт (Unstrut)

Унструт (Unstrut) относится к водным потокам Тюрингии, для которых, в соответствии с планами хозяйственного использования водных ресурсов, создание проходимости для рыб стоит в центре осуществляемых мероприятий. Были разработаны концепции, в которых, наряду с анализом поперечных гидротехнических сооружений, учитывается не только совокупный эффект таких объектов, но и нанесение ущерба водоемам в целом за счет наличия участков распространения подпора и выведения вод. С помощью заявленных мероприятий по созданию проходимости могут быть созданы предпосылки для достижения хорошего экологического состояния рыбной фауны.

Autorenverzeichnis

If you have any concerns about our products,
you can contact us on
ProductSafety@springernature.com

In case Publisher is established outside the EU,
the EU authorized representative is:
Springer Nature Customer Service Center GmbH
Europaplatz 3, 69115 Heidelberg, Germany

Printed by Libri Plureos GmbH
in Hamburg, Germany